国家出版基金项目
NATIONAL PUBLICATION FOUNDATION

中国海洋生物多样性丛书

中国
海洋生物遗传多样性

黄宗国　吴仲庆　林　茂　李　渊　李和阳 等　著

科学出版社
北　京

内 容 简 介

本书以海洋生物多样性的遗传学为基础，集中论述了遗传多样性的研究方法及其应用：基于形态学标记的外部形态和表型性状，基于细胞学标记的染色体数目、核型和染色体带型，基于生化标记的同工酶、等位酶和蛋白质，以及基于分子标记的基因组序列的多样性特征；分析了中国海域生物多样性现状；梳理了中国海域植物界和动物界生物在 GenBank 的登录物种和每种的登录号。中国海域动物界记录的纽形动物门、动吻动物门、腹毛动物门、线虫动物门、棘头虫动物门、轮虫动物门、曳鳃动物门、半索动物门在 GenBank 的登录物种中尚不完善。

本书既适于海洋、生物、环境等专业的科研工作者及高校师生参考使用，又是海洋管理、决策部门的重要参考资料，还可供广大海洋爱好者、生态环境保护志愿者阅读。

图书在版编目（CIP）数据

中国海洋生物遗传多样性/黄宗国等著. —北京：科学出版社，2022.12
（中国海洋生物多样性丛书）
国家出版基金项目
ISBN 978-7-03-074569-9

Ⅰ. ①中… Ⅱ. ①黄… Ⅲ. ①海洋生物–遗传多样性–研究–中国
Ⅳ. ①Q178.53

中国版本图书馆 CIP 数据核字（2022）第 253705 号

责任编辑：王 静 朱 瑾 白 雪/责任校对：郑金红
责任印制：肖 兴/封面设计：无极书装

科学出版社 出版
北京东黄城根北街 16 号
邮政编码：100717
http://www.sciencep.com

北京九天鸿程印刷有限责任公司 印刷
科学出版社发行 各地新华书店经销
*
2022 年 12 月第 一 版 开本：889×1194 1/16
2022 年 12 月第一次印刷 印张：38 1/4
字数：1 240 000

定价：598.00 元

（如有印装质量问题，我社负责调换）

“中国海洋生物多样性丛书”编委会

《中国海洋生物遗传多样性》著者委员会

主　任　黄宗国　吴仲庆　林　茂　李　渊　李和阳

成　员（按姓氏笔画排序）

王春光　孙　军　李　渊　李和阳　吴仲庆　林　茂

项　鹏　徐奎栋　郭东晖　黄宗国　蔡立哲

丛书序

海洋孕育了丰富多样的生命，是地球的重要组成部分。海洋生物多样性极其丰富，贡献了全球约50%的净初级生产力，产生了全球生态系统约三分之二的服务价值，是人类赖以生存的基础。中国海域范围广大，空间的异质性和生境的多样性为不同种类海洋生物共存创造了有利条件。截至2013年，中国海域已记录的海洋生物种数位居全球前三位，蕴藏着有巨大科学研究价值和开发利用价值的自然资源。

自然资源部第三海洋研究所黄宗国和林茂两位研究员，在2012年组织全国112位海洋专家学者，编撰完成了“中国海洋物种和图集”系列专著10册。这次又组织我国相关机构的近百位海洋专家学者，以世界海洋生物的研究作为背景材料，基于中国有资料记录的海洋生物调查研究成果，完成了“中国海洋生物多样性丛书”。丛书分为7个分册：《中国海洋生物多样性概论》《中国海洋生物多样性保护》《中国海洋生物遗传多样性》《中国海洋浮游生物》《中国海洋游泳生物》《中国海洋底栖生物》《中国珊瑚礁、红树林和海草场》。丛书涉及物种全面，内容系统完整，是目前国内首部集大成的海洋生物多样性丛书。

围绕着生物多样性及其相关属性，该丛书更新了中国已知海洋物种的“家底”，首次系统地阐述了我国海洋生物各层次和组分的多样性，内容集中反映了近年来我国海洋生物多样性的研究成果和最新进展，成果拓宽和加深了对我国海洋生物多样性的系统认知，具有重要的理论学术价值和广泛的应用价值。丛书的出版将推动我国海洋生物多样性保护和研究，进而推动海洋生物开发利用的进步与发展，对国家生态文明建设具有非常重要的价值和意义。丛书将成为一系列集成我国海洋生物多样性研究成果的科学典籍。

该丛书的出版是我国海洋生物多样性领域取得的一项前瞻性成果，将在国际上提升我国生物多样性研究、保护和开发利用的话语权，对支撑学科发展、促进经济社会发展和科技进步具有至关重要的作用。

唐启升

唐启升
中国工程院院士
中国水产科学研究院黄海水产研究所研究员
2021 年 8 月 11 日

丛书前言

海洋是生命的诞生之地，孕育着丰富的海洋生物，生物多样性非常珍贵，在人类文明的演进中扮演着重要的角色。20世纪50年代末以来，随着深海生物群落陆续被发现，人类更加确信海洋可能有比我们料想还丰富的生物多样性。对海洋生物的调查不得不提到为期10年的“海洋生物普查计划”，该计划调查了全球海洋生物多样性、分布和丰度等，推动了人类探知海洋生物研究。近年来，随着沿海地区经济的不断发展，资源开发与环境保护之间的矛盾日益凸显，海洋生态系统面临威胁。生态兴则文明兴，生态衰则文明衰，经济发展不能以牺牲生态环境为代价。

生物多样性保护是生态文明建设的重要组成部分。2021年中国主办了《生物多样性公约》第十五次缔约方大会，大会聚焦全球生物多样性的热点，体现了生物多样性在全球的受关注度。全面提升生态文明建设是建设人与自然和谐共生的美丽中国的重要组成部分。海洋生物多样性是指示海洋生态环境的“晴雨表”。近年来，我国对海洋生态保护越来越重视，与海洋生物多样性保护和恢复相关的重大项目纷纷付诸实施，并取得了很多成果。

本研究团队多年来一直从事海洋生物多样性方向的研究，此次组织我国相关领域的专家学者，完成了“中国海洋生物多样性丛书”（以下简称“本丛书”）的7个分册：《中国海洋生物多样性概论》《中国海洋生物多样性保护》《中国海洋生物遗传多样性》《中国海洋浮游生物》《中国海洋游泳生物》《中国海洋底栖生物》《中国珊瑚礁、红树林和海草场》。

本丛书是全面反映中国海域生物多样性的一套丛书，也是涉及物种非常全面的一套丛书。书中内容侧重于中国海域生物编目和形态，通过彩色图集的展示和文字上的进一步论述，全面反映了我国海洋生物多样性现状。本丛书以世界海洋生物的研究作为背景材料，以物种多样性、遗传多样性、生态系统多样性为主线，以中国海域水体中的浮游生物、游泳生物及底栖生物为主要内容，首次收录我国香港和台湾地区特有的海洋生物，同时专论了珊瑚礁、红树林和海草场生态系统，系统总结和归纳了近年来海洋生物研究的成果和资料。

《中国海洋生物多样性概论》分册介绍了中国海域生物多样性的总体情况，主要论述了中国海域生态系统的生境多样性、生物群落和生态过程的多样性，并梳理了海洋生物多样性的遗传学基础及遗传多样性保护、中国海域水层生态系统多样性、中国海域底栖生物多样性和中国珊瑚礁生态系统多样性，分析了中国各个海区游泳生物的种数及分布等。

《中国海洋生物多样性保护》分册以生物分类概述为基础，归纳了中国海域生物的多样性与保护物种、渔业生物资源现状与渔业物种增殖保护的总体情况及研究进展。目前中国海域已记录的海洋生物达29 100余种，其中被列为国家重点保护的野生海洋动物有560种，野生海洋植物有9种，为中国海域生物多样性研究和保护提供了可引证的数据资料。

《中国海洋生物遗传多样性》分册以海洋生物多样性的遗传学为基础，集中论述了遗传多样性的研究方法及其应用：基于形态学标记的外部形态和表型性状，基于细胞学标记的染色体数目、核型、染色体带型，基于生化标记的同工酶、等位酶和蛋白质，基于分子标记的基因组序列的多样性特征；分析了中国海域生物多样性现状；梳理了中国海域植物界和动物界生物在GenBank的登录物种和每种的登录号。中国海域动物界记录的纽形动物门、动吻动物门、腹毛动物门、线虫动物门、棘头虫动物门、轮虫动物门、曳鳃动物门、半索动物门在GenBank的登录物种中尚不完善。

《中国海洋浮游生物》分册收集了记录于中国海域的浮游生物种类，汇总了中国海域浮游生物种类名录。这一分册总论综述了中国海域浮游生物的调查和研究史、分类和多样性，分论按习用的浮游生物学概念体系，将浮游生物研究对象分为蓝藻类、硅藻类、甲藻类、金藻类、黄藻类、定鞭藻类、隐藻类、裸藻类、单细胞绿藻类、水母类、栉水母类、多毛类、异足类、翼足类、枝角类、介形类、桡足类、端足类、糠虾类、磷虾类、十足类、毛颚类和被囊类，对其种类组成和常见种形态特征进行描述。

《中国海洋游泳生物》分册介绍了各类游泳生物对游泳生活的适应，中国海域头足纲、甲壳纲、盲鳗纲、七鳃鳗纲、软骨鱼纲、辐鳍鱼纲、爬行纲和哺乳纲等的种类和分布，中国海域鱼类的栖息习性，以及中国海域主要游泳生物的集群和洄游特征，梳理了中国海域游泳生物的调查和研究成果，系统全面地展示了中国海域游泳生物多样性现状。

《中国海洋底栖生物》分册论述了中国海域大型底栖生物和小型底栖生物多样性现状。中国海域大型底栖生物部分梳理了中国海域大型底栖生物的调查研究历史、种类组成和常见种，以及中国海域潮间带、沿岸浅海、陆架、深海大型底栖生物的分布。中国海域小型底栖生物部分梳理了中国海域小型底栖生物的研究概述、种类组成和常见类群的形态特征，以及渤海、黄海、东海和南海小型底栖生物的类群组成、数量分布、群落结构与多样性。

《中国珊瑚礁、红树林和海草场》分册介绍了珊瑚礁、红树林和海草场三个典型生态系统，论述了全球海草和真红树植物的种类组合与地理分布特征，并提出了海草和真红树植物分类系统。这一分册结合我国学者的研究成果，尤其是物种鉴定中的新定种、修订种、同种异名和异种同名等信息，特别梳理了中国珊瑚礁、红树林和海草场的分布，分析了栖息于其中的生物群落的多样性，旨在使读者对中国珊瑚礁、红树林和海草场生态系统的生物多样性有较为全面而系统的了解和认识。

本丛书凝聚了海洋生物学各研究方向专家学者的心血，丛书编委会成员多年来持续梳理历史资料和各项科学研究成果，结合最新进展，将其精心编排成稿。同时丛书编委会也聘请了各相关领域的专家负责审稿工作，各位专家高度负责，认真，提出多项宝贵意见和修改建议，保证了丛书内容的准确性和权威性。本丛书的撰写和出版适时且及时，顺应当前国家生态文明建设和美丽中国建设的需要，能够为从事海洋生物学等相关科学研究的科研工作者和学生提供重要参考和学习资料，也可为科研管理部门和政府部门制定海洋生态环境保护决策提供科学数据和支撑。本丛书的出版，将有利于今后进一步针对海洋生物多样性开展更加深入的调查和研究，对海洋生物多样性保护和恢复有着重要作用。丛书内容具有广泛的应用价值，丛书出版后可作为海洋生物学、生态学、环境科学等相关领域研究人员常备案头的宝典书。

在本丛书编撰和出版过程中，我们得到了专家和同仁的大力帮助，在出版之际唐启升院士为本丛书作序，在此一并表示感谢。本丛书的出版还得到了国家出版基金的资助，在此向国家出版基金规划管理办公室致以崇高的敬意。对科学出版社编辑们严谨细致的工作态度，作者在此表以敬意。受著者能力及学术水平所限，本丛书的不足之处在所难免，恳请广大读者批评指正。

中国海洋生物多样性丛书

主编

2021 年 8 月 2 日

前　言

1992 年联合国环境与发展大会颁布的《生物多样性公约》认定“生物多样性”含遗传多样性、物种多样性、生态系统多样性三个层次。“中国海洋生物多样性丛书”的 7 个分册参照这三个层次安排，力求较全面地阐述三个层次所涵盖的内容。

本书着重基础性知识和资料，共分三篇。

第一篇　海洋生物多样性的遗传学基础，分 10 章，1～9 章由黄宗国、林茂根据吴仲庆《水产生物遗传育种学》（2000 年）进行编写，仅修改和补充染色体部分；再经吴仲庆反复详细审改和充实。第十章分子生物学和遗传学术语由陈明霞与李和阳编写。

第二篇　中国海洋物种在 GenBank 的登录，仅刊出植物界和动物界的物种，由李渊、戴宇飞等所在的 4 个分子生物学相关研究室（组）多位研究人员全面查找和摘录，最后由黄宗国整理。五界分类中的原核生物界、原生生物界和真菌界 3 界因篇幅问题本书不予刊载。

第三篇　DNA 分子遗传标记的应用，分 3 章，即物种鉴定、遗传进化和遗传育种 3 个方面的应用。着重介绍 DNA 分子遗传标记在物种鉴定方面的应用，举例介绍了从低等到高等物种的分子鉴定。遗传育种方面，因在第一篇中许多内容已涉及，本篇仅简略提及一些例子。

分子生物学是近二三十年才发展起来的学科，目前的研究已非常火热，相关的学术期刊近期都刊载了大量论文，限于著者的学识，本书仅做基础性论述，希望能起到抛砖引玉的作用。

著　者

2022 年 2 月

目录

第一篇　海洋生物多样性的遗传学基础

第一章　海洋生物的染色体 …… 3

第一节　染色体的形态及核型分析 …… 3

第二节　染色体的化学组成和结构 …… 5

第三节　中国海洋生物的核型 …… 9

第四节　染色体的带型分析 …… 30

第五节　染色体研究的现实意义 …… 32

第六节　染色体的多样性 …… 35

第二章　质量性状的遗传和多样性 …… 38

第一节　遗传学三大定律和 χ^2 检验 …… 38

第二节　一对等位基因差异的质量性状遗传 …… 40

第三节　两对相对性状和两对等位基因差异的质量性状遗传 …… 46

第四节　多对等位基因差异的质量性状遗传 …… 55

第五节　质量性状的表现度和外显率对多样性的影响 …… 56

第六节　质量性状的遗传多样性 …… 57

第三章　性别决定和性连锁遗传 …… 59

第一节　性染色体及其类型 …… 59

第二节　常染色体在性别决定中的作用 …… 63

第三节　个体发育中表型性别的可塑性及多样现象 …… 64

第四节　性激素在性别决定中的作用 …… 66

第五节　促雄性腺在虾蟹性别决定中的作用 …… 68

第六节　环境对性别发育及性别多样性的影响 …… 69

第七节　性染色体基因的遗传及多样性 …… 71

第八节　常染色体性别基因的遗传 …… 76
第九节　从性遗传 …… 77
第四章　数量性状的遗传和多样性 …… 78
第一节　数量性状的表型特征 …… 78
第二节　数量性状的遗传特点 …… 79
第三节　数量性状易受环境影响 …… 82
第四节　度量和研究数量性状的一些参数 …… 83
第五节　遗传力 …… 85
第六节　数量性状的遗传多样性 …… 97
第五章　细胞质遗传及其对遗传多样性的影响 …… 99
第一节　母系遗传和细胞质遗传 …… 99
第二节　线粒体研究在群体进化史等领域的应用 …… 102
第三节　线粒体 DNA 在遗传多样性检测中的应用 …… 103
第四节　细胞核基因和细胞质基因的关系 …… 107
第六章　变异 …… 110
第一节　有性生殖引起的变异 …… 110
第二节　环境差异造成的变异 …… 111
第三节　遗传物质变化产生的变异 …… 114
第四节　自发突变和人工诱变 …… 118
第七章　群体遗传和遗传多样性 …… 121
第一节　群体内遗传多样性的物质基础 …… 121
第二节　群体、基因库、基因频率和基因型频率 …… 121
第三节　群体遗传平衡定律 …… 122
第四节　影响群体基因频率变化的因素 …… 124
第五节　群体遗传的多样性 …… 129
第八章　基因及其表达的调控 …… 146
第一节　基因的种类及一些特殊功能基因简介 …… 146
第二节　基因的结构 …… 148
第三节　基因的表达 …… 152
第四节　基因作用的多效性 …… 152
第五节　基因表达的调控 …… 154

第六节　种内遗传多样性的基因结构基础 ······ 163

第九章　海洋生物遗传多样性和种质资源的保护 ······ 166

第一节　物种多样性的保护 ······ 166

第二节　物种及种群保护 ······ 172

第三节　种群遗传结构的保护 ······ 176

第四节　种质纯洁性的保护 ······ 196

第五节　种质资源的合理利用 ······ 201

参考文献 ······ 205

第十章　分子生物学和遗传学术语 ······ 218

第一节　细胞 ······ 218

第二节　遗传 ······ 225

第三节　生物化学与分子生物学 ······ 231

参考文献 ······ 250

第二篇　中国海洋物种在 GenBank 的登录

第一章　植物界 PLANTAE ······ 253

第一节　藻类 ALGAE ······ 253

第二节　维管植物 TRACHEOPHYTA ······ 265

第二章　动物界 ANIMALIA ······ 268

第一节　多孔动物门 PORIFERA ······ 268

第二节　刺胞动物门 CNIDARIA ······ 270

第三节　栉板动物门 CTENOPHORA ······ 291

第四节　扁形动物门 PLATYHELMINTHES ······ 291

第五节　环节动物门 ANNELIDA ······ 293

第六节　星虫动物门 SIPUNCULA ······ 298

第七节　螠虫动物门 ECHIURA ······ 300

第八节　软体动物门 MOLLUSCA ······ 300

第九节　节肢动物门 ARTHROPODA ······ 333

第十节　苔藓动物门 BRYOZOA ······ 367

第十一节　内肛动物门 ENTOPROCTA ······ 368

第十二节　腕足动物门 BRANCHIOPODA ······ 369

第十三节　帚虫动物门 PHORONIDA……369
第十四节　毛颚动物门 CHAETOGNATHA……369
第十五节　棘皮动物门 ECHINODERMATA……370
第十六节　半索动物门 HEMICHORDATA……374
第十七节　脊索动物门 CHORDATA……374

第三篇　DNA 分子遗传标记的应用

第一章　物种鉴定……577
第一节　原核生物……577
第二节　原生生物……579
第三节　真菌……580
第四节　动物……580
第二章　遗传进化……585
第三章　遗传育种……586
第一节　鱼……586
第二节　虾蟹……588
第三节　软体动物……588
第四节　海蜇……589
第五节　红树植物……589
第六节　海藻……590
参考文献……592

第一篇 海洋生物多样性的遗传学基础

第一章

海洋生物的染色体

自从1900年人们重新发现孟德尔（Mendel）的《植物杂交实验》论文以来，遗传学发展突飞猛进，几乎波及生物学的各个领域，从个体和细胞水平发展到群体和分子水平。遗传学的一系列重大发现和成果，都在水生生物中得到证实并得以应用，从而促进了水生生物遗传学的产生和发展。

染色体（chromosome）的发现和研究促进了遗传学的形成和发展。染色体作为生物主要遗传物质的载体，是细胞的一种重要结构，在有丝分裂中期和后期能被碱性染料（如苏木精、番红和结晶紫等）和可溶于乙酸的染料（如洋红、地衣红等）染色，形成光学显微镜下可以看到的杆状或粒状小体。染色体在细胞周期中呈周期性变化，通常要在有丝分裂中期和后期才明显可见。在细胞分裂间期，由于染色体在细胞核内极度伸长变细，失去染色体的形态，只有相对浓缩的部位才被染上颜色，因而在显微镜下只能看到细胞核内出现许多不规则的网状染色物质，称为染色质（chromatin）。进一步研究证明，染色质和染色体实际上是同一物质在细胞周期中不同时期的两种运动形态：在有丝分裂间期，染色体解螺旋，表现为分散而略呈网状的染色质；在分裂期，染色质则高度螺旋化，表现为具一定形态构造的染色体（李国珍，1985）。可见染色质是伸展型的染色体，是染色体的基本物质。染色质有两种状态：一种是常染色质（euchromatin），在细胞分裂中期和后期染色特别深，但是在细胞分裂间期染色又很浅或不着色；另一种是异染色质（heterochromatin），在细胞分裂中期和后期染色很浅或不着色，而在细胞分裂间期、分裂早期和末期染色又特别深。

第一节　染色体的形态及核型分析

染色体具有一定的形态。在高倍显微镜下，典型的形态为由两条染色单体组成。这两条单体互称姐妹染色单体。染色体由主缢痕（primary constriction）、着丝粒（centromere）、次缢痕（secondary constriction）、随体（satellite）、长臂（long arm）和短臂（short arm）组成（图1-1-1）。

主缢痕是染色体上着色浅而缢缩的部位，内含着丝粒，由异染色质组成。

着丝粒外部疏松，内部致密，中部透明。着丝粒的DNA含量少，染色线螺旋化程度低，所以着色浅或者根本不着色。着丝粒具有两个属性：一是能自我分裂；二是能长出轴纤维，变成纺锤体上纤维的一部分，而且其收缩使中期的染色体分裂为二。着丝粒在染色体上的位置是固定的，不同的染色体，着丝粒的位置不同。

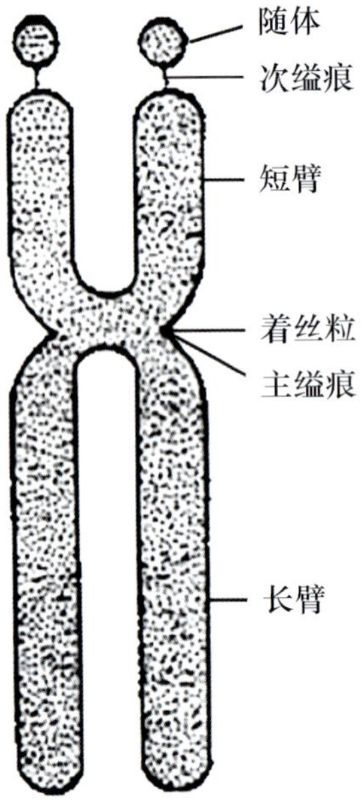

图 1-1-1　染色体模式图

次缢痕是染色体上染色线螺旋化较低或没有螺旋化的节段，也由异染色质组成，着色不明显。细胞分裂末期，通常核仁在出现次缢痕的地方重新形成，所以有的染色体的次缢痕也称核仁组织区（nucleolar organizing region）。次缢痕处上下两端的染色体片段保持直线，一般不能弯曲，这是它与主缢痕的区别之处。

随体是有些染色体短臂上的一个球形或棒状的突出物。有的随体是核仁组织区。随体 DNA（或卫星 DNA）具有高度重复的核苷酸序列，重复次数在 10^6 以上，不能转录。具有随体的染色体称为随体染色体（SAT-chromosome）。

长臂和短臂位于主缢痕的两侧，是染色体的主干部分，由高度螺旋化的 DNA 和组蛋白组成。根据着丝粒在染色体上位置的不同，染色体可被分为单臂染色体和双臂染色体。

染色体的典型形态由上述几部分组成，但是并非所有的染色体都具有上述结构。同种细胞内染色体的形态、相对大小、着丝粒位置、有无次缢痕和随体等都是相对固定的，因此可作为识别染色体的标记。

依据着丝粒在染色体上的位置，即长臂与短臂长度之比——臂比（arm ratio），染色体被分为 4 种形态：

中着丝粒染色体（metacentric chromosome），简称 m 染色体，其臂比为 1.0～1.7，为双臂染色体。

近中着丝粒染色体（submetacentric chromosome），简称 sm 染色体，其臂比为 1.7～3.0，为双臂染色体。

近端着丝粒染色体（acrocentric chromosome），简称 st 染色体，其臂比为 3.0～7.0，为双臂染色体，但多数学者将其计为单臂染色体（昝瑞光等，1984；余先觉等，1989）。

端着丝粒染色体（telocentric chromosome），简称 t 染色体，其臂比在 7.0 以上，为单臂染色体。

依据与性别决定关系的远近，染色体被分为性染色体和常染色体：那些与性别决定直接相关的染色体为性染色体；那些与常规性状直接相关，而与性别决定无关或间接相关的染色体为常染色体。

核型（karyotype）就是把生物某一个体或某一分类群体细胞染色体按它们相对稳定的特征，配对找出同源染色体，再按染色体的长短、形态或着丝粒的位置等特征，给染色体分组、编号并排列成一定的图型。同源染色体（homologous chromosome）指形态相同，在减数分裂过程中能配对的两条染色体，这两条染色体含有相同的基因序列，一条来自父本，一条来自母本。核型代表一个物种或个体在染色体水平上的表型。

核型分析一般有两种方法：一是按臂比将染色体依次分为 m、sm、st、t 四种染色体，在每组中再按长度递减，将染色体按顺序排列起来（短臂向上，也可向下）；带随体的染色体可排在最前或最后以示区别，也可单独排列；如有性染色体或 B 染色体也应单独列出。B 染色体系指一些超数染色体（supernumerary chromosome），在许多方面不同于正常染色体（A 染色体）。二是按染色体长度或短臂长度递减排列染色体。

无论何种方法，都应说明染色体的相对长度、着丝粒位置、染色体基数或臂数（fundamental number or fundamental arm number，NF）。染色体的长度不仅依生物的不同而不同，而且与其所出现的细胞状态有关。胚胎早期染色体较长，有丝分裂前期末和早中期染色体也较长。在核型分析中，用于比较染色体长短的方法只能取其相对长度，即每一个染色体长度占单倍体整套染色体总长度的千分值。

第二节　染色体的化学组成和结构

一、染色体的化学组成

染色体主要由 DNA、组蛋白（histone）、非组蛋白（nonhistone protein）和 RNA 等化学成分构成。DNA 占染色体重量的 0.3～0.4；组蛋白与 DNA 的含量比较恒定，比率大致相当（组蛋白∶DNA≈1.1～1.3）；RNA 含量很少，约占 DNA 含量的 0.05；非组蛋白的含量因不同组织、不同细胞变动较大，占组蛋白含量的 0.2～1.5。

原核生物没有“典型”的染色体，其遗传物质不与蛋白质构成核蛋白体，所谓的染色体只是简单的 DNA 或 RNA 分子，每个细胞仅有一条 DNA 分子，所以原核生物是单倍体（haploid），没有二倍体（diploid）。

DNA 真核生物的每一条染色体都含有一条线状 DNA 分子。随 DNA 的半保留复制，染色体也进行半保留复制，复制后至分裂前的染色体有两条染色单体，每一条染色单体均含有 1 条 DNA 分子。真核生物的 DNA 序列可分为三类。①高度重复的 DNA，也称卫星 DNA（satellite DNA）：这部分 DNA 具有高度重复的核苷酸序列，重复次数在 10^5 以上，重复序列短。这部分 DNA 只占 DNA 总量的 10% 左右，不能转录。在细胞分裂间期，它们集中在异染色质和核仁附近。在分裂中期主要位于着丝粒、端粒及异染色区。②重复 DNA（repetitive DNA）：这部分 DNA 所含的重复序列比卫星 DNA 长得多，但重复次数较少，复本一般为 10^2～10^5，约占细胞 DNA 总量的 15%。它们散布在结构基因之间，构成结构基因的间隔区，能被转录。有些在细胞分化中能扩增，有些还参与基因表达的调节（黄华樑，1982）。③单一 DNA（unique DNA）：这部分 DNA 是基因组中具有基因功能的特异性核苷酸序列，一般只出现一次至几次，能转录为 mRNA，是蛋白质生物合成的密码，约占细胞 DNA 总量的 70%。原核生物的 DNA 都是单一 DNA，没有重复序列。据谢仰杰等（2006）报道，业已报道的 144 种软骨鱼类的核 DNA 含量为 3.0～34.1pg/N，不同物种变化很大，全头类的核 DNA 含量最少，角鲨目和扁鲨目的核 DNA 含量最多。核 DNA 含量与染色体数目无明显的相关性。例如，日本单鳍电鳐（*Narke japonica*）$2n$=54，DNA 含量为 21～241pg/N，而石纹电鳐（*Torpedo marmorata*）$2n$=86，DNA 含量为 14.0pg/N。

组蛋白 这是一类碱性蛋白质，带正电荷，主要含有赖氨酸、精氨酸等碱性氨基酸，没有色氨酸。碱性蛋白质在体内代谢稳定性接近于 DNA。现已查知，组蛋白有 5 种：组蛋白 H_1、H_2A、H_2B、H_3 和 H_4。其中，组蛋白 H_1 含有大量的赖氨酸，分子量为 21 000；组蛋白 H_2A 和 H_2B 含有较多的赖氨酸，分子量分别为 14 500 和 13 700；组蛋白 H_3 和 H_4 含有较多的精氨酸，分子量分别为 15 300 和 11 300。组蛋白 H_2A、H_2B、H_3 和 H_4 具有极高的进化稳定性，在不同的生物和组织器官中分别具有非常近似的氨基酸序列，极少发生变异，尤其是 H_3 和 H_4。从组蛋白的结构序列分析可知，鲨鱼、鲤鱼和鸡的组蛋白 H_3 的一级结构都是一样的，它们与小牛的组蛋白 H_3 仅有一个氨基酸残基的差别（小牛的丝氨酸-96 代替了半胱氨酸）。海胆和小牛的组蛋白 H_4 也仅有一个氨基酸残基的差别，小牛的半胱氨酸-73 代替了苏氨酸。小牛胸腺和豌豆幼苗的组蛋白 H_4，其一级结构的 102 个氨基酸残基中仅有两处有差别，即豌豆的组蛋白 H_4 中，缬氨酸-60 代替了异亮氨酸，而赖氨酸-77 代替了精氨酸。组蛋白 H_1 则是进化中最不稳定的组蛋白，如哺乳类和昆虫类的组蛋白 H_1，一级结构和分子量都有显著差别。但是，组蛋白 H_1 在同种生物的不同组织中只有很少的特异性。在成年脊椎动物的不同组织和细胞中，组蛋白有相对恒定的含量。在生长与发育的个体中，组蛋白含量有所改变。组蛋白在染色体中的作用尚不十分清楚，可能与决定染色质结构的性质，特别是使 DNA 双螺旋稳定性增加有关，还可能具有抑制染色体上基因转录的能力，因为人们已经证明，组蛋白与 DNA 的比率会影响染色体的活动和功能，组蛋白的磷酸化是调节染色体活动的机理之一。

非组蛋白　这是一类酸性蛋白质，带负电荷，主要含有天冬氨酸、谷氨酸等酸性氨基酸。染色体非组蛋白的种类可能有 20～115 种，其中有 15～20 种主要的非组蛋白成分占全部染色体非组蛋白的 50%～70%，非组蛋白的分子量为 10 000～200 000。其中已知的有 DNA 修复、复制、转录和化学修饰的酶，催化组蛋白和其他染色体蛋白质甲基化、磷酸化和乙酰化的酶，参与 DNA 复制并能在 DNA 链复制叉附近减轻 DNA 变性的结构性非组蛋白。有些非组蛋白具有组织和种属特异性，与 DNA 的结合有选择性，它们在基因表达中起一定的调控作用，在基因活化过程中起着结构上和酶学上的作用，甚至还可能决定转录的专一性。

RNA　由核糖核苷酸经磷酸二酯键缩合而成的长链状分子。一个核糖核苷酸分子由磷酸、核糖和碱基构成。RNA 的碱基主要有 4 种，即 A（腺嘌呤）、G（鸟嘌呤）、C（胞嘧啶）、U（尿嘧啶），其中，U（尿嘧啶）取代了 DNA 中的 T（胸腺嘧啶）。RNA 在体内的作用主要是引导蛋白质合成。

二、染色体的结构

染色体是高度螺旋化的染色质，因而，了解染色质的基本结构对于了解染色体的四级结构是必要的。

核小体（nucleosome）　核小体是染色质的基本结构单位，由组蛋白和一条具有 200 个核苷酸对的 DNA 片段组成（图 1-1-2）。其中组蛋白 H_2A、H_2B、H_3 和 H_4 各以 2 个分子共同形成一个八聚体分子。该八聚体构成核小体的核心颗粒，是一种 11nm×11nm×57nm 的扁球形颗粒，DNA 双螺旋在组蛋白八聚体分子表面盘绕 1.75 圈，相当于 140 个核苷酸对，其余 60 个核苷酸对则游离于球外，与另一个核小体相连，该连接处称为连接线（linker），在连接线上结合一个组蛋白 H_1 分子。其中八聚体分子表面的 DNA 螺距为 2.8nm，螺旋直径约为 10nm。连接在两个核小体间隔的组蛋白 H_1 的氨基酸数目和磷酸化可能直接影响间隔区的大小及染色体的结构和变化。

染色体四级结构　DNA 盘绕在八聚体表面形成直径约为 10nm 的核小体念珠串纤丝，形似绳珠，构成染色体的一级结构。由于 DNA 双链盘绕在组蛋白八聚体上，DNA 分子的长度压缩为原来的 1/7。其后，由核小体连成的染色质丝经螺旋化，形成外径 30nm、间距 11nm 的中空螺线管（solenoid），该螺线管的每个螺旋包括 6 个核小体，此阶段，DNA 长度又压缩为念珠串纤丝的 1/6，形成染色体的二级结构。再由二级结构盘旋形成直径为 400nm 的超螺线管（super solenoid），DNA 长度又随之压缩为螺线管的 1/40，形成三级结构。最后，超螺线管进一步螺旋和折叠，压缩为三级结构长度的 1/5，形成染色体，就是四级结构（图 1-1-3）。DNA 由双螺旋结构经过四次螺旋，总长度压缩为原来的 $1/8400=\left(\frac{1}{7}\times\frac{1}{6}\times\frac{1}{40}\times\frac{1}{5}\right)$。

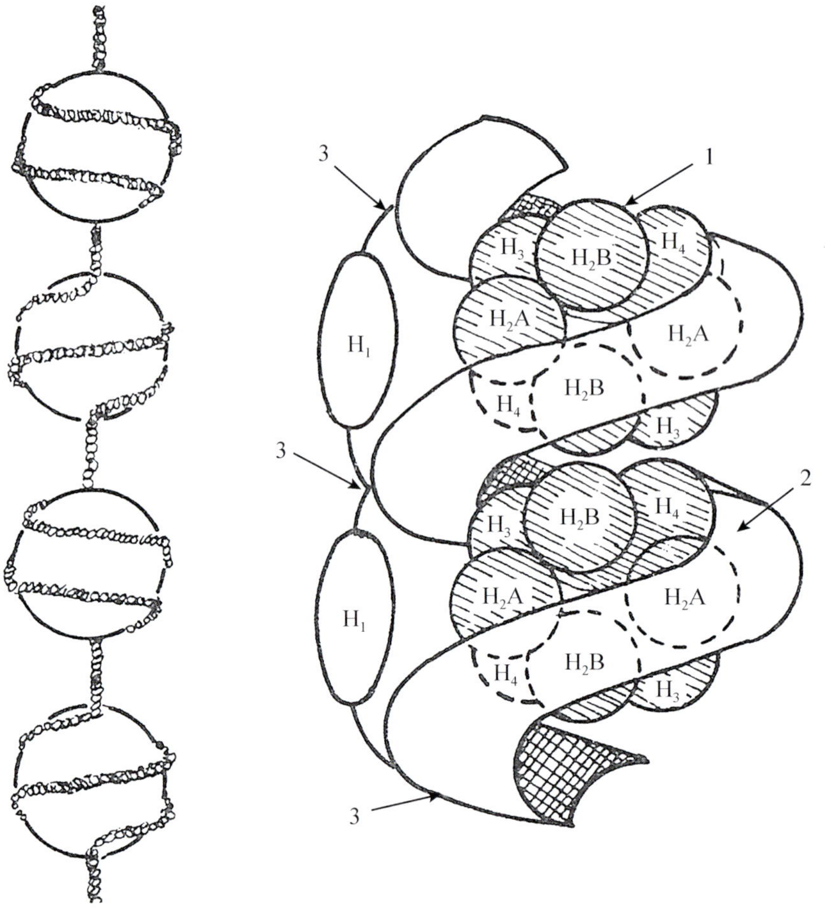

图 1-1-2　染色质结构的核小体模式图

左：串珠式核小体模型；右：核小体结构模式图解

1. 扁球状八聚体组蛋白核心；2. 盘绕的 DNA；3. 核酸酶位点

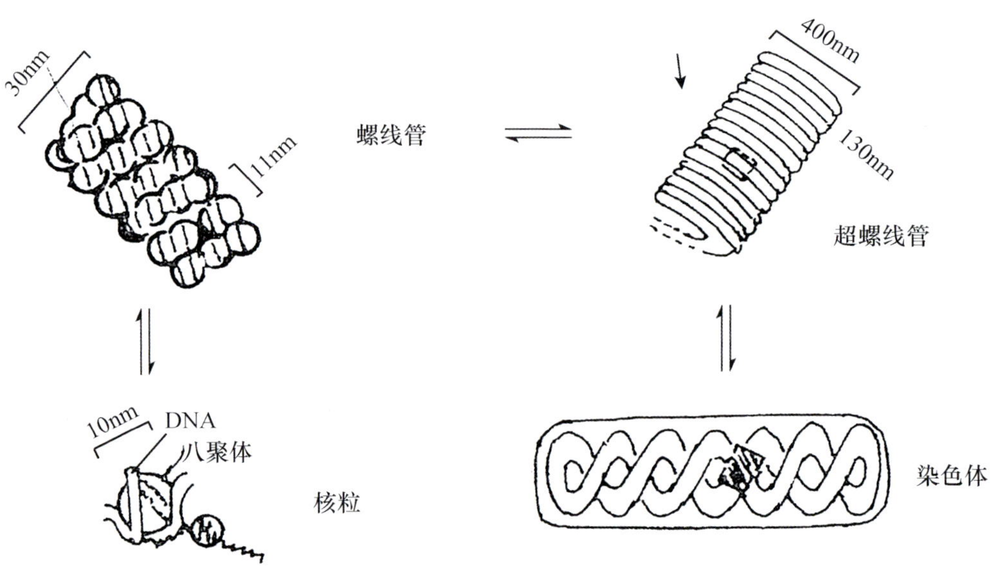

图 1-1-3　从染色质到染色体的四级结构模型

常染色质与异染色质在化学性质上无显著差别，两者在结构上是连续的，只是染色质存在的状态不同，它们的差别可能涉及 DNA 核苷酸顺序排列、折叠及染色质凝缩程度的不同。常染色质丝折叠疏松，其中含有单一和重复顺序的 DNA 能进行转录，是活动的染色质。异染色质丝折叠紧密，大部分由卫星 DNA 组成，螺旋化和凝缩程度远大于常染色质，其 DNA 复制落后于常染色质，大多不能转录，是一些不活动的染色质，如着丝粒和核仁组织区都是异染色质的主要部位。

第三节　中国海洋生物的核型

生物的性状及性状的遗传变异规律都与染色体有关。遗传学研究表明，各种生物在世代相传中，染色体数目维持相对稳定，每一物种都有相对稳定的染色体数。同一个体的体细胞一般具有相同的染色体数，而性细胞只有体细胞染色体数的一半。遗传学将各种生物性细胞所具有的染色体数称为单倍体数，写为 n；将体细胞的染色体数称为二倍体数，写为 $2n$。现将一些中国海域常见的海洋生物的染色体数及其核型列于表 1-1-1。表中所列的生物大多是二倍体或经二倍化的多倍体。其中核型公式中的 m、sm、st、t 连同前面的系数，分别表示中着丝粒染色体、近中着丝粒染色体、近端着丝粒染色体和端着丝粒染色体的条数。例如，条纹斑竹鲨的核型公式为 $2n$=104=40m+26sm+8st+30t，NF=170。表示条纹斑竹鲨二倍体染色体数目为 104，中着丝粒染色体（m）20 对，近中着丝粒染色体（sm）13 对，近端着丝粒染色体（st）4 对，端着丝粒染色体（t）15 对，染色体总臂数（NF）为 170，其中第 31 对染色体带有随体，未发现性染色体的存在（谢仰杰和翁朝红，2008）。

表 1-1-1 及图 1-1-4～图 1-1-11 是已报道的部分中国海洋生物染色体数目和核型。

表 1-1-1　中国海域部分生物染色体数目和核型

种名	染色体数 $2n$	核型公式	臂数 NF	文献
海藻 SEAWEED				
海带 *Laminaria japonica*	44			戴继勋和方宗熙，1977
甘紫菜 *Porphyra tenera*	6			曾呈奎和孙爱淑，1986
条斑紫菜 *P. yezoensis*	6			曾呈奎和孙爱淑，1986
边紫菜 *P. marginata*	6			曾呈奎和孙爱淑，1986
少精紫菜 *P. oligospermatangia*	6			曾呈奎和孙爱淑，1986；戴继勋，1987
坛紫菜 *P. haitanensis*	10			曾呈奎和孙爱淑，1986

续表

种名	染色体数 2*n*	核型公式	臂数 NF	文献
半叶紫菜华北变种 *P. katadai* var. *hemiphylla*	10			曾呈奎和孙爱淑，1986
江蓠 *Gracilaria verrucosa*	31			曾呈奎和孙爱淑，1986
提克江蓠 *G. tikvahiae*	24			曾呈奎和孙爱淑，1986
维管植物 TRACHEOPHYTA				
柱果木榄 *Bruguiera cylindrical*	34			陈少波和卢昌义，2012
木榄 *B. gymnorrhiza*	36			陈少波和卢昌义，2012
海莲 *B. sexangula*	34			陈少波和卢昌义，2012
刺胞动物门 CNIDARIA				
厦门隔膜水母 *Leuckartiara hoepplii*	30			曹文清等，1994a
海蜇 *Rhopilema esculentum*	42			曹文清等，1994a
软体动物门 MOLLUSCA				
多板纲 POLYPLACOPHORA				
红条毛肤石鳖 *Acanthochitona rubrolineata*	16			王晓华等，2011
腹足纲 GASTROPODA				
鲍科 HALIOTIDAE				
盘鲍 *Haliotis discus*	36	20m+16sm	72	Arai et al.，1982
皱纹盘鲍 *H. discus hannai*	36	20m+16sm 14m+6m/sm+16sm	72	王桂云等，1988； 蔡明夷等，2013
杂色鲍 *H. diversicolor*	36	22m+14sm	72	王清印等，2005
玉螺科 NATICIDAE				
紫口玉螺 *Natica janthostoma*	34	18m+14sm+2st	66	王桂云，1995
拟紫口玉螺 *N. janthostomaides*	34	20m+10sm+2st+2t	64	王桂云，1995
扁玉螺 *Neverite didyma*	34	16m+16sm+2st	66	王桂云，1995
微黄镰玉螺 *Lunatia gilva*	34	20m+12sm+2st	66	王桂云，1995
蛾螺科 BUCCINIDAE				

续表

种名	染色体数 2*n*	核型公式	臂数 NF	文献
褶纺锤螺 *Picifusus scissuratus*	34	20m+10sm+4st	64	王清印等，2005
水泡蛾螺 *Buccinium pemphigum*	30	16m+10sm+4st	56	王先志等，1990
香螺 *Neptunea cumingii*	60	30m+22sm+8st	112	王先志等，1990
马蹄螺科 TROCHIDAE				
锈凹螺 *Chlorostoma rustica*	36			王如才等，1993
脉红螺 *Rapana venosa*	64			王如才等，1993
双壳纲 BIVALVIA				
牡蛎科 OSTREIDAE				
褶牡蛎 *Alectryonella plicatula*	20	12m+8sm	49	林加涵和洪水根，1986
角巨牡蛎 *Crassostrea angulata*	20	12m+8sm	40	吴融，1982
长牡蛎 *C. gigas*	20	20m	40	许伟定等，1992
近江牡蛎 *C. ariakensis*	20	20m	40	余建贤等，1993
帘蛤科 VENERIDAE				
文蛤 *Meretrix meretrix*	38	18m+20sm	76	常建波等，1996
	38	18m+14sm+6t	70	吴萍等，2002
菲律宾蛤仔 *Ruditapes philippinarum*	38	28m+10sm	76	王金星等，1998
日本镜蛤 *Dosinia japonica*	30	10m+12sm+8st/t	52	阙华勇等，1997
紫石房蛤 *Saxidomus purpurata*（图 1-1-6）	38	32m+2sm+4st/t	70	孙振兴等，2004
波纹巴非蛤 *Pappia undulate*	38	14m+12sm+4st+8t	64	蔡明夷等，2012
等边浅蛤 *Gomphina veneriformis*	36	16m+20sm	72	于瑞海等，2010
珍珠贝科 PTERIIDAE				
合浦珠母贝 *Pinctada fucata*	28	14m+6sm+6st+2t	48	姜卫国和魏贻尧，1986
大珠母贝 *P. maxima*	28	16m+4sm+6st+2t	48	姜卫国和魏贻尧，1986
珠母贝 *P. margaritifera*	28	14m+6sm+8st	48	姜卫国和魏贻尧，1986
黑珠母贝 *P. nigra*	28	4m+4st+20t	32	姜卫国和魏贻尧，1986
射肋珠母贝 *P. radiata*	28	4m+4st+20t	32	姜卫国和魏贻尧，1986

续表

种名	染色体数 2*n*	核型公式	臂数 NF	文献
长耳珠母贝 *P. chemnitzi*	22	8m+2sm+2st+10t	32	姜卫国和魏贻尧，1986
企鹅珍珠贝 *Pteria penguin*	28			王如才等，1993
贻贝科 MYTILIDAE				
紫贻贝 *Mytilus galloprovincialis*	28	12m+10sm+6st	50	王琼和童裳亮，1994
	28	10m+12sm+6st	50	杨岐生，1994
厚壳贻贝 *M. coruscus*	28	12m+10sm+6st	50	卞小庄，1984
栉孔扇贝 *Chlamys farreri*	38	6m+10sm+22st	54	王梅林等，1990
蚶科 ARCIDAE				
泥蚶 *Tegillarca granosa*（图 1-1-4）	38	28m+10sm	76	郑家声等，1996
魁蚶 *Scapharca broughtonii*（图 1-1-4）	38	12m+20sm+6st	76	郑家声等，1996
毛蚶 *S. subcrenata*（图 1-1-4）	38	14m+22sm+2st		郑家声等，1996
凸壳肌蛤 *Musculus senhousei*	30			王如才等，1993
扇贝科 PECTINIDAE				
海湾扇贝 *Argopecten irradians*	32			王如才等，1993
华贵栉孔扇贝 *Chlamys nobilis*	32			王如才等，1993
虾夷盘扇贝 *Patinopecten yessoensis*	38			王如才等，1993
蛤蜊科 MACTRIDAE				
四角蛤蜊 *Mactra veneriformis*	38	14m+14sm+10s/t	66	阙华勇等，1997
中国蛤蜊 *M. chinensis*（图 1-1-6）	38	20m+16sm+2st/t	74	孙振兴等，2004
西施舌 *Coelomactra antiquata*（图 1-1-6）	38	14m+16sm+8st	68	饶小珍等，2003
大獭蛤 *Lutraria maxima*（图 1-1-5）	34	20m+12sm+2st	76	潘英和苏以鹏，2007
紫云蛤科 PSAMMOBIIDAE				
中国紫蛤 *Hiatula chinensis*	30	6m+16sm+8st/t	52	阙华勇等，1997
竹蛏科 SOLENIDAE				
缢蛏 *Sinonovacula constrcta*	38	26m+8sm+2st+2t	72	王金星等，1998

续表

种名	染色体数 2*n*	核型公式	臂数 NF	文献
长竹蛏 *Solen strictus*	38	30m+6sm+2t	74	王金星等，1998
大竹蛏 *S. grandis*（图 1-1-5）	38	26m+6sm+2st+4t	70	孙振兴等，2004
刀蛏科 CULIELLIDAE				
小荚蛏 *Siliqua minima*（图 1-1-5）	38	12m+14sm+10st+2t	64	陆荣茂等，2007
海螂科 MYIDAE				
砂海螂 *Mya arenaria*（图 1-1-5）	34	24m+10sm	68	郑家声等，2001
头足纲 CEPHALOPODA				
金乌贼 *Sepia esculenta*（图 1-1-5）	92	44m+32sm+10st+6st	168	王晓华等，2011
节肢动物门 ARTHROPODA				
肢口纲 MEROSTOMATA				
三刺鲎 *Tachypleus tridentatus*	26	10m+10sm+6st		Sekiguchi，1988
大鲎 *T. gigas*	28	24m+2sm+2st		Sekiguchi，1988
圆尾鲎 *Carcinoscopius rotundicauda*	32	20m+10sm+2st		Sekiguchi，1988
甲壳纲 CRUSTACEA				
鳃足亚纲 BRANCHIOPODA				
卤虫 *Artemia salina*	42 84 105			张闰生等，1990
桡足亚纲 COPEPODA				
中华哲水蚤 *Calanus sinicus*（图 1-1-7）	22	12m+6sm+2st+2t		林元烧等，2000
火腿许水蚤 *Schmackeria poplesia*	24	14m+6sm+2st+2t		曹文清等，1994b
太平洋纺锤水蚤 *Acartia pacifica*	20	20m		曹文清，1994
刺尾纺锤水蚤 *A. spinicauda*	20	14m+6sm		曹文清，1994
锐唇角水蚤 *Labidocera acutifrons*	20	16m+4t		林元烧等，2000
巴塔唇角水蚤 *L. batariae*	20	16m+4t		林元烧等，2000
小齿唇角水蚤 *L. laevidentata*	20	10m+8sm+2t		林元烧等，2000

续表

种名	染色体数 2*n*	核型公式	臂数 NF	文献
孔雀唇角水蚤 *L. pava*	20	16m+4t		林元烧等，2000
小唇角水蚤 *L. minuta*	22	10m+6sm+6t		林元烧等，2000
真刺唇角水蚤 *L. euchaeta*	20	12m+8t		林元烧等，2000
前角水蚤 *Pontella princeps*	20	16m+4t		林元烧等，2000
十足目 DECAPODA				
对虾科 PENAEIDAE				
中国明对虾 *Fenneropenaeus chinensis*（图 1-1-7）	88	54m+20sm+10st+4t		相建海，1988
	88	54m+20m/sm+10sm+4sm/st		戴继勋等，1989
墨吉明对虾 *F. merguiensis*	88			相建海，1988
长毛明对虾 *F. penicillatus*	88			相建海等，1991
日本囊对虾 *Marsupenaeus japonicus*	86			相建海等，1991
斑节对虾 *Penaeus monodon*（图 1-1-7）	88			相建海，1991
短沟对虾 *P. semisulcatus*	90			相建海等，1991
凡纳滨对虾 *Litopenaeus vannamei*	92	14m+78st		邱高峰等，1997
细角滨对虾 *L. stelirostris*	92	14m+78st		邱高峰等，1997
鹰爪虾 *Trachypenaeus curvirostris*	70	42m+10sm+12st+6t	122	周令华等 ,1999
刀额新对虾 *Metapenaeus ensis*（图 1-1-8）	78	40m+10sm+14st+14t		张晓军等，2002
周氏新对虾 *M. joyeri*	78			刘萍和武振彬，1989
近绿新对虾 *M. affinis*	88			王青等，2005
须赤虾 *Metapenaeopsis barbata*	80			王青等，2005
樱虾科 SERGESTIDAE				
发光樱虾 *Lucensosergia lucens*	104			王青等，2005
长臂虾科 PALAEMONIDAE				
日本沼虾 *Macrobrachium nipponense*	104			邱高峰等，1994
罗氏沼虾 *M. rosenbergii*	118			邱高峰，1996

续表

种名	染色体数 2*n*	核型公式	臂数 NF	文献
条纹长臂虾 *Palaemon paucidens*	136			王青等，2005
锯额长臂虾 *P. serrifer*	108			王青等，2005
海螯虾科 NEPHROPIDAE				
日本后海螯虾 *Metanephrops japonicus*	136			王青等，2005
龙虾科 PALINURIDAE				
日本龙虾 *Panulirus japonicus*	140			室伏诚，1987
蝉虾科 SCYLLARIDAE				
东方扁虾 *Thenus orientalis*（图 1-1-7）	248	84m+40sm+44st+80t		朱冬发等，2000
铠甲虾科 GALATHEIDAE				
首颈刺铠虾 *Cervimunida princeps*	109			王青等，2005
陆寄居蟹科 COENOBITIDAE				
灰白陆寄居蟹 *Coenobita rugosa*	230			
蛙形蟹科 RANINIDAE				
蛙蟹 *Ranina ranina*	106			王青等，2005
玉蟹科 LEUCOSIIDAE				
豆形拳蟹 *Philyra pisum*	114			王青等，2005
馒头蟹科 CALAPPIDAE				
卷折馒头蟹 *Calappa lophos*	110			王青等，2005
黎明蟹科 MATUTIDAE				
红点耳神蟹 *Ashtoret lunaris*	94			王青等，2005
蜘蛛蟹科 MAJIDAE				
甘氏巨螯蟹 *Macrocheira kaempferi*	106			王青等，2005
梭子蟹科 PORTUNIDAE				
锯缘青蟹 *Scylla serrata*	98	40m+22sm+36t	168	陈学雷等，2004
拟穴青蟹 *S. paramamosain*	106	46m+16sm+44st	168	王青等，2005
日本蟳 *Charybdis japonica*	114	34m+14sm+2st+64t	164	阎斌伦等，2009

续表

种名	染色体数 2*n*	核型公式	臂数 NF	文献
环纹蟳 *C. annulats*	80			王青等，2005
三疣梭子蟹 *Portunus trituberculatus*（图 1-1-8）	106	40m+6sm+60t	152	朱冬发等，2005
细点圆趾蟹 *Ovalipes punctatus*	108/103			张晓军等，2002；王青等，2005
方蟹科 GRAPSIDAE				
粗腿厚纹蟹 *Pachygrapsus crassipes*	118			王青等，2005
斜纹蟹科 PLAGUSIIDAE				
齿突斜纹蟹 *Plagusia dentipes*	106			Niiyama，1959
弓蟹科 VARUNIDAE				
中华绒螯蟹 *Eriocheir sinensis*	146		146	堵南山等，1986
日本绒螯蟹 *E. japonica*	148			Niiyama，1959
肉球近方蟹 *Hemigrapsus sanguineus*	128			Niiyama，1959
绒毛近方蟹 *H. penicillatus*	138			Niiyama，1959
平背蜞 *Gaetice depressus*	152			Niiyama，1959
毛颚动物门 CHAETOGNATHA				
百陶箭虫 *Sagitta bedoti*	16	10m+2sm+4st	28	曹文清等，1994c
棘皮动物门 ECHINODERMATA				
海参纲 HOLOTHUROIDEA				
仿刺参 *Apostichopus japonicus*	46			谭杰等，2011
	40	A 型 7 对 +B 型 9 对 +C 型 4 对		许伟定等，1997
	44			Okumura et al.，2009
海胆纲 ECHINOIDAE				
马粪海胆 *Hemicentrotus pulcherrimus*	46			董宝贤和林泰禧，1991
光棘球海胆 *Strongylocentrotus nudus*	46			胡庆明等，1993
脊索动物门 CHORDATA				
狭心纲 LEPTOCARIDA				

续表

种名	染色体数 2*n*	核型公式	臂数 NF	文献
白氏文昌鱼 *Branchiostoma belcheri*	40			李伟业和王义权，2012
日本文昌鱼 *B. japonicus*	36			李伟业和王义权，2012
软骨鱼纲 CHONDRICHTHYES				
须鲨科 ORECTOLOBIDAE				
条纹斑竹鲨 *Chiloscyllium playiosum*	104	40m+26sm+8st+30t	170	谢仰杰等，2008
辐鳍鱼纲 ACTINOPTERYGII				
鲟科 ACIPENSERIDAE				
中华鲟 *Acipenser sinensis*	237±6	76m+80sm+20t+64d		许克圣等，1986
康吉鳗科 CONGRIDAE				
星康吉鳗 *Conger myriaster*	38	13m+4sm+21t（♀）	55	王金星等，1993
	38	14m+4sm+20t（♂）	56	王金星等，1993
	38	8m+10sm+20t	56	喻子牛等，1993
海鳝科 MURAENIDAE				
匀斑裸胸鳝 *Gymnothorax reevesi*	42	34m+8st	76	容寿柏等，1991
鳗鲡科 ANGUILLIDAE				
日本鳗鲡 *Anguilla japonica*	38	16m+8sm/st+14t		南京大学生物系鱼类研究组和江苏省水产科学研究所，1978
鲱科 CLUPEIDAE				
青鳞小沙丁鱼 *Sardinella zunasi*	48	48t	48	王金星等，1994b
斑鰶 *Clupanodon punctatus*	48	2m+46t	50	王金星等，1994b
鲻科 MUGILIDAE				
龟鲮 *Chelon haematocheilus*	48	48t	48	喻子牛等，1995
鲻 *Mugil cephalus*	48	48t	48	喻子牛等，1995；刘静和田明诚，1996
鲉科 SCORPAENIDAE				
褐菖鲉 *Sebastiscus marmoratus*	48	2m+46t	50	潘蔚明，1996

续表

种名	染色体数 2*n*	核型公式	臂数 NF	文献
铠平鲉 *Sebastes hubbsi*	48	3m+2st+43t	51	郑家声等，1997
许氏平鲉 *S. schlegeli*	48	2m+46t	50	王金星等，1994a
	48	2m+46t	50	喻子牛等，1992
鲬科 PLATYCEPHALIDAE				
鲬 *Platycephalus indicus*	48	4m+6sm+2st+36t 2m+8sm+2st+36t	58	喻子牛等，1995
六线鱼科 HEXAGRAMMIDAE				
斑头六线鱼 *Hexagrammos agrammus*	48	8m+32sm+8st（♀）	88	郑家声等，1997
	48	7m+33sm+8st（♂）	88	郑家声等，1997
	48	8m+26sm+14st	88	张恒庆和李庆伟，1991
欧氏六线鱼 *H. otakii*	48	6m+20sm+16st+6t	74	王金星等，1994a
	48	6m+8sm+12st+22t	70	喻子牛等，1992
绒杜父鱼科 HEMITRIPTERIDAE				
绒杜父鱼 *Hemitripterus villosus*	46	20m+16sm+10t	82	毛连菊和李雅娟，2002
鮨科 SERRANIDAE				
中国花鲈 *Lateolabrax maculatus*	48	48t	48	喻子牛等，1995
青石斑鱼 *Epinephelus awoara*	48	48t	48	洪满贤和杨俊慧，1988
鲑点石斑鱼 *E. fario*	48	14m/sm+34st/t	62	陈毅恒等，1990
		4m+6sm+4st+34t		郑莲等，2005
六带石斑鱼 *E. exfasciatus*	48	2sm+46t 2st+46t	50 48	陈毅恒等，1990； 吉华松等，2011
双棘石斑鱼 *E. diacanthus*	48	48t	48	陈毅恒等，1990 郑莲等，2005
赤点石斑鱼 *E. akaara*	48	5st+43t	48	王云新等，2004
斑带石斑鱼 *E. fasciatomaculatus*	48	48t	48	李锡强和彭跃东，1994
黑边石斑鱼 *E. fasciatus*	48	48t	48	李锡强和彭跃东，1994； 郑莲等，2005
云纹石斑鱼 *E. moara*	48	2st+46t	50	卓孝磊和邹记兴，2007

续表

种名	染色体数 2*n*	核型公式	臂数 NF	文献
黑边石斑鱼 *E. fasciatus*	48	48t	48	郑莲等，2005
点带石斑鱼 *E. malabaricus*（图 1-1-11）	48	48t	48	郑莲等，2005；邹记兴等，2005
蜂巢石斑鱼 *E. merra*	48	4m+6sm+4st+34t	48	郑莲等，2005
三斑石斑鱼 *E. trimaculatus*	48	2sm+2st+44t	50	舒琥等，2012
斜带石斑鱼 *E. coioides*	48	2sm+46t	50	舒琥等，2012
棕点石斑鱼 *E. fuscoguttatus*	48	48t	48	舒琥等，2012
鞍带石斑鱼 *E. lanceolatus*	48	2sm+6st+40t 4st+44t	50	舒琥等，2012
笛鲷科 LUTJANIDAE				
紫红笛鲷 *Lutjanus argentimaculatus*	48	48t	48	曹伏君等，2002
白斑鲷 *L. bohar*	48	48t	48	曹伏君等，2002
红鳍笛鲷 *L. erythopterus*	48	48t	48	舒琥等，2003
约氏笛鲷 *L. johnii*（图 1-1-9）	48	48t	48	李长玲等，2005
勒氏笛鲷 *L. russellii*（图 1-1-9）	48	48t	48	李长玲等，2005
画眉笛鲷 *L. vitta*（图 1-1-9）	48	48t	48	李长玲等，2005
石鲈科 POMADASYIDAE				
斜带髭鲷 *Hapalogenys nitens*	48	2m+8sm+2st+36t	58	喻子牛等，1995
横带髭鲷 *H. mucronatus*	48	2m+8sm+14st+24t	58	林加涵和刘丽莎，1989
鲷科 SPARIDAE				
真鲷 *Pagrus major*	48	2st+46t	48	喻子牛等，1995
黑鲷 *Acanthopagrus schlegelii*	48	4m+4sm+2st+38t	56	喻子牛等，1995
	48	6m+4sm+38t	58	尤锋，1993
二长棘鲷 *Parargyrops edita*	48			吴仲庆和徐福章，1991
黄鳍鲷 *Acanthopagrus latus*	48	4m+2sm+4st+38t	54	林加涵和刘丽莎，1989
石鲷科 OPLEGNATHIDAE				
条石鲷 *Oplegnathus fasciatus*	48	2m+46t	50	徐冬冬等，2012

续表

种名	染色体数 2*n*	核型公式	臂数 NF	文献
篮子鱼科 SIGANIDAE				
长鳍篮子鱼 *Siganus canaliculatus*	48	48t	48	舒琥等，2010b
丽鱼科 CICHLIDAE				
莫桑比克罗非鱼 *Tilapia mossambica*	44	8sm+34st+2t	52	陈敏容和陈宏溪，1983
尼罗罗非鱼 *T. nilotica*	44	8sm+34st+2t	52	陈敏容和陈宏溪，1983
石首鱼科 SCIAENIDAE				
黄姑鱼 *Nibea albiflora*	48	48t	48	王金星等，1993
鮸状黄姑鱼 *N. amoyensis*	48	48t	48	王德祥等，2002
双棘黄姑鱼 *N. diacanthus*	48	48t	48	王世锋等，2003
小黄鱼 *Larimichthys polyactis*	48	48t	48	王金星等，1993
大黄鱼 *L. crocea*（图 1-1-9）	48	48t	48	邹曙明等，2003
	48	2st+46t	48	全成干等，2000
	48	6st+42t	48	王德祥等，2006
	48	6m+6sm+36t	60	王德祥等，2006
军曹鱼科 RACHYCENTRIDAE				
军曹鱼 *Rachycentron canadum*（图 1-1-9）	48	48t	48	刘楚吾和曹伏君，2008
隆头鱼科 LABRIDAE				
波纹唇鱼 *Cheilinus undulatus*（图 1-1-9）	48	6m+42t	54	霍蕊等，2009
线鳚科 STICHAEIDAE				
鸡冠鳚 *Alectrias benjamini*	48	18m+18sm+12st	78	毛连菊和邱萍，1996
缕鳚 *Azuma emmnion*	56	6m+10sm+40t	72	毛连菊和李雅娟，2002
六线鳚 *Ernogrammus hexagrammus*	48	48t	48	毛连菊等，1993a
短颌小绵鳚 *Zoarchias microstomus*	28	24m+4t	52	毛连菊和李雅娟，2002
锦鳚科 PHOLIDAE				
云鳚 *Enatrias nebulosus*	26	26m	52	毛连菊和靳晓敏，1994

续表

种名	染色体数 2*n*	核型公式	臂数 NF	文献
绵鳚科 ZOARCIDAE				
长绵鳚 *Zoarces elongates*	48	30m+14sm+4t	92	毛连菊和李雅娟，2002
虾虎鱼科 GOBIIDAE				
尾纹裸头虾虎鱼 *Chaenogobius annularis*（图 1-1-9）	44	20m+22sm+2t	86	毛连菊等，1999
黄鳍刺虾虎鱼 *Acanthogobius flavimanus*	44	44t	44	王金星等，1994b
红狼牙虾虎鱼 *Odontamblyopusrubicunlus*	38	20m+18sm	76	毛连菊等，2002
矛尾复虾虎鱼 *Synechogobius hasta*	44	2m+42mt, t	46	喻子牛等，1995
纹缟虾虎鱼 *Tridantiger trigonocephalus*	44	10m+28st+2st+4t	82	费志清和陶荣庆，1987
项斑虾虎鱼 *Glossogobius olivaceus*	46	16sm+6st+24t	62	费志清和陶荣庆，1987
竿虾虎鱼 *Luciogobius guttatus*	44	14m+14sm+16t	72	毛连菊等，1993b
大弹涂鱼 *Boleophthalmus pectinirostris*	46	2st+44t	46	费志清和陶荣庆，1987
塘鳢科 ELEOTRIDAE				
中华乌塘鳢 *Bostrichthys sinensis*	48	4sm+2st+42t	52	费志清和陶荣庆，1987
鲭科 SCOMBRIDAE				
长鳍金枪鱼 *Thunnus alalunga*	48	2m+4sm+42t	54	宋运淳，1987
黄鳍金枪鱼 *T. albacores*	48	2m+2sm+2st+42t	52	宋运淳，1987
	48	6m+sm+42st	54	宋运淳，1987
鲣 *Katsuwonus pelamis*	48	48t	48	宋运淳，1987
菱鲆科 SCOPHTHALMIDAE				
大菱鲆 *Scophthalmus maxinus*	44	6m+10sm+28t	60	王清印等，2005
牙鲆科 PARALICHTHYIDAE				
牙鲆 *Paralichthys olivaceus*	48	48t	48	喻子牛等，1995
桂皮斑鲆 *Pseudorhombus cinnamameus*	48	48t	48	喻子牛等，1995

续表

种名	染色体数 2*n*	核型公式	臂数 NF	文献
鲽科 PLEURONECTIDAE				
石鲽 *Kareius bicoloratus*	48	48t	48	喻子牛等，1995；林明敏和朱香萍，2009
油鲽 *Microstomus achne*	48	48t	48	喻子牛等，1995
木叶鲽 *Pleuronichthys cornutus*	48	12m+2sm+34t	62	喻子牛等，1995
黄盖鲽 *Pseudopleuronectus yokohamae*	48	48t	48	喻子牛等，1995
圆斑星鲽 *Verasper variegatus*（图 1-1-10）	46	46t	46	王妍妍等，2011 沙珍霞等，2007
条斑星鲽 *V. moseri*	46	2sm+44t	48	王妍妍等，2009
星突江鲽 *Platichthys stellatus*	48	2sm+46t	50	李迪等，2009
舌鳎科 CYNOGLOSSIDAE				
半滑舌鳎 *Cynoglossus semilaevis*（图 1-1-10）	42	42t	42	周丽青等，2005
鲀形目 TETRAODONTIFORMES				
单角鲀科 MONACANTHIDAE				
中华单角鲀 *Monacanthus chinensis*（图 1-1-11）	34	34t	34	舒琥等，2010a
革鲀科 ALUTERIDAE				
丝背细鳞鲀 *Stephanolepis cirrhifer*	33	1m+32t	34	王金星等，1993
绿鳍马面鲀 *Thamnaconus septentrionalis*	40	40t	40	陈家长等，2005
鲀科 TETRAODONTIDAE				
暗纹多纪鲀 *Takifugu obscurus*	44	14m+4sm+26t		余多慰等，2002；陈家长等，2005
菊黄多纪鲀 *T. flavidus*	44	14m+6sm+24t		陈家长等，2005
星点多纪鲀 *T. niphobles*	44		64	Arai，1976
豹纹多纪鲀 *T. pardalis*	44			Arai，1983
斑点多纪鲀 *T. poecilonotus*	44			Arai，1983

续表

种名	染色体数 2*n*	核型公式	臂数 NF	文献
假睛多纪鲀 *T. pseudommus*	44	12m+8sm+24t	64	赵小凡等，1994
红鳍多纪鲀 *T. rubripes*（图 1-1-11）	44	14m+6sm+24t	64	舒琥等，2010a
	44	20m+1sm+24st+t	64	卓孝磊和邹记兴，2007
黄鳍多纪鲀 *T. xanthopterus*（图 1-1-11）	44	12m+8sm+24t	64	舒琥等，2010a
	44	14m+4sm+26t	62	陈家长等，2005
哺乳纲 MAMMALIA				
长江江豚 *Neophocaena asiaeorientalis*	44			李玉环等，1985

注：空白格表示无数据

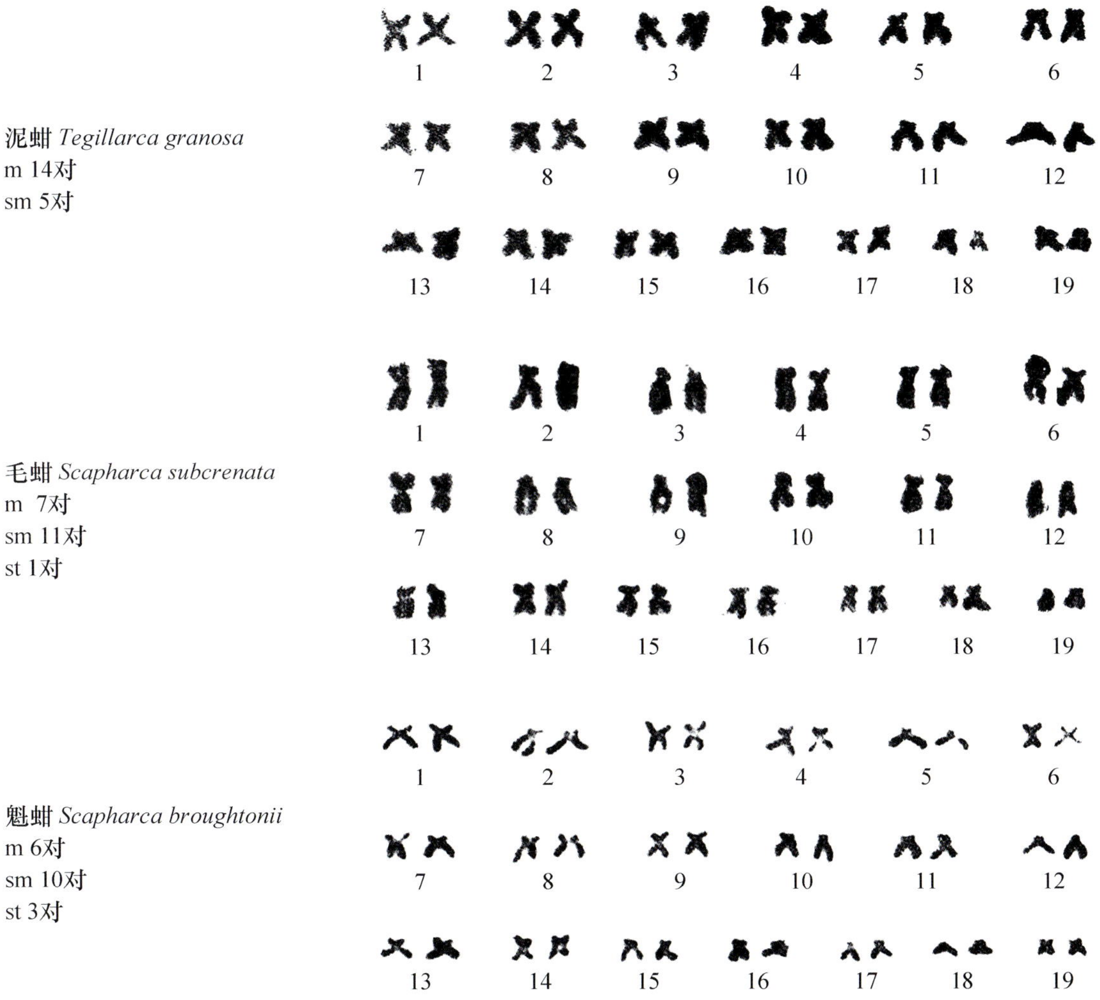

图 1-1-4 三种蚶鳃细胞的染色体核型（仿郑家声等，1996）

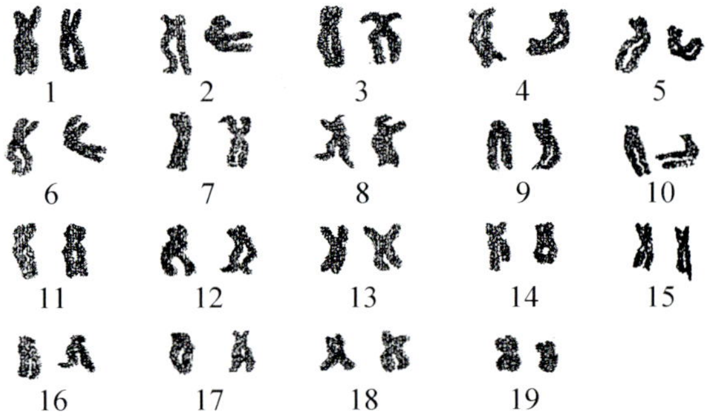

小荚蛏 *Siliqua minima* 担轮幼虫
m 1、7、13、15、18、19
sm 3、5、6、8、11、14、17
st 2、4、9、12、16
t 10

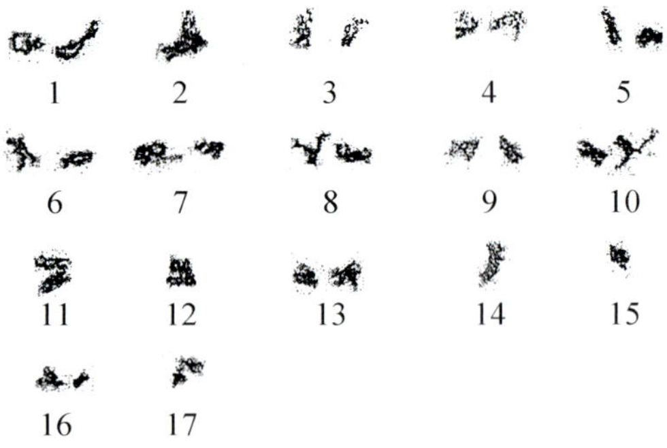

大獭蛤 *Lutraria maxima* 担轮幼虫
m 1、5、7、10、12、13、14、15、16、17
sm 2、3、4、8、9、11
st 6

大竹蛏 *Solen grandis* 鳃细胞
m 13对
sm 3对
st 1对
t 2对

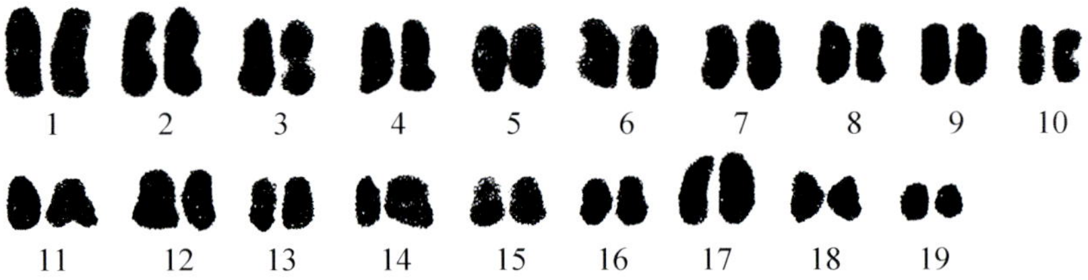

砂海螂 *Mya arenaria* 鳃细胞
m 12对
sm 5对

金乌贼 *Sepia esculenta* 胚胎细胞
m 22对
sm 16对
st 5对
t 3对

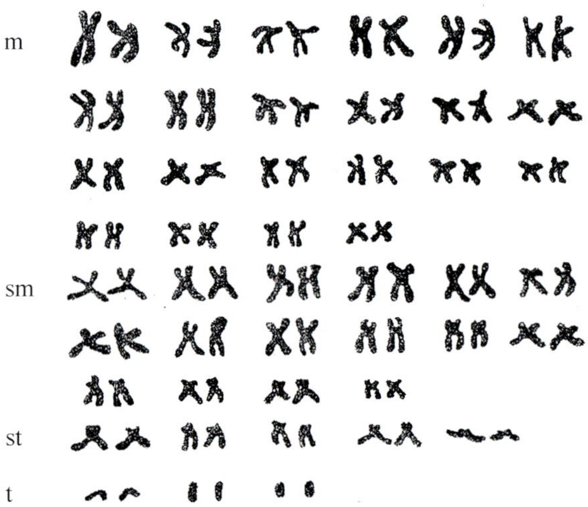

图 1-1-5 两种双壳类幼虫、两种双壳类鳃细胞染色体及金乌贼胚胎细胞染色体核型
（仿陆荣茂等，2007；潘英和苏以鹏，2007；孙振兴等，2004；郑家声等，2001；王晓华等，2011）

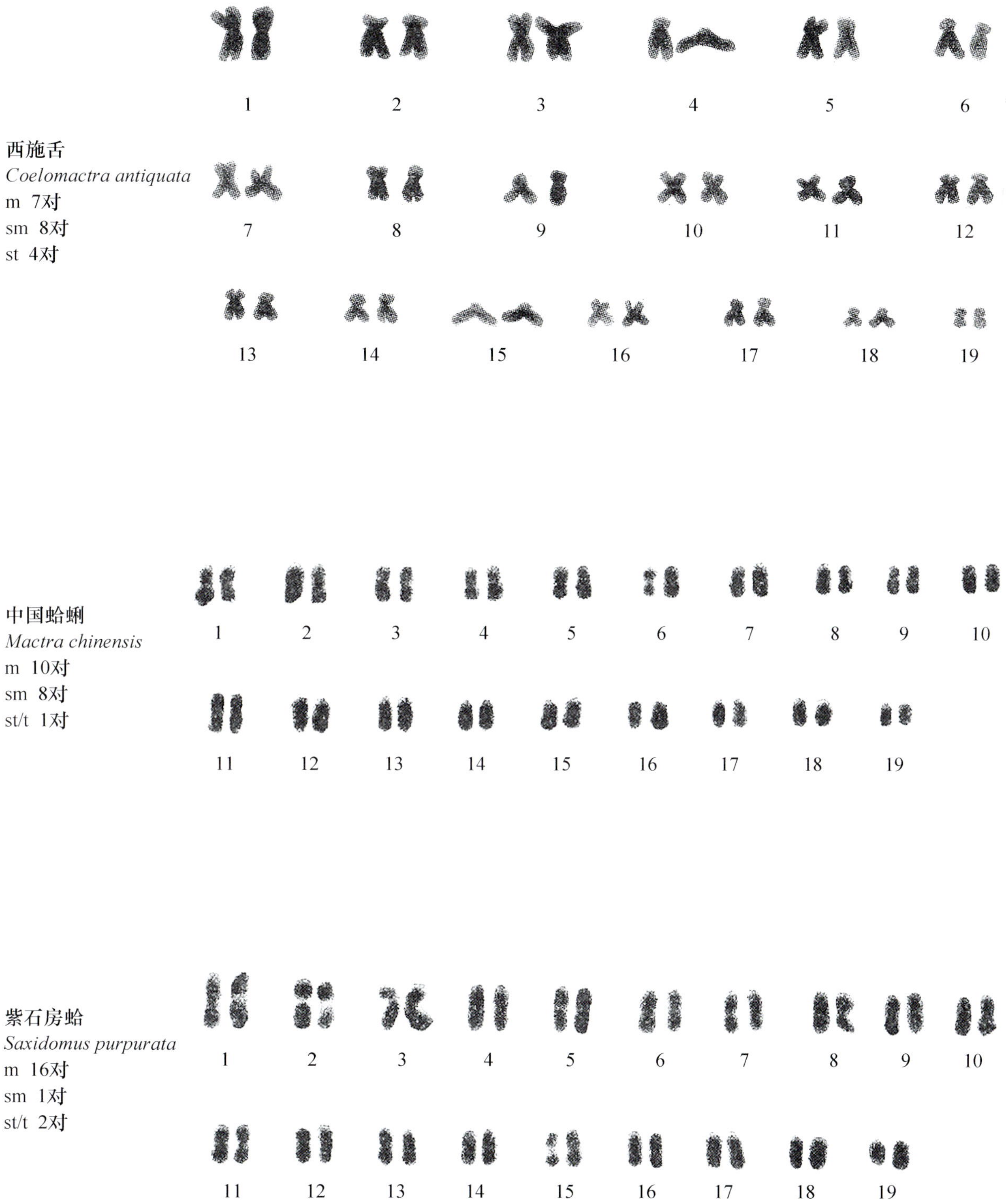

图 1-1-6　3 种双壳类软体动物囊胚期细胞核型（上）和鳃细胞（中、下）染色体核型

（仿饶小珍等，2003；孙振兴等，2004）

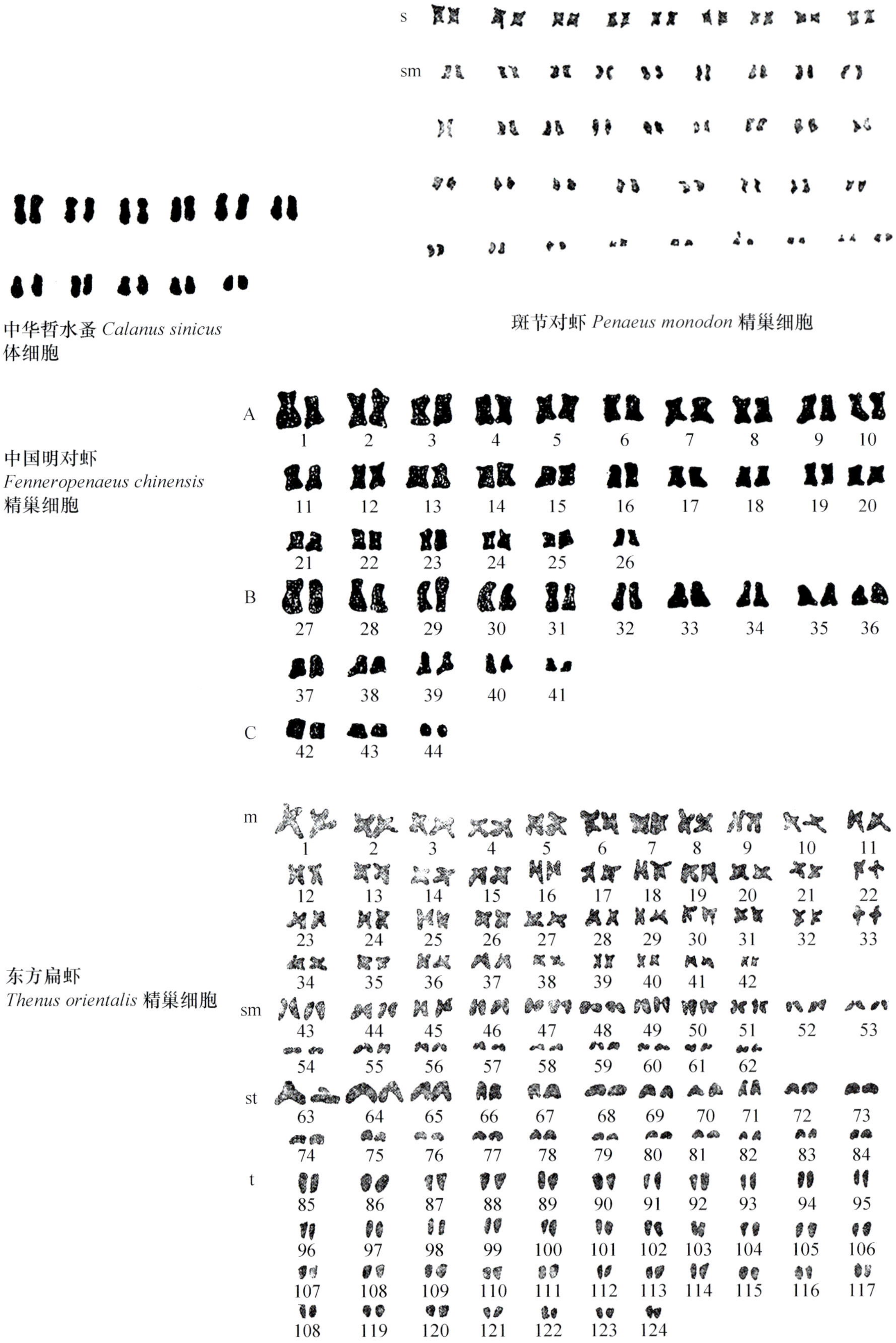

图 1-1-7　中华哲水蚤和 3 种虾蟹染色体核型（仿林元烧等，2000；相建海，1988；朱冬发等，2000）

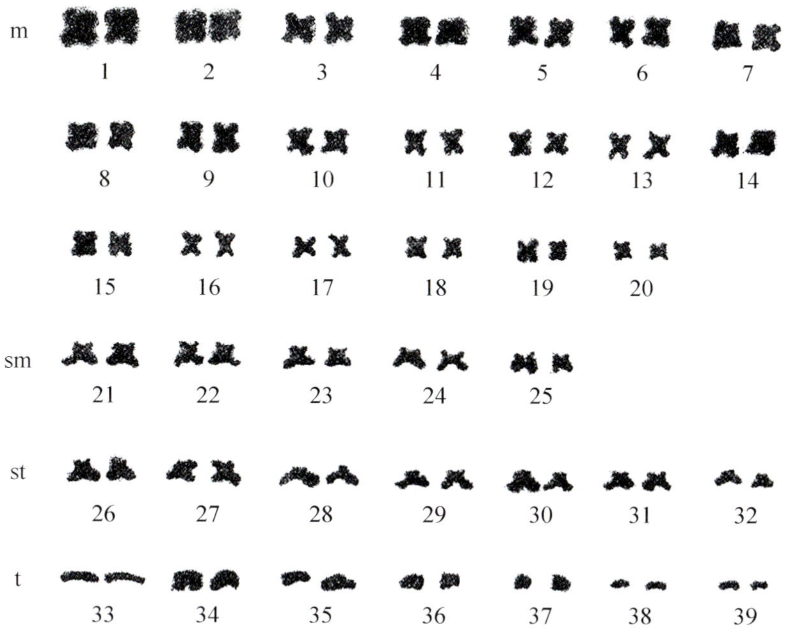

刀额新对虾 *Metapenaeus ensis*
无节幼体、精巢细胞、卵巢细胞

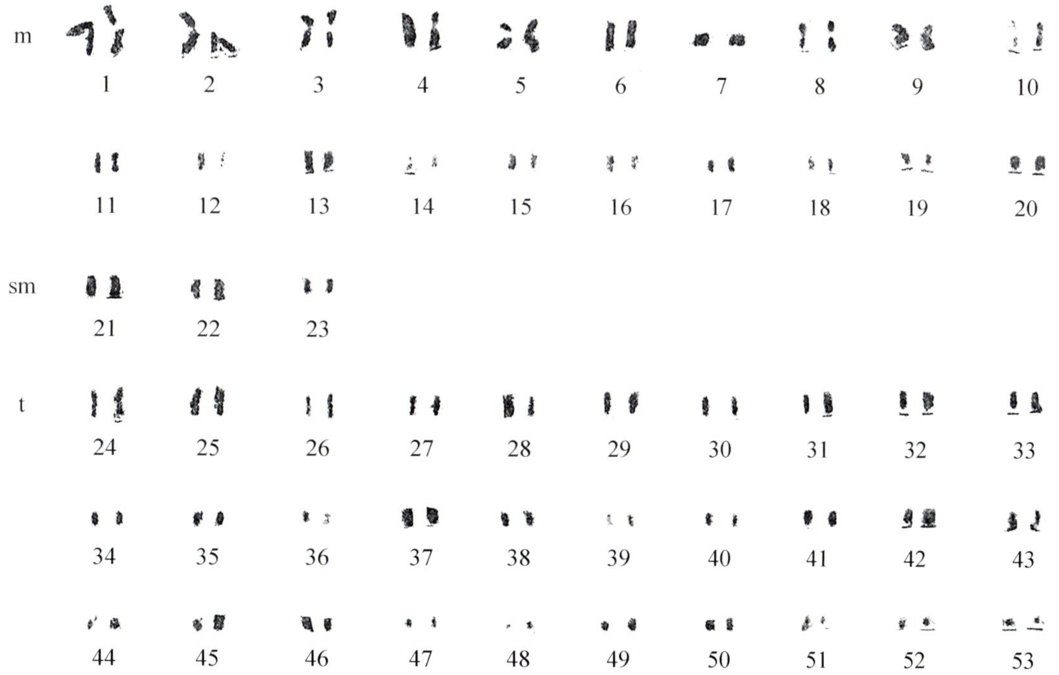

三疣梭子蟹 *Portunus trituberculatus* 精巢细胞和卵内溞状幼体

图 1-1-8　刀额新对虾、三疣梭子蟹染色体核型

（仿张晓军等，2002；阎斌伦等，2009；朱冬发等，2005）

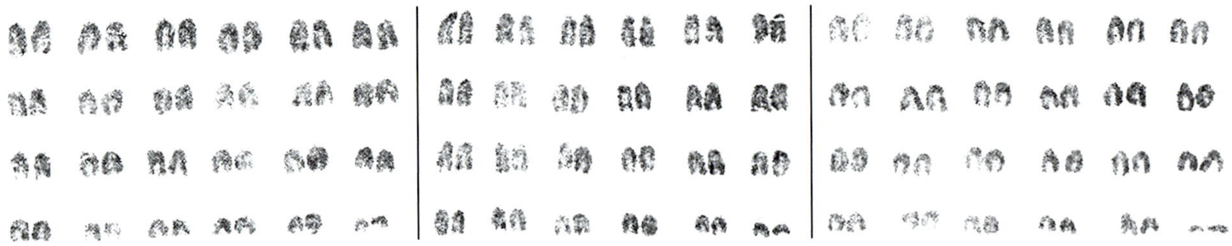

约氏笛鲷 *Lutjanus johnii*　　勒氏笛鲷 *L. russellii*　　画眉笛鲷 *L. vitta*

3种笛鲷的染色体核型 48t

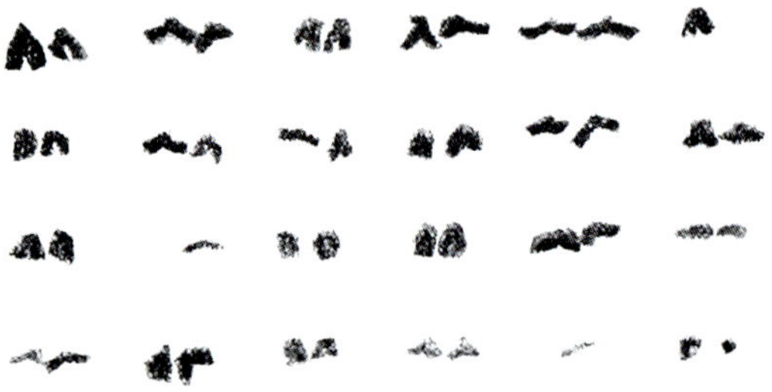

大黄鱼 *Larimichthys crocea* 肾细胞染色体核型 2st+46t

波纹唇鱼 *Cheilinus undulatus* 染色体核型 6m+42t

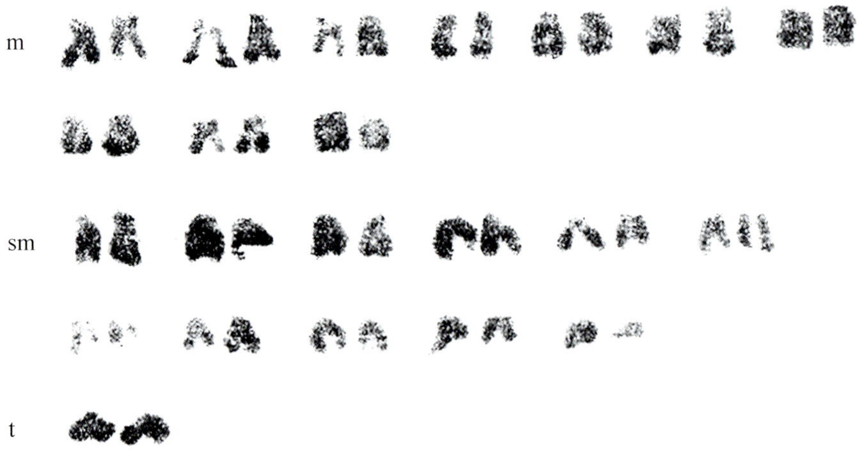

尾纹裸头虾虎鱼 *Chaenogobius annularis* 脾脏细胞染色体核型 20m+22sm+2t

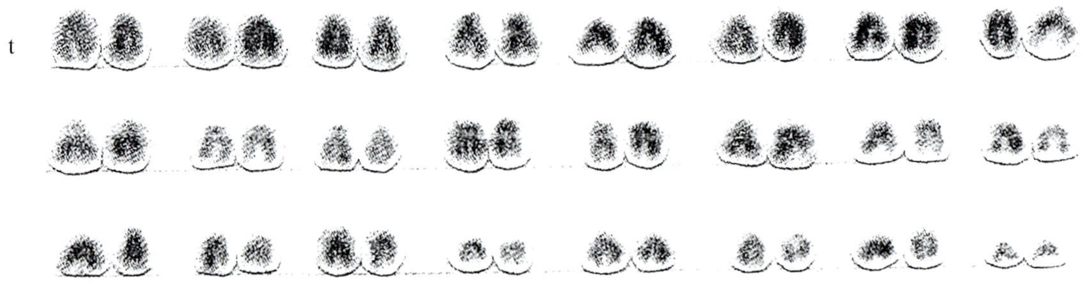

军曹鱼 *Rachycentron canadum* 肾细胞染色体核型 48t

图 1-1-9　笛鲷等 7 种鱼的染色体核型（仿李长玲等，2005；全成干等，2000；霍蕊等，2009；刘楚吾和曹伏君，2008）

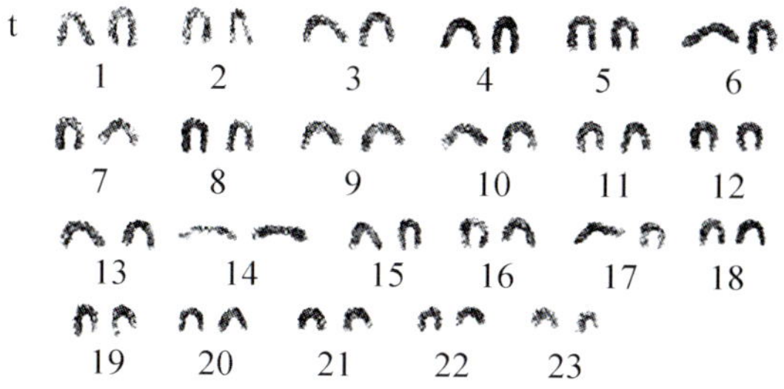

圆斑星鲽 *Verasper variegatus* 肾细胞染色体核型 46t

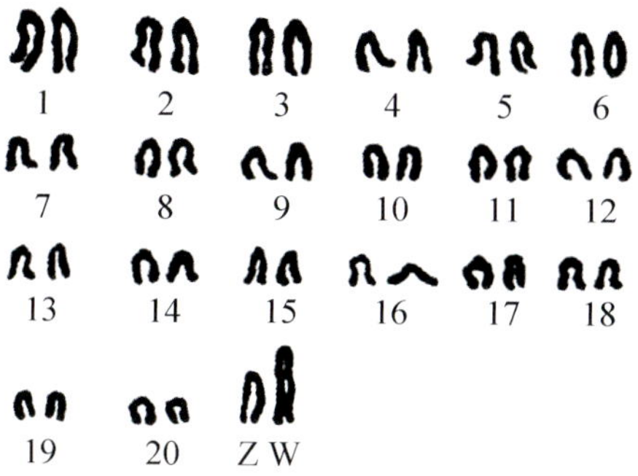

具异形染色体半滑舌鳎染色体核型

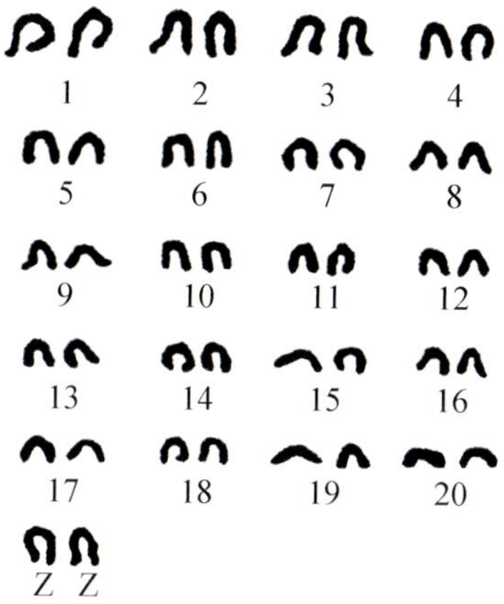

具同形染色体半滑舌鳎染色体核型

半滑舌鳎 *Cynoglossus semilaevis* 鳍条细胞染色体核型

图 1-1-10　圆斑星鲽及半滑舌鳎的染色体核型（仿王妍妍等，2011；周丽青等，2005）

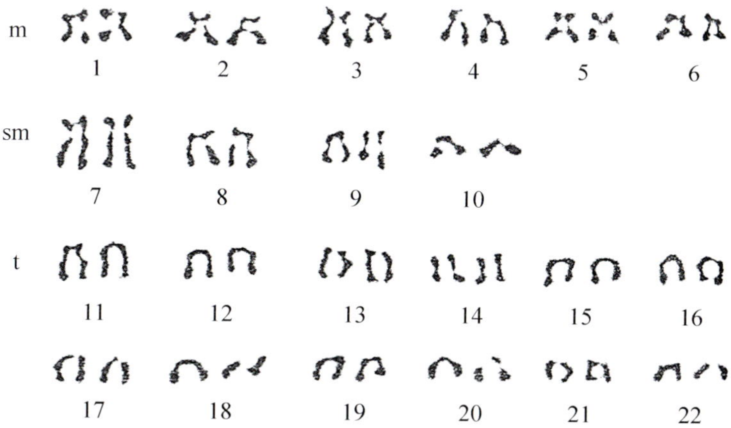

黄鳍多纪鲀 *Takifugu xanthopterus*

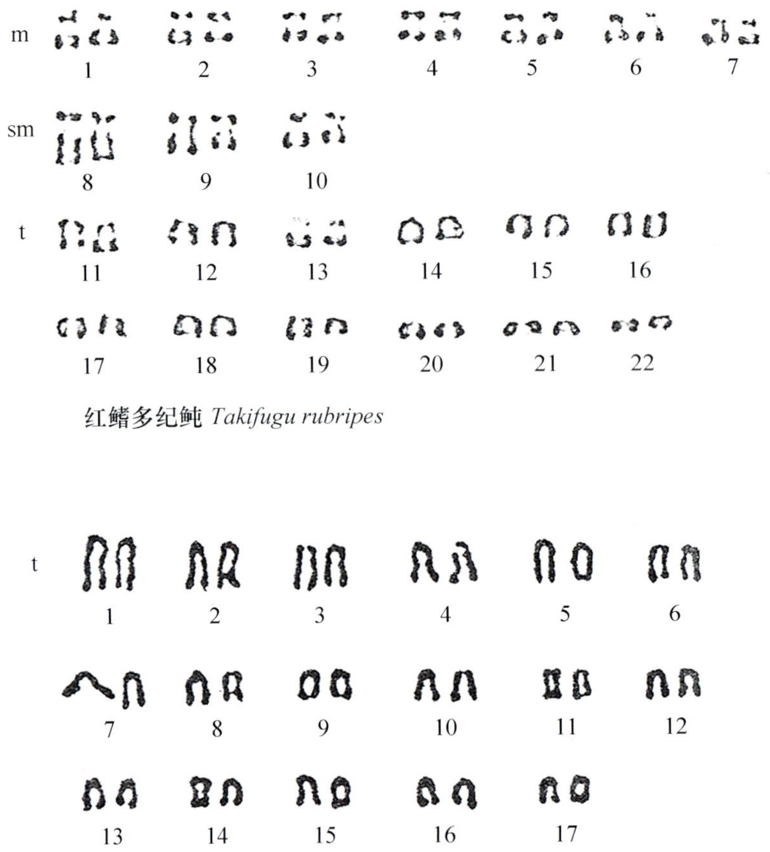

中华单角鲀 *Monacanthus chinensis*

图 1-1-11　3 种鲀肾细胞染色体核型比较（仿邹记兴等，2005；舒琥等，2010a）

第四节　染色体的带型分析

虽然现在的核型分析都采用莱文（Levan）的方法，但不同的实验室和研究者对同一物种的核型分析往往会得到不同的结论。例如，福建海水养殖的大黄鱼（*Larimichthys crocea*），全成干等（2000）报道其染色体核型为 2*n*=48=2st+46t，NF=48；吴建绍等（2001）报道其染色体核型为 2*n*=48=48t，NF=48；邹曙明等（2003）报道了同种鱼的染色体核型为 2*n*=48=48t，NF=48；王德祥等（2006）研究显示其染色体核型为 2*n*=48=6st+42t，NF=48。海水鱼欧氏六线鱼（*Hexagrammos otakii*）的 2*n*=48，也有三种不同结论的研究报道：喻子牛等（1992，1995）报道的核型为 6m+8sm+12st+22t，NF=70；王金星等（1994a）报道的核型为 6m+20sm+16st+6t，NF=74。这些例子中只有染色体数目是一致的，至于有多少条 m、sm、st、t 染色体及总臂数则不尽相同，难以确定标准核型。

造成不同研究者对同一物种的核型分析得到不同结论的原因是，常规的染色体标本制作中，同一细胞在分裂中期的染色体形态往往差别不大，难以准确鉴别（尤其是染色体数目多且小的物种），加上制作过程、观测方法、分类标准及所研究分裂中期染色体的收缩程度等不尽相同。因此，常规的核型分析若不借助其他技术的辅助，就不能克服偶然误差和系统误差所造成的不一致。

染色体分带技术是 1968 年以后发展起来的细胞学新技术，该技术将染色体经特定的物理、化学处理后，用特定的染料按特定的程序染色，便能呈现特定的带纹（band）。经处理的染色体之间，各自有独特的横向带纹，以反映各自固有的结构，因而能显示出同一细胞内不同染色体之间的差异。在常规的核型分析中，若能借助分带技术，以染色体带纹为标记，就能更准确地识别染色体，确定同源染色体，使物种的核型标准化。

目前常用的分带技术有如下几种。

荧光显带法：显示染色体的异染色质区带，也称 Q 带，用喹吖因染色。

吉姆萨（Giemsa）显带法：显示染色体的异染色质区带，是核型分析中的重要辅助方法，也称 G 带，用 Giemsa 染色。

反带（reverse band）显带法：显示与 Q 带、G 带相反的带纹，也称 R 带，用吖啶橙染色，也可用 Giemsa 染色，但染色程序与 G 带的不同。

末端（terminal）显带法：显示染色体末端的带纹，也称 T 带。

着丝粒区显带法：专一显示着丝粒区域及其附近的异染色质区，称 C 带，制作中先用酸（HCl）和碱（NaOH）变性处理后，再用 Giemsa 染色。

核仁缢痕带（nucleolar constriction band）显带法：专一显示染色体的核仁组织区（核仁形成部位带可缩写为 NOR）。有 N 法和银染法两种。N 法用 Giemsa 染色，所显示的带称 N 带。银染法以硝酸银为染料，所显示的带纹称银带。

着丝粒显带法：专一显示着丝粒区域中纺锤丝位点的特异染色法，也称 Cd 带，用 Giemsa 染色。

复制带（replication band）显带法：专一显示染色体复制动态，以检测姐妹染色单体的交换情况，尤其可用于研究同源染色体的复制情况并通过复制的异态对性染色体的存在与否进行鉴定。该显带法所显现的带纹称为 RBG 带，制作过程中使用 5-溴尿嘧啶核苷，染料为 Hoechst 33258 和 Giemsa。

限制性内切核酸酶显带法（restriction enzyme banding）：染色体经限制性内切核酸酶处理后，用 Giemsa 染色，显示染色体中未被限制性内切核酸酶降解的位置、片段、数量和模式，称 RE 带。

染色体分带技术所产生的明显的染色带（暗带）和未染色的明带相间的带纹，使染色体呈现鲜明的个体性，由此可以反映染色体上常染色质和异染色质的分布差异。因此，可以把染色体带型作为一种遗传标记，有效地识别不同物种之间、同一物种不同染色体之间的差异及演化关系。随着生物技术的不断发展，近年来又有核酸酶显带、DNA 杂交显带、染色体原位杂交和抗体显带等，通过这些显带技术可能发现染色体 DNA 一级序列特异性、染色体结构和复制时间等的差异。

蔡明夷等（2013）研究了皱纹盘鲍染色体 C 带和 rDNA 定位，结果显示皱纹盘鲍染色体 C 带包括着丝粒 C 带、端部 C 带和臂间 C 带 3 类。着丝粒 C 带的分布相对稳定，而端部 C 带和臂间 C 带的分布较不稳定，5～7 对染色体上有中期相间多态的端部 C 带。

国内对水生生物显带的研究对象绝大多数为淡水鱼类，海洋生物的报道极少，只有长鳍金枪鱼、黄鳍金枪鱼、鲣、斑尾复虾虎鱼和点带石斑鱼的 C 带，真鲷、黑鲷、鲬和点带石斑鱼的 Ag-NOR。国外已报道了石首鱼科有 18 种鱼类的 Ag-NOR，大多数鮨科鱼类的 Ag-NOR 位点在染色体对的长臂上。关于 G 带仅在欧洲鳗鲡（*Anguilla anguilla*）上有成功报道。在欧洲鳗鲡中还成功获得了 Q 带和 R 带（牛文涛和蔡泽平，2006；卓孝磊和邹记兴，2007）。

第五节　染色体研究的现实意义

研究染色体的行为、数目及核型，不仅对了解生物的遗传组成、遗传变异规律和发育机制具有重要意义，而且对于预测并鉴定种间杂交和多倍体育种的结果，了解性别遗传机制，确定生物的基因组数目，研究物种起源、进化地位和种族关系，以及生物多样性等也具有重要的参考价值。

染色体研究在分类学上的意义　物种的差异除了形态、生理特征外，还表现为染色体数目和核型的差异。利用物种间染色体的差别对生物进行分类并探讨其亲缘关系、分类地位，已经发展为染色体分类学或称核分类学。染色体分类学有时很容易明确区分表型上难以区别的类型。染色体的数目、臂数、相对长度、着丝粒位置和随体的有无，一般具有物种的特异性和稳定性，都可作为分类指标而加以利用。王雪和沈俊宝（1989）已从黑龙江水系的 11 种鮈亚科鱼类的染色体核型分析中看到，核型特征具有属的特异性，与分类学有较强的相关性。云南滇池银白鱼和杞麓银白鱼曾经被分类学家定为同一物种，经过染色体核型分析，两者是有所不同的：前者核型为 14m+20sm+14st，其中 st 组内有两对染色体的长臂上有次缢痕；后者的核型是 12m+24sm+12st，组内只有一对染色体有次缢痕。因此，从染色体分类学得到的证据来看，这两种鱼可能是两个不同的物种。现在这种观点已被经典的分类学证实。中国林蛙过去曾被定为欧洲林蛙中国亚种（*Rana temporaria chensinensis*），以说明与欧洲林蛙 *R. temporaria* 有亲缘关系。而经吴政安（1981）研究，无论在染色体数目，还是核型特征，二者完全不同：欧洲林蛙 $2n$=26，染色体既无棒状又无点状，而欧洲林蛙中国亚种染色体数 $2n$=24，由 6 对大染色体及

6 对小染色体组成。因此，吴政安（1981）认为，“欧洲林蛙中国亚种”不是欧洲林蛙的亚种，而应修订为中国林蛙（*R. chensinensis*）。但是，染色体的分类意义也是相对的，如同形态学指标一样，有时分类上不同的类型却保持近似的染色体核型，如鲤、鲫的染色体核型不但在染色体数目上完全相同（$2n$=100），而且核型也基本一致（12m+40sm+48st·t，NF=152），二者之间很难找出明显的形态差异（吴政安和杨慧一，1980）。反之，在分类上相近的类型，其染色体核型却很不相同。究其原因，前者可能涉及基因改变，后者虽有染色体形态的改变，但未涉及基因变化。因此，有研究者建议，区分和鉴定物种应持全形态学（holomorphology）观点，把表型特征与遗传特征结合起来，作为考察物种的指标（李渝成和李康，1987）。

染色体研究在探讨物种起源、进化地位和种族关系中的意义　染色体核型还可以为生物的演化提供线索。谢仰杰等（2006）从报道过的 70 种软骨鱼的核型研究中看到，除巴西双鳍电鳐二倍体染色体数为 28 外，软骨鱼类二倍体染色体数为 52～104，常存在微染色体。在不同的分类阶元，相对原始的软骨鱼类具有较多的染色体数，端着丝粒染色体和近端着丝粒染色体较多，多有微染色体。软骨鱼类染色体进化趋势表现为个体染色体数目的减少、中着丝粒染色体和近中着丝粒染色体数目的增多并伴随微染色体的消失。Geiger 和 Groves（1999）根据鲍属中 15 个种二倍体染色体数目将鲍鱼染色体数目分为 3 类：第一类鲍鱼染色体数目为 28（$2n$=28），主要分布在欧洲地中海地区；第二类鲍鱼染色体数目为 32（$2n$=32，除 *Haliotis aquatilis* 二倍体染色体数目为 34），主要分布在印度洋-太平洋地区；第三类鲍鱼染色体数目为 36（$2n$=36，除日本南部的 *H. exigua* 二倍体染色体数目为 32），主要分布在北太平洋地区。Geiger 和 Groves（1999）根据染色体数目阐述了鲍属生物地理起源，认为鲍鱼起源于欧洲地中海地区，从欧洲地中海地区到印度洋-太平洋地区然后到北太平洋地区，因为欧洲地中海地区的 *H. tuberculata*（$2n$=28）为遗迹种，该理论即特提斯海模型。李渝成和李康（1987）从泥鳅核型的研究中看到，泥鳅的二倍体类型为 $2n$=50，但是曾发生过 $2n$=50 到 $2n$=100 的自然加倍过程，$3n$=75 可能是 $2n$=50 和 $2n$=100 两个类群杂交产生的。$2n$=50 和 $2n$=100 两个类群稳定的主要因素可能是生殖隔离。高建民（1989）通过核型分析，特别是主要次缢痕的分析，证实了中国雨蛙（*Hyla chinensis*）起源于美洲雨蛙（*H. septentrionalis*）。一般而言，染色体组数低的为原始类型，组数高的为后来衍生的类型。在特定的分类阶元中（如鲤形目），除多倍体外，染色体数目多的应是较原始的类群，而染色体数目少的应视为特化类群；具有较多端着丝粒染色体的是原始类群，而具有较多中着丝粒染色体或近中着丝粒染色体的是特化类群（李树深等，1981）；臂数少的为较原始的类群，臂数多的为特化类群；进化上越是处于上位的，染色体数目变化范围越收敛，核型越趋一致（周暾，1984；李康等，1984；李渝成等，1986）。蛙属的绝大部分种类 $2n$=26，核型一般由 5 对大染色体和 8 对小染色体组成，这似乎已成为该属动物的核型基本特征（吴政安，1981），可是双团棘胸蛙（*Rana phrynoides*）的核型却为 $2n$=64=64t，与至今研究过的蛙属其他种的核型大相径庭。因此，刘万国和昝瑞光（1984）认为，它是蛙属中最原始的核型。日本学者 Arai 等（1982）综合分析了欧亚大陆所研究过的 142 种鲤科鱼类核型后指出，$2n$=50 是鲤科鱼类最原始的核型。桂建芳等（1986）的研究进一步说明，鲤科鱼类中鲃亚科的染色体数目虽然与鉤亚科、鳅鮀亚科鱼类一致，都是 $2n$=50，但染色体臂数比鉤亚科和鳅鮀亚科鱼类少，st 和 t 染色体又比鉤亚科原始型种群的多，因而鲃亚科鱼类的核型更原始，是鲤科鱼类中进化最保守的一大类群，也是分类学最原始的一大类群。鳑鲏亚科具有 $2n$ 分别为 42、44、48 的物种，是进化中的特化类群。鲤亚科中染色体数目为 100、156、162 的鱼类是多倍化类型。李康等（1984）依据鳊亚科、鲴亚科和鲢亚科绝大多数种类染色体数 $2n$=48，认为鉤亚科与鳊亚科、鲴亚科、鲢亚科在系统关系上应属于不同的进化分支，鉤亚科比鳊亚科、鲴亚科有更长的进化历史。桂建芳等（1985）根据鲃亚科和鲤亚科的四倍体种类不但形态上表现出许多相似性状（如臂鳍都有 5 根分枝鳍条、口须均为 2 对、鳔均有膜质并分成 2 室等），而且核型也彼此相同或极为相似（$2n$=100，NF 在鲃亚科为 150，在鲤亚科为 148～160），认为现存的鲃亚科和鲤亚科四倍体种类是由同一祖先多倍化后经自然选择演变而成的。

染色体研究在育种工作的意义 研究种间杂交后的染色体数目或染色体核型是确定杂种遗传组成的可靠手段。有研究者曾用这种方法鉴别福建 16 种无尾两栖类的杂交情况，发现中国雨蛙与棘胸蛙等 17 个种间杂交的后代为单倍体，行雌核生殖。雌草鱼与雄鳙鱼杂交后代为三倍体，由母本草鱼的两套染色体组和父本的一套染色体组构成（Beck et al.，1980），结论也来自核型分析：草鱼的核型为 $2n$=48=30m+18sm，鳙鱼的核型为 $2n$=48=18m+30sm，杂种的核型为 $3n$=72=39m+33sm。若无染色体核型分析，虽可从 72 条染色体推知杂种后代为三倍体，但不知道遗传组成，因为双亲的染色体数都是 $2n$=48。刘思阳（1987）也对雌草鱼与雄三角鲂的杂种子 1 代及其双亲的核型进行了分析，确定该杂交组合的杂种为三倍体（$3n$=72=29m+31sm+12st），其中两套染色体组由草鱼（$2n$=48=20m+20sm+8st）提供，一套由三角鲂（$2n$=48=18m+22sm+8st）提供。染色体研究的成果还可用于预测种间杂交能否进行、杂交后代是否可育的问题。许多研究表明，两个物种的染色体组成越相近，杂交越易成功，杂种后代也越有可能生育（昝瑞光和宋峥，1980）。鳙鱼与鲢鱼的杂交，虽是属间杂交，但由于双方的染色体核型近似（鳙鱼核型为 $2n$=48=14m+24sm+10st，鲢鱼核型为 $2n$=48=14m+24sm+10st），杂交后代两性均可育。而草鱼与团头鲂杂交，由于双方的染色体核型差异甚大（草鱼核型为 $2n$=48=18m+22sm+8st，团头鲂核型为 $2n$=48=20m+24sm+4st），杂交后代两性不育（昝瑞光和宋峥，1979）。莫桑比克罗非鱼、尼罗罗非鱼和伽利略罗非鱼的染色体数目和核型都基本相似，均为 $2n$=44=8sm+34st+2t，陈敏容和陈宏溪（1983）据此预言这三个物种的种间杂交是可能的，现已得到证实。但也有例外，鲤鱼和鲫鱼虽然有很近似的染色体核型，但是其杂交后代只有雌性可育。昝瑞光和宋峥（1980）认为，鲤、鲫的性别决定机制属于雄性异配，因而杂种后代中雄鱼不育，雌鱼可育也属于这种情况。此外，染色体数目或核型分析还可以应用于鉴定其他育种途径［如多倍体育种、细胞核移植、人工诱变、雌（雄）核生殖、组织培养等］所产生的后代的遗传组成。

染色体研究在发育生物学中的意义　有些生物的染色体在发育的不同阶段产生多态现象，是良好的研究发育机理的材料。业已证明，多线染色体在幼虫发育的某个阶段有若干特定的染色体出现膨大，形成疏松区（puff）或巴尔比亚尼环（Balbiani ring）。不同的发育时期，均有特异性疏松区出现和消失。这些疏松区是 RNA 合成和酸性蛋白质积累的活跃区段，而 DNA 停止复制（李国珍，1985）。因而，有人推测这些特异性疏松区的出现和消失可能与发育中基因调控有关。还有一些动物在个体发育中，体细胞丢失一些甚至全部染色体，只有生殖细胞才保留该种生物的全套染色体，如黑森瘿蚊（*Mayetiola destructor*）的生殖细胞有 40 条染色体，但是体细胞只有 8 条染色体，丢失 32 条。马蛔虫（*Ascaris megalocephala*）体细胞也丢失一些染色体，但不是整条丢失，而是每一条染色体消减一部分。有些水生生物染色体在个体发育中也产生变化或多态现象，如海胆、鲨鱼卵母细胞的灯刷染色体在卵子发生过程中产生过剧烈的变化，青鱼、草鱼等染色体的长度和次缢痕数目随胚胎发育呈现一定的规律性变化，鲑鳟鱼类的染色体数目及核型在个体发育过程中波动于一定的范围等。这些染色体研究的成果，将为揭示生物的发育机理提供宝贵的资料。

第六节　染色体的多样性

染色体的数量和核型虽然可作为生物的一种特征，然而并非一成不变。随着染色体研究范围的扩大，越来越多的证据表明，染色体的多样性不但与分类学的物种多样性相互佐证和呼应，甚至同种生物的染色体在一定范围内也具有多样性。现将科以下分类阶元的多样性归纳如下。

一、同科生物的染色体多态现象

绝大多数分类学上同科而不同物种的生物核型不同。例如，蚶科的花蚶、毛蚶和魁蚶的染色体数目都是 $2n$=38，但核型不同。单角鲀科的核型也随不同物种而不同：中华单角鲀（*Monacanthus chinensis*）$2n$=34=34t；丝背细鳞鲀（*Stephanolepis cirrhifer*）$2n$=33=1m+32t；绿鳍马面鲀（*Thamnaconus septentrionalis*）$2n$=40=40t。

二、同属的生物的染色体多态现象

林元烧等（2000）的研究表明，唇角水蚤属（*Labidocera*）的锐唇角水蚤（*Labidocera acutifrons*）$2n$=20=16m+4t，孔雀唇角水蚤（*L. pava*）$2n$=20=16m+4t，巴塔唇角水蚤（*L. batariae*）$2n$=20=16m+4t，小齿唇角水蚤（*L. laevidentata*）$2n$=20=10m+8sm+2t，小唇角水蚤（*L. minuta*）$2n$=22=10m+6sm+6t，真刺唇角水蚤（*L. euchaeta*）$2n$=20=12m+8t。

三、同种不同地理种群存在染色体多态现象

分类学上划为同一物种的不同种群或同一种群的不同个体，染色体数目和形态也可能不同。王德祥等（2006）报道，分布于浙江海域的岱衢族大黄鱼的染色体核型为 $2n$=48=6m+6sm+36t，NF=60；分布于福建海域的闽粤东族大黄鱼的染色体核型为 $2n$=48=6st+42t，NF=48。李渝成和李康（1987）的研究表明，鲤科雅罗鱼亚科马口鱼属的马口鱼（*Opsariichthys bidens*）的核型随不同地理分布存在多态性：分布于日本的 $2n$=78，核型为 8sm·st+70t，NF=86；分布于我国广东韶关、阳山的 $2n$=76，核型为 4m+6sm+4st+62t，NF=86；分布于四川雅安、乐山的为 $2n$=74，核型为 6m+6sm+4st+58t，NF=86。这三个地区的马口鱼核型中除臂数一致外，其余均不同。泥鳅（*Misgurnus anguillicaudatus*）是鳅科中分布最广泛的一种鱼，其染色体数目和核型也存在多态性（李渝成和李康，1987）：分布于我国武汉、沙市的 $2n$=100，核型为 16m+12sm+72t，NF=64。分布于日本的分别有 $2n$=50，核型为 14m·sm+36t 和 10m+4sm+36st·t 的两种，NF=64；$2n$=48，核型为 12m+4sm+32st·t，NF=64；$3n$=75，核型为 15m+6sm+54st·t，NF=96。

同物种内染色体数目多态现象在鱼类中并不少见，从低等的欧洲七鳃鳗（*Lampetra fluviatilis*，$2n$=156 或 164）到较高等的黑海菱鲆（*Scophthalmus maeoticus*，$2n$=40、44 或 48）均存在。据悉，染色体数目多态性有以下三种表现形式。

同种不同种群之间染色体数目呈倍数性变化 卤虫为存在于沿海盐田及内陆高盐湖泊中的鳃足亚纲甲壳动物，是鱼虾特别是鱼虾苗的优质活饵料。卤虫分两性生殖卤虫和孤雌生殖卤虫，前者为二倍体，后者则有二倍体、三倍体、四倍体和五倍体。张闰生等（1990）报道了我国 4 个地理品系卤虫的染色体都有二倍体（$2n$=42）、四倍体（$4n$=84）和五倍体（$5n$=105），染色体组成呈多样性。其中，海南同一海域的卤虫有二倍体（占 8%）、四倍体（占 17.7%）和五倍体（占 18.3%）。类似的情况也存在于其他一些鱼类中，如日本的琵琶花鳅（*Cobitis biwae*）有 $2n$=48 和 $2n$=96 两类种群；泥鳅 $2n$=48、50 的为二倍体类型，$3n$=75 的为三倍体类型，$4n$=100 的为四倍体类型。

染色体数目呈非整倍性变化而臂数变化较小或无臂数变化 这通常是两个同源或非同源的近端着丝粒染色体的着丝粒相互融合，成为中着丝粒染色体或近中着丝粒染色体，从而导致物种染色体数目减少而臂数不变，这就是罗伯逊易位（Robertsonian translocation）。相反的过程是中着丝粒染色体或近中着丝粒染色体从着丝粒处断裂，形成两个端着丝粒染色体，造成物种染色体数目增多而臂数不变，这就是罗伯逊裂解（Robertsonian fission）。鲍属染色体数目的地理分布很有规律（黎中宝，2006；蔡明夷等，2013）：地中海海域的鲍种 $2n$=28，印度洋-太平洋亚洲海域的鲍种 $2n$=32，北太平洋和南非-澳大利亚鲍种 $2n$=36。这个规律说明染色体的罗伯逊易位或裂解在鲍的种群分化中占有重要地位。邱高峰等（1994）认为，罗伯逊易位在长臂虾

亚科核型演化中起重要作用。李渝成和李康（1987）的研究表明，泥鳅种群从 $2n$=50 演化出 $2n$=48 就是经由罗伯逊易位，马口鱼种群从 $2n$=74 演化出 $2n$=76 或 78 则是通过罗伯逊裂解。

B 染色体的存在 B 染色体是一些在许多方面都不同于正常染色体（称 A 染色体）的超数染色体，其有无和多少不影响个体的繁殖和生活能力，不会造成生殖隔离。据王青等（2005）报道，海螯虾科的染色体数目变化很大，可能与 B 染色体有关。B 染色体也常见于同一物种的不同类群，如云南的高背鲫含有 10 条 B 染色体，其中 3 条中着丝粒染色体、2 条近中着丝粒染色体、5 条近端着丝粒染色体或端着丝粒染色体（昝瑞光，1982）。B 染色体也常见于同一种群的不同个体或同一个体的不同细胞，如湖北沙市的大鳞副泥鳅同一个体中存在两种染色体数目，大致一半细胞的 $2n$=48，另一半细胞 $2n$=49（李渝成和李康，1987）。B 染色体在鲤鱼、两栖类中也有发现（吴政安和杨慧一，1980），如日本色鲤有 1～2 条、欧洲林蛙有 1～4 条（$2n$=26）。

四、同一个体不同细胞染色体的多态现象

体细胞染色体的数目是生殖细胞的两倍，肠壁细胞、肝细胞也常出现多倍体或非整倍体。这是因为这些特殊器官或组织的细胞染色体分裂正常而细胞核分裂被抑制。果蝇唾液腺的染色体为巨大的多线染色体（polytene chromosome），比其他细胞的染色体长 100～200 倍，体积大 1000～2000 倍，形态不同于其他器官的染色体。这种染色体是同源染色体紧密配对并结合而成的，每条由 500～1000 条解旋的染色线合并在一起。形成多线染色体的原因是唾液腺细胞 DNA 复制正常，但没有相应的染色体分裂，细胞一直停留在有丝分裂的初期状态（汪德耀，1988）。

五、部分动物卵子发生过程中灯刷染色体的多态现象

灯刷染色体（lampbrush chromosome）首先发现于鲨鱼的卵母细胞，后又发现于箭虫、海星、海胆、乌贼和一些鱼类、两栖类、爬行类、鸟类及哺乳类的卵母细胞。灯刷染色体主轴两边有侧环，状如灯刷。在有尾两栖类（如蝾螈）的卵母细胞中，灯刷染色体长达 5900μm，由两条同源染色体组成，在交叉处相结合。同源染色体每个成员的中轴都由两条染色单体构成，轴上有一些染色粒，代表 DNA 链紧密螺旋化的部位，同时两条染色单体向两边伸出许多侧环，环上积聚着许多基质。基质主要是 RNA 和蛋白质，实际是无数核蛋白的微纤维垂直地插在 DNA 轴上面。侧环是活跃合成 RNA 及蛋白质的地方，所合成的 RNA 和蛋白质贮存于卵子，供胚胎发育所需。灯刷染色体本身由普通染色体形成，卵母细胞一旦进入分裂中期，其也随之消失，恢复原来的形态。

第二章 质量性状的遗传和多样性

质量性状（qualitative character）是指那些有明显界线、易分类、性状差异不连续（没有中间过渡类型）、可用文字描述、在纯系中无明显差别的性状，如海湾扇贝贝壳的橙色与白色、人的色盲与否、豌豆的红花与白花等。

质量性状是由多个基因控制的，但是相对性状之间的遗传差异往往只涉及一对或少数几对基因。这些基因都是一些位于染色体上的细胞核基因，遗传方式符合遗传学三大定律。

遗传学三大定律揭示了质量性状遗传和变异的规律，是质量性状在群体内产生遗传多样性的重要原因和动力。

第一节 遗传学三大定律和 χ^2 检验

分离定律（law of segregation）、自由组合定律（law of independent assortment）和连锁定律（law of linkage）是遗传学的三大定律，现分述如下。

一、分离定律

分离定律是孟德尔 1865 年首先提出来的，也称孟德尔第一定律（Mendel's first law），已被后人证实和发展。该定律揭示了同源染色体上等位基因（allele）的遗传情况，即位于同源染色体上的等位基因具有独立性，在减数分裂过程中，等位基因随着同源染色体的分离而彼此分离，各自进入一个生殖细胞（在卵子发生过程中一个进入第一极体），并通过随机受精过程独立地遗传给后代。

二、自由组合定律

自由组合定律是孟德尔在提出分离假说时同时提出来的，也被后人证实和发展，并被称为孟德尔第二定律（Mendel's second law）。该定律揭示了不同对同源染色体基因的遗传情况，即在减数分裂过程中，各对同源染色体上等位基因的分离互不干扰、彼此独立，非等位基因以自由组合的方式构建配子的基因型（genotype）。

三、连锁定律

连锁定律是摩尔根（Morgen）首先明确提出来的。该定律揭示了同源染色体上不同对基因间的遗传情况，即位于同一条染色体的基因常常有连在一起遗传的倾向，但在减数分裂过程中，同源染色体之间可以以一定频率互换等位部分的基因，从而改变基因的连锁关系。

四、χ^2 检验

三大定律支配下的质量性状遗传，无论是测交后代［杂合体（Aa）与隐性亲本类型（aa）交配的后代］，还是子 2 代［杂种子 1 代（Aa）相互交配的后代］，性状分离情况都遵循一定的规律，呈现一定的数量关系。例如，分离定律使 1 对基因的杂合体（Aa）在测交后代中出现 1∶1 的性状分离比；自由组合定律使位于不同染色体上的两对等位基因杂合体（AaBb）在测交中产生 4 种基因型和表型组合（AaBb、Aabb、aaBb、aabb），它们之间的比值为 1∶1∶1∶1；连锁定律使位于同一对染色体的两对等位基因的杂合体（AB/ab）在测交后代中所表现的性状分离比不符合 1∶1∶1∶1。

遗传学三大定律在遗传中所表现的数量关系或遗传比率，要在子代个体数较多时才比较明显，子代个体数不多时常常难以判断。遗传学研究中，实验结果与预期遗传比率往往有一定差异，为了说明实际比率与理论比率的符合程度，判断实验结果是否符合某个理论比率，遵循某个规律，常常借助统计学的 χ^2 检验（chi-square test，卡方检验）来确定其符合程度。

χ^2 是一个表示实得数与理论数差异程度的指数，其数值为

$$\chi^2=\sum\frac{(\text{实得数}-\text{预期数})^2}{\text{预期数}}$$

式中，$\sum$ 是积加符号，表示分类各项按算式计算的积加。

χ^2 检验的第一步是依据上述公式，算出 χ^2 值。例如，孟德尔在豌豆杂交试验中发现，红花品系与白花品系杂交，子 2 代得到 929 株，其中 705 株开红花、224 株开白花。按 3∶1 的分离比推估，性状的遗传若符合孟德尔自己提出的分离假说，预期数应有 696.75 株开红花，232.25 株开白花，把这些数据代入计算式，χ^2 为

$$\chi^2=\frac{(705-696.75)^2}{696.75}+\frac{(224-232.25)^2}{232.25}=0.3907$$

χ^2 检验的第二步是求算自由度（degree of freedom）。自由度是总数确定后，实得数中能自由变动的项目数。在预期遗传比率和实验结果符合程度的测定中，自由度（df）等于子代分类数减 1。本例中，子代分成红花、白花两类，自由度为 2−1=1，即总数确定后，两个实得数中，只有一个可以自由变动，一旦一个实得数确定后，另一个实得数也随之确定，不能自由变动，因为子代总数是一定的。

χ^2 检验的最后步骤是依据 χ^2 值、自由度和 χ^2 表（表 1-2-1），查出偏差与实得数一样大或更大的概率（P）。这个概率若大于 0.05，说明实得数与预期数无显著差别，符合预期规律或假说；若概率小于 0.05，说明实得数与预期数有显著差别，不符合预期规律或假说。上例中，$df=1$，$\chi^2=0.3907$，由 χ^2 表得知，$0.50<P<0.95$，可见，子 2 代开红花与开白花的实得比率符合 3∶1 的假定比率，孟德尔的分离假说成立。

表 1-2-1　χ^2 表

df \ χ^2 \ P	0.99	0.95	0.50	0.10	0.05	0.02	0.01
1	0.000 16	0.003 9	0.45	2.71	3.84	6.41	6.64
2	0.020 1	0.103	1.39	4.61	5.00	7.82	9.21
3	0.115	0.35	2.37	6.25	7.82	9.84	11.35
4	0.297	0.71	3.36	7.78	9.49	11.67	13.28
5	0.554	0.445	4.35	9.74	11.07	13.39	15.09
10	2.56	3.64	9.34	15.99	18.31	21.16	23.21

应用 χ^2 检验必须采用实际数字，不能用比例或百分数，因为 χ^2 值与个体数有关。另外，如果有一项预期值小于 5，就不宜用 χ^2 检验，因为该方法是一个近似求法，子代个体数越多越可靠，小于 5 时误差太大。

第二节　一对等位基因差异的质量性状遗传

相对性状的遗传差异只涉及一对等位基因的质量性状，完全按分离定律遗传，在纯系中能真实遗传，后代表现为亲本性状。杂合体与隐性亲本类型测交，显性性状和隐性性状分离比为 1∶1。相对性状的纯种杂交，子代表型和基因型将随如下情况而有所不同。

一、显隐关系完全

显隐关系完全时，子 1 代杂合体表现显性性状。子 2 代显性性状与隐性性状按 3∶1 分离出来，基因型按 1∶2∶1 分离为三种。

（一）鲤鱼散鳞与全鳞的遗传

我国鲤（*Cyprinus carpio*）的鳞片有散鳞和全鳞两种。所谓散鳞是指鳞片少且分布不规律，而全鳞是指全身均有鳞片且分布整齐规则。将散鳞鲤与全鳞鲤杂交（吴清江等，1980），子 1 代全为全鳞型，可见全鳞为显性性状，散鳞为隐性性状。子 2 代中全鳞鲤有 540 尾，散鳞鲤有 164 尾，经统计学 χ^2 检验，符合 3∶1 的比值。子 1 代与隐性亲本类型（散鳞鲤）的测交后代中有 1947 尾全鳞鱼，2009 尾散鳞鱼，经 χ^2 检验也符合 1∶1。可见，散鳞和全鳞只涉及一对基因的差别，遗传规律遵循孟德尔分离定律。

A： 全鳞（AA）♀×散鳞（aa）♂

↓

F_1 全鳞（Aa）

↓

F_2 全鳞（A_）+散鳞（aa）

540 尾∶164 尾≈3∶1

χ^2=1.0909，$P>0.05$

B： 子 1 代（Aa）×散鳞（aa）

↓

全鳞（Aa）+散鳞（aa）

1947 尾∶2009 尾 ≈ 1∶1

χ^2=0.9717，$P>0.05$

有研究者报道，泰国和埃及的红罗非鱼品系，其红体色也遵循孟德尔遗传定律，红色和野生色只涉及一对基因（R-r）的差别。红色对野生色为显性。因此：

野生型尼罗罗非鱼（rr）♀×红罗非鱼（RR）♂

↓

子 1 代：红色（Rr）

↓

子 2 代：3/4 红色（R_）+1/4 野生色（rr）

测交：子 1 代（红色 Rr）×野生型（rr）

↓

1/2 红色（Rr）+1/2 野生色（rr）

（二）叉尾斗鱼野生型与白化型的遗传

我国常见的叉尾斗鱼（*Macropodus opercularis*）的野生型呈黑灰色，眼睛也呈黑色；有一种白化型的个体，体色为乳白带粉红色，眼睛呈血红色，是突变型。用纯系的野生型与纯系的白化型杂交（伍惠生等，1981），子 1 代全部为野生型的黑灰色；子 2 代有 6311 尾野生型，2140 尾白化型，经 χ^2 检验符合 3∶1 的分离比。子 1 代与白化型测交得到 1204 尾野生型，

1170 尾白化型，经 χ^2 检验也符合 1∶1 的比值。可见野生型与白化型由一对基因的差别造成，野生型（AA）对白化型（aa）呈显性。

A： 野生型（AA）×白化型（aa）

↓

F_1 野生型（Aa）

↓

F_2 野生型（A_）+白化型（aa）

6311 尾∶2140 尾≈3∶1

χ^2=0.4687，$P>0.05$

B： 子 1 代（Aa）×白化型（aa）

↓

野生型（Aa）+白化型（aa）

1204 尾∶1170 尾≈1∶1

χ^2=0.4869，$P>0.05$

（三）金鱼普通眼与龙睛的遗传

金鱼（*Carassius auratus*）有一种龙睛鱼，眼睛的眼球过分膨大并部分外凸于眼眶之外，这种外凸眼称为龙睛。普通金鱼的眼睛与野生鲫鱼的眼睛相同，为平眼，称正常眼或普通眼。这两种眼睛的性状都能真实遗传，龙睛鱼的纯系全为龙睛，普通眼的纯系全为普通眼。普通眼金鱼与龙睛鱼杂交的子 1 代全为普通眼；子 2 代中有 3/4 的金鱼为普通眼，1/4 的金鱼为龙睛。子 1 代与龙睛鱼测交的后代，普通眼与龙睛各占一半，比例为 1∶1。可见，金鱼的龙睛与普通眼是一对相对性状，普通眼对龙睛为显性，它们之间仅存在一对等位基因的差别，遗传情况符合孟德尔分离定律（王春元等，1979a，1979b）。

A： 普通睛（DD）×龙睛（dd）

↓

F_1 普通眼（Dd）

↓

F_2 3/4 普通眼（D_）+1/4 龙睛（dd）

B： 子 1 代（Dd）×龙睛（dd）

↓

普通眼（Dd）+龙睛（dd）

318 尾∶327 尾≈1∶1

χ^2=0.1256，$P>0.05$

业已证明，金鱼单尾鳍和双尾鳍也是一对相对性状，相差一对等位基因，单尾鳍对双尾鳍为显性（伍惠生和傅毅远，1983）。

（四）海湾扇贝贝壳颜色的遗传

海湾扇贝（*Argopecten irradians*）贝壳颜色的遗传较复杂，据张国范和郑怀平（2009）研究，海湾扇贝贝壳橙色对白色为显性，橙色对紫色也为显性。杂交后代贝壳都显橙色。

二、显隐关系不明显

具有相对性状的纯种杂交，在显隐关系不明显时，子 1 代杂合体的表型如实反映基因型的特点，不同于双亲类型；子 2 代的表型和基因型都分别按 1∶2∶1 分离为三种。下文以金鱼透明鳞与非透明鳞的遗传为例。

普通金鱼的鳞片是不透明的，但一种突变种金鱼的鳞片是透明的，没有色素，可以通过其外表看到内脏。生物学家陈桢（1959）的研究表明，非透明鱼的后代都是非透明鱼，透明鱼的后代都是透明鱼。透明鱼与非透明鱼杂交，子 1 代全为半透明鱼，鳞片性状介于双亲之间，既不完全透明，又没有完全的反光组织，因此黑色素细胞、黄色素细胞和淡蓝的分光色常常混成特殊的花斑，呈五花状，称五花鱼。子 2 代透明鱼占 1/4，五花鱼占 1/2，非透明鱼占 1/4。这些实验结果表明，透明与非透明性状的差异是一对基因的差异决定的，但透明与非透明性状之间没有明显的显隐关系，子 2 代所出现的三种类型代表了三种不同的基因型，其比例为 1∶2∶1。在子 1 代和子 2 代所出现的五花鱼均为杂合体，透明与非透明基因之间为不完全显性的关系。

非透明鱼（TT）×透明鱼（tt）

↓

五花鱼（Tt）

↓

1/4 非透明鱼（TT）+1/2 五花鱼（Tt）+1/4 透明鱼（tt）

据 Tave 等（1989）研究，莫桑比克罗非鱼的正常体色为黑色，有一种突变型为金黄色，黑色基因对金黄色基因为不完全显性，其杂合体的体色为青铜色。因此，青铜色个体相互交配，后代有 25% 为黑色，50% 为青铜色，25% 为金黄色。

三、相对性状以单倍体形式表现

有些水生生物有单倍体世代，相对性状以单倍体形式存在。具有相对性状的个体如果相互杂交，子 1 代杂种发育到单倍体世代时，相对性状按 1∶1 分离，表型如实反映其基因型。

（一）条斑紫菜野生型与绿色（或红色）突变型的遗传

条斑紫菜（*Porphyra yezoensis*）的生活史如图 1-2-1 所示（曾呈奎等，1985）。由紫菜生活史可知，条斑紫菜叶状体为单倍体，丝状体为二倍体。叶状体是丝状体经减数分裂后，由壳孢子发育而成的。

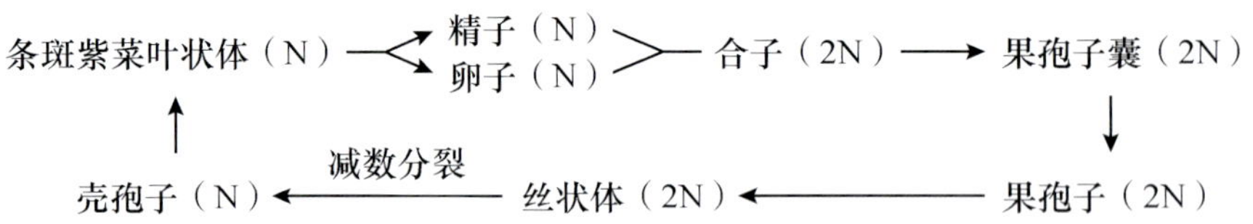

图 1-2-1　条斑紫菜的生活史

条斑紫菜叶状体的野生型呈紫红色或紫褐色。而一种由红色、黄色、绿色和野生色斑块构成的嵌合体是突变引起的。从不同色斑区分别采孢子进行培养可以得到不同颜色的叶状体纯种。在纯种中，叶状体为野生色的，丝状体也是野生色；叶状体为绿色的突变型，丝状体也为绿色突变型；叶状体为红色的突变型，丝状体也为红色突变型。

用绿色突变型和野生型杂交，子代丝状体（2N）均为野生型的野生色，该丝状体经减数分裂，由壳孢子（N）所发育出来的叶状体（N）有绿色突变型和野生型两种，分别为 993 株和 1074 株，经统计学分析，χ^2=3.1742，P＞0.05，性状分离比符合 1∶1。可见，绿色突变型和野生型叶状体只相差一个等位基因，野生色对绿色为显性（三浦沼雄和国藤恭正，1983）。

绿色突变型（g）×野生型（G）

↓

野生型丝状体（Gg）

↓

绿色突变型叶状体（g）+野生型叶状体（G）

实得数：　993 株　1074 株

理论数：　1033.5 株　1033.5 株

χ^2=3.1742，d*f*=1，P＞0.05

用红色突变型与野生型杂交，子代丝状体为野生型，子代叶状体有红色和野生色两种植株，分别为 125 株和 122 株。经 χ^2 检验，性状分离比也符合 1∶1。可见野生型对红色突变型也为显性，红色突变型与野生型也相差一个等位基因。

本例中，紫菜叶状体颜色的分离发生于子 1 代，分离比为 1∶1，显然不同于其他上述几例（性状分离发生于子 2 代，分离比为 1∶2∶1 或 3∶1），然而等位基因的分离规律是一致的，即控制相对性状的等位基因在减数分裂过程中彼此分离，不同的是大部分生物的等位基因在配子发生过程中进行分离，并分别进入不同的生殖细胞。紫菜生活史特殊，等位基因不在配子发生过程中分离，而是在丝状体演化为壳孢子的减数分裂过程中分离，各自进入不同的壳孢子。另外，紫菜中控制叶状体颜色的等位基因的分离情况，可以在杂种子 1 代所形成的叶状体中得到表现和鉴定。但是，其他大部分生物的等位基因分离情况不易从子 1 代配子中得到鉴定，必须在子 2 代个体中才充分表现。

（二）江蓠野生型与绿色突变型的遗传

江蓠（*Gracilaria*）的生活史分三个不同的世代（图 1-2-2），即孢子体（2N）、配子体（N）和果孢子体（2N）。藻体为孢子体，成熟后经减数分裂产生四分孢子（N）；四分孢子萌发出来的藻体，一部分为雄配子体（N），成熟后产生精子（N），一部分为雌配子体（N），成熟后产生卵子（N）。果孢子受精后，经过一段复杂的变化，形成果孢子体（2N），也叫囊果。囊果内含许多果孢子（2N）。果孢子成熟后从囊果孔排放到水里，萌发为新藻体，即孢子体。

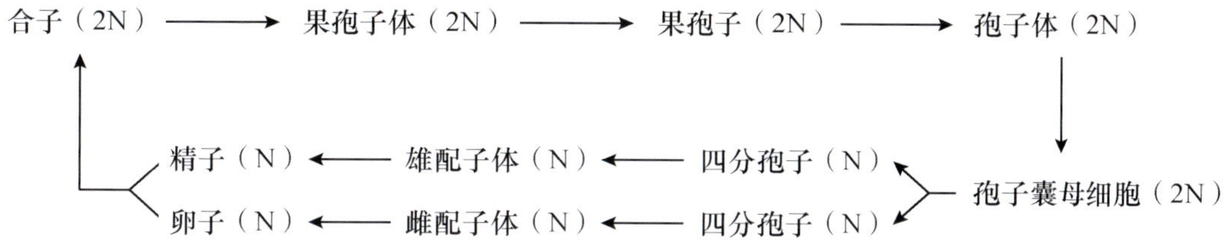

图 1-2-2　江蓠的生活史

由江蓠生活史可知，江蓠配子体（N）是孢子体经减数分裂后，从四分孢子（N）发育起来的单倍体。配子体的表型能如实反映基因型，体现了减数分裂过程中基因的分离和自由组合情况，说明了基因分离定律和自由组合定律与减数分裂中染色体行为关系。

江蓠的孢子体和配子体的野生色是一致的，一般呈深褐色、紫红色或紫绿色。有两种绿色突变型（B 型和 M 型）能真实遗传，其孢子体和配子体都是绿色的。

野生型与绿色突变型杂交，子 1 代孢子体（2N）都为野生色，子 1 代配子体（N）有野生型和绿色突变型两种，经 χ^2 检验，分离比符合 1∶1（表 1-2-2）。可见，江蓠野生色与绿色的遗传符合分离定律，相差一个等位基因，野生型对绿色突变型为显性（曾呈奎等，1985）。

表 1-2-2　江蓠杂交试验结果

杂交组	孢子体表型	子 1 代配子体的表型（株数）	χ^2 检验值	*P* 值
突变 B 型（♀）×野生型（♂）	野生型	野生色（672）、绿色（684）	0.1062	＞0.05
突变 M 型（♀）×野生型（♂）	野生型	野生色（338）、绿色（329）	1.1214	＞0.05
野生型（♀）×突变 B 型（♂）	野生型	野生色（195）、绿色（160）	3.4507	＞0.05

第三节　两对相对性状和两对等位基因差异的质量性状遗传

两对相对性状之间的遗传至少涉及两对等位基因的差别，有可能按自由组合定律遗传，也有可能按连锁定律遗传。

一、无相互作用的两对非同源染色体等位基因的遗传

如果控制两对相对性状所涉及的两对等位基因位于不同对的染色体，显隐关系完全，没有相互作用，那么两对性状之间将严格按自由组合定律遗传：杂种子 1 代表现出两对等位基因的显性性状；子 2 代出现性状自由组合，产生 4 种类型，分离比为 9∶3∶3∶1，其中两种为亲本类型，另外两种是重组类型。子 1 代与双隐性亲本类型测交，后代也出现 4 种表型，分离比为 1∶1∶1∶1。例如，普通眼单尾鳍纯种金鱼（DDAA）与龙睛双尾鳍金鱼（ddaa）杂交，涉及两对等位基因之间的差别。已知 D-d 与 A-a 基因不在同一对染色体上。普通眼（DD）对龙睛（dd）为显性，单尾鳍（AA）对双尾鳍（aa）也为显性。因此，DDAA×ddaa 的子 1 代全部是普通眼单尾鳍鱼（DdAa）。子 2 代出现广泛分离和自由组合，既有双亲类型，又有双亲所没有的重组类型（普通眼双尾鳍和龙睛单尾鳍）。其中普通眼单尾鳍鱼（D_A_）占子 2 代个体数的 9/16，普通眼双尾鳍鱼（D_aa）占 3/16，龙睛单尾鳍鱼（ddA_）占 3/16，龙睛双尾鳍鱼（ddaa）占 1/16，它们的分离比为 9∶3∶3∶1。符合自由组合定律的典型分离比（伍惠生和傅毅远，1983）。

$$\text{DDAA}\times\text{ddaa}$$
$$\downarrow$$
$$\text{DdAa}$$
$$\downarrow$$
$$\frac{9}{16}\text{D\_A\_}+\frac{3}{16}\text{D\_aa}+\frac{3}{16}\text{ddA\_}+\frac{1}{16}\text{ddaa}$$

花鳉（*Poecilia reticulata*）体色中灰色和金黄色涉及一对常染色体基因（G-g）的差别，其中灰色基因（G）对金黄色基因（g）为显性。脊椎骨正常与否由另一对常染色体基因（N-n）的差异造成，正常脊椎骨基因（N）对弯曲脊椎骨基因（n）为显性。这两对基因无相互作用，并能自由组合，故这两对基因的双杂合体（GgNn）的自繁后代也按 9∶3∶3∶1 分离。

GGnn（灰色、弯脊）×ggNN（金黄色、正常脊）

↓

GgNn（灰色、正常脊）

↓

$$\frac{9}{16}G\_N\_+\frac{3}{16}G\_nn+\frac{3}{16}ggN\_+\frac{1}{16}ggnn$$

灰正常脊　灰弯脊　金黄正常脊　金黄弯脊

二、相互作用的两对非同源染色体等位基因的遗传

如果控制两对相对性状所涉及的两对等位基因位于不同对染色体上并且发生相互作用，其遗传情况也遵循自由组合定律，但表型及性状分离比将随相互作用形式的不同而有所变化。

大鳞大麻哈鱼（*Oncorhynchus tshawytscha*）的肉色有红色和白色两种，涉及两对基因（A-a、B-b）遗传和相互作用。各种基因型及其相应的肉色是：A_B_，红色肉；A_bb，白色肉；aaB_，白色肉；aabb，白色肉。因此：

AABB（红色肉）×aabb（白色肉）

↓

AaBb（红色肉）

↓

$$\frac{9}{16}A\_B\_+\frac{3}{16}A\_bb+\frac{3}{16}aaB\_+\frac{1}{16}aabb$$

红色肉　白色肉　白色肉　白色肉

可见，红色肉是两个显性基因同时存在的互作产物，白色肉是任何一个基因（a 或 b）处于纯合状态的产物。大鳞大麻哈鱼肉色相对性状（红与白）的遗传涉及两对不等位基因的遗传。

（一）互补效应

不同对的显性基因之间彼此互补，共同产生新的性状，称为互补效应，这两个基因叫互补基因。

花鳉（*Poecilia reticulata*）的体色有淡蓝色、淡白色、灰色和白色等数种，其中淡蓝色和非淡蓝色（白色）是一对相对性状，淡蓝色（BB）对非淡蓝色（bb）为显性。淡白色与白色也是一对相对性状，淡白色（RR）对白色（rr）为显性。淡蓝色纯种与淡白色纯种杂交涉及两对等位基因的差异，其中淡蓝色纯种基因型为 BBrr，淡白色纯种基因型为 bbRR。子 1 代基因型为 BbRr，均为灰色；子 2 代有灰色、淡蓝色、淡白色和白色，它们的比值为 9∶3∶3∶1，符合自由组合的分离情况。子 1 代（BbRr）为灰色，子 2 代的 B_R_ 也为灰色，这是因为非等位基因 B 和 R 之间发生了相互作用。子 2 代的白色（bbrr）是由于双隐性基因个体如实表现了

隐性基因的性状。

BBrr（淡蓝色）×bbRR（淡白色）

↓

BbRr（灰色）

↓

$$\frac{9}{16}B\_R\_+\frac{3}{16}B\_rr+\frac{3}{16}bbR\_+\frac{1}{16}bbrr$$

灰色　　淡蓝色　淡白色　　白色

斑剑尾鱼（*Xiphophorus maculatus*）的体色有灰色、金黄色、酱色和橄榄绿色（野生型正常色）4 种，S 基因控制微黑色素细胞（micromelanophore）的产生，其等位基因 s 不产生黑色素；R 基因控制黄色素细胞（xanthophore）的产生，其等位基因 r 不产生黄色素。这两种色素基因的存在情况决定了体色，即 S_R_ 为野生型体色，S_rr 为灰色，ssR_ 为金黄色，ssrr 为酱色。因此，这两种基因的双杂合体相互交配，后代表型比例为 9∶3∶3∶1。其中，野生色和酱色是 S-s 和 R-r 两对基因互作的新性状。

SSrr（灰色）×ssRR（金黄色）

↓

SsRr（野生色）

↓

$$\frac{9}{16}S\_R\_+\frac{3}{16}S\_rr+\frac{3}{16}ssR\_+\frac{1}{16}ssrr$$

野生色　　灰色　　金黄色　　酱色

（二）累加作用

非等位的两个显性基因能分别对某一性状起作用，但当这两个显性基因同时存在时，它们的作用相加，使该性状表现出累加效应。虎皮鲃（*Barbus tetrazona*）躯干条纹的形成就是一个例子（Frankel and Soulé，1981）。A 和 B 基因都控制躯干条纹，双显性个体（A_B_）产生完整的条纹；双隐性基因型（aabb）产生半带条纹；只含一个显性基因的纯合体或杂合体（A_bb 或 aaB_）的条纹不完整，长度介于前两种条纹之间。可见 A 或 B 显性基因在 aabb 为半带的基础上，分别能使躯干条纹的长度增长为不完全带，作用相似。A 和 B 同时存在时，躯干条纹可累加成完整的全带。

aaBB×AAbb

↓

AaBb

↓

$$\frac{9}{16}\text{A\_B\_}+\frac{3}{16}\text{A\_bb}+\frac{3}{16}\text{aaB\_}+\frac{1}{16}\text{aabb}$$

9 全带　　6 不完全带　　1 半带

（三）叠加效应

不同对的显性基因对表型产生相同的效应，称为叠加效应，这两个基因彼此为重叠基因。具有叠加效应的两对非等位基因的遗传也符合自由组合定律，但子 2 代的表型比例为 15∶1，而不是 9∶3∶3∶1。

鲤鱼体色中青灰色和红色是一对相对性状，它们之间的颜色差别涉及两对等位基因（刘筠等，1979；吴清江等，1980）。将青灰色纯种与红色纯种杂交（张建森和潘光碧，1983），子 1 代均为青灰色，可见青灰色对红色为显性；子 2 代的 1582 尾鱼中有 1480 尾为青灰色、102 尾为红色，经 χ^2 检验，青灰色与红色的分离比为 15∶1。按自由组合定律分析，子 2 代的分离比是由两对基因具有叠加效应并进行自由组合引起的。假定使相对性状有差异的两对等位基因为 B-b 和 R-r。B 和 R 分别表示显性性状的青灰色基因，b 和 r 分别表示隐性性状的红色基因。红色是由于这两个隐性基因同时处于纯合状态，其纯种基因型为 bbrr；青灰色是显性基因的作用，其纯种基因型为 BBRR。由于 B 和 R 基因都是青灰色基因，只要其中一个显性基因存在，青灰色就能表现出来，因此青灰色个体有 8 种基因型（BBRR、BBRr、BbRR、BbRr、BBrr、Bbrr、bbRR 和 bbRr），这 8 种基因型的个体在子 2 代占总个体数的 15/16，可归并为 9/16B_R_+3/16B_rr+3/16bbR_。

BBRR（元江鲤）×bbrr（荷包红鲤）

↓

BbRr（青灰色）

↓

$$\underbrace{\frac{9}{16}\text{B\_R\_}+\frac{3}{16}\text{B\_rr}+\frac{3}{16}\text{bbR\_}}_{\text{1480 尾青灰色}}+\frac{1}{16}\text{bbrr}$$

1480 尾青灰色　：102 尾红色≈15∶1

χ^2=0.1053，$P>0.05$

为了说明青灰色与红色是否涉及两对不同染色体上等位基因的自由组合，B 和 R 基因是否有叠加效应，还要有其他实验证据，因而有研究者将子 1 代与双隐性亲本类型测交，预期子 1 代（BbRr）的任何一种性别的配子应有 4 种基因型，即 BR、Br、bR、br，而且这 4 种配子数比例相当（为 1∶1∶1∶1），测交后代中青灰色与红色个体数之比应为 3∶1，子 1 代与显性亲本类型（BBRR）回交，后代应该全部为青灰色（张建森和潘光碧，1983）。

测交：

BbRr×bbrr

↓

	br
BR	BbRr（青灰色）
Br	Bbrr（青灰色）
bR	bbRr（青灰色）
br	bbrr（红色）

回交：

BbRr×BBRR

↓

	BR
BR	BBRR（青灰色）
Br	BBRr（青灰色）
bR	BbRR（青灰色）
br	BbRr（青灰色）

研究者在测交实验中共得到3425尾后代，其中青灰色2560尾、红色865尾，经χ^2检验符合3∶1。子1代与显性亲本类型（BBRR）回交，后代果然均为青灰色。这些实验结果相互印证并说明，鲤鱼青-红体色的遗传差异确实涉及两对等位基因。这两对等位基因分别位于不同的染色体上，非等位的显性基因（B和R）作用相互重叠，只要其中一个显性基因（B或R）存在，青灰色就能表现出来，红色基因是双隐性纯合体（bbrr）。

据Kajishima（1977）研究，透明鳞金鱼和正常鳞金鱼的遗传涉及两对显性等位基因的叠加效应。透明鳞纯种基因型为$T_1T_1T_2T_2$，正常鳞纯种基因型是$t_1t_1t_2t_2$。纯种透明鳞个体与正常鳞个体交配，子1代均为透明鳞，子2代中透明鳞与正常鳞的个体比为15∶1。可见，透明鳞纯种的表型是两对显性基因重叠的结果，正常鳞是两对隐性基因纯合的结果。

（四）上位效应

某对等位基因的作用能抑制另一对非等位基因的性状表现叫作上位效应。起上位效应的基因称为上位基因。它可以是隐性基因，也可以是显性基因。被抑制的基因称为下位基因。

剑尾鱼（*Xiphophorus helleri*）的基因C和P决定其尾鳍基部微黑色素细胞的积累情况。当基因型为C_P_时，鱼体尾部形成椭圆形黑色条带（新月形）；当基因型为C_ pp时，鱼体尾部只有两个黑色斑点；当基因型为ccP_ 和ccpp时，鱼体尾部无色。遗传方式如下：

CCPP（新月形黑带）×ccpp（无色）

↓

CcPp（新月形黑带）

↓

$$\frac{9}{16}\text{C\_P\_}+\frac{3}{16}\text{C\_ pp}+\underbrace{\frac{3}{16}\text{ccP\_}+\frac{1}{16}\text{ccpp}}_{\text{无色}}$$

新月形黑带　两个黑斑　无色

尾部有新月形黑带的纯种和尾部为无色的纯种都能真实遗传，它们相互杂交，子1代的尾部都有新月形黑带，子 2 代出现三种类型：尾部有新月形黑带、尾部只有两个黑斑、尾部无色，其比例是 9∶3∶4。该比例经分析，实际上仍是 9∶3∶3∶1 的特例，尾部黑色的分布是由两对基因的差别引起的。子 2 代出现 9∶3∶4 的分离比是因隐性基因 c 处于纯合（cc）时，能抑制另一对黑色基因（PP 或 Pp）的表现，因而子 2 代中的 3/16ccP_ 的鱼尾为无色（是隐性上位效应的结果）。而 ccpp 为无色是因为两个与色素分布有关的基因都处于隐性纯合状态。现已查知，基因 C 决定黑色素的形成，基因 P 和 p 控制黑色素在尾部的分布，没有黑色素，就谈不上黑色素的分布，所以 ccP_ 和 ccpp 都是无色的。可见等位基因 P 和 p 的表现受到另一对非等位基因 C 和 c 的影响并随 C 和 c 的不同而表现不同。在本例中，C-c 等位基因中的隐性基因纯合时（cc），可抑制另一对非等位基因 P-p 的表现，这种现象叫作隐性上位（recessive epistasis）作用。

显性上位（dominant epistasis）是某位点的显性基因支配另一位点基因的作用方式。因此，子 2 代的性状比为 12∶3∶1。金鱼体色中浅黑和白化由两对独立遗传的基因（A-a 和 B-b）控制。白化个体具有双隐性基因型（aabb），浅黑个体具有双显性基因型（AABB）和双杂合体（AaBb）。双杂合体相互交配出现 12 浅黑∶3 淡色∶1 白化。这是因为 A 基因是个显性上位基因，只要 A 存在，无论 B 位点的基因型如何，都只能表现 A 基因的性状（浅黑），只有 A 位点处于隐性纯合（aa），B 位点才能如实表现出来（B_ 为淡色、bb 为白化）。

浅黑（AaBb）× 浅黑（AaBb）

↓

$$\frac{9}{16}\text{A\_B\_}+\frac{3}{16}\text{A\_bb}+\frac{3}{16}\text{aaB\_}+\frac{1}{16}\text{aabb}$$

浅黑　　浅黑　　淡色　　白化

基因的相互作用还有其他方式，这里不一一列举。仅从上述作用方式就可知，位于不同染色体上的两对非等位基因间的遗传，不但能自由组合，而且有些会相互作用，使子 2 代的性状组合类型和比例发生相应的改变，但基因型的比例仍然是 9∶3∶3∶1。

三、同源染色体上两对等位基因的遗传

如果两对性状所涉及的两对等位基因位于同一对染色体，这两对等位基因之间的遗传将遵循连锁定律：在纯系中能真实遗传，后代如实反映亲本的性状。具有相对性状的纯种相互杂交，子 1 代均表现两对等位基因中显性基因的性状，子 2 代个体以亲本类型为主，重组类型很少。测交后代中，没有 1∶1∶1∶1 的比例，重组类型个体少于总数的 50%。

条斑紫菜的丝状体是二倍体（2N）。叶状体是丝状体经减数分裂形成壳孢子后发育而成的，因此叶状体是单倍体，其表型能如实反映丝状体减数分裂后基因之间的自由组合或连锁互换的情况。已知条斑紫菜的野生型、红色突变型和绿色突变型的纯种，其相应的叶状体和丝状体都分别表现为野生色、红色和绿色。又知，野生型对红色突变型和绿色突变型都表现为显性，野

生型与红色突变型相差一个等位基因 R 或 r，野生型与绿色突变型也相差一个等位基因 G 或 g。因此，野生型区别于红色突变型与绿色突变型的叶状体基因型应为 RG，对应丝状体基因型应为 RRGG。红色突变型区别于野生型与绿色突变型的基因型，在叶状体时为 rG，在丝状体时为 rrGG。绿色突变型区别于野生型与红色突变型的基因型，在叶状体时为 Rg，在丝状体时为 RRgg。

将红色突变型与绿色突变型杂交，合子所发育的丝状体为野生型，该丝状体经减数分裂形成壳孢子后发育成 4 种叶状体，其中有亲本类型的红色和绿色两种，也有野生型和黄色两种重组类型，情况如下：

rG（红）×Rg（绿）

↓

RrGg（野生型丝状体）

↓

叶状体基因型：　　rG ＋ Rg ＋ RG ＋ rg

叶状体颜色：　　红　绿　野生色　黄

株数：　　448∶418∶174∶179 ≠ 1∶1∶1∶1

统计学分析：　　χ^2=217.9，df=3，P＜0.01

由条斑紫菜生活史可知，子 1 代叶状体的表型和分离比代表了子 1 代丝状体在减数分裂过程中基因的分离和组合情况。如果这两对等位基因（R-r 和 G-g）按自由组合定律遗传，子代叶状体有 4 种基因型和表型，它们的比例应为 1∶1∶1∶1。但是实验结果（三浦沼雄和国藤恭正，1983）与自由组合的预期情况不同符合（χ^2=217.9，df=3，P＜0.01），而与连锁定律相一致。因为子代叶状体不但有 4 种基因型和表型，而且重组类型只占 28.96%，重组值明显小于 50%。由重组值推知，这两对等位基因位于同一条染色体上，彼此间的遗传情况遵循连锁定律，交换值为 28.96%，即这两对等位基因在同一条染色体上相距 28.96。该实验还说明，黄色叶状体是双隐性类型，基因型为 rg。现将条斑紫菜叶状体和丝状体的颜色及基因型总结于表 1-2-3。

表 1-2-3　条斑紫菜叶状体和丝状体的颜色和基因型

基因型	叶状体（N）		丝状体（2N）	
	颜色	基因型	颜色	基因型
野生型	野生色	RG	野生色	R_G_
红色型	红色	rG	红色	rrG_
绿色型	绿色	Rg	绿色	R_gg
黄色型	黄色	rg	黄色	rrgg

四、非同源染色体上三对等位基因的遗传

如果两对相对性状涉及三对位于不同染色体上的等位基因，那么这两对相对性状也按自由组合定律遗传。

兴国红鲤为全鳞，红体色；散鳞镜鲤为散鳞，青灰体色。已知鲤鱼的全鳞和散鳞是一对等位基因（A-a）差别造成的相对性状，全鳞对散鳞为显性；体色中的青灰色和红色是两对等位基因（B-b 和 R-r）差别造成的相对性状，青灰色对红色为显性。吴清江等（1980）用兴国红鲤与散鳞镜鲤杂交来研究鳞型与体色两对相对性状的遗传。杂种子 1 代全部是全鳞青灰色；子 2 代有 4 种类型，即全鳞青灰色 505 尾、散鳞青灰色 155 尾、全鳞红色 35 尾、散鳞红色 9 尾。

全鳞红色（兴国红鲤）× 散鳞青灰色（散鳞镜鲤）

↓

全鳞青灰色（野生型）

↓

全鳞青灰色+	散鳞青灰色+	全鳞红色+	散鳞红色
野鲤	镜鲤	红鲤	红镜鲤
505 尾	155 尾	35 尾	9 尾

根据这些实验结果的特点，只能用自由组合定律解释。

如前所述，青灰色和红色这对相对性状涉及两对可以自由组合且显性作用重叠的基因（B-b 和 R-r），杂种子 2 代青灰色与红色个体数之比为 15∶1。另一对相对性状，全鳞和散鳞仅涉及一对等位基因（A-a）的分离和随机结合，杂种子 2 代全鳞与散鳞个体数之比为 3∶1。根据自由组合定律和概率相乘定律，如果这两对相对性状进行自由组合，那么兴国红鲤与散鳞镜鲤杂交的子 2 代性状基因型可用分支法推算为：

$$\frac{3}{4}A\_\begin{cases}\frac{3}{4}B\_\begin{cases}\frac{3}{4}R\_=\frac{27}{64}A\_B\_R\_\\\frac{1}{4}rr=\frac{9}{64}A\_B\_rr\end{cases}\\\frac{1}{4}bb\_\begin{cases}\frac{3}{4}R\_=\frac{9}{64}A\_bbR\_\\\frac{1}{4}rr=\frac{3}{64}A\_bbrr\end{cases}\end{cases}$$

$\frac{45}{64}$ 全鳞青灰色；$\frac{3}{64}$ 全鳞红色

$$\frac{1}{4}aa\_\begin{cases}\frac{3}{4}B\_\begin{cases}\frac{3}{4}R\_=\frac{9}{64}aaB\_R\_\\\frac{1}{4}rr=\frac{3}{64}aaB\_rr\end{cases}\\\frac{1}{4}bb\_\begin{cases}\frac{3}{4}R\_=\frac{3}{64}aabbR\_\\\frac{1}{4}rr=\frac{1}{64}aabbrr\end{cases}\end{cases}$$

$\frac{15}{64}$ 散鳞青灰色；$\frac{1}{64}$ 散鳞红色

由分支法所推算的子 2 代性状类型及其预期出现的概率为：全鳞青灰色占 45/64、散鳞青灰色占 15/64、全鳞红色占 3/64、散鳞红色占 1/64。

经 χ^2 检验（表 1-2-4），兴国红鲤与散鳞镜鲤杂种子 2 代所出现的 4 种类型的百分率与预期数相符合（χ^2=1.288，d*f*=3，$P>0.05$）。

表 1-2-4　兴国红鲤 ♀×散鳞镜鲤 ♂ 子 2 代的表型及 χ^2 检验

表型	观察值 *O*（尾）	预期值		偏差 *O*–*C*	$\frac{(O-C)^2}{C}$
		比例	理论数 *C*（尾）		
全鳞青灰色	505	45/64	495	+10	0.202
散鳞青灰色	155	15/64	165	−10	0.606
全鳞红色	35	3/64	33	+2	0.121
散鳞红色	9	1/64	11	−2	0.364
总计	704	1	704	0	χ^2=1.288

有研究者为了进一步证明这两对相对性状之间的遗传涉及三对等位基因的自由结合，用杂种子 1 代 AaBbRr（兴国红鲤 ♀× 散鳞镜鲤 ♂）与三隐性类型 aabbrr（红镜鲤）测交，预期产生 4 种类型的后代：全鳞青灰色、散鳞青灰色、全鳞红色、散鳞红色，它们的个体数之比预期为 3∶3∶1∶1（吴清江等，1980）：

AaBbRr×aabbrr

↓

	ABR	AbR	ABr	aBR	abR	aBr	Abr	abr
abr	$\frac{ABR}{abr}$	$\frac{AbR}{abr}$	$\frac{ABr}{abr}$	$\frac{aBR}{abr}$	$\frac{abR}{abr}$	$\frac{aBr}{abr}$	$\frac{Abr}{abr}$	$\frac{abr}{abr}$
表型及其比例	$\frac{3}{8}$全鳞青灰色			$\frac{3}{8}$散鳞青灰色			$\frac{1}{8}$全鳞红色	$\frac{1}{8}$散鳞红色

测交的实验结果与预期值的 χ^2 检验见表 1-2-5。

表 1-2-5　兴国红鲤 ♀×散鳞镜鲤 ♂ 子 1 代与三隐性类型的测交

表型	观察值 *O*（尾）	预期值		偏差 *O*–*C*	$\frac{(O-C)^2}{C}$
		比例	理论数 *C*（尾）		
全鳞青灰色	1470	3/8	1483.5	−13.5	0.123
散鳞青灰色	1550	3/8	1483.5	+66.5	2.981

续表

表型	观察值 O（尾）	预期值		偏差 $O-C$	$\frac{(O-C)^2}{C}$
		比例	理论数 C（尾）		
全鳞红色	477	1/8	494.5	−17.5	0.619
散鳞红色	459	1/8	494.5	−35.5	2.549
总计	3956	1	3956	0	χ^2=6.269

从统计学 χ^2 检验（表 1-2-5）可知，测交的实验结果与理论推导的表型比例完全相符合（χ^2=6.269，df=3，P＜0.05）。

可见，兴国红鲤和散鳞镜鲤杂交种的体色与鳞型间的遗传涉及两对相对性状、三对位于不同染色体上的等位基因，遗传情况遵循自由组合定律。

第四节　多对等位基因差异的质量性状遗传

处于相对状态的质量性状，有的相差一对等位基因，如鲤鱼的全鳞与散鳞，有的相差两对等位基因，如鲤鱼的青灰色与红色，有的甚至相差几对基因。

造成相对性状多对基因差别的主要原因是：①性状由多基因控制；②与相对性状相关的非等位基因具有叠加效应。

多基因差异的相对质量性状也按遗传学的基本规律传递。如果每一对造成性状差异的基因各自位于不同的染色体，由 n 对基因差异造成的隐性纯合体（或性状）出现于子 2 代的频率为 $(1/4)^n$，出现于测交后代的频率为 $(1/2)^n$，详见表 1-2-6。

表 1-2-6　隐性性状在测交和杂种子 2 代中出现的频率

差别基因对数（n）	隐性性状出现频率		相对性状（显性与隐性）
	测交	F_2	
1	$(1/2)^1=1/2$	$(1/4)^1=1/4$	鲤鱼全鳞与散鳞
2	$(1/2)^2=1/4$	$(1/4)^2=1/16$	鲤鱼青灰色与红色
3	$(1/2)^3=1/8$	$(1/4)^3=1/64$	玉米红粒与白粒
4	$(1/2)^4=1/16$	$(1/4)^4=1/256$	金鱼非棕色与棕色
5	$(1/2)^n=1/2^n$	$(1/4)^n=1/4^n$	/

根据陈桢（1959）的研究，金鱼体色是否为棕色，涉及 4 对等位基因的差别，是一对相对性状。当所有这 4 对基因都处于隐性纯合状态时，表型为棕色。如果基因中有一个显性基因存在，就会产生灰色、黑色或其他非棕色。非棕色纯种与棕色纯种杂交，无论正交还是反交，子 1 代均为非棕色，子 2 代约有 1/256 为棕色个体。子 1 代与棕色类型测交，后代约有 1/16 为棕色个体。其遗传方式如下：

非棕色 × 棕色

（AABBCCDD）（aabbccdd）

↓

非棕色

（AaBbCcDd）

↓

$\frac{255}{256}$非棕色 + $\frac{1}{256}$棕色

实得数： 4693 尾 21 尾

理论数： 4695.59 尾 18.41 尾

$\chi^2=0.3658$，$P>0.05$

子 1 代 × 棕色

（AaBbCcDd）（aabbccdd）

↓

$\frac{15}{16}$非棕色 + $\frac{1}{16}$棕色

第五节 质量性状的表现度和外显率对多样性的影响

基因通常决定性状的表现。但是有时情况并非完全如此，有些基因型不产生相应的表型，这里涉及基因外显率（penetrance）或表现度（expressivity）。

外显率（penetrance）是指表现特定基因型个体占特定基因型个体总数的百分率。如果所有个体的性状都充分表现其基因型，其外显率为 100%；如果只有半数个体表现其基因型，其外显率为 50%；如果所有个体都不表现其基因型，其外显率为 0。虹鳟体色的遗传中，正常色基因（B）对金属闪光蓝基因（b）为显性。但基因型为 bb 的个体中，只有 90% 为金属闪光蓝色，还有 10% 不表现其基因型。

表现度（expressivity）是说明基因型表现性状的程度。奥利亚罗非鱼（*T. aurea*）的一个等位基因 s 是决定背鳍长短和分布的基因，称为鞍背（saddleback）基因，其表现度是很不一致的，从鞍形背鳍（即背鳍没有分布到第一脊骨）到整尾鱼没有背鳍，呈现为各种不同程度的背鳍畸形（Tave，1993）。

蒙特宗剑尾鱼（*Xiphophorus montezumae*），其尾鳍不规则纵向条纹和斑点表型由基因 Sc 控制，该基因在其纯合体和杂合体的外显率为 30%～88%，其表型波动于一条纵向条纹到小黑瘤之间的各种情况（Tave，1993）。

现已查知，一些基因的外显率可受环境影响。例如，东方食蚊鱼（*Gambusia holbrooki*）的 Ym 基因，可以在雄鱼上产生黑色的斑点，当水温在 22℃时外显率为 100%，但当水温升到 26～29℃时外显率降到 42%。

那些具有不同外显率和表现度的基因往往给表型的遗传分析或多样性分析带来一些困难，因为它使表型不易被区分，表型的比例不准确，从而产生一系列问题。特别是对于选择育种来说，若所要选择的性状和基因外显率不高则更困难。

第六节　质量性状的遗传多样性

张国范和郑怀平（2009）的研究显示，海湾扇贝（*Argopecten irradians*）亚种左枚贝壳的外部壳色可分为橙色、棕色、黄色、紫色、黑色、灰色和白色等，呈多样性。这些颜色是质量性状，不受环境影响，能真实稳定遗传。控制壳色的基因至少有橙色 O、紫色 P、白色 W、棕色 B、橙紫色 OP 等 5 个。壳色中有的相对性状之间是简单的显隐关系（如橙色与白色、橙色与紫色）。但有的相对性状之间相差 3 个以上基因，控制壳色的基因之间可能存在基因的相互作用。

海湾扇贝雌雄同体，可以在人为控制下自体受精或异体受精，研究者据此利用自交和杂交研究壳色的遗传和变异。

张国范和郑怀平（2009）研究发现，各种颜色的个体自体受精都会产生一些不同颜色的子代。橙色个体自交后代出现 4 种不同的壳色：橙色、紫色、白色和棕色。紫色个体自交后代出现 2 个 F_1 全是紫色，1 个 F_1 为紫色和白色，比例符合 1∶1。白色个体自交后代出现 2 个 F_1 全是白色，也出现 2 个 F_1 有 5 种不同的壳色：白色、浅棕色、棕色、紫色和黑色。黑色个体自交后代有黑色、橙色、紫色、白色、棕色和黑白相间等不同壳色的个体。棕色个体自交后代分离出 8 个不同壳色的个体，分别为橙色、橙紫色、白色、棕色、紫色、黑橙色、浅黑色和黑色。橙紫色个体自交后代出现多种不同的壳色，但橙紫色 F_1 个体最多，约占 2/3，这些橙紫色 F_1 个体的自交后代 F_2 中已无橙紫色个体，3 个 F_2 家系共分离出 4 种颜色，即橙色、紫色、棕色和白色，总个体数分别为1900、181、15、62。有一家系出现橙色与白色之比为3∶1，另一家系出现橙色与紫色之比也为3∶1。

各种杂交组合壳色遗传的研究结果十分复杂，难以推断和判定控制颜色的基因数目、显隐关系或互作方式。

尽管现在还不明确海湾扇贝壳色的遗传特点和规律，但有一点是明确的，海湾扇贝壳色的多样性藏于有性生殖中，遗传学三大定律通过有性生殖使它的颜色能在杂交或自交后代自如展现，并可以从中分离出单色。

第三章

性别决定和性连锁遗传

海洋生物的遗传多样性强烈地表现在性别决定和性别形成方面，因为性别往往同其他一些性状的遗传、变异和多态相联系。本章将介绍性连锁的一些遗传多样性。

第一节　性染色体及其类型

XY 型　1891 年，亨金（Henking）在一些半翅类昆虫中发现，有一对同源染色体在减数分裂过程中总是落在其他染色体之后，当时人们对这对染色体的作用还迷惑不解，因而他仿照数学家用“X”表示未知数的方法，把这对特殊的染色体称为 X 染色体。20 世纪初，麦克朗（McClung）与威尔逊（Wilson）进而鉴定出这对染色体是决定性别的染色体。Wilson 还确定了雌性体细胞具有两条形态相似的 X 染色体，而雄性体细胞中只含有一条 X 染色体，以及另一条大小结构都有差异的染色体，称之为 Y 染色体。此后，人们沿用了这些科学家的命名法，并把染色体分为两部分：与性别决定直接相关的称为性染色体，其余的称为常染色体。常染色体在二倍体细胞中有两组，每组用 A 表示。例如，果蝇细胞有 8 条染色体，其中 2 条是性染色体，6 条是常染色体，所以 1A=3。雌性有两条 X 染体，均呈直棒形，表示为 2A+XX=8；雄性有一条 X 染色体，也呈直棒形，但另一条 Y 染色体呈钩棒形，其余 3 对常染色体无论在雌体或雄体中形态都相似，表示为 2A+XY=8。像果蝇那样雌性体细胞具有两条形态相同的性染色体、雄性具有两条形态不同的性染色体的动物，还有哺乳动物、某些鱼类、大多数昆虫类、海胆类、软体动物等。这类动物的性染色体称为 XY 型。

现已知动物界的性染色体构型不只是 XY 型，还有 ZW、XO、ZO 三种类型。

ZW 型　ZW 型与上述 XY 型相反，雌性细胞具有两条形态不同的性染色体，雄性细胞则具有两条形态相似的染色体，如大部分鸟类、蛾类和某些鱼类、两栖类、爬行类和卤虫（*Artemia salina*）。人们为了方便表达并与 XY 型相区别，通常用 Z 代替 X、用 W 代替 Y 来表示这些动物的性染色体，因此这些动物的雄性性染色体为 ZZ、雌性性染色体为 ZW。长蛇鲻（*Saurida elongata*）的体细胞有 48 条染色体（Yamazaki，1983），雄鱼为 2A+ZZ=48，雌鱼为 2A+ZW=48。半滑舌鳎（*Cynoglossus semilaevis*）的雄性性染色体为 ZZ，雌性性染色体为 ZW（梁卓等，2013）。

XO 型 这种构型的动物雌性性染色体为XX，但是雄性性染色体比雌性少一条，即没有Y染色体。为了方便表达，少掉的这一条用“O”表示，因此雄性性染色体为XO。具有这种性别遗传型的只有一部分昆虫和少数深海鱼，如蝗虫、蟑螂、虱子和褶胸鱼（*Sternoptyx diaphana*）、夜灯鱼（*Lampanyctus ritteri*）等。以褶胸鱼为例，雌鱼的染色体有36条，表示为2A+XX=36，雄鱼的染色体只有35条，表示为2A+XO=35。

ZO 型 在少数动物中，雄性有两条同型的性染色体，用ZZ表示，雌性只有一条性染色体Z，缺少W染色体，因此用ZO表示。分布于长江中下游的短颌鲚（*Coilia brachygnathus*）属于这一类型（洪云汉和周暾，1984），其雌鱼的染色体为47条，表示为2A+ZO=47；雄鱼的染色体有48条，表示2A+ZZ=48。

水生动物的性染色体 人们在有些无脊椎水产养殖动物中未发现性染色体，如牡蛎，在世界范围内已经研究了21个物种的核型，染色体都有20条，均未发现性染色体（吴融，1982）。有些则有性染色体，如有些甲壳动物（表1-3-1）。鱼类中，做过核型分析的约2000种，大部分也没有发现有性染色体（王永明，1988）。但人们用性逆转实验或雌核生殖证明它们中的一些种类有性染色体遗传机制（表1-3-2）。从理论上推导，甚至存在YY型超雄鱼。青鳉（*Oryzias latipes*）和金鱼（*Carassius auratus*）中的YY型雄鱼具有很高的成活率和很正常的生育力。

表 1-3-1 部分甲壳动物性染色体构型

物种	性染色体构型
介形类（Ostracoda）	
Cyclocypris globosa	XO
Cyclocypris laevis	XY
桡足类（Copepoda）	
Centropages typicus	XO
Ectocyclops strenzkri	XO
Megacyclops viridis	ZW
Acanthocyclops vernalis	ZW
Eucyclops serrulatus	ZW
Mytilicola intestinalis	ZW
Acartia plumose	XO
Acartia centrura	XO
Acartia spinicauda	XO
Acartia negligens	XO
Tortanus forcipatus	XY

续表

物种	性染色体构型
Tortanus barbatus	XY
Tortanus gracilis	XY
Acartiella keralensis	XY
端足类（Amphipoda）	
Anisogammarus anandalei	XY
等足类（Isopoda）	
Tecticeps iaponicus	XO
十足类（Decapoda）	
Eriocheir japonica	XY
Plagusia dentipes	XY
Ovalipes punctatus	XO
Hemigrapsus sanguineus	XY
Hemigrapsus penicillatus	XY
Cervimunida princeps	X_1X_2Y
Gaetice depressus	XY
Pachygrapsus crassipes	XY

资料来源：Ginsburger-Vogel 和 Charniaux-Cotton（1982）

表 1-3-2　部分未发现性染色体鱼类的性别遗传型

物种	性别遗传型	参考文献
莫桑比克罗非鱼（*Tilapia mossambica*）	XY	杨永铨等（1979）
尼罗罗非鱼（*Tilapia nilotica*）	XY	Calhoun 和 Shelton（1983）
鲤（*Cyprinus carpio*）	XY	Yamazaki（1983）
奥利亚罗非鱼（*Tilapia aurea*）	ZW	刘筠（1982）
拟庸鲽（*Pleuronectes platessa*）	ZW	Yamazaki（1983）

斑剑尾鱼（*Xiphophorus maculatus*）的性别决定很特殊，涉及 X（Z）、Y 和 W 三条性染色体，但是对某一特定的个体，只涉及 XY 或 ZW 系统的一种。当个体具有 XY 染色体时，可以是 XY 系统的雄鱼，也可以是 ZW 系统的雌鱼；当个体性染色体为 WX 时，可以是 ZW 系统的雌鱼，也可以是 XY 系统的雄鱼；同理，XX 个体可以是 XY 系统的雌鱼，也可以是 ZW 系统的雄鱼；WW 个体可以是 XY 系统的雌鱼，也可以是 ZW 系统的超雌鱼；WY 个体可以是 XY

系统的雄鱼，也可以是 ZW 系统的雌鱼；而 YY 个体则只能是 XY 系统的超雄鱼，斑剑尾鱼的这种性染色体机制也许说明了 XY 系统和 ZW 系统的相对性（Purdom，1993）。

因此，有人认为这些鱼类实际上也有性染色体，只是现在的生物学技术还不能鉴别而已。小岛吉雄（1991）则进一步认为该情况说明鱼类的性别遗传机制正处于性别分化的初始阶段。目前确有一些证据表明某些鱼类存在性染色体，表 1-3-3 是其中部分鱼类的性染色体构型。

表 1-3-3　部分鱼类的性染色体构型

物种	性染色体构型	物种	性染色体构型
Dasyatis sabina	XY	*Mystus tengara*	ZW
Oncorhynchus mykiss	XY	*Gambusia nobilis*	ZW
Bathylagus milleri	XY	*Gambusia gaigei*	ZW
Bathylagus ochotensis	XY	*Gambusia hurtadoi*	ZW
Bathylagus stibbins	XY	*Gambusia affinis*	ZW
Basthlagus wesethi	XY	*Mollienesia sphenops*	ZW
Scopelengys tristis	XY	*Apelter quadracus*	ZW
Symbolophorus californiensis	XY	*Trichogaster fasciatus*	ZW
Carassius auratus	XY	*Galaxias platei*	XO
Plectostomos anastroides	XY	*Sternoptyx diaphana*	XO
Plectostomos macrops	XY	*Lampanyctus ritteri*	XO
Melamphaeus parvus	XY	*Fundulus diaphanous*	XO
Scopelopads mizolepis	XY	*Fundulus parvipinnis*	XO
Scopeloberyx robustus	XY	*Gobiodon citrinus*	XO
Gasterosteus wheatlandi	XY	*Symphurus plagiusa*	XO
Mogurnda obscura	XY	*Colisa lalius*	ZO
Gallichromus bimaculatus	XY	*Colisa fasciatus*	ZO
Anguilla anguilla	XY	*Germanella pulchra*	XXY，XXXX
Anguilla rostrata	ZW	*Megupsilon aporus*	XXY，XXXX
Anguilla japonica	ZW		

资料来源：Kirpichnikov（1981）

性染色体构型为 XY 和 XO 的动物，雄性成体产生两种精子：一种含 X 染色体，一种不含 X 染色体。雌性所产生的卵子均含 X 染色体。受精时，如果进入卵子的精子含 X 染色体，那么受精卵就可能发育成雌体；如果由不含 X 染色体的精子受精，那么受精卵就可能发育成雄性。

性染色体构型为 ZW 和 ZO 的动物，雄体所产生的精子均有 Z 染色体。雌体所产生的卵子有两种：一种含 Z 染色体，一种不含 Z 染色体。如果被受精的卵子属于第一种，那么该合子就可能发育成雄体；如果不含 Z 染色体的卵子被受精，那么该合子可能发育为雌体。

斑剑尾鱼由于其性染色体的每一条既可以属于 XY 系统，也可以属于 ZW 系统，因此该物种内个体相互交配，可以产生从全雄到全雌的各种性别比例（表 1-3-4）（Purdom，1993）。

表 1-3-4　斑剑尾鱼种内杂交的可能性别比例（雌：雄）

		正常		不正常		
		XX	WX	WY	WW	XY
正常	XY	1∶1	3∶1	1∶1	1∶0	1∶3
	YY	0∶1	1∶1	1∶1	1∶0	0∶1
	XX	1∶0	1∶0	1∶1	1∶0	1∶1
不正常	WX	1∶0	1∶0	3∶1	1∶0	3∶1
	WY	1∶1	3∶1	3∶1	1∶0	1∶1

另外，还有一类动物的性别完全由受精与否来决定。例如，蜜蜂和蚂蚁的雄体均由未受精卵孤雌生殖而成，因而是单倍体，雄蜂 N=16，而雌蜂由受精卵发育而成，为二倍体，2N=32。相反地，蚜虫在孤雌生殖时产生的后代均为雌体。所谓孤雌生殖就是卵子不经过受精而直接发育成个体。

综上所述，性别决定类型具有遗传多样性。同样，性染色体也有多样性，如鳐形总目（Batomorpha）的软骨鱼，已有 4 种鱼类性别决定属 XX-XY 型，即拟团扇鳐（*Platyrhinoidis triseriata*）、环吻犁头鳐（*Rhinobatos productus*）、萨氏魟（*Dasyatis say*）、弗氏鲼（*Myliobatis freminvillii*），而美洲魟（*Dasyatis americana*）为 ZW-ZZ 型，其他大部分物种有性别遗传机制，但至今尚未找到性染色体。即使同属 XX-XY 型性别决定的不同软骨鱼类，其性染色体的形态大小也不同。例如，环吻犁头鳐的 Y 染色体是整个染色体组里最小的一条，而拟团扇鳐的 Y 染色体则是整个染色体组里最大的一条（谢仰杰等，2006）。

一般来说，性别大体上由受精卵的性染色体组成情况决定，但常染色体的作用也不可忽视。

第二节　常染色体在性别决定中的作用

Bridges（1925）发现，性别不仅取决于性染色体，还取决于性染色体的数目和常染色体组数的比值。他在果蝇的实验中看到 2A+XX 为雌性、2A+XY 为雄性。然而，增加了一组常染色体的 3A+XX 为雌雄间性、3A+XY 为超雄个体；增加了一条 X 染色体的 2A+XXX 为超雌个体，但是常染色体组数和 X 染色体按 1∶1 增加的 3A+XXX、4A+XXXX 也为雌性。依据这些事实，他认为常染色体在性别决定中有雄性化作用。常染色体组数的增加会使性别发育趋向雄性；X染色体有雌性化作用，它的增加会使个体趋向雌性。于是他修改了性染色体决定性别的理论，提出基因平衡理论（conception of genic balance），该理论认为：常染色体也含有与性别决定相关的基因，特别是含有决定雄性的基因，常染色体和Y染色体是雄性化基因系统占优势，X染色体含有雌性化基因，是雌性化基因系统占优势。动物的性别完全取决于这两类基因系统的平衡情况。如果雄性化基因系统占优势，个体就发育成雄性；如果雌性化基因系统占优势，个体就发育成雌性。如果雄性化基因系统和雌性化基因系统的优势不相上下，就形成雌雄间性个体。这个理论告诉我们，即使对于性别正常的个体，性别的遗传基础仍然是个混合体。

现已查知，常染色体上确有影响性别决定的基因。一般含有两个X染色体的小白鼠为雌性，但一旦这种小白鼠的常染色体上所含的与性别决定有关的基因发生突变，成为性逆转基因（sex reversal gene），那么该个体将发育成不育的雄体。果蝇也有类似的情况，当3号染色体上位于44.0和45.3座位之间的隐性突变基因 *tra* 纯合时，含有两个X染色体的合子不能发育成雌蝇，而是不育的雄蝇。

鱼类常染色体上也有影响性别的基因，个体的性别也可能受常染色体的一些性别修饰基因（sex-modifying gene）或常染色体性别影响基因（autosomal sex-influencing gene）的控制或影响。尼罗罗非鱼的性别不只由一对性染色体决定，还与常染色体有关。Yamazaki（1983）明确地提出，大部分没有性染色体的鱼类，其常染色体所具有的雄性或雌性异配性别基因不仅可以使后代雌、雄性别出现1∶1的比率，而且可以产生机能上的雌雄同体。

第三节　个体发育中表型性别的可塑性及多样现象

从遗传性别到表型性别有一段相当复杂的过程，需要经过胚胎发育，尤其是生殖腺的发育才能实现，有的甚至涉及胚后发育。胚胎学告诉我们，无论是雄体还是雌体，胚胎发育早期的生殖系统都是相同的，早期的生殖腺由皮质部和髓质部构成，尚无性别分化，这时的生殖腺具有很强的可塑性，既有向雄性发育的潜能，也有向雌性发育的潜能。如果皮质部得到发育，髓质部退化，就发育为雌性的卵巢；如果髓质部得到发育，皮质部退化，就发育为雄性的睾丸。究竟是髓质部得到发育还是皮质部得到发育，既取决于遗传因素，也受其他因素影响。

已有许多报道表明，哺乳动物的睾丸分化与H-Y抗原的存在和诱导作用相关联。H-Y抗原可以使遗传性别为XX的牛胚卵巢发育出睾丸生精小管。但若把遗传型为XY的H-Y抗原除去，则XY型的生殖腺细胞不能发育成睾丸，而形成卵巢，甚至已经分化为睾丸支持细胞（Sertoli cell）的生殖腺细胞也会被反转为卵巢的滤泡细胞。凡是XX雄性与真两性体的动物，无论是山羊、狗、小鼠还是人，均含H-Y抗原；相反，有生殖能力的XY雌性森林旅鼠（*Myopus schisticolor*）不含 H-Y 抗原。所谓 H-Y 抗原是 H-Y 基因的产物，这个基因位于 Y 染色体着丝粒附近。在 ZW 型性别决定的动物中，雄性不含 H-Y 抗原，但雌体含该抗原，如雌鸡和雌性非洲爪蟾（*Xenopus laevis*）含 H-Y 抗原。因此，有人认为 H-Y 抗原的存在是异配性别的象征。

已知鱼类也含 H-Y 抗原（表 1-3-5）（吴清江，1985）。在较高等的鱼类如鳉形目鱼类中，这种抗原系统的表达与异配性别有着较紧密的联系。在较低等的鱼类如鲑科（Salmonidae）鱼类及鲤科（Cyprinidae）鱼类中，H-Y 抗原在两性都有表达。

表 1-3-5　部分鱼类 H-Y 抗原的性别分布

鱼种	含 H-Y 抗原的性别	
	雄	雌
虹鳟（*Oncorhynchus mykiss*）		√
红点鲑（*Salvelinus alpinus*）	√	√
花鳉（*Poecilia reticulata*）	√	
金鱼（*Carassius auratus*）	√	√
青鳉（*Oryzias latipes*）	√	
罗非鱼（*Tilapia* sp.）	√	
鲤（*Cyprinus carpio*）	√	
大西洋鲑（*Salmo salar*）	√	
欧洲鳗鲡（*Anguilla anguilla*）		√
剑尾鱼（*Xiphophorus helleri*）	√	

黄鳝雄体含 H-Y 抗原而雌体不含。黄鳝从雌体转变成雄体的过程中，H-Y 抗原从无到有逐渐递增（邹记兴，1999）。

胚胎发育过程中，不论性别的遗传型如何，原始的生殖细胞一旦被特定的诱导因子（如 H-Y 抗原、性激素、温度等）所作用，其表型性别的分化就可能被引向一条特定的路线。

有些动物到了成体，生殖腺已经完成性分化，但是仍然具有异性组织，因而可以完成性逆转。例如，蟾蜍的睾丸前端有一种特殊的器官叫作比德器（Bidder's organ），组织学研究表明，该器官具有卵细胞。若将刚完成性分化的蟾蜍睾丸切除而保留比德器，这个器官就发育成卵巢，并产生正常的卵子（巴斯，1956）。

在雌雄异体的贝类，如江珧、栉孔扇贝、华贵栉孔扇贝、合浦珠母贝、波纹巴非蛤等中也有较多的性变及雌雄同体的个体存在（王梅芳等，1999）。

在鱼类中，尤其是海产的石斑鱼类（*Epinephelus* spp.）和淡水产黄鳝（*Monopterus albus*）

也存在同样的情况。据刘富光（1981）报道，石斑鱼类与青星九棘鲈（*Cephalopholis miniata*）在发育过程中，生殖腺的皮质部优先发育成具有功能的卵巢，但是髓质部仍以小群细胞形式构成精原囊存在于卵巢中。随着鱼龄增大，鱼体渐长，卵巢及其卵母细胞逐渐萎缩，精原囊逐渐增大，生精囊日益增殖并形成大的精窦，最后整个卵巢萎缩失去功能，精巢取而代之，个体变成有正常功能的雄鱼。

半滑舌鳎（*Cynoglossus semilaevis*）雌性个体生长速度比雄性快 2～4 倍，雌性成体体长是雄性的 2 倍左右，并且有遗传雌性向表型雄性逆转的特性。梁卓等（2013）研究半滑舌鳎 8 个普通家系间性别比例的多样性发现，不同家系间自然性逆转率存在显著差异，繁育场所用的普通雄性亲鱼中平均有 28.42% 是性逆转后的雄鱼。自然性逆转现象在半滑舌鳎养殖群体中普遍存在，半滑舌鳎不同家系的表型雌鱼比例存在多样性是自然性逆转现象的表现。

在鲷科（Sparidae）的黑鲷（*Acanthopagrus schlegelii*）和黄鳍鲷（*Acanthopagrus latus*）的个体发育过程中，情况恰好与上述石斑鱼和半滑舌鳎相反，鱼体生殖腺先形成有功能的精巢和无功能的小卵巢，随着个体发育的进行，精巢萎缩而卵巢逐渐发达，最后变为性功能完善的雌鱼。

鸟类经胚胎发育后，雌体只有左侧生殖腺发育成卵巢，右侧生殖腺仍保持胚胎时期的未分化状态。如在其“少女”时期将其左侧卵巢切除，那么右侧的胚性生殖腺就可能发育成卵巢、睾丸或精卵巢。要是发育成睾丸，原来母鸡的副性征如羽毛的形状和颜色就会随之向公鸡方向改变，以致“牝鸡司晨”。在雄性方面则情况不大相同，两侧生殖腺都发育成睾丸，切除后也不会向雌性转化。

个体发育过程中性别的可塑性说明，胚胎时期原始生殖细胞（将来的卵子或精子）并不决定形成何种性别的配子，它们的最终命运取决于是否停留于生殖腺的皮质部，或者说取决于是否迁移到生殖腺的髓质部。如果髓质部得到发育，这些原始生殖细胞就发育为精子；如果髓质部退化，皮质部发育，那么它们就分化为卵子。

第四节　性激素在性别决定中的作用

许多实验证明，脊椎动物的生殖管道向何种性别发育是在性激素的控制下进行的，即使是较高等的动物如鸟类、哺乳类也是这样。有些动物甚至连功能性别和表型性别也受性激素影响，但是不同动物受影响的程度不同。

性激素对鱼类性别的影响是显著的。日本生物学家山本时男（1979）曾用雌二醇使遗传上雄性的青鳉转换成功能上的雌鱼，随后又用甲睾酮（methyltestosterone）使遗传上的雌鱼转变成功能上的雄鱼。其后，世界各地的一些研究者又陆续报道了性激素可使金鱼、虹鳟、大西洋鲑、罗非鱼、鲤鱼等获得性逆转（岑玉吉，1989）。更有趣的是，鱼类的生殖腺一旦被切除，副性征和性行为就会退化，以致消失，但是注射性激素后又可得到恢复（钟麟等，1965）。近40多年来，用性激素控制鱼类性别的研究取得了巨大进展，人们已经掌握了使罗非鱼完成性转化的关键。一般认为，在性分化即将开始而性别尚未决定时连续投喂拌有性激素的饵料可以控制性别。但已经完成性分化的鱼苗，口服性激素不能完成性逆转，只能通过抑制生殖腺的发育改变副性征（邬国民和练慧英，1979）。

对于两栖类也有类似报道。我国生物学家张致一教授曾用性激素处理非洲爪蟾的幼体，结果发现，雌激素能使雄体反转，而且这些性逆转后的雌体也是能育的，与正常的雄体（ZZ）交配可产生全雄后代（Chang and Witschi，1955）。

对于鸟类，有不少研究者曾用雌性激素处理遗传上是雄性的早期鸡胚，但结果不佳。张致一等（1960）的研究表明，在孵化第五天以前，向每个鸡蛋注射1mg的雌二醇或己烯雌酚油剂（0.2ml），能使大总分遗传上的雄鸡性逆转，但是性逆转后的表型不稳定，孵出后若不继续注射雌性激素，数月后就会转变成原来的雄性。

哺乳动物的胚胎发育是在母体胎盘的严密保护下进行的，胚胎发育的环境相当稳定，使用性激素也难以达到性逆转的目的，只能形成程度不同的性畸形。但是早期胚胎仍然具有可塑性。人胚胎在发育的最初两个月内，不管将来发育成男还是女，生殖腺也处于未分化时期，在解剖学和生理方面也无可见的特别分化。胚胎不仅有向女性内生殖器发育的米勒管，而且有向男性内生殖器发育的中肾管及中肾小管，还有既可以发育成女性外生殖器又可以发育成男性外生殖器的泄殖腔。这时性激素对其性器官发育的影响还是存在的。当胚胎向男性分化时出现3种激素协同性器官发育：一种是蛋白质激素，促使胚胎的米勒管退化，消除由它发育成女性内生殖器的可能性；一种是由刚形成的睾丸分泌的激素，促使胚胎的中肾管及中肾小管发育成为附睾、输精管、精囊、射精管等内生殖器；还有一种是双氢睾酮，促使胚胎的泄殖腔形成阴茎和阴囊等外生殖器。当胚胎向女性分化时，不仅不出现上述3种激素，相反地出现一种能使睾酮转变为雌二醇的酶，使中肾管及中肾小管退化，使米勒管进一步分化为输卵管、子宫和阴道等内生殖器，并使泄殖腔发育成阴蒂和阴唇等外生殖器。倘若胚胎的遗传性别为男性，但是不产生上述3种激素，或者虽有这些激素，但是有关的胚胎细胞不受这些激素的作用，那么米勒管和泄殖腔就会自动地向女性方向分化，形成遗传性别和表型性别不一致的“女性”。

性激素影响性别决定的机理尚在探讨中。一般认为，性激素先进入靶细胞，与靶细胞的激素受体结合，形成激素-受体复合物，然后这种复合物变构产生活性，转移到细胞核，作用于染色质DNA，改变或调节机体的基因表达，进而影响或改变细胞、组织和器官的某些生化过程，从而改变动物的性征。

无脊椎动物也有脊椎动物的一些性激素（Sandor，1980），但尚无证据说明这些脊椎动物的性激素能影响无脊椎动物的性别分化（Malecha，1983）。吴仲庆（1990，1992）的实验表明，雌二醇、甲睾酮、己烯雌酚、己烷雌酚这些对鱼类、两栖类甚至哺乳类都有强烈性逆转作用的性激素和性激素类似物，对长毛对虾的性别决定和性别比例没有影响。但有研究者报道，这些性激素能促进相应性别生殖腺的发育和生殖细胞的发生。例如，注射丙酸睾酮的腹足纲软体动物蜗牛和椎实螺，能在1天内诱导生殖腺的精子发生（Sandor，1980）。注射孕酮能加速雌性哈氏仿对虾卵巢成熟（Kulkarni et al.，1979），能诱导刀额新对虾（*Metapenaeus ensis*）卵巢成熟和排卵及促进日本对虾（*Penaeus japonicus*）卵黄的形成和分泌（Yano，1985）。己烯雌酚还能促进锯缘青蟹（*Scylla serrata*）幼蟹的生长（王桂忠和李少菁，1989）。

第五节　促雄性腺在虾蟹性别决定中的作用

促雄性腺（androgenic gland）是法国生物学家Charniaux-Cotton于1954年首先在端足目动物中发现的，她将跳钩虾（*Orchestia gammarellus*）的雄性输精管末端所附着的一小团细胞植入异性腹部，引起雌体雄性化，卵巢转变为睾丸，发育出一系列对应的雄性第二性征。由此，她把这个特殊腺体命名为促雄性腺。之后，人们不但证实了她的研究，而且进一步发现，促雄性腺普遍存在于包括虾蟹在内的软甲亚纲动物雄体（Nagamine et al.，1980）。已知将十足目的罗氏沼虾（*Macrobrachium rosenbergii*）、哈氏仿对虾和沙蟹（*Ocypoda platytarsis*）促雄性腺分别植入本种异性幼体，也能使卵巢变为睾丸，发生雄性化（Katakura，1961；Nagamine et al.，1980）。跳钩虾科（Talitridae）的一些种类，如蒙塔吉跳钩虾（*Orchestia montagui*），切除其促雄性腺后，精巢逆转为卵巢，将欧洲沙蚤（*Talitrus saltator*）的睾丸植入去除促雄性腺的跳钩虾雄体，其也变成卵巢，因此人们认为，促雄性腺的存在对于雄性的发育及睾丸分化和维持都是必要的（Payen，1980）。Nagamine等（1980）的研究还表明，罗氏沼虾促雄性腺的存在对于雄性第二性征的再生和诱导、精子发生的正常速度、防止睾丸萎缩、抑制雌性特征的发育及性成熟时期的一系列变化和雄性形态的季节性变化也都是必要的。

促雄性腺是由中胚层细胞演化而来的，在等足类中位于睾丸内，其他软甲亚纲的促雄性腺都位于最后胸足（或步足）基节的肌肉间并附着于输精管近末端。

已知促雄性腺的组织学结构特点（Rangneker et al.，1971），即横切面近似卵圆形，细胞排列没有一定模式，细胞形态不规则，由两类细胞呈索状松散排列。第一类细胞位于腺体中心区，呈卵圆形，核为球形或稍长，核直径为3～5μm，核内物质无法区分；第二类细胞数量较少，位于腺体边周区，细胞质致密，呈嗜伊红性。每种细胞都具有小、圆而深染的核。

促雄性腺与眼柄神经分泌器官的关系也被Rangneker等（1971）研究过，他们发现锯缘青蟹眼柄含有一种可以抑制促雄性腺活性的抑制因子，切除其两侧眼柄会导致促雄性腺激素不断释放，并诱导睾丸不断成熟。

雌体没有促雄性腺，植入促雄性腺后，卵巢可以变成睾丸并产生精子，但外部副性征必须在下一次蜕壳时才逐步雄性化，蜕壳次数越多，雄性化越完全（Nagamine et al.，1980）。

已知促雄性腺一旦在个体发育中形成，就能分泌一种激素，称促雄性腺激素，可影响性别分化和发育（Nagamine et al.，1980）。有促雄性腺存在，体内就有促雄性腺激素，个体就向雄性方向发育。如果原有的促雄性腺被摘除，体内的促雄性腺激素会很快消失，原先的睾丸随之得不到维持而萎缩，并自动向卵巢方向分化和发育，副性征也在其后的蜕壳中自觉向雌性逆转；反之，如果原先是雌性个体，植入促雄性腺或注射促雄性腺提取物，则卵巢受到促雄性腺激素的作用而自动萎缩，并向睾丸转化（Hasegawa and Katakura，1983；Katakura and Hasegawa，1983）。

促雄性腺影响软甲亚纲性别决定的最简单设想是：一对同源染色体上的等位基因 M-m 控制这些动物的性别。雌性为 m/m 或 mm，是隐性纯合体；雄性为 M/m 或 Mm，是显性杂合体。M-m 决定促雄性腺的有无或显隐，M 对 m 为显性。当基因型为 Mm 时，促雄性腺得到发育，表现为显性，个体为雄性；当基因型为 mm 时，促雄性腺得不到发育，表现为隐性，个体为雌性（Ginsburger-vogel and Charniaux-Cotton，1982）。如果有异形染色体存在，这对基因可能会位于性染色体上，如果没有异形染色体，这对基因也可以像常染色体上的基因一样按孟德尔分离定律遗传，保证后代的性别比例为 1∶1。

第六节　环境对性别发育及性别多样性的影响

如前所述，性激素能影响甚至控制性别的表型，可见性别也是一种性状，也是基因型和环境相互作用的产物。有些动物没有确定的性别遗传机制，表型性别完全依赖周围的环境条件和自身的生理情况。

后螠的性别决定　后螠是一种海产蠕虫，雌体和雄体的体形差别很大。雌体像一粒发芽很长的豆芽，约 5cm 长；雄体很小，大约只有雌体的 1/500，没有消化管，寄生在雌体的子宫内。后螠的后代在蝌蚪期无性别分化，若落在雌体的口器上，就发育成雄虫，随后移向雌体的子宫；若落在海底独立生活，就发育为雌体；若幼虫先停留在雌虫的口器上发育一段时间后才离开口器营独立生活，就发育为雌雄间性的个体。这种动物的性别完全取决于是否与母体的口器物质接触。

牡蛎的性别决定　自然界的牡蛎存在雌体、雄体和雌雄同体（生殖腺既能产生精子又能产生卵子）三种性别。这三种性别可以相互转换。有研究者发现，牡蛎的性别随水温而改变，当水温高时，群体中雌性占优势，当水温低时雄性占优势。此外还发现，牡蛎的性别与营养条件的优劣有关，若把生活在优裕环境中的雌性僧帽牡蛎移放到营养条件较差的水槽中，该雌性个体就会慢慢变为雌雄同体，最后变为雄体。

红鲷鱼的性别决定 生活在红海的一种红鲷鱼，一般以20尾左右为一群，每群有一尾雄鱼，其余是雌鱼，一旦雄鱼死去，这群成员中体态最健壮的一尾雌鱼就变为雄鱼。如果这尾雌鱼变来的雄鱼又死去，剩余的雌鱼中身体最健壮的又变为雄鱼。如果每次将雄鱼去掉，连最后剩下的一尾雌鱼也会转变为雄鱼。有研究者用实验研究这种性别转化机制，将一群红鲷鱼饲养在两个透明的玻璃缸中，一缸饲养雄鱼，另一缸饲养雌鱼，将两缸靠在一起，使两缸的鱼能互相看到，结果雌鱼缸中的鱼永远是雌的，没有性逆转现象出现。如若在两个鱼缸之间隔以障碍物，使两缸的鱼不能相见，结果雌鱼缸中的一条雌鱼就变为雄鱼。因此，研究者认为红鲷鱼的性变似乎与“视觉”有关（肖云龙，1979）。

鳄鱼的性别决定 鳄鱼系爬行动物，后代的性别完全由胚胎发育的温度所决定。据研究，密西西比河的鳄鱼没有异形染色体，受精卵在≤30℃时，孵化出来的全是雌性。在≥34℃时，孵化出来的全是雄性。在32℃下，孵化出的有雌有雄，比例为5雌∶1雄。孵化温度低于26℃或高于36℃时，胚胎不能成活。我国扬子鳄的性别决定也有类似情况（陈壁辉，1983）。

大鲵的性别决定 据杨干荣和金立成（1990）研究，大鲵（*Andrias davidianus*）在其生活的正常温度（18～25℃）下，性别比例为1∶1；在水温偏高（28～31℃）时，雄性偏多（占88%，$P<0.05$）；在水温偏低（8～16℃）时，雌性偏多（占78%，$P<0.05$）。美国的一种林蛙 *Rana sylvatica* 也有类似的情况，在20℃下发育出来的个体约有50%为雄性、50%为雌性。但在高温（30℃）下发育出来的个体100%是雄性，而在寒冷条件下发育出来的个体25%是雄性。巴斯（1956）认为，高温有助于原始生殖腺的髓质部向睾丸方向发育，不利于皮质部发育。

温度可影响某些鱼群的性别比例 已有研究表明，在多数鱼类如鲐属（*Scomber*）、金鱼（*Carassius auratus*）和鲇形目（Siluriformes）鱼类中，低温可引起雌性化，高温可致雄性性比提高，而斑点叉尾鮰（*Ictalurus punctatus*）、许氏平鲉（*Sebastes schlegeli*）等则是低温提高雄性比例，高温提高雌性比例（梁卓等，2013）。温度对半滑舌鳎性别决定的影响已有一些研究。邓思平等（2007）通过检测半滑舌鳎不同温度处理组个体的遗传性别和表型性别，发现高温能显著提高群体中的表型雄鱼比例。

其他水生动物的性别决定 据巴斯（1956）研究，水蛇在食物丰富时发育为雌性，在饥饿时则发育成雄性。轮虫、水蚤等在低温、缺食的情况下会转变为雄性。环节动物的多毛类，幼体是两性的，到一定年龄才发生性分化，经分化的雌体在饥饿时可转变为雄性，但雄性在饥饿时仍为雄性。

上述几例说明，环境对性别决定和发育起到决定性的作用，使性别形成具有多态现象。但我们仍然应该清醒地认识到，环境条件之所以能够影响甚至转变性别，是因为机体有向两性发育的内在性，环境只不过是外因，起作用的还是动物体内既定的基因型，即通过动物内部与性别决定相联系的矛盾运动来实现。虽然这些外因的作用机理尚不明了，但根据现代遗传学的知识可尝试如下解释：环境作为性别发育的条件一旦改变，它可以通过某种途径改变机体的新陈代谢，特别是改变与性别决定有关的某些生理生化过程，从而改变基因表达的环境和情况，改变机体内部雄性化力量与雌体化力量的均衡关系，建立新的平衡，使性别沿着新的路线分化和发育。

第七节　性染色体基因的遗传及多样性

常染色体都是成对存在的，各有相似或相等的另一条同源染色体，因此常染色体基因都有等位基因，由它控制的性状完全按分离定律遗传给不同性别的后代，以致雌体和雄体表现显性性状的或表现隐性性状的各占一半。性染色体基因的情况则不同，无论性染色体遗传机制属于XY、ZW、XO 或 ZO 哪种类型，异形染色体不仅在形态上不同，而且所携带的基因也有差异。例如，X 染色体和 Y 染色体有一段是彼此同源的（图 1-3-1），另一段是不同源的。

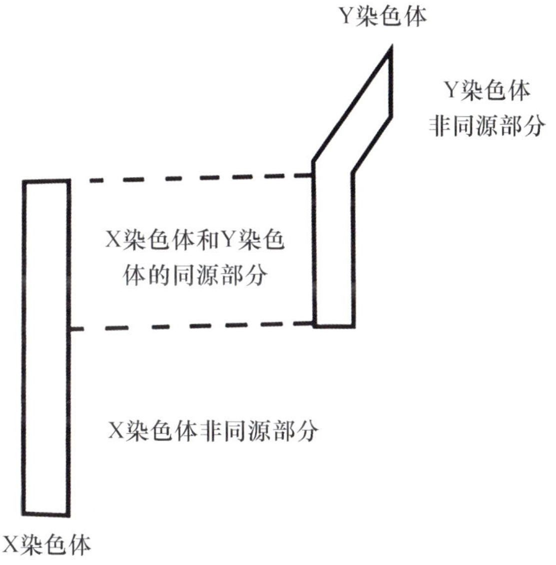

图 1-3-1　X 染色体和 Y 染色体的同源部分与非同源部分示意图

性染色体同源部分的基因互为等位（即等位基因），遗传行为与常染色体基因有共同之处（可分离、能交换），但又与性染色体连锁而不同于常染色体基因，因此是不完全伴性基因。X 染色体上非同源部分的基因称为伴性基因，这些基因在雄体没有等位基因，在雌体则有等位基因，其遗传呈 X 连锁。Y 染色体的非同源部分只含有极少数基因，这些基因叫全雄基因，只存在于 Y 染色体，与 X 染色体既无配对和交换关系，也无功能联系，呈 Y 连锁。

一、不完全伴性基因的遗传——限性遗传

青鳉（*Oryzias latipes*）的性别决定属于XX♀-XY♂，雌鱼的染色体是$2n$=48=46+XX，雄鱼的染色体是$2n$=48=46+XY。红色个体的红色基因位于X或Y染色体上的同源部分，红色纯合雌体的基因型为X^RX^R，红色纯合雄体的基因型X^RY^R。白色个体的白色基因也位于X和Y染色体的同源部分，白色纯合雌体、雄体基因型分别为X^rX^r、X^rY^r。将白色的雌体和红色的雄体杂交，子1代无论雌雄都是红色杂合体。子2代除了红色性状与白色性状按3∶1分离外，另有一个突出特点是所有的白色个体都是雌性。可见，红体色与白体色是一对相对性状，红色对白色为显性，它们相差一个等位基因。而且，这对等位基因位于性染色体的同源部分，遗传情况如图1-3-2所示。

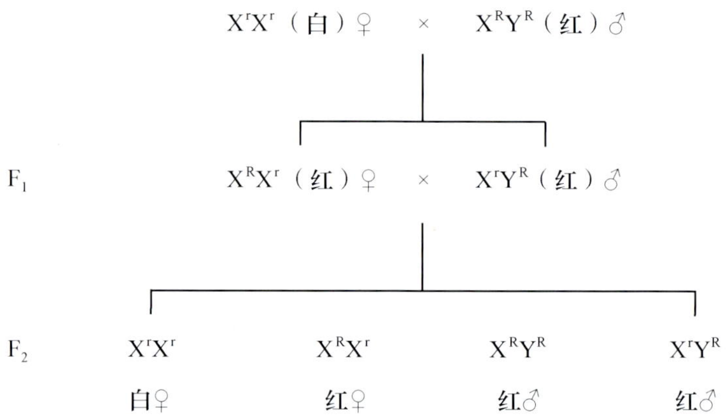

图1-3-2 白青鳉和红青鳉的杂交情况

这种位于性染色体同源部分的基因，只在雌或雄一方表现的遗传现象称为限性遗传（sex-limited inheritance）。本例中，限性遗传是指白青鳉雌鱼的白色性状仅限于在子2代的雌体中出现，并继续隔代传给雌性后代。狮子的鬃毛等也属于限性性状，但出现在雄性中。

花鳉（*Poecilia reticulata*）是小型观赏鱼类，适应性强，胎生。雄鱼体色鲜艳多态，雌鱼无色彩或仅为灰色。在自然群体中性别遗传型为XX♀-XY♂，但核型分析中尚未发现异形染色体。图1-3-3（Purdom，1993）为花鳉X与Y染色体同源部分基因的部分遗传情况：由于该雄体Y染色体含有M、T、L三个基因，分别决定黑斑、虎纹和深橘黄体色，可以和X染色体同源部分的三个无色等位基因交换，以致在这个典型的交配中，一尾没有色彩基因的雌鱼和一尾Y染色体具有M、T、L三个基因的雄鱼交配，出现三种不同于雄性亲本色彩的雄鱼。

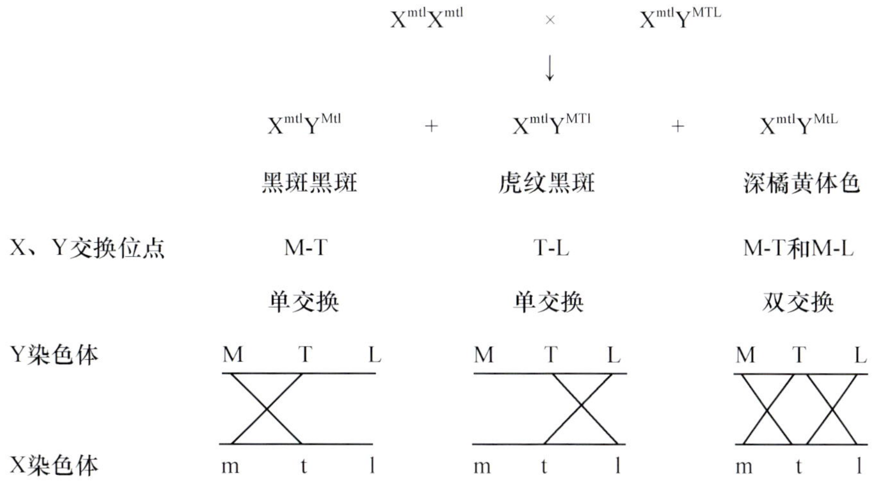

图 1-3-3　花鳉 X、Y 染色体同源部分基因的交换情况

二、X 染色体伴性基因的遗传——X 连锁

人类正常辨色力基因 N 位于 X 染色体的非同源部分，写为 X^N，Y 染色体没有它的等位基因。X^N 可以突变为隐性的红绿色盲基因 X^n。因此，女性在 X^NX^n 下，色觉正常，然而携有色盲基因，在 X^nX^n 隐性纯合下才是红绿色盲。男性则不然，由于 Y 染色体没有对应的基因，当其 X 染色体携带 X^N 基因时则色觉正常，携带 X^n 基因时就表现为色盲。如果母亲色盲（X^nX^n）而父亲正常（X^NY），其子女中女孩（X^NX^n）色觉正常、男孩（X^nY）色盲；如果母亲正常（X^NX^N）而父亲色盲（X^nY），其子女都是色觉正常者，但女儿是色盲基因的携带者；如果母亲是色盲基因的携带者（X^NX^n）而父亲患色盲（X^nY），其子女不论性别如何都有 50% 的可能是正常或色盲。如果父母色觉正常，但儿子出现色盲者，那么母亲一定是色盲基因携带者（X^NX^n）（图 1-3-4）。

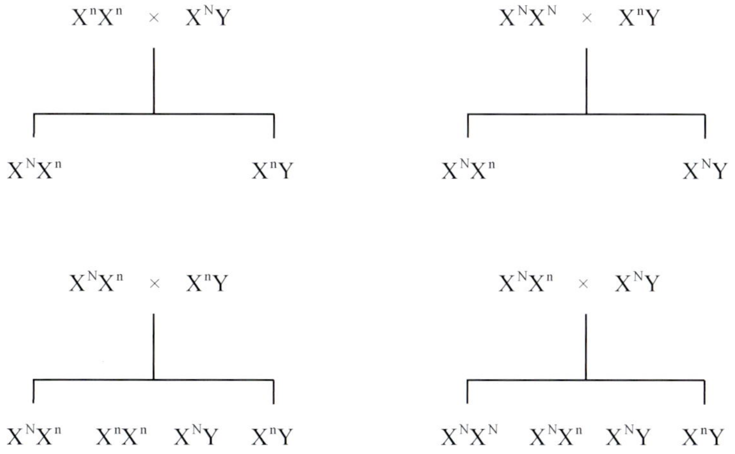

图 1-3-4　人类色盲基因 X^n 的 X 连锁遗传

位于 X 染色体非同源部分的基因（如 X^n）就是这样始终与 X 染色体连锁在一起的，呈 X 连锁。由于这些隐性基因在雄体没有等位基因，在雌体可能有其显性等位基因，所以在男性或

雄性表现的机会多些，但雌雄都能表现。如上述所，男女都可能得色盲，但男性多于女性。血友病基因也位于 X 染色体的非同源部分，也是隐性基因（X^h），虽然 Y 染色体没有它的等位基因，但人类女性中有其显性等位基因（X^H），所以遗传情况与红绿色盲基因相同，呈 X 连锁。

花鲔的体色和体形基因有些在 X 染色体上呈 X 连锁，如体色为黄色略带绿色的基因（s）和体形瘦长的基因（e）都位于 X 染色体的非同源部分，在雄性后代有更多的表达机会。图 1-3-5 说明这两个基因的 X 连锁情况呈性连锁交叉遗传（sex-linked criss-cross type of inheritance），即 s 和 e 基因从父本传给子 1 代雌体（携带者），然后经子 1 代雌体传给子 2 代的雌体或雄体并在子 2 代雄体中得以表达（Purdom，1993）。

$X^{++}X^{++} \times X^{es}Y^{M}$（黄瘦长）

↓

$X^{++}X^{es} + X^{++}Y^{M}$

↓

$X^{++}X^{++} + X^{++}X^{es} + X^{++}Y^{M} + X^{es}Y^{M}$（黄瘦长）

图 1-3-5　花鲔的 X 连锁和 Y 连锁交叉遗传

花鲔体表虎纹由 X 染色体的显性基因 X^T 控制。在正常情况下，虎纹表型只在含有该基因的雄体出现，雌体没有虎纹——即使雌体的基因型是 X^TX^T，即 X^+X^+ ：灰色雌体（野生型）；X^+X^T ：灰色雌体；X^TX^T ：灰色雌体；X^+Y ：灰色雄体；X^TY ：虎纹雄体（图 1-3-6）。

X^TX^T（灰色） × X^+Y（灰色）

X^+X^T（灰色） × X^TY（虎纹）

	X^TX^T	X^+X^T	X^+Y	X^TY
正常情况下：	灰色	灰色	灰色	虎纹
添加雄性激素的情况下：	虎纹♀	虎纹♀	灰色♂	虎纹♂

图 1-3-6　花鲔的 X 连锁交叉遗传

若将雄性激素甲睾酮添加到养殖水体或投喂那些具有 X^TX^T 和 X^+X^T 基因型的个体，其虎纹性状可以得到表达。处理适当的话，这种雄性化激素不会损害这些雌体，还有助于育种者从 X^+X^+、X^+X^T 和 X^TX^T 三种雌体基因型中，将那些含有 X^+X^+ 基因型的个体辨认出来，以提高获得育种目标的机会。

可见，该基因的表达需要雄性激素的作用，因而虎纹基因 X^T 的遗传和表达具有 X 连锁和限性遗传的特点。

三、Y 染色体全雄基因的遗传——Y 连锁

许多遗传学实验表明，花鳉的大量体色基因及影响鳍结构的某些基因在 X 和 Y 染色体上，其中至少有 17 个体色基因在 Y 染色体上。

位于 Y 染色体上的基因有的与 X 染色体有同源部分，有的没有同源部分。位于 Y 染色体非同源部分的基因为全雄基因，呈 Y 连锁。例如，花鳉中决定雄鱼背鳍有黑色斑点和体表具有特有黑色及红色斑点分布的基因 M 位于 Y 染色体上，写为 Y^M，X 染色体上没有其等位基因，写为 X，因此具有 Y^M 基因的雄鱼与正常雌鱼（XX）交配，后代中雌鱼全无 Y^M 的表型，雄鱼全有 Y^M 的表型，雌雄比例为 1∶1。

$$XX \times XY^M$$

$$XX \qquad\qquad XY^M$$

Y 染色体非同源部分的其他基因以同样的方式由父本传递给子代雄体。例如，人类耳毛基因也位于 Y 染色体的非同源部分，只能从父亲传给儿子，不传给女儿，所以人群中凡是耳轮上长出浓密硬毛者都是男性。

花鳉虽然尚未被发现异形染色体，但其基因 M 的 Y 连锁现象可能说明，Y 染色体是客观存在的，只是现在的核型分析方法不能区别出它的形态特征。也可能说明，这个基因与性别决定基因相连锁，甚至本身兼有性别决定的显性作用。

哺乳类 Y 染色体有雄性性别决定区——Y（*Sry*）基因，这个基因的功能是诱导未分化的生殖腺形成精巢，然后精巢分泌激素使机体的其他部分雄性化。如果 *Sry* 基因缺失，原始生殖腺发育成卵巢，在没有暴露于睾丸激素的情况下，机体形成女性外形。

四、其他性染色体基因的遗传

ZW 型性别遗传机制的生物，性染色体基因的遗传情况与 XY 型类似，Z 和 W 染色体既有同源部分，也有非同源部分。同源片段中，造成相对质量性状差异的基因也呈限性遗传，Z 染色体非同源片段的基因呈 Z 连锁，类似于 X 连锁，性状在不同性别的分布与 X 连锁相反；W 染色体非同源片段的基因呈 W 连锁，类似于 Y 连锁，但只遗传给雌性。

斑剑尾鱼的黑体色基因 N 位于 Z 染色体的同源部分，其等位基因是白色（野生型）基因 n，也位于 Z 染色体。当黑色雌体（WZ^N）与白色雄体（Z^nZ^n）交配后，子 1 代中雄体为黑色（Z^NZ^n），雌体为白色（WZ^n）。子 2 代黑色和白色在雌、雄性别的比例和频率一样，即黑色雌体∶白色雌体∶黑色雄体∶白色雄体=1∶1∶1∶1。可见 N 基因在 Z 染色体上呈 Z 连锁遗传。

WZ^N（黑）$\times Z^nZ^n$（白）

↓

WZ^n（白）$\times Z^NZ^n$（黑）

↓

WZ^N（黑雌）$+WZ^n$（白雌）$+Z^NZ^n$（黑雄）$+Z^nZ^n$（白雄）

XO 型性别遗传机制的生物，由于雄体比雌体少一条性染色体，X 染色体在雄体没有同源染色体，因此，全部 X 染色体基因呈 X 连锁。

ZO 型性别遗传机制的生物，由于雌性比雄性少一条性染色体，Z 染色体在雌体没有同源染色体，因此，全部 Z 染色体基因呈 Z 连锁。

第八节　常染色体性别基因的遗传

甲壳动物的一些种类，影响性别的常染色体基因往往同时影响体色的表现，这些基因的作用常常使性别比例随体色发生相应的变化。

端足类的蚤状钩虾（*Gammarus pulex*）体色有三个复等位基因（R、r^+、r），它们分别决定个体棕色、橄榄色或红色，同时也强烈地影响性别表现。r^+为野生型；r^+品系为橄榄色，雄性占 24%；R 品系为棕色，雄性占 68%；r 品系为红色，雄性占 96%。R 或 r 基因的存在能使子代雄体数量增加。在没有 r 或 R 时雌体居多。等足类的一些物种，控制体色的基因也影响性别的表现，其一旦存在就可以修饰性别比例。鼠妇（*Porcellio scaber*）有一个控制体色为斑纹（marmoratus）的基因，其等位基因表现出强烈的雌性化影响。在 mama 品系中，雄体占 69%；在 MaMa 品系中，雄体仅占 32%。

常染色体性别基因的存在使多基因性别决定动物不能表现为单一性别，而会使一些种类的杂交后代性别比例时常变化。因为影响性别的众多基因分布于整套染色体组，个体的性别取决于所含雄性基因的数目。如果个体基因型含有的雄性基因多于决定雄性发育的某一最低数，就表现为雄性，否则表现为雌性。一些雄体拥有许多明显多于最低数目水平的雄性基因，由于分离和自由组合定律的作用，雄性会产生雄性基因数不等的配子，导致子代性别比例差异很大（Ginsburger-Vogel and Charniaux-Cotton，1982）。相反地，近交导致雌、雄基因的分离和纯合，以致一些桡足类雄性比例随纯合性的递增而提高，随杂合度的增加而减少。雌体比例则在连续近交世代中逐渐减少，而远交将引起雌体比例的突然增加。另外，已有一些证据表明，存在于常染色体的多基因性别决定机制容易被环境扰乱（Ginsburger-Vogel and Charniaux-Cotton，1982）。

第九节　从性遗传

有些常染色体基因控制的相对性状，在杂合体中显隐性关系随雌雄性别的不同而不同，这种与性染色体不直接相关而又协从性别的遗传方式称为从性遗传（sex-influenced inheritance）。例如，人的秃顶基因，杂合体在男性中为显性、女性中为隐性，纯合时，在男性中表现严重，在女性中表现轻微。

绵羊中有角品种（陶塞特羊）与无角品种（雪洛浦羊）杂交，子代羊角的有无和显隐关系也是如此：子 1 代杂合体雄性有角、雌性无角，显隐关系互为颠倒。子 2 代的纯合体都如实表现其基因型（即 HH 为有角、hh 为无角），不受性别影响，杂合体的显隐关系仍协从性别而改变。因而，有角与无角子 2 代在雄性中按 3∶1 分离，在雌性中按 1∶3 分离：

HH（有角）× hh（无角）

↓

Hh（雄有角、雌无角）

↓

1/4 HH+2/4 Hh+1/4 hh

雄：	有角	有角	无角
雌：	有角	无角	无角

第四章

数量性状的遗传和多样性

数量性状（quantitative character）是指那些必须借助数或量才能准确描述和表示的性状。这类性状广泛存在于生物界，养殖对象的许多经济性状都是数量性状，因此对于数量性状遗传多样性的研究能为种质资源保护提供依据，直接或间接地提高养殖对象的产量和质量。

第一节　数量性状的表型特征

数量性状区别于质量性状的表型特点是：性状变异呈连续状态，有中间过渡类型，界线不明显，不易分类。在纯系中，同一性状参差不齐，呈正态分布（中间类型的个体居多，趋向两极的个体逐渐减少），如海带叶长是数量性状，呈连续变异（图 1-4-1）。不同品系的叶长变异也表现为常态分布，曲线只有一个高峰（方宗熙等，1965）。海带的叶宽、叶厚、柄长、含碘量，鱼、虾、贝的体长、体重、体形、生长速度、含肉率、成活率等水生生物的重要经济性状，绝大部分属于数量性状，在纯系中，各个体的性状表型值围绕平均值呈正态分布。质量性状则与此相反，变异不连续，易分类，在纯系中同一性状无明显差别，如鲤鱼体色的青灰色与红色、金鱼的平眼与龙睛。

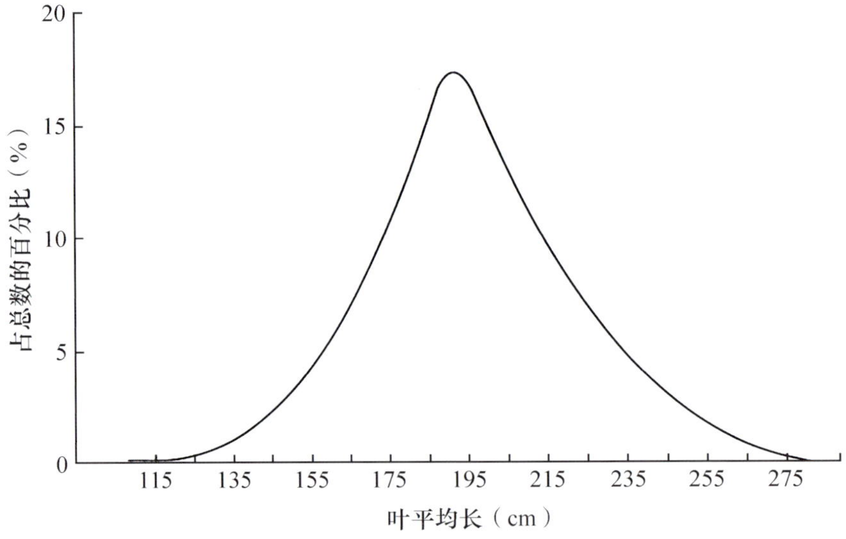

图 1-4-1　海带叶长变异频率分布曲线

数量性状区别于质量性状的另一特点是：不同表型值的纯系相互杂交，子代表型值呈正态分布，无显隐关系。即使是表现为杂种优势的子代，表型值也无显隐关系。鲤鱼不同体形纯系的杂交后代就是如此。荷包红鲤的体形短粗，能真实遗传，体长与体高之比分布于 1.31～2.00，平均为 1.84±0.16；元江鲤的体形偏长，也能真实遗传，体长与体高之比分布于 2.61～3.50，平均为 2.93±0.30。张建森和潘光碧（1983）将荷包红鲤与元江鲤杂交，测得杂种子 1 代和子 2 代的体长/体高的分布和平均值都介于双亲之间（表 1-4-1），子 2 代比子 1 代有更广泛的分布范围，但没有双亲的极端类型。

表 1-4-1　荷包红鲤、元江鲤及其杂种 F_1、F_2 体形分布的频率

鱼名	体长/体高							基因对数	平均
	1.31～1.60	1.61～2.00	2.01～2.30	2.31～2.60	2.61～2.90	2.91～3.20	3.21～3.50	N	值$\overline{X}$
荷包红鲤	2	46						48	1.84
元江鲤					18	37	2	57	2.93
F_1（荷元鲤）		15	43					58	2.01
F_2		39	50	16	18	8		131	2.25

鲤鱼体形的其他指标也属于数量性状，因此荷元鲤（F_1）的主要体形指标也处于双亲之间（张中英等，1983），详情见表 1-4-2。

表 1-4-2　荷元鲤（F_1）与双亲主要体形指标比较

性状	荷包红鲤	元江鲤	荷元鲤（F_1）
体长/头长	2.94±0.38	4.11±0.36	3.39±0.38
体长/体高	1.85±0.16	2.91±0.34	2.28±0.20
体长/体宽	3.14±0.34	5.48±0.74	3.97±0.56
尾柄长/尾柄宽	0.57±0.14	1.00±0.14	0.18±0.18

第二节　数量性状的遗传特点

瑞典遗传学家 Nilsson-Ehle（1909）在 20 世纪初，曾经对小麦籽粒颜色的遗传进行研究，发现了数量性状遗传的一些基本特征。

小麦种子籽粒有红色和白色两种。这两种颜色在不同品种（或品系）中都是真实遗传的。Nilsson-Ehle（1909）将红色与白色品系的小麦杂交，发现子1代都是一致的中间色，子2代呈连续分布，从红色到白色有过渡类型，但是由非红即白的观点看，红色与白色的比例有三种情况：

深红（RR） × 白（rr）

↓

中红（Rr）

1/4 深红（RR）+1/2 中红（Rr）+1/4 白（rr）

一些杂种子 2 代红色与白色籽粒之比为 3∶1，符合孟德尔分离定律，属单一基因的差异。但是红色籽粒中有些颜色与亲本的相同，有些则较淡，像子 1 代，为过渡类型。因而，Nilsson-Ehle（1909）认为本例的红色对白色为不完全显性。

另一些杂种子 2 代红色与白色籽粒之比为 15∶1，属于自由组合定律的特殊比值。由此，Nilsson-Ehle（1909）认为，以非红即白的标准判断，粒色涉及两对基因控制的独立遗传，似质量性状。但子 2 代出现较广泛的分离，表现出较多的过渡类型，籽粒与双亲类型完全相同者较少，大部分为子 1 代的中红颜色，有些比子 1 代更淡，有些比子 1 代更深。Nilsson-Ehle（1909）假定每个红色基因有产生红色籽粒的能力，但是对白色基因呈不完全显性。控制红色性状的两对基因中的 4 个成员有累加作用。红色基因若是 4 个同时存在（$R_1R_1R_2R_2$），籽粒为红色，约占子 2 代的 1/16；若存在 3 个（$R_1R_1R_2r_2$ 或 $R_1r_1R_2R_2$），籽粒为红色，约占子 2 代的 4/16；若存在 2 个（$R_1R_1r_2r_2$、$r_1r_1R_2R_2$ 或 $R_1r_1R_2r_2$），籽粒为中红，约占子 2 代的 6/16；若存在 1 个（$R_1r_1r_2r_2$ 或 $r_1r_1R_2r_2$），籽粒为浅红色，约占子 2 代的 4/16；没有红色基因时（$r_1r_1r_2r_2$），籽粒为白色，约占子 2 代的 1/16（图 1-4-2）。这些假设能很好地解释上述实验结果，并与实际观测情况相一致。

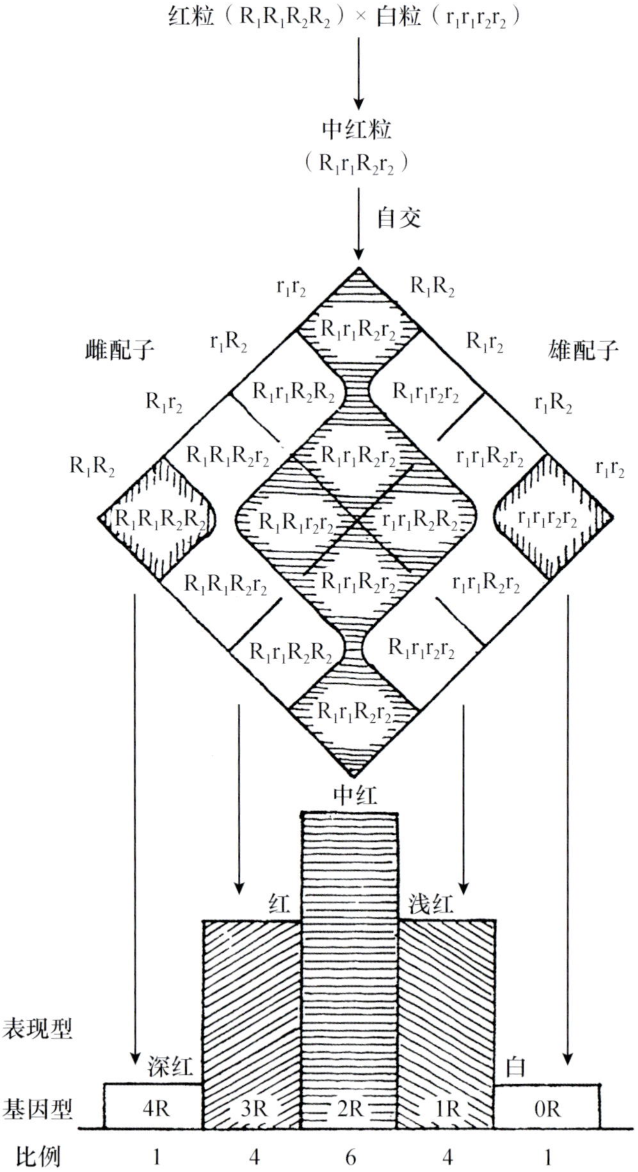

图 1-4-2　小麦粒色的基因型和表型的关系

还有一些杂种子 2 代红色与白色籽粒之比为 63∶1，红色深浅变异范围更大，Nilsson-Ehle（1909）按照上述方法推理，判定它包括三对独立基因的自由组合。如果用 $R_1R_1R_2R_2R_3R_3$ 代表红色亲本，$r_1r_1r_2r_2r_3r_3$ 代表白色亲本，那么 F_1 基因型

均为 $R_1r_1R_2r_2R_3r_3$，籽粒颜色应基本一致且是双亲颜色的中间型。子 2 代籽粒颜色完全像亲本类型者很少，从红色到白色的过渡类型更多，变异范围更大。含红色基因分别为 6 个、5 个、4 个、3 个、2 个、1 个和 0 的个体数应分别占子 2 代的 1/64、6/64、15/64、20/64、15/64、6/64、1/64。Nilsson-Ehle（1909）的这些假设和预期情况都在子 1 代和子 2 代中得到证实。

P　　深红　×　白

$R_1R_1R_2R_2R_3R_3$　　$r_1r_1r_2r_2r_3r_3$

↓

F_1　　中红

$R_1r_1R_2r_2R_3r_3$

↓

F_2

表型类别	红色						白色
	最深红	深红	红	中红	中浅红	浅红	
表型比例	1	6	15	20	15	6	1
红粒有效基因数	6R	5R	4R	3R	2R	1R	0R
红粒：白粒	63∶1						

由上述实验可知：质量性状与数量性状间没有严格的界线，子 2 代小麦籽粒颜色的表现既有质量性状的遗传特点（3∶1、15∶1 或 63∶1），又有数量性状连续分布和变异的特点；数量性状可以遗传，遗传方式遵循分离定律和自由组合定律；数量性状纯系间差异涉及多对基因，这些基因的等位关系没有显隐性；基因作用效力可以累加；数量性状与质量性状的遗传差别主要在于等位基因间有无显隐性关系，而不是控制性状基因的多少；数量性状的不同纯系或品种杂交，子 1 代表现双亲的中间型，子 2 代的表型平均值与子 1 代相近，但变异幅度远远超过子 1 代。

Nilsson-Ehle（1909）根据小麦粒色的遗传分析，提出了数量性状遗传的多因子假说。以后该学说又历经多方面材料的研究、证实和发展，成为今天数量性状遗传的基本理论，又称微效多基因学说。该学说认为，数量性状由多基因控制，遗传方式符合孟德尔定律，控制数量性状的基因没有显隐关系，基因作用效力微弱并有累加作用。微效多基因假说虽然不是绝对的，但基本上是正确的，已成为数量遗传学的理论基础，也是我们认知海洋生物数量性状遗传多样性的理论基础。

第三节　数量性状易受环境影响

数量性状与质量性状的一大区别是表型易受外界环境条件的影响。例如，鱼、虾、贝的生长速度与营养水平的优劣和养殖水平的高低有关，也与水质的肥瘦、好坏有关；海藻叶片的长度也是数量性状，其生长易受光强、密植程度和肥料多少等外界环境条件的影响。

基因型与环境的相互作用是影响数量性状的重要因素。Wohlfarth 等（1983）详细地研究并比较了中国鲤、欧洲鲤，以及中国鲤与欧洲鲤杂交种在不同饲养条件下的生长速度，实验结果（表 1-4-3）表明，在养殖条件差（高密度和只施用禽粪）的条件下，中国鲤比欧洲鲤生长快；在养殖条件好（加喂饵料）时，欧洲鲤比中国鲤生长快。但是，欧洲鲤与中国鲤的杂交组合都优于双亲组合（除了低养殖密度外）。可见，不同环境对水产养殖对象生产力（productivity）的影响是非常不同的。Price 和 Clayton（1999）将一周龄的不同鳞式鲤鱼半同胞饲养在一起，用多子小瓜虫（*Ichthyophthirius multifiliis*）感染，结果全鳞型鲤鱼比其他鳞型感染率低，说明基因型不同对环境的反应（感染率）不同；他们还发现，这些不同鳞型鲤鱼对多子小瓜虫所引起的白点病的感染率随饲养条件改变而不同。因此，了解环境和基因型的相互作用，对提高养殖技术、减少病害和保护海洋生物的多样性是必需的。

表 1-4-3　不同饲养条件下三种鲤鱼的生长速度［克/(鱼·日)］

组合	饲养条件			
	施禽粪 高密度养殖	施禽粪 谷类饲料 高密度养殖	施禽粪 高蛋白饲料 高密度养殖	施禽粪 高蛋白饲料 低密度养殖
欧洲鲤×欧洲鲤	1.69	3.48	5.60	8.43
欧洲鲤×中国鲤	2.30	3.85	5.62	7.70
中国鲤×中国鲤	2.15	2.54	3.75	4.98

外界影响所造成的性状差异一般是不会遗传的，这条规律是丹麦遗传学家约翰逊（Johannsen）在研究菜豆（*Phaseolus vulgaris*）种子大小的遗传时发现的，现将其实验过程、结果及结论简述如下。

约翰逊以菜豆为材料，将其经多代自花传粉，产生许多自交系，每个自交系的基因型一般是较纯的，几乎可以当作纯合子，因而叫作纯系。他发现，每个纯系的后代种子性状也有差异。他在连续 6 年内，从一个纯系选出最大的种子和最小的种子分别播种。第一年选出的轻种子平均粒重 300mg，种下后得到的子代种子平均粒重 360mg，与此同时，他从同一纯系内选出一种部分重种子，平均粒重 400mg，种下后所得子代种子平均粒重 350mg。第二年，他又从轻种子的后代中选择最轻的种子，从重种子的后代中选择最重的种子分别播下，如此直到第六年（表 1-4-4）。轻种子后代历经 5 代的连续选择后，最轻种子的后代平均粒重 370mg；重种子的后代也历经 5 代的连续选择，最重种子的后代平均粒重也是 370mg。因此，他认为，同一纯系的种子，无论大小、重量差别多大，后代的种子平均粒重始终没有明显的差别。

表 1-4-4　在菜豆的一个纯系内进行选择的结果（mg）

年份	所选用的亲代种子平均粒重		所得子代种子平均粒重	
	轻种子	重种子	来自轻种子	来自重种子
第一年	300	400	360	350
第二年	250	420	400	140
第三年	310	430	310	330
第四年	270	390	380	390
第五年	300	460	380	400
第六年	240	470	370	370

约翰逊的这个实验告诉人们：①在纯系内，同一数量性状也会参差不齐，表现出连续的差异，但是这种差异是不遗传的，因而选择无效；②数量性状易受环境影响，纯系内的性状差异是由环境差异（如局部土壤的水分、肥力及光照、密植程度、病虫害等各种偶然的环境误差）造成的；③由环境影响所造成的性状差异（变异）一般是不遗传的。

当然，在高等动植物和水生生物中，要使所有性状都为纯种几乎不可能，因为存在有性生殖。人们常说的“纯”“杂”，大多对某一性状而言。自然界的经济植物几乎不存在纯系，因而选择往往能奏效。

第四节　度量和研究数量性状的一些参数

数量性状在遗传中没有明显的表型界线，性状呈现连续差异，只有对所有这一系列差异进行定量，采用统计学方法分析，才能得到一些参数度量性状的大小和多少，反映遗传变异的特点和规律。

一、平均数（mean）

平均数即算术平均数，是指某一性状的一系列观测值的平均数，它把所有的数值概括成一个代表全体的典型值，这个典型值是各个数值的一个中间值。平均数的计算公式为

$$\bar{X} = \frac{\sum X}{n}$$

式中，$\bar{X}$代表平均数；X代表每一观测值；$\sum X$表示各个观测值（X）的总和；n代表观测值的个数。

例如，5尾一龄大黄鱼的体重分别是515g、510g、505g、495g、475g，那么它们的体重这一数量性状的平均数为

$$\frac{515+510+505+495+475}{5}=500(\text{g})$$

二、方差（variance）

平均数仅能反映性状的平均表现，但不能反映个体性状间的变异幅度，为了表示一系列数值与平均数的离散程度，反映该性状个体间的差异，必须采用方差。

方差是样本各观测值对平均数离差的平方和的平均值，计算公式为

$$V=\frac{\sum(X-\bar{X})^2}{n-1} \quad 或 \quad V=\frac{\sum X^2-\frac{(\sum X)^2}{n}}{n-1}$$

式中，V表示方差；（X–$\bar{X}$）是观测数与平均数的差；$\sum(X-\bar{X})^2$是观测数对平均数离差的平方之和；n是观测数的个数；n–1表示自由度。

从公式和定义可知，方差一定是正值，观测数离平均数的偏差越大，方差就越大；观测数离平均数的偏差越小，方差就越小。所以，方差可以用来测量变异的程度，方差大，表示分布范围广；方差小，表示各观测值比较接近。

上述5尾大黄鱼的体重方差为250，演算如下：

	X	$X-\bar{X}$	$(X-\bar{X})^2$
1	515	15	225
2	510	10	100
3	505	5	25
4	495	5	25
5	475	25	625
$\sum$	2500	60	1000

即

$$V=\frac{\sum(X-\bar{X})^2}{n-1}=\frac{1000}{5-1}=250$$

三、标准差（standard deviation）

标准差是表示变异幅度的另一个统计学术语，它的数值等于方差的开平方，因此计算公式为

$$SD=\sqrt{\frac{\sum(X-\overline{X})^2}{n-1}} \quad 或 \quad SD=\sqrt{\frac{\sum X^2-\frac{(\sum X)^2}{n}}{n-1}}$$

式中，SD 代表标准差。由公式可知，上例 5 尾大黄鱼的体重标准差为

$$SD=\sqrt{\frac{\sum(X-\overline{X})^2}{n-1}}=\sqrt{250}\approx\pm16$$

由标准差可以推知一个性状围绕平均数的变化情况。假定观测的一系列数据能代表该性状在一个群体的情况，那么，一般来说，在常态分布的情况下，大约有 68% 的变量（或样品）出现在 $\bar{X}\pm SD$ 内，有 96% 的变量出现在 $\bar{X}\pm 2SD$ 内，有 99.7% 的变量出现在 $\bar{X}\pm 3SD$ 内。

四、标准误（standard error）

标准误也称平均数的标准差，若对一个性状或群体进行 n 次随机取样，所得的平均数就有 n 个，即 $\bar{X}_1, \bar{X}_2, \cdots, \bar{X}_n$，这 n 个平均数之间也有标准差，这个标准差称为平均数的标准差。为了方便起见，并与前面所述的标准差相区别，常称之为标准误或机误，在数值上等于：

$$SE=\frac{SD}{\sqrt{n}} \quad 或 \quad SE=\sqrt{\frac{\sum(X-\overline{X})^2}{n(n-1)}}$$

式中，SE 代表标准误。

上述 5 尾大黄鱼体重，由于 SD≈±16，观测数 n=5，所以 $SE=\frac{\pm16}{\sqrt{5}}\approx\pm7.1$ 。

标准误可以说明随机取样中平均数的可能变异范围，如果观测的几个数据能代表一个性状或足够大的群体，那么大约有 68% 的平均数分布于 $\bar{X}\pm SE$ 内，有 96% 的平均数分布于在 $\bar{X}\pm 2SE$ 内，有 99.7% 的平均数分布于在 $\bar{X}\pm 3SE$ 内。

生物学资料单注明平均数往往是不够的，应加上标准误，表明平均数的可能变异范围。

第五节　遗　传　力

数量性状由于同时受许多基因和各种环境的影响，因而个体的表型不能真实地反映它本身的基因型。事实上，没有一个数量性状不受环境因素影响，也没有一个数量性状可以百分之百遗传。为了研究数量性状在什么程度上受遗传因素的影响及怎样在亲子代间传递，必须研究遗传力（heritability）。

遗传力是指亲代将其某一数量性状的差异或变异遗传给后代的能力。通常以遗传变异占总变异的比例表示。由于方差可以说明变异的情况，所以遗传方差可以表示遗传变异，总的表型方差可以表示总的变异，遗传力可以表示为遗传方差占总的表型方差的比例，并用 % 或

小数表示。

遗传力的高低对育种工作十分重要，因为育种过程必须创造和发现生产上所需要的变异，并使其遗传下去。某一性状的遗传力高，对其变异进行选择的效果就好，后代就越有可能保持这种有益变异。

遗传力可分为广义遗传力和狭义遗传力两种。

一、广义遗传力

广义遗传力（heritability in the broad sense）是遗传方差（V_G）占总的表型方差（V_P）的比例，计算公式为

$$H=\frac{V_G}{V_P}\times 100\%$$

式中，H 代表广义遗传力。

表型方差（V_P）是遗传方差（V_G）和环境方差（V_E）共同构成的，即 $V_P=V_G+V_E$，故

$$V_G=V_P-V_E$$

为了估算遗传力和遗传方差，首先必须估算环境方差。一般来说，环境方差的估算方法是利用纯合亲本之间的杂种子 1 代的表型方差或亲本类群的表型方差来进行的，估算的方法有以下三种。

利用纯合亲本群体估算　用作亲本的个体来自纯种群体，由于该群体的每一个体的基因型一致，故遗传变异的方差等于零（V_G=0），亲本类型的表型方差（V_{P_1} 或 V_{P_2}）完全来自环境变异的方差，即

$$V_E=V_P \text{ 或 } V_E=\frac{1}{2}(V_{P_1}+V_{P_2})$$

利用基因型一致的 F_1 群体估算　因为亲本都是纯种，杂种子 1 代的基因型完全一致，即子 1 代的 V_G=0。因此，子 1 代表型的变异完全来自环境变异，所以环境方差（V_E）完全等于子 1 代的表型方差（V_{F_1}），即

$$V_E=V_{F_1}$$

利用双亲的表型方差（V_{F_1}、V_{F_2}）和 F_1 的表型方差（V_{F_1}）进行综合估算　计算方法为

$$V_E=\frac{1}{3}(V_{P_1}+V_{P_2}+V_{F_1}) \quad \text{或} \quad V_E=\frac{1}{4}V_{P_1}+\frac{1}{2}V_{F_1}+\frac{1}{4}V_{P_2}$$

求出 V_E 后，遗传方差（V_G）和广义遗传力（H）就可以分别按下式求出：

$$V_G=V_P-V_E$$

$$H=\frac{V_P-V_E}{V_P}\times 100\%$$

下面举例说明该公式的具体应用。

“海青三号”是从野生海带经过 5 年自交培养的品系，测定 103 株，已知叶长及其标准差为 218.2cm±12.32cm；对照组海带（野生型）测定 113 株，其叶长及标准差为 222.6cm±18.48cm，因此海带叶长的广义遗传力计算如下。

已知“海青三号”相当于纯系，故环境方差=“海青三号”叶长标准差的平方，即

$$V_E=12.32^2=151.78$$

因为表型方差 =对照组叶长标准差的平方，故

$$V_P=18.48^2=341.51$$

代入广义遗传力计算公式

$$H=\frac{V_P-V_E}{V_P}\times 100\%$$
$$=\frac{341.51-151.78}{341.51}\times 100\%$$
$$\approx 55.6\%$$

可见，海带叶长的广义遗传力为 55.6%（方宗熙等，1965）。

王清印（1984）采取不同品系杂交的方法，进一步研究了海带几个经济性状的广义遗传力，他依据亲本和杂种子 2 代的表型方差进行估算，所得结果见表 1-4-5，所采用的计算公式为

$$V_E=\frac{1}{2}(V_{P_1}+V_{P_2})$$
$$H=\frac{V_{F_2}-V_E}{V_{F_2}}\times 100\%$$
$$=\frac{V_{F_2}-\frac{1}{2}(V_{P_1}+V_{P_2})}{V_{F_2}}\times 100\%$$

表 1-4-5　不同杂交组合中海带经济性状的广义遗传力（%）

性状	不同杂交组合的遗传力估值			平均值
叶长	66.09	63.64	75.23	68.32
叶宽	54.47	78.55	88.00	73.67
叶厚	47.98	32.99	56.87	45.95
鲜重	58.96	77.08	81.47	72.50
干重	61.19	71.01	78.80	70.33

张建森等（1981）用荷包红鲤与元江鲤杂交，取得杂种子 1 代和杂种子 2 代群体的表型方差（表 1-4-6），然后按下式估算广义遗传力：

$$V_E = \frac{1}{4}V_{P_1} + \frac{1}{2}V_{F_1} + \frac{1}{4}V_{P_2}$$

$$H = \frac{V_{F_2} - (\frac{1}{4}V_{P_1} + \frac{1}{2}V_{F_1} + \frac{1}{4}V_{P_2})}{V_{F_2}} \times 100\%$$

表 1-4-6 鲤鱼主要数量性状广义遗传力的方差估算结果

世代	个体数	方差						
		头长	体长	体高	体厚	尾柄长	尾柄高	体重
P_1	44	0.147 08	0.835 35	0.209 76	0.112 43	0.036 58	0.055 16	0.220 83
P_2	43	0.110 14	0.995 98	0.15 221	0.133 48	0.060 72	0.020 62	0.187 97
F_1	45	0.239 95	1.064 07	0.405 17	0.199 29	0.077 85	0.099 11	0.902 04
F_2	86	0.346 70	8.297 62	0.488 47	0.289 23	0.253 64	0.085 68	1.080 53

经张建森等（1981）研究，鲤鱼一些主要数量性状的广义遗传力见表 1-4-7。

表 1-4-7 鲤鱼主要数量性状的广义遗传力

性状	遗传方差	环境方差	广义遗传力（%）
头长	0.162 42	0.184 29	46.85
体长	7.321 58	0.976 04	88.24
体高	0.195 35	0.293 14	40.00
体厚	0.128 10	0.161 13	44.29
尾柄长	0.190 35	0.063 14	75.06
尾柄高	0.017 17	0.068 51	20.03
体重	0.527 31	0.553 22	48.80

值得进一步强调的是，遗传力无论是广义的还是狭义的，都只是说明个体（或群体）之间的性状差别来自基因型的分量，而不是说明性状可遗传的绝对值。例如，从一群体长为 30cm±0.835cm 的鲤鱼测得体长广义遗传力是 88.24%，也就是说，这群鲤鱼个体间的体长差别约有 88.24% 来自基因型的差异，约有 11.76% 来自环境影响。而不意味着 30×88.24%（cm）的体长来自遗传，剩下的 30×11.76%（cm）的体长来自环境。

另外，不同环境方差（V_E）估算方法所得的遗传力也可能不同，但大致相近，可以说明其大概范围。

二、狭义遗传力

遗传方差（V_G）包括所有影响数量性状变异的全部遗传因素的分量，其中有可以真实遗传的加性效应方差、不能真实遗传的基因显性作用方差和上位效应方差等。

狭义遗传力（heritability in the narrow sense）是指基因加性作用所引起的变异占全部表型变异的比值。鉴于基因加性作用所引起的变异可用基因加性效应方差（V_D）表示，总表型变异可用总方差（V_P）表示，所以估算狭义遗传力的公式为

$$\text{狭义遗传力}(h^2)=\frac{\text{基因加性效应方差}(V_D)}{\text{总方差}(V_P)}\times 100\%$$

依据上述公式，下面介绍两种狭义遗传力的估算方法。

通过 F_3 的表型值方差估算狭义遗传力

设 A-a 为一对影响数量性状的基因，其三种基因型 AA、Aa、aa 的平均表型值分别为 d、h 和 $-d$，如图 1-4-3 所示。

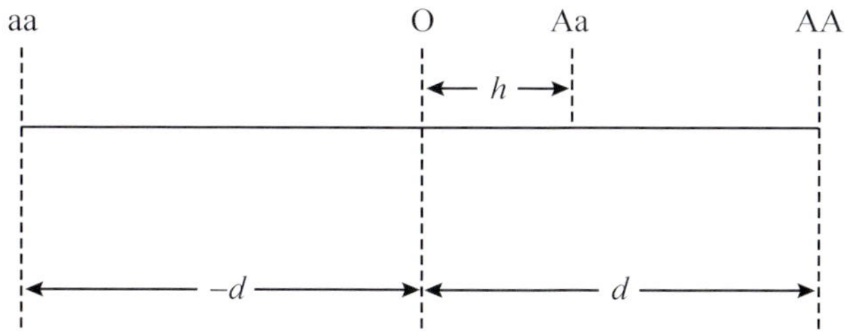

图 1-4-3　一对基因的型值模式图

图中 O 点是测量这对基因不同基因组合效应值的起点，也是两亲本（AA 和 aa）的中间值（即平均值）。aa 在 O 点的左方，表型值为$-d$；AA 在 O 点的右方，表型值为 d。两个纯合样本（AA 与 aa）的距离是 $d-(-d)=2d$，平均值在中点，即 O。Aa 的表型值为 h，如 A 对 a 无显性，则 $h=0$，表型值为双亲的平均值（即 $h=0$）；如 A 对 a 显性，由 $h=d$；如 A 对 a 不完全显性，则 $0<h<d$；如 A 对 a 为超显性，则 $h>d$。因为控制数量性状的基因为不完全显性，所以这里只讨论 $0<h<d$ 的情况。

当 AA×aa 时，F_1 为 Aa，F_2 的分离比例为 $\frac{1}{4}AA+\frac{1}{2}Aa+\frac{1}{4}aa$，所以 F_2 的群体表型平均值是 $\overline{F_2}=\frac{1}{4}d+\frac{1}{2}h+\frac{1}{4}(-d)=\frac{1}{2}h$。

由于 AA 个体的性状值与平均值之差为 $d-\frac{1}{2}h$、Aa 个体的性状值与平均值之差为 $h-\frac{1}{2}h$、aa 个体的性状值与平均值之差为$-d-\frac{1}{2}h$，又因为 AA 个体占 1/4、Aa 个体占 1/2、aa 个体占 1/4，所以 F_2 的遗传方差（V_{GF_2}）为

$$V_{GF_2}=\frac{1}{4}(d-\frac{1}{2}h)^2+\frac{1}{2}(h-\frac{1}{2}h)^2+\frac{1}{4}(-d-\frac{1}{2}h)^2$$
$$=\frac{1}{2}d^2+\frac{1}{4}h^2$$

如果该性状受 K 对基因控制，并假定它们的作用相等并累加，这些基因之间没有连锁，也不存在相互作用，那么 F_2 的遗传方差为

$$V_{GF_2}=(\frac{1}{2}d_1^2+\frac{1}{2}d_2^2+\frac{1}{2}d_3^2\cdots+\frac{1}{2}d_k^2)+(\frac{1}{4}h_1^2+\frac{1}{4}h_2^2+\frac{1}{4}h_3^2\cdots+\frac{1}{4}h_k^2)$$
$$=\frac{1}{2}\sum d^2+\frac{1}{4}\sum h^2$$

设 $V_D=\sum d^2$，$V_H=\sum h^2$，则 F_2 遗传方差为

$$V_{GF_2}=\frac{1}{2}V_D+\frac{1}{4}V_H$$

式中，$\frac{1}{2}V_D$ 为各基因加性效应方差的总和；$\frac{1}{4}V_H$ 为各基因显性作用方差的总和。若同时考虑环境方差（V_E），则 F_2 的表型方差为

$$V_{F_2}=\frac{1}{2}V_D+\frac{1}{4}V_H+V_E \tag{1-4-1}$$

同理，任何世代杂种群体的总方差组成可用下列通式表示：

$$V_{F_n}=\frac{2^{n-1}-1}{2^{n-1}}V_D+\frac{2^{n-1}-1}{4^{n-1}}V_H+V_E$$

因此，F_3 的表型方差（V_{F_3}）为

$$V_{F_3}=\frac{3}{4}V_D+\frac{3}{16}V_H+V_E \tag{1-4-2}$$

将式（1-4-1）两边同乘 3/4 减去式（1-4-2）两边，可消除基因显性作用方差（V_H），求得基因加性效应方差（V_D）：

$$V_D=\frac{2(4V_{F_3}-3V_{F_2}-V_E)}{3}$$

故由子 2 代所求得的狭义遗传力为

$$h_{F_2}^2=\frac{\frac{1}{2}V_D}{V_{F_2}}=\frac{\frac{1}{2}\times\frac{2(4V_{F_3}-3V_{F_2}-V_E)}{3}}{V_{F_2}}\times100\%$$
$$=\frac{4V_{F_3}-3V_{F_2}-V_E}{3V_{F_2}}\times100\%$$

由子 3 代所求得的狭义遗传力为

$$h_{F_3}^2=\frac{\frac{3}{4}V_D}{V_{F_3}}=\frac{\frac{3}{4}\times\frac{2(4V_{F_3}-3V_{F_2}-V_E)}{3}}{V_{F_3}}\times 100\%$$

$$=\frac{4V_{F_3}-3V_{F_2}-V_E}{2V_{F_3}}\times 100\%$$

采用 F_2 和 F_3 的表型方差计算狭义遗传力，需将 F_2 和 F_3 同年养殖，并用 F_1 或亲本的表型方差来估计 V_E。

通过 F_1 与双亲（或双亲类型）回交后代的表型值方差估算狭义遗传力

从遗传方差中获得加性效应方差的另一途径是利用 F_1 个体（Aa）分别与亲本或亲本类型（AA、aa）回交，取得两种回交后代的表型方差。

设 B_1 代表 F_1 与显性亲本（或亲本类型）AA 的回交，即

B_1：

$$\text{Aa}\times\text{AA}$$
$$\downarrow$$
$$\frac{1}{2}AA+\frac{1}{2}Aa$$

因为 AA 的表型值为 d，Aa 的表型值为 h，B_1 群体组成为 $\frac{1}{2}AA+\frac{1}{2}Aa$，所以回交组 B_1 的平均表型值为 $\frac{1}{2}d+\frac{1}{2}h$，回交组 B_1 的遗传方差为

$$V_{GB_1}=\frac{1}{2}\left[d-\frac{1}{2}(d+h)\right]^2+\frac{1}{2}\left[h-\frac{1}{2}(d+h)\right]^2$$

$$=\frac{1}{4}(d-h)^2$$

$$=\frac{1}{4}(d^2-2dh+h^2)$$

同理，设 B_2 代表 F_1 与隐性亲本（或亲本类型）aa 的回交，即

B_2：

$$\text{Aa}\times\text{aa}$$
$$\downarrow$$
$$\frac{1}{2}\text{Aa}+\frac{1}{2}\text{aa}$$

因为 Aa 表型值为 h，aa 表型值为 $-d$，B_2 群体组成为 $\frac{1}{2}\text{Aa}+\frac{1}{2}\text{aa}$，$n$=1，所以回交组 B_2 的平均表型值为 $\frac{1}{2}h-\frac{1}{2}d$，回交组 B_2 的遗传方差为

$$V_{GB_2}=\frac{1}{2}\left[h-\frac{1}{2}(h-d)\right]^2+\frac{1}{2}\left[-d-\frac{1}{2}(h-d)\right]^2$$

$$=\frac{1}{4}(d+h)^2$$

$$=\frac{1}{4}(d^2+2dh+h^2)$$

为消除 dh，将 V_{GB_1} 和 V_{GB_2} 相加得

$$V_{GB_1}+V_{GB_2}=\frac{1}{4}(d^2-2dh+h^2)+\frac{1}{4}(d^2+2dh+h^2)$$

$$=\frac{1}{2}d^2+\frac{1}{2}h^2$$

可见，回交后代若涉及一对基因，遗传方差总和为 $\frac{1}{2}d^2+\frac{1}{2}h^2$。假设控制该数量性状有 K 对基因，这些基因没有连锁，非等位基因间没有相互作用，则回交后代的总表型方差（$V_{B_1}+V_{B_2}$）为

$$V_{B_1}+V_{B_2}=\frac{1}{2}d_1^2+\frac{1}{2}h_1^2+\frac{1}{2}d_2^2+\frac{1}{2}h_2^2+\cdots+\frac{1}{2}d_K^2+\frac{1}{2}h_K^2+2V_E$$

$$=\frac{1}{2}\left(d_1^2+d_2^2+\cdots+d_K^2\right)+\frac{1}{2}\left(h_1^2+h_2^2+\cdots+h_K^2\right)+2V_E \quad （1\text{-}4\text{-}3）$$

$$=\frac{1}{2}V_D+\frac{1}{2}V_H+2V_E$$

将式（1-4-1）两边同乘 2 得

$$2V_{F_2}=2\times(\frac{1}{2}V_D+\frac{1}{4}V_H+V_E)$$

$$=V_D+\frac{1}{2}V_H+2V_E \quad （1\text{-}4\text{-}4）$$

将式（1-4-4）与式（1-4-3）相减得

$$2V_{F_2}-\left(V_{B_1}+V_{B_2}\right)=\left(V_D+\frac{1}{2}V_H+2V_E\right)-\left(\frac{1}{2}V_D+\frac{1}{2}V_H+2V_E\right)$$

$$=\frac{1}{2}V_D$$

故

$$\frac{1}{2}V_D=2V_{F_2}-\left(V_{B_1}+V_{B_2}\right)$$

由于 F_2 的表型方差由 $\frac{1}{2}V_D+\frac{1}{4}V_H+V_E$ 组成，所以 F_2 的狭义遗传力为

$$h^2 = \frac{\frac{1}{2}V_D}{V_{F_2}} \times 100\%$$

$$= \frac{2V_{F_2} - (V_{B_1} + V_{B_2})}{V_{F_2}} \times 100\%$$

综合上述两种求解狭义遗传力的方法可以知道，狭义遗传力（h^2）的计算公式有

$$h^2 = \frac{2V_{F_2} - (V_{B_1} + V_{B_2})}{V_{F_2}} \times 100\%$$

$$h^2 = \frac{4V_{F_3} - 3V_{F_2} - V_E}{3V_{F_2}} \times 100\%$$

$$h^2 = \frac{4V_{F_3} - 3V_{F_2} - V_E}{2V_{F_3}} \times 100\%$$

一般来说，狭义遗传力的估算方法并不局限于上述两种，还可以利用亲子代相关、回归、选择效应等来估算，不同的估算方法对同一研究对象狭义遗传力的估值大小均有一定影响。

现以鲤鱼体长为例，将公式的运用说明如下。

由杂交试验测得，鲤鱼杂种子 2 代的体长表型方差为 8.297 62，子 1 代与双亲类型回交后代的表型方差分别为 5.552 92 和 4.412 52，求鲤鱼体长的狭义遗传力。

由已知条件可知：V_{F_2}=8.297 62，V_{B_1}=5.552 92，V_{B_2}=4.412 52，将三者代入下式：

$$h^2 = \frac{2V_{F_2} - (V_{B_1} + V_{B_2})}{V_{F_2}} \times 100\%$$

得

$$h^2 = \frac{2 \times 8.297\,62 - (5.552\,92 + 4.412\,52)}{8.297\,62} \times 100\%$$

$$= 79.90\%$$

可见，鲤鱼体长的狭义遗传力是相当高的，为 79.90%。

张建森等（1981）将荷包红鲤与元江鲤的杂交 F_1 与双亲类型回交，通过 F_2、B_1 和 B_2 观测的表型方差估算我国鲤鱼主要数量性状的狭义遗传力，见表 1-4-8 和表 1-4-9。

表 1-4-8　鲤鱼主要数量性状狭义遗传力的方差估算结果

世代	个体数	方差						
		头长	体长	体高	体厚	尾柄长	尾柄高	体重
F_2	86	0.346 70	8.297 62	0.488 47	0.289 23	0.253 64	0.085 68	1.080 53
B_1	44	0.292 00	5.552 92	0.461 39	0.268 83	0.095 32	0.040 60	1.057 40
B_2	35	0.259 25	4.412 52	0.302 14	0.197 41	0.242 12	0.113 97	0.672 53

表 1-4-9　鲤鱼主要数量性状的狭义遗传力

性状	加性效应方差	表型方差	狭义遗传力（%）
头长	0.142 15	0.346 70	41.00
体长	6.629 80	8.297 62	79.90
体高	0.213 21	0.488 47	43.64
体厚	0.112 22	0.289 23	38.80
尾柄长	0.169 84	0.253 64	66.96
尾柄高	0.016 97	0.085 68	19.60
体重	0.431 13	1.080 53	39.89

Lannan（1972）研究了长牡蛎（*Crassostrea gigas*）一些主要数量性状的狭义遗传力，结果见表 1-4-10。

陈家鑫（1983）和王清印（1984）也用变量分析法估算了我国海带主要经济性状的狭义遗传力，见表 1-4-11。

其他水产经济动物的数量性状狭义遗传力也择一部分附于表 1-4-12。

表 1-4-10　长牡蛎主要数量性状的狭义遗传力

性状	遗传力（h^2±SE）	性状	遗传力（h^2±SE）
壳长（*L*）	0.81±0.07	软体重（MW）	0.37±2.0
壳宽（*W*）	1.17±0.05	MW/TW	0.46±2.2
壳高（*H*）	0.81±0.27	幼体存活率	0.31±0.06
L/*H*	0.31±0.19	附着率	0.09±0.08
全重量（TW）	0.33±0.19		

表 1-4-11　海带某些数量性状的狭义遗传力

性状	狭义遗传力	参考文献	性状	狭义遗传力	参考文献
叶长	0.745	陈家鑫，1983	干重	0.413	王清印，1984
	0.436	王清印，1984		0.292	陈家鑫，1983
叶宽	0.754	王清印，1984	鲜重	0.583	王清印，1984
叶厚	0.242	王清印，1984	含碘量	0.341	陈家鑫，1983

表 1-4-12　部分水产动物的狭义遗传力

特种/性状	狭义遗传力
虹鳟（*Oncorhynchus mykiss*）	
生长速度	0.26±0.12
耗料量	0.41±0.13
饵料转换率	0.31±0.11
含脂率	0.47±0.34
耗氧量	0.51±0.12
尼罗罗非鱼（*Tilapia nilotica*）	
45 日龄体长	0.10±0.19
45 日龄体重	0.04±0.14
90 日龄体长	0.06±0.06
90 日龄体重	0.04±0.06
大西洋鲑（*Salmo salar*）	
3.5 年体重	0.44±0.11
3.5 年体长	0.35±0.10
成熟年龄	0.42±0.08
淡水虾	
311 日龄体重（♀）	0.35±0.30
311 日龄体重（♂）	0.14±0.25
311 日龄 ♀、♂ 平均体重	0.16±0.14
龙虾	
90 日龄体重	0.38
100 日龄体重	0.33
贻贝	
16 日龄体长	0.16
生长速度	0.12
幼体体长	0.43
牡蛎	
18 个月体重	0.33±0.19
18 个月肉重	0.37±0.06
6 周体长	0.50±0.30

资料来源：Gjedrem，1983

刘贤德等（2008）为研究大黄鱼各形态性状对体重的影响，测定了 272 尾 7 月龄闽粤东族大黄鱼的全长、体长、头长、眼后头长、躯干长、体高、尾柄长、尾柄高和体重，并计算相关系数，采用通径分析方法计算了以体重（*Y*）为因变量、其他性状为自变量的通径系数和决定系数。结果表明，头长对体重的直接影响最大（0.429），其次分别为体长（0.242）、躯干长（0.136）、体高（0.113）和尾柄高（0.079），即在全长、体长、头长等8个性状中，以头长、体长对体重的直接作用较大，显著高于其他几个性状对体重的直接作用，说明体长和头长是影响幼鱼体重的最重要的早期性状，体长和头长的共同决定系数最大。体重的变异系数在所有9个性状中是最大的，而全长、体长和头长的变异系数较小。据此，刘贤德等（2008）认为在选择育种时，可以重点根据体长性状进行选种，从而对体重进行间接选择。这样可以最大限度地减少环境的影响，保证选择的有效性与稳定性。

王晓清等（2009）进行了大黄鱼15个半同胞家系鱼苗对低盐、低溶解氧和低pH水体的抗性试验，采用半同胞组内相关法，对大黄鱼耐各环境因子遗传力进行了估计。结果表明，大黄鱼40日龄鱼苗在水体溶解氧1.21～4.76mg/L时2.5～10h内全部死亡，盐度8.05～9.03时1～30h内全部死亡，pH在4.49～5.2时1～8h内全部死亡；对耐低溶解氧、低盐和低pH的遗传力估计值分别为0.23、0.10和0.23。王晓清等（2010）构建了5个半同胞家系和15个全同胞家系，应用全同胞组内相关法估计40日龄大黄鱼的体长和体重遗传力。结果表明，大黄鱼鱼种阶段体重和体长遗传力分别为0.29和0.31。

蒋湘等（2013）通过12个半同胞家系和36个全同胞家系估算发育中九孔鲍（*Haliotis diversicolor supertexta*）各阶段体重、壳宽与壳长性状的遗传参数。结果表明，九孔鲍幼鲍在40日龄、120日龄、180日龄、240日龄时壳长遗传力估计值为0.13±0.09～0.56±0.15、壳宽遗传力估计值为0.13±0.06～0.62±0.13、体重遗传力估计值为0.18±0.15～0.26±0.08，均属于中等遗传力。

三、估算遗传力的意义

遗传力的大小体现了遗传因素和环境条件两者对性状表现的影响程度，说明了基因型和表型的相关水平。例如，鲤鱼体重的广义遗传力为48.8%，狭义遗传力为39.89%，也就是说，大约总变异的48.8%来自基因型，39.89%来自基因的加性效应，8.91%（48.8%–39.89%）来自基因的非加性效应（如显性效应、上位效应等）；51.2%来自环境。广义遗传力越大，说明基因型对性状变异的影响越大，对环境的影响越小。狭义遗传力越大，说明加性效应基因的作用对该性状的表现越重要。广义遗传力和狭义遗传力的差别越大，说明变异来自基因非加性效应的分量越大。因此，遗传力，特别是狭义遗传力可以预计依据表型进行选择育种的可靠程度。狭义遗传力越高，选择也越可靠、越有效。

选择后，所选数量性状在子代的预期值可按如下简式估计：

$$Y_0 = \overline{Y} + h^2(Y_P - \overline{Y})$$

式中，Y_0 为子代性状的预期平均值；Y_P 为双亲性状的平均值；$\overline{Y}$ 为选择前整个群体的平均值；h^2 为该性状的狭义遗传力。

例如，尼罗罗非鱼 90 日龄体长的狭义遗传力为 6%，育种者从平均体长 99mm 的群体中选出平均 149mm 的一组用作亲本，那么其子代在同等条件下养殖 90 天的体长可以预计为

$$\begin{aligned} Y_0 &= \overline{Y} + h^2(Y_P - \overline{Y}) \\ &= 99 + 6\% \times (149 - 99) \\ &= 102\text{（mm）} \end{aligned}$$

刘峰等（2013）测定 19 月龄牙鲆全长和体重的遗传力分别为 0.301、0.295，都属于中等遗传力。据此认为，牙鲆群体具有较好的遗传改良潜力。

第六节　数量性状的遗传多样性

分类学所依据的表型特征绝大多数是数量性状，需要测量，并用一定的数和量来表示它与其他类群的性状差异程度和亲缘关系的远近，是识别和区分生物的基本单位。种群或物种分类学依据的表型特征是可遗传的，并在一定范围内呈现多样性。这些具有分类学特征的数量性状的遗传多样性表现特点为：①个体和种群的性状值受环境影响。②种群或纯系内诸如体形、体重、体长、生长速度、抗寒能力、抗病力等数量性状在不同的个体表型值不同。不同个体的性状值构成种群性状值正态分布的一部分，在一定范围内呈连续分布。③同一数量性状在同一物种的不同群体或不同物种之间，其遗传多样性的表现和范围是不同的，需用平均数和标准差表示。性状值局限在一定范围内呈连续分布是由数量性状基因的作用特点和遗传铸就的。④数量性状的多样性可在世代中遗传和变异。

近交、杂交、环境变化和人类的社会行为等都可以影响种群的遗传多样性。赵广泰等（2010）利用 13 个多态性微卫星位点分析了大黄鱼选育品系子 1 代到子 4 代的 4 个选育世代的遗传结构与遗传多样性变化。结果显示，随着选育的进行，4 个世代群体遗传多样性指标值渐次下降，从子 1 代到子 4 代的 13 个微卫星位点的平均多态信息含量从 0.638 下降到 0.524，平均等位基因数从 5.462 下降到 4.308，平均观测杂合度从 0.779 下降到 0.532，平均香农 - 维纳多样性指数（Shannon-Wiener’s diversity index）从 1.356 下降到 1.092。子 1 代与其后各代遗传相似系数逐渐减小（从 0.7194 到 0.5813），遗传距离逐渐增加，而相邻世代间的遗传相似性逐步升高，遗传分化指数（F_{st}）渐次变小（F_1～F_2 为 0.0619，F_2～F_3 为 0.0511，F_3～F_4 则为 0.0475）。经过连续 4 代的选育，部分不利基因遭淘汰，选育群体的遗传基础逐步得到纯化，基因型逐渐趋向纯合、稳定。

张芹（2005）利用随机扩增多态性DNA（randomly amplified polymorphic DNA，RAPD）技术研究闽浙两地养殖大黄鱼群体及闽粤东族和岱衢族两个地理种群的遗传多样性。结果表明，闽粤东族大黄鱼多样性水平高于岱衢族大黄鱼，闽粤东族大黄鱼与岱衢族大黄鱼两个地理种群之间的遗传距离和遗传相似系数都显示了两个地理种群之间有非常近的亲缘关系。闽粤东族大黄鱼和岱衢族大黄鱼之间的遗传距离为0.0462，遗传相似性为0.9548，遗传分化系数（G_{st}）为0.1435，基因流为2.9835。这两个地理种群之间的基因流表明它们之间已经发生或正在发生基因流动。两个地理种群之间的遗传变异占总遗传变异的14.58%，闽粤东族养殖群体内部的遗传变异占该地理种群总变异的82.38%。说明了遗传变异大多数发生在种群内部。

温度也可以在细胞水平影响细胞生长和分裂甚至细胞大小、发育早期干细胞的数目，从而影响生长潜能和最终个体的大小，这导致一些数量性状的遗传多样性。

第五章

细胞质遗传及其对遗传多样性的影响

细胞质中一些具有基因属性的遗传物质，称为细胞质基因（plasmagene）。由细胞质基因所控制的性状的遗传称为细胞质遗传（cytoplasmic inheritance）。细胞质遗传是生物具遗传多样性的原因之一。

第一节　母系遗传和细胞质遗传

重新发现孟德尔遗传规律的学者之一，柯伦斯（Correns）首次报道了紫茉莉（*Mirabilis jalapa*）枝条颜色呈母系遗传的现象。

花斑紫茉莉着生绿色、白色和绿白相间的花斑三种颜色的枝条。柯伦斯以花斑紫茉莉为材料，在不同颜色的枝条间进行一系列杂交试验，分别以这三种颜色枝条上的花作母本，用三种枝条上的花粉分别给每种枝条的花人工授粉，杂交子代的枝条颜色总是表现母本的性状（表 1-5-1），正反交结果不一致。以白色枝条为母本的任何杂交组合的种子都长成白苗；以绿色枝条为母本的任何杂交组合的后代都长成绿苗；以花斑枝条为母本的杂交后代，或者长成白苗，或者长成绿苗，或者长成花斑苗，无一定的比例。显然，杂种子 1 代枝条的颜色完全由母本枝条的颜色决定，与提供花粉的父本枝条颜色无关，属于母性遗传。

表 1-5-1　紫茉莉花斑性状的遗传

母本枝条的颜色	父本枝条的颜色	杂种枝条的颜色
白色	白色	白色
	绿色	
	花斑	
绿色	白色	绿色
	绿色	
	花斑	

续表

母本枝条的颜色	父本枝条的颜色	杂种枝条的颜色
花斑	白色 绿色 花斑	白色、绿色、花斑

进一步试验表明，上述 F_1 自交，所得的 F_2 无论正反交都无分离现象，仍然表现母本的颜色。白色的后代全部是白色；绿色的后代全部是绿色；花斑的后代仍然有白色、绿色和花斑三种后代，但无一定的分离比。可见，这种母性遗传不是母性影响，而是母系遗传。

从本例的实验结果可知，母系遗传的正反交结果不一致，各自表现母本的性状，母系遗传区别于母性影响的特点是：正反交子代的母本性状能稳定地遗传给子 2 代，不出现一定的性状分离比，遗传行为不符合孟德尔定律。

已知绿色枝条和花斑枝条的绿色部分，是由于细胞内含有正常的叶绿体；白色枝条和花斑枝条的白色部分，是由于细胞内不含正常的叶绿体，而是一些败育的白色质体。紫茉莉枝条颜色的遗传涉及叶绿体的遗传。

叶绿体既受细胞核基因的控制，也受叶绿体自身基因的控制。本例中，影响紫茉莉枝条颜色的不是细胞核基因，而是质体所含有的细胞质基因。这些基因能自我复制，能决定质体是否合成叶绿素变成正常的叶绿体，也能突变为阻碍质体产生叶绿素的等位基因。这些基因无论正常与否，都能通过母本细胞质传至下一代，因此紫茉莉枝条颜色的母系遗传实质上是叶绿体基因遗传。

类似的叶绿体基因遗传现象还见于水稻、天竺葵、金鱼草等。

可见，母系遗传就是细胞质遗传，其机理是：与母系遗传直接相关的性状是由母本的细胞质基因决定的，这些基因能自律复制和表达，并通过母本铸造的卵细胞质传给后代，也可以说，后代总是从母本的卵子中获得可以遗传和表达的细胞质基因，从而表现母本性状，并将母本性状由雌性个体传至下一代。

叶绿体 研究证明，叶绿体（chloroplast）含有自己独立的遗传系统，有遗传物质及其复制、转录和翻译的一整套机构，在遗传上有相对的独立性。单细胞衣藻（*Chlamydomonas*）的每个叶绿体 DNA 为 4×10^9Da，相当于 6×10^6 个核苷酸对（宋运淳和余先觉，1990）。叶绿体基因的复制方式也是半保留性的，叶绿体基因指导下的 RNA 合成也可以被 DNA 酶和放线菌素 D 所抑制，但是 DNA 复制速率与核 DNA 的复制速率不同。

线粒体 鱼类线粒体（mitochondrion）的基因组共有 37 个基因，这些基因的排列情况如

图 1-5-1 所示（Meyer，1993），与其他脊椎动物的线粒体相同，含 13 个编码蛋白质的基因。其中，编码还原型烟酰胺腺嘌呤二核苷酸（NADH）脱氢酶 7 个亚基的基因各 1 个，编码细胞色素 b（Cytb）、细胞色素 c 氧化酶 3 个亚基（COI、COII、COIII）的基因各 1 个，编码 ATP 合成酶 2 个亚基（ATP6、ATP8）的基因各 1 个。鱼类线粒体还含 2 个编码 rRNA 的基因（编码 12S rRNA 和 16S rRNA 的基因各 1 个）、22 个编码 tRNA 的基因（P、E、S、Y、C、N、A、Q 基因编码于 L 链，D、K、G、R、H、S、L、T、F、V、L、I、M、W 基因编码于 H 链），以及一大段含有线粒体 DNA（mtDNA）复制和 RNA 转录启动位点的非编码区——在无脊椎动物中为富 AT 区、在脊椎动物中为控制区（Meyer，1993）。图 1-5-1 中 O_H 和 O_L 分别是闭合双链 H 链和 L 链复制的起始点，H 链的起始点在调控区，L 链的起始点在 YCNA 的 tRNA 基因区，除 ND6 外的所有编码蛋白质基因都编码于 H 链。

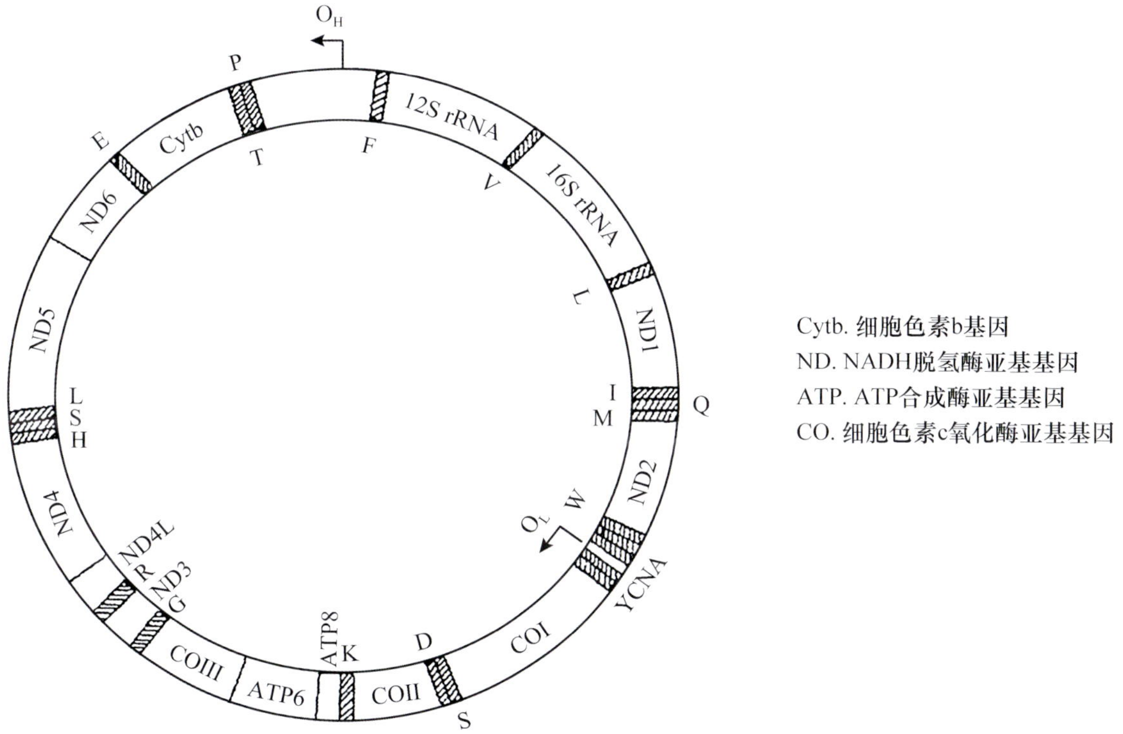

图 1-5-1　鱼类线粒体基因图

线粒体是生物氧化的场所，呼吸链中的某些蛋白质或酶的编码基因就在线粒体 DNA 上。线粒体有自己的 rRNA、tRNA、核糖体等，可以表达自己的基因，还能独立合成一些蛋白质。线粒体为细胞的各种生命活动提供能量，是直接利用氧气制造能量的部位，90% 以上吸入体内的氧气都被线粒体消耗。

线粒体 DNA 也是双链的超螺旋环状分子；线粒体 DNA 的复制属于半保留复制（突出的特点是所谓线粒体 DNA 的 D 环复制，即两条 DNA 链不同时开始复制，而是一条在前一条在后，因而在复制进行中生成 D 环），基因之间无间隔区，基因中亦无内含子。

鱼类线粒体DNA分子结构简单，缺乏内含子和基因间序列，进化速率快，是鱼类分子系统学研究和群体遗传分析的重要标记。为了解群体的遗传多样性及其遗传差异，为种质资源的科学开发和保护提供理论依据，往往要对群体的部分个体的线粒体控制区、tRNA基因和细胞色素b（Cytb）基因序列进行测定和比较，获得相关遗传物质的信息。细胞色素b基因和控制区是被研究最多、最适于种内群体遗传结构研究的片段。

细胞色素b基因是线粒体DNA上结构和功能被了解得最清楚的蛋白质编码基因，进化速率适中，适于研究种内到种间乃至更高分类阶元间的系统发育关系。

控制区（control region）又称D环（D-loop），长约1kb，是线粒体的非编码区，被认为是线粒体中进化速率最快的区域，常用于群体遗传研究，控制区与mtDNA复制密切相关，其中含有很多控制复制的功能元件，如复制引物结合位点、复制起始位点、复制终止位点等。

除了叶绿体和线粒体具有控制性状的细胞质基因外，还有其他具有细胞质基因和遗传能力的细胞质器官和细胞质颗粒。例如，酵母菌的线粒体也有自己的连续性和DNA，也参与细胞新陈代谢的控制；鞭毛虫鞭毛（flagellum）基底部的基体（basal body）也含有DNA，能自律复制。还有一些具不寻常机能的细胞质颗粒，也含有DNA，并表现出一定的稳定性和连续性，如草履虫的卡巴粒（kappa particle）、某些细菌的R因子、果蝇的σ粒子等。

细胞质中这些具有基因属性的遗传物质，所控制的性状的遗传现象，称为细胞质遗传（cytoplasmic inheritance）。

细胞质遗传区别于细胞核遗传的特征是呈现母系遗传现象：①正交和反交的遗传表现不同，分别呈现母本性状。②性状呈非孟德尔式遗传，杂种后代一般没有一定的性状分离比。细胞质基因位于细胞质器官或颗粒中，在细胞分裂或配子发生过程中没有均等分配给子细胞的机制，因而由细胞质基因决定的相对性状遗传不遵循孟德尔定律。细胞核基因位于染色体上，控制相对性状的基因随同源染色体的分离而彼此分离，性状遗传遵循孟德尔定律。③母性影响，如椎实螺螺向的遗传，虽然通过卵细胞质对子代性状起支配作用，但是正交和反交的遗传表现不同，其性状仍由细胞核基因控制，相对性状的差异在于核基因的差别，不属于细胞质遗传的范畴。由此，还可以说明卵细胞质的特性有一部分是受核基因控制的。

第二节　线粒体研究在群体进化史等领域的应用

线粒体DNA呈母系遗传，其进化速率比核DNA的进化速率快5～10倍。因而线粒体DNA被广泛应用在家养动物的遗传多样性评估、群体进化历史解析等诸多研究中。

白俊杰等（2011）就是通过测定剑尾鱼的线粒体DNA全序列，月鳢、斑鳢、珠江斑鳠等20种热带亚热带淡水鱼类的线粒体DNA细胞色素b基因序列，以及大口黑鲈等7种鱼类的线粒体 DNA D-loop 区序列，并进行序列分析，确定了鱼的系统进化关系。

线粒体 DNA 几乎不发生基因重组，遗传学家长期将其作为研究群体遗传学与进化生物学的信息来源。所有线粒体 DNA 在亲本与子代之间的传递关系不复杂，因此不同个体间线粒体 DNA 的联系便可以利用系统发育树（演化树）来表现。从这些系统发育树的形态中人们可以得知种群的进化史。

每个人的线粒体都来自母亲，因此线粒体是从母系遗传的角度研究人类进化的重要工具。利用线粒体 DNA 研究人类进化的典型例子是对世界不同地区和民族的女性进行线粒体 DNA 调查，确定现代人的线粒体来自于约 15 万年前的一位女性，这位母系祖先被称为“线粒体夏娃”，并推算出“线粒体夏娃”的最晚出现时间，认为人类由非洲单地起源。另外一个例子是对尼安德特人骨骼化石中的线粒体 DNA 进行测序，结果显示，尼安德特人与解剖学意义上的现代人在线粒体 DNA 序列上有较大差异，说明两者间缺乏基因交流。

Wang 等（2013）收集了来自中国（昆明、杭州、北京、长春和兰州）、加拿大、韩国和日本的 234 尾金鱼样本，分别检测了它们的线粒体控制区和细胞色素 b 序列，通过构建系统发育关系及分析各野生鲫鱼群体和金鱼间的遗传差异，试图揭示金鱼的母系起源及最初的驯养地点。结果显示，所有的金鱼单倍型均和主要分布于中国南方的野生鲫鱼指名亚种聚在了一支；对分布于中国 8 个流域野生鲫鱼群体和金鱼间遗传差异的分析表明，来自长江下游的野生群体和金鱼群体间拥有最强的基因流，中国南方长江下游地区可能是金鱼最初的起源驯化地，这与金鱼的家养化可能开始于浙江杭州和嘉兴的历史记载基本一致。

人类有多种疾病由线粒体 DNA 的突变引起，受这些突变影响的主要是需要大量能量的器官，包括心脏、骨骼肌和大脑等。糖尿病、癌症、帕金森病和早老性痴呆也与这些突变有关。线粒体疾病目前没有治愈方法。线粒体 DNA 的突变造成各种不同的人类疾病，它们是通过母亲遗传的，因为所有合子线粒体都来自卵母细胞。

为什么大龄母亲生育的孩子更容易出现线粒体疾病？美国宾夕法尼亚州立大学的一项研究发现，怀孕时母亲年龄越大，其后代的线粒体 DNA 突变率越高。该研究结果发表在美国《国家科学院学报》。

美意科学家在百岁老人细胞中有新发现：线粒体 DNA 上的一个遗传变异也许是高寿（百岁以上）的原因之一，位于线粒体 DNA 中的所谓“中央控制区”，这个区能对 DNA 的复制起到调控作用。研究显示，这一遗传变异既能从母体继承，也可以后天产生。

第三节　线粒体 DNA 在遗传多样性检测中的应用

线粒体 DNA 是细胞质遗传多样性的物质基础之一，也是种质鉴定和遗传多样性检测的可靠和常用的强有力分子标记之一。

Edwards 和 Skibinski（1987）采用限制性片段长度多态性（RFLP）技术分析了两种贻贝的线粒体 DNA，发现种间的线粒体 DNA 基因型存在着许多差异，各群体都有具自己群体特点的高频基因型及稀有基因型。同一物种的种群间特定基因型频率相近，不同物种间特定基因型频率差异显著。

Palumbi 和 Benzie（1991）应用 PCR 技术检测了虾类物种之间线粒体 DNA 的差异，发现一些形态学和生态学类似的种群之间存在着惊人的差异。虾类亚属间的沉默基因差异大于哺乳动物科间的差异，虾类之间比哺乳动物一些目之间具有更大的差异。他们认为，与形态学进化情况比较，虾的分子进化不同于哺乳动物，线粒体 DNA 的进化在虾类中可能快些，长期稳定的选择作用使虾类形态学变化的速率低，以致形态学的相似性掩盖了发生于 DNA 水平上的巨大遗传差异。

Benzie 等（1993）用 RFLP 技术研究澳大利亚东、北、西部 7 个种群斑节对虾线粒体 DNA，发现东、西部群体间线粒体 DNA 基因频率有明显统计学差异，但东部沿海各种群之间没有显著差异。

谢仰杰等（2008）对厦门和湛江海域条纹斑竹鲨各 15 个个体间的线粒体 DNA 控制区、细胞色素 b（Cytb）基因和 tRNA Pro 进行 PCR 扩增和测序。结果表明，tRNApro 基因序列长度为 69bp，tRNApro 基因序列非常保守，未发现碱基变异，即所检测的 30 个个体的线粒体 tRNApro 基因序列全序列完全一致，无多态性。控制区长度为 1094～1096bp，控制区有 4 个多态位点，5 种不同的单倍型；2 个群体间的平均遗传距离为 0.000 439±0.000 411；30 个个体间的平均遗传距离为 0.000 421±0.000 390，厦门群体个体间的平均遗传距离为 0.000 488±0.000 450，湛江群体个体间的平均遗传距离为 0.000 314±0.000 289。线粒体 Cytb 基因全序列长度为 1146bp。Cytb 基因共有 10 个多态位点，其中 3 个多态位点位于密码子第 1 位，7 个多态位点位于密码子第 3 位。8 个多态位点属于转换，2 个多态位点属于颠换。无插入/缺失位点，可以分为 7 种单倍型。根据 Cytb 基因测序结果，条纹斑竹鲨所有 30 个个体间的平均遗传距离为 0.002 37±0.000 83，厦门群体个体间的平均遗传距离为 0.003 05±0.001 05，湛江群体个体间的平均遗传距离为 0.001 42±0.000 59，2 个群体间的平均遗传距离为 0.002 50±0.000 87。

谢仰杰等（2008）测序的结果表明，条纹斑竹鲨在控制区和 Cytb 基因序列上的遗传多样性均较低，厦门群体的遗传多样性水平高于湛江群体。

线粒体 DNA 因其进化速率最快，在种以下的群体遗传、谱系关系和谱系地理学的研究中已得到广泛应用。

刘海林等（2010）通过线粒体控制区结构与序列多态性分析，测定了辽宁丹东、盘锦与河北秦皇岛沿海的一种降河洄游性鱼类松江鲈（*Trachidermus fasciatus*）线粒体控制区序列，长度为 977bp。共检出多态位点 35 个，绝大多数变异集中在 192～342bp、594～783bp 区段，同时识别出 3 个群体总的单倍型多样性为 0.990，核苷酸多样性为 0.007 18，丹东群体核苷酸多样性最高（0.009 59）。群体间、群体内平均遗传距离较低（分别为 0.0067 和 0.0063），说明 3 个群体有可能隶属同一个种群。

荣朝振等（2011）采用 PCR 和 DNA 测序技术，对泥鳅 4 个群体的线粒体 DNA 控制区序列进行比较，分析线粒体 DNA 控制区结构，研究其遗传多样性。结果显示，用于分析的线粒体 DNA 控制区片段序列为 918～920bp。32 个序列中共发现了 56 个多态位点，4 个地理群体的单倍型多样性、核苷酸多样性和平均核苷酸差异数分别为 0.992、0.012 和 10.698。分析表明，这 4 个泥鳅群体具有较高的遗传分化，基因交流贫乏，分为 2 个谱系。

徐钢春等（2012）以线粒体 DNA D-loop 全序列为分子标记，研究了灌江纳苗养殖刀鲚（*Coilia ectenes*）子 3 代和湖鲚（*Coilia nasus taihuensis*）两个群体在淡水生活环境下的遗传多样性。结果显示，养殖刀鲚群体内的各遗传多样性参数稍高于湖鲚，说明养殖刀鲚比湖鲚的遗传多样性要丰富，保持着较高的遗传多样性；养殖刀鲚与湖鲚的平均遗传距离（0.0148）要远小于它们与七丝鲚（*Coilia grayii*）的平均遗传距离（0.0528、0.0537），同时系统发育树也表明，养殖刀鲚和湖鲚共同构成 1 个单系群，为两种生态型种群，尚未达到种或亚种的分化。

刘朋朋等（2013）采用线粒体 DNA D-loop 区测序技术，对巢湖、滆湖、洪泽湖、鄱阳湖和太湖 5 个地理群体的黄颡鱼（*Pelteobagrus fulvidraco*）遗传多样性及种群遗传结构进行研究。结果表明，鄱阳湖群体和其他 4 个湖泊群体的遗传距离相对较大，滆湖和巢湖的遗传距离最小，5 个黄颡鱼种群间存在着一定的基因流动。总体遗传分化指数（F_{st}）为 0.0896（P＜0.01）。群体间基因流系数 N_m=2.22。

马凌波等（2006）对我国东南沿海 5 个地区的 72 个青蟹个体的线粒体细胞色素 c 氧化酶亚基 I（COI）部分序列进行了测定和分析。与拟穴青蟹（*Scylla paramamosain*）COI 序列的相似性达到 98% 以上，与锯缘青蟹（*S. serrata*）、橄榄青蟹（*S. olivacea*）和特兰克巴尔青蟹（*S. tranquebarica*）的差异为 7.36%～15.54%。这些序列与拟穴青蟹的遗传距离仅为 0.007 83，但是与其他 3 种青蟹的遗传距离却分别达到 0.116 590、0.178 12 和 0.084 23。序列特征、遗传距离和系统进化等分析结果都表明马凌波等（2006）研究的青蟹为拟穴青蟹。结果提示，在进行青蟹属相关研究时应当仔细鉴别采集样本的种类。

孙宝超等（2010）对我国沿海 5 个自然群体长蛸（*Octopus minor*）的线粒体 COI 部分序列进行了测定和分析，依据结果将 5 个地理群体的长蛸聚为 2 个族群，大连和烟台群体聚为一族群，青岛、连云港和舟山群体聚为另一族群。

李红梅等（2013）采用线粒体 Cytb 基因序列技术研究中国沿海 4 个长蛸群体的种群遗传结构。结果显示，中国沿海 4 个长蛸群体有较高的遗传变异，4 个群体间均存在极显著的遗传分化。聚类分析表明，4 个群体分化为三大类群：一个类群由大连和青岛群体组成，一个类群由温州群体组成，另一个类群由东山群体组成，东山群体与其他类群之间为亚种水平的分化，其他类群之间为种内群体间分化。

徐梅英等（2011a）基于线粒体 DNA 12S rRNA 和 CO Ⅲ基因序列，对我国沿海重要经济头足类长蛸不同群体（大连、烟台、青岛、连云港、舟山、温州、厦门）进行了遗传多样性和遗传结构的分析。多态性遗传参数统计显示，野生群体具有较丰富的遗传多样性。厦门群体与其他群体有显著分化。初步分析长蛸各群体遗传分化的原因之一可能是洋流格局的形成阻隔了群体间的基因交流。

吴玲等（2013）基于线粒体 COI 和 16S rRNA 基因序列，对中国沿海 2 种文昌鱼（*Branchiostoma* sp.）的6个群体（厦门、湛江和茂名群体为白氏文昌鱼*Branchiostoma belcheri*，日照、青岛和威海群体为日本文昌鱼 *B.japonicus*）进行了遗传多样性研究。结果表明，2 种文昌鱼种群遗传多样性均处于较高水平。文昌鱼种内不同地理群体间的遗传分化不显著，但 2 种文昌鱼间存在显著的遗传分化；茂名群体和威海群体均表现出较高的遗传多样性水平，提示这 2 个群体可能分别为白氏文昌鱼和日本文昌鱼的较原始群体。

肖志忠等（2013）采用线粒体 DNA 控制区序列分析，对条石鲷（*Oplegnathus fasciatus*）养殖群体（F_1 和 F_2）与野生群体的遗传变异进行比较。结果表明，线粒体 DNA 控制区片段中，条石鲷养殖群体 F_1 单倍型多样性水平略低于野生群体，却显著高于养殖 F_2 群体；条石鲷野生群体、养殖群体 F_1 和养殖群体 F_2 的核苷酸多样性水平呈现明显的递减趋势；条石鲷养殖群体 F_1 和 F_2 与野生群体存在显著的遗传分化。但是单倍型最小跨度分析和邻接法（neighbor-joining method，NJ 法）系统分析结果均未检测到显著的谱系结构。

毛勇等（2010）分析了闽粤东族、岱衢族大黄鱼群体 47 个个体的线粒体 DNA 控制区基因序列。群体遗传分析结果表明，闽粤东族大黄鱼、岱衢族大黄鱼野生群体遗传变异处于较低水平，闽粤东族大黄鱼的遗传多样性水平稍高于岱衢族大黄鱼，群体间的遗传分化不明显。

沈锡权等（2013）采用 PCR 扩增、克隆获得了岱衢族大黄鱼和闽粤东族大黄鱼线粒体基因全长序列。测序的结果表明，大黄鱼线粒体 DNA 可分成 3 个运算分类单元（operational taxonomic unit，OTU）；闽粤东族大黄鱼含 3 个类型，即 D1-N1、D1-N2 和 D2 型，岱衢族大黄鱼均为 D1-N1 型。他们设计出能区分不同分型的鉴别引物 J1 和 J2，且优化了鉴别条件。根据凝胶电泳图谱，如果样品分型为 D1-N2 和 D2 型，则 100% 为闽粤东族大黄鱼；如果样品分型为 D1-N1 型，则该样品为岱衢族大黄鱼的概率为 86.2%，为闽粤东族大黄鱼的概率为 13.8%。沈锡权等据此申请了一件发明专利，专利号 ZL201210241493.9，专利名为“一种大黄鱼线粒体全基因组序列的扩增引物及其应用”，公开引物 15 对，声称通过这 15 对引物，可以快速、高效地分别获取岱衢族大黄鱼和闽粤东族大黄鱼线粒体全基因序列及大黄鱼可变区扩增引物，为大黄鱼的种类鉴定、地理种群鉴别、种资资源和遗传多样性的研究提供支持，为鉴别岱衢族大黄鱼和闽粤东族大黄鱼提供基础。

肖永双等（2013）采用线粒体 COI 和 Cytb 基因片段序列分析，研究中国近海条石鲷舟山和黄岛群体遗传多样性及其遗传结构现状。结果表明，基于线粒体 COI 分子标记揭示条石鲷舟山群体遗传多样性水平显著高于黄岛群体，两群体间存在显著的遗传分化。基于线粒体 Cytb 的分子标记显示，条石鲷群体遗传多样性总体上呈现较低水平，舟山群体核苷酸多样性水平显著高于黄岛群体，条石鲷群体间未检测到显著的遗传分化。

路心平等（2009）利用线粒体 DNA 标记分析中国东南沿海拟穴青蟹种群遗传结构，对 10 个地理种群拟穴青蟹的线粒体 DNA COI 基因片段序列进行分析。10 个地理种群的单倍型多样性水平为 0.6738，核苷酸多样性水平为 0.1987，基本呈由南到北递减的趋势。10 个地理种群的总体遗传分化较低，但是极为显著。广西北海种群与大多数种群的遗传分化显著，而海南三亚种群分别与海南红树林种群和广东台山种群的遗传分化显著。

第四节　细胞核基因和细胞质基因的关系

细胞核与细胞质是细胞的两个不可分割的组成部分。细胞核基因和细胞质基因在控制性状时既相互区别又彼此协同。

一、酵母菌细胞色素氧化酶的生物合成

酵母菌的细胞色素氧化酶在有氧呼吸的最后步骤中起到关键作用，缺少它，有氧呼吸不能进行，因而菌落很少。

细胞色素氧化酶由 7 条多肽链组成，分别编码为 1、2、3、4、5、6、7。已知这种氧化酶的生物合成与细胞核基因相关，也与细胞质中的线粒体基因相关。为了探讨细胞核基因和细胞质基因的关系，研究者以它为材料进行了如下研究（方宗熙，1983）。

用一种能阻止细胞质合成蛋白质，但不能阻止线粒体内合成蛋白质的化学药品，如放线酮（cycloheximide）处理野生型酵母菌。经处理的酵母菌菌落很小，只能合成细胞色素氧化酶的 3 条多肽链，即 5、6、7，不能合成另外 4 条多肽链。结果表明，构成细胞色素氧化酶的 7 条多肽链，有 4 条是在细胞质内合成的。这 4 条多肽链由细胞核基因控制，其相对应的 mRNA 进入细胞质后，由于放线酮的作用，不能在细胞质中翻译成 4 条多肽链。

另一种化学药品是氯霉素（chloramphenicol），功能恰好与放线酮相反，不能阻止细胞质合成蛋白质，但能阻止线粒体内合成蛋白质，用它处理野生型酵母菌，菌落也小，只能产生细胞

色素氧化酶的多肽链 1、2、3、4，不能合成线粒体内合成的 3 条多肽链。由此说明细胞色素氧化酶的多肽链 1、2、3、4 确实由细胞核基因控制，多肽链 5、6、7 由线粒体内的细胞质基因控制。

细胞色素氧化酶 7 条多肽链的生物合成启示我们：线粒体的遗传系统不同于细胞核的遗传系统，因而对同一化学药品有不同的反应。进一步研究表明，线粒体内的核糖体与细胞质内的核糖体在结构上有差异。细胞色素氧化酶是在核基因和线粒体内的细胞质基因紧密协同下合成的，缺一不可。其中细胞色素氧化酶的 3 条多肽链由线粒体基因控制，4 条多肽链由细胞核基因控制。如果没有核基因和细胞质基因的共同配合，就不能形成完整的细胞色素氧化酶。没有完整的细胞色素氧化酶，酵母菌就不能进行有氧呼吸，葡萄糖分子就不能充分地分解，所产生的 ATP 就很少，因而菌落很小。

二、草履虫卡巴粒的遗传

双小核草履虫（*Paramecium aurelia*）为原生动物，有一个放毒型品系，该品系的细胞质含有卡巴粒，卡巴粒直径为 0.2～0.8μm，含有自己的 DNA，具有相对的自主性，能独立遗传。含有卡巴粒的个体都能分泌一种称草履虫素的毒素，这种毒素能杀死其他无卡巴粒的品系——敏感型品系。遗传学研究表明，卡巴粒的遗传需要两种因素：一是细胞质内有卡巴粒，二是细胞核内有显性基因 K。当这两种因素同时存在时，卡巴粒能稳定地遗传下去，子代草履虫都为放毒型。当细胞质内有卡巴粒而细胞核内失去显性基因 K 时，卡巴粒就不会稳定地遗传下去，随草履虫经过 5～8 代的分裂，卡巴粒丢失，草履虫由放毒型变为敏感型。如果草履虫只有显性基因 K，而没有卡巴粒，草履虫也不能产生毒素，仍为敏感型。可见，卡巴粒的增殖受细胞核显性基因 K 的控制，草履虫放毒型的遗传需要核基因 K 和卡巴粒的细胞质基因系统的密切配合。

三、金鱼双尾鳍的形成

已知个体发育中影响细胞分化的物质存在于细胞质中。胚胎细胞之所以能分化，并不是细胞之间的细胞核基因不同，而是基因在不完全均质的卵细胞质中活动。卵内不同部位的细胞质可以致使特定基因在特定部位处于不同的活动状态，或激活，或抑制，或开启，或关闭，于是分化出各种不同的组织和器官。蔡难儿（1989）用玻璃针或微吸管对卵裂金鱼卵子进不同分裂面的分割，或进行不同方向卵质的切割，或吸去部分卵黄质。研究发现，金鱼卵细胞质内的胚胎形成物质有控制金鱼双尾鳍形成的调节因子。这种调节因子存在于植物性半球的卵黄质，随胚胎的发育逐渐流向胚盘，胚胎发育到 8 细胞期，该因子已到达胚盘。倘若缺乏此种物质，便形成单尾鳍金鱼。如果这种物质进入被分离的两部分卵子中之一，就出现一尾单尾鳍金鱼、一尾双尾鳍金鱼。蔡难儿（1989）认为，这种调节因子也许具有调控双尾鳍形成的作用，或者具有对双尾鳍基因激活（或开启）的作用。

由金鱼单尾鳍和双尾鳍的形成研究可知，性状差异与核质协调情况有关，个体发育和性状遗传过程中，细胞核基因虽然有主导作用，但细胞质对核基因有调节作用，核基因的表达和性状的形成需要核质的协同。

四、质粒的相对独立性

质粒（plasmid）是细菌细胞内的细胞质颗粒，现在习惯上专指染色体之外的 DNA 分子，有多种，能独立于细菌“染色体”之外自行复制，并随细胞分裂进入子细胞。在酵母及果蝇等真核生物中也发现质粒。不同的质粒 DNA 量差别很大。细菌常常带有质粒，但在一定条件下可以没有质粒而正常生活。

细菌一旦带上质粒，表型就可能发生某些变化。F 因子（F factor），也称致育因子（fertility factor），是大肠杆菌的一种质粒，至少含有 15 个基因，能使大肠杆菌具有接合能力——单细胞生物的有性生殖能力；R 质粒（R plasmid），也称 R 因子，也含有多种基因，有些基因可决定 R 因子在细菌间的转移，另一部分基因能决定一些抗生素的钝化酶，改变抗生素药物的化学组成，使药物失效，从而使细菌对一些抗生素产生抗药性；大肠杆菌素生成因子（colicinogenic factor），也称 Col 因子，能使细菌产生大肠杆菌素（colicin），“杀死”不带 Col 质粒的细菌；根癌农杆菌（*Agrobacterium tumefaciens*）的 Ti 质粒能使这种细菌具有引起植物发生肿瘤的特性。

质粒能够使宿主表型发生变化的原因有两个：一是它们具有自律复制、自主表达的遗传特质，含有使宿主产生表型变化的基因。这一原因说明了质粒具有相对独立性，不受细菌遗传物质的限制。二是质粒的 DNA 复制、转录和蛋白质合成完全依赖于宿主细胞的酶、蛋白质合成机构和原生质等。例如，质粒 DNA 复制完全依赖于细胞的 DNA 聚合酶，质粒 DNA 的转录必须借助细菌 RNA 聚合酶，质粒基因编码的任何一种蛋白质都需在宿主细胞合成。后一个原因除了说明质粒对宿主的依赖性外，还在一定程度上表明质粒遗传功能还不完备，仍然需要宿主核基因的间接存在和协同。

第六章

变　异

变异是指生物上下代个体间的差异，包括同一物种内不同个体间的差异，但不包括年龄、性别或不同时期生活史方面的差异。变异和遗传是生命发展中的两个方面，它们在生物世代延续中的对立和统一推动了生物的进化。变异是生物多样性的源泉，没有变异，生物界就失去进化的动力和材料，遗传只能是简单地重复，生命只能停留在初始发生的水平。没有遗传，变异只能来去匆匆，不能巩固，不能积累，生命会失去稳定性和连续性，生物也无法进化。

有性生殖、环境条件、遗传物质变化、人工诱变和自发突变途径可以导致生物变异和多样性。

第一节　有性生殖引起的变异

有性生殖使不同个体、品系、品种、变种、亚种和物种的基因可以交流、重组，产生广泛的变异。这种变异的动力来源于基因的分离、自由组合和连锁互换。

分离定律可以使一对等位基因差异的杂合体（Aa）在有性生殖（特别是近交）中分离出三种基因型（AA、Aa、aa），产生出基因型和表型都有差异的子代，也可以使一对等位基因差异的两种纯合体（AA、aa）在杂交中产生出 Aa 个体，使一方亲本的性状在子代隐去，或表现出介于双亲的中间性状（A 对 a 为不完全显性时），这些不仅有遗传，也有变异。

自由组合定律可以使不同染色体的基因，通过有性生殖组合在一起，形成不同于双亲又来自双亲的变异子代。例如，一群基因型为 AaBb 的个体自群繁殖，子代基因型和表型频率将出现 9/16A_B_、3/16A_bb、3/16aaB_ 和 1/16aabb，这里既有承继父母的遗传，也有不同于双亲的变异，还有子代个体间基因型和表型的差异。自由组合还可以使每一有性生殖个体，在成熟分裂中产生基因型完全不同的大量配子，导致子代个体之间彼此都有差异。例如，一个拥有 46 条染色体的个体，在配子发生中，如果不考虑减数分裂时同源染色体互换等位基因，就可产生 2^{23} 种配子。这些配子与另一性别的配子随机受精，使得子代之间只有 2^{-46} 的概率产生基因型完全一致的个体。可见，自由组合定律所造成的变异是普遍的、大量的。

连锁定律的作用使位于同源染色体的基因既有连锁遗传的倾向，又有重新形成新连锁群导致子代基因型和表型都有差异的机会。如果位于同源染色体上的每两个基因互换频率很低，为 2%，那么在 100 个生殖细胞中，每两个基因间就有 2 个重组配子产生。由于每条染色体的基因大大超过 500 个，而且每种生物的染色体也不只一对，因此由连锁定律所造成的变异也是不可低估的。

有性生殖所产生的变异是种内变异的重要途径，也是种群内提高生物多样性的重要途径。这种变异能够遗传，也能继续变异，但是不涉及基因性质的改变，没有新基因产生。育种工作可以通过近交或杂交创造变异，选择有益变异体，培育或改良新品种。同时，也应采取措施防止优良品种在有性生殖中，通过基因重组退化或混杂。

第二节　环境差异造成的变异

生物的各种性状虽然都与基因型有关，但是它们的发育和形成也都需要一定的环境条件。大量的事实说明，基因型是表型发育的内因和依据，环境是表型形成的外因和条件，性状是基因型和环境条件相互作用的结果，也是生物主动或被动与环境相统一的产物。

环境条件的差异往往可以导致生物表型或生化性状的差异。这种变异有的经由遗传物质的变化而表现，属于突变的范畴；有的不涉及遗传物质的变化。例如，兔子皮下脂肪有白色和黄色之分，YY 个体和 Yy 个体为白色脂肪，yy 个体为黄色脂肪，Y 对 y 为显性。YY 个体与 yy 个体交配，子 1 代都是白色脂肪，子 2 代个体 3/4 白色脂肪、1/4 黄色脂肪，可见白色和黄色是一对相对性状，相差一对等位基因，按分离定律遗传。已知白色脂肪是因为 Y_ 个体能产生一种黄色素分解酶，破坏从绿色植物所吸收的大量黄色素。yy 个体不能产生这种黄色素分解酶，因此脂肪积存了这种色素表现黄色。如果 yy 个体不吃含叶绿素的食物，即使它不能合成黄色素分解酶，脂肪照样是白色，与基因型 Y_ 兔子吃绿色植物的表型完全一样。在这里 yy 型个体脂肪的颜色既由基因型决定，也因食物条件的影响而有差异。

环境可以影响一些基因型的表现。帆鳍花鳉（*Poecilia velifera*）的 M 基因可产生黑斑，位于常染色体上。该基因对其等位基因 m 呈不完全显性，其表型情况是：MM 有很多黑斑；Mm 为轻微黑斑；mm 为没有黑斑。这些基因型和表型的外显率和表现度随水温而变化。在 20℃水温下，各基因型的外显率为 100%；水温升高，该基因在杂合体（Mm）的外显率反而降低，以至在 26～28℃水温下，其外显率趋近于 0。

大黄鱼（*Larimichthys crocea*）体色能够随着环境的明暗变化而改变：在白天强光下，腹部是白色的，光照越少、环境越昏暗，它的颜色就越鲜艳。到晚上，由于光照度小，大黄鱼的体色变得金黄、鲜亮，这种金黄色很受消费者喜爱，所以渔民们都是选择夜晚时捕捞大黄鱼，捕捞后迅速使其脱水死亡，颜色就被很好地保存下来。

环境条件也可以使不同基因型的个体有共同的表型。例如，生活在自然环境下的黄鳍鲷体色为青灰带黄，罗非鱼体色为深灰带有 6～7 条黑色纵带，它们一旦移进室内养殖，便失去原来的体色，变为类似于鲫鱼的银灰色。

环境条件的不同还可以使同一个体不同部位的相同器官有不同的表型。例如，水毛茛（*Ranunculus aquatilis*）长在水下的叶子多深裂为丝状，水面的叶子则长成完整的扁平叶。

环境也会导致数量性状的变异。环境因素如温度等，可以影响皇后扇贝（*Aequipecten opercularis*）的繁殖周期、产卵及能量的储备和利用周期。温度与消化腺指数、闭壳肌、含脂率及糖原含量之间分别都有着显著的正相关。有研究表明温度可影响生理、行为和生命周期不同阶段的存活率，影响胚胎发育。

中国的河蟹主要来自长江水系、辽河水系和瓯江水系。人们普遍认为，长江水系的蟹苗和蟹种优于其他两个水系，表现为生长快、产量高、效益好。有学者曾经对长江水系和辽河水系的蟹种进行生长对比试验，发现长江蟹种比辽河蟹种生长快了大约 50%，个体大、色泽好，成熟期也慢了 20～30 天。徐德昆和林乐峰（1997）的研究也表明，长江水系蟹种生长速度、总产量、规格、经济效益及起捕率都高于辽河水系和瓯江水系。据杜宗汉（1996）报道，三个水系的河蟹离开了各自的水域，都表现为个体小、生长慢、成熟早。成熟个体的大小分别是：长江水系 130～160g、瓯江水系 80～120g、辽河水系 50～100g。一旦长江水系的蟹种移入珠江流域，本该在翌年成熟并达 130g 以上的个体，提前在当年成熟，个体重平均只有 85.8g。

但并不是所有的基因型都能受环境的强烈影响而造成巨大的表型或性状差异，特别是一些质量性状，如血型。

环境导致生物变异大多与基因型有关。Y_ 型兔子，无论吃的植物是否含叶绿素，脂肪都是白色的，不会变异，因为这种基因型能产生黄色素分解酶；yy 型兔子脂肪可以是黄色的，也可以变异为白色，除了食物的影响外，更重要的是该基因型不产生黄色素分解酶。

环境引起变异的另一原因可能是环境条件直接或间接地干预机体新陈代谢或基因表达。比目鱼抗冻蛋白的含量可视为生化性状，含量的多少与机体的抗冻能力呈正相关，也随季节而变异。冬季，抗冻蛋白的浓度在体液中达 30mg/ml；夏季，抗冻蛋白含量则微不足道。1 月份样品的总 RNA 中有 1% 是抗冻 mRNA，夏季则检测不出抗冻 mRNA。这表明，环境对抗冻肽生物合成的影响至少部分地涉及转录水平或转录后的加工水平，或 mRNA 降解的控制。

环境可以造成个体间的形态差异，但是这种变异一般没有遗传物质的改变，不能遗传。这是一个值得育种者注意的问题，因为环境往往干扰基因型的识别和表达，不利于优良个体的选择，恶劣环境不利于良种生产力的发挥。因此，排除或利用环境条件的影响以培育优良品种、发挥现有品种的生产潜力都是至关重要的。

有些环境影响可以引起可遗传的变异，尤其在极端恶劣的物理或生物学环境下，基因重组和突变的机会增多，生物的表型和基因型变异能力也变大，因而增加了遗传变异的数量和范围，使具有进化性的变异达到最大，影响进化的方向和速度（Parsons，1986）。

Parsons（1986）认为，在特定迅速变化的恶劣环境中，生物的环境应激（environmental

stress）对于进化速率极具重要性。恶劣环境所引起的生态学应激（ecological stress）很可能在表型水平上通过自然选择产生种内的气候品系。可遗传变异的 20% 主要来自生态的异质性。一些研究表明，应激状态下，鱼类的溶菌酶活力会改变，或升高或降低。

黑腹果蝇（*Drosophila melanogaster*）被置于 30℃以上进行热休克时，它们的细胞会关闭大部分细胞蛋白质合成，但开始合成一种特殊的热激蛋白（heat shock protein，HSP），也称为应激蛋白（stress protein），从而诱发细胞具有耐热性，使之在后续的生活中遇到致死温度时能存活下来，从而具有一种被恶劣环境驯化的潜能。

在果蝇中，编码热激蛋白的基因至少有 6 个（*hsp22*、*hsp23*、*hsp26*、*hsp27*、*hsp70* 和 *hsp82*），都位于 2 号染色体。这些基因的转录以热激应答元件（heat shock response element，HSE）为中介。热激应答元件是同转录激活因子相互作用的位点。转录激活因子对热激应答元件具有高度的亲和性，在热休克时，由单体（monomer）转变为三同聚体（homotrimer）。转录激活因子的基因也位于 2 号染色体。因此，研究热激蛋白基因的表达，能确定各种遗传因素和环境因素对基因表达的影响及其分子机制。

温度是反映气候、水环境和地理条件的重要指标，也是一种生态资源，影响生物的代谢、活力、耗氧量、产卵、发育和生长，也影响物种栖息潜力的比例。温度改变后，能量代谢的酶和热激蛋白的浓度及膜磷脂成分都会改变，以适应环境。因此生物对不同温度的长期适应影响同工酶的多态性，是有其代谢和生理基础的。

三种酯酶基因型（$Es\text{-}I^{a/a}$、$Es\text{-}I^{b/b}$ 和 $Es\text{-}I^{a/b}$）在一种淡水鱼克氏亚口鱼（*Catostomus clarkii*）上的温度效应也许可以说明这种情况。这种鱼酯酶同工酶位点形成了纬度渐变群：① $Es\text{-}I^{a/a}$ 纯合状态在较温和的纬度下最普遍并在最高温度下具有最高的活性；② $Es\text{-}I^{b/b}$ 纯合体在较冷的温度下，在最低温度下表现出最高的活性；③ $Es\text{-}I^{a/b}$ 杂合子的酯酶在温度中等的范围内，高活力分布范围广。

温度影响个体大小可能经由三个主要机制：①温度升高使早期发育快、个体变大，损坏了体内资源，从而导致生长压抑。主要是后期生长滞缓，导致最终个体小。②温度与幼体死亡率呈正相关，在温度升高时，淘汰了快速发育的幼体，甚至淘汰了生殖成熟时个体变大的个体。③温度升高，发育加快，但积温高，减少幼体生长的时间总量，最终导致个体变小。

温度以两种方式影响个体大小：第一，温度是自然选择的因子，可以在控制生长速度和成体大小的发育机制方面产生进化（遗传性）改变。第二，个体发育中温度状态可以影响成体的最终大小。高纬度下，动物个体大，如桡足类的加拿大暗尾水蚤（*Scottolana canadensis*），特别是像蜜蜂、家蝇之类的昆虫。80% 以上的冷血动物，饲养在较低温度下，体积增大，如原生动物、植物、动物。大量证据说明，不同温度下对幼体和成体产生不同的选择压力。个体大小可能就是温度的选择效应（影响生长和发育机理）。高纬度下，发育时间长，幼体和成体的死亡率高，但是可增加成体的体积和适应力。

种内进化与生物对不同温度的适应有关，鱼类、贝类也是这样。同工酶的渐变群能反映自然选择的结果，有三个证据：①蛋白质的热稳定性及最适的功能温度是在遗传控制之下的。②基因频率在相似条件下的变化具有趋同性，说明选择是存在的。例如，淡水鱼和海水软体动物的酯酶（esterase）、多种海洋鱼类和淡水鱼类的乳酸脱氢酶（lactate dehydrogenase，LDH）同工酶的变异情况是一致的。③自然选择作用于各种同工酶的耐热性已被育种实验证实。例如，同父同母的有嵴鳉鱼子代饲养在不同温度下，LDH 同工酶基因的频率类似于那些生活在同样温度下的自然群体。

第三节　遗传物质变化产生的变异

遗传物质变化又称突变（mutation），是指染色体结构的变化、染色体数目的变化和基因内部的变化。前两种都发生在染色体水平上，可合并在一起，统称为染色体畸变（chromosome aberration），后一种变化又称为基因突变（gene mutation）。

一、染色体结构的变化

染色体结构的变化有缺失、重复、易位、倒位 4 种形式（图 1-6-1）。

缺失（deficiency）指染色体的一个片段丢失的现象。缺失可以发生在任何部位。如果一条染色体出现缺失，另一条同源染色体正常，会形成缺失杂合体，另一条同源染色体的对应部位隐性基因可以得到表达，称假显性（pseudodominance）现象。人的猫叫综合征就是 5 号染色体短臂发生部分缺失造成的，这种患者哭声如猫，生活力低下，多在生命早期死亡。如果同源染色体的两条单体同时缺失相应片段，会形成缺失纯合体，也会出现变异。例如，人 22 号染色体长臂缺失，会导致慢性粒细胞白血病。哺乳类 Y 染色体的雄性性别决定区-Y（*Sry*）基因如果缺失，胚胎就无法发育成雄性而是向雌性外形发育。

重复（duplication）是染色体含有正常的组分外又增加了额外的染色体片段。这种结构变化所造成的变异也是明显的。例如，果蝇 X 染色体上的棒眼基因，可使复眼的小眼数目减少，野生型果蝇有 738 个小眼，当 X 染色体增加了一个棒眼基因后，小眼数降为 91 个，若增加两个棒眼基因，则小眼数目降为 29 个。

易位（translocation）是非同源染色体之间互相交换染色体片段。设一条染色体的顺序为 abcd，另一条染色体的顺序为 efghi，经易位后，两条染色体的顺序为 abgfe 和 dchi。易位改变了基因的连锁关系和相互作用情况，必然会导致变异。易位杂合体的特点是生殖力下降，因为成熟分裂过程中大约有 1/2 配子出现重复或缺失而不能存活。易位的一种特殊情况是罗伯逊易位（Robertsonian translocation）。这种易位将两个同源或非同源的端着丝粒染色体于着丝粒处融

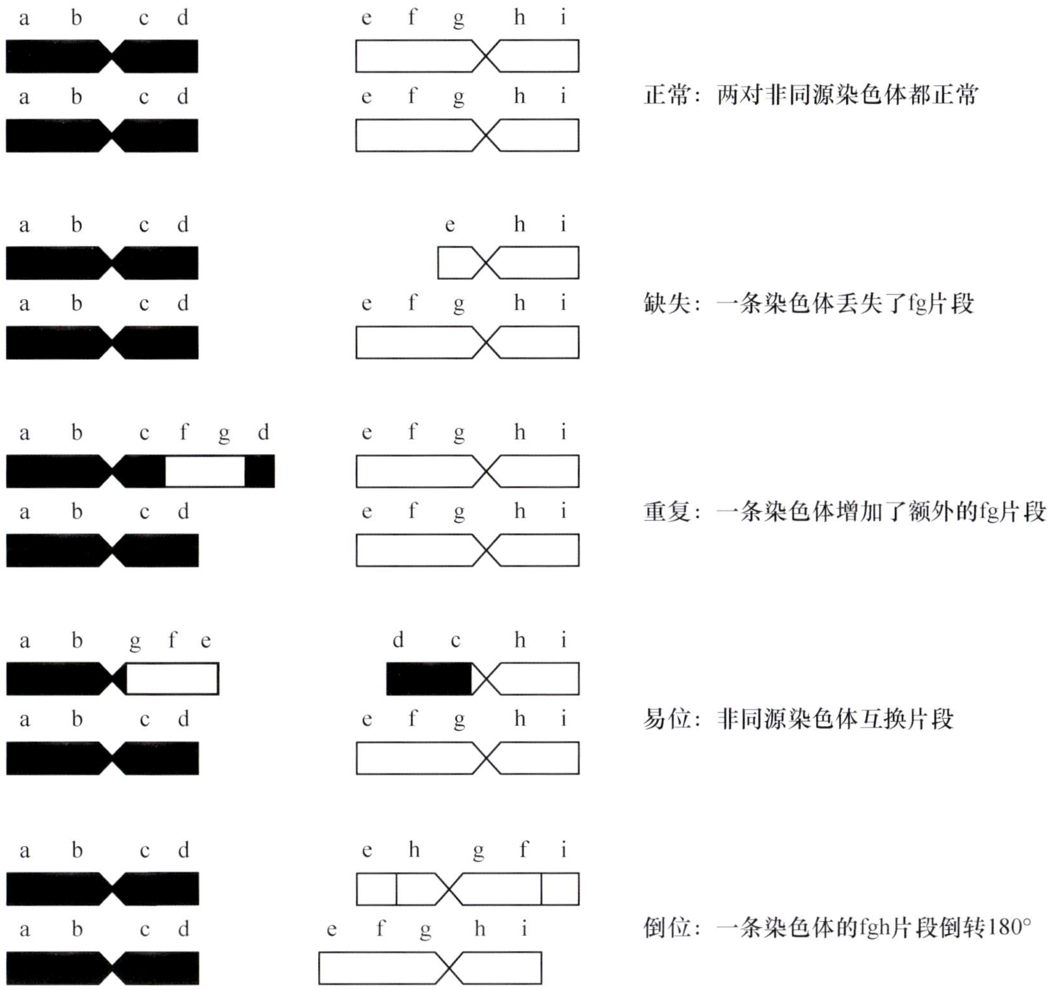

图 1-6-1　染色体结构的变化

合为一个中着丝粒染色体或近中着丝粒染色体，导致染色体数目减少而臂数不变。这种整臂易位现象是 1916 年由 W. Robertson 发现的，由此得名。相反的过程是中着丝粒染色体或近中着丝粒染色体从着丝粒处断裂，形成两个端着丝粒染色体，即罗伯逊裂解（Robertsonian fission）。罗伯逊易位和裂解在水生生物的种群分化中占有重要地位。李渝成和李康（1987）的研究表明，泥鳅从 $2n$=50 演化出 $2n$=48 的种群，就是经由罗伯逊易位。马口鱼从 $2n$=74 演化出 $2n$=76 或 78，则是通过罗伯逊裂解。

倒位（inversion）是染色体的一个片段断裂后倒转 180° 重新连接起来的结构变化。假定一条染色体的正常顺序是 efghi，倒转后形成的顺序为 ehgfi，则 fgh 片段倒位。倒位会改变染色体上基因的相互作用关系，导致性状变异，这就是位置效应（position effect）。位置效应说明染色体的机能与基因排列顺序有关，也说明染色体是基因相互作用的和谐系统。倒位的另一遗传学效应是抑制等位基因交换，因为倒位杂合体的染色体不能与其对应的同源染色体正常配对。

二、染色体数目的变化

染色体数目的变化可分为整倍数变化和非整倍数变化两种（表 1-6-1）。

表 1-6-1 染色体数目变异的一些基本类型

类型	公式	染色体组
整倍体		
单倍体	n	（ABCD）
二倍体	$2n$	（ABCD）（ABCD）
三倍体	$3n$	（ABCD）（ABCD）（ABCD）
同源四倍体	$4n$	（ABCD）（ABCD）（ABCD）（ABCD）
异源四倍体	$4n$	（ABCD）（ABCD）（A'B'C'D'）（A'B'C'D'）
非整倍体		
单体	$2n-1$	（ABCD）（ABCD）（ABC）
三体	$2n+1$	（ABCD）（ABCD）（A）
四体	$2n+2$	（ABCD）（ABCD）（AA）
双三体	$2n+1+1$	（ABCD）（ABCD）（AB）
缺体	$2n-2$	（ABC）（ABC）

注：A、B、C、D 代表非同源染色体

（一）整倍数变化

整倍数变化是生物体的染色体数目变化以染色体组（genome）为单位的增减，减少一套染色体组的生物为单倍体（n），增加一套染色体组的生物为三倍体（$3n$），以此类推，增加两套染色体组的生物为四倍体（$4n$），增加四套染色体组的生物为六倍体（$6n$），增加六套染色体组的生物为八倍体（$8n$）。

单倍体 自然界中除了少数几种动物，如蜜蜂、蚂蚁的雄体为正常单倍体外，大部分动物单倍体不能成活，都因患单倍体综合征（haploid syndrome）而死亡。单倍体综合征是单倍体固有的病症，主要表现为头小、眼小、腹水、水肿和生活力低下。植物的一些单倍体可以成活，但个体弱小，又因为染色体不能配对，而且 n 条染色体在成熟分裂过程中同时分向一个细胞的概率很小（2^{-n}），不能繁殖后代。值得一提的是，蜜蜂和蚂蚁单倍体是可育的，因为这些雄体成熟时，精母细胞无须完成第一次减数分裂，直接进入第二次成熟分裂，于是精子的染色体数目仍然维持一套染色体组所具有的条数。另外，许多藻类有单倍体世代（如紫菜），有的甚至不存在二倍体世代（如盐生杜氏藻）。人工诱发的海带单倍体的雌、雄株均可成活，还可以经组织培养建立雌、雄无性生殖系用于育种。

多倍体　生物变异的另一形式来自染色体数目加倍形成多倍体。多倍体植物通常植株高大，茎粗，叶片宽厚，花、果和种子较大。动物多倍体较少，特别是高等动物，因为大多数雌雄异体，染色体稍不平衡就容易引起不育甚至死亡，生长不一定比二倍体快，个体也不一定比二倍体大。多倍体生物的共同特点是细胞大，三倍体一般不育。多倍体所引起的变异在生物的进化和育种中都具有积极意义，水生生物也不例外。

（二）非整倍数变化

非整倍数变化是染色体组不完整的状态，一般指二倍体增加或减少一条或几条染色体的现象。常见的非整倍体有单体和三体。

单体　指细胞缺少一条染色体的个体（$2n-1$）。大多数动植物单体不能成活，如玉米、番茄单倍体能够生存，但单体不能存活。可见缺少一条染色体比缺少一套染色体的危害更大，遗传物质的平衡对机体生存是必不可少的。

三体　指染色体数目多出一条的个体（$2n+1$）。三体的生物学效应较单体缓和。三体植物一般能繁殖，但会出现一半染色体数为 $n+1$ 的不育花粉和种子。人类遗传病中有不少是三体引起的，如唐氏综合征就是 21 号染色体多出一条引起的。

人类大多数恶性肿瘤细胞的染色体是非整倍体。人类三倍体和四倍体只在流产胎儿中被发现过。

三、基因突变

基因是 DNA 分子的特定功能片段，由一定种类、数目和顺序的核苷酸对构成。基因突变是指基因内部核苷酸对种类或数目的改变。基因的每一核苷酸对都有可能丢失或被额外核苷酸对插入，其碱基也可能被别种碱基替换，因而基因有多少核苷酸对，就有多少突变点。

基因突变可分为碱基替换突变和移码突变两种。

碱基替换突变　指基因的一个或一些碱基被另一种或一些碱基替换所造成的突变。碱基替换突变后，基因的遗传信息是否改变，将存在三种可能结果：一是错义突变，即碱基替换后，意义出错，造成变异。例如，镰状细胞贫血患者就是因为编码血红蛋白 β 链基因的第 6 个密码子 CTT（谷氨酸）的第 2 碱基 T 被 A 替换，变为 CAT（缬氨酸）造成的。二是无义突变，即碱基替换后，原来决定某一氨基酸的密码子变成一个终止密码子，不再决定氨基酸，这种突变导致基因不能正确表达。三是同义突变，即突变所形成的密码子和突变前的密码子是简并密码子，编码同一种氨基酸，这种突变一般没有表型效应。

移码突变　指基因增加或缺失一个或几个（不是 $3n$ 个）核苷酸对所引起的密码编组和开放阅读框的改变。这种突变多为错义突变和无义突变，常导致异常 RNA 或多肽的产生，遗传效应通常较明显。

基因突变的大多数（90%）是有害的，中性占一部分（约 10%），有益的极少。

四、遗传物质变化的进化意义及对生物多样性的影响

生物体的各种细胞都会出现上述三种遗传物质的变化，然而，只有生殖细胞的遗传物质变化可以通过有性生殖传递给后代。体细胞的遗传物质变化不能通过有性生殖遗传，但是能遗传给它们自我繁衍的细胞、组织或由这些细胞所培养的个体。

遗传物质变化所造成的有益变异可以通过无性生殖或有性生殖遗传给后代，使生物进化并在更高等的水平上遗传，提高生物多样性水平。遗传物质变化在水生生物的进化中占有重要的地位。例如，染色体的整倍数变化在水生生物物种的形成和进化中起着重要作用。现在的胭脂鱼科（Catostomidae）中几乎所有的种（$2n$=96～100）都是鲤科鱼类（大部分为 $2n$=48～52）经染色体加倍后分化而成的四倍体类型。鲤、鲫、鲑和鳟鱼类也都是由各自的祖先类型，经染色体整倍数变化后演化而来的四倍体类型（李树深，1981）。

染色体结构变化和非整倍数变化在性染色体的进化和多倍体的二倍化中也起重要作用。一些甲壳动物，如卤虫的 lineata 和 bilineata 种群，同源染色体曾通过易位、倒位等结构变化，获得携带异配性别基因的片段而进化为性染色体（Ginsburger-Vogel and Charniaux-Cotton，1982）。自然界早先形成的绝大部分多倍体，在长期的自然选择中都经历了染色体的结构变化（如罗伯逊易位、倒位等）或非整倍数变化，使多余的同源染色体非同源化，从而二倍化为今天的二倍体。

基因突变也是影响生物进化和生物多样性的重要因素之一。现存的等位基因和复等位基因都是从原先的基因突变而来，如鲤鱼的散鳞基因从全鳞基因突变而来，金鱼的龙睛基因由平眼基因突变而来。突变不但可以使基因变为原先的等位基因，也可以伴随多次染色体畸变或几次基因突变后使其获得新功能，成为新基因，推动生物进化。生物进化的一种方式就是经由突变、选择和隔离等机制，先形成若干地理亚种或生态亚种，然后通过生殖隔离渐进进化的。

遗传物质变化造成的变异是生物进化的原始材料，也是生物遗传多样性的物质基础，还是人们培育、改良品种的基因依据，育种者采取的许多措施往往就是为了获取这些变异体。

第四节　自发突变和人工诱变

自然界已经并继续通过上述三个基本途径使生物变异，因为环境造成的变异大部分不能遗传，有性生殖导致的变异没有新基因产生，遗传物质的自发突变频率太低。自 20 世纪 20 年代起，人们开始了人工诱发突变的尝试，至今已获得不少成效和经验。

一、自发突变

自然条件下生物也会突变，这种突变称为自发突变。自然界绝大部分物种都是通过自发突变形成的，进化是自然选择下有益突变和中性突变长期积累的结果。

自发突变的频率很低。绝大部分动植物基因的常见突变频率为 10^{-6}～10^{-4}，平均为 10^{-5}，即一世代中，大约每 10 万个基因有 1 个突变，或者每 10 万配子中某一基因大约能发生一次突变。这样的频率对一个基因而言是很低的，但是对一条拥有上千个基因的染色体，或者对一个由几万基因构成的生物体来讲，突变体数字并不少。例如，仅有 4 对染色体的果蝇，按照这种突变频率计算，总突变率约占配子的 5%，即每 20 个配子有一个出现突变。由于这些突变的大多数是微效、有害、隐性的，所以现存的生物都含有许多隐性有害基因。

自发突变的原因现在尚不十分清楚，但是自然环境中存在大量诱变因子，已知的有病毒和霉菌等微生物、自然界的辐射，也可能与机体自身代谢产物的自体诱变、自然界环境（如温度）的极端变化，以及生物所接触的化学物质，尤其是吸收到体内的放射性物质有关。

二、人工诱变

人工诱变是人们利用物理或化学因子诱发的生物突变或变异。穆勒（Muller）是人工诱变的开创者，他的实验表明，X 射线能使果蝇突变频率提高 150～200 倍。

人工诱变同自发突变一样，属于不定向变异。在同一次处理中，有的变成这样，有的变成那样，究竟哪个基因变异，向什么方向变，全然不能控制。

人工诱变的对象或细胞，依实验目的，可以人为控制，大部分是生殖细胞，或即将培养为个体的植物细胞或原生质体，或早期胚胎等。但是，人工诱变和自发突变一样，多数是微效、隐性、有害的，部分为中性，只有极少部分是有益的（李汝祺，1981）。

人工诱变的诱变剂（mutagen）已有 1000 多种，分为物理因子和化学因子两大类。

物理因子：已知异常温度（高温或低温）能诱导染色体整倍数变化和基因突变。各种辐射线（X 射线、α 射线、β 射线、γ 射线、紫外线等）、微波、超声波等能诱导基因突变和染色体结构变化。

化学因子：有些化学物质，如秋水仙素、细胞松弛素 B，能诱导染色体整倍数变化；亚硝酸、芥子气、氮芥子气、乙二胺四乙酸、链霉黑素等能诱导染色体结构变化；碱基类似物（如 5-溴尿嘧啶、2-氨基嘌呤）、羟胺、亚硝酸、烷化剂（如乙烯亚胺、硫酸二乙酯、甲基硫酸乙酯、甲基亚硝基脲）等能诱导碱基替换突变；吖啶类（如氨基吖啶）、氮芥类化合物能诱导移码突变。

半个世纪以来，研究者已利用上述诱变剂动摇一些生物的遗传性，获得了许多有益的突变，培育了一些新品种，尤其是农业微生物和工业微生物。过去青霉素产量很低，每毫升培养基只含几十个单位。而采用紫外线、X 射线、芥子气、乙烯亚胺等交替处理青霉菌种，可筛选出许多优良菌种，有的菌种的青霉素产量提高了几百倍或几千倍，1972 年曾得到每毫升 2.8 万单位的优良菌种（杨纪珂，1979）。

细胞质基因也可诱变，用链霉素和紫外线作诱变剂可使衣藻细胞质基因产生突变，而且诱变频率很高。

人工诱变的关键是诱变剂的选择、剂量及处理方法（包括起始时间和持续时间），以及一系列后处理（如诱变剂的消除，突变体的培养、选择、测定等）。

人工诱变在水生生物中的应用较晚，近 40 年来已陆续有些研究。据楼允东（1999）报道，日本学者已利用 γ 射线照射虹鳟卵，培育出白色品系；德国学者采用辐射方法，诱导出一种骨骼数量少一半，生长速度快 2～3 倍的鲤鱼突变体，并繁衍为新品种；苏联学者还用乙基亚硝基脲和乙烯亚胺诱变鲤鱼，获得两群生长较快的突变鲤。王雅英和张建（1999）按每 3L 水 1 万尾的比例用透明塑料袋充氧密封分装生殖腺未分化的罗非鱼鱼苗，并用 ^{60}Co-γ 射线照射，育出生长快（生长速度与雄性苗相似）、抗病力强的鱼苗，经 4 个月养殖，体重达 200g 以上，雌雄体重一致，不育率达 95% 以上。

水生生物的人工诱变潜力很大，因为它们多数为体外受精、体外发育，具有数量巨大的生殖细胞，这些特点有利于人工诱变的操作和突变体的选择，可提供更多成功的机会。

综上所述，有性生殖、环境条件、突变和人工诱变分别通过遗传学三大定律、改变生物性状形成的外因或内因、改变生物的遗传物质及人为因素诱发生物突变使生物变异并提高生物多样性。

第七章

群体遗传和遗传多样性

群体遗传学（population genetics）研究的是群体（population）的遗传组成、结构及其遗传变异规律，为合理利用群体资源和种质资源提供直接或间接依据。目前学术界特别关注群体内的遗传多样性，因为遗传多样性反映了物种的生存生态、遗传组成、变异情况、历史变迁、进化水平、社会影响及种质资源的状态。

第一节　群体内遗传多样性的物质基础

群体中任何基因能以一种或几种形式存在，每一种不同形式就是该基因的一种等位基因（allele）。有的只有一个等位基因，有的多达十几个。只有一个等位基因的基因称为单态（monomorphism）；有两个或两个以上等位基因的基因称为多态（polymorphism）。例如，剑尾鱼的 P 基因有 9 个等位基因，都控制尾部斑点的表型。等位基因不同，其相应 DNA 片段的碱基对或顺序会有细微的不同。等位基因和复等位基因的大量存在是生物内外部性状多态的物质基础和内因依据。

此外，还有许多不表达为性状（或多肽）的 DNA 片段或序列，也广泛存在可遗传的多样性。总之，DNA 是遗传多样性的物质基础。

二倍体生物只有两套染色体，因而在群体中对于特定基因仅能拥有其中等位基因的一个或两个。若个体该位点所具有的等位基因与自己另一条同源染色体的基因相同时，该位点处于纯合状态，为纯合体（homozygote）；当该位点的另一条同源染色体的基因有不同等位基因存在时，就称为杂合体（heterozygote）。位于性染色体非同源部分的基因，没有其等位基因。

第二节　群体、基因库、基因频率和基因型频率

群体也称种群，是指那些分布在同一生态环境中，能自由交配、繁殖的一群同种个体所有成员的总和。群体内基因的遗传遵循孟德尔定律，因此这些个体所组成的群体也称孟德尔式群体（Mendelian population）。一个最大的孟德尔式群体就是一个物种。一个群体内全部成员的基因构成了群体的基因库（gene pool）。基因库是群体内的全部基因，通常也指全部生殖细胞

中基因的总和。群体内每一个体都是基因的携带者，所含的基因只是群体基因库的一部分。基因库的情况可以反映群体的遗传变异情况、群体的大小、群体的进化史、人类活动对群体的影响及群体与环境的相互关系。

一个物种内常常可分为不同的种群（亚群或子群，subgroup）。种群是物种在自然界中存在的实际单位。因为自然界中同一物种的个体并不是都生活在彼此邻近的空间里，所以一个种群本身就是一个基因库。

群体或种群内某一基因及其基因型的存在情况常用基因频率（gene frequency）和基因型频率（genotype frequency）表示。基因频率是指某一基因占所有等位基因总数的比率，可用百分数、小数或分数来表示。基因型频率是指某一基因型占该基因所有位点（等位基因或复等位基因）在群体或种群内所形成的业已存在的基因型的比率，也用百分数、小数或分数表示。人类的 M-N 血型是由一对等位基因 M-N 控制的，这对等位基因呈共显性关系。因此，该座位的三种基因型 MM、MN、NN 分别表现为三种不同血型：M、MN 和 N。假如某人群的 1788 人中有 397 人是 M 血型、861 人是 MN 血型、530 人是 N 血型，由于每个人都带有两个基因，即 MN 血型的人带有一个 M 基因和一个 N 基因、M 血型的人带有两个 M 基因、N 血型的人带有两个 N 基因，因此：

M 基因频率为：$(397\times2+861)\div(1788\times2)=0.4628$

N 基因频率为：$(530\times2+861)\div(1788\times2)=0.5372$

MM 基因型频率为：$397\div1788=0.2220$

MN 基因型频率为：$861\div1788=0.4815$

NN 基因型频率为：$530\div1788=0.2964$

鱼类也有血型，如鲱（*Clupea harengus*）、鳀（*Engraulis encrasicolus*）、鳕（*Gadus morhua*）、大眼金枪鱼（*Thunnus obesus*）、长鳍金枪鱼（*Thunnus alalunga*）、沙丁鱼、鳟等。金枪鱼还有 ABO 血型（Kirpichnikov，1981）。

基因频率是群体遗传组成的基本标志。不同群体，同一基因的频率往往不同。基因型频率虽然决定表型频率，但不等于表型的比率，因为有些等位基因有显隐关系，有的基因间还有相互作用。

第三节　群体遗传平衡定律

基因在群体内的遗传遵循孟德尔定律，英国数学家哈迪（Hardy）和德国医生温伯格（Weinberg）在 1908 年各自分别提出群体遗传的基本特征是：在一个随机交配（random mating）的无限大的群体中，如果没有突变、迁移、漂变和选择时，基因频率和基因型频率从上代到下代保持一致。如果不一致，只需一代的随机交配就可以达到一致。后人赞同他们的看法并将它称为哈迪-温伯格定律（Hardy-Weinberg law），又称遗传平衡定律（law of genetic equilibrium）。

为了说明哈迪-温伯格定律，设 p 和 q 分别表示等位基因 A 和 a 在群体内的基因频率，则 $p+q=1$。依据孟德尔的分离定律和自由组合定律，这对等位基因在随机交配的群体中，其上下代的遗传情况如表 1-7-1 所示。

表 1-7-1　随机交配中上下代的基因频率和基因型频率

雌性 / 子代 / 雄性	A（p）	a（q）
A（p）	AA（p^2）	Aa（pq）
a（q）	Aa（pq）	aa（q^2）

根据概率的相乘和相加定律，$p^2+2pq+q^2=1$，因此，A 基因在上下代遗传中的频率为

$$\frac{p^2+pq}{p^2+2pq+q^2}=\frac{p(p+q)}{(p+q)^2}=\frac{p\times 1}{1^2}=p$$

a 基因在上下代遗传中的频率为

$$\frac{q^2+pq}{p^2+2pq+q^2}=\frac{q(p+q)}{(p+q)^2}=\frac{q}{1}=q$$

AA 基因型在上下代遗传中的频率为：p^2；

aa 基因型在上下代遗传中的频率为：q^2；

Aa 基因型在上下代遗传中的频率为：$2pq$。

若群体的基因型频率暂时不平衡，设这对等位基因的最初基因型频率为 AA=0.20、Aa=0.30、aa=0.50，则初始时 A 基因的频率为 $p=0.20+0.15=0.35$，a 基因的频率为 $q=0.50+0.15=0.65$。经一代随机交配后，该群体的基因型频率和基因频率已达平衡，它们分别是

AA 基因型频率为：$p^2=0.35^2=0.1225$；

Aa 基因型频率为：$2pq=2\times0.35\times0.65=0.455$；

aa 基因型频率为：$q^2=0.65^2=0.4225$；

A 基因频率为：$p=0.1225+0.455\times0.5=0.35$；

a 基因频率为：$q=0.4225+0.455\times0.5=0.65$。

因此，哈迪-温伯格定律若只涉及一对等位基因 A-a 时，可以用数学式表达为

$$(p+q)^2=p^2+2pq+q^2$$

式中，p 和 q 分别表示一对等位基因 A 和 a 在群体中的基因频率，$p+q=1$；p^2 为基因型 AA 的频率；q^2 为基因型 aa 的频率；$2pq$ 为杂合体基因型 Aa 的频率，$p^2+2pq+q^2=1$。

如果群体内某一座位有 3 个等位基因（A、B、C），它们在群体内的基因频率分别为 p、q、r，则 $p+q+r=1$，因而哈迪-温伯格定律可扩展为

$$(p+q+r)^2=p^2\text{（AA）}+q^2\text{（BB）}+r^2\text{（CC）}+2pq\text{（AB）}+2pr\text{（AC）}+2qr\text{（BC）}=1$$

假定金枪鱼某一种群的血型 O、A 和 B 的基因频率 I^i、I^A 和 I^B 是 0.67、0.26 和 0.07，其中 I^A、I^B 是对 I^i 分别为显性，I^A 和 I^B 互为共显性，则该群体的血型遗传结构为

O 型血的基因型 I^iI^i 频率为：$0.67^2=0.4489$；

A 型血的基因型 I^AI^A 或 I^AI^i 频率为：$0.26^2+2\times0.26\times0.67=0.416$；

B 型血的基因型 I^BI^B 或 I^BI^i 频率为：$0.07^2+2\times0.07\times0.67=0.0987$；

AB 型血的基因型 I^AI^B 频率为：$2\times0.26\times0.07=0.0364$。

同理，当种群内某一座位上有 4 个等位基因（A、B、C、D）时，哈迪-温伯格定律可表达为

$$\begin{aligned}(p+q+r+s)^2=\ & p^2\text{（AA）}+q^2\text{（BB）}+r^2\text{（CC）}+s^2\text{（DD）}+2pq\text{（AB）}+2pr\text{（AC）}+2ps\text{（AD）}\\ & +2qr\text{（BC）}+2qs\text{（BD）}+2rs\text{（CD）}\\ =\ & 1\end{aligned}$$

由哈迪-温伯格定律推知，一个群体的某一特定基因（A）若达到遗传平衡状态，其基因频率（p）等于纯合体（AA）表型频率（p^2）的开平方，即

$$p\text{（A）}=\sqrt{p^2}$$

依据哈迪-温伯格定律，我们不但可以计算特定基因在特定群体的基因频率及其相应的基因型频率，还可以判定该群体（或种群）是否处于平衡状态。如果所观测的基因型频率与其相应的理论预期值没有统计学的差异（χ^2 检验），这个群体就处于平衡状态，否则为不平衡状态。

哈迪-温伯格定律所适用的不仅是随机交配的无限大群体，而且应该是一个没有突变、迁移、漂变和选择的群体。能同时满足这些条件的群体几乎不存在或很少。因为自然界也有非随机交配（non random mating）影响群体基因型频率的平衡，如近交（inbreeding）、远交（outbreeding）和选型交配（assortative mating）。况且突变、迁移、漂变和选择是存在的。因而，群体的基因频率和基因型频率的改变是经常发生的，并由此推动生物群体的进化。

第四节　影响群体基因频率变化的因素

影响群体或种群基因频率变化的因素很多，过程复杂，下面择其主要者给予说明。

一、突变（mutation）

突变对于群体有两大作用：一是可以使基因变为它的等位基因或新基因，经由个体发育（ontogeny）加入系统发育（phylogeny），从而影响群体的遗传结构和基因频率。二是为群体进化提供原材料。如果突变所产生的类型能更适应环境条件，就能生存得更好，繁衍更多的后代，逐渐取代原有的类型而成为新品种。如果新产生的类型和原有类型都能生存下去，那么不同类型就分布在它们最适宜的地域，成为地理亚种，如果新的类型不及原有类型就会被自然淘汰。所以，突变和自然选择的长期作用使生物群体得到发展，突变为群体进化提供物质基础，自然选择是生物群体进化的主要力量。

二、迁移（migration）

迁移是指个体或配子从一个群体或种群移进另一个群体或种群。同一物种的不同种群虽然有相对的稳定性，但是它们之间有时也会由迁移引起两个种群的基因流动，使种群的基因频率改变。群体间也是如此。

三、选择（selection）

选择分自然选择和人工选择。自然选择使那些具有较大适应能力的基因型留下较多的后代，并使群体或种群向着更加适应其生活环境的方向发展，从而使群体或种群的遗传结构和基因频率具有自然区域和气候的特点，甚至能使不同的群体或种群具有特有的稀少基因。例如，大量使用滴滴涕（DDT）毒杀家蝇，开始很有效，后来逐渐失效，似乎家蝇对 DDT 产生了抵抗力，形成能够遗传的抗 DDT 种群。其实，不是家蝇接触了 DDT 后定向突变为抗 DDT 品系，而是 DDT 对家蝇进行选择。在 DDT 作用下，大部分没有抵抗力的家蝇被毒杀，极少数有抵抗能力的个体得到保留和繁殖，提高了种群的抗 DDT 能力。刘祖洞 (1990）的研究表明，家蝇 DDT 抗性品系含有一种脱氯化氢酶（dehydrochlorinating enzyme），能使 DDT 转变为无毒的乙烯化合物 DDE。果蝇对 DDT 的抗性由多基因控制，这些基因分布在 X 染色体和 2、3 号染色体上。

自然群体中生物的自发变异和自然选择是群体进化的两个重要环节。变异随时随地不定向发生，环境对各种变异进行选择，适者生存，不适者淘汰，环境不同，适者不同，经历几十代甚至几万代的不断变异和选择，有益变异和中性变异得到积累、扩增和传播，不利的变异被抛弃，生物不但逐渐趋于与环境相适应，而且机体的形态、结构也逐渐趋于合理，个体间的差异逐渐发展成物种或种群的差异，生物由此从低级向高级进化。在选择下淘汰显性性状就能迅速改变群体的基因频率，淘汰隐性性状的基因频率变化速度较慢。人工选择会使基因频率和基因型频率沿着有利于人类的方向变化。自然选择对自然群体基因频率的影响很大，是改变自然群体遗传组成的主要力量。

四、隔离（isolation）

物种或种群可以因地壳变迁及人为拦河筑坝或移山填海等，被山、水、沙漠等地理屏障隔开，分成不同种群，阻断不同种群间的基因流动。水生生物则因此生活在不同的河流、湖泊、海洋或水域。这些被分隔的种群将接受自然选择，逐渐适应不同的生活环境，遗传结构发生分化，形成独特的基因频率或基因。隔离的时间越长，自然选择和变异作用的时间也越长，基因及其频率的变化也将越大。当这种变化大到使种群间的生殖结构、生殖行为、生殖习性有所不同时，便会产生生殖隔离，向着新种的方向进化，从一个群体分化出两个或两个以上的种。新种形成的主要原因是隔离的形成，隔离使群体在自然选择下独立分化，走着不同的进化路线，产生不同的表型，进而形成新种的特征。肖武汉和张亚平（2000）对银鲴 4 个自然群体 mtDNA 的 RFLP 分析表明，地理分隔在银鲴物种形成过程起着很重要的作用。

Misamore 和 Browdy（1997）将业已存在的种间隔离机制分为 5 种：①配子形成前的隔离（prezygotic barries），包括生态隔离（ecological isolation）、地理隔离（geographical isolation）和时间隔离（temporal isolation，如不同的交配季节）；②行为隔离（behavioral isolation），如不亲和求爱（incompatible courtship）；③机械隔离（mechanical isolation），如生殖器官不亲和（incompatible genitalia）；④配子隔离（gametic isolation），如配子不亲和（incompatible gamete）；⑤配子形成后的种间隔离（postzygotic isolation mechanism），包括杂种不活（hybrid inviability）、杂种不育（hybrid sterility）、杂种衰竭（hybrid breakdown）。

一般认为地理隔离可以造成生态隔离和交配季节的时间隔离，伴随着这些隔离，可遗传的变异及自然选择发挥了重要作用，进而造成行为隔离、配子隔离。

五、群体的有效大小（effective size of population）

群体的大小是影响自身遗传变异的重要因素。群体越大，不但所容纳的变异越多，而且所获得的变异丧失越慢，遗传多样性也越大。群体或种群遗传的有效大小（Ne）与雌、雄亲本的数目有关，可表示为

$$\mathrm{Ne}=\frac{4\left(N_{\text{雄}}\times N_{\text{雌}}\right)}{N_{\text{雄}}+N_{\text{雌}}}$$

式中，$N_{\text{雄}}$为雄性亲本数；$N_{\text{雌}}$为雌性亲本数。

由公式可知，在一定大小的群体内，当雌、雄性别比例为 1∶1 时，有效群体最大；单性养殖时，有效群体最小。

有效群体大，基因库大，近交程度小，杂合度高；有效群体小，近交程度大，容易造成杂合体缺失，出现不利的变异，使一些数量性状变差，导致群体或种群退化。人工繁殖所选用的

随机交配的亲本数目若太少，会引起养殖群体基因频率发生遗传漂变，使低频率基因丢失。已有关于牡蛎和鲍等贝类的相关报道（张国范和郑怀平，2009）。

六、遗传瓶颈（genetic bottleneck）

遗传瓶颈是指群体内个体数量突然而剧烈地减少，只保留小部分，如同只保留位于瓶颈上的一小部分。瓶颈使群体的总变异量减少。瓶颈的影响程度取决于原始种群的遗传多样性、瓶颈大小及个体选择的随机程度。农药的滥用、传染病的发生、生态的破坏、环境的污染、人工选择或引种等，都可使群体发生遗传瓶颈。

经过一次瓶颈后，数量性状变异的保留比例约为 $1-(1/2N)$（Frankel and Soulé，1981），其中 N 为存留个体数。可见存留数的多少对变异保留情况影响极大。如果发生一次瓶颈后，保留 10 尾鱼，那么可保留的遗传变异约为 $1-[1/(10\times2)]=95\%$。据李思发（1990）报道，美国奥本大学所养的奥利亚罗非鱼（*Tilapia aurea*）是由从以色列引入的约 30 尾鱼繁衍的后代。经过这次瓶颈，群体变异丧失 1.67%。我国目前大量养殖的奥利亚罗非鱼，又是由 1983 年从奥本大学引入的 33 尾鱼繁殖起来的。经过后一次瓶颈，群体变异又丧失了 1.67%。通过这两次瓶颈，原来的变异保留了 96.7%（李思发，1990）。应特别指出的是，瓶颈容易造成稀有基因的丧失，尤其是那些基因频率在 5% 以下的等位基因，从而严重影响种群内的多样性。假定某一位点有 6 个等位基因，它们的频率分别为 0.90、0.02、0.02、0.02、0.02 和 0.02，若瓶颈一次后 $N=10$，则该位点平均至少失去 3 个等位基因，大大减少了多态位点。人工繁殖的水生生物，若孵化率或存活率低下，也会产生瓶颈作用（Sbordoni et al.，1986；Allendorf and Phelps，1980），因为它使遗传变异大大减少。Sbordoni 等（1987）报道，将日本对虾引入意大利后，在连续 7 代的人工孵化后的瓶颈作用导致杂合度从 0.102 降到 0.036。

七、遗传漂变（genetic drift）

遗传漂变是指一个有限群体中一代又一代的个体随机选留和个体之间随机交配引起的基因频率的随机变化，可导致变异的不断丧失。遗传漂变可以是自然界（如地震、水灾等）引起的或是人为引起的。例如，鲤鱼的散鳞和全鳞是一对等位基因，全鳞对散鳞为显性，在一个种群中，全鳞基因频率为 0.99，散鳞基因频率为 0.01。按哈迪-温伯格定律，该群体中，对每尾鱼而言，显性纯合体的概率为 $0.99^2=0.9801$，杂合体的概率为 $2\times0.01\times0.99=0.0198$，隐性纯合体的概率为 $0.01^2=0.0001$。我们从这个群体中任取两尾（一雌一雄）做种。这两尾都是显性纯合体的概率为 0.9801^2，由这两尾繁衍的后代，散鳞基因频率降为 0，全鳞基因频率升为 1，散鳞基因从这个新形成的鱼群中消失；同理，这两尾同是杂合体的概率为 0.0198^2，由这两尾建立起来的群体，全鳞基因频率降为 0.5，散鳞基因频率升为 0.5；另一种可能是一尾亲本为显性纯合体（概率 0.9801），另一尾亲本为杂合体（概率为 0.0198），这种可能性为 $2\times0.9801\times0.0198$，由这两尾鱼繁殖起来的鱼群，全鳞基因频率为0.75，散鳞基因频率为0.25；也有一种可能，两尾都是隐性纯合体（散鳞），这种可能为0.0001^2，由它们建立的鱼群，散鳞基因频率升到1，全鳞基因频率降为0，全鳞基因从这个鱼群中消失。可见，随机选留和随机交配所引起的遗传漂变是显而易见的。来自同一群体的子群体，基因频率可能各不相同，也可能不同于原来的群体。现实生产中，这种遗传漂变是经常发生的，如人工繁殖、引种、选种、分群等。

一个群体中用来繁殖后代的个体数目越少，遗传漂变就越大。根据 Frankel 和 Soulé（1981）研究，遗传漂变所造成的遗传变异的保留（*D*）可表示为

$$D=(1-\frac{1}{2Ne})^t$$

式中，Ne 为群体的有效大小；*t* 为繁殖的世代数。

图1-7-1表示了不同有效群体的遗传漂变情况。由图可知，群体越小，漂变经历的世代越多，变异的损失越大。例如，一个含有10尾鱼的群体10代后保存的变异为原来的60%，而100尾鱼的群体保存了原来变异的95%，100代后为60.6%。

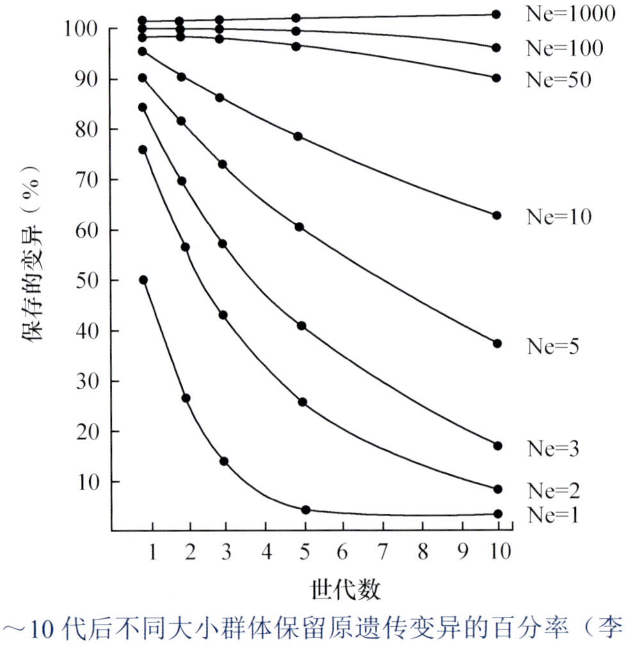

图 1-7-1　1～10 代后不同大小群体保留原遗传变异的百分率（李思发，1990）

八、生态环境（ecological environment）

不同生态环境对同一物种不同种群往往产生不同的影响，因为环境对水生生物的生活力、存活率、生殖力、生长情况等影响很大，生物能通过适应、变异和自然选择，使其表型、基因型和基因频率产生变异，在生理和生态环境非常恶劣的情况下更是如此（Parsons，1986，1988）。Benzie 等（1992）研究了澳大利亚西部、北部和东部沿海的7个不同种群斑节对虾，发现不同地理种群遗传相似性很大，但在谷丙转氨酶（GPT）、磷酸葡萄糖变位酶（PGM）和甘露糖-6-磷酸异构酶（MPI）同工酶位点有着明显的遗传差异，而且这种差异自东向西不

断减少，多态位点、每一位点的等位基因数和稀少等位基因数也自东向西减少。鱼类也是如此，不同生态环境对同一物种鱼的一些外部形态也有影响。例如，美洲红点鲑（*Salvelinus fontinalis*）的深水类群与沿岸类群相比，深水类群的背鳍较短而背鳍之后的体长较长（Dynes et al.，1999）。据报道，北极红点鲑酯酶基因的频率随着该群体自北向南分布，由 0.17 增至 1.00；美洲的大西洋沿岸北部克氏亚口鱼（*Catostomus clarkii*）的 Est^{a} 等位基因的频率为 0.18，而在南部沿岸为 1.00（张兴忠等，1988）。可见，生态环境的改变也会导致种群遗传结构和基因频率的改变。

第五节　群体遗传的多样性

群体的遗传结构是群体的主要特征，取决于它所包含的遗传物质（如基因种类及频率）。分析群体的结构是认识生物资源、保护种质资源和生态环境必不可少的工作。

海洋生物同其他生物一样，经过长期的进化，在群体内形成了种种多态现象。

群体的遗传多态性（genetic polymorphism）是变异多样性的证据，也是生物进一步演化的物质基础。二倍体个体只有两套染色体，因而仅拥有群体中等位基因的一个或两个。个体所具有的等位基因相同时，该位点处于纯合状态（homozygous）；当该位点有不同等位基因存在时，就称为杂合体（heterozygote）。位于性染色体非同源部分的基因，没有其等位基因。

物种的遗传多样性可以从形态特征、细胞学特征、生理生化特征及 DNA 序列特征等不同层次来标记区别。现将这些多态现象按其差异的观测水准及标记归纳为 4 种。

一、外部形态的多样性及其检测方法

物种虽然有其外部形态的共同性，但是不同的种群在长期进化过程中受地理变化和自然条件的影响，演化出不同的可遗传的外部形态，这就是形态的多态（多样）性。

外部形态多样的检测可以借助分类学性状标准，也可借助肉眼可辨别或测量的性状，关键是以什么性状作参照进行比对。有些外部形态特征是遗传因子和环境因子相互作用的结果，研究者广泛应用多元分析和聚类分析方法研究水生生物群体形态差异（丁金强等，2012），探讨生物多样性及种群或物种分化的情况。

海湾扇贝（*Argopecten irradians*）亚种左枚贝壳的外部壳色呈多样性，壳色可分为橙色、棕色、黄色、紫色、黑色、灰色和白色等多种类型（张国范和郑怀平，2009）。

黄良敏等（2006）运用形态学和 RAPD 等方法对舟山岱衢族大黄鱼和连江闽粤东族大黄鱼养殖群体的遗传多样性进行了研究。结果显示，两养殖群体之间的差异并未达到亚种水平，但在全长/体长、体长/体高、口裂长/头长、眼径/头长和肥满度 5 个指标上存在显著差异，其中在全长/体长、口裂长/头长、眼径/头长和肥满度4个指标上的差异达到极显著水平，两养殖群体属于不同地理种群；所检测的闽粤东族养殖群体的遗传相似系数为0.923～0.987，平均0.962，遗传差异度为0.0381；岱衢族养殖群体的遗传相似系数为0.874～0.982，平均0.949，遗传差异度为0.061。两养殖群体之间的遗传距离为0.0051，遗传多样性水平都较低，而其亲缘关系比较密切。

高保全等（2007）对鸭绿江口、莱州湾、海州湾、舟山4个野生群体的三疣梭子蟹（*Portunus trituberculatus*）14项生物学外部形态性状进行了测量，采用多元分析方法对其进行比较分析。聚类分析结果表明，海州湾、舟山2个群体形态最为接近，鸭绿江口和莱州湾2个群体形态较为接近。对样本所属群体进行判别分析，4个群体雌蟹的综合判别率为87.0%，其中海州湾最低，为80.0%；莱州湾最高，为92%。4个群体雄蟹的综合判别率为80.8%，其中海州湾最低，为72.0%；鸭绿江口最高，为96%。该研究还建立4个群体各自的判别函数公式。并通过对14项形态比例参数进行单因素方差分析，找到了4个群体间存在显著差异的形态比例参数。3种分析结果均认为，4个群体三疣梭子蟹在形态上已产生一定程度的差异，但所有的差异均未达到亚种水平，需要多项参数综合判别才能将4个群体的三疣梭子蟹区分开。

蔡晓鹏等（2010）应用多元分析方法，采用体重和10个形态性状为指标，对中国沿海陵水、北海、惠来、诏安、厦门5个地理群体的日本囊对虾（*Marsupenaeus japonicus*）进行了比较分析。结果表明，日本囊对虾雌雄个体间形态差异显著（$P<0.05$），而同一性别不同地理群体间的形态以陵水、北海群体间较为相近，厦门、诏安群体间较为相近，但各地理群体间差异不显著（$P>0.05$）。雌性个体的体长、头胸甲宽和雄性个体的体长、第六腹节宽分别与体重的相关系数达到了极显著水平（$P<0.01$）。

丁金强等（2012）采用聚类分析、主成分分析等多元分析方法，以体重和12个形态性状为指标，对分别采自大连、莱州湾、海州湾和象山湾的4个日本蟳（*Charybdis japonica*）地理群体进行比较分析。结果表明，莱州湾群体和大连群体间的遗传距离最小，象山湾群体与莱州湾群体间的遗传距离最大。主成分分析显示，4个群体雌蟹的前5个主成分差异贡献主要集中在大螯相关指标和甲长，累积贡献率为74.021%，群体间的差异受大螯和甲长相关参数的影响最大，而雄蟹前5个主成分的累积贡献率为73.212%，群体间的差异主要表现在第一侧齿和第一步足方面，主成分散点图的结果与聚类分析结果一致。研究结果表明，不同地区日本蟳群体间已经产生了一定程度的形态差异，但这些差异尚未达到亚种水平。

鲤鱼就体形而言有长体形和短体形两种，如长江野鲤、玻璃红鲤、锦鲤、兴国红鲤属长体形，荷包红鲤属短体形；就体色而言又可分为红色和青灰色两种，荷包红鲤、兴国红鲤和玻璃红鲤呈红色，元江鲤、建鲤呈青灰色，但玻璃红鲤在幼鱼阶段全身透明，内脏清晰可见，幼鱼和成鱼呈肉红色，眼球呈深紫红色，锦鲤色彩多种多样，有红、黑、白、蓝、黄等。肉质肉量也有差异，张建森等（1997）的研究表明，建鲤、荷包红鲤、元江鲤、荷元鲤的空壳率分别为

79.8%、60.2%、76.3%、77.6%，含肉率分别为 75.7%、54.8%、71.2%、72.1%，荷包红鲤和玻璃红鲤的蛋白质、脂肪含量高于兴国红鲤和长江野鲤。李思发（1990）对珠江、长江和黑龙江水系鲢鱼的研究发现，鲢鱼侧线鳞数目有自南向北增多的规律。他把长江与珠江水系的鲢鱼放在同一池塘饲养到成鱼，其侧线鳞仍与江河中的天然鱼一样，可见不同种群的差异是存在的，而且可以遗传给它们的后代。

二、染色体多样性及其检测方法

分类学上为同种的不同种群或同一种群的不同个体，染色体数目和形态也可能不同，呈现多样性。本书第一篇第一章第六节“染色体的多样性”已详述。

染色体多样性的检测方法和判定标准是核型分析或染色体的带型分析。核型分析包括染色体数目、结构、随体有无、着丝粒位置等。染色体带型分析分为 Q 带、G 带、N 带、C 带、R 带、T 带、NOR 带、Cd 带、RBG 带、RE 带等显带法。

王德祥等（2006）报道，分布于浙江海域的岱衢族大黄鱼的染色体核型为 $2n$=48=6m+6sm+36t，NF=60，分布于福建海域的闽粤东族大黄鱼的染色体核型为 $2n$=48=6st+42t，NF=48。张闰生等（1990）报道了我国 4 个地理品系卤虫的染色体都有二倍体（$2n$=42）、四倍体（$4n$=84）、五倍体（$5n$=105），在整倍体的卤虫种群中广泛存在着非整倍体卤虫。卤虫染色体组成呈多样性。其中，海南同一海域的卤虫有二倍体，占 8%；四倍体，占 17.7%；五倍体，占 18.3%；染色体数的波动为 16～111。

三、蛋白质多样性及其检测方法

蛋白质（包括酶）是基因的产物，特定蛋白质在群体内的存在与否及在个体间分布差异的大小可以反映群体的遗传情况。20 世纪 20 年代以来，人们大量采用电泳技术（electrophoretic method）来研究群体的生理生化遗传结构，揭示群体的蛋白质多态（多样）性（protein polymorphism）。

蛋白质多样性的检测方法主要有同工酶分析和等位酶分析。

（一）同工酶分析

已知有些酶能催化相同的生化反应，即催化功能相同，但其一级结构（氨基酸顺序）和其他特性（如理化性质和生理功能）有差异，这类酶称为同工酶（isozyme 或 isoenzyme）。同工酶的多种形式完全由基因决定，是由等位基因或不同基因位点编码的多肽链单体、纯聚体或杂聚体。当各同工酶受同一基因位点的复等位基因控制时，该同工酶则称等位酶（allozyme）。同工酶是新陈代谢的调节者，与特殊的生理功能和细胞分化有关，它们的发生与基因的进化及物种的演化情况相联系，因此同工酶表现出明显的组织、种属和发育的特异性，不仅是生理生化指标，而且是可靠的遗传标志。它们在群体内的多态现象可反映群体的遗传结构和变异情况。

同工酶几乎存在于所有生物中，根据同工酶来源和结构的不同，从遗传学的角度可将它分为 4 类：①单基因决定的同工酶；②多基因决定的同工酶；③复等位基因决定的同工酶；④修饰同工酶或次生同工酶。

被详细研究的同工酶已有几百种（周延清等，2008），具体运用于植物、动物、微生物等方面，其中已确定的同工酶有淀粉酶、酸性磷酸酶、醇脱氢酶、过氧化氢酶、过氧化物酶、儿茶酚氧化酶、肽链内切酶、酯酶、谷氨酸脱氢酶、天冬氨酸氨基转移酶、肽酶、苹果酸脱氢酶、氨肽酶等，共 100 多种，常用的有 40 多种。

海洋生物中，与编码蛋白质有关的基因位点的等位基因在一般情况下是共显性的，其遗传遵循孟德尔定律，杂合体容易与纯合体区分。

有的蛋白质由单体（monomer）构成，即一个基因决定一种蛋白质或酶，如淀粉酶（amylase）、己糖激酶（hexokinase）、磷酸葡萄糖变位酶（phosphoglucomutase）及大部分酯酶（esterase）等，电泳可分析出这种基因在群体或种群中的杂合程度，将纯合体和杂合体区分开，并能从电泳的酶谱分析中算出群体或种群内基因频率和基因型频率。因为每个基因的纯合体仅有一条反映该基因的蛋白质谱带对应其基因型（AA 或 aa）。如果等位基因的纯合子（AA 或 aa）所对应的蛋白质产物电荷不同，那么这两种纯合体的蛋白质谱带虽然位置不同，但只有各自一条。杂合体（Aa）的电泳结果将显示出两条蛋白质谱带，位于两种不同纯合体个体（AA 和 aa）的对应位置，但染色强度较弱（图 1-7-2a）。

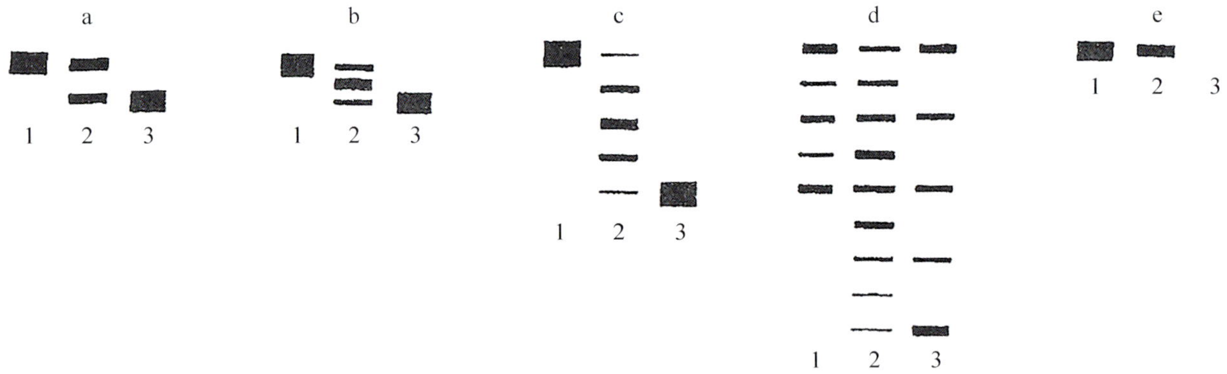

图 1-7-2　蛋白质电泳图谱的主要类型

a. 单体蛋白；b. 二聚体蛋白；c. 四聚体蛋白；d. 具有两个非等位基因的四聚体；e. 零等位基因的谱带

有些蛋白质由二聚体（dimer）构成，即一个基因决定一条多肽，两条多肽构成一种蛋白质或酶，如醇脱氢酶（alcohol dehydrogenase）、甘油-3-磷酸脱氢酶（glycerol-3-phosphate dehydrogenase）、异柠檬酸脱氢酶（isocitrate dehydrogenase）、超氧化物歧化酶（superoxide dismutase）、苹果酸脱氢酶（malate dehydrogenase）及一小部分酯酶（esterase）等。这类蛋白质的纯合体有两种只有一条谱带的酶带，其杂合体除了拥有两种只有一条谱带的纯合体（AA、 aa）的酶带外，还有一条位于两种纯合体谱带之间的酶带，称为杂合体带（图 1-7-2b）。当两条多肽分别由非等位基因决定时，不同基因型的杂合体（如 AABb、AaBb、AaBB）电泳后谱带也有所不同，但每一个体仍有三条谱带，只是一条杂合体区带的迁移率可能不同。因此，在群体中可相应地出现 5 条杂合体酶带。

有些蛋白质或酶由四聚体（tetramer）构成，即由 4 条多肽构成一种蛋白质。某一基因位点纯合体的谱带若只有一条酶带，杂合体就会因为 4 条多肽的来源不同而复杂化。若纯合体的 4 条多肽均由同一基因型（AA 或 aa）产生，则其相应的蛋白质结构可表示为 AAAA 或 aaaa；杂合体（Aa）的蛋白质或酶谱带有 5 种：AAAA、AAAa、AAaa、Aaaa、aaaa，其中有 3 种蛋白质（或酶）带是杂合带：AAAa、AAaa、Aaaa（图 1-7-2c）。若 4 条多肽是由两对非等位基因编码，如乳酸脱氢酶（lactate dehydrogenase），则纯合个体（AABB）本身就有 5 种同工酶（AAAA、AAAB、AABB、ABBB、BBBB）。若有一个基因处于杂合状态，则有 15 种同工酶。在双杂合条件下，可形成 35 种同工酶。由于一些同工酶的电荷相近，加上方法和观测分辨率的限制，电泳实际上能分离出的酶谱带数要比理论值少（图 1-7-2d）。

有些等位基因不表达，没有蛋白质产物或该产物没有活性或不能测出时，该基因处于纯合时，就没有蛋白质谱带，因此该基因被称为无效等位基因（null allele）或沉默基因（silent gene）。但是，其等位基因（A）的纯合体（AA）有一条谱带；其杂合体（Aa）也有一条谱带，但着色较浅，带形较窄（图 1-7-2e）。

可见，特定蛋白质（或同工酶）可作为等位基因的标记，人们可以借助电泳技术判读基因型，并获得群体的基因型频率及其遗传参数，对群体的遗传多态性进行定量和定性分析。

转铁蛋白是血浆中主要的含铁蛋白质，负责运载由消化管吸收的铁和由红细胞降解释放的铁，在血红蛋白合成时必不可少。转铁蛋白是单体蛋白，分子量约为76 000。转铁蛋白基因（*Tf*）的等位基因在鱼类中有 2～10 个，常为 3～4 个。等位基因间彼此为共显性关系，基因的遗传完全遵循孟德尔定律。一般来说，纯合子个体，电泳图谱仅呈一条谱带，杂合子呈两条谱带。鲤鱼的转铁蛋白基因座位有 4 个复等位基因：A、B、C、D。因此，鲤鱼群体中与转铁蛋白有关的基因型有 10 种：AA、BB、CC、DD、AB、AC、AD、BC、BD、CD，其相应的蛋白质电泳图像也有 10 种组合（虽然只有 4 种酶带与 A、B、C、D 基因相对应）。其遗传方式如下：

CC×AB → 1/2AC+1/2BC；

AD×AD → 1/4AA+1/2AD+1/4DD；

AB×CD → 1/4AC+1/4AD+1/4BC+1/4BD。

如果从某海域随机取 119 尾大黄鱼样本，经电泳分析，其转铁蛋白的基因型为：AA，34 尾；BB，10 尾；CC，10 尾；DD，1 尾；AB，21 尾；AC，30 尾；AD，4 尾；BC，5 尾；BD，2 尾；CD，2 尾，则该大黄鱼群体的基因频率可以推算为

P（A）=(34×2+21+30+4)÷(119×2)=0.5168

P（B）=(10×2+21+5+2)÷(119×2)=0.2017

P（C）=(10×2+30+5+2)÷(119×2)=0.2395

P（D）=(1×2+4+2+2)÷(119×2)=0.0420

为了电泳谱带的统计学分析，人们将电泳条带在群体中出现最多的位点定为等位基因泳动的距离，用 100 表示其迁移率，位于起点和等位基因之间及超过等位基因位点的条带定为其等位基因或杂合体的条带，用大于 0、小于 100 或大于 100 的一定值来表示，该值是以等位基因为 100 的相对迁移率来折算和确定的。例如，位于起点与等位基因 100 中点的等位基因为 50，超过等位基因 100 迁移率 10% 的定为 110。

（二）等位酶分析

等位酶（allozyme）是同一基因位点不同等位基因所编码的一种酶的不同形式，使用等位酶标记的一个最基本的根据就是：酶在电场中移动性的改变反映了编码 DNA 顺序上的改变，所以酶谱类型是遗传的，并且大多数酶的不同形式都是显性的，即一个基因位点上的两个或多个等位基因都是能表达的，由它们编码的多肽链所构成的酶，经过组织化学染色后，在凝胶上作为酶基因的表型都能显示出色带。

通常选来进行遗传学分析的等位酶都是单体酶、二聚体酶或四聚体酶。由于蛋白质的四级结构在进化过程中是比较保守的，构成酶的亚基数目一般不会改变，每个酶基因位点的不同等位基因所产生的多肽链可以分别作为一个单体自由组合，它们组合成的酶蛋白的表型即酶谱在减数分裂后形成配子体时的分离情况是完全遵循孟德尔定律的。

等位酶概念及其酶谱分析和遗传学的计算均不同于同工酶。等位酶是稳定的、可靠的生化遗传标记之一，具有等显性表达和多态性的特点，因而等位酶电泳技术被广泛用于调查和评估水产种质资源的遗传结构、遗传多样性、种群及种间遗传鉴定、遗传连锁图的构建，目前该技术已应用于锯缘青蟹（Li et al.，2004）、4 种对虾（Li and Wu，2003；Zhang et al.，2009，2012；Zhao et al.，2009）和 10 种鲍的研究（黎中宝，2006；Li et al.，2004，2006，2009）。

陈锦等（2010）采用等位酶技术对福建宁德、连江及莆田的野生及养殖共 4 个大黄鱼群体的遗传多样性及分化进行了研究，比较大黄鱼野生群体与养殖群体的遗传结构。结果表明，4 个大黄鱼群体的平均每位点有效等位基因数为 1.1250～1.1293，多态位点百分数为 12.50%～18.75%，观察杂合度为 0.1250，期望杂合度为 0.0636～0.0677。湄洲湾野生群体的遗传多样性高于养殖群体。4 个大黄鱼群体间的遗传分化程度很低，4 个大黄鱼群体间遗传距离在 0.0000～0.0001，平均遗传距离为 0.0005，遗传分化系数（F_{st}=0.0004）低，基因流大（N_m=609.6667）。对养殖大黄鱼进行同工酶和 RAPD 研究的还有不少学者（全成干等，1999；王军等，2001a，2001b；李明云等，2003a）。

四、基因组序列的多样性及其检测方法

真核生物 DNA 中，大约只有 10% 编码蛋白质。蛋白质中多数氨基酸的替换能引起电荷的变化，因此许多蛋白质的变化可以通过电泳发现。但并不是所有氨基酸替换都能使蛋白质分子电荷起变化，并受遗传密码简并性的影响，电泳所能揭示的遗传变异只是全部基因变异的一小部分。

分子生物学揭示，群体存在 DNA 序列多态性（DNA sequence polymorphism），这种多态性一般分为两类：一类是序列多态性（sequence polymorphism），如人白细胞抗原复合体基因、线粒体 DNA 的多态性；另一类是长度多态性（length polymorphism），如发生在基因内一些可变数目的串联重复（variable number of tandem repeat）位点的多态性。

人们采用 DNA 分子标记（DNA molecular marker）方法检测基因组序列多样性。现在得以应用的 DNA 分子标记技术很多，大致可分为五大类（周延清等，2008）。

（1）以 DNA 印迹为基础的分子标记技术

A. 限制性片段长度多态性（restriction fragment length polymorphism，RFLP）标记

B. 单链构象多态性 RFLP（single strand conformation polymorphism RFLP，SSCP-RFLP）标记

C. 变性梯度凝胶电泳 RFLP（denaturing gradient gel electrophoresis RFLP，DGGE-RFLP）标记

D. 原位杂交（*in situ* hybridization）

（2）以 PCR 为基础的分子标记技术

A. 随机扩增多态性 DNA（randomly amplified polymorphic DNA，RAPD）标记

B. 序列标签位点（sequence tagged site，STS）标记

C. 序列特征化扩增区域（sequence charactered amplified region，SCAR）标记

D. 随机引物 PCR（random primer PCR，RP-PCR）标记

E. 任意引物 PCR（arbitrary primer PCR，AP-PCR）标记

F. 寡核苷酸引物 PCR（oligo primer PCR，OP-PCR）标记

G. 单链构象多态性 PCR（ single strand conformation polymorphism PCR，SSCP-PCR）标记

H. 小寡核苷酸 DNA 分析（small oligo DNA analysis，SODA）

I. DNA 扩增指纹（DNA amplification fingerprinting，DAF）标记

J. 扩增片段长度多态性（amplified fragment length polymorphism，AFLP）标记

K. 相关序列扩增多态性（sequence-related amplified polymorphism，SRAP）标记

L. 靶位区域扩增多态性（target region amplified polymorphism，TRAP）标记

M. 插入/缺失多态性（insertion/deletion polymorphism，Indel 或 I/D）标记

（3）以重复序列为基础的标记技术

A. 卫星 DNA（satellite DNA）标记：重复单位为几十至几千碱基对

B. 微卫星 DNA（microsatellite DNA）标记：重复单位为 1～10bp

C. 小卫星 DNA（minisatellite DNA）标记：重复单位大于 5bp

D. 简单序列重复（simple sequence repeat，SSR）标记，即微卫星 DNA 标记或简单序列长度多态性（simple sequence length polymorphism，SSLP）标记

E. 短重复序列（short repeat sequence，SRS）标记

F. 串联重复序列（tandem repeat sequence，TRS）标记

（4）以 mRNA 为基础的分子标记技术

A. 差异显示（differential display，DD）

B. 反转录 PCR（reverse transcription PCR，RT-PCR）标记

C. 差异显示反转录 PCR（differential display reverse transcription PCR，DDRT-PCR）标记

D. 代表性差异分析（representative difference analysis，RDA）

E. 表达序列标签（expressed sequence tag，EST）

F. 序列标签位点（sequence tagged site，STS）标记

G. 基因表达系列分析（serial analysis of gene expression，SAGE）

（5）以单核苷酸多态性为基础的分子标记技术

单核苷酸多态性（single nucleotide polymorphism，SNP）标记

五、遗传多样性的评估和分析方法

群体基因组多样性和遗传结构的表达与分析除经常涉及前述的基因频率、遗传平衡、有效群体，还常含有如下参数。

杂合度（杂合性） 群体中每一基因位点的杂合度（proportion of heterozygote in the population）可依据哈迪-温伯格定律推算为

$$H = 1 - \sum X_i^2$$

式中，H 为杂合度；X_i^2 为每个等位基因的频率。

多态位点的平均比例 群体内基因变异的情况通常用多态位点的平均比例（mean proportion of polymorphic loci）来表示，可表达为

$$P=\text{多态位点数}/\text{总位点数}$$

群体内等位基因的相对数量通常可以说明群体的杂合度（heterozygosity），因此群体各位

点的平均杂合度（mean heterozygosity per locus）可计算为

$$H=\left[\sum\left(1-\sum X_i^{\,2}\right)\right]/n$$

式中，H 为群体杂合度，是度量群体遗传多样性的指标；X_i^2 为等位基因的频率；$1-\sum X_i^2$ 为一个基因座位的杂合度；$\sum\left(1-\sum X_i^2\right)$ 为 n 个座位上杂合度的积加；n 为所测定基因位点数。

表 1-7-2 列出了一些鱼类群体的杂合度，它可以说明这些群体中蛋白质位点的变异程度。

表 1-7-2 部分鱼类蛋白质位点的变异情况（张兴忠等，1988）

科	种	已研究的位点数	多态位点数（%）	平均杂合度（%）
鲱科 Clupeidae	*Clupea harengus*	33	33.3	11.3
胡瓜鱼科 Osmeridae	*Hypomesus olidus*	28	35.6	11.3
鲑科 Salmonidae	*Salmo salar*	15～30	20.0	2.4
	Salmo gairdncri	30	50.0	6.0
	Oncorhynchus keta	30～46	10.9～18.0	2.4～4.5
	Oncorhynchus nerka	30	13.6～15.4	1.8～4.6
	Oncorhynchus gorbuscha	30	15.2～17.1	2.9～3.9
鲤科 Cyprinidae	*Rhinichthys cataractae*	21	15.0	5.4
鳉科 Cyprinodontidae	*Fundulus heteroclitus*	25	56.0	18.0
花鳉科 Poeciliidae	*Poecilia reticulata*	16	25.0	10.4
鳕科 Gadidae	*Gadus morhua*	15	30.0	8.0
绵鳚科 Zoarcidae	*Zoarces viviparus*	32	28.0～31.0	8.0～10.0
虾虎鱼科 Gobiidae	*Bathygobius ramosus*	23	—	0.5
	Gillichthys mirabilis	29	—	4.6
胎鳚科 Clinidae	*Gibbonsia metzi*	28	—	4.3
鲽科 Pleuronectidae	*Pleuronectes platessa*	46	47.8	10.2
	Platichthys stellatus	32	56.0	9.7
	Kareius bicoloratus	32	25.0	8.9
鲻科 Mugilidae	*Mugil cephalus*	30	—	7.1
银汉鱼科 Atherinidae	*Leuresthes tenuis*	33	—	3.6

注：“—”表示无数据

一般认为，杂合度与生长相关，可作为群体生长势（生产性能）的遗传标记（张国范和张福绥，1993，1995），人们可以通过提高群体中具较高杂合度的个体的比例来提高养殖或放流群体的生产性能。

喻子牛等（1997）采用水平淀粉凝胶电泳研究了山东荣成、青岛及浙江温州 3 个泥蚶群体等位酶的多态位点，比例分别为 37.00%、40.70% 和 48.15%，平均杂合度分别为 0.062±0.031、0.068±0.026 和 0.097±0.034，平均每位点有效等位基因数分别为 1.409±0.275、1.301±0.142 和 1.407±0.192。

翁朝红等（2011）应用等位酶技术对福建漳浦、连江及浙江温州 3 个地理群体的中国鲎遗传多态性进行了分析。结果显示，中国鲎的遗传多样性较高，其遗传差异主要存在于群体内；这 3 个中国鲎群体间遗传分化程度较低；基因流平均为 5.0120，表明群体间存在较大的基因交流。由此认为 3 个群体属于同一个繁殖群体。

张喜昌等（2002）利用等位酶技术研究了大连沿岸不同生态环境条件下的 4 个海湾扇贝养殖群体的遗传多样性。这 4 个群体的 7 种等位酶的多态位点比例分别为 22.73%、22.73%、22.73%、18.18%（$P \leqslant 0.95$）；闭壳肌蛋白多态位点比例分别为 27.27%、27.27%、31.82%、36.36%（$P \leqslant 0.99$）；杂合度观测值分别为 0.064、0.071、0.075、0.069；哈迪-温伯格平衡偏离指数分别为−0.068、−0.020、−0.032、−0.050；近交系数分别为 0.568、0.565、0.487、0.550；每位点有效等位基因数分别为 1.102、1.109、1.143、1.122；遗传变异综合评价指数分别为 0.0060、0.0071、0.0088、0.0073。海湾扇贝养殖群体遗传多样性总体水平较低。

全成干等（1999）对大黄鱼养殖群体的 9 种同工酶 15 个基因进行了多态性分析。结果表明，多态位点的比例为 0.067，平均杂合度为 0.013，有效等位基因数为 1.067，遗传多样性偏低。

王可玲等（1994）采用电泳技术分析中国近海带鱼种群的 11 种同工酶后，认定中国带鱼有 3 个不同的种和 8 个种群。

经蛋白质电泳分析，一些甲壳动物中呈孟德尔式遗传的同工酶基因的等位基因数和杂合度列于表 1-7-3。

表 1-7-3　部分甲壳动物同工酶的变异和表型情况（改自 Hedgecock et al.，1982）

同工酶		结构	种名	杂合度	等位基因位点
全称	符号				
碱性磷酸酶	ALP-2	二聚体	*Daphnia magna*	0.50	2
			Astacus leptodactylus	0.40	3
淀粉酶	AMY	单体	*Asellus aquaticus*	0.49	2
			Palaemonetes varians	0.36	4

续表

同工酶		结构	种名	杂合度	等位基因位点
全称	符号				
酯酶	EST-1	单体	*Daphnia magna*	0.62	3
			Chthamalus stellatus	0.82	6
			Chthamalus depressus	0.72	6
			Mysis relicta	0.66	5
	EST-2	二聚体	*Chthamalus stellatus*	0.66	3
己糖激酶	HK-3	单体	*Homarus americanus*	0.05	2
磷酸葡萄糖变位酶	PGM	单体	*Penaeus aztecus subtilis*	0.16	5
			Penaeus brasiliensis	0.14	4
			Penaeus setiferus	0.40	5
			Penaeus aztecus aztecus	0.39	5
			Homarus americanus	0.42	3
磷酸葡萄糖异构酶	PGI	二聚体	*Penaeus setiferus*	0.28	4
			Penaeus duorarum	0.15	4
			Homarus americanus	0.12	3
磷酸丙糖异构酶	TPI	二聚体	*Homarus gammarus*	0.05	2
异柠檬酸脱氢酶	IDH	二聚体	*Homarus americanus*	0.02	2
苹果酸脱氢酶	MDH	二聚体	*Homarus americanus*	0.02	2
			Daphnia magna	0.60	3
			Gammarus minus	0.52	4
乳酸脱氢酶	LDH	四聚体	*Porcellio scaber*	0.44	2
			Jaera albifrons	0.50	3

Lester（1979）采用淀粉凝胶电泳技术分析比较了墨西哥湾褐对虾（*Penaeus aztecus*）、白对虾（*P. setiferus*）、桃红对虾（*P. duorarum*）三种对虾的酯酶、苹果酸脱氢酶等 9 种酶的多态性，从而推算出每一位点有效等位基因的数目、杂合度（表 1-7-4）。

表 1-7-4 褐对虾、桃红对虾和白对虾一些酶的多态性

酶		褐对虾		桃红对虾		白对虾	
名称	符号	*n*	*H*	*n*	*H*	*n*	*H*
酯酶	EST-2	3	0.131	5	0.519	4	0.224
	EST-5	3	0.350	2	0.119	2	0.010
己糖激酶	HK-2	3	0.275	/	/	3	0.173
亮氨酸氨肽酶	LAP	3	0.061	1	0.000	1	0.000
苹果酸脱氢酶	MDH-2	3	0.032	3	0.264	/	/
甘露糖-6-磷酸异构酶	MPI	6	0.398	7	0.314	6	0.372
肽酶	PEPT-2	3	0.034	3	0.034	3	0.043
	PEPT-3	3	0.081	3	0.095	3	0.068
6-磷酸葡萄糖脱氢酶	6-PGDH	3	0.064	3	0.449	3	0.178
磷酸己糖异构酶	PHI	5	0.412	3	0.104	5	0.263
磷酸葡萄糖变位酶	PGM	4	0.328	4	0.091	5	0.332

注：*n* 为有效等位基因数目；*H* 为每位点的平均杂合度；“/” 表示无数据

据 Nelson 和 Hedgecock（1980）报道，虾类的蛋白质变异水平比其他生物低，如斑节对虾的平均杂合度只有 0.05（Benzie et al.，1992）。表 1-7-5 列出的是部分虾、蟹群体的杂合度情况。

表 1-7-5 部分虾、蟹群体的杂合度

种名	测定位点	杂合度
Penaeus aztecus	24	0.089
Penaeus duorarum	24	0.084
Penaeus setiferus	24	0.070
Palaemonetes pugio	17	0.076
Homarus americanus	44	0.04
Homarus gammarus	39	0.033
	37	0.055
Euphausia superba	36	0.057
Euphausia mucronata	28	0.141
Euphausia distinguenda	30	0.213
Limulus polyphemus	25	0.057

近缘物种间在结构基因水平上的遗传差异也可以通过采用蛋白质电泳分析其等位酶（allozyme）的差异来检测。

张国范和张福绥（1995）研究中国近海栉孔扇贝（*Chlamys farreri*）23 个等位基因位点的同工酶后发现，其所研究的 5 个自然种群的基因库差异基本上是群体间的水平，大部分位点的基因型频率未达到理论上的数量，都处于不平衡状态，说明基因库仍在进化。

遗传距离　群体间遗传差异的程度叫遗传距离（genetic distance）。Nei（1972）提出了度量遗传距离的方法，现已被人们广泛接受。这种度量方法的基本量叫作正规统一性（normalized identity），它表示两个不同群体内随机抽取一个等位基因，两者彼此相同的概率。

假定群体 X 和群体 Y 在同一座位上等位基因的频率如表 1-7-6 所示。

表 1-7-6　群体 X 和群体 Y 同座位的基因频率

群体	复等位基因				
	a_1	a_2	a_3	a_4	a_5
群体 X	0.6	0.3	0.05	0.05	0
群体 Y	0.3	0.6	0	0	0.1

随机取自群体 X 的纯合基因型的频率为 J_{XX}，那么在随机交配情况下，J_{XX} 等于群体 X 内的纯合度，于是

$$J_{XX} = \sum p_i^2$$

将表 1-7-6 群体 X 的数据代入，则

$$\begin{aligned} J_{XX} &= \sum p_i^2 = p_1^2 + p_2^2 + p_3^2 + p_4^2 + p_5^2 \\ &= 0.6^2 + 0.3^2 + 0.05^2 + 0.05^2 + 0^2 \\ &= 0.455 \end{aligned}$$

同理，群体 Y 该位点纯合基因型的频率（J_{YY}）应为

$$\begin{aligned} J_{YY} &= \sum q_i^2 = q_1^2 + q_2^2 + q_3^2 + q_4^2 + q_5^2 \\ &= 0.3^2 + 0.6^2 + 0^2 + 0^2 + 0.1^2 \\ &= 0.460 \end{aligned}$$

设 J_{XY} 为群体 X 和群体 Y 在该位点上所有复等位基因彼此相同的概率，则

$$J_{XY} = \sum p_i q_i$$

代入表 1-7-6 的数据得

$$\begin{aligned} J_{XY} &= \sum p_i q_i = p_1 q_1 + p_2 q_2 + p_3 q_3 + p_4 q_4 + p_5 q_5 \\ &= 0.6 \times 0.3 + 0.3 \times 0.6 + 0.05 \times 0 + 0.05 \times 0 + 0 \times 0.01 \\ &= 0.360 \end{aligned}$$

Nei（1972）将特定座位的正规统一性（I）定义为

$$I = J_{XY}\Big/\sqrt{J_{XX}J_{YY}} \quad 或 \quad I=\sum X_iY_i\Big/\sqrt{\sum X_i^2\sum Y_i^2}$$

代入上述相应数据得

$$I = 0.360\Big/\sqrt{0.455\times 0.460} = 0.7869$$

遗传距离（D）是正规统一性的负对数，即

$$D=-\log_e I=-\ln I$$

据此，群体 X 和群体 Y 的遗传距离为

$$D=-\log_e 0.7869=0.2396$$

遗传距离是衡量种群间分化程度和遗传差异大小的重要参数。一般来说，属间的 D 值大于 1；种间的 D 值为 0.1～2.0；亚种间的 D 值在 0.02～0.2；物种内不同地理种群间的 D 值在 0～0.05。

香农-维纳多样性指数 香农-维纳多样性指数（Shannon-Wiener's diversity index）用来描述一个群落的多样性的统计量。在生态学中，它被用来描述生态系统中的生物多样性。多样性指数经常被用来估算任何一个群落，每个成员都属于一个独特的群体或物种。在很多情况下，多样性指数的估计量是有偏差的，因此相似的值之间往往不能直接比较。应指出的是，应用多样性指数时，对于具低丰富度和高均匀度的群落与具高丰富度和低均匀度的群落，可能得到相同的多样性指数。香农-维纳多样性指数可用来估算群落多样性的高低，公式为

$$H' = -\sum_{i=1}^{S} P_i \log_2 P_i \tag{1-7-1}$$

或

$$H' = -\sum_{i=1}^{S} p_i \ln p_i \tag{1-7-2}$$

式（1-7-1）中，H' 为群落的多样性指数；S 为种数；P_i 为样品中属于第 i 种的个体的比例，如样品总个体数为 N，第 i 种个体数为 n_i，则 $P_i=n_i/N$。式（1-7-2）中，S 为总物种数；p_i 表示第 i 个种占总数的比例。

当群落中只有一个居群存在时，香农-维纳多样性指数达最小值 0；当群落中有两个以上的居群存在，且每个居群仅有一个成员时，香农-维纳多样性指数达到最大值 ln$K$ 或 $\log_2 K$。

下面用一个假设的简单数字为例，说明香农-维纳多样性指数的含义。设有 A、B、C 三个群落，各由两个种（物种甲和物种乙）组成，其中各种个体数组成如表 1-7-7 所示。

表 1-7-7 群落 A、B、C 各种个体数组成

个体所占比例	群落 A	群落 B	群落 C
甲所占比例（P_i）	100（1.0）	50（0.5）	99（0.99）
乙所占比例（P_i）	0（0）	50（0.5）	1（0.01）

表 1-7-7 中括号内数字即 P_i 因为群落 A 的所有个体均属于物种甲，没有任何不定性，从理论上说 H' 应该等于零，则其香农-维纳多样性指数为

$$H'=-[(1.0\times\log_2 1.0)+0]=0$$

由于在群落 B 中两个物种各有 50 个体，其分布是均匀的。其香农-维纳多样性指数为

$$H'=-[0.50(\log_2 0.50)+0.50(\log_2 0.50)]=1$$

群落 C 的两个物种分别具有 99 个和 1 个个体，则

$$H'=-[0.99(\log_2 0.99)+0.01(\log_2 0.01)]=0.081$$

显然，H' 值的大小与我们的预测是相符的：群落 B 的多样性较群落 C 大，而群落 A 的多样性等于零。

香农-维纳多样性指数包含两个成分：①种数；②各种间个体分配的均匀性（equability 或 evenness）。各种之间，个体分配越均匀，H' 值就越大。如果每一个体都属于不同的种，则其多样性指数最大；如果每一个体都属于同一种，则其多样性指数最小。

辛普森多样性指数（Simpson's diversity index） 辛普森在 1949 年提出过这样的问题：在无限大小的群落中，随机取样得到同样的两个标本，它们的概率是怎样的呢？如果在加拿大北部森林中，随机获取两株树木标本，属同一个种的概率就很高；相反，如果在热带雨林随机取样，两株树木属同一种的概率很低。他从这个想法出发得出的多样性指数，称为辛普森多样性指数。用公式表示为

辛普森多样性指数=随机取样的两个个体属于不同种的概率

=1−随机取样的两个个体属于同种的概率

设种 i 的个体数占群落中总个体数的比例为 P_i，那么随机取两个种 i 个体的概率就为 P_i^2。

如果我们将群落中全部种的概率合并，就可得到辛普森多样性指数 D，即

$$D=1-\sum_{i=1}^{S}P_i^2$$

式中，S 为物种数目。辛普森多样性指数的最低值是 0，这种情况出现在全部个体均属同一个种时，另一种情况出现在每个个体分别属不同种时。最高值为 $D_m=1-1/S$。

例如，甲群落中 A、B 两个种的个体数分别为 99 和 1，而乙群落中 A、B 两个种的个体数均为 50，按辛普森多样性指数计算，则

甲群落的辛普森多样性指数：$D_1=1-(0.992^2+0.012^2)=0.0158$

乙群落的辛普森多样性指数：$D_2=1-(0.52^2+0.52^2)=0.46$

乙群落的多样性高于甲群落。造成这两个群落多样性差异的主要原因是种的不均匀性。从丰富度来看，两个群落是一样的，但均匀度不同。

六、中国部分海洋生物基因组序列的多样性

Meruane等（1997）应用RAPD标记技术研究了日本对虾（*Penaeus japonicus*）和刀额新对虾（*Metapenaeus ensis*），引物是10bp的随机引物。结果发现，以OPA-03（5′AGTCAGCCAC3′）作PCR的引物可以区分这两种对虾，还可以鉴定刀额新对虾野生型群体和养殖群体。RAPD标记显示，养殖群体的多态性减少，这是由人工繁殖导致瓶颈作用的发生所造成的。以OPA-02（5′TGCCGAGCTG3′）作PCR的引物能显示刀额新对虾的多态性，可用作群体分析。

石拓等（1999）采用RAPD标记技术检测了中国对虾（*Penaeus chinensis*）自然群体的基因组DNA多态性，多态位点占39%，个体间的平均遗传距离为0.093，群体的平均杂合度为0.2176，据此认为该群体的遗传多样性较低。

苏天凤等（2002）利用RAPD标记技术检测了广西北海、海南三亚、广东深圳3个地理种群养殖合浦珠母贝（*Pinctada fucata*）基因组DNA的多态性。3个地理种群多态位点比例分别为414%、650%和584%。遗传距离分析表明，广西种群与广东种群的亲缘关系较近，而二者均与海南种群亲缘关系较远。

冯建彬等（2005）运用RAPD标记技术对辽宁、山东、江苏、福建、广东、广西等7个地理群体的文蛤（*Meretrix meretrix*）进行了分析。结果显示，7个群体内遗传多样性丰富，遗传相似度为0.7251～0.8972，依次排列为：辽宁营口（0.8972）、广东湛江（0.8756）、山东日照（0.8729）、山东潍坊（0.8643）、福建云霄（0.8245）、江苏启东（0.7653）、广西合浦（0.7251）。群体间遗传距离指数及用非加权组平均法（UPGMA）和NJ法构建的分子系统树分析结果表明，山东日照与潍坊两群体的亲缘关系较近，广东湛江群体与其他群体亲缘关系相对较远。运用RAPD标记技术研究过的物种还有蟹（Ling et al.，2009；Lin et al.，2010）等。

潘洁等（2002）应用AFLP标记技术对栉孔扇贝（*Chlamys farreri*）的中国长岛群体和韩国东部、西部群体进行了遗传多样性分析。结果表明，中国长岛群体的群体内遗传相似度最高（0.6754），韩国东部群体次之（0.6714），韩国西部群体最低（0.6309）；中国长岛群体与韩国东部、西部群体间的遗传距离分别为0.1703和0.1786，韩国两群体间的遗传距离只有0.057。这一结果说明，中国长岛群体与韩国群体遗传差异较大，韩国两个群体遗传相似度较高，应视为同一个群体。研究共获得6个韩国两群体的共享特征标记，4个中国长岛群体的特异性标记，1个韩国西部群体所特有的标记，这些标记可以用于鉴定和区分这三个群体。为提高我国栉孔扇贝群体遗传多样性，宜引进韩国西部群体。

陈省平等（2005）应用AFLP标记技术对我国4种主要养殖扇贝进行了遗传分析。结果显示，虾夷盘扇贝（*Patinopecten yessoensis*）、海湾扇贝（*Argopecten irradians*）、华贵栉孔扇贝（*Chlamys nobilis*）和栉孔扇贝（*Chlamys farreri*）4种养殖扇贝群体中，种内遗传相似度依次为0.8415、0.7863、0.7190和0.6731，香农-维纳多样性指数分别为43.52、58.87、80.16和92.83，栉孔扇贝

和华贵栉孔扇贝的遗传多样性水平明显高于海湾扇贝和虾夷盘扇贝。AFLP 标记共享位点分布表明，在 4 种扇贝中栉孔扇贝与华贵栉孔扇贝之间的共享位点最多，同时 4 种扇贝的种间遗传相似度也以栉孔扇贝和华贵栉孔扇贝之间为最高（0.7695），海湾扇贝和虾夷盘扇贝之间为最低（0.6626）。几种扇贝中，栉孔扇贝和华贵栉孔扇贝的遗传关系最近（遗传距离为 0.2621）。该研究还找到了 21 个种内特异性 AFLP 标记和种间共享标记，可用于种质鉴定和分子辅助分类。

韩志强等（2006）对青岛和厦门黄姑鱼（*Nibea albiflora*）群体的遗传多样性进行了 AFLP 标记分析。结果显示，两个群体遗传多样性在同一水平上。黄姑鱼的遗传变异主要来源于群体内个体间，而群体间无明显的遗传分化。群体的显性基因型频率分布和位点差异数分布显示两个群体有基本相同的群体遗传结构。黄姑鱼青岛和厦门群体间无明显的遗传差异，群体间有明显的基因交流。

黎中宝等（2009）采用 AFLP 标记技术对福建两个野生及两个养殖大黄鱼（*Larimichthys crocea*）群体进行了遗传多样性研究。研究采用 7 对引物组合，在 4 个群体的 120 个个体中共扩增出 472 个位点，其中多态位点为 220 个，多态位点比例为 46.61%。结果表明，大黄鱼养殖群体的遗传多样性降低：宁德野生群体和湄洲湾野生群体多态位点比例分别为 42.42% 和 45.14%，根井正利（Nei）基因多样性指数分别为 0.1046 和 0.1245，香农-维纳多样性指数分别为 0.1659 和 0.1942，平均有效等位基因数（Ne）分别为 1.4153 和 1.4428；宁德养殖群体和连江养殖群体多态位点比例分别为 40.83% 和 40.53%，Nei 基因多样性指数分别为 0.1027 和 0.1039，香农-维纳多样性指数分别为 0.1615 和 0.1633，Ne 分别为 1.3919 和 1.3856。4 个群体间遗传距离为 0.0359～0.1465，平均为 0.079，群体间基因流为 1.0808。

郭昱嵩等（2012）利用微卫星 DNA 分子标记技术对我国广东湛江乌石、广西北海山口与越南锦普 3 个裸体方格星虫（*Sipunculus nudus*）野生群体的遗传多样性进行分析。结果表明，3 个野生群体均表现出中等程度的遗传多样性水平，越南锦普群体遗传多样性水平高于我国北海和湛江群体。

王志勇等（2002）对福建官井大黄鱼野生种群和 2 个养殖群体用 5 对选择性引物进行了 AFLP 标记分析。Kim 等（2004）用 AFLP 标记技术结合表型分类法对海胆属的动物进行了分类，利用 6 对引物共得到 1086 条谱带，其中 90% 具多态性，用遗传距离系数和邻接法来构建系统发育树，发现海胆属内亲缘关系较近，种群间的遗传距离为种群内的 3 倍，因此建议将海胆属分为两支：一支包括 *Echinacea purpurea*、*E. sanguinea* 和 *E. simulate*，另一支为 *E. taxa*。孙易等（2000）利用 12 对引物检测了 15 个种及品系的卤虫，共检测到 594 条谱带，其中 480 个为多态性标记。聚类分析结果表明，来自西藏的两性生殖卤虫为不同于内陆两性生殖卤虫的新种，内陆和沿海的孤雌生殖卤虫可能为不同的种。

利用分子标记研究其生物多样性的我国海洋生物还有牙鲆（李三磊等，2012）、笛鲷（刘丽等，2012）、长毛对虾（Cao et al.，2012）、西施舌（Li et al.，2010a，2010b）、栉江珧（Chen et al.，2012）、文昌鱼（Zhang et al.，2010）、乌贼（徐梅英等，2011b）等。

第八章

基因及其表达的调控

基因是遗传物质的功能单位，是DNA的功能片段，有特定的核苷酸数目、组成和排列顺序。了解基因的种类、结构、表达及其调控机理，可以加深对遗传物质的全面认识，正确地理解遗传多样性，解释遗传现象和规律，并合理、高效地将其运用于生物的遗传改造。

第一节　基因的种类及一些特殊功能基因简介

一、基因的种类

根据基因产物的有无，可以将基因分为如下三类。

（1）编码蛋白质的基因。这类基因有结构基因和调节基因两种。结构基因是决定某一种蛋白质分子结构的相应的一段 DNA 或染色体。调节基因是调节蛋白质合成的基因。调节基因的产物是激活蛋白和阻遏蛋白。大肠杆菌的调节基因可产生阻遏蛋白从而调控乳糖操纵子。

（2）没有翻译产物的基因。这类基因的终产物不是多肽，而是 RNA，如 tRNA 基因和 rRNA 基因。

（3）不转录的基因。有些基因没有任何形式的直接基因产物，却有基因的作用，如启动基因和操纵基因。

根据基因在基因组（一套染色体）中的拷贝数，可以将基因分为如下三类。

（1）单拷贝基因。有些基因在生物的一套染色体中只有一个基因序列，这些基因称为单拷贝基因。例如，大肠杆菌的一种 RNA 噬菌体 MS2，遗传物质是 RNA，只有 3300 个核苷酸，含有三个单拷贝基因：一个编码 RNA 合成酶，一个编码感染作用所必需的 A 蛋白，一个编码外壳蛋白。

（2）多拷贝基因。有些基因在生物的一套染色体中有两个或两个以上基因序列，这些基因为多拷贝基因。例如，tRNA 基因，在酵母菌中有 5～7 个拷贝，在非洲爪蟾中有 200 个拷贝。海胆的组蛋白基因有 300～1000 个拷贝。美洲拟鲽的基因组有 40～50 个抗冻蛋白（AFP）基因拷贝（Gong and Hew，1995）。

（3）基因家族。有些基因结构和功能彼此相似，为数众多，构成所谓的基因家族。例如，鱼类的抗冻蛋白基因构成一个基因家族，其编码的蛋白质可以分为 4 种（Gong et al.，1996）：

抗冻糖蛋白（antifreeze glycoprotein），存在于南极洲的鱼类，具有苏氨酸残基，主要由一种 Ala-Ala-Thr（即丙氨酸-丙氨酸-苏氨酸）三肽的重复结构组成。这类抗冻糖蛋白缩写为 AFGP。一型抗冻蛋白（type Ⅰ AFP），是富含丙氨酸、X 螺旋的多肽，存在于许多高眼鲽（*Cleisthenes*）和裸杜父鱼（*Gymnocanthus*）。二型抗冻蛋白（type Ⅱ AFP）富含半胱氨酸，存在于美洲绒杜父鱼、胡瓜鱼和鲱。三型抗冻蛋白（type Ⅲ AFP）是一类球蛋白（globulin），存在于几种绵鳚科鱼类中。同理，人白细胞抗原（human leukocyte antigen，HLA），也称组织相容性抗原（histocompatibility antigen），其基因也是一个基因家族，有 5 个基因位点都位于 6 号染色体短臂，每个基因又有多个等位基因，总共有 77 个等位基因。因此，由 5 个位点 77 个等位基因自由组合而成的 HLA 类型就非常多，至少有 10 万种以上的基因型。人白细胞抗原是一种脂蛋白，决定器官移植后的免疫反应，存在于除白细胞、脂肪组织以外的一切细胞。

二、影响生物多样性的特殊功能基因简介

（一）修饰基因（modifier gene）

在某些情况下，个体的基因型没有其准确的对应表型，因为有环境的影响，也有基因型所引起的基因相互作用。有些基因能在任何个体中完全表达，其外显率（penetrance）为 100%，如 ABO 血型的抗原基因；有的基因在一些个体中表达，在另一些个体中不表达，其外显率低于 100%；有一种基因能在数量水平上影响非等位基因表达，或增强或削弱，起到修饰作用，这类基因叫修饰基因。它们可以以不同等位基因的形式存在于群体中，造成个体间的遗传背景有显著的差别，导致特定基因在不同个体间表现不同。镜鲤的鳞被由基因型决定，但是鳞片的多少及分布情况往往因不同个体而有很大变化，就是修饰基因对非等位基因起增强或削弱的修饰作用（Purdom，1993）。

（二）跳跃基因（jumping gene）

1947 年，麦克林托克（McClintock）发现了跳跃基因存在于玉米的基因组，并把玉米的一些多样表型归因于这些跳跃基因。McClintock 因此获得 1983 年的诺贝尔生理学或医学奖。玉米谷粒的颜色斑点是由一个基因的突变体产生的，该基因编码一种涉及色素形成的酶。这种基因的一些表型突变体很不稳定，能在单个谷粒发育时期发生变化，或出现或消失。在上下代的遗传中也不稳定，或出现或消失。经过几年研究，McClintock 认为，有些基因是可以跳跃的，能从染色体的一处移到另一完全不同的位置并影响基因表达。她称这些跳跃基因为转座因子（transposable element）。十多年后，几个实验室发现细菌的一些 DNA 顺序能在基因组内从一个位点移到另一个位点，并将这些转座因子称为转座子（transposon）。接着 Karp（1996）发现，转座子编码一种转座酶（transposase），能促进转座子插入目的 DNA 位点。大部分情况下，

细菌的转座子没有真正离开供体位点，而是被复制之后，由复制的 DNA 拷贝在转座酶作用下插入远处的目的位点。据估计，人类突变体的 1/500 是由转座子插入引起的。真核生物的转座机理比原核生物复杂，尚不完全清楚。但是，细菌的转座子两端具有反向重复（inverted repeat at end of transposon）顺序，接受转座子插入的宿主 DNA 位点具有正向重复（direct repeat in recipient DNA）顺序，如图 1-8-1 所示，Tn3 转座子来自细菌，编码三个蛋白质，其中一个为转座酶。

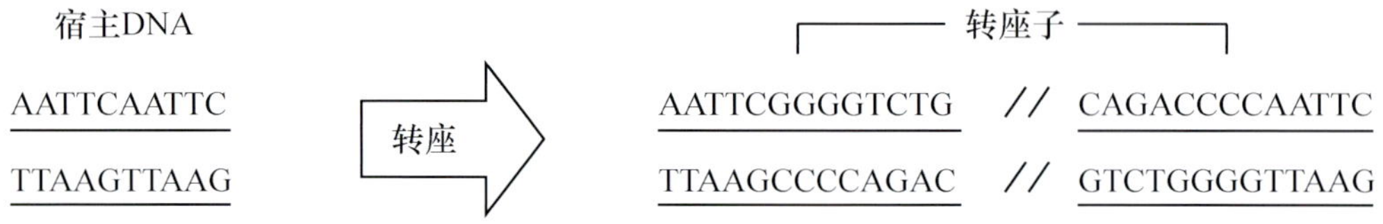

图 1-8-1　Tn3 转座子末端和插入位点的 DNA 顺序

（三）多聚蛋白基因（polyprotein gene）

有些基因可以被翻译成多种多肽，由此得名为多聚蛋白基因。例如，神经内分泌肽、人唾液的脯氨酸蛋白，都是一个基因几个多肽的产物（黄青阳，1995）。

第二节　基因的结构

原核生物和真核生物的基因拥有共同的遗传密码，但是它们的基因结构有所不同，即使是那些决定着一条相同氨基酸顺序的多肽的基因，其结构也不同。

一、原核生物基因的特点

原核生物 DNA（或 RNA）上的基因具有连续性，这一特点表现为两方面：①基因和基因之间一般没有基因间隔区（intergenic region）。②基因内部遗传密码的开放阅读框（open reading frame）是连续的，即基因内部的每一核苷酸顺序所构成的密码都能转录、翻译为多肽的相应氨基酸，进而构成相应的蛋白质，不需经过复杂的加工。但是，有些基因之间也有基因间隔区，如噬菌体 φ×174，基因 J、F、G、H 和 A 的相邻区之间还有一些核苷酸的非编码顺序（图 1-8-2）（宋运淳和余先觉，1990）。

原核生物基因的另一特点是基因可重叠，如图 1-8-2 所示，噬菌体 φ×174 的 DNA 是单链环状 DNA 分子，它含有的碱基数不到 5400 个，却编码了 10 种蛋白质基因。其中，B 基因在 A 基因中，E 基因在 D 基因中，K 基因与 A、B、C 三个基因重叠，另外 J 基因和 D 基因也重叠（共用一个碱基），C 基因和 D 基因也重叠一个碱基。这些重叠基因（overlapping gene）共同使用相同的核苷酸顺序，但每一基因的开放阅读框不同，密码子的意义不同，密码所编码的

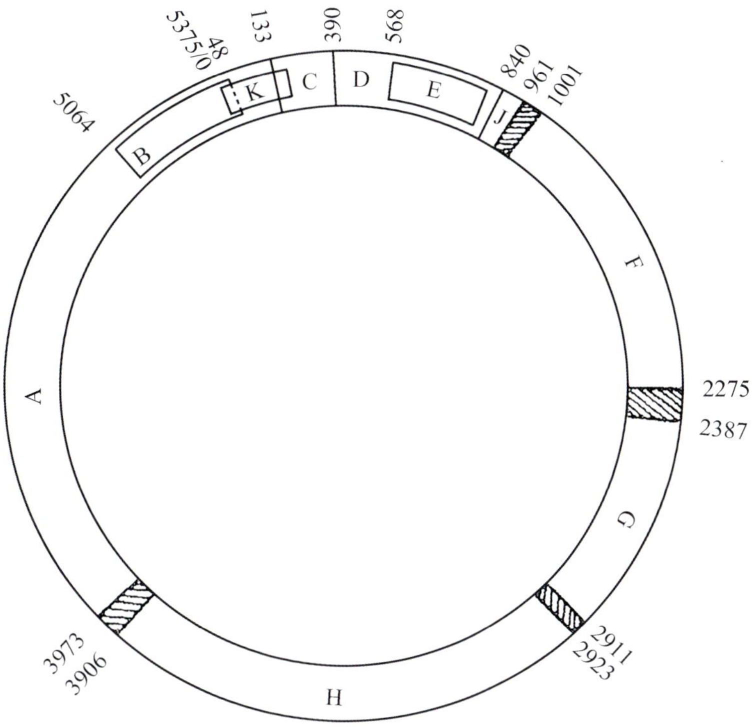

图 1-8-2　噬菌体 φ×174 的 DNA

图中数字表示碱基数

蛋白质也不同，对于遗传密码而言实际不重叠。也就是说，DNA 的某段核苷酸序列如果有两种读码方式，那么这一段 DNA 就有两个基因存在。

据宋运淳和余先觉（1990）报道，噬菌体 MS2 和猿猴空泡病毒 40（SV40 病毒）也具有重叠基因。

二、真核生物基因的特点

大部分真核生物的基因内部都含有不翻译部分，这些部分在转录为 RNA 初级转录物（primary transcript）时也有相应的 RNA 序列，但是在转录后的加工中被切除，不被翻译为多肽的构成组分。基因内部的这些可转录而不翻译部分称为内含子（intron）或间插顺序（intervening sequence）。基因的翻译部分称为外显子（exon）。真核生物的基因常常由若干内含子和外显子共同构成，以致开放阅读框不连续，因而被称为割裂基因（split gene）。虹鳟（*Oncorhynchus mykiss*）雌激素受体（estrogen receptor）*rtER* 基因至少有 30kb，含有 10 个外显子、9 个内含子（图 1-8-3）。

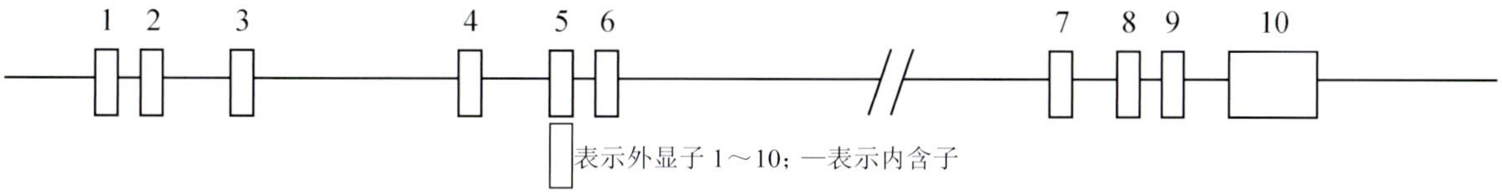

图 1-8-3　虹鳟雌激素受体基因示意图

内含子的数目因不同基因而有所不同，即使是同一种基因在不同物种中，其内含子数也有差别。例如，生长激素基因在鲑和大西洋鲑中都有 5 个内含子和 6 个外显子，而在鲤中只有 4 个内含子和 5 个外显子（Rand-Weaver et al.，1993）。小的内含子只有几个核苷酸对，大的可以达到数以千计的核苷酸对。表 1-8-1 比较了几种鱼类生长激素基因、催乳素基因、生长催乳素基因的结构（Rand-Weaver et al.，1993）。

表 1-8-1 鱼生长激素、催乳素和生长催乳素基因的内含子和外显子比较

基因	E_1	I_1	E_2	I_2	E_3	I_3	E_4	I_4	E_5	I_5	E_6
鲑 *GH*	75	485	140	136	117	454	156	1176	147	220	569
大西洋鲑 *GH*	75	465	140	136	117	454	156	1176	147	220	569
鲤 *GH*	66	283	140	228	117	566	162	106	697		
鲤 *PRL*	79	28	122	138	108	992	183	137	315		
大麻哈鱼 *SL*	47	631	191	4600	114	8000	180	183	1807		

注：*GH* 表示生长激素基因；*PRL* 表示催乳素基因；*SL* 表示生长催乳素基因；E 表示外显子；I 表示内含子

真核生物也有些基因没有内含子，如组蛋白基因、干扰素基因，但为数不多。

三、基因的调控区

基因有两大类调控区：一类叫启动子（promoter）区，是 RNA 聚合酶的辨认和结合区，也是起始转录所必需的区域；另一类叫增强子（enhancer）区，是大部分基因的调节区，能调节基因是否转录和转录速度。

（一）启动子

细菌基因的启动子有两个共同的序列：第一个序列位于上游第 10 碱基处，为 TATAA，也叫 TATA 框（TATA box）或普里布诺框（Pribnow box，按其发现者命名），是 RNA 聚合酶转录所必需的辨认和结合区。第二个序列位于上游第 35 碱基处（也称−35 区），为 TTGACA，是与聚合酶相连的 σ 因子（Sigma factor）的辨认序列。细菌拥有多种不同的 σ 因子来辨认不同形式的–35 区序列。不同的 σ 因子是细胞用于选择特定的一组基因转录的机制之一。例如，大肠杆菌（*Escherichia coli*）突然遇到高温时，会合成新的 σ 因子，以辨认不同的启动子序列，从而导致一组热激蛋白（heat shock protein）基因的转录。σ 因子必须与 RNA 聚合酶结合，基因才能在 DNA 的适当位点上启动转录。一旦转录起始，σ 亚单位就从 DNA 模板上脱落下来，而聚合酶继续在其装配线上完成互补 RNA 链的合成。

大部分真核生物基因的启动子也含有一段称为 TATA 框［或称霍格内斯框（Hogness 框），按其发现者命名］的序列，与原核生物启动子的普里布诺框相似。该序列位于转录起始点上游

25～50bp 的区域（即−25～−50 区），是一段 T=A 构成的 8bp 共有序列（consensus sequence），其两侧为 G≡C 富含区。许多启动子还含有第二个组件，称为 CAAT 框，其共有序列是 CAAT 或 CCAAT，常存在于−70～−80bp 的区域。它的功能是双向定位。CAAT 框对于启动子转录能力是十分重要的。一些启动子还有第三个组件，称为 GC 框，其共有序列为 GGGCGG，位于约−110 碱基的位点，起双向定位和影响转录水平的作用。

真核生物启动子与原核生物启动子虽有相似的功能，但结构有些差别。原核生物的调节区通常很靠近转录起始点的区域，而真核生物的调节区比较远离基因转录起始点。原核生物只有一种 RNA 聚合酶（RAN polymerase）就可与各种启动子结合，合成生命所需的各种 RNA；真核生物 RNA 聚合酶有三类，每种 RNA 聚合酶都有不同的启动区辨认位点：一型 RNA 聚合酶用于合成 rRNA；二型 RNA 聚合酶负责合成 mRNA 和 snRNA；三型 RNA 聚合酶用于合成 tRNA、5S rRNA 和其他几种小 RNA。二型 RNA 聚合酶所辨认的启动子通常由一些短的组件序列（modular sequence）构成，位于基因上游 100bp 以内。

启动子区的大部分突变会降低转录速率，TATA 框缺失则常常会改变转录的起始点。但是，在细菌的−35 区和−10 区的一些碱基替换（base substitution）可以大大提高转录速率。因此，启动子区域不只是简单的识别区域，还是调节基因表达速率的作用位点（Karp，1996）。

（二）增强子

增强子是基因转录的调控序列。该序列不与 RNA 聚合酶结合，但同转录因子相互作用，决定基因是否转录和转录的速率。真核生物增强子在结构和功能上都复杂得多。增强子的作用是激活启动子的转录活性。增强子同启动子有如下几点不同。

增强子的位置对其功能不算太重要，可以位于基因上游、下游或调控基因的内部。

增强子的方向也不重要，即使是倒转 180°，其作用也不会受影响。

增强子没有基因的专一性，一种增强子移到另一位点或将不相关的基因置于附近，其邻接基因的转录也能增强。

大部分真核生物基因都在增强子的控制下。免疫球蛋白（immunoglobulin）重链基因（heavy chain gene）的增强子位于所调控的基因内部的内含子中。人类 β-珠蛋白（beta globulin）基因和鸡的胸苷激酶（thymidine kinase）基因的增强子都位于基因上游。β-珠蛋白基因和 ε-珠蛋白基因之间有一个增强子，该增强子在胚胎发育期间控制 ε-珠蛋白基因；在成体时控制其相反方向的 β-珠蛋白基因。在酵母中，类似增强子的调节序列叫作上游激活序列（upstream activating sequence，UAS），可以在上游不同位点起作用，是一种双向调控元件。

增强子也如同启动子，含有一些短 DNA 序列的组件。例如，SV40 增强子含有两个 72 碱基序列，如果缺失一个序列没有任何影响，但如果两个同时缺失，转录就大大减少。其他突变也会使增强子的效率降低达 40%～80%。

（三）沉默子

沉默子（silencer）也称抑制子，作用与增强子相反，使基因失活。真核生物绝大多数基因分散在染色体基因组中，每个编码基因的上游除有自己的启动子外，还含有增强子和/或沉默子调节序列，可被特异的蛋白质因子识别并结合，分别起转录增强和转录抑制作用。沉默子是参与基因表达负调控的一种元件，是在研究 T 细胞抗原受体基因 *tcr* 表达调控时发现的。在 T 细胞分化时，*tcr* 需要通过各种正负调控机制进行精确的选择，方能正确表达。已知有专一的沉默子阻止 *ja* 基因在 γ/δ 型 T 细胞中参与重排，使 *ja* 基因只参与 α/β 型 T 细胞中的重排，叫作 α 沉默子，其对 α 和 δ 两个等位基因在转录和重排时起作用，使 δ 等位基因沉默。这些负调控元件不受距离和方向的限制。人体胚胎型 ε-珠蛋白基因 5′ 旁侧一个沉默子（−392～−177bp）对关闭该基因在胎儿期的表达起重要作用。

第三节　基因的表达

基因将其遗传信息表现为性状的过程称为基因表达（gene expression）。

基因表达的一般程序是：DNA → mRNA →蛋白质→性状，叙述如下。

基因表达的第一步是：基因将遗传信息转录为 RNA。转录在细胞核内进行，是 RNA 的合成过程。转录后，基因的 A、G、T、C 顺序按碱基配对原则转换为 U、C、A、G 顺序。RNA 经转录后加工形成 mRNA，转移到细胞质。

基因表达的第二步是：mRNA 被翻译成多肽。翻译时 mRNA 的核苷酸序列按三联体遗传密码决定多肽链的氨基酸及其排列顺序。翻译过程在细胞质内进行。翻译后的多肽自发（或经修饰加工后）形成机体所需的蛋白质。

基因表达的第三步是：蛋白质参与新陈代谢或机体的结构组建，形成性状。

第四节　基因作用的多效性

基因作用的特点之一是具有多效性，特定的基因不但影响某一性状，而且决定一个或一些其他性状。其机制是某一基因的产物在新陈代谢过程中要经过或参与多个环节，或与其他生化途径（biochemical pathway）相联系而影响整个生命过程，包括基因表达调控、性状发育等。

鲤（*Cyprinus carpio*）有 4 种基本鳞式：①全鳞鲤，即野鲤，全身具有整齐有序的鳞片。②散鳞镜鲤，仅有一些大鳞片弥散于体表。③线鲤，两侧各有一排正常交叠的鳞片，呈线状排列于侧线方向。④革鲤，也称裸鲤，全身几乎没有鳞片。这 4 种鳞式的鲤鱼在遗传学出现之前就存在。已知它们的表型差异来源于两对基因（S-s、N-n）的不同组合（Kirpichnikov，1981），具体情况为：全鳞鲤（野鲤）为 SSnn 或 Ssnn；散鳞镜鲤为 ssnn；线鲤为 SSNn 或 SsNn；革鲤为 ssNn。其中：

全鳞鲤（SSnn）× 革鲤（ssnn）→ 50% 线鲤（SsNn）+50% 全鳞鲤（Ssnn）

全鳞鲤（SSnn）× 散鳞镜鲤（ssnn）→ 100% 全鳞鲤（Ssnn）

全鳞鲤（SSnn）× 线鲤（S_Nn）→ 50% 全鳞鲤（S_nn）+50% 线鲤（S_Nn）

线鲤（SsNn）× 线鲤（SsNn）

↓

		♀			
		SN	sN	Sn	sn
♂	SN	SSNN线鲤致死	SsNN线鲤致死	SSNn线鲤	SsNn线鲤
	sN	SsNN线鲤致死	ssNN革鲤致死	SsNn线鲤	ssNn革鲤
	Sn	SSNn线鲤	SsNn线鲤	SSnn全鳞鲤	Ssnn全鳞鲤
	sn	SsNn线鲤	ssNn革鲤	Ssnn全鳞鲤	ssnn散鳞镜鲤

这些杂交组合的后代性状比都符合自由组合的比值。据此，线鲤（SsNn）× 线鲤（SsNn）的后代应出现的鳞式及其比例（若不受存活率影响）应该是：9 线鲤（S_N_）∶3 全鳞鲤（野鲤，S_nn）∶3 革鲤（ssN_）∶1 散鳞镜鲤（ssnn）。但实际上所得的结果是：6 线鲤∶3 全鳞鲤∶2 革鲤∶1 散鳞镜鲤，少了 3 份线鲤和 1 份革鲤的比例。经分析和反复实验证明，这是因为 N-n 基因不但决定鳞式，而且决定存活性。当基因型为 nn 时，该基因型既决定鱼体可存活，又决定鳞式为全鳞或散鳞；当基因型为 Nn 时，鱼体可存活，鳞式为线鳞或无鳞；当基因型为 NN 时，具致死作用，其所决定的线鳞和无鳞无法表现。N-n 基因有多效性，不仅决定鳞式，显性纯合时还有致死作用。已知决定鲤鱼鳞式的基因（S-s 和 N-n）至少影响 17 个其他性状的形成或表达（如体重、鳃耙数、血细胞数、免疫反应性、脂肪代谢等）。

奥利亚罗非鱼（*Tilapia aurea*）的鞍背基因（s）在杂合状态时不但使鱼体产生鞍背，其多效性还使第 1、2、3 脊椎骨异常，胸、腹、尾鳍不正常，胸、腹部骨骼畸形，抗病力低，生存力差等（Tave，1993）。

虹鳟的等位基因 b 是产生金属闪光蓝体色的基因，该基因的一个多效作用是提高生长率（Kincaid，1983）。具有金属闪光蓝的个体经一年饲养，比常规颜色鱼体的生长率平均提高 23%（236g∶196g）。

第五节　基因表达的调控

一、染色体 DNA 水平的调控

有些基因调控是通过改变有关基因的数量、顺序或结构实现的，举例如下。

基因扩增　基因扩增是某些细胞在短期内大量产生某一基因拷贝，以调节基因表达的方式。例如，非洲爪蟾（*Xenopus laevis*）卵子发生过程中，卵母细胞的 rDNA 拷贝数量可由平时的 500 急增到 2 000 000，以满足未来受精卵对于大量 rRNA 的需要。胚胎发育开始后，这些扩增的染色体外 rDNA 拷贝就失去功能并逐渐消失。

染色体丢失　某些动物胚胎发育过程中，体细胞有染色体丢失现象，只有生殖细胞保留着基因组的全套基因。例如，黑森瘿蚊（*Mayetiola destructor*）个体发育过程中，分化为生殖细胞的细胞保持了全套 40 条染色体，而分化为体细胞的丢弃 32 条染色体，只有 8 条染色体。马副蛔虫（*Ascaris megacephala*）卵裂早期，体细胞也有染色体丢失现象。这是细胞分化中的一种特殊基因调控。

DNA 顺序重排　这是一种改变基因组基因序列或结构的调控方式。

人和高等动物有极大量（数百万以上）特异性抗体（specific antibody），即免疫球蛋白（immunoglobulin），是由多种多样的浆细胞分泌的。这些浆细胞由淋巴细胞分化而成。为什么具有相同基因组的淋巴细胞会分化出种类繁多的浆细胞？已知这是基因调控的结果（Karp，1996）。这种调控方式是基因内部外显子的重排，改变原来的顺序，形成新的排列。

免疫球蛋白由 4 条多肽链组成。其中两条为等同的短链（各含 214 个氨基酸），称轻链（light chain）；另外两条为相同的长链（各含 440 个氨基酸），称重链（heavy chain）。轻链分子量为 23kDa，重链分子量为 50～70kDa。两条重链以二硫键和非共价键连成 Y 形，两条轻链各以二硫键接在 Y 形链两侧。整个免疫球蛋白分子呈对称形。

免疫球蛋白可分为 5 类：IgA、IgD、IgE、IgG 和 IgM。当机体接触异物时，这 5 类免疫球蛋白分别按不同的时间顺序出现于体液。从表 1-8-2 可以看出，轻链又分两种：κ 链和 λ 链。这两种轻链都存在于 5 类免疫球蛋白中。每类免疫球蛋白有其独特的重链，并由此分类。

表 1-8-2　人类的免疫球蛋白

分类	重链	轻链	分子量（kDa）
IgA	α	κ 或 λ	360～720
IgD	δ	κ 或 λ	160
IgE	ε	κ 或 λ	190

续表

分类	重链	轻链	分子量（kDa）
IgG	γ	κ 或 λ	150
IgM	μ	κ 或 λ	950

轻链和重链可以按氨基酸顺序变异的程度划分为可变区（V）和恒定区（C）。κ 链相关的基因由可变区（V）、连接区（J）和恒定区（C）三部分组成。重链基因由可变区（V）、多变区（D）、连接区（J）和恒定区（C）组成。小鼠 κ 链基因的 V 区约有 300 种不同的基因，J 区有 5 种基因，它们与 C 区一起串联排列。

细胞分化时，每个细胞的 κ 链基因发生重排，按机体的需要，从 V、J、C 区各取一基因连接成一个完整的轻链基因（VJC），将其他 V、J 和 C 区的基因切除。

如果 V-J 区的连接是随机的，小鼠就能合成 1500 种不同的 κ 链（5 种 J 区基因 ×300 种 V 区基因）。进一步研究表明，J 区与 V 区连接的位点可以在一定程度上发生重排（rearrangement），从一种排列变为另一种排列。V-J 连接位点的这种变异性使 κ 链的多样性增加 10 倍，高达 15 000 种左右。

这种 DNA 重排对淋巴细胞的分化很重要。一旦某种特定的 Vκ 顺序成功地连接到一段 Jκ 顺序上，细胞就不会合成其他 κ 链。

特异类型的 λ 链和特异类型的重链，在形成过程中也出现类似的 DNA 重排。据估计，小鼠可产生至少 50 000 种不同的重链（Karp，1996）。

如果任何一种轻链可以随机地同任何一种重链结合，单是 κ 链就能同重链构成 7.5×10^8（15 000×50 000）种免疫球蛋白，这就构成了庞大的免疫球蛋白基因家族。

二、转录水平的调控

原核生物的基因调控多数发生在转录水平上。细菌的转录单位和基因调控单位是操纵子。现在被研究得最清楚的基因调控学说是乳糖操纵子学说（operon theory），是雅各布（Jacob）和莫诺（Monod）在研究大肠杆菌（*Escherichia coli*）后，于 1961 年提出来的，已被广泛证实和承认。二人因此获 1965 年诺贝尔生理学或医学奖。

大肠杆菌乳糖操纵子及其调控基因如图 1-8-4 所示。乳糖操纵子含有一个操纵基因 *O*、一个启动基因 *P* 和三个结构基因即半乳糖苷酶基因 *lacZ*、半乳糖苷通透酶基因 *lacY*、半乳糖苷转乙酰基酶基因 *lacA*。这三个结构基因必须有乳糖的存在或诱导才会表达，因此这三个结构基因的表达产物被称为诱导酶。这些诱导酶是用来分解乳糖的。这三个结构基因的表达由其邻接的操纵基因 *O* 操纵。操纵基因 *O* 是调节基因 *R* 所编码的阻遏蛋白的结合部位，不编码任何蛋白质。

启动基因 *P* 是结构基因启动表达时，RNA 聚合酶的附着和结合点。远离乳糖操纵子的调节基因 *R* 编码阻遏蛋白对操纵基因起调控作用。

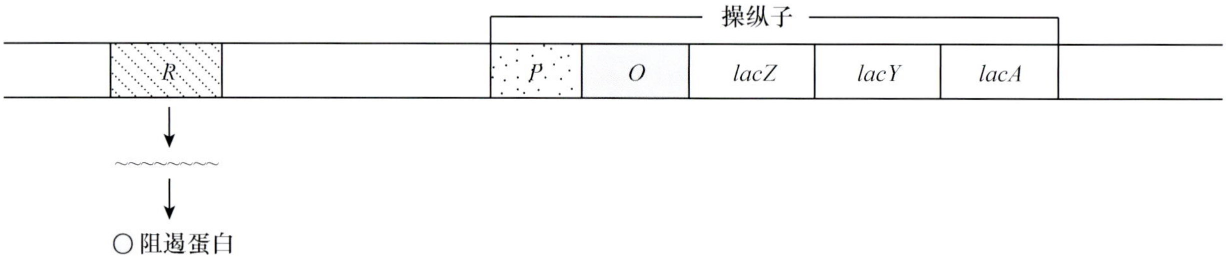

图 1-8-4　大肠杆菌乳糖操纵子及其调控基因

当大肠杆菌的培养基没有乳糖存在时，调节基因所编码的阻遏蛋白结合在操纵基因上，乳糖操纵子处于关闭状态，没有诱导酶产生。当大肠杆菌的培养基只有乳糖存在时，乳糖与阻遏蛋白结合，使阻遏蛋白的构型改变，失去和操纵基因结合的能力，离开操纵基因。同时，RNA 聚合酶结合在启动基因上，使结构基因得以表达，转录 mRNA，进而产生诱导酶以分解乳糖。如果培养基中同时加入葡萄糖和乳糖，大肠杆菌优先利用葡萄糖，乳糖操纵子也处于关闭状态，大肠杆菌的葡萄糖含量升高，使环腺苷酸（cAMP）含量降低，分解代谢物激活蛋白（catabolite activator protein，CAP）不能与 cAMP 形成复合体并特异地结合到启动基因前部，从而使 RNA 聚合酶不能有效地结合到启动基因区域。只有 CAP 与 cAMP 形成的复合体结合到启动基因，RNA 聚合酶才能识别启动基因。

真核生物基因的转录水平调控较复杂。个体发育过程中细胞的分化主要涉及转录水平的基因调控，有正调控（激发和转录）和负调控（阻抑和关闭）机制。

真核生物基因有多种不同的调控位点，其可以同各种不同的调节蛋白结合。同样地，一种 DNA 结合蛋白（DNA-binding protein）可以附着于基因组的许多位点，调节一系列基因的表达。

真核生物的基因调控涉及许多被称为转录因子（transcription factor）的蛋白质。转录因子能结合到特定的 DNA 序列，激发或抑制附近基因的转录。转录因子对于真核生物基因被 RNA 聚合酶 Ⅱ 转录是必不可少的。TATA 框是许多常见转录因子的装配位点。对于一些基因，转录因子在 TATA 框位点形成的前起始复合体（preinitiation complex）就足以使转录达到基本水平。随后，这种基本水平还可以被位于 DNA 另一侧的 DNA 结合蛋白修饰（促进或抑制）。位于 TATA 框的蛋白质活性取决于这些蛋白质同调节区其他位点的结合蛋白相互作用（包括与各种反应元件和增强子序列相互作用）的情况。

现以金属硫蛋白（metallothionein）基因为例说明转录的起始和调控。金属硫蛋白基因可以产生一种解除金属毒性的小酶。动物若被饲以金属（如钙、锌），该基因就迅速表达，合成大量的金属硫蛋白。为了说明金属硫蛋白基因的调控，我们首先了解位于该基因上游的一些 DNA 调节序列及其功能（图 1-8-5）。

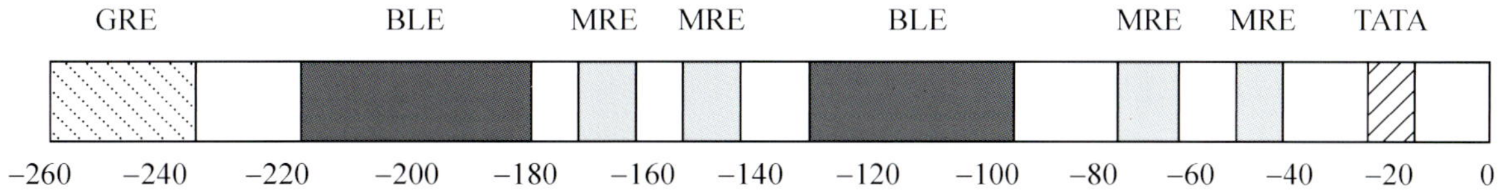

图 1-8-5　金属硫蛋白基因的调控区

金属硫蛋白基因的上游调控序列有：TATA 框，为基因启动子的主要成分，决定起始转录准确位点的调节序列，也是许多常见转录因子的装配位点；金属应答元件（metal response element，MRE），能同那些被金属激活的转录因子结合；基本水平元件（basal level element，BLE），能同一种特异蛋白结合而使基因转录达到基本水平；糖皮质激素应答元件（glucocorticoid response element，GRE），能同激素受体蛋白结合。

金属硫蛋白基因的表达是经由金属应答元件来实现的。金属应答元件与那些被金属激活的转录因子结合后，可提供某些途径提高金属硫蛋白基因的转录水平，对已存在的金属做出反应。值得注意的是，调节区含有几个金属应答元件，每个元件都能同转录因子结合。金属浓度越高，结合转录因子的数目越多，金属硫蛋白基因的转录刺激越大。据 Karp（1996）报道，转录因子与金属应答元件结合影响转录是经由 TATA 框的转录机制实现的。

金属硫蛋白基因达到基本表达水平，需要一种被称为 AP2 的转录因子。AP2 能与两个基本水平元件结合。

糖皮质激素（glucocorticoid）也会激发金属硫蛋白基因表达，但是方法不同于由金属所引起的表达。类固醇激素（steroid hormone）经由一系列具有类似序列的糖皮质激素应答元件起作用。类固醇激素（如糖皮质激素）激活基因的步骤是：①激素从细胞外液穿过细胞膜的脂双层。②激素与细胞质的激素受体结合。③激素-受体复合物变构，增加对糖皮质激素应答元件序列的亲和力，变成一种激活转录因子。④激素-受体复合物移位到细胞核内并作为转录因子结合到基因组中的各种 GRE，包括金属硫蛋白基因上游的那些 GRE。⑤激素的结合，激发了 DNA 转录，生成 mRNA，结合到金属硫蛋白基因的 GRE 位点，使该基因的转录速度得以增加。⑥特异的 mRNA 移到细胞核外，在细胞质中合成蛋白质。由于同样的 GRE 序列存在于不同染色体上的不同基因的上游，一个单一的刺激（提高糖皮质激素浓度）可以同时激活所有综合反应所必需的基因。

除了上述序列外，大部分基因的表达还受增强子的控制，使转录水平高于基本水平。增强子是那些刺激转录水平高于基本水平的转录因子的结合位点。据 Karp（1996）报道，结合到增强子上的增强子结合蛋白能与结合到 TATA 框基本转录机构的特异成分相互作用，刺激转录增强。与增强子相关的转录因子含有两个结构域：一个是 DNA 结合部件，能同增强子结合；另一个是转录激活部件，能同启动子内 TATA 框的基本转录机构结合。

大部分转录因子是二聚体（同聚或杂聚），以辨认具有两侧对称的 DNA 序列。绝大部分转录因子含有一段（通常为α螺旋）与DNA结合的基元（motif），可以插入DNA大沟（major groove）。每种基元可提供一种稳定的结构框架，使转录因子识别DNA的专一性表面，并同DNA双螺旋相互作用。

TATA框的基本转录机构可以被转录因子激发而增强转录，也可以被阻抑因子作用减缓或关闭转录。

转录水平的调控也有负调节机制。真核生物有两种途径使基因不表达或停止表达：第一个途径是DNA具有特异的调控序列，可以同阻遏蛋白相互作用。许多负调节蛋白（如NC1、NC2、Br1）能结合到启动子上，阻止前起始复合体的装配，从而阻止转录的起始。还有一些其他抑制因子能结合到上游DNA序列，阻止转录。第二个途径是DNA可以被某些方式修饰而不适于作为转录模板，如DNA的甲基化（methylation）。

在细菌中，将甲基基团（methyl group）加到DNA的一些碱基能使DNA免受细胞本身限制性内切核酸酶的攻击。真核生物也会对自身的DNA进行甲基化。至少在脊椎动物中，甲基基团的增加首先会终止DNA转录。哺乳动物和其他脊椎动物的DNA中约有1%的核苷酸带有甲基基团。这些甲基基团都附着在胞嘧啶（cytosine）的5′端，几乎所有的甲基化胞嘧啶都位于对称序列内的CG-二核苷酸（dinucleotide）中。下面是DNA上最常见的甲基化序列：

-CCGG-　　-GCGC-　　-ACGT-
-GGCC-　　-CGCG-　　-TGCA-

脊椎动物细胞内有甲基化酶和去甲基化酶，甲基化是一个动态修饰过程。组织之间的相互变化中，甲基化的模式变化较小。在细胞分化期间，已经激活的基因，其调节区内的甲基化模式变化相当大。

大量证据表明，DNA甲基化不只使基因失活，更多的是维持基因的失活状态。甲基化阻抑转录是因为它改变DNA的构型，使之不能作为RNA聚合酶转录的模板，也使转录因子辨认DNA结合位点受干扰。

甲基化和基因活性的关系可以用5-氮杂胞苷（5-azacytidine）来研究。该化合物可以结合到DNA的胞嘧啶上，使之不会甲基化。用5-氮杂胞苷处理细胞后，能激活特定基因表达，产生与该细胞类型相关的产物。用它处理细胞培养中的恶性肿瘤细胞，可使失活的珠蛋白基因去甲基化，进而激活和转录。恶性肿瘤细胞因此停止合成相应的产物，转向正常的细胞分化，最终导致癌细胞死亡。初步研究表明，5-氮杂胞苷能减轻一些白血病患者的病症，使血细胞恢复正常。

在基因上游调节区的关键部位加进甲基基团，可降低基因的转录水平。反之，除去甲基基团，可以提高转录水平。在染色体中不转录的异染色质区和雌性哺乳动物细胞的失活X染色体中，甲基化最为明显。

三、RNA 加工水平的调控

RNA 的剪接（splicing）是 mRNA 形成的步骤之一。从 DNA 转录而来的初级转录物（primary transcript）能由一种或多种途径加工，使在一个途径中作为内含子的序列在另一途径中变成外显子，以致同一基因可以编码多种不同的多肽，这种加工过程叫作选择性剪接（alternative splicing）。例如，纤连蛋白（fibronectin），编码它的基因含有一些内含子。该基因在成纤维细胞的 mRNA 含有两个内含子序列，即 E Ⅲ A 和 E Ⅲ B，但是在肝细胞内不含这两个内含子序列。这是由选择性剪接引起的。选择性剪接是在 RNA 加工水平的基因表达调节。

选择性剪接是一个基因编码两个或两个以上相关蛋白质的一般机制。大部分基因及其初级转录物含有大量内含子和外显子。在多数情况下，对于初级转录物的加工有一个以上的途径。一个特定的内含子在一条成熟的 mRNA 中既可以被拼接起来，也可以被除去。

选择性剪接的调节机理是：①基因所在细胞的组织。②基因所能结合的配体（ligand）的类型或催化活性的动力学。③基因产生的许多转录因子能选择性剪接，从而产生某种调节蛋白来决定细胞途径。总之，前信使 mRNA 加工过程的专一途径，取决于调控剪接位点的蛋白质的产生和存在。

选择性剪接是被研究得最充分的加工水平调控形式，但不是唯一形式。研究表明，RNA 加工需要各种小 RNA（90～300 个核苷酸）及其相关蛋白质（Karp，1996）。这些小 RNA 称为核内小 RNA（small nuclear RNA，snRNA）。在 RNA 剪接期间，U1A 蛋白与 U1 snRNA 结合。当用遗传工程去过度表达细胞 U1A 蛋白时，编码这种蛋白质的 mRNA 总量减少。进一步分析表明，这是因为这种蛋白质结合到含有 U1A 信息的前信使 RNA（pre-mRNA）内部的某些特定序列，抑制前信使 mRNA 形成 poly(A) 末端。没有 poly(A) 尾巴，mRNA 就会很快被降解。由此可见，U1A 蛋白能有效地调节它本身 mRNA 的产生是由于它能结合到自身的前信使 mRNA 上，改变其转录后的修饰过程。

四、翻译水平的调控

翻译水平的调控可以由三个途径来实现：mRNA 定位的调控、mRNA 翻译的调控、mRNA 寿命的调控。这些调控活动的大多数都是由 mRNA 的 5′ 端和 3′ 端非翻译区（untranslated region，UTR）来实现的。5′ 端非翻译区是从甲基鸟苷帽子（methylguanosine cap）到 AUG 起始密码子，3′ 端非翻译区指编码区的终止密码子到 poly(A) 尾巴的末端。新近的证据表明，大多数翻译调控的位点分布于 mRNA 的非翻译区。

（一）mRNA 定位的调控

mRNA 在卵内的分布关系到预定胚区细胞的命运。已知控制 mRNA 在细胞质中定位的是

mRNA 的 3′ 端非翻译区，mRNA 以那些识别 3′ 端非翻译区定位序列的蛋白质为媒介去实现自我定位。果蝇胚胎前后轴的形成是由一种专一的 mRNA 沿着卵内同一轴向分布引起的。例如，由 *bicoid* 基因转录而来的 mRNA，全部定位于卵的头部，而由 *oskar* 基因转录而来的 mRNA 定位于后部。由 *bicoid* mRNA 编码的蛋白质在头胸部发育中起到关键作用。*oskar* mRNA 编码的蛋白质是腹部和生殖细胞形成所必需的。

（二）mRNA 翻译的调控

卵子发生过程中产生的 mRNA 可以作为胚胎发育时蛋白质合成的模板。这些 mRNA 在用作模板前在阻遏蛋白作用下失活，掩蔽起来待用。

在不同环境下，细胞采用不同方法调控 mRNA 的翻译速度，以满足细胞的需求。有些机制是综合性的，可影响各种 mRNA 的翻译。例如，一种被称作 elf2 的翻译延伸因子（elongation factor），其活性可被磷酸化（phosphorylation）而迅速降低。细胞一旦受到某种刺激（如病毒侵染或热休克），就会激活某种特定的激酶（kinase），使 elf2 磷酸化，从而降低多肽合成的速率。

铁蛋白（ferritin）的功能是使细胞质的铁离子隐蔽而免受游离铁离子的毒性作用。铁蛋白 mRNA 的翻译受一种专一的阻抑因子调节。这种阻抑因子的活性取决于细胞中未结合的铁离子浓度。铁离子不存在时，这种阻抑因子结合到 mRNA 5′ 端非翻译区的专一序列——铁离子应答元件（iron-response element，IRE），从而抑制翻译。铁离子存在时，阻抑因子就变构，丧失其对铁离子应答元件的亲和力，从铁蛋白 mRNA 解离出来，使 mRNA 进入翻译机构，合成铁蛋白。可见铁离子浓度控制铁蛋白合成，是因为铁离子作用于那些可以结合到铁蛋白 mRNA 5′ 端非翻译区的蛋白质。

1993 年人们在秀丽隐杆线虫（*Caenorhabditis elegans*）中发现，*lin-14* 基因编码一种调控早期发育的蛋白质，其 mRNA 存在于细胞内，但在发育的某个阶段不翻译为相应的蛋白质。当 *lin-14* mRNA 3′ 端非翻译区含有某些序列时，其 mRNA 的翻译受抑制。已知该翻译的阻抑是由可以结合到 3′ 端非翻译区调节序列的一种很小的 RNA 分子引起的（Karp，1996）。这种 RNA 分子是 *lin-4* 基因的产物。*lin-14* mRNA 3′ 端非翻译区含有一段 7 个重复的序列，该重复序列与那些从 *lin-4* 基因转录而来的 RNA 类似。这些具调控作用的小 RNA 结合到 mRNA 非翻译区，影响其翻译。3′ 端非翻译区的 7 个重复序列可以同时被 *lin-4* mRNA 结合。翻译的阻抑程度取决于结合到 mRNA 上 *lin-4* mRNA 数目的多少。当 3′ 端非翻译区只含 3 个重复序列时，翻译抑制降低。

（三）mRNA 寿命的调控

mRNA 在细胞内的寿命影响翻译模板的使用次数。细胞在调控基因表达时，也调控 mRNA 的寿命或稳定性。调控的方法有两种：poly(A) 尾巴的长短和 3′ 端非翻译区核苷酸序列的差异。

mRNA 的寿命与 ploy(A) 尾巴的长度有关。一个典型的 mRNA 在离开细胞核时，3′ 端含有大约 200 个腺苷酸残基。ploy(A) 尾巴不是裸露的，而是同 poly(A) 结合蛋白（poly(A) binding protein，PABP）结合，每个 poly(A) 结合蛋白可结合约 30 个腺苷酸残基。poly(A) 结合蛋白有双重功能，既可保护 poly(A) 尾巴不受一般核糖核酸酶降解，也可以提高 poly(A) 尾巴对专一的 poly(A) 核糖核酸酶的敏感性。mRNA 的 poly(A) 尾巴会被 poly(A) 核糖核酸酶一点一点地去掉而减少其长度。当这个尾巴减少到 30 个残基时，mRNA 的降解便从 5′ 端开始。可见，mRNA 3′ 端 poly(A) 尾巴的存在对于维持 5′ 端帽子的稳定性是重要的。一旦 3′ 端尾巴去掉，mRNA 就脱帽并从 5′ 端沿 3′ 端降解。

3′ 端非翻译区核苷酸序列的不同，对 poly(A) 尾巴缩短的速度起重要作用。一些 mRNA 含有“不稳定”的序列，这些序列决定 poly(A) 尾巴对 poly(A) 核糖核酸酶降解的敏感性。poly(A) 核糖核酸酶可以识别和降解 3′ 端非翻译区特异序列。具有短半衰期的 mRNA 3′ 端非翻译区的序列容易受到核酸酶的攻击。

真核生物 mRNA 寿命较长，但不同基因的 mRNA 寿命差别很大。例如，c-fos mRNA 是细胞对外部条件变化做出反应时合成的，会在细胞内迅速降解，半衰期仅为 10～30min。相反地，编码细胞主要蛋白质的 mRNA，如血红蛋白（hemoglobin）或卵清蛋白（ovalbumin），其半衰期超过 24h。随着 mRNA 的定位、mRNA 翻译的起始和速度的确定，细胞能识别专一的 mRNA，并提供不同的处理方法来控制 mRNA 的寿命和蛋白质合成。

近几年，在翻译水平调控的研究中，发现如下一些新的调控机制。这些机制已存在于一些系统，其适用性仍然不确定。

翻译移码（translational frame shifting）：核糖体阅读 mRNA 时，在某些地方通过退或进一个核苷酸，改变其翻译框架。开放阅读框的改变是由 tRNA 从一个密码子滑动到一个重叠的密码子来实现的。由于开放阅读框改变的效率低于 100%，所以同一种 mRNA 可以产生两种多肽。

终止密码子阅读（termination codon read through）：核糖体遇到终止密码子时不终止翻译，而继续向下阅读。

mRNA 编辑（mRNA editing）：RNA 转录后，mRNA 的某些核苷酸转换为另一些核苷酸。哺乳类的载脂蛋白 B（apolipoprotein B）是一种从 14 000 个核苷酸左右的 mRNA 翻译而来的蛋白质。在小肠中，该 mRNA 第 666 个碱基的胞嘧啶经酶的作用转换为尿嘧啶，从而产生一个终止密码子（UAA）来终止翻译。该缩短的蛋白质称为载脂蛋白 B48，只产生于小肠细胞。

绕道翻译（translational bypassing）：核糖体在特异的 mRNA 翻译过程中跳过一段核苷酸序列，使一段内部 mRNA 不翻译。

蛋白质剪接（protein splicing）：该方法将一个特异多肽链的一个片段删去，使两端以共价键连接形成新的蛋白质。

五、翻译后的调控

细胞也有控制功能蛋白存活时间的机制。虽然这些机制至今尚不清楚，但是有一点很明确，多肽链 N 端的氨基酸残基的种类可以影响蛋白质的稳定性。以甲硫氨酸（methionine）、丝氨酸（serine）、丙氨酸（alanine）、苏氨酸（threonine）、缬氨酸（valine）和甘氨酸（glycine）为末端的多肽寿命较长，半衰期在 20h 以上。相反地，以苯丙氨酸（phenylalanine）、亮氨酸（leucine）、天冬氨酸（aspartic acid）、赖氨酸（lysine）和精氨酸（arginine）为末端的多肽，其半衰期少于 5min。蛋白质寿命与其 N 端氨基酸种类的关系叫作 N 端规则（N-end rule）。

蛋白质水解需要一种小的、高度保守的蛋白质，称为泛素（ubiquitin）。泛素是一种与组蛋白 H_2 共价连接的蛋白质，存在于一切真核生物。细胞在选定某种蛋白质进行降解时，会涉及几种不同的酶，并使这些酶以共价键连接到每个泛素特异的赖氨酸残基上，再使这些泛素连接到所要降解的目标蛋白质的几个不同位点上，使目标蛋白质含有许多泛素分子。一旦目标蛋白质被泛素化（ubiquitination），就会被一种被称为蛋白酶体（proteasome）的特异多蛋白复合体（multiprotein complex）酶解而降解。蛋白酶体存在于真核生物细胞的细胞核和细胞质，在电镜下呈桶状复合体，生化研究表明，蛋白质水解作用是在桶内中心区进行的，这有助于细胞其他部分免受非特异性蛋白的水解或损伤。

六、其他因素的影响

基因表达往往受环境影响。环境因子很多，如温度、外源性激素和药物等。

扇贝排卵应答受温度影响 虾夷盘扇贝（*Patinopecten yessoensis*）生殖调控与多巴胺（dopamine）和 5-羟色胺（也称血清素，5-HT）有关。已知，升温可提高贝类血清素的含量，从而引起排卵，生产上由此用温度刺激排卵（王春德，1993）。

鳗鲡、鲤鱼、草鱼的免疫应答受温度影响 鳗鲡在 8℃水中，检测不到其对鳗弧菌的凝集抗体，而在 18℃时则可大量检测出。鲤鱼在 12℃水中，不会对牛血清白蛋白产生抗体，而在 25℃时则有抗体产生。草鱼对出血病细菌疫苗应答的临界温度是 10℃，随着温度升高，免疫应答增强；在草鱼适宜生长的温度（20℃）下，免疫应答能力最强；超过适宜生长温度（32℃），免疫应答能力又下降（杨先乐等，1990）。

外源性激素对基因表达的影响 外源性激素影响一些动物的性别决定和发育已经在第三章详述，这里不再赘述。将外源性激素添加到饵料或饲料中，会对一些动物（如水产养殖鱼类）的生长速度、肉质含脂率和体形等数量性状产生影响。外源性激素［如注射适量的促黄体生成素释放激素类似物（LRH-A）］还可以促进一些动物（如鱼类和两栖类）成熟及排卵。

药物对基因表达的影响 氯霉素（chloramphenicol）能阻止线粒体内合成多肽，放线酮（cycloheximide）能阻止细胞质合成多肽，这两类药物能在蛋白质多肽合成水平上影响基因表达，从而影响性状的表现（方宗熙，1983）。

基因表达受到体内外许多已知或未知的因子影响，因而导致纯系内的个体大小、形态及生殖能力或种子都有个体差异。换言之，基因调控和表达情况直接影响生物的内外性状及生理生化过程，从而产生同一基因型之下的多态。因而，我们要学会区分生物之间的差异是可遗传多样性，还是不可遗传多样性。

综上所述，基因差异会导致生物多样性；基因表达调控情况也会导致生物多样性；环境及外界因子的作用也会影响基因及其表达，造成多态现象。

第六节　种内遗传多样性的基因结构基础

无论遗传多样性的表现是肉眼可见可测的外部性状差异，或是生理生化水平的蛋白质新陈代谢差异，或是细胞学水平的染色体核型及带型差异，或是基因组序列的多样性，基因结构或基因序列特定的核苷酸数目、组成和排列顺序的差异才是遗传多样性的根源。

分子生物学研究表明，基因组序列的多样性有的表现为基因外显子的差异，有的表现为内含子的差异，有的表现为基因侧翼顺序或结构的差异，有的兼有这几种差异。

群体内基因组序列的多样性是群体内同一 DNA 序列的两种或多种变异形式。统计表明，群体内任何两个生物个体平均每 1000～10 000 个碱基对就有一对有差别，这种差别就是多样性。为了认识这些多样性，人们引入分子标记的概念并研究出一些分子标记技术。

分子标记是直接检测 DNA 核苷酸序列差异的遗传标记，又称 DNA 分子标记。遗传学研究中已经研发了很多广泛应用的 DNA 分子标记，直接研究 DNA 多样性的常见标记技术简介如下（周延清等，2008）。

随机扩增多态性 DNA（RAPD）标记技术　该技术检测出的多态位点不仅可以包括表达区域，而且可以包括非表达区域，可覆盖整个基因组，具有多态性检出率高及简便、快速的特点。

限制性片段长度多态性（RFLP）标记技术　该技术采用的限制性内切核酸酶及选择性碱基组合数目和种类有很多，检测的多态性水平依赖内切酶的种类与数目。可以产生的标记数目是无限的，可覆盖整个基因组。

任意引物 PCR（AP-PCR）标记技术　这是一项检测 DNA 片段长度多态性的快速、经济、有效的技术途径。该法利用 PCR 扩增原理，用一个随机核苷酸序列的寡核苷酸引物指导 PCR 扩增，对 PCR 产物进行电泳分析获得 DNA 指纹图谱，扩增产物的指纹图谱反映了待分析基因组的特征，从而提供了 DNA 多态性信息。

简单序列重复（SSR）标记技术　又称微卫星 DNA 标记技术。微卫星 DNA 是一种广泛分布于真核生物基因组中的串状简单重复序列，每个重复单元的长度为 1～10bp，常见的微卫星

DNA 有 TGTG…TG=(TG)*n* 或 AATAAT…AAT=(AAT)*n* 等。在基因组中，因每个 SSR 序列的基本单元重复次数在不同基因型间差异很大，从而形成其座位的多态性。微卫星 DNA 的突变率在不同物种、同一物种的不同位点和同一位点的不同等位基因间存在很大差异。微卫星 DNA 分布于整个基因组的不同位置，但其两端序列多是保守的单拷贝序列，因此根据这两端的序列设计一对特异引物，通过 PCR 技术将核心微卫星 DNA 序列扩增出来，利用电泳分析技术就可获得其长度多态性。SSR 标记的高度多态性主要来源于串联数目的不同。其根据分离片段的大小决定基因型，并计算等位基因发生频率。

扩增片段长度多态性（AFLP）标记技术 该技术可采用多种不同类型的限制性内切核酸酶及不同数目的选择性碱基，因此理论上 AFLP 标记技术能够产生无限多的 AFLP 标记，可覆盖整个基因组。AFLP 的多态性远远超过其他分子标记。一般一次检测可获得 50～100 个 AFLP 扩增产物，能够在遗传关系十分相近的材料产生多态性，因而被认为是指纹图谱技术中多态性最丰富的一项技术。

表达序列标签（EST）标记技术 该技术是一种相对简便和快速鉴定基因表达的技术。EST 是 cDNA 文库产生的短序列，其代表特定发育阶段或特定组织所表达的基因，是鉴定基因和分析基因表达的有效方法之一。每一个 EST 代表一个表达基因的部分转录片段。通过对 EST 序列的分析，可以获得大量的基因表达信息，进而分析可表达基因的多态性。

单核苷酸多态性（SNP）标记技术 SNP 是指在基因组水平上由于单个核苷酸的变异所引起的 DNA 序列多态性。这种多态性只涉及单个碱基的变异，这种变异可以由单个碱基的转换或颠换引起，也可以由碱基的插入或缺失所致。从对生物的遗传性状的影响上来看，SNP 可分为两种：一种是同义突变，即编码序列的改变并不影响其所翻译的蛋白质的氨基酸序列，突变碱基与未突变碱基的含义相同；另一种是非同义突变，指碱基序列的改变可使其相对应的多肽序列发生改变，从而影响蛋白质的功能，这种改变导致生物性状改变。SNP 标记技术因而成为基因组多态研究及识别的一种新工具。

相关序列扩增多态性（SRAP）标记技术 该技术通过独特的引物设计对开放阅读框进行扩增，因个体不同及物种的内含子、启动子与间隔区长度不等而产生多态性。SRAP 标记分析共有两套引物：17 碱基正向引物（F-primer）和 18 碱基反向引物（R-primer）。正向引物中使用“CCGG”序列，其目的是使之特异结合开放阅读框区域中的外显子。反向引物序列连接着 AATT，AATT 后为 3 个选择性可变碱基，位于引物 3′ 端。正、反引物分别是针对序列相对保守的编码区与变异大的内含子、启动子和间隔区，因此多数 SRAP 标记在基因组中分布是均匀的。由于内含子、启动子和间隔区在不同物种甚至不同个体间差异很大，富含 AT 的区域序列通常见于启动子和内含子中，SRAP 标记中使用的反向引物的 3′ 端含有核心 AATT，以特异结合富 AT 区。又因为个体不同，以及物种的内含子、启动子与间隔区长度不等，这就使得有可能扩增出基于内含子与外显子的 SRAP 多态性标记。

靶位区域扩增多态性（TRAP）标记技术　该技术也是一种基于 PCR 的分子标记技术。其采用两段 16～20 个（一般为 18 个）核苷酸引物：一个为固定引物（fixed primer），依据公用数据库中的靶 EST 序列设计；另一个为随机引物，针对外显子或内含子的特点，设计为分别富含 GC 或 AT 核心区的、可与内含子或外显子区配对的任意序列。通过对目标区域进行 PCR 扩增，产生围绕目标候选基因序列的多态性标记。

总而言之，最彻底、最精确地研究基因组 DNA 多态性的方法莫过于直接测定某特定区域的核苷酸序列并将其与相关基因组中对应区域的核苷酸序列进行比较，由此可以检测出单个核苷酸的差异。

第九章

海洋生物遗传多样性和种质资源的保护

海洋生物多样性的保护关系到海洋生物种质资源的保护、海洋生态系统的保护、水产业的可持续发展、人类未来的食物来源和结构及良种培育的原始材料和物质基础，是全社会应该关心的问题。

海洋生物多样性的保护涉及物种多样性的保护、物种及种群保护、种群遗传结构的保护、种质纯洁性的保护和种质资源的合理利用。这 5 方面内容既互相联系、互相影响，又各有侧重，从不同的角度去完成一个共同的使命。

第一节　物种多样性的保护

物种多样性是大自然和祖先留给我们的宝贵财富，可遗传也会变异。人的行为、自然灾害、生态破坏、外来物种入侵、环境污染、管理不善等原因都可以使物种多态性遭到破坏。例如，我国海南岛近几十年间共有 200 多个物种濒临灭绝，如海南油杉、陆均松、海南大风子、紫荆木、鸡毛松、薄叶三尖杉和水椰等，至少有 6 种植物绝迹，如海南裸实和霉草等。362 种鸟类中有 100 多种已难觅其踪，许多原常见的物种，现已成为珍稀濒危物种。此外，福建的长毛对虾（*Penaeus penicillatus*）、西施舌（*Coelomactra antiquata*）、白氏文昌鱼（*Branchiostoma belcheri*）和三刺鲎（*Tachypleus tridentatus*）也成了濒危物种。

保护物种多样性不是保护那些直接或间接危害人畜安全、破坏人类生存环境、危及生态安全的生物，不是保护那些如天花病毒、乙肝病毒、蚊子、跳蚤、臭虫、苍蝇、蝗虫之类的病原或害虫，不是保护那些危害农业、畜牧业和水产业的一切病原微生物或寄生虫，不是保护外来入侵生物。恰恰相反，消灭它们正是为了保护物种多样性，保护人畜种群的多样性，使之不因传染病或病害而发生遗传瓶颈，破坏种内物种多样性，使人与自然和谐。

遗传多样性有不同的认识评估水准，大到整个生物界的各种差异所形成的多样性，不同界、不同门、不同纲、不同目、不同科、不同属、不同物种；小到种内不同种群间个体差异，直至同胞兄弟姐妹间的个体差异。保护物种多样性就是保护大自然，保护人类赖以生存的各种生物。

保护物种多样性是个系统工程，需要各级领导的重视及全社会各行各业协同合作和努力，还需要有法规保障和全体人民的高度责任感。

为了保护我国水域水生物种多样性，根据《中华人民共和国渔业法》、《中华人民共和国野生动物保护法》和《中国水生生物资源养护行动纲要》有关规定和要求，农业部已在 2007 年 12 月制定了《国家重点保护经济水生动植物资源名录（第一批）》（中华人民共和国农业部公告第 948 号），详见表 1-9-1。

表 1-9-1 国家重点保护经济水生动植物资源名录（第一批）

序号	中文名	拉丁名
1	鲱	*Clupea harengus*
2	黄泽小沙丁鱼	*Sardinella lemuru*
3	远东拟沙丁鱼（斑点莎瑙鱼）	*Sardinops melanosticta*
4	鳓	*Ilisha elongata*
5	日本鳀	*Engraulis japonicus*
6	太的黄鲫	*Setipinna taty*
7	大头狗母鱼	*Trachinocephalus myops*
8	海鳗	*Muraenesox cinereus*
9	大头鳕	*Gadus macrocephalus*
10	鲮	*Liza haematocheila*
11	鲻	*Mugil cephalus*
12	尖吻鲈	*Lates calcarifer*
13	花鲈	*Lateolabrax japonicus*
14	赤点石斑鱼	*Epinephelus akaara*
15	青石斑鱼	*Epinephelus awoara*
16	宽额鲈	*Promicrops lanceolatus*
17	红背圆鲹	*Decapterus maruadsi*
18	日本竹荚鱼	*Trachurus japonicus*
19	高体鰤	*Seriola dumerili*
20	军曹鱼	*Rachycentron canadum*
21	白姑鱼	*Argyrosomus argentatus*
22	黄姑鱼	*Nibea albiflora*
23	棘头梅童鱼	*Collichthys lucidus*
24	黑鳃梅童鱼	*Collichthys niveatus*
25	鮸	*Miichthys miiuy*
26	大黄鱼	*Larimichthys crocea*

续表

序号	中文名	拉丁名
27	小黄鱼	*Larimichthys polyactis*
28	红笛鲷	*Lutjanus sanguineus*
29	真鲷	*Pagrus major*
30	二长棘鲷	*Parargyrops edita*
31	黑鲷	*Acanthopagrus schlegelii*
32	金线鱼	*Nemipterus virgatus*
33	太平洋玉筋鱼	*Ammodytes personatus*
34	带鱼	*Trichiurus lepturus*
35	日本鲭	*Scomber japonicus*
36	蓝点马鲛（鲅鱼）	*Scomberomorus niphonius*
37	银鲳	*Pampus argenteus*
38	灰鲳	*Pampus cinereus*
39	鲬	*Platycephalus indicus*
40	牙鲆	*Paralichthys olivaceus*
41	赫氏高眼鲽	*Cleisthenes herzensteini*
42	钝吻黄盖鲽	*Pseudopleuronectes yokohamae*
43	半滑舌鳎	*Cynoglossus semilaevis*
44	绿鳍马面鲀	*Thamnaconus septentrionalis*
45	黄鳍马面鲀	*Thamnaconus hypargyreus*
46	黄鮟鱇	*Lophiomus litulon*
47	刀鲚	*Coilia ectenes*
48	凤鲚	*Coilia mystus*
49	红鳍多纪鲀	*Takifugu rubripes*
50	假睛多纪鲀	*Takifugu pseudommus*
51	暗纹多纪鲀	*Takifugu obscurus*
52	日本鳗鲡	*Anguilla japonica*
53	大麻哈鱼	*Oncorhynchus keta*
54	花羔红点鲑	*Salvelinus malma*
55	乌苏里白鲑	*Coregonus ussuriensis*
56	太湖新银鱼	*Neosalanx taihuensis*

续表

序号	中文名	拉丁名
57	大银鱼	*Protosalanx chinensis*
58	黑斑狗鱼	*Esox reicherti*
59	白斑狗鱼	*Esox lucius*
60	青鱼	*Mylopharyngodon piceus*
61	草鱼	*Ctenopharyngodon idellus*
62	赤眼鳟	*Squaliobarbus curriculus*
63	翘嘴鲌	*Culter alburnus*
64	鳡	*Elopichthys bambusa*
65	三角鲂	*Megalobrama terminalis*
66	团头鲂（武昌鱼）	*Megalobrama amblycephala*
67	广东鲂	*Megalobrama hoffmanni*
68	鳊	*Parabramis pekinensis*
69	红鳍原鲌	*Cultrichthys erythropterus*
70	蒙古鲌	*Culter mongolicus*
71	鲢	*Hypophthalmichthys molitrix*
72	鳙	*Aristichthys nobilis*
73	细鳞斜颌鲴	*Xenocypris microlepis*
74	银鲴	*Xenocypris argentea*
75	倒刺鲃	*Spinibarbus denticulatus* subsp. *denticulatus*
76	光倒刺鲃	*Spinibarbus hollandi*
77	中华倒刺鲃	*Spinibarbus sinensis*
78	白甲鱼	*Varicorhinus simus*
79	圆口铜鱼	*Coreius guichenoti*
80	铜鱼	*Coreius heterodon*
81	鲮	*Cirrhinus molitorella*
82	青海湖裸鲤	*Gymnocypris przewalskii*
83	拉萨裂腹鱼	*Schizothorax waltoni*
84	拉萨裸裂尻鱼	*Schizopygopsis younghusbandi* subsp. *younghusbandi*
85	鲤	*Cyprinus carpio*
86	金鱼	*Carassius auratus*

续表

序号	中文名	拉丁名
87	岩原鲤	*Procypris rabaudi*
88	长薄鳅	*Leptobotia elongata*
89	大口鲇	*Silurus meridionalis*
90	兰州鲇	*Silurus lanzhouensis*
91	黄颡鱼	*Pelteobagrus fulvidraco*
92	长吻鮠	*Leiocassis longirostris*
93	斑鳠	*Mystus guttatus*
94	黑斑原鮡	*Glyptosternum maculatum*
95	黄鳝	*Monopterus albus*
96	鳜	*Siniperca chuatsi*
97	大眼鳜	*Siniperca kneri*
98	乌鳢	*Channa argus*
99	斑鳢	*Channa maculata*
100	大管鞭虾	*Solenocera melantho*
101	中华管鞭虾	*Solenocera crassicornis*
102	中国对虾	*Penaeus chinensis*
103	长毛对虾	*Penaeus penicillatus*
104	日本对虾	*Penaeus japonicus*
105	斑节对虾	*Penaeus monodon*
106	鹰爪虾	*Trachypenaeus curvirostris*
107	脊尾白虾	*Exopalaemon carinicauda*
108	中国毛虾	*Acetes chinensis*
109	秀丽白虾	*Exopalaemon modestus*
110	日本沼虾	*Macrobrachium nipponense*
111	口虾蛄	*Oratosquilla oratoria*
112	中国龙虾	*Panulirus stimpsoni*
113	三疣梭子蟹	*Portunus trituberculatus*
114	日本蟳	*Charybdis japonica*
115	锯缘青蟹	*Scylla serrata*
116	中华绒螯蟹	*Eriocheir sinensis*

续表

序号	中文名	拉丁名
117	太平洋褶柔鱼	*Todarodes pacificus*
118	中国枪鱿	*Uroteuthis chinensis*
119	日本枪鱿	*Loliolus japonica*
120	剑尖枪鱿	*Uroteuthis edulis*
121	曼氏无针鱿	*Sepiella maindroni*
122	金乌贼	*Sepia esculenta*
123	蛸科	Octopodidae
124	皱纹盘鲍	*Haliotis discus hannai*
125	杂色鲍	*Haliotis diversicolor*
126	脉红螺	*Rapana venosa*
127	魁蚶	*Scapharca broughtonii*
128	毛蚶	*Scapharca subcrenata*
129	泥蚶	*Tegillarca granosa*
130	厚壳贻贝	*Mytilus coruscus*
131	紫贻贝	*Mytilus galloprovincialis*
132	翡翠股贻贝	*Perna viridis*
133	栉江珧	*Atrina pectinata*
134	合浦珠母贝	*Pinctada fucata*
135	栉孔扇贝	*Chlamys farreri*
136	长牡蛎（太平洋牡蛎）	*Crassostrea gigas*
137	西施舌	*Coelomactra antiquata*
138	缢蛏	*Sinonovacula constricta*
139	文蛤	*Meretrix meretrix*
140	菲律宾蛤仔	*Ruditapes philippinarum*
141	三角帆蚌	*Hyriopsis cumingii*
142	褶纹冠蚌	*Cristaria plicata*
143	河蚬	*Corbicula fluminea*
144	梅花参	*Thelenota ananas*
145	仿刺参	*Apostichopus japonicus*
146	马粪海胆	*Hemicentrotus pulcherrimus*

续表

序号	中文名	拉丁名
147	紫海胆	*Anthocidaris crassispina*
148	海蜇	*Rhopilema esculentum*
149	鳖	*Trionyx sinensis*
150	乌龟	*Chinemys reevesii*
151	坛紫菜	*Porphyra haitanensis*
152	条斑紫菜	*Porphyra yezoensis*
153	石花菜	*Gelidium amansii*
154	细基江蓠	*Gracilaria tenuistipitata*
155	珍珠麒麟菜	*Eucheuma okamurai*
156	海带	*Laminaria japonica*
157	裙带菜	*Undaria pinnatifida*
158	菱	*Trapa japonica*
159	芦苇	*Phragmites australis*
160	菰	*Zizania caduciflora*
161	水芹	*Oenanthe japonica*
162	荸荠	*Eleocharis tuberosa*
163	野慈姑	*Sagittaria trifolia*
164	香蒲	*Typha*
165	芡	*Euryale ferox*
166	莲	*Nelumbo nucifera*

注：本表摘自农业部公告第 948 号（2007 年 12 月），有修改

第二节　物种及种群保护

海洋生物多样性及种群大小受生活环境、有限空间、竞争生物及捕捞强度等诸因素影响。自然状态下的物种和种群只能增长到环境的容纳量。除了自然灾害，如洪水、河流干涸外，人类的活动是影响物种和种群大小的最重要因素。目前影响物种和种群的人为因素表现及其相应的防治措施如下。

一、海域及天然渔场的污染和治理

我国天然渔场主要分布在河口内湾或淡水径流充足的水域。随着工农业的发展，环境污染

加剧，污染源的入海处恰恰在渔业的天然渔场（包括产卵场、索饵场和越冬场）。我国海域的传统产卵场、索饵场和越冬场的环境质量已不能满足海洋生物栖息繁衍的需要。海洋生物的胚胎发育、幼体发育、存活率和生物量已经受到遏制，渔业资源面临极大的威胁，环境污染对渔业资源的影响有时甚至超过过度捕捞。在严重污染的排污口的潮间带，甚至一些物种会绝迹。内陆的部分水域也有类似的污染情况，如云南的滇池、江苏的太湖，也成了“三废”的纳污湖，严重富营养化（即水中氮、磷含量严重超标）。

污染使海水富营养化，诱发赤潮的发生，我国沿海20世纪80年代曾发生赤潮200余次，记录的赤潮生物100余种（田兴军，2005）。赤潮发生时鱼、虾、贝类大量死亡。养殖水域往往由于高密度、精养，导致养殖水体残饵太多，造成富营养化，自我污染破坏了养殖水环境和底质环境。据张福绥和杨红生（1999）研究，山东沿海夏季栉孔扇贝大规模死亡的根本原因之一是长期高密度养殖导致养殖环境的恶化和老化。

为了保护环境和水产资源，我国政府已制定《中华人民共和国环境保护法》、《中华人民共和国海洋环境保护法》、《中华人民共和国水污染防治法》、《中华人民共和国水污染防治法实施细则》和《中华人民共和国渔业法》等，已经或正在采取措施保护和改善海洋环境、渔业水域生态环境，防治污染，追究污染海洋环境或渔业水域的单位和个人的责任。

二、海洋生物栖息和繁殖区缩小及其治理

围海造地和拦河（海）筑坝等不但会减少水生生物栖息区面积（田兴军，2005），改变生态系统和一些种群的小生境，而且影响水生生物的多样性和生物量。厦门刘五店文昌鱼渔场，因栖息地变小和受损，文昌鱼不仅已形成不了渔业，而且已濒临灭绝；长江中华鲟（*Acipenser sinensis*）因其生殖洄游通道受阻，已从长江上游消失，长江中下游的幼鲟也随之下降50%～80%（张四明等，1999）；长江中游“四大家鱼”繁殖因筑坝而受到严重阻抑，致长江中下游及湖泊鱼类资源减少（李思发，1996）。

为了防止建设项目产生新的污染、破坏生态环境，我国政府制定并已经实施了《建设项目环境保护管理条例》，实行建设项目环境影响评价制度。国家已经把保护生态环境和保护生物多样性纳入国民经济和社会发展计划，加强水域的统一规划和综合利用，禁止围湖（海）造田，禁止在重要水产苗种基地和养殖场所围垦。凡是在鱼、虾、蟹或其他重要水生动物洄游通道筑坝、建闸，对渔业资源有严重影响的，拟将建造过鱼设施，或者采取其他补救措施。

三、过量捕捞和天然资源的保护措施

捕捞强度过大对种群的损害表现为：①对成体的过量捕捞，使可繁衍后代的亲本数减少；②对幼体的过早和过多捕捞，使鱼、虾、蟹、贝在未达到商品规格前或正处于旺盛生长期就被渔获，造成资源的滥用和浪费；③对天然鱼、虾、蟹苗的过分捕捞，破坏天然种质资源的增殖。

中国海域四大捕捞对象大黄鱼、小黄鱼、带鱼、墨鱼，曾经被称为舟山渔场“四大渔产”，经木帆船、机帆船和渔轮的酷渔滥捕，前三种鱼现已形不成渔汛。

大黄鱼（*Larimichthys crocea*）是我国主要海洋经济鱼类之一。20 世纪 70 年代前，全国大黄鱼年渔获量平均在 10 万吨以上，仅次于带鱼，居第二位。70 年代以来，由于酷渔滥捕，如敲鼓作业、拖网作业和机帆船大围缯作业，长期保持高强度捕捞态势，大黄鱼资源一再遭破坏，尤其是 1973 年冬至 1974 年春汛沙外等越冬场的大黄鱼产量高达 20 多万吨，1979 年冬至 1980 年春汛闽江口外越冬场的“机动大围网”，大黄鱼产量约 6 万吨，对大黄鱼歼灭性围捕，导致我国大黄鱼先后形不成渔汛。以至著名的舟山大黄鱼渔场和福建闽江口大黄鱼渔场已形不成渔汛，资源屡遭枯竭，海区野生大黄鱼资源至今仍不见恢复（刘家富，2013）。

海蚌，也称西施舌（*Coelomactra antiquata*），是一种生长快、个体大、品味好、营养丰富、价值高的名贵海珍品，盛产于福建长乐，1968 年以前年渔获量约 150t，1969 年滥捕 580t，1970 年又酷渔 560t，1971～1974 年年渔获量急降为 20t，1988～1990 年年渔获量下降到 10t 以下，1999 年渔获量降为 2～3t，海蚌资源日趋枯竭（刘德经，1997）。

长江鲥鱼（*Macrura reevesii*）在 20 世纪 70 年代以前年渔获量在 300～500t，70 年代后由于捕捞过度（仅 1974 年就狂捕 1575t），资源急剧衰减，1986 年渔获量仅 24t，近几年已难见踪迹（李思发，1996）。

捕捞中“捕大放小”虽比“一网打尽”的做法好得多，但是时间一长会导致种群退化：因为对同龄鱼抓大留小，势必使优良种群或品种没有足够数量的优良亲本参加繁殖、传代，而是保留那些个体小、生长慢、性成熟早的个体繁衍后代，长此以往会造成天然资源退化。带鱼自然种群出现的退化现象就与捕捞强度过大有直接联系（徐汉祥等，1997；宓崇道，1997）。

据宓崇道（1997）研究，随着海洋渔业捕捞强度日益增长，带鱼（*Trichiurus lepturus*）资源遭受严重破坏，群体组成日趋不合理（大型、高龄鱼大幅度减少，小型、低龄鱼逐年增加），种群性成熟逐渐提早，个体初次性成熟的最小肛长趋小，产卵期延长，产卵场分散等。例如，带鱼个体初次性成熟的最小肛长在 20 世纪 60 年代初期为 200mm，在 1979 年为 160mm，90 年代初期仅为 140mm；雌性带鱼初次性成熟年龄为 1 龄的比例已由 60 年代的 50% 升至 70 年代末的 90% 以上，90 年代高达 100%，且有相当数量的不足 1 龄鱼也成熟。

为了保护种质资源，国务院于 1979 年 2 月 10 日发布《水产资源繁殖保护条例》，已在近海、江河、湖泊划定禁渔区和禁渔期，在非禁渔区和非休渔期也规定捕捞方法、渔具和网具，严禁危害资源的渔具和捕捞方法。实行捕捞许可证制度，对于违反捕捞许可证规定的及违反保护水产资源法规的，在禁渔区、禁渔期或者使用禁用的工具、方法捕捞水产品的，依法惩处。禁止捕捞有重要经济价值的水生动物苗种。对于那些非法捕捞、收购、销售保护对象的幼体、亲体和苗种的，予以处罚。此外，各级政府相继采取措施增殖资源。例如，1985 年，国家科学技术委员会立项研究大黄鱼的人工繁殖及育苗技术，1987 年人工繁殖和育苗获成功，1990 年大黄鱼苗种投入批量生产，网箱及土池人工养殖相继成功，1996 年人工育苗和人工养殖进入产业化。1992 年福建省政府发布了《福建省长乐海蚌资源增殖保护区管理规定》，1999 年福建省科学技术委员会立项研究海蚌的人工育苗和人工养殖，保护海蚌资源。由于国家重视，中华鲟人工繁殖和人工放流也获成功，中华鲟资源有所恢复，长江口幼鲟数量已明显增加。

人工繁殖和人工放流是保护种群大小的有效措施之一。应用得法，可以把负面影响降低到最低点。Gao 和 Zhang（1999）研究日本绒螯蟹放流群体的 15 种同工酶并与野生群体比较，未发现遗传变异有明显差别。如果滥用，会破坏原有群体的基因库（全成干等，1999）。

四、竞争生物或敌害生物的盲目引入和防治

外来竞争生物或敌害生物的盲目引入，使本地物种因生境被侵占而被排挤。

互花米草（*Spartina alterniflora*）是一种多年生草本植物，起源于美洲大西洋沿岸和墨西哥湾，适宜生活于潮间带。由于互花米草秸秆密集粗壮、地下根茎发达，能够促进泥沙的快速沉降和淤积，因此 20 世纪初许多国家为了保滩护堤、促淤造陆，先后引进互花米草。虽然互花米草在海岸生态系统中有重要的生态功能，但是其在潮滩湿地生境中超强的繁殖力，威胁着全球的海滨湿地土著物种，所以许多国家正在将其作为入侵植物实施大范围的控制计划。我国 1979 年从美国东海岸引进互花米草。1980 年 10 月首先在福建沿海试种，1982 年被大规模扩种到辽宁、河北、山东、江苏和广东等地。当初引种目的是为保滩护岸、改良土壤、绿化海滩与改善生态。结果事与愿违，该物种现在大面积逸生，危害我国沿海滩涂，1990 年仅福建宁德东吾洋水产一年的损失就达 1000 万元以上。该物种的入侵已经成为沿海地区影响当地渔业产量、威胁红树林的严重问题。

互花米草是人们有意引种而致使外来物种入侵。但是，无意引种的外来物种入侵也不能忽视。很多外来入侵生物是随人类活动而无意传入的。通常是随人及其产品通过飞机、轮船、火车、汽车等交通工具，作为“偷渡者”或“搭便车”被引入新的环境。尤其是近年来，随着国际贸易的不断增加，对外交流的不断扩大，国际旅游业的快速升温，外来入侵生物借助这些途径越来越多地传入我国。海上传入主要是船只携带，携带的方式主要通过压舱水的异地排放。船舶压舱水的随意排放已被全球环境基金会列为海洋面临的“四大危害”之一。压舱水一般来自船舶的始发港或途经的沿岸水域。据估计世界上每年由船舶转移的压舱水有 100 亿吨之多。因此许多细菌和动植物也被吸入并转移到下一个挂靠的港口。我国沿岸海域有害赤潮生物有 16 种左右，其中绝大部分主要是通过压舱水等途径传入。外来赤潮生物加剧了我国沿海赤潮现象的发生。船只携带的另一种方式是附着在船只上营固着生活的生物（如藤壶）等被带入新的领域。

这些外来生物被引入后，有的种类根本破坏或改变了原来的生态面貌，如食肉性的红螺（*Rapana thomasiana*）1947 年自日本海迁移到黑海，十年后，几乎将黑海塔乌塔海滩的牡蛎完

全消灭。又如，球形棕囊藻（*Phaeocystis globosa*）是入侵我国海域的海洋微小型藻，自身具有毒性，分布在渤海至南海海域，造成的危害和损失触目惊心。据报道，目前我国海洋、海岸、滩涂约有 141 种外来物种，这些种隶属原核生物界、原生生物界、植物界和动物界 4 个界 12 个门。它们通过船底、外轮压舱水携带及人为引进等途径进入我国海区，有些外来物种利弊还有待于进一步评估。

外来物种入侵也是危及海南生态安全的重要因素。据介绍，海南的光、温、水、土壤条件较好，且生态环境脆弱，海南成了许多外来入侵物种的“天然大温室”，大部分外来物种入侵后，由于缺少天敌制约，与当地物种竞争资源，使当地物种种类和数量减少，最后导致生态系统单一和退化，从而改变当地的自然景观和生态环境系统，造成严重的生态破坏和生物污染。

引种时往往片面地看待外来物种的某些优点或特点。我们应当汲取上述教训，在引种时谨慎小心，应按国家制定的引种相关法规，正确选择引种对象，采取正确引种程序和措施。加强海关、海港、海岸管理，防止外来物种入侵。

第三节 种群遗传结构的保护

种群遗传结构的保护，核心是种群内部多样性的维持。种群遗传结构多样性可以表现为外部形态的多样、染色体水平的多样、蛋白质生理生化水平的多样和基因组 DNA 序列的多样。这些多样反映了物种或种群在漫长历史中积累下来的丰富多彩的遗传变异。种群内部的多样性来源于变异、自然选择、隔离和有性生殖。有性生殖使种群内的基因遵循基因的分离、自由组合和连锁定律，一方面继承物种的特性，一方面在种内产生广泛的变异。随机交配是种群内维护多样性的最佳交配方式。为了保护这些多样性，必须做到如下几点。

一、建立海洋生物的自然保护区或生态库

建立自然保护区是保护自然环境、自然资源和生物多样性的有效途径，是经济社会可持续发展的客观要求，是促进人与自然和谐发展的重要手段，是建设生态文明和环境友好型社会的重要内容。

海洋自然保护区是针对某种海洋保护对象划定的海域、岸段和海岛区，建立海洋自然保护区是保护海洋生物多样性和防止海洋生态环境恶化的最为有效的手段之一。海洋自然保护区是国家为保护海洋环境和海洋资源而划出界线加以特殊保护的具有代表性的自然地带。建立海洋自然保护区的意义在于保持原始海洋自然环境、维持海洋生态系的生产力、保护重要的生态过程和遗传资源，使现有海洋生物有良好的栖息地和繁殖生态，保持其野生状态，维护其变异量和杂合度。

20 世纪 70 年代初，美国率先建立国家级海洋自然保护区，并颁布《海洋自然保护区法》，使建立海洋自然保护区的行动法制化。世界上最大的海洋自然保护区是澳大利亚的大堡礁自然保护区。

我国已开展了对海洋、海岸和海岛生物多样性的保护工作。为保护、拯救珍贵、濒危野生动物，保护、发展和合理利用野生动物资源，维护生态平衡，我国政府于 1988 年 11 月颁布《中华人民共和国野生动物保护法》，2004 年 8 月进行修正，使在我国境内从事野生动物的保护、驯养繁殖、开发利用活动有法可依。

截至 2013 年 12 月 25 日国务院批准并公布了 407 个国家级自然保护区。这些自然保护区涵盖了 33 个国家级海洋自然保护区，保护了许多珍稀濒危海洋生物物种及主要的典型生态类型，对海洋生物多样性和生态系统的保护发挥了重要作用。现将国务院批准并公布的部分国家级海洋自然保护区列于表 1-9-2。

表 1-9-2 我国部分国家级海洋自然保护区

保护区名称	所在地区	总面积	批准时间
蛇岛-老铁山国家级自然保护区	辽宁大连	14 595hm^2	1980 年 8 月
大连斑海豹国家级自然保护区	辽宁大连	90.9 万 hm^2	1997 年 12 月
成山头海滨地貌国家级自然保护区	辽宁大连	1 350hm^2	2001 年 6 月
丹东鸭绿江口滨海湿地国家级自然保护区	辽宁东港	10.8 万 hm^2	1997 年 12 月
双台河口水禽国家级自然保护区	辽宁盘锦	12.8 万 hm^2	1988 年 5 月
昌黎黄金海岸国家级自然保护区	河北秦皇岛	30 000hm^2	1990 年 9 月
天津古海岸与湿地国家级保护区	天津	200km^2	1992 年 10 月
黄河三角洲国家级保护区	山东东营	15.3 万 hm^2	1992 年 10 月
长岛国家级自然保护区	山东长岛	5 300hm^2	1988 年 5 月
滨州贝壳堤岛与湿地国家级自然保护区	山东无棣	80 480hm^2	2006 年 2 月
九段沙湿地国家级自然保护区	上海	423.2km^2	2005 年 7 月
崇明东滩鸟类国家级自然保护区	上海	32 600hm^2	2005 年 7 月
盐城沿海滩涂珍禽国家级自然保护区	江苏盐城	45.3 万 hm^2	1992 年 10 月
南麂列岛海洋国家级自然保护区	浙江平阳	20 106hm^2	1990 年 9 月
象山韭山列岛国家级自然保护区	浙江舟山群岛	484.8km^2	2011 年 4 月
厦门珍稀海洋物种国家级自然保护区	福建厦门	33 088hm^2	2000 年 4 月
深沪湾海底古森林遗迹国家级自然保护区	福建晋江	31km^2	1992 年 10 月
漳江口红树林国家级自然保护区	福建云霄	2 360hm^2	2003 年 6 月
闽江河口湿地国家级自然保护区	福建福州	3 219hm^2	2013 年 6 月

续表

保护区名称	所在地区	总面积	批准时间
雷州珍稀海洋生物国家级自然保护区	广东雷州	46 864.7hm^2	2008 年 1 月
徐闻珊瑚礁国家级自然保护区	广东徐闻	14 378.5hm^2	2007 年 4 月
惠东港口海龟国家级自然保护区	广东惠东	1 400hm^2	1992 年 10 月
湛江红树林国家级保护区	广东湛江	20 278.8hm^2	1997 年 12 月
珠江口中华白海豚国家级自然保护区	广东珠海	460km^2	2003 年 6 月
内伶仃岛-福田国家级自然保护区	广东深圳	858hm^2	1988 年 5 月
广东南澎列岛国家级自然保护区	广东南澎列岛	35 679hm^2	2012 年 8 月
山口红树林生态国家级自然保护区	广西合浦	80km^2	1990 年 9 月
合浦儒艮国家级自然保护区	广西合浦	＞300km^2	1992 年 10 月
北仑河口红树林生态国家级自然保护区	广西防城港防城和东兴	3 000hm^2	2000 年 4 月
三亚珊瑚礁国家级自然保护区	海南三亚	8 500hm^2	1990 年 9 月
东寨港红树林国家级自然保护区	海南海口	＞4 000hm^2	1986 年 7 月
铜鼓岭国家级自然保护区	海南文昌	44km^2	2003 年 1 月
大洲岛海洋生态国家级自然保护区	海南万宁	70km^2	1990 年 9 月

为了保护水生生物多样性、合理利用与开发海洋和水生生物资源，截至 2013 年，农业部已核准并公布了六批国家级水产种质资源保护区的面积、范围和功能分工。2013 年，我国已经建成 368 处国家级水产种质资源保护区（详见表 1-9-3 至表 1-9-8），其中国家级海洋水产种质资源保护区 53 处（表 1-9-9），实行禁渔区和禁渔期，禁止底拖网，以及制定各种保护海洋环境和资源的法规。

表 1-9-3 第一批国家级水产种质资源保护区名单

编号	保护区名称	所在地区
1501	黄河鄂尔多斯段黄河鲶国家级水产种质资源保护区	内蒙古
1502	额尔古纳河根河段哲罗鱼国家级水产种质资源保护区	
2201	密江河大麻哈鱼国家级水产种质资源保护区	吉林
2202	鸭绿江集安段石川氏哲罗鱼国家级水产种质资源保护区	
2203	嫩江大安段乌苏里拟鲿国家级水产种质资源保护区	
2301	黑龙江萝北段乌苏里白鲑国家级水产种质资源保护区	黑龙江
2302	盘古河细鳞鱼江鳕国家级水产种质资源保护区	

续表

编号	保护区名称	所在地区
3201	海州湾中国对虾国家级水产种质资源保护区	江苏
3202	太湖银鱼翘嘴红鲌秀丽白虾国家级水产种质资源保护区	
3203	洪泽湖青虾河蚬国家级水产种质资源保护区	
3204	阳澄湖中华绒螯蟹国家级水产种质资源保护区	
3205	长江靖江段中华绒螯蟹鳜鱼国家级水产种质资源保护区	
3206	蒋家沙竹根沙泥螺文蛤国家级水产种质资源保护区	
3501	官井洋大黄鱼国家级水产种质资源保护区	福建
3601	鄱阳湖鳜鱼翘嘴红鲌国家级水产种质资源保护区	江西
3701	崆峒列岛刺参国家级水产种质资源保护区	山东
3702	南四湖乌鳢青虾国家级水产种质资源保护区	
3703	长岛皱纹盘鲍光棘球海胆国家级水产种质资源保护区	
3704	海州湾大竹蛏国家级水产种质资源保护区	
3705	莱州湾单环刺螠近江牡蛎国家级水产种质资源保护区	
3706	靖海湾松江鲈鱼国家级水产种质资源保护区	
4101	黄河郑州段黄河鲤国家级水产种质资源保护区	河南
4102	淇河鲫鱼国家级水产种质资源保护区	
4201	梁子湖武昌鱼国家级水产种质资源保护区	湖北
4202	西凉湖鳜鱼黄颡鱼国家级水产种质资源保护区	
4301	东洞庭湖鲤鲫黄颡国家级水产种质资源保护区	湖南
4302	南洞庭湖银鱼三角帆蚌国家级水产种质资源保护区	
4303	湘江湘潭段野鲤国家级水产种质资源保护区	
4401	西江广东鲂国家级水产种质资源保护区	广东
4402	上下川岛中国龙虾国家级水产种质资源保护区	
4403	石窟河斑鳠国家级水产种质资源保护区	广东
4404	流溪河光倒刺鲃国家级水产种质资源保护区	
5301	弥苴河大理裂腹鱼国家级水产种质资源保护区	云南
5302	南捧河四须鲃国家级水产种质资源保护区	
6201	黄河刘家峡兰州鲶国家级水产种质资源保护区	甘肃
6301	青海湖裸鲤国家级水产种质资源保护区	青海

续表

编号	保护区名称	所在地区
6401	黄河卫宁段兰州鲶国家级水产种质资源保护区	宁夏
6402	黄河青石段大鼻吻鮈国家级水产种质资源保护区	宁夏
0001	辽东湾渤海湾莱州湾国家级水产种质资源保护区	渤海
0002	黄河上游特有鱼类国家级水产种质资源保护区	四川、甘肃、青海

表 1-9-4　第二批国家级水产种质资源保护区名单

编号	保护区名称	所在地区
1301	阜平中华鳖国家级水产种质资源保护区	河北
1401	圣天湖鲶鱼黄河鲤国家级水产种质资源保护区	山西
1503	呼伦湖红鳍鲌国家级水产种质资源保护区	内蒙古
1504	达里诺尔湖雅罗鱼国家级水产种质资源保护区	内蒙古
2101	双台子河口海蜇中华绒螯蟹国家级水产种质资源保护区	辽宁
2204	鸭绿江云峰段斑鳜茴鱼国家级水产种质资源保护区	吉林
2205	牡丹江上游黑斑狗鱼国家级水产种质资源保护区	吉林
2206	珲春河大麻哈鱼国家级水产种质资源保护区	吉林
2303	黑龙江嘉荫段黑斑狗鱼雅罗鱼国家级水产种质资源保护区	黑龙江
2304	松花江乌苏里拟鲿细鳞斜颌鲴国家级水产种质资源保护区	黑龙江
2305	黑龙江李家岛翘嘴鲌国家级水产种质资源保护区	黑龙江
3207	长江大胜关长吻鮠铜鱼国家级水产种质资源保护区	江苏
3208	固城湖中华绒螯蟹国家级水产种质资源保护区	江苏
3209	高邮湖大银鱼湖鲚国家级水产种质资源保护区	江苏
3210	长江扬州段四大家鱼国家级水产种质资源保护区	江苏
3211	白马湖泥鳅沙塘鳢国家级水产种质资源保护区	江苏
3301	乐清湾泥蚶国家级水产种质资源保护区	浙江
3401	泊湖秀丽白虾青虾国家级水产种质资源保护区	安徽
3402	长江安庆江段长吻鮠大口鲶鳜鱼国家级水产种质资源保护区	安徽
3403	武昌湖中华鳖黄鳝国家级水产种质资源保护区	安徽
3404	破罡湖黄颡鱼国家级水产种质资源保护区	安徽
3405	焦港湖芡实国家级水产种质资源保护区	安徽

续表

编号	保护区名称	所在地区
3602	桃江刺鲃国家级水产种质资源保护区	江西
3603	庐山西海鳡国家级水产种质资源保护区	
3604	太泊湖彭泽鲫国家级水产种质资源保护区	
3605	泸溪河大鳍鳠国家级水产种质资源保护区	
3606	抚河鳜鱼国家级水产种质资源保护区	
3707	泰山赤鳞鱼国家级水产种质资源保护区	山东
3708	马颊河文蛤国家级水产种质资源保护区	
3709	蓬莱牙鲆黄盖鲽国家级水产种质资源保护区	
3710	黄河口半滑舌鳎国家级水产种质资源保护区	
3711	灵山岛皱纹盘鲍刺参国家级水产种质资源保护区	
4103	光山青虾国家级水产种质资源保护区	河南
4104	宿鸭湖褶纹冠蚌国家级水产种质资源保护区	
4203	淤泥湖团头鲂国家级水产种质资源保护区	湖北
4204	长湖鲌类国家级水产种质资源保护区	
4205	长江黄石段四大家鱼国家级水产种质资源保护区	
4206	汉江沙洋段长吻鮠瓦氏黄颡鱼国家级水产种质资源保护区	
4207	汉江钟祥段鳡鳤鯮鱼国家级水产种质资源保护区	
4304	南洞庭湖大口鲶青虾中华鳖国家级水产种质资源保护区	湖南
4305	南洞庭湖草龟中华鳖国家级水产种质资源保护区	
4405	增江光倒刺鲃大刺鳅国家级水产种质资源保护区	广东
4406	海陵湾近江牡蛎国家级水产种质资源保护区	
4407	西江赤眼鳟海南红鲌国家级水产种质资源保护区	
4501	漓江光倒刺鲃金线鲃国家级水产种质资源保护区	广西
4601	西沙东岛海域国家级水产种质资源保护区	海南
5001	长江重庆段四大家鱼国家级水产种质资源保护区	重庆
5101	大通江河岩原鲤国家级水产种质资源保护区	四川
5102	郪江黄颡鱼国家级水产种质资源保护区	
5103	渠江黄颡鱼白甲鱼国家级水产种质资源保护区	
5104	嘉陵江岩原鲤中华倒刺鲃国家级水产种质资源保护区	

续表

编号	保护区名称	所在地区
5303	元江鲤国家级水产种质资源保护区	云南
5304	槟榔江黄斑褶鮡拟鳗国家级水产种质资源保护区	
5305	澜沧江短须鲶中华刀鲶叉尾鲶国家级水产种质资源保护区	
6101	黑河多鳞铲颌鱼国家级水产种质资源保护区	陕西
6102	黄河洽川段乌鳢国家级水产种质资源保护区	
6202	白水江重口裂腹鱼国家级水产种质资源保护区	甘肃
6203	洮河扁咽齿鱼国家级水产种质资源保护区	
6204	大夏河裸裂尻鱼国家级水产种质资源保护区	
6302	扎陵湖鄂陵湖花斑裸鲤极边扁咽齿鱼国家级水产种质资源保护区	青海
6303	玛柯河重口裂腹鱼国家级水产种质资源保护区	
0003	东海带鱼国家级水产种质资源保护区	东海
0004	北部湾二长棘鲷长毛对虾国家级水产种质资源保护区	南海

表 1-9-5 第三批国家级水产种质资源保护区名单

编号	保护区名称	所在地区
1302	衡水湖国家级水产种质资源保护区	河北
1303	白洋淀国家级水产种质资源保护区	
1304	秦皇岛海域国家级水产种质资源保护区	
1402	沁河特有鱼类国家级水产种质资源保护区	山西
2207	松花江头道江特有鱼类国家级水产种质资源保护区	吉林
2306	黑龙江呼玛湾特有鱼类国家级水产种质资源保护区	黑龙江
2307	海浪河特有鱼类国家级水产种质资源保护区	
3212	骆马湖国家级水产种质资源保护区	江苏
3213	滆湖国家级水产种质资源保护区	
3214	长荡湖国家级水产种质资源保护区	
3215	邵伯湖国家水产种质资源保护区	
3216	长漾湖国家级水产种质资源保护区	
3302	千岛湖国家级水产种质资源保护区	浙江
3303	东西苕溪国家级水产种质资源保护区	

续表

编号	保护区名称	所在地区
3406	徽水河特有鱼类国家级水产种质资源保护区	安徽
3407	长江安庆段四大家鱼国家级水产种质资源保护区	
3408	阊江特有鱼类国家级水产种质资源保护区	
3409	城西湖国家级水产种质资源保护区	
3607	萍水河特有鱼类国家级水产种质资源保护区	江西
3608	万年河特有鱼类国家级水产种质资源保护区	
3609	潋水特有鱼类国家级水产种质资源保护区	
3610	信江特有鱼类国家级水产种质资源保护区	
3712	靖子湾国家级水产种质资源保护区	山东
3713	乳山湾国家级种质资源保护区	
3714	前三岛海域国家级水产种质资源保护区	
3715	小石岛刺参国家级水产种质资源保护区	
3716	桑沟湾国家级水产种质资源保护区	
4105	南湾湖国家级水产种质资源保护区	河南
4106	丹江特有鱼类国家级水产种质资源保护区	
4208	太白湖国家级水产种质资源保护区	湖北
4209	长江监利段四大家鱼国家级水产种质资源保护区	
4210	丹江鲌类国家级水产种质资源保护区	
4211	皤河特有鱼类国家级水产种质资源保护区	
4306	沅水特有鱼类国家级水产种质资源保护区	湖南
4307	澧水源特有鱼类国家级水产种质资源保护区	
4408	西江肇庆段国家级水产种质资源保护区	广东
4409	北江英德段国家级水产种质资源保护区	
4502	西江梧州段国家级水产种质资源保护区	广西
4602	万泉河国家级水产种质资源保护区	海南
5002	嘉陵江合川段国家级水产种质资源保护区	重庆
5105	梓江国家级水产种质资源保护区	四川
5106	仪陇河特有鱼类国家级水产种质资源保护区	
5107	濛溪河特有鱼类国家级水产种质资源保护区	

续表

编号	保护区名称	所在地区
5201	锦江河特有鱼类国家级水产种质资源保护区	贵州
5202	蒙江坝王河特有鱼类国家级水产种质资源保护区	
5306	滇池国家级水产种质资源保护区	云南
5307	抚仙湖特有鱼类国家级水产种质资源保护区	
5308	白水江特有鱼类国家级水产种质资源保护区	
6103	嘉陵江源特有鱼类国家级水产种质资源保护区	陕西
6104	辋川河特有鱼类国家级水产种质资源保护区	
6205	永宁河特有鱼类国家级水产种质资源保护区	甘肃
6206	白龙江特有鱼类国家级水产种质资源保护区	
6207	洮河特有鱼类国家级水产种质资源保护区	
6304	黄河尖扎段特有鱼类国家级水产种质资源保护区	青海
6501	喀纳斯湖特有鱼类国家级水产种质资源保护区	新疆
6502	叶尔羌河特有鱼类国家级水产种质资源保护区	
0005	吕泗渔场小黄鱼银鲳国家级水产种质资源保护区	东海

表 1-9-6　第四批国家级水产种质资源保护区名单

编号	保护区名称	所在地区
1305	昌黎海域国家级水产种质资源保护区	河北
1306	南戴河海域国家级水产种质资源保护区	
1307	南大港国家级水产种质资源保护区	
1308	滦河特有鱼类国家级水产种质资源保护区	
1309	柳河特有鱼类国家级水产种质资源保护区	
1505	古列也吐湖国家级水产种质资源保护区	内蒙古
2102	三山岛海域国家级水产种质资源保护区	辽宁
2208	松花江宁江段国家级水产种质资源保护区	吉林
2209	二龙湖国家级水产种质资源保护区	
2210	西北岔河特有鱼类国家级水产种质资源保护区	
2308	松花江肇东段国家级水产种质资源保护区	黑龙江
2309	黑龙江同江段国家级水产种质资源保护区	
2310	松花江木兰段国家级水产种质资源保护区	
2311	黑龙江逊克段国家级水产种质资源保护区	

续表

编号	保护区名称	所在地区
3217	射阳湖国家级水产种质资源保护区	江苏
3304	象山港蓝点马鲛国家级水产种质资源保护区	浙江
3410	秋浦河特有鱼类国家级水产种质资源保护区	安徽
3411	城东湖国家级水产种质资源保护区	
3412	嬉子湖国家级水产种质资源保护区	
3413	万佛湖国家级水产种质资源保护区	
3502	西溪中华鳖国家级水产种质资源保护区	福建
3611	定江河特有鱼类国家级水产种质资源保护区	江西
3612	袁河上游特有鱼类国家级水产种质资源保护区	
3717	荣成湾国家级水产种质资源保护区	山东
3718	套尔河口海域国家级水产种质资源保护区	
3719	千里岩海域国家级水产种质资源保护区	
3720	日照海域西施舌国家级水产种质资源保护区	
3721	东平湖国家级水产种质资源保护区	
4107	沙河特有鱼类国家级水产种质资源保护区	河南
4108	泼河特有鱼类国家级水产种质资源保护区	
4109	伊河特有鱼类国家级水产种质资源保护区	
4212	上津湖国家级水产种质资源保护区	湖北
4213	花马湖国家级水产种质资源保护区	
4214	洪湖国家级水产种质资源保护区	
4215	汉江汉川段国家级水产种质资源保护区	
4216	沮漳河特有鱼类国家级水产种质资源保护区	
4217	玉泉河特有鱼类国家级水产种质资源保护区	
4308	湘江衡阳段四大家鱼国家级水产种质资源保护区	湖南
4309	浏阳河特有鱼类国家级水产种质资源保护区	
4410	榕江特有鱼类国家级水产种质资源保护区	广东
4411	凌江特有鱼类国家级水产种质资源保护区	

续表

编号	保护区名称	所在地区
5108	通河特有鱼类国家级水产种质资源保护区	四川
5109	嘉陵江南部段国家级水产种质资源保护区	
5110	构溪河特有鱼类国家级水产种质资源保护区	
5111	龙潭河特有鱼类国家级水产种质资源保护区	
5112	巴河特有鱼类国家级水产种质资源保护区	
5113	后河特有鱼类国家级水产种质资源保护区	
5309	怒江中上游特有鱼类国家级水产种质资源保护区	云南
5310	程海湖特有鱼类国家级水产种质资源保护区	
5401	巴松措特有鱼类国家级水产种质资源保护区	西藏
6105	库峪河特有鱼类国家级水产种质资源保护区	陕西
6106	汉江西乡段国家级水产种质资源保护区	
6208	黄河黑山峡段国家级水产种质资源保护区	甘肃
6209	疏勒河特有鱼类国家级水产种质资源保护区	
6210	洮河定西特有鱼类国家级水产种质资源保护区	
6305	黄河贵德段特有鱼类国家级水产种质资源保护区	青海
6403	西吉震湖特有鱼类国家级水产种质资源保护区	宁夏
6503	艾比湖特有鱼类国家级水产种质资源保护区	新疆
6504	乌伦古湖特有鱼类国家级水产种质资源保护区	
0006	西沙群岛永乐环礁海域国家级水产种质资源保护区	南海

表 1-9-7　第五批国家级水产种质资源保护区名单

编号	保护区名称	所在地区
1310	柏坡湖国家级水产种质资源保护区	河北
1311	沙漳河红鳍原鲌青虾国家级水产种质资源保护区	
1312	永年洼黄鳝泥鳅国家级水产种质资源保护区	
2211	嫩江镇赉段国家级水产种质资源保护区	吉林
2212	小石河冷水鱼国家级水产种质资源保护区	
2213	月亮湖国家级水产种质资源保护区	

续表

编号	保护区名称	所在地区
2312	黑龙江抚远段鲟鳇鱼国家级水产种质资源保护区	黑龙江
2313	绥芬河东宁段滩头鱼大麻哈鱼国家级水产种质资源保护区	
2314	牤牛河国家级水产种质资源保护区	
2315	嫩江卧都河茴鱼哲罗鲑国家级水产种质资源保护区	
3218	宝应湖国家级水产种质资源保护区	江苏
3219	长江如皋段刀鲚国家级水产种质资源保护区	
3220	太湖青虾中华绒螯蟹国家级水产种质资源保护区	
3414	淮河淮南段长吻鮠国家级水产种质资源保护区	安徽
3415	青龙湖光倒刺鲃国家级水产种质资源保护区	
3416	龙窝湖细鳞斜颌鲴国家级水产种质资源保护区	
3503	漳港西施舌国家级水产种质资源保护区	福建
3504	汀江大刺鳅国家级水产种质资源保护区	
3505	九曲溪光倒刺鲃国家级水产种质资源保护区	
3722	广饶海域竹蛏国家级水产种质资源保护区	山东
3723	黄河口文蛤国家级水产种质资源保护区	
3724	长岛许氏平鲉国家级水产种质资源保护区	
4110	洛河鲤鱼国家级水产种质资源保护区	河南
4111	老鸦河花鱼骨国家级水产种质资源保护区	
4112	鸭河口水库蒙古红鲌国家级水产种质资源保护区	
4218	保安湖鳜鱼国家级水产种质资源保护区	湖北
4219	鲁湖鳜鲌国家级水产种质资源保护区	
4220	五湖黄鳝国家级水产种质资源保护区	
4221	赤东湖鳊国家级水产种质资源保护区	
4222	清江白甲鱼国家级水产种质资源保护区	
4223	惠亭水库中华鳖国家级水产种质资源保护区	
4310	洞庭湖口铜鱼短颌鲚国家级水产种质资源保护区	湖南
4311	湘江刺鲃厚唇鱼华鳊国家级水产种质资源保护区	
4312	沅水辰溪段鲌类黄颡鱼国家级水产种质资源保护区	
4412	新丰江国家级水产种质资源保护区	广东
4413	鉴江口尖紫蛤国家级水产种质资源保护区	

续表

编号	保护区名称	所在地区
4503	柳江长臀鮠桂华鲮赤魟国家级水产种质资源保护区	广西
5114	渠江岳池段长薄鳅大鳍鳠国家级水产种质资源保护区	四川
5115	恩阳河中华鳖国家级水产种质资源保护区	
5116	李家河鲫鱼国家级水产种质资源保护区	
5117	西河剑阁段特有鱼类国家级水产种质资源保护区	
5118	南河白甲鱼瓦氏黄颡鱼国家级水产种质资源保护区	
5119	焦家河重口裂腹鱼国家级水产种质资源保护区	
5120	清江河特有鱼类国家级水产种质资源保护区	
5121	岷江长吻鮠国家级水产种质资源保护区	
5122	硬头河特有鱼类国家级水产种质资源保护区	
5123	濑溪河翘嘴鲌蒙古鲌国家级水产种质资源保护区	
5124	巴河岩原鲤花鲮国家级水产种质资源保护区	
5203	太平河闵孝河特有鱼类国家级水产种质资源保护区	贵州
5311	南腊河特有鱼类国家级水产种质资源保护区	云南
5312	谷拉河特有鱼类国家级水产种质资源保护区	
6107	渭河国家级水产种质资源保护区	陕西
6108	黄河滩中华鳖国家级水产种质资源保护区	
6109	褒河特有鱼类国家级水产种质资源保护区	
6211	黄河景泰段特有鱼类国家级水产种质资源保护区	甘肃
6212	嘉陵江两当段特有鱼类国家级水产种质资源保护区	
6213	冶木河羊沙河特有鱼类国家级水产种质资源保护区	
6306	格曲河特有鱼类国家级水产种质资源保护区	青海
6307	沱沱河特有鱼类国家级水产种质资源保护区	
6505	库依尔特河北极茴鱼国家级水产种质资源保护区	新疆
6506	博斯腾湖国家级水产种质资源保护区	
0007	黄河中游禹门口至三门峡段国家级水产种质资源保护区	山西、陕西、河南

表 1-9-8　第六批国家级水产种质资源保护区名单

编号	保护区名称	所在地区
1313	山海关海域国家级水产种质资源保护区	河北
1314	永定河中华鳖青虾黄颡鱼国家级水产种质资源保护区	

续表

编号	保护区名称	所在地区
1506	甘河哲罗鱼细鳞鱼国家级水产种质资源保护区	内蒙古
1507	霍林河黄颡鱼国家级水产种质资源保护区	
2103	海洋岛国家级水产种质资源保护区	辽宁
2214	大黄泥河唇鱼骨国家级水产种质资源保护区	吉林
2215	哈泥河东北七鳃鳗国家级水产种质资源保护区	
2216	鸭绿江临江段马口鱼国家级水产种质资源保护区	
2316	松花江肇源段花鱼骨国家级水产种质资源保护区	黑龙江
2317	松花江双城段鳜银鲴国家级水产种质资源保护区	
2318	兴凯湖翘嘴鲌国家级水产种质资源保护区	
2319	乌苏里江四排段哲罗鱼鲂国家级水产种质资源保护区	
3221	如东大竹蛏西施舌国家级水产种质资源保护区	江苏
3222	洪泽湖银鱼国家级水产种质资源保护区	
3223	骆马湖青虾国家级水产种质资源保护区	
3224	太湖梅鲚河蚬国家级水产种质资源保护区	
3225	淀山湖河蚬翘嘴红鲌国家级水产种质资源保护区	
3305	庆元大鲵国家级水产种质资源保护区	浙江
3417	池河翘嘴鲌国家级水产种质资源保护区	安徽
3418	长江河宽鳍鱲马口鱼国家级水产种质资源保护区	
3419	怀洪新河太湖新银鱼国家级水产种质资源保护区	
3506	湖洋溪黑脊倒刺鲃国家级水产种质资源保护区	福建
3613	赣江峡江段四大家鱼国家级水产种质资源保护区	江西
3614	琴江细鳞斜颌鲴国家级水产种质资源保护区	
3615	上犹江特有鱼类国家级水产种质资源保护区	
3616	东江源平胸龟国家级水产种质资源保护区	
3725	五龙河鲤国家级水产种质资源保护区	山东
3726	荣成楮岛藻类国家级水产种质资源保护区	
3727	日照中国对虾国家级水产种质资源保护区	
3728	无棣中国毛虾国家级水产种质资源保护区	
3729	月湖长蛸国家级水产种质资源保护区	
3730	泗水桃花水母国家级水产种质资源保护区	

续表

编号	保护区名称	所在地区
4113	小潢河中华鳖国家级水产种质资源保护区	河南
4114	汝河黄颡鱼国家级水产种质资源保护区	
4115	淇河鹤壁段淇河鲫鱼国家级水产种质资源保护区	
4224	王母湖团头鲂短颌鲚国家级水产种质资源保护区	湖北
4225	武湖黄颡鱼国家级水产种质资源保护区	
4226	观音湖鳜国家级水产种质资源保护区	
4227	汉北河瓦氏黄颡鱼国家级水产种质资源保护区	
4228	杨柴湖沙塘鳢刺鳅国家级水产种质资源保护区	
4229	汉江潜江段四大家鱼国家级水产种质资源保护区	
4230	涢水翘嘴鲌国家级水产种质资源保护区	
4231	崇湖黄颡鱼国家级水产种质资源保护区	
4232	庙湖翘嘴鲌国家级水产种质资源保护区	
4233	野猪湖鲌类国家级水产种质资源保护区	
4234	策湖黄颡鱼乌鳢国家级水产种质资源保护区	
4235	南海湖短颌鲚国家级水产种质资源保护区	
4236	牛浪湖鳜国家级水产种质资源保护区	
4237	猪婆湖花鱼骨国家级水产种质资源保护区	
4238	府河细鳞鲴国家级水产种质资源保护区	
4239	钱河鲶国家级水产种质资源保护区	
4313	沅水鼎城段褶纹冠蚌国家级水产种质资源保护区	湖南
4314	东洞庭湖中国圆田螺国家级水产种质资源保护区	
4315	资水新化段鳜鲌国家级水产种质资源保护区	
4316	湘江株洲段鲴鱼国家级水产种质资源保护区	
4317	耒水斑鳢国家级水产种质资源保护区	
4414	潭江广东鲂国家级水产种质资源保护区	广东
4415	汕尾碣石湾鲻鱼长毛对虾国家级水产种质资源保护区	
5125	消水河国家级水产种质资源保护区	四川
5126	大洪河国家级水产种质资源保护区	
5127	凯江国家级水产种质资源保护区	
5128	镇溪河南方鲇翘嘴鲌国家级水产种质资源保护区	
5129	插江国家级水产种质资源保护区	

续表

编号	保护区名称	所在地区
5204	潕阳河特有鱼类国家级水产种质资源保护区	贵州
5205	马蹄河鲶黄颡鱼国家级水产种质资源保护区	
5206	龙川河泉水鱼鳜国家级水产种质资源保护区	
5207	六冲河裂腹鱼国家级水产种质资源保护区	
5208	油杉河特有鱼类国家级水产种质资源保护区	
5313	普文河特有鱼类国家级水产种质资源保护区	云南
5314	官寨河特有鱼类国家级水产种质资源保护区	
6404	沙湖特有鱼类国家级水产种质资源保护区	宁夏
5402	尼洋河特有鱼类国家级水产种质资源保护区	西藏
6110	沮河上游国家级水产种质资源保护区	陕西
6111	丹江源国家级水产种质资源保护区	
6112	千河国家级水产种质资源保护区	
6113	湑水河国家级水产种质资源保护区	
6114	甘峪河秦岭细鳞鲑国家级水产种质资源保护区	
6115	任河多鳞铲颌鱼国家级水产种质资源保护区	
6214	渭河源头特有鱼类国家级水产种质资源保护区	甘肃
6215	洮河甘南段特有鱼类国家级水产种质资源保护区	
6308	大通河特有鱼类国家级水产种质资源保护区	青海
6309	黑河特有鱼类国家级水产种质资源保护区	
6310	楚玛尔河特有鱼类国家级水产种质资源保护区	
6507	开都河特有鱼类国家级水产种质资源保护区	新疆
0008	黄河鲁豫交界段国家级水产种质资源保护区	山东、河南
0009	长江刀鲚国家级水产种质资源保护区	上海、江苏、安徽

表 1-9-9　国家级水产种质资源保护区——海洋水产种质资源保护区

编号	保护区名称	所在地区
	第一批国家级水产种质资源保护区中的海洋水产种质资源保护区	
2201	密江河大麻哈鱼国家级水产种质资源保护区	吉林
3201	海州湾中国对虾国家级水产种质资源保护区	江苏
3204	阳澄湖中华绒螯蟹国家级水产种质资源保护区	江苏
3205	长江靖江段中华绒螯蟹鳜鱼国家级水产种质资源保护区	江苏

续表

编号	保护区名称	所在地区
3501	官井洋大黄鱼国家级水产种质资源保护区	福建
3701	崆峒列岛刺参国家级水产种质资源保护区	山东
3703	长岛皱纹盘鲍光棘球海胆国家级水产种质资源保护区	山东
3704	海州湾大竹蛏国家级水产种质资源保护区	山东
3705	莱州湾单环刺螠近江牡蛎国家级水产种质资源保护区	山东
3706	靖海湾松江鲈鱼国家级水产种质资源保护区	山东
4402	上下川岛中国龙虾国家级水产种质资源保护区	广东
0001	辽东湾渤海湾莱州湾国家级水产种质资源保护区	渤海
	第二批国家级水产种质资源保护区名单中的海洋水产种质资源保护区	
2206	珲春河大麻哈鱼国家级水产种质资源保护区	吉林
3301	乐清湾泥蚶国家级水产种质资源保护区	浙江
3708	马颊河文蛤国家级水产种质资源保护区	山东
3709	蓬莱牙鲆黄盖鲽国家级水产种质资源保护区	山东
3710	黄河口半滑舌鳎国家级水产种质资源保护区	山东
3711	灵山岛皱纹盘鲍刺参国家级水产种质资源保护区	山东
4406	海陵湾近江牡蛎国家级水产种质资源保护区	广东
4601	西沙东岛海域国家级水产种质资源保护区	海南
0003	东海带鱼国家级水产种质资源保护区	东海
0004	北部湾二长棘鲷长毛对虾国家级水产种质资源保护区	南海
	第三批国家级水产种质资源保护区中的海洋水产种质资源保护区	
1304	秦皇岛海域国家级水产种质资源保护区	河北
3712	靖子湾国家级水产种质资源保护区	山东
3713	乳山湾国家级种质资源保护区	山东
3714	前三岛海域国家级水产种质资源保护区	山东
3715	小石岛刺参国家级水产种质资源保护区	山东
3716	桑沟湾国家级水产种质资源保护区	山东
0005	吕泗渔场小黄鱼银鲳国家级水产种质资源保护区	东海
	第四批国家级水产种质资源保护区中的海洋水产种质资源保护区	
1305	昌黎海域国家级水产种质资源保护区	河北
1306	南戴河海域国家级水产种质资源保护区	河北
1307	南大港国家级水产种质资源保护区	河北

续表

编号	保护区名称	所在地区
2102	三山岛海域国家级水产种质资源保护区	辽宁
3304	象山港蓝点马鲛国家级水产种质资源保护区	浙江
3717	荣成湾国家级水产种质资源保护区	山东
3718	套尔河口海域国家级水产种质资源保护区	山东
3719	千里岩海域国家级水产种质资源保护区	山东
3720	日照海域西施舌国家级水产种质资源保护区	山东
0006	西沙群岛永乐环礁海域国家级水产种质资源保护区	南海
	第五批国家级水产种质资源保护区名单中的海洋水产种质资源保护区	
3503	漳港西施舌国家级水产种质资源保护区	福建
3722	广饶海域竹蛏国家级水产种质资源保护区	山东
3723	黄河口文蛤国家级水产种质资源保护区	山东
3724	长岛许氏平鲉国家级水产种质资源保护区	山东
4413	鉴江口尖紫蛤国家级水产种质资源保护区	广东
	第六批国家级水产种质资源保护区名单中的海洋水产种质资源保护区	
1313	山海关海域国家级水产种质资源保护区	河北
2103	海洋岛国家级水产种质资源保护区	辽宁
3221	如东大竹蛏西施舌国家级水产种质资源保护区	江苏
3726	荣成楮岛藻类国家级水产种质资源保护区	山东
3727	日照中国对虾国家级水产种质资源保护区	山东
3728	无棣中国毛虾国家级水产种质资源保护区	山东
3729	月湖长蛸国家级水产种质资源保护区	山东
4415	汕尾碣石湾鲻鱼长毛对虾国家级水产种质资源保护区	广东
0009	长江刀鲚国家级水产种质资源保护区	上海、江苏、安徽

为了加强自然保护区的建设和管理，保护自然环境和自然资源，国务院于 1994 年 10 月 9 日颁布《中华人民共和国自然保护区条例》，同年 12 月 1 日起实施。

二、防止遗传瓶颈和遗传漂变的发生

遗传瓶颈（genetic bottleneck）是指群体内个体数量突然而剧烈地减少，只保留小部分，如同只保留位于瓶颈上的一小部分。瓶颈使群体的总变异量减少。农药的滥用、传染病的发生、生态的破坏、环境的污染等往往使种群发生遗传瓶颈。遗传漂变（genetic drift）是指一个有限群体中一代又一代的个体随机选留和个体之间随机交配所引起的基因频率的随机变化。它可导致变异的不断丧失。遗传漂变可以是自然界（如地震、水灾等）引起的或者是人为引起的。

三、维护群体繁育体系的有效大小

维持群体繁育体系的有效大小实际上就是通过防止近交，降低近交系数，来维持群体内部的多样性。群体大小直接影响群体的遗传变异。群体越大，基因库越大，近交程度越小，杂合度越高，能容纳的变异越多，所获得的变异丧失越慢，遗传多样性也越大。有效群体小，近交程度大，容易造成杂合体缺失，出现不利的变异，使一些数量性状变差，导致种群退化。群体繁育体系的有效大小与群体内随机交配的雌、雄亲本的数目呈正相关。张国范和郑怀平（2009）的研究表明，海湾扇贝亲本较少时，子代群体遗传多样性下降，杂合度降低，出现了低频率基因丢失情况。他们认为，亲本数目至少应在 340 个，且群体内完全随机交配，才能不影响海湾扇贝遗传多样性的繁殖群体。

影响种群大小的人为因素，如污染养殖水域或天然渔场、缩小水生动物栖息区和繁殖场、酷渔滥捕、引种时引入敌害生物或竞争生物，也会破坏群体繁育体系的有效大小和遗传结构，应该依法杜绝。

四、保护珍稀野生动物

珍贵稀有的野生动物是人类的重要种质资源，也是生物多样性的重要组成部分，应当依法保护。保护的方法大致有三种：保护区保护、公园保护、基因库保护（陈领，1999）。我国政府在 20 世纪 80 年代已经规定了我国重点保护的对象，并将它们分为两类：第一类是必须经过中央政府有关部门特许才能捕捉的动物；第二类是必须经过省级政府有关部门批准才能捕捉的动物。其中，我国重点保护的濒危水生野生动物名录如表 1-9-10 所示。

表 1-9-10　中国重点保护的濒危水生野生动物

中文名	学名	分布
第一类		
白鱀豚	*Lipotes vexillifer*	长江中下游
中华白海豚	*Sousa chinensis*	渤海湾、东海和南海沿岸
儒艮	*Dugong dugon*	广西、广东、海南、台湾沿海
扬子鳄	*Alligator sinensis*	长江中下游
扁吻鱼	*Aspiorhynchus laticeps*	新疆
中华鲟	*Acipenser sinensis*	长江、珠江、钱塘江、闽江
达氏鲟	*Acipenser dabryanus*	长江

续表

中文名	学名	分布
白鲟	*Psephurus gladius*	长江、钱塘江
鼋	*Pelochelys bibroni*	江苏、浙江、福建、广东、贵州等省
库氏砗磲	*Tridacna cookiana*	海南、南海诸岛
鹦鹉螺	*Nautilus pompilius*	台湾、南海诸岛
红珊瑚	*Corallium* spp.	南海
多鳃孔舌形虫	*Glossobalanus polybranchioporus*	山东胶州湾
黄岛长吻虫	*Saccoglossus hwangtauensis*	山东胶州湾
第二类		
鳍脚目（所有种）	Pinnipedia	渤海、黄海、东海
水獭（所有种）	*Lutra* spp.	中国大部
小爪水獭	*Aonyx cinerea*	华南
黄唇鱼	*Bahaba flavolabiata*	东海、南海沿海
文昌鱼	*Branchiostoma belcheri*	渤海、黄海、东海、南海沿海
花鳗鲡	*Anguilla marmorata*	浙江、福建、广东、海南沿海河流
大海马	*Hippocampus kelloggi*	南海
松江鲈	*Trachidermus fasciatus*	渤海、黄海、东海沿岸
唐鱼	*Tanichthys albonubes*	广东
胭脂鱼	*Myxocyprinus asiaticus*	长江、闽江
大头鲤	*Cyprinus pellegrini*	云南
金线鲃	*Sinocyclocheilus grahami*	云南
大理裂腹鱼	*Schizothoraz taliensis*	云南
川陕哲罗鲑	*Hucho bleekeri*	四川、陕西
细鳞鲑	*Brachymystax lenok*	陕西
虎斑宝贝	*Cypraea tigris*	海南、台湾南部、南海诸岛
冠螺	*Cassis cornuta*	海南、台湾南部、南海诸岛
大珠母贝	*Pinctada maxima*	南海
佛耳丽蚌	*Lamprotula mansuyi*	广西
地龟	*Geoemyda spengleri*	云南、广东、广西、海南
云南闭壳龟	*Cuora yunnanensis*	云南
三线闭壳龟	*Cuora trifasciata*	福建、广东、广西、海南

续表

中文名	学名	分布
山瑞鳖	*Trionyx steindachneri*	广东、广西、贵州、海南
大鲵	*Andrias davidianus*	黄河、长江、珠江中上游
镇海疣螈	*Tylototriton chinhaiensis*	浙江
细痣疣螈	*Tylototriton asperrimus*	甘肃、四川、贵州、广西、广东
贵州疣螈	*Tylototriton kweichowensis*	贵州
大凉疣螈	*Tylototriton taliangensis*	四川
红瘰疣螈	*Tylototriton verrucosus*	云南
绿海龟	*Chelonia mydas*	东海、南海
蠵龟	*Caretta caretta*	黄海、东海、南海
太平洋丽龟	*Lepidochelys olivacea*	黄海、东海、南海
玳瑁	*Eretmochelys imbricata*	东海、南海
棱皮龟	*Dermochelys coriacea*	黄海、东海、南海
鲸类	Cetacea	渤海、黄海、东海、南海

五、正确运用人工繁殖技术防止近交

正确运用人工繁殖技术包括正确掌握人工催产技术、防止近亲繁殖、提高育苗和养成的存活率等，是人工养殖条件下维持养殖群体多样性的关键。人工繁殖的水生生物，若孵化率或存活率低下，也会造成遗传瓶颈作用（Sbordoni et al.，1986；Allendorf and Phelps，1980），因为它使遗传变异大大减少。Sbordoni 等（1987）报道，日本对虾被引入意大利后，连续 7 代人工孵化后的瓶颈作用，导致了杂合度从 0.102 降到 0.036。据 Allendorf 和 Phelps（1980）研究，切喉鲑的一个群体，由 60 尾左右野生鱼繁衍 14 年后，多态位点比例减少了 57%，每位点的等位基因减少了 29%，平均杂合度减少了 21%。

第四节　种质纯洁性的保护

水产动物的一些物种之间可以相互杂交，有的杂交后代甚至有生育能力，可以同亲本或亲本类群回交，致使亲本种群遗传结构破坏，影响自然资源的有效利用。罗非鱼属的一些物种就是如此，被引入我国后，这些物种在自然状态下互相混杂，彼此杂交，加上人们用杂交方法繁殖了大量子代，这些子代又混入自然群体，同原种交配，使罗非鱼种质纯洁性受到严重破坏。李思发和蔡完其（1995）的研究表明，我国尼罗罗非鱼和奥利亚罗非鱼养殖群体的遗传渐渗

十分严重，某罗非鱼良种场内的尼罗罗非鱼群体有 20% 的尼奥杂交鱼。我国现有的鲤鱼种群、品种之间，由于不加节制地杂交，杂交后代混入天然水域，造成了我国鲤鱼种质的混杂。李思发（1996）认为，在长江、珠江和黄河流域已很难找到不受遗传污染的鲤鱼原种。

河蟹在我国不同水系已形成长江、辽河、瓯江、闽江不同种群，有不同的形态表型和特征，这是长期自然选择和进化的结果。河蟹增养殖在我国发展很快，由于苗种北运南调和盲目移植，已引起河蟹不同水系间种质混杂和性状衰退（许加武等，1997）。

为了保护水产动物种质的纯洁性，拟应采取如下措施。

一、建立原、良种场

原、良种场是保持良种纯洁性的重要基地，其主要任务有三项：①将原、良种隔离起来繁殖，不与其他种群或品种混杂，使原种保持纯、壮。②维持和提高原种的特征和生产性能。在原种场内建立健全良种繁育体系，避免不必要的近交和近交衰退。③向社会提供质好、量多的种苗，满足生产和推广需要。我国已经在这方面做了许多努力，截至 2013 年，已建的鱼、蟹、鳖的原种场或生态库达 30 个以上（表 1-9-11），已建的国家级水产生物良种场 30 个以上（表 1-9-12）。

表 1-9-11　我国已建的国家级水产生物原种场

省份	场名	隶属单位	挂牌时间
黑龙江	黑龙江方正银鲫原种场	黑龙江省方正县水产总站	1998-09-29
吉林	吉林和龙细鳞鱼原种场	和龙市青龙渔业有限公司	2011-07-05
辽宁	大连刺参原种场	大连棒棰岛海参发展有限公司	2006-06-05
北京	北京施氏鲟原种场	北京渔夫水产技术开发中心	2009-12-08
天津	天津梭鱼原种场	天津市水产研究所	2005-12-31
山东	山东莱州半滑舌鳎原种场	莱州明波水产有限公司	2006-08-30
	山东威海刺参原种场	威海西港水产有限公司	2007-06-12
	山东威海花鲈原种场	威海裕隆水产开发有限公司	2008-10-06
	山东烟台黑鲷原种场	烟台泰华海珍品有限公司	2010-06-02
	山东蓬莱刺参原种场	山东安源水产股份有限公司	2013-07-23
	山东荣成刺参原种场	西霞口集团有限公司	2013-12-30
	山东蓬莱黄盖鲽原种场	蓬莱宗哲养殖有限公司	2013-07-23

续表

省份	场名	隶属单位	挂牌时间
江苏	江苏广陵长江系家鱼原种场	江苏省扬州市邗江区农业委员会	1998-05-06
	江苏南通紫菜种质库	江苏省海洋水产研究所	2000-01-19
	江苏高淳长江水系中华绒螯蟹原种场	江苏省高淳县农业局	2003-12-10
	江苏吴江四大家鱼原种场	吴江市水产养殖有限公司	2010-09-02
浙江	浙江嘉兴长江四大家鱼原种场	浙江省嘉兴市秀洲区农业经济局	1998-12-14
	浙江绍兴中华鳖原种场	绍兴中亚工贸园有限公司	2002-09-13
	浙江杭州钱塘江三角鲂原种场	杭州市农业科学研究院	2003-05-21
福建	福建官井洋大黄鱼原种场	宁德富发水产有限公司	2012-11-08
湖南	湖南鱼类原种场	湖南省水产科学研究所	1996-12-12
	湖南中华鳖原种场	湖南省水产科学研究所	2000-06-09
	湖南鳜鱼原种场	湖南省水产科学研究所	2009-09-23
江西	江西瑞昌长江四大家鱼原种场	瑞昌市畜牧水产局	1998-04-17
湖北	湖北监利四大家鱼原种场	湖北省监利县水产局	2000-12-29
	湖北石首老河长江四大家鱼原种场	湖北五湖集团	2000-12-29
	湖北鄂州团头鲂原种场	湖北省鄂州市水产局	2004-07-09
	湖北京山乌龟原种场	湖北京山盛昌水产养殖专业合作社	2012-06-18
	湖北武汉青鱼原种场	武汉农业集团有限公司	2012-08-29
	湖北太白湖翘嘴红鲌原种场	黄冈市太白湖渔场	2013-10-28
安徽	安徽永言河蟹原种场	明光市永言水产（集团）有限公司	2000-11-13
四川	四川崇州长吻鮠原种场	四川省水产局	2006-12-11
重庆	重庆南方大口鲶原种场	重庆市合川区农业委员会	2005-07-19
陕西	陕西新民家鱼原种场	陕西省水产工作总站	2011-09-20
青海	青海鱼类原种场	青海省农牧厅	1997-08-25

表 1-9-12　我国已建的国家级水产生物良种场

省份	场名	隶属单位	挂牌时间
辽宁	辽宁盘锦中华绒螯蟹良种场	盘锦光合蟹业有限公司	2012-10-11
	大连虾夷马粪海胆良种场	大连海宝渔业有限公司	2011-04-15
河北	河北任丘四大家鱼良种场	任丘市畜牧水产局	2003-04-14
	河北中捷罗非鱼良种场	河北中捷国家级罗非鱼良种场	2005-02-07
	河北黄骅南美白对虾良种场	河北鑫海水产生物技术有限公司	2013-10-29

续表

省份	场名	隶属单位	挂牌时间
北京	北京鱼类良种场	北京市水产科学研究所	2003-01-02
	北京通州锦鲤良种场	北京通州鑫淼水产总公司	2012-02-20
天津	天津换新水产良种场	天津市换新水产良种场	2002-07-30
山东	青岛罗非鱼良种场	青岛市海洋与渔业局	1996-01-17
	山东烟台海带良种场	山东东方海洋科技股份有限公司	2000-01-4
	山东蓬莱大菱鲆良种场	烟台开发区天源水产有限公司	2000-11-13
	山东济南罗非鱼良种场	山东省淡水水产研究所	2001-10-15
	山东荣成魁蚶良种场	荣成市鑫发育苗场	2004-12-22
江苏	江苏滆湖团头鲂良种场	江苏省滆湖渔业管理委员会办公室	2004-05-25
	江苏洪泽水产良种场	洪泽县水产局	2006-02-05
上海	上海松江水产良种场	上海市松江区农业委员会	2003-09-30
浙江	浙江杭州中华鳖良种场	杭州金达龚老汉特种水产有限公司	2009-04-23
	浙江湖州罗氏沼虾良种场	浙江南太湖淡水水产种业有限公司	2007-05-17
福建	厦门鹭业罗非鱼良种场	厦门鹭业水产有限公司	2005-05-26
广东	广东罗非鱼良种场	广东省海洋与渔业局	1998-03-02
	广东绿卡中华鳖良种场	广东绿卡实业有限公司	1999-09-13
广西	广西南宁罗氏沼虾良种场	广西区水产研究所	2006-03-09
	广西南宁罗非鱼良种场	广西区水产研究所	2011-10-11
海南	海南热带海水水产良种场	海南水产研究所	2004-09-30
湖南	湖南洞庭鱼类良种场	大湖水殖股份有限公司	2006-10-20
江西	江西兴国红鲤良种场	兴国县农业和粮食局	2002-06-10
	江西九江彭泽鲫良种场	九江市水产研究所	2002-09-13
	江西婺源荷包红鲤良种场	婺源县江源科技农业发展有限公司	2003-02-17
湖北	湖北石首长吻鮠良种场	石首市水产局	2003-02-17
	湖北窑湾黄颡鱼良种场	湖北省荆州市水产科学研究所	2006-02-16
	湖北仙桃匙吻鲟良种场	仙桃市水产技术推广中心	2013-10-28
四川	四川崇州斑点叉尾鮰良种场	四川省水产局	2006-12-11
山西	山西太原水产良种场	太原市水务局	2006-04-24
甘肃	甘肃临夏鲑鳟鱼良种场	甘肃省水产研究所	2008-12-01
内蒙古	内蒙古通辽四大家鱼良种场	通辽市水务局	2007-08-22

为恢复大黄鱼资源，福建省在1985年设立“官井洋大黄鱼繁殖保护区”的同时，组织宁德地区水产科技人员开展了大黄鱼人工繁殖与增养殖方面的技术研究。1986年组建了宁德地区大黄鱼增殖站。在上级有关部门的重视下，建设了福建省国家级官井洋大黄鱼原种场。该原种场构建了大黄鱼海上网箱养殖活体种质库，培育与蓄养大黄鱼原种，力求保持大黄鱼天然的优良性状。这些原种亲鱼主要用于扩繁原种子1代的受精卵与苗种，在原种场内或提供给其他有资质的大黄鱼苗种场培育原种子1代苗种。这些苗种的一部分用于增殖放流，以扩大海域的大黄鱼自然种群，增加培育原种的野生大黄鱼来源；另一部分提供给养殖业者，以减缓养殖群体因长期近亲繁殖可能造成的危害，保护其遗传多样性。原种场所使用的亲鱼完全是由捕自自然海域的野生大黄鱼培育成的亲鱼，且在与外界隔绝的水体中进行繁殖，绝不与其他来源的大黄鱼混杂。自大黄鱼批量人工育苗成熟后，福建、浙江两省分别从1987年与1998年开始大黄鱼原种子1代的海区增殖放流。据统计，福建、浙江两省至2012年累计放流了不同规格的大黄鱼原种子1代苗种7000多万尾，福建省国家级官井洋大黄鱼原种场放流的原种子1代大部分批次的规格，平均全长在50mm以上。在国家、省的科技与渔业等部门及社会各界的共同努力下，大黄鱼养殖技术经过30年研发，养殖产量已达到我国史上资源丰富年代的捕捞量：据统计，2012年全国大黄鱼养殖产量为95 118t，已接近1970年之前的12万吨的平均年捕捞量。实际上2012年福建省大黄鱼养殖实际产量82 446t，全国大黄鱼养殖实际产量至少在13万吨以上，已超过1970年之前我国历史上资源丰富年代平均12万吨的年捕捞量（刘家富，2013）。2010～2012年该原种场已用大黄鱼原种亲鱼人工自繁子1代鱼苗1600万尾，提供原种受精卵200kg，增殖放流原种人工自繁子1代527.6万尾。为保护官井洋野生大黄鱼的种质资源、种群规模，保持和增加其有效群体大小和遗传多样性做了大量的富有成效的工作（刘家富，2013）。

二、防止可育杂种子代与亲本种群混杂

为了保护亲本类群的高度纯洁性，可育杂种只能限于小水面或严格控制下的养殖，达到商品规格后就应全部起捕或收成，有条件的话必须把杂种从水体中彻底清除，以免造成自然种群的遗传性混杂。苏联研究人员在鳇与小鲟的杂交研究中，曾获得很好的杂种优势，鳇鲟杂种继承了鳇鱼生长快的优点又继承了小鲟鱼在淡水中生活的优点。遗憾的是育种者不慎使大量杂种流到江湖、河湾和水库，导致鳇鱼种群严重混杂，以致濒于绝灭。

三、易地保护（*ex situ* conservation）

易地保护也称迁地保护，是将原种的某些具有代表性的类群、个体或生殖细胞等迁移到原种发源地之外进行保存或保护。我国幅员辽阔，有利于易地保护的开展。1999年经国家渔政渔港监督管理局批准在厦门同安建立了中华鲟繁育保护基地。但是纯粹为了易地保护，受保护的

群体或个体数有限、成效有限、资金效益也有限。若能同移植、驯化、良种选育等结合起来，就可以变消极、被动的保护为积极、主动的保护，既可以在外地保护原种，又可以在外地的水产养殖中发挥作用，增加新的养殖资源。遗憾的是，一些引种工作者缺少种质保存意识，移植时引入的有效群体不够大，引种成功后又缺少原种保护意识，让原种或良种混杂或退化。

20 世纪 80 年代，中国水产科学研究院长江水产研究所曾建立过 8 种淡水鱼类精液的冷冻基因库，之后黄海水产研究所等也相继研究了扇贝、牡蛎、杂色鲍等精液超低温保存技术（杨爱国等，1999），试图在细胞水平上保存种质。

四、原、良种的提纯和复壮

在人工养殖和天然生态下，原、良种会发生变异。有的向好的方向变异，使经济性状更好，这种变异可以通过选择育种、杂交育种等使品种得到进一步提高。有的向坏的方向变异，使品种混杂或退化，影响生产力的发挥。提纯和复壮的方法见本节“一、建立原、良种场”。

第五节　种质资源的合理利用

种质资源的利用要顾及水产业的可持续发展，不能凭一时一地的眼前利益损害大局，应该在各级政府及法规的指导下合理开发、利用。考虑目前的情况，应该强调如下几点。

一、增建原、良种基地

现有原、良种的苗种生产能力无论从数量方面或质量方面都不能适应和满足生产发展的需要。一些个体户为了追逐利润，在设备条件差、技术水平不高、缺乏亲本选育知识、繁育群体过小等不利情况下，向社会提供了品质难以保证的苗种，不但损害生产者利益，也危及种质资源。大量事实表明，原、良种场所繁育的后代和苗种品质有保障，深受生产者欢迎。原、良种基地是保护和合理利用种质资源的一个重要环节，应该增加，并使之布局合理。许多种质资源保护的工作可以在那里研究、实施或完成。

二、拯救濒危动物

拯救濒危物种是保护种质资源的具体行动之一。拯救行动涉及的方面很多，如人工繁殖放流、建立自然保护区。我国政府和人民已经做了一些工作。例如，拯救扬子鳄（*Alligator sinensis*），扬子鳄随自然生态环境恶化，分布区缩小，到 20 世纪 70 年代总数不到 500 条。1977 年联合国将其定为濒危种，我国政府将其列为国家一级保护动物。由于我国政府的重视，1979 年在安徽宣城建立扬子鳄养殖场，1983 年扩建为扬子鳄繁殖研究中心，1988 年人工繁殖成功，到 1990 年，人工繁殖扬子鳄已达 3500 条以上。

1991 年厦门市政府为了拯救二级保护动物文昌鱼，决定建立“厦门文昌鱼自然保护区”。1997 年印发《厦门市中华白海豚保护规定》，建立了国家一级保护动物中华白海豚的省级自然保护区。

三、严禁破坏性使用种质资源

破坏性使用种质资源集中表现为：过度近交、让杂交子代流入天然水域、不实行良种良育、盲目引种、酷渔滥捕、养殖中自我污染等。休渔制度是保护种质资源增殖的措施之一，仍需其他措施的进一步配合，才能消除隐患。1989 年，浙江实施了《浙江省渔业管理实施办法》，对东海带鱼主要产卵场实行每年 5～6 月休渔两个月，保证有足够数量亲本参加繁殖、补充群体数量。当年带鱼幼鱼密度比 1988 年提高 138%，1990 年又比 1989 年增加 7%。据徐汉祥等（1997）统计，带鱼休渔前后，被渔获的幼鱼数量远远超过法定的“幼鱼比例”指标。1993～1994 年 6 月，渔获带鱼幼鱼比例为 63%，超过法定比例 1.5 倍。1995 年 9～10 月，渔获带鱼幼鱼比例达 75% 以上，相当于法定允许比例的 3 倍。这种不合理利用“休渔”之后的资源是得不偿失的。因为 6 月渔获的当年带鱼平均体重不足 50g，9～10 月渔获的当年带鱼平均体重只有 70～90g，这些幼鱼若能生长到冬汛，当年平均体重可长到 110～130g，多数可达商品规格。据宓崇道（1997）估算，秋汛若不捕捞带鱼的幼鱼，留至冬汛捕捞，扣除自然死亡数目，产量将会提高 40%，而且渔获带鱼质量更好。因此，浙江省的渔业科研人员对带鱼资源的保护和合理利用提出“夏保、秋养、冬捕”的建议，是十分正确的。“夏保”以保证带鱼正常繁殖的质和量，维持一个经得起捕捞的群体，“秋养”以提高幼鱼存活率和生长速度，“冬捕”以合理利用资源，提高渔获带鱼的产量和商品质量。

合理的捕捞制度和压力是合理利用种质资源的关键。捕捞压力太大，种质资源遭破坏；捕捞压力太少，种质资源得不到充分利用而浪费。我们应该在天然资源的增长率和合理的捕捞强度之间求得平衡。据徐汉祥等（1997）统计，浙江省对带鱼实施休渔制度以后，第二年可增加 15% 左右的资源量。但是 1995 年，东海区新增渔轮 3753 艘，比 1994 年增加 55.7%，新增功率 48.6%，这些新增渔轮大部分从事拖网和帆张网作业，捕捞力量实际增幅 50%，超过休渔后资源量增加比例的 4 倍。因此，要使种质资源得到恢复，只有大力减轻捕捞压力，依法治渔。对捕捞业实行严格管理，做到限水域、限季节、限渔具、限渔种、限规格、限渔船数。

四、提倡在水域生态容纳量下科学养殖

容纳量（carrying capacity）是指在特定环境下，生态系统所能支持的某一特定种群的大小。容纳量表达了特定环境下种群生产力是有限的。只有对水域生产力及其潜力有正确、全面的认

识，才能使种质资源的开发、利用和保护趋于合理，不影响其他产业的发展。超容纳量养殖就是超负荷养殖，将破坏业已存在的生物群落，导致养殖对象个体小型化、死亡率升高，病害频繁发生、生态环境恶化，严重影响养殖业的发展。20 世纪 70 年代，日本科学家已经注意到容纳量对养殖量的影响，他们发现，在特定海区里，当虾夷盘扇贝养殖量从 21 亿粒增加到 34 亿粒时，收获量反而降低 39%，同时病害频率和死亡率也上升（唐启升，1996）。

大黄鱼养殖海域也存在类似的问题。大黄鱼养殖在一定程度上存在无序、无度发展现象，网箱高密度无序布局，大量连片网箱布满有限水面的浅水港湾内，不但影响海上船只交通，且因水流不畅，残饵、鱼粪长年累月地在网箱养殖区沉积，水质富营养化，溶解氧降低，养殖效率低下，暴发性病害和缺氧窒息死鱼事件频频发生，病发后的频繁用药又增加了大黄鱼产品的质量安全隐患（刘家富，2013）。黄海水产研究所已经对山东主要养殖水域桑沟湾的海带和栉孔扇贝的养殖容量进行研究和评估（方建光等，1996a，1996b），将容纳量与综合养殖、规模化养殖布局联系起来，具有重要的产业化意义。为了使养殖量和生态容纳量相平衡，提高养殖效益，保护种质资源，各级政府应该依照《中华人民共和国渔业法实施细则》，在所属的水面、滩涂核发养殖使用证，控制养殖密度。

五、加强渔业行政管理

《中华人民共和国渔业法》及《中华人民共和国渔业法实施细则》是加强渔业资源保护、增殖、开发和合理利用，发展人工养殖，保障渔业生产者合法权益，促进渔业生产发展，适应社会主义建设和人民生活需要的法规。自发布以来，迅速规范了我国的渔业秩序，在我国的渔业生产和发展中起了越来越大的作用。渔业行政主管部门是《渔业法》的执行者，必须依靠渔业行政主管部门及其所属渔政执行机构，切实加强渔业的行政管理和监督。

水生生物种质资源的保护和合理利用，往往需要环保、公安、海监、交通、工商行政管理等许多管理监督机构的相互协作和合力，如减轻捕捞强度、防治污染、保护濒危物种、执行休渔制度。

加强渔业行政管理应表现为 4 个层次：①加强《渔业法》及其相关政策的宣传教育，减少法盲，提高人们知法守法的自觉性；②加强执法力度，依法治渔，惩处违法者，保护守法者，奖励维法者；③加强行政管理，健全管理制度，提高管理水平，勤政、廉政；④规范渔业秩序、合理使用海域和滩涂，科学规划，保护海洋生态。

海南针对海岛上有多种动植物种濒临灭绝的现实，于 2012 年 4 月在海口正式启动了“海南省生物多样性保护战略与行动计划”编制项目，迈出了对海南生物多样性保护的实质性步伐。据悉，这个项目将合理编制计划，确定海南生物多样性保护战略和行动计划及优先区域、优先领域和优先行动等，指导未来 20 年海南生物多样性保护工作。

六、搞好种质资源评估

种质资源评估的必要性在于它可以为种质资源的保护和合理利用提供依据。

评估的内容应该包括种群的分布、资源量、种质特征、遗传结构、纯洁性、生产性能、开发潜力和可持续利用的方略。

评估的方法是由评估的内容决定的，涉及生物学、分子生物学、遗传学、统计学、养殖学、形态学等多学科交叉。每一项评估内容或方法均可自立为一项科研项目。目前评估种质资源的有效方法大致可归纳为如下几种。

（1）资源调查：调查种质资源的分布、资源量、生态特点、季节性变化节律、开发潜力、利用方法和前景等。

（2）外部形态特征鉴定：确定种质资源的外部形态特征，尤其是区别于原种或其他种质的特征，这一向是种质鉴定的重要方法，如鱼类的鳞被、体色、体形、侧线鳞数等。

（3）生产性能评估：测定种质资源的生长规律、年龄、性成熟年龄、个体初次性成熟最小体长、繁殖力、食性、生活力、适应力、抗逆性、年龄与生长的关系、肉质及其主要营养成分等。

（4）核型分析：确定种质的染色体数目、核型及其多态情况。

（5）生物化学及分子生物学测定或研究：对种质资源的一些生理生化性状或 DNA 序列进行分析和研究，可以从分子水平认识种质资源的生化特点、分子标记、群体多态性、杂合度、纯洁性等，如同工酶分析、PCR 分析、RAPD 分析、RFLP 分析、线粒体 DNA 分析等分子生物学的研究，可以帮助我们进一步了解种质的遗传结构。

（6）上下代间主要性状相似程度比较：为了确定种质资源的遗传变异情况，观测一些有亲子关系个体的主要性状，进行比较或统计学分析，可以正确评估种质资源的纯洁性、遗传稳定性。

我国已经先后对海洋生物多样性进行了大量的评估或研究工作，出版了《中国海洋物种多样性（上、下册）》（黄宗国和林茂，2012a）、《中国海洋生物图集（1～8 册）》（黄宗国和林茂，2012b）、《海洋河口湿地生物多样性》（黄宗国，2004）。也对淡水鱼类进行了大量的种质资源评估或研究工作，出版了《长江、珠江、黑龙江鲢、鳙、草鱼种质资源研究》（李思发等，1990）、《主要淡水养殖鱼类种质研究》（仇潜如等，1991）、《中国淡水鱼类种质资源和保护》（李思发，1996）、《生物多样性及其保护生物学》（田兴军，2005）等著作。但是，评估体系尚欠缺规范化，研究成果零散，投入应用有限。

参考文献

巴斯. 1956. 胚胎学. 张作干译. 北京: 科学出版社.

白俊杰, 等. 2011. 鱼类种质分子鉴定技术. 北京: 海洋出版社.

卞小庄. 1984. 厚壳贻贝 (*Mytilus coruscus* Gould) 的染色体组型. 动物学研究, 5(3) 增刊: 57-60.

蔡明夷, 郭洋, 柯才焕, 等. 2012. 波纹巴非蛤染色体核型分析. 厦门大学学报 (自然科学版), 51(5): 935-938.

蔡明夷, 刘贤德, 陈紫莹, 等. 2013. 皱纹盘鲍染色体 C 带和 rDNA 定位. 水产学报, 37(7): 1002-1008.

蔡难儿. 1989. 金鱼单尾鳍形成的研究 Ⅰ. 卵质对尾鳍发育的影响. 海洋与湖沼, 20(5): 453-459.

蔡晓鹏, 游欣欣, 曾凡荣, 等. 2010. 中国沿海日本囊对虾 5 个地理群体间形态差异比较分析. 中国水产科学, 17(3): 478-486.

曹伏君, 李长玲, 刘楚吾, 等. 2001. 花尾胡椒鲷染色体组型分析. 海洋通报, 20(2): 40-43.

曹伏君, 李长玲, 刘楚吾. 2002. 红鳍笛鲷、紫红笛鲷和白斑笛鲷的核型研究. 海洋科学, 26(11): 43-46.

曹文清. 1994. 厦门港海区两种常见纺锤水蚤的染色体研究. 厦门大学学报 (自然科学版), 33(增刊): 125-128.

曹文清, 林元烧, 林加涵. 1994a. 几种海洋浮游动物染色体初步研究. 台湾海峡, 13(3): 275-279.

曹文清, 林元烧, 张跃军. 1994b. 火腿许水蚤染色体组型的初步研究. 厦门大学学报 (自然科学版), 33(6): 853-856.

曹文清, 张跃军, 林加涵. 1994c. 厦门港百陶箭虫染色体核型的研究. 厦门大学学报 (自然科学版), 33(增刊): 121-124.

岑玉吉. 1989. 淡水鱼类育种概述. 淡水渔业, (6): 35-39.

常建波, 魏利平, 杨建敏, 等. 1996. 文蛤染色体核型及三倍体诱导的初步研究. 水产学报, 20(3): 269-274.

陈壁辉. 1983. 鳄鱼性别由什么决定. 大自然, (2): 54.

陈家长, 胡庚东, 尤洋, 等. 2005. 三种东方鲀核型的研究. 中国畜禽种业, (7): 46-48.

陈家鑫. 1983. 海带几个主要数量性状遗传的研究 Ⅱ. 海带碘富集速率的测定及在遗传育种中的应用. 海洋水产研究, 5: 102-107.

陈锦, 黎中宝, 方秀, 等. 2010. 大黄鱼野生与养殖群体遗传结构的比较研究. 海洋科学, 34(2): 45-48.

陈领. 1999. 中国的濒危物种及其保护. 动物学报, 45(3): 350-354.

陈敏容, 陈宏溪. 1983. 三种罗非鱼染色体组型的比较研究. 遗传学报, 10(1): 56-62.

陈少波, 卢昌义. 2012. 应对气候变化的红树林北移生态学. 北京: 海洋出版社: 244.

陈省平, 包振民, 潘洁, 等. 2005. 4 种养殖扇贝的群体遗传多样性及特异性 AFLP 标记研究. 海洋学报, 27(2): 160-164.

陈学雷, 王桂忠, 陈雷洪, 等. 2004. 锯缘青蟹染色体研究方法的改进及其应用效果. 台湾海峡, 23(3): 347-353.

陈毅恒, 容寿柏, 刘绍琼. 1990. 鲑点石斑鱼的核型. 福建水产, (1): 23-25.

陈桢. 1959. 金鱼的家化与变异. 北京: 科学出版社.

戴继勋. 1987. 边紫菜的染色体. 山东海洋学院学报, 17(1): 113-116.

戴继勋, 方宗熙. 1977. 海带的染色体. 遗传学报, 4(4): 325-328.

戴继勋, 张全启, 包振民. 1989. 中国对虾的核型研究. 青岛海洋大学学报, 19(4): 97-104.
邓思平, 陈松林, 田永胜, 等. 2007. 半滑舌鳎的性腺分化和温度对性别决定的影响. 中国水产科学, 14(5): 714−719.
丁金强, 刘萍, 李健, 等. 2012. 中国沿海日本蟳 4 个地理群体的形态差异比较分析. 中国水产科学, 19(4): 604-610.
董宝贤, 林泰禧. 1991. 马粪海胆染色体制备和染色体数目. 青岛海洋大学学报, 21(3): 129-132.
堵南山, 赖伟, 薛鲁征. 1986. 中华绒螯蟹染色体的研究. 动物学研究, 7(3): 293-296.
杜宗汉. 1996. 浅议不同水系河蟹养殖效果和鉴别方法. 水产养殖, (1): 26-27.
方建光, 匡世焕, 孙慧玲, 等. 1996a. 桑沟湾栉孔扇贝养殖容量的研究. 海洋水产研究, 17(2): 18-31.
方建光, 孙慧玲, 匡世焕, 等. 1996b. 桑沟湾海带养殖容量的研究. 海洋水产研究, 17(2): 7-17.
方宗熙. 1983. 线粒体的遗传学问题. 生物学通报, (6): 4-5.
方宗熙, 蒋本禹, 李家俊. 1965. 海带叶片长度遗传的进一步研究. 海洋与湖泊, 7(1): 59-66.
费志清, 陶荣庆. 1987. 虾虎鱼亚目四种鱼的染色体组型的初步研究. 浙江水产学院学报, 6(2): 127-131.
冯建彬, 李家乐, 王美珍, 等. 2005. 我国沿海不同群体文蛤遗传差异 RAPD 分析. 海洋渔业, 27(4): 281-285.
高保全, 刘萍, 李健, 等. 2007. 三疣梭子蟹 4 个野生群体形态差异分析. 中国水产科学, 14(2): 223-228.
高建民. 1989. 小山蛙和中国雨蛙的核型及其 C-带和银染的研究. 遗传学报, 16(1): 42-48.
桂建芳, 李渝成, 李康, 等. 1985. 中国鲤科鱼类染色体组型的研究Ⅵ. 50 亚科 3 种四倍体鱼和鲤亚科 1 种四倍体鱼的核型. 遗传学报, 12(4): 302-308.
桂建芳, 李渝成, 李康, 等. 1986. 中国鲤科鱼类染色体组型的研究Ⅷ, 鲃亚科 15 种鱼的核型及其系统演化 //中国鱼类学会. 鱼类学论文集 (第五辑). 北京: 科学出版社: 119-130.
郭平仲, 张金栋, 赵银荣, 等. 1993. 增广 NC Ⅱ设计及其在群体遗传分析中的应用. 首都师范大学学报 (自然科学版), 11(4): 1-6.
郭昱嵩, 王庆恒, 黎幸连, 等. 2012. 北部湾光裸星虫 3 个地理群体遗传多样性. 中国水产科学, 19(1): 62-69.
韩斐斐, 张继彪, 李莉, 等. 2012. 虾夷扇贝养殖群体及其子代的遗传多样性分析. 海洋科学, 36(9): 1-8.
韩志强, 高天翔, 王志勇, 等. 2006. 黄姑鱼群体遗传多样性的 AFLP 分析. 水产学报, 30(5): 640-646.
洪满贤, 杨俊慧. 1988. 青石斑鱼染色体组型的初步研究. 厦门大学学报 (自然科学版), 27(6): 714-715.
洪云汉, 周暾. 1984. 短颌鲚的核型及其 ZZ-ZO 性染色体. 遗传, 6(4): 12-14.
胡庆明, 许伟定, 隋锡林, 等. 1993. 大连紫海胆染色体制备的研究. 水产科学, 12(3): 11-12.
黄华樑. 1982. 染色质的结构与功能//童克忠, 等. 分子遗传学文集. 北京: 科学出版社: 215-247.
黄良敏, 谢仰杰, 苏永全. 2006. 闽-粤东族与岱衢族养殖大黄鱼的遗传多样性研究. 厦门大学学报 (自然科学版), 45(6): 836-840.
黄青阳. 1995. 基因概念的现代发展. 生物学杂志, (1): 17-19.
黄宗国. 2004. 海洋河口湿地生物多样性. 北京: 海洋出版社.
黄宗国, 林茂. 2012a. 中国海洋物种多样性 (上、下册). 北京: 海洋出版社.
黄宗国, 林茂. 2012b. 中国海洋生物图集 (1-8 册). 北京: 海洋出版社.
霍蕊, 张本, 陈国华, 等. 2009. 波纹唇鱼染色体核型分析. 海洋科学, 33(4): 94-97.
吉华松, 周永灿, 蔡岩, 等. 2011. 六带石斑鱼染色体核型和银染研究. 水产科学, 30(8): 463-466.
姜卫国, 魏贻尧. 1986. 珍珠贝科珠母贝属六种珠母贝染色体组型的研究//中国贝类学会. 贝类学论文集 (第二辑). 北京: 科学出版社: 58-64.
蒋湘, 刘建勇, 赖志服. 2013. 九孔鲍幼鲍生长性状的遗传参数估计. 中国水产科学, 20(3): 544-550.
孔凡骏, 张东. 1993. 斑节对虾的染色体组型分析. 水产学报, 17(1): 83-84.

黎中宝. 2006. 鲍分子遗传学研究进展. 中国生态农业学报, 14(1): 16-20.
黎中宝, 方秀, 陈锦, 等. 2009. 大黄鱼 (*Pseudosciaena crocea*) 养殖群体遗传多样性的降低. 海洋与湖沼, 40(4): 446-450.
李迪, 陈四清, 刘志鸿, 等. 2009. 星突江鲽染色体核型分析. 渔业科学进展, 30(2): 20-25.
李国珍. 1985. 染色体及其研究方法. 北京: 科学出版社: 1-93.
李红梅, 吕振明, 刘立芹, 等. 2013. 基于 Cytb 基因序列的中国沿海 4 个长蛸 (*Octopus variabilis*) 群体的种群遗传结构分析. 海洋与湖沼, 44(3): 626-631.
李康, 桂建芳, 洪云汉, 等. 1984. 中国鲤科鱼类染色体组型的研究Ⅴ. 鮈亚科 10 种鱼的染色体组型. 武汉大学学报 (自然科学版), (3): 113-122.
李明云, 张海琪, 薛良义, 等. 2003a. 网箱养殖大黄鱼遗传多样性的同工酶和 RAPD 分析. 中国水产科学, 10(6): 523-525.
李明云, 张海琪, 竺俊全, 等. 2003b. 象山港养殖大黄鱼同工酶的分析. 海洋学报, 25(增刊 2): 231-236.
李汝祺. 1981. 细胞遗传学的基本原理. 北京: 科学出版社.
李三磊, 徐冬冬, 楼宝, 等. 2012. 褐牙鲆耐热相关分子标记筛选及遗传多样性分析. 上海海洋大学学报, 21(4): 516-523.
李树深. 1981. 鱼类细胞分类学. 生物科学动态, (2): 8-15.
李树深, 王应祥, 李崇云, 等. 1981. 四种无尾两栖类染色体组型的比较研究. 动物学研究, 2(1): 17-24.
李思发. 1990. 淡水鱼类种群生态学. 北京: 农业出版社.
李思发. 1996. 中国淡水鱼类种质资源和保护. 北京: 中国农业出版社.
李思发, 蔡完其. 1995. 我国尼罗罗非鱼和奥利亚罗非鱼养殖群体的遗传渐渗. 水产学报, 19(2): 105-111.
李思发, 王强, 陈永乐. 1986. 长江、珠江、黑龙江三水系的鲢、鳙、草鱼原种种群生化遗传结构与变异. 水产学报, 10(4): 351-372.
李思发, 吴力钊, 王强, 等. 1990. 长江、珠江、黑龙江鲢、鳙、草鱼种质资源研究. 上海: 上海科学技术出版社.
李伟业, 王义权. 2012. 中国文昌鱼的种类与遗传多样性//林茂, 王春光. 第一届海峡两岸海洋生物多样性研讨会文集. 北京: 海洋出版社: 254-260.
李锡强, 彭跃东. 1994. 斑带石斑鱼与黑边石斑鱼核型的研究. 湛江水产学院学报, 14(2): 22-26.
李渝成, 李康. 1987. 马口鱼和泥鳅的核型研究兼论鱼类染色体数目多态与分类的关系. 武汉大学学报 (自然科学版), (1): 107-112.
李渝成, 李康, 蒋建桥, 等. 1986. 中国鲤科鱼类染色体组型的研究Ⅹ, 鲃亚科五种鱼和鮈亚科四种鱼的染色体组型. 动物学研究, 7(2): 183-189.
李玉环, 莫建武, 冯文慧. 1985. 江豚染色体的初步研究. 动物学杂志, 20(3): 46.
李长玲, 曹伏君, 刘楚吾, 等. 2005. 笛鲷属三种鱼类染色体组型的研究. 海洋通报, 24(5): 23-26.
梁卓, 陈松林, 张静, 等. 2013. 半滑舌鳎养殖群体雌雄比例与自然性逆转率. 中国水产科学, 20(1): 44-49.
林加涵, 洪水根. 1986. 僧帽牡蛎染色体组型研究. 福建水产, (1): 16-19.
林加涵, 刘丽莎. 1989. 黄鳍鲷染色体组型的初步研究. 台湾海峡, 8(2): 162-166.
林明敏, 朱香萍. 2009. 石鲽染色体核型分析. 青岛农业大学学报 (自然科学版), 26(3): 128-130.
林元烧, 曹文清, 姚津津. 2000. 厦门港中华哲水蚤染色体组型. 厦门大学学报 (自然科学版), 39(6): 826-830.
刘楚吾, 曹伏君. 2008. 军曹鱼染色体组型分析. 海洋科学, 32(1): 29-31.
刘德经. 1997. 西施舌资源保护的现状及对策 //中国科学院海洋研究所. 海洋科学集刊 39. 北京: 科学出版社.

刘峰, 陈松林, 王磊, 等. 2013. 不同牙鲆群体遗传力和育种值分析. 中国水产科学, 20(4): 691-697.
刘富光. 1981. 鱼类性转变: 特别有关石斑鱼及鲷类. 水产科技动向, 2: 4-8.
刘海林, 章群, 唐优良, 等. 2010. 黄渤海松江鲈鱼线粒体控制区结构与序列多态性分析. 海洋通报, 29(3): 283-288.
刘家富. 2013. 大黄鱼养殖与生物学. 厦门: 厦门大学出版社.
刘静, 田明诚. 1996. 鲻鱼的染色体组型研究. 动物学杂志, 31(1): 6-7.
刘筠. 1979. 我国淡水养殖鱼类遗传育种的现状和展望 // 中国科学院水生生物研究所. 水生生物学集刊第 6 卷第 4 期. 北京: 科学出版社 .
刘筠. 1982. 我国养殖鱼类的繁殖生理和杂交育种的现状和进展. 湖南水产科技, (1): 7-17.
刘筠, 陈淑群, 王义铣, 等. 1979. 荷包红鲤 ♂×湘江野鲤 ♀ 杂交一代的研究及其在生产上的应用. 湖南师范大学自然科学学报, (1): 1-14.
刘丽, 赵洁, 郭昱嵩, 等. 2012. 4 种笛鲷 AFLP 引物筛选及其遗传多样性分析. 热带海洋学报, 31(4): 112-116.
刘朋朋, 钟立强, 潘建林, 等. 2013. 基于线粒体 D-loop 区分析黄颡鱼 (*Pelteobagrus fulvidraco*) 五个淡水湖泊群体的遗传多样性. 海洋与湖沼, 44(3): 728-733.
刘萍, 武振彬. 1989. 周氏新对虾染色体观察. 海洋水产研究, (10): 45-51.
刘思阳. 1987. 草鱼卵子和三角鲂精子杂交的受精细胞学研究. 水产学报, 11(3): 225-232.
刘万国, 昝瑞光. 1984. 蛙属中的一个特殊核型: 双团棘胸蛙的核型及其 C 带和银带的研究. 遗传学报, 11(1): 61-64.
刘贤德, 蔡明夷, 王志勇, 等. 2008. 闽-粤东族大黄鱼生长性状的相关与通径分析. 中国海洋大学学报 (自然科学版), 38(6): 916-920.
刘祖洞. 1990. 遗传学 (第二版) 上册. 北京: 高等教育出版社.
楼允东. 1999. 鱼类育种学. 北京: 中国农业出版社.
陆荣茂, 张永普, 林志华, 等. 2007. 小荚蛏的核型分析. 海洋科学, 31(9): 34-38.
路心平, 马凌波, 乔振国, 等. 2009. 利用线粒体 DNA 标记分析中国东南沿海拟穴青蟹种群遗传结构. 水产学报, 33(1): 15-23.
马凌波, 张凤英, 乔振国, 等. 2006. 中国东南沿海青蟹线粒体 COI 基因部分序列分析. 水产学报, 30(4): 463-468.
毛连菊, 靳晓敏. 1994. 云鳚染色体组型分析. 大连水产学院学报, 9(4): 32-35.
毛连菊, 李雅娟. 2002. 5 种海水鱼类染色体的组型分析. 大连水产学院学报, 17(2): 108-113.
毛连菊, 李雅娟, 曲玲. 1999. 尾纹裸头虾虎鱼染色体组型分析. 青岛海洋大学学报, 29(1): 42-46.
毛连菊, 邱萍. 1996. 鸡冠鳚的染色体组型分析. 大连水产学院学报, 11(3): 37-42.
毛连菊, 杨良宾, 秦克静. 1993a. 六线鳚 [*Ernogrammus hexagrammus* (Temminck et Schlegel)] 染色体组型. 青岛海洋大学学报, 23(4): 40-44.
毛连菊, 杨良滨, 秦克静. 1993b. 两种虾虎鱼染色体核型的比较研究. 大连水产学院学报, 8(1): 1-7.
毛勇, 蒋秋芬, 曾华嵩, 等. 2010. 大黄鱼线粒体 DNA 控制区遗传多样性分析. 厦门大学学报 (自然科学版), 49(3): 440-444.
宓崇道. 1997. 东海带鱼资源状况、群体结构及繁殖特性变化的研究. 中国水产科学, 4(1): 7-14.
南京大学生物系鱼类研究组, 江苏省水产科学研究所. 1978. 河鳗染色体组型的初步分析. 淡水渔业, 2: 26.
牛文涛, 蔡泽平. 2006. 中国海水鱼类核型研究概述. 厦门大学学报 (自然科学版), 45(增刊 2): 125-131.
潘洁, 包振民, 赵洋, 等. 2002. 栉孔扇贝不同地理群体的遗传多样性分析. 高技术通讯, 12(12): 78-82.
潘蔚明. 1996. 褐菖鲉的染色体核型及其自发畸变率. 水产学报, 20(2): 175-177.

潘英, 苏以鹏. 2007. 大獭蛤的核型研究. 海洋科学, 31(9): 87-90.
邱高峰. 1996. 罗氏沼虾核型及长臂虾亚科核型演化关系的探讨. 水产学报, 20(4): 294-300.
邱高峰. 1997. 细螯沼虾染色体的研究. 中国水产科学, 4(1): 1-6.
邱高峰, 堵南山, 赖伟. 1994. 日本沼虾染色体及其核型的研究. 海洋与湖泊, 25(5): 493-498.
邱高峰, 楼允东, 顾功超. 1997. 南美白对虾染色体的研究. 上海水产大学学报, 6(1): 50-53.
仇潜如, 范兆廷, 王令玲, 等. 1991. 主要淡水养殖鱼类种质研究. 北京: 中国科学技术出版社.
全成干, 王军, 丁少雄, 等. 1999. 大黄鱼养殖群体遗传多样性的同工酶. 厦门大学学报 (自然科学版), 38(4): 584-588.
全成干, 王军, 丁少雄, 等. 2000. 大黄鱼染色体核型研究. 厦门大学学报 (自然科学版), 39(1): 107-110.
阙华勇, 齐秋贞, 邱文仁. 1997. 帘蛤目 (瓣鳃纲) 四个种类的核型研究//中国贝类学会. 贝类学论文集 (Ⅷ). 北京: 科学出版社.
饶小珍, 许友勤, 陈寅山, 等. 2003. 西施舌的核型分析. 动物学杂志, 38(2): 2-5.
荣朝振, 祖国掌, 胡建华, 等. 2011. 泥鳅线粒体 DNA 控制区结构分析及遗传多样性研究. 南方水产科学, 7(5): 55-62.
容寿柏, 张天国, 张文辉, 等. 1991. 匀斑裸胸鳝核型的初步报告. 热带海洋, 10(2): 98-100.
三浦沼雄, 国藤恭正. 1983. 条斑紫菜色彩变异型的基因分析. 于清华译. 国外水产, (1): 26-29.
沙珍霞, 陈松林, 田永胜. 2007. 圆斑星鲽染色体核型分析. 中国水产科学, 14(3): 478-481.
山本时男. 1979. 雌酮诱导的 XY 雌鱼与正常雄鱼交配获得的一尾 YY 雄性金鱼. 杨永铨译. 淡水渔业, (5): 21-24.
沈锡权, 何萌萌, 严小军, 等. 2013. 岱衢族大黄鱼 (*Pseudosciaena crocea*) 线粒体基因组全序列的扩增及其特异鉴别引物的开发. 海洋与湖沼, 44(3): 755-762.
石拓, 孔杰, 刘萍, 等. 1999. 中国对虾遗传多样性的 RAPD 分析: 朝鲜半岛西海岸群体的 DNA 多态性. 海洋与湖沼, 30(6): 609-615.
舒琥, 蔡晓阅, 刘锋, 等. 2010a. 鲀形目 3 种鱼的染色体组型分析. 动物学杂志, 45(2): 101-106.
舒琥, 顾仲坚, 王云新, 等. 2003. 红鳍笛鲷 (*Lutjanus erythopterus*) 的核型研究. 广州大学学报 (自然科学版), 2(1): 27-29.
舒琥, 黄萃莹, 张海发, 等. 2010b. 长鳍篮子鱼的染色体组型研究. 广州大学学报 (自然科学版), 9(1): 90-93.
舒琥, 魏秋兰, 罗丽娟, 等. 2012. 广东沿海 4 种石斑鱼的染色体组型分析. 广东农业科学, (8): 124-127.
宋运淳. 1987. 鲭鱼科三种鱼的染色体组型和 C-带带型的研究. 海洋与湖沼, 18(4): 352-356.
宋运淳, 余先觉. 1990. 普通遗传学(上下册). 武汉: 武汉大学出版社.
苏天凤, 蔡云川, 张殿昌, 等. 2002. 合浦珠母贝 3 个养殖群体的 RAPD 分析. 中国水产科学, 9(2): 106-109.
孙宝超, 杨建敏, 孙国华, 等. 2010. 中国沿海长蛸 (*Octopus variabilis*) 自然群体线粒体 COI 基因遗传多样性研究. 海洋与湖沼, 41(2): 259-265.
孙易, 宋文芹, 钟贻诚, 等. 2000. 用 RAPD 和 AFLP 的方法对中国卤虫种 (*Artemia*) 及亲缘关系的研究. 遗传学报, 27(3): 210-218.
孙振兴. 2004. 中国海洋贝类染色体研究进展. 海洋通报, 23(6): 77-83.
孙振兴, 郭胜超, 邵雁群, 等. 2004. 三种海产帘蛤目贝类的核型研究. 海洋学报, 26(1): 88-94.
谭杰, 孙慧玲, 高菲, 等. 2011. 刺参染色体制备的初步研究. 海洋科学, 35(3): 8-11.
唐启升. 1996. 关于容纳量及其研究. 海洋水产研究, 17(2): 1-6.
特雷格 L. 1980. 类固醇激素: 生物合成代谢作用. 邹继超译. 北京: 科学出版社.
田兴军. 2005. 生物多样性及其保护生物学. 北京: 化学工业出版社.
汪德耀. 1988. 普通细胞生物学. 上海: 上海科学技术出版社.

王春德. 1993. 贝类神经内分泌学研究进展. 海洋科学, (3): 18-21.
王春元, 陈幼臣, 白琴华. 1979a. 金鱼性状形成过程中遗传因素作用机理的研究 Ⅰ. 金鱼母性遗传的研究. 遗传学报, 6(1): 75.
王春元, 陈幼臣, 白琴华. 1979b. 金鱼性状形成过程中遗传因素作用机理的研究 Ⅱ. 金鱼正常眼和龙睛的遗传. 遗传学报, 6(1): 76.
王德祥, 苏永全, 王世锋, 等. 2006. 不同地理种群大黄鱼染色体核型的比较研究. 海洋学报, 28(6): 176-178.
王德祥, 王军, 郭丰, 等. 2002. 鮸状黄姑鱼染色体核型的研究. 海洋科学, 26(11): 68-70.
王桂云. 1995. 玉螺科四种玉螺核型的观察//中国贝类学会. 贝类学论文集 (第五、六辑). 青岛: 青岛海洋大学出版社: 77-80.
王桂云, 马庆惠, 王先志. 1988. 皱纹盘鲍的染色体研究. 动物学研究, 9(2): 171-174.
王桂忠, 李少菁. 1989. 己烯雌酚影响锯缘青蟹幼蟹生长的初探. 厦门大学学报 (自然科学版), 28(2): 199-202.
王金星, 赵小凡. 1993. 鲀形目三种鱼的染色体研究. 动物学研究, 14(4): 345-346.
王金星, 赵小凡. 1994. 斑尾复虾虎鱼的染色体研究. 海洋科学, (4): 47-50.
王金星, 赵小凡, 范春雷, 等. 1993. 星康吉鳗染色体组型研究. 四川动物, 12(2): 14-15.
王金星, 赵小凡, 范春雷, 等. 1994a. 鲉形目两种鱼的染色体组型研究. 动物学杂志, 29(4): 14-17.
王金星, 赵小凡, 王相民, 等. 1994b. 鲱形目和鲈形目七种鱼的核型分析. 动物学研究, 15(2): 76-79.
王金星, 赵小凡, 周岭华, 等. 1998. 三种贝类的核型分析. 海洋学报, 20(2): 102-107.
王军, 全成干, 苏永全, 等. 2001a. 官井洋大黄鱼遗传多样性的 RAPD 分析. 海洋学报 (中文版), 23(3): 87-91.
王军, 全成干, 苏永全, 等. 2001b. 官井洋野生与养殖大黄鱼同工酶的研究. 海洋科学, 25(6): 39-41.
王可玲, 张培军, 刘兰英, 等. 1994. 中国近海带鱼种群生化遗传结构及其鉴别的研究. 海洋学报, 16(1): 93-104.
王梅芳, 余祥勇, 王君彦. 1999. 两种江珧雌雄同体及性转换现象. 湛江海洋大学学报, 19(4): 6-10.
王梅林, 郑家声, 余海. 1990. 栉孔扇贝 *Chlamys farreri* (Jones & Preston, 1904) 染色体核型. 青岛海洋大学学报, 20(1): 81-85.
王青, 孔晓瑜, 于珊珊, 等. 2005. 十足目染色体研究进展. 海洋科学, 29(6): 60-65.
王清印. 1984. 海带几个经济性状遗传力和遗传相关的研究. 山东海洋学院学报, 14(3): 65-76.
王清印, 余来宁, 杨宁生. 2005. 中国水产生物种质资源与利用(第 1 卷). 北京: 海洋出版社.
王琮, 童裳亮. 1994. 贻贝 (*Mytilus edulis*) 核型及染色体带型分析. 动物学报, 40(3): 309-316.
王如才, 王昭萍, 张建中. 1993. 海水贝类养殖学. 青岛: 青岛海洋大学出版社.
王世锋, 王德祥, 苏永全, 等. 2003. 双棘黄姑鱼染色体组型分析. 厦门大学学报 (自然科学版), 42(5): 682-684.
王先志, 王桂云, 马庆惠, 等. 1990. 蛾螺科三种螺的核型观察. 动物学研究, 11(3): 259-263.
王晓华, 吴彪, 李琪, 等. 2011. 金乌贼染色体核型分析. 动物学杂志, 46(2): 77-81.
王晓清, 王志勇, 何湘蓉. 2009. 大黄鱼耐环境因子试验及其遗传力的估计. 海洋与湖沼, 40(6): 781-785.
王晓清, 王志勇, 何湘蓉. 2010. 大黄鱼 40 日龄体长和体重遗传力估计. 集美大学学报 (自然科学版), 15(1): 7-10.
王雪, 沈俊宝. 1989. 黑龙江水系鱼类染色体组型研究 Ⅰ. 鮈亚科 11 种鱼的染色体数和组型. 遗传, 11(3): 23-25.
王雅英, 张健. 1999. Co^{60} 照射对尼罗罗非鱼幼苗生长发育的影响. 福建畜牧兽医, 21(6): 8-9.
王妍妍, 柳学周, 刘新富, 等. 2011. 圆斑星鲽染色体与多种显带的形态特征分析. 水产学报, 35(11): 1607-1616.
王妍妍, 柳学周, 徐永江, 等. 2009. 条斑星鲽染色体核型分析. 渔业科学进展, 30(2): 8-13.
王永明. 1988. 低等脊椎动物的性别. 遗传, 10(4): 45-46.

王云新, 王宏东, 张海发, 等. 2004. 斜带石斑鱼与赤点石斑鱼的核型研究. 湛江海洋大学学报, 24(3): 4-7.
王志勇, 王艺磊, 林利民, 等. 2002. 福建官井洋大黄鱼 AFLP 指纹多态性的研究. 中国水产科学, 9(3): 198-201.
翁朝红, 谢仰杰, 肖志群, 等. 2011. 中国鲎 3 个地理群体遗传多样性的等位酶分析. 集美大学学报(自然科学版), 16(5): 321-326.
邬国民, 练慧英. 1979. 应用甲基睾丸素诱导莫桑非洲鲫雄性化的研究. 遗传, 1(6): 36-39.
吴建绍, 林琪, 曾志南. 2001. 大黄鱼 (*Pseudosciaena crocea*) 的染色体研究. 福建水产, (4): 60-63.
吴玲, 宋娜, 高天翔. 2013. 中国沿海 2 种文昌鱼遗传多样性研究. 海洋湖沼通报, (3): 80-88.
吴萍, 董建萍, 倪建国, 等. 2002. 文蛤染色体的研究. 上海水产大学学报, 11(2): 106-109.
吴清江. 1985. 鱼类的 H-Y 抗原及其意义. 水产学报, 9(4): 389-392.
吴清江, 柯鸿文, 陈荣德. 1980. 鲤鱼的遗传分离规律及选种分析. 遗传, 2(2): 15-16.
吴融. 1982. 牡蛎核型的综述. 浙南水产科技, 2: 1-6.
吴融. 1985. 关于牡蛎的遗传学和育种问题. 水产学报, 9(2): 207-215.
吴政安. 1981. 北京产中国林蛙的染色体组型. 遗传学报, 8(2): 138-144.
吴政安, 杨慧一. 1980. 鱼类细胞遗传学的研究Ⅱ. 鱼类淋巴细胞的培养及其染色体组型分析. 遗传学报, 7(4): 370-375.
吴仲庆. 1990. 17β-雌二醇对长毛对虾生长的影响. 海洋科学, (2): 53-56.
吴仲庆. 1992. 脊椎动物性激素作用下的长毛对虾性别比例. 福建水产, (1): 41-45.
吴仲庆, 徐福章. 1991. 真鲷和二长棘鲷染色体数目的研究. 福建水产, (1): 42-44.
吴仲庆, 徐福章, 周雪芳. 1990. 长毛对虾体长和体重的一些遗传参数. 厦门水产学院学报, 12(2): 5-14.
伍惠生, 傅毅远. 1983. 中国金鱼. 天津: 天津科学技术出版社.
伍惠生, 张德宁, 马振波, 等. 1981. 叉尾斗鱼一对相对性状单因子杂交试验. 动物学杂志, 16(1): 6-10.
相建海. 1988. 中国对虾染色体的研究. 海洋与湖沼, 19(3): 205-209.
相建海. 1991. 斑节对虾染色体初步研究//曾呈奎, 费修绠. 实验海洋生物学开放研究实验室研究年报. 青岛: 青岛海洋大学出版社: 115-121.
相建海, 周令华, 刘瑞玉, 等. 1991. 长毛对虾、短沟对虾和日本对虾的染色体研究. 海洋科学, (4): 72-73.
肖武汉, 张亚平. 2000. 银鲴自然群体线粒体 DNA 的遗传分化. 水生生物学报, 24(1): 1-10.
肖永双, 程起群, 任桂静, 等. 2013. 中国近海条石鲷 (*Oplegnathus fasciatus*) 群体遗传多样性线粒体 DNA 序列分析. 海洋与湖沼, 44(2): 427-432.
肖云龙. 1979. 趣谈异性活动与性别的转换. 国外科技动态, 9: 58-59.
肖志忠, 肖永双, 任桂静, 等. 2013. 条石鲷 (*Oplegnathus fasciatus*) 养殖群体与野生群体线粒体控制区序列遗传变异研究. 海洋与湖沼, 44(1): 249-254.
小岛吉雄. 1991. 鱼类细胞遗传学. 林义浩泽. 广州: 广东科技出版社.
谢仰杰, 苏永全, 翁朝红, 等. 2008. 条纹斑竹鲨线粒体控制区和细胞色素 b 基因序列分析. 海洋科学, 32(12): 35-41.
谢仰杰, 翁朝红. 2008. 条纹斑竹鲨的核型研究. 上海水产大学学报, 17(6): 689-694.
谢仰杰, 翁朝红, 苏永全, 等. 2006. 软骨鱼类染色体研究进展. 中国水产科学, 13(5): 856-866.
徐德昆, 林乐峰. 1997. 不同水系河蟹幼蟹的养成效果分析. 水产养殖, (1): 26-27.
徐冬冬, 尤锋, 楼宝, 等. 2012. 条石鲷雌雄鱼核型及 C-带的比较分析. 水生生物学报, 36(3): 552-557.
徐钢春, 魏广莲, 李建林, 等. 2012. 基于线粒体 DNA D-loop 序列分析养殖刀鲚与湖鲚的遗传多样性. 大连海洋大学学报, 27(5): 448-452.
徐汉祥, 刘子藩, 许源剑. 1997. 带鱼资源动态综述及管理现状分析. 浙江水产学院学报, 16(3): 219-225.

徐梅英, 李继姬, 郭宝英, 等. 2011a. 基于线粒体 DNA 12S rRNA 和 COIII 基因序列研究中国沿海 7 个长蛸 (*Octopus variabilis*) 野生群体的遗传多样性 . 海洋与湖沼, 42(3): 387-396.
徐梅英, 叶莹莹, 郭宝英, 等. 2011b. 曼氏无针乌贼 (*Sepiella maindroni*)ISSR 体系优化及养殖群体遗传多样性分析. 海洋与湖沼, 42(4): 538-542.
许加武, 任明荣, 李思发. 1997. 长江、辽河、瓯江中华绒螯蟹种群的形态判别. 水产学报, 21(3): 269-274.
许克圣, 苏泽古, 白国栋. 1986. 中华鲟染色体组型的研究. 动物学研究, 7(3): 262.
许伟定, 胡庆明, 隋锡林, 等. 1992. 太平洋牡蛎染色体核型的研究. 水产科学, 11(2): 14-15.
许伟定, 隋锡林, 胡庆明, 等. 1997. 刺参染色体的初步研究分析. 水产科学, 16(5): 9-11.
阎斌伦, 许星鸿, 徐家涛, 等. 2009. 日本蟳核型分析. 海洋科学, 33(2): 41-45.
杨爱国, 王清印, 孔杰, 等. 1999. 扇贝精液超低温冷冻保存技术的研究. 海洋与湖沼, 30(6): 624-628.
杨干荣, 金立成. 1990. 大鲵 (娃娃鱼) 性别控制试验初报. 淡水渔业, (2): 9-10.
杨红生, 张福绥. 1999. 浅海筏式养殖系统贝类养殖容量研究进展. 水产学报, 23(1): 84-90.
杨纪珂. 1979. 数量遗传基础知识. 北京: 科学出版社.
杨岐生. 1994. 分子生物学基础. 杭州: 浙江大学出版社.
杨先乐, 左文功, 陈远新. 1990. 草鱼出血病细胞培养灭活疫苗的研究: 疫苗株 FR-854 的保藏. 淡水渔业, (4): 3-5.
杨永铨, 张中英, 林克宏, 等. 1979. 莫桑比克罗非鱼性别生理遗传控制的初步研究. 遗传学报, 6(3): 305-310.
尤锋. 1993. 黑鲷三倍体的人工诱导研究. 海洋与湖沼, 24(3): 248-255.
于瑞海, 王昭萍, 邸炜鹏, 等. 2010. 等边浅蛤染色体核型分析的研究. 海洋湖泊通报, (3): 61-64.
余多慰, 华元渝, 顾志峰, 等. 2002. 暗纹东方鲀 (*Takifugu obscurus*) 核型研究. 南京师大学报 (自然科学版), 25(2): 121-122.
余建贤, 熊志尧, 童旺东, 等. 1993. 近江牡蛎的染色体组型. 湛江水产学院学报, 13(1): 27-29.
余先觉, 周暾, 李渝成. 1989. 中国淡水鱼类染色体. 北京: 科学出版社.
喻子牛, 孔晓瑜, 冯东岳, 等. 1992. 许氏平鲉 *Sebastes schlegeli* (Hilgendorf) 和欧氏六线鱼 *Hexagrammos otakii* Jordan et Starks 核型研究. 青岛海洋大学学报, 22(2): 118-124.
喻子牛, 孔晓瑜, 谢宗墉. 1995. 山东近海 21 种经济鱼类的核型研究. 中国水产科学, 2(2): 1-6.
喻子牛, 孔晓瑜, 谢宗墉, 等. 1993. 真鲷 *Pagrosomus major* 和黑鲷 *Sparus macrocephalus* 的核型及 Ag-NOR 带研究. 青岛海洋大学学报, 23(3): 107-115.
喻子牛, 孔晓瑜, 杨锐, 等. 1997. 泥蚶等位基因酶遗传变异研究. 中国水产科学, 4(5): 15-21.
昝瑞光, 宋峥, 刘万国. 1984. 七种鲃亚科鱼类的染色体组型研究, 兼论鱼类多倍体的判定问题. 动物学研究, 5(增刊 1): 82-88.
昝瑞光. 1982. 滇池两种类型鲫鱼的性染色体和 C-带核型研究. 遗传学报, 9(1): 32-39.
昝瑞光, 宋峥. 1979. 草鱼、团头鲂染色体组型的分析比较. 遗传学报, 6(2): 205-210.
昝瑞光, 宋峥. 1980. 鲤、鲫、鲢、鳙染色体组型的分析比较. 遗传学报, 7(1): 72-77.
曾呈奎, 孙爱淑. 1986. 紫菜属 (*Porphyra*) 的细胞学研究: 中国产的七种紫菜叶状体染色体数目的研究. 科学通报, (1): 67-70.
曾呈奎, 王素娟, 刘思俭, 等. 1985. 海藻栽培学. 上海: 上海科学技术出版社.
张福绥, 杨红生. 1999. 山东沿岸夏季栉孔扇贝大规模死亡原因分析. 海洋科学, (1): 44-47.
张国范, 张福绥. 1993. 贝类遗传多样性及其永续利用 (Ⅰ). 海洋科学, (5): 17-21.
张国范, 张福绥. 1995. 海洋生物基因库的研究与利用. 海洋科学, (2): 24-26.
张国范, 郑怀平. 2009. 海湾扇贝养殖遗传学. 北京: 科学出版社.

张恒庆, 李庆伟. 1991. 五种海水鱼的染色体初报. 辽宁师范大学学报 (自然科学版), 14(3): 263-264.
张建森, 潘光碧. 1983. 鲤鱼体色体型遗传的研究. 水产学报, 7(4): 301-312.
张建森, 孙小异, 施永红, 等. 1997. 江西省鲤生物遗传多样性调查和 DNA 指纹分析. 中国水产科学, 4(5): 8-14.
张建森, 王楚松, 潘光碧, 等. 1981. 鲤鱼主要数量性状遗传力的研究. 淡水渔业, (2): 44-46.
张起信, 牛明宽, 刘光穆, 等. 2000. 鲍的杂交育种高产技术研究. 海洋科学, 24(3): 11-13.
张芹. 2005. 浙闽大黄鱼群体 RAPD 遗传学研究. 浙江大学硕士学位论文.
张闰生, 刘凤岐, 赵晓霞, 等. 1990. 卤虫染色体倍性组成的研究. 动物学报, 36(4): 412-419.
张四明, 邓怀, 危起伟, 等. 1999. 中华鲟天然群体蛋白质水平遗传多样性贫乏的初步证据. 动物学研究, 20(2): 93-98.
张喜昌, 梁玉波, 刘仁沿, 等. 2002. 海湾扇贝养殖群体遗传多样性的研究. 海洋学报, 24(2): 107-113.
张晓军, 周岭华, 相建海. 2002. 刀额新对虾染色体核型及细胞核 DNA 含量. 海洋与湖泊, 33(3): 225-231.
张兴忠, 仇潜如, 陈曾龙, 等. 1988. 鱼类遗传与育种. 北京: 农业出版社.
张致一, 张崇理, 蒋领根, 等. 1960. 性激素对鸡胚性腺发育分化的影响. 实验生物学报, (增刊 1): 19-27.
张中英, 吴福煌, 张建森, 等. 1983. 淡水养殖品种. 北京: 农业出版社.
赵广泰, 刘贤德, 王志勇, 等. 2010. 大黄鱼连续 4 代选育群体遗传多样性与遗传结构的微卫星分析. 水产学报, 34(4): 500-507.
赵小凡, 王金星, 杨青, 等. 1994. 五种海产鱼类的核型分析. 动物学研究, 15(增刊): 103-106.
郑家声, 王梅林, 郭丹红, 等. 1996. 3 种蚶染色体组型的比较研究. 海洋学报, 18(3): 78-85.
郑家声, 王梅林, 朱丽岩, 等. 1997. 斑头鱼 *Agrammus agrammus* (Temminck et Schlegel) 和铠平鲉 *Sebastes hubbsi* (Matsubara) 核型研究. 青岛海洋大学学报, 27(3): 333-338.
郑家声, 郑大海, 王梅林. 2001. 砂海螂 *Mya arenaria* Linnaeus 核型. 青岛海洋大学学报, 31(5): 735-738.
郑莲, 刘楚吾, 李长玲. 2005. 4 种石斑鱼染色体核型研究. 海洋科学, 29(4): 51-55.
郑小东, 王昭萍, 王如才, 等. 2000. 双壳类动物染色体研究现状及进展. 黄渤海海洋, 18(3): 101-108.
钟麟, 等. 1965. 家鱼的生物学和人工繁殖. 北京: 科学出版社: 151.
周丽青, 杨爱国, 柳学周, 等. 2005. 半滑舌鳎染色体核型分析. 水产学报, 29(3): 417-419.
周琳, 王子臣. 1997. 魁蚶核型的研究. 水产学报, 21(4): 455-457.
周令华, 张晓军, 相建海. 1999. 鹰爪虾染色体数目与核型的研究. 海洋与湖沼, 30(3): 250-254.
周暾. 1984. 鱼类染色体研究. 动物学研究, 5(增刊 1): 38-51.
周延清, 杨清香, 张改娜. 2008. 生物遗传标记与应用. 北京: 化学工业出版社.
朱冬发, 李少菁, 王桂忠. 2000. 东方扁虾的染色体. 厦门大学学报 (自然科学版), 39(6): 844-848.
朱冬发, 王春琳, 李志强. 2005. 三疣梭子蟹核型分析. 水产学报, 29(5): 649-653.
卓孝磊, 邹记兴. 2007. 我国海水鱼类核型及染色体显带研究进展. 热带海洋学报, 26(5): 73-80.
邹记兴. 1999. 黄鳝 (*Monopterus albus*) H-Y 抗原的研究. 水产科技情报, 26(4): 177-180.
邹记兴, 余其兴, 周菲. 2005. 点带石斑鱼的核型, C 带、Ag-NORs. 水产学报, 29(1): 33-37.
邹曙明, 李思发, 赵金良, 等. 2003. 福建官井洋海区大黄鱼的染色体核型分析. 上海水产大学学报, 12(2): 179-182.
室伏诚.1987. ｴﾋﾞ类の染色体数にわる倍数性进化. 海洋と生物, 9(1): 10-15.
Allendorf F W, Phelps S R. 1980. Loss of genetic variation in a hatchery stock of cutthroat trout. Transactions of the American Fisheries Society, 109(5): 537-543.

Arai K, Tsubaki H, Ishitani Y, et al. 1982. Chromosomes of *Haliotis discus hannai* INO and *H. discus* REEVE. Bull Jpn Soc Sci Fish, 48(12): 1689-1691.

Arai R. 1976. Nagaiwa K. Chromosomes of tetraodontiform fishas from Japan. Bulletin of the National Science Museum: Series A: Zoology, 2(1): 59-72.

Arai R. 1983. Karyological and osteological approach to phylogenetic systematics of tetraodontiform fishes. Bulletin of the National Science Museum: Series A: Zoology, 9(4): 175-210.

Beck M L, Biggers C J, Dupree H K. 1980. Karyological analysis of *Ctenopharyngodon idella*, *Aristichthys nobilis,* and their F_1 hybrid. Trans Am Fish Soc, 109(4): 433-438.

Benzie J A H, Ballment E, Frusher S. 1993. Genetic structure of *Penaeus monodon* in Australia: Concordant results from mtDNA and allozymes. Aquaculture, 111(1-4): 89-93.

Benzie J A H, Frusher S, Ballment E. 1992. Geographical variation ion allozyme frequencies of populations of *Penaeus monodon* (Crustacea: Decapoda) in Australia. Aust J Mar Freshwater Res, 43(4): 715-725.

Bondari K. 1984. Performance of albino and normal channel catfish (*Ictalurus punctatus*) in different water temperatures. Aquaculture Research, 15(3): 13l-140.

Boycott A E, Diver C. 1923. On the inheritance of sinistrality in *Limnaea peregra*. Proc R Soc Lond B, 95(666): 207-213.

Bridges C B. 1925. Sex in relation to chromosomes and genes. American Naturalist, 59(661): 127-137.

Calhoun W E, Shelton W L. 1983. Sex ratios of progeny from mass spawnings of sex-reversed broodstock of *Tilapia nilotica*. Aquaculture, 33(1-4): 365-371.

Cao Y Y, Li Z B, Li Q H, et al. 2012. Development and characterization of microsatellite loci for *Fenneropenaeus penicillatus* Alcock. African Journal of Biotechnology, 11(48): 10831-10833.

Chang C Y, Witschi E. 1955. Breeding of sex-reversed males of *Xenopus laevis* Daudin. Proceedings of the Society for Experimental Biology and Medicine, 89(1): 150-152.

Chen X J, Li Z B, Chen L. 2012. Isolation and characterization of new microsatellite markers in the pen shell *Atrina pectinata* (Pinnidae). Genetics and Molecular Research, 11(3): 2884-2887.

Dynes J, Magnan P, Bernatchez L, et al. 1999. Genetic and morphological variation between two forms of lacustrine brook charr. Journal of Fish Biology, 54(5): 955-972.

Edwards C A, Skibinski D O F. 1987. Genetic variation of mitochondrial DNA in mussel (*Mytilus edulis* and *M. galloprovincialis*) populations from South West England and South Wales. Mar Biol, 94: 547-556.

Frankel O H, Soulé M E. 1981. Conservation and evolution. Cambridge: Cambridge University Press.

Gao T X, Zhang X M. 1999. Genetic variation of stocked population of Japanese mitten crab *Eriocheir japonica*. Transactions of Oceanology and Limnology, (3): 52-57.

Geiger D L, Groves L T. 1999. Review of fossil abalone (Gastropoda: Vetigastropoda: Haliotidae) with comparison to recent species. Journal of Paleontology, 73(5): 872-885.

Ginsburger-Vogel T, Charniaux-Cotton H. 1982. Sex determination//Abele L G. The biology of Crustacea: 2. Embryology, morphology and genetics. New York: Academic Press.

Gjedrem T. 1983. Genetic variation in quantitative traits and selective breeding in fish and shellfish. Aquaculture, 33(1-4): 51-72.

Gong Z Y, Ewart K V, Hu Z Z. 1996. Skin antifreeze protein genes of the winter flounder, *Pleuronectes americanus*, encode distinct and active polypeptides without the secretory signal and prosequences. Journal of Biological Chemistry, 271(8): 4106-4112.

Gong Z Y, Hew C L. 1995. Transgenic fish in aquaculture and developmental biology. Current Topics in Developmental Biology, 30: 177-214.

Hasegawa Y, Katakura Y. 1983. Masculinization of WW females in the isopod crustacean, *Armadillidium vulgare*. Annotationes Zoologicae Japonenses, 56(3): 163-166.

Hedgecock D, Tracey M, Nelson K. 1982. Genetics//Abele L G. Embryology, Morphology and Genetics. New York: Academic Press.

Kajishima T. 1977. Genetic and developmental analysis of some new color mutants in the goldfish, *Carassius auratus*. Genetics, 86(1): 161-174.

Karp G. 1996. Cell and molecular biology (second edition). New York: John Wiley & Sons Inc.

Katakura Y. 1961. Progeny from the mating of the normal female and the masculinized female of *Armadillidium vulgare*, an Isopod Crustacean. Annotationes Zoologicae Japonenses, 34(4): 197-199.

Katakura Y, Hasegawa Y. 1983. Masculinization of females of the isopod crustacean, *Armadillidium vulgare*, following injections of an active extract of the androgenic gland. General and Comparative Endocrinology, 49(1): 57-62.

Kim D H, Heber D, Still D W. 2004. Genetic diversity of Echinacea species based upon amplified fragment length polymorphism markers. Genome, 47(1): 102-111.

Kincaid H L. 1983. Inbreeding in fish populations used for aquaculture. Aquaculture, 33(1-4): 215-227.

Kirpichnikov V S. 1981. Genetic Bases of Fish Selection. Berlin, New York: Spring-Verlag: 40-43.

Kulkarni G K, Nagabhushanam R, Joshi P K. 1979. Effect of progesterone on ovarian maturation in a marine penaeid prawn *Parapenaeopsis hardwickii*. Indina J Exp Biol, 17: 986-988.

Lannan J E. 1972. Estimating heritability and predicting response to selection for the Pacific oyster, *Crassostrea gigas*. Proc Natl Shellfish Assoc, 62: 62-66.

Lester L J. 1979. Population genetics of penaeid shrimp from the Gulf of Mexico. Journal of Heredity, 70(3): 175-180.

Li Z B. 2005. The genetic diversity and differentiation of *H. ovina* populations by allozyme analysis. International Congress on Genes. Gene Families and Isozymes: 201-207.

Li Z B. 2009. The genetic diversity and differentiation of *Haliotis ovina* by AFLP. ESIAT, Volume I: 206-209.

Li Z B, Appleyard S A, Elliott N G. 2006. Population structure of *Haliotis rubra* from South Australia inferred from nuclear and mtDNA analyses. Acta Oceanologica Sinica, 25(4): 99-112.

Li Z B, Chen C S. 2004. Genetic structure of cultured *H. diversicolor supertexta* (Reeve) populations. Journal of Shellfish Research, 23(4): 1135-1137.

Li Z B, Chen J, Cao Y Y. 2010a. Genetic diversity and conservation strategies of amphioxus *Branchiostoma belcheri* (Gray) populations. ESIAT: 383-386.

Li Z B, Chen J, Cao Y Y. 2010b. Genetic variation and differentiation of amphioxus *Branchiostoma belcheri* (Gray) populations. ESIAT: 378-382.

Li Z B, Li S J, Wang G Z. 2004. Genetic diversity and differentiation of mud crab *Scylla serrata* populations from southeastern China. Acta Oceanologica Sinica, 23(2): 309-316.

Li Z B, Wang Z L, Cao Y Y, et al. 2010c. Isolation and characterization of five new polymorphic microsatellite loci of *Coelomactra antiquata* (Spengler). ESIAT: 375-377.

Li Z B, Wu Z Q. 2003. Study on genetic diversity of cultivated populations in 4 species of shrimps. Acta Oceanologica Sinica, 22(1): 97-101.

Li Z B, Yan Z L. 2009. Loss of genetic diversity in hatchery produced *Haliotis diversicolor supertexta* by AFLP. ESIAT, Volume I: 210-213.

Li Z B, Zhang J Y, Li J. 2009. Loss of genetic variation in hatchery produced *Haliotis asinina* using AFLP and allozyme markers. ESIAT, Volume I: 202-205.

Lin X, Cao Y Y, Li Z B, et al. 2010. Isolation and characterization of ten new polymorphic microsatellite loci of the mud crab, *Scylla paramamosain*. ESIAT: 372-374.

Ling Q, Li S J, Li Z B. 2009. Genetic structure of the hatchery and wild *Scylla paramamosain* populations using RAPD and AFLP techniques. ESIAT, Volume III: 43-46.

Malecha S R. 1983. Crustacean genetics and breeding: An overwiwe. Aquaculture, 33(1-4): 395-413.

Meruane J, Takagi M, Taniguchi N. 1997. Species identification and polymorphisms using RAPD-PCR in penaeid prawns *Penaeus japonicus* and *Metapenaeus ensis*. Fisheries Science, 63(1): 149-150.

Meyer A. 1993. Evolution of mitochondrial DNA in fishes//Mochachka P W, Mommsen T P. Biochemistry and Molecular Biology of Fishes. Amsterdam, New York: Elsevier Press.

Misamore M, Browdy C L. 1997. Evaluating hybridization potential between *Penaeus setiferus* and *Penaeus vannamei* through natural mating, artificial insemination and *in vitro* fertilization. Aquaculture, 150(1-2): 1-10.

Nagamine C, Knight A W, Maggenti A, et al. 1980. Masculinization of female *Macrobrachium rosenbergii* (de Man) (Decapoda, Palaemonidae) by androgenic gland implantation. Gen Comp Endocrinol, 41(4): 442-457.

Nei M. 1972. Genetic distance between populations. American Naturalist, 106(949): 283-292.

Nelson K, Hedgecock D. 1980. Enzyme polymorphism and adaptive strategy in the decapod Crustacea. Ameri Nat, 116(2): 238-280.

Niiyama H. 1959. A comparative study of the Chromosomes in decapods isopods and amphipods, with some remarks on cytotaxonomy and sex-determination in the crustacean. Mem Fac Fish Hokkaido Univ, 7(1-2): 1-60.

Nilsson-Ehle H. 1909. Kreuzungsuntersuchungen an hafer und Weizen. 1. Lunds Universitets Arsskrift, 5: 1-122.

Okumura S I, Kimura K, Sakai M, et al. 2009. Chromosome number and telomere sequence mapping of the Japanese sea cucumber *Apostichopus japonicus*. Fish Sci, 75: 249-251.

Palumbi S R, Benzie J. 1991. Large mitochondrial DNA differences between morphologically similar penaeid shrimp. Molecular Marine Biology and Biotechnology, 1(1): 27-34.

Parsons P A. 1986. Evolutionary rates under environmental stress. Evolutionary Biology, 21: 311-347.

Parsons P A. 1988. Behavior, stress, and variability. Behavior Genetics, 18(3): 293-308.

Payen G G. 1980. Experimental studies of reproduction in Malacostraca crustaceans endocrine control of spermatogenic ativity//Clark Jr W, Adams T. Advances in Invertebrate Reproduction. North Holland: Elsevier.

Price D J, Clayton G M. 1999. Genotype-environment interactions in the susceptibility of the common carp, *Cyprinus carpio*, to *Ichthyophthirius multifiliis* infections. Aquaculture, 173(1-4): 149-160.

Purdom C E. 1993. Genetics and fish breeding. London: Chapman & Hall.

Rand-Weaver M, Kawauchi H, Ono M. 1993. Evolution of the structure of the growth hormone and prolactin family//Schreibman M P, Scanes C G, Pang P K T. The Endocrinology of Growth, Development, and Metabolism in Vertebrates. San Diego: Academic Press.

Rangneker P V, Madhyastha M, Latey A. 1971. Hormonal control of reproduction in the male crab, *Scylla serrata*. J Anim Morphol Physiol, 18(1): 17-29.

Sahakyan H, Kashani B H, Tamang R, et al. 2017. Origin and spread of human mitochondrial DNA haplogroup U7. Sci Rep 7, doi: 10.1038/srep46044.

Sandor T. 1980. Steroids in invertebrates//Clark Jr W, Adams T. Advances in Invertebrate Reproduction. North Holland: Elsevier.

Sekiguchi K. 1988. Biology of Horseshoe Crabs. Tokyo: Science House.

Sbordoni V, La Rosa G, Mattoccia M, et al. 1987. Genetic changes in seven generations of hatchery stocks of the Kuruma shrimp, *Penaeus japonicus* (Crustacea, Decapoda) //Tiews K. Selection, Hybridization, and Genetic Engineering in Aquaculture. Berlin: Heeneman Verlag.

Sbordoni V, Matthaeis E D, Sbordoni M C, et al. 1986. Bottleneck effects and the depression of genetic variability in hatchery stocks of *Penaeus japonicus* (Crustacea, Decapoda). Aquaculture, 57(1-4): 239-251.

Tave D. 1993. Genetics for Fish Hatchery Managers. New York: Van Nostrand Reinhold.

Tave D, Rezk M, Smitherman R O. 1989. Genetics of body color in *Tilapia mossambica*. The Journal of World Aquaculture Society, 20(4): 214-222.

Wang S Y, Luo J, Murphy R W, et al. 2013. Origin of Chinese goldfish and sequential loss of genetic diversity accompanies new breeds. PLoS One, 8(3): e59570. doi: 10.1371/journal.pone.0059571.

Wohlfarth G W, Moav R, Hulata G. 1983. A genotype-environment interaction for growth rate in the common carp, growing in intensively manured ponds. Aquaculture, 33(1-4): 187-195.

Yamazaki F. 1983. Sex control and manipulation in fish. Aquaculture, 33: 329-354.

Yano I. 1985. Induced ovarian maturation and spawning in greasyback Shrimp, *Metapenaeus ensis*, by progesterone. Aquaculture, 47(2-3): 223-229.

Zhang G L, Cao Y Y, Li Z B, et al. 2009. Genetic diversity and differentiation of *Fenneropenaeus penicillatus* populations by allozyme analyses. ESIAT, Volume III: 39-42.

Zhang G L, Cao Y Y, Li Z B, et al. 2012. Analysis of the genetic diversity and differentiation of *Fenneropenaeus penicillatus* populations using AFLP technology. Chinese Journal of Oceanology and Limnology, 30(3): 440-445.

Zhang Z H, Li Z B, Cao Y Y, et al. 2010. Isolation and analysis of eight new polymorphic microsatellite loci of the amphioxus, *Branchiostoma belcheri* Gray. CMBB, 296-298.

Zhao B L, Cao Y Y, Li Z B, et al. 2009. Evaluating genetic diversity and differentiation of *Marsupenaeus japonicus* populations by allozyme analyses. ESIAT, Volume II: 13-17.

第十章

分子生物学和遗传学术语

分子生物学是近二三十年出现的新兴学科，相继出现一些术语。也涉及细胞学、遗传学、生物化学等，为此将这几个学科，特别是分子生物学的术语辑录如下。

第一节　细胞

人工染色体（artificial chromosome）：自主复制序列（autonomously replicating sequence，ARS）、着丝粒序列（centromeric sequence，CEN）和端粒序列（telomeric sequence，TEL）是线性染色体稳定的功能序列，人们利用这些序列构建载体，重组后的DNA以线性状态存在，这样不仅稳定，而且大大提高了插入外源基因的能力，并且可以像天然染色体一样在寄主细胞中稳定复制和遗传，这些染色体称为人工染色体。例如，酵母人工染色体含有酵母细胞中必需的端粒DNA、着丝点DNA和复制起点DNA的序列。

中期（metaphase）：每一条染色体逐渐向纺锤体中心区移动，最终整齐排列在赤道板上。当两极的纺锤体微管分别同染色体的动粒结合，装配成动粒微管后，即进入中期。染色体在纺锤体动粒微管的作用下，逐渐移向纺锤体的中心区，该中心区称为纺锤体赤道（spindle equator）。染色体移向赤道，是纺锤体动粒微管相互作用的结果，并且是染色体由不稳定状态向稳定状态转变的过程。

内共生假说（endosymbiotic hypothesis）：真核生物古菌祖先宿主，以肌动蛋白为细胞骨架，产生肌动蛋白膜突起，这些突起吞噬α蛋白杆菌，被吞噬的α蛋白杆菌与宿主间形成共生关系，产生真核生物的共同祖先，真核生物形成随后的吞噬作用构成真核生物生命树的主要分支（Yutin et al.，2009）。真核生物线粒体来自α蛋白杆菌的细胞融合已有分子生物学数据支持（Gray et al.，2004；Zimorski et al.，2014；Archibald，2015）。真核生物古菌祖先为阿斯加德（Asgard）古菌也有分子生物学数据支持（Williams et al.，2020）。

末期（telophase）：染色体着丝粒断裂后，染色单体分别移到纺锤体的两极并重新形成核膜的时期。该期的主要特点是：染色体解螺旋形成细丝，核膜小泡重新包围两组染色体，相互融合，形成完整的核膜和新的细胞核。

古菌（archaea）：一类特殊细菌，在系统发育上既不属真核生物，也不属原核生物。它们具有原核生物的某些特征（如无细胞核及细胞器），也具有真核生物的特征（如以甲硫氨酸起始蛋白质的合成、核糖体对氯霉素不敏感），还具有它们独有的一些特征（如细胞壁的组成、膜脂质的类型）。因此，有人认为古菌代表由一共同祖先传来的第三界生物（古菌、原核生物、真核生物）。它们包括酸性嗜热菌、极端嗜盐菌及甲烷微生物。其可能代表了活细胞的某些最早期的形式。

叶绿体（chloroplast）：是植物细胞所特有的能量转换细胞器，其功能是进行光合作用，是一种质体。叶绿体含有的叶绿素 a、叶绿素 b 吸收绿光最少，绿光被反射，故叶片呈绿色。叶绿素 a、叶绿素 b 的功能是吸收光能，通过光合作用将光能转变成化学能。叶绿体呈扁球状，厚约 2.5μm，直径约 5μm，具双层膜，内有间质，间质中含呈溶解状态的酶和片层。片层由闭合的中空盘状类囊体垛叠而成，类囊体是形成高能化合物三磷酸腺苷（ATP）所必需的。叶绿体拥有自身的遗传物质和遗传体系，但因其基因组大小有限，所以叶绿体也是一种半自主细胞器。真核生物叶绿体源于蓝藻，某些古代真核生物靠吞噬其他生物维生，被吞噬的蓝藻没有被消化，反而依靠吞噬者的生活废物制造营养物质，在长期共生过程中，形成叶绿体。真核生物叶绿体源于蓝藻的细胞融合已有分子生物学数据支持（Zimorski et al.，2014；Archibald，2015）。植物中叶绿体的数目相对稳定，大多数高等植物的叶肉细胞含有几十个到几百个叶绿体，可占细胞质体积的 40%。

有丝分裂（mitosis）：是细胞周期的丝裂期（M 期）进行的分裂活动。在这个时期，纺锤丝的形成和运动及染色体的形成，把在 S 期已经复制好的 DNA 平均分配到两个子细胞，以保证遗传的连续性和稳定性。由于这一时期的主要特征是出现纺锤丝，故称为有丝分裂。通常有丝分裂是对整个的细胞分裂而言，包括核分裂和胞质分裂两个过程，一般在核分裂之后随之发生胞质分裂。据形态变化的特征，通常将有丝分裂分为前期、早中期、中期、后期和末期。

有丝分裂器（mitotic apparatus），即纺锤体（spindle）：它是在有丝分裂期间，从中心粒（中心体）形成的各种微管，包括动粒微管、极微管、星体微管等装配而成的纤维结构，它们的功能是将染色体均等分配到两个子细胞。中期有丝分裂器的半数纺锤体微管源自极中心体，因此有丝分裂器的形成首先依赖中心体的复制，并分别移动到两极。

同源染色体（homologous chromosome）：指形态、结构和功能相似的一对染色体，它们一条来自父本、一条来自母本。

自主复制序列（autonomous replicating sequence，ARS）：又称复制起点序列（replication origin sequence），是顺式作用元件的一种。这种序列是染色体正常起始复制所必需的。所有的 ARS 的 DNA 均有一段保守序列，真核生物染色体上有多个 ARS 序列，上下游各 200bp 左右的序列是维持 ARS 功能所必需的。

后期（anaphase）：有丝分裂的一个时期，这一时期的主要特点是：着丝粒分开，染色单体移向两极。在后期的开始阶段，每一染色体的着丝粒在纺锤体微管的作用下发生断裂，进而造成染色单体分开，并移向两极。几乎所有的姐妹染色单体都同时分裂，此时每条染色单体成为独立的染色体。根据染色体被拉向两极所受到的力的不同，又将后期分为后期A和后期B。在后期A，染色体运动的力主要是由动粒微管的装配产生的，此时的染色体运动称为向极运动。在后期B，染色体运动的力主要是由极微管的聚合产生的，此时的运动称为染色体极分离运动。

次缢痕（secondary constriction）：是染色体上的一个缢缩部位，由于此处部分DNA松懈，形成核仁组织区，故此处变细。它的数量、位置和大小是某些染色体的重要形态特征。每种生物染色体组中至少有一条或一对染色体上有次缢痕。

异染色质（heterochromatin）：在有丝分裂完成之后，大多数高度压缩的染色体要转变成间期的松散状态。但是，大约有10%的染色质在整个间期仍然保持压缩状态，这种染色质被称为异染色质。异染色质在分裂期和间期的着色力相同。当用标记的尿嘧啶作为细胞合成RNA的前体，然后进行细胞固定、切片和放射自显影分析，发现异染色质不能被标记，表明它们可能没有转录活性。但有证据表明某些基因位于异染色质区。另外，也并非所有无活性的基因和不转录的DNA区都是异染色质区。

姐妹染色单体（sister chromatid）：一条染色体（或DNA）经复制形成的两个分子，仍由一个着丝粒相连的两条染色单体。

非内共生假说（non-endosymbiotic hypothesis）：又称细胞内分化学说。该学说认为线粒体的发生是细胞膜内陷的结果。有几种模型，其中Uzzell和Spolsky（1974）的模型认为：在进化的最初阶段，原核细胞基因组进行复制，并不伴有细胞分裂，而是在基因组附近的细胞膜内陷形成双层膜，将分离的基因组包围在这些双层膜的结构中，从而形成结构可能相似的原始的细胞核和线粒体、叶绿体等细胞器。后来在进化的过程中，增强分化，核膜失去了呼吸作用和光合作用，线粒体成了细胞的呼吸器官，这一学说解释了核膜的演化渐进的过程。

呼吸链（respiratory chain）：又称电子传递链，是线粒体内膜上一组酶的复合体。其功能是进行电子传递、H^+的传递及氧的利用，最后产生H_2O和ATP。

单一序列（unique sequence）：又称非重复序列，在一个基因组中一般只有一个拷贝。真核生物的绝大多数结构基因在单倍体中是单拷贝或几个拷贝（1～5个拷贝）。

线粒体（mitochondrion）：一种存在于大多数真核细胞中的由两层膜包被的细胞器，直径在0.5～10μm，是细胞中制造能量的结构。线粒体是细胞内氧化磷酸化和合成三磷酸腺苷（ATP）的主要场所，为细胞的活动提供能量，所以有“细胞动力工厂”之称。除了为细胞供能外，线粒体还参与细胞分化、细胞信息传递和细胞凋亡等过程，并拥有调控细胞生长和细胞周期的能力。这种细胞器拥有自身的遗传物质和遗传体系，但因其基因组大小有限，所以线粒体是一种半自主细胞器。一个细胞内含有线粒体的数目可以从几百个到数千个，越活跃的细胞含有的线粒体数目越多，如时刻跳动的心脏细胞和经常思考问题的大脑细胞含有线粒体的数目最大，皮肤细胞含有线粒体的数目比较少。

细胞（cell）：由膜包围着的含有细胞核（或拟核）的原生质所组成，是生物体结构和功能的基本单位，也是生命活动的基本单位。细胞能够通过分裂而增殖，是生物体个体发育和系统发育的基础。细胞或独立地作为生命单位，或多个细胞组成细胞群体或组织、器官和机体。细胞是遗传的基本单位，并具有遗传的全能性。

细胞生物学（cell biology）：是以细胞为研究对象，从细胞的整体水平、亚显微水平、分子水平等三个层次，以动态的观点，研究细胞和细胞器的结构和功能、细胞的生活史和各种生命活动规律的学科。

细胞质（cell plasma）：是细胞内除核以外的原生质，即细胞中细胞核以外和细胞膜以内的原生质部分，包括透明的黏液状的胞质溶胶及悬浮于其中的细胞器。

细胞周期（cell cycle）：生命是从一代向下一代传递的连续过程，因此是一个不断更新、不断从头开始的过程。细胞的生命开始于产生它的母细胞的分裂，结束于它的子细胞的形成或细胞的自身死亡。通常将通过细胞分裂产生的新细胞的生长开始到下一次细胞分裂形成子细胞结束所经历的过程称为细胞周期。在这一过程中，细胞的遗传物质复制并均等地分配给两个子细胞。

细胞核（nucleus）：细胞核是细胞内储存遗传物质的场所。真核生物的细胞都具有细胞核，只有成熟的红细胞和植物成熟的筛管细胞没有细胞核。不同类型细胞的细胞核形态、大小和位置不同，通常是球形，但也有长形、扁平和不规则的形态。典型的细胞核的体积为细胞体积的 5%～10%，细胞核的直径范围从 1μm 到几百微米，通常为 5～15μm。一般来说，一个细胞只有一个细胞核，有些特殊的细胞含有多个细胞核，如脊椎动物的骨骼肌细胞，这种细胞很长，可达几微米，甚至几厘米，其中含有几十个甚至几百个独立的细胞核。在细胞间期观察到典型的真核生物细胞核的结构有 5 个主要组成部分：①由双层膜组成的核被膜，它将细胞核物质同细胞质分开；②似液态的核质（nucleoplasm），其中含有可溶性的核物质；③一个或多个球形核仁，这种结构与核糖体的合成有关；④核基质（nuclear matrix），为细胞核提供骨架网络；⑤ DNA 纤维，当它展开存在于细胞核中时称为染色质，组成致密结构时称为染色体。细胞核有两个主要功能：一是通过遗传物质的复制和细胞分裂保持细胞世代间的连续性（遗传）；二是通过基因的选择性表达，控制细胞的活动。

细胞遗传学（cytogenetics）：遗传学和细胞学结合形成了细胞遗传学。其主要是从细胞学的角度，特别是从染色体的结构和功能及染色体和其他细胞器的关系来研究遗传现象，阐明遗传和变异的机制。

细胞融合（cell fusion）：自发条件下或人工诱导下，两个不同基因型的细胞或原生质体融合形成一个杂种细胞。其基本过程包括细胞融合导致异核体（heterokaryon）的形成，异核体通过细胞有丝分裂导致核的融合，形成单核的杂种细胞。有性生殖时发生正常的细胞融合，即由两个配子融合成一个合子。

重复序列（repetitive sequence）：拷贝数在 10 个以上的序列称为重复序列。根据基因的重复程度，重复序列可以分为两类：中度重复序列，重复次数在 10^2～10^5，如组蛋白基因、rRNA 基因均属此类，虽然都能转录，但除了组蛋白基因外，其他基因都不能翻译；高度重复序列，重复次数在 10^5 以上。高度重复序列 DNA 通常由简单的核苷酸序列组成，分布在染色体的着丝粒区和端粒区。

胞质分裂（cytokinesis）：有丝分裂后期，将细胞膜、细胞骨架、细胞器及可溶性蛋白等均等分配，并形成两个新的子细胞的过程称为胞质分裂。胞质分裂通常开始于有丝分裂后期，直到两个新细胞核形成后才结束。

前中期（prometaphase）：是介于前期与中期之间的一个过渡期。前中期的主要特征是染色体剧烈活动，个别染色体剧烈旋转、振荡、徘徊于两极之间。该时期的主要事件是纺锤体（spindle）的装配。核周围的纺锤体侵入细胞核的中心区，一部分纺锤体微管的自由端结合到染色体的着丝粒上，形成动粒微管，这一过程是随机进行的。

前期（prophase）：是有丝分裂的第一期。该时期的主要特征是染色质凝缩成完全相同的由两条染色单体连接而成的具有明显特征的染色体。前期发生的主要事件有 4 种：染色体的凝集、分裂极的确定、核仁的消失和核膜的解体。染色体凝集是前期开始的第一个特征，实际上是染色体的螺旋化、折叠和包装过程。此时出现线状的纤维，有丝分裂因此而得名。核仁消失和核膜解体是前期的另一个重要特征。前期末，核膜解体，核仁缩小消失，分散于胞质之中。

染色体（chromosome）：是细胞在有丝分裂和减数分裂过程中由染色质聚缩而成的棒状结构。在原核细胞内，是指裸露的环状 DNA 分子。染色体和染色质在化学本质上没有差异，只是在构型上不同，是遗传物质在细胞周期不同阶段的不同表现形式。

染色体分带（chromosome banding）：用特殊的染色方法，使染色体产生明显的色带（暗带）和未染色的明带相间的带型（banding pattern），形成不同的染色体个性，以此作为鉴别单个染色体和染色体组的一种手段。染色体显带技术最重要的应用就是明确鉴别一个核型中的任何一条染色体，乃至某一个移位片段，同时也可用于核型进化及可能的进化机制研究。

染色体组（chromosome complement、chromosome set、genome）：遗传学上把一个配子的全套染色体，包括一定数目、一定形态结构和一定基因组成的染色体群称为染色体组。即在通常的二倍体的细胞或个体中，能维持配子或配子体正常功能的最低数目的一套染色体。或者说是指细胞内一套形态、结构、功能各不相同，但在个体发育时彼此协调一致、缺一不可的染色体。

染色质（chromatin）：最早是 1879 年弗莱明（Flemming）提出的用以描述核中染色后强烈着色的物质。现在认为染色质是细胞间期细胞核内能被碱性染料（洋红、苏木精等）染色的纤细网状物质，主要由 DNA 和蛋白质组成。现在是指真核细胞间期核中 DNA、组蛋白、非组蛋白及少量 RNA 组成的一串念珠状复合体。当细胞分裂时，核内的染色质便螺旋化形成一定数目和形状的染色体。

真细菌（bacteria、eubacteria）: 除古细菌以外的所有细菌均称为真细菌。最初用于表示“真”细菌的名词主要是为了与其他细菌相区别。

真核细胞（eucaryotic cell）: 构成真核生物的细胞称为真核细胞，具有典型的细胞结构，有明显的细胞核、核膜、核仁和核基质；遗传信息量大，并且有特化的膜相结构。真核细胞的种类繁多，既包括大量的单细胞生物和原生生物（如原生动物和一些藻类）的细胞，又包括全部的多细胞生物（一切动植物）的细胞。

核仁（nucleolus）: 是细胞核中一个匀质的球体，由纤维区、颗粒区、核仁染色质、基质等 4 部分组成。核仁是真核细胞间期核中最明显的结构。核仁的大小、形状和数目随生物的种类、细胞类型、细胞代谢状态而变化。蛋白质合成旺盛、代谢活跃的细胞，如分泌细胞、卵母细胞，其核仁大，可占核体积的 25%。不具蛋白质合成能力的细胞，如肌肉细胞、休眠的植物细胞，其核仁很小。大多数细胞只含有一个或两个核仁，但也有少数细胞含有多个甚至上千个核仁。核仁的主要功能是进行核糖体 RNA 的合成。

核仁周期（nucleolar cycle）: 核仁是一种动态结构，随细胞周期的变化而变化，这种变化称为核仁周期。在细胞的有丝分裂期，核仁变小并逐渐消失。在有丝分裂末期，rRNA 的合成重新开始，核仁形成。核仁形成的分子机理尚不清楚，但需要 rRNA 基因的激活。

核仁组织区（nucleolar organizing region，NOR）: 是细胞核特定染色体的次缢痕处，含有 rRNA 基因的一段染色体区域，与核仁的形成有关，故称为核仁组织区。核仁是核仁组织区中的基因活动而形成的可见的球体结构。具有核仁组织区的染色体数目依不同细胞种类而异，人有 5 对染色体即 13 号、14 号、15 号、21 号、22 号染色体上有核仁组织区。

核型（karyotype）: 指染色体组在有丝分裂中期的表型，是染色体数目、大小、形态特征的总和。在对染色体进行测量计算的基础上，进行分组、排队、配对，并进行形态分析的过程称核型分析。

原生质（protoplasm）: 生活细胞中所有的生活物质，包括细胞核和细胞质。

原生质体（protoplast）: 脱去细胞壁的细胞叫原生质体，是一种生物工程学的概念。例如，植物细胞和细菌（或其他有细胞壁的细胞）通过酶解使细胞壁溶解而得到的具有细胞膜的原生质球状体。动物细胞就相当于原生质体。

原核细胞（prokaryotic cell）: 组成原核生物的细胞。这类细胞的主要特征是没有明显可见的细胞核，同时也没有核膜和核仁，只有拟核，进化地位较低。

常染色质（euchromatin）: 在有丝分裂完成之后，能够转变成间期松散状态的染色体部分。常染色质在分裂期染色深，但在间期染色浅。一般而言，常染色质是具有转录活性的区域，是基因区。

减数分裂（meiosis）：是生殖细胞产生配子的分裂，包括两次连续的有丝分裂，形成4个单倍体的子细胞。相继的两次分裂分别称为减数分裂Ⅰ（或第一次有丝分裂）和减数分裂Ⅱ（或第二次有丝分裂）。在这两次分裂之间有一个很短的间歇期，但不进行DNA的合成，因而也不发生染色体的复制。由于细胞核分裂了两次，而染色体只是在第一次减数分裂前的间期复制了一次，所以细胞经过减数分裂导致染色体数目减少一半。第一次减数分裂可分为前期Ⅰ、中期Ⅰ、后期Ⅰ、末期Ⅰ，第二次减数分裂可分为前期Ⅱ、中期Ⅱ、后期Ⅱ、末期Ⅱ。

着丝粒（centromere）：染色体中连接两个染色单体，并将染色单体分为两臂，即短臂（p）和长臂（q）的部位。由于此部位的染色质较细、内缢，又称主缢痕（primary constriction）。此处DNA具高度重复，为碱性染料所深染。着丝粒有两个基本的功能：一是在有丝分裂前将两条姐妹染色单体结合在一起；二是为动粒装配提供结合位点。着丝粒含有结构性异染色质，人的染色体着丝粒含有大约170bp的重复DNA（称为α卫星DNA），随机重复的次数达2000～30 000次。

随体（satellite）：是位于染色体末端的、圆形或圆柱形的染色体片段，通过次缢痕与染色体主要部分相连。它是识别染色体的主要特征之一。随体根据其在染色体上的位置，可被分为两大类：处于末端的称为端随体；处于两个次缢痕之间的称为中间随体。

遗传信息表达结构系统（genetic expression system）：又称颗粒纤维结构系统，包括细胞核和核糖体。细胞核中的染色质是纤维结构，由DNA和组蛋白构成。染色体的一级结构是由核小体组成的串珠结构，其直径为10nm，又称10nm纤维。核糖体是由RNA和蛋白质构成的颗粒结构，直径为15～25nm，由大小两个亚基组成，它是细胞内合成蛋白质的场所。

端粒序列（telomeric sequence，TEL）：是线性染色体两端的特殊序列，这种序列广泛分布在原生动物、真菌、植物和哺乳动物的染色体中，并且在序列组成上十分相似，富含G，且由短的基本序列随机串联重复而成。在人类中，这种基本序列是GGGTTA。功能是保持线性染色体的稳定，即不环化、不黏合、不被降解。端粒是由端粒酶合成的。该酶是反转录酶，自身含有一个RNA分子，可作为延长DNA末端合成的模板，合成方向是5′→3′。端粒是染色体的重要部分，它保证了染色体的完全复制，同时在染色体的两端形成保护性的帽结构，使染色体的DNA免受核酸酶和其他不稳定因素的破坏和影响。另外，端粒的形成使染色体的末端不会与其他染色体末端融合。

着丝粒序列（centromeric sequence）：是真核生物在有丝分裂和减数分裂时，两个染色体附着的区域，含有11个高度保守的碱基序列，功能是形成着丝粒，均等分配两个子代染色单体。

第二节　遗　　传

一因多效（pleiotropism）：一个基因可以影响许多性状的发育现象。

单倍体（monoploid）：具有一套染色体组的细胞或个体，如雄蜂。

二倍体（diploid）：具有两套染色体组的细胞或个体。绝大多数动物和大多数植物均属此类。

三体（trisomic）：二倍体体细胞中多出一条染色体的生物体叫三体。表示为 $2n+1$。

上位效应（epistatic effect）：两对基因同时控制一个单位性状发育，其中一对基因对另一对基因的表现具有遮盖作用，这种基因互作类型称为上位效应。

无义突变（nonsense mutation）：碱基替换导致终止密码子（UAG、UAA、UGA）出现，使 mRNA 的翻译提前终止。

无性生殖（asexual reproduction）：通过亲本营养体的分割而产生许多后代个体，这一方式也称为营养体生殖。例如，植物利用块茎、鳞茎、球茎、芽眼和枝条等营养体产生后代，后代与亲代具有相同的遗传组成。

无融合生殖（apomixis）：雌雄配子不发生核融合的一种无性生殖方式。该生殖方式被认为是有性生殖的一种特殊方式或变态。

不完全显性（imcomplete dominance）：一对相对性状差别的两个纯合亲本杂交后，子 1 代的表现为两个亲本的中间类型。

互补效应（complementary effect）：当两对基因中都有显性基因存在时，个体表现为一种性状，当两对基因中只有一对基因为显性或两对基因均为纯合隐性时，个体表现为另一种性状的基因互作类型。

从性遗传（sex-influenced inheritance）：常染色体上基因所控制的性状，在表型上受个体性别的影响，只出现于雌方或雄方，或在一方为显性，另一方为隐性的现象。

双受精（double fertilization）：1 个精核（n）与卵细胞（n）受精结合为合子（$2n$），将来发育成胚。另 1 个精核（n）与两个极核（$n+n$）受精结合为胚乳核（$3n$），将来发育成胚乳的过程。

正向突变（forward mutation）：野生型基因经过突变成为突变型基因的过程。

外显率（penetrance）：在具有特定基因型的一群个体中，表现该基因所决定性状的个体所占比率。

主基因（major gene）：对于性状的作用比较明显，容易从杂种分离世代鉴别开来。

母体效应（maternal effect）：将子 1 代的表型受母本基因型的影响而和母本的表型一样的现象称为母体效应或母性遗传。

共显性（codominance）：一对相对性状差别的两个纯合亲本杂交后，双亲性状同时在子 1 代个体上表现出来，如人类的 ABO 血型和 MN 血型。

亚倍体（hypoploid）：染色体数少于 $2n$ 的细胞、组织和个体，如单体、缺体、双单体等。

同义突变（synonymous mutation）：碱基替换翻译出的氨基酸不改变。

同源多倍体（autopolyploid）：指染色体组来源相同的多倍体，或由同一物种的染色体经过加倍形成的多倍体。

回交（back cross）：是近亲繁殖的一种，指杂种后代与某一亲本再杂交。

回复突变（back mutation）：突变型基因通过突变而成为原来野生型基因。

自交不亲和性（self-incompatibility）：自花授粉不能受精（结实）或相同基因型异花授粉时不能受精的现象。

自体受精（self-fertilization）：同一个体产生的雌雄配子受精结合，如蚯蚓、草履虫等低等动物。

杂种优势（heterosis）：指两个遗传组成不同的品种（或品系）杂交，子 1 代在生活力、繁殖力、抗病力等方面都超过双亲的平均值，甚至比两个亲本各自的水平都高的现象。

多因一效（multigenic effect）：许多基因影响同一个性状的表现。

交叉遗传（criss-cross inheritance）：隐性 X 连锁的性状的基因常由父亲遗传给女儿，再由女儿遗传给外孙，这种遗传方式称交叉遗传。

异源多倍体（allopolyploid）：指染色体组来源不同的多倍体，是植物界分布最广泛的多倍体类型。

抑制效应（inhibiting effect）：指一对基因本身不表现性状，当其处于显性纯合或杂合状态时，却能使另一对显性基因不起作用。

连锁遗传（linkage inheritance）：指在同一同源染色体上的非等位基因连在一起而遗传的现象。把同一染色体上的不同基因在进入配子时保持在一起的倾向称为连锁遗传。

连锁遗传图谱（linkage genetic map）：将一对同源染色体上的各个基因的位置确定下来，并绘制成的图叫作连锁遗传图谱。

连锁群（linkage group）：存在于同一染色体上的基因群。存在于一个染色体上的各个基因经常表现为相互联系，并同时遗传给后代，这种存在于一个染色体上在遗传上表现一定程度连锁关系的一群基因叫连锁群。

位置效应（position effect）：基因由于变换了在染色体上的位置而带来的表型效应改变的现象。

近亲繁殖（inbreeding）：简称近交，是指亲缘关系相近的两个个体间的交配，也就是指基因型相同或相近的两个个体间的交配。

返祖现象（atavism）：指在后代中出现祖先性状的现象。

完全连锁（complete linkage）和不完全连锁（incomplete linkage）：在同一染色体上的基因 100% 地联系在一起传递到下一代的遗传现象叫完全连锁；同源染色体之间的交换，使位于同一对染色体上的连锁基因发生部分重新组合，重组型小于亲本型，这种现象称为不完全连锁。

完全显性（complete dominance）：一对相对性状差别的两个纯合亲本杂交后，子 1 代的表现和亲本之一完全一样，这样的显性表现称作完全显性。

纯合体（homozygote）和杂合体（heterozygote）：由两个同是显性或同是隐性的基因结合的个体叫纯合体，如 CC、cc。由一个显性基因与一个隐性基因结合而成的个体叫杂合体，如 Cc。

转化（transformation）：指细菌（或其他生物）细胞将周围的供体 DNA 摄入体内，并整合到自身染色体组的过程。

基因工程（genetic engineering）：重组质粒 DNA 分子进入受体细胞，并在受体细胞稳定维持和表达的过程。

转导（transduction）：以 λ 噬菌体颗粒为媒介感染宿主细胞，将外源 DNA 分子导入受体细胞中并稳定遗传的过程。

转染（transfection）：用重组噬菌体 DNA 分子直接感染受体细胞的过程。

转换（transition）：同型碱基的置换，如一个嘌呤被另一个嘌呤替换、一个嘧啶被另一个嘧啶置换。

非整倍体（aneuploid）：体细胞染色体数目（$2n$）增加或减少一个或几个的细胞、组织和个体，称为非整倍体。

易位（translocation）：指非同源染色体之间发生片段转移的现象。

物种（species）：指形态相似，有一定的分布区域，彼此可以自由交配，并产生正常后代的一群个体。

质量性状（qualitative character）：生物所表现的不连续变异的性状称为质量性状。

受精（fertilization）：雄配子（精子）与雌配子（卵细胞）融合为 1 个合子的过程。

剂量效应（dosage effect）：细胞内某基因出现的次数越多，表型效应就越显著的现象。

单体（monosome）：二倍体体细胞中缺少一条染色体的生物体称为单体，表示为 $2n-1$。

单倍体（haploid）：具有配子（精子或卵细胞）染色体数目的细胞或个体，如经花药培养形成的单倍体植物。

性导（sexduction）：细菌细胞在接合时，携带的外源 DNA 整合到细菌染色体上的过程，如利用 F 因子形成部分二倍体就称为性导。

性连锁（sex linkage）：指性染色体上的基因所控制的某些性状总是伴随性别而遗传的现象，又称性连锁遗传（sex-linked inheritance）。

性状（character）：又称“特征”。生物个体或种群所具有的可识别的属性。在遗传学上，把生物表现出来的形态特征和生理特征统称为性状。

性状分离（segregation of character）：两个杂合体亲本杂交后，子代中显性性状与隐性性状同时表现出来的现象叫作性状分离。

性染色体（sexchromosome）：与性别决定有直接关系的染色体叫作性染色体。

限性遗传（sex-limited inheritance）：指位于 Y 染色体（XY 型）或 W 染色体（ZW 型）上的基因所控制的遗传性状只限于在雄性或雌性上表现的现象。

细胞质遗传（cytoplasmic inheritance）：由细胞质内的基因即细胞质基因所决定的遗传现象和遗传规律叫作细胞质遗传，又称染色体外遗传、核外遗传、母性遗传等，如质体、线粒体引起的遗传现象。

相对性状（relative character）：同一性状的两种或多种不同表现形式叫作相对性状。

显性上位（dominant epistasis）：两对基因同时控制一个单位性状发育，其中一对基因对另一对基因的表现具有遮盖作用，起遮盖作用的是显性基因，则称为显性上位。

显性转换（reversal of dominance）：显性性状在不同条件下发生转换的现象叫作显性转换。

显性性状（dominant character）：一对相对性状差别的两个纯合亲本杂交后，子一代表现出来的亲本的性状叫显性性状。

重组子（recon）：是在发生性状的重组时，可交换的最小单位。一个重组子可只包含一对核苷酸。

重复（duplication）：染色体上增加相同的某个区段而引起变异的现象。

叠加效应（duplicate effect）：两对或两对以上等位基因同时控制一个单位性状，只要其中一对等位基因中存在显性基因，个体便表现显性性状，两对基因均为纯合隐性时，个体表现隐性性状的基因互作现象。

复等位基因（multiple allele）：由同一基因位点经多方向突变产生的 3 个或 3 个以上的基因称为复等位基因。一个基因座位内不同位点改变形成的许多等位基因，即复等位基因。复等位基因是基因内部不同碱基改变的结果。

修饰基因（modifying gene）：一组效果微小的基因能增强或削弱主基因对表型的作用，这类微效基因在遗传学上称为修饰基因。

突变子（muton）：是性状突变时，产生突变的最小单位。一个突变子可以小到只是一个核苷酸。

原噬菌体（prophage）：某些温和噬菌体侵染细菌后，其 DNA 整合到宿主细菌染色体中。处于整合状态的噬菌体 DNA 称为原噬菌体。

烈性噬菌体（virulent phage）：感染宿主细胞后就进入裂解反应，迅速使宿主细胞裂解的噬菌体。

致死突变（lethal mutation）：能使生物体死亡的突变称为致死突变。

缺失（deletion/deficiency）：指染色体某一区段丢失的现象。

缺体（nullisomy）：二倍体体细胞中缺少一对或一对以上同源染色体的生物称为缺体，表示为 $2n-2$ 或 $n-1$。

积加作用（additive effect）：指当两对或两对以上基因互作时，显性基因对数累积越多，性状表现越明显的现象，如南瓜果形遗传。

倒位（inversion）：染色体上某一区段断裂后，发生 180° 的倒转并连接的现象称为倒位。

部分二倍体（partial diploid）：含一个亲本的全部基因组和另一个亲本的部分基因组的合子叫作部分二倍体或部分合子。

接合（conjugation）：指遗传物质从供体即“雄性”转移到受体即“雌性”的过程。

基因（gene）：可转录一条完整的 RNA 分子或编码一条多肽链，可以是 DNA 序列也可以是 RNA 序列。

基因定位（gene mapping、gene localization）：指确定基因在染色体上的位置，主要是确定基因之间的距离和次序，而它们之间的距离是用交换值来表示的。

基因型（genotype）和表型（phenotype）：基因型是生物体的遗传组成，是性状得以表现的内在物质基础，是肉眼看不到的，要通过杂交试验才能检定，如 cc、CC、Cc。表型是生物体所表现出来的性状，是基因型和内外环境相互作用的结果，是肉眼可以看到的，如人的血型性状。

基因型频率（genotypic frequency）：在一个群体内不同基因所占比例。某一基因在群体的所有等位基因的总数中所占的比率或一个群体内某特定基因座某一等位基因占该基因座等位基因总数的比率。

基因突变（gene mutation）：指染色体上某一基因位点内部发生了化学性质的变化，与原来基因形成对应关系。

常染色体（autosome）：性染色体以外其他的染色体称为常染色体。

移码突变（frameshift mutation）：在 DNA 分子的外显子中插入或缺失 1 个、2 个或 4 个核苷酸而导致的开放阅读框的位移。从插入或缺失碱基的地方开始，后面所有的密码子都将发生改变，翻译出来的氨基酸完全不同于原来的，遗传性状发生很大变化。

假连锁（pseudolinkage）：两对染色体上原来不连锁的基因，由于靠近易位断点，易位杂合体总是以交替式分离方式产生可育的配子，因此就表现出假连锁现象。

假显性（pseudodominance）：一个显性基因的缺失致使原来不应显现出来的一个隐性等位基因的效应显现了出来，这种现象叫作假显性。

假基因（pseudogene）：同已知的基因相似，但位于不同位点，因缺失或突变而不能转录或翻译，是没有功能的基因。

隐性上位（recessive epistasis）：两对基因同时控制一个单位性状发育，其中一对基因对另一对基因的表现具有遮盖作用，起遮盖作用的基因是隐性基因，则称为隐性上位。

隐性性状（recessive character）：一对相对性状差别的两个纯合亲本杂交后，子 1 代未出现的另一个亲本的性状，即子 1 代处于隐蔽状态的性状。

超亲遗传（transgressive inheritance）：在子 2 代或以后的世代中，由于基因重组而在某种性状上出现超越亲本的个体的现象。

超倍体（hyperploid）：染色体数多于 $2n$ 的细胞、组织和个体，如三体、四体、双三体等。

雄性不育（male sterility）：雄蕊发育不正常，不能形成有功能的正常花粉，而雌蕊却是正常的，可以接受正常花粉而受精结实。

遗传（heredity、inheritance）与变异（variation）：生物通过繁殖的方式来繁衍种族，保持生命在世代间的连续，保持子代与亲代的相似与类同，这种现象叫作遗传，遗传的本质就是遗传物质通过不断复制和传递，保持亲代与子代间的相似与类同。与此同时，亲代与子代之间、子代个体之间总存在着不同程度的差异，包括环境差异与遗传物质差异，这种差异就是变异。

遗传平衡定律（law of genetic equilibrium）：在一个完全随机交配的群体内，如果没有其他因素（如突变、选择、遗传漂变和迁移）干扰，则基因频率和基因型频率常保持一定。

遗传多样性（genetic diversity）：是生物多样性的重要组成部分。广义的遗传多样性是指地球上所有生物所携带的遗传信息的总和。但一般所指的遗传多样性是指种内的遗传多样性，即种内个体之间或一个群体内不同个体的遗传变异总和。种内的多样性是物种以上各水平多样性的最重要来源。遗传变异、生活史特点、种群动态及其遗传结构等影响着一个物种与其他物种及其环境相互作用的方式。而且，种内的多样性是一物种对人为干扰进行成功反应的决定因素。种内的遗传变异程度也决定其进化的趋势。

等位基因（allele）和非等位基因（non-allele）：等位基因是指位于同源染色体上，占有同一位点，但以不同的方式影响同一性状发育的两个基因。非等位基因指位于不同位点上，控制非相对性状的基因。

温和噬菌体（temperate phage）：噬菌体感染细菌后，除偶尔情况外，不出现溶菌现象，这一类噬菌体叫作温和噬菌体。

感受态（competence）：利用理化方法人工诱导细胞使之处于易于接受和容纳外源 DNA 分子的状态，这时的细胞称为感受态细胞。

错义突变（missense mutation）：碱基替换的结果引起氨基酸的变化。有些错义突变严重影响蛋白质活性，从而影响表型，甚至是致死的。

微效基因（minor gene）：基因数量多，每个基因对表型的影响较微小，所以不能把它们个别的作用区别开来，这类基因称为微效基因。

数量性状（quantitative character）：生物表现连续变异的性状称为数量性状。

数量性状基因座（quantitative trait locus，QTL）： 控制数量性状的基因在基因组中的位置称数量性状基因座。

溶原性细菌（lysogenic bacterium）： 细菌受感染后，好像未被感染一样，细菌继续增殖，没有立即引起溶菌，这种现象称溶原性，这样的细菌称溶原性细菌。即含有原噬菌体的细胞，也称溶原体。

群体遗传学（population genetics）： 应用数学和统计学的方法，研究群体中基因频率和基因型频率，以及影响这些频率的选择效应、突变作用，研究迁移和遗传漂变等与遗传结构的关系及进化机制。研究一个群体内基因的传递情况，及基因频率改变的科学。

颠换（transversion）： 异型碱基的置换，即一个嘌呤被另一个嘧啶替换、一个嘧啶被另一个嘌呤替换。

整倍体（euploid）： 指具有基本染色体数的完整倍数的细胞、组织和个体。

第三节　生物化学与分子生物学

三域学说（three domains theory）： 沃斯（Woese）等在 1977 年对大量微生物和其他生物进行 16S rRNA 和 18S rRNA 的寡核苷酸测序，并比较其同源性水平后，提出了一个与以往各种界级分类不同的生物分类系统，称为三域系统。将生物分成三个域：细菌域、古生菌域和真核生物域。

开放阅读框（open reading frame，ORF）： DNA 或 RNA 序列中一段不含终止密码子的连续的非重叠核苷酸密码。一个 mRNA 开放阅读框是由转录起始位置（通常是 AUG 密码）确定的。

比活性（specific activity）： 每分钟每毫克酶蛋白在 25℃下转化的底物的微摩尔数。比活性是酶纯度的测量。

互补 DNA（complementary DNA，cDNA）： 通过反转录酶由 mRNA 模板合成的双链 DNA。

切口平移（nick translation）： 双链 DNA 探针的主要合成方法之一。当双链 DNA 分子的一条链上产生切口时，*Escherichia coli* DNA 聚合酶 Ⅰ 就可将核苷酸连接到切口的 3′ 端。同时该酶具有从 5′ → 3′ 的核酸外切酶活性，能从切口的 5′ 端除去核苷酸。由于在切去核苷酸的同时又在切口的 3′ 端补上核苷酸，从而使切口沿着 DNA 链移动，用放射性标记的核苷酸或非放射性标记的核苷酸代替原先的核苷酸底物，将标记物掺入合成的新链中。最合适的切口平移片段一般为 50～500 个核苷酸。

内含子（intron）： 是基因内的间隔序列，不出现在成熟的 RNA 分子中，在转录后通过加工被切除。大多数真核生物的基因都有内含子。内含子也指编码相应 RNA 外显子的 DNA 中的区域。

内转录间隔区（internal transcribed spacer，ITS）：在 rRNA 基因中，16S rRNA 和 28S rRNA 基因间隔序列称为内转录间隔区，它的长度和序列变化较大，将其扩增物进行 RFLP 或序列分析，可用于对细菌的不同生物型、菌株、种、属进行分类鉴定，甚至可用于区分关系非常近的种。在真核生物中，核糖体 DNA 由核糖体基因及与之相邻的间隔区组成，其基因组序列从 5′ 到 3′ 依次为：外转录间隔区（external transcribed spacer，ETS）、18S 基因、内转录间隔区 1（ITS1）、5.8S 基因、内转录间隔区 2（ITS2）、28S 基因和基因间隔（intergenic spacer，IGS）序列。核糖体 DNA 中的 18S、5.8S 和 28S 的基因组序列在大多数生物中趋于保守，在生物种间变化小，而 ITS1 和 ITS2 作为非编码区，承受的选择压力较小，相对变化较大，并且能够提供详尽的系统学分析所需要的可遗传性状。

冈崎片段（Okazaki fragment）：相对比较短的 DNA 链（大约 1000 个核苷酸残基），是在 DNA 的后随链的不连续合成期间生成的片段。

水解探针（*Taq*Man probe）：3′ 端 Q 荧光分子能够吸收 5′ 端 R 荧光分子发出的荧光，因此正常情况下，该探针检测不到 5′ 端荧光分子发出的荧光，只能检测到 3′ 端荧光分子的荧光信号（弱），但当溶液中有 PCR 产物（模板）时，探针与模板退火，即产生了适合于核酸外切酶活性的底物，从而激活 *Taq* 酶的 5′ 外切酶活性，将探针 5′ 端连接的 R 荧光分子从探针上切割下来，破坏了两个荧光分子间的荧光共振能量转移，从而发出荧光，切割的 R 荧光分子数与 PCR 产物的数量成比例，因此根据 PCR 反应液的荧光强度即可计算出初始模板的数量。

反义 RNA（antisense RNA）：指与 mRNA 互补的 RNA 分子，也包括与其他 RNA 互补的 RNA 分子。由于核糖体不能翻译双链的 RNA，所以反义 RNA 与 mRNA 特异性互补结合，即抑制了该 mRNA 的翻译。

反向 PCR（inverse PCR）：是用反向的互补引物来扩增两引物以外的 DNA 片段，对某个已知 DNA 片段两侧的未知序列进行扩增。可对未知序列在扩增后进行分析，如探索邻接已知 DNA 片段的序列；用于仅知部分序列的全长 cDNA 的克隆，扩增基因文库的插入 DNA；建立基因组步移文库。

反密码子（anticodon）：tRNA 分子的反密码子环上的三联体核苷酸残基序列。在翻译期间，反密码子与 mRNA 中的互补密码子结合。

分子生物学（molecular biology）：在分子水平上研究生命现象的科学。通过研究生物大分子（核酸、蛋白质）的结构、功能和生物合成等方面来阐明各种生命现象的本质。研究内容包括各种生命过程如光合作用、发育的分子机制、神经活动的机理、癌的发生等。

分子标记技术（molecular marker technology）：分子标记或分子遗传标记。分子标记的概念有广义和狭义之分。广义的分子标记是指可遗传的并可检测的 DNA 序列或蛋白质。狭义的分子标记是指能反映生物个体或种群间基因组中某种差异的特异性 DNA 片段，是以个体间遗传物质内核苷酸序列变异为基础的遗传标记，是 DNA 水平遗传多态性的直接反映。随着分子生物学技术的发展，DNA 分子标记技术已有数十种，广泛应用于遗传育种、基因组作图、基因定位、物种亲缘关系鉴定、基因库构建、基因克隆等方面。

引物（primer）：与待扩增的靶 DNA 区段两端序列互补的人工合成的寡核苷酸片段，其 3′ 端必须具有游离的—OH 基团。

双脱氧指纹（dideoxy fingerprint，ddF）：是将双脱氧末端终止测序法与 SSCP 结合起来的分析技术，对由双脱氧末端终止的长短不一的单链 DNA 进行 SSCP 分析。如果目的片段存在一个突变，则所有大于某一大小对应于主突变位置的双脱氧终止片段无野生型系统，对于每一个突变有多次机会检测其迁移率的改变，提高了检测突变的效率。ddF 法克服了 SSCP 分析时因 DNA 长度影响 SSCP 显示的困难，通过一种双脱氧核苷酸生产特异性的单链 DNA，使其中长度合适的 DNA 片段显示 SSCP 改变。

链终止法（chain termination method）：该法引入了双脱氧核苷三磷酸（ddNTP）作为链终止剂。ddNTP 在脱氧核糖的 3′ 端缺少羟基，它可以与多核苷酸链的 3′ 端形成磷酸二酯键，但却不能与下一个核苷酸缩合，导致多核苷酸链的延伸终止（终止剂）。如果在 DNA 的合成反应中加入少量的 ddNTP，则多核苷酸链的延伸将在随机的位点终止，生成一系列长短不一的核苷酸链。在 4 组独立的 DNA 合成反应中，分别加入 4 种不同的 ddNTP，结果生成的 4 组核苷酸链将分别终止于各个 A、G、C、T 的位置上。对这 4 组核苷酸链进行高分辨率变性聚丙烯酰胺凝胶电泳就可读出其序列。

平端（blunt end）：也叫钝性末端，没有突出的单链的双链 DNA 分子末端。例如，有些限制性内切核酸酶如 *Hae*Ⅲ、*Hind*Ⅱ、*Sma*Ⅰ、*Hpa*Ⅰ、*Hpa*Ⅲ等，在双链 DNA 特异性识别片段的正中间切割 DNA，所有的碱基都是成对的、平齐的，这样的末端称平端。

目的基因（target gene）：是所要研究或应用的基因，也就是将要克隆或表达的基因或基因的一个片段。

生物芯片（biochip）：也叫微阵列（microarray）。通过机器人自动印迹或光引导化学合成技术将大量生物识别分子按预先设置的排列（微阵列）固定于一种载体（如硅片、玻片及高聚物载体等）表面，利用生物分子特异性相互作用的原理，如核酸杂交反应、抗原抗体反应，来分析各种生物分子存在的量的一种技术。反应结果用光学仪器进行数据采集，通过计算机软件进行数据分析，从而得到样品的分子信息。能快速、准确、微量、高通量、平行地了解基因的表达等。

外显子（exon）：既存在于最初的转录产物中，也存在于成熟的 RNA 分子中的核苷酸序列，又称表达序列。外显子也指编码相应 RNA 内含子的 DNA 中的区域。

包含体（inclusion body）：原指病毒在增殖的过程中，常使寄主细胞内形成一种蛋白质性质的病变结构，在光学显微镜下可见。多为圆形、卵圆形或不定形。一般是由完整的病毒颗粒或尚未装配的病毒亚基聚集而成；少数则是宿主细胞对病毒感染的反应产物，不含病毒粒子。基因工程定义为：在一定条件下，外源基因的表达产物在大肠杆菌中积累并致密地集聚在细胞内，或被膜包裹或形成无膜裸露结构，这种水不溶性的结构称为包含体。

半保留复制（semiconservative replication）：DNA 复制的一种方式。每条链都可用作合成互补链的模板，合成出两分子的双链 DNA，每个分子都是由一条亲代链和一条新合成的链组成。

扩增片段长度多态性（amplified fragment length polymorphism，AFLP）：一项新的分子标记（DNA 指纹）技术，是 RFLP 与 PCR 相结合的产物。将基因组 DNA 先用限制性内切核酸酶切割，然后将双链接头连接到 DNA 片段的末端，接头序列和相邻的限制性位点序列（增加 1～3 个选择性核苷酸）作为引物结合位点。DNA 基因再进行选择性扩增，通过聚丙烯酰胺凝胶电泳分离检测获得的 DNA 扩增片段，根据扩增片段长度的不同检测出多态性。限制性片段用两种酶切割产生：一种是罕见切割酶（*Mse* Ⅰ），一种是常用切割酶（*Eco*R Ⅰ）。它结合了 RFLP 和 PCR 技术特点，具有 RFLP 技术的可靠性和 PCR 技术的高效性。由于 AFLP 扩增可使某一品种出现特定的 DNA 谱带，而在另一品种中可能无此谱带产生，因此这种通过引物诱导及 DNA 扩增后得到的 DNA 多态性可作为一种分子标记。

同工 tRNA（isoacceptor tRNA）：结合相同氨基酸的不同的 tRNA 分子。

同尾酶（isocaudarner）：来源不同，识别序列也不同，但切割 DNA 分子所得到的 DNA 片段具有相同的黏性末端，这样一组限制性内切核酸酶称为同尾酶。

同裂酶（isoschizomer）：从不同的原核生物中分离出来，具有相同识别序列的限制性内切核酸酶。切割的位点可以相同，也可以不同。

同源蛋白质（homologous protein）：来自不同种类生物，氨基酸序列和功能类似的蛋白质，如血红蛋白。

回文结构（palindrome）：双链 DNA 中的一段倒置重复序列，也称回文序列，每条单链以任一方向阅读时都与另一条链的序列是一致的，对于一个假想的轴成 180° 旋转对称。例如，5′GGTACC3′ 旋转为 3′CCATGG5′。

任意引物 PCR（arbitrarily primed PCR，AP-PCR）：在 AP-PCR 分析中，所使用的引物较长（10～50bp），PCR 分为两个阶段：首先寡核苷酸引物在低严谨条件下与模板 DNA 退火，此时发生了一些合成，以便稳定模板与引物之间相互作用。然后进行高严谨退火条件的循环，两个位点间的序列在低严谨退火条件下发生的引物延伸可继续在高严谨条件下扩增。采用变性聚丙烯酰胺凝胶电泳分析 PCR 产物，最终反应结果与 RAPD 类似。只要设计的引物在低严谨退火条件下能减少引物产生人为产物，应用成对组合的引物就可以产生新的 AP-PCR 谱带，但引物配对组合使用时，得到的图谱与单引物单独使用时产生的图谱之和很不相同，因此 50 个引物能产生 1250 种不同指纹图谱。AP-PCR 方法不需预知序列资料，而且检测的基因组样本是任意的，还能够用于检测近等基因系（或同类系）中的多态性。AP-PCR 的缺点是每个新的多态性都必须经纯化才能进一步使用。另外，此方法在杂合体中仅可辨别长度多态性。

多克隆位点（multiple cloning site，MCS）：是包含多个（最多 20 个）限制性酶切位点（restriction site）的一段很短的 DNA 序列，也称多位点接头（polylinker），是基因工程中常用到的载体质粒的标准配置序列。MCS 中，每个限制性酶切位点通常是唯一的，即它们在一个特定的载体质粒中只出现一次。

多重 PCR（multiplex PCR）：同一个反应体系中使用一对以上引物（具特异性）的 PCR 就称多重 PCR。用于检测特定基因序列的存在或缺失、多种病原微生物的同时检测和鉴定、等位基因检测等。

严紧型质粒（stringent plasmid）：是质粒按照复制性质分类的其中一种。当细胞染色体复制一次时，质粒也复制一次，每个细胞内只有 1～2 个质粒，分子量较大。

克隆载体（cloning vector）：是一种能携带外源 DNA 片段进入受体细胞，并使外源 DNA 大量扩增的复制单元，适用于复制扩增及保存外源 DNA 分子。

系统发育树（phylogenetic tree）：又称为演化树（evolutionary tree），是表明被认为具有共同祖先的各物种间演化关系的树。系统发育树是一种亲缘支序图（cladogram）。在树中，每个节点代表其各分支的最近共同祖先，而节点间的线段长度对应演化距离（如估计的演化时间）。系统发育树用来表示系统发生研究的结果，可用它描述物种之间的进化关系。系统发育树有时也称系统树图，它是由一系列节点和分支组成的。其中每一个节点代表一个分类单元，分支末端的节点对应一个基因或生物体。与外部节点对应，内部节点代表一个推断出的共同祖先。系统发育树结构的基本信息在计算机程序中常常用一组嵌套的圆括号表示，称为 Newick 格式。基于单个同源基因差异构建的系统发生树应称之为基因树。因为这种树代表的仅仅是单个基因的进化历史，而不是它所在物种的进化历史。物种树一般最好是从多个基因数据的分析中得到。基因树和物种树之间的差异是很重要的，如果只用等位基因来构建物种数，那许多人就会和大猩猩分到一支，而不是和其他人分到一支。

序列标签位点（sequence tagged site，STS）：是对以特定引物序进行 PCR 特异扩增的一类分子标记的统称。通过设计特定的引物，使其与基因组 DNA 序列中特定结合位点结合，从而可用来扩增基因组中特定区域，分析其多态性。利用特异 PCR 技术的最大优点是它产生的信息非常可靠，而不像 RFLP 和 RAPD 那样存在某种模糊性。

序列特征化扩增区域（sequence charactered amplified region，SCAR）：是在 RAPD 技术基础上发展起来的。SCAR 标记是将目标 RAPD 片段进行克隆并对其末端进行测序，根据 RAPD 片段两端序列设计特异引物，对基因 DNA 片段再进行 PCR 特异扩增，把与原 RAPD 片段相对应的单一位点鉴别出来。SCAR 标记是显性遗传，待检 DNA 间的差异可直接通过有无扩增产物来显示。SCAR 标记方便、快捷、可靠，可以快速检测大量个体，结果稳定性好、重现性高。

启动子（promoter）：DNA 分子上能与 RNA 聚合酶结合并形成转录起始复合体起始转录

的区域，在许多情况下，还包括促进这一过程的调节蛋白的结合位点。

表达序列标签（expressed sequence tag，EST）：基因序列中一段能够特异地标记或表征基因的序列，它一般含有足够的结构信息来显示该基因与其他基因的区别，长度为100～150bp。EST是指从不同组织来源的cDNA序列。这一概念首次由亚当斯（Adams）等于1991年提出。近年来由此形成的技术路线被广泛应用于基因识别、绘制基因表达图谱、寻找新基因等研究领域，并且取得了显著成效。在通过mRNA差异显示、代表性差异分析等方法获得未知基因的cDNA部分序列后，研究者都迫切希望将其克隆到其全长cDNA序列，以便对该基因的功能进行研究。

表达载体（expression vector）：是在克隆载体的基础上增加了表达元件，并且在受体细胞中能稳定维持和表达外源目的基因。

松弛型质粒（relaxed plasmid）：是质粒按照复制性质分类的其中一种小分子量质粒，当染色体复制停止后仍然能继续复制，每一个细胞内一般有几十个至上百个松弛型质粒。

构型（configuration）：有机分子中各个原子特有的固定的空间排列。这种排列不经过共价键的断裂和重新形成是不会改变的。构型的改变往往使分子的光学活性发生改变。

构象（conformation）：指一个分子中，不改变共价键结构，仅单键周围的原子放置所产生的空间排布。一种构象改变为另一种构象时，不要求共价键的断裂和重新形成。构象改变不会改变分子的光学活性。

转录（transcription）：在由RNA聚合酶和辅助因子组成的转录复合物的催化下，从双链DNA分子中拷贝生物信息生成一条RNA链的过程。

转录因子（transcription factor）：在转录起始复合物的组装过程中，与启动子区结合并与RNA聚合酶相互作用的一种蛋白质。某些转录因子在RNA延伸时一直维持着结合状态。

转录单位（transcription unit）：从转录起始位点到转录终止位点所对应的、作为RNA聚合酶模板的基因序列范围。可以是单一基因，也可以是多个基因。

转移核糖核酸（transfer ribonucleic acid，tRNA）：具有携带并转运氨基酸功能的一类小分子核糖核酸。

质粒（plasmid）：是独立于染色体之外能自主复制的裸露的双链环状（少数为线形和RNA）DNA分子（cccDNA）。

质粒的不亲和性（plasmid incompatibility）：有相同复制起始区的不同质粒不能共存于同一宿主细胞中。该不相容性的分子基础主要是由它们在复制功能之间的相互竞争干扰造成的。

肽（peptide）：两个或两个以上氨基酸通过肽键共价连接形成的聚合物。

肽单位（peptide unit）：又称肽基（peptide group），是肽键主链上的重复结构。肽单位是由参与肽链形成的氮原子、碳原子和它们的4个取代成分（羟基氧原子、酰胺氢原子和两个相邻α-碳原子）组成的一个平面单位。

肽键（peptide bond）： 一个氨基酸的羧基与另一个的氨基酸的氨基缩合，除去一分子水形成的酰胺键。

变性梯度凝胶电泳（denaturing gradient gel electrophoresis，DGGE）： 是根据DNA在不同浓度的变性剂中解链行为的不同而导致电泳迁移率发生变化，从而将大小相同而碱基组成不同的DNA片段分开。具体而言，就是将特定的双链DNA片段在含有从低到高的线性变性剂梯度的聚丙烯酰胺凝胶中电泳，随着电泳的进行，DNA片段向高浓度变性剂方向迁移，当它到达其变性要求的最低浓度变性剂处，双链DNA形成部分解链状态，这就导致其迁移速率变慢，由于这种变性具有序列特异性，故DGGE能将同样大小的DNA片段很理想地分开，它是一种很有用的分子标记方法。现已广泛应用于生物多样性调查、亲缘关系鉴定、基因突变检测等多个领域。

单引物扩增反应（single primer amplification reaction，SPAR）： 与RAPD技术相似的一种标记技术，SPAR也只用一个引物，但所用的引物是在SSR的基础上设计的。这些引物能与SSR之间的间隔序列进行特异性结合，然后通过PCR技术扩增SSR之间的DNA序列，通过凝胶电泳分离扩增产物，分析其多态性。另外，还有一种与SPAR技术非常相似的标记技术，即反向序列标签重复（inverse sequence-tagged repeat，ISTR）技术，其所用的引物是在反向重复序列基础上设计的，PCR扩增的是反向重复序列之间的DNA序列。

单核苷酸多态性（single nucleotide polymorphism，SNP）： 主要是指在基因组水平上由单个核苷酸的变异所引起的DNA序列多态性。SNP标记是美国学者兰德（Lander）于1996年提出的第三代DNA遗传标记。SNP是指同一位点的不同等位基因之间仅有个别核苷酸的差异或只有小的插入、缺失等。从分子水平上对单个核苷酸的差异进行检测，SNP标记可帮助区分两个个体遗传物质的差异。人类基因组大约每1250bp出现一次SNP，已有2000多个标记定位于人类染色体，对人类基因组学研究具有重要意义。检测SNP的最佳方法是DNA芯片技术。SNP被称为第三代DNA分子标记技术，随着DNA芯片技术的发展，其有望成为最重要、最有效的分子标记技术。

单链构象多态性（single-strand conformation polymorphism，SSCP）： 是一种分离核酸的技术，可以分离相同长度但序列不同的核酸，性质类似于DGGE和温度梯度凝胶电泳（TGGE），但方法不同。SSCP分析可以检测DNA序列之间的不同。在低温条件下，单链DNA呈现一种由内部分子相互作用形成的三维构象，它影响了DNA在非变性凝胶中的迁移率。相同长度但不同核苷酸序列的DNA由于在凝胶中的不同迁移率而被分离。迁移率不同的条带可被银染或荧光标记引物检测，然后用DNA自动测序进行分析。采用PCR-SSCP技术可以进行序列差异的测定，而敏感度会随着片段长度的增加而降低。但是只要条带被凝胶电泳分离开就可以进行系统发育的研究。实验步骤：①利用PCR从提取出的DNA中扩增16S rRNA基因；②利用λ-外切核酸酶消化掉一条链（其中一个PCR引物被磷酸化，这条链将被去除）；③进行非变性聚丙烯酰胺凝胶电泳。单链构象多态性可用于预筛选克隆文库，可对其中的某一个条带进行测序，并与数据库中已知序列比对。

定点诱变（site directed mutagenesis）：在体外特异性地改变目的 DNA 序列中某个碱基的技术。

实时荧光定量 PCR（real time fluorescence quantitative PCR）：通过荧光染料或荧光标记的特异性探针，对 PCR 产物进行标记跟踪，实时在线监控反应过程，结合相应的软件可以对结果进行分析，计算待测样品的初始模板量。

限制性内切核酸酶（restriction endonuclease）：识别并切割特异的双链 DNA 序列的一种内切核酸酶。一般将限制酶分为Ⅰ、Ⅱ、Ⅲ三类。最常用的是Ⅱ类限制酶。

限制性片段长度多态性（restriction fragment length polymorphism，RFLP）：是发展最早的 DNA 标记技术。RFLP 是指基因型之间限制性片段长度的差异，这种差异是由限制性酶切位点上碱基的插入、缺失、重排或点突变引起的。基本原理为，利用特定的限制性内切核酸酶识别并切割不同生物个体的基因组 DNA，得到大小不等的 DNA 片段，所产生的 DNA 数目和各个片段的长度反映了 DNA 分子上不同酶切位点的分布情况。通过凝胶电泳分析这些片段，就形成不同带。

限制性酶切图谱（restriction map）：DNA 分子上的限制性内切核酸酶识别序列的分布图。

线粒体 DNA（mitochondrial DNA，mtDNA）：2003 年 Hebert 提出线粒体中某些保守基因如 COI（线粒体细胞色素 c 氧化酶第一亚基）、16S rRNA 或 Cytb（线粒体 DNA 细胞色素 b）的片段可以作为 DNA 条形码，用于物种的 DNA 分类。

终止因子（termination factor）：协助 RNA 聚合酶识别终止信号的辅助因子（蛋白质）。

终止密码子（termination codon）：任何 tRNA 分子都不能正常识别的，但可被特殊的蛋白质结合并引起新合成的肽链从翻译器上释放的密码子。存在三个终止密码子：UAG、UAA 和 UGA。

标记基因（marker gene）：是一种已知功能或已知序列的基因，起着特异性标记的作用。从基因工程意义上来说，它是重组 DNA 载体的重要标记，可分为选择标记和筛选标记。选择标记通常用来鉴别载体的存在，检验转化成功与否；筛选标记用于判断重组成功与否，筛选携带外源 DNA 的重组质粒。从基因定位意义上来说，它是对目的基因进行标志的工具，通常用来检测目的基因在细胞中的定位。

耐热 DNA 聚合酶（heat resistant DNA polymerase）：多应用在 PCR 技术中。各种耐热 DNA 聚合酶均具有 5′→3′ 聚合酶活性，但不一定具有 3′→5′ 和 5′→3′ 的外切酶活性。3′→5′ 外切酶活性可以消除错配，切平末端；5′→3′ 外切酶活性可以消除合成障碍。由于上述这些不同，可以将耐热 DNA 聚合酶分为三类：普通耐热 DNA 聚合酶（如 *Taq* DNA 聚合酶、*Tth* DNA 聚合酶）、高保真 DNA 聚合酶（如 *Pfu* DNA 聚合酶、*Vent* DNA 聚合酶）、DNA 序列测定中应用的耐热 DNA 聚合酶（如 *Bca* Best DNA 聚合酶）。

重叠基因（overlapping gene）：同一段 DNA 的编码顺序，由于开放阅读框的不同或终止早晚的不同，同时编码两个或两个以上多肽链的基因。

复制子（replicon）：在每条染色体上两个相邻复制终点之间的一段 DNA 叫作复制子。

复制叉（replication fork）：Y 形结构，在复制叉处作为模板的双链 DNA 解旋，同时合成新的 DNA 链。

顺反子（cistron），即结构基因：一个顺反子所包括的一段 DNA 与一个多肽链的合成相对应，为决定一条多肽链合成的功能单位，是基因的基本功能和转录单位，一个基因可有几个顺反子，一个顺反子产生一条 mRNA。

保护碱基（protective base）：限制性内切核酸酶识别特定的 DNA 序列，除此之外，酶蛋白还要占据识别位点两侧的若干个碱基，这些碱基对限制性内切核酸酶稳定地结合到 DNA 双链并发挥切割 DNA 作用是有很大影响的，被称为保护碱基。

信号肽（signal peptide）：常指某些新合成多肽链中用于指导蛋白质跨膜转移（定位）的 N 端富含疏水性氨基酸的特异序列（有时不一定在 N 端）。

信使核糖核酸（messenger ribonucleic acid，mRNA）：携带从 DNA 编码链得到的遗传信息，在核糖体上翻译产生多肽的 RNA。

亲和层析（affinity chromatography）：利用共价连接有特异配体的层析介质分离蛋白质混合物中能特异结合配体的目的蛋白或其他分子的一种层析法。

前导链（leading strand）：与复制叉移动的方向一致，通过连续的 $5' \rightarrow 3'$ 聚合合成的新的 DNA 链。

反转录 PCR（reverse transcription PCR，RT-PCR）：是将 mRNA 反转录与 PCR 技术相偶联的一种基因分离技术。

反转录酶（reverse transcriptase）：一种催化以 RNA 为模板合成 DNA 的 DNA 聚合酶，具有 RNA 指导的 DNA 合成、水解 RNA 和 DNA 指导的 DNA 合成的酶活性。

染色体步查法（chromosome walking method）：是一种利用已知的基因或分子标记来分离与其紧密连锁的未知基因的有效方法。

穿梭载体（shuttle vector）：是能够在两类不同宿主中复制、增殖和选择的载体。例如，有些载体既能在原核细胞中复制又能在真核细胞中复制。这类载体主要是质粒载体。

退火（annealing）：热变性核酸或蛋白质经缓慢降温后的复性过程。

结构域（structural domain）：生物大分子中具有特异结构和独立功能的区域，特别指蛋白质中这样的区域，结构域通常都是几个超二级结构单元的组合。在球形蛋白中，结构域具有自己特定的四级结构，其功能依赖于蛋白质分子中的其余部分，但是同一种蛋白质中不同结构域间常可通过不具二级结构的短序列连接起来。蛋白质分子中不同的结构域常由基因的不同外显子所编码。

结构基因（structural gene）： 编码一个蛋白质或一个 RNA 的基因。

载体（vector）： 在基因工程操作中，把能携带外源DNA进入受体细胞的DNA分子叫载体。

起始密码子（initiation codon）： 指定蛋白质合成起始位点的密码子。最常见的起始密码子是甲硫氨酸密码 AUG。

核苷（nucleoside）： 由碱基和五碳糖（核糖或脱氧核糖）连接而成，即嘌呤的 N-9 或嘧啶的 N-1 与核糖或脱氧核糖的 C-1 通过 β 糖苷键连接而成的化合物，包括核糖核苷和脱氧核糖核苷两类。

核苷酸（nucleotide）： 由碱基（嘌呤碱或嘧啶碱）、戊糖（核糖或脱氧核糖）和磷酸组成的化合物。视连接部位不同，有 2′-核苷酸（核苷 2′-磷酸）、3′-核苷酸（核苷 3′-磷酸）和 5′-核苷酸（核苷 5′-磷酸）三种。

核酶（ribozyme）： 一类具有催化活性的核糖核酸（RNA）。

内切核酸酶（endonuclease）： 在核酸水解酶中，可水解分子链内部磷酸二酯键生成寡核苷酸的酶，与核酸外切酶相对应。

核酸杂交（nucleic acid hybridization）： 是在研究 DNA 分子复性变化基础上发展起来的一种技术。其原理是，具有互补核苷酸序列的两条单链核苷酸分子片段，在适当条件下，通过氢键结合（复性/退火），形成 DNA-DNA、DNA-RNA 或 RNA-RNA 杂交的双链分子。

核酸探针（nucleic acid probe）： 能够同某种被研究的核酸序列特异性结合的、带有标记的寡聚核酸分子。

核糖体核糖核酸（ribosomal ribonucleic acid，rRNA）： 核糖体中的 RNA。真核生物核糖体中通常含 28S、18S、5.8S 和 5S 四种 rRNA；原核生物中则含 23S、16S 和 5S 三种 rRNA。

原位聚合酶链反应（*in situ* PCR，Is-PCR）： 是由哈泽（Haase）等于 1990 年首创。它是利用完整的细胞作为一个微小的反应体系来扩增细胞内的目的片段，在不破坏细胞的前提下，利用一些特定的检测手段来检测细胞内的扩增产物。直接用细胞涂片或石蜡包埋组织切片在单个细胞中进行 PCR 扩增。可进行细胞内定位。适用于检测病理切片中含量较少的靶序列。

巢式 PCR（nested PCR）： 用两对引物扩增同一样品的方法。在两对引物中，一对引物与靶序列的退火结合位点处于另一对引物扩增的 DNA 序列内，前者称为内部引物，后者称为外部引物。

氨基酸（amino acid）： 是含有一个碱性氨基和一个酸性羧基的有机化合物，氨基一般连在 α-碳上，是蛋白质及多肽的基本组成单位。

弱化子（attenuator）： 在第一个结构基因与启动子之间的一个区域，包括前导序列、终止序列及之间的间隔序列。转录衰减实质上是转录与一个前导肽翻译过程的偶联，是原核生物特有的基因调控机制。

调控基因（regulator gene）： 其产物参与调控其他结构基因表达的基因。

探针（probe）： 具有同特异性目标分子产生很强的相互作用并可对作用产物进行有效检测的 DNA 分子、RNA 分子和蛋白质分子。

基因工程（gene engineering）： 是以分子遗传学为理论基础，以分子生物学和微生物学的现代方法为手段，将不同来源的基因（DNA 分子），按预先设计的蓝图，在体外构建杂种 DNA 分子，然后导入活细胞，以改变生物原有的遗传特性，获得新品种，生产新产品。

基因芯片（gene chip）： 将核酸杂交的原理，应用于 DNA、RNA 的研究，是指通过微阵列（microarray）技术将大量的 DNA 分子通过高速机器人或原位合成方式以一定的顺序或排列方式使其附着在如膜、玻璃片等固相支持物表面，借助碱基互补杂交原理，与标记的样品分子进行杂交，通过检测杂交信号的强度及分布进而获取样品分子的数量和序列信息。它以其可同时、快速、准确地分析数以千计的基因组信息而显示巨大威力。目前，基因芯片已经应用于基因表达检测、寻找新基因、杂交测序、基因突变等许多方面。

基因克隆（gene cloning）： 是 20 世纪 70 年代发展起来的一项革命性研究技术，可概括为：切、接、转、增、检。“切”是指用序列特异的限制性内切核酸酶切开载体 DNA，或者切出目的基因；“接”是指用 DNA 连接酶将目的 DNA 同载体 DNA 连接起来，形成重组的 DNA 分子；“转、增”是指通过特殊的方法将重组的 DNA 分子导入宿主细胞中进行复制和扩增；“检”则是从宿主群体中挑选出携带重组 DNA 分子的个体。基因工程技术的两个最基本的特点是分子水平上的操作和细胞水平上的表达，而分子水平上的操作即体外重组的过程，实际上是利用工具酶对 DNA 分子进行“外科手术”。

基因沉默（gene silencing）： 基因没有正常表达的现象。主要表现在转基因植物和转基因动物中。

基因组文库（genomic library）： 将某生物体的全部基因组 DNA 用限制性内切核酸酶或机械力量切割成一定长度范围的 DNA 片段，再与合适的载体在体外重组并转化宿主细胞获得的所有阳性菌落（或噬菌体）。

基因数据库或基因银行（GenBank）： GenBank 是美国国家生物技术信息中心（National Center for Biotechnology Information，NCBI）建立的 DNA 序列数据库，其从公共资源中获取序列数据，主要是科研人员直接提供或来源于大规模基因组测序计划。为保证数据尽可能完全，GenBank 与欧洲分子生物学实验室（European Molecular Biology Laboratory，EMBL）、日本 DNA 数据库（DNA Data Bank of Japan，DDBJ）建立了相互交换数据的合作关系。

基因敲除（gene knockout）： 指一个有功能的基因通过基因工程方法完全被剔除的人工突变技术。这项技术是卡佩奇（Capecchi）于 20 世纪 80 年代末在美国犹他大学发展起来的。基因敲除技术已成功地应用于几种遗传病的研究，还可用于研究特定基因的细胞生物学活性及研究发育调控的基因作用等，因此是研究基因功能的一项非常有用的技术。基因敲除是一套组合技术，包括基因重组、细胞分离培养、转基因等。

基因操作（gene manipulation）：指对基因进行分离、分析、改造、检测、表达、重组和转移等操作的总称。

衔接物（linker）：用化学合成法合成的一段 10～12bp 的特定限制性内切核酸酶识别位点序列的平端双链。

随机引物标记法（random primers notation）：用一些六核苷酸作为随机引物，将这些引物和探针 DNA 片段一起热变性，退火后，引物与单链 DNA 互补结合，再在 DNA 聚合酶的作用下，按碱基互补配对原则不断在其 3′ 端添加标记的单核苷酸修补缺口，合成新的标记的探针片段。

随机扩增多态性 DNA（random amplified polymorphic DNA，RAPD）：DNA 指纹技术、分子标记技术之一。RAPD 技术是建立在 PCR 基础之上的一种可对整个未知序列的基因组进行多态性分析的分子技术。以基因组 DNA 为模板，以单个人工合成的随机多态核苷酸序列（通常为 10 个碱基对）为引物，在热稳定的 DNA 聚合酶（*Taq* 酶）作用下进行 PCR 扩增。扩增产物的多态性反映了基因组的多态性。RAPD 技术现已广泛应用于生物的品种鉴定、系谱分析及进化关系的研究上。与 RFLP 相比，RAPD 具有以下优点：①技术简单，检测速度快；② RAPD 分析只需少量 DNA 样品；③不依赖于种属特异性和基因组结构，一套引物可用于不同生物基因组分析；④成本较低。但 RAPD 也存在一些缺点：① RAPD 标记是一种显性标记，不能鉴别杂合子和纯合子；②存在共迁移问题，凝胶电泳只能分开不同长度 DNA 片段，而不能分开那些分子量相同但碱基序列组成不同的 DNA 片段；③ RAPD 技术中影响因素很多，所以实验的稳定性和重复性差。

蛋白质一级结构（protein primary structure）：指蛋白质中共价连接的氨基酸残基的排列顺序。

蛋白质二级结构（protein secondary structure）：在蛋白质分子中的局部区域内氨基酸残基的有规则排列。常见的二级结构有 α 螺旋和 β 折叠。二级结构是通过骨架上的羟基和酰胺基团之间形成的氢键维持的。

蛋白质三级结构（protein tertiary structure）：蛋白质分子处于它的天然折叠状态的三维构象。三级结构是在二级结构的基础上进一步盘绕、折叠形成的。三级结构主要是靠氨基酸侧链之间的疏水相互作用、氢键、范德瓦耳斯力和盐键维持的。

蛋白质四级结构（protein quaternary structure）：多亚基蛋白质的三维结构。实际上是具有三级结构多肽（亚基）以适当方式聚合所呈现的三维结构。

斑点印迹杂交（dot blot）和狭线印迹杂交（slot blot）：是在 DNA 印迹法的基础上发展起来的量种类式的快速检测特定核酸（DNA 和 RNA）分子的核酸杂交技术。由于在实验的加样过程中使用了特殊设计的装置，使众多待测样品能够一次同步转移到杂交滤膜上，并有规律地排列成点阵或线阵。这两项技术更适合于核酸样品的定量检测，可用于确定 DNA 样品的同源性。

超二级结构（super-secondary structure）： 也称为基元（motif）。在蛋白质中，特别是球蛋白中，经常可以看到由若干相邻的二级结构单元组合在一起，彼此相互作用，形成有规则的、在空间上能辨认的二级结构组合体。

遗传学中心法则（genetic central dogma）： 描述从一个基因到相应蛋白质的信息流的途径。遗传信息贮存在 DNA 中，DNA 被复制传给子代细胞，信息被拷贝或由 DNA 转录成 RNA，然后 RNA 翻译成多肽。由于反转录酶的反应，也可以以 RNA 为模板合成 DNA。

遗传标记（genetic marker）： 指可追踪染色体、染色体某一节段、某个基因座在家系中传递的任何一种遗传特性。它具有两个基本特征，即可遗传性和可识别性，因此生物的任何有差异表型的基因突变型均可作为遗传标记。遗传标记包括形态学标记（morphological marker）、细胞学标记（cytological marker）、生物化学标记（biochemical marker）、免疫学遗传标记（immune genetic marker）和分子标记（molecular marker）5 种类型。

遗传密码（genetic code）： 核酸中的核苷酸残基序列与蛋白质中的氨基酸残基序列之间的对应关系。连续的 3 个核苷酸残基序列为一个密码子，特指一个氨基酸。标准的遗传密码是由 64 个密码子组成的，几乎为所有生物通用。

后随链（lagging strand）： 与复制叉移动的方向相反，通过不连续的 $5' \rightarrow 3'$ 聚合合成的新的 DNA 链。

温度梯度凝胶电泳（temperature gradient gel electrophoresis，TGGE）： 是电泳技术的一种，通过物质在不同温度下性质的区别进行分离。TGGE 是一种有效的分离 DNA、RNA 或蛋白质的手段。它利用了不同分子在温度改变下构象的差别进行分离。

割裂基因（split gene）： 一个结构基因内部被一个或更多的不翻译的编码顺序（如内含子）所割裂。

编码链（coding strand）： 双链 DNA 中，不能进行转录的那一条 DNA 链。该链的核苷酸序列与转录生成的 RNA 的序列一致（在 RNA 中是以 U 取代了 DNA 中的 T）。

摆动（wobble）： 处于密码子 3′ 端的碱基和与之互补的反密码子 5′ 端的碱基（也称摆动位置），如 I 可以与密码子上 3′ 端的 U、C 和 A 配对。由于存在摆动现象，所以一个 tRNA 反密码子可以和一个以上的 mRNA 密码子结合。

跳跃基因（jumping gene）： 可作为插入因子和转座因子移动的 DNA 序列，也称转座因子。

锚定 PCR（anchored PCR）： 单侧或单边 PCR，是指通过添加锚定引物接头的方法来扩增合成位置序列或未知的序列的方法。

简并密码子（degenerate codon）： 也称同义密码子。是指编码相同的氨基酸的几个不同的密码子。

简单重复序列（simple sequence repeat，SSR）：也称微卫星 DNA，其串联重复的核心序列为 1～6bp，其中最常见是双核苷酸重复，即 (CA)*n* 和 (TG)*n*，每个微卫星 DNA 的核心序列结构相同，重复单位数目 10～60 个，其高度多态性主要来源于串联数目的不同。SSR 标记的基本原理是，根据微卫星序列两端互补序列设计引物，通过 PCR 扩增微卫星片段，由于核心序列串联重复数目不同，因而能够用 PCR 的方法扩增出不同长度的 PCR 产物，将扩增产物进行凝胶电泳，根据分离片段的大小决定基因型并计算等位基因频率。SSR 具有以下一些优点：①一般检测到的是一个单一的多等位基因位点；②微卫星呈共显性遗传，故可鉴别杂合子和纯合子；③所需 DNA 量少。显然，在采用 SSR 技术分析微卫星 DNA 多态性时必须知道重复序列两端的 DNA 序列信息。如不能直接从 DNA 数据库查询则首先必须对其进行测序。

微卫星 DNA（microsatellite DNA）：重复单位序列最短，只有 2～6bp，串联成簇，长度为 50～100bp，又称短串联重复（short tandem repeat，STR）序列，广泛分布于基因组中。其中富含 A-T 碱基对。微卫星 DNA 是在研究 DNA 多态性标记过程中发现的。1981 年米斯菲尔德（Miesfeld）等首次发现微卫星 DNA，其重复单位长度一般为 1～6 个核苷酸，双核苷酸重复单位常为 (CA)*n* 和 (TG)*n*。

可变数目串联重复（variable number of tandem repeat，VNTR）：又称小卫星 DNA（minisatellite DNA），是一种重复 DNA 小序列，为 10 个到几百个核苷酸，拷贝数为 10～10 001。多态性由于重复单位之间的不平衡交换，产生不同的等位基因，其可通过杂交检测。VNTR 基本原理与 RFLP 大致相同，只是对限制性内切核酸酶和 DNA 探针有特殊要求：①限制性内切核酸酶的酶切位点必须不在重复序列中，以保证小卫星或微卫星序列的完整性；②内切酶在基因组的其他部位有较多酶切位点，则可使卫星序列所在片段含有较少无关序列，通过电泳可充分显示不同长度重复序列片段的多态性；③分子杂交所用 DNA 探针核苷酸序列必须是小卫星序列或微卫星序列，通过分子杂交和放射自显影后，就可一次性检测到众多小卫星或微卫星位点，得到个体特异性的 DNA 指纹图谱。

滚环复制（rolling circle replication）：复制环状 DNA 的一种模式，在该模式中，DNA 聚合酶结合在一个缺口链的 3′ 端绕环合成与模板链互补的 DNA，每一轮都是新合成的 DNA 取代前一轮合成的 DNA。

解链温度（melting temperature，T_m）：通常把 DNA 热变性引起理化性质改变一半时的温度称为该 DNA 的解链温度。

聚合酶链反应（polymerasechainreaction，PCR）：用于扩增位于两段已知序列之间的 DNA 区段的一种体外无细胞分子克隆技术。该反应是利用 DNA 片段旁侧两个短的单链引物，在热稳定聚合酶的作用下，通过双链 DNA 模板的热变性、引物退火和引物延伸的重复循环，体外快速扩增特异 DNA 片段的技术。

模板链（template strand）： 可作为模板转录为 RNA 的那条链。该链与转录的 RNA 碱基互补（A-U、G-C），在转录过程中，RNA 聚合酶与模板链结合，并沿着模板链的 3′→5′ 方向移动，按照 5′→3′ 方向催化 RNA 的合成。

酵母双杂交系统（yeast two-hybrid system）： 由诱饵蛋白、靶蛋白、带有一个或多个报道基因的宿主菌株组成，用于检测已知蛋白质之间的相互作用、蛋白质的功能域研究及未知蛋白质编码基因的分离克隆。

酶（enzyme）： 生物催化剂，除少数 RNA 外几乎都是蛋白质。酶不改变反应的平衡，只是通过降低活化能加快反应的速度。

酶切扩增多态性序列（cleaved amplified polymorphism sequence，CAPS）： 又称为 PCR-RFLP，它实质上是 PCR 技术与 RFLP 技术结合的一种方法。CAPS 的基本原理是利用已知位点的 DNA 序列资源设计出一套特异性的 PCR 引物（19～27bp），然后用这些引物扩增该位点上的某一 DNA 片段，接着用一种专一性的限制性内切核酸酶切割所得扩增产物，采用凝胶电泳分离酶切片段，染色并进行 RFLP 分析。CAPS 标记揭示的是特异 PCR 片段的限制性长度变异信息。CAPS 是一类共显性分子标记，其优点是避免了 RFLP 分析中膜转印这一步骤，又能保持 RFLP 分析的精确度。另外，由于很多限制性内切核酸酶均可参与扩增 DNA 酶切，所以检测到多态性机会较大。

酶活力单位（enzyme active unit，U）： 酶活力的量度单位。1961 年国际酶学会议规定：1 个酶活力单位是指在特定条件（25℃，其他为最适条件）下，在 1min 内能转化 1μmol 底物的酶量，或是转化底物中 1μmol 的有关基团的酶量。

碱基对（base pair，bp）： 形成 DNA、RNA 单体及编码遗传信息的化学结构。组成碱基对的碱基包括 A-腺嘌呤、G-鸟嘌呤、T-胸腺嘧啶、C-胞嘧啶、U-尿嘧啶。严格地说，碱基对是一对相互匹配的碱基（即 A-T、G-C、A-U）被氢键连接起来。然而，它常被用来衡量 DNA 和 RNA 的长度（尽管 RNA 是单链）。

增色效应（hyperchromic effect）： 核酸（DNA 和 RNA）分子解链变性或断链，其紫外吸收值（一般在 260nm 处测量）增加的现象。

增强子（enhancer）： 能够增强启动子转录活性的 DNA 顺式作用序列，决定基因时间和空间特异性表达。

操纵子（operon）： 转录的功能单位。由一个或多个功能上相关的基因前后相连成串，由一个共同的控制区进行转录控制，包括结构基因及调节基因的整个 DNA 序列。

操纵因子（operator）： 与特定阻遏蛋白相互作用调控一个基因或一组基因表达的 DNA 区。

融合蛋白（fusion protein）： 两个或多个不同的蛋白质连成的一个大分子。可通过化学方法连接，也可通过基因工程的融合来实现。基因工程方法是将外源蛋白基因与受体菌自身蛋白基因或载体上的基因重组在一起，但不改变两个基因开放阅读框，以这种方式表达的蛋白质叫作融合蛋白。

噬菌体展示技术（phage display technology）：是一种基因筛选技术，它将目的基因克隆在特定的表达载体上，使其表达产物显示在活的噬菌体表面，根据表达产物生物学活性的检测来筛选、富集和克隆含有目的基因的噬菌体。

磷酸二酯键（phosphodiester bond）：两个核苷酸分子核苷酸残基的两个羟基分别与同一磷酸基团形成的共价连接键。

黏性末端（sticky end、cohesive end）：DNA 断裂时，在切口处留下几个未配对的核苷酸片段称为黏性末端。目前主要指的是由限制性内切核酸酶切割特异性双链 DNA 形成的具有相同且互补碱基的单链延伸末端。

翻译（translation）：在蛋白质合成期间，将存在于 mRNA 上代表一个多肽的核苷酸残基序列转换为多肽链氨基酸残基序列的过程。

16S rRNA（16S ribosomal RNA）：是原核生物核糖体 30S 小亚基的组成部分。16S 中的“S”是一个沉降系数，是反映生物大分子在离心场中向下沉降速度的一个指标，值越高，说明分子越大。16S rRNA 基因是细菌上编码 rRNA 相对应的 DNA 序列，存在于所有细菌的基因组中。16S rRNA 具有高度的保守性和特异性及该基因序列足够长（包含约 50 个功能域）。随着 PCR 技术的出现及核酸研究技术的不断完善，16S rRNA 基因检测技术已成为细菌检测和鉴定的一种强有力工具。数据库的不断完善，应用该技术可以实现对细菌进行快速、微量、准确、简便地分类鉴定和检测。

5S rRNA（5S ribosomal RNA）：是核糖体大亚基的一个组分，原核生物和真核生物都有 5S rRNA，而且结构相似。真核生物的 5S rRNA 基因与其他三种 rRNA 基因不在同一条染色体上，它是由核仁以外的染色体基因转录的，然后运输到核仁内参与核糖体的装配。

cDNA 文库（complementary DNA library）：cDNA 是由生物的某一特定器官或特定发育时期细胞内的 mRNA 经体外反转录后形成的。具有组织特异性和发育时期特异性，即具有时空特异性，只代表特定时空表达的基因，不代表生物体的全部基因和调控序列。某种生物基因组转录的部分或全部 mRNA 经反转录产生的各种 cDNA 片段分别与克隆载体重组，转化宿主细胞，并通过一定的筛选后得到大量的阳性菌落或噬菌体，所有阳性菌落或噬菌体的集合就是该生物的 cDNA 文库。

DNA 双螺旋（DNA double helix）：是一种核酸的构象，在该构象中，两条反向平行的多核苷酸链相互缠绕形成一个右手的双螺旋结构。DNA 双螺旋的碱基位于双螺旋内侧，磷酸与糖基在外侧，通过磷酸二酯键相连，形成核酸的骨架。碱基平面与假想的中心轴垂直，糖环平面则与轴平行，两条链皆为右手螺旋。双螺旋的直径为 2nm，碱基堆积距离为 0.34nm，两核苷酸之间的夹角是 36°，每对螺旋由 10 对碱基组成，碱基按 A-T、G-C 配对互补，彼此以氢键相连。维持 DNA 双螺旋结构稳定的力主要是碱基堆积力。双螺旋表面有两条宽窄、深浅不一的一个大沟和一个小沟。

DNA 甲基化（DNA methylation）：在甲基转移酶的催化下，DNA 的 CG 两个核苷酸的胞嘧啶被选择性地添加甲基，形成 5-甲基胞嘧啶，这常见于基因的 5′-CG-3′ 序列。DNA 甲基化主要形成 5-甲基胞嘧啶（5-mC）和少量的 N6-甲基腺嘌呤（N6-mA）及 7-甲基鸟嘌呤（7-mG）。

DNA 扩增指纹印迹（DNA amplification fingerprinting，DAF）：是一种改进的 RAPD 分析技术，与 RAPD 技术不同的是，DAF 分析中所使用的引物浓度更高、长度更短（一般为 5～8bp），因此它所提供的谱带信息比 RAPD 大得多，如当使用 5 个核苷酸的引物时，引物和模板的组合可扩增出 10～100 个 DNA 片段。PCR 扩增产物在凝胶上进行分离，通过银染即可产生非常复杂的带型。

DNA 连接酶（DNA ligase）：催化 DNA 链的相邻 3′-羟基和 5′-磷酸基团发生缩合反应，形成磷酸二酯键，分为 ATP 依赖型和 NAD^+依赖型。

DNA 条形码（DNA barcode）：指生物体内能够代表该物种的、标准的、有足够变异的、易扩增且相对较短的 DNA 片段。DNA 条形码已经成为生态学研究的重要工具，不仅用于物种鉴定，同时也帮助生物学家进一步了解生态系统内发生的相互作用。在发现一种未知物种或物种的一部分时，研究人员便描绘其组织的 DNA 条形码，而后与国际数据库内的其他条形码进行比对。如果与其中一个相匹配，研究人员便可确认这种物种的“身份”。DNA 条形码技术是利用生物体 DNA 中一段保守片段对物种进行快速准确鉴定的新兴技术。理想的 DNA 条形码应当符合下列标准：①具有足够的变异性以区分不同的物种，同时具有相对的保守性；②必须是用一段标准的 DNA 区来尽可能鉴别不同的分类群；③目标 DNA 区应当包含足够的系统进化信息以定位物种在分类系统（科、属等）中的位置；④应该是高度保守的引物设计区以便于通用引物的设计；⑤目标 DNA 区应该足够短以便于有部分降解的 DNA 的扩增。简单地说，DNA 条形码技术就是通过使用一个或一些短的 DNA 基因片段作为条形码来对物种进行快速、准确识别的技术。

自动测序法（automatic sequencing method）：不同荧光染料标记 DNA 的 4 种双脱氧核苷酸，然后进行链终止测序，用激光扫描阅读序列。其链终止原理与 Sanger 法相同，采用 PCR 测序模式。

DNA 变性（DNA denaturation）：在某些理化因素作用下，DNA 分子互补碱基之间的氢键断裂，使 DNA 分子双螺旋结构松散，变成单链，从而使核酸的天然构象和性质发生改变。核酸链共价键（3′,5′-磷酸二酯键）的断裂则称为降解。

单链构象多态性（single strand conformation polymorphism，SSCP）：指等长的单链

DNA 因核苷酸序列的差异而产生构象变异，在非变性聚丙烯酰胺凝胶电泳中的表现为电泳迁移率的差别。单链 DNA 构象分析对 DNA 序列的改变非常敏感，常常一个碱基差别都能显示出来。在 SSCP 分析中，利用 PCR 技术定点扩增基因组 DNA 中某一目的片段，将扩增产物进行变性处理，双链 DNA 分开成单链，再用非变性聚丙烯酰胺凝胶电泳分离，根据条带位置变化来判断目的片段中是否存在突变。SSCP 结果是通过多个样品之间对比，观察条带之间位置改变，从而显示出不同生物个体的 DNA 特异性，达到指纹分析目的。为了进一步提高 SSCP 的检出率，可将 SSCP 分析与其他突变检测方法相结合。其中与异源双链分析（heteroduplex analysis，HA）法结合可以大大提高检出率。HA 法是用探针与要检测的单链 DNA 或 RNA 进行杂交，含有一对碱基对错配的杂交链可以和完全互补的杂交链在非变性聚丙烯酰胺凝胶上通过电泳被分离开。对同一靶序列分别进行 SSCP 和 HA 分析可以使点突变的检出率接近 100%，而且实验简便。

DNA 复性（DNA renaturation）：变性 DNA 在适当条件下，可使两条分开的链重新缔合，恢复双螺旋结构，这个过程称为 DNA 复性。

接头 DNA（adapter DNA）：是一种按照预先设计而化学合成的寡核苷酸片段。一般由 8～12 个核苷酸组成，其上有一种或几种内切酶的识别位点，含有一种以上的限制性内切核酸酶识别序列。其一头为平端、另一头为黏性末端（某种酶切位点序列）。

DNA 超螺旋（DNA supercoiling）：在双螺旋结构中，每旋转一圈含有 10 个碱基对，此时双螺旋处于能量最低的状态，少于 10 个就会形成右手超螺旋，反之为左手超螺旋。前者称为负超螺旋，后者称为正超螺旋。

DNA 聚合酶（DNA polymerase）：以 DNA 为模板，催化核苷酸残基加到已存在的聚核苷酸 3′ 端反应的酶。某些 DNA 聚合酶具有外切核酸酶的活性，可用来校正新合成的核苷酸序列。

DNA 模板（DNA template）：一条单链 DNA 片段，其 3′ 端具有与引物杂交的序列。

克列诺片段（Klenow fragment）：是大肠杆菌 DNA 聚合酶 I 的羧基端 605 个氨基酸残基片段，长度为全酶的 70%。具有 5′ → 3′ 聚合酶活性及 3′ → 5′ 外切酶活性。

马克萨姆-吉尔伯特化学降解法（Maxam-Gilbert chemical degradation method）：是 1977 年由马克萨姆（Maxam）和吉尔伯特（Gilbert）发明的，所以又称 Maxam-Gilbert DNA 序列分析法。将待测 DNA 片段的 5′ 端磷酸基团作为放射性标记。用不同的化学试剂处理末端标记 DNA 片段的特定碱基，使碱基发生特异性修饰并在该位置打断核酸链，产生一系列 5′ 端被标记的长度不一且分别以不同碱基结尾的 DNA 片段混合物（用 4 组不同的特异反应）。经高分辨率变性聚丙烯酰胺凝胶电泳和放射自显影得到测序图谱，直接读出待测 DNA 片段的核苷酸顺序。

RNA 印迹（Northern blot）：由阿尔文（Alwine）等 1979 年研发，是将 RNA 分子从电泳

凝胶转移到硝酸纤维素滤膜或其他化学修饰的活性滤纸上进行核酸杂交的一种实验方法。由于这种方法与 DNA 印迹（Southern blot）技术十分类似，所以叫作 Northern blot。

cDNA 末端快速扩增法（rapid amplification of cDNA end，RACE）：是通过 PCR 进行 cDNA 末端快速克隆的技术，是通过 PCR 技术实现的，无须建立 cDNA 文库，可以在很短的时间内获得有利用价值的信息。RACE 是基于 PCR 技术由已知的一段 cDNA 片段，通过向两端延伸扩增从而获得完整的 3′ 端序列和 5′ 端序列的方法。

RNA 聚合酶（RNA polymerase）：以一条 DNA 链或 RNA 链为模板催化由核苷-5′-三磷酸合成 RNA 的酶。

SD 序列（SD sequence）：在原核生物中，核糖体中与 mRNA 结合位点位于 16S rRNA 的 3′ 端，mRNA 中与核糖体 16S rRNA 结合的序列称为 SD 序列，它是 1974 年由夏因（Shine）和达尔加诺（Dalgarno）发现的，故此而命名。SD 序列是 mRNA 中 5′ 端富含嘌呤的短核苷酸序列，一般位于 mRNA 的起始密码子 AUG 的上游 5～10 个碱基处，并且同 16S rRNA 3′ 端的序列互补，帮助从起始 AUG 处开始翻译。

DNA 印迹（Southern blot）：根据毛细管作用的原理，使在电泳凝胶中分离的 DNA 片段转移并结合在适当的滤膜上，然后通过同标记的单链 DNA 或 RNA 探针的杂交作用检测这些被转移的 DNA 片段，这种实验方法叫作 DNA 印迹法。由于它是由萨瑟恩（Southern）于 1975 年首先设计出来的，故又称 Southern 杂交。

Western 杂交（Western blot）：将通过聚丙烯酰胺凝胶电泳分离的蛋白质转移到硝酸纤维素或聚偏二氟乙烯膜（polyvinylidene fluoride，PVDF）上，然后与能特异性识别待检蛋白质的抗体进行反应，洗涤去除没有结合的特异性抗体后，加入标记的、能识别特异性抗体的种属特异性抗体，反应一段时间后再次洗涤去除非特异性结合的标记抗体，加入适合标记物的检测试剂进行显色或发光等，观察有无特异性蛋白质条带的出现，也可通过条带的密度大小来进行特异性蛋白质的半定量。

α-互补筛选（alpha complementary selection）：是 β-半乳糖苷酶筛选系统。指的是载体上有一段 β-半乳糖苷酶基因（*lacZ*）的 α 片段（氨基端），其上有外源 DNA 的插入位点，受体菌基因组中有突变的 β-半乳糖苷酶（α 片段缺失）。这两个突变基因都可以被异丙基-β-D-硫代半乳糖苷（IPTG）诱导表达。当两个基因片段独立表达时，产物酶都没有活性。当载体导入受体细胞，两个突变基因同时被诱导表达，则 β-半乳糖苷酶酶功能得以恢复（两个突变酶无功能互补），具有降解 5-溴-4-氯-3-吲哚-β-D-半乳糖苷（X-gal）成蓝色产物的功能，使得菌落呈蓝色；当载体插入外源基因且导入宿主细胞时，由于载体上的 β-半乳糖苷酶基因插入失活，不能表达 β-半乳糖苷酶的氨基端，故不能实现 α-互补，无法降解 X-gal 成蓝色产物，菌落呈白色。通过这种颜色的差别实现转化子的筛选，因此这种筛选方式也可称为蓝白斑筛选。

参考文献

黄厚哲. 1984. 生物学概论. 北京: 高等教育出版社.

李超伦, 王敏晓, 程方平, 等. 2011. DNA 条形码及其在海洋浮游动物生态学研究中的应用. 生物多样性, 19(6): 805-814.

李振刚. 2014. 分子遗传学 (第四版). 北京: 科学出版社.

刘祖洞, 乔守怡, 吴燕华, 等. 2013. 遗传学 (第 3 版). 北京: 高等教育出版社.

齐义鹏. 2011. 基因生物学:基因"一生"的轨迹. 北京: 中国医药科技出版社.

乔中东. 2012. 分子生物学. 北京: 军事医学科学出版社.

孙明. 2006. 基因工程. 北京: 高等教育出版社.

孙效文. 2010. 鱼类分子育种学. 北京: 海洋出版社.

王镜岩, 朱圣庚, 徐长法. 2007. 生物化学 (第三版) 下册. 北京: 高等教育出版社.

吴仲庆. 2000. 水产生物遗传育种学. 厦门: 厦门大学出版社.

翟中和, 王喜忠, 丁明孝. 2011. 细胞生物学 (第 4 版). 北京: 高等教育出版社.

张玉静. 2000. 分子遗传学. 北京: 科学出版社.

Archibald J M. 2015. Endosymbiosis and eukaryotic cell evolution. Current Biology, 25(19): R911-R921.

Campbel N A, Reece J B, Simon E J. 2006. 生物学导论 (第 2 版, 中文版). 吴相钰, 尚玉昌, 安利国等译. 北京: 高等教育出版社.

Gray M W, Lang B F, Burger G. 2004. Mitochondria of protists. Annual Review of Genetics, 38(1): 477-524.

Primrose S B, Twyman R. 2006. Principles of Gene Manipulation and Genomics (7th ed). Oxford: Wiley-Blackwell.

Uzzell T, Spolsky C. 1974. Mitochondria and plastids as endosymbionts: a revival of special creation? Am Sci, 62(3): 334-343.

Weaver RF. 2008. 分子生物学 (第三版). 郑用琏, 张富春译. 北京: 科学出版社.

Williams T A, Cox C J, Foster P G, et al. 2020. Phylogenomics provides robust support for a two-domains tree of life. Nature Ecology & Evolution, 4(1): 138-147.

Yutin N, Wolf M Y, Wolf Y I, et al. 2009. The origins of phagocytosis and eukaryogenesis. Biol Direct, doi: 10.1186/1745-6150-4-9.

Zimorski V, Ku C, Martin W F, et al. 2014. Endosymbiotic theory for organelle origins. Current Opinion in Microbiology, 22: 38-48.

第二篇

中国海洋物种在GenBank的登录

第一章

植物界 PLANTAE

按五界分类，海洋植物界包括海藻和维管植物各 3 个门，中国海域共记录 1496 种。GenBank 登录 384 种，占总种数的 25.7%（表 2-1-1）。

表 2-1-1　中国海域植物界的物种数及其在 GenBank 的登录数

门	中国海域记录种数	GenBank 登录数	
		种数	占比（%）
海藻 ALGAE	995	313	31.5
红藻门 Rhodophyta	566	184	32.5
褐藻门 Phaeophyta	265	82	30.9
绿藻门 Chlorophyta	164	47	28.7
维管植物 TRACHEOPHYTA	501	71	14.2
蕨类植物门 Pteridophyta	11	5	45.5
裸子植物门 Gymnospermae	4	3	75.0
被子植物门 Angiospermae	486	63	13.0
合计	1496	384	25.7

第一节　藻类 ALGAE

红藻门 Rhodophyta，GenBank 登录 184 种，占总种数的 32.5%。DNA 测序最多的用 rbcL，次为 COI，也有用 psaA、psbA、tufA。本门的紫菜、江蓠、石花菜等养殖种，在 GenBank 有许多登录号。

褐藻门 Phaeophyta，GenBank 登录 82 种，占总种数的 30.9%。DNA 测序用 rbcL、psaA、psbA，少数用 tufA。海带主要用 rbcL，少数用 psaA、psbA。多种马尾藻的测序方法与海带类同。

绿藻门 Chlorophyta，GenBank 登录 47 种，占总种数的 28.7%。DNA 测序用 tufA 和 rbcL，偶尔用 psaB 和 atpB。常见种石莼和孔石莼登录次数分别达 139 次和 136 次，用 rbcL 和 tufA 测序。墨西哥蕨藻和总状蕨藻等多种蕨藻在 GenBank 的登录次数也很多，主要用 tufA 和 rbcL 测序。

一、红藻门 RHODOPHYTA

茎丝藻 *Stylonema alsidii*，rbcL：EF660272.1，等 9 条。

不规则红枝藻 *Erythrocladia irregularis*，rbcL：JF292595.1，等 5 条；psaA：DQ308446.1；psbA：GQ280866.1，等 6 条。

星丝藻 *Erythrotrichia carnea*，rbcL：JF292643.1，等 12 条；SSU：JF292739.1，等 7 条；psbA：JF292692.1，等 8 条；psaA：AY119703.1；tufA：AF545593.1。

拟紫菜 *Porphyropsis coccinea*，rbcL：JF292653.1，JF292652.1；psbA：GQ280876.1，等 4 条；SSU：JF292747.1。

全缘沙哈林藻 *Sahlingia subintegra*，rbcL：JF292609.1，等 14 条；psbA：GQ280889.1，等 15 条；SSU：JF292705.1，JF292704.1。

红毛菜 *Bangia atropurpurea*，rbcL：DQ408162.1，等 7 条；COI：HQ699255.1，等 14 条；psaA：AY119698.1；psbA：AY119734.1；psaB：AY391374.1；tufA：AF545587.1。

绉紫菜 *Porphyra crispata*，rbcL：GQ427201.1。

长紫菜 *P. dentata*，rbcL：GQ427223.1，GQ427222.1。

铁钉紫菜 *P. ishigecola*，rbcL：GQ427225.1，等 3 条。

坛紫菜 *P. haitanensis*，rbcL：GQ427212.1，等 11 条。

半叶紫菜华北变种 *P. katadai* var. *hemiphylla*，rbcL：DQ630038.1，等 15 条。

圆紫菜 *P. suborbiculata*，rbcL：EU521647.1，等 25 条。

越南紫菜 *P. vietnamensis*，rbcL：HQ687544.1，COI：HQ422669.1。

条斑紫菜 *P. yezoensis*，rbcL：DQ813646.1，等 81 条；COI：KC782859.1，等 4 条。

弓形顶丝藻 *Acrochaetium arcuatum*，rbcL：AF029138.1。

丛出旋体藻 *Audouinella daviesii*，rbcL：KC134349.1。

皮丝藻 *Dermonema virens*，rbcL：KF667092.1，等 3 条。

垫形皮丝藻 *D. pulvinatum*，COI：HQ422985.1。

蠕枝藻 *Helminthocladia australis*，rbcL：GU357702.1，GU357701.1；COI：KC250438.1，等 4 条。

叉粉枝藻 *Liagora divaricata*，rbcL：HQ901782.1，HQ901781.1；COI：HQ423117.1

对生粉枝藻 *L. albicans*，rbcL：HQ901786.1；COI：HQ422978.1，等 3 条。

波氏粉枝藻 *L. boergesenii*，rbcL：GU357680.1，GU357679.1；COI：HQ422649.1。

东方粉枝藻 *L. orientalis*，rbcL：AY688028.1；COI：HQ422731.1，等 3 条。

长生粉枝藻 *L. perennis*，rbcL：HQ901785.1，等 5 条。

硬粉枝藻 *L. valida*，rbcL：EU349112.1。

海索面 *Nemalion vermiculare*，COI：HM916637.1，等 12 条。

易碎幅毛藻 *Actinotrichia fragilis*，rbcL：KC134325.1，等 14 条；COI：HQ423131.1，等 3 条。

纤丝乳结藻 *Galaxaura filamentosa*，rbcL：AY688006.1，等 3 条；COI：HQ422797.1。

太平洋乳结藻 *G. pacifica*，rbcL：JQ814751.1，等 4 条。

柏桉藻 *Bonnemaisonia hamifera*，rbcL：GQ337066.1，等 4 条；psbA：FJ195600.1；psaA：FJ195594.1。

紫衫状海门冬 *Asparagopsis taxiformis*，rbcL：GQ337069.1，AY589559.1；COI：JN642177.1，等 39 条。

栉齿藻 *Delisea japonica*，rbcL：U21706.1。

凝花菜 *Gelidiella acerosa*，rbcL：HM629846.1，等 13 条；psaA：HM629926.1。

石花菜 *Gelidium amansii*，rbcL：DQ787586.1，AF308787.1；COI：KC782864.1，等 3 条；psbA：DQ787660.1；psaA：DQ787626.1。

细毛石花菜 *G. crinale*，rbcL：JX096521.1，等 31 条；COI：KJ179937.1，等 18 条；psaA：HM629903.1。

小石花菜 *G. divaricatum*，rbcL：JX891618.1，等 8 条；psaA：HM629906.1，等 3 条。

中肋石花菜 *G. japonicum*，rbcL：HM629830.1，AF305802.1；psaA：HM629910.1。

宽叶石花菜 *G. latifolium*，rbcL：U00108.1，等 9 条。

大石花菜 *G. pacificum*，rbcL：HM629831.1，U16832.2；psaA：HM629911.1。

匍匐石花菜 *G. pusillum*，rbcL：U01001.1，等 18 条；psaA：HM629912.1；COI：HQ412447.1，等 3 条。

异形石花菜 *G. vagum*，rbcL：JQ405737.1，等 4 条；psaA：HM629920.1，等 3 条。

兰色拟鸡毛菜 *Pterocladiella caerulescens*，rbcL：KC209072.1，等 15 条；COI：HQ412482.1，等 11 条。

拟鸡毛菜 *P. capillacea*，rbcL：JN088219.1，等 23 条；COI：HQ422696.1；psaA：HM629925.1。

单条胶粘藻 *Dumontia simplex*，rbcL：JN403063.1；COI：AY971153.1。

亮管藻 *Hyalosiphonia caespitosa*，rbcL：JN403070.1；COI：KC782901.1。

木耳状耳壳藻 *Peyssonnelia conchicola*，rbcL：EU349194.1，EU349193.1。

充满耳壳藻 *P. distenta*，rbcL：EU349140.1。

基扇耳壳藻 *P. dubyi*，rbcL：JX969785.1；COI：JX969715.1。

耳壳藻 *P. rubra*，COI：HQ422737.1。

枝壳藻 *Ramicrusta nanhaiensis*，COI：JX969713.1。

脆叉节藻 *Amphiroa fragilissima*，rbcL：U04039.1。

叶状叉节藻 *A. foliacea*，COI：HQ422659.1，等 3 条。

珊瑚藻 *Corallina officinalis*，rbcL：JX315329.1，KC134323.1，psbA：JQ422211.1，等 5 条；COI：JQ615734.1，等 68 条；psbA：FJ361705.1，等 8 条。

小珊瑚藻 *C. pilulifera*，rbcL：DQ787558.1；psbA：DQ787634.1。psaA：DQ787594.1。

石叶藻 *Lithophyllum kotschyanum*，COI：HQ423072.1。

吸叶藻 *Pneophyllum fragile*，psbA：DQ167969.1，DQ167967.1。

太平洋宽珊藻 *Mastophora pacifica*，psbA：FJ361461.1。

孔水石藻 *Hydrolithon onkodes*，psbA：FJ361689.1。

新角石藻 *Neogoniolithon brassica-florida*，psbA：FJ361401.1，FJ361443.1。

勒农膨石藻 *Phymatolithon lenormandii*，COI：JX572005.1，JX571978.1。psbA：JQ896249.1。

大齿新藻 *Serraticardia maxima*，COI：JQ615680.1，JQ615679.1；psbA：JQ422207.1。

海萝 *Gloiopeltis furcata*，rbcL：JX969801.1，EU349109.1。

盾果藻 *Carpopeltis maillardii*，rbcL：U22097.1，AY294400.1。

叉枝蜈蚣藻 *Grateloupia divaricata*，rbcL：AY178764.1，等 13 条；psbA：DQ787664.1；psaA：DQ787630.1。

蜈蚣藻 *G. filicina*，rbcL：AY435173.1，等 7 条；COI：HQ422590.1。

覆瓦蜈蚣藻 *G. imbricata*，rbcL：EU152268.1，等 10 条。

舌状蜈蚣藻 *G. livida*，rbcL：AF488815.1。

鲂生蜈蚣藻 *G. doryphora*，rbcL：AF488817.1，等 4 条。

椭圆蜈蚣藻 *G. elliptica*，rbcL：JX475043.1，等 13 条；COI：JX475024.1，等 14 条。

披针形蜈蚣藻 *G. lanceolata*，rbcL：JN808320.1，等 32 条；COI：JX475010.1，等 23 条。

繁枝蜈蚣藻 *G. ramosissima*，rbcL：AF488811.1，等 3 条。

带形蜈蚣藻 *G. turuturu*，rbcL：AY100004.1，等 25 条。

变色蜈蚣藻 *G. versicolor*，rbcL：EF654123.1，等 3 条。

阳江蜈蚣藻 *G. yangjiangensis*，rbcL：HQ324239.1，等 4 条。

海膜 *Halymenia floresia*，rbcL：AY772019.1。

海柏 *Polyopes polyideoides*，rbcL：AF385643.1。

帚状伊谷藻 *Ahnfeltia fastigiata*，rbcL：U04167.1，FJ195605.1；COI：JN113166.1，等 32 条；psbA：FJ195601.1；psaA：FJ195596.1。

密毛沙菜 *Hypnea boergesenii*，rbcL：AF385634.1，等 4 条。

鹿角沙菜 *H. cervicornis*，COI：HQ422674.1。

长枝沙菜 *H. charoides*，rbcL：KC130220.1，等 6 条；COI：HM915818.1；psaA：FJ694928.1。

星刺沙菜 *H. cornuta*，rbcL：EU345993.1，等 4 条；COI：HQ422721.1；psaA：FJ694927.1。

冻沙菜 *H. japonica*，rbcL：EU346003.1，等 5 条；psaA：FJ195597.1，FJ694917.1；psbA：DQ095851.1。

小沙菜 *H. spinella*，rbcL：AF385635.1，等 3 条；COI：HQ422681.1；psaA：FJ694925.1。

海头红 *Plocamium telfairiae*，rbcL：U21702.1。COI：KC782865.1，JQ619155.1，JQ619154.1。

弓江蓠 *Gracilaria arcuata*，rbcL：AY049383.1。

节江蓠 *G. articulata*，rbcL：AY769259.1。

真江蓠 *G. vermiculophylla*，rbcL：JQ768774.1，等 28 条；COI：JQ794759.1，等 107 条。

芋根江蓠 *G. blodgettii*，rbcL：EU605705.1，等 3 条。

脆江蓠 *G. chouae*，COI：KC782892.1。

散房江蓠 *G. coronopifolia*，rbcL：KJ775800.1，KJ775798.1；COI：HQ423010.1，等 5 条。

帚状江蓠 *G. edulis*，rbcL：AY049391.1，等 4 条。

硬江蓠 *G. firma*，rbcL：DQ119739.1，DQ119740.1。

缢江蓠 *G. salicornia*，rbcL：AY049393.1，等 5 条；COI：JN790239.1，等 58 条。

张氏江蓠 *G. changii*，rbcL：AY049388.1，等 4 条。

绳江蓠 *G. chorda*，rbcL：EF434904.1。

楔叶江蓠 *G. cuneifolia*，rbcL：HQ880636.1，等 4 条；psbA：DQ095828.1，DQ095827.1。

斑江蓠 *G. punctata*，rbcL：AY737448.1，等 3 条。

细基江蓠 *G. tenuistipitata*，rbcL：EU380718.1，等 6 条。

扁江蓠 *G. textorii*，rbcL：AY049325.1，等 27 条；COI：KC782858.1，等 12 条；psbA：DQ095843.1，等 12 条；psaA：FJ195595.1。

刺边江蓠 *G. spinulosa*，rbcL：AY049395.1，等 5 条。

龙须菜 *G. lemaneiformis*，COI：JQ619141.1，JQ619140.1。

茎刺藻 *Caulacanthus ustulatus*，rbcL：U22099.1，等 4 条；COI：HQ423129.1，HQ423094.1。

锡兰海木耳 *Sarcodia ceylanica*，rbcL：HQ224534.1，等 4 条。

麒麟菜 *Eucheuma denticulatum*，rbcL：JX069186.1，等 12 条。

齿状麒麟菜 *E. serra*，rbcL：AF099692.1，U21693.1。

鸡冠菜 *Meristotheca papulosa*，rbcL：AF099700.1。

太平洋红翎菜 *Solieria pacifica*，rbcL：U21692.1，AF099710.1。

长心卡帕藻 *Kappaphycus alvarezii*，rbcL：HQ612184.1，等 25 条。

异枝卡帕藻 *K. striatum*，rbcL：JX624002.1，等 12 条。

扇形拟伊藻 *Ahnfeltiopsis flabelliformis*，rbcL：AF388571.1，等 2 条；COI：KC782875.1，等 4 条。

矮小拟伊藻 *A. pygmaea*，COI：HQ422791.1。

裂膜藻 *Schizymenia dubyi*，rbcL：GQ495985.2，等 5 条；COI：KC478073.1，JQ362443.1。

叉分粘滑藻 *Sebdenia flabellata*，COI，JN641197.1，JN641196.1。

日本角叉藻 *Chondrus nipponicus*，rbcL：AF146200.1，AF294813.1。

扩大角叉藻 *C. armatus*，rbcL：AF146201.1，AF294812.1。

角叉藻 *C. ocellatus*，rbcL：U02987.2，等 3 条；COI：KC782863.1，等 3 条。

日本马泽藻 *Mazzaella japonica*，rbcL：AF146213.1，等 2 条；COI：KC782898.1，等 2 条。

美羽软粒藻 *Portieria hornemannii*，rbcL：AF212185.1，EU349206.1；COI：HQ422904.1，等 5 条。

厚壁葡萄藻 *Botryocladia skottsbergii*，rbcL：AY444175.1，等 2 条；COI：HQ423132.1，等 2 条。

梨形葡萄藻 *B. pyriformis*，rbcL：AY444170.1，等 3 条。

葡萄藻 *B. leptopoda*，rbcL：HQ400597.1。

金膜藻 *Chrysymenia wrightii*，COI：KC782906.1，等 4 条。

错综红皮藻 *Rhodymenia intricata*，psbA：DQ787665.1；psaA：DQ787631.1；rbcL：DQ787591.1。

不规则腔腺藻 *Coelothrix irregularis*，rbcL：EU670598.1，等 3 条；COI：HQ422624.1，等 5 条。

角网藻 *Ceratodictyon spongiosum*，rbcL：U21639.1。

环节藻 *Champia parvula*，rbcL：EU086464.1，等 2 条；COI：HQ422864.1，等 4 条。

链状节荚藻 *Lomentaria catenata*，rbcL：U21642.1，FJ195607.1；psbA：FJ195603.1；psaA：FJ195599.1。

节荚藻 *L. hakodatensis*，rbcL：AY294380.1；COI：HQ422881.1。

对丝藻 *Antithamnion cruciatum*，rbcL：JN089394.1，AY136277.1。

多姿对丝藻 *A. defectum*，rbcL：JN089391.1，等 3 条。

赫勃对丝藻 *A. hubbsii*，rbcL：KJ202093.1；COI：KJ202083.1 等 3 条。

日本对丝藻 *A. nipponicum*，rbcL：AY591930.1，等 7 条；psbA：AY295157.1；psaA：AY295136.1。

蠕虫拟对丝藻 *Antithamnionella spirographidis*，rbcL：DQ022810.1，AY591925.1，AY591924.1，AY591923.1。

纤细冠毛藻 *Anotrichium tenue*，rbcL：AY295160.1，等 2 条；psbA：AY295142.1，等 2 条；psaA：AY295122.1，等 2 条。

小丽丝藻 *Aglaothamnion callophyllidicola*，rbcL：DQ110891.1；psbA：DQ787641.1；psaA：DQ787601.1。

绢丝藻 *Callithamnion corymbosum*，rbcL：EU195051.1，等 3 条；COI：KC478074.1；psbA：EU195041.1，等 2 条；psaA：EU195025.1，等 2 条。

凝菜 *Campylaephora crassa*，rbcL：AY945769.1，等 5 条。

钩凝菜 *C. hypnaeoides*，rbcL：AY945768.1，等 4 条；DQ787566.1；psaA：DQ787603.1。

波登仙菜 *Geramium boydenii*，rbcL：DQ350389.1，等 6 条。

窄皮小仙草 *G. affine*，rbcL：AF521797.1，DQ458920.1。

透明仙菜 *G. diaphanum*，rbcL：KF367767.1，等 4 条；COI：KF367755.1，KF367751.1。

日本仙草 *G. japonicum*，rbcL：FJ943707.1，等 55 条。

三叉仙菜 *G. kondoi*，rbcL：DQ350388.1，等 52 条；COI：KC782904.1，等 3 条；psaA：AY295138.1。

优美爬软藻 *Herpochondria elegans*，rbcL：AY945771.1。

纵皮珊形藻 *Corallophila huysmansii*，COI：HQ422782.1。

亚圆形凋毛藻 *Griffithsia subcylindrica*，COI：HQ422827.1，等 5 条。

扁丝藻 *Platythamnion yezoense*，rbcL：DQ787574.1，GQ252496.1；psbA：DQ787648.1；psaA：DQ787612.1。

篮子藻 *Spyridia filamentosa*，rbcL：AY787442.1，等 26 条；COI：HQ423126.1，等 15 条。

短丝藻 *Crouania attenuata*，rbcL：GQ252488.1。

小短丝藻 *C. minutissima*，COI：HQ422806.1。

鹧鸪菜 *Caloglossa leprieurii*，rbcL：HM775467.1，等 27 条。

侧枝鹧鸪菜 *C. ogasawaraensis*，rbcL：JN845522.1，等 9 条。

脆红网藻 *Martensia fragilis*，rbcL：JX982282.1，等 6 条。

绶带藻 *Taenioma perpusillum*，rbcL：JN845526.1。

长柄雀冠藻 *Zellera tawallina*，rbcL：AF257458.1。

棱藻 *Dictyurus purpurascens*，rbcL：EU159408.1。

日本异管藻 *Heterosiphonia japonica*，COI：HM542008.1，等 21 条。

美丽异管藻 *H. pulchra*，rbcL：GQ252549.1，GQ252548.1。

刺居鱼栖苔 *Acanthophora spicifera*，COI：HQ422873.1，HQ422858.1；rbcL：GQ252538.1。

旋花藻 *Melanamansia glomerata*，COI：HQ423024.1，等 14 条。

具根卷枝藻 *Bostrychia radicans*，rbcL：DQ355984.1，等 35 条。

简单卷枝藻 *B. simpliciuscula*，rbcL：AY920844.1，等 9 条。

柔弱卷枝藻 *B. tenella*，rbcL：AY920838.1，等 10 条。

软骨藻 *Chondria dasyphylla*，rbcL：U04021.1。

红羽凹顶藻 *Laurencia brongniartii*，rbcL：AF465814.1，EF061654.1。

加氏凹顶藻 *L. galtsoffii*，COI：HQ422984.1。

略大凹顶藻 *L. majuscula*，rbcL：EF686000.1，COI：HQ423051.1，等 11 条。

有柄轮孢藻 *Murrayella periclados*，rbcL：AF458764.1，等 12 条。

新松节藻 *Neorhodomela munita*，COI：KC782868.1，等 4 条。

倾伏新管藻 *Neosiphonia decumbens*，rbcL：DQ787480.1，等 4 条。

蛇皮新管藻 *N. harlandii*，rbcL：DQ787485.1，等 4 条。

日本新管藻 *N. japonica*，rbcL：DQ787494.1，等 6 条；COI：KC782867.1。

球果新管藻 *N. sphaerocarpa*，rbcL：HM573569.1，HM573527.1。

疏叉新管藻 *N. teradomariensis*，rbcL：JX828136.1。

汤加新管藻 *N. tongatensis*，COI：HM573518.1。

侧聚新管藻 *N. yendoi*，rbcL：JX828137.1，DQ787495.1。

岩生多管藻长节变种 *Polysiphonia scopulorum* var. *longinodium*，rbcL：JX828149.1，等 3 条；COI：HM573535.1。

从托多管藻 *P. morrowii*，rbcL：KF468807.1，等 27 条；COI：HM573540.1。

膨根多管藻 *P. upolensis*，COI：HQ422784.1。

淡盐多管藻 *P. subtilissima*，rbcL：JX294918.1，等 6 条；COI：JX294916.1，等 4 条。

球枝藻 *Tolypiocladia glomerulata*，COI：HQ423106.1，等 7 条。

鸭毛藻 *Symphyocladia latiuscula*，rbcL：KF048946.1，等 21 条。

苔状鸭毛藻 *S. marchantioides*，rbcL：KF048979.1，等 3 条。

小鸭毛藻 *S. pumila*，rbcL：KF048978.1，等 10 条。

二、褐藻门 PHAEOPHYTA

定孢藻 *Acinetospora crinita*，rbcL：AF207795.1。

束枝水云 *Ectocarpus fasciculatus*，psaA：JF796600.1。

基氏库氏藻 *Kuckuckia kylinii*，rbcL：AF207804.1。

绒状带绒藻 *Laminariocolax tomentosoides*，rbcL：AF055404.1。

绒毛绵线藻 *Spongonema tomentosum*，psaA：JF796607.1；psbA：JF796622.1；rbcL：JF796590.1。

间囊藻 *Pilayella littoralis*，psaA：AY119724.1；psbA：AY119760.1；tufA：AF545614.1。

疣状褐壳藻 *Ralfsia verrucosa*，rbcL：AB250072.1。

岩生异形褐壳藻 *Heteroralfsia saxicola*，rbcL：AB250070.1；AB264040.1。

海绵藻 *Petrospongium rugosum*，psaA：AY996370.1，等 4 条；rbcL：AY996364.1，等 4 条。

异形藻 *Papenfussiella kuromo*，rbcL：FJ805442.1。

铁钉菜 *Ishige okamurae*，rbcL：FJ427690.1，等 63 条；psbA：AY528830.1，AY528829.1。

叶状铁钉菜 *I. sinicola*，rbcL：FJ427725.1，等 11 条；psbA：AY528832.1，AY528831.1；psaA：AY372947.1，AY372946.1。

毛头藻 *Sporochnus radiciformis*，psaA：AY528861.1；psbA：AY528857.1；rbcL：EF526495.1。

单条肠髓藻 *Myelophycus simplex*：rbcL：AY095320.1，AY095318.1；psaA：AY372952.1；psbA：AY528837.1。

网管藻 *Dictyosiphon foeniculaceus*，psbA：JF796614.1；rbcL：AF055397.1，AY372973.1；psaA：JF 796599.1。

毛孢藻 *Chnoospora implexa*，psaA：GQ368330.1，DQ239772.1，rbcL：GQ368316.1；psbA：GQ 368345.1。

小毛孢藻 *C. minima*，psaA：DQ239773.1；rbcL：DQ239768.1。

长囊藻 *Colpomenia bullosa*，rbcL：GU014706.1，等 10 条；psaA：DQ239775.1，DQ239774.1。

囊藻 *C. sinuosa*，rbcL：JX944724.1，等 19 条；psaA：AY372950.1；psbA：AY528835.1。

网胰藻 *Hydroclathrus clathratus*，rbcL：AF385855.1，等 3 条；psaA：DQ239778.1，等 3 条；psbA：AY528836.1，GQ368350.1。

细网胰藻 *H. tenuis*，psaA：DQ239780.1，DQ239779.1；rbcL：DQ239770.1。

幅叶藻 *Petalonia fascia*，rbcL：AF385850.1，等 8 条；psbA：EU681651.1，AY528838.1；psaA：AY 372953.1。

大叶幅叶藻 *P. zosterifolia*，psaA：DQ239783.1；rbcL：AF207807.1。

错综如氏藻 *Rosenvingea intricata*，rbcL：GQ368323.1；psaA：GQ368338.1，DQ239784.1；psbA：GQ368352.1。

叉开网翼藻 *Dictyopteris divaricata*，rbcL：AY430323.1，等 8 条；psaA：AY422600.1，等 5 条；psbA：AY422638.1，等 5 条。

宽叶网翼藻 *D. latiuscula*，rbcL：AY430330.1，等 4 条；psaA：AY422601.1，等 3 条；psbA：AY 422639.1，等 4 条。

育叶网翼藻 *D. prolifera*，rbcL：AY430327.1，等 5 条；psaA：AY422602.1，等 6 条；psbA：AY 422640.1，等 5 条。

波状网翼藻 *D. undulata*，rbcL：AY430334.1，等 5 条；psaA：AY528448.1，等 4 条；psbA：AY 430353.1，等 4 条。

鹿角网地藻 *Dictyota bartayresiana*，rbcL：GQ425107.1；psbA：JQ061014.1，等 9 条。

网地藻 *D. dichotoma*，rbcL：AY748312.1，等 15 条；psaA：AY748316.1，等 12 条；psbA：AY 748321.1，等 13 条。

叉开网地藻 *D. divaricata*，rbcL：AB096883.1。

脆弱网地藻 *D. friabilis*，psbA：JQ061042.1，等 6 条；rbcL：DQ472065.1，DQ472064.1。

厚缘藻 *Dilophus okamurae*，psaA：AY748317.1，等 4 条；psbA：AY748322.1，等 6 条；rbcL：AY 422675.1，等 5 条。

匍扇藻 *Lobophora variegata*，psaA：EU579913.1，等 3 条；rbcL：DQ866924.1，等 5 条；psbA：DQ866944.1。

厚网藻 *Pachydictyon coriaceum*，psbA：AY748323.1，等 9 条；psaA：AY748318.1，等 8 条；rbcL：AY748313.1，等 12 条。

南方团扇藻 *Padina australis*，psaA：JQ364157.1，等 9 条；rbcL：JQ364056.1，等 7 条。

树状团扇藻 *P. arborescens*，psaA：JQ364149.1，等 7 条；rbcL：JQ364050.1，等 6 条；psbA：AY 430357.1。

包氏团扇藻 *P. boryana*，psaA：JQ364169.1，等 3 条；rbcL：JQ364066.1，等 9 条。

大团扇藻 *P. crassa*，psaA：JQ364174.1，等 5 条；rbcL：JQ364071.1，等 8 条；psbA：AY430361.1，等 3 条。

小团扇藻 *P. minor*，psaA：JQ364208.1，等 3 条；rbcL：JQ364098.1，等 3 条。

日本团扇藻 *P. jonesii*，psaA：JQ364188.1，JQ364187.1；rbcL：JQ364084.1，JQ364083.1。

褐舌藻 *Spatoglossum pacificum*：rbcL：AY430337.1，等 3 条；psaA：AY422604.1；psbA：AY422642.1。

圈扇藻 *Zonaria diesingiana*，psaA：EU579927.1，等 4 条；rbcL：AY422682.1，等 5 条；psbA：AY528843.1。

有柄圈扇藻 *Z. stipitata*，psaA：EU579923.1；rbcL：EU579965.1。

褐色黑顶藻 *Sphacelaria fusca*，rbcL：FJ710149.1，FJ710148.1。

叉开黑顶藻 *S. divaricata*，psbA：AY528855.1；rbcL：AY372985.1；psaA：AY372970.1。

三角黑顶藻 *S. tribuloides*，rbcL：AJ287892.1：等 4 条。

酸藻 *Desmarestia viridis*，psaA：HQ710675.1，HE866811.1；psbA：HQ710730.1；rbcL；HQ710624.1，等 5 条。

舌状酸藻 *D. ligulata*，rbcL；HE866843.1，等 8 条；psaA：HE866808.1，等 5 条。

绳藻 *Chorda filum*，rbcL：AB035787.1，等 7 条。

昆布 *Ecklonia kurome*，rbcL；EF407572.1。

海带 *Laminaria japonica*，psbA：AB775309.1；psaA：AB775277.1；rbcL：DQ143101.1，等 62 条。

裙带菜 *Undaria pinnatifida*，tufA：AF038003.1；psaA：AB775271.1；psbA：AB775303.1；rbcL：AF 109805.1，等 14 条。

鹿角菜 *Silvetia siliquosa*，rbcL；AF106517.1，等 4 条；psaA：DQ092458.1。

囊链藻 *Myagropsis myagroides*，rbcL：JF931676.1，等 4 条；psaA：JF931780.1，等 4 条；psbA：FM958297.1。

楔形叶囊藻 *Hormophysa cuneiformis*，psbA：FM958295.1。

拟小叶喇叭藻 *Turbinaria conoides*，psbA：FM958303.1；tufA：DQ448844.1，等 5 条；rbcL：DQ 448836.1，等 4 条。

下延喇叭藻 *Turbinaria decurrens*，tufA：DQ448837.1；rbcL：DQ448830.1。

喇叭藻海南变型 *T. ornata* f. *hainanensis*，tufA：DQ448839.1，DQ448838.1；rbcL；DQ448832.1，等 13 条；psaA：DQ092464.1。

羊栖菜 *Tizikia fusiforme*，rbcL：FJ712736.1，等 4 条。

剑形马尾藻 *Sargassum acinarium*，rbcL：AF301227.1。

宾德马尾藻 *S. binderi*，rbcL；KF437917.1，等 3 条。

海蒿子 *S. confusem*，psaA：JF931786.1，等 3 条；rbcL；JF931682.1，等 4 条。

重缘叶马尾藻 *S. duplicatum*，rbcL；AF244325.2。

无肋马尾藻 *S. fulvellum*，psaA：JF931793.1；rbcL；JF931689.1。

粉叶马尾藻 *S. glaucescens*，rbcL；JN687996.1。

半叶马尾藻中国变种 *S. Hemiphyllum* var. *chinense*，psaA：JF931798.1，等 3 条；psbA：GU586270.1；rbcL；JF931694.1，等 9 条。

铜藻 *S. horneri*，rbcL：JF808007.1，等 13 条；psbA：AY528846.1；psaA：JF931799.1，AY372981.1。

冬青叶马尾藻 *S. ilicifolium*，rbcL：JN243844.1，等 14 条。

粉末马尾藻 *S. integerrimum*，rbcL：JN687998.1。

巨囊马尾藻 *S. megalocystum*，rbcL：JX232223.1。

海黍子 *S. muticum*，rbcL：KF281781.1，等 11 条；psaA：JF931807.1，等 3 条；psbA：EU681659.1。

多囊马尾藻 *S. myriocystum*，rbcL：AF244326.2。

硇洲马尾藻 *S. naozhouense*，rbcL：JN687999.1。

叶囊马尾藻 *S. phyllocystum*，rbcL：JX232222.1。

多孢马尾藻 *S. polyporum*，rbcL：AF244327.4。

任氏马尾藻 *S. ringgoldianum*，rbcL：KF281800.1，等 5 条。

锯齿马尾藻 *S. serratifolium*，psaA：JF931816.1，等 3 条；rbcL：JF931712.1，等 4 条。

裂叶马尾藻 *S. siliquastrum*，rbcL：JF931713.1；psaA：JF931817.1。

荚托马尾藻 *S. siliquosum*，rbcL：AF244345.2。

斯氏马尾藻 *S. swartzii*，rbcL：KF282015.1，等 3 条。

瓦氏马尾藻 *S. vachellianum*，rbcL：JN935057.1。

三、绿藻门 CHLOROPHYTA

盾形帕氏藻 *Pringsheimiella scutata*，tufA：JQ303006.1，等 3 条。

盘形笠帽藻 *Ulvella lens*，tufA：JQ302996.1，等 3 条。

盘苔 *Blidingia minima*，tufA：EF595343.1，HQ610239.1；rbcL：AF387109.1，等 3 条。

条浒苔 *Ulva clathrata*＝*Enteromorpha clathrata*，rbcL：AF525940.1，AF525939.1。

肠浒苔 *Ulva intestinalis*＝*Enteromorpha intestinalis*，rbcL：AF189070.1。

缘管浒苔 *Ulva linza*＝*Enteromorpha linza*，rbcL：AY255861.1。

浒苔 *Ulva prolifera*＝*Enteromorpha prolifera*，rbcL：AY255864.1，AF499670.1。

裂片石莼 *Ulva fasciata*，tufA：KF195544.1，等 16 条；rbcL：KC661400.1，等 12 条。

石莼 *U. lactuca*，rbcL：EU484413.1，等 95 条；tufA：KC661443.1，等 43 条；psaB：EU380572.1。

孔石莼 *U. pertusa*，rbcL：EF110516.1，等 224 条。

线形硬毛藻 *Chaetomorpha linum*，psaB：EU380585.1；rbcL：EU380531.1。

轴球藻 *Bornetella nitida*，rbcL：AY177746.1。

球形轴球藻 *B. sphaerica*，rbcL：FJ715717.1，FJ535850.1。

伞藻 *Acetabularia calyculus*，tufA：FJ535855.1。

假根羽藻 *Bryopsis corticulans*，rbcL：HQ603483.1，等 5 条；tufA：HQ610243.1，HQ610242.1。

藓羽藻 *B. hypnoides*，rbcL：AY942169.1。

墨西哥蕨藻 *Caulerpa mexicana*，tufA：KF981874.1，等 38 条；rbcL：JQ745706.2。

育枝蕨藻 *C. prolifera*，tufA：GU815499.1，等 22 条；rbcL：AY942173.1。

总状蕨藻 *C. racemosa*，rbcL：KF971827.1，等 9 条；tufA：KF256097.1，等 99 条。

锯叶蕨藻 *C. brachypus*，tufA：KF649910.1，等 7 条。

柏叶蕨藻 *C. cupressoides*，tufA：KF840151.1，等 24 条；rbcL：KF840141.1。

钱币状蕨藻 *C. nummularia*，rbcL：KF256117.1，KF256116.1，tufA：KF256098.1，等 5 条。

小叶蕨藻 *C. parvifolia*，rbcL：KF649964.1，KF649963.1，tufA：KF649927.1，等 13 条。

盾叶蕨藻 *C. peltata*，tufA：KC153519.1，等 8 条；rbcL：JQ745707.1，等 3 条。

齿形蕨藻 *C. serrulata*，tufA：KF314148.1，等 11 条；rbcL：JQ745697.1。

棒叶蕨藻 *C. sertularioides*，tufA：KF314162.1，等 32 条；rbcL：JF932284.2。

杉叶蕨藻 *C. taxifolia*，tufA：JX185613.1，等 27 条；rbcL：KF649966.1，等 11 条。

绒毛蕨藻 *C. webbiana*，tufA：KF314152.1。

轮生蕨藻 *C. verticillata*，tufA：KF314137.1，等 10 条；rbcL：JQ745705.1，等 3 条。

裂片绒扇藻 *Avrainvillea lacerata*，tufA：FJ432651.1；rbcL：FJ432635.1。

盘状仙掌藻 *Halimeda discoidea*，rbcL：FJ624519.1，等 8 条；tufA：JN644661.1，等 12 条；atpB：FJ480416.1。

巨节仙掌藻 *H. gigas*，tufA：FJ624539.1，JN644674.1。

大叶仙掌藻 *H. macroloba*，rbcL：FJ624513.1，等 3 条；tufA：JN644693.1，等 5 条。

密岛仙掌藻 *H. micronesica*，rbcL：FJ624499.1；tufA：JN644696.1，等 4 条。

仙掌藻 *H. opuntia*，tufA：FJ624690.1，等 7 条；rbcL：AY942174.1。

相仿仙掌藻 *H. simulans*，rbcL：FJ624517.1。

带状仙掌藻 *H. taenicola*，rbcL：FJ624529.1，等 5 条；tufA：JN644723.1，等 9 条。

耒氏仙掌藻 *H. velasquezii*，tufA：FJ624718.1，等 15 条；rbcL：FJ624507.1，JN644754.1。

西沙仙掌藻 *H. xishaensis*，tufA：JN644728.1，等 3 条。

瘤枝藻 *Tydemania expeditionis*，tufA：FJ432661.1，GU592605.1；rbcL：AY942161.1。

钙扇藻 *Udotea flabellum*，rbcL：AY942166.1，DQ469334.1。

阿拉伯松藻 *Codium arabicum*，rbcL：JN543951.1，等 11 条。

长松藻 *C. cylindricum*，tufA：JX463026.1，JX463025.1。

亚筒状松藻 *C. subtubulosum*，rbcL：KF572036.1。

刺松藻 *C. fragile*，tufA：KC191578.1，等 5 条；rbcL：M67453.1，等 4 条。

卵形松藻 *C. ovale*，rbcL：EF108063.1。

平卧松藻 *C. repens*，rbcL：JQ950547.1，等 4 条。

第二节 维管植物 TRACHEOPHYTA

蕨类植物门 Pteridophyta，GenBank 登录 5 种，占总种数的 45.5%。DNA 测序方法都用 rbcL。

裸子植物门 Gymnospermae，GenBank 登录 3 种，占总种数的 75.0%，主要用 rbcL 进行 DNA 测序，偶尔用 psbA。

被子植物门 Angiospermae，GenBank 登录 63 种，占总种数的 13.0%。主要用 rbcL 进行 DNA 测序，也用 psbA、psbB。红树植物、海草和盐沼植物的测序方法如上。中国海域的红树植物、海草和盐沼植物的多数种在 GenBank 都有登录。

下文从低等到高等，将植物界各类按 GenBank 登录逐种分述。

一、蕨类植物门 PTERIDOPHYTA

二歧莎草蕨 *Schizaea dichotoma*，rbcL：AY612683.1，EU352312.1。

间断毛蕨 *Cyclosorus interruptus*，rbcL：JN572342.1。

光叶藤蕨 *Stenochlaena palustris*，rbcL：U05652.1。

全缘贯众 *Cyrtomium falcatum*，rbcL：EF463176.1，等 5 条。

卤蕨 *Acrostichum aureum*，rbcL：U05601.1。

二、裸子植物门 GYMNOSPERMAE

湿地松 *Pinus elliottii*，rbcL：AF433642.1，等 6 条。

黑松 *P. thunbergii*，rbcL：JQ512595.1，等 9 条；psbA：HQ114893.1。

赤松 *P. densiflora*，rbcL：JQ512577.1，等 22 条。

三、被子植物门 ANGIOSPERMAE

细枝木麻黄 *Casuarina cunninghamiana*，psbA：GU135369.2；rbcL：JX572391.1，等 3 条。

木麻黄 *C. equisetifolia*，rbcL：GU135200.1，等 5 条；psbA：JX856868.1。

粗枝木麻黄 *C. glauca*，psbA：GU135364.2，等 2 条；rbcL：GU135286.1，等 2 条。

南方碱蓬 *Suaeda australis*，psbA：DQ786376.1，等 7 条。

灰绿碱蓬 *S. glauca*，rbcL：JF944517.1，等 5 条；psbB：FJ449835.1，等 9 条。

翅碱蓬 *S. heteroptera*，psbA：FJ449829.1，AY181889.1。

鱼藤 *Derris trifoliata*，psbA：GU396740.1。

水黄皮 *Pongamia pinnata*，rbcL：AY289676.1。

木果楝 *Xylocarpus granatum*，rbcL：AY289680.1。

杨叶肖槿 *Thespesia populnea*，psbA：KJ559425.1；GU135343.2；rbcL；KF381161.1，等 5 条。

肖梵天花 *Urena lobata*，psbA：GU135323.2；rbcL：GU135283.1，等 9 条。

银叶树 *Heritiera littoralis*，rbcL：JF738856.1，等 4 条。

柽柳 *Tamarix chinensis*，rbcL：JQ412426.1。

水芫花 *Pemphis acidula*，rbcL：AY036138.1；psaA：AY035725.1。

滨玉蕊 *Barringtonia asiatica*，rbcL：EU980812.1，AJ247618.1。

玉蕊 *B. racemosa*，rbcL：KJ440028.1，JX572325.1。

柱果木榄 *Bruguiera cylindrica*，rbcL：JQ218440.1，AF127694.1。

小花木榄 *B. parviflora*，rbcL：AF127692.1。

槽叶木榄 *B. exaristata*，rbcL：AF127695.1。

红树 *Rhizophora apiculata*，rbcL：AB447154.1，等 43 条。

红海榄 *R. stylosa*，rbcL：AF127686.1，AY050564.1。

红茄苳 *R. mucronata*，rbcL：KC997061.1，等 20 条。

拉关木 *Laguncularia racemosa*，rbcL：FJ381826.1，等 4 条；psaA：FJ381863.1。

红榄李 *Lumnitzera littorea*，rbcL：AF425718.1。

榄李 *L. racemosa*，rbcL：KC158477.1，等 4 条；psaA：FJ381864.1，FJ381897.1。

榄仁 *Terminalia catappa*，psbA：GU135388.2，FJ381882.1；rbcL：GU135220.1，等 5 条；psbB：EU002459.1；psaA：FJ381848.1。

滨海前胡 *Peucedanum japonicum*，rbcL：JF943289.1，等 3 条。

蜡烛果 *Aegiceras corniculatum*，rbcL：AY289687.1。

中华补血草 *Limonium sinense*，rbcL：JQ946306.1，等 3 条；psaA：FJ872090.1。

海杧果 *Cerbera manghas*，rbcL：DQ660637.1，等 4 条。

厚藤 *Ipomoea pes-caprae*，rbcL：JQ812690.1，JQ812689.1。

白骨壤 *Avicennia marina*，rbcL：JX572318.1，等 3 条；psbA：JX448688.1。

萌芽白骨壤 *A. germinans*，rbcL：JQ594981.1，等 12 条。

苦郎树 *Clerodendron inerme*，rbcL：KF796638.1，等 2 条；psbA：JQ618395.1。

小花老鼠簕 *Acanthus ebracteatus*，rbcL：AY289682.1。

海岸桐 *Guettarda specios*，rbcL：JX572649.1，等 3 条。

草海桐 *Scaevola taccada*，psbA：GU135368.2，等 2 条；rbcL：GU135201.1，等 2 条。

大叶藻 *Zostera marina*，rbcL：KF724341.1，等 9 条；psbA：JX028521.1，等 4 条。

宽叶大叶藻 *Z. asiatica*，rbcL：JQ995761.1，psbA：JX028519.1。

日本大叶藻 *Z. japonica*，psbA：JX028516.1，等 3 条；rbcL：JQ995758.1，AY077964.1。

黑须根虾形藻 *Phyllospadix japonicus*，rbcL：JQ995760.1。

海神藻 *Cymodocea rotundata*，rbcL：KF488490.1，等 5 条；psbA：JN225311.1。

齿叶海神藻 *C. serrulata*，rbcL：KF488492.1，等 4 条；psbA：JN225310.1，FJ648790.1。

二药藻 *Halodule uninervis*，rbcL：KF488495.1，等 6 条；psbA：JN225320.1，等 7 条。

羽叶二药藻 *H. pinifolia*，rbcL：KF488494.1，等 13 条；psbA：JN225322.1，等 10 条。

针叶藻 *Syringodium isoetifolium*，rbcL：KF488497.1，等 4 条；psbA：JN225314.1，等 2 条。

全楔藻 *Thalassodendron ciliatum*，rbcL：KF488498.1。

海菖蒲 *Enhalus acoroides*，psaA：KC129686.1，psbA：JN225312.1；rbcL：U80697.1，JN225336.1。

海神草 *Thalassia hemprichii*，rbcL：AB004897.1，等 3 条；psbA；JN225313.1。

喜盐草 *Halophila ovalis*，rbcL：AB004890.1，等 8 条；psbA：JX306026.1，等 6 条。

小喜盐草 *H. minor*，rbcL：JN225347.1。

具毛喜盐草 *H. decipiens*，rbcL：U80698.1，psbA：JN225318.1，JN225340.1。

贝壳喜盐草 *H. beccarii*，rbcL：JN225339.1。

獐茅 *Aeluropus littoralis*，rbcL：EF125095.1，JN681649.1。

白茅 *Imperata cylindrica*，psbA：GU135443.2，等 8 条；rbcL：GU135272.1，等 10 条。

铺地黍 *Panicum repens*，rbcL：GU135141.1，HM850228.1。

芦苇 *Phragmites australis*，rbcL：KF537348.1，等 13 条；psbB：EF422998.1。

结缕草 *Zoysia japonica*，rbcL：HQ600386.1；psbA：HQ600079.1。

中华结缕草 *Z. sinica*，rbcL：HQ600387.1；psbA：HQ600080.1。

夏飘拂草 *Fimbristylis aesfivalis*，rbcL：JX644685.1。

锈鳞飘拂草 *F. ferruginea*，psbB：GU075549.1。

藨草 *Scirpus triqueter*，rbcL：GQ130367.1。

水椰 *Nypa fruticans*，rbcL：JX903253.1，等 3 条。

第二章

动物界 ANIMALIA

第一节　多孔动物门 PORIFERA

多孔动物门为动物界最低等的门，没有器官、系统和明显的组织。有特殊的水沟系统，体表有许多进出水的小孔，也称海绵动物门。中国海域记录 108 种，GenBank 登录 49 种，占总种数的 45.4%（表 2-2-1）。其中海绵登录了 478 种。DNA 测序方法 16S、18S、28S、cox1、cox3。

表 2-2-1　中国海域多孔动物门的物种数及其在 GenBank 的登录数

中国海域记录种数	GenBank 登录数		DNA 测定方法
	种数	占比（%）	
108	49	45.4	16S、18S、28S、cox1、cox3

蔡公白海绵 *Leucetta chagosensis*，cox3：JN032003.1，等 36 条；18S：AM850677.1，等 218 条；28S：AM850677.1，等 220 条。

耙绢网海绵 *Farrea occa*，18S：AF159623.1。

空囊泡沫海绵 *Aphrocallistes vastus*，18S：JX945605.1，等 8 条；28S：AM886377.1，等 7 条；16S：AM886328.1。

幸运泡沫海绵 *A. beatrix*，18S：FM946127.1；28S：FM946126.1；16S：FM946110.1。

梅氏碗钵海绵 *Crateromorpha meyeri*，18S：AM886389.1；16S：AM886347.1；28S：AM886359.1。

筒骨扁海绵 *Plakortis simplex*，28S：HM118556.1；18S：AY348884.1。

球棒海绵 *Rhabdastrella globostellata*，18S：KC902160.1；28S；KC884843.1；AY561939.1。

东方穿孔海绵 *Cliona orientalis*，28S：AY561887.1，等 2 条。

隐居穿孔海绵 *C. celata*，18S：KC902383.1，等 44 条；28S：HM999077.1，等 36 条。

微红旋星海绵 *Spirastrella purpurea*，28S：AY626337.1，等 2 条。

无花果皮海绵 *Suberites ficus*，18S：KC902236.1，等 6 条。

寄居蟹皮海绵 *S. domuncula*，28S：AJ620113.1；18S：AJ620112.1。

远隔疏海绵 *Aaptos aaptos*，28S：KC869496.1，等 3 条。

皮疏海绵 *A. suberitioides*，28S，KC869496.1，等 3 条。

荔枝海绵 *Tethya aurantium*，18S：JX945619.1，等 4 条；18S：AY552024.1。

贺氏非端海绵 *Neamphius huxleyi*，18S：KC902067.1；28S：AY561941.1，等 3 条。

斯氏理海绵 *Theonella swinhoei*，28S，HM592820.1，等 3 条；18S：KC901886.1。

网格海绵 *Clathria reinwardti*，28S：KC869449.1；18S：AF084238.1，KC902087.1。

健强全海绵 *Diacarnus megaspinorhabdosa*，28S：KC952731.1；16S：KC952721.1。

似管蓖麻海绵 *Biemna fistulosa*，cox1：AM076982.1；18S：FR819688.1。

墨角双巢海绵 *Amphilectus fucorum*，18S：KC902221.1；28S：HQ379294.1，等 3 条。

粘附山海绵 *Mycale adhaerens*，18S：GU324501.1；28S：GU208829.1。

巴里轭山海绵 *M. parishi*，16S：KC961682.1；18S：GU208845.1；28S：GU324502.1。

多弓山海绵 *M. macilenta*，28S：KC869541.1，等 3 条；18S：KC901898.1，等 2 条。

澳洲球形海绵 *Cinachyrella australiensis*，18S：JX177968.1，等 3 条；28S：JX177937.1，等 4 条；cox1：JX177902.1，等 16 条。

锐利棘头海绵 *Acanthella acuta*，18S：JX945606.1，GQ466052.1；28S：HQ379196.1，等 4 条；cox1：AY625652.1。

繁茂膜海绵 *Hymeniacidon perleve*，18S：KC902358.1，等 5 条；cox1：AY625662.1，等 2 条；28S：AY618715.1，等 2 条。

面包软海绵 *Halichondria panicea*，18S：KC902247.1，等 25 条；28S：KC869508.1，等 12 条；cox1：EF519618.1，等 7 条。

卡氏柄海绵 *Stylissa carteri*，28S：AY618720.1，等 4 条；cox1；JQ034581.1，等 4 条。

相似蜂海绵 *Haliclona simulans*，28S：JN179008.1。

灰色蜂海 *H. cinerea*，18S：KC762705.1，等 2 条；cox1：EF655738.1，等 2 条；28S：JN179003.1，等 4 条。

带扣网结海绵 *Gelliodes fibulata*，cox1：EF655731.1。

冷多毛海绵 *Dasychalina fragilis*，18S：DQ927316.1；cox1：EF655740.1；28S：JN179023.1。

龟壳石海绵 *Petrosia testudinaria*，cox1：KC763778.1，等 4 条。

圆石海绵 *P. strongylata*，28S：KC869619.1，JN179040.1；18S：KF576656.1，KC902222.1。

龟壳锉海绵 *Xestospongia testudinaria*，cox1：KC763778.1，等 4 条。

桶形锉海绵 *X. muta*，18S：KC902281.1，等 4 条；cox1：HQ452962.1，等 8 条。

小束羊海绵 *Ircinia fasciculata*，28S：JN655177.1，等 6 条。

宋球羊海绵 *I. strobilina*，28S：KC869580.1；18S：KC902223.1，等 2 条。

叶片卡特海绵 *Carteriospongia foliascens*，28S：KC869574.1，等 14 条；18S：KC902175.1。

华丽指海绵 *Dactylospongia elegans*，28S：KC869554.1；18S：KC902266.1，等 2 条；cox1：JQ082802.1。

次表指海绵 *D. metachromia*，18S：KC902191.1。

沐浴角骨海绵 *Spongia officinalis*，cox1：JQ082842.1；28S：AY348900.1；18S：AY348888.1。

酥脆掘海绵 *Dysidea fragilis*，28S：KC869605.1；18S：KC902328.1。

贪婪掘海绵 *D. avara*，18S：AF456326.1。

花骨枝角海绵 *Dendrilla rosea*，cox1：JQ082805.1。

秀丽小针海绵 *Spongionella pulchella*，cox1：JQ082798.1。

惊慌秽色海绵 *Aplysina aerophoba*，18S：JX945612.1，等 4 条；28S：HQ379253.1，等 11 条。

紫类角海绵 *Pseudoceratina purpurea*，18S：KC902144.1；cox1：JQ082839.1。

第二节　刺胞动物门 CNIDARIA

刺胞动物门以往被称为腔肠动物门，是最低等的后生动物，具两胚层及原始的消化腔，有组织分化和肌肉结构。本门动物有刺细胞。中国海域记录 1665 种，分水母亚门（含水螅和水母）和珊瑚亚门（无水母阶段），GenBank 登录 498 种，占总种数的 30.0%（表 2-2-2）。DNA 测序主要用 18S、28S、16S、12S、cox1、Cytb 等。对夜光游水母的 DNA 测试达 270 次，鹿角杯形珊瑚达 619 次。各纲分述如后。

表 2-2-2　中国海域刺胞动物门的物种数及其在 GenBank 的登录数

分类阶元	中国海域记录种数	GenBank 登录数		DNA 测定方法
		种数	占比（%）	
水母亚门 MEDUSOZOA	699	206	29.5	
自育水母纲 Automedusa	34	11	32.4	16S、18S、28S、cox1
水螅水母纲 Hydroidomedusa	616	176	28.6	16S、18S、28S、cox1
立方水母纲 Cubozoa	3	2	66.7	16S、18S、28S
十字水母纲 Staurozoa	7	1	14.3	16S
钵水母纲 Scyphozoa	39	16	41.0	16S、18S、28S、cox1
珊瑚亚门 ANTHZOA	966	292	30.2	
群体海葵目 Zoanthidae	31	2	6.5	16S、18S
海葵目 Actiniaria	85	17	20.0	16S、18S、12S、28S
角海葵目 Ceriantharia	3	0	0	

续表

分类阶元	中国海域记录种数	GenBank 登录数		DNA 测定方法
		种数	占比（%）	
石珊瑚目 Scleractinia	494	215	43.5	28S、18S、cox1、Cytb、16S、12S
角珊瑚目 Antipatharia	45	11	24.4	18S、28S、cox1、16S
根枝珊瑚目 Stolonifera	5	0	0	
苍珊瑚目 Helioporacea	1	0	0	
柳珊瑚目 Gorgonacea	91	16	17.6	28S、cox1、18S
软珊瑚目 Alcyonacea	175	28	16.0	28S、cox1、18S、16S、12S
海鳃目 Pennatulacea	35	3	8.6	cox1、18S
小枝目 Telestacea	1	0	0	
合计	1665	498	30.0	

水母亚门 MEDUSOZOA

自育水母纲 AUTOMEDUSA

四手间囊水母 *Aegina citrea*，28S：AY920789.1；16S：EU293997.1。

两手筐水母 *Solmundella bitentaculata*，18S：EU247812.1；16S：KF977405.1，等 4 条；cox1：JQ 353759.1；28S：EU247795.1。

马氏嗜阳水母 *Solmissus marshalli*，16S：EU294001.1；28S：AY920790.1。

四脊翼水母 *Tetraplatia volitans*，16S：EU293999.1；18S：DQ002501.1；28S：DQ002502.1。

枝管怪水母 *Geryonia proboscidalis*，18S：EU247816.1；28S：EU247807.1；16S：EU293979.1。

四叶小舌水母 *Liriope tetraphylla*，18S：KF962284.1，等 8 条；16S：JQ715945.1，等 6 条；28S：AY 428821.1。

微小海棘水母 *Halicreas minimum*，18S：EU247826.1；16S：EU293983.1。

角海盔水母 *Haliscera conica*，18S：EU247825.1；16S：EU293981.1；28S：EU247797.1。

半口壮丽水母 *Aglaura hemistoma*，18S：EU247820.1，等 2 条；16S：EU293984.1；28S：EU247803.1，等 2 条。

顶突瓮水母 *Amphogona apicata*，18S：EU293994.1；28S：EU247801.1。

宽膜棍手水母 *Rhopalonema velatum*，16S：EU293993.1，EU293992.1；28S：EU247804.1；18S：AB 377544.1，等 3 条。

水螅水母纲 HYDROIDOMEDUSA

被双节螅 *Bimeria vestita*，18S：EU272605.1；28S：EU272548.1；16S：AM183130.1。

不列颠高手水母 *Bougainvillia britannica*，16S：AM183127.1。

褐高手水母 *B. fulva*，16S：EU305470.1；18S：EU305507.1；等 2 条。

鳞茎高手水母 *B. muscus*，18S：FJ550582.1；28S：FJ550439.1；16S：EU999220.1，等 7 条。

首要高手水母 *B. principis*，16S：AM183128.1。

八束水母 *Koellikerina fasciculata*，18S：EU272623.1；28S：EU272571.1；16S：AM183129.1。

贝氏拟线水母 *Nemopsis bachei*，16S：JQ715901.1，等 8 条。

多角棒螅 *Clava multicornis*，28S：JQ410722.1，等 2 条；18S：JQ407367.1，等 2 条；16S：EU305471.1，等 8 条。

滨水瘤螅 *Cordylophora caspia*，16S：KC489508.1，等 2 条；28S：KC489507.1，等 2 条；18S：EU272612.1。

短柄灯塔水母 *Turritopsis lata*，16S：KF962531.1，等 9 条；28S：KF962372.1；18S：KF962297.1。

灯塔水母 *Turritopsis nutricula*，cox1：JQ353763.1；16S：EU624349.1，等 2 条。

芽介螅水母 *Hydractinia minuta*，16S：AM411419.1，等 3 条。

珊表鱼螅 *Hydrichthella epigorgia*，18S：EU272622.1；16S：EU305478.1；28S：EU272569.1。

八斑唇腕水母 *Rathkea octopunctata*，16S：AM411416.1，等 4 条；18S：EU272634.1；28S：EU272591.1。

无序双孔螅 *Distichopora irregularis*，16S：EU645344.1；18S：EU645468.1。

紫色双孔螅 *D. violacea*，16S：EU645349.1；18S：EU645470.1。

艳红柱星螅 *Stylaster sanguineus*，16S：EU645321.1；18S：EU645453.1。

缩口深帽水母 *Bythotiara depressa*，18S：AB377580.1。

加州真枝螅 *Eudendrium californicum*，16S：EU305475.1；28S：EU305513.1；18S：EU305492.1。

细管真枝螅 *E. capillare*，16S：EU305476.1，等 5 条；28S：EU305514.1。

总状真枝螅 *E. racemosum*，18S：EU272617.1；28S：EU272562.1；16S：AY787896.1，等 3 条。

多枝真枝螅 *E. rameum*，16S：AM888309.1，等 4 条。

安汶多丝螅 *Myrionema amboinense*，16S：AM991292.1。

双手水母 *Amphinema dinema*，16S：JQ715887.1，等 4 条。

八瓣隔膜水母 *Leuckartiara octona*，16S：AM411422.1，等 4 条；18S：EU272624.1；28S：EU272573.1。

锥形面具水母 *Pandea conica*，18S：AB377572.1，AB377571.1。

四枝管水母 *Proboscidactyla flavicirrata*，cox1：HM053523.1；16S：EU305480.1，等 2 条；18S：EU305500.1，等 2 条；28S：EU305527.1。

芽口枝管水母 *Proboscidactyla ornata*，16S：JQ715911.1，等 6 条；18S：EU272631.1。

六枝管水母 *P. stellata*，16S：AM183138.1。

帽铃水母 *Tiaricodon coeruleus*，18S：KF962296.1，等 5 条；16S：JQ715987.1，等 7 条。

摩勒水母 *Moerisia inkermanica*，16S：KF962504.1，等 5 条；18S：KF962289.1，等 6 条。

广口拟棍螅水母 *Hydrocoryne miurensis*，28S：GQ424313.1；16S：GQ395326.1。

辐状枝手水母 *Cladonema radiatum*，28S：GQ424290.1；16S：AY512539.1，等 3 条。

珠手水母 *Corymorpha nutans*，28S：EU879931.1；18S：EU876558.1；16S：EU876532.1，等 5 条。

贝氏真囊水母 *Euphysora bigelowi*，16S：EU448099.1；cox1：JQ353732.1，等 3 条；18S：EU876564.1，等 2 条；28S：EU272563.1。

长手棍螅水母 *Coryne japonica*，16S：AY512540.1，等 2 条。

日本棍螅水母 *C. nipponica*，18S：GQ424329.1，等 2 条；28S：GQ424299.1，等 2 条；16S：GQ395333.1，等 3 条。

小棍螅 *C. pusilla*，28S：GQ424304.1；16S：AY787874.1，等 2 条；18S：AJ133558.1。

拟长管水母 *Dipurena ophiogaster*，18S：EU272615.1，等 3 条；28S：EU272560.1，等 3 条；16S：AJ878721.1，EU305473.1。

耳状囊水母 *Euphysa aurata*，28 S：EU879934.1；18S：EU876562.1；16S：EU876536.1，等 3 条。

两列笔螅水母 *Pennaria disticha*，18S：EU883545.1，等 3 条；28S：EU272581.1，等 3 条；16S：AY512533.1，AM088481.1。

杜氏外肋水母 *Ectopleura dumortieri*，16S：EU305474.1，等 4 条；18S：EU272616.1，等 3 条；28S：EU272561.1，EU879933.1。

喉外肋螅 *Ectopleura larynx*，28S：EU879943.1；18S：EU876572.1；16S：EU876545.1。

海外肋螅 *E. marina*，18S：EU883547.1；16S：EU883542.1；28S：EU883553.1。

芽斜球水母 *Hybocodon prolifer*，28S：EU879938.1；16S：FN687544.1，等 3 条；18S：EU876567.1。

节块多孔螅 *Millepora exaesa*，18S：U65484.1；28S：U65484.1。

银币水母 *Porpita porpita*，28S：EU883551.1；16S：AY935322.1；18S：DQ683367.1，GQ424319.1。

帆水母 *Velella velella*，18S：EU876576.1，等 2 条；28S：EU879949.1；16S：EU305487.1，等 3 条。

嵴状镰螅水母 *Zanclea costata*，28S：EU879951.1；18S：EU876579.1；16S：EU876553.1，等 3 条。

澳洲多管水母 *Aequorea australis*，16S：KF962393.1，等 13 条；18S：KF962202.1，等 5 条。

青色多管水母 *A. coerulescens*，16S：AB720905.1。

锥形多管水母 *A. conica*，16S：JQ715990.1，等 4 条；cox1：JQ353765.1，等 3 条；18S：HM053544.1；28S：HM053544.1。

大型多管水母 *A. macrodactyla*，16S：HG964642.1，等 2 条；28S：HG964638.1。

乳突多管水母 *A. papillata*，16S：JQ716036.1，等 8 条。

镜形多管水母 *A. pensilis*，16S：JQ716024.1。

广东胃瘤水母 *Gangliostoma guangdongensis*，16S：JQ716023.1。

小美羽螅 *Aglaophenia parvula*，16S：JN560097.1，等 5 条。

美羽螅 *A. pluma*，16S：JN560142.1，等 14 条；18S：FJ550542.1；28S：FJ550398.1。

管形美羽螅 *A. tubulifera*，16S：JN560123.1，等 9 条。

细茎裸果螅 *Gymnangium gracilicaule*，28S：FJ550442.1；16S：DQ855934.1；18S：FJ550585.1。

张口裸果螅 *G. hians*，16S：AY787922.1。

菲岛大喙螅 *Macrorhynchia philippina*，16S：JN560088.1，等 3 条。

枣荚大喙螅 *M. phoenicea*，18S：FJ550584.1；16S：DQ855935.1；28S：FJ550441.1。

西伯嘎大喙螅 *M. sibogae*，16S：FJ550500.1；28S：FJ550443.1；18S：FJ550586.1。

多手指突水母 *Blackfordia polytentaculata*，16S：JQ715951.1，等 4 条。

弗州指突水母 *B. virginica*，16S：KC507384.1，等 29 条；28S：AY920800.1；18S：U52975.1。

丁香小杯螅 *Calycella syringa*，18S：FJ550519.1；16S：FJ550460.1，等 2 条；18S：AY789776.1。

圆锥钟线螅 *Campanulina panicula*，16S：JN714650.1，等 4 条；18S：FJ550596.1；28S：FJ550452.1。

四手卷丝水母 *Cirrholovenia tetranema*，18S：AB377557.1。

短柄和平水母 *Eirene brevistylus*，16S：FJ418646.1；18S；FJ418679.1。

锡兰和平水母 *E. ceylonensis*，16S：JQ715973.1，等 7 条；cox1：HM053527.1，等 3 条；18S：FJ418680.1。

六辐和平水母 *E. hexanemalis*，16S：JQ715965.1，等 5 条；18S：FJ418681.1。

蟹形和平水母 *E. kambara*，16S：KF962466.1，等 9 条；28S：KF962357.1，等 5 条；18S：KF962267.1，等 6 条。

拟柄突和平水母 *E. lacteoides*，18S：FJ418683.1；16S：FJ418650.1。

细颈和平水母 *E. menoni*，16S：JQ715977.1，等 5 条；18S：FJ418684.1。

塔形和平水母 *E. pyramidalis*，16S：JQ715969.1，等 5 条；18S：FJ418678.1。

绿色和平水母 *E. viridula*，18S：FJ550588.1；16S：FJ550502.1；28S：FJ550445.1。

日本螅贝水母 *Eugymnanthea japonica*，16S：AY285162.1。

弯真瘤水母 *Eutima curva*，18S：FJ550599.1；16S：FJ550514.1；28S：FJ550455.1。

八蕊真瘤水母 *E. gegenbauri*，18S：FJ550600.1；16S：FJ550515.1；28S：FJ550456.1。

细真瘤水母 *E. gracilis*，16S：EU999229.1。

克朗真瘤水母 *E. krampi*，16S：JQ716005.1，等 3 条。

真瘤水母 *E. levuka*，16S：JQ716010.1，等 6 条。

印度强壮水母 *Eutonina indicans*，16S：AB720907.1；18S：AB377574.1，等 2 条。

短柄侧丝水母 *Helgicirrha brevistyla*，16S：JQ715998.1，等 4 条。

马来侧丝水母 *H. malayensis*，16S：JQ716002.1，等 4 条。

瘤手水母 *Tima formosa*，16S：JQ715996.1，等 7 条。

小蝶螅 *Halecium tenellum*，16S：AM888322.1。

侧触角螅 *Antennella secundaria*，28S：FJ550432.1，等 2 条；16S：DQ883445.1，等 2 条；18S：FJ550575.1。

透明海翼螅 *Halopteris diaphana*，18S：FJ550525.1；28S：FJ550378.1；16S：DQ855921.1。

四齿单枝螅 *Monostaechas quadridens*，28S：EU305521.1；18S：EU305497.1；16S：DQ855941.1。

匍生花柄杯螅 *Anthohebella parasitica*，16S：JN714646.1，等 2 条；18S：EU272603.1；28S：EU272545.1。

十盘水母 *Staurodiscus gotoi*，18S：FJ550535.1；16S：FJ550472.1；28S：FJ550391.1。

奇异坚鞘螅 *Pycnotheca mirabilis*，18S：FJ550529.1；16S：DQ855924.1，等 2 条；28S：FJ550382.1。

稠密无稳管螅 *Acryptolaria conferta*，16S：AM888345.1，等 3 条。

栉状稳管螅 *Cryptolaria pectinata*，16S：JN714656.1，等 7 条。

植丛管螅 *Lafoea dumosa*，16S：FN424137.1，AY787917.1；28S：EU305520.1。

匍生花环螅 *Anthohebella parasitica*，16S：JN714646.1，等 2 条；18S：EU272603.1；28S：EU272545.1。

锦杯螅 *Hebella venusta*，18S：FJ550574.1；16S：FJ550496.1；28S：FJ550431.1。

波状感棒水母 *Laodicea undulata*，16S：JQ715946.1，等 3 条；28S：FJ550390.1。

黑球真唇水母 *Eucheilota menoni*，16S：JQ715886.1，等 7 条；18S：FJ550570.1；28S：FJ550427.1。

海沧触丝水母 *Lovenella haichangensis*，16S：JQ715912.1。

卡玛拉水母 *Malagazzia carolinae*，16S：KF962499.1，等 11 条。

厚伞玛拉水母 *M. condensum*，16S：JQ715908.1，等 3 条。

带玛拉水母 *M. taeniogonia*，cox1：JQ353755.1，等 5 条。

印度八拟杯水母 *Octophialucium indicum*，28S：EU272577.1，等 2 条；16S：AY787897.1；18S：EU272626.1，等 2 条。

中型八拟杯水母 *O. medium*，16S：JQ715913.1。

八棱海神水母 *Melicertum octocostatum*，16S：EU305479.1，等 2 条；28S：EU272575.1，等 2 条；18S：FJ550595.1，等 2 条。

赫氏齿羽螅 *Dentitheca habereri*，16S：DQ855927.1。

触手纽羽螅 *Nemertesia antennina*，16S：JN714586.1，等 13 条；18S：FJ550516.1，等 2 条；28S：FJ550369.1，等 2 条。

多枝纽羽螅 *N. ramosa*，16S：JN714569.1，等 9 条；18S：DQ831293.1，等 3 条。

葫芦羽螅 *Plumularia lagenifera*，18S：KF982074.1，等 5 条；28S：KF982074.1，等 5 条；16S：KF982249.1，等 4 条。

毛状羽螅 *P. setacea*，18S：KF982110.1，等 51 条；28S：KF982110.1，等 51 条；16S：KF982248.1，等 59 条。

拟毛状羽螅 *P. setaceoides*，18S：KF982083.1，等 4 条；28S：KF982083.1，等 4 条；16S：KF982240.1，DQ855931.1。

螺旋羽螅 *P. spiralis*，28S：FJ550426.1；16S：AY787920.1；18S：FJ550569.1。

赫氏羽螅 *P. habereri*，18S：FJ550571.1。

四齿强叶螅 *Dynamena quadridentata*，16S：JF898067.1。

盖氏小桧叶螅 *Sertularella gayi*，16S：JF898033.1，等 5 条；28S：FJ550436.1；18S：FJ550579.1。

多线小桧叶螅 *S. polyzonias*，16S：JF898044.1，等 4 条。

强壮小桧叶螅 *S. robusta*，16S：JF898043.1，等 5 条。

伸展桧叶螅 *Sertularia distans*，16S：JF898014.1，等 3 条。

三齿辫螅 *Symplectoscyphus tricuspidatus*，16S：AY787907.1。

嵊山秀氏水母 *Sugiura chengshanense*，16S：JQ715938.1，等 26 条；cox1：JQ353762.1，等 6 条；18S：HM053539.1，等 4 条；28S：HM053539.1，等 4 条。

圆形和螅水母 *Modeeria rotunda*，16S：JN714674.1，等 2 条；18S：FJ550540.1；28S：FJ550396.1。

深海益果螅 *Stegopoma bathyale*，16S：JN714680.1，等 3 条。

多手帽形水母 *Tiaropsis multicirrata*，18S：FJ550531.1；16S：FJ550468.1；28S：FJ550386.1。

欣氏钟螅 *Campanularia hincksii*，18S：AY789729.1；16S：AY789794.1。

转钟螅 *C. volubilis*，18S：AY789739.1；16S：AY789804.1。

单囊美螅水母 *Clytia folleata*，16S：KF962424.1，等 10 条；18S：KF962217.1，等 5 条。

细美螅 *C. gracilis*，16S：DQ068064.1，等 8 条；18S：DQ068053.1，等 7 条。

履状长钟螅 *Laomedea calceolifera*，18S：FJ550590.1，等 2 条；16S：FJ550504.1，等 2 条；28S：FJ550447.1。

曲长钟螅 *L. flexuosa*，16S：AY789825.1，等 3 条；18S：AY789764.1，等 3 条。

双叉薮枝螅 *Obelia dichotoma*，18S：AY789767.1，U19551.1；16S：AY789828.1，U19378.1。

曲膝薮枝螅 *O. geniculata*，16S：AY530378.1，等 52 条；18S：FJ550548.1，等 5 条；28S：FJ550405.1。

长干薮枝螅 *O. longissima*，16S：AY789821.1，等 5 条；18S：AY789760.1，等 5 条。

舌状无垂水母 *Orthopyxis integra*，16S：AY789802.1，等 7 条；18S：AY789737.1，等 7 条。

轮根茎螅 *Rhizocaulus verticillatus*，18S：AY789738.1；16S：AY789803.1。

钩手水母 *Gonionemus vertens*，16S：EU293976.1。

缘心管水母 *Maeotias marginata*，28S：EU247810.1；16S：AY512508.1。

似钩手水母 *Scolionema suvaense*，16S：AB720909.1；18S：AB231884.1。

僧帽水母 *Physalia physalis*，28S：EU448095.1；16S：AY935284.1；18S：AB377546.1。

丝根水母 *Rhizophysa filiformis*，16S：AY935286.1。

华丽盛装水母 *Agalma elegans*，16S：KF962394.1，等 3 条；28S：EU272542.1。

盛装水母 *A. okeni*，16S：AY935272.1。

海冠水母 *Halistemma rubrum*，28S：EU272566.1；16S：AY935316.1，等 3 条。

性轭小型水母 *Nanomia bijuga*，16S：KF977402.1，等 5 条；28S：EU272576.1。

玫瑰花篮水母 *Athorybia rosacea*，16S：AY935310.1，等 2 条。

歪钟水母 *Forskalia edwardsi*，28S：EU305516.1；16S：AY935313.1，等 3 条。

气囊水母 *Physophora hydrostatica*，28S：EU272582.1；16S：DQ080008.1，等 2 条。

舟形水母 *Bargmannia elongata*，16S：AY935321.1。

矢角舟水母 *Ceratocymba sagittata*，18S：AB377538.1。

方拟多面水母 *Abylopsis tetragona*，cox1：HM053518.1；16S：AY935303.1。

多齿角锥水母 *Chuniphyes multidentata*，16S：AY935293.1。

爪室水母 *Chelophyes appendiculata*，16S：AY935304.1。

北极单板水母 *Dimophyes arctica*，18S：AB377566.1，等 2 条。

拟双生水母 *Diphyes bojani*，16S：KF724482.1，等 3 条；18S：AB377563.1。

异双生水母 *D. dispar*，16S：KF724479.1，等 2 条；18S：AB377556.1，等 2 条。

大真光水母 *Eudoxia macra*，16S：KC782549.1，等 8 条。

尖角水母 *Eudoxoides mitra*，18S：AB377565.1。

拟铃浅室水母 *Lensia campanella*，16S：KC782541.1，等 2 条；cox1：JQ353739.1，等 2 条。

锥体浅室水母 *L. conoidea*，16S：KF724478.1，等 6 条；28S：EU375498.1。

心形浅室水母 *L. cordata*，16S：KF724458.1，等 2 条。

微脊浅室水母 *L. cossack*，16S：KC782549.1，等 8 条。

细条浅室水母 *L. leloupi*，16S：KF724471.1，等 8 条。

七棱浅室水母 *L. multicristata*，16S：KC782539.1，等 3 条。

拟细浅室水母 *L. subtiloides*，16S：KF724463.1，等 18 条。

大西洋五角水母 *Muggiaea atlantica*，16S：KF977398.1，等 10 条；cox1：JQ353745.1，等 6 条；18S：HM053542.1，等 5 条；28S：HM053542.1，等 3 条。

网棱水母 *Gilia reticulata*，18S：DQ080013.1。

四齿无棱水母 *Sulculeolaria quadrivalvis*，28S：EU272594.1；16S：AY935311.1，等 2 条。

马蹄水母 *Hippopodius hippopus*，cox1：HM053521.1；28S：EU305517.1；16S：AY935314.1，等 2 条。

光滑拟蹄水母 *Vogtia glabra*，16S：AY935308.1。

五棘拟蹄水母 *V. pentacantha*，16S：AY935320.1。

齿棱拟蹄水母 *V. serrata*，18S：AB377578.1，等 2 条。

不定帕腊亚水母 *Praya dubia*，28S：EU305526.1；16S：AY935285.1。

褶玫瑰水母 *Rosacea plicata*，18S：AB377568.1，等 2 条。

细球水母 *Sphaeronectes gracilis*，16S：AY935301.1。

立方水母纲 CUBOZOA

灯水母 *Carybdea rastonii*，16S：AB720900.1，GQ849112.1；28S：AY920787.1。

疣灯水母 *C. sivickisi*，28S：GQ849064.1；18S：GQ849087.1；16S：GQ849113.1。

十字水母纲 STAUROZOA

青岛佐氏水母 *Calvadosia tsingtaoensis=Sasakiella tsingtaoensis*，16S：HQ857738.1。

钵水母纲 SCYPHOZOA

礁环冠水母 *Atolla wyvillei*，16S：JX393251.1；18S：JX393274.1，等 2 条；28S：HM194841.1。

红斑游船水母 *Nausithoe punctata*，18S：HM053533.1；28S：HM053533.1。

紫兰盖缘水母 *Periphylla periphylla*，12S：JN700986.1；18S：HM194775.1，等 2 条；28S：HM194842.1，等 2 条。

发状霞水母 *Cyanea capillata*，18S：JX995328.1，等 6 条；16S：KM114287.1，等 7 条；28S：HM194873.1，U65481.1。

白色霞水母 *C. nozakii*，cox1：JQ353735.1，等 2 条；18S：JX845355.1，等 5 条；16S：JX845345.1；28S：AB377554.1，等 4 条。

紫色霞水母 *C. purpurea*，cox1：JQ353737.1，等 2 条。

金黄水母 *Chrysaora helvola*，18S：JX393280.1；16S：AB720910.1，等 2 条。

五丝金黄水母 *C. quinquecirrha*，16S：GU300724.1，等 2 条；18S：JX393282.1，等 2 条。

夜光游水母 *Pelagia noctiluca*，18S：KJ028025.1，等 114 条；16S：JX235418.1，等 17 条；28S：HM358382.1，等 138 条；cox1：HE591457.1。

马来沙水母 *Sanderia malayensis*，16S：KF962524.1，等 4 条；18S：HM194808.1，等 2 条；28S：HM194861.1。

海月水母 *Aurelia aurita*，18S：KC767902.1，等 13 条；16S：KC767899.1，等 4 条；cox1：JQ353728.1，等 6 条；28S：HM194866.1，等 4 条。

巴布亚硝水母 *Mastigias papua*，16S：AB720919.1；18S：HM194796.1；28S：HM194849.1。

裴饰盔瓣水母 *Cassiopea ornata*，28S：HM194838.1；18S：HM194785.1。

沙海蜇 *Nemopilema nomurai*，16S：AB720950.1，等 33 条；18S：HQ413771.1，等 3 条；cox1：JQ

353747.1，等 4 条。

海蜇 *Rhopilema esculentum*，cox1：JQ353757.1，等 2 条；18S：JX845352.1，等 7 条；16S：JX845342.1，等 4 条；28S：HM194847.1。

黄斑海蜇 *R. hispidum*，16S：AB720917.1。

珊瑚亚门 ANTHZOA

群体海葵目 ZOANTHIDEA

分枝鞘群海葵 *Epizoanthus ramosus*，18S：KC218430.1；16S：HM040878.1。

越南花群体海葵 *Zoanthus vietnamensis*，16S：AB235409.1，等 25 条；18S：AB235397.1。

海葵目 ACTINIARIA

星虫爱氏海葵 *Edwardsia sipunculoides*，18S：DQ683364.1。

华丽爱氏海葵 *E. elegans*，12S：EU190726.1；16S：EU190770.1；18S：AF254376.2；28S：AY345870.1，KJ483087.1。

黄仙爱氏海葵 *E. gilbertensis*，18S：AF254377.1，等 2 条；12S：EU190728.1；16S：EU190772.1；28S：EU190817.1。

日本近丽海葵 *Paracalliactis japonica*，28S：KJ483061.1，等 2 条。

螅形美丽海葵 *Calliactis polypus*，28S：KJ483058.1，等 3 条；12S：FJ489404.1；18S：FJ489445.1，等 2 条；16S：FJ489427.1，等 2 条；

三色美丽海葵 *C. tricolor*，28S：KJ483059.1，等 2 条；12S：FJ489405.1；18S：FJ489443.1；16S：FJ489425.1。

须毛高龄细指海葵 *Metridium sensile* f. *fimbriatum*，28S：JF832996.1；18S：JF832988.1。

等指海葵 *Actinia equina*，18S：AB377598.1，等 2 条。

绿侧花海葵 *Anthopleura midori*，16S：AF375813.1。

黑侧花海葵 *A. nigrescens*，16S：AF375812.1。

亚洲侧花海葵 *A. asiatica*，16S：AF375809.1。

放射侧花海葵 *A. balli*，16S：DQ026230.1；18S：DQ831281.1，等 3 条。

日本侧花海葵 *A. japonica*，16S：AF375810.1。

沟迎风海葵 *Anemonia sulcata*，18S：X53498.1。

花梗仙影海葵 *Cereus pedunculatus*，18S：EU190855.1，等 4 条；28S：EU190813.1；12S：EU190724.1；16S：EU190767.1。

曲道喜石海葵 *Phellia gausapata*，28S：KJ483054.1，等 2 条；18S：EU190870.1；16S：EU190790.1；12S：EU190744.1。

丝发蠕形海葵 *Halcampa duodecimcirrata*，12S：JF832966.1；28S：EU190820.1；16S：EU190776.1；18S：AF254375.1。

石珊瑚目 SCLERACTINIA

阿氏非六珊瑚 *Madracis asanoi*，cox1：HM018656.1。

鹿角杯形珊瑚 *Pocillopora damicornis*，28S：KF846519.1，等 521 条；cox1：JX625114.1，等 93 条；18S：HM013848.1，等 3 条；12S：EF596978.1；16S：L76019.1。

舌状杯形珊瑚 *Pocillopora ligulata*，cox1：KF583916.1，等 8 条；28S：KF583902.1，等 14 条。

疣状杯形珊瑚 *P. verrucosa*，cox1：AB441230.1，等 3 条；28S：KF583897.1，等 6 条；18S：DQ645393.1，等 4 条。

柱状珊瑚 *Stylophora pistillata*，cox1：AB441231.1。

箭排孔珊瑚 *Seriatopora hystrix*，Cytb：AB441319.1；cox1：AB441234.1。

谷鹿角珊瑚 *Acropora cerealis*，Cytb：AF099652.1，等 2 条；18S：AF538600.1，等 8 条。

伞房鹿角珊瑚 *A. corymbosa*，Cytb：FJ391997.1。

楔形鹿角珊瑚 *A. cuneata*，18S：AY722738.1，等 9 条；28S：AY722738.1。

浪花鹿角珊瑚 *A. cytherea*，18S：U82726.1，等 29 条；28S：U82726.1，等 4 条；Cytb：FJ391995.1；16S：L75995.1。

杜氏鹿角珊瑚 *A. donei*，Cytb：AB033180.1。

棘鹿角珊瑚 *A. echinata*，Cytb：FJ391985.1。

花鹿角珊瑚 *A. florida*，Cytb：AB033182.1；18S：AF538592.1，等 7 条。

美丽鹿角珊瑚 *A. formosa*，Cytb：JN202443.1，等 2 条；18S：U82732.1，等 3 条；28S：U82732.1，等 3 条。

芽枝鹿角珊瑚 *A. gemmifera*，Cytb：AB033183.1，等 4 条；28S：AY139680.1，等 2 条；18S：AF538585.1，等 8 条。

粗野鹿角珊瑚 *A. humilis*，28S：AY139679.1，等 26 条；18S：HM450618.1，等 17 条；Cytb：FJ391979.1，等 4 条；16S：AF550360.1，L75996.1。

风信子鹿角珊瑚 *A. hyacinthus*，18S：HM450650.1，等 15 条；28S：HM450650.1，等 16 条。

盘枝鹿角珊瑚 *A. latistella*，Cytb：AF099656.1，等 2 条。

花托鹿角珊瑚 *A. microphthalma*，Cytb：FJ391986.1。

美丽轴孔珊瑚 *A. muricata*，18S：HM450634.1，等 17 条；28S：HM450634.1，等 17 条；Cytb：FJ391992.1；16S：AF550361.1。

巨锥鹿角珊瑚 *A. monticulosa*，28S：AY139671.1，等 10 条。

鼻形鹿角珊瑚 *A. nasuta*，Cytb：AB033185.1。

高贵鹿角珊瑚 *A. nobilis*，Cytb：FJ391996.1。

栅列鹿角珊瑚 *A. palifera*，16S：AF265593.1；12S：EF597091.1；Cytb：FJ391998.1，等 3 条；18S：AY722744.1；28S：AY722744.1，等 3 条；cox1：KM214904.1，等 8 条。

佳丽鹿角珊瑚 *A. pulchra*，18S：AF538517.1，等 24 条。

壮鹿角珊瑚 *A. robusta*，12S：JQ347837.1；16S：JQ347814.1。

强壮鹿角珊瑚 *A. valida*，18S：HM450666.1，等 19 条；28S：HM450666.1，等 19 条；Cytb：AF099658.1，FJ391983.1；18S：AF038033.1。

柔枝鹿角珊瑚 *A. tenuis*，Cytb：AB033181.1，等 3 条；18S：AF538524.1，等 17 条。

直枝蔷薇珊瑚 *Montipora altasepta*，Cytb：AB033175.1。

角枝蔷薇珊瑚 *M. angulata*，18S：AY722773.1；28S：AY722773.1。

仙掌蔷薇珊瑚 *M. cactus*，Cytb：AB441337.1；cox1：AB441252.1。

指状蔷薇珊瑚 *M. digitata*，Cytb：AB033173.1，等 6 条；18S：KC816716.1，等 5 条；16S：L75993.1。

叶状蔷薇珊瑚 *M. foliosa*，Cytb：FJ392003.1。

鬃刺蔷薇珊瑚 *M. hispida*，Cytb：FJ392005.1。

翼形蔷薇珊瑚 *M. peltiformis*，18S：AY722777.1；28S：AY722777.1。

结节蔷薇珊瑚 *M. tuberculosa*，18S：AY722779.1；28S：AY722779.1。

脉状蔷薇珊瑚 *M. venosa*，18S：AY722780.1；28S：AY722780.1。

多疣蔷薇珊瑚 *M. verrucosa*，12S：EF597090.1。

缨叶蔷薇珊瑚 *M. aequituberculata*，Cytb：AB033172.1，等 2 条；28S：AY722772.1；18S：AY722772.1。

角枝蔷薇珊瑚 *M. angulata*，18S：AY722773.1；28S：AY722773.1。

指形蔷薇珊瑚 *M. digitata*，Cytb：AB033173.1，等 6 条；18S：KC816716.1，等 6 条；16S：L75993.1。

福贝假鹿角珊瑚 *Anacropora forbesi*，Cytb：AB441336.1；cox1：AB441251.1。

楔形同孔珊瑚 *Isopora cuneata*，18S：AY722738.1，等 9 条；28S：AY722738.1。

松枝同孔珊瑚 *I. brueggemanni*，Cytb：AB033178.1，AB441332.1；cox1：AB441247.1。

栅列同孔珊瑚 *I. palifera*，Cytb：AB441333.1，等 3 条；cox1：AB441248.1，等 8 条；12S：EF597091.1；18S：AY722744.1；28S：AY722744.1，等 3 条。

潜伏星孔珊瑚 *Astreopora listeri*，18S：AY722742.1；28S：AY722742.1。

海绵穴孔珊瑚 *Alveopora spongiosa*，cox1：AB907092.1，等 3 条。

日本穴孔珊瑚 *A. japonica*，cox1：AB907089.1，等 4 条。

平滑穴孔珊瑚 *A. tizardi*，cox1：AB907096.1，AB907095.1。

高穴孔珊瑚 *A. excelsa*，cox1：AB907085.1，等 3 条。

球牡丹珊瑚 *Pavona cactus*，Cytb：AB441302.1，AB441301.1；cox1：AB441216.1，等 11 条；28S：EU233635.1，等 5 条；16S：AF550370.1。

十字牡丹珊瑚 *P. decussata*，28S：JQ966154.1，等 2 条；18S：EU233642.1，等 2 条。

叶形牡丹珊瑚 *P. frondifera*，12S：JQ347847.1；16S：JQ347825.1。

易变牡丹珊瑚 *P. varians*，16S：KJ482943.1，等 2 条；28S：EU262847.1，等 2 条；12S：EF597083.1；18S：AF052883.1。

加德纹珊瑚 *Gardineroseris planulata*，Cytb：AB441303.1；cox1：AB441218.1；28S：EU262776.1，等 2 条；12S：EF597084.1；18S：AB441409.1。

叶形柔纹珊瑚 *Leptoseris yabei*，18S：AB441410.1。

标准厚丝珊瑚 *Pachyseris speciosa*，Cytb：AB441307.1；cox1：AB441222.1。

粗突小星珊瑚 *Leptastrea bottae*，28S：JQ966135.1，等 5 条；18S：HE648520.1，等 4 条；16S：L76010.1。

白斑柔星珊瑚 *L. pruinosa*，Cytb：AB441281.1；cox1：AB441196.1；18S：HE648525.1，等 5 条；28S：HE648525.1，等 5 条。

紫小星珊瑚 *L. purpurea*，28S：JQ966139.1，等 2 条。

横小星珊瑚 *L. transversa*，18S：HE648526.1；28S：HE648526.1；cox1：HM018655.1。

毗邻沙珊瑚 *Psammocora contigua*，Cytb：AB441294.1；cox1：AB441209.1；18S：AY722784.1，等 3 条；28S：AY722784.1，等 3 条；16S：AF550371.1。

指形沙珊瑚 *P. digitata*，18S：DQ645394.1；28S：DQ645394.1。

柱形筛孔珊瑚 *Coscinaraea columna*，Cytb：AB441295.1；cox1：AB441210.1；18S：AB441406.1。

脆石芝珊瑚 *Fungia fragilis*，16S：L75998.1。

佛氏石芝珊瑚 *F. vaughani*，16S：L75999.1；18S：EU149824.1；28S：EU149824.1。

波莫石芝珊瑚 *F. paumotensis*，18S：EU149850.1；28S：EU149850.1。

元宝石芝珊瑚 *F. scutaria*，18S：DQ645392.1，等 4 条；28S：DQ645392.1，等 6 条；16S：L76005.1；Cytb：AB441309.1；cox1：AB441224.1。

多刺石芝珊瑚 *F. horrida*，18S：EU149826.1；28S：EU149826.1。

碓形石芝珊瑚 *F. scruposa*，18S：EU149828.1，等 2 条；28S：EU149828.1，等 2 条。

精巧石芝珊瑚 *F. concinna*，18S：EU149832.1；28S：EU149832.1。

颗粒石芝珊瑚 *F. granulosa*，18S：EU149836.1，等 2 条；28S：EU149836.1，等 2 条。

台湾石芝珊瑚 *F. taiwanensis*，18S：EU149852.1；28S：EU149852.1。

沉重石芝珊瑚 *Pleuractis gravis*，18S：EU149848.1；28S：EU149848.1。

厚栉珊瑚 *Ctenactis crassa*，18S：EU149815.1，等 2 条；28S：EU149815.1，等 2 条。

棘栉珊瑚 *C. echinata*，18S：EU149817.1，等 2 条；28S：EU149817.1，等 2 条。

小帽状珊瑚 *Halomitra pileus*，18S：EU149838.1；28S：EU149838.1。

辐石芝珊瑚 *Heliofungia actiniformis*，18S：AM849570.1，等 25 条；28S：EU262775.1，等 2 条；

12S：EF596995.1。

绕石珊瑚 *Herpolitha limax*，Cytb：AB441308.1；18S：EU149841.1，等 2 条；28S：EU149841.1，等 2 条；cox1：AB441223.1。

摩卡氏灵芒珊瑚 *Lithophyllon mokai*，18S：EU149842.1；28S：EU149842.1。

波形灵芒珊瑚 *L. undulatum*，18S：EU149844.1，等 2 条；28S：EU149844.1，等 2 条。

壳形足柄珊瑚 *Podabacia crustacea*，18S：EU149845.1；28S：EU149845.1。

多叶珊瑚 *Polyphyllia talpina*，18S：EU149853.1；28S：EU149853.1。

柱状角孔珊瑚 *Goniopora columna*，cox1：AB907032.1，等 3 条；18S：AB906954.1，等 10 条；28S：AB748660.1，等 7 条；12S：JQ347835.1；16S：JQ347812.1。

大角孔珊瑚 *G. djiboutiensis*，cox1：AB907033.1；18S：AB906956.1，等 20 条；28S：AB906956.1，等 19 条。

二异角孔珊瑚 *G. duofasciata*，18S：JQ911547.1，等 4 条；28S：JQ911547.1，等 5 条；12S：JQ347834.1；16S：JQ347811.1。

细角孔珊瑚 *G. gracilis*，28S：JQ966130.1，等 10 条；18S：JQ911543.1，等 9 条。

团块角孔珊瑚 *G. lobata*，cox1：AB907036.1，等 3 条；18S：AB906962.1，等 11 条；28S：AB906962.1，等 11 条。

小角孔珊瑚 *G. minor*，cox1：AB907039.1，等 3 条；18S：AB906967.1，等 12 条；28S：AB906967.1，等 12 条。

斯氏角孔珊瑚 *G. stutchburyi*，cox1：AB907065.1，等 5 条；18S：AB907016.1，等 21 条；28S：AB907016.1，等 17 条。

地衣滨珊瑚 *Porites lichen*，cox1：FJ423987.1，等 3 条。

澄黄滨珊瑚 *P. lutea*，Cytb：AB441329.1，等 2 条；cox1：AB441244.1，等 24 条；18S：JQ911592.1，等 14 条；28S：JQ911592.1，等 15 条。

灰黑滨珊瑚 *P. nigrescens*，18S：JQ911568.1，等 8 条；28S：JQ911568.1，等 8 条。

普哥滨珊瑚 *P. pukoensis*，28S：JQ966145.1，等 14 条；18S：JQ911581.1，等 13 条。

疣滨珊瑚 *P. annae*，cox1：FJ423986.1，等 2 条。

柱状滨珊瑚 *P. cylindrica*，18S：KC816714.1，等 34 条；cox1：FJ423996.1 等 2 条。

团块滨珊瑚 *P. lobata*，18S：FN565161.1，等 282 条；28S：FN565161.1，等 282 条；cox1：FJ423994.1，等 5 条；16S：AF550372.1。

坚实滨珊瑚 *P. solida*，cox1：FJ423978.1，等 2 条。

火焰滨珊瑚 *P. rus*，cox1：FJ423993.1，等 4 条；18S：AY458059.1，等 3 条；28S：AY458059.1，等 3 条。

假铁星珊瑚 *Pseudosiderastrea tayamai*，28S：U65518.1，等3条；Cytb：JN600488.1，等3条；18S：AY722789.1，等 2 条。

格状丝珊瑚 *Siderastrea savignyana*，Cytb：AB441300.1，等 4 条；cox1：AB441214.1，等 2 条。

腋下杯状珊瑚 *Cyathelia axillaries*，cox1：HM018622.1。

粗糙干星珊瑚 *Caulastrea echinulata*，28S：HQ203401.1。

短枝干星珊瑚 *C. tumida*，28S：HQ203403.1，等 2 条；18S：HQ203310.1。

碓突细菊珊瑚 *Cyphastrea chalcidicum*，Cytb：AB117336.1；28S：HQ203405.1，等 4 条；18S：HQ 203312.1，等 2 条。

小叶细菊珊瑚 *C. microphthalma*，18S：HE648474.1，等 3 条；28S：HE648474.1，等 5 条。

锯齿刺星珊瑚 *C. serailia*，Cytb：AB117335.1，等 2 条；28S：JQ966140.1，等 9 条；18S：HE 648476.1，等 4 条。

同双星珊瑚 *Diploastrea heliopora*，cox1：AB289567.1；Cytb：AB117375.1；28S：HQ203315.1，等 5 条；18S：HQ203315.1，等 3 条。

宝石刺孔珊瑚 *Echinopora gemmacea*，Cytb：AB117342.1；18S：HE648478.1，等 3 条；28S：HE 648478.1，等 5 条。

丑刺孔珊瑚 *E. horrida*，18S：HQ203317.1；28S：HQ203317.1，等 2 条。

薄片刺孔珊瑚 *E. lamellosa*，28S：HQ203413.1，等 3 条；18S：HQ203318.1；12S：EF597052.1；16S：AF265586.1，等 2 条。

太平洋棘孔珊瑚 *E. pacificus*，Cytb：AB117341.1，等 2 条；28S：HQ203415.1，等 2 条；18S：HQ 203320.1。

黄癣蜂巢珊瑚 *Favia favus*，Cytb：AB117346.1；28S：HE648479.1，等 5 条；18S：HE648479.1，等 5 条。

丽岛蜂巢珊瑚 *F. lizardensis*，28S：HQ203428.1，等 5 条；18S：HQ203328.1，等 2 条；cox1：HM 018633.1。

翘齿蜂巢珊瑚 *F. matthaii*，28S：HQ203433.1，等 9 条；18S：HQ203333.1，等 5 条。

大菊珊瑚 *F. maxima*，28S：HQ203435.1，等 3 条；18S：HQ203334.1。

圈纹蜂巢珊瑚 *F. pallida*，Cytb：AB117345.1，等 2 条；18S：HE648487.1，等 9 条；28S：HE648487.1，等 12 条。

罗图马蜂巢珊瑚 *F. rotumana*，18S：HE648496.1，等 8 条；28S：HE648496.1，等 9 条。

圆形菊珊瑚 *F. rotundata*，28S：HQ203442.1，等 3 条；18S：HQ203340.1。

标准蜂巢珊瑚 *F. speciosa*，Cytb：AB441279.1；cox1：AB441194.1；28S：JX120567.1，等 5 条；18S：HQ203342.1，等 2 条。

带刺蜂巢珊瑚 *F. stelligera*，Cytb：AB117343.1；28S：HQ203446.1，等 4 条；18S：HQ203343.1。

秘密角蜂巢珊瑚 *Favites abdita*，28S：JQ966148.1，等 6 条；18S：HE648498.1，等 4 条。

中华角蜂巢珊瑚 *F. chinensis*，Cytb：AB117349.1；28S：HQ203449.1，等 2 条；18S：HQ203346.1。

板叶角蜂巢珊瑚 *F. complanata*，18S：HE648502.1，等 5 条；28S：HE648502.1，等 6 条。

多弯角蜂巢珊瑚 *F. flexuosa*，28S：HQ203451.1，等 2 条；18S：HQ203348.1。

海孔角蜂巢珊瑚 *F. halicora*，Cytb：AB117348.1，等 2 条；18S：HE648508.1，等 7 条；28S：HE648508.1，等 9 条。

五边角蜂巢珊瑚 *F. pentagona*，28S：JQ966150.1，等 10 条；18S：HE648513.1，等 6 条。

罗氏角蜂巢珊瑚 *F. russelli*，28S：HQ203456.1，等 4 条；18S：HQ203352.1，等 3 条。

粗糙菊花珊瑚 *Goniastrea aspera*，Cytb：AB117351.1；28S：HQ203458.1，等 6 条；18S：HQ203354.1，等 4 条。

澳洲菊花珊瑚 *G. australensis*，28S：HQ203461.1，等 16 条；18S：HQ203356.1，等 14 条。

艾氏菊花珊瑚 *G. edwardsi*，18S：KJ666340.1，等 15 条；28S：KJ666340.1，等 18 条。

网状菊花珊瑚 *G. retiformis*，18S：KJ666386.1，等 18 条；28S：KJ666386.1，等 18 条；12S：EF597033.1。

梳状菊花珊瑚 *G. pectinata*，Cytb：AB117350.1；18S：KJ666372.1，等 18 条；28S：KJ666372.1，等 21 条。

帛梳菊花珊瑚 *G. palauensis*，28S：HQ203466.1，等 5 条；18S：HQ203359.1，等 4 条。

弗利吉亚肠珊瑚 *Leptoria phrygia*，Cytb：AB117354.1；18S：HE648527.1，HQ203365.1；28S：HE648527.1，等 5 条；12S：EF597051.1；16S：L76011.1。

简短圆菊珊瑚 *Montastrea curta*，18S：AY722775.1，等 2 条；28S：AY722775.1，等 3 条。

华伦圆菊珊瑚 *M. valenciennesi*，28S：U65525.1。

卷曲耳纹珊瑚 *Oulophyllia crispa*，cox1：AB289580.1；Cytb：AB117357.1，等 2 条；28S：HQ203499.1，等 2 条；18S：HQ203381.1。

交替扁脑珊瑚 *Platygyra crosslandi*，28S：JQ966151.1。

精巧扁脑珊瑚 *P. daedalea*，Cytb：AB117362.1；28S：JQ966132.1，等 10 条；18S：HE648535.1，等 5 条；12S：JQ347844.1，等 2 条；16S：JQ347822.1。

小扁脑珊瑚 *P. pini*，28S：HQ203511.1，等 4 条；18S：HQ203391.1，等 6 条。

中华扁脑珊瑚 *P. sinensis*，28S：HQ203514.1，等 17 条；18S：HQ203393.1，等 18 条；cox1：HM018662.1。

片扁脑珊瑚 *P. lamellina*，Cytb：AB117363.1；28S：HQ203509.1，等 4 条；18S：HQ203389.1。

琉球扁脑珊瑚 *P. ryukyuensis*，28S：HQ203512.1，等 2 条；18S：HQ203392.1。

粗裸肋珊瑚 *Merulina scabricula*，Cytb：AB117369.1；18S：KJ666409.1，等 11 条；28S：KJ666408.1，等 10 条；16S：L76014.1。

葶叶珊瑚 *Scapophyllia cylindrica*，Cytb：AB441283.1；cox1：AB441198.1；18S：KJ666420.1，等 3 条；28S：KJ666420.1，等 4 条。

邻基刺柄珊瑚 *Hydnophora contignatio*，28S：JQ966146.1，等 10 条；12S：JQ347846.1；16S：JQ347824.1；18S：HE648538.1，等 7 条；Cytb：AB117370.1。

腐蚀刺柄珊瑚 *H. exesa*，Cytb：AB117370.1；28S：JQ966146.1，等 10 条；18S：HE648538.1，等 7 条；12S：JQ347846.1；16S：JQ347824.1。

大刺柄珊瑚 *H. grandis*，Cytb：AB117371.1。

小角刺柄珊瑚 *H. microconos*，28S：HQ203473.1，等 2 条；18S：HQ203363.1。

硬刺柄珊瑚 *H. rigida*，28S：EU262858.1；12S：EF597000.1；16S：L76009.1。

象鼻斜花珊瑚 *Mycedium elephantotus*，cox1：AB289582.1，等 3 条；28S：HQ203494.1，等 4 条；18S：HQ203377.1。

小斜花珊瑚 *M. robokaki*，28S：HQ203495.1，等 2 条；18S：HQ203378.1。

厚片瓣叶珊瑚 *Lobophyllia pachysepta*，Cytb：AB117319.1。

伞房叶状珊瑚 *L. corymbosa*，cox1：AB289576.1；Cytb：AB117318.1；18S：HF954342.1，等 3 条；28S：HF954342.1，等 5 条。

赫氏叶状珊瑚 *L. hemprichii*，cox1：AB289575.1；Cytb：AB117317.1；18S：HF954343.1，等 3 条；28S：HF954343.1，等 6 条；12S：EF597013.1；16S：L76013.1。

褶曲叶状珊瑚 *L. flabelliformis*，18S：HF954336.1，等 2 条；28S：HF954336.1，等 2 条。

盔叶状珊瑚 *L. hataii*，18S：AY372252.1。

菌状合叶珊瑚 *Symphyllia agaricia*，Cytb：AB117320.1；18S：HF954351.1，等 2 条。

辐射合叶珊瑚 *S. radians*，cox1：AB289578.1；Cytb：AB117322.1；18S：HF954353.1，等 6 条；28S：HF954353.1，等 6 条。

直纹合叶珊瑚 *S. recta*，cox1：AB289577.1；18S：HF954355.1，等 2 条；28S：HF954355.1，等 3 条；Cytb：AB117321.1。

华伦合叶珊瑚 *S. valenciennesii*，18S：HF954349.1，等 3 条；28S：HF954349.1，等 3 条；cox1：HM018666.1。

圆冠珊瑚 *Cynarina lacrymalis*，cox1：AB289568.1；Cytb：AB117323.1；18S：HF954288.1，等 3 条；28S：HF954288.1，等 2 条。

粗糙刺叶珊瑚 *Echinophyllia aspera*，cox1：AB289572.1；Cytb：AB117329.1；18S：HF954332.1，等 6 条；28S：HF954332.1，等 8 条。

多刺棘叶珊瑚 *E. echinata*，18S：HF954322.1，等 3 条；28S：HF954322.1，等 3 条。

少刺棘叶珊瑚 *E. echinoporoides*，cox1：AB289573.1；Cytb：AB117331.1；18S：HF954326.1，等 4 条；28S：HF954326.1，等 4 条。

簇状棘叶珊瑚 *E. orpheensis*，cox1：AB289574.1；Cytb：AB117330.1；18S：HF954328.1，等 2 条；28S：HF954328.1，等 3 条。

平滑锐孔珊瑚 *Oxypora glabra*，18S：HF954313.1，等 3 条；28S：HF954313.1，等 3 条。

梅氏棘菊珊瑚 *Blastomussa merleti*，18S：HE648549.1，等 5 条；28S：HE648549.1，等 6 条。

泪荠珊瑚 *Cynarina lacrymalis*，cox1：AB289568.1；Cytb：AB117323.1；18S：HF954288.1，等 3 条；28S：HF954288.1，等 2 条。

腋下杯状珊瑚 *Cyathelia axillaries*，cox1：HM018622.1。

稀杯盔形珊瑚 *Galaxea astreata*，28S：JQ966143.1；12S：JQ347842.1；16S：JQ347819.1。

丛生盔形珊瑚 *G. fascicularis*，Cytb：AB109376.1，等 3 条；cox1：AB441201.1，等 2 条；28S：JQ966129.1；12S：JQ347841.1；16S：JQ347818.1，等 2 条。

枇杷筛孔珊瑚 *Madrepora oculata*，16S：JQ611351.1，等 6 条；18S：JQ611302.1，等 3 条；28S：JQ611302.1，等 3 条；cox1：HM018659.1。

小棘菊珊瑚 *Blastomussa merleti*，18S：HE648549.1，等 5 条；28S：HE648549.1，等 6 条。

大棘菊珊瑚 *B. wellsi*，Cytb：AB289565.1；cox1：AB289563.1；18S：HF954277.1，等 4 条；28S：HF954277.1，等 4 条。

轻巧泡纹珊瑚 *Physogyra lichtensteini*，Cytb：AB289564.1；cox1：AB289562.1；12S：EF597030.1；18S：AB441405.1，等 2 条；28S：AB441405.1，等 2 条。

同双星珊瑚 *Diploastrea heliopora*，cox1：AB289567.1；Cytb：AB117375.1；28S：HQ203410.1，等 6 条；18S：HQ203315.1，等 3 条。

肾形真叶珊瑚 *Euphyllia ancora*，Cytb：AB441290.1，等 2 条；cox1：AB441204.1，等 2 条；12S：EF597098.1，等 2 条；18S：AY372256.1；16S：AF265598.1，等 2 条。

滑真叶珊瑚 *E. glabrescens*，Cytb：AB441292.1，等 2 条；cox1：AB441206.1 等 2 条。

皱折陀螺珊瑚 *Turbinaria mesenterina*，28S：U65513.1。

盾形陀螺珊瑚 *T. peltata*，cox1：AB441240.1，等 4 条；28S：JQ966131.1，等 2 条；12S：EF597044.1，等 2 条；16S：AF265609.1，等 2 条；Cytb：AB441325.1。

不规则陀螺珊瑚 *T. irregularis*，28S：JQ966136.1。

角锥形珊瑚 *Balanophyllia cornu*，16S：HQ439710.1；cox1：HM018605.1；28S：HQ439647.1。

大锥形珊瑚 *B. gigas*，16S：HQ439712.1；28S：HQ439649.1。

芽生内厚珊瑚 *Endopachys grayi*，16S：HQ439719.1；28S：HQ439655.1。

管状江口沙珊瑚 *Eguchipsammia fistula*，16S：JX629250.1。

吻海沙珊瑚 *Enallopsmmia rostrata*，16S：HQ439718.1，等 3 条；28S：HQ439654.1，等 6 条；cox1：HM018632.1；18S：AF052885.1。

猩红筒星珊瑚 *Tubastrea coccinea*，18S：KF733548.1，等 4 条；16S：KJ482948.1，等 2 条；28S：EU262864.1，等 3 条；12S：EF597046.1，等 2 条。

小花筒星珊瑚 *T. micranthus*，28S：AF549219.1。

圆管星珊瑚 *T. aurea*，18S：AY722796.1；28S：AY722796.1；Cytb：AB441322.1，等 2 条；cox1：AB441237.1，等 2 条。

冠叶珊瑚 *Stephanophyllia complicata*，28S：HQ439608.1；16S：GQ868689.1。

齿花叶珊瑚 *Anthemiphyllia dentata*，16S：HQ439686.1；28S：HQ439611.1；cox1：HM018603.1。

刺冠杯珊瑚 *Stephanocyathus spiniger*，28S：HQ439638.1，等 8 条；16S：HM015359.1；18S：HM 015338.1，等 7 条；cox1：HM018665.1。

繁枝祖杯珊瑚 *Tethocyathus virgatus*，16S：HQ439702.1，等 2 条；28S：HQ439639.1。

帽轮杯珊瑚 *Tropidocyathus pileus*，12S：EF597069.1。

鹿角指轮珊瑚 *Dactylotrochus cervicornis*，16S：HQ439697.1；cox1：HM018624.1；28S：HQ439630.1。

二花链叶珊瑚 *Desmophyllum dianthus*，16S：JQ611361.1，等 43 条；18S：JQ611317.1，等 33 条；28S：JQ611317.1，等 66 条；12S：GQ868667.1，等 2 条。

四颊丁香珊瑚 *Caryophyllia quadragenaria*，16S：HQ439687.1；18S：HQ439618.1。

皱丁香珊瑚 *C. rugosa*，28S：HQ439620.1；16S：FJ788123.1；cox1：HM018618.1。

锉丁香珊瑚 *C. scobinosa*，28S：HQ439621.1；16S：FJ788124.1。

展开扇形珊瑚 *Flabellum apertum*，16S：HQ439720.1；28S：HQ439656.1；cox1：HM018635.1。

菱扇形珊瑚 *F. deludens*，16S：HQ439724.1，等 3 条；28S：HQ439659.1，等 3 条；cox1：HM018638.1。

孔雀扇形珊瑚 *F. pavoninum*，28S：AB510180.1；16S：AB510168.1。

大扇形珊瑚 *F. magnificum*，16S：HQ439732.1，等 2 条；28S：AB510179.1，等 2 条。

标记爪哇珊瑚 *Javania insignis*，28S：AB510187.1；18S：AJ133555.1；16S：AB510174.1。

光滑盘轮珊瑚 *Placotrochus laevis*，28S：AF265650.1；16S：AF265604.1，等 2 条。

标准根轮珊瑚 *Rhizotrochus typus*，28S：AB510189.1，等 3 条；16S：AB510177.1，等 3 条。

光亮截形扇珊瑚 *Truncatoflabellum candeanum*，28S：HQ439672.1；cox1：HM018671.1；16S：HQ 439751.1，等 3 条。

美丽截形扇珊瑚 *T. formosum*，16S：HQ439752.1；28S：HQ439674.1，等 2 条。

楔截形扇珊瑚 *T. spheniscus*，28S：AB510185.1，AB510186.1；16S：AB510173.1，AB510172.1。

王冠菌杯珊瑚 *Fungiacyathus stephanus*，16S：HQ439758.1；28S：HQ439678.1；cox1：HM018647.1。

拟陀螺菌杯珊瑚 *F. turbinolioides*，16S：HQ439759.1；28S：HQ439679.1；cox1：HM018648.1。

帽状杯轮珊瑚 *Cyathotrochus pileus*，16S：HQ439764.1；cox1：HM018623.1；28S：HQ439682.1。

翼状弯杯珊瑚 *Tropidocyathus lessoni*，16S：HQ439765.1；28S：HQ439683.1；cox1：HM018669.1。

角珊瑚目 ANTIPATHARIA

螺旋鞭角珊瑚 *Cirrhipathes spiralis*，18S：AM404320.1。

线纵列角珊瑚 *Stichopathes filiformis*，18S；HM015294.1，等 7 条。

多变纵列角珊瑚 *S. variabilis*，16S：HM015357.1，等 5 条；18S：HM015317.1，等 7 条。

大黑角珊瑚 *Antipathes grandis*，cox1：GU296501.1，等 4 条；18S：HM066005.1，等 4 条；28S：GU 296483.1，等 5 条。

多叶墨黑珊瑚 *Myriopathes myriophylla*，18S：AM404328.1；28S：AM404328.1。

展深海黑珊瑚 *Bathypathes patula*，cox1：KF054370.1，等 4 条；28S：KF054362.1；18S：KF054355.1。

近缘裂黑珊瑚 *Schizopathes affinis*，28S：KF054367.1；18S：KF054358.1；cox1：JX560757.1。

笙珊瑚 *Tubipora musica*，18S：KC864828.1，等 5 条；28S：KC864828.1，等 4 条。

苍珊瑚 *Heliopora coerulea*，28S：JX203716.1，AB441421.1；18S：AB441421.1，AF052923.1。

膨胀羽珊瑚 *Clavularia inflata*，cox1：KF955056.1，等 4 条；28S：KF915353.1，等 5 条。

绿棒羽珊瑚 *C. viridis*，18S：AB090909.1，等 3 条；28S：AB090909.1，等 3 条。

柳珊瑚目 GORGONACEA

红扇珊瑚 *Melithaea ochracea*，cox1：KC802206.1。

冷柳珊瑚 *Iciligorgia* sp.，28S：JX203665.1。

红枝软柳珊瑚 *Subergorgia köllikeri*，18S：AY962539.1。

网扇软柳珊瑚 *S. mollis*，28S：KF955276.1，等 3 条；cox1：KF955016.1。

粉灰软柳珊瑚 *S. ornata*，18S：AY962537.1。

红扇软柳珊瑚 *S. rubra*，28S：KF915544.1，KF915543.1；cox1：KF955267.1，等 2 条。

侧扁软柳珊瑚 *S. suberosa*，cox1：KF955270.1，等 3 条；28S：KF915547.1，等 5 条。

美丽柏柳珊瑚 *Acabaria formosa*，28S：KC845907.1，等 3 条；cox1：KC802196.1，等 3 条；18S：AJ133548.1。

黄叠叶柳珊瑚 *Mopsella rubeola*，18S：AY962536.1。

全裸柳珊瑚 *Acalycigorgia inermis*，18S：AJ133545.1。

粗糙棘柳珊瑚 *Acanthogorgia aspera*，cox1：JQ411466.1，等 2 条。

橘色刺柳珊瑚 *Echinogorgia aurantiaca*，18S：AY962532.1。

黄鞭柳珊瑚 *Ellisella erythraea*，18S：AY962538.1。

脆灯芯柳珊瑚 *Junceella fragilis*，cox1：KF955084.1，等 2 条；28S：KF915381.1，等 2 条；18S：AY962533.1。

红灯芯柳珊瑚 *J. juncea*，cox1：KF955085.1；28S：KF915382.1。

总状灯芯柳珊瑚 *J. racemosa*，18S：AF052937.1。

软珊瑚目 ALCYONACEA

皮滑红珊瑚 *Corallium konojoi*，cox1：JX472167.1。

瘦长红珊瑚 *C. elatius*，cox1：JX472112.1。

细薄软珊瑚 *Alcyonium gracillimum*，18S：JQ688007.1，等 2 条。

简易软珊瑚 *A. simplex*，16S：AF530490.1。

精致短指软珊瑚 *Sinularia compressa*，18S：KC864856.1；28S：KC864856.1；cox1：GU355989.1。

巨大指形软珊瑚 *S. grandilobata*，cox1：KF955218.1，等 4 条；28S：KF915507.1，等 4 条。

多型短指软珊瑚 *S. polydactyla*，cox1：KF955228.1，等 3 条；28S：KF915515.1。

密指软珊瑚 *S. densa*，cox1：KC542868.1；28S：KC542829.1；16S：EU006873.1。

凸指软珊瑚 *S. gibberosa*，cox1：JX991260.1。

丛指软珊瑚 *S. lochmodes*，cox1：JX991261.1。

冠指软珊瑚 *S. pavida*，cox1：JX991269.1。

粗壮小枝软珊瑚 *Cladiella pachyclados*，cox1：JX991241.1，等 5 条；28S：JX991216.1，等 2 条。

圆柄小枝软珊瑚 *C. sphaerophora*，28S：X203653.1。

克氏小枝软珊瑚 *C. krempfi*，cox1：JX991224.1；28S：JX991205.1。

特异豆荚软珊瑚 *Lobophytum hirsutum*，cox1：KF955114.1，等 2 条；28S：KF915410.1，等 2 条。

疏指豆荚软珊瑚 *L. pauciflorum*，cox1：KF955117.1，等 3 条；28S：KF915412.1，等 3 条；16S：AF530495.1。

科氏豆荚软珊瑚 *L. schoedei*，cox1：KF955118.1；28S：KF915414.1。

杯形肉质软珊瑚 *Sarcophyton ehrenbergi*，cox1：KF955166.1，等 16 条；28S：KF915458.1，等 14 条。

华丽肉质软珊瑚 *S. elegans*，cox1：KF955167.1；28S：KF915459.1。

乳白肉质软珊瑚 *S. glaucum*，cox1：KF955187.1，等 21 条；28S：KF915478.1，等 21 条；18S：KC864845.1，KC864836.1。

直立柔荑软珊瑚 *Nephthea erecta*，12S：JQ347849.1；16S：JQ347827.1。

微形硬棘软珊瑚 *Scleronephthya corymbosa*，28S：JX124350.1。

密针多棘软珊瑚 *Spongodes spinifera*，18S：AF320106.1，等 2 条；28S：AF320106.1，等 2 条。

大穗软珊瑚 *Dendronephthya gigantea*，18S：AF320104.1，等 3 条；28S：AF320104.1，等 3 条。

象牙拟鳞花软珊瑚 *Paralemnalia eburnea*，18S：KC864831.1；28S：KC864831.1；cox1：GU356007.1。

茎拟鳞花软珊瑚 *P. thyrsoides*，18S：KC864849.1，等 2 条；28S：KC864849.1，等 3 条。

星形软珊瑚 *Asterospicularia laurae*，cox1：KM201458.1；28S：KM201433.1。

伞形异花软珊瑚 *Xenia umbellate*，28S：KM201437.1，等 3 条；18S：KC864857.1，等 2 条。

海鳃目 PENNATULACEA

灯芯沙箸海鳃 *Virgularia juncea*，18S：AJ133551.1。

磷海鳃 *Pennatula phosphorea*，cox1：KF874190.1。

巨型花羽鳃 *Anthoptilum grandiflorum*，cox1：KF874218.1，等 5 条。

第三节 栉板动物门 CTENOPHORA

本门动物的体表具有 8 行纵行的栉板而有别于刺胞动物门。分有触手纲和无触手纲。全世界仅记录 116 种，中国海域记录 14 种。GenBank 登陆 6 种，占总种数的 42.9%，DNA 的测定方法有 18S、28、cox1 两种（表 2-2-3）。

表 2-2-3 中国海域栉板动物门的物种数及其在 GenBank 的登录数

中国海域记录种数	GenBank 登录数		DNA 测定方法
	种数	占比（%）	
14	6	42.9	18S、28S、cox1

刺胞栉水母 *Haeckelia rubra*，28S：AF293674.1；18S：AF293674.1。

球型侧腕水母 *Pleurobrachia globosa*，18S：HM053535.1；28S：HM053535.1；cox1：HM053522.1。

蝶水母 *Ocyropsis crystallina*，18S：AF293691.1，AF293690.1；28S：AF293691.1，等 2 条。

带水母 *Cestum veneris*，18S：KJ754161.1，等 4 条。

瓜水母 *Beroe cucumis*，18S：AF293699.1，等 4 条；28S：AF293699.1，等 2 条。

卵形瓜水母 *Beroe ovata*，18S：JN653095.1，等 6 条；28S：HG931679.1，等 3 条。

第四节 扁形动物门 PLATYHELMINTHES

扁形动物不分体节，三胚层，无体腔。许多种营寄生生活。分涡虫纲、吸虫纲、绦虫纲。本门除涡虫大部分营肉食自由生活外，其他两纲绝大多数营体内寄生。DNA 测序用 28S、18S、

Cytb（表 2-2-4）。已登录种分述如后。

表 2-2-4　中国海域扁形动物门的物种数及其在 GenBank 的登录数

分类阶元	中国海域记录种数	GenBank 登录数		主要生活型
		种数	占比（%）	
涡虫纲 Turbellaria	31	4	12.9	多数自由、肉食
吸虫纲 Trematoda	1209	23	1.9	多数体内寄生
绦虫纲 Cestoida	55	0	0	体内寄生
合计	1295	27	2.1	

涡虫纲 TURBELLARIA

东方柄涡虫 *Stylochus orientalis*，18S：D17564.1。

寡孟对平角涡虫 *Paraplanocera oligoglena*，18S：KC869796.1；16S：KC869752.1；Cytb：KC869922.1；28S：KC869849.1。

布氏褐锥虫 *Thysanozoon brocchii*，28S：HQ659017.1；18S：D85096.1，D17566.1。

三橙色涡虫 *Cestoplana rubrocincta*，28S：HQ659009.1。

吸虫纲 TREMATODA

鲭鲹后弓曲虫 *Metacamopia chormemi*，28S：AF382038.1；18S：AJ287538.1。

黄姑鱼尾叶虫 *Urocotyle nibae*，28S：FJ432588.1。

竹荚鱼胃叶虫 *Gastrocotyle trachuri*，28S：AF311708.1，等 2 条。

竹荚鱼伪斧虫 *Pseudaxine trachuri*，28S：AF131728.1，等 3 条；18S：AM157196.1。

双阴道鲅铗虫 *Gotocotyla bivaginalis*，28S：AF382039.1。

单边鲅铗虫 *G. secunda*，18S：AJ276425.1；28S：AF026109.1，等 2 条。

东方瘦钩铗虫 *Leptomazocraes orientalis*，28S：KF147881.1。

圆腹鲱似钩铗虫 *Mazocraeoides dussumieri*，28S：KF306257.1。

角西鲭鱼似钩铗虫 *M. gonialosae*，28S：FJ432587.1。

棱鳀副钩铗虫 *Paramazocraes thrissocles*，28S：KF147880.1。

石首鱼双蕊虫 *Diplostamenides sciaenae*，28S：FJ432589.1，等 2 条。

澳鲈微杯虫 *Microcotyle arripis*，28S：GU263830.1。

马尔提普胃虫 *Pricea multea*，28S：AF026111.1。

石斑异贝尼登虫 *Allobenedenia epinepheli*，28S：EU707801.1，等 2 条；18S：EU707800.1。

棘鳞鳂本尼登虫 *Benedenia sargocentron*，28S：JN797597.1。

鰤本尼登虫 *B. seriolae*，28S：KC768343.1，等 5 条。

石斑本尼登虫 *B. epinepheli*，28S：EU707803.1；18S：EU707802.1。

鲵新贝尼登虫 *Neobenedenia girellae*，28S：JF934745.1，等 2 条。

梅氏新贝尼登虫 *N. melleni*，Cytb：HQ684816.1，等 17 条；12S：HQ684775.1，等 23 条；28S：JN797596.1，等 3 条；18S：EU707804.1。

古氏嗜石鲈虫 *Bravohollisia gussevi*，28S：KJ571007.1，等 2 条。

小钩嗜石鲈虫 *B. parvianchoratus*，28S：KJ571009.1，等 2 条。

胡椒鲷嗜石鲈虫 *B. plectorhynchus*，28S：KJ571010.1；18S：KJ571019.1。

平片嗜石鲈虫 *B. rosetta*，28S：KJ571011.1，等 2 条；18S：EF152322.1。

还有如表 2-2-5 所示 7 个动物门，可直接查阅 GenBank 的记述。

表 2-2-5　可直接查阅 DNA 序列的 7 个门

分类阶元	中国海域记录种数
纽形动物门 Nemertea	78
动吻动物门 Kinorhyncha	10
腹毛动物门 Gastrotricha	4
线虫动物门 Nematoda	283
棘头虫动物门 Acanthocephala	43
轮虫动物门 Rotifera	22
曳鳃动物门 Priapulida	2

第五节　环节动物门 ANNELIDA

环节动物分多毛纲、寡毛纲、蛭纲 3 个纲。身体分节，多毛纲有疣足和刚毛，是本门主要的纲，中国海域已记录 1105 种。其他两个纲种类少。DNA 测序用 28S、16S、18S、12S、Cytb（表 2-2-6）。GenBank 登录种见下文。

表 2-2-6　中国海域环节动物门的物种数及其在 GenBank 的登录数

分类阶元	中国海域记录种数	GenBank 登录数		DNA 测定方法
		种数	占比（%）	
多毛纲 Polychaeta	1105	108	9.8	16S、18S、28S、Cytb、12S
寡毛纲 Oligochaeta	89	16	18.0	18S、16S、12S、28S
蛭纲 Hirudinea	9	1	11.1	12S、28S
合计	1203	125	10.4	

多毛纲 POLYCHAETA

沙蚕目 NEREIDIDA

杂色伪沙蚕 *Pseudonereis variegate*，16S：KC833493.1，等 3 条；18S：KC840693.1。

伪沙蚕 *P. gallapagensis*，Cytb：JF293294.1，等 5 条。

绻旋吻沙蚕 *Glycera tridactyla*，28S：HM746739.1，等 3 条；18S：HM746726.1，等 2 条；16S：HM746711.1，等 2 条。

头吻沙蚕 *G. capitata*，18S：KF850486.1，等 8 条；16S：GQ426607.1，等 3 条。

强吻沙蚕 *G. robusta*，28S：HM473217.1。

色斑角吻沙蚕 *Goniada maculata*，28S：DQ779690.1；18S：DQ779652.1，等 2 条；16S：DQ779616.1。

环纹角吻沙蚕 *G. annulata*，28S：HM473220.1。

旋角吻沙蚕 *G. vorax*，18S：GQ426570.1；16S：GQ426613.1。

双鳃内卷齿蚕 *Aglaophamus dibranchis*，18S：AY884158.1。

有齿居虫 *Naineris dendritica*，16S：FJ612462.1，等 2 条；18S：AY532358.1。

仙居虫 *N. laevigata*，16S：GU362680.1，等 2 条；18S：FJ612483.1。

强刺尖锥虫 *Scoloplos johnstonei*，16S：AY532332.1；18S：AF508126.1。

平衡囊尖锥虫 *S. acmeceps*，16S：AY532344.1；18S：AY532366.1。

尖锥虫 *S. armiger*，18S：KJ182979.1，等 8 条；28S：HQ023857.1，等 3 条；16S：AY532343.1，等 2 条。

叉毛卷须虫 *Cirrophorus furcatus*，18S：AY532349.1；16S：AY532330.1。

吻蛇稚虫 *Boccardia proboscidea*，Cytb：FJ972569.1，等 23 条；16S：FJ972547.1，等 14 条。

美角才女虫 *Polydora cornuta*，18S：KC686639.1，等 3 条；16S：EF127895.1，等 2 条。

腺带才女虫 *P. triglanda*，28S：JN048736.1，等 6 条；18S：JN048723.1，等 6 条；16S：JN048710.1，等 6 条；12S：JN048697.1，等 6 条。

锥稚虫 *Aonides oxycephala*，18S：KJ182982.1，等 2 条。

后指虫 *Laonice cirrata*，18S：KF850487.1；28S：HM473228.1，等 2 条。

海稚虫 *Spio filicornis*，16S：FR823436.1，等 2 条；18S：FR823431.1，等 2 条。

蚕光稚虫 *Spiophanes bombyx*，18S：GQ202717.1.

鳞腹沟虫 *Scolelepis squamata*，28S：HM473270.1；18S：AF448164.1。

尾稚虫 *Pygospio elegans*，18S：KC686676.1，等 3 条。

须细稚虫 *Minuspio cirrifera*，18S：HM026564.1；28S：HM026557.1。

袋稚齿虫 *Prionospio ehlersi*，18S：EU340095.1；16S：EU340081.1。

须稚齿虫 *P. cirrifera*，18S：EU340093.1；16S：EU340079.1。

蛇杂毛虫 *Poecilochaetus serpens*，18S：GQ426595.1，等 2 条；28S：EU418869.1，等 2 条；16S：AY569680.1。

磷虫 *Chaetopterus variopedatus*，28S：AY145399.1；18S：AJ966759.1，等 3 条。

刚鳃虫 *Chaetozone setosa*，28S：HQ024497.1。

丝鳃虫 *Cirratulus cirratus*，28S：DQ779683.1，等 3 条；18S：DQ779645.1；16S：DQ779609.1。

须鳃虫 *Cirriformia tentaculata*，18S：KJ182972.1，等 2 条；28S：AY611443.1。

钙珊虫 *Dodecaceria concharum*，18S：AY577891.1，等 2 条；28S：DQ209242.1，等 2 条；16S：FJ965555.1。

小头虫 *Capitella capitata*，18S：KF850483.1，等 5 条；28S：DQ790028.1；16S：JQ640582.1。

异蚓虫 *Heteromastus filiformis*，18S：KC686672.1，等 5 条；28S：DQ790038.1。

背蚓虫 *Notomastus latericeus*，18S：KJ182971.1，等 4 条；28S：AY612627.1，等 2 条；16S：AY 340469.1。

巴西沙蠋 *Arenicola brasiliensis*，18S：DQ790076.1。

太平洋沙蠋 *Abarenicola pacifica*，18S：AY569660.1；28S：AY569674.1；16S：AY569685.1。

太平洋拟节虫 *Praxillella pacifica*，18S：AY569653.1；28S：HM473264.1。

缩头竹节虫 *Maldane sarsi*，28S：AY612628.1，等 2 条；16S：AY569681.1；18S：AY569655.1，等 2 条。

辐乳虫 *Axiothella rubrocincta*，28S：HM473201.1，等 2 条；18S：DQ790078.1。

虾夷软鳃海蛹 *Euzonus ezoensis*，18S：HM746725.1；28S：HM746738.1。

角海蛹 *Ophelina acuminata*，28S：KF511842.1，等 9 条；18S：KF511828.1，等 11 条；16S：KF511813.1，等 6 条。

多眼虫 *Polyophthalmus pictus*，18S：AF519236.1，等 3 条；28S：AF185194.1，AF185171.1。

紫臭海蛹 *Travisia pupa*，28S：HM473282.1，等 2 条；18S：HM746733.1；16S：HM746722.1。

太平洋瘤首虫 *Hyboscolex pacificus*，28S：HM746740.1；16S：HM746712.1。

梯额虫 *Scalibregma inflatum*，28S：KF511857.1，等 4 条；18S：KF511837.1，等 3 条；16S：KF511816.1，等 2 条。

扁犹帝虫 *Eurythoë complanata*，16S：JN086557.1；28S：JN086529.1，等 2 条；18S：JN086539.1 等 3 条。

黄斑海毛虫 *Chloeia flava*，16S：JN086554.1，等 2 条；28S：JN086526.1，等 2 条；18S：JN086536.1，等 2 条。

仙虫 *Amphinome rostrata*，16S：JN086560.1，等 4 条；28S：JN086524.1；等 3 条；18S：JN223397.1，等 4 条。

白全刺毛虫 *Pareurythoe borealis*，16S：JN086559.1；28S：JN086531.1，等 2 条；18S：JN086541.1，等 2 条。

叶鳃海刺虫 *Euphrosine foliosa*，16S：JN086556.1，等 2 条；18S：JN086538.1，等 2 条；28S：JN086528.1，等 2 条。

矶沙蚕目 EUNICIDA

锦绣巢沙蚕 *Diopatra* cf. *ornata*，18S：GQ497476.1；16S：GQ478130.1。

铜色巢沙蚕 *D. cuprea*，Cytb：FJ429032.1，等 5 条。

齿状巢沙蚕 *D. dentate*，18S：GQ497475.1；16S：GQ478129.1。

明管虫 *Hyalinoecia tubicola*，28S：DQ779692.1；AY732228.1；18S：DQ779654.1，等 61 条。

虹宽欧努菲虫 *Onuphis iridescens*，28S：HM746743.1；16S：HM746715.1；18S：HM746729.1。

贝单鳃虫 *Nothria conchylega*，18S：AY176295.1；16S：AF321417.1；28S：HM473250.1。

珠须矶沙蚕 *Eunice antennata*，16S：DQ317916.1。

澳洲矶沙蚕 *E. australis*，28S：AF185192.1，等 2 条。

羽鳃矶沙蚕 *E. pennata*，28S：AY340391.1；18S：AY040684.1，等 3 条；16S：AF321418.1，等 2 条。

襟松虫 *Lysidice ninetta*，18S：GQ497515.1；16S：GQ478169.1，等 62 条。

领襟松虫 *L. collaris*，18S：GQ497516.1；16S：GQ478170.1。

微蚕 *Nematonereis unicornis*，18S：AF412792.1，等 3 条；16S：GQ478173.1，等 2 条。

岩虫 *Marphysa sanguinea*，18S：GQ497502.1，等 4 条；28S：AY838861.1；16S：GQ478157.1，等 2 条。

麦氏岩虫 *M. macintoshi*，28S：AY583713.1；

花索沙蚕 *Arabella iricolor*，16S：HM746709.1，等 2 条；18S：AY525624.1。

费达欧鲁蚕 *Oenone fulgida*，16S：GQ478124.1，等 2 条；28S：AY838863.1；18S：AY838853.1。

叉毛豆维虫 *Schistomeringos rudolphi*，18S：AF412804.1。

不倒翁虫 *Sternaspis scutata*，28S：DQ790063.1，AY569666.1；18S：AY532353.1；16S：AY532329.1。

亲扇毛虫 *Flabelligera affinis*，28S：DQ779688.1，等 3 条；18S：DQ779650.1，等 3 条；16S：DQ779614.1；Cytb：AY727755.1。

绒毛肾扇虫 *Brada villosa*，28S：EU791462.1，等 3 条；16S：HQ326962.1；18S：EU791460.1，等 2 条；Cytb：AY727748.1，AY727747.1。

弯尖羽帚毛虫 *Idanthyrsus pennatus*，28S：AF185174.1，等 2 条。

亚质帚毛虫 *Sabellaria cementarium*，28S：AY732226.1；18S：AY732223.1。

双栉虫 *Ampharete acutifrons*，16S：DQ779601.1；28S：DQ779673.1。

颈栉虫 *Auchenoplax crinita*，18S：DQ790077.1；28S：DQ790026.1。

树栉虫 *Samytha sexcirrata*，28S：JN936485.1；18S：JN936465.1。

米列虫 *Melinna cristata*，16S：DQ779624.1。

栉缨虫 *Sabellides octocirrata*，16S：JX423682.1；18S：JX423652.1。

梳鳃虫 *Terebellides stroemii*，16S：AY577884.1；18S：AY577893.1。

吻蛰虫 *Artacama proboscidea*，28S：AY344667.1；18S：AY344666.1。

似蛰虫 *Amaeana trilobata*，28S：AF342695.1，等 2 条。

精巧扁蛰虫 *Loimia ingens*，28S：AF342697.1，等 2 条。

扁蛰虫 *L. medusa*，18S：AY040690.1。

树扁蛰虫 *L. arborea*，28S：HM473232.1。

树蛰虫 *Pista cristata*，18S：AY611461.1；28S：DQ790057.1，等 2 条。

太平洋单蛰虫 *Lysilla pacifica*，28S：AF342696.1，等 2 条；18S：AB106259.1。

强壮头蛰虫 *Neoamphitrite robusta*，28S：HM473242.1。

琴蛰虫 *Lanice conchilega*，18S：KC686660.1，等 4 条；16S：AY340466.1；28S：JN936484.1，等 2 条。

管缨虫 *Chone infundibuliformis*，28S：HQ025049.1。

胶管虫 *Myxicola infundibulum*，28S：HM473241.1。

温哥华真旋虫 *Eudistylia vancouveri*，28S：HM473210.1，等 2 条。

麦缨虫 *Megalomma vesiculosum*，18S：KJ182980.1。

肾伪刺缨虫 *Pseudopotamilla reniformis*，28S：HQ025077.1，等 2 条；18S：AY611451.1。

原管虫 *Protula tubularia*，18S：DQ317123.1；28S：DQ317152.1，等 2 条。

角管虫 *Ditrupa arietina*，18S：DQ317114.1，等 2 条；28S：DQ318566.1，等 2 条。

突出盘管虫 *Hydroides minax*，18S：EU184063.1；28S：EU184074.1；Cytb：EU190475.1。

龙介虫 *Serpula vermicularis*，28S：EU184070.1，等 4 条；18S：DQ317128.1，等 4 条；Cytb：EU190479.1。

瓦氏龙介虫 *S. watsoni*，28S：EU184068.1；Cytb：EU190472.1；18S：EU184057.1。

盘盖旋鳃虫 *Spirobranchus latiscapus*，Cytb：JX144879.1；18S：JX144825.1，等 6 条。

珠形锥柱虫 *Metavermilia acanthophora*，28S：DQ317142.1，等 2 条；18S：DQ317119.1。

根管虫 *Ficopomatus macrodon*，28S：EU167535.1；18S：EU167532.1。

尖锥柱盖虫 *Vermiliopsis pygidialis*，28S：EU256546.1，等 3 条；18S：DQ317132.1。

三指柱盖虫 *Crucigera tricornis*，18S：EU184056.1；28S：EU184067.1；Cytb：EU190474.1。

环旋虫 *Circeis spirillum*，Cytb：DQ875882.1；18S：DQ242546.1；28S：DQ242590.1。

纹章环旋虫 *C. armoricana*，Cytb：DQ875884.1，等 2 条；28S：DQ242589.1；18S：DQ242545.1。

神右旋虫 *Janua pagenstecheri*，28S：DQ242585.1；18S：DQ242548.1。

帽左旋虫 *Pileolaria militaris*，28S：DQ242593.1；18S：DQ242567.1。

寡毛纲 OLIGOCHAETA

香港针线蚓 *Grania hongkongensis*，28S：GU902159.1；18S：GU902146.1；16S：GU902132.1。

斯特雷史氏蚓 *Stephensoniella sterreri*，28S：GU902026.1；18S：GU901934.1；16S：GU901851.1；12S：GU901762.1。

科茨玛利安蚓 *Marionina coatesae*，28S：GU902010.1；18S：GU901922.1；16S：GU901838.1；12S：GU901747.1。

尼维斯玛利安蚓 *M. nevisensis*，16S：JN799951.1；18S：JN799890.1，等 3 条；28S：JN799867.1；12S：JN799973.1。

费氏拟仙女虫 *Paranais frici*，18S：DQ459981.1；16S：DQ459950.1；等 2 条；12S：DQ459910.1，等 2 条；28S：GQ355452.1。

泥滩矮丝蚓 *Ainudrilus lutulentus*，12S：DQ459887.1；16S：AY885587.1；18S：AF411867.1。

少毛矮丝蚓 *A. pauciseta*，12S：DQ459886.1；16S：AY885588.1。

陈氏异毛蚓 *Heterodrilus chenianus*，12S：DQ459930.1；16S：AY885601.1；18S：AY885574.1。

基恩异毛蚓 *H. keenani*，18S：AY040688.1。

浅绛单孔蚓 *Monopylephorus rubroniveus*，18S：GQ355436.1，等 2 条；12S：DQ459891.1；16S：AY885637.1，等 2 条；28S：GQ355464.1。

难辨栉毛蚓 *Pectinodrilus molestus*，16S：AY885598.1；18S：AF209462.1。

古氏拟海丝蚓 *Thalassodrilides gurwitschi*，16S：AY885624.1；18S：AF209466.1。

柔弱膨管蚓 *Doliodrilus tener*，16S：AY885626.1；18S：AF411868.1。

赤红似水丝蚓 *Limnodriloides rubicundus*，16S：AY885607.1；18S：AF411900.1。

今岛近颤蚓 *Tubificoides imajimai*，18S：HM460323.1，等2条；16S：HM459979.1；12S：HM459918.1；28S：HM460063.1。

率直泮蚓 *Pontodrilus litoralis*，12S：GU901759.1；28S：AY101576.1，等 2 条；16S：GU931691.1，等 3 条；18S：GU931690.1，等 2 条。

蛭纲 HIRUDINEA

冈湖蛭 *Limnotrachelobdella okae*，12S：AY336033.1；28S：EF405585.1。

第六节　星虫动物门 SIPUNCULA

星虫虫体分吻和躯干两部分，不具体节，无疣足。吻末端具触手，能缩入体腔内，口位于吻颈端口盘中间。中国海域记录 59 种，GenBank 登录 19 种，占总种数的 32.2%。DNA 测序用

28S、18S、16S、cox1（表 2-2-7）。DNA 序列逐种介绍如下。

表 2-2-7 中国海域星虫动物门和螠虫动物门的物种数及其在 GenBank 的登录数

分类阶元	中国海域记录种数	GenBank 登录数		DNA 测定方法
		种数	占比（%）	
星虫动物门 Sipuncula	59	19	32.2	16S、18S、28S、cox1
螠虫动物门 Echiura	11	2	18.2	18S、28S

冠石管星虫 *Lithacrosiphon cristatus*，28S：JN865092.1，等 2 条；18S：DQ299974.1，等 2 条；16S：JN864951.1，等 2 条；cox1：AY161127.1

斯氏盾管星虫 *Aspidosiphon steenstrupii*，18S：JN869398.1，等 5 条；28S：JN865102.1，等 5 条；16S：JN865006.1，等 5 条。

雅丽盾管星虫 *A. elegans*，28S：JN865093.1，等 3 条；18S：JN865039.1，等 3 条；16S：JN864989.1。

米氏盾管星虫 *A. muelleri*，16S：JN864953.1；28S：DQ300025.2；18S：DQ299962.1。

光滑盾管星虫 *A. laevis*，16S：GU230179.1，等 2 条；28S：JN865096.1，等 2 条；18S：JN865040.1。

刷状襟管星虫 *Cloeosiphon aspergillus*，28S：JN865104.1，等 4 条；18S：JN865045.1，等 4 条；16S：JN865015.1，等 3 条。

安岛反体星虫 *Antillesoma antillarum*，16S：GU230180.1，等 2 条；18S：AF519259.1，等 3 条；cox1：AY161134.1；28S：JN865074.1，等 2 条。

棕突革囊星虫 *Phascolosoma perlucens*，16S：GU230177.1，等 55 条；28S：JN865082.1，等 7 条；18S：JN865034.1，等 7 条。

白纹革囊星虫 *P. albolineatum*，16S：GU230186.1；28S：AF519278.1；18S：AF519251.1。

暗色革囊星虫 *P. nigrescens*，16S：GU230183.1，等 4 条；28S：JN865078.1，等 7 条；cox1：AY 161122.1；18S：JN865033.1，等 7 条。

厥目革囊星虫 *P. scolops*，16S：GU230184.1，等 3 条；28S：JN865087.1，等 8 条；18S：JN865036.1，等 7 条。

珠光戈芬星虫 *Golfingia margaritacea*，16S：JN864981.1；18S：DQ299973.1；28S：DQ300032.2。

长戈芬星虫 *G. elongate*，18S：KJ183002.1，等 7 条；cox1：AY161131.1；28S：JN865059.1，等 5 条；16S：JN864985.1，等 4 条。

普通戈芬星虫 *G. vulgaris*，16S：JN864954.1；28S：AF519273.2；18S：AF519244.1。

黑色缨心星虫 *Thysanocardia nigra*，16S：JQ904430.1 等 11 条；28S：JN865066.1，等 2 条；18S：JN865026.1，等 2 条。

微小枝触星虫 *Themiste minor*，16S：JN864994.1，等 2 条；28S：AF519277.1；18S：AF519250.1，等 3 条。

长颈枝触星虫 *T. lageniformis*，28S：AF519276.1；cox1：AY161130.1；18S：AF519249.1。

裸体方格星虫 *Sipunculus nudus*，28S：KF110796.1，等 11 条；16S：KF042415.1，等 38 条；cox1：AY161123.1；18S：JN869399.1，等 10 条。

挪威方格星虫 *S. norvegicus*，16S：KF042391.1，等 2 条；28S：JN865046.1；18S：DQ300004.1。

第七节　螠虫动物门 ECHIURA

螠虫身体分吻和躯干两部分，不具体节，吻末端没有触手，吻不能缩入体腔内，口位于躯干前端，肛门在躯干末端，近口外的腹面有一对腹刚毛，躯干末端具有一圈尾刚毛。中国海域记录 11 种，GenBank 登录 2 种，占总种数的 18.2%。DNA 测序用 18S、28S（表 2-2-7）。2 种登录如下。

绛体管口螠 *Ochetostoma erythrogrammon*，28S：AB771472.1；18S：AB771458.1，等 2 条。

单环棘螠 *Urechis unicinctus*，18S：AB830710.1，等 2 条；28S：AB771476.1。

第八节　软体动物门 MOLLUSCA

软体动物通常由头部、足部、躯干部（或内脏囊）、外套膜和贝壳 5 部分构成。种数仅次于节肢动物门，世界记录 11.5 万种，中国海域记录 4589 种，各形态差别很大，分 7 个纲。GenBank 登录 878 种。DNA 测序用 16S、18S、28S、12S、COI、Cytb、cox1（表 2-2-8）。登录物种的 DNA 序列如下。

表 2-2-8　中国海域软体动物门的物种数及其在 GenBank 的登录数

分类阶元	中国海域记录种数	GenBank 登录数		DNA 测定方法
		种数	占比（%）	
毛皮贝纲 Chaetodermomorpha	1	1	100	28S、18S
新月贝纲 Neomeniomorpha	1	1	100	16S、28S
多板纲 Polyplacophora	57	11	19.3	18S、28S、16S
掘足纲 Scaphopoda	58	1	1.7	28S、18S
腹足纲 Gastropoda	3127	521	16.7	16S、18S、28S、12S、Cytb、cox1
双壳纲 Bivalvia	1210	253	20.9	18S、16S、28S、cox1、12S、Cytb
头足纲 Cephalopoda	135	90	66.7	COI、16S、18S、28S、12S
合计	4589	878	19.1	

毛皮贝纲 CHAETODERMOMORPHA

毛皮贝 *Chaetoderma* sp.，28S：AY145397.1；18S：AY145369.1。

新月贝纲 NEOMENIOMORPHA

澳洲上月贝 *Epimenia australis*，16S：AY377614.1；28S：AY377689.1。

多板纲 POLYPLACOPHORA

花斑锉石鳖 *Ischnochiton comptus*，28S：AY377673.1，等 2 条；18S：AY145380.1，等 2 条；16S：AY377593.1。

网纹鬃毛石鳖 *Mopalia retifera*，28S：EU407056.1，等 3 条；16S：EU406936.1，等 3 条；18S：EU406813.1，等 2 条。

日本花棘石鳖 *Acanthopleura japonica*，18S：L78875.1，等 7 条；16S：AY377606.1；28S：AY377683.1。

琉球花棘石鳖 *A. loochooana*，18S：AB706343.1，等 2 条。

葛氏花棘石鳖 *A. gaimardi*，18S：AB377658.1。

弱花花棘石鳖 *A. tenuispinosa*，18S：AB706346.1，等 2 条。

刺花棘石鳖 *A. spinosa*，18S：AB706345.1，等 3 条。

平濑锦石鳖 *Onithochiton hirasei*，18S：AB714504.1，等 2 条。

玛瑙毛肤石鳖 *Acanthochiton achates*，18S：AB377693.1。

眼形隐板石鳖 *Cryptoplax oculata*，28S：KC887283.1；16S：KC887239.1；18S：KC887265.1。

波缘石鳖 *Craspedochiton laqueatus*，28S：KC887280.1；18S：KC887263.1；16S：KC887235.1。

掘足纲 SCAPHOPODA

变肋变角贝 *Dentalium octangulatum*，28S：AY145403.1，AB126335.1；18S：AY145372.1。

腹足纲 GASTROPODA

龙宫翁戎螺 *Entemnotrochus rumphii*，18S：AF417119.1，等 2 条；cox1：L78911.1。

红翁戎螺 *Mikadotrochus hirasei*=*Perotrochus hirasei*，18S：AF417118.1，等 2 条。

寺町翁戎螺 *Bayerotrochus teramachii*=*Perotrochus teramachii*，cox1：L78912.1；18S：L78894.1。

皱纹盘鲍 *Haliotis discus hannai*，18S：D88572.1，等 3 条；28S：AM048700.1；16S：HM640235.1，等 5 条；12S：AB839758.1，等 5 条。

耳鲍 *H. asinina*，16S：AY163259.1，等 2 条。

多变鲍 *H. varia*，18S：AY923884.1；16S：AY650149.1，等 6 条。

羊鲍 *H. ovina*，16S：AY650154.1，等 4 条。

侏儒鲍 *H. jacnensis*，18S：AY923878.1。

彩色凹缘蝛 *Emarginula variegate*，16S：AB238456.1，等 3 条；28S：GQ160640.1，等 2 条；12S：AB238345.1；18S：GQ160792.1，等 2 条。

盾蝛 *Scutus unguis*，18S：AY923872.1。

盘氏隙蝛 *Hemitoma panhi*，18S：HM771429.1；28S：HM771474.1。

蒂考孔蝛 *Diodora ticaonica*，16S：HM771543.1；28S：HM771503.1。

硬雉螺 *Phasianella solida*，18S：AM048658.1；28S：AM048719.1。

龟嫁蝛 *Cellana testudinaria*，16S：AB106479.1；12S：AB106432.1，等 2 条；16S：GQ455896.1，等 2 条；Cytb：GU901266.1。

嫁蝛 *C. toreuma*，16S：AB238430.1，等 9 条；12S：AB238319.1，等 7 条；Cytb：GU901273.1；18S：AF308646.1。

斗嫁蝛 *C. grata*，16S：AB106476.1，等 9 条；12S：AB106428.1，等 9 条。

车轮嫁蝛 *C. radiate*，16S：GQ455895.1，等 20 条；Cytb：GU901270.1，GU901269.1；12S：AB238316.1，等 22 条。

松叶嫁蝛 *C. nigrolineata*，16S：AB106477.1，等 4 条；18S：DQ013353.1，等 3 条；12S：AB106429.1，等 2 条。

矮拟帽贝 *Patelloida pygmaea*，16S：AB161514.1，等 16 条；12S：AB106436.1，等 2 条；28S：AB 282786.1；18S：AB282765.1。

鸟爪拟帽贝 *P. saccharina*，16S：AY628283.1，等 11 条；12S：AB106439.1，等 2 条；28S：DQ093445.1；18S：AB377648.1，等 2 条。

雀斑拟帽贝 *P. lentiginosa*，16S：AB238388.1；12S：AB238277.1。

细线拟帽贝 *P. striata*，16S：AB238394.1，等 2 条；12S：AB238283.1，等 2 条。

灯光拟帽贝 *P. pygmaea*，16S：AB161514.1，等 16 条；12S：AB106436.1，等 2 条；28S：AB282786.1；18S：AB282765.1。

东方栉齿贝 *Pectinodonta orientalis*，18S：KC970852.1，等 3 条；28S：KC970759.1，等 14 条。

背小节贝 *Collisella dorsuosa*，18S：AF308645.1；16S：AB106502.1；12S：AB106454.1。

朝鲜土耳其螺 *Turcica coreensis*，16S：AB481187.1。

单齿螺 *Monodonta labio*，16S：DQ426951.1，等 3 条；12S：GQ249764.1；18S：AB377652.1；28S：GQ249746.1。

绿草席单齿螺 *M. confuse*，16S：DQ061086.1。

扭单齿螺 *M. perplexa*，12S：GQ249787.1；28S：GQ249747.1；16S：DQ061088.1。

奇异金口螺 *Chrysostoma paradoxum*，28S：GQ232386.1；12S：GQ232322.1；16S：GQ232287.1。

银口凹螺 *C. argyrostoma*，18S：AF335562.1。

齿隐螺 *Clanculus denticulatus*，28S：AB505250.1；12S：AB505250.1。

柱隐螺 *C. atropurpureus*，18S：EU530079.1；28S：EU530032.1。

镶珠隐螺 *C. margaritarius*，12S：AB505385.1；16S：AB505341.1；28S：AB505251.1。

大马蹄螺 *Trochus niloticus*，18S：AY923902.1，等 2 条；28S：EU530054.1；12S：HE800682.1；16S：HE800772.1。

马蹄螺 *T. maculates*，28S：GQ232406.1，等 3 条；12S：GQ232347.1，等 2 条；16S：GQ232311.1，等 2 条；18S：EU530081.1，等 2 条。

刺马蹄螺 *T. histrio*，28S：AB505254.1；12S：AB505388.1。

古琴多子螺 *Granata lyrata*，16S：AB481190.1；18S：EU530064.1；28S：EU530010.1。

茅甲虫螺 *Cantharidus infuscatus*，28S：AB505235.1；12S：AB505371.1；16S：AB505328.1。

花雕小铃螺 *Minolia punctata*，28S：HF586155.1；16S：HF586007.1；12S：HF585841.1。

疣蝐螺 *Umbonium moniliferum*，12S：GQ232349.1，等 2 条；16S：AB505359.1；18S：EU530086.1，等 2 条；28S：EU530039.1，等 2 条。

肋蝐螺 *U. costatum*，16S：AM048895.1；28S：AM048706.1；12S：GQ232348.1；18S：AM048646.1。

针实钟螺 *Lischkeia alwinae*，16S：HE800737.1；28S：EU530012.1；18S：EU530066.1

单一丽口螺 *Calliostoma unicum*，28S：AB505231.1；18S：AB377617.1；16S：AB505322.1；12S：AB505366.1。

陀螺丽口螺 *C. haliarchus*，12S：AB505362.1；16S：AB505318.1；28S：AB505227.1。

丽口螺 *C. aculeatum*，12S：AB505360.1；16S：AB505316.1；28S：AB505225.1。

口螺 *Stomatia phymotis*，28S：GQ232403.1；12S：GQ232342.1；16S：GQ232306.1。

海豚螺 *Angaria delphinus*，18S：AM048647.1；28S：AM048707.1。

美刺海豚螺 *A. formosa*，28S：AM048709.1，AM048708.1；18S：AM048648.1。

瘤棘海豚螺 *A. nodosa*，18S：AM048649.1；28S：AM048710.1。

蝾螺 *Turbo petholatus*，28S：AM403971.1，等 4 条；16S：AM403773.1，等 5 条。

银口蝾螺 *T. argyrostomus*，28S：AM403985.1；16S：AM403795.1；12S：FR695554.1。

金口蝾螺 *T. chrysostomus*，28S：AB087195.2，等 3 条；16S：AM403800.1，等 2 条；18S：EU530106.1。

角蝾螺 *T. cornutus*，28S：AM403975.1；16S：AM403778.1，AM403777.1。

圆蝾螺 *T. setosus*，12S：FR695556.1；18S：AY923908.1；16S；AM403806.1，等 2 条；28S：AM403993.1。

台湾蝾螺 *T. sparverius*，16S：AM403807.1；28S：AM403994.1。

夜光蝾螺 *T. marmoratus*，16S：AM403791.1，等 2 条；28S：AM403983.1。

棱蝾螺 *T. sarmaticus*，28S：AM404005.1；16S：AM403831.1，等 2 条。

细环蝾螺 *T. stenogyrus*，16S：AM403812.1，等 2 条；28S：AM403996.1。

朝鲜花冠小月螺 *Lunella coronata*，28S：FR695685.1，等 11 条；12S：FR695631.1，等 11 条；16S：

FR694542.1，等 36 条；18S：EU530105.1，等 2 条。

粒花冠小月螺 *L. granulata*，16S：KC535669.1，等 128 条；28S：FR695692.1，等 7 条；12S：FR 695639.1，等 5 条。

刺螺 *Guildfordia triumphans*，16S：AM048913.1，等 2 条；18S：AM048682.1；28S：AM048744.1，等 2 条。

锦蜒螺 *Nerita polita*，16S：KJ458441.1，等 9 条；28S：AB087193.2；18S：AY923889.1；cox1：DQ 060931.1，等 2 条。

渔舟蜒螺 *N. albicilla*，16S：KJ458418.1，等 7 条；18S：AM048632.1。

褶蜒螺 *N. plicata*，16S：KJ458438.1，等 12 条。

肋蜒螺 *N. costata*，16S：EU732069.1，等 2 条；28S：U75854.1，等 2 条。

齿纹蜒螺 *N. yoldii*，16S：EU732196.1，等 2 条。

波纹蜒螺 *N. undata*，16S：EU732185.1，等 22 条；18S：AM048635.1；cox1：DQ060933.1，等 2 条。

矮狮蜒螺 *N. chamaeleon*，16S：EU732067.1，等 4 条；cox1：DQ060929.1。

日本蜒螺 *N. japonica*，16S：EU732099.1，等 4 条。

黑圆蜒螺 *N. ocellata*，16S：EU732117.1，等 2 条。

黑玉蜒螺 *N. incerta*，16S：EU732093.1，等 2 条。

网纹蜒螺 *N. reticulate*，16S：EU732151.1，等 4 条。

红唇蜒螺 *N. signata*，16S：EU732151.1，等 4 条。

平卷蜒螺 *N. planospira*，18S：AB377621.1；16S：EU732129.1，等 2 条。

花雕蜒螺 *N. exuvia*，16S：EU732073.1，等 2 条。

虚线蜒螺 *N. insculpta*，16S：EU732095.1，等 2 条。

紫游螺 *Neritina violacea*，cox1：DQ060926.1。

奥莱彩螺 *Clithon oualaniensis*，16S：EU732201.1。

花冠彩螺 *C. corona*，16S：EU732199.1。

绿色彩螺 *C. chlorostoma*，16S：EU732200.1。

罗豆滨螺 *Peasiella roepstorffiana*，12S：AJ488735.1；18S：AJ488694.1；28S：AJ488653.1。

不洁豆滨螺 *P. lutulenta*，12S：AJ488734.1；18S：AJ488693.1；28S：AJ488652.1。

肋条豆滨螺 *P. infracostata*，28S：HE590820.1；12S：HE590792.1。

波纹滨螺 *Littoraria undulate*，12S：FN556553.1，等 6 条；28S：FN556340.1，等 5 条。

粗糙滨螺 *L. articulate*，12S：FN556481.1，等 4 条；28S：FN556267.1，等 4 条；16S：U46784.1。

圆锥拟滨螺 *L. conica*，28S：FN556281.1，等 2 条；12S：FN556495.1。

黑口滨螺 *L. melanostoma*，28S：HE590802.1，等 4 条；12S：HE590773.1，等 4 条。

斑肋滨螺 *L. ardouiniana*，12S：FN556477.1，等 2 条；28S：FN556262.1 等 2 条。

浅黄滨螺 *L. pallescens*，16S：AB611830.1；28S：AB611829.1，等 4 条；18S：AB611828.1；12S：FN556524.1，等 3 条。

粒结节滨螺 *Nodilittorina radiate*，16S：U46833.1；12S：U05873.1，等 3 条；18S：AJ488696.1；28S：AJ488655.1，等 2 条；Cytb：HM559976.1，等 31 条。

塔结节滨螺 *N. trochoides*，16S：U46834.1；12S：U05874.1

变化结节滨螺 *N. vidua*，12S：AJ488738.1；18S：AJ488697.1；28S：AJ488656.1。

短滨螺 *Littorina brevicula*，16S：AB044246.1，等 2 条；28S：HE590805.1；12S：HE590776.1，等 3 条。

红果滨螺 *L. coccinea*，12S：FN556494.1，等 2 条；28S：FN556280.1，等 2 条。

红带滨螺 *Mainwaringia rhizophila*，12S：AJ488732.1；18S：AJ488691.1；28S：AJ488650.1；16S：U46829.1。

块状盲肠螺 *Caecum glabellum*，18S：AB930393.1；28S：AB930352.1。

绿岛集比螺 *Zebina* sp.，28S：JF750973.1。

澳洲金环螺 *Iravadia australis*，28S：KC439945.1，等 3 条；18S：JX970568.1；16S：KC439898.1，等 5 条。

方氏金环螺 *I. quadrasi*，28S：KC110014.1；16S：KC109962.1。

台湾山椒螺 *Assiminea taiwanensis*，16S：EF667337.1，等 2 条。

费氏截尾螺 *Truncatella pfeifferi*，16S：AB611818.1；28S：AB611817.1；18S：AB611816.1。

桂氏截尾螺 *T. guerinii*，28S：AF120575.1；16S：EU233814.1；18S：AF120517.1，等 3 条。

笋锥螺 *Turritella terebra*，16S：M94008.1。

棒锥螺 *T. bacillum*，18S：HQ833991；16S：HQ833972.1；12S：HQ833853.1。

平轴螺 *Planaxis sulcatus*，18S：KC904741.1，等 4 条；16S：HQ833974.1；12S：HQ833854.1；28S：FJ606988.1。

珠带拟蟹守螺 *Cerithidea cingulata*，18S：KC904766.1，等 7 条；28S：AM932725.1，等 6 条。

小翼拟蟹守螺 *C. microptera*，28S：AM932729.1；18S：AM932851.1。

方形拟蟹守螺 *C. quadrata*，16S：HE680786.1，等 4 条；28S：HE680694.1，等 6 条；18S：AM932834.1，等 4 条。

中华拟蟹守螺 *C. sinensis*，28S：HE680698.1，等 2 条。

红树拟蟹守螺 *C. rhizophorarum*，16S：HE680789.1，等 4 条；28S：HE680697.1，等 5 条；18S：JF694599.1，等 5 条。

彩拟蟹守螺 *C. ornata*，16S：HE680781.1，等 2 条；28S：HE680691.1，等 6 条。

尖锥拟蟹守螺 *C. largillierti*，28S：AM932733.1，等 4 条；18S：AM932855.1，等 4 条。

查加拟蟹守螺 *C. djadjariensis*，28S：AM932728.1，等 3 条；18S：AM932850.1，等 4 条。

沟纹笋光螺 *Terebralia sulcata*，16S：HE680868.1，等 7 条；28S：HE680772.1，等 9 条；18S：AM 932871.1，等 3 条。

柱笋光螺 *T. palustris*，16S：HE680857.1，等 5 条；28S：HE680767.1，等 8 条；18S：AM932865.1，等 4 条。

纵带滩栖螺 *Batillaria zonalis*，18S：KC904734.1，等 3 条；16S：HQ833976.1；12S：HQ833856.1；28S：FJ606972.1，等 4 条。

古氏滩栖螺 *B. cumingi*，18S：HQ833994.1；16S：HQ833975.1；12S：HQ833855.1。

多形滩栖螺 *B. multiformis*，28S：FJ606961.1，等 6 条。

锥形滩栖螺 *B. sordid*，28S：FJ606997.1，等 2 条。

望远螺 *Telescopium telescopium*，16S：HE680853.1，等 7 条：28S：HE680763.1，等 9 条；18S：AM 932862.1，等 5 条。

结节蟹守螺 *Cerithium nodulosum*，16S：KC699893.1；18S：AM932816.1；28S：AM932696.1。

棘刺蟹守螺 *C. echinatum*，16S：FJ606918.1；28S：AM932697.1；18S：AM932817.1。

穷同蟹守螺 *C. egenum*，16S：KC699900.1。

斑纹蟹守螺 *C. egenum*，16S：KC699900.1。

玉带蟹守螺 *C. munitum*，16S：KC699891.1。

长筒锉棒螺 *Rhinoclavis fasciata*，16S：KC699897.1。

竹筒锉棒螺 *R. vertagus*，16S：KC699898.1；28S：FJ606993.1。

白斑楯桑葚螺 *Clypeomorus brevis*，18S：HQ659928.1；16S：HQ650562.1。

鸮蟹守螺 *Pseudovertagus aluco*，16S：KC699895.1。

刺绣双翼螺 *Diffalaba picta*，16S：JX409929.1，等 21 条。

螺旋瓦泥沟螺 *Vanikoro helicoidea*，28S：AB930359.1；16S：AB930421.1；18S：AB930395.1。

顶盖螺 *Sabia conica*，16S：AF546016.1，等 2 条；28S：AF545947.1，等 2 条。

马唇螺 *Cheilea equestris*，16S：AF546012.1；28S：AF545943.1。

离螺 *Separatista helicoides*，28S：AB930338.1。

扁平管帽螺 *Siphopatella walshi*，16S：AF545963.1；28S：AF545886.1。

刺履螺 *Crepidula gravispinosa*，28S：AF545917.1；16S：AY061766.1。

指甲履螺 *C. onyx*，16S：AF545961.1；28S：AF545884.1。

拟太阳衣笠螺 *Xenophora solarioides*，12S：HQ401656.1；16S：HQ401719.1。

印度衣笠螺 *X. indica*，28S：DQ916577.1，等 4 条；12S：DQ916424.1；18S：DQ916529.1。

花凤螺 *Strombus mutabilis*，16S：HQ833977.1。

千足蜘蛛螺 *Lambis millepeda*，18S：HQ833996.1；16S：HQ833978.1。

翼管螺 *Pterotrachea coronata*，28S：AB930356.1，等 6 条；12S：DQ916429.1。

桶形前凹螺 *Prosimnia semperi*，16S：AY534355.1，等 2 条。

钝梭螺 *Volva volva*，16S：AY534352.1。

拟宝贝 *Pseudocypraea adamsonii*，16S：AY161403.1。

洁原梭螺 *Primovula concinna*，16S：AY534353.1。

瓮螺 *Calpurnus verrucosus*，16S：AY161397.1。

半纹瓮螺 *C. lacteu*，16S：AY161398.1，等 2 条。

卵梭螺 *Ovula ovum*，16S：AY161399.1。

蛞蝓葡萄贝 *Staphylaea limacine*，16S：AY161413.1，等 2 条。

葡萄贝 *S. staphylaea*，16S：AY161415.1，等 2 条。

眼球贝 *Erosaria erosa*，16S：AY161440.1，等 2 条。

玻芬眼球贝 *E. boivinii*，16S：AY161434.1。

淡黄眼球贝 *E. cernica*，16S：AY161423.1。

神眼眼球贝 *E. ocellata*，16S：AY161431.1。

紫眼球贝 *E. poraria*，16S：AY161428.1。

黍斑眼球贝 *E. miliaris*，16S：AY161435.1。

蛇首眼球贝 *E. caputserpentis*，16S：AY161409.1，等 2 条。

枣红眼球贝 *E. helvola*，16S：AY161430.1，等 3 条。

白斑线唇眼球贝 *E. labrolineata*，28S：JF750969.1；16S：JF750953.1，等 2 条。

环纹货贝 *Monetaria annulus*，16S：AY161405.1。

货贝 *M. moneta*，28S：AY161407.1。

梨形拟枣贝 *Erronea pyriformis*，16S：AY534409.1。

厚缘拟枣贝 *E. caurica*，16S：AY161605.1，等 6 条。

筒形拟枣贝 *E. cylindrical*，16S：AY161607.1，等 2 条。

拟枣贝 *E. errones*，18S：HQ833998.1；12S：HQ833858.1；16S：HQ833980.1，等 2 条。

美娘焦掌贝 *Palmadusta saulae*，16S：AY161554.1。

棕带焦掌贝 *P. asellus*，16S：AY161545.1，等 3 条。

隐居焦掌贝 *P. clandestina*，16S：AY161548.1，等 3 条。

鼹贝 *Talparia talpa*，16S：AY161464.1。

黄褐禄亚贝 *Luria isabella*，16S：AY161458.1。

绶贝 *Mauritia mauritiana*，16S：AY161474.1。

花枕绶贝 *M. eglantina*，16S：AY161469.1。

扁圆绶贝 *M. depressa*，16S：AY161476.1，等 2 条。

阿文绶贝 *M. arabica*，16S：AY534367.1，等 4 条。

网纹绶贝 *M. scurra*，16S：AY161478.1，等 2 条。

虎斑宝贝 *Cypraea tigris*，16S：AY161489.1，等 2 条；18S：AY161488.1。

卵黄宝贝 *C. vitellus*，16S：AY161457.1。

龟甲贝 *Chelycypraea testudinaria*，16S：AY161442.1。

断带呆足贝 *Blasicrura interrupta*，16S：AY161595.1。

瘦熊呆足贝 *B. kieneri*，16S：AY161542.1，等 3 条。

甲胄螺 *Casmaria erinaceus*，12S：KC505344.1；16S：KC505353.1。

笨甲胄螺 *C. ponderosa*，16S：KC505352.1，等 7 条；12S：KC505343.1，等 7 条。

环沟嵌线螺 *Cymatium cingulatum*，18S：HQ834000.1；16S：HQ833982.1；12S：HQ833860.1。

蝌蚪螺 *Gyrineum gyrinum*，16S：JX241103.1；18S：JX241155.1。

网纹扭螺 *Distorsio reticulate*，16S：HQ833981.1；18S：HQ833999.1；12S：HQ833859.1。

蛙螺 *Bursa bufonia*，28S：JX241158.1；16S：JX241104.1；18S：JX241152.1。

粒蛙螺 *B. granularis*，16S：JX241134.1，等 10 条；18S：JX241145.1，等 2 条；28S：JX241161.1。

紫口蛙螺 *B. rhodostoma*，16S：JX241131.1，等3条；18S：JX241153.1，等2条；28S：JX241224.1，等 2 条。

黑口蛙螺 *B. lamarckii*，16S：JX241125.1，等 5 条；18S：JX241149.1，等 3 条；28S：JX241164.1，等 3 条。

红口土发螺 *Tutufa rubeta*，16S：JX241133.1，等 4 条；28S：JX241225.1，等 2 条。

前丽赤蛙螺 *Bufonaria perelegans*，16S：JX241118.1，等 3 条；28S：JX241222.1；18S：JX241151.1。

琵琶螺 *Ficus ficus*，16S：HQ833985.1；18S：HQ834003.1；12S：HQ833863.1。

杂色琵琶螺 *F. variegate*，28S：AB485876.1，等 6 条；18S：AF165415.1，等 3 条。

纵胀环肋螺 *Cirsotrema varicosum*，28S：JF750966.1；16S：JF750950.1。

海蜗牛 *Janthina janthina*，28S：JF750957.1；16S：JF750941.1。

配景轮螺 *Architectonica perspectiva*，16S：FJ917251.1；28S：FJ917231.1；18S：FJ917221.1，等 2 条。

褐粒间粒螺 *Viriola tricincta*，28S：AB930342.1。

脉红螺 *Rapana venosa*，16S：HE584278.1；28S：HE584196.1，等 3 条；16S：GU188085.1，等 6 条；12S：HE584115.1。

梨形红螺 *R. rapiformis*，28S：EU391561.2；18S：HQ834012.1；12S：HQ833873.1。

浅缝骨螺 *Murex trapa*，28S：HM583721.1，等 2 条；16S：GU188090.1，等 5 条；12S：HQ833874.1。

女巫骨螺 *M. troscheli*，18S：U86312.1。

栉棘骨螺 *M. pectin*，28S：FN651969.1；16S：FN651903.1；12S：FN651861.1。

泵骨螺 *Haustellum haustellum*，16S：FN651902.1；28S：FN651968.1；12S：FN651860.1。

钓鱼台泵骨螺 *H. senkakuensis*，16S：FN651902.1；28S：FN651968.1；12S：FN651860.1。

鹿角棘螺 *Chicoreus axicornis*，28S：FN651964.1；16S：FN651898.1；12S：FN651856.1。

亚洲棘螺 *C. asianus*，28S：HM583728.1，等 3 条；16S：GU188098.1，等 8 条；18S：HQ834013.1；12S：HQ833875.1。

褐棘螺 *C. brunneus*，28S：FN651965.1；16S：FN651899.1；12S：FN651857.1。

焦棘螺 *C. torrefactus*，28S：HM583730.1，HM583729.1；16S：GU188103.1，等 5 条。

紫唇拟棘螺 *Chicomurex laciniatus*，28S：FN651963.1；16S：FN651897.1；12S：FN651855.1。

大黎翼螺 *Pterynotus elongates*，28S：FN651972.1；16S：FN651906.1；12S：FN651864.1。

草莓结螺 *Morula uva*，16S：HE583957.1，等 5 条；28S：HE583883.1，HE583882.1；12S：HE583808.1，等 6 条。

镶珠结螺 *M. musiva*，28S：HM583748.1，等 2 条；16S：GU188165.1，等 2 条；18S：HQ834016.1；12S：HQ833881.1，等 2 条。

白瘤结螺 *M. anaxares*，16S：HE583927.1，等 2 条；12S：HE583775.1，等 2 条；28S：EU391541.2。

索结螺 *M. funiculata*，16S：HE583982.1，等 3 条；28S：HE583898.1，等 3 条；12S：HE583825.1，等 3 条。

紫结螺 *M. purpureocincta*，16S：HE583986.1，等 3 条；28S：HE583902.1，等 3 条；12S：HE583830.1，等 3 条。

优美结螺 *M. biconica*，28S：HE583872.1；12S：HE583792.1；16S：HE583942.1。

条纹优美结螺 *M. striata*，16S：HE583952.1，等 3 条；28S：HE583881.1，等 3 条；12S：HE583802.1，等 3 条。

棘优美结螺 *M. spinosa*，16S：HE583949.1，等 3 条；28S：HE583878.1，等 4 条；12S：HE583799.1，等 3 条。

核果螺 *Drupa morum*，28S：HE584468.1，等 9 条；12S：HE584424.1，等 10 条；16S：FN677449.1。

角核果螺 *D. cornus*，16S：HE583972.1，等 2 条；12S：FR854006.1，等 11 条；28S：FR853924.1，等 11 条。

粗糙核果螺 *D. rugosa*，16S：HE583974.1，等 3 条；12S：FR854011.1，等 11 条；28S：FR853929.1，等 11 条。

小核果螺 *Drupella fragum*，16S：HE583973.1；12S：FR854055.1，等 13 条；28S：FR853973.1，等 13 条。

珠母小核果螺 *D. margariticola*，16S：HE583971.1；12S：HQ833879.1。

润泽角口螺 *Ceratostoma rorifluum*，28S：HM583725.1，等 7 条；16S：GU188156.1，等 9 条。

铁斑荔枝螺 *Thais aculeate*，28S：FN677477.1；16S：FN677426.1；12S：FN677374.1.

疣荔枝螺 *T. clavigera*，16S：AB044249.1，等 27 条；28S：HE584200.1；18S：AB377650.1，等 4

条；12S：HQ833876.1，等 2 条。

刺荔枝螺 *T. echinata*，16S：HE584252.1；28S：HE584175.1；12S：HE584089.1。

蛎敌荔枝螺 *T. gradata*，16S：HE584241.1，等3条；18S：HQ834017.1；28S：HE584164.1，等3条；12S：HE584078.1，等 2 条。

角瘤荔枝螺 *T. tuberosa*，16S：FN677424.1，等 4 条；12S：FN677372.1；28S：EU391564.2，等 3 条。

武装荔枝螺 *T. armigera*，16S：HE584304.1；28S：HE584214.1；12S：HE584134.1。

瘤荔枝螺 *T. bronni*，18S：GQ219794.1，等 2 条；16S：FJ460471.1；28S：FR696151.1；12S：FR696282.1。

蟾蜍荔枝螺 *T. bufo*，16S：HE584305.1；28S：HE584215.1；12S：HE584135.1。

淡红荔枝螺 *T. rufotincta*，16S：HE584244.1；28S：HE584167.1；12S：HE584081.1。

桃荔枝螺 *Purpura persica*，16S：HE584277.1，等4条；28S：HE584195.1，等3条；12S：HE584114.1，等 3 条。

白斑荔枝螺 *P. rudolphi*，16S：HQ833968.1；12S：HQ833919.1。

蓝螺 *Nassa serta*，16S：HE584258.1；28S：EU391555.2，HE584181.1；12S：HE584096.1。

褶链棘螺 *Siratus pliciferoides*，12S：FN651866.1；28S：FN651974.1；16S：FN651908.1。

宝塔肩棘螺 *Babelomurex spinosus*，12S：FN391965.1；28S：FN651955.1；16S：FN651890.1。

畸形珊瑚螺 *Coralliophila erosa*，12S：FN391971.1，等 2 条；28S：AJ420257.1，FR853896.1。

紫珊瑚螺 *C. neritoideam*，28S：AJ420258.1；12S：AJ293679.1。

布尔小笔螺 *Mitrella burchardi*，16S：JN052966.1，HQ833970.1。

双带小笔螺 *M. bicincta*，16S：AB044273.1，等 5 条；18S：HQ834004.1。

花纹麦螺 *Euplica scripta*，18S：HQ833990.1，等 2 条；16S：HQ833924.1；12S：HQ833851.1。

侧平肩螺 *Japelion latus*，12S：HQ833888.1；28S：EU399880.1；18S：EU236271.1。

褐管蛾螺 *Siphonalia spadicea*，28S：EU399874.1；18S：EU236268.1。

略胀管蛾螺 *S. subdilatata*，28S：EU399878.1；18S：EU236267.1。

方斑东风螺 *Babylonia areolata*，16S：DQ314761.1，等5条；12S：HQ833886.1；18S：EF117975.1，等 8 条；28S：EU399873.1。

台湾东风螺 *B. formosae*，16S：DQ314762.1。

泥东风螺 *B. lutosa*，16S：AB044255.1，HQ833937.1；18S：HQ834022.1；12S：HQ833887.1。

甲虫螺 *Cantharus cecillei*，18S：EU236270.1，等2条；12S：HQ833883.1；28S：EU399879.1；16S：JN052942.1，等 2 条。

焦甲虫螺 *C. melanostomus*，16S：JN052977.1，等 2 条；12S：HQ833882.1。

花斑蛇首螺 *Colubraria muricata*，28S：FM999151.1；16S：FM999130.1；12S：FM999099.1。

光泽蛇首螺 *C. nitidula*，28S：FM999154.1；16S：FM999133.1；12S：FM999102.1。

长角螺 *Hemifusus colosseus*，16S：HQ260593.1，等 6 条；18S：HQ834024.1；12S：HQ833890.1。

管角螺 *H. tuba*，16S：JN052959.1，等 8 条；18S：HQ834026.1，等 2 条；12S：HQ833892.1，等 2 条。

细角螺 *H. ternatanus*，16S：JN052951.1，等 5 条；12S：HQ833889.1；18S：HQ834023.1。

半褶织纹螺 *Nassarius semiplicatus*，16S：JQ975722.1，等 2 条。

秀丽织纹螺 *N. festivus*，16S：AB044251.1，等 46 条；12S：HQ833905.1，等 3 条。

光织纹螺 *N. dorsatus*，16S：JQ975714.1，JQ975713.1。

红带织纹螺 *N. succinctus*，16S：JQ975666.1，等 27 条；18S：HQ834034.1，等 2 条；12S：HQ833901.1，等 2 条。

西格织纹螺 *N. siquijorensis*，16S：JQ975667.1，等 2 条。

扩张织纹螺 *N. sufflatus*，16S：GU393378.1。

节织纹螺 *N. hepaticus*，16S：JQ975641.1，等 37 条；12S：HQ833897.1，等 2 条；18S：HQ834031.1，等 27 条。

方格织纹螺 *N. conoidalis*，16S：JQ975726.1，等 5 条；18S：HQ834029.1，等 4 条；12S：HQ833895.1，等 2 条。

暗色织纹螺 *N. pullus*，16S：JQ975721.1，等 9 条；12S：HQ833903.1，等 2 条。

方形织纹螺 *N. acuminatus*，16S：GU393377.1。

活织纹螺 *N. livescens*，16S：JQ975671.1，等 4 条。

表织纹螺 *N. sufflatus*，16S：GU393378.1。

黑纹山黧豆螺 *Latirus turritus*，16S：HQ401714.1，等 2 条；12S：HQ401651.1。

长尾纺锤螺 *Fusinus longicaudus*，16S：JN052965.1，等 4 条；12S：HQ833908.1，等 2 条；18S：HQ834038.1，等 2 条。

灰色榧螺 *Oliva mustelina*，16S：KF186639.1，等 9 条。

伶鼬榧螺 *O. mustelina*，16S：KF186638.1，等 9 条。

瓜参笔螺 *Mitra cucumerina*，28S：AY296899.1，等 3 条；cox1：AY296839.1；18S：EU289832.1。

绳纹菖蒲螺 *Vexillum plicarium*，28S：FM999142.1；16S：FM999112.1；12S：HQ665033.1，等 2 条。

贞洁菖蒲螺 *V. virgo*，12S：HQ665042.1。

粗糙菖蒲螺 *V. rugosum*，12S：HQ665032.1。

肋菖蒲螺 *V. subdivisum*，12S：HQ665036.1。

土豚拳螺 *Afer cumingii*，16S：JX469113.1，等 2 条。

巨旋纵轴螺 *Fusiaphera macrospira*，12S：FR718427.1。

中华衲螺 *Cancellaria sinensis*，16S：AB044274.1。

金刚螺 *Sydaphera spengleriana*，18S：HQ833989.1；16S：HQ833971.1；12S：HQ833850.1。

环蕾螺 *Gemmula diomedea*，28S：EU819856.1，等 17 条；16S：GU345775.1，等 2 条；12S：GU300027.1，等 2 条。

美丽蕾螺 *G. speciosa*，28S：EU819849.1，等 6 条；12S：GU300030.1，等 2 条。

环领导乐飞螺 *Lophiotoma cingulifera*，16S：GU585765.1，等 2 条；12S：EF467342.1，等 2 条；28S：EU127890.1，等 2 条。

白龙骨乐飞螺 *L. leucotropis*，18S：HQ834048.1；16S：HQ833966.1；12S：HQ833917.1。

莓实乐飞螺 *L. unedo*，12S：EF467349.1。

环塔螺 *Turris annulata*，12S：GU300000.1；16S：GU345750.1。

大塔螺 *T. grandis*，12S：GU300004.1，等 2 条；16S：GU345754.1，等 2 条。

诺曼塔螺 *T. normandavidsoni*，12S：GU300016.1，等 2 条；16S：GU471189.1，等 2 条。

下背塔螺 *T. undosa*，16S：GU345765.1，等 4 条；12S：GU300015.1，等 4 条。

爪哇拟塔螺 *Turricula javana*，12S：HQ833915.1；16S：HQ833964.1。

假奈拟塔螺 *T. nelliae*，cox1：JF276924.1。

旋塔螺 *Cochlespira pulchella*，16S：EU685781.1，等 2 条；28S：等 3 条；12S：HQ401602.1，等 2 条；18S：EU015495.1，等 3 条。

瘤微螺 *Carinapex minutissima*，12S：HQ401597.1；18S：EU015465.1；28S：EU015575.1。

内染裁判螺 *Inquisitor intertincta*，16S：JF823600.1；12S：JF823578.1。

杂色裁判螺 *I. varicosa*，12S：JF823579.1；16S：JF823601.1。

线缝摺塔螺 *Ptychobela suturalis*，cox1：JF276939.1。

浅带核塔螺 *Turridrupa albofasciata*，28S：EU820047.1。

波塔螺 *T. bijubata*，12S：GU585769.1，等 2 条；16S：GU471192.1，等 2 条。

强壮长吻螺 *Cheungbeia robusta*，cox1：JF276934.1。

瘤棒螺 *Clavus viduus*，12S：JF823574.1；16S：JF823596.1。

丽钟螺 *Horaiclavus splendidus*，12S：HQ401621.1；18S：EU015423.1；28S：EU015533.1。

微瘤螺 *Carinapex minutissima*，12S：HQ401597.1；18S：EU015465.1；28S：EU015575.1。

芋塔螺 *Lovellona atramentosa*，12S：HQ401628.1；16S：HQ401692.1。

屈氏轴缺螺 *Anarithma drivssi*，28S：EU015560.1；18S：EU015450.1。

乌腰窄口螺 *Lienardia rubida*，12S：JF823592.1；16S：JF823613.1。

和蔼肋桂螺 *Tritonoturris amabilis*，12S：JF823594.1；16S：JF823615.1。

玛瑙芋螺 *Conus achatinus*，12S：KJ550958.1，等 2 条；16S：KJ550552.1，等 2 条。

沙芋螺 *C. arenatus*，12S：KJ551317.1，等 2 条；16S：KJ550562.1，等 5 条。

宫廷芋螺 *C. aulicus*，12S：KJ551283.1，等 2 条；16S：KJ550564.1，等 4 条。

金发芋螺 *C. auricomus*，12S：KJ551297.1；16S：KJ550565.1。

南方芋螺 *C. australis*，12S：KJ550966.1，等 2 条；16S：KJ550798.1，等 2 条。

绕圈芋螺 *C. balteatus*，12S：KJ551082.1，等 2 条；16S：KJ550802.1，等 2 条。

桶形芋螺 *C. betulinus*，12S：KJ550968.1，等 3 条；16S：KJ550569.1，等 6 条；18S：HQ834044.1。

小芋螺 *C. biliosus*，12S：KJ551273.1；16S；KJ550570.1。

泡芋螺 *C. bullatus*，12S：KJ551261.1，等 2 条；16S：KJ550574.1，等 4 条。

格芋螺 *C. cancellatus*，12S：KJ550993.1，等 2 条；16S：KJ550579.1，等 3 条。

峡谷芋螺 *C. canonicus*，12S：KJ551298.1；16S：KJ550580.1，等 2 条。

大尉芋螺 *C. capitaneus*，12S：KJ551275.1；16S：KJ550582.1，等 4 条。

独特芋螺 *C. caracteristicus*，12S：KJ551306.1；16S：KJ550583.1，等 2 条。

猫芋螺 *C. catus*，12S：KJ551322.1，等 3 条；16S：KJ550812.1，等 4 条；28S：EU679091.1。

加勒底芋螺 *C. chaldaeus*，12S：KJ551270.1，等 2 条；16S：KJ550813.1，等 3 条。

姜氏芋螺 *C. chiangi*，12S：GU134364.1，等 2 条；16S：GU134361.1，等 2 条。

阳刚芋螺 *C. circumcises*，12S：KJ551316.1，等 3 条；16S：KJ550815.1，等 5 条；18S：EU015524.1。

腔芋螺 *C. coelinae*，12S：KJ551097.1，等 2 条；16S：KJ550816.1。

咖啡芋螺 *C. coffeae*，12S：KJ551095.1，等 2 条；16S：KJ550817.1，等 4 条。

相称芋螺 *C. consors*，12S：KJ550997.1，等 3 条；16S：KJ550592.1，等 5 条；18S：EU015526.1；28S：EU015636.1。

花冠芋螺 *C. coronatus*，12S：KJ551245.1，等 3 条；16S：KJ550819.1，等 5 条。

护展芋螺 *C. distans*，12S：KJ551286.1，等 2 条；16S：KJ550822.1，等 5 条。

贵妃芋螺 *C. dusaveli*，12S：KJ551018.1；16S：KJ550605.1。

希伯来芋螺 *C. ebraeus*，12S：KJ551268.1，等 3 条；16S：EU492440.1，等 33 条。

象牙芋螺 *C. eburneus*，12S：KJ551308.1，等 4 条；16S：KJ550825.1，等 4 条；28S：EU679095.1。

佳芋螺 *C. eugrammatus*，12S：EU685489.1；18S：EU015509.1。

雪花芋螺 *C. excelsus*，12S：KJ551034.1，等 3 条；16S：KJ550836.1，等 3 条。

精干芋螺 *C. eximius*，12S：KJ551035.1；16S：KJ550613.1。

陶芋螺 *C. figulinus*，12S：KJ550977.1；16S：AF160702.1。

黄芋螺 *C. flavidus*，12S：KJ551294.1；16S：KJ550617.1，等 3 条。

金枣芋螺 *C. floccatus*，12S：KJ551085.1；16S：KJ550840.1。

将军芋螺 *C. generalis*，12S：KJ551257.1，等 5 条；16S：KJ550847.1，等 8 条；18S：EU015523.1；28S：EU015633.1。

橡实芋螺 *C. glans*，12S：KJ551333.1，等 3 条；16S：KJ550627.1，等 5 条。

粒芋螺 *C. grangeri*，12S：KJ550978.1；16S：KJ550630.1。

平濑芋螺 *C. hirasei*，12S：KJ551201.1；16S：KJ550852.1。

堂皇芋螺 *C. imperialis*，12S：KJ551274.1，等 4 条；16S：KJ550857.1，等 9 条。

紫芋螺 *C. ione*，12S：KJ551190.1，等 5 条；16S：KJ550859.1，等 3 条。

龙柱芋螺 *C. kimioi*，12S：KJ551161.1；16S：KJ550860.1。

木下芋螺 *C. kinoshitai*，12S：FJ937337.1，等 2 条；16S：FJ937345.1，等 2 条。

使节芋螺 *C. legatus*，12S：KJ551289.1；16S：KJ550646.1，等 2 条。

豹芋螺 *C. leopardus*，12S：KJ551328.1；16S：KJ550648.1，等 2 条。

信号芋螺 *C. litteratus*，12S：KJ551311.1，等 3 条；16S：KJ550867.1，等 6 条。

疣缟芋螺 *C. lividus*，12S：KJ551365.1，等 4 条；16S：KJ550773.1，等 5 条；28S：KJ603293.1，等 15 条。

黄金芋螺 *C. luteus*，12S：KJ551305.1；16S：KJ550658.1。

锐芋螺 *C. lynceus*，12S：KJ550980.1；16S：KJ550660.1，等 2 条。

华丽芋螺 *C. magnificus*，12S：KJ550995.1；16S：AY382013.1。

幻芋螺 *C. magus*，12S：KJ551258.1，等 3 条；16S：KJ550662.1，等 6 条。

黑芋螺 *C. marmoreus*，12S：KJ551320.1，等 2 条；16S：KJ550874.1，等 7 条；28S：KJ603302.1，等 2 条。

勇士芋螺 *C. miles*，12S：KJ551272.1，等 5 条；16S：KJ550877.1，等 9 条；18S：DQ916538.1；28S：DQ916564.1，等 6 条。

粟芋螺 *C. miliaris*，12S：KJ551263.1，等 2 条；16S：KJ550878.1，等 4 条。

笔芋螺 *C. mitratus*，12S：KJ551014.1；16S：KJ550678.1。

僧芋螺 *C. monachus*，12S：FJ868050.1，等 2 条；16S：EU078938.1，等 2 条。

桑芋螺 *C. moreleti*，12S：KJ551291.1，等 2 条；16S：KJ550683.1，等 3 条。

尖芋螺 *C. muriculatus*，12S：KJ551302.1，等 2 条；16S：KJ550881.1，等 5 条；28S：KJ603303.1。

乐谱芋螺 *C. musicus*，12S：KJ551307.1；16S：EU584422.1，等 6 条。

伶鼬芋螺 *C. mustelinus*，12S：KJ551264.1，等 2 条；16S：KJ550689.1，等 4 条。

白地芋螺 *C. nussatella*，12S：KJ551341.1，等 2 条；16S：KJ550883.1，等 3 条。

暗芋螺 *C. obscurus*，12S：KJ551260.1，EU794321.1；16S：KJ550695.1，等 4 条。

棱形芋螺 *C. orbignyi*，12S：GU131281.1，等 7 条；16S：GU131293.1，等 5 条；18S：EU015496.1；28S：EU015606.1。

宝塔芋螺 *C. pagodus*，12S：JF496216.1，等 2 条；16S：JF496227.1，等 2 条；18S：EU015504.1；28S：EU015614.1。

主教芋螺 *C. pennaceus*，12S：GQ424518.1，等 18 条；16S：GQ424501.1，等 16 条。

点芋螺 *C. pertusus*，12S：KJ551299.1，等 2 条；16S：KJ550888.1，等 3 条。

平坦芋螺 *C. planorbis*，12S：KJ551236.1，等 2 条；16S：KJ550700.1，等 7 条。

肿胀芋螺 *C. praecellens*，12S：KJ551090.1，等 6 条；16S：AB044276.1，等 7 条。

斑疹芋螺 *C. pulicarius*，12S：KJ551271.1，等 3 条；16S：KJ550896.1，等 4 条。

蜡黄芋螺 *C. quercinus*，12S：KJ551287.1，等 3 条；16S：KJ550898.1，等 7 条；28S：KJ603300.1。

血迹芋螺 *C. sanguinolentus*，12S：KJ551295.1；16S：KJ550718.1，等 4 条；18S：HQ834046.1；28S：KJ603299.1，等 13 条。

斯氏芋螺 *C. schepmani*，16S：KJ550591.1。

俪芋螺 *C. sponsalis*，12S：KJ551288.1，等 2 条；16S：EU584432.1，等 50 条。

飞弹芋螺 *C. stercusmuscarum*，12S：EU682294.1；16S：AF174200.1，等 3 条。

条纹芋螺 *C. striatellus*，12S：KJ551252.1；16S：KJ550725.1，等 4 条。

线纹芋螺 *C. striatus*，12S：KJ551266.1，等 3 条；16S：KJ550910.1，等 7 条。

大佛塔芋螺 *C. stupa*，12S：KJ551159.1，等 2 条；16S：KJ550912.1，等 2 条。

杉木芋螺 *C. sugimotonis*，12S：KJ551076.1；16S：KJ550913.1。

沟芋螺 *C. sulcatus*，12S：KJ551253.1，等 11 条；16S：KJ550916.1，等 11 条；18S：EU015503.1；28S：EU015613.1。

细线芋螺 *C. tenuistriatus*，12S：KJ551091.1，等 2 条；16S：KJ550732.1，等 3 条。

寺町芋螺 *C. teramachii*，12S：KJ551255.1，等 5 条；16S：KJ550928.1，等 5 条。

竹笋芋螺 *C. terebra*，12S：KJ551277.1，等 2 条；16S：KJ550734.1，等 3 条。

方斑芋螺 *C. tessulatus*，12S：KJ551367.1，等 4 条；16S：KJ550929.1，等 7 条；28S：EU679109.1。

织锦芋螺 *C. textile*，12S：KJ551332.1，等 7 条；16S：KJ550930.1，等 13 条；18S：HQ834045.1。

爱猫芋螺 *C. tribblei*，12S：KJ551256.1，等 2 条；16S：KJ550740.1，等 3 条。

马兰芋螺 *C. tulipa*，12S：KJ551351.1，等 3 条；16S：KJ550934.1，等 4 条。

变芋螺 *C. varius*，12S：KJ551259.1，等 2 条；16S：KJ550935.1，等 4 条。

菖蒲芋螺 *C. vexillum*，12S：KJ551290.1，等 3 条；16S：KJ550937.1，等 7 条。

枝条芋螺 *C. vimineus*，12S：EU682297.1；16S：EU682306.1；28S：EU679111.1。

贞洁芋螺 *C. virgo*，12S：KJ551375.1，等 3 条；16S：KJ550938.1，等 4 条；28S：KJ603301.1。

犊纹芋螺 *C. vitulinus*，12S：KJ551284.1；16S：KJ550701.1，等 2 条。

卷芋螺 *C. voluminalis*，12S：KJ551114.1；16S：KJ550939.1。

朝鲜笋螺 *Terebra koreana*，12S：HQ833921.1。

三列笋螺 *T. triseriata*，12S：JF823586.1，等 17 条；16S：JF823608.1，等 12 条；28S：KJ710243.1，等 13 条。

拟笋螺 *T. affinis*，12S：JQ808606.1，等 28 条；16S：EU685751.1，等 28 条；28S：KJ710172.1，等 18 条。

锥笋螺 *T. subulata*，12S：EU685402.1，等 3 条；16S：EU685693.1，等 6 条；28S：KJ710211.1，等 2 条。

白斑笋螺 *T. guttata*，12S：EU685405.1，等 3 条；16S：EU685696.1，等 3 条。

分层笋螺 *T. dimidiata*，12S：JQ808633.1；16S：JQ808844.1，等 2 条；28S：KJ710193.1，等 3 条。

锯齿笋螺 *T. crenulata*，12S：EU685479.1，等 7 条；16S：GU471194.1，等 9 条；28S：JQ808980.1。

索笋螺 *T. funiculata*，12S：JQ808657.1，等 4 条；16S：EU685707.1，等 4 条；28S：KJ710202.1，等 3 条。

光亮笋螺 *T. argus*，12S：EU685442.1；16S：EU685734.1；28S：JQ808987.1。

编织笋螺 *T. textilis*，12S：EU685477.1，等 7 条；16S：EU685770.1，等 12 条；18S：EU015525.1；28S：KJ710222.1，等 7 条。

三乐笋螺 *T. trismacaria*，12S：EU685389.1，等 4 条；16S：EU685680.1，等 4 条；28S：JQ808999.1。

巴比伦笋螺 *T. babylonia*，12S：EU685446.1，等 2 条；16S：EU685738.1，等 2 条；28S：JQ808988.1。

细沟笋螺 *T. cingulifera*，12S：JQ808646.1，等 5 条；16S：EU685755.1，等 10 条；18S：EU015510.1；28S：KJ710200.1，等 4 条。

灯笼笋螺 *T. succincta*，12S：JQ808689.1，等 22 条；16S：EU685775.1，等 21 条；18S：EU015507.1；28S：KJ710220.1。

钟氏笋螺 *T. jungi*，12S：EU685385.1，等 4 条；16S：EU685676.1，等 4 条；28S：JQ808984.1，等 2 条。

似白矛螺 *Hastula albula*，12S：JQ808565.1，等 6 条；16S：EU685773.1，等 7 条；28S：KJ710146.1，等 6 条。

黑白矛螺 *H. hectica*，12S：JQ808566.1，等 4 条；16S：EU685762.1，等 8 条；28S：KJ710147.1，等 2 条。

条纹矛螺 *H. lanceata*，12S：JQ808569.1，等 3 条；16S：EU685631.1，等 4 条；28S：JQ808958.1。

画笔矛螺 *H. penicillata*，12S：EU685473.1，等 2 条；16S：EU685766.1，等 2 条；28S：KJ710148.1，等 2 条。

秀美矛螺 *H. strigilata*，12S：JQ808577.1，等 6 条；16S：EU685727.1，等 7 条；28S：JQ808962.1，等 2 条。

柏氏双层螺 *Duplicaria baileyi*，12S：JQ808532.1，等 2 条；16S：JQ808729.1，等 2 条；28S：JQ808949.1。

甘蓝双层螺 *D. raphanula*，12S：JQ808533.1，等 2 条；16S：JQ808731.1；28S：JQ808951.1。

坚固蛹螺 *Pupa solidula*，16S：EF489319.1；18S：AY427516.1；28S：AY427481.1。

泡螺 *Hydatina physis*，16S：DQ986637.1；18S：AY427515.1，等 3 条；28S：DQ986699.1，等 3 条。

枣螺 *Bulla vernicosa*，16S：DQ986636.1，等 4 条；18S：DQ923452.1，等 2 条；28S：DQ927220.1，

等 5 条。

壶腹枣螺 *B. ampulla*，16S：DQ986592.1，等 17 条；28S：DQ927207.1，等 16 条。

东方枣螺 *B. orientalis*，16S：DQ986597.1，等 2 条；28S：DQ986659.1。

泥螺 *Bullacta exarata*，12S：HQ833922.1；16S：HQ833986.1，等 2 条；18S：HM100713.1，等 2 条；28S：HM100714.1。

东方壳蛞蝓 *Philine orientalis*，16S：JQ691687.1，等 4 条。

条纹拟海牛 *Philinopsis lineolata*，16S：AM421839.1，等 2 条；28S：AM421959.1，等 2 条。

褐斑燕尾海牛 *Chelidonura fulvipunctata*，16S：AM421849.1；28S：AM421971.1。

燕尾海牛 *C. hirundinina*，16S：JN825101.1，等 8 条；28S：AM421970.1，等 2 条。

无饰燕尾海牛 *C. inornata*，16S：JN825105.1，等 4 条；18S：AY165752.1；28S：AY427473.1，等 3 条。

黄斑燕尾海牛 *C. tsurugensis*，16S：JN825113.1，等 3 条。

腹翼螺 *Gastropteron meckeli*，28S：DQ237990.1。

杂斑海兔 *Aplysia juliana*，12S：DQ916441.1，等 2 条；16S：AF192292.1；18S：DQ916539.1；28S：DQ916567.1。

黑斑海兔 *A. kurodai*，12S：AF192288.1；16S：JX560138.1，等 3 条。

网纹海兔 *A. pulmonica*，16S：JX560140.1，等 2 条。

黑指纹海兔 *A. dactylomela*，12S：AF192285.1；16S：JX560136.1，等 5 条。

眼斑海兔 *A. oculifera*，12S：AF192290.1；16S：AF192302.1。

书纹管海兔 *Syphonota geographica scripta*，28S：DQ237972.1。

斧壳海兔 *Dolabrifera dolabrifea*，12S：AF156117.1；16S：AF156133.1；18S：DQ237960.1；28S：DQ237973.1。

枝叶海兔 *Petalifera ramosa*，12S：AF156121.1，等 2 条；16S：AF156137.1，等 2 条。

马蹄蛾螺 *Limacina trochiformis*，28S：KC774153.1，等 2 条。

泡蛾螺 *L. bulimoides*，28S：KC774152.1，等 5 条。

胖蛾螺 *L. inflata*，28S：KC774157.1。

芽笔帽螺 *Creseis virgula*，28S：KC774133.1，等 8 条。

锥笔帽螺 *C. virgula conica*，28S：KC774140.1，等 2 条。

尖笔帽螺 *C. acicula*，28S：KC774135.1，等 6 条。

棒笔帽螺 *C. clava*，18S：GU969166.1。

环箍笔帽螺 *C. chierchiae*，28S：KC774136.1，等 3 条。

锥棒螺 *Styliola subula*，28S：KC774111.1，等 4 条。

蛆状螺 *Cuvierina columnella*，18S：DQ237965.1；28S：KC774106.1，等 2 条。

厚唇螺 *Diacria trispinosa*，28S：KC774117.1。

四齿厚唇螺 *D. quadridentata*，18S：DQ237968.1；28S：KC774114.1，等 2 条。

球龟螺 *Cavolinia globulosa*，28S：KC774141.1，等 2 条。

钩龟螺 *C. uncinata*，18S：DQ237964.1；28S：DQ237983.1。

宽弯龟螺 *C. inflexa labiata*，28S：KC774103.1，KC774102.1。

蝴蝶螺 *Desmopterus papilio*，18S：GU969171.1。

明月侧鳃 *Euselenops luniceps*，18S：KJ676807.1，AF249218.1；28S：AY427451.1。

阿德鳃 *Alderia modesta*，16S：DQ364418.1，等 12 条；28S：GU191030.1。

黑拟阿德鳃 *Alderiopsis nigra*，28S：KF921347.1。

三凹海天牛 *Elysia trisinuata*，16S：AB759020.1，DQ480174.1。

绿海天牛 *E. viridis*，16S：EU140863.1，等 4 条；18S：AY427499.1；28S：AF358807.1，等 5 条。

深绿海天牛 *E. satroviridis*，16S：AB759018.1，等 45 条。

黑头海天牛 *E. nigrocapitata*，16S：JX524802.1，等 2 条；28S：JX524803.1。

眼斑多叶鳃 *Placobranchus ocellatus*，16S：EU140876.1，等 50 条；18S：AY427497.1，等 2 条；28S：AY427459.1，等 5 条；cox1：DQ471270.1，等 2 条。

血红六鳃 *Hexabranchus sanguineus*，16S：AF430359.2。

被鞘鳃 *Thecacera pennigera*，16S：JX274059.1，等 2 条。

粟隅海牛 *Goniodoris castanea*，16S：AJ225187.1。

装饰法官海牛 *Cadlinella ornatissima*，16S：AY458802.1，等 4 条。

三叶突尾海牛 *Ceratosoma trilobatum*，16S：EU982784.1，等 2 条；18S：EF534025.1。

多瘤铬色海牛 *Mexichromis multituberculata*，16S：JQ727802.1。

节庆铬色海牛 *M. festiva*，16S：EF534051.2。

维尔海牛 *Verconia verconis*，16S：EF534046.2；18S：EF534036.1。

坚硬雷海牛 *Risbecia tryoni*，16S：EU982808.1，等 2 条；18S：EF534018.1。

黄斑高海牛 *Hypselodoris infucata*，16S：JQ727776.1，等 2 条；18S：FJ917442.1；28S：FJ917467.1。

滨海高海牛 *H. maritima*，16S：JQ727788.1。

斑点高海牛 *H. maculosa*，16S：JQ727785.1，等 2 条。

色斑高海牛 *H. obscura*，16S：EF534058.2，等 2 条；18S：EF534012.1。

黑边舌尾海牛 *Glossodoris atromarginata*，16S：JQ727746.1；18S：AF249211.1。

素色舌尾海牛 *G. sibogae*，16S：EF534063.2。

环带舌尾海牛 *G. cincta*，16S：EU982792.1，等 3 条；18S：EF534034.1。

桔边舌尾海牛 *G. rufomarginata*，16S：JQ727756.1，等 2 条。

东方多彩海牛 *Chromodoris orientalis*，18S：AB377610.1。

溅斑多彩海牛 *C. aspersa*，16S：JQ727705.1，等 2 条；18S：EF534026.1。

细纹多彩海牛 *C. striatella*，16S：KJ018908.1，等 2 条；18S：AY458809.1。

网纹多彩海牛 *C. tinctoria*，18S：AF188676.1。

地母多彩海牛 *C. geometrica*，16S：AY458805.1，等 3 条；18S：EF534029.1。

伊利多彩海牛 *C. elisabethina*，16S：JQ727713.1。

装饰多彩海牛 *C. decora*，16S：EU982786.1。

日本卡海牛 *Cadlina japonica*，16S：EU982765.1。

整齐盘海牛 *Discodoris concinna*，16S：AF249228.1；18S：AJ224781.1，等 2 条。

围鳃海牛 *Jorunna tomentosa*，16S：AJ225191.1；18S：AF249210.1。

线卷足海牛 *Nembrotha lineolata*，16S：EF142937.1。

尾脊卷毛海牛 *Plocamopherus tilesii*，16S：JX274064.1。

黑枝鳃海牛 *Dendrodoris nigra*，16S：AF249242.1；18S：GQ326871.1，等 3 条。

长枝鳃海牛 *D. elongata*，16S：AF430351.2。

瘤枝鳃海牛 *D. tuberculosa*，16S：AF430352.2。

瘤斑枝鳃海牛 *D. guttata*，18S：AB917461.1。

叶海牛 *Phyllidia varicosa*，16S：AF430364.2。

华美叶海牛 *P. elegans*，16S：AJ225201.1，等 2 条。

眼斑叶海牛 *P. ocellata*，16S：AF430363.2。

飞机叶海牛 *Fryeria rueppelli*，16S：AF430358.2。

狭长片鳃 *Armina semperi*，16S：HM162606.1。

东方伪二列鳃 *Pseudobornella orientalis*，16S：HM162628.1。

背苔鳃 *Notobryon wardi*，16S：JN869411.1，等 5 条。

白斑马蹄鳃 *Sakuraeolis enosimensis*，16S：HM162682.1，等 2 条。

红线扇羽鳃 *Flabellina rubrolineata*，16S：KJ018915.1。

赤蓑海牛 *Aeolidiella takanosimensis*，16S：JX087458.1，等 2 条。

乳突多蓑海牛 *Aeolidia papillosa*，16S：KF317848.1，等 20 条；18S：GU227371.1；28S：JQ699293.1；cox1：AY098927.1。

紫色翼蓑海牛 *Pteraeolidia ianthina*，16S：JQ699562.1；28S：JQ699382.1；18S：AB683861.1，等 80 条。

羽状菲纳鳃 *Fiona pinnata*，16S：JX087492.1。

中国耳螺 *Ellobium chinensis*，18S：AF190452.1。

美东尖耳螺 *Melampus bidentatus*，16S：HQ659874.1；18S：HQ659940.1；cox1：FJ693376.1，等 63 条。

艳尖耳螺 *M. luteus*，28S：AY014146.1。

微鸟来螺 *Auriculastra subula*，16S：HQ659872.1；18S：HQ659938.1。

缨女教士螺 *Pythia fimbriosa*，16S：HQ659894.1；18S：HQ659960.1。

甲虫女教士螺 *P. scarabaeus*，16S：HQ659895.1；18S：HQ659961.1。

条纹滨耳螺 *Melampus fasciatus*，16S：HQ659875.1；18S：HQ659941.1。

环带强齿螺 *Allochroa layardi*，16S：HQ659881.1；18S：HQ659947.1。

细条趾螺 *Laemodonta monilifera*，16S：HQ659951.1；18S：HQ659951.1。

日本菊花螺 *Siphonaria japonica*，16S：HQ650567.1；18S：HQ659933.1。

石磺 *Onchidium verruculatum*，28S：DQ256742.1。

双壳纲 BIVALVIA

芒蛤 *Solemya pusilla*，16S：U62130.1。

舟蚶 *Arca navicularis*，12S：JN974670.1，等 2 条；28S：JN974567.1；18S：JN974518.1，等 2 条。

偏胀蚶 *A. ventricosa*，28S：AB101612.1。

棕蚶 *Barbatia fusca*，12S：JN974679.1，等 2 条；28S：JN974575.1，等 2 条；18S：JN974526.1。

小须蚶 *B. parva*，12S：GQ166537.1；Cytb：GQ166599.1。

片须蚶 *B. lacerata*，12S：JN974663.1，等 2 条；28S：JN974561.1，等 3 条；18S：JN974510.1，等 2 条。

褶白蚶 *Acar plicata*，28S：AJ307533.1；18S：AJ389630.1。

鳞片扭蚶 *Trisidos kiyonoi*，12S：JN974675.1，等 2 条；28S：JN974572.1，等 2 条；18S：JN974523.1，等 2 条。

古蚶 *Anadara antiquata*，12S：JN974645.1，等 2 条；28S：JN974543.1，等 3 条；18S：JN974492.1，等 4 条。

密肋粗饰蚶 *A. crebricostata*，12S：JN974643.1，等 2 条；28S：JN974541.1，等 2 条；18S：JN 974490.1，等 2 条。

夹粗饰蚶 *A. vellicata*，12S：JN974641.1，等 2 条；28S：JN974539.1，等 2 条；18S：JN974488.1，等 2 条。

魁蚶 *Scapharca broughtonii*，*cox1*：KC588503.1，等 36 条；16S：AF305058.1；12S：JN974653.1，JN974652.1；28S：JN974551.1，等 6 条；18S：JN974500.1，等 2 条。

赛氏毛蚶 *S. satowi*，28S：AB101597.1。

不等壳毛蚶 *S. inaequivalvis*，12S：JN974651.1，等 2 条；18S：JN974498.1，等 2 条；28S：JN 974549.1，等 4 条。

毛蚶 *S. subcrenata*，12S：JN974655.1，等 2 条；18S：JN974502.1，等 3 条；28S：JN974553.1，等 10 条。

角毛蚶 *S. cornea*，12S：JN974649.1，等 2 条；18S：JN974496.1，等 2 条；28S：JN974547.1，等 2 条。

舵毛蚶 *S. gubernaculum*，12S：JN974647.1，等 2 条；28S：JN974545.1，等 2 条。

泥蚶 *Tegillarca granosa*，12S：JN974659.1，等 4 条；16S：JN974556.1；18S：KF733527.1，等 6 条；28S：JN974557.1，等 3 条。

结蚶 *T. nodifera*，12S：JN974657.1，等 2 条；18S：JN974503.1，等 2 条；28S：JN974555.1，等 2 条。

间褶拟蚶 *Arcopsis interplicata*，12S：JN974673.1，等 2 条；18S：JN974521.1，等 2 条；8S：JN 974570.1，等 2 条。

橄榄蚶 *Estellarca olivacea*，18S：EF613228.1。

褐蚶 *Didimacar tenebrica*，12S：JN974668.1；18S：JN974516.1，等 2 条。

粒帽蚶 *Cucullaea labiosa granulosa*，12S：JN974667.1，等 2 条；18S：JN974513.1，等 2 条；28S：JN974565.1，等 2 条。

厚壳贻贝 *Mytilus coruscus*，16S：GQ472150.1，等 12 条；18S：EF613242.1。

紫贻贝 *M. galloprovincialis*，16S：AB205194.1，等 40 条。

翡翠股贻贝 *Perna viridis*，16S：AB265680.1，等 9 条；18S：DQ640528.1，等 20 条；28S：DQ924555.1，等 7 条；cox1：DQ917612.1，等 30 条。

毛贻贝 *Trichomya hirsuta*，16S：GQ472163.1；18S：EU289830.1；28S：AY296874.1，等 5 条；cox1：AY296816.1。

变化短齿蛤 *Brachidontes variabilis*，16S：DQ836016.1，等 3 条；18S：KC904744.1，等 10 条；28S：AJ307536.1，等 3 条。

曲线索贻贝 *Hormomya mutabilis*，16S：GQ472178.1，等 5 条；18S：AB377685.1，等 2 条；28S：AB103124.1。

隔贻贝 *Septifer bilocularis*，18S：AJ389645.1，等 2 条。

隆起隔贻贝 *S. excisus*，16S：GQ472173.1，等 5 条；28S：AB103130.1。

条纹隔贻贝 *S. virgatus*，16S：AB372228.1，等 6 条；18S：KJ453817.1，等 2 条；28S：KJ453833.1，等 4 条。

肯氏隔贻贝 *S. keenae*，18S：AB377673.1。

耳偏顶蛤 *Modiolus auriculatus*，18S：AJ389644.1；28S：AJ307537.1。

安的列斯石蛏 *Lithophaga antillarum*，18S：AB201234.1。

多棘裂江珧 *Pinna muricata*，12S：GQ166555.1；16S：KJ365741.1，等 23 条；18S：KJ366011.1，等 29 条；28S：AB102754.1，等 28 条。

二色裂江珧 *P. bicolor*，16S：KJ365691.1，等 4 条；18S：KJ867461.1，等 8 条；28S：KJ366234.1，等 8 条。

囊形扭江珧 *P. saccata*，16S：KJ365742.1，等 52 条；18S：KJ366012.1，等 71 条；28S：AB102753.1，等 64 条。

旗江珧 *Atrina vexillum*，16S：JN944101.1，等 14 条；18S：JN182763.1，等 17 条；28S：JN182780.1，等 17 条。

马氏珠母贝 *Pinctada fucata martensi*，12S：JN974683.1；16S：AB214449.1；18S：AY877580.1，等 16 条；28S：AY877616.1，等 10 条。

珠母贝 *P. margaritifera*，12S：AB250256.1，等 7 条；16S：AB214436.1，等 10 条；18S：KF284003.1，等 11 条；28S：KF284013.1，等 19 条；cox1：KF284068.1，等 6 条。

长耳珠母贝 *P. chemnitzi*，16S：EF056476.1，等 2 条；18S：AY877497.1，等 8 条；28S：AY196791.1，等 5 条。

大珠母贝 *P. maxima*，12S：AB250255.118S：AY172345.1，等 2 条；28S：AY877505.1，等 9 条。

黑珠母贝 *P. nigra*，16S：AB214439.1，等 3 条；18S：KJ867460.1，等 5 条；28S：HQ329488.1，等 8 条。

白珠母贝 *P. albina*，12S：AB250260.1；16S：AB214438.1，等 3 条；18S：KC904729.1，等 7 条；28S：HQ329484.1，等 6 条。

射肋珠母贝 *P. radiate*，16S：AB214442.1，等 7 条；18S：KF284001.1，等 5 条；28S：KF284041.1，等 14 条；cox1：KF284062.1，等 4 条。

斑珠母贝 *P. maculata*，12S：AB250261.1；16S：AB214440.1；18S：AB594364.1，等 2 条；28S：AB102764.1，等 3 条。

鸦翅电光贝 *Electroma ovata*，18S：AB594365.1；28S：AB594414.1。

钳蛤 *Isognomon isognomum*，18S：AB594380.1，等 10 条；28S：AB594429.1，等 9 条。

豆荚钳蛤 *I. legumen*，18S：AJ389639.1；28S：AJ307551.1，等 2 条。

扁平钳蛤 *I. ephippium*，18S：AB594383.1，等 3 条；28S：AB594431.1，等 4 条。

浅色锯齿蛤 *Crenatula modiolaris*，18S：AB594396.1，等 8 条。

单韧穴蛤 *Vulsella vulsella*，18S：AB594378.1，等 3 条；28S：AB102765.1，等 4 条。

黑丁蛎 *Malleus malleus*，16S：HQ329412.1；18S：AB594371.1，等 3 条；28S：AB594420.1，等 3 条。

规矩丁蛎 *M. regula*，16S：HQ329414.1，等 2 条；18S：AB594374.1，等 7 条；28S：AB102766.1，等 6 条。

不规则丁蛎 *M. irregularis*，18S：AB594376.1；28S：AB594424.1，AB594425.1。

黄肋拟日月贝 *Propeamussium sibogai*，12S：HM600762.1；16S：HM600755.1；28S：HM600748.1。

长肋日月贝 *Amusium pleuronectes pleuronectes*，12S：HM630504.1，等 40 条；18S：DQ417591.1，等 7 条；28S：HM630508.1，等 10 条。

筛珊瑚扇贝 *Coralichlamys madreporarum*，12S：EU379397.1，等 3 条；16S：AJ571608.1，等 3 条；28S：HM630548.1，HM630547.1。

栉孔扇贝 *Chlamys farreri*，12S：HM622677.1，等 3 条；16S：AF526242.1，GU119980.1，等 14 条；18S：AF245687.1，等 7 条；28S：AF245688.1，等 13 条。

白条类栉孔扇贝 *Mimachlamys albolineata*，28S：AB102745.1。

特优扇贝 *Excellichlamys spectabilis*，12S：HM630461.1，等 2 条；16S：HM630462.1，等 2 条；18S：AJ389648.1；28S：HM630460.1，等 3 条。

西沙优扇贝 *E. xishaensis*，16S：DQ640847.1，等 8 条；18S：DQ873916.1，等 2 条。

美丽环扇贝 *Annachlamys macassarensis*，16S：DQ640847.1，等 8 条；18S：DQ873916.1，等 2 条。

核隐扇贝 *Cryptopecten nux*，12S：JF339043.1，等 2 条；16S：JF339091.1，等 2 条。

泡隐扇贝 *C. vesiculosus*，12S：HM630403.1，等 2 条；16S：HM630404.1，等 2 条；28S：HM630406.1，等 2 条。

平濑掌扇贝 *Volachlamys hirasei*，16S：GU119984.1，等 9 条。

荣套扇贝 *Gloripallium pallium*，12S：EU379410.1，等 2 条；16S：EU379464.1，等 2 条；28S：HM 630525.1。

箱形扇贝 *Pecten pyxidatus*，16S：KJ000195.1，等 9 条。

虾夷盘扇贝 *Patinopecten yessoensis*，12S：HM630452.1，等 2 条；16S：HM630453.1，等 2 条；18S：AJ389649.1；28S：HM630455.1，等 3 条。

襞蛤 *Plicatula plicata*，18S：AJ389651.1；28S：AJ307539.1。

澳洲襞蛤 *P. australis*，18S：AF229626.1；28S：AB102737.1。

脆壳雪锉蛤 *Limaria fragilis*，28S：AB102742.1。

圆栉锉蛤 *Ctenoides ales*，28S：AB102741.1。

环纹栉锉蛤 *C. annulata*，12S：EU379385.1；16S：EU379439.1；18S：AJ389653.1；28S：HM535655.1。

中华海菊蛤 *Spondylus sinensis*，18S：AF229629.1；28S：AB102750.1。

厚壳海菊蛤 *S. squamosus*，12S：HM600761.1，等 2 条；16S：HM600754.1，等 2 条；28S：HM600744.1，等 2 条。

异棘海菊蛤 *S. gaederopus*，12S：AJ571607.1；16S：JX227731.1，等 5 条；28S：FN667987.1；cox1：JF496776.1。

棘刺海菊蛤 *S. spinosus*，12S：KC821505.1，等 2 条；16S：KC821513.1，等 8 条。

中国不等蛤 *Anomia chinensis*，28S：AB105361.1。

盾形单筋蛤 *Monia umbonata*，28S：AB102738.1。

海月 *Placuna placenta*，16S：HQ840731.1；18S：KC429343.1；28S：KC429442.1。

舌骨牡蛎 *Hyotissa hyotis*，12S：GQ166545.1；16S：AY548883.1，等 6 条；18S：KJ867462.1，等

5 条；28S：LM993877.1，等 5 条；Cytb：GQ166613.1。

斑顶拟舌骨牡蛎 *Parahyotissa numisma*，16S：AY376598.1；18S：AJ389633.1；28S：AF137035.1，等 2 条。

长牡蛎 *Crassostrea gigas*，16S：HQ660964.1，等 15 条；18S：EU660791.1，等 17 条；28S：FJ544290.1，等 7 条；cox1：HQ718599.1，等 2 条。

香港巨牡蛎 *C. hongkongensis*，16S：JF808181.1，等 6 条；28S：GU338879.1，等 2 条。

近江牡蛎 *C. ariakensis*，16S：FJ743507.1，等 15 条；18S：GU189292.1，等 6 条；28S：KC847139.1，等 8 条；Cytb：KF272892.1，等 20 条；cox1：KC683508.1，等 2 条。

角巨牡蛎 *C. angulata*，16S：KC847117.1，等 10 条；28S：KC847138.1，等 2 条；cox1：KC683507.1，等 3 条。

僧帽牡蛎 *Saccostrea cucullata*，16S：KC747111.1；18S：KC747110.1，等 2 条；28S：AJ344329.1。

多刺牡蛎 *S. echinata*，16S：KC847127.1，等 3 条；28S：KC847148.1；cox1：KC683514.1，等 3 条。

团聚牡蛎 *S. glomerata*，16S：AF458911.1，等 2 条。

咬齿牡蛎 *S. mordax*，16S：KC847132.1，等 28 条；28S：KC847153.1，等 2 条。

刺牡蛎 *S. kegaki*，16S：KC847129.1，等 2 条；18S：EU072464.1；28S：KC847150.1，等 4 条。

密鳞牡蛎 *Ostrea denselamellosa*，16S：KC847124.1，等 9 条；18S：FJ356689.1，等 7 条；28S：KC847145.1，等 8 条。

疏纹牡蛎 *O. circumpicta*，18S：EU072462.1，等 2 条；28S：EU072462.1。

齿牡蛎 *Dendostrea folium*，16S：LM993884.1，等 4 条；28S：LM993870.1，等 3 条。

缘齿牡蛎 *D. crenulifera*，16S：KC847121.1，等 4 条；18S：EU072461.1；28S：KC847142.1，等 2 条；cox1：KC683511.1，等 2 条。

鸡冠牡蛎 *Lopha cristagalli*，16S：EF122393.1，等 2 条；18S：AJ389635.1；28S：AB102756.1，等 2 条。

褶牡蛎 *Alectryonella plicatula*，16S：AF052072.1；28S：AF137037.1，等 2 条。

鹅掌牡蛎 *Planostrea pestigris*，16S：KC847126.1，等 2 条；28S：KC847146.1，等 2 条。

猫爪牡蛎 *Talonostrea talonata*，16S：KC847134.1，等 2 条；28S：KC847155.1，等 2 条；cox1：KC683515.1。

斑纹厚大蛤 *Codakia punctata*，18S：AJ581852.1；28S：AJ581886.2。

佩特厚大蛤 *C. paytenorum*，18S：FR686709.1，等 2 条；28S：FR686816.1，等 2 条。

南海毛满月蛤 *Pillucina vietnamica*，18S：KF741619.1，等 3 条；28S：KF741647.1，等 4 条。

环纹扁满月蛤 *Lucinoma annulata*，16S：M99450.1，等 2 条；18S：FR686717.1。

镶边蛤 *Fimbria fimbriata*，18S：AY070116.1，等 2 条；28S：AY070128.1，等 2 条。

古明志圆蛤 *Cycladicama cumingi*，16S：KC429279.1；18S：KC429366.1，等 3 条；28S：AM779722.1，

等 2 条。

红拉沙蛤 *Lasaea rubra*，18S：AM774516.1；28S：AM779690.1。

豆形凯利蛤 *Kellia porculus*，18S：AB714760.1；28S：AB714803.1。

大假蛄蛤 *Pseudopythina macrophthalmensis*，18S：AB714775.1；28S：AB714818.1。

山川黄蛤 *Byssobornia yamakawai*，18S：AB714756.1；28S：AB714799.1。

半紫猿头蛤 *Chama semipurpurata*，18S：AM774562.1；28S：AM779736.1。

太平洋猿头蛤 *C. pacifica*，18S：FR846470.1。

长圆拟斧蛤 *Nipponomysella oblongata*，18S；AB714768.1；28S：AB714811.1。

人字蛤 *Curvemysella paula*，18S：AB714757.1；28S：AB714800.1。

龙潼鼬眼蛤 *Galeomma takii*，18S：X91969.1。

内壳德文蛤 *Devonia semperi*，18S：AB714758.1；28S：AB714801.1。

日本拟鼬眼蛤 *Pseudogaleomma japonica*，18S：AM774518.1；28S：AM779692.1。

异纹心蛤 *Cardita variegata*，12S：GQ166540.1；Cytb：GQ166605.1。

斜纹心蛤 *C. leana*，18S：AM774481.1；28S：AM779655.1。

镶边鸟蛤 *Vepricardium coronatum*，16S：JN859931.1。

滑肋糙鸟蛤 *Trachycardium enode*，18S：AB294681.1；28S：AY280517.1，等 2 条。

黄边糙鸟蛤 *T. flavum*，16S：JN859934.1，等 5 条。

沙栖糙鸟蛤 *T. alternatum*，28S：AY280516.1。

隆脊鸟蛤 *Fragum carinatum*，16S：FJ745362.1，等 2 条；28S：EU733030.1，等 2 条。

络春鸟蛤 *F. loochooanum*，16S：EU733071.1，等 5 条；18S：AB294676.1，等 4 条；28S：AB294676.1，等 4 条。

莓实脊鸟蛤 *F. unedo*，16S：KC429318.1，等 3 条；18S；KC429385.1，等 9 条；28S：EU733035.1，等 9 条。

绯斑栉鸟蛤 *Ctenocardia victor*，16S：EU733054.1；28S：EU733022.1。

心鸟蛤 *Corculum cardissa*，16S：EU733079.1，等 2 条；18S：JN645229.1，等 5 条；28S：JN645250.1，等 5 条。

白氏饰线鸟蛤 *Nemocardium bechei*，28S：AY280512.1。

澳洲薄壳鸟蛤 *Fulvia australis*，16S：EU733083.1；28S：EU733044.1。

滑顶薄壳鸟蛤 *F. mutica*，16S：AB246677.1，等 2 条；18S：D88911.1，AF122974.1；28S：AB105363.1。

砗磲 *Hippopus hippopus*，16S：KJ508348.1，等 4 条；18S：AB377629.1，等 2 条。

大砗磲 *Tridacna gigas*，16S：KJ508354.1，等 2 条；18S：D84189.1。

中国蛤蜊 *Mactra chinensis*，16S：JN674599.1，等 8 条；18S：DQ132790.1，等 4 条；28S：DQ232729.1，等 2 条。

斑蛤蜊 *M. maculata*，16S：JN674578.1，JN674577.1。

高蛤蜊 *M. alta*，16S：JN674584.1，等 6 条。

西施舌 *Coelomactra antiquata*，16S：FJ653658.1，等 28 条；18S：EU183532.1，等 8 条；28S：EU816366.1，等 26 条；Cytb：JF442779.1，等 12 条。

克氏腔蛤蜊 *Coelomactra cumingii*，16S：JN674576.1，等 3 条。

施氏獭蛤 *Lutraria sieboldii*，18S：EF583914.1。

弓獭蛤 *L. arcuata*，16S：JN674567.1，等 3 条。

尼科巴立蛤 *Meropesta nicobarica*，16S：JN674570.1；18S：AM779725.1；28S：AM779725.1。

基恩脊蛤蜊 *Tresus keenae*，16S：JX399585.1。

环纹坚石蛤 *Atactodea striata*，28S：AB746909.1。

狄氏斧蛤 *Donax dysoni*，16S：JN859900.1，等 3 条。

紫藤斧蛤 *D. semigranosus* subsp. *semigranosus*，28S：AB746856.1，等 2 条。

热带紫藤斧蛤 *D. semigranosus* subsp. *tropicus*，28S：AB746856.1，等 2 条。

九州斧蛤 *D. kiusiuensis*，28S：AB746855.1。

豆斧蛤 *D. faba*，28S：AB746858.1，

散纹小樱蛤 *Tellinella virgata*，28S：AB746892.1，等 3 条。

血小樱蛤 *T. cumingii*，28S：AB746893.1。

火腿小王蛤 *Pharaonella perna*，28S：AB746890.1。

卵仿樱蛤 *Tellinides ovalis*，28S：AB746883.1。

箱状美丽蛤 *Merisca capsoides*，16S：JN859871.1，等 2 条。

河口楔樱蛤 *Cadella delta*，28S：AB746898.1。

圆楔樱蛤 *C. narutoensis*，28S：AB746896.1。

三角楔樱蛤 *C. delta*，28S：AB746898.1。

矩樱蛤 *Quadrans gargadia*，28S：AB746902.1。

刀明樱蛤 *Moerella culter*，28S：AB746877.1。

彩虹明樱蛤 *M. iridescens*，16S：JN859864.1，等 6 条；18S：JN645226.1，等 4 条；28S：AB746876.1，等 5 条。

西村明樱蛤 *M. nishimurai*，28S：AB746879.1。

江户明樱蛤 *M. jedoensis*，28S：AB105365.1。

菲律宾明樱蛤 *M. philippinarum*，28S：AB746878.1。

红明樱蛤 *M. rutila*，28S：AB746880.1。

虹光亮樱蛤 *Nitidotellina iridella*，28S：AB746886.1。

小亮樱蛤 *Nitidotellina minuta*，28S：AB746889.1。

浅黄白樱蛤 *Macoma tokyoensis*，16S：JN859869.1。

异白樱蛤 *M. incongrua*，28S：AB746901.1。

粗纹双带蛤 *Semele scabra*，16S：JN859897.1，等 5 条；28S：AB746873.1。

泽比双带蛤 *S. zebuensis*，18S：AM774534.1；28S：AM779708.1。

脆壳理蛤 *Theora fragilis*，28S：AB105366.1。

苍白紫云蛤 *Gari pallida*，28S：AB746866.1。

红树林紫云蛤 *Asaphis deflorata*，16S：KC429305.1；18S：KC429396.1，等 3 条；28S：KC429504.1。

双生蒴蛤 *A. violascens*，18S：KF733544.1，等 2 条；28S：AB746860.1，等 2 条。

紫彩血蛤 *Nuttallia olivacea*，16S：JN859892.1，等 3 条。

总角截蛏 *Solecurtus divaricatus*，16S：JN859887.1，等 4 条；18S：EF613233.1；28S：EF579687.1，等 4 条。

蛏蛤 *Azorinus abbreviatus*，28S：AB746868.1。

缢蛏 *Sinonovacula constricta*，16S：JN859907.1，等 8 条；18S：AY695800.2；28S：EF586885.1，等 5 条。

近江蛏 *Sinonovacula rivularis*，16S：JN859912.1，等 6 条。

爪哇灯塔蛤 *Pharella javanica*，18S：AM774509.1；28S：AM779683.1。

大竹蛏 *Solen grandis*，16S：JN984912.1，等 8 条；18S：JN645223.1，等 8 条；28S：JN645244.1，等 7 条。

沟竹蛏 *S. canaliculatus*，18S：EF613232.1。

直线竹蛏 *S. linearis*，16S：EU169032。

长竹蛏 *S. strictus*，16S：JN859925.1，等 5 条；18S：AB714787.1，等 4 条；28S：AB714830.1，等 3 条。

紫斑竹蛏 *S. sloanii*，18S：EF613231.1。

拉氏竹蛏 *S. lamarckii*，16S：FJ662773.1，等 4 条；18S：FJ662823.1，等 8 条。

小刀蛏 *Cultellus attenuatus*，16S：JN859916.1，等 4 条；28S：EF579684.1。

尖刀蛏 *C. scalprum*，16S：JN984911.1，等 2 条。

小荚蛏 *Siliqua minima*，16S：EU169034.1。

辐射荚蛏 *S. radiata*，16S：JN859920.1，等 4 条。

大岛恋蛤 *Peregrinamor ohshimai*，18S：AB714772.1；28S：AB714815.1。

沙饰贝 *Mytilopsis sallei*，16S：JX099456.1，等 2 条；18S：JX099477.1，等 4 条；28S：JX099497.1，等 2 条。

河蚬 *Corbicula fluminea*，12S：EF446612.1；16S：KC429294.1，等 5 条；18S：EU660783.1，等 6 条；28S：HG322471.1，等 36 条。

环纹蚬 *C. leana*，16S：AB522655.1；18S：L78861.1；28S：AB661754.1，等 36 条；Cytb：AB598630.1。

红树蚬 *Geloina coaxans*，18S：AB377622.1。

楔形开腹蛤 *Gastrochaena cuneiformis*，28S：AB714827.1；18S：AB714784.1。

日本海神蛤 *Panopea japonica*，18S：JQ071894.1，等 3 条；28S：JQ071881.1。

黑龙江河篮蛤 *Potamocorbula amurensis*，18S：EF035108.1；28S：EF035108.1。

砂海螂 *Mya arenaria*，18S：AF348987.1，等 10 条；16S：KJ417484.1，等 8 条；cox1：KF360146.1，等 13 条；28S：KC429515.1，等 5 条。

中国绿螂 *Glauconome chinensis*，cox1：DQ184851.1；28S：DQ184798.1，等 7 条；18S：JN645235.1，等 6 条。

棕带仙女蛤 *Callista erycina*，16S：DQ356382.1，等 3 条；28S：JN996760.1，等 2 条；18S：JN 996728.1，等 3 条。

同心凸卵蛤 *Pelecyora isocardia*，16S：HM124718.1。

锦绣光壳蛤 *Lioconcha ornata*，28S：DQ184763.1；cox1：DQ184809.1。

紫石房蛤 *Saxidomus purpurata*，16S：HM124729.1，等 3 条；28S：JN996763.1，等 4 条；18S：JN996731.1，等 4 条。

日本镜蛤 *Dosinia japonica*，28S：JN996766.1，等 5 条；18S：JN996733.1，等 6 条；16S：JN969953.1，等 3 条。

射带镜蛤 *D. troscheli*，16S：HM124690.1。

饼干镜蛤 *D. biscocta*，16S：HM124685.1，等 2 条。

薄片镜蛤 *D. corrugata*，28S：JN996765.1，等 3 条；18S：JN996732.1，等 2 条；16S：JN969935.1。

角镜蛤 *D. angulosa*，16S：HM124684.1。

加夫蛤 *Gafrarium pectinatum*，16S：HM124697.1，等 2 条；Cytb：GQ166611.1；12S：GQ166544.1。

歧脊加夫蛤 *G. divaricatum*，16S：HM124694.1。

颗粒加夫蛤 *G. dispar*，cox1：DQ184843.1；28S：DQ184791.1；16S：HM124692.1，等 2 条。

凸加夫蛤 *G. tumidum*，cox1：DQ184844.1；16S：HM124693.1。

美女蛤 *Circe scripta*，cox1：DQ184842.1；16S：HM124679.1，等 2 条。

丽文蛤 *Meretrix lusoria*，18S：DQ389108.1，等 2 条；28S：DQ389108.1，等 5 条。

斧文蛤 *M. lamarckii*，18S：DQ389107.1；16S：DQ389105.1，HM124704.1；cox1：KF360120.1，等 12 条；28S：AB462285.1。

紫文蛤 *M. casta*，18S：KC416613.1。

琴文蛤 *M. lyrata*，18S：DQ389106.1，等 2 条；28S：JN996771.1；16S：JN969948.1，等 4 条。

对角蛤 *Antigona lamellaris*，cox1：DQ184832.1；28S：DQ184783.1；16S：DQ459262.1。

皱纹蛤 *Periglypta puerpera*，16S：DQ459282.1，等 2 条；28S：JN996799.1，等 9 条；18S：JN996756.1，

等 5 条。

扁皱纹蛤 *P. compressa*，16S：HM124720.1。

曲波皱纹蛤 *P. chemnitzi*，16S：HM124719.1。

布目皱纹蛤 *P. clathrata*，16S：AB377630.1。

硬壳蛤 *Mercenaria mercenaria*，28S：DQ191391.1，等 5 条；16S：AB236185.1，等 15 条；cox1：DQ184836.1，等 14 条；18S：DQ912856.1，等 13 条。

鳞杓拿蛤 *Anomalodiscus squamosus*，18S：AB377675.1，等 2 条。

女神帝汶蛤 *Timoclea marica*，16S：HM124733.1。

细结帝汶蛤 *T. subnodulosa*，16S：DQ459291.1。

伊萨伯雪蛤 *Clausinella isabellina*，16S：DQ356375.1。

等边浅蛤 *Gomphina aequilatera*，28S：JN996781.1，等 2 条；18S：JN996743.1，等 3 条；16S：JN969938.1，等 4 条。

和平蛤 *Clementia papyracea*，16S：DQ356369.1。

青蛤 *Cyclina sinensis*，18S：DQ190446.1，等 53 条；28S：HQ881582.1，等 9 条；16S：HM124681.1，等 2 条。

日本格特蛤 *Marcia japonica*，16S：HM124700.1，等 2 条。

理纹格特蛤 *M. marmorata*，16S：HM124701.1。

裂纹格特蛤 *M. hiantina*，16S：HM124699.1，等 3 条；18S：JN996745.1，等 3 条。

缀绵蛤 *Tapes literata*，16S：JN969945.1；18S：JN996752.1，等 2 条；28S：JN996790.1。

钝缀锦蛤 *T. dorsatus*，16S：JN969946.1，等 3 条；18S：JN996751.1，等 2 条；28S：JN996789.1。

巴非蛤 *Paphia papilionacea*，16S：JN969950.1，等 2 条；18S：JN996747.1，等 2 条；28S：JN996785.1。

真曲巴非蛤 *P. euglypta*，28S：DQ184778.1。

沟纹巴非蛤 *P. exarata*，16S：DQ356380.1。

和蔼巴非蛤 *P. amabilis*，16S：JN969949.1，等 4 条；18S：JN996746.1，等 2 条；28S：JN996784.1，等 2 条。

厚壳巴非蛤 *P. crassicula*，16S：JN969950.1，等 48 条；18S：EU183531.1，等 32 条；28S：JN996785.1，等 11 条。

半皱纹巴非蛤 *P. semirugata*，16S：HM124714.1。

织锦巴非蛤 *P. textile*，16S：JN969942.1；18S：JN996749.1，等 3 条；28S：JN996786.1。

锯齿巴非蛤 *P. gallus*，16S：JQ277765.1，等 15 条；18S：JQ277781.1，等 13 条；28S：JQ277799.1，等 15 条。

菲律宾蛤仔 *Ruditapes philippinarum*，18S：EF426293.1，等 10 条。

杂色蛤仔 *R. variegata*，16S：HM124728.1，等 2 条；18S：AY695803.2，等 23 条；28S：DQ343858.1，

等 14 条。

翘鳞蛤 *Irus irus*，18S：AM774572.1。

东方海笋 *Pholas orientalis*，18S：EF613240.1。

滩栖船蛆 *Kuphus polythalamia*，18S：JF899210.1；28S：JF899182.1。

船蛆 *Teredo navalis*，18S：JF899222.1；28S：JF899194.1。

截形鸭嘴蛤 *Laternula truncata*，16S：JQ067655.1。

鸭嘴蛤 *L. anatina*，18S：AY820758.1。

剖刀鸭嘴蛤 *L. boschasina*，18S：AB377689.1。

头足纲 CEPHALOPODA

鹦鹉螺 *Nautilus pompilius*，COI：KC539925.1；16S：KC539897.1，等 26 条；18S：AY557455.1，等 4 条；12S：AY616965.1；28S：U11616.1，等 7 条。

寇氏拟耳乌贼 *Sepiadarium kochi*，COI：AY293726.1；16S：AY293678.1。

真乌贼 *Sepia aculeate*，COI：AF350494.1；16S：HQ846019.1。

安德里亚纳乌贼 *S. andreana*，COI：AB430401.1。

金斑乌贼 *S. aureomaculata*，COI：AB430402.1。

短腕乌贼 *S. elliptica*，16S：AM088005.1。

金乌贼 *S. esculenta*，COI：AF359554.1；16S：AB192319.1。

叉尾乌贼 *S. furcata*，COI：AY530210.1。

燕尾乌贼 *S. hirunda*，COI：AY530213.1。

神户乌贼 *S. kobiensis*，COI：AB193813.1；16S：AB192323.1。

白斑乌贼 *S. latimanus*，COI：AB430406.1；16S：AB192322.1。

鹦鹉乌贼 *S. lorigera*，COI：AB193810.1；16S：AB193802.1。

拟目乌贼 *S. lycidas*，COI：AB192337.1；16S：AB192321.1。

佐佐木乌贼 *S. lycidas*，COI：AB192337.1；16S：AM088004.1。

豹纹乌贼 *S. pardex*，COI：AB193809.1；16S：AB193801.1。

虎斑乌贼 *S. pharaonis*，COI：AF359555.1；16S：EF030994.1。

曲针乌贼 *S. recurvirostra*，COI：AB430413.1；16S：HQ846070.1。

亚细腕乌贼 *S. subtenuipes*，COI：AB430414.1。

细腕乌贼 *S. tenuipes*，COI：AB430411.1。

尹纳无针乌贼 *Sepiella inermis*，COI：HQ846081.1；16S：HQ845992.1。

日本无针乌贼 *S. japonica*，COI：AB430415.1；16S：HQ845993.1。

图氏后乌贼 *Metasepia tullbergi*，COI：AB192340.1；16S：AB192325.1。

玄妙微鳍乌贼 *Idiosepius paradoxus*，COI：AB191288.1；16S：EF685004.1。

侏儒微鳍乌贼 *I. pygmaeus*，COI：EU009016.1；16S：EU735195。

双喙耳乌贼 *Sepiola birostrata*，COI：HQ846098.1；16S：HQ846009.1。

柏氏四盘耳乌贼 *Euprymna berryi*，COI：AF350493.1；16S：HQ846013.1。

四盘耳乌贼 *E. morsei*，COI：AB191291.1；16S：AB191140.1。

日本银带耳乌贼 *Sepiolina nipponensis*，COI：AB591073.1；16S：Y293679.1。

夏威夷异耳乌贼 *Heteroteuthis hawaiiensis*，COI：AF000044.1；16S：AY616884.1。

火枪鱿 *Loliolus beka*，COI：AB675090.1；16S：HQ529559.1。

日本枪鱿 *L. japonica*，COI：HQ529522.1；16S：HQ529565.1。

中国枪鱿 *Uroteuthis chinensis*，COI：EU349446.1；16S：EU349480.1。

杜氏枪鱿 *U. duvaucelii*，COI：HQ529536.1；16S：HQ529584.1。

剑尖枪鱿 *U. edulis*，COI：EU349462.1；16S：EU349489.1。

诗博加枪鱿 *U. sibogae*，COI：KF854081.1；16S：KF854043.1。

长枪鱿 *Loligo bleekeri*，COI：AB441190.1。

莱氏拟乌贼 *Sepioteuthis lessoniana*，COI：AB191284.1；16S：AB191133.1。

安达曼钩腕鱿 *Abralia andamanica*，COI：HQ846076.1；16S：HQ845987.1。

萤鱿 *Watasenia scintillans*，COI：AB191290.1；16S：AB191139.1。

火鱿 *Pyroteuthis margaritifera*，COI：AY557535.1；16S：EU735209.1。

基氏翼鱿 *Pterygioteuthis giardi*，COI：EU735398.1；16S：EU735262.1。

鱼钩鱿 *Ancistrocheirus lesueuri*，COI：KC020188.1。

八腕鱿 *Octopoteuthis sicula*，COI：AY557541.1；16S：EU735217.1。

加勒比鱿 *Onykia carriboea*，COI：EU735370.1；16S：EU735234.1。

八腕拟手钩鱿 *Gonatopsis octopedatus*，COI：AB749282.1；16S：EU735264.1。

栉鳍鱿 *Chtenopteryx sicula*，COI：GU145076.1；16S：HQ613156.1。

深海鱿 *Bathyteuthis abyssicola*，COI：GU145070.1；16S：EU735199.1。

霍氏帆鱿 *Histioteuthis hoylei*，COI：AF000045.1；16S：EU735212.1。

奇妙帆鱿 *H. miranda*，COI：EU735391.1；16S：EU735255.1。

巴氏柔鱼 *Ommastrephes bartramii*，COI：AB270941.1；16S：AY616880.1。

奥兰鸢鱿 *Sthenoteuthis oualaniensis*，COI：AB199553.1。

乌柔鱼 *Ornithoteuthis volatilis*，COI：AB270946.1；16S：AB270961.1。

发光柔鱼 *Eucleoteuthis luminosa*，COI：AB270945.1；16S：AB270960.1。

太平洋褶柔鱼 *Todarodes pacificus*，COI：AB191285.1；16S：AB191134.1。

夏威夷双柔鱼 *Nototodarus hawaiiensis*，COI：AB270937.1；16S：B270952.1。

短柔鱼 *Todaropsis eblanae*，COI：AY616988.1。

深海玻璃柔鱼 *Hyaloteuthis pelagica*，COI：AB199557.1；16S：AB270962.1。

菱鳍鱿 *Thysanoteuthis rhombus*，COI：AB191286.1；16S：AB191135.1。

盘鳍鱿 *Discoteuthis discus*，COI：EU735366.1；16S：EU735229.1。

葛氏双鳍鱿 *Grimalditeuthis bonplandi*，COI：AF075411.1；16S：F110098.2。

小头鱿 *Cranchia scabra*，COI：AF000035.1；16S：EU735202.1。

瓦尔迪瓦纺锤鱿 *Liocranchia valdiviae*，COI：AF000050.1。

太平洋塔鱿 *Leachia pacifica*，COI：KC020189.1；16S：X79471.1。

孔雀鱿 *Taonius pavo*，COI：EU735381.1；16S：EU735245.1。

扁面蛸 *Opisthoteuthis depressa*，COI：AB191282.1；16S：AB191117.1。

乍波蛸 *Japatella diaphana*，COI：AF000047.1；16S：AJ252766.1。

单盘蛸 *Bolitaena pygmaea*，COI：GU145071.1。

异夫蛸 *Haliphron atlanticus*，COI：AF377964.1；16S：AY616971.1。

无环蛸 *Amphioctopus aegina*，COI：JX456267.1；16S：JX456256.1。

短蛸 *A. fangsiao*，COI：JX456271.1；16S：JX456260.1。

鹿儿岛蛸 *A. kagoshimensis*，COI：AB430520.1；16S：HQ846030.1。

条纹蛸 *A. marginatus*，COI：JX456262.1，等 2 条；16S：JX456251.1。

卵蛸 *A. ovulum*，COI：HQ846159.1；16S：HQ846066.1。

皇帝蛸 *A.* cf. *rex*，COI：AB385871.1。

红蛸 *Callistoctopus luteus*，COI：AB430527.1；16S：AJ252749.1。

中国小孔蛸 *Cistopus chinensis*，COI：JF703693.1；16S：HQ846036.1。

台湾小孔蛸 *C. taiwanicus*，COI：HQ846142.1；16S：HQ846074.1。

（似）新月豹纹蛸 *Hapalochlaena lunulata*，COI：JX268600.1；16S：GQ900710.1。

（似）小环豹纹蛸 *H. maculosa*，COI：HQ846163.1；16S：HQ846040.1。

（似）蓝纹蛸 *H. fasciata*，COI：JN790685.1；16S：GQ900711.1。

蓝蛸 *Octopus cyanea*，COI：AB191280.1；16S：GQ900721.1。

长蛸 *O. minor*，COI：HQ529543.1；16S：HQ529592.1。

南海蛸 *O. nanhaiensis*，COI：HQ846121.1；16S：HQ846068.1。

大岛蛸 *O. oshimai*，COI：JX456268.1；16S：JX456257.1。

真蛸 *O. vulgaris*，COI：KF844040.1；16S：KF843986.1。

水母蛸 *Amphitretus pelagicus*，COI：AF377965.1。

快蛸 *Ocythoe tuberculata*，COI：AY557519.1；16S：GU288520.1。

船蛸 *Argonauta argo*，COI：AB191273.1；16S：AB191108.1。

紫水孔蛸 *Tremoctopus violaceus*，COI：AF377978.1；16S：AJ252767.1。

幽灵蛸 *Vampyroteuthis infernalis*，COI：AB385880.1；16S：AY686586.1。

第九节 节肢动物门 ARTHROPODA

节肢动物身体左右对称、分节，附肢也分节，体常被几丁质外骨骼，是真体腔原口动物，有蜕皮现象。节肢动物门是动物界物种最多的门，约占动物界 100 多万种的 85%。依据黄宗国和林茂的《中国海洋物种多样性（下册）》①，中国海域记录的节肢动物有 5 纲（肢口纲、海蜘蛛纲、蛛形纲、昆虫纲和甲壳纲）6126 种。其中肢口类（肢口纲 Merostomata）4 种、海蜘蛛类（海蜘蛛纲 Pycnogonida）22 种、鳃足类（鳃足亚纲 Branchiopoda）35 种、桡足类（桡足亚纲 Copepoda）1174 种、蔓足类（蔓足亚纲 Cirripedia）250 种、腹胚类（腹胚亚目 Pleocyemata）2157 种、口足类（口足目 Stomatopoda）104 种，本书列出这些类群物种在 GenBank 的登录数见表 2-2-9。

表 2-2-9 中国海域节肢动物门部分类群物种在 GenBank 的登录数

类群	中国海域记录种数	GenBank 登录数	
		种数	占比（%）
肢口类（肢口纲 Merostomata）	4	3	75.0
海蜘蛛类（海蜘蛛纲 Pycnogonida）	22	7	31.8
鳃足类（鳃足亚纲 Branchiopoda）	35	1	2.9
桡足类（桡足亚纲 Copepoda）	1174	235	20.0
蔓足类（蔓足亚纲 Cirripedia）	250	75	30.0
腹胚类（腹胚亚目 Pleocyemata）	2157	553	25.6
口足类（口足目 Stomatopoda）	104	28	26.9

肢口纲 MEROSTOMATA

三刺鲎 *Tachypleus tridentatus*，COI：JQ739210.1；16S：U09393.1。

南方鲎 *T. gigsa*，COI：U09388.1；16S：KJ467012.1。

圆尾鲎 *Carcinoscorpius rotundicauda*，COI：EF195333.1；16S：JX437074.1。

海蜘蛛纲 PYCNOGONIDA

中国棘无缝海蜘蛛 *Achelia echinata*，COI：DQ390096.1；18S：AF005438.1。

---

① 黄宗国, 林茂. 2012. 中国海洋物种多样性 (下册). 北京: 海洋出版社。

壮丽无缝海蜘蛛 *A. superba*，18S：AB292186.1。

希氏砂海蜘蛛 *Ammothea hilgendorfi*，COI：DQ390091.1；16S：DQ390039.1。

枝脚囊吻海蜘蛛 *Ascorhynchus ramipes*，18S：AF448555.1。

活结节海蜘蛛 *Ammothella biunguiculeta*，18S：AB292060.1。

长瓦岛海蜘蛛 *Propallene longiceps*，COI：DQ390054.1；16S：DQ390000.1。

细结海蜘蛛 *Pycnogonum tenue*，18S：AB292213.1。

甲壳纲 CRUSTACEA

鳃足亚纲 BRANCHIOPODA

枝角目 CLADOCERA

透明薄皮溞 *Leptodora kindti*，COI：DQ889107.1；16S：EF189608.1。

桡足亚纲 COPEPODA

丹氏纺锤水蚤 *Acartia danae*，COI：EU856796.1；18S：GU969197.1。

异尾纺锤水蚤 *A. discaudata*，COI：HE863731.1。

红纺锤水蚤 *A. erythraea*，COI：KF977231.1；16S：DQ320504.1。

洪氏纺锤水蚤 *A. hongi*，18S：GU969195.1。

长尾纺锤水蚤 *A. longiremis*，COI：KC287256.1；16S：AF502387.1。

小纺锤水蚤 *A. negligens*，COI：HM045291.1；18S：KF925487.1。

沃氏纺锤水蚤 *A. omorii*，COI：AY145426.1；18S：GU969196.1。

太平洋纺锤水蚤 *A. pacifica*，COI：KF977232.1；16S：DQ071175.1。

刺尾纺锤水蚤 *A. spinicauda*，COI：DQ665254.1。

双突纺锤水蚤 *A. tsuensis*，COI：KC287427.1。

中华异水蚤 *Acartiella sinensis*，COI：KF977239.1。

多刺小鹰嘴水蚤 *A. multiserrata*，COI：AB380003.1；12S：AB426093.1。

喙小鹰嘴水蚤 *A. rostrata*，COI：FJ602483.1；18S：JQ819750.1。

尖鹰嘴水蚤 *Aetideus acutus*，COI：EU599528.1。

武装鹰嘴水蚤 *A. armatus*，COI：HQ150080.1。

伯氏鹰嘴水蚤 *A. bradyi*，COI：KC287429.1。

瘦袖水蚤 *Chiridius gracilis*，COI：AB380021.1。

钝额袖水蚤 *C. obtusifrons*，COI：JQ819793.1。

粗壮真胖水蚤 *Euchirella amoena*，COI：KC287638.1；18S：AB625971.1。

双突真胖水蚤 *E. bitumida*，COI：AB380010.1；12S：AB426100.1。

短尾真胖水蚤 *E. curticauda*，COI：AB380011.1；12S：AB426103.1。

锦真胖水蚤 *E. pulchra*，COI：AB380006.1；12S：AB426097.1。

喙真胖水蚤 *E. rostrata*，COI：AB379978.1。

亮真胖水蚤 *E. splendens*，COI：KC287640.1。

卫士枪水蚤 *Gaetanus armiger*，28S：AB820728.1。

克氏枪水蚤 *G. kruppii*，12S：AB426101.1。

长角枪水蚤 *G. miles*，COI：GU171321.1。

小枪水蚤 *G. minor*，COI：AB380002.1。

短刺盾水蚤 *Gaidius brevispinus*，COI：AB380007.1；18S：JQ819753.1。

细刺盾水蚤 *G. tenuispinus*，COI：FJ602477.1；18S：AY118075.1。

钝突伪胖水蚤 *Pseudochirella obtusa*，COI：KC287878.1。

大型波刺水蚤 *Undeuchaeta major*，COI：GU171327.1；16S：AB625972.1。

布氏拟亮羽水蚤 *Paraugaptilus buchani*，COI：KC287814.1；18S：HM997058.1。

冷亮羽水蚤 *Augaptilus glacialis*，COI：FJ602513.1；26S：EU477085.1。

近缘真亮羽水蚤 *Euaugaptilus affinis*，COI：GU171336.1。

狭真亮羽水蚤 *E. angustus*，COI：KC287629.1。

宽头真亮羽水蚤 *E. laticeps*，COI：KC287630.1。

大型真亮羽水蚤 *E. magnus*，COI：GU171344.1。

帕氏真亮羽水蚤 *E. palumbii*，COI：AB380019.1。

叉海羽水蚤 *Haloptilus chierchiae*，28S：AB820739.1。

长角海羽水蚤 *H. longicornis*，COI：HQ150053.1。

尖头海羽水蚤 *H. oxycephalus*，28S：AB820800.1。

短小宽水蚤 *Temorites brevis*，COI：HQ150066.1；28S：HM997037.1。

捷氏哲水蚤 *Calanus jashnovi*，12S：AB332344.1。

中华哲水蚤 *C. sinicus*，COI：AB379976.1；16S：AF227970.1。

隆线似哲水蚤 *Calanoides carinatus*，COI：KC287488.1；16S：FR849642.1。

微刺哲水蚤 *Canthocalanus pauper*，COI：EU856809.1；18S：GU969164.1。

达氏宇哲水蚤 *Cosmocalanus darwinii*，COI：EU856795.1；18S：AF462319.1。

细角间哲水蚤 *Mesocalanus tenuicornis*，COI：AB379998.1；16S：FR849638.1。

小哲水蚤 *Nannocalanus minor*，COI：KC287739.1；16S：AF293885.1。

脊新哲水蚤 *Neocalanus cristatus*，COI：AB379984.1；16S：AF514901.1。

瘦新哲水蚤 *N. gracilis*，COI：KC287753.1；18S：GU969177.1。

羽新哲水蚤 *N. plumchrus*，COI：AB379985.1；16S：AF514904.1。

粗新哲水蚤 *N. robustior*，COI：KC287762.1；18S：GU969178.1。

普通波水蚤 *Undinula vulgaris*，COI：KF977372.1；18S：GU969207.1。

短缩丽哲水蚤 *Calocalanus contractus*，COI：KC287499.1。

瘦丽哲水蚤 *C. gracilis*，28S：AB820755.1。

孔雀丽哲水蚤 *C. pavo*，COI：JQ911972.1；18S：GU969160.1。

锦丽哲水蚤 *C. pavoninus*，28S：AB820758.1。

羽丽哲水蚤 *C. plumulosus*，COI：JQ911973.1；18S：GU969146.1。

针丽哲水蚤 *C. styliremis*，COI：JQ911976.1；18S：JQ911949.1。

武装平头水蚤 *Candacia armata*，16S：FR849647.1。

双翼平头水蚤 *C. bipinnata*，COI：AB379977.1。

伯氏平头水蚤 *C. bradyi*，COI：KF977251.1。

哥伦平头水蚤 *C. columbiae*，18S：AB625974.1。

短平头水蚤 *C. curta*，COI：HM045360.1。

异尾平头水蚤 *C. discaudata*，COI：HM045300.1；18S：GU969145.1。

黑斑平头水蚤 *C. ethiopica*，COI：HM045297.1。

长突平头水蚤 *C. longimana*，COI：AY145435.1。

双尖平头水蚤 *C. norvegica*，18S：AY446911.1。

厚指平头水蚤 *C. pachydactyla*，COI：HM045301.1；18S：GU969199.1。

瘦平头水蚤 *C. tenuimana*，12S：AB426092.1。

双刺拟平头水蚤 *Paracandacia bispinos*，COI：KC287808.1。

腹针胸刺水蚤 *Centropages abdominalis*，COI：FJ602518.1；18S：GU969163.1。

叉胸刺水蚤 *C. furcatus*，COI：KJ561888.1；16S：GU049729.1。

典型胸刺水蚤 *C. typicus*，COI：GU132431.1。

瘦尾胸刺水蚤 *C. tenuiremis*，COI：KF977257.1。

紫胸刺水蚤 *C. violaceus*，COI：KC287515.1；18S：HM997060.1。

中华华哲水蚤 *Sinocalanus sinensis*，COI：HM045319.1；16S：GU049732.1。

细巧华哲水蚤 *S. tenellus*，COI：HM045327.1。

弓角基齿哲水蚤 *Clausocalanus arcuicornis*，COI：KC287524.1；18S：HM997079.1。

大基齿哲水蚤 *C. ingens*，COI：KC287567.1；18S：AF367718.1。

三刺基齿哲水蚤 *C. jobei*，COI：KC287578.1。

宽头基齿哲水蚤 *C. laticeps*，COI：KC754415.1。

兰基齿哲水蚤 *C. lividus*，COI：KC287580.1。

拟鞭基齿哲水蚤 *C. mastigophorus*，COI：KC287582.1。

小基齿哲水蚤 *C. minor*，COI：AF462313.1。

拟尖基齿哲水蚤 *C. parapergens*，COI：KC287598.1。

厚基齿哲水蚤 *C. paululus*，COI：KC287602.1。

尖基齿哲水蚤 *C. pergens*，COI：KC287612.1。

空栉哲水蚤 *Ctenocalanus vanus*，COI：KC287622.1。

小伪哲水蚤 *Pseudocalanus minutus*，COI：HM770076.1。

右突新镖水蚤 *Neodiaptomus schmackeri*，COI：KF366716.1。

锥肢蒙镖水蚤 *Mongolodiaptomus birulai*，COI：AB593008.1。

长真哲水蚤 *Eucalanus elongatus*，COI：HM045379.1；16S：AY335888.1。

邦氏真哲水蚤 *E. bungii*，COI：AY371083.1；16S：AY335872.1。

加州真哲水蚤 *E. californicus*，COI：AY371084.1；16S：AY335873.1。

明真哲水蚤 *E. hyalinus*，COI：AY371087.1；16S：AY335865.1。

细拟真哲水蚤 *Pareucalanus attenuatus*，COI：KC287634.1；16S：GU260622.1。

郎氏拟真哲水蚤 *P. langae*，16S：GU260643.1。

斯氏拟真哲水蚤 *P. sewelli*，16S：GU260526.1。

角锚哲水蚤 *Rhincalanus cornutus*，COI：GU171309.1；16S：GU260448.1。

鼻锚哲水蚤 *R. nasutus*，COI：GU171309.1；16S：AY335893.1。

强次真哲水蚤 *Subeucalanus crassus*，COI：HM045347.1；16S：GU260272.1。

尖额次真哲水蚤 *S. mucronatus*，COI：HM045382.1；16S：GU260198.1。

帽形次真哲水蚤 *S. pileatus*，COI：KC287887.1；16S：GU259897.1。

亚强次真哲水蚤 *S. subcrassus*，COI：KF977352.1；16S：GU259999.1。

狭额次真哲水蚤 *S. subtenuis*，COI：HM045336.1；16S：GU260110.1。

尖真刺水蚤 *Euchaeta acuta*，18S：GU969167.1。

精致真刺水蚤 *E. concinna*，COI：KF977274.1；16S：KF977379.1。

印度真刺水蚤 *E. indica*，COI：HM045388.1。

长角真刺水蚤 *E. longicornis*，COI：HM045380.1。

中型真刺水蚤 *E. media*，COI：AB379979.1。

平滑真刺水蚤 *E. plana*，COI：EF104261.1。

窄缝真刺水蚤 *E. rimana*，COI：HM045386.1。

须拟真刺水蚤 *Paraeuchaeta barbata*，COI：JQ819811.1。

红拟真刺水蚤 *P. rubra*，COI：AB379996.1。

芦氏拟真刺水蚤 *P. russelli*，COI：AB380008.1。

帕氏双刺水蚤 *Disseta palumbii*，COI：KC287628.1。

住囊异肢水蚤 *Heterorhabdus oikoumenikis*，COI：AB380012.1。

太平洋异肢水蚤 *H. pacificus*，COI：AB379981.1。

乳状异肢水蚤 *H. papilliger*，COI：AB379994.1。

刺额异肢水蚤 *H. spinifrons*，COI：AB380013.1。

亚刺额异肢水蚤 *H. subspinifrons*，COI：AB380020.1。

长角异刺水蚤 *Heterostylites longicornis*，COI：AB379995.1。

大型异刺水蚤 *H. major*，COI：AB379982.1。

密拟异肢水蚤 *Paraheterorhabdus compactus*，COI：AB380015.1。

耳光水蚤 *Lucicutia aurita*，COI：GU171331.1。

黄角光水蚤 *L. flavicornis*，COI：HQ150055.1。

极地光水蚤 *L. polaris*，COI：FJ602498.1。

伍氏光水蚤 *L. wolfendeni*，COI：KC287652.1。

克氏长角水蚤 *Mecynocera clausi*，COI：JQ911981.1。

高长腹水蚤 *Metridia longa*，COI：FJ602501.1；16S：AF227973.1。

太平洋长腹水蚤 *M. pacifica*，COI：AB379983.1；16S：AF227972.1。

美丽长腹水蚤 *M. venusta*，COI：AB380000.1。

腹突乳点水蚤 *Pleuromamma abdominalis*，COI：HM045403.1。

北方乳点水蚤 *P. borealis*，COI：KC754412.1。

瘦乳点水蚤 *P. gracilis*，COI：KC287861.1；16S：FR849641.1。

皮氏乳点水蚤 *P. piseki*，COI：AB380023.1。

剑乳点水蚤 *P. xiphias*，COI：AB379990.1。

安氏隆哲水蚤 *Acrocalanus andersoni*，COI：JQ911963.1。

驼背隆哲水蚤 *A. gibber*，COI：JQ911964.1。

微驼隆哲水蚤 *A. gracilis*，COI：JQ911965.1。

长角隆哲水蚤 *A. longicornis*，COI：JQ911966.1。

拟矮隆水蚤 *Bestiola sinicus*，COI：KC594122.1。

针刺拟哲水蚤 *Paracalanus aculeatus*，COI：JQ911982.1。

强额拟哲水蚤 *P. crassirostris*，COI：JQ911987.1。

裸拟哲水蚤 *P. denudatus*，COI：JQ911983.1。

瘦拟哲水蚤 *P. gracilis*，COI：KF977308.1。

印度拟哲水蚤 *P. indicus*，COI：KF715989.1。

矮拟哲水蚤 *P. nanus*，COI：KF715943.1。

小拟哲水蚤 *P. parvus*，COI：KF715881.1；16S：FR849643.1。

刺褐水蚤 *Phaenna spinifera*，COI：HQ150074.1。

帕氏畸异水蚤 *Anomalocera patersoni*，COI：JX995214.1。

美洲长足水蚤 *Calanopia americana*，18S：AF385451.1。

椭形长足水蚤 *C. elliptica*，18S：AB200195.1。

小长足水蚤 *C. minor*，18S：AB200196.1。

汤氏长足水蚤 *C. thompsoni*，COI：KF977247.1。

尖刺唇角水蚤 *Labidocera acuta*，COI：JQ794608.1。

后截唇角水蚤 *L. detruncata*，18S：JQ740745.1。

真刺唇角水蚤 *L. euchaeta*，COI：KF977285.1。

日本唇角水蚤 *L. japonica*，COI：JQ714069.1。

圆唇角水蚤 *L. rotunda*，COI：AB206442.1；16S：JQ740743.1。

叉刺角水蚤 *Pontella chierchiae*，COI：JQ714071.1；16S：JQ740746.1。

阔节角水蚤 *P. fera*，COI：EU856808.1；18S：GU969189.1。

清晰简角水蚤 *P. perspicax*，COI：KC287867.1；18S：AB200191.1。

皇简角水蚤 *P. regalis*，COI：AB206444.1。

瘦尾简角水蚤 *P. tenuicauda*，COI：AB206445.1。

安氏伪镖水蚤 *Pseudodiaptomus annandalei*，18S：JN561144.1。

奥氏伪镖水蚤 *P. aurivillii*，18S：JX984663.1。

指状伪镖水蚤 *P. inopinus*，COI：JQ714057.1；18S：GU969194.1。

石垣伪镖水蚤 *P. ishigakiensis*，COI：AB576158.1。

海洋伪镖水蚤 *P. marinus*，COI：AY145436.1。

饰伪镖水蚤 *P. ornatus*，18S：AY629258.1。

火腿伪镖水蚤 *P. poplesia*，COI：KF977325.1；18S：GU969193.1。

高额脊水蚤 *Lophothrix frontalis*，12S：AB426086.1。

平额脊水蚤 *L. humilifrons*，COI：GU171347.1。

短角舟哲水蚤 *Scaphocalanus brevicornis*，COI：GU171348.1。

大舟哲水蚤 *S. magnus*，COI：AB380017.1；18S：AY446895.1。

巨舟哲水蚤 *S. major*，COI：AB380024.1。

叶足小厚壳水蚤 *Scolecithricella dentata*，COI：KC287885.1。

长刺小厚壳水蚤 *S. longispinosa*，COI：HM045346.1。

小型小厚壳水蚤 *S. minor*，COI：FJ602517.1。

伯氏厚壳水蚤 *Scolecithrix bradyi*，COI：HQ150075.1。

丹氏厚壳水蚤 *S. danae*，COI：EU599553.1。

斧暗哲水蚤 *Scottocalanus securifrons*，COI：AB380009.1。

窄头刺哲水蚤 *Spinocalanus angusticeps*，28S：AB820734.1。

近缘真宽水蚤 *Eurytemora affinis*，COI：JX512891.1。

太平洋真宽水蚤 *E. pacifica*，COI：AY145427.1。

异尾宽水蚤 *Temora discaudata*，COI：KC287891.1。

长角宽水蚤 *T. longicornis*，COI：KC287897.1。

锥形宽水蚤 *T. turbinata*，COI：KF977356.1。

腹突拟宽水蚤 *Temoropia mayumbaensis*，COI：HQ150065.1。

捷氏歪水蚤 *Tortanus derjugini*，COI：KF977362.1。

右突歪水蚤 *T. dextrilobatus*，COI：KF977365.1。

异尾歪水蚤 *T. discaudatus*，COI：AF513648.1。

瘦歪水蚤 *T. gracilis*，COI：KF977369.1。

琉球歪水蚤 *T. ryukyuensis*，COI：AF474114.1。

虫肢歪水蚤 *T. vermiculus*，COI：JN605791.1。

冲绳仿隐水蚤 *Misophriopsis okinawensis*，18S：JF781532.1。

细长腹剑水蚤 *Oithona attenuata*，COI：KC594140.1。

短角长腹剑水蚤 *O. brevicornis*，16S：AB604189.1。

异长腹剑水蚤 *O. dissimilis*，COI：AB604163.1；16S：AB604187.1。

小长腹剑水蚤 *O. nana*，COI：AF259667.1。

眼长腹剑水蚤 *O. oculata*，COI：KC594143.1。

拟长腹剑水蚤 *O. similis*，COI：JF269186.1。

简长腹剑水蚤 *O. simplex*，COI：KC594151.1。

四刺窄腹剑水蚤 *Limnoithona tetraspina*，18S：HQ008736.1。

南氏棘猛水蚤 *Attheyella namkungi*，18S：EU380307。

典型盲疑囊猛水蚤 *Typhlamphiascus typhlops*，18S：EU380292.1。

粗海滨猛水蚤 *Halectinosoma gothiceps*，28S：EF460771.1。

尖额谐猛水蚤 *Euterpina acutifrons*，COI：KC306401.1。

日本虎斑猛水蚤 *Tigriopus japonicus*，COI：AB060648.1。

瘦长毛猛水蚤 *Macrosetella gracilis*，COI：DQ989177.1。

奇异猛水蚤 *Miracia efferata*，COI：DQ986700.1。

红带吻殊足猛水蚤 *Rhynchothalestris rufocincta*，28S：EU378382.1。

近缘大眼水蚤 *Corycaeus affinis*，COI：HQ718597.1。

美丽大眼水蚤 *C. speciosus*，18S：KF925484.1。

中隆水蚤 *Oncaea media*，18S：AM114421.1。

等刺隆水蚤 *O. mediterranea*，COI：AB457134.1。

丽隆水蚤 *O. venusta*，COI：AB457131.1。

达氏叶水蚤 *Sapphirina darwinii*，COI：HM045389.1。

金叶水蚤 *S. metallina*，COI：KF985240.1。

玛瑙叶水蚤 *S. opalina*，COI：JX503002.1。

红叶水蚤 *S. scarlata*，COI：HM045348.1。

奇桨水蚤 *Cophilia mirabilis*，COI：KC287615.1。

鲻鱼虱 *Caligus aesopus*，COI：KF483712.1。

混淆鱼虱 *C. confusus*，COI：KF483698.1。

短鱼虱 *C. curtus*，COI：AY861366.1；16S：EF095407.1。

方形鱼虱 *C. quadratus*，COI：EF065619.1。

粗壮鱼虱 *C. robustus*，COI：KF483703.1。

大腹后鱼虱 *Metacaligus uruguayensis*，COI：EF065620.1；16S：EF095413.1。

孟氏对鱼虱 *Dissonus manteri*，18S：DQ538500.1。

深角管水虱 *Pontoeciella abyssicola*，18S：AY627031.1。

棒形怪水蚤 *Monstrilla clavata*，18S：DQ538495.1。

蔓足亚纲 CIRRIPEDIA

壮石茗荷 *Lithotrya valentiana*，18S：EU082382.1。

棘刀茗荷 *Smilium scorpio*，18S：AB751197.1。

司氏铠茗荷 *Scalpellum stearnsii*，18S：AB551722.1。

藤壶三角铠茗荷 *Trianguloscalpellum balanoides*，18S：AB551723.1。

钦定三角铠茗荷 *T. regium*，18S：EU082389.1。

毛鸟嘴 *Ibla cumingi*，COI：KC138472.1；18S：U89493.1。

茗荷 *Lepas anatifera*，COI：JX845628.1；18S：L26516.1。

龟茗荷 *L. testudinata*，COI：KC138478.1；18S：EU082406.1。

鹅茗荷 *L. anserifera*，COI：JQ768793.1；16S：GU993686.1。

纹鹅茗荷 *L. anatifera*，COI：JX845628.1；16S：GU993682.1。

栉茗荷 *L. pectinata*，COI：KC138476.1；16S：GU993703.1。

细板条茗荷 *Conchoderma hunteri*，18S：AB551724.1。

耳条茗荷 *C. auritum*，18S：EU082401.1。

蟹花茗荷 *Poecilasma kaempferi*，18S：AB551729.1。

扁桃盾茗荷 *Temnaspis amygdalum*，18S：AB551730。

斧板茗荷 *Octolasmis warwickii*，COI：KC138501.1；18S：AB551728.1。

娄氏板茗荷 *O. lowei*，18S：L26518.1。

直板茗荷 *O. orthogonia*，COI：EU884173.1。

心板茗荷 *O. cor*，COI：KC138499.1；18S：EU082407.1。

纹大茗荷 *Megalasma striatum*，18S：AB551726.1。

日本异茗荷 *Heteralepas japonica*，COI：EU884169.1。

隐刺茗荷 *Oxynaspis celata*，COI：JX845630.1；18S：EU082412.1。

鸡冠鞘茗荷 *Koleolepas avis*，18S：AB551734.1。

直边拟花笼 *Metaverruca recta*，COI：JX083861.1；16S：JX083874.1。

库氏雕花 *Rostratoverruca krugeri*，COI：AB195609.1；16S：JX083875.1。

白条地藤壶 *Euraphia withersi*，COI：AY430814.1；16S：AY428043.1。

东方小藤壶 *Chthamalus challengeri*，COI：FJ858076.1；16S：AB167172.1。

马来小藤壶 *C. malayensis*，COI：HM135958.1。

直背小藤壶 *C. moro*，COI：HM135960.1；16S：HM136399.1。

触肢小藤壶 *C. antennatus*，COI：JX083870.1；16S：JX083883.1。

中华小藤壶 *C. sinensis*，COI：JQ755178.1。

拟肋藤壶 *Pseudoctomeris sulcata*，COI：KC138504.1；16S：JX083879.1。

中国四板小藤壶 *Tetrachthamalus sinensis*，COI：JQ755178.1。

盾形华小藤壶 *Chinochthamalus scutelliformis*，COI：JQ755182.1。

多肋小藤壶 *Octomeris brunnea*，COI：AY430812.1；16S：AY428041.1。

鳞笠藤壶 *Tetraclita squamosa*，COI：DQ363706.1；16S：AY520740.1。

日本笠藤壶 *T. japonica*，COI：JX503006.1；16S：AB167170.1。

美丽笠藤壶 *T. japonica*，COI：NC008974.1；16S：AB167170.1。

黑潮笠藤壶 *T. kuroshioensis*，COI：KC138505.1。

中华小笠藤壶 *Tetraclitella chinensis*，COI：KC138507.1。

间隔小笠藤壶 *T. divisa*，COI：KC138508.1；18S：AY520637.1。

卡氏小笠藤壶 *T. karendei*，COI：KC138511.1。

中华愈合小藤壶 *Nesochthamalus intertextus*，COI：JX083869.1；16S：JX083882.1。

切皮氏六板小藤壶 *Hexechamaesipho pilsbrvi*，COI：KC896285.1；16S：JX083881.1。

苍离板藤壶 *Cantellius pallidus*，COI：FJ379317.1；16S：AM497880.1。

霍氏离板藤壶 *C. hoegi*，COI：FJ379316.1；16S：FJ379310.1。

隔离板藤壶 *C. septimus*，COI：KC138455.1。

刻宽盾藤壶 *Savignium crenatum*，COI：HG970544.1；16S：HG970425.1。

连贵藤壶 *Nobia conjugatum*，COI：EF569556.1。

圆贵藤壶 *N. orbicellae*，COI：HG970536.1；16S：HG970417.1。

大贵藤壶 *N. grandis*，16S：KF720334.1。

塔藤壶 *Pyrgoma cancellata*，16S：AM497904.1。

蒜形刺藤壶 *Armatobalanus allium*，COI：KC138450.1；16S：HG970457.1。

葱头刺藤壶 *A. cepa*，16S：HG970455.1。

长吻膜藤壶 *Membranobalanus longirostrum*，COI：KC138493.1。

龟藤壶 *Chelonibia testudinaria*，COI：JF823763.1；16S：JF823865.1。

薄壳龟藤壶 *C. patula*，16S：JF823841.1。

六柱扁藤壶 *Platylepas hexastylos*，16S：AB723888.1。

装饰扁藤壶 *P. decorada*，16S：AB723952.1。

华丽口藤壶 *Stomatolepas elegans*，COI：KC131541.1。

中华筒藤壶 *Cylindrolepas sinica*，16S：AB723890.1。

桶冠鲸藤壶 *Coronula diadema*，16S：AB723892.1。

刺王冠藤壶 *Stephanolepas muricata*，16S：AB723882.1。

钟巨藤壶 *Megabalanus tintinnabulum*，COI：JQ035527.1；16S：JQ035507.1。

亚杰巨藤壶 *M. ajax*，COI：KC138480.1。

纵肋巨藤壶 *M. zebra*，COI：KC138492.1。

齿盾巨藤壶 *M. occator*，COI：KC138484.1；16S：AB723880.1。

刺巨藤壶 *M. volcano*，COI：HM150997.1；16S：AB167173.1。

红巨藤壶 *M. rosa*，COI：HM150995.1。

象牙藤壶 *Balanus eburneus*，18S：L26510.1。

尖吻藤壶 *B. rostratus*，12S：AB668557.1。

网纹蟹奴 *Sacculina confragosa*，COI：AB197803.1；18S：AY265361.1。

扁平多囊蟹奴 *Polyascus plana*，COI：AY265379.1；16S：FJ481954.1。

蛣蟹奴 *Peltogaster paguri*，16S：FJ481958.1。

古氏根茗荷 *Rhizolepas gurjanovae*，18S：AB520634.1。

软甲亚纲 MALACOSTRACA

腹胚亚目 PLEOCYMATA

真虾次目 CARIDEA

玻璃虾总科 PASIPHAEOIDEA

玻璃虾科 PASIPHAEIDAE

沟额拟玻璃虾 *Parapasiphae sulcatifrons*，COI：KJ155591.1，等 2 条。

日本玻璃虾 *Pasiphaea japonica*，18S：JF346260.1。

太平玻璃虾 *P. pacifica*，COI：DQ882135.1，等 5 条。

细额玻璃虾 *P. sivado*，COI：KP759488.1，等 3 条；28S：KP726010.1，等 7 条。

雕玻璃虾 *Glyphus marsupialis*，COI：KP076198.1，等 3 条；18S：KP075775.1，等 4 条；28S：KP075769.1，等 3 条。

刺虾总科 OPLOPHOROIDEA

刺虾科 OPLOPHORIDAE

长角棘虾 *Acanthephyra armata*，COI：KP759353.1；18S：KP725669.1，等 7 条；28S：KP725862.1，等 5 条。

脊甲棘虾 *A. carinata*，28S：KP075737.1；18S：KP075798.1；COI：KP076184.1。

短弯角棘虾 *A. curtirostris*，28S：KP075734.1，等 5 条；18S：KP725670.1，等 7 条；COI：KP759355.1，等 8 条。

异常棘虾 *A. eximia*，18S：KP725675.1，等 7 条；28S：KP725868.1，等 7 条；COI：KP759360.1，等 5 条。

紫红棘虾 *A. purpurea*，COI：JQ306128.1，等 12 条；18S：KP075819.1，等 9 条；28S：KP075723.1，等 9 条。

典型刺虾 *Oplophorus typus*，COI：KP759471.1，等 3 条；18S：KP075835.1，等 3 条；28S：KP075765.1。

柔弱腹刺虾 *Systellaspis debilis*，18S：KP725856.1，等 16 条；COI：JQ306182.1，等 23 条；28S：KP726038.1，等 15 条。

线足虾总科 NEMATOCARCINOIDEA

驼背虾科 EUGONATONOTIDAE

厚壳驼背虾 *Eugonatonotus crassus*，COI：KP759400.1。

线足虾科 NEMATOCARCINIDAE

尖额线足虾 *Nematocarcinus cursor*，18S：KP075826.1；28S：KP075760.1。

细额线足虾 *N. tenuirostris*，COI：AM083328.1。

活额虾科 RHYNCHOCINETIDAE

红斑活额虾 *Rhynchocinetes uritai*，18S：JF346245.1。

剪足虾总科 PSALIDOPODOIDEA

剪足虾科 PSALIDOPODIDAE

栗刺剪足虾 *Psalidopus huxleyi*，COI：KP759501.1；18S：GQ131923.1，等 2 条。

棒指虾总科 STYLODACTYLOIDEA

棒指虾科 STYLODACTYLIDAE

疣背新棒指虾 *Neostylodactylus amarhynsus*，18S：KP725804.1；COI：KP759461.1；28S：KP725991.1。

双颚副棒指虾 *Parastylodactylus bimaxillaris*，18S：JF346259.1。

多齿棒指虾 *Stylodactylus multidentatus*，18S：JF346256.1，等 2 条；COI：AM076947.1。

长臂虾总科 PALAEMONOIDEA

叶颚虾科 GNATHOPHYLLIDAE

美洲叶颚虾 *Gnathophyllum americanum*，COI：KC706777.1，等 2 条；28S：EF540838.1；18S：DQ642848.1，等 2 条。

长臂虾科 PALAEMONIDAE

葫芦贝隐虾 *Anchistus custos*，16S：KF738360.1，等 2 条；12S：KJ019538.1，等 2 条。

米尔斯贝隐虾 *A. miersi*，COI：JX185705.1，等 4 条；18S：DQ642851.1；28S：EF540846.1。

德曼贝隐虾 *A. demani*，28S：KP725879.1；18S：KP725694.1；COI：KC706757.1，等 2 条。

单指江瑶虾 *Conchodytes monodactylus*，COI：JX185694.1。

双指江瑶虾 *C. biunguiculatus*，COI：JX185695.1，等 2 条。

斑点江瑶虾 *C. meleagrinae*，COI：KF638631.1，等 4 条；18S：EF540837.1；28S：EF540842.1。

翠条珊瑚虾 *Coralliocaris graminea*，18S：AM083319.1；COI：KJ155609.1。

褐点珊瑚虾 *C. superba*，18S：KU064881.1，等 2 条。

短额珊瑚虾 *C. brevirostris*，16S：KJ019634.1。

越南古节虾 *Coutièrella tonkinensis*，18S：EU920937.1，等 2 条。

安氏白虾 *Exopalaemon annandalei*，16S：DQ647670.1。

脊尾白虾 *E. carinicauda*，18S：GQ369794.1，等 2 条；COI：JX502975.1，等 2 条。

广东白虾 *E. guangdongensis*，16S：JN674335.1。

秀丽白虾 *E. modestus*，COI：AB235307.1；28S：EU008718.1；18S：KP179040.1。

波氏钩指虾 *Hamodactylus boschmai*，COI：KC633174.1，等 3 条。

包氏拟钩岩虾 *Harpiliopsis beaupresii*，16S：JX025207.1。

平扁拟钩岩虾 *H. depressa*，18S：KU064894.1。

刺拟钩岩虾 *H. spinigera*，16S：JX025206.1。

杯形珊瑚钩岩虾 *Harpilius consobrinus*，16S：JX025205.1，等 2 条；18S：KU064895.1。

土黄钩岩虾 *H. lutescens*，18S：KU064895.1；16S：KU064822.1。

日本尤卡虾 *Jocaste japonica*，16S：KJ019646.1。

红条尤卡虾 *J. lucina*，16S：KF738365.1，等 2 条。

宽额拟瘦虾 *Leandrites deschampsi*，28S：KC515067.1；16S：KC515039.1。

等齿沼虾 *Macrobrachium equidens*，COI：AB235250.1，等 19 条；18S：GU205009.1，等 4 条。

大螯沼虾 *M. grandimanus*，18S：GU205016.1，等 2 条；COI：AB235260.1，等 5 条。

海南沼虾 *M. hainanense*，COI：AB235261.1；18S：FM986565.1；28S：FM986516.1，等 3 条。

阔指沼虾 *M. latidactylus*，COI：AB235275.1，等 6 条；28S：EU493125.1，等 5 条；18S：GU205024.1，等 4 条。

乳指沼虾 *M. mammillodactylus*，COI：AB235282.1，等 18 条；28S：EU493096.1，等 5 条；18S：AY374173.1，等 2 条。

日本沼虾 *M. nipponense*，COI：JN874544.1，等 17 条；18S：EU346851.1，等 6 条；28S：GQ369796.1，等 13 条。

罗氏沼虾 *M. rosenbergii*，COI：KR871629.1，等 7 条；18S：HM804252.1，等 8 条；28S：GQ369795.1，等 5 条。

细螯沼虾 *M. superbum*，COI：EF539189.1，等 6 条；18S：KC515055.1。

少齿双爪虾 *Onycocaris oligodenttata*，COI：GQ260965.1。

四眼双爪虾 *O. quadratophthalma*，COI：GQ260965.1。

寡齿双爪虾 *O. oligodentata*，18S：AB076615.1。

洁白长臂虾 *Palaemon concinnus*，18S：KP179020.1，等 2 条；28S：KC515070.1。

葛氏长臂虾 *P. gravieri*，COI：KT282102.1；18S：KC515058.1。

长角长臂虾 *P. debilis*，18S：KP179022.1，等 5 条；28S：KC515071.1，等 2 条；COI：KP759472.1。

广东长臂虾 *P. guangdongensis*，16S：JN674335.1。

敖氏长臂虾 *P. ortmanni*，18S：KP179045.1。

太平长臂虾 *P. pacificus*，18S：KP179046.1，等 3 条；COI：JX502984.1，等 2 条；28S：KC515072.1，等 3 条。

条纹长臂虾 *P. paucidens*，18S：KP179051.1。

锯齿长臂虾 *P. serrifer*，18S：KP179059.1，等 2 条；COI：JX502985.1。

圆掌拟长臂虾 *Palaemonella rotumana*，18S：KU064905.1；COI：JX185715.1；等 2 条。

博氏拟长臂虾 *P. pottsi*，COI：KU496491.1，等 3 条。

细足拟长臂虾 *P. tenuipes*，COI：JQ180254.1，等 3 条。

刺近岩虾 *Periclimenella spinifera*，18S：KU064922.1。

近缘岩虾 *Periclimenes affinis*，16S：JX025193.1。

柳珊瑚副岩虾 *P. gorgonicola*，16S：NR109685.1，等 2 条。

拉岛滨虾 *P. laccadivensis*，16S：JX025184.1。

美丽美瘦虾 *Urocaridella antonbrunii*，18S：KC515061.1；16S：JN674359.1，等 2 条。

共栖盖隐虾 *Stegopontonia commensalis*，COI：KJ155599.1；18S：KU064932.1。

东方威尔虾 *Vir orientalis*，18S：KU064939.1；16S：KU064865.1。

葛来隐虾 *Philarius gerlachei*，16S：JX025177.1。

帝菲隐虾 *P. imperialis*，16S：JX025176.1。

异指虾总科 PROCESSOIDEA

异指虾科 PROCESSIDAE

日本异指虾 *Processa japonica*，18S：GQ131926.1；16S：GQ131909.1。

共栖盖隐虾 *Stegopontonia commensalis*，COI：KJ155599.1；18S：KU064932.1KU064858.1。

鼓虾总科 ALPHEOIDEA

鼓虾科 ALPHEIDAE

短脊鼓虾 *Alpheus brevicristatus*，COI：FJ796193.1，等 6 条。

突额鼓虾 *A. frontalis*，COI：GQ260955.1。

细足鼓虾 *A. gracilipes*，16S：KF023114.1，等 3 条；18S：GQ131935.1，等 2 条。

日本鼓虾 *A. japonicus*，cox1 HQ700926.1。

珊瑚鼓虾 *A. lottini*，COI：AF107058.2，等 119 个；18S：KP725686.1，等 16 个。

厚螯鼓虾 *A. pachychirus*，COI：JQ180246.1。

长指鼓虾 *A. rapax*，COI：FJ796168.1，等 3 条。

扁螯鼓虾 *A. compressus*，16S：KT759171.1。

优美鼓虾 *A. euphrosyne*，16S：JX286609.1。

副百合鼓虾 *A. paracrinitus*，COI：AF309930.1，等 11 条。

长颚澳托虾 *A. dolichognatha*，16S：KF023117.1。

粒螯乙鼓虾 *Betaeus granulimanus*，16S：JX010754.1。

瘦长后鼓虾 *Metalpheus paragracilis*，16S：KT759169.1，等 2 条。

金眼折螯虾 *Salmoneus auroculatus*，16S：KR527200.1。

掘沙合鼓虾 *Synalpheus fossor*，COI：KJ595080.1；18S：KJ595276.1。

幂河合鼓虾 *S. charon*，COI：KJ595064.1，等 5 条；18S：KJ595269.1，等 4 条。

粗矛合鼓虾 *S. hastilicrassus*，COI：KJ625057.1，等 7 条；18S：KJ595289.1，等 6 条。

海神合鼓虾 *S. neptunus*，COI：KJ595120.1，等 2 条。

尼兰合鼓虾 *S. nilandensis*，COI：KJ595121.1；18S：KJ595302.1。

次新合鼓虾 *S. paraneomeris*，COI：KJ625048.1，等 3 条；18S：KJ595256.1，等 2 条。

澎湖合鼓虾 *S. pescadorensis*，COI：KJ625031.1；18S：KJ595312.1，等 2 条。

扭指合鼓虾 *S. streptodactylus*，18S：KP725854.1，等 4 条；COI：KJ595153.1，等 4 条。

瘤掌合鼓虾 *S. tumidomanus*，COI：JN368132.1，等 3 条。

藻虾科 HIPPOLYTIDAE

东方海后虾 *Alope orientalis*，28S：HQ315613.1。

长额拟鞭腕虾 *Exhippolysmata ensirostris*，COI：KX381810.1；16S：KF023086.1。

长足七腕虾 *Heptacarpus futilirostris*，16S：KF023088.1，等 2 条；28S：HQ315619.1。

屈腹七腕虾 *H. geniculatus*，28S：HQ315620.1；16S：HQ315563.1。

褐藻虾 *Hippolyte ventricosa*，16S：KF023090.1。

安波鞭腕虾 *Lysmata amboinensis*，18S：JF346249.1；16S：KF023091.1，等 3 条。

横斑鞭腕虾 *L. kuekenthali*，16S：KC962216.1。

红条鞭腕虾 *L. vittata*，16S：KF023089.1，等 5 条。

卡氏深藻虾 *Merhippolyte calmani*，18S：KP725758.1，等 2 条；COI：KP759430.1；28S：KP725932.1。

安波托虾 *Thor amboinensis*，COI：KU201283.1，等 10 条。

主拟鞭腕虾 *Lysmatella prima*，16S：KF023100.1，等 2 条；28S：HQ315614.1。

长角（多齿）船形虾 *Tozeuma lanceolatum*，16S：KF023188.1。

长额虾总科 PANDALOIDEA

长额虾科 PANDALIDAE

厚角绿虾 *Chlorotocus crassicornis*，COI：JQ305891.1，等 2 条；16S：JN412679.1。

背刺异腕虾 *Heterocarpus dorsalis*，COI：KP759404.1，等 2 条；18S：KP725731.1，等 2 条；28S：KP725909.1，等 2 条。

驼背异腕虾 *H. gibbosus*，COI：KX381805.1，等 8 条；18S：KP725732.1。

滑异腕虾 *H. laevigatus*，COI：AY612865.1，等 2 条。

小刺异腕虾 *H. parvispina*，COI：AY612866.1，等 2 条；18S：HQ241526.1。

东方异腕虾 *H. sibogae*，COI：AY612867.1，等 2 条；18S：KP725734.1。

强刺异腕虾 *H. woodmasoni*，COI：AY612868.1，等 4 条；18S：KP725737.1，等 3 条。

陈氏异腕虾 *H. chani*，COI：GQ302754.1，等 5 条。

林氏异腕虾 *H. hayashii*，COI：AY612863.1。

刺足拟长额虾 *Pandalopsis spinips*，18S：EU868793.1。

疏齿红虾 *Plesionika alcocki*，COI：KP759494.1，等 2 条；18S：KP725831.1。

叉尾红虾 *P. bifurca*，COI：KP759496.1，等 3 条；18S：KP725832.1。

柯聂红虾 *P. crosnieri*，COI：JX681745.1。

爱德华红虾 *P. edwardsii*，COI：JQ305929.1，等 6 条。

单刺红虾 *P. ensis*，COI：AY612869.1；18S：KP725834.1。

东海红虾 *P. izumiae*，16S：AY747870.1。

长足红虾 *P. martia*，COI：KU708836.1，等 5 条；18S：KP725837.1，等 2 条。

半滑红虾 *P. semilaevis*，COI：KP759500.1，等 5 条；18S：KP725841.1，等 2 条。

全齿红虾 *P. sindoi*，COI：JX681737.1，等 2 条。

卡氏红虾 *P. carsini*，COI：JX681743.1，等 2 条。

大红虾 *P. grandis*，COI：KR819889.1；18S：JF346258.1，等 2 条。

肯氏红虾 *P. kensleyi*，COI：JX681761.1，等 2 条。

冠脊红虾 *P. lophotes*，COI：JX681763.1，等 2 条。

独角红虾 *P. narval*，COI：JQ305934.1，等 6 条；18S：KF765768.1。

小眼红虾 *P. ocellus*，COI：JX681778.1，等 4 条。

菲律宾红虾 *P. philippinensis*，COI：KP759499.1；18S：KP725838.1。

刺甲红虾 *P. spinidorsalis*，COI：JX681791.1。

威廉红虾 *P. williamsi*，COI：JX681803.1，等 7 条。

浮游长额虾 *Stylopandalus richardi*，COI：JN412730.1，等 2 条；16S：KJ670314.1。

褐虾总科 CRANGONOIDEA

褐虾科 CRANGONIDAE

拉卡爱琴褐虾 *Aegaeon lacazei*，COI：JQ348889.1，等 5 条。

粗糙拟疣褐虾 *Parapontocaris aspera*，18S：JF346235.1。

光滑拟疣褐虾 *P. levigata*，COI：KP759476.1，等 2 条；18S：KP725815.1。

窄尾合褐虾 *Syncrangon angusticauda*，COI：FJ477190.1。

螯虾次目 ASTACIDEA

海螯虾总科 NEPHROPOIDEA

海螯虾科 NEPHROPIDAE

细掌刺海螯虾 *Acanthacaris tenuimana*，COI：EU186144.1，等 2 条；18S：KF828152.1。

安达曼后海螯虾 *Metanephrops andamanicus*，COI：EU186133.1。

胄甲多刺后海螯虾 *M. armatus*，COI：EU186136.1，等 3 条；18S：KF828147.1。

日本后海螯虾 *M. japonicus*，COI：EU186135.1。

海神后海螯虾 *M. neptunus*，16S：EU186125.1。

相模后海螯虾 *M. sagamiensis*，COI：EU186131.1。

中华后海螯虾 *M. sinensis*，18S：KF828150.1；COI：EU186138.1。

史氏拟海螯虾 *Nephropsis stewarti*，18S：AY583965.1。

锯齿拟海螯虾 *N. serrata*，16S：EU882881.1。

锯指螯虾科 THAUMASTOCHELIDAE

斜齿锯指螯虾 *Thaumastocheles dochmiodon*，COI：KF278683.1，等 4 条；18S：KF828153.1。

礁螯虾总科 ENOPLOMETOPOIDEA

礁螯虾科 ENOPLOMETOPIDAE

柯氏礁螯虾 *Enoplometopus crosnieri*，18S：KF828156.1。

西方礁螯虾 *E. occidentalis*，18S：AY583966.1；COI：KF828008.1。

海蛄虾次目 THALASSINIDEA

海蛄虾总科 THALASSINOIDEA

阿蛄虾科 AXIIDAE

锯额拟阿蛄虾 *Axiopsis serratifrons*，18S：EU874992.1。

真眼丽阿蛄虾 *Calaxius euophthalmus*，18S：EU874960.1。

曼宁丽阿蛄虾 *C. manningi*，18S：EF585458.1。

董氏丽阿蛄虾 *C. tungi*，18S：EU874960.1，等 2 条。

陈氏秀阿蛄虾 *Calocarides chani*，18S：EF585456.1。

棘新阿蛄虾 *Neaxius acanthus*，18S：EF585463.1。

秀虾科 CALOCARIDIDAE

柯聂秀螯虾 *Calastacus crosnieri*，18S：EF585457.1。

亮虾科 MICHELEIDAE

索拉锥阿蛄虾 *Meticonaxius soelae*，18S：EF585462.1。

美人虾科 CALLIANASSIDAE

玉虾 *Callianidea typa*，16S：EU874943.1；18S：EF585459.1，等 2 条。

日本栉指虾 *Ctenocheles balssi*，18S：EF585455.1。

哈氏和美虾 *Nihonotrypaea harmandi*，16S：EU882952.1。

日本和美虾 *N. japonica*，COI：KF910676.1，等 90 条；18S：KF765760.1，等 2 条。

泥虾科 LAOMEDIIDAE

泥虾 *Laomedia astacina*，16S：KJ132839.1，等 3 条；COI：AB771741.1，等 2 条；18S：EF585461.1。

龙虾次目 PALINURIDEA

龙虾总科 PALINUROIDEA

龙虾科 PALINURIDAE

长臂正龙虾 *Justitia longimanus*，18S：AF498674.1；16S：AF502953.1，等 4 条。

日本正龙虾 *J. japonica*，18S：KF828118.1；COI：KF828009.1。

泥污脊龙虾 *Linuparus sordidus*，COI：JF775564.1，等 3 条。

日本钝龙虾 *Palinustus waguensis*，COI：KJ500019.1，等 2 条；18S：KF828107.1，等 2 条。

白鞭龙虾 *Panulirus femoristriga*，COI：AF508169.1，等 3 条；18S：AB426511.1。

波纹龙虾 *P. homarus*，COI：AF508160.1，等 41 条；18S：GQ411531.1，等 6 条。

日本龙虾 *P. japonicus*，COI：AF508161.1，等 5 条；18S：KF828106.1，等 26 条。

长足龙虾 *P. longipes*，18S：JQ229941.1，等 3 条；COI：KF009637.1，等 42 条。

锦绣龙虾 *P. ornatus*，COI：AF508172.1，等 33 条；18S：KF828101.1，等 2 条。

密毛龙虾 *P. penicillatus*，COI：AF508174.1，等 356 条；18S：KF828113.1，等 6 条。

黄斑龙虾 *P. polyphagus*，COI：JN591361.1，等 2 条；18S：JQ229943.1。

中国龙虾 *P. stimpsoni*，COI：JN591365.1，等 2 条。

杂色龙虾 *P. versicolor*，COI：AF508175.1，等 11 条；18S：JQ229948.1，等 2 条。

脊腹游龙虾 *Puerulus angulatus*，COI：HQ241554.1，等 6 条；18S：KF828108.1，等 3 条。

蝉虾科 SCYLLARIDAE

毛缘扇虾 *Ibacus ciliatus*，COI：JX502992.1，等 3 条；18S：AB426500.1。

南极岩扇虾 *Parribacus antarcticus*，COI：AF508159.1，等 10 条；18S：JN701614.1，等 4 条。

台湾深蝉虾 *Bathyarctus formosanus*，18S：JN701619.1；COI：JN701668.1。

泥污双齿蝉虾 *Biarctus sordidus*，18S：JN701622.1，等 2 条。

斐济双齿蝉虾 *B. vitiensis*，18S：JN701621.1；COI：JN701670.1。

金毛螯蝉虾 *Chelarctus aureus*，18S：JN701623.1。

刀指螯蝉虾 *C. cultrifer*，COI：JX486083.1，等 4 条；18S：JN701624.1。

三斑盔突蝉虾 *Galearctus kitanoviriosus*，18S：JN701630.1；28S：JN701572.1。

双斑浆蝉虾 *Remiarctus bertholdii*，18S：JN701641.1；COI：JN701675.1。

贝氏凹甲蝉虾 *Scammarctus batei*，18S：JN701642.1；28S：JN701585.1。

韩氏拟扁虾 *Scyllarides haanii*，COI：JN701656.1，等 2 条；18S：JN701601.1，等 2 条。

东方扁虾 *Thenus orientalis*，COI：KT224362.1，等 20 条；18S：JN701647.1，等 3 条。

异尾次目 ANOMURA

寄居蟹总科 PAGUROIDEA

陆寄居蟹科 COENOBITIDAE

椰子蟹 *Birgus latro*，COI：LC053597.1，等 85 条；18S：KF182470.1，等 2 条。

短掌陆寄居蟹 *Coenobita brevimanus*，COI：LC053633.1，等 85 条。

白陆寄居蟹 *C. rugosus*，16S：LC065471.1。

凹足陆寄居蟹 *C. violascenss*，COI：AB998663.1，等 7 条。

门螯寄居蟹科 PYLOCHELIDAE

杰氏盖螯寄居蟹 *Pomatocheles jeffreysii*，18S：EU920965.1。

活额寄居蟹科 DIOGENIDAE

米氏长眼寄居蟹 *Paguristes miyakei*，COI：KM043477.1。

刘氏纤毛寄居蟹 *Ciliopagurus liui*，COI：KJ150699.1。

细纤毛寄居蟹 *C. strigatus*，COI：EU334639.1，等 6 条。

坎氏纤毛寄居蟹 *C. krempfi*，COI：KJ150698.1。

细纹真寄居蟹 *Dardanus arrosor*，COI：JN107572.1，等 8 条。

白斑真寄居蟹 *D. guttatus*，COI：LN908211.1。

龟足真寄居蟹 *D. lagopodes*，COI：EF683577.1，等 20 条。

刚毛真寄居蟹 *D. setifer*，COI：KJ150700.1，等 2 条。

隐楯真寄居蟹 *D. scutellatus*，COI：KM374668.1，等 2 条。

菊纹寄居蟹 *Aniculus retipes*，COI：EF683579.1，等 2 条。

米氏纹寄居蟹 *A. miyakei*，COI：KM043477.1。

珊瑚细螯寄居蟹 *Clibanarius corallinus*，18S：KF182473.1。

长指细螯寄居蟹 *C. longitarsus*，COI：JX676138.1，等 3 条。

蓝绿细螯寄居蟹 *C. virescens*，COI：KP698008.1。

细螯寄居蟹 *C. clibanarius*，COI：JX676156.1，等 6 条；18S：AF438751.1，等 4 条。

隐白硬壳寄居蟹 *Calcinus lateens*，COI：FJ620328.1，等 18 条。

妹氏硬壳寄居蟹 *C. vachoni*，COI：FJ620293.1，等 8 条。

红指硬壳寄居蟹 *C. minutus*，COI：FJ620391.1，等 4 条。

关岛硬壳寄居蟹 *C. guamensis*，COI：FJ620348.1，等 5 条。

绒足硬壳寄居蟹 *C. lineapropodus*，COI：FJ620375.1，等 4 条。

小螯硬壳寄居蟹 *C. pulcher*，COI：FJ620257.1，等 8 条。

寄居蟹科 PAGURIDAE

栉螯寄居蟹 *Pagurus pectinatus*，COI：JN590060.1，等 3 条。

拟寄居蟹科 PARAPAGURIDAE

葡萄合寄居蟹 *Sympagurus acinops*，18S：KF182476.1。

石蟹科 LITHODIDAE

塔形石蟹 *Lithodes turritus*，16S：KJ132573.1。

日本新石蟹 *Neolithodes nipponensis*，COI：JQ305973.1。

多突仿石蟹 *Paralomis dofleini*，COI：HM020913.1，等 2 条。

锯足软腹蟹 *Hapalogaster dentata*，28S：AF425347.1。

无刺肿颚蟹 *Oedignathus inermis*，18S：Z14062.1。

铠甲虾总科 GALATHEOIDEA

劣柱虾科 CHIROSTYLIDAE

毛真刺虾 *Eumunida capillata* de，COI：EU243341.1，等 4 条。

绳舞真刺虾 *E. funambulus*，18S：EU920957.1。

小真刺虾 *E. parva*，EU243522.1，等 10 条。

巨额拟折尾虾 *Uroptychodes grandirostris*，18S：KF051288.1。

鼻形折尾虾 *Uroptychus naso*，COI：JF715143.1，等 11 条。

曲折尾虾 *U. scambus*，COI：KF051396.1；18S：EU821553.1。

铠甲虾科 GALATHEIDAE

模棱宦虾 *Agononida incerta*，COI：AF283889.1，等 2 条。

美丽异铠虾 *Allogalathea elegans*，COI：GU392205.1，等 17 条；18S：EU821560.1。

埃及铠甲虾 *Galathea aegyptiaca*，COI：KP203578.2，等 4 条。

信天翁铠甲虾 *G. albatrossae*，COI：DQ677692.1。

东海铠甲虾 *G. balssi*，COI：KP203675.2，等 6 条。

玄海铠甲虾 *G. genkai*，COI：KP203608.2，等 2 条。

膨甲铠甲虾 *G. inflata*，COI：KP203734.2。

毛里求斯铠甲虾 *G. mauritiana*，COI：KP203779.2，等 3 条。

东方铠甲虾 *G. orientalis*，COI：KP203576.2。

宽钳铠甲虾 *G. platycheles*，COI：KP203796.2，等 2 条。

柔毛铠甲虾 *G. pubescens*，COI：KP203651.2。

刺额铠甲虾 *G. spinosorostris*，COI：KP203761.2，等 4 条。

似鳞铠甲虾 *G. subsquamata*，COI：KP203797.2。

种子岛铠甲虾 *G. tanegashimae*，COI：KP203795.2，等 13 条。

光额滑铠虾 *Leiogalathea laevirostris*，COI：AY351055.1；18S：EU821557.1；28S：EU821574.1。

长鞭刺铠虾 *Munida incerta*，COI：AF283889.1，等 2 条。

针孔刺铠虾 *M. punctata*，COI：KP203661.2，等 3 条。

中华刺铠虾 *M. sinensis*，16S：KP203458.1，等 5 条。

长鞭刺铠虾 *M. incerta*，COI：AF283889.1，等 2 条。

套依刺铠虾 *M. thoe*，16S：KP203429.1，等 3 条。

柱眼仿刺铠虾 *Munidopsis cylindrophthalma*，COI：JN166784.1，等 2 条。

毛足仿刺铠虾 *M. dasypus*，COI：JN166777.1，等 4 条。

肯氏仿刺铠虾 *M. kensleyi*，COI：JN166775.1，等 2 条。

毛茸仿刺铠虾 *M. pilosa*，COI：KP203750.2，等 4 条。

深海仿刺铠虾 *M. profunda*，COI：KP203662.2。

三叉仿刺铠虾 *M. trifida*，COI：JN166765.1，等 2 条。

粗糙似刺铠虾 *Paramunida scabra*，COI：KX016548.1，等 2 条。

近缘仿刺铠虾 *P. proxima*，COI：EU418005.1。

宝岛卫铠虾 *Raymunida formosanus*，COI：AY288292.1。

柯氏潜铠虾 *Shinkaia crosnieri*，COI：KR003157.1，等 100 条；28S：EU831285.1。

瓷蟹科 PORCELLANIDAE

好斗岩瓷蟹 *Petrolisthes militaris*，COI：GU338360.1，等 6 条。

软毛岩瓷蟹 *P. pubescens*，16S：AF260625.1。

日本岩瓷蟹 *P. japonicus*，16S：KJ132613.1。

亚洲岩瓷蟹 *P. asiaticus*，COI：GU338355.1。

锯额豆瓷蟹 *Pisidia serratifrons*，COI：HM180787.1，等 4 条。

三叶小瓷蟹 *Porcellanella triloba*，16S：EU834069.1。

蝉蟹总科 HIPPOIDEA

蝉蟹科 HIPPIDAE

侧指蝉蟹 *Hippa adactyla*，18S：LC052326.1，等 2 条；COI：KR047033.1，等 2 条。

神奇蝉蟹 *H. admirabilis*，COI：KR047031.1。

椭圆蝉蟹 *H. ovalis*，COI：KR047034.1。

短尾次目 BRACHYURA

绵蟹科 DROMIIDAE

干练平壳蟹 *Conchoecetes artificiosus*，16S：KJ132518.1。

单齿仿隐绵蟹 *Cryptodromiopsis unidentata*，16S：KJ132574.1。

德汉劳绵蟹 *Lauridromia dehaani*，16S：KJ132568.1。

人面绵蟹科 HOMOLODROMIIDAE

凯岛人面绵蟹 *Homolodromia kai*，18S：DQ925820.1。

蛙蟹科 RANINIDAE

长额仿蛙蟹 *Raninoides longifrons*，16S：AF436044.1；28S：AF435985.1；18S：M91060.1，等 2 条。

三齿琵琶蟹 *Lyreidus tridentatus*，16S：KJ132575.1。

馒头蟹科 CALAPPIDAE

肝叶馒头蟹 *Calappa hepatica*，28S：KU206633.1；16S：KU206593.1，等 2 条；COI：AY580003.1。

山羊馒头蟹 *C. capellonis*，COI：AY580006.1，等 2 条。

盾形馒头蟹 *C. clypeata*，COI：AY580000.1；28S：KU206636.1。

泡突馒头蟹 *C. postulosa*，28S：KU206625.1；16S：KU206582.1。

卷折馒头蟹 *C. lophos*，COI：AY579999.1，等 2 条。

逍遥馒头蟹 *C. philargius*，COI：AY580004.1；16S：KJ132528.1。

公鸡馒头蟹 *C. gallus*，28S：KU206632.1，等 2 条；18S：KU206589.1；COI：AY580001.1。

武装筐形蟹 *Mursia armata*，COI：AY580010.1。

黎明蟹科 MATUTIDAE

红线黎明蟹 *Matuta planipes*，COI：JX502915.1，等 3 条。

黄道蟹科 CANCRIDAE

隆背黄道蟹 *Cancer gibbosulus*，COI：HM180490.1，等 2 条。

瓢蟹科 CARPILIIDAE

隆背瓢蟹 *Carpilius convexus*，COI：GQ260893.1，等 3 条；18S：DQ925834.1。

红斑瓢蟹 *C. maculatus*，COI：HM638026.1。

盔蟹科 CORYSTIDAE

双角卵蟹 *Gomeza bicornis*，16S：KJ132527.1。

泪刺毛蟹科 DACRYOPILUMNIDAE

拉氏泪刺毛蟹 *Dacryopilumnus rathbunae*，16S：HM637971.1；COI：HM638027.1；18S：HM637990.1。

疣菱蟹科 DAIRIDAE

广阔疣菱蟹 *Daira perlata*，COI：HM638029.1；18S：DQ925835.1；16S：HM637983.1。

关公蟹科 DORIPPIDAE

蜘蛛拟平家蟹 *Heikeopsis arachnoides*，COI：EU636976.1。

日本拟平家蟹 *H. japonica*，16S：KJ132559.1。

颗粒拟关公蟹 *Paradorippe granulata*，16S：KJ132601.1，等 2 条。

六齿四额齿蟹 *Ethusa sexdentata*，16S：KJ132547.1，等 3 条；COI：EU636984.1，等 2 条。

酋蟹科 ERIPHIIDAE

糙酋妇蟹 *Eriphia scabricula*，COI：KC771023.1；18S：KC770999.1。

光手酋妇蟹 *E. sebana*，COI：KC771024.1；18S：KC771000.1，等 2 条。

深海蟹科 HYPOTHALASSIIDAE

武装深海蟹 *Hypothalassia armata*，18S：HM638008.1；COI：HM638044.1。

哲扇蟹科 MENIPPIDAE

绳蜇蟹 *Myomenippe hardwickii*，COI：HM638052.1。

团扇蟹科 OZIIDAE

酒色艳团扇蟹 *Baptozius vinosus*，16S：HM637963.1；18S：HM637987.1。

粗粒石扇蟹 *Epixanthus corrosue*，COI：KC771022.1；16S：KC771004.1；18S：KC770998.1。

齿石扇蟹 *E. dentatus*，COI：HM638033.1；18S：HM637995.1。

平额石扇蟹 *E. frontalis*，16S：KJ132545.1；18S：HM637996.1。

宽背蟹科 EURYPLACIDAE

阿氏强蟹 *Eucrate alcocki*，16S：KJ132539.1。

长脚蟹科 GONEPLACIDAE

长手隆背蟹 *Carcinoplax longimana*，16S：KJ132525.1。

骏河隆背蟹 *C. surugensis*，28S：FJ943446.1；16S：FJ943433.1；18S：FJ943439.1。

掘沙蟹科 SCALOPIDIIDAE

刺足掘沙蟹 *Scalopidia spinosipes*，12S：KJ132493.1；16S：KJ132635.1。

玉蟹科 LEUCOSIIDAE

美丽核果蟹 *Nucia speciosa*，COI：KC706774.1。

卧蜘蛛蟹科 EPIALTIDAE

四齿矶蟹 *Pugettia quadridens*，18S：Z22518.1。

突眼蟹科 OREGONIIDAE

枯瘦突眼蟹 *Oregonia gracilis*，COI：EU682836.1，等 3 条；28S：KX039895.1，等 3 条。

虎头蟹科 ORITHYIDAE

中华虎头蟹 *Orithyia sinica*，16S：DQ062736.1，等 4 条；COI：KF364354.1，等 11 条。

静蟹科 GALENIDAE

双刺精蟹 *Galene bispinosa*，16S：GU144444.1。

毛刺蟹科 PILUMNIDAE

毛刺蟹亚科 PILUMNINAE

光滑异装蟹 *Heteropanope glabra*，16S：KJ132560.1。

长额毛刺蟹 *Pilumnopeus longicornis*，16S：KJ132612.1。

长螯蟹科 TANAOCHELIDAE

双齿长螯蟹 *Tanaocheles bidentata*，16S：FJ548956.1，等 3 条。

厚方蟹科［怪蟹科］GERYONIDAE

颗粒查氏蟹 *Chaceon granulatus*，16S：FM208775.1。

三刺后方蟹 *Geryon trispinosus*，16S：FM208121.1。

梭子蟹科 PORTUNIDAE

尖指蟹亚科 CAPHYRINAE

紫斑光背蟹 *Lissocarcinus orbicularis*，16S：FM208757.1。

钝额蟹亚科 CARUPINAE

细足钝额蟹 *Carupa tenuipes*，16S：FM208758.1。

光滑镜蟹 *Catoptrus nitidus*，16S：FM208755.1。

五齿镜蟹 *C. quinquedentatus*，16S：FM208755.1。

艾氏突颚蟹 *Libystes edwardsi*，16S：FM208761.1。

整洁突颚蟹 *L. nitidus*，16S：FM208762.1。

多样蟹亚科 POLYBIINAE

赫氏深海蟹 *Benthochascon hemingii*，16S：HM750955.1。

梭子蟹亚科 PORTUNINAE

菲岛狼牙蟹 *Lupocyclus philippinensis*，16S：FJ152156.1。

远海（洋）梭子蟹 *Portunus pelagicus*，COI：KP976342.1，等 101 条；18S：KY865316.1，等 3 条。

伪银光梭子蟹 *P. pseudoargentatus*，COI：JX398094.1；28S：JX398079.1。

短桨蟹亚科 THALAMITINAE

日本蟳 *Charybdis japonica*，COI：EU586120.1，等 16 条。

锐齿蟳 *C. acuta*，COI：KX060203.1，等 4 条；18S：EU284151.1。

阿毛（安汶）蟳 *C. amboinensis*，16S：KX060427.1；COI：KX060208.1。

异齿蟳 *C. anisodon*，COI：KX060210.1。

环纹蟳 *C. annulata*，COI：KX060206.1，等 2 条。

东方蟳 *C. orientalis*，COI：KX060212.1，等 2 条；16S：KY086017.1，等 3 条。

锈斑蟳 *C. feriatus*，COI：EU284140.1，等 3 条；16S：AM410513.1；18S：EU284147.1。

钝齿蟳 *C. hellerii*，COI：HQ167603.1，等 17 条；16S：FJ152142.1，等 16 条。

善泳蟳 *C. natator*，COI：KX060205.1，等 11 条；18S：HQ676594.1。

晶莹蟳 *C. lucifera*，COI：KY587383.1，等 10 条。

亲近蟳 *C. affinis*，COI：AF082733.1。

武士蟳 *C. miles*，COI：KX060183.1，等 2 条。

香港蟳 *C. hongkongensis*，28S：JX398088.1；COI：JX398100.1。

疾进蟳 *C. vadorum*，COI：EU284141.1；18S：EU284148.1。

双斑蟳 *C. bimaculata*，COI：JX398101.1，等 27 条；28S：JX398089.1。

相模蟳 *C. sagamiensis*，16S：KX060403.1；COI：KX060190.1。

钝齿短桨蟹 *Thalamita crenata*，COI：KY587392.1，等 5 条。

少刺短桨蟹 *T. danae*，COI：KY587388.1，等 2 条。

底栖短桨蟹 *T. prymna*，16S：KJ132641.1，等 2 条；COI：JX398103.1；28S：JX398084.1。

双额短桨蟹 *T. sima*，COI：JX398105.1，等 2 条；28S：JX398086.1；16S：FJ152166.1。

野生短桨蟹 *T. admete*，COI：KY290388.1，等 10 条。

假团扇蟹科 PSEUDOZIIDAE

礁石假团扇蟹 *Pseudozius caystrus*，COI：HM638059.1；16S：HM637984.1。

圆顶蟹科 DOMECIIDAE

刺圆顶蟹 *Domecia hispida*，COI：GQ260916.1。

巴岛帕尔蟹 *Palmyria palmyrensis*，COI：GQ260925.1。

拟梯形蟹科 TETRALIIDAE

光洁拟梯形蟹 *Tetralia glaberrima*，16S：FJ548958.1。

梯形蟹科 TRAPEZIIDAE

斑点四齿蟹 *Quadrella maculosa*，16S：FJ548954.1。

双齿梯形蟹 *Trapezia bidentata*，COI：KY747038.1，等 5 条。

毛掌梯形蟹 *T. cymodoce*，COI：HM751069.1，等 2 条；18S：DQ925833.1。

红点梯形蟹 *T. guttata*，COI：KY747005.1，等 52 条。

土黄梯形蟹 *T. lutea*，COI：KY747017.1，等 12 条。

红斑梯形蟹 *T. rufopunctata*，COI：GQ260918.1，等 2 条。

幽暗梯形蟹 *T. septata*，COI：KY746953.1，等 31 条。

塞氏梯形蟹 *T. serènei*，COI：KC706763.1，等 6 条。

灿烂梯形蟹 *T. speciosa*，COI：KY746922.1，等 50 条。

虎斑梯形蟹 *T. tigrina*，COI：JQ180247.1，等 2 条。

扇蟹科 XANTHIDAE

东方盖氏蟹 *Gaillardiellus orientalis*，COI：HM750987.1；16S：HM798464.1。

红点拟银杏蟹 *Paractaea rufopunctata*，COI：HM751048.1，等 3 条；18S：HM798535.1，等 2 条。

昏暗圆瘤蟹 *Cyclodius obscurus*，18S：KF682844.1；COI：JQ277194.1。

毛掌绿蟹 *Chlorodiella barbata*，COI：HM750957.1。

刺足绿蟹 *C. spinimera*，COI：JQ277200.1；16S：JQ277181.1。

黑指绿蟹 *C. nigra*，COI：HM750961.1；18S：DQ925832.1。

金星绿蟹 *C. cytherea*，COI：HM750958.1，等 3 条。

西沙绿蟹 *C. xishaensis*，COI：HM750962.1。

光滑绿蟹 *C. laevissima*，COI：HM750960.1，等 2 条。

广阔疣扇蟹 *Daira perlata*，COI：HM638029.1；18S：DQ925835.1。

太平洋光腕蟹 *Liocarpilodes armigenpacificus*，16S：KM888871.1。

完整光腕蟹 *L. integerrimus*，COI：GQ260939.1，等 2 条。

纹毛壳蟹 *Pilodius areolatus*，COI：JQ277191.1，等 2 条；18S：KF682843.1。

颗粒毛壳蟹 *P. granulatus*，16S：KM888840.1。

黑刺毛壳蟹 *P. melanospinis*，16S：KM888838.1；12S：KJ938460.1。

黑毛毛壳蟹 *P. nigrocrinitus*，16S：KM888868.1；12S：KJ938454.1。

柔毛毛壳蟹 *P. pubescens*，16S：KM888860.1；12S：KJ938471.1。

保莫蒂毛壳蟹 *P. paumotensis*，COI：HM751056.1；16S：KM888864.1，等 2 条。

毛刺毛壳蟹 *P. pilumnoides*，16S：KM888863.1；12S：KJ938458.1。

刺毛壳蟹 *P. pugil*，16S：KM888859.1；12S：KJ938486.1。

粗糙毛壳蟹 *P. scabriculus*，16S：KM888839.1；12S：KJ938475.1。

滑面绒毛壳蟹 *Vellodius etisoides*，16S：KM888854.1。

皱纹克劳蟹 *Kraussia rugulosa*，COI：HM750999.1，等 2 条。

黑指波纹蟹 *Cymo melanodactylus*，COI：HM750967.1；16S：FJ548948.1。

四叶波纹蟹 *C. quadrilobatus*，COI：HM750968.1，等 2 条；16S：HM798443.1，等 2 条。

细肢滑面蟹 *Etisus demani*，16S：KM888875.1。

琥珀滑面蟹 *E. electra*，COI：HM750978.1；16S：HM798454.1；12S：HM851325.1。

前额滑面蟹 *E. frontalis*，16S：KM888856.1；12S：KJ938453.1。

光手滑面蟹 *E. laevimanus*，16S：KM888846.1。

似雕滑面蟹 *E. anaglyptus*，COI：HM750975.1，等 2 条。

灿烂滑面蟹 *E. splendidus*，COI：HM750980.1，等 3 条；16S：GQ249175.1。

齿滑面蟹 *E. dentatus*，COI：HM750977.1，等 2 条。

滑面蟹 *E. utilis*，COI：HM750981.1；16S：HM798456.1。

双额滑面蟹 *E. bifrontalis*，16S：KM888851.1，等 2 条。

雕刻真扇蟹 *Euxanthus exsculptus*，COI：HM750983.1；16S：HM798460.1；12S：HM851332.1。

颗粒仿权位蟹 *Medaeops granulosus*，COI：HM751019.1；18S：KF682873.1。

皱纹克劳蟹 *Kraussia rugulosa*，COI：HM750999.1，等 2 条；16S：JQ277182.1，等 2 条。

美丽花瓣蟹 *Liomera bella*，COI：HM751007.1；16S：HM798485.1。

三花瓣蟹 *L. tristis*，COI：HM751010.1。

皱纹花瓣蟹 *L. rugata*，COI：GQ260940.1。

海岛新花瓣蟹 *Neoliomera insularis*，COI：HM751036.1；16S：HM798520.1；12S：HM851392.1。

柔毛新花瓣蟹 *N. pubescens*，18S：KF682868.1；16S：KF682992.1。

花纹细螯蟹 *Lybia tessellata*，COI：HM751017.1。

刀足鳞斑蟹 *Demania cultripes*，COI：HM750971.1；16S：HM798447.1。

中型鳞斑蟹 *D. intermedia*，COI：HM750972.1。

鳞斑蟹 *D. emaniascaberrima*，COI：HM750973.1。

浆果鳞斑蟹 *D. baccalipes*，COI：KP070740.1。

东方宽扇蟹 *Euryxanthops orientalis*，16S：HM798459.1。

肉球皱蟹 *Leptodius sanguineus*，COI：HM751004.1；16S：HM798482.1。

黑斑皱蟹 *L. nigromaculatus*，COI：HM751003.1；16S：HM798481.1。

双齿毛足蟹 *Lachnopodus bidentatus*，COI：HM751000.1；16S：HM798477.1。

次锐毛足蟹 *L. subacutus*，16S：HM798478.1；12S：HM851350.1。

红斑斗蟹 *Liagore rubromaculata*，COI：HM751006.1；16S：HM798484.1，等 2 条。

特异大权蟹 *Macromedaeus distinguendus*，COI：HM180663.1，等 3 条。

粗掌大权蟹 *M. crassimanus*，COI：HM751018.1；16S：HM798498.1。

四叶新景扇蟹 *Neoxanthops quadrilobatus*，16S：HM798524.1。

条纹新景扇蟹 *N. lineatus*，COI：HM751039.1；16S：HM798523.1。

厚指拟扇蟹 *Paraxanthias pachydactylus*，COI：HM751053.1；16S：HM798541.1。

显赫拟扇蟹 *P. notatus*，16S：HM798540.1。

华美拟扇蟹 *P. elegans*，COI：HM751052.1；16S：HM798539.1。

细粒近扇蟹 *Xanthias lamarckii*，COI：HM751071.1；16S：HM798560.1。

比粒近扇蟹［斑点近扇蟹］*X. punctatus*，COI：HM751073.1；16S：HM798562.1。

肥胖秃头蟹 *Calvactaea tumida*，COI：HM750956.1；16S：HM798430.1。

绵状泡状蟹 *Zalasius dromiaeformis*，COI：HM751076.1；16S：HM798565.1。

酒井恒泡状蟹 *Z. sakaii*，COI：HM751077.1；16S：HM798566.1。

蕾近爱洁蟹 *Atergatopsis germaini*，COI：HM750952.1。

下齿爱洁蟹 *A. subdentatus*，16S：HM798425.1。

花纹爱洁蟹 *A. floridus*，COI：HM750949.1。

正直爱洁蟹 *A. integerrimus*，COI：HM750950.1，等 6 条。

细纹爱洁蟹 *A. reticulatus*，16S：DQ062726.1。

切齿脊熟若蟹 *Lophozozymus incisus*，COI：KF369146.1，等 2 条。

美丽脊熟若蟹 *L. pulchellus*，COI：HM751014.1，等 2 条。

绣花脊熟若蟹 *L. pictor*，COI：HM751013.1；16SHM798492.1。

长掌拟爱洁蟹 *Paratergatis longimanus*，COI：HM751051.1；16S：HM798538.1。

网纹可爱蟹 *Pulcratis reticulatus*，COI：HM751063.1，等 2 条；16SHM798554.1。

铜铸熟若蟹 *Zosimus aeneus*，COI：HM751078.1；16S：HM798567.1。

地蟹科 GECARCINIDAE

毛足圆轴蟹 *Cardisoma hirtipes*，COI：AB999636.1，等 8 条。

紫地蟹［兰氏地蟹］*Gecarcoidea lalandii*，16S：KJ132555.1，等 2 条；12S：KJ132416.1，等 2 条。

方蟹科 GRAPSIDAE

细纹方蟹 *Grapsus tenuicrustatus*，COI：KX550280.1。

中型方蟹 *G. intermedius*，16S：KM510104.1，等 2 条。

斯氏陆方蟹 *Geograpsus stormi*，16S：FR871290.1，等 2 条。

格雷陆方蟹 *G. grayi*，COI：KC706770.1；16S：FR871287.1，等 2 条。

毛足陆方蟹 *G. crinipes*，16S：KM510095.1，等 2 条。

大额蟹 *Metopograpsus latifrons*，COI：KY284643.1；16S：KM510109.1，等 3 条。

宽额大额蟹 *M. frontalis*，COI：KY284642.1；16S：KM510108.1，等 4 条。

四齿大额蟹 *M. quadridentatus*，16S：DQ062732.1。

方形大额蟹 *M. thukuhar*，16S：AJ784027.2，等 2 条。

狭颚新绒螯蟹 *Neoeriocheir leptognathus*，16S：AY151821.1。

法岛厚纹蟹 *Pachygrapsus fakaravensis*，16S：KM510114.1，等 2 条。

粗腿厚纹蟹 *P. crassipes*，COI：JX502935.1；16S：KM510113.1，等 2 条。

褶痕厚纹蟹 *P. plicatus*，16S：KM510121.1，等 3 条。

海洋漂浮蟹 *Planes marinus*，16S：KM510121.1，等 3 条。

斜纹蟹科 PLAGUSIIDAE

华丽斜纹蟹 *Plagusia speciosa*，16S：FN539008.1，等 2 条。

鳞突斜纹蟹 *P. squamosa*，16S：KJ132623.1，等 6 条。

无斑斜纹蟹 *P. immaculata*，16S：FN539003.1，等 3 条；COI：AF317341.1。

齿突斜纹蟹 *P. dentipes*，COI：KY284645.1；16S：AJ308421.1。

裸掌盾牌蟹 *Percnon planissimum*，16S：KJ132620.1，等 2 条。

单刺盾牌蟹 *P. guinotae*，16S：FN539015.1。

相手蟹科 SESARMIDAE

短足针肢蟹 *Bresedium brevipes*，16S：AM180685.2。

中华泥毛蟹 *Clistocoeloma sinensis*，COI：AB813725.1，等 9 条。

密栉新相手蟹 *Episesarma mederi*，16S：AJ784020.2。

福曼新胀蟹 *Neosarmatium fourmanoiri*，28S：FN392208.1，等 2 条；16S：FN392194.1，等 4 条。

小相手蟹 *Nanosesarma minutum*，18S：JF935151.1，等 2 条；COI：KY284644.1。

斑点拟相手蟹［神妙拟相手蟹］*Parasesarma pictum*，16S：KU052884.1。

三栉拟相手蟹 *P. tripectinis*，16S：KU052885.1。

双齿近相手蟹 *P. bidens*，COI：KM605249.1，等 32 条；16S：AB057810.1，等 4 条。

红螯相手蟹 *Sesarma haematocheir*，COI：JX502930.1，等 2 条；16S：DQ131499.1，等 2 条。

无齿相手蟹 *S. dehaani*，COI：JX502891.1，等 28 条；16S：AY151822.1，等 2 条。

褶痕相手蟹 *S. plicata*，5.8S：JF836814.1，等 2 条；12S：HM015777.1，等 2 条；16S：AM180683.1；COI：KY284646.1。

双齿相手蟹 *S. bidens*，COI：KY436763.1，等 32 条；16S：KJ132605.1，等 4 条。

中型中相手蟹 *Sesarmops intermedium*，12S：AB057811.1；16S：FN296222.1。

中华中相手蟹 *S. sinensis*，12S：DQ060650.1；16S：AY497290.1。

弓蟹科 VARUNIDAE

整洁圆方蟹 *Cyclograpsus integer*，12S：DQ343270.1；16S：AJ250639.1。

中型圆方蟹 *C. intermedius*，16S：AB058627.1；COI：JX502896.1；28S：GU190699.1；5.8S：AF109349.1。

隆背张口蟹 *Chasmagnathus convexus*，COI：AB334556.1，等 3 条；16S：AB334541.1。

天津厚蟹 *Helice tientsinensis*，COI：FJ167541.1，等 100 条；16S：FJ872540.1，等 13 条。

侧足厚蟹 *H. latimera*，COI：AB334545.1，等 47 条；16S：AB334532.1，等 7 条。

台湾厚蟹 *H. formosensis*，COI：AB334544.1，等 5 条；16S：AB334531.1，等 4 条。

日本拟厚蟹 *Helicana japonica*，COI：AB334553.1，等 3 条；16S：AB334539.1，等 4 条。

道氏拟厚蟹 *H. doerjesi*，COI：AB334554.1；16S：EU367394.1，等 3 条。

伍氏拟厚蟹 *H. wuana*，16S：FJ872542.1，等 4 条；COI：AB334551.1，等 8 条。

长足长方蟹 *Metaplax longipes*，16S：KJ132578.1；12S：KJ132440.1。

秀丽长方蟹 *M. elegans*，16S：AJ308415.1。

平背蜞 *Gaetice depressus*，COI：KP976229.1，等 48 条；16S：AB058626.1，等 2 条；18S：AY859577.1；28S：AY859576.1，等 2 条。

掠食海方蟹 *Thalassograpsus harpax*，16S：AB440192.1。

合浦绒螯蟹 *Eriocheir hepuensis*，COI：JF810991.1；16S：AF411316.1，等 6 条。

日本绒螯蟹 *E. japonicus*，COI：AY640102.1，等 38 条；16S：AY290746.1，等 4 条。

中华绒螯蟹 *E. sinensis*，COI：AF317336.1，等 51 条；18S：HQ534063.1，等 30 条；28S：HQ534064.1，等 28 条；16S：AY290748.1，等 26 条。

绒毛近方蟹 *Hemigrapsus penicillatus*，COI：JX502904.1，等 14 条；16S：KF982841.1，等 3 条。

中华近方蟹 *H. sinensis*，COI：EU284139.1；18S：EU284146.1。

竹野近方蟹 *H. takanoi*，COI：KT209537.1，等 14 条；18S：KC771057.1，等 3 条。

狭颚新绒螯蟹 *Neoeriocheir leptognathus*，16S：AY151821.1。

白假方蟹 *Pseudograpsus albus*，COI：KC706760.1；12S：AB058618.1。

伊氏折颚蟹 *Ptychognathus ishii*，16S：FM863829.1。

字纹弓蟹 *Varuna litterata*，18S：FJ172756.1；COI：AF317343.1，等 5 条。

怪方蟹科 XENOGRAPSIDAE

乌龟怪方蟹 *Xenograpsus testudinatus*，COI：AB933577.1，等 9 条。

猴面蟹科 CAMPTANDRIIDAE

宽身闭口蟹 *Cleistostoma dilatatum*，COI：JX502925.1，等 3 条；12S：AB057812.1。

绒毛拟闭口蟹 *Paracleistostoma tomontosa*，16S：AB002128.1。

扁平拟闭口蟹 *P. depressum*，16S：AB002128.1。

毛带蟹科 DOTILLIDAE

韦氏毛带蟹 *Dotilla wichmanni*，16S：AB002126.1；12S：KJ132400.1。

谭氏泥蟹 *Ilyoplax deschampsi*，16S：AB002117.1。

秉氏泥蟹 *I. pingi*，COI：JX502922.1，等 3 条。

宁波泥蟹 *I. ningpoensis*，12S：AB002118.1。

台湾泥蟹 *I. formosensis*，16S：AB002116.1。

锯脚泥蟹 *I. dentimerosa*，16S：AB002115.1。

淡水泥蟹 *I. tansuiensis*，16S：AB235164.1，等 8 条。

锯眼泥蟹 *I. serrata*，16S：AB002120.1。

乳白泥蟹 *I. delsmani*，16S：AB234874.1。

圆球股窗蟹 *Scopimera globosa*，COI：AB515320.1，等 5 条；16S：AB002124.1。

长趾股窗蟹 *S. longidactyla*，COI：AB515323.1。

短尾股窗蟹 *S. curtelsoma*，COI：AB557973.1，等 4 条。

双扇股窗蟹 *S. bitympana*，16S：AB002125.1，等 2 条；COI：AB515322.1，等 2 条。

中型鼓窗蟹 *S. intermedia*，28S：LC150519.1；16S：LC097113.1；COI：AB515326.1，等 3 条。

大眼蟹科 MACROPHTHALMIDAE

大眼蟹亚科 MACROPHTHALMIDAE

短齿大眼蟹 *Macrophthalmus brevis*，COI：LC097117.1；16S：LC097093.1；12S：AB058631.1。

日本大眼蟹 *M. japonicus*，12S：AB049377.1，等 32 条；18S：EU284156.1；COI：JX502913.1，等 4 条。

太平洋大眼蟹 *M. pacificus*，COI：LC150454.1，等 2 条；16S：LC150397.1，等 2 条；28S：LC 150521.1。

绒毛大眼蟹 *M. tomentosus*，COI：LC150522.1，等 4 条。

明秀大眼蟹 *M. definitus*，COI：LC097122.1，等 2 条；16S：LC097097.1，等 5 条。

低平大眼蟹 *M. depressus*，COI：KY427938.1。

常见日本大眼蟹 *M. japonicusfroequens*，COI：JX502913.1，等 3 条；18S：EU284156.1。

悦目大眼蟹 *M. erato*，COI：LC097124.1，等 3 条；16S：LC097099.1，等 3 条。

毛掌大眼蟹 *M. boscii*，16S：AB101492.1。

拉氏大眼蟹 *M. latreillei*，COI：LC097126.1；16S：LC097101.1。

白短大眼蟹 *M. abbreviatus*，COI：LC097115.1，等 7 条。

沙蟹科 OCYPODIDAE

痕掌沙蟹 *Ocypode stimpsoni*，COI：JX502934.1，等 4 条。

平掌沙蟹 *O. cordimana*，28S：LC150482.1；COI：AB751383.1，等 2 条。

角眼沙蟹 *O. ceratophthalmus*，COI：AB457670.1，等 38 条；18S：FJ172757.1，等 3 条。

摩敦沙蟹 *O. mortoni*，COI：AB751391.1，等 8 条。

中华沙蟹 *O. sinensis*，28S：LC150492.1；COI：LC150427.1，等 6 条。

弧边招潮 *Uca arcuata*，COI：AB491165.1，等 7 条；16S：Z79663.1，等 6 条。

屠氏招潮 *U. dussumieri*，COI：LC150438.1，等 3 条；28S：LC150503.1，等 3 条。

拟屠氏招潮 *U. paradussumieri*，COI：LC053373.1；28S：LC053391.1。

凹指招潮 *U. vocans*，28S：AB813712.1；COI：AB535426.1，等 3 条。

北方凹指招潮［北方呼唤招潮］*U. borealis*，COI：AB491163.1，等 6 条；28S：LC150462.1，等 2 条。

台湾招潮 *U. formosensis*，COI：LC053364.1，等 3 条。

四角招潮 *U. tetragonon*，COI：AB535431.1，等 3 条。

窄招潮 *U. coarctata*，COI：LC150431.1，等 4 条。

锐利招潮 *U. acuta*，28S：LC150495.1，等 2 条；COI：LC053369.1，等 2 条。

清白招潮 *U. lactea*，COI：AB471913.1，等 3 条。

环纹清白招潮 *U. annulipes*，COI：AB491161.1，等 25 条。

三角招潮 *U. triangularis*，COI：KY284640.1，等 2 条；16S：AB471903.2，等 2 条。

粗腿绿眼招潮 *U. crassipes*，COI：JX050999.1，等 7 条。

豆蟹科 PINNOTHERIDAE

钝颚拟豆蟹 *Fabia obtusidentata*，16S：KU679723.1。

中华豆蟹 *Pinnotheres sinensis*，COI：JX502950.1。

阔豆蟹 *P. latus*，18S：EU934945.1；COI：JX839525.1。

钝齿豆蟹 *P. obtusidentata*，16S：KU679723.1。

毛足方豆蟹 *Tetrias fischerii*，16S：KU679734.1。

口足目 STOMATOPODA

指虾蛄总科 GONODACTYLOIDEA

指虾蛄科 GONODACTYLIDAE

光滑独指虾蛄 *Gonodactylaceus glabrous*，COI：AF205244.1。

镰状（独）指虾蛄 *G. falcatus*，COI：KM982437.1，等 2 条；18S：HM138871.1。

近缘小指虾蛄 *Gonodactylellus affinis*，COI：KM982428.1，等 3 条；18S：HM138867.1。

艾氏小指虾蛄 *G. erdmanni*，COI：DQ440593.1，等 2 条。

绿色小指虾蛄 *G. viridis*，16S：KT001545.1；28S：KT001549.1，等 2 条。

蔡氏（齐氏）大指虾蛄 *Gonodactylus childi*，COI：AF205249.1，等 4 条；18S：HM138869.1。

大指虾蛄 *G. chiragra*，COI：AF205250.1；18S：HM138870.1。

齿指虾蛄科 ODONTODACTYLIDAE

脊尾齿指虾蛄 *Odontodactylus cultrifer* COI：KM982435.1，等 2 条；18S：HM138883.1。

日本齿指虾蛄 *O. japonicus*，COI：FJ229798.1，等 2 条。

原虾蛄科 PROTOSQUILLIDAE

刺体裂虾蛄 *Chorisquilla spinosissima*，COI：AF205254.1。

雕尾定虾蛄 *Haptosquilla glyptocercus*，COI：AF205239.1；18S：HM138874.1。

呆尾定虾蛄 *H. stoliura*，COI：AF205241.1。

假虾蛄科 PSEUDOSQUILLIDAE

多毛假虾蛄 *Pseudosquilla ciliata*，COI：AF205245.1；18S：HM138888.1；28S：FJ871158.1，等 2 条。

眼斑准假虾蛄 *Pseudosquillisma oculata*，COI：GQ260980.1。

琴虾蛄总科 LYSIOSQUILLOIDEA

琴虾蛄科 LYSIOSQUILLIDAE

十三齿琴虾蛄 *Lysiosquilla tredecimdentata*，16S：AF107618.1；12S：AF107603.1。

虾蛄总科 SQUILLOIDEA

虾蛄科 SQUILLIDAE

东方海虾蛄 *Alima orientalis*，28S：HM180001.1，等 2 条；18S：HM138857.1。

条（脊）尾近虾蛄 *Anchisquilla fasciaticauda*，COI：FJ229760.1；16S：FJ224252.1，等 2 条。

条尾近虾蛄 *A. fasciata*，COI：FJ229760.1；16S：FJ224252.1，等 2 条。

饰尾绿虾蛄 *Clorida decorata*，COI：FJ229763.1，等 3 条；16S：FJ224253.1，等 3 条。

窝纹虾蛄 *Dictyosquilla foveolata*，COI：FJ229765.1，等 4 条。

伍氏平虾蛄 *Erugosquilla woodmasoni*，16S：KU532327.1，等 4 条；COI：FJ229769.1，等 2 条。

伪虾蛄 *Fallosquilla fallax*，28S：HM180009.1，等 2 条；18S：HM138865.1。

猛虾蛄 *Harpiosquilla harpax*，COI：FJ229772.1，等 5 条。

棘突猛虾蛄 *H. raphidea*，COI：KJ004663.1，等 10 条。

尖刺糙虾蛄 *Kempina mikado*，18S：HM138877.1，等 2 条。

长叉三宅虾蛄 *Miyakea nepa*，COI：FJ229781.1，等 6 条。

断脊小口虾蛄 *Oratosquillina interrupta*，COI：FJ229796.1，等 10 条。

疣尾微虾蛄 *Parvisquilla multituberculata*，COI：AF205247.1。

第十节　苔藓动物门 BRYOZOA

苔藓动物门动物是一类主要营固着生活、以群体为生存单位的水生触手冠动物。现生的海洋种是狭唇纲 Stenolaemata 和裸唇纲 Gymnolaemata（表 2-2-10）。

表 2-2-10　苔藓动物门等 6 个门的物种数及其在 GenBank 的登录数

分类阶元	中国海域记录种数	GenBank 登录数	
		种数	占比（%）
苔藓动物门 Bryozoa	568	24	4.2
内肛动物门 Entoprocta	9	4	44.4
腕足动物门 Branchiopoda	8	2	25.0
帚虫动物门 Phoronida	4	2	50.0
毛颚动物门 Chaetognatha	41	8	19.5
棘皮动物门 Echinodermata	634	67	10.6

狭唇纲 STENOLAEMATA

异形（室）丝克神苔虫 *Filicrisia allooeciata*，18S：FJ152035.1。

须状克神苔虫 *Crisia crisioides*，16S：KF714809，等 2 条；12S：JN681100.1；cox3：JN6810041；cox1：JN680971.1；Cytb：JN680898.1，等 2 条；18S：FJ196134.1，等 6 条；16S：FJ409606.1；28S：FJ409584.1，等 6 条。

角形仿克神苔虫 *Crisidia ornuta*，18S：FJ196135；128S：FJ196161.1。

扇形管孔苔虫 *Tubulipora flabellaris*，18S：EU650325.1；28S：DQ333340.1。

皱纹管孔苔虫 *T. rugatata*，12S：JN681095.1，等 2 条；16S：JN681064.1，等 2 条；28S：JN681033.1，等 3 条；Cytb：JN680888.1，等 2 条；18S：FJ409622.1，等 4 条。

裸唇纲 GYMNOLAEMATA

迈氏软苔虫 *Alcyonidium mytili*，12S：JN681102.1；16S：JN681069.1；18S：JN680936.1；cox1：JN680974.1；cox3：JN681012.1；Cytb：JN680901.1。

分离愚苔虫 *A. distans*，16S：JF490053.1，等 5 条。

细枝鲍克苔虫 *Bowerbankia gracilis*，12S：JN681105.1；16S：JN681071.2；18S：FJ152021.1，等 3 条；28S：FJ196141.1，等 2 条；cox1：JN680976；cox3：JN681014.1；Cytb：JN680904.1。

覆瓦鲍克苔虫 *B. Imbricata*，12S：JN681106.1；16S：JN681072.1；18S：JN680939.1；28S：JN681037.1；

cox3：JN681015.1；Cytb：JN680905.1。

膜状瓦克苔虫 *Walkeria uva*，18S：FJ152044.1。

黑蛇列胞苔虫 *Aetea anguina*，12S：JN681108.1；16S：AY582968.1，等 2 条；18S：JN680942；cox3：JN681016.1。

蹄形微室苔虫 *Scruparia chelata*，12S：JN681115.1；16S：JN681081.1；18S：JN680952.1，等 3 条；cox1：JN680988.1；cox3：JN681022.1；Cytb：JN680917.1。

艳丽琥珀苔虫 *Electra bellula*，16S：AY789088.1；18S：FJ009105.1，等 2 条。

美丽尼苔虫 *Nellia tenella*，18S：FJ009097.1。

光滑筒苔虫 *Aplousina laevigata*，18S：FJ009092.1。

深色多穴苔虫 *Antroporn tincta*，16S：AF156274.1。

齿草苔虫 *Bugula dentata*，16S：KF714798.1，等 2 条。

环纹筛壁苔虫 *Cribrilina annulata*，16S：AF156280.1。

马蹄朱莉恩苔虫 *Reginella* (*Julienula*) *hippocrepis*，16S：AF156288.1。

高襟拟分胞苔虫 *Celleporaria aperta*，18S：FJ009086.1；16S：AY789093.1。

南方裂星苔虫 *Schizomavella australis*，18S：FJ009088.1；16S：AY789100.1。

仿迷误裂孔苔虫 *Schizoporella erratoidea*，16S：AY789102.1；18S：AF499743.1。

多刺靴棘苔虫 *Crepidacantha crinispina*，16S：JF950326.1，等 2 条；18S：JF950383.1，等 3 条；28S：JF950478.1，等 2 条。

仿太平洋俭孔苔虫 *Phidolopora pacificoidea*，16S：AF156287.1。

第十一节　内肛动物门 ENTOPROCTA

内肛动物门动物为单体或群体，是两侧对称的三胚层假体腔动物。中国海域记录内肛动物 9 种（表 2-2-10）。

曲体虫科 LOXOSOMATIDAE

哈氏小曲体虫 *Loxosomella harmeri*，18S：GU125749.1；28S：GU125734.1。

柄萼科 PEDICELLINIDAE

下垂柄萼虫 *Pedicellina cernua*，18S：U36273.1，等 2 条。

巴伦支海虫科 BARENTSIIDAE

分散巴伦支海虫 *Barentsia discreta*，18S：GU125757.1；28S：GU125742.1。

纤细巴伦支海虫 *B. gracilis*，18S：FJ196109.1，等 2 条；28S：FJ196138.1，等 2 条。

第十二节 腕足动物门 BRANCHIOPODA

体躯以背腹两壳包裹，背腹两壳两侧对称，大小不等。腕足动物在海洋中营底栖固着生活或半穴居生活。现生种仅 300 多种，全部为海生种，中国海域已记录 8 种（表 2-2-10）。

海豆芽纲 LINGULIDA

鸭嘴海豆芽 *Lingula anatina*，18S：KP780396.1，等 9 条。

亚氏海豆芽 *L. adamsi*，18S：U08329.1；28S：cox1：AB128063.1，等 10 条。

第十三节 帚虫动物门 PHORONIDA

虫体躯干圆柱形，体前端具有马蹄形、两侧内卷的触手冠，上生两列纤毛触手，后端具膨大的端球。栖管为几丁质。口位于两列触手之间，肛门开口于触手冠外围，雌雄同体。世界海洋仅记录 20 多种，中国海域已记录 4 种（表 2-2-10）。

帚虫纲 PHORONIDEA

帚虫科 PHORONIDAE

毯形帚虫 *Phoronis ijimai*，18S：AB752304.1；28S：FJ196145.1。

澳洲帚虫 *P. australis*，12S：HQ822061.1，等 2 条；18S：AF119079.1，等 2 条。

第十四节 毛颚动物门 CHAETOGNATHA

身体透明或半透明，体长为 2～120mm，细长如箭，结构简单、特殊，雌雄同体，雄性先熟，是具有体腔的后口动物。世界记录 117 种。中国海域已记录 41 种（表 2-2-10）。

箭虫纲 SAGITTOIDEA

腹横肌目 PHRAGMOPHORA

锄虫科 SPADELLIDAE

头翼锄虫 *Spadella cephaloptera*，18S：DQ351897.1，等 2 条。

真镰虫科 EUKROHNIIDAE

钩状真镰虫 *Eukrohnia hamata*，18S：DQ351887.1。

南极真镰虫 *E. bathypelagica*，12S：18S：DQ351896.1，等 4 条；28S：KM519933.1。

福勒真镰虫［节泡真镰虫］*E. fowleri*，18S：DQ351889.1；28S：KM519932.1，等 6 条。

纤细镰虫 *Krohnitta subtilis*，18S：KM519864.1，等 6 条；28S：KM519928.1，等 2 条。

六翼箭虫 *Sagitta hexaptera*，18S：KM519898.1，等 6 条；28S：KM519906.1，等 2 条。

正形滨箭虫 *Aidanosagitta regularis*，18S：KM519892.1，等 3 条；28S：KM519916.1，等 2 条。

大洋滨箭虫 *A. oceania*，18S：KM519801.1；28S：KM519914.1。

第十五节　棘皮动物门 ECHINODERMATA

棘皮动物门动物身体幼虫时为两侧，成体多为五辐对称，有石灰质的内骨骼、辐射的水管系统、具围血系统的后口动物。全部为海生种，中国海域已记录 634 种（表 2-2-10）。

海百合纲 CRINOIDEA

栉羽星目 COMATULIDA

栉羽星科 COMASTERIDAE

星栉羽球 *Comatella stelligera*，16S：KC626658.1，等 2 条；18S：KC626752.1，等 3 条。

栉毛头星 *Comatula pectinata*，16S：KJ875052.1，等 2 条；18S：KC626719.1；28S：KC626813.1，等 2 条。

多歧栉羽星 *C. multifidus*，16S：KJ875047.1；28S：KJ875224.1。

巨翅美羽枝 *Himerometra magnipinna*，18S：GQ913343.1

掌丽羽枝 *Lamprometra palmata*，16S：GU327899.1，等 2 条；18S：KC626748.1，等 6 条；28S：GU327971.1；Cytb：GU327926.1。

小残羽枝 *Cyllometra manca*，16S：KC626627.1；18S：KC626721.1；28S：KC626815.1。

脊羽枝 *Tropiometra afra*，16S：GU327906.1；28S：GU327978.1；Cytb：GU327928.1。

毛足翅羽枝 *Pterometra trichopoda*，16S：KC626673.1；18S：KC626767.1；28S：KC626861.1。

小花海羊齿 *Antedon parviflora*，16S：KC626606.1；18S：KC626699.1；28S：KC626794.1。

锯羽丽海羊齿 *A. serrata*，12S：16S：KC626612.1；18S：KC626705.1，等 2 条；28S：KC626800.1。

海星纲 ASTEROIDEA

砂海星科 LUIDIIDAE

斑砂海星 *Luidiam aculata*，12S：D63740.1；16S：D63741.1；18S：AB084548.1。

槭海星科 ASTROPECTINIDAE

单棘槭海星 *Astropecten monacanthus*，12S：FJ171826.1；16S：FJ177621.1。

多棘槭海星 *A. Polyacanthus*，12S：D63722.1，等 14 条；16S：D63723.1，等 12 条；18S：AB084549.1，等 2 条；28S：DQ060007.1。

华普槭海星 *A. vappa*，12S：FJ171816.1；16S：FJ177612.1。

瓣棘海星目 VALVATIDA

飞白枫海星科 ARCHASTERIDAE

飞白枫海星 *Archaster typicus*，12S：AB084560.1；16S：AB084559.1；18S：AB084547.1；28S：DQ297124.1。

瘤海星科 OREASTERIDAE

面包海星 *Culcita novaeguineae*，12S：DQ273740.1，等 2 条；16S：EU072942.1，等 2 条；28S：DQ060009.1。

蛇海星科 OPHIDIASTERIDAE

西奈海星 *Celerina heffernani*，12S：EU723020.1；16S：EU722942.1。

棒棘海星科 MITHRODIIDAE

棒棘海星 *Mithrodia clavigera*，12S：EU072983.1；16S：EU072954.1。

锯腕海星科 ASTEROPSEIDAE

脊锯腕海星 *Asteropsis carinifera*，16S：EU072935.1。

海燕科 ASTERINIDAE

贝氏尼斑海燕 *Nepanthia belcheri*，16S：GQ288558.1。

太阳海星科 SOLASTERIDAE

陶氏太阳海星 *Solaster dawsoni*，12S：AB084573.1；16S：GQ288519.1，等2条；18S：AB084557.1，等 2 条；28S：AF088841.1。

轮海星 *Crossaster papposus*，12S：DQ273725.1，等 2 条；16S：DQ297084.1，等 3 条；18S：AB084556；128S：AJ225842.1，等 3 条。

帆海星目 VELATIDA

翅海星科 PTERASTERIDAE

奇异真网海星 *Euretaster insignis*，12S：EU072974.1；16S：EU072944.1。

正海星科 ZOROASTERIDAE

菲律宾正海星 *Zoroaster carinatus*，28S：DQ354308.1。

海盘车科 ASTERIIDAE

日本长腕海盘车 *Distolasterias nipon*，12S：D63734.1；16S：D63735.1。

尖棘筛海盘车 *Coscinasterias acutispina*，12S：D63728.1，等 2 条；16S：D63729.1。

蛇尾纲 OPHIUROIDEA

蜍蛇尾目 PHRYNOPHIURIDA

蔓蛇尾科 EURYALIDAE

糙蔓蛇尾 *Euryale aspera*，16S：AB605093.1；28S：AB605044.1。

筐蛇尾科 GORGONOCEPHALIDAE

粗棘环蛇尾 *Asteroporpa hadracantha*，16S：AB605097.1；18S：AB605144.1；28S：AB605048.1。

秀丽水蛇尾 *A. nuda*，16S：AB758499.1，等 2 条；18S：AB758529.1。

海盘 *Astrodendrum sagaminum*，16S：AB605109.1；28S：AB605060.1；18S：AB605156.1。

刻腕蔓蛇尾 *Astroglymna sculptum*，16S：AB605111.1；18S：AB605158.1；28S：AB605062.1。

脊铠蛇尾 *Ophiochiton fastigatus*，28S：AJ225823.1。

绿蛛蛇尾 *Ophiarachnella gorgonia*，16S：KC760145.1，等 13 条。

围带鳞蛇尾 *Ophiolepis cincta*，16S：KC760094.1，等 12 条。

莱曼瓷蛇尾 *Ophiomusium lymani*，28S：AJ225822.1。

海胆纲 ECHINOIDEA

脊齿目 STIRODONTA

疣海胆科 PHYMOSOMATIDAE

海刺猬 *Glyptocidaris crenularis*，28S：JQ322603.1。

口鳃海胆科 STOMOPNEUSTIDAE

口鳃海胆 *Stomopneustes variolaris*，16S：AF279169.1；18S：AF279214.1，等 2 条；28S：DQ073773.1。

冠海胆科 DIADEMATIDAE

蓝环冠海胆 *Diadema savignyi*，16S：KJ908851.1，等 5 条。

环刺棘海胆 *Echinothrix calamaris*，16S：KJ908856.1，等 5 条。

拱齿目 CAMARODONTA

刻肋海胆科 TEMNOPLEURIDAE

高腰海胆 *Mespilia globulus*，16S：AF279152.1；18S：AF279203.1，等 3 条。

喇叭海胆科 TOXOPNEUSTIDAE

疣篮海胆 *Cyrtechinus verruculatus*，16S：DQ073740.1；18S：DQ073786.1；28S：DQ073759.1。

球海胆科 STRONGYLOCENTROTIDAE

光棘球海胆 *Strongylocentrotus nudus*，16S：AB154277.1。

全雕目 HOLECTYPOIDA

斜海胆科 ECHINONTIDAE

卵圆斜海胆 *Echinoneus cyclostomus*，16S：AJ639801.1；18S：DQ073789.1；28S：AJ639778.1。

孔盾海胆科 ASTRICLYPEIDAE

曼氏孔盾海胆 *Astriclypeus manni*，16S：JQ322560.1，等 2 条；28S：JQ322591.1。

盘海胆科 SCUTELLIDAE

紫掘足海胆 *Scaphechinus mirabilis*，16S：JQ322580.1，等 2 条；28S：JQ322613.1，等 2 条。

壶海胆科 BRISSIDAE

心形海壶 *Metalia spatagus*，16S：AJ639815.1；28S：AJ639791.1。

海参纲 HOLOTHUROIDEA

平足目 ELASIPODIDA

蝶参科 PSYCHROPOTIDAE

长尾蝶参 *Psychropotes longicauda*，16S：DQ777099.1；28S：DQ777094.1。

海参科 HOLOTHURIIDAE

棘辐肛参 *Actinopyga echinites*，16S：EU822461.1，等 5 条。

乌皱辐肛参 *A. miliaris*，16S：KF479390.1，等 5 条。

蛇目白尼参 *Bohadschia argus*，16S：JN543427.1，等 6 条。

黑海参 *Holothuria atra*，16S：KF479397.1，等 2 条。

黑赤星海参 *H. cinerascens*，16S：JN207554.1，等 7 条。

红腹海参 *H. edulis*，16S：KF479395.1，等 17 条。

条黄斑海参 *H. flavomaculata*，16S：KF479392.1，等 7 条。

棕环海参 *H. fuscocinerea*，16S：N207560.1。

黄疣海参 *H. hilla*，16S：JN207515.1，等 5 条。

丑海参 *H. impatiens*，16S：JN207526.1，等 2 条；18S：AY133474.1。

黑乳海参 *H. nobilis*，16S：EU822441.1。

豹斑海参 *H. pardalis*，16S：FJ223861.1。

格皮氏海参 *Pearsonothuria graeffei*，16S：EU822440.1，等 3 条；12S：AY574860.1。

仿刺参 *Apostichopus japonicus*，16S：18S：AB595141.1，等 4 条。

绿刺参 *Stichopus chloronotus*，16S：JQ657267.1，等 17 条。

糙刺参 *S. horrens*，16S：JQ657263.1。

梅花参 *Thelenota ananas*，28S：HM162909.1。

硬瓜参科 SCLERODACTYLIDAE

非洲异瓜参 *Afrocucumis africana*，18S：AY133483.1。

海地瓜 *Acaudina molpadioides*，18S：EU886465.1。

纤细海参 *Leptosynapta inhaerens*，18S：AY133468.1；28S：AJ225841.1。

第十六节　半索动物门 HEMICHORDATA

半索动物俗称柱头虫。口腔背面向前伸出一条盲管，称为口索。半索动物具有背神经管，其前端变为内部有空腔的管状神经索。消化管的前端有鳃裂。世界已记录 90 多种，中国海域已记录 7 种。

肠鳃纲 ENTEROPNEUSTA

肉质柱头虫 *Balanoglossus carnosus*，16S：LC018638.1；18S：JF900489.1；28S：LC012597.1。

黄殖翼柱头虫 *Ptychodera flava*，16S：LC018637.1；18S：LC014162.1，等 2 条。

第十七节　脊索动物门 CHORDATA

脊索动物门是动物界中最高级、最复杂的门。在其个体发育的全部过程或某一时期都具有脊索、背神经管和鳃裂。可分 3 亚门：尾索动物亚门、头索动物亚门、脊椎动物亚门。

尾索动物亚门 UROCHORDATA

尾索动物亚门又称“被囊动物亚门 TUNICATA”。脊索和背神经管仅存在于幼体的尾部，成体退化或消失。分 3 个纲：有尾纲、海樽纲、海鞘纲。中国海域记录 148 种，GenBank 登录

40 种，占总种数的 27.0%。3 个纲 GenBank 都有登录。DNA 测序用 COI、OI-cesA2、EF-1a、mRNA、Oik、cdk、fam58、cyclin、16S、18S、26S、ITS、5.8S、Cytb、complete mitochondrial genome 等（表 2-2-11）。

表 2-2-11 中国海域尾索动物亚门的物种数及其在 GenBank 的登录数

分类阶元	中国海域记录物种数	GenBank 登录数		DNA 测定方法
		种数	占比（%）	
有尾纲 Appendiculata	31	6	19.4	cdk、cyclin 等 18 种
海樽纲 Thaliacea	37	14	37.8	18S、COI 等 6 种
海鞘纲 Ascidiacea	80	20	25.0	COI、18S、complete mitochondrial genome 等 12 种
合计	148	40	27.0	

有尾纲 APPENDICULATA

长尾住囊虫 *Oikopleura longicauda*，OI-cesA2：AB543515；EF-1a：AB070235；OilBra：AB052730，AB052731；OilMA：AB034208，AB034210；OilCA1：AB034209。

中型住囊虫 *O. intermedia*，COI：KF977307。

异体住囊虫 *O. dioica*，brachyury protein mRNA：KC253939；Oik：HE663406-HE774663；cdk：FR822330，等 41 条；cyclin：FR822368，等 18 条；fam58：FR822369。

实验住囊虫 *O. laboradoriensis*，18S：FM244869。

赫氏住囊虫 *Megalocercus huxleyi*，18S：FM244868。

软住筒虫 *Fritillaria tenella*，18S：AY616744；SSR/microsatellite sequences：AY624458；5.8S：AY616744；ITS：AY616744；26S：AY616744；rpl16：AY624407。

海樽纲 THALIACEA

软拟海樽 *Dolioletta gegenbauri*，18S：GU175705。

小齿海樽 *Doliolum denticulatum*，18S：HQ015376，FM244861。

邦海樽 *D. nationalis*，18S：AB013012，等 2 条；complete mitochondrial genome：AB176541。

大西洋火体虫 *Pyrosoma atlanticum*，18S：AB013011，等 3 条。

近缘环纽鳃樽 *Cyclosalpa affinis*，18S：HQ015391，等 2 条。

佛环纽鳃樽 *C. floridana*，18S：HQ015393。

长吻纽鳃樽 *Brooksia rostrata*，18S：HQ015403，等 2 条。

宽肌纽鳃樽 *Iasis zonaria*，18S：HQ015389。

大刺纽鳃樽 *Thetys vagina*，18S：HQ015390，等 2 条。

双尾纽鳃樽 *T. democratica*，COI：KF977358；等 2 条；18S：HQ015413，等 4 条；5.8S：AF158725；

ITS：AF158725；26S：AF158725。

东方纽鳃樽 *Thalia orientalis*，18S：HQ015412。

贫肌纽鳃樽 *Pegea confoederata*，18S：JQ917223，等 3 条。

棱形纽鳃樽 *Salpa fusiformis*，18S：HQ015409。

大纽鳃樽 *S. maxima*，18S：HQ015407，等 2 条。

海鞘纲 ASCIDIACEA

颗粒二段海鞘 *Didemnum granulatum*，COI：KP779901，等 24 条。

软拟薄海鞘 *Leptoclinides madara*，COI：KC017427。

玻璃海鞘 *Ciona intestinalis*，COI：KF309532，等 20 条。

西伯龟甲海鞘 *Chelyosoma siboja*，COI：AB104867；18S：AF165821，等 2 条。

圆盖红体海鞘 *Rhodosoma turoicum*，complete mitochondrial genome：HF548560。

初生菊海鞘 *Botryllus primigenus*，16S：LC055487；18S：AF008425；

史氏菊海鞘 *B. schlosseri*，COI：KF309659，等 34 条；complete mitochondrial genome：FM177702，等 4 条。

紫拟菊海鞘 *Botrylloides violaceulus*，complete mitochondrial genome：HF548552。

西门登拟菊海鞘 *B. simodensis*，Cytb：AB540952，等 7 条。

对行拟菊海鞘 *B. perspicuum*，COI：HF922625。

绿鳃纵列海鞘 *Symplegma viride*，18S：DQ346655；COB：DQ345922。

匍匐纵列海鞘 *S. reptans*，18S：AF165826。

柄海鞘 *Styela clava*，COI：KJ725171，等 52 条；18S：JN573262，等 8 条；5.8S：EF035104，等 2 条；ITS：EF035104，等 2 条；26S：EF035104；complete mitochondrial genome：HG931920；L5 gene：L78668。

冠瘤海鞘 *S. canopus*，COI：KF309590。

皱瘤海鞘 *S. plicata*，COI：JX244882，等 14 条；18S：KJ818250，等 4 条；SSR/microsatellite sequences：JQ231089，等 10 条。

日本胶海鞘 *Corella japonica*，18S：AF165822。

色条脓海鞘 *Pyura vittata*，18S：AJ250772。

奇异脓海鞘 *P. mirabilis*，18S：AF165828。

红贺海鞘 *Herdmania momus*，COI：KM411616，等 18 条；18S：AF165827，等 2 条；5.8S：X53538；26S：X53538；complete mitochondrial genome：FN296153。

乳突皮海鞘 *Molgula manhattensis*，COI：AB922015，等 42 条；18S：AB921971，等 28 条；5.8S：EF035105；28S：L12427；ITS：EF035105；26S：EF035105。

头索动物亚门 CEPHALOCHORDATA

头索动物终生有脊索、背神经管和咽鳃裂，脊索一直达到最前端，故称头索动物，通常称文昌鱼。本亚门是脊索动物门的 3 个亚门之一，中国海域记录 6 种，GenBank 登录 4 种（占总种数的 66.7%），其中白氏文昌鱼可用 10 种方法测试其 DNA，除表 2-2-12 列出 4 种外，尚有 CR(control region)/D-loop、complete mitochondrial genome、ND1、ND5、ND6、COⅡ。日本文昌鱼的测序方法除表中 4 种外，尚有 CR(control region)/D-loop、ND6、complete mitochondrial genome 等 3 种。有 2 种侧殖文昌鱼 DNA 的测定方法都是 complete mitochondrial genome（表 2-2-12）。

表 2-2-12　中国海域头索动物亚门狭心纲物种及其 DNA 的测定方法

种名	DNA 测定方法
白氏文昌鱼 *Branchiostoma belcheri*	COI、16S、12S、Cytb 等 10 种
日本文昌鱼 *B. japonicus*	Cytb、COI、16S、ND6 等 7 种
马来文昌鱼 *B. malayanum*	无
鲁卡侧殖文昌鱼 *Epigonichthys lucayanum*	无
短刀侧殖文昌鱼 *Epigonichthys cultellus*	complete mitochondrial genome
马尔代夫侧殖文昌鱼 *E. maldivensis*	complete mitochondrial genome

白氏文昌鱼 *Branchiostoma belcheri*，COI：HM178949，等 40 条；Cytb：DQ323154，等 8 条；CR (control region)/D-loop：JX256321，JX458813；12S：EU871674，等 8 条；16S：JX256256，等 23 条；ND1：AY028977；ND5：AY621069；complete mitochondrial genome：AY932825，等 4 条；ND6：JX256321，等 2 条；COII：AY611645。

日本文昌鱼 *B. japonicus*，COI：HM178966，JX256340，等 48 条；Cytb：GU296230，GU296231，等 65 条；CR(control region)/D-loop：JX458744，JX458745，等 30 条；12S：AB820695，等 7 条；16S：AB820695，AB820696，等 48 条；complete mitochondrial genome：DQ407722；ND6：JX458744，JX458745，等 30 条。

短刀侧殖文昌鱼 *Epigonichthys cultellus*，complete mitochondrial genome：KC896827。

马尔代夫侧殖文昌鱼 *E. maldivensis*，complete mitochondrial genome：AB110093。

脊椎动物亚门 VERTEBRATA

脊椎动物亚门动物的脊索只在胚胎发育阶段出现，随后或多或少地被脊柱所代替。脊椎动物的脑和感官集中在身体前端，形成明显头部和肾脏的最高等脊索动物。分盲鳗纲、七鳃鳗纲、软骨鱼纲、辐鳍鱼纲、两栖纲、爬行纲、鸟纲和哺乳纲。中国海域已记录 4317 种，已在 GenBank 登录 2994 种，占总种数的 69.4%。

盲鳗纲：中国海域记录的 13 种中，有 9 种进行过 DNA 测定，应用了 7 种方法，应用次数依次为 complete cds,allele:ALA#2-02、16S、PPTN-related transposon 1,complete sequence、COI、complete mitochondrion genome、12S、RAG1。

软骨鱼纲：中国海域记录的 236 种中，有 79.2%（187 种）进行过 DNA 测定，应用了 14 种方法，主要包括 5.8S、12S、16S、18S、28S、Cytb、complete mitochondrion genome、CR(control region)/D-loop、SSR/microsatellite sequences；还有 ND2、ND4、RAG1、SCFD2、GCO。

辐鳍鱼纲：中国海域记录 3452 种中，有 71.8%（2477 种）进行过 DNA 测定，应用了 85 种方法。应用最多的有 COI、16S、SSR/microsatellite sequences、CR(control region)/D-loop、Cytb 等 5 种。

两栖纲：中国海域仅记录 1 种，栖息于潮间带。用 complete mitochondrial genome 方法进行 DNA 测定。

爬行纲：中国海域记录海洋爬行类 25 种，应用 8 种测试 DNA 的方法。其中龟鳖目以 COI 方法测试较多，而蛇目则用 Cytb、16S、ND4 等方法较多。

鸟纲：中国海域记录水鸟 541 种，有 46.6%（252 种）进行过 DNA 测定，应用了 8 种方法。最主要是 COI 和 Cytb，其他 6 种方法测定次数依序为 CR(control region)/D-loop、NADH、12S、16S、complete mitochondrial genome、18S。

哺乳纲：中国海域记录 48 种，有 91.7%（44 种）进行过 DNA 测定，应用了 8 种方法：Cytb、D-loop、COI、16S、12S、complete mitochondrial genome、NADH、ATP。

小结：脊索动物门脊椎动物亚门在中国海域已记录 4317 种，69.4% 种已经登录到 GenBank。本亚门是动物界物种最多的分类阶元。DNA 的测定方法多达 80 多种。本亚门 8 个纲的主要测定方法略有差别。鱼类的 4 个纲主要用 COI 和 16S 等，而爬行纲、鸟纲和哺乳纲最主要测定方法有异，爬行纲和哺乳纲用 Cytb 方法最多，而水鸟则用 COI 和 Cytb 方法最多（表 2-2-13）。

表 2-2-13 中国海域脊椎动物亚门的物种数及其在 GenBank 的登录数

分类阶元	中国海域记录物种数	GenBank 登录数		DNA 测定方法
		种数	占比（%）	
盲鳗纲 Myxini	13	9	69.2	COI、16S、12S、RAG1、complete mitochondrion genome 等 7 种
七鳃鳗纲 Petromyzontia	1	0	0	
软骨鱼纲 Chondrichthyes	236	187	79.2	5.8S 等 14 种
辐鳍鱼纲 Actinopterygii	3452	2477	71.8	COI、16S 等 85 种
两栖纲 Amphibia	1	1	100	complete mitochondrial genome 等

续表

分类阶元	中国海域记录物种数	GenBank 登录数		DNA 测定方法
		种数	占比（%）	
爬行纲 Reptilia	25	24	96.0	Cytb、16S、ND4、COI 等 8 种
鸟纲 Aves*	541	252	46.6	COI、Cytb、CR(control region)/D-loop 等 8 种
哺乳纲 Mammalia	48	44	91.7	Cytb、D-loop、COI 等 8 种
合计	4317	2994	69.4	

* 鸟纲仅含水鸟。中国海域物种数来源于黄宗国和林茂《中国海洋物种多样性（上、下册）》(2012 年)

盲鳗纲 MYXINI

蒲氏黏盲鳗 *Eptatretus burgeri*，COI：KC807319，等 8 条；12S：AB938082；16S：JX442457，等 8 条；complete mitochondrion genome：NC_002807；PPTN-related transposon 1,complete sequence：FJ436698，等 10 条；complete cds,allele:ALA#2-02：AB723629，等 48 条。

陈氏黏盲鳗 *E. cheni*，16S：AF364620，等 2 条。

中华黏盲鳗 *E. chinensis*，16S：AY619580。

纳尔逊黏盲鳗 *E. nelsoni*，16S：AF364607，等 3 条。

红尾黏盲鳗 *E. rubicundus*，16S：AY033088。

沈氏黏盲鳗 *E. sheni*，16S：AF364610；RAG1：AF536562。

台湾黏盲鳗 *E. taiwanae*，16S：AF364611。

杨氏黏盲鳗 *E. yangi*，16S：AF364612，等 4 条。

台湾盲鳗 *Myxine formosana*，COI：JN027323；16S：AF364625。

软骨鱼纲 CHONDRICHTHYES

扁吻银鲛 *Harriotta raleighana*，12S：JF773760；16S：JN703263；complete mitochondrion genome：HM147140。

太平洋长吻银鲛 *Rhinochimaera pacifica*，12S：AF448018；16S：AF288203；complete mitochondrion genome：HM147141。

黑线银鲛 *Chimaera phantasma*，12S：AB938084，等 3 条；16S：JN703265，等 2 条。

箕作氏兔银鲛 *Hydrolagus mitsukurii*，12S：AF447998。

澳氏兔银鲛 *H. ogilbyi*，COI：DQ108108，等 7 条。

宽纹虎鲨 *Heterodontus japonicus*，12S：AB938085。

狭纹虎鲨 *H. zebra*，complete mitochondrion genome：NC_021615。

橙黄鲨 *Cirrhoscylliun expolitum*，complete mitochondrion genome：KC845548。

日本须鲨 *Orectolobus japonicus*，CR(control region)/D-loop：EU888898；12S：AB938086；complete mitochondrion genome：NC_022148。

斑纹须鲨 *O. maculatus*，COI：DQ108324，等 4 条；CR(control region)/D-loop：DQ885485；12S：EU848431；complete mitochondrion genome：KF111729。

灰斑竹鲨 *Chiloscyllium griseum*，COI：KF899625，等 14 条；complete mitochondrion genome：NC_017882，JQ434458。

印度斑竹鲨 *C. indicum*，COI：EF609325，等 13 条。

点纹斑竹鲨 *C. punctatum*，COI：KF793752，等 17 条；complete mitochondrion genome：JQ082337。

豹纹鲨 *Stegostoma fasciatum*，KM973166，等 20 条；CR(control region)/D-loop：FJ178403，等 4 条；16S：HM239663；SSR/microsatellite sequences：DQ436481，等 14 条。

长尾光鳞鲨 *Nebrius ferrugineus*，COI：KM973183，等 20 条。

鲸鲨 *Rhincodon typus*，COI：KP410325，KM973184，等 20 条；Cytb：FJ456923，等 2 条；CR(control region)/D-loop：DQ395261，等 77 条；12S：AB938087；16S：KF188459，等 4 条；complete mitochondrion genome：NC_023455，KC633221，等 2 条。

锥齿鲨 *Carcharias taurus*，COI：KM973199，等 80 条；Cytb：U91447；CR(control region)/D-loop：DQ250809，等 5 条；12S：AY830757，等 4 条；18S：AY049816；SSR/microsatellite sequences：KC456065，等 13 条；complete mitochondrion genome：NC_023520，等 2 条；5.8S：AY049814；28S：AY049815。

欧氏尖吻鲨 *Mitsukurina owstoni*，COI：KJ083251，等 3 条；Cytb：U91444，等 3 条；18S：AY049840；SSR/microsatellite sequences：AF423065；complete mitochondrion genome：NC_011825，EU528659；5.8S：AY049838；28S：AY049839。

拟锥齿鲨 *Pseudocarcharias kamoharai*，COI：KF590414，等 9 条；Cytb：U91446；CR(control region)/D-loop：KF952742，等 30 条；SSR/microsatellite sequences：AF423064；complete mitochondrion genome：NC_026216，等 3 条。

大口鲨 *Megachasma pelagios*，COI：HQ010081，EU398905；16S：HQ010097；SSR/microsatellite sequences：AF423063；complete mitochondrion genome：NC_021442，等 2 条。

浅海长尾鲨 *Alopias pelagicus*，COI：KP719775，等 101 条；Cytb：U91441；12S：AB938089，等 2 条；16S：HM239659，等 2 条；18S：AY049807；complete mitochondrion genome：NC_022822，等 2 条；5.8S：AY049805；28S：KC204931，等 2 条。

大眼长尾鲨 *A. supercilliosus*，COI：KP719790，KP719787，等 75 条；Cytb：U91443，等 2 条；12S：JX978304，等 3 条；16S：HM239660，等 3 条；complete mitochondrion genome：NC_021443，KC757415；5.8S：KC204935。

狐形长尾鲨 *A. vulpinus*，COI：KF899557，等 31 条；Cytb：U91442；16S：AB375546；SSR/microsatellite sequences：KJ454441，等 8 条。

姥鲨 *Cetorhinus maximus*，COI：FJ519292，等 49 条；Cytb：U91439；SSR/microsatellite sequences：AF423062；complete mitochondrion genome：NC_023266，等 2 条；5.8S：EF194106，等 3 条。

噬人鲨 *Carcharodon carcharias*，COI：KF606786，等 15 条；CR(control region)/D-loop：KM014766，等 119 条；12S：AF447989；SSR/microsatellitesequences：KC154203，等 18 条；complete mitochondrion genome：NC_022415，等 2 条。

长臂灰鲭鲨 *Isurus paucus*，COI：KP719838，等 32 条；CR(control region)/D-loop：JQ387724，等 3 条；complete mitochondrion genome：NC_024101，等 2 条。

日本光尾鲨 *Apristurus japonicus*，12S：AY462156；16S：AY462156。

长头光尾鲨 *A. longicephalus*，COI：GU130672；12S：AY462158，等 2 条；16S：AY462158，等 2 条。

大吻光尾鲨 *A. macrorhynchus*，COI：KP719281；Cytb：DQ422080。

粗体光尾鲨 *A. pinguis*，COI：EU398547，等 2 条。

扁吻光尾鲨 *A. platyrhynchus*，COI：EU398531，等 5 条。

中华光尾鲨 *A. sinensis*，COI：EU398528，等 3 条。

斑鲨 *Atelomycterus marmoratus*，COI：EU398571，等 2 条；SSR/microsatellite sequences：KF148022。

阴影绒毛鲨 *Cephaloscyllium umbratile*，12S：AY462170；16S：AY462170。

伊氏锯尾鲨 *Galeus eastmani*，12S：AY462173；16S：AY462173。

沙氏锯尾鲨 *G. sauteri*，COI：KP719331，等 3 条；12S：AY462175；16S：AY462175。

虎纹猫鲨 *Scyliorhinus torazame*，COI：HM180842，等 5 条；12S：AY462181；16S：AY462181；18S：AY049855。

斑鳍光唇鲨 *Eridacnis radcliffei*，COI：KF899421，等 5 条。

哈氏原鲨 *Proscyllium habereri*，12S：AY462183；16S：AY462183。

拟皱唇鲨 *Pseudotriakis microdon*，COI：EU148299，等 3 条；Cytb：DQ422078；12S：AY049049；16S：AY049049；complete mitochondrion genome：NC_022735，等 2 条。

杂纹半皱唇鲨 *Hemitriakis complicofasciata*，12S：AB938091。

日本半皱唇鲨 *H. japonica*，Cytb：DQ422082；complete mitochondrion genome：NC_026774，等 2 条。

下灰鲨 *Hypogaleus hyugaensis*，Cytb：DQ422088。

灰星鲨 *Mustelus griseus*，CR(control region)/D-loop：JQ599321；12S：AB938092；complete mitochondrion genome：NC_023527，等 2 条。

白斑星鲨 *M. manazo*，Cytb：DQ422099；CR(control region)/D-loop：JQ599328，等 2 条；complete mitochondrion genome：AB015962，等 2 条。

皱唇鲨 *Triakis scyllium*，12S：AY462190；16S：AY462190，等 2 条。

大口尖齿鲨 *Chaenogaleus macrostoma*，COI：KM973150，等 6 条；Cytb：DQ422076。

小口半沙条鲨 *Hemigaleus microstoma*，COI：KF793768，等 6 条；Cytb：DQ422075；28S：KC505626，等 2 条。

钝吻鲨 *Hemipristis elongatus*，COI：KP19341，等 30 条；16S：HM239656。

邓氏副沙条鲨 *Paragaleus tengi*，28S：JF907576。

白边真鲨 *Carcharhinus albimarginatus*，COI：KM396949，等 27 条；12S：AB938093。

大鼻真鲨 *C. altimus*，COI：KP719471，等 28 条；12S：AY830722；16S：AY830722。

钝吻真鲨 *C. amblyrhynchos*，COI：KM973088，等 49 条；12S：AY462148；16S：AY462148。

短尾真鲨 *C. brachyurus*，COI：KJ146027，等 13 条；CR(control region)/D-loop：HQ711308，HQ711309，等 20 条；12S：AB938094；ND2：JQ518611。

直齿真鲨 *C. brevipinna*，COI：KP719473，等 65 条；12S：AB938095，等 4 条；16S：AY462149，等 18 条；ND2：JQ518625；complete mitochondrion genome：NC_027081，等 4 条；ND4：KF612545，等 50 条。

杜氏真鲨 *C. dussumieri*，COI：KM973102，等 21 条；CR(control region)/D-loop：GQ227301；ND2：JQ519073；ND4：HM446401，等 2 条。

镰状真鲨 *C. falciformis*，COI：KP719812，等 130 条；CR(control region)/D-loop：KM267565，等 56 条；12S：AB938097，等 6 条；16S：FJ598675，等 4；ND2：JQ518622；5.8S：KC204937，等 2 条；28S：AF513986。

低鳍真鲨 *C. leucas*，COI：KM973107，等 31 条；CR(control region)/D-loop：HQ324914，等 13 条；12S：AB938098，等 5 条；16S：FJ598691，等 3 条；ND2：JQ518623；SSR/microsatellite sequences：KJ916104，等 19 条；complete mitochondrion genome：NC_023522，等 2 条；ND4：HM446403，等 10 条。

黑梢真鲨 *C. limbatus*，COI：KP719556，等 45 条；Cytb：KC463788，等 2 条；CR(control region)/D-loop：JX025760，等 49 条；12S：AB938099，等 4 条；16S：AY830731，等 2 条；ND2：JQ518621，等 4 条；SSR/microsatellite sequences：AY264268，等 16 条；ND4：HM446407，等 10 条。

长鳍真鲨 *C. longimanus*，COI：KP719821，等 28 条；Cytb：AY973054；12S：AY830733，等 5 条；ND2：JQ518624；complete mitochondrion genome：NC_025520，等 2 条。

麦氏真鲨 *C. macloti*，COI：KP719565，等 41 条；ND2：JQ518610；complete mitochondrion genome：KJ865755，等 2 条；ND4：HM446410，等 2 条。

乌翅真鲨 *C. melanopterus*，COI：KM973092，等 26 条；12S：AY462150，等 2 条；16S：AY462150；

ND2：JQ518607，等 3 条；complete mitochondrion genome：NC_024284，等 2 条。

灰真鲨 *C. obscurus*，COI：KF590523，等 28 条；CR(control region)/D-loop：HQ853257，等 93 条；12S：AB938100，等 3 条；16S：AB938100，等 3 条；ND2：Q518612；complete mitochondrion genome：NC_020611，等 2 条；5.8S：AY033819；28S：AY033819；ND4：KJ004534，等 18 条。

铅灰真鲨 *C. plumbeus*，COI：KP719303，等 23 条；12S：AY462151，等 3 条；16S：AY462151，A 等 3 条；ND2：JQ518632，等 2 条；SSR/microsatellite sequences：GQ865620，等 9 条；complete mitochondrion genome：NC_024596，等 2 条；5.8S：AY033820；28S：AY033820；ND4：KJ004523，等 10 条。

沙拉真鲨 *C. sorrah*，COI：KP719603，等 51 条；CR(control region)/D-loop：KF819736，等 39 条；12S：JX978303；ND2：JQ519101，等 4 条；SSR/microsatellite sequences：AY545205，等 10 条；complete mitochondrion genome：NC_023521，等 2 条；ND4：HM446413，等 30 条。

鼬鲨 *Galeocerdo cuvieri*，COI：KP719613，等 183 条；Cytb：AF004288；12S：AB938102，等 3 条；16S：FJ598694，等 2 条；18S：AY049833；ND2：JQ519164，等 3 条；SSR/microsatellite sequences：KP117029，等 8 条；complete mitochondrion genome：NC_022193，等 2 条；5.8S：FJ539131；28S：AY049831。

恒河露齿鲨 *Glyphis gangeticus*，ND2：JQ518634。

特氏宽鳍鲨 *Lamiopsis temminckii*，COI：EU398901，等 3 条；ND2：JQ518639。

弯齿鲨［弯油齿］*Loxodon macrorhinus*，COI：KP719637，等 11 条；ND2：JQ518641。

尖齿柠檬鲨 *Negaprion acutidens*，COI：KM973164，等 19 条；CR(control region)/D-loop：FJ008696，等 3 条；12S：AY462153；16S：AY462153；ND2：JQ518644。

大青鲨 *Prionace glauca*，COI：KP719851，等 283 条；CR(control region)/D-loop：FJ161689；12S：AB938103，等 5 条；16S：KC984238，等 6 条；ND2：JQ518645，等 3 条；SSR/microsatellite sequences：AB731714，等 26 条；complete mitochondrion genome：NC_022819，等 2 条；5.8S：HQ603871，等 2 条；28S：HQ603871，等 2 条；ND4：DQ422040。

尖吻斜锯牙鲨 *Rhizopriondon acutus*，COI：KP719883，等 67 条；ND2：JQ518653；5.8S：JN008711；28S：JN008711；ND4：HQ530174，等 37 条。

短鳍斜锯牙鲨 *R. oligolinx*，COI：KM973185，等 4 条；12S：JX978295；ND2：JQ519096；5.8S：KC204940，等 3 条；28S：KC204940，等 3 条。

宽尾斜齿鲨 *Scoliodon laticaudus*，COI：KF899694，等 14 条；12S：JX978297，等 2 条；16S：KJ 170950；ND2：JQ518654；complete mitochondrion genome：KP336547。

三齿鲨 *Triaenodon obesus*，COI：KF590388，等 10 条；CR(control region)/D-loop：HQ833003，等 15 条；12S：AB938105；ND2：JQ518656；complete mitochondrion genome：KJ748376。

丁字真双髻鲨 *Eusphyra blochii*，COI：EU398784，等 5 条；Cytb：DQ422073；CR(control region)/

D-loop：GU385320；ND2：JQ519152， 等 2 条；5.8S：JF899236， 等 2 条；28S：JF899236，等 2 条；ND4：DQ422042。

路氏双髻鲨 *Sphyrna lewini*，COI：KF793757， 等 38 条；CR(control region)/D-loop：KC107826；12S：JX978287；16S：KJ170949；complete mitochondrion genome：NC_022679；5.8S：KC204928；28S：KC204928。

无沟双髻鲨 *S. mokarran*，COI：KM973189，等 49 条；Cytb：DQ422072；CR(control region)/D-loop：GU385315， 等 2 条；12S：FJ598665， 等 3 条；16S：FJ598665， 等 2 条；ND2：DQ422103；5.8S：AY860837，等 2 条；28S：AY860837，等 2 条；ND4：DQ422041。

锤头双髻鲨 *S. zygaena*，COI：KP719454，等 49 条；CR(control region)/D-loop：KC431824，等 6 条；12S：AB938104；ND2：JQ519079；complete mitochondrion genome：NC_025778， 等 2 条；5.8S：AY860839，等 2 条；28S：AY860839，等 2 条。

皱鳃鲨 *Chlamydoselachus anguineus*，COI：KJ083229，等 2 条；ND2：KF927798，等 3 条；complete mitochondrion genome：NC_022729，等 2 条；5.8S：AY049823；28S：Z18729，等 4 条。

尖吻七鳃鲨 *Heptranchias perlo*，COI：KF590398，等 13 条；12S：JX857878，等 5 条；16S：JX 857878，等 5 条；ND2：KF927891，等 4 条；complete mitochondrion genome：NC_022730，等 2 条。

灰六鳃鲨 *Hexanchus griseus*，COI：KF899461，等 45 条；Cytb：DQ132493；12S：JX857871，等 14 条；18S：AY859634；ND2：JQ518727；SSR/microsatellite sequences：KF894430，等 40 条；complete mitochondrion genome：KF894491，等 3 条。

长吻六鳃鲨 *H. nakamurai*，12S：JX857877，等 3 条；16S：JX857877，等 2 条；ND2：JQ518725，等 2 条；complete mitochondrion genome：NC_022733，等 2 条。

扁头哈那鲨 *Notorhynchus cepedianus*，COI：DQ108332，等 6 条；12S：AB938107；18S：M91186，等 2 条；ND2：JQ518728；complete mitochondrion genome：NC_022731，等 2 条。

笠鳞棘鲨 *Echinorhinus cookei*，COI：EU398777，等 2 条；18S：M91181，等 2 条；ND2：JQ519016。

长须卷盔鲨 *Cirrhigaleus barbifer*，COI：KC349854，等 3 条；12S：AB938108。

白斑角鲨 *Squalus acanthias*，COI：KJ205206，等 19 条；16S：KJ128912，等 2 条；ND2：JQ518978，等 105 条；28S：JN816876。

高鳍角鲨 *S. blainvillei*，COI：KJ709923，等 12 条；5.8S：HQ603879；28S：HQ603879。

短吻角鲨 *S. brevirostris*，COI：EF539293，等 9 条；ND2：KF927970，等 4 条。

日本角鲨 *S. japonicus*，COI：EF539313，等 5 条；ND2：KF927978，等 4 条。

大眼角鲨 *S. megalops*，COI：EU399029，等 10 条；12S：GU130625；16S：GU130625；ND2：JQ 519053。

长吻角鲨 *S. mitsukurii*，COI：JF494587，等 8 条；CR(control region)/D-loop：GU192450，等 6 条；

16S：AF288198。

针鳍刺鲨 *Centrophorus acus*，ND2：JQ400112。

黑缘刺鲨 *C. atromarginatus*，COI：KM281910，等 10 条；16S：JN596820。

颗粒刺鲨 *C. granulosus*，COI：KP719306，等 18 条；12S：AY147884；16S：KM281890，等 5 条；ND2：KF927761，等 13 条。

等齿刺鲨 *C. isodon*，COI：KM281913，等 6 条；16S：KM281894，等 2 条；ND2：JQ519108。

低鳍刺鲨 *C. lusitanicus*，COI：KJ083224。

皱皮刺鲨 *C. moluccensis*，COI：KM281916，等 13 条；16S：KM281888，等 3 条；ND2：KF927774，等 3 条。

台湾刺鲨 *C. niaukang*，COI：KF929690，DQ108228，DQ108229。

叶鳞刺鲨 *C. squamosus*，COI：KM281930，等 20 条；12S：GU130628；16S：KM281896，等 5 条；ND2：KF927757，等 26 条；SSR/microsatellite sequences：JQ037909，等 4 条。

同齿刺鲨 *C. uyato*，COI：KM281926，等 5 条；16S：KM281885，等 3 条。

喙吻田氏鲨 *Deania calcea*，COI：KM281931，等 11 条；12S：GU130626；16S：KM281899，等 2 条；ND2：JQ519007。

黑霞鲨 *Centroscyllium fabricii*，COI：KJ888145，等 14 条；12S：GU130634；16S：GU130634；18S：AY049819；ND2：JQ518956；5.8S：AY049817；28S：AY049818。

蒲原霞鲨 *C. kamoharai*，16S：HM231289。

乌霞鲨 *C. nigrum*，COI：GU130705；12S：GU130632；16S：GU130632；ND2：JQ400116。

比氏乌鲨 *Etmopterus bigelowi*，COI：GU130690，等 2 条；12S：GU130650，等 2 条；16S：GU130650，等 3 条；ND2：JQ518959；RAG1：GU130763，等 2 条。

短尾乌鲨 *E. brachyurus*，COI：GU130716，等 3 条；12S：AB938109，等 4 条；16S：GU130643，等 4 条；ND2：KF927837，等 7 条。

伯氏乌鲨 *E. burgessi*，ND2：KF927839，等 6 条。

乌鲨 *E. lucifer*，COI：JF493470，等 16 条；12S：GU130638，等 5 条；16S：GU130638，等 6 条；ND2：KF861693，等 9 条。

莫氏乌鲨 *E. molleri*，COI：GU130715，等 2 条；12S：GU130642，等 2 条；16S：GU130642，等 3 条；ND2：JQ519179；RAG1：GU130788，等 2 条。

小乌鲨 *E. pusillus*，COI：KP719314，等 31 条；12S：GU130648，等 4 条；16S：GU130648，等 5 条；ND2：KF861691，等 8 条；RAG1：GU130794，等 4 条。

黑腹乌鲨 *E. spinax*，COI：KP719314，等 30 条；12S：GU130648，等 4 条；16S：GU130648，等 5 条；ND2：KF861691，等 3 条；RAG1：GU130794，等 4 条。

斯普兰汀乌鲨 *E. splendidus*，16S：HM231283；ND2：KF927862，等 7 条。

褐乌鲨 *E. unicolor*，COI：JN640636，等 9 条；12S：GU130666，等 3 条；16S：GU130666，等 3 条；ND2：KF861683，等 6 条。

大眼荆鲨 *Centroscymnus coelolepis*，COI：FJ519563，等 5 条；CR(control region)/D-loop：HQ664432，等 18 条；16S：AB642297；ND2：JQ519128；SSR/microsatellite sequences：HQ462561，等 10 条。

欧荆鲨 *C. owstoni*，COI：KF489521，等 9 条；12S：GU130622；16S：GU130622；18S：AY049822；ND2：JQ519124；RAG1：GU130768；28S：AY049821。

鳞睡鲨 *Zameus squamulosus*，COI：KF899772，等 8 条；ND2：JQ518973。

铠鲨 *Dalatias licha*，COI：KP719313，等 5 条；12S：GU130603；16S：GU130603；18S：AY049827；ND2：JQ518951；RAG1：GU130749；5.8S：AY049825；28S：AY049826。

巴西达摩鲨 *Isistius brasiliensis*，ND2：JQ518953；RAG1：GU130817。

阿里拟角鲨 *Squaliolus aliae*，COI：GU130675；12S：GU130602；16S：GU130602；ND2：KF927967，KF927968，等 7 条。

台湾扁鲨 *Squatina formosa*，COI：EU399039，等 8 条；16S：FN431860，等 5 条；ND2：JQ518987；complete mitochondrion genome：NC_025328，等 2 条。

日本扁鲨 *S. japonica*，COI：FN431750；12S：AB938110；16S：FN431869；complete mitochondrion genome：NC_024276，等 2 条。

星云扁鲨 *S. nebulosa*，12S：AF448031；ND2：KF927984，等 3 条；complete mitochondrion genome：NC_025578，等 2 条。

拟背斑扁鲨 *S. tergocellatoides*，COI：FN431766；16S：FN431885；ND2：JQ518982。

日本锯鲨 *Pristiophorus japonicus*，12S：AB938111，等 2 条；ND2：JQ518753；complete mitochondrion genome：NC_024110，等 2 条。

麦氏电鳐 *Torpedo macneilli*，COI：EU399058；ND2：JQ518927；RAG1：JN184095；SCFD2：JN184137。

珍电鳐 *T. nobiliana*，COI：KC015969，等 5 条；ND2：JQ518931。

东京电鳐 *T. tokionis*，12S: AB938112，等 2 条。

莫氏深海电鳐 *Benthobatis moresbyi*，COI：KJ888144，等 6 条。

杨氏深海电鳐 *B. yangi*，ND2: KF927751，等 2 条。

短唇双鳍电鳐 *Narcine brevilabiata*，COI：FJ237830，等 3 条。

黑斑双鳍电鳐 *N. maculata*，COI：KF899598，等 3 条。

丁氏双鳍电鳐 *N. timleii*，12S：AF448002。

日本单鳍电鳐 *Narke japonica*，12S：AF448003。

钝锯鳐 *Anoxypristis cuspidata*，COI：KF590522，等 7 条；CR(control region)/D-loop：JQ026198，等 5 条；12S：AF447988；ND2：JQ518858，等 2 条；complete mitochondrion genome：NC_

026307，等 2 条；RAG1：JN184212；ND4：JN184313；SCFD2：JN184174。

小齿锯鳐 *Pristis microdon*，CR(control region)/D-loop：GQ980006，等 2 条；12S：EU784160；ND2：JQ518861，等 2 条；RAG1：JN184213；ND4：JN184314；SCFD2：JN184175。

圆犁头鳐 *Rhina ancylostoma*，COI：KF899659，等 7 条；12S：AB938113，等 3 条；ND2：KM396926，等 2 条；RAG1：JN184099；SCFD2：JN184141。

及达尖犁头鳐 *Rhynchobatus djiddensis*，COI：JX263419，等 4 条；12S：AB938114，等 3 条；RAG1：JN184101；5.8S：KC204939；SCFD2：JN184143。

颗粒蓝吻犁头鳐 *Glaucostegus granulatus*，12S：JX978291。

台湾犁头鳐 *Rhinobatos formosensis*，12S：AF448014；ND2：JQ518914。

斑纹犁头鳐 *R. hynnicephalus*，12S：AF448015；ND2：KF927957，等 3 条；complete mitochondrion genome：NC_022841，KF534708。

许氏犁头鳐 *R. schlegelii*，COI：KF927953，等 3 条；12S：AF448016；ND2：KF927955；complete mitochondrion genome：NC_023951，等 2 条。

婆罗洲无鳍鳐 *Anacanthobatis borneensis*，12S：AF448029。

林氏深海鳐 *Bathyraja lindbergi*，COI：DQ104905，等 5 条。

松原深海鳐 *B. matsubarai*，COI：GQ449779，等 3 条。

巨鳐 *Raja gigas*，ND2：KF927819。

广东鳐 *R. kwangtungensis*，COI：EU339344，等 4 条；12S：AF448010；ND2：KF927820，等 8 条；complete mitochondrion genome：NC_023505，等 2 条。

大尾鳐 *R. macrocauda*，12S：AB938115，等 2 条。

天狗鳐 *R. tengu*，12S：EF081265；16S：EF081265；ND2：KF927828，等 8 条。

尖棘鳐 *R. acutispina*，COI：EU334808，等 6 条；12S：EF100189，等 2 条；16S：EF100189；ND2：KF927918，等 6 条。

鲍氏鳐 *R. boesemani*，COI：HM180809，等 5 条。

何氏鳐 *R. hollandi*，ND2: KF927925，等 3 条。

斑鳐 *R. kenojei*，COI：HQ711863，等 23 条；complete mitochondrion genome：AY525783；GLO：EF397523。

麦氏鳐 *R. meedervoortii*，COI：EU334814。

中国团扇鳐 *Platyrhina sinensis*，COI：HM180795，等 6 条；12S：AF448004；RAG1：JN184111；SCFD2：JN184154。

汤氏团扇鳐 *P. tangi*，ND2：KF927928，等 6 条。

达氏深水尾魟 *Plesiobatis daviesi*，COI: KF899645，等 7 条；12S：AF448005；16S：HM467802；ND2：KF927934，等 3 条；complete mitochondrion genome：AY597334；RAG1：JN184125；

SCFD2：JN184168。

褐黄扁魟 *Urolophus aurantiacus*，COI: EU339352，等 4 条；12S：AB938118，等 3 条；18S：AB 375549；ND2：KF927988，等 2 条；5.8S：AB375549。

尖吻魟 *Dasyatis acutirostra*，COI：JQ681477。

赤魟 *D. akajei*，COI：JF952715，等 8 条；CR(control region)/D-loop：KF055848，等 9 条；complete mitochondrion genome：KC526959；GLO：EF397524。

黄魟 *D. bennetti*，COI：KM073016，等 25 条；16S：JN211646，等 6 条；18S：JN211922，等 7 条；ND2：KM073039，KM073040；complete mitochondrion genome：KC633222，等 2 条；5.8S：AB375553。

光魟 *D. laevigatus*，COI：AB485686，AB485687。

鬼魟 *D. latus*，COI：KJ825838，等 6 条；12S：JX978299；5.8S：KC204938。

尤氏魟 *D. ushiei*，COI：EU398752，等 6 条；12S：AB938121；16S：KC249892；RAG1：KC249806。

尖嘴魟 *D. zugei*，COI：KM073020，等 11 条；12S：AF447994；16S：KC249893；ND2：KM073041，等 9 条；complete mitochondrion genome：JX524174；RAG1：JN184238；ND4：JN184332。

齐氏窄尾魟 *Himantura gerrardi*，COI：KM073002，等 30 条；12S：JX978311，等 2 条；ND2：KM 396931，等 4 条；complete mitochondrion genome：KP091437。

小眼窄尾魟 *H. microphthalma*，complete mitochondrion genome：KF840390。

花点窄尾魟 *H. uarnak*，COI：KM072999，等 49 条；Cytb：JX274335，等 23 条；12S：AB938122，等 3 条。

古氏新魟 *Neotrygon kuhlii*，COI：KM073023，等 186 条；12S：JX978313，等 3 条；16S：KC249819，等 61 条；ND2：KM073035，等 8 条；complete mitochondrion genome：KC992792；RAG1：KC249772，等 26 条；5.8S：KC204929；28S：KC204929；SCFD2：JN184158。

紫色翼魟 *Pteroplatytrygon violacea*，COI：KF899654，等 9 条；16S：HM239658；ND2：JQ518818，JN184291；complete mitochondrion genome：KJ641617；RAG1：JN184240；SCFD2：JN184194。

迈氏条尾魟 *Taeniura meyeni*，COI：KM073019，等 10 条；12S：AF448025；16S：KC249899，等 2 条；ND2：JQ518822，等 2 条；complete mitochondrion genome：JX827260；RAG1：KC249811，JN184242；SCFD2：JN184196。

糙沙粒魟 *Urogymnus asperrimus*，COI：KC250636，等 5 条；12S：AB938123，等 2 条；16S：KC 249900；RAG1：KC249812，等 2 条；SCFD2：JN184161。

日本燕魟 *Gymnura japonica*，COI：EEU398799，等 5 条；12S：AB938124。

花尾燕魟 *G. poecilura*，COI：KF899442，等 8 条；Cytb：FJ010564；12S：JX978298，等 2 条；complete mitochondrion genome：KJ617038；5.8S：KC204934。

条尾燕魟 *G. zonura*，COI：KM073030，等 8 条；Cytb：FJ010562；12S：AF447986；ND2：KF927883，等 5 条；RAG1：JN184243；SCFD2：JN184197。

无斑鹞鲼 *Aetobatus flagellum*，COI：KJ825839，等 4 条；Cytb：FJ812204；12S：AB938125；ND2：JQ518839；SSR/microsatellite sequences：AB469976，　等 8 条；complete mitochondrion genome：KF482070。

纳氏鹞鲼 *A. narinari*，COI：JX978339，等 9 条；Cytb：KJ814012，等 57 条；12S：JX978310；ND2：JQ518988；SSR/microsatellite sequences：JF501638，等 2 条；ND4：GQ925526，等 26 条。

花点无刺鲼 *Aetomylaeus maculatus*，COI：KF899587，等 4 条；ND2：JQ519022，等 2 条；RAG1：JN184245；ND4：JN184334；SCFD2：JN184199。

鹰状无刺鲼 *A. milvus*，ND2：JQ518845。

聂氏无刺鲼 *A. nichofii*，COI：EU398509，等 2 条；ND2：KM396928，等 6 条；RAG1：JN184246；ND4：JN184335；SCFD2：JN184200。

蝠状无刺鲼 *A. vespertilio*，COI：KF899584，等 5 条；ND2：JQ518842，等 2 条；RAG1：JN184247；ND4：JN184336。

双吻前口蝠鲼 *Manta birostris*，COI：KM364883，等 20 条；12S：AF448000；ND2：JQ519062，等 2 条；ND5：KM364908，等 2 条；complete mitochondrion genome：KM364991；SCFD2：JN184201。

日本蝠鲼 *Mobula japonica*，COI：KP719334，等 37 条；12S：AB938128，等 3 条；ND2：JQ519163；ND5：KM364914，等 6 条；SSR/microsatellite sequences：JF800912，等 12 条；complete mitochondrion genome：KM364988，等 3 条；RAG1：KM364939，等 5 条；SCFD2：JN184165。

蝠鲼 *M. mobular*，COI：KM364897；ND5：KM364922；complete mitochondrion genome：KM364983；RAG1：KM364947。

褐背蝠鲼 *M. tarapacana*，COI：KP719339，等 18 条；12S：AB938129；ND5：KM364926，等 3 条；complete mitochondrion genome：KM364986；RAG1：KM364951，等 3 条。

鸢鲼 *Myliobatis tobijei*，COI：EU398924；Cytb：D50021；12S：AB938131；ND2：KF927910，等 3 条。

爪哇牛鼻鲼 *Rhinoptera javanica*，COI：KM073013，等 5 条；12S：JX978307，等 3 条；ND2：KM 396924，等 2 条。

辐鳍鱼纲 ACTINOPTERYGII

中华鲟 *Acipenser sinensis*，COI：KM366079，等 3 条；Cytb：KM366081，等 5 条；CR(control region)/D-loop：AY096264，等 40 条；12S：KM366075，等 5 条；16S：KM366077，等 3 条；18S：AY904470，等 2 条；ND5：AF403088；SSR/microsatellite sequences：KC984844，等 94 条；

complete mitochondrion genome：KJ174513，等 2 条；RAG1：JQ929572；SOX9：KJ526295；RPS7：KF771108；DMRT1：KF826484；HL：FJ436062；Acsi-UBA：GQ485572，等 11 条。

白鲟 *Psephurus gladius*，Cytb：DQ195873，等 4 条；CR(control region)/D-loop：AF402866；12S：AF004975，等 3 条；16S：AF404852，等 2 条；18S：AY544131；ND5：AF403099；complete mitochondrion genome：AY571339。

大眼海鲢 *Elops machnata*，COI：KP296166，等 17 条；CR(control region)/D-loop：KF939635，等 12 条；12S：AF417340。

蜥海鲢 *E. saurus*，COI：KF461176，等 12 条；12S：AF454711；16S：KC146863，等 6 条；SSR/microsatellite sequences：EU747462，等 75 条；complete mitochondrion genome：AP004807；RAG1：JN230876，等 2 条。

大海鲢 *Megalops cyprinoides*，COI：KP296163，等 28 条；Cytb：KJ442603，等 2 条；12S：KF681776，等 5 条；16S：KF681805，等 2 条；complete mitochondrion genome：AB051110；RAG1：KF 681921，等 2 条。

圆颌北梭鱼 *Albula glossodonta*，COI：KF929576，等 2 条；Cytb：AF120958，等 4 条；12S：KF 681778，等 3 条；16S：KF681807；RAG1：KF681923，等 2 条。

长背鱼 *Pterothrissus gissu*，Cytb：AF120948；12S：AF120936，等 2 条。

异鳞海蜴鱼 *Aldrovandia affinis*，COI：KF929578，等 2 条；12S：KF681780；16S：KF681810；complete mitochondrion genome：AP002974；RAG1：KF681926。

裸头海蜴鱼 *A. phalacra*，12S：JX242900；16S：JX242947。

短吻拟海蜥鱼 *Halosauropsis macrochir*，COI：KF929958，等 7 条；12S：KF681779，等 2 条；16S：KF681808，等 5 条。

长吻背棘鱼 *Notacanthus abbotti*，COI：KF681840；12S：KF681781，等 3 条；16S：KF681811；RAG1：KF681927。

白令海多刺背棘鱼 *Polyacanthonotus challengeri*，COI：KF930286，等 4 条。

太平洋双色鳗鲡 *Anguilla bicolor pacifica*，COI：KC970305，等 20 条；Cytb：HG965462，等 43 条；CR(control region)/D-loop：AB279013，等 47 条。

孟加拉鳗鲡 *A. bengalensis*，COI：KR021973，等 16 条；Cytb：AF074866；12S：AF266502；16S：KF182299，等 3 条；18S：FM946137；SSR/microsatellite sequences：AJ845116；complete mitochondrion genome：AP007245。

西里伯鳗鲡 *A. celebesensis*，Cytb：HG965454，等 11 条；CR(control region)/D-loop：AB030663；12S：AB021896；16S：AB303380，等 4 条。

日本鳗鲡 *A. japonica*，Cytb：AB279431，等 26 条；CR(control region)/D-loop：AB279032，等 22 条；complete mitochondrion genome：KJ948424。

花鳗鲡 *A. marmorata*，COI：KC970325，等 10 条；Cytb：HQ388825，等 31 条；CR(control region)/D-loop：HQ623054，等 33 条；16S：AB278811，等 60 条；SSR/microsatellite sequences：KJ093625，等 35 条。

云纹鳗鲡 *A. nebulosa*，Cytb：JQ312105；16S：AB368545，等 2 条。

大头蚓鳗 *Moringua macrocephalus*，COI：KF681853；12S：KF681793；16S：KF681823；RAG1：KF681938。

小鳍蚓鳗 *M. microchir*，Cytb：AB038411；complete mitochondrion genome：AP010841。

扁吻唇鼻鳗 *Chilorhinus platyrhynchus*，12S：AF417309。

双齿眶鼻鳗 *Kaupichthys diodontus*，COI：JQ431867，等 7 条。

高体眶鼻鳗 *K. hyoproroides*，COI：KF930006，等 12 条；12S：AB049983，等 2 条；16S：DQ645722，等 2 条；complete mitochondrion genome：AP010845。

云纹蛇鳝 *Echidna nebulosa*，COI：KF489570，等 58 条；Cytb：JN008997，等 41 条；12S：JX242914；16S：JX242961，等 2 条；RAG1：JN009041，等 45 条。

多带蛇鳝 *E. polyzona*，COI：KF929829，等 2 条；Cytb：HQ122483；12S：JX242915；16S：JX242962。

黄点蛇鳝 *E. xanthospilos*，12S：AF417311。

贝氏勾吻鳝 *Enchelycore bayeri*，COI：KF929835，等 5 条；16S：JX242963。

褐勾吻鳝 *E. nigricans*，COI：JQ840488，等 5 条；12S：JX242918；16S：JX242965。

豹纹勾吻鳝 *E. pardalis*，COI：JQ349949，等 2 条。

锐齿鳝 *Enchelynassa canina*，Cytb：HQ122480；complete mitochondrion genome：KP893074。

条纹裸海鳝 *Gymnomuraena zebra*，COI：JF493405，等 46 条；Cytb：JN020405，等 38 条；12S：JX242919；16S: JX242966；complete mitochondrion genome：KP793920；RAG1：JN020442，等 49 条。

白缘裸胸鳝 *Gymnothorax albimarginatus*，Cytb：HQ122484；16S：AB808686，等 7 条。

班第氏裸胸鳝 *G. berndti*，COI：GU475095；Cytb：HQ122485，等 2 条；16S：AB695699，等 3 条。

伯恩斯裸胸鳝 *G. buroensis*，COI：KF929925，等 12 条；Cytb：HQ122486；12S：JX242920；16S：AB695728，等 8 条。

云纹裸胸鳝 *G. chilospilus*，COI：KF929926，等 9 条；Cytb：HQ122487，等 2 条；12S：JX242921；16S：AB695694，等 4 条。

霉身裸胸鳝 *G. eurostus*，COI：KF929927，等 5 条；Cytb：HQ122488，等 2 条；12S：JX242922；16S：AB695718，等 21 条。

豆点裸胸鳝 *G. favagineus*，COI：HQ945961，等 6 条；Cytb：EU085374。

细斑裸胸鳝 *G. fimbriatus*，COI：JQ431801，等 3 条；Cytb：EU085370；16S：AB695683，等 4 条。

黄边裸胸鳝 *G. flavimarginatus*，COI：KC970475，等 37 条；Cytb：EU085360，等 68 条；12S：JX

242923，等 2 条；16S：JX242970，等 2 条；RAG1：GU175542，等 15 条；RAG2：GU175558，等 18 条。

白边裸胸鳝 *G. hepaticus*，COI：GU475101；Cytb：EU085371。

魔斑裸胸鳝 *G. isingteena*，COI：HM461875，等 2 条；Cytb：EU085365。

爪哇裸胸鳝 *G. javanicus*，COI：KF009599，等 10 条；Cytb：EU085367。

蠕纹裸胸鳝 *G. kidako*，Cytb：AB049980；12S：AB049984；complete mitochondrion genome：AP002976。

斑颈裸胸鳝 *G. margaritophorus*，COI：KF929931，等 12 条；Cytb：EU170376；12S：JX242925；16S：AB695702，等 3 条。

黄体裸胸鳝 *G. melatremus*，COI：KF929932，等 8 条；Cytb：HQ122491；12S：JX242926；16S：JX242973；RAG1：FJ896413。

斑点裸胸鳝 *G. meleagris*，COI：GU475105；Cytb：12S：JX242927；16S：AB695716，等 12 条。

小裸胸鳝 *G. minor*，COI：KF681855；12S：KF681796；16S：AB808696，等 2 条；RAG1：KF681941。

裸犁裸胸鳝 *G. nudivomer*，COI：KF929934，等 3 条；12S：JX242928；16S：JX242975。

花斑裸胸鳝 *G. pictus*，COI：KF929935，等 6 条；Cytb：HQ122497；12S：JX242929；16S：AB695648，等 4 条。

豹纹裸胸鳝 *G. polyuranodon*，COI：KF929936；Cytb：HQ122498。

密网裸胸鳝 *G. pseudothyrsoideus*，COI：FJ237990，等 4 条；Cytb：HQ122500，等 2 条；16S：AB695723，等 7 条。

匀斑裸胸鳝 *G. reevesii*，COI：JQ431819，等 8 条；Cytb：EU085364。

网纹裸胸鳝 *G. reticularis*，COI：HM461876，等 2 条；Cytb：12S：JX313649，等 4 条。

异纹裸胸鳝 *G. richardsonii*，COI：KF929937，等 2 条；Cytb：HQ122501；12S：JX242930；16S：AB695710，等 4 条。

鞍斑裸胸鳝 *G. rueppellii*，COI：KF929938，等 4 条；Cytb：HQ122502，等 2 条；16S：AB695697，AB695698。

密花裸胸鳝 *G. thyrsoideus*，COI：JQ431825，等 3 条；16S：AB695651，等 3 条。

波纹裸胸鳝 *G. undulatus*，COI：KF929939，等 59 条；Cytb：EU085362，等 33 条；16S：AB695707，等 3 条；RAG1：GU175658，等 23 条；RAG2：GU175681，等 22 条。

带尾裸胸鳝 *G. zonipectis*，COI：KF929940，等 9 条；Cytb：HQ122507；12S：JX242933；16S：AB695704，等 4 条。

拟蛇鳝 *Pseudechidna brummeri*，Cytb：JF734986。

大口管鼻鳝 *Rhinomuraena quaesita*，COI：FJ584066，等 5 条；12S：JX242935，等 2 条；16S：JX242982，DQ645718；complete mitochondrion genome：AP010844。

虎斑鞭尾鳝 *Scuticaria tigrina*，Cytb：HQ122509；12S：DQ645678；16S：AB702971，等 10 条。

长尾弯牙海鳝 *Strophidon sathete*，COI：KF715029，等 3 条；Cytb：AF120949；12S：AF120937；ND5：AB038413。

大头尾鳝 *Uropterygius macrocephalus*，Cytb：HQ122510。

小鳍尾鳝 *U. micropterus*，12S：AF417312；16S：AB702982。

前肛鳗 *Dysomma anguillaris*，COI：KF681861；12S：KF681802，等 2 条；16S：KF681833；RAG1：KF681949。

深海旗鳃鳗 *Histiobranchus bathybius*，COI：EU148186，等 3 条；12S：AF120939。

软泥鳗 *Ilyophis brunneus*，COI：EU148212，等 3 条；12S：JX242944，等 2 条；16S：JX242991，DQ645687；complete mitochondrion genome：AP010848。

箭齿前肛鳗 *Meadia abyssalis*，COI：JQ681520，等 2 条。

罗氏箭齿前肛鳗 *M. roseni*，12S：AF417327。

寄生鳗 *Simenchelys parasiticus*，COI：KF930446；CR(control region)/D-loop：AB898129，等 47 条；12S：JX242945，等 3 条；16S：JX242992，DQ645688；complete mitochondrion genome：AP010849。

长鳍合鳃鳗 *Synaphobranchus affinis*，COI：JF494630，等 6 条；12S：AF417328。

高氏合鳃鳗 *S. kaupii*，COI：KF930482，等 63 条；12S：JX242946，等 2 条；16S：JX242993；ND5：AB038414；complete mitochondrion genome：AP002977。

须唇短体鳗 *Brachysomophis cirrocheilos*，COI：KF297593。

鳄形短体鳗 *B. crocodilinus*，12S：DQ645650；16S：DQ645689。

亨氏短体鳗 *B. henshawi*，COI：JQ431496。

下口丽鳗 *Callechelys catostoma*，COI：KF768168，等 2 条；12S：JX242940；16S：JX242987。

云纹丽鳗 *C. marmorata*，COI：JQ431506，等 5 条。

中华须鳗 *Cirrhimuraena chinensis*，CyK：J150737，等 573 条；SSR/microsatellite sequences：JX644946，等 12 条。

小尾鳍蠕鳗 *Echelus uropterus*，12S：JQ178218，等 2 条。

半环盖蛇鳗 *Leiuranus semicinctus*，COI：KF930028，等 4 条；12S：JX242941。

裸鳍虫鳗 *Muraenichthys gymnopterus*，12S：JQ924521，等 2 条。

斑竹花蛇鳗 *Myrichthys colubrinus*，COI：KF930159，等 2 条。

斑纹花蛇鳗 *M. maculosus*，COI：KF930160；12S：DQ645653；complete mitochondrion genome：AP 010862。

小尾油鳗 *Myrophis microchir*，COI：KF297591。

浅草蛇鳗 *Ophichthus asakusae*，12S：HQ185624。

艾氏蛇鳗 *O. evermanni*，12S：AF417322。

多斑蛇鳗 *O. polyophthalmus*，COI：JQ431944。

大吻沙蛇鳗 *O. macrorhynchos*，12S：KP055806，等5条；ND5：AB038415；complete mitochondrion genome：AP002978。

食蟹豆齿鳗 *Pisoodonophis cancrivorus*，12S：AF417323；16S：DQ645725。

列齿鳗 *Xyrias revulsus*，12S：AF417324。

短吻颈鳗 *Derichthys serpentinus*，COI：KF929814，等 5 条；12S：JX242910；16S：JX242957，DQ 645696；complete mitochondrion genome：AP010851；RAG1：FJ896414。

似原鹤海鳗 *Congresox talabonoides*，12S：DQ645658；16S：KM508071，等 2 条。

鳄头鳗 *Gavialiceps taeniola*，12S：AF417320。

台湾鳄头鳗 *G. taiwanensis*，COI：KF681854；12S：KF681794；16S：KF681824；RAG1：KF681939。

褐海鳗 *Muraenesox bagio*，COI：KF714977，等 2 条；12S：AB049988；ND5：AB038417；complete mitochondrion genome：AP010852。

海鳗 *M. cinereus*，COI：HM180703，等 20 条；Cytb：AY295080；CR(control region)/D-loop：AB 778816，等 72 条；12S：KF681795，等 2 条；16S：KF681825；18S：AY695888；RAG1：KF681940。

细颌鳗 *Oxyconger leptognatus*，COI：EF607452，等 3 条；12S：AF417319。

喙吻鳗 *Avocettina infans*，COI：FJ164341，等 7 条；Cytb：AF120954；12S：AF120942，等 3 条；16S：DQ645699，等 3 条；complete mitochondrion genome：AP010855。

线鳗 *Nemichthys scolopaceus*，COI：KT075308，等 8 条；Cytb：AF120953；12S：KF681797，等 5 条；16S：KJ128843，等 4 条；ND5：AB038418；complete mitochondrion genome：AP010854；RAG1：KF681943。

穴美体鳗 *Ariosoma anago*，12S：AF417315。

大美体鳗 *A. major*，Cytb：AF267913；12S：AF266503；16S：AB299447，等 18 条。

米克氏美体鳗 *A. meeki*，COI：KF681845，等 3 条；12S：KF681786；16S：KF681816。

网格深海康吉鳗 *Bathycongrus retrotinctus*，COI：KF681843；12S：AF417313，等 2 条；16S：KF 681814；RAG1：KF681930。

瓦氏深海康吉鳗 *B. wallacei*，COI：KF489500，等 5 条。

深海尾鳗 *Bathyuroconger vicinus*，COI：JQ681482；12S：DQ645664；16S：DQ645703。

灰康吉鳗 *Conger cinereus*，COI：KF929775，等 6 条；16S：AB910542。

日本康吉鳗 *C. japonicus*，COI：KF681848，等 5 条；Cytb：AF120955；12S：KF681788，等 2 条；16S：AB910921，等 3 条；complete mitochondrion genome：KR131863；RAG1：KF681933。

星康吉鳗 *C. myriaster*，COI：HQ711869，等11条；Cytb：AB114685，等302条；CR(control region)/D-loop：AB043053，等 25 条；12S：HQ185627，JQ178223；16S：AB910540，等 77 条。

大洋康吉鳗 *C. oceanicus*，COI：KF929777，等 2 条；16S：AJ244814，等 2 条。

日本颌吻鳗 *Gnathophis nystromi ginanago*，16S：AB752364，等 22 条。

尼氏颌吻鳗 *G. nystrominystromi*，COI：KF681849；12S：KF681789；16S：KF681819，等 41 条；RAG1：KF681934。

台湾园鳗 *Gorgasia taiwanensis*，12S：AF417317。

哈氏异康吉鳗 *Heteroconger hassi*，COI：KF929966，等 8 条；12S：JX242906，等 2 条；16S：JX242953，DQ645706；complete mitochondrion genome：AP010859。

大眼拟海蠕鳗 *Parabathymyrus macrophthalmus*，COI：KF681851；12S：KF681791，等 2 条；16S：KF681821；RAG1：KF681936。

黑尾吻鳗 *Rhynchoconger ectenurus*，COI：KF681852；12S：KF681792；16S：KF681822；RAG1：KF681937。

尖尾鳗 *Uroconger lepturus*，COI：JQ681499，等 4 条；12S：AF417314；16S：AB330934，等 3 条。

小头丝鳗 *Nettastoma parviceps*，COI：JF493989，等 4 条；Cytb：AB038419；12S：AB049990；ND5：AB038419；complete mitochondrion genome：AP010864。

前鼻丝鳗 *N. solitarium*，COI：KF681857；12S：KF681798；16S：KF681829；RAG1：KF681944。

线尾蜥鳗 *Saurenchelys fierasfer*，12S：AF417321；16S：DQ645727。

比氏锯犁鳗 *Serrivomer beanii*，COI：KF930437，等 5 条；12S：AF454727；16S：DQ645714；complete mitochondrion genome：AP010857；RAG1：FJ896415。

长齿锯犁鳗 *Serrivomer sector*，COI：GU440523；12S：DQ645675；16S：DQ645714；complete mitochondrion genome：AP007250。

宽咽鱼 *Eurypharynx pelecanoides*，COI：KF929882，等 6 条；Cytb：AF120957；12S：KF681804，等 4 条；16S：KF681835；complete mitochondrion genome：AB046473；RAG1：KF681951，等 2 条。

鳓 *Ilisha elongata*，COI：KP260471，等 27 条；CR(control region)/D-loop：HM030781，等 16 条；12S：DQ912055；16S：FJ870907，等 6 条；18S：JN211978，等 4 条；complete mitochondrion genome：AP009141；RAG1：JX255541；RAG2：DQ912160。

大鳍鳓 *I. megaloptera*，Cytb：KJ158079；CR(control region)/D-loop：JN651913；16S：KJ158118；RAG2：KJ158099。

黑口鳓 *I. melastoma*，COI：JQ681495。

后鳍鱼 *Opisthopterus tardoore*，COI：JX987484。

庇隆多齿鳓 *Pellona ditchela*，COI：KF214304，等 11 条；complete mitochondrion genome：AP011609。

发光鲚 *Coilia dussumieri*，ATP6-ATP8：JX944184，等 34 条；SSR/microsatellite sequences：KC589414，等 10 条；RAG1：JN230881。

七丝鲚 *C. grayii*，Cytb：JX030390，等 4 条；CR(control region)/D-loop：JX030383，等 6 条；12S：DQ315680；16S：DQ315694，等 4 条；complete mitochondrion genome：KP317088，等 2 条。

凤鲚 *C. mystus*，COI：KF951600，等 8 条；Cytb：JX030395，等 82 条；CR(control region)/D-loop：JX030384；12S：EF422314，等 35 条；complete mitochondrion genome：KF056322，等 3 条；RAG1：DQ912126；RAG2：DQ912162。

刀鲚 *C. ectenes*，COI：KF951608，等 41 条；CR(control region)/D-loop：JX960649，等 157 条；12S：GU382854，等 3 条；16S：DQ912087，等 3 条；SSR/microsatellite sequences：KF769512，等 44 条；complete mitochondrion genome：KJ710626，等 5 条；RAG1：DQ912123；RAG2：DQ912157。

尖吻半棱鳀 *Encrasicholina heteroloba*，COI：EU392183，等 5 条；12S：HM622098；16S：HM622117，等 2 条。

银灰半棱鳀 *E. punctifer*，Cytb：AB548683。

鳀 *Engraulis heteroloba*，COI：KF489578；Cytb：KF972542，等 4 条；16S：FR851415，等 2 条；complete mitochondrion genome：KF765500；5S：KF479206，等 7 条。

黑鳍黄鲫 *Setipinna melanochir*，complete mitochondrion genome：AP011565。

太的黄鲫 *S. taty*，COI：JN825732；Cytb：JQ012365，等 2 条；CR(control region)/D-loop：KF482904，等 51 条；12S：DQ912056；16S：JQ012470，等 2 条；SSR/microsatellite sequences：JF502223，等 11 条；complete mitochondrion genome：KC439458；RAG1：DQ912125；RAG2：JQ012681，等 2 条。

黄鲫 *S. tenuifilis*，COI：KF951617，等 3 条。

中华侧带小公鱼 *Stolephorus chinensis*，complete mitochondrion genome：AP011566。

康氏侧带小公鱼 *S. commersonii*，COI：FJ384699，等 2 条。

印度侧带小公鱼 *S. indicus*，COI：KF489772，等 25 条。

韦氏侧带小公鱼 *S. waitei*，complete mitochondrion genome：AP011567。

汕头棱鳀 *Thryssa adelae*，COI：HM180922，等 3 条。

芝罘棱鳀 *T. chefuensis*，COI：HM180918，等 4 条。

杜氏棱鳀 *T. dussumieri*，COI：JX983287，等 3 条。

汉氏棱鳀 *T. hamiltonii*，COI：JQ681498，等 7 条。

赤鼻棱鳀 *T. kammalensis*，COI：KP260469，等 14 条。

中颌棱鳀 *T. mystax*，Cytb：JQ012366；16S：JQ012471；RAG1：JQ012537；RAG2：JQ012680。

长颌棱鳀 *T. setirostris*，COI：JF494684，等 9 条。

黄吻棱鳀 *T. vitirostris*，COI：JF494689，等 5 条。

宝刀鱼 *Chirocentrus dorab*，COI：KF809397，等 12 条；complete mitochondrion genome：AP006229；RAG1：DQ912127；RAG2：DQ912163。

长颌宝刀鱼 *C. nudus*，COI：JN242561，等 9 条；16S：JN211527，等 4 条；18S：JN211808，等 4 条。

短颌钝腹鲱 *Amblygaster clupeoides*，COI：KF728074，等 2 条；16S：DQ660420，等 2 条。

斑点钝腹鲱 *A. sirm*，COI：KF489478，等 5 条；Cytb：HQ896345，等 2 条；CR(control region)/D-loop：KM518961，等 2 条；16S：KM518946，等 2 条。

无齿鰶 *Anodontostoma chacunda*，COI：KF693761，等 2 条；Cytb：JN212006，等 10 条；CR(control region)/D-loop：JN651907；complete mitochondrion genome：AP011614，等 2 条。

花鰶 *Clupanodon thrissa*，16S：DQ900921；complete mitochondrion genome：JX075099。

尖吻圆腹鲱 *Dussumieria acuta*，COI：KF693762，等 7 条。

黄带圆腹鲱 *D. elopsoides*，COI：KC500613，等 36 条；16S：EU364556，等 3 条。

叶鲱 *Escualosa thoracata*，COI：EF607372，等 6 条；CR(control region)/D-loop：KM518963，等 2 条；16S：KM518948，等 2 条；complete mitochondrion genome：AP011601。

脂眼鲱 *Etrumcus teres*，COI：HQ945957，等 9 条；Cytb：EU552621，等 5 条；CR(control region)/D-loop：AY213613；12S：EU552702，等 2 条；16S：GQ365293，等 16 条；18S：AB375650；RAG1：DQ912110；RAG2：DQ912143；5.8S：AB375650。

蓝带似青鳞鱼 *Herklotsichthys quadrimaculatus*，16S：KM235556，等 92 条。

花点鲥 *Hilsa kelee*，COI：KP316231，等 10 条；complete mitochondrion genome：AP011613。

斑鰶 *Konosirus punctatus*，COI：GU479050，等 26 条；Cytb：AB548682；CR(control region)/D-loop：AB936080，等 181 条；16S：DQ900919，等 3 条；complete mitochondrion genome：AP011612，等 3 条。

环球海鰶 *Nematalosa come*，complete mitochondrion genome：KC466693。

日本海鰶 *N. japonica*，COI：EF607513；complete mitochondrion genome：AP009142。

圆吻海鰶 *N. nasus*，COI：KP296153，等 12 条；CR(control region)/D-loop：JN651912；complete mitochondrion genome：KC466692。

白腹小沙丁鱼 *Sardinella albella*，COI：KJ566765，等 49 条；complete mitochondrion genome：AP 011605。

缝鳞小沙丁鱼 *S. fimbriata*，COI：KF693763，等 6 条；Cytb：AF104946；CR(control region)/D-loop：AF104968，等 4 条；16S：KM518950，等 3 条。

隆背小沙丁鱼 *S. gibbosa*，COI：KJ566772，等 26 条；Cytb：KJ566788，等 8 条；CR(control region)/D-loop：KM518974，等 182 条；16S：KM235633，等 19 条。

黄泽小沙丁鱼 *S. lemuru*，complete mitochondrion genome：KJ944228，等 6 条。

里氏小沙丁鱼 *S. richardsoni*，COI：KJ543739。

拟沙丁鱼 *Sardinops sagax*，COI：JF494407，等 6 条。

锈眼小体鲱 *Spratelloides delicatulus*，COI：KJ466133，等 2 条。

遮目鱼 *Chanos chanos*，COI：KF929723，等 14 条；Cytb：JN212092，等 3 条；16S：JN211643，

等 3 条；18S：JN211919，等 3 条；EGR1：JN230926；EGR3：JN231087；ENC1：KM209875，等 2 条；Glyt：KM209884，等 2 条；Myh6：KM209897，等 2 条；PLAGL2：JX190551；Ptr：JX190675；RAG1：KM209950J，等 2 条；SH3PX3：JX190937；Snx33：KC829763；sreb2：JX 191066；Tbr1：KM209972，等 2 条；Zic1：KM209925，等 2 条。

白唇副鳗鲇 *Paraplotosus albilabris*，COI：KF604672，等 5 条。

丝鳍海鲇 *Arius arius*，COI：JX983223，等 44 条；Cytb：AY688674，等 4 条；16S：DQ990576；18S：DQ990622；ATP6-ATP8：AY68866，等 2 条；Myh6：JN672691；RAG1：JN672860；RAG2：KF914169。

斑海鲇 *A. maculatus*，COI：KJ959637，等 14 条；Cytb：KF862967，等 3 条；Myh6：JN672694；RAG1：JN672862；RAG2：KF914170。

脉海鲇 *A. venosus*，COI：JX198217，等 2 条。

双线多齿海鲇 *Netuma bilineata*，Myh6：JN672756；RAG1：JN672911；RAG2：JN672831。

大多齿海鲇 *N. thalassina*，COI：KF447875，等 54 条；Cytb：JN211988，等 4 条；16S：JN211618，等 5 条；Myh6：JN672757；RAG1：JN672912。

内尔褶囊海鲇 *Plicofollis nella*，Myh6：JN672783；RAG1：JN672935。

克氏鲑 *Pangasius krempfi*，Cytb：HM236386，等 2 条；12S：HM355773；16S：HM355773；RAG1：HM355787。

鹿儿岛水珍鱼 *Argentina kagoshimae*，COI：KJ190027；RAG1：KJ190078；Zic1：KJ190113。

长头胸翼鱼 *Dolichopteryx longipes*，COI：KC829345。

鄂霍茨克深海脂鲑 *Lipolagus ochotensis*，COI：JQ354005。

黑渊鲑 *Melanolagus bericoides*，COI：KF930114。

南氏鱼 *Nansenia ardesiaca*，COI：KF489657，等 3 条；Glyt：JX190281；Myh6：JX190425；SH3PX3：JX190954；Tbr1：JX191160；Zic1：JX191277。

双色平头鱼 *Alepocephalus bicolor*，COI：KJ190022；EGR1：JN230918；EGR3：JN231079；RAG1：JN230879；Zic1：KJ190108。

长鳍平头鱼 *A. longiceps*，COI：KF830275，等 2 条。

欧氏平头鱼 *A. owstoni*，ENC：JN132506；Glyt：JN132540；Myh6：JN132578；PLAGL2：JN132614；Ptr：JN132649；RAG1：JN132683；Ryr3：JN132715；SH3PX3：JN132749；Tbr1：JX255610；Zic1：JN132817。

小鳞渊眼鱼 *Bathytroctes microlepis*，COI：KF929656。

丝尾塔氏鱼 *Talismania longifilis*，Glyt：JN132543；Myh6：JN13258；PLAGL2：JX255548；Ptr：JN 132651；RAG1：JN132684；Ryr3：JN132717；SH3PX3：JN132752；Tbr1：JX255612；Zic1：JN132819。

毛鳞鱼 *Mallotus villosus*，COI：JQ354218，等 16 条；16S：KJ010632；ENC1：JN132474；Ficd：KC825369；Glyt：JN132508，等 2 条；Myh6：JN132545；PLAGL2：JN132583；Ptr：JN132617；RAG1：JN132653；Ryr3：JN132686；SH3PX3：JN132719；sreb2：JN132754；Zic1：JN132784。

短吻新银鱼 *Neosalanx brevirostris*，Cytb：HQ915921，等 12 条；ENC1：HQ915965，等 11 条；Glyt：HQ916007，等 10 条；RAG1：HQ916045，等 11 条；RNF213：HQ916089，等 11 条；Zic1：HQ916174，等 11 条；SH3PX3：HQ916131，等 11 条；28S：HQ915876，等 11 条。

乔氏新银鱼 *N. jordani*，Cytb：HQ915932，等 5 条；ENC1：HQ915976，等 3 条；Glyt：HQ916017，等 4 条；RAG1：HQ916056，等 4 条；RNF213：HQ916100，等 5 条；SH3PX3：HQ916142，等 5 条；Zic1：HQ916185，等 5 条；28S：HQ915887，等 5 条。

陈氏新银鱼 *N. tangkahkeii*，COI：GQ848972，等 4 条。

香鱼 *Plecoglossus altivelis*，COI：KJ190025；ENC1：JN132476；Glyt：JN132510；Myh6：JN132547；PLAGL2：JN132585；Ptr：JN132619；RAG1：KJ190076，等 2 条；SH3PX3：JN132721；Tbr1：JX255616；Zic1：KJ190111，等 2 条。

大银鱼 *Protosalanx chinensis*，COI：GQ848967，等 4 条；SSR/microsatellite sequences：KP306787。

小齿日本银鱼 *Salangichthys microdon*，COI：GQ848957。

有明银鱼 *Salanx ariakensis*，COI：GQ848959，等 5 条；SSR/microsatellite sequences：KM517200。

中国银鱼 *S. chinensis*，COI：GQ848965，等 2 条。

居氏银鱼 *S. cuvieri*，COI：HM228415，等 7 条。

带纹双光鱼 *Diplophos taenia*，COI：KJ19002，等 2 条；RAG1：KJ190079；Zic1：KJ190114。

三钻光鱼 *Triplophos hemingi*，COI：KJ190038；RAG1：KJ190084；Zic1：KJ190123。

大西洋钻光鱼 *Gonostoma atlanticum*，COI：KJ190031，等 2 条；Zic1：KJ190117。

长钻光鱼 *G. elongatum*，COI：KJ190030，等 2 条；Glyt：KF139754；Myh6：KF140001，等 2 条；RAG1：KJ190081，等 2 条；SH3PX3：KF141476；Snx33：KC829818；Tbr1：KF140358；Zic1：KJ190116，等 3 条。

柔身纤钻光鱼 *Sigmops gracilis*，EGR3：KC442149；RAG1：KC442189；28S：KC442010。

棘银斧鱼 *Argyropelecus aculeatus*，COI：KF929623。

长银斧鱼 *A. affinis*，COI：KJ190035；ENC1：KF139366；Ficd：KC825896；Myh6：KF139927；PLAGL2：KF140677；SH3PX3：KF141405；Tbr1：KF140299。Zic1：KJ190121，等 3 条。

巨银斧鱼 *A. gigas*，ENC1：KF139367；Myh6：JX190448；PLAGL2：JX190574；Ptr：JX190708；RAG1：JX190837；Tbr1：JX191177；Zic1：JX191296。

半裸银斧鱼 *A. argyropelecu*，COI：KC616410。

穆氏暗光鱼 *Maurolicus muelleri*，COI：KJ709558，等 8 条。

头棘烛光鱼 *Polyipnus spinifer*，ENC1：KF139368；Myh6：KF140086；RAG1：KF141323；SH3PX3：KF141572。

闪电烛光鱼 *P. stereope*，COI：KC442066；12S：KC441958；16S：KC441984；EGR1：JN230945；EGR3：JN231106；RAG1：JN230897。

褶胸鱼 *Sternoptyx diaphana*，COI：KJ190036，等 4 条；RAG1：KJ190083；Zic1：KJ190122。

三斑丛光鱼 *Valenciennellus tripunctulatus*，COI：KF930531。

拟暗色褶胸鱼 *S. pseudobscura*，COI：KF768176，等 2 条；RAG1：KF768159；Zic1：KF768165。

狭串光鱼 *Vinciguerria attenuata*，COI：KJ709674，等 8 条。

智利串光鱼 *V. nimbaria*，COI：KF930532。

强串光鱼 *V. poweriae*，COI：KJ709675。

闪亮奇巨口鱼 *Aristostomias scintillans*，COI：JQ353985，等4条；16S：KJ010559；ENC1：JN132499；Glyt：JN132534；Myh6：JN132571；PLAGL2：JN132608；Ptchd1：KC828568；Ptr：JN132643；RAG1：JN132679；SH3PX3：JN132743；sreb2：JX255515；Tbr1：JX255620；Zic1：JN132810。

金星衫鱼 *Astronesthes chrysophekadion*，COI：KC442067；12S: KC441959；16S: KC441985；RAG1：KC442190；28S：KC442011。

台湾星衫鱼 *A. formosana*，COI：KJ190042；Zic1：KJ190127。

三丝星衫鱼 *A. trifibulatus*，COI：KC442067，等 2 条；12S: KC441959；16S：KC441985；ENC1：KF139362；Myh6：KF139933；RAG1：KC442190；SH3PX3：KF141411；Tbr1：KF140304；Zic1：KJ190127，等 2 条；28S：KC442011。

马康氏蝰鱼 *Chauliodus macouni*，COI：JQ354037，等 4 条；16S：KJ010681，等 2 条；Ficd：KC825860；Myh6：KF139964；Tbr1：KF140327；Zic1：KF140513。

斯氏蝰鱼 *C. chauliodus*，COI：KJ709495，等 6 条；ENC1：KF139364，等 2 条；Ficd：KC825859；Glyt：JN132535；Myh6：KF139965，等 3 条；Panx2：KC827504；PLAGL2：KF140712，等 2 条；Ptr：JN132645；SH3PX3：KF141438；Zic1：KF140514，等 2 条。

真芒巨口鱼 *Eupogonesthes xenicus*，COI：KF265030；Cytb：KF265092；16S：JQ939093；Myh6：JQ939618，等2条；PLAGL2：JQ937646；Ptchd1：KC828587；RAG1：JQ938315；RNF21：JQ939754。

歧须真巨口鱼 *Eustomias bifilis*，Ficd：KC825893；Panx2：KC827600；Tbr1：KC830329；Zic1：KC830959。

蛇口异星衫鱼 *Heterophotus ophistoma*，Sidkey：KC829472；Zic1：KC830963。

多纹纤巨口鱼 *Leptostomias multifilis*，COI：KF930042；Ficd：KC825897；Myh6：KC826897；Tbr1：

KC830380。

黑柔骨鱼 *Malacosteus niger*，COI：KJ190041，KF930107；ENC1：JN132502；Ficd：KC825894；Glyt：JN132536；Myh6：JN132574；Panx2：KC827724；PLAGL2：JN132611；Ptchd1：KC828401；Ptr：JN132646；RAG1：JN132680；SH3PX3：JN132745；Snx33：KC829875；sreb2：JN132781；Tbr1：KC830394；Zic1：KJ190126，JN132813。

小牙厚巨口鱼 *Pachystomias microdon*，COI：KJ190049，等 2 条；Zic1：KJ190134。

格氏光巨口鱼 *Photostomias guernei*，COI：KJ190047，等 3 条；Panx2：KC827825；Ptchd1：KC828451；Zic1：KJ190132。

细杉鱼 *Rhadinesthes decimus*，COI：KJ190046，等3条；16S：KJ010552；Ficd：KC825895；Ptchd1：KC828408；Ptr：KC830466；Snx33：KC829952；Zic1：KJ190131，等 2 条。

日本辫鱼 *Ateleopus japonicus*，EGR1：KC442081；EGR3：KC442150；ENC1：KF139370；Glyt：JX190303；Myh6：JX190449；PLAGL2：JX190575；Ptr：JX190709；RAG1：KC442191，JX190838；Zic1：JX191297；28S：KC442015。

日本姬鱼 *Hime japonica*，EGR1：KC442083；EGR3：KC442153；RAG1：KC442194；28S：KC442017。

龙头鱼 *Harpodon nehereus*，COI：JQ738573，等 5 条；16S：JN211596，等 22 条；complete mitochondrion genome：JX534239。

长蛇鲻 *Saurida elongata*，COI：JQ681517，等2条；12S：KC441962；16S：KC441988；EGR1：KC442082；EGR3：KC442151；RAG1：KC442192。

细蛇鲻 *S. gracilis*，COI：KF489742，等 13 条；Myh6：KC827218；Panx2：KC827901；RIPK4：KC829072；Sidkey：KC829477；Zic1：KC830966。

云纹蛇鲻 *S. nebulosa*，COI：KF876020，等 2 条；complete mitochondrion genome：AB662800，等 6 条。

多齿蛇鲻 *S. tumbil*，COI：KM459005，等 7 条；18S：KJ566934；RAG1：KF768158；Zic1：KF768164。

梅吉氏蛇鲻 *S. umeyoshii*，complete mitochondrion genome：KM189365。

花斑蛇鲻 *S. undosquamis*，COI：KF876019，等 28 条；complete mitochondrion genome：KJ511779。

鳄蛇鲻 *S. wanieso*，complete mitochondrion genome：KP027408。

吻斑狗母鱼 *Synodus binotatus*，COI：JQ350383，等 7 条。

革狗母鱼 *S. dermatogenys*，COI：JQ432181，等 5 条。

道氏狗母鱼 *S. doaki*，COI：KF930487。

印度狗母鱼 *S. indicus*，COI：JF494654。

斑尾狗母鱼 *S. jaculum*，COI：KJ968293，等 9 条。

杂斑狗母鱼 *S. synodus*，COI：KF489776，等 8 条；ENC1：KF139375；Glyt：KF13990；Myh6：KF140137；RAG1：KF141375；sreb2：KF140278；Zic1：KF140650。

大头狗母鱼 *Trachinocephalus myops*，COI：JX519396，等 17 条；Panx2：KC827965；Zic1：KC830947。

尖额青眼鱼 *Chlorophthalmus acutifrons*，COI：KC442069，等 22 条；EGR1：KC442084；EGR3：KC442154；RAG1：KC442195；28S：KC442018。

尖吻青眼鱼 *C. agassizi*，COI：KF714757，等 5 条。

大眼青眼鱼 *C. albatrossis*，COI：KF714771，等 10 条；Glyt：KJ555497；Tbr1：KJ555961；Zic1：KJ556153。

双角青眼鱼 *C. bicornis*，COI：JX944224，等 9 条；complete mitochondrion genome：JX163299。

北域青眼鱼 *C. borealis*，COI：KF714753，等 2 条。

黑缘青眼鱼 *C. nigromarginatus*，COI：KJ190053，等 5 条；Glyt：KJ555498；Myh6：KJ555850；RAG1：KJ190087；Tbr1：KJ555962；Zic1：KJ190138，等 2 条。

小眼深海狗母鱼 *Bathypterois atricolor*，ENC1：KF139373；Glyt：JX190307；Myh6：JX190453；PLAGL2：JX190579；Ptr：JX190713；RAG1：JX190842；SH3PX3：JX190973；Tbr1：JX191179；Zic1：JX191300。

舌齿深海珠目鱼 *Benthalbella linguidens*，COI：JQ354014；16S：KJ010553。

丹娜拟珠目鱼 *Scopelarchoides danae*，COI：KJ190054；RAG1：KJ190088。

尼氏拟珠目鱼 *S. nicholsi*，Glyt：KJ555644；Myh6：KJ555927；Tbr1：KJ556112；Zic1：KJ556304。

大西洋谷口鱼 *Coccorella atlantica*，COI：KF929772；Ficd：KC825892；Myh6：KC827221；Zic1：KC830969。

细眼拟强牙巨口鱼 *Odontostomops normalops*，Glyt：KM981866；Myh6：KM981890；Ptr：KM981907。

帆蜥鱼 *Alepisaurus ferox*，COI：JQ353961，等 5 条；16S：KJ010550；ENC1：KF139371，KF139372；Ficd：KC825884；Glyt：KM981868，JX190305；Myh6：KM981892，KC827227，JX190451；Panx2：KC827398；PLAGL2：JX190577；Ptr：KM981909，JX190711；RAG1：JX190840；SH3PX3：JX190971；Tbr1：JX191178；Zic1：KC830972，JX191299。

锤颌鱼 *Omosudis lowei*，Ficd：KC825888；Glyt：KM981878；Myh6：KM981903，KC827228；Panx2：KC827775；PLAGL2：KC828394；Sidkey：KC829473。

细盗目鱼 *Lestidiops ringens*，COI：JQ354168，等 2 条；16S：KJ010622，等 2 条；Glyt：KM981873；Myh6：KM981897；Ptr：KM981914。

中间光鳞鱼 *Lestrolepis intermedia*，COI：KF930045；Glyt：KM981875；Myh6：KM981899。

日本光鳞鱼 *L. japonica*，COI：KM981887，等 2 条；12S：KC441965；16S：KC441991；EGR1：KC442085；EGR3：KC442155；ENC1：KM981889；Myh6：KM981900；Ptr：KM981884；RAG1：KM981919，等 3 条；Zic1：KM981920；28S：KC442019。

大西洋大梭蜥鱼 *Magnisudis atlantica*，COI：KJ128539，等 3 条；16S：KJ128821；Glyt：KM981877；

Myh6：KM981902；Ptr：KM981915。

透明柱蜥鱼 *Sudis hyalina*，Glyt：KM981881；Myh6：KM981906；Ptr：KM981917。

印度巨尾鱼 *Gigantura indica*，COI：KF929913；Ficd：KC825883；Hoxc6a：KC826071；Myh6：KC827225；Panx2：KC827627。

大鳞新灯鱼 *Neoscopelus macrolepidotus*，16S：KC603513；complete mitochondrion genome：AP012238；Hoxc6a：KC826152；RIPK4：KC828935；Tbr1：KC830415。

小鳍新灯鱼 *N. microchir*，COI：KC442070，等 5 条；12S：KC441966；16S：KC441992；EGR3：KC442156；Myh6：KJ555910，等 2 条；RAG1：KC442197，等 2 条；Tbr1：KJ556096，等 2 条；Zic1：KJ556286，等 2 条；28S：KC442020。

多孔新灯鱼 *N. porosus*，COI：KJ555448；Glyt：KJ555627；Myh6：KJ555912；Tbr1：KJ556098；Zic1：KJ556288。

拟灯笼鱼 *Scopelengys tristis*，Tbr1：KJ556113，等 2 条；Zic1：KJ556305。

带底灯鱼 *Benthosema fibulatum*，COI：KJ555324，等 2 条；Cytb：JX133763；12S：JX133737；16S：JX133747；Glyt：KJ555478，等 2 条；Myh6：KJ555838，等 2 条；Tbr1：KJ555942，等 2 条；Zic1：KJ556129，等 2 条。

七星底灯鱼 *B. pterotum*，COI：KC442071，等 2 条；Cytb：JX133768，等 6 条；12S：KC441967，JX133738，等 7 条；16S：KC441993，等 8 条；EGR1：JN230951；EGR3：JN231112；Myh6：KJ555842；complete mitochondrion genome：AP012260；Glyt：KJ555482；RAG1：JN230901；Tbr1：KJ555946；Zic1：KC441967；28S：KC442021。

耀眼底灯鱼 *B. suborbitale*，12S：JX133744，等 3 条；16S：JX133760，等 3 条；Bmp4：KJ555213；Glyt：KJ555483；Myh6：KJ555843；Rhod：JX133784；Zic1：KJ556134。

长鳍虹灯鱼 *Bolinichthys longipes*，COI：KJ555328，等 2 条；Bmp4：KJ555216，KJ555217；Glyt：KJ555486；Tbr1：KJ555948；Zic1：KJ556137，等 3 条。

眶暗虹灯鱼 *B. pyrsobolus*，COI：AP012261。

侧上虹灯鱼 *B. supralateralis*，COI：KJ555330；Bmp4：KJ555219；Glyt：KJ555488；Tbr1：KJ555950；Zic1：KJ556140。

牡锦灯鱼 *Centrobranchus andreae*，COI：KJ555331，等 2 条；Glyt：KJ555489，等 2 条；Myh6：KJ555844，等 2 条；Tbr1：KJ555951，等 3 条；Zic1：KJ556141，等 3 条。

椭锦灯鱼 *C. choerocephalus*，COI：KJ555335；complete mitochondrion genome：AP012237；Bmp4：KJ555220；Glyt：KJ555492；Myh6：KJ555847；Tbr1：KJ555955；Zic1：KJ556145。

黑鳃锦灯鱼 *C. nigroocellatus*，COI：KJ555336；Glyt：KJ555493；Myh6：KJ555848；Tbr1：KJ555956；Zic1：KJ556146。

汤氏角灯鱼 *Ceratoscopelus townsendi*，COI：KJ555338，等 2 条；Bmp4：KJ555222；Tbr1：KJ555957；Zic1：KJ556148。

瓦明氏角灯鱼 *C. warmingi*，COI：KJ967939，等 15 条；Bmp4：KJ555223，等 4 条；Glyt：KJ555494，等 3 条；Myh6：KC827300；Snx33：KC829757；Tbr1：KJ555958，等 3 条；Zic1：KJ556149，等 4 条。

长距眶灯鱼 *Diaphus aliciae*，COI：KJ555344；Bmp4：KJ555228；Glyt：KJ555500；Tbr1：KJ555964；Zic1：KJ556156。

短头眶灯鱼 *D. brachycephalus*，COI：KJ555348；Bmp4：KJ555230；Tbr1：KJ555968；Zic1：KJ 556160。

金鼻眶灯鱼 *D. chrysorhynchus*，complete mitochondrion genome：AP012230；Bmp4：KJ555232，等 3 条；Glyt KJ555505，KJ555506；Tbr1：KJ555970，等 4 条；Zic1：KJ556162，等 4 条。

符氏眶灯鱼 *D. fragilis*，COI：KJ555351，等 2 条；Glyt：KJ555508，等 2 条；Tbr1：KJ555975，等 2 条；Zic1：KJ556167，等 2 条。

灿烂眶灯鱼 *D. fulgens*，COI：KJ555353；Bmp4：KJ555235；Glyt：KJ555510；Tbr1：KJ555977；Zic1：KJ556169。

喀氏眶灯鱼 *D. garmani*，COI：KJ555354；Glyt：KJ555511；Tbr1：KJ555978；Zic1：KJ556170。

大眼眶灯鱼 *D. holti*，COI：KJ709514，等 5 条。

吕氏眶灯鱼 *D. luetkeni*，complete mitochondrion genome：AP012227，AP012231。

马来亚眶灯鱼 *D. malayanus*，COI：KJ555356；Bmp4：KJ555237；Glyt：KJ555513；Tbr1：KJ555980；Zic1：KJ556172。

短距眶灯鱼 *D. mollis*，COI：KJ555359，等 2 条；Bmp4：KJ555239，等 2 条；Glyt：KJ555516，KJ555517；Tbr1：KJ555983，等 2 条；Zic1：KJ556175，等 2 条。

帕尔眶灯鱼 *D. parri*，COI：KJ555361，等 3 条；Bmp4：KJ555242，等 3 条；Glyt：KJ555519，等 3 条；Tbr1：KJ555986，等 3 条；Zic1：KJ556178，等 3 条。

华丽眶灯鱼 *D. perspicillatus*，COI：KJ555364，等 2 条；Glyt：KJ555522 等 3 条；Tbr1：KJ555989，等 3 条；Zic1：KJ556181，等 3 条。

菲氏眶灯鱼 *D. phillipsi*，Bmp4：KJ555245；Glyt：KJ555525；Tbr1：KJ555992；Zic1：KJ556184。

翘光眶灯鱼 *D. regani*，Glyt：KJ555526；Tbr1：KJ555993；Zic1：KJ556185。

李氏眶灯鱼 *D. richardsoni*，COI：KJ555366，等 3 条；Bmp4：KJ555246；Tbr1：KJ555994；Zic1：KJ556186。

施氏眶灯鱼 *D. schmidti*，COI：KJ555367；Bmp4：KJ555247；Glyt：KJ555527；Tbr1：KJ555995；Zic1：KJ556187。

后光眶灯鱼 *D. signatus*，COI：KJ555368；Bmp4：KJ555248；Glyt：KJ555528；Tbr1：KJ555996；

Zic1：KJ556188。

光亮眶灯鱼 *D. splendidus*，COI：KJ968048，等 5 条；Glyt：KJ555533，等 2 条；Myh6：KJ555253，等 2 条；Tbr1：KJ556001，等 2 条；Zic1：KJ556193，等 2 条。

光腺眶灯鱼 *D. suborbitalis*，Glyt：KJ555535，等 2 条；Tbr1：KJ556003，等 2 条；Zic1：KJ556195，等 2 条。

多耙眶灯鱼 *D. termophilus*，Bmp4：KJ555255；Glyt：KJ555537；Tbr1：KJ556005；Zic1：KJ556197。

纤眶灯鱼 *D. umbroculus*，Bmp4：KJ555258；Glyt：KJ555542；Tbr1：KJ556010；Zic1：KJ556202。

渡濑眶灯鱼 *D. swatasei*，COI：KC442072，等 3 条；12S：AB938172，等 3 条；12S：KC441994，等 2 条；Bmp4：KJ555259，等 2 条；EGR1：JN230952；EGR3：JN231113；Glyt：KJ555544，等 2 条；RAG1：JN230902；Tbr1：KJ556012，等 2 条；Zic1：KJ556204，等 2 条；28S：KC442022。

大西洋明灯鱼 *Diogenichthys atlanticus*，COI：KJ190059，等 3 条；16S：AB042178；complete mitochondrion genome：AP012233；Myh6：KJ555851，等 2 条；Tbr1：KJ556014，等 2 条；Zic1：KJ190143。

朗明灯鱼 *D. laternatus*，COI：KJ555383，等 2 条；16S：HQ127663；Myh6：KJ555854。

印度洋明灯鱼 *D. panurgus*，COI：KJ555382；Myh6：KJ555853；Tbr1：KJ556016。

高体电灯鱼 *Electrona risso*，COI：KJ709523，等 4 条；Bmp4：KJ555860，等 3 条；Glyt：KJ555551，等 3 条；Tbr1：KJ556022，等 3 条；Zic1：KJ190144，等 4 条。

柯氏星灯鱼 *Gonichthys coccoi*，Bmp4：KJ555263；Glyt：KJ555554；Myh6：KJ555863；Tbr1：KJ556025；Zic1：KJ556214。

犬牙亨灯鱼 *Hintonia candens*，COI：KJ555863。

黑壮灯鱼 *Hygophum atratum*，COI：KJ555397；Bmp4：KJ555270；Glyt：KJ555562；Myh6：KJ555872；Tbr1：KJ556033；Zic1：KJ556223。

近壮灯鱼 *H. proximum*，COI：KJ555400，等 2 条；Bmp4：KJ555273，等 2 条；Glyt：KJ555565，等 3 条；Myh6：KJ555875，等 3 条；SH3PX3：KF141493；Tbr1：KJ556036，等 3 条；Zic1：KJ556226，等 3 条。

莱氏壮灯鱼 *H. reinhardtii*，COI：KJ555402；Bmp4：KJ555275；Glyt：KJ555567；Myh6：KJ555877；Tbr1：KJ190145，等 2 条；Zic1：KJ556038。

发光炬灯鱼 *Lampadena luminosa*，COI：KJ968134，等 3 条；Bmp4：KJ555277；Glyt：KJ555570，等 3 条；Myh6：KJ555880，等 2 条；Tbr1：KJ556041，等 2 条；Zic1：KJ556231，等 3 条。

翼珍灯鱼 *Lampanyctus alatus*，COI：JX149651，等 8 条；Glyt：KJ555580；Tbr1：KJ556050；Zic1：KJ556240。

杂色珍灯鱼 *L. festivus*，Glyt：KJ555581，等 2 条；Tbr1：KJ556052，等 2 条；Zic1：KJ556241，等 2 条。

诺贝珍灯鱼 *L. nobilis*，COI：JX149659，等 11 条。

天纽珍灯鱼 *L. tenuiformis*，COI：JX149645，等 6 条；Bmp4：KJ555285；Glyt：KJ555588；Tbr1：KJ556059；Zic1：KJ556249。

图氏珍灯鱼 *L. turneri*，COI：KJ555416；Bmp4：KJ555286；Glyt：KJ555589；Tbr1：KJ556060；Zic1：KJ556250。

吉氏叶灯鱼 *Lobianchia gemellarii*，COI：KJ190063，等 4 条；Bmp4：KJ555292；Glyt：KJ555596；Myh6：KC827299；RAG1：KJ190095；Snx33：KC829868；Tbr1：KJ556068；Zic1：KJ190148，等 3 条。

芒光灯笼鱼 *Myctophum affine*，COI：KJ555425；Bmp4：KJ555295；Glyt：KJ555601；Myh6：KJ555896；Tbr1：KJ556072；Zic1：KJ556261。

粗鳞灯笼鱼 *M. asperum*，COI：KJ555426；complete mitochondrion genome：AP012234；Bmp4：KJ555296；Glyt：KJ555602；Myh6：KJ555897；Tbr1：KJ556073；Zic1：KJ556262。

金焰灯笼鱼 *M. aurolaternatum*，COI：KJ555427；Bmp4：KJ555297；Glyt：KJ555603；Myh6：KJ555898；Tbr1：KJ556074；Zic1：KJ556263。

短颌灯笼鱼 *M. brachygnathum*，COI：KJ555428；Bmp4：KJ555298；Glyt：KJ555604；Myh6：KJ555899；Tbr1：KJ556075；Zic1：KJ556264。

双灯灯笼鱼 *M. myctophum*，COI：KJ555429；Bmp4：KJ555299；Glyt：KJ555605；Myh6：KJ555900；Tbr1：KJ556076；Zic1：KJ556265。

闪光灯笼鱼 *M. nitidulum*，COI：KJ555606；complete mitochondrion genome：AP012255；Glyt：KJ555606；Tbr1：KJ556077；Zic1：KJ556266。

钝吻灯笼鱼 *M. obtusirostris*，COI：KJ190064，等 2 条。

月眼灯笼鱼 *M. selenop*，COI：KJ555435，等 3 条；Glyt：KJ555611，等 3 条；Myh6：KJ555905，等 3 条；Tbr1：KJ556081，等 3 条；Zic1：KJ556271，等 3 条。

栉棘灯笼鱼 *M. spinosum*，COI：KJ55543，等 2 条；Glyt：KJ555614，等 2 条；Myh6：KJ555908，等 2 条；Tbr1：KJ556084，等 2 条；Zic1：KJ556274，等 2 条。

瓦氏尖吻背灯鱼 *Notolychnus valdiviae*，COI：KJ190066，等2条；complete mitochondrion genome：AP012229；Bmp4：KJ555307，等 2 条；Glyt：KJ555628，等 2 条；Myh6：KJ555913，等 3 条；Panx2：KC827766；Ptchd1：KC828477；RAG1：KJ190099；RIPK4：KC828895；Snx33：KC829904；Zic1：KJ190151，等 3 条。

尾棘肩灯鱼 *Notoscopelus caudispinosus*，COI：KJ190067，等 3 条；Bmp4：KJ555309；Glyt：KJ555630；Myh6：KJ555915；PLAGL2：KC828369；RAG1：KJ190100；Tbr1：KJ556099；Zic1：KJ556291。

闪光肩灯鱼 *N. resplendens*，COI：KJ555451；Bmp4：KJ555310；Glyt：KJ555631，等 2 条；Myh6：

KJ555916；ENC1：KF139379；PLAGL2：JX190583；RAG1：JX190847；Ptr：JX190719；SH3PX3：JX190980；Tbr1：KJ556100；Zic1：KJ556292，JX191307。

大眼标灯鱼 *Symbolophorus boops*，COI：JF494618，等 5 条。

埃氏标灯鱼 *S. evermanni*，COI：KJ555468；Bmp4：KJ555316；Glyt：KJ555653，等 2 条；Myh6：KJ555935，等 2 条；RAG1：KF141372；SH3PX3：KF141622；Tbr1：KJ556120。

红标灯鱼 *S. rufinus*，COI：KJ555470；Bmp4：KJ555318；Glyt：KJ555655；Myh6：KJ555937；Tbr1：KJ556122。

前臂月灯鱼 *Taanigichthys bathyphilus*，COI：等 6 条；16S：AY949626，等 2 条。

月灯鱼 *T. minimus*，COI：KJ555472，等 2 条；12S：LC026551；the mitochondrial genome：GU071751。

浅黑尾灯鱼 *Triphoturus nigrescens*，COI：KJ555476；complete mitochondrion genome：AP012243；Bmp4：KJ555318；Glyt：KJ555661；Zic1：KJ556318。

旗月鱼 *Velifer hypselopterus*，COI：DQ027976；12S：AB969943；16S：JX121842，等 2 条；ND5：DQ028045。

斑点月鱼 *Lampris guttatus*，COI：KJ659885，等 86 条；complete mitochondrion genome：JF931948-JF931965；EGR1：KC442087；EGR3：KC442158；Ficd：KC825861；Glyt：KF139782；Hoxc6a：KC826105；PLAGL2：KF140773，KC828365；RAG1：JF931968，等 3 条；RIPK4：KC829060；SH3PX3：KF141507；Zic1：KF140558；28S：KC442024。

菲氏真冠带鱼 *Eumecichthys fiski*，12S：LCO069502。

多斑扇尾鱼 *Desmodema polystictum*，COI：KF489564；Ficd：KC825853；Myh6：KC827220；PLAGL2：KC828364；RIPK4：KC829252；Sidkey：KC829327；Snx33：KC829798；Svep1：KC830024；Zic1：KC830955。

粗鳍鱼 *Trachipterus trachypterus*，Glyt：KF139907；Myh6：KF140143；PLAGL2：KF140870；SH3PX3：KF141630；sreb2：KF140283。

石川粗鳍鱼 *T. ishikawae*，12S：LC021021，等 3 条。

冠丝鳍鱼 *Zu cristatus*，COI：KF930551，等 2 条；Ficd：KC825854；Panx2：KC827996；PLAGL2：KC828366；RIPK4：KC829283；sreb2：KC830025。

皇带鱼 *Regalecus glesne*，COI：KF930351；Ficd：KC825855；Glyt：KF139868；Myh6：KF140111，等 2 条；Panx2：KC827882；PLAGL2：KF140841；Ptchd1：KC828407；RAG1：JF931987；RIPK4：KC829147；SH3PX3：KF141593；Sidkey：KC829326；sreb2：KF140265；Zic1：KF140629。

勒氏皇带鱼 *R. russellii*，Glyt：JX190315；Myh6：JX190460；PLAGL2：JX190585；Ptr：JX190721；RAG1：KF141347；SH3PX3：JX190982；sreb2：JX191086；Zic1：JX191309；28S：KM272991，KM272992。

短须须鳂 *Polymixia berndti*，COI：JF494216，等 3 条。

长棘须鳂 *P. longispina*，12S：LC020813。

大西洋犀鳕 *Bregmaceros atlanticus*，COI：GU224730；12S：FJ214994；16S：FJ215104。

深游犀鳕 *B. bathymaster*，COI：KM019245，等 20 条；Cytb：KR422497，等 6 条；16S：KJ010575，等 5 条。

阿拉伯犀鳕 *B. arabicus*，12S：LC020813。

银腰犀鳕 *B. nectabanus*，CR(control region)/D-loop：AP004411。

澎湖犀鳕 *B. pescadorus*，16S：JX121805。

日本犀鳕 *B. japonicus*，12S：LC021181。

孔头底尾鳕 *Bathygadus antrodes*，16S：AB512072；complete mitochondrion genome：AP008988。

球首鲸尾鳕 *Cetonurus globiceps*，complete mitochondrion genome：KF751382。

鸭嘴腔吻鳕 *Coelorinchus anatirostris*，COI：DQ648442；12S：AB974490；16S：AB512060，等 3 条。

台湾腔吻鳕 *Cyclosalpa formosanus*，COI：KP267634，等 2 条；12S：AB974488；16S：DQ648421。

吉氏腔吻鳕 *C. gilberti*，COI：AB018240；12S：AB018231。

哈氏腔吻鳕 *C. hubbsi*，COI：DQ648444.1；12S：AB969946；16S：AB512065，等 2 条。

日本腔吻鳕 *C. japonicus*，COI：DQ648445；16S：AB298270，等 2 条。

乔丹氏腔吻鳕 *C. jordani*，12S：AB969945；16S：AB512064。

蒲原腔吻鳕 *C. kamoharai*，COI：DQ648446；16S：AB512068，等 2 条。

岸上氏腔吻鳕 *C. kishinouyei*，COI：DQ648447；16S：DQ648425，AB298271；complete mitochondrion genome：AP002929。

长头腔吻鳕 *C. longicephalus*，16S：AB512066。

长管腔吻鳕 *C. longissimus*，COI：KP266775；16S：AB512067。

大臂腔吻鳕 *C. macrochir*，COI：AB018241；12S：AB018232；16S：AB512062。

多棘腔吻鳕 *C. multispinulosus*，COI：DQ648448；16S：DQ648426，等 2 条。

东海腔吻鳕 *C. productus*，16S：AB512061。

史氏腔吻鳕 *C. smithi*，12S：AB969862；16S：AB512063。

暗边突吻鳕 *Coryphaenoides marginatus*，12S：AB969947；16S：AB298268。

细眼突吻鳕 *C. microps*，12S：AB970005。

锥鼻突吻鳕 *C. nasutus*，COI：JF952710，AB018235；12S：AB018226；16S：AB512069。

柯氏鼠鳕 *Gadomus collet*ti，12S：FJ215029；16S：FJ215138。

长须凹腹鳕 *Ventrifossa longibarbata*，COI：DQ648456；16S：DQ648434。

扇鳍凹腹鳕 *V. rhipidodorsalis*，COI：DQ648457，等 2 条；12S：AB974489；16S：DQ648435。

细鳞拟深海鳕 *Antimora microlepis*，COI：KF918862，等 5 条；Ficd：KC825511；Panx2：KC827422；Zic1：KC830801。

乔丹氏短稚鳕 *Gadella jordani*，COI：JQ681447。

褐矶鳕 *Lotella phycis*，12S：LC021196。

日本小褐鳕 *Physiculus japonicus*，12S：LC104346，等 2 条；COI：KP267605，等 2 条；mitochondrial genome：AP004409。

灰小褐鳕 *P. nigrescens*，COI：KP266832。

黑翼小褐鳕 *P. nigripinnis*，12S：LC021194。

黑唇小褐鳕 *P. yoshidae*，12S：LC021200。

远东宽突鳕 *Eleginus gracilis*，12S：LC021204，等 3 条；COI：HM421807，等 8 条；16S：FJ215133；Cytb：AB248662，等 2 条；CR：AB098633。

大头鳕 *Gadus macrocephalus*，COI：KT321143，等 65 条；CR：HM582122，等 26 条；Cytb：KC702388，等 51 条；mitochondrial genome：DQ356937，等 2 条。

黄线狭鳕 *Theragra chalcogramma*，COI：KC500070，等 37 条；18S：KC500087；Ficd: KC825517；Myh6：KC827211；Snx33：KC829990。

蒙氏潜鱼 *Carapus mourlani*，COI：JQ431551。

珠贝钩潜鱼 *Onuxodon margaritiferae*，COI：KF489672。

短臂钩潜鱼 *O. parvibrachium*，COI：JF494022，等 2 条；ENC1：KF139422；Glyt：KF139815；Myh6：KF140058；PLAGL2：KF140793；SH3PX3：KF141540；Zic1：KF140584。

纤尾锥齿潜鱼 *Pyramodon ventralis*，ENC1：KF139423；Glyt：KF139865；Myh6：KF140108；PLAGL2：KF140838；SH3PX3：KF141590；Zic1：KF140626。

多须鼬鳚 *Brotula multibarbata*，COI：JQ431498，等 6 条；ENC1：JX188842；Ficd：KC825662；Glyt：JX188680；Myh6：JX189630；PLAGL2：JX189315；RAG1：JX189782；RIPK4：KC829201；SH3PX3：JX189534；Svep1：KC830033；sreb2：JX189941；Tbr1：KC830261，等 2 条；VCPIP：KC830603；Zic1：JX189013。

深海钝吻鼬鳚 *Holcomycteronus aequatoris*，28S：GU196349。

布氏软鼬鳚 *Lamprogrammus brunswigi*，COI：KF930025。

黑潮新鼬鳚 *Neobythites sivicola*，COI：KC442074；12S：KC441971；16S：KC441997；EGR1：JN230959；EGR3：JN231121；RAG1：JN230908；28S：KC442031。

多斑新鼬鳚 *N. stigmosus*，12S：LC021208。

单斑新鼬鳚 *N. unimaculatus*，COI：JQ681344，等 3 条。

头棘孔鼬鳚 *Porogadus miles*，COI：KF930307。

仙鼬鳚 *Sirembo imberbis*，COI：JQ681480，等 2 条。

潘氏似鳕鳚 *Brosmophyciops pautzkei*，COI：JQ431497；Ficd：KC825529；KIAA1239：KC826353；PLAGL2：KC828243；Ptchd1：KC828701；Svep1：KC830038；Zic1：KC831257。

双线鼬鳚 *Dinematichthys iluocoeteoides*，COI：KJ968049，等 9 条；Ficd：KC825527；Myh6：KC827350；PLAGL2：KC828246；Ptchd1：KC828516；Sidkey：KC829602。

褐双棘鼬鳚 *Diplacanthopoma brunnea*，ENC1：KF139420；Glyt：KF139732；Myh6：KF139983；PLAGL2：KF140729；RAG1:KF141224；SH3PX3：KF141457；sreb2:KF140193；Tbr1：KF140339；Zic1：KF140527。

棕斑盲鼬鳚 *Barathronus maculatus*，ENC1：KF139417；Glyt：KF139688；Myh6：KF139943；PLAGL2：KF140690；RAG1:KF141187；sreb2：KF140170；Tbr1：KF140310；Zic1：KF140496。

大眼拟鮟鱇 *Lophiodes mutilus*，COI：KF060329，等 3 条。

黑鮟鱇 *Lophiomus setigerus*，Cytb：HG422544。

黄鮟鱇 *L. litulon*，COI：KF965426，等 10 条；12S：LC021217，等 2 条；Cytb：AB469879，等 18 条；mitochondrial genome：KJ020931；16S：JQ178228。

细斑躄鱼 *Antennarius coccineus*，COI：JQ431417，等 4 条。

钱斑躄鱼 *A. nummifer*，Ficd:KC825579；等 3 条；Myh6：KC826909；Panx2：KC827419；PLAGL2：KC828233；Ptchd1：KC828657；RIPK4：KC829005；Sidkey：KC829362；Snx33：KC829711；VCPIP：KC830526；Zic1：KC830992。

带纹躄鱼 *A. striatus*，COI：KF027499，等 2 条；12S：KC441981；16S：KC442005；EGR1：KC442109，等 2 条；EGR3：KC442182，等 2 条；ENC1：KF139410，等 2 条；Glyt：KF027658，等 2 条；Myh6：KF027822，等 2 条；PLAGL2：KF027863，等 2 条；Ptr：KF027900，等 2 条；RAG1：KC442213，等 3 条；SH3PX3：KF028052，等 2 条；Sidkey：KF028094；sreb2：KF028136；Tbr1：KF028174，等 2 条；Zic1：KF02825，等 2 条；28S：KC442056。

康氏躄鱼 *A. commersonii*，COI：FJ582854，等 2 条；16S：GQ981579。

毛躄鱼 *A. hispidus*，COI：GU188495，等 3 条；16S：GQ987567。

大斑躄鱼 *A. maculatus*，COI：GU188483；16S：GQ981577。

白斑躄鱼 *A. pictus*，COI：GU188484，等 3 条；16S：GQ981580。

网纹手躄鱼 *A. tuberosus*，COI：GU188517，等 2 条；16S：GQ981562，等 2 条。

隐棘薄躄鱼 *Histiophryne cryptacanthus*，ENC1：KF139411；Glyt:JX190367；Myh6：JX190506；PLAGL2：JX190630；Ptr：JX190774；RAG1：JX190897；SH3PX3：JX191031；sreb2：JX191120；Tbr1：JX191224；Zic1：JX191350。

裸躄鱼 *Histrio histrio*，COI：JQ840535，等 6 条；Panx2：KC827658；RIPK4：KC829042；Sidkey：KC829350；Snx33：KC829833；Tbr1：KC830309；Zic1：KC830993。

阿部单棘躄鱼 *Chaunax abei*，COI：JQ681470，JQ681471，等 6 条。

单棘躄鱼 *C. fibriatus*，COI：KP201950，等 3 条；16S：KP201887，等 3 条。

云纹单棘躄鱼 *C. penicillatus*，COI：KP201949；16S：KP201888。

短尾腔蝠鱼 *Coelophrys brevicaudata*，COI：KP201922；16S：KP2011906；mitochondrial genome：AB282834。

猩红棘茄鱼 *Halieutaea coccinea*，COI：JF493608，等 4 条。

网纹牙棘茄鱼 *H. reticulatus*，COI：KP201934；16S：KP201916。

费氏棘茄鱼 *H. fitzsmonsi*，COI：KP201938，等 6 条；16S：KP201898。

烟纹棘茄鱼 *H. fumosa*，COI：KP201941；12S：AB969875；16S：KP2011897。

棘茄鱼 *H. stellata*，COI：KP266777，等 3 条；16S：KP201900，等 2 条；mitochondrial genome：AP 005977。

英格拟棘茄鱼 *Halieutopsis ingerorum*，COI：KP201937，等 2 条；16S：KP201911，等 2 条。

环纹海蝠鱼 *Malthopsis annulifera*，COI：KP266828，等 2 条；12S：AB969877；16S：KP201913，等 2 条。

斑点海蝠鱼 *M. tiarella*，COI：KF489644，等 3 条。

乔氏海蝠鱼 *M. jordeni*，CR：AP005978。

约氏黑犀鱼 *Melanocetus johnsoni*，COI：KM593294，等 5 条；Panx2：KC827727；PLAGL2：KC 828236；Ptchd1：KC828685；RIPK4：KC829051；Snx33：KC829878；Tbr1：KC830396；VCPIP：KC830714；Zic1：KC830819。

短柄黑犀鱼 *M. murrayi*，Ficd:KC825534，等 3 条；Myh6：KC826939；Panx2：KC827728；PLAGL2：KC828237；Ptchd1：KC828631；RIPK4：KC828942；VCPIP：KC830721；Zic1：KC830818。

霍氏角鮟鱇 *Ceratias holboelli*，Ficd：KC825750；Glyt：KF139705；Hoxc6a：KC825988；Myh6：KF 139959，KC826940；PLAGL2：KF140706；Ptchd1：KC828547；SH3PX3：KF141432；Zic1：KC830816。

密棘角鮟鱇 *Cryptopsaras couesii*，Glyt：KF139720；KIAA1239：KC826828；Myh6：KF139974；Panx2：KC827545；PLAGL2：KC828241；RAG1：KF141212；Tbr1：KC830302；Zic1：KF140520。

大洋茎角鮟鱇 *Caulophryne pelagica*，mitochondrial genome：AB282836。

新角鮟鱇 *Neoceratias spinifer*，mitochondrial genome：AB282837。

多指鞭冠鮟鱇 *Himantolophus groenlendicus*，mitochondrial genome：AB283840。

后棘蟾鮟鱇 *Bufoceratias thele*，COI：KP244513，等 2 条；12S：LC021260；mitochondrial genome：AB282841。

印度冠鮟鱇 *Lophodolos indicus*，Cytb：AY292600；16S：AY292582。

刺鮟鱇 *Centrophryne spinulosa*，12S：LC091853；mitochondrial genome：AB282849。

艾氏大角鮟鱇 *Gigantactis elsmani*，12S：LC091866。

长丝角鮟鱇 *Rhynchactis macrothrix*，mitochondrial genome：AB282853。

梵氏大角鮟鱇 *Gigantactis vanhoeffeni*，COI：JQ354107；16S：KJ010599；ENC1：KF139415，JX188840；Ficd：KC825751；Glyt：KF139749，等 2 条；Myh6：KF139997，等 3 条；Panx2：KC827625；PLAGL2：KF140743，等 3 条；Ptchd1：KC828549；Ptr：JX190075；RAG1：KF141240，等 2 条；RIPK4：KC828839；SH3PX3：JX189532；Svep1:KC830117；Tbr1：KF14035，等 2 条；VCPIP：KC830561。

前棱龟鲅 *Chelon affinis*，COI：JQ060448；Cytb：JQ060191，KF375180；12S：KF375025；16S：JQ 060696，等 2 条；ENC1：KF375247；Glyt：KF375324；Myh6：KF375398；PLAGL2：KF375466；Ptr：KF375542；RAG1：KF375620；RNF213：KF375764；SH3PX3：KF375839；Sidkey：KF375914；sreb2：KF375985。

龟鲅 *C. haematocheilus*，COI：KT231787，等 35 条；CR：KF894701，等 126 条；16S：JQ060724，等 9 条；mitochondrial genome：KJ622047，等 2 条。

灰鳍龟鲅 *C. mellinopterus*，COI：KT951801，等 17 条；16S：JQ060873，等 3 条；Cytb：JQ060370，等 2 条。

尖头龟鲅 *C. tade*，COI：JQ045776，等 7 条；16S：GQ168556；12S：GQ168555。

大鳞龟鲅 *C. macrolepis*，COI：KF009605，等 16 条；Cytb：JQ060156，等 15 条；12S：KF375000；16S：KC741195，等 16 条；ENC1：KF375242；Glyt：KF375319；Myh6：KF375393；Panx2：KC827515；PLAGL2：KC828099，等 2 条；Ptchd1：KC828415；Ptr：KF375537；RAG1：KF 375615；RNF213：KF375759；SH3PX3：KF375834；Sidkey：KF375909；Snx33：KC829768；sreb2：KF375980；Tbr1：KC830388；Zic1：KC831206。

绿背龟鲅 *C. subviridis*，COI：KJ013050，等 2 条；16S：KF019114。

黄鲻 *Ellochelon vaigiensis*，COI：JQ060443，等 5 条；Cytb：JQ060186，等 5 条；12S：KF374968；16S：KC741194，等 5 条；ENC1：KF375205，等 2 条；Glyt：KF375282；Myh6：KF375357；PLAGL2：KF375427；Ptr：KF375500；RAG1：KF375577，等 2 条；RNF213：KF375724；SH3PX3：KF375797，KF375798；Sidkey：KF375872；sreb2：KF375945。

长鳍莫鲻 *Moolgarda cunnesius*，COI：JQ060496，等 6 条；Cytb：JQ060239，等 6 条；16S：JQ060741，等 6 条；ENC1：KF375231，等 2 条；Glyt：KF375308，等 2 条；Myh6：KF375382，等 2 条；PLAGL2：KF375450，等 2 条；Ptr：KF375526，等 2 条；RAG1：KF375604，等 2 条；RNF213：KF375748，KF375749；SH3PX3：KF375823，等 2 条；Sidkey：KF375898，等 2 条；sreb2：KF375969，等 2 条。

佩氏莫鲻 *M. perusii*，COI：JQ060390，等 12 条；12S：KF374992；16S：JQ060883，等 4 条；ENC1：

KF375234；Glyt：KF375311；Myh6：KF375385；PLAGL2：KF375453；Ptr：KF375529；RAG1：KF375607；RNF213：KF375751；SH3PX3：KF375826；Sidkey：KF375901；sreb2：KF375972。

圆吻莫鲻 *M. seheli*，COI：JQ060506，等 14 条；Cytb：JQ060249，等 15 条；12S：KF374964，等 2 条；16S：JX879771，等 18 条；18S：KC741196；ENC1：KF375199，等 2 条；Glyt：KF375277，等 2 条；Myh6：KF375352，等 2 条；PLAGL2：KF375424，等 2 条；Ptr：KF375495，等 2 条；RAG1：KF375572，等 2 条；RNF213：KF375720，等 2 条；SH3PX3：KF375792，等 2 条；Sidkey：KF375868，等 2 条；sreb2：KF375942，等 2 条。

少鳞莫鲻 *M. pedaraki*，12S：LC021102。

鲻 *Mugil cephalus*，COI：JQ060528，等 20 条；Cytb：JQ060272，等 55 条；12S：KF374974，等 7 条；16S：JQ072903，等 52 条；18S：JN211812，等 8 条；ENC1：KF375213，等 4 条；Glyt：KF375293，等 3 条；Myh6：KF375367，等 2 条；PLAGL2：KF375438，等 2 条；Ptr：KF375511，等 2 条；RAG1：KF375589，等 4 条；RNF213：KF375735，等 2 条；SH3PX3：KF375809，等 3 条；Sidkey：KF375883，等 2 条；sreb2：KF375956，等 3 条；Tbr1：KC830407，等 2 条；Zic1：JX189015，等 2 条。

角瘤唇鲻 *Oedalechilus labiosus*，COI：JQ060620；Cytb：JQ060371，等 2 条；12S：KF375008；16S：KC741193，等 3 条；complete mitochondrion genome：NC_025941，KP018402；ENC1：KF375252；Glyt：KF375329；Myh6：KF375403；PLAGL2：KF375470；Ptr：KF375547；RAG1：KF375625；RNF213：KF375768；SH3PX3：KF375844；Sidkey：KF375919；sreb2：KF375989。

澳洲浪花银汉鱼 *Iso rhothophilus*，Cytb：JQ282010；12S：KJ667787；16S：KJ667787；RAG1：JQ282048。

浪花银汉鱼 *I. flosmaris*，12S：AB974499。

湖虹银汉鱼 *Melanotaenia lacustris*，COI：KF491354；Cytb：KC133576；12S：KJ667800；EGR1：JN230961；EGR3：JN231123；RAG1：JN230909；28S：KC442041。

蓝美银汉鱼 *Atherinomorus lacunosus*，COI：KF489497，等 6 条；12S：KJ667773；16S：KJ667773；ENC1：JX188847；Ficd：KC825488；Glyt：JX188684，等 3 条；Myh6：KC827019，JX189632；Panx2：KC827441；PLAGL2：KC828230，等 2 条；Ptchd1：KC828642；RAG1：JX189786；RIPK4：KC828977；SH3PX3：JX189538；Sidkey：KC829465；sreb2：JX189943；Tbr1：KC830243，等 2 条；Zic1：KC830844，等 2 条。

壮体美银汉鱼 *A. pinguis*，COI：AB849041，等 3 条；CR(control region)/D-loop：AB849071，等 3 条；16S：AB849101，等 3 条。

粗头细银汉鱼 *Atherion elymus*，12S：AB974686，等 2 条；ND5：AY655541；COI：AY655528；16S：

AY655513，等 2 条。

后肛下银汉鱼 *Hypoatherina tsurugae*，COI：AB849053；Cytb：AB848988，等 2 条；CR(control region)/D-loop：AB849084；16S：AB849114。

凡氏下银汉鱼 *H. valenciennei*，COI：AB849027，等 2 条；Cytb：AB848930，等 4 条；CR(control region)/D-loop：AB849056，等 2 条；16S：AB849087。

吴氏下银汉鱼 *H. woodwardi*，COI：AB849029；Cytb：AB848934，等 2 条；CR(control region)/D-loop：AB849058；16S：AB849088。

青翼须唇飞鱼 *Cheilopogon cyanopterus*，COI：KF489536。

翼髭须唇飞鱼 *C. pinnatibarbatus*，16S：KC603503，等 2 条；ENC1：JX188853，等 5 条；Myh6：KC827011，等 2 条；Panx2：KC827513；PLAGL2：JX189322；Ptchd1：KC828599；Ptr：JX190084；RAG1：JX189792；RIPK4：KC828899；SH3PX3：JX189544；sreb2：JX189949；Zic1：KC830883。

白鳍须唇飞鱼 *C. unicolor*，COI：KC970378。

单须飞鱼 *Exocoetus monocirrhus*，COI：KF489591，等 3 条；Cytb：HQ325629，等 4 条；16S：AY693466，AY693465；ENC1：KC825459；Glyt：KC826057；IRBP：KC826333；Myh6：KC827013；Panx2：KC827607；Ptchd1：KC828603；RAG2：HQ325696，等 4 条；RIPK4：KC828901；Tmo-4C4：AY693436，等 2 条；VCPIP：KC830539；Zic1：KC830824。

大头飞鱼 *E. volitans*，Cytb：HQ325634，等 4 条；complete mitochondrion genome：AP002933；RAG2：HQ325701，等 4 条。

阿氏须唇飞鱼 *Cheilopogon abei*，Cytb：HQ325605。

燕鳐须唇飞鱼 *C. agoo*，Cytb：AB569473；16S：AB444859；12S：LC104439。

红斑须唇飞鱼 *C. atrisignis*，Cytb：HQ325606，等 3 条。

多氏须唇飞鱼 *C. doederleini*，Cytb：AB569475；16S：AB444858；12S：LC037070，等 5 条。

羽须唇飞鱼 *C. pinnatibarbatus japonicus*，Cytb：AB569470；16S：AB188717；12S：LC104440，等 4 条。

点背须唇飞鱼 *C. spilonotopteus*，COI：KT030205，等 2 条；Cytb：HQ32562，等 5 条；16S：AY693474，等 2 条；12S：LC104430。

白斑文鳐 *Hirundichthys albimaculatus*，Cytb：HQ325643；RAG2：HQ3257。

尖头文鳐 *H. oxycephalus*，COI：JF952757，等 2 条。

黑翼文鳐 *H. rondeletii*，COI：EF607403，等 3 条。

尖鳍文鳐 *H. speculiger*，Cytb：HQ325651，等 3 条；RAG2：HQ325719，等 3 条。

白鳍飞鱵 *Oxyporhamphus micropterus*，COI：JF494032；Cytb：AY693489，等 2 条；16S：AY693459，等 2 条；myostatin gene:KC827008；Hoxc6a：KC826163；Panx2：KC827790；RAG2：

AY693560，等 2 条；RIPK4：KC828898；Tmo-4C4：AY693430，等 2 条。

短鳍拟飞鱼 *Parexocoetus brachypterus*，Cytb：HQ325656，等 4 条；16S：AF243944，等 2 条；Panx2：KC827806；RAG2：HQ325723，等 4 条；RIPK4：KC829044；Tmo-4C4：AF244020，AF244021。

长颌拟飞鱼 *P. mento*，COI：HQ945951，等 3 条；Cytb：HQ325660，等 2 条；RAG2：HQ325727，等 2 条。

短鳍真燕鳐 *Prognichthys brevipinnis*，Hoxc6a：KC826199；等 3 条；Myh6：KC827010；Panx2：KC827865；PLAGL2：KC828163；Ptchd1：KC828600；Tbr1：KC830456；Zic1：KC830813。

塞氏真燕鳐 *P. sealei*，Cytb：HQ325667，等 2 条；RAG2：HQ325733，等 2 条。

细头燕鳐 *Cypselurus angusticeps*，Cytb：HQ325623，等 2 条。

六带燕鳐 *C. hexazona*，Cytb：HQ325627。

平井燕鳐 *C. hiraii*，12S：LC037072，等 4 条；mitochondrial genome：AB182653。

花鳍燕鳐 *C. poecilopteru*，12S：LC104436；Cytb：HA678691，等 2 条；16S：AB444861。

斯氏燕鳐 *C. starksi*，12S：LC104434。

长吻鱵 *Euleptorhamphus viridis*，COI：KF489590；Cytb：AY693501，等 2 条；16S：AY693471，等 2 条；RAG2：AY693572，等 2 条；Tmo-4C4：AY693442，等 2 条。

斑鱵 *Hemiramphus far*，COI：KF714951，等 5 条；Cytb：AY693516，等 2 条；16S：AY693486，等 2 条；RAG2：AY693582，等 2 条；Tmo-4C4：AY693456，等 2 条。

杜氏下鱵 *Hyporhamphus dussumieri*，COI：JX983320，等 4 条；Myh6：KC826910；Panx2：KC827668。

间下鱵 *H. intermedius*，complete mitochondrion genome：KP260625。

缘下鱵 *H. limbatus*，COI：EU595147，等 9 条；Cytb：KJ442593。

瓜氏下鱵 *H. quoyi*，COI：EF609376，等 3 条；Cytb：AF243919，等 2 条；16S：AF243995，等 2 条；RAG2：AY693551，等 2 条；Tmo-4C4：AF244070，等 2 条。

日本下鱵 *H. sajori*，COI：JF952762，等 2 条；Cytb：AY693508，等 2 条；16S：AY693478，等 2 条；SSR/microsatellite sequences：FJ440240，等 60 条；complete mitochondrion genome：AB 370892；RAG2：AY693579；Tmo-4C4：AY693448，等 2 条。

乔氏吻鱵 *Rhynchorhamphus georgii*，COI：JQ738538，等 6 条。

蟾异鳞鱵 *Zenarchopterus buffonis*，RAG2：AY693553，等 2 条。

无斑鱵 *Hemiramphus lutkei*，12S：LC021301。

横带扁颌针鱼 *Ablennes hians*，COI：HQ149783，等 6 条；Cytb：AF231639，等 3 条；12S：AF231540；16S：AF243934，等 3 条；ATP6-ATP8:AF231583；complete mitochondrion genome：AB373007；Ficd：KM400819，KC825486；Hoxc6a：KC825916；KIAA1239：KM401013，等 2 条；Myh6：KM401112，等 2 条；Panx2：KC827386；PLAGL2：KC828166；RAG2：AY693520；RIPK4：KC828814；Tmo-4C4：AF244010，等 2 条；Zic1：KC831055。

尖嘴柱颌针鱼 *Strongylura anastomella*，Cytb：AY693514，等 2 条；16S：AY693484，等 2 条；complete mitochondrion genome：KP864662；Tmo-4C4：AY693455，等 2 条。

琉球柱颌针鱼 *S. incisa*，Cytb：AF231645，等 4 条；12S：AF231550，等 2 条；16S：AF243960，等 6 条；RAG2：AY693533，等 2 条；Tmo-4C4：AF244036，等 2 条。

无斑柱颌针鱼 *S. leiura*，COI：EF607566，等 3 条；Cytb：AF243901，等 2 条；16S：AF243977，等 2 条；RAG2：AY693541，等 2 条；Tmo-4C4：AF244053，等 2 条。

斑尾柱颌针鱼 *S. strongylura*，COI：KP400586，等 15 条；Cytb：AF243886，等 2 条；16S：AF 243962，等 5 条；Tmo-4C4：AF244038，等 2 条。

黑背圆颌针鱼 *Tylosurus acus melanotus*，Cytb：AF231658，等 3 条；12S：AF231573，等 2 条；16S：AF243937，等 3 条；ATP6-ATP8：AF231623，等 4 条；RAG2：AY693522；Tmo-4C4：AF244013。

鳄形圆颌针鱼 *T. crocodilus*，COI：KJ013067，等 17 条；Cytb：AF231662，等 5 条；12S：AF231577，等 4 条；16S：AF243964，等 6 条；ATP6-ATP8：AF231631，AF231632，等 6 条；Ficd：KC 825485，等 3 条；Panx2：KC827973；PLAGL2：KC828165；RAG2：AY693536，等 2 条；RIPK4:KC829125；Tmo-4C4：AF244040，等 2 条。

秋刀鱼 *Cololabis saira*，COI：JQ354056，等 10 条；Cytb：FJ264387，等 5 条；12S：AY655514；16S：EF458384，等 5 条；complete mitochondrion genome：AB662830，等 6 条；Ficd：KC825461；Hoxc6a：KC826014；KIAA1239：KC826323；Myh6：KC827245；Panx2：KC827531；RAG2：AY693549，等 2 条；Tmo-4C4：AY693428，等 2 条。

多耙孔头鲷 *Melamphaes leprus*，12S：GU476939；16S：GU476969。

多鳞孔头鲷 *M. polylepis*，ENC1：KF139391；Glyt：JX190325；Myh6：JX190469；PLAGL2：JX190592；Ptr：JX190730；RAG1：JX190856；Zic1：JX191315。

洞孔头鲷 *M. simus*，COI：JN585819；16S：JN593390。

厚头犀孔鲷 *Poromitra crassiceps*，COI：KF918894，等 8 条；16S：KJ010747，等 4 条；Ficd：KC825858；Glyt：JX190326，等 3 条；Myh6：JX190470；Panx2：KC827857；PLAGL2：KC828391，等 2 条；Ptchd1：KC828725；Ptr：JX190731；RAG1：JX190857；RIPK4:KC829151；Zic1：JX191316。

大鳞犀孔鲷 *P. megalops*，COI：EU148290，等 3 条。

小眼犀孔鲷 *P. oscitans*，complete mitochondrion genome：AP002935。

后鳍灯孔鲷 *Scopeloberyx opisthopterus*，COI：EU148308，等 3 条。

高尾灯孔鲷 *S. robustus*，COI：EU148311，等 3 条；12S：AF149992；16S：AF488472；28S：AF153295，等 4 条。

大鳞鳞孔鲷 *Scopelogadus mizolepis*，COI：JN585823，等 4 条；16S：JN602065；complete mitochondrion genome：AP002934。

网肩龙氏鲸头鱼 *Rondeletia loricata*，COI：JQ354324，等 6 条；12S：DQ533288，等 2 条；16S：KJ010562，等 5 条；complete mitochondrion genome：AP002937；ENC1：KF139392；Ficd：KC825864；Glyt：JX190328；Hoxc6a：KC826216；KIAA1239：KC826688；Myh6：JX190472；Panx2：KC827890；PLAGL2：KC828388，等 2 条；Ptr：JX190733；RAG1：JX190859；RIPK4：KC829148；Tbr1：JX191191；Zic1：JX191318；28S：DQ028176。

红刺鲸口鱼 *Barbourisia rufa*，COI：JQ354000，等 2 条；12S：AY368290，等 3 条；16S：KJ010643，等 3 条；complete mitochondrion genome：AP010879；ENC1：KF139388；Glyt：JX190324；Myh6：JX190468；PLAGL2：JX190591；Ptr：JX190729；RAG1：JX190855；Rhod：AY368333；Tbr1：JX191190；Zic1：JX191314；28S：DQ021385，等 2 条。

雷根氏拟鲸口鱼 *Cetostoma regani*，COI：GU071727；12S：AF092186；16S：AB462450，等 9 条；complete mitochondrion genome：AP010882，等 2 条；ENC1：KF139389；Ficd：KC825863；Glyt：KF139706；等 3 条；Myh6：KF139960；Panx2：KC827497；PLAGL2：KKF140708，等 2 条；RAG1：KF141201；RIPK4：KC829150。

方头狮鼻鱼 *Vitiaziella cubiceps*，COI：KJ968014，等 20 条；Cytb：AB205464，等 2 条；12S：AB938181，等 2 条；16S：JX088711，等 7 条；complete mitochondrion genome：AP006038；ENC1：JX188996；Ficd：KC825653；Glyt：JX188824；Hoxc6a：KC826025；KIAA1239：KC826615；MLL：EU638042；Myh6：KC826919，等 2 条；Panx2：KC827549，KC827550；PLAGL2：KC828156，等 3 条；Ptchd1：KC828691，等 2 条；Ptr：JX190231；RAG1：JX189925；Rhod：EU637952；RIPK4：KC829057；RNF213：EU638192；Tbr1：JX189300；Zic1：KC831032，等 2 条。

角高体金眼鲷 *Anoplogaster cornuta*，COI：JQ353970，等 8 条；12S：AF092200；16S：KJ010708，等 6 条；complete mitochondrion genome：AP004425；ENC1：KF139397；Ficd：KC825862；Glyt：KF139670；Hoxc6a：KC825942，等 3 条；Myh6：KF139922，等 2 条；Panx2：KC827415；PLAGL2：KF140672，等 2 条；RAG1：KF141170；RIPK4：KC829053；VCPIP：KC830585；Zic1：KF140476；28S：JF965510。

帕氏怖银眼鱼 *Diretmichthys parini*，ENC1：KF139399；Ficd：KC825867；Glyt：KF139733；Hoxc6a：KC826035，等 3 条；Myh6：KF139984，等 2 条；PLAGL2：KF140730；RAG1：KF141225；RIPK4：KC828941；Zic1：KF140528。

短鳍拟银眼鲷 *Diretmoides pauciradiatus*，COI：KC442076；12S：KC441974；16S：KC442000；EGR1：KC442092；EGR3：KC442164；RAG1：KC442202；28S：KC442034。

维里拟银眼鲷 *D. veriginae*，CR(control region)/D-loop：AP004426。

银眼鲷 *Diretmus argenteus*，COI：KF929824；CR(control region)/D-loop：AP004427；12S：AF092196；16S：JX121845，等 4 条；ENC1：KF139400；Glyt：KF139734，等 3 条；Myh6：KF139985；

Panx2：KC827567；PLAGL2：KF140731；RAG1：KF141226；RIPK4：KC829273；Zic1：KF140529。

灯颊鲷 *Anomalops katoptron*，COI：FJ582850，等4条；CR(control region)/D-loop：AP004428；ENC1：KF139394，等3条；Glyt：KF139667，等3条；Myh6：KF139919，等3条；PLAGL2：KF140670，等2条；RAG1：KF141168，等2条；Tbr1：KF140292，等3条；Zic1：KF140473，等3条。

前肛管燧鲷 *Aulotrachichthys prosthemius*，COI：DQ648438；16S：DQ648416；ENC1：KF139402；Glyt：KF139681；Myh6:KF139936；PLAGL2：KF140684；Tbr1：KF140306；Zic1：KF140489。

达氏桥棘鲷 *Gephyroberyx darwinii*，COI：JF493519，等9条；16S：AF221888；ENC1：KF139404；Ficd：KC825868；Glyt：JX190334；Myh6：KC827344，等2条；Panx2：KC827622；PLAGL2：JX190601；Ptr：JX190739；RAG1：JX190865；RIPK4：KC829046；Tbr1：KC830335，等2条；Zic1：KC831276，等2条。

日本桥棘鲷 *G. japonicus*，12S：AB974503。

重胸棘鲷 *Hoplostethus crassispinus*，Cytb：GU549942，等8条。

日本胸棘鲷 *H. japonicus*，Cytb：GU549941；complete mitochondrion genome：AP002938。

地中海胸棘鲷 *H. mediterraneus*，COI：KJ709534，等27条；Cytb：GU549902，等8条；12S：AY141335；16S：AF221890，等4条；EGR1：JN230956；EGR3：JN231118；MLL：AY363666，等2条；RAG1：EF095635；Tmo-4C4：AY539384；28S：KC442033，等7条。

黑首胸棘鲷 *H. melanopus*，Cytb：GU549933，等4条。

大目金眼鲷 *Beryx decadactylus*，COI：KJ768217，等10条；Cytb：DQ197929，等9条；CR(control region)/D-loop：AB562521，等41条；16S：AB679225，等3条；complete mitochondrion genome：AP004430，等2条；ENC1：JX188859，等2条；Glyt：KF139692，等3条；Hoxc6a：KC825962；Myh6：KF139947，等3条；Panx2：KC827468；PLAGL2：KF140693，等3条；Ptchd1：KC828531；Ptr：JX190091，等2条；RAG1：JX189798，等2条；Rhod：DQ197831，等3条；RIPK4：KC829317；Tbr1：KC830255；Zic1：KF140499。

软体金眼鲷 *B. mollis*，COI：AB860129，等18条；Cytb：AY328407，等10条；16S：AY328417，等4条；SSR/microsatellite sequences：DQ993168。

红金眼鲷 *B. splendens*，COI：JF492952，等18条；Cytb：KJ632960，等37条；CR(control region)/D-loop：AB914803，等19条；12S：AY141336；16S：AF221886，等6条；SSR/microsatellite sequences：DQ996312；EGR1：JN230957；EGR3：JN231119；IRBP：EU625596，DQ168045；MLL：AY363658，等2条；RAG1：EF095636；Rhod：DQ197832，等4条；28S：KC442035，等7条。

掘氏拟棘鲷 *Centroberyx druzhinini*，COI：KF489520，等3条；ENC1：KF139398；Glyt：JX190329；

Myh6：JX190473；PLAGL2：JX190596；Ptr：JX190734；RAG1：JX190860；Tbr1：JX191192；Zic1：JX191319。

线纹拟棘鲷 *C. lineatus*，COI：EF609316；Cytb：AF515768。

焦黑锯鳞鱼 *Myripristis adusta*，COI：HM034215，等 4 条；ENC1：JX390753；Glyt：JX390793；Myh6：JX390833；Ptr：JX390872。

大鳞锯鳞鱼 *M. berndti*，COI：JQ350114，等 20 条；Cytb：HQ687596，等 103 条；ATP6-ATP8：等 49 条；SSR/microsatellite sequences：JN021280，等 8 条；complete mitochondrion genome：AP002940；ENC1：JX390755；Ficd：KC825879；Glyt：JX390795；Myh6：JX390835；Panx2：KC827749；PLAGL2：KC828372；Ptr：JX390874。

博氏锯鳞鱼 *M. botche*，COI：KF489654，等 2 条；12S：AY141337；16S：AY141407；ENC1：JX390756；Glyt：JX390796；IRBP：DQ168091；MLL：AY362265；Myh6：JX390836；Ptr：JX390875；RAG1：JX390907；28S：AY141517，等 4 条。

黄鳍锯鳞鱼 *M. chryseres*，COI：KF489655，等 3 条；complete mitochondrion genome：HG31567；ENC1：JX390757；Glyt：JX390797；Myh6：JX390837；Ptr：JX390876。

台湾锯鳞鱼 *M. formosa*，16S：AB542074，等 28 条。

六角锯鳞鱼 *M. hexagona*，COI：JX390749，等 5 条；ENC1：JX390758；Ficd：KC825878；Glyt：JX390798，等 3 条；Myh6：KC827265，等 2 条；Panx2：KC827750；PLAGL2：KC828371；Ptr：JX390877；RIPK4：KC828973；Zic1：KC831053。

康德锯鳞鱼 *M. kuntee*，COI：KJ968149，等 5 条；12S：AF092201；16S：AF221892；ENC1：JX390760；Glyt：JX390800；Myh6：JX390840；Ptr：JX390879；RAG1：JX390909。

白边锯鳞鱼 *M. murdjan*，COI：KF489656，等 5 条；12S：KC441976；16S：KC442002；EGR1：KC442093；EGR3：KC442166；ENC1：JX390762；Glyt：JX390802；Myh6：JX390842；PLAGL2：KF140788；Ptr：JX390881；RAG1：KC442204，等 2 条；Tbr1：KF140389；Zic1：KF140576；28S：KC442037。

红锯鳞鱼 *M. pralinia*，COI：KF930163，等 9 条；ENC1：JX390763；Glyt：JX390803；Myh6：JX390843；Ptr：JX390882；RAG1：JX390912。

格氏锯鳞鱼 *M. greenfield*，12S：AB974508。

紫红锯鳞鱼 *M. violacea*，COI：KJ968151，等 11 条；Cytb：U57526；ENC1：JX390765，等 2 条；Glyt：JX390805，等 3 条；Myh6：JX390844，等 3 条；PLAGL2：JX190597，等 2 条；Ptr：JX390884，JX190735；RAG1：JX390914，等 2 条；Tbr1：JX191193，等 2 条；Zic1：JX191320，等 2 条。

无斑锯鳞鱼 *M. vittata*，COI：JX390747，等 2 条；ENC1：JX390766；Ficd：KC825877；Glyt：JX390806；Hoxc6a：KC826146，等 3 条；Myh6：JX390845；Panx2：KC827751；PLAGL2：KC828370；Ptr：JX390885；RAG1：JX390915；RIPK4：KC828964；Zic1：KC831139。

银色新东洋鳂*Neoniphon argenteus*，COI：JX390737；Cytb：KJ188431，等2条；ENC1：JX390767；Ficd：KC825873；Glyt：JX390807，等3条；Myh6：JX390846；Panx2：KC827761；PLAGL2：KC828383；Ptr：JX390886；RAG1：JX390916；Zic1：KC831229。

黄带新东洋鳂 *N. aurolineatus*，Cytb：KJ201922，KJ201924，等 5 条。

黑鳍新东洋鳂*N. opercularis*，COI：JX390740；Cytb：KJ188432；ENC1：JX390769；Glyt：JX390809；Hoxc6a：KC826151；KIAA1239：KC826575；Myh6：JX390848；Panx2：KC827762；PLAGL2：KC828382；RAG1：JX390918；Tbr1：KC830413；Zic1：KC831382。

莎姆新东洋鳂 *N. sammara*，COI：KC187838，等 40 条；Cytb：KJ188433，等 41 条；ENC1：JX390770；Ficd：KC825874；Glyt：JX390810，等 3 条；Myh6：JX390849；Panx2：KC827763；PLAGL2：KC828381；Ptr：JX390887；RAG1：JX390919；RIPK4：KC829185；Tbr1：KC830414；Zic1：KC831384。

日本骨鳂*Ostichthys japonicus*，COI：JN242596，等21条；Cytb：JN211992，等8条；16S：JN211562，等 8 条。

深海骨鳂 *O. kaianus*，COI：KJ129024，等 5 条。

沈氏骨鳂 *O. sheni*，12S：LC021243。

滩涂琉球鳂 *Plectrypops lima*，COI：JQ350230，等 4 条；ENC1：JX390772；Ficd：KC825866；Glyt：JX390811，等3条；Myh6：KC827267，等2条；Panx2：KC827836；PLAGL2：KC828380；Ptchd1：KC828704；Ptr：JX390889；RAG1：JX390921；RIPK4：KC829082；Tbr1：KC830443；Zic1：KC831137。

尾斑棘鳞鱼*Sargocentron caudimaculatus*，COI：JQ350308，等6条；12S：AF092202；16S：AF221893；Ficd：KC825871；Glyt：JX390813；KIAA1239：KC826566；Panx2：KC827897；Ptr：JX390891；RAG1：JX390923；RIPK4：KC829184。

角棘鳞鱼 *S. cornutum*，COI：FJ237587，等 4 条；ENC1：JX390776；Glyt：JX390814，等 2 条；Myh6：JX390854，等2条；PLAGL2：JX190598；Ptr：JX190736；RAG1：JX390924，等3条；等 2 条 br1：JX191194；Zic1：JX191321。

闪光棘鳞鱼*S. coruscum*，COI：JQ840671，等6条；12S：AF149996；Ficd：KC825870；Glyt：JX390815；Myh6：KC827339，等 2 条；Panx2：KC827659；Ptr：JX390892；RAG1：JX390925；RIPK4：KC828860；Tbr1：KC830358；Zic1：KC831383；28S：AF152156，等 3 条。

黑鳍棘鳞鱼 *S. diadema*，COI：JQ350309，等 11 条；Cytb：U57530；Glyt：JX390816；Myh6：KC827338，等 2 条；Panx2：KC827898；PLAGL2：KC828377；RIPK4：KC829210。

格纹棘鳞鱼 *S. inaequalis*，COI：JX390738；Glyt：JX390817；Myh6：JX390857；Ptr：JX390893；RAG1：JX390926。

银带棘鳞鱼 *S. ittodai*，COI：GU207342；ENC1：JX390780；Glyt：JX390818；Myh6：JX390858；

Ptr：JX390894。

黑点棘鳞鱼 *S. melanospilos*，COI：KF93036，等 3 条；ENC1：JX390781；Glyt：JX390819；Myh6：JX390859；Ptr：JX390895。

褐斑棘鳞鱼 *S. praslin*，COI：JX390735；ENC1：JX390783；Glyt：JX390821；Myh6：JX390861；Ptr：JX390897；RAG1：JX390929。

斑纹棘鳞鱼 *S. punctatissimum*，COI：KJ968250，等 8 条；Cytb：U57532；12S：AB969884，等 2 条；16S：AY430242；ENC1：JX390784；Glyt：JX390822；Myh6：JX390862；Ptr：JX390898；RAG1：AY430223。

点带棘鳞鱼 *S. rubrum*，COI：KJ202198，等 32 条；12S：AB974507；complete mitochondrion genome：NC_004395，AP004432；ENC1：JX390785；Glyt：JX390823；Myh6：JX390863；RAG1：JX390930；Cry1：KF752575，等 4 条。

尖吻棘鳞鱼 *S. spiniferum*，COI：JQ350318，等 7 条；Cytb：U57533；ENC1：JX390775；Glyt：JX390825；Myh6：JX390865；Ptr：JX390900；RAG1：JX390932。

赤鳍棘鳞鱼 *S. tiere*，COI：KJ968251，等 18 条；Cytb：U57534；ENC1：JX390788；Glyt：JX390827；KIAA1239：KC826568；Myh6：JX390867；Ptr：JX390902；RAG1：JX390934；RIPK4：KC829251。

驼背腹棘海鲂 *Cyttopsis cypho*，COI：JQ681446。

红腹棘海鲂 *C. rosea*，COI：JQ774518，等 7 条；16S：JX121827，等 2 条；ENC1：KF139383；Glyt：JX190321，等 3 条；Myh6：KC827237，等 2 条；Panx2：KC827557；PLAGL2：KC828367，等 2 条；Ptr：JX190726；RAG1：JX190852。

太平洋副海鲂 *Parazen pacificus*，COI：GU804929；12S：AB974509；16S：JX121828；complete mitochondrion genome：NC_004396，等 2 条。

青菱海鲂 *Cyttomimus affinis*，ENC1：KF139387；Glyt：KF139724；RAG1：KF141216。

小海鲂 *Zenion hololepis*，COI：JF718831，等 6 条。

日本小海鲂 *Z. japonicum*，12S：AB969885；complete mitochondrion genome：AP004434，等 2 条。

斑线菱鲷 *Grammicolepis brachiusculus*，COI：KJ768237；12S：KC441973；16S：KC441999；EGR1：KC442091；EGR3：KC442163；MLL：EU638054；RAG1：AY308780；Rhod：EU637964。

异菱的鲷 *Xenolepidichthys dalgleishi*，COI：KF930536，等 9 条；12S：DQ533323；16S：DQ533323，等 2 条；28S：DQ533142。

云纹亚海鲂 *Zenopsis nebulosa*，COI：JQ681345，等 5 条；CR(control region)/D-loop：AP002942；12S：AF149994；18S：AB375599；complete mitochondrion genome：NC_003173；28S：AF153297，等 4 条。

远东海鲂 *Zeus faber*，COI：KJ709680，等 56 条；Cytb：KJ632965，等 3 条；12S：DQ533327；16S：

JQ939008，等 6 条；complete mitochondrion genome：NC_003190；EGR1：JN230954；EGR3：JN231116；ENC1：KF139386；Glyt：JX190323，等 3 条；Myh6：JQ939540，等 2 条；Ptr：JX190728；RAG1：JN230905，等 2 条；RIPK4：JQ940002；28S：KC442032。

宽海蛾鱼 *Eurypegasus draconis*，CR(control region)/D-loop：AP005983；complete mitochondrion genome：NC_010264；ENC1：KF139442；RAG1：KF141235。

飞海蛾鱼 *Pegasus volitans*，Cytb：JF273432；12S：JF273450；16S：JF273414，等 3 条；complete mitochondrion genome：NC_010271，等 2 条；28S：AY539077。

蓝鳍剃刀鱼 *Solenostomus cyanopterus*，complete mitochondrion genome：NC_010267，等 2 条。

细吻剃刀鱼 *S. paradoxus*，complete mitochondrion genome：NC_024186，等 2 条。

黄带冠海龙 *Corythoichthys flavofasciatus*，COI：JQ431666，等 3 条；16S：AB827857，等 2 条；Panx2：KC827538，等 3 条。

红鳍冠海龙 *C. haematopterus*，Cytb：AB827866，等 63 条；12S：AY166832；16S：AB827829，等 29 条。

舒氏冠海龙 *C. schultzi*，16S：AB827860，等 5 条。

带纹矛吻海龙 *Doryrhamphus dactyliophorus*，COI：FJ583370，等 5 条；Cytb：AF356047，等 2 条；12S：AF354947；16S：AB827865，等 2 条。

波斯湾矛吻海龙 *D. excisus*，COI：JQ431689，等 4 条；Cytb：AF356075；12S：AF354982；16S：AF355026；KIAA1239：KC826583；Myh6：FJ905789；RAG1：FJ905778。

日本矛吻海龙 *D. japonicus*，complete mitochondrion genome：NC_024187，等 2 条。

葛氏海蠋鱼 *Halicampus grayi*，12S：AF354961。

带状多环海龙 *Haliichthys taeniophorus*，12S：GU182922，等 2 条；16S：GU182929，等 2 条。

蓝点多环海龙 *Hippichthys cyanospilos*，COI：JQ350058，等 2 条。

笔状多环海龙 *H. penicillus*，Cytb：JF273429，等 2 条；12S：JF273447，等 2 条；16S：JF273411，等 2 条；Myh6：FJ905784；RAG1：FJ905774。

多纹多环海龙 *H. spicifer*，12S：LC091884，等 2 条。

巴氏海马 *Hippocampus bargibanti*，16S：AY277286；Myh6：FJ905782；RAG1：FJ905772；Rhod：FJ905793。

冠海马 *H. coronatus*，Cytb：AF192658，等 2 条；CR(control region)/D-loop：DQ288320；12S：AB032030；16S：AY277293。

刺海马 *H. histris*，COI：GQ502144，等 4 条；Cytb：AY787227，等 7 条；complete mitochondrion genome：NC_021454，等 2 条。

大海马 *H. kelloggi*，COI：JX912714，等 4 条；Cytb：EU179918，等 7 条；CR(control region)/D-loop：KC851930，等 2 条；16S：FJ211368，等 3 条。

管海马 *H. kuda*，COI：GU805014，等 213 条；CR(control region)/D-loop：EU717698，等 51 条；12S：AF354962，等 53 条；SSR/microsatellite sequences：HM775858，等 12 条；complete mitochondrion genome：NC_010272。

莫氏海马 *H. mohnikei*，COI：GQ502157，等 3 条；Cytb：KC527556，等 33 条；CR(control region)/D-loop：KJ158393，等 27 条；16S：AY277292。

苔海马 *H. sindonis*，16S：AY277294。

棘海马 *H. spinosissimus*，COI：GQ502167，等 3 条；Cytb：AY495739，等 100 条；CR(control region)/D-loop：AY629251，等 7 条；12S：DQ452300；16S：FJ211359，等 4 条。

三斑海马 *H. trimaculatus*，COI：GQ502171，等 186 条；CR(control region)/D-loop：KJ158359，等 34 条；16S：AB983275，等 11 条；SSR/microsatellite sequences：KP226299，等 28 条；complete mitochondrion genome：NC_021107，等 2 条。

短尾腹囊海龙 *Microphis brachyurus*，COI：JQ841283，等 2 条；Cytb：KM523293，AF356046；12S：KM282428，等 3 条；16S：KM435030，等 4 条；complete mitochondrion genome：NC_010273，等 2 条。

哈氏刁海龙 *Solegnathus hardwickii*，Cytb：AY166829；12S：AF354981；16S：AF355025。

黑斑刁海龙 *S. lettiensis*，CR(control region)/D-loop：KM201576；12S：KM201550；16S：KM201557；ND4：KM201567。

拟海龙 *Syngnathoides biaculeatus*，Cytb：JF273422，等 7 条；CR(control region)/D-loop：KM201568；12S：KM201548，等 3 条；16S：KM201555，等 8 条；SSR/microsatellite sequences：AB662832，等 3 条；ND4：KM201565。

尖海龙 *Syngnathus acus*，COI：KJ709646，等 8 条；Cytb：JX024728，等 4 条；CR(control region)/D-loop：JX024722；12S：JX024724，等 4 条；16S：KJ128916，等 8 条。

漂海龙 *S. pelagicus*，COI：JQ840723，等 3 条；Cytb：JF273436-JF273437；12S：JF273454，等 2 条；16S：JF273418，等 2 条。

舒氏海龙 *S. schlegeli*，COI：KP260464，等 3 条；Cytb：JF273433，等 4 条；12S：JF273451，等 4 条；16S：JF273415，等 3 条；complete mitochondrion genome：NC_024196。

锯粗吻海龙 *Trachyrhamphus serratus*，COI：KF265022；Cytb：KF265108；12S：AF354989。

中华管口鱼 *Aulostomus chinensis*，COI：JF492927，等 5 条；Cytb：AF327455，等 2 条；Glyt：KF139680，等 3 条；Myh6：KF139935；PLAGL2：KF140683，等 2 条；RAG1：KF141181；Rhod：AY141279；28S：AY141577，等 4 条。

无鳞烟管鱼 *Fistularia commersonii*，COI：KP053133，等 12 条；Cytb：GQ902012，等 12 条；CR(control region)/D-loop：KM521150，等 148 条；12S：GQ901988，等 12 条；16S：GQ902000，等 12 条；complete mitochondrion genome：NC_010274，等 2 条；ENC1：KF139437；Myh6：

KF139993；PLAGL2：KF140739；RAG1：KF141236；Rhod：KP052941-KP052035。

鳞烟管鱼 *F. petimba*，COI：KF929886，等 13 条；12S：AB974649，等 2 条；16S：FJ211280，等 4 条；complete mitochondrion genome：NC_024190，等 2 条；ENC1：KF139436；Myh6：JX190482；PLAGL2：JX190607；RAG1：JX190871；Rhod：AY141324；28S：AY372745。

细棘长吻鱼 *Macrorhamphosus gracilis*，COI：KF930098，等 3 条；Myh6：KC827049；RIPK4：KC 828817；Zic1：KC831046。

长吻鱼 *M. scolopax*，COI：KJ709554，等 51 条；Cytb：AB853145，等 23 条；CR(control region)/D-loop：AB854119，等 110 条；16S：AB854112，等 14 条；complete mitochondrion genome：NC_010265；ENC1：KF139438；Myh6：JX190483；PLAGL2：KC828082，等 2 条；Ptr：JX190745；RAG1：JX190872；Rhod：AY141280；Zic1：JX191329；28S：AY141581，等 5 条。

条纹虾鱼 *Aeoliscus strigatus*，Cytb：AY786434；12S：DQ533148；16S：DQ533148，等 2 条；complete mitochondrion genome：NC_010270；ENC1：JX188862；Myh6：JX189647；Ptr：JX190094；RAG1：JX189801；Rhod：EU637931；Zic1：JX189030；28S：DQ532988。

玻甲鱼 *Centriscus scutatus*，COI：FJ265863。

吉氏豹鲂鮄 *Dactyloptena gilberti*，ENC1：KF139454；Glyt：KF139725；Myh6：KF139978；PLAGL2：KF140723；RAG1：KF141217。

东方豹鲂鮄 *D. orientalis*，COI：KP330558，等 22 条；12S：KC441978，等 2 条；16S：JQ938999，等 4 条；complete mitochondrion genome：NC_024189；EGR1：KC442096；EGR3：KC442169；ENC1：KF139455；Glyt：KF139726，等 4 条；MLL：KF312007；Myh6：KF139979，等 2 条；PLAGL2：KF140724，等 2 条；RAG1：KC442206，等 3 条；RIPK4：JQ939995；Zic1：KC831008；28S：DQ533017。

单棘豹鲂鮄 *D. peterseni*，COI：JQ681400；12S：AB969961；complete mitochondrion genome：NC_003194，等 2 条；Glyt：KF139727；等 2 条：KC826446；Myh6：KF139980；Panx2：KC827558；PLAGL2：KF140725，等 2 条；RAG1：KF141219；RIPK4：KC829109；Zic1：KC830980。

背带帆鳍鲉 *Ablabys taenianotus*，16S：AY539506，等 2 条；ND2：JQ088482；28S：AY539098。

隐鲉 *Adelosebastes latens*，Ficd：KC825414；Panx2：KC827394。

棱须蓑鲉 *Apistus carinatus*，COI：HM909794，等 5 条；12S：AB974510，等 2 条；SSR/microsatellite sequences：AB662834，等 5 条。

锯棱短棘蓑鲉 *Brachypterois serrulatus*，COI：JQ681368，等 2 条；Cytb：AB793293，等 3 条。

双斑短鳍蓑鲉 *Dendrochirus biocellatus*，COI：JQ431683，等 4 条；Cytb：FJ607319，等 2 条。

美丽短鳍蓑鲉 *D. bellus*，COI：KP267571。

花斑短鳍蓑鲉 *D. zebra*，COI：KF929813，等 16 条；Cytb：FJ607324，等 5 条；16S：AJ429399，等 2 条；Ficd：KC825843；Myh6：KC827036；PLAGL2：KC828018；RIPK4：KC829213；Tbr1：

KC830307；Zic1：KC831310；5.8S：AB375593。

无鳔黑鲉 *Ectreposebastes imus*，12S：LC026613。

布氏盔蓑鲉 *Ebosia bleekeri*，Cytb：AB971745，等 3 条。

赫氏无鳔鲉 *Helicolenus hilgendorfii*，Cytb：AB096134；complete mitochondrion genome：NC_003195，等 2 条。

棘鲉 *Hoplosebastes armatus*，12S：LC026715。

眶棘鲉 *Hozukius emblemarius*，Cytb：DQ678499，等 2 条；CR(control region)/D-loop：DQ678602；12S：DQ678190；16S：DQ678293；18S：DQ678705；RAG2：DQ678801；5.8S：DQ678705。

太平洋小隐棘鲉 *Idiastion pacificum*，12S：LC026705。

日本鬼鲉 *Inimicus japonicus*，COI：KP330510，等 16 条；Cytb：HM021133；12S：AB969887；SSR/microsatellite sequences：AB531004，等 32 条。

中华鬼鲉 *I. sinensis*，12S：DQ533215；16S：DQ533215，等 2 条；28S：DQ53304。

南非纪鲉 *Iracundus signifer*，COI：KF930000；16S：AY538981，等 2 条；Ficd：KC825824；KIAA1239：KC826399；Myh6：KC827038；PLAGL2：KC828023；Zic1：KC831377；28S：AY539086。

独指虎鲉 *Minous coccineus*，12S：LC026592。

无备虎鲉 *M. inermis*，COI：JQ681468，等 2 条。

单指虎鲉 *M. monodactylus*，COI：KP330542，等 6 条。

斑翅虎鲉 *M. pictus*，COI：KP266840。

白尾虎鲉 *M. quincarinatus*，COI：KP266815。

大鳞新棘鲉 *Neomerinthe megalepis*，COI：JQ681433。

钝吻新棘鲉 *N. rotunda*，COI：JF493979。

新棘鲉 *N. procurva*，12S：LC026712。

红鳍拟鳞鲉 *Paracentropogon rubripinnis*，12S：AB938167。

异尾拟蓑鲉 *P. heterurus*，12S：LC026737。

莫桑比克圆鳞鲉 *Parascorpaena mossambica*，COI：JQ431973，等 3 条。

花彩圆鳞鲉 *P. picta*，COI：EU595225。

太平洋平头鲉 *Plectrogenium nanum*，16S：AY539517，等 2 条；28S：AY539110。

大头海鲉 *Pontinus macrocephalus*，COI：JX093922，等 3 条。

日本新鳞鲉 *Neocentropogon japonicus*，COI：KP267620；12S：LC021106。

长鳍新平鲉 *Neosebastes entaxis*，12S：LC026593。

条纹线鲉 *Ocosia fasciata*，12S：LC021107。

触角蓑鲉 *Pterois antennata*，COI：KF930340，等 18 条；Cytb：FJ607313，等 6 条；16S：AJ429401；Ficd：KC825838；KIAA1239：KC826428；Myh6：KC827037；Panx2：KC827877；PLAGL2：

KC828327；RIPK4：KC829073；Zic1：KC831225。

环纹蓑鲉 *P. lunulata*，COI：KF715001，等 2 条；12S：AB969960；RAG1：EU167898。

辐纹蓑鲉 *P. radiata*，COI：JQ432078，等 3 条；Cytb：FJ607317，等 4 条；16S：AJ429407，等 2 条；Ficd：KC825842；Hoxc6a：KC826207，等 3 条；Ptchd1：KC828734；RIPK4：KC829174；Zic1：KC831224。

勒氏蓑鲉 *P. russelli*，COI：KF268175，等 16 条。

翱翔蓑鲉 *P. volitans*，COI：KP641132，等 7 条；Cytb：KP641131，等 29 条；CR(control region)/D-loop：FJ516409，等 51 条；16S：AY538991，等 5 条；complete mitochondrion genome：NC_025290，等 2 条；28S：AY539096。

小口鲉 *Scorpaena miostoma*，COI：KM366111。

斑鳍鲉 *S. neglecta*，COI：KP330526，等 5 条。

后颌鲉 *S. onaria*，12S：AY141364；16S：AY141434；EGR1：JN230968；EGR3：JN231130；MLL：AY362236，等 2 条；RAG1：EF095642；Rhod：AY141288；RNF213：EU638257；28S：KC442063，等 5 条。

关岛小鲉 *Scorpaenodes guamensis*，COI：KP330559，等 8 条；Ficd：KC825841；Hoxc6a：KC826231，等 3 条；Myh6：KC827035；Ptchd1：KC828744；RIPK4：KC829195；Zic1：KC831337。

皮须小鲉 *S. crossotus*，12S：LC026710。

克氏小鲉 *S. kelloggi*，COI：KF489747，等 2 条。

正小鲉 *S. minor*，COI：KF930391，等 5 条。

短翅小鲉 *S. parvipinnis*，COI：KF930392，等 2 条。

长棘小鲉 *S. scaber*，16S：AY538986，等 2 条；28S：AY539091。

花翅小鲉 *S. varipinnis*，COI：JF494468。

须拟鲉 *Scorpaenopsis cirrosa*，COI：JF952852，等 2 条；ND2：AB063195。

毒拟鲉 *S. diabolus*，COI：KP330531，等 8 条；Myh6：FJ918895；RAG1：FJ896468；Zic1：FJ906691。

尖头拟鲉 *S. oxycephala*，COI：KF930394，等 3 条；Ficd：KC825657，等 3 条；Myh6：KC827039；Panx2：KC827918；Ptchd1：KC828026；RIPK4：KC829002。

波氏拟鲉 *S. possi*，COI：KF930395，等 5 条。

枕嵴拟鲉 *S. venosa*，COI：JN242576，等 9 条；16S：JN211542，等 9 条；18S：JN211823，等 9 条。

纹鳍拟鲉 *S. vittapinna*，COI：KP330532，等 5 条。

黄斑鳞头鲉 *Sebastapistes cyanostigma*，Ficd：KC825762；Hoxc6a：KC826233，等 3 条；PLAGL2：KC828027；Ptchd1：KC828748；RIPK4：KC829206；Sidkey：KC829654；Svep1：KC830184；VCPIP：KC830583；Zic1：KC831253；12S：CO026709。

斑鳍鳞头鲉 *S. mauritiana*，COI：KJ968263。

眉须鳞头鲉 *S. strongia*，COI：HQ561462，等 4 条；Tx A：KJ689803，等 2 条；Tx B：KJ689795，等 2 条。

廷氏鳞头鲉 *S. tinkhami*，COI：KF930397，等 5 条；Mc1r：JX628011；Im303r：KC222243；rfp213：JX628513；mlp4：JX628267；mlp2：JX628134；PKD1：JX628395。

铠平鲉 *Sebastes hubbsi*，COI：KM366113，等 3 条；Cytb：DQ678501，等 2 条；CR(control region)/D-loop：AB646733，等 25 条；12S：DQ678192；16S：DQ678295；18S：DQ678707；SSR/microsatellite sequences：AY132276，等 7 条；complete mitochondrion genome：KJ525745；RAG2：DQ678803；5.8S：DQ678707；cox1：DQ678398。

无备平鲉 *S. inermis*，COI：KM366114，等 25 条；Cytb：DQ678483，等 2 条；CR(control region)/D-loop：JF690193，等 52 条；12S：DQ678174；16S：DQ678277；18S：DQ678689；SSR/microsatellite sequences：AB244091，等 11 条；complete mitochondrion genome：KF725093；RAG2：DQ678785；5.8S：DQ678689；Gdf5：AB369572；cox1：DQ678380，等 2 条。

柳平鲉 *S. itinus*，Cytb：AB826452；CR(control region)/D-loop：AB826454；12S：AB826456；16S：AB826453；cox1：AB826455。

焦氏平鲉 *S. joyneri*，Cytb：DQ678489，等 2 条；CR(control region)/D-loop：DQ678592，等 2 条；12S：DQ678180；16S：DQ678283；18S：DQ678695；RAG2：DQ678791；5.8S：DQ678695；cox1：DQ678386。

雪斑平鲉 *S. nivosus*，Cytb：AB188098，等 2 条；CR(control region)/D-loop：AB454091；12S：AB 454094；16S：AB454097。

黑厚头平鲉 *S. pachycephalus nigricans*，CR(control region)/D-loop：AB642152，等 8 条；SSR/microsatellite sequences：AY132279，等 7 条。

厚头平鲉 *S. pachycephalus pachycephalus*，CR(control region)/D-loop：AB642154，等 21 条；SSR/microsatellite sequences：AY132281，等 7 条。

许氏平鲉 *S. schlegelii*，COI：KP330552，等 11 条；CR(control region)/D-loop：JX254662，等 268 条；18S：KF430619；SSR/microsatellite sequences：KJ472145， 等 55 条；Cat：KM401562；Kissr4：KJ139961，等 2 条；Foxl2：JN998083；EEF1A：KF430623；HSP70：KC172645；GnRHR：JQ798942；GnRH2：JQ664745；GnRH3：JQ247584；GnRH1：JQ028870。

汤氏平鲉 *S. thompsomi*，COI：KM366119，等 2 条；Cytb：DQ678482，等 2 条；CR(control region)/D-loop：DQ678585；12S：DQ678173， AB059558；16S：DQ678276；18S：DQ678688；SSR/microsatellite sequences：AB033424，等 8 条；complete mitochondrion genome：KJ834064；RAG2：DQ678784；5.8S：DQ678688；cox1：DQ678379。

条平鲉 *S. trivittatus*，Cytb：DQ678492，等 2 条；CR(control region)/D-loop：AB615330，DQ678595；12S：DQ678183；16S：DQ678286；18S：DQ678698；complete mitochondrion genome：

KJ834062；RAG2：DQ678794；5.8S：DQ678698；cox1：DQ678389。

白斑菖鲉 *Sebastiscus albofasciatus*，Cytb：AF030768。

褐菖鲉 *S. marmoratus*，COI：KM366121，等 15 条；16S：JN211637，等 6 条；18S：JN211913，等 6 条；SSR/microsatellite sequences：KF915968，等 56 条；complete mitochondrion genome：KF667491；Tx A：KJ689807，等 2 条；Tx B：KJ689808，等 2 条；cox1：KF202521；HSP70：JX255673，JX185809；Cry1：KF752579，等 3 条；HSP90：JX255674；HSP47：JX185807；HSP60：JX185808；Tg：JX135098；ttr：JX135097；hox3a：JQ922112。

三色菖鲉 *S. tertius*，COI：KM366112。

根室囊头鲉 *Setarches guentheri*，COI：KC015918，等 4 条；16S：AY538992，等 4 条；PLAGL2：KC828029；Ptchd1：KC828803；RIPK4：KC829303；Tbr1：KC830494；Tmo-4C4：AY539407；Zic1：KC831223；28S：AY539097。

臂囊头鲉 *S. longimanus*，cox1：JQ681484，等 4 条；12S：LC026744。

毒鲉 *Synanceia horrida*，HYA1：AY232496。

玫瑰毒鲉 *S. verrucosa*，COI：JQ432179，等 2 条；16S：AY538995，等 2 条；complete mitochondrion genome：KP789313；Ficd：KC825743；Hoxc6a：KC826246；IRBP：EU638156，等 3 条；MLL：EU638093；Myh6：KC826980；PLAGL2：KC828021；Ptchd1：KC828741；Rhod：EU638011；RIPK4：KC829192；RNF213：EU638267；Sidkey：KC829585；Tmo-4C4：AY539410；VCPIP：KC830610；Zic1：KC831340；28S：AY539100；PKD1：JX628436，等 2 条。

三棘带鲉 *Taenianotus triacanthus*，Hoxc6a：KC826250；PLAGL2：KC828020；Ptchd1：KC828740；RIPK4：KC829191；Sidkey：KC829650；Svep1：KC830183；VCPIP：KC830582。

斑点头棘鲉 *Caracanthus maculatus*，COI：KF929681，等 4 条；16S：AY539000，等 2 条；Ficd：KC825827；Hoxc6a：KC825981；Panx2：KC827484；RIPK4：KC829080；Sidkey：KC829648；Snx33：KC829745；Svep1：KC830185；Tmo-4C4：AY539414；Zic1：KC831342；28S：AY539105。

单鳍头棘鲉 *C. unipinna*，COI：JQ431537，等 3 条；Ficd：KC825828；Hoxc6a：KC825982；等 3 条；PLAGL2：KC828022；Sidkey：KC829649；Snx33：KC829746；Zic1：KC831345。

虻鲉 *Erisphex potti*，COI：KP330543，等 8 条。

鹿儿岛绒棘鲉 *Paraploactis kagoshimensis*，12S：LC026595。

绿鳍鱼 *Chelidonichthys kumu*，COI：KP330560，等 21 条；RH1：JX049188。

棘绿鳍鱼 *C. spinosus*，COI：HM180506，等 5 条。

长指红娘鱼 *Lepidotrigla longimana*，COI：JQ681320。

小鳍红娘鱼 *L. microptera*，Cytb：AB326976，等 2 条；18S：AB375631；5.8S：AB375631。

深海红娘鱼 *L. abyssalis*，12S：AB974518；COI：KP267627。

翼红娘鱼 *L. alata*，12S：LC052753；COI：KP267589。

贡氏红娘鱼 *L. guentheri*，12S：LC026752。

姬红娘鱼 *L. hime*，12S：LC026755；COI：KP266798。

日本红娘鱼 *L. japonicus*，12S：LC026754。

岸上红娘鱼 *L. kishinouyi*，12S：LC026748，等 2 条；COI：KP266763。

南海红娘鱼 *L. marisinensis*，COI：KP267608。

斑鳍红娘鱼 *L. punctipectoralis*，12S：LC026757。

尖棘角鲂鮄 *Pterygotrigla hemisticta*，ENC1：KF139461；Glyt：KF139864；PLAGL2：KF140837；RAG1：KF141344；SH3PX3：KF141589。

长吻角鲂鮄 *P. macrorhyncheus*，COI：KP267601。

琉球角鲂鮄 *P. ryukyuensis*，COI：KP266789。

轮头鲂鮄 *Gargariscus prionocephalus*，cox1：JQ681418，等 4 条。

默氏副半节鲂鮄 *Paraheminodus murrayi*，IRBP：JX627853；MLL：JX628078，等 2 条；RNF213：JX628464；Mc1r：JX627969；PKD1：JX628344。

东方黄鲂鮄 *Peristedion orientale*，IRBP：JX628345；MLL：JX628216；RNF213：JX628465；Mc1r：JX627970；PKD1：JX628345。

黑带黄鲂鮄 *P. nierstraszi*，12S：AB969897。

须红鲂鮄 *Satyrichthys amiscus*，COI：FJ237914。

三须红鲂鮄 *S. isokawae*，12S：AB974521。

魏氏红鲂鮄 *S. welchi*，RNF213：JX628469。

日本红鲬 *Bembras japonicus*，16S：AY539006，等 2 条；ENC1：KF139449；Glyt：KF139691；Myh6：KF139946；PLAGL2：KF140692；RAG1：KF141189；SH3PX3：KF141421；Tbr1：KF140313；Tmo-4C4：AY539419；Zic1：KF140498；28S：AY539111。

短鲬 *Parabembras curtus*，ENC1：KF139450；Glyt：KF139821；Myh6：KF140064；PLAGL2：KF140798；RAG1：KF141298；SH3PX3：KF141548；Tbr1：KF140403；Zic1：KF140591。

鳄鲬 *Cociella crocodila*，COI：JQ349911，等 2 条；SSR/microsatellite sequences：AB662835，等 33 条；ITS：AB375653。

孔鲬 *Cymbacephalus nematophthalmus*，COI：JX488262，等 10 条。

横带棘线鲬 *Grammoplites scaber*，COI：JX488211，等 3 条；RAG1：EU167896。

斑瞳鲬 *Inegocia guttata*，COI：JF952765。

日本瞳鲬 *I. japonica*，KP267576，等 2 条。

落合氏瞳鲬 *I. ochiaii*，12S：LC036746。

凹鳍鲬 *Kumococius rodericensis*，COI：JX488251，等 10 条。

大鳞鳞鲬 *Onigocia macrolepis*，COI：JX488237，等 3 条。

锯齿鳞鲬 *O. spinosa*，COI：JX488198，等 4 条。

鲬 *Platycephalus indicus*，COI：KP296169，等 53 条；CR(control region)/D-loop：KC662185；18S：KC660941；ENC1：KF139458；Glyt：KF139839；Myh6：KF140081；PLAGL2：KF140816；RAG1：KF141318；SH3PX3：KF141567；Tbr1：KF140418；Zic1：KF140602；5.8S：KC660941。

犬齿鲬 *Ratabulus megacephalus*，12S：LC36744，等 2 条。

倒棘鲬 *Rogadius asper*，12S：LC036753；COI：KP267610；ENC1：KF139459；Glyt：KF139871；Myh6：KF140114；PLAGL2：KF140844；RAG1：KF141350；SH3PX3：KF141596；Tbr1：KF140444；Zic1：KF140632。

派氏倒棘鲬 *R. patriciae*，COI：JX488207，等 5 条。

瘤眶棘鲬 *Sorsogona tuberculata*，COI：JX488239，等 5 条。

大棘大眼鲬 *Suggrundus macracanthus*，COI：JX488160，等 6 条。

大眼鲬 *S. meerdervoortii*，cox1：JQ681445，JQ681444，JQ681443。

粒唇苏纳鲬 *Sunagocia otaitensis*，12S：LC036751。

沙栖苏纳鲬 *S. arenicola*，COI：KF930478，等 3 条；Ficd：KC825744；等 5 条；Panx2：KC827947；RIPK4：KC829076；Zic1：KC831247。

西里伯斯繸鲬 *Thysanophrys celebica*，COI：JX488201，JX488156。

窄眶繸鲬 *T. chiltonae*，16S：JQ939001；IRBP：JQ939147；KIAA1239：JQ939833；MLL：JQ939433；Myh6：JQ939535；PLAGL2：JQ937586；RIPK4：JQ939997，KC829190；RNF213：JQ939675；SH3PX3：JQ940148；Svep1：KC830186；EHHADH：JQ938841；GPR61：JQ938691；SLC10A3：JQ938386；GCS1：JQ938145；RH：JQ938145。

吉氏棘鲬 *Hoplichthys gilberti*，Glyt：KF139767；Myh6：KF140015；PLAGL2：KF140758；RAG1：KF141258；SH3PX3：KF141490。

蓝氏棘鲬 *H. langsdorfii*，ENC1：KF139457；Glyt：KF139768；IRBP：JX627850；MLL：JX628212，JX628077；Myh6：KF140016；PLAGL2：KF140759；RAG1：KF141259；RNF213：JX628461；SH3PX3：KF14149；Mc1r：JX627966；PKD1：JX628341。

长指棘鲬 *H. regani*，IRBP：JX627849；RNF213：JX628460。

斑头六线鱼 *Hexagrammos agrammus*，COI：HM180612，等 7 条；Cytb：KC205928，等 52 条；CR(control region)/D-loop：KC262750，等 43 条；12S：AB290781，等 14 条；16S：AB290781，等 14 条；complete mitochondrion genome：AB763992；S7：AY583188；CAM：AY583169；Ldh：AY583150；CK：AY583132。

兔头六线鱼 *H. lagocephalus*，COI：KP827344，等 4 条；Cytb：AY582093，等 2 条；12S：AB109297，

等 2 条；16S：AY583115，等 4 条；18S：AB244626；Ficd：KC825412；KIAA1239：KC826748；Myh6：KC827185；Ptchd1：KP827085，等 2 条；RIPK4：KC828875；S7：AY583192；Snx33：KC829831；Svep1：KP827165；Zic1：KC831209；5.8S：AB244626；28S：AB244626；CAM：AY583173；Ldh：AY583154；CK：AY583136。

叉线六线鱼 *H. octogrammus*，COI：HQ711871，等 41 条；Cytb：AB755235，等 49 条；CR(control region)/D-loop：AB755281，等 30 条；12S：AB755143，等 82 条；18S：AB244625；SSR/microsatellite sequences：AB690322，等 19 条；S7：AY583190；5.8S：AB244625；28S：AB244625；CAM：AY583171；Ldh：AY583152；CK：AY583134。

大泷六线鱼 *H. otakii*，COI：KP330533，等 59 条；SSR/microsatellite sequences：AB662836，等 40 条；complete mitochondrion genome：KR362879，等 2 条；ENC1：JX188869；Glyt：JX188702；Myh6：JX189654；PLAGL2：JX189336；Ptr：JX190102；RAG1：JX189808；SH3PX3：JX189561；sreb2：JX189964；Tbr1：JX189189；Zic1：JX189037。

游走丸川杜父鱼 *Marukawichthys ambulator*，12S：KM057971；16S：AY539016，AY539528；28S：KM057890；H3：AY539225。

日本细杜父鱼 *Cottiusculus gonez*，Cytb：AB258328，AB258327。

强棘杜父鱼 *Enophrys diceraus*，COI：HM421808，等 5 条；complete mitochondrion genome：KF 039715。

凹尾裸棘杜父鱼 *Gymnocanthus herzensteini*，COI：JQ406317，等 22 条；Cytb：JQ406215，等 36 条；16S：JQ406408，等 26 条。

艾氏钩棘杜父鱼 *Porocottus allisi*，12S：LC036938，等 2 条。

银带鳚杜父鱼 *Pseudoblennius cottoides*，12S：LC036937，等 2 条。

三崎粗鳞鲬 *Stlengis misakia*，Cytb：KM057910；12S：AB938166，等 2 条；16S：M058054，KM 057876；Tmo-4C4：KM058022；28S：KM057899。

松江鲈 *Trachidermus fasciatus*，COI：KP330548；Cytb：KC701150，等 45 条；SSR/microsatellite sequences：KC701040，等 110 条；HSP70：KC342053。

绒杜父鱼 *Hemitripterus villosus*，COI：KP330493，等 23 条；Cytb：AB126382；12S：AB938165；18S：AB375601；5.8S：AB375601。

松原隆背八角鱼 *Percis matsuii*，COI：KC684400。

似鲟足沟鱼 *Podothecus sturiodes*，12S：LC036950。

锯鼻柄八角鱼 *Sarritor frenatus*，12S：KM057986；16S：AY539037，等 2 条；Ficd：KC825407，等 3 条；PLAGL2：KC828064；Tbr1：KC830476；Tmo-4C4：AY539446；Zic1：KC831273；28S：AY539141；H3：AY539246。

寒隐棘杜父鱼 *Psychrolutes paradoxus*，COI：KF918896，等 3 条；16S：KJ010727，等 5 条。

变色隐棘杜父鱼 *P. phrictus*，COI：HQ010080，等 6 条；Cytb：KM057909；12S：KM057982；16S：KM058049，等 3 条；18S：AB375623；Ficd：KC825424；Myh6：KC827167；PLAGL2：KC828038；Sidkey：KC829562；Tmo-4C4：KM058018；Zic1：KC830840；H3：KM057935。

雀鱼 *Lethotremus awae*，COI：AB917651，等 8 条；Cytb：AB917721。

网纹狮子鱼 *Liparis chefuensis*，COI：JQ738425，等 3 条。

田中狮子鱼 *L. tanakae*，COI：JF952785，等 2 条。

田中副狮子鱼 *Paraliparis meridionalis*，12S：LC049924。

安巴双边鱼 *Ambassis ambassis*，COI：KJ614386，等 4 条。

布鲁双边鱼 *A. buruensis*，COI：JN021206。

裸头双边鱼 *A. gymnocephalus*，COI：JN021207，等 3 条。

断线双边鱼 *A. interrupta*，16S：HQ731424；Ficd：HQ731124；Hoxc6a：KC825929；；IRBP：JQ939126，等 3 条；MLL：JQ939413；Myh6：HQ731362；Panx2：KC827401；PLAGL2：HQ731343；RAG1：HQ731320；RIPK4：JQ939943，等 2 条；RNF213：JQ939644；SH3PX3：JQ940110；sreb2：HQ731214；Zic1：HQ731191；EHHADH：JQ938780；GPR61：JQ938630；GCS1：JQ938083；ZNF503：JQ939235；ZNF536：HQ731158。

小眼双边鱼 *A. miops*，COI：HQ654654，等 5 条。

尾纹双边鱼 *A. urotaenia*，ENC1：JX188881；Glyt：JX188714；Myh6：JX189665；PLAGL2：JX189347；Ptr：JX190114；RAG1：JX189819；SH3PX3：JX189573；sreb2：JX189973；Tbr1：JX 189201；Zic1：JX189048。

暹罗副双边鱼 *Parambassis siamensis*，SSR/microsatellite sequences：AB720612，等 38 条。

茎拟双边鱼 *Pseudambassis baculis*，Cytb：JF309325。

尖吻鲈 *Lates calcarifer*，COI：KJ669498；12S：KJ774841，等 2 条；16S：JQ939006；18S：KJ774690，等 3 条；complete mitochondrion genome：KR349919；28S：KC442045；5S：KC842203。

红眼沙鲈 *Psammoperca waigiensis*，COI：KF714999，等 8 条；12S：KM082972；16S：KM198901，等 4 条；Ficd：HQ731112，等 2 条；IRBP：JQ939173，等 3 条；Myh6：HQ731348，等 2 条；PLAGL2：HQ731327，等 3 条；RAG1：HQ731304，等 2 条；RIPK4：HQ731267，等 3 条；RNF213：JQ939706；SH3PX3：JQ940174；Sidkey：JQ937750；sreb2：HQ731198，等 3 条；Zic1：HQ731175，等 3 条；GPR61：JQ938709；RH：JQ938015；ZNF536：HQ731143，等 2 条。

宽花鲈 *Lateolabrax latus*，Cytb：AF240743，等 5 条；CR(control region)/D-loop：AY821232；12S：AB938173；16S：AF247439；SSR/microsatellite sequences：AB662839，等 50 条。

中国花鲈 *L. maculatus*，COI：EF143385，等 6 条；Cytb：DQ274054，等 22 条；CR(control region)/D-loop：KJ854712，等 156 条；16S：JN211613，等 6 条；18S：JN211894，等 5 条；SSR/microsatellite sequences：KP404153，等 8 条；complete mitochondrion genome：JQ860109。

条纹狼鲈 *Morone saxitilis*，COI：KF558274，等 13 条；Cytb：KF013217，等 3 条；complete genome：NC014353；ND2：JQ088489，等 2 条；16S：JN392471，等 7 条；16S：JN392474，等 7 条；12S：AY264834，等 5 条；CR：AY138963，等 3 条。

圆鳞发光鲷 *Acropoma hanedai*，COI：DQ648436；16S：DQ648414。

日本发光鲷 *A. japonicum*，COI：KF489467，等 4 条；Cytb：AB104911；16S：DQ790843，等 2 条；EGR1：KF017013；EGR3：KF017084；ENC1：KF139462；Glyt：KF139660；Myh6：JQ352813；PLAGL2：JQ352858；RAG1：KF017118，等 2 条；SH3PX3：KF141391；Sidkey：JQ352902；sreb2：JQ353088；Tbr1：KF140285；Zic1：JQ353125；RH1：KF017148；SLC10A3：JQ353055；ZNF503：JQ352979；MLL4：KF312010。

腭齿尖棘鲷 *Howella zina*，12S：LC049847，等 2 条。

赤鲑 *Doederleinia berycoides*，Cytb：AB104912；cox1：JQ681455，等 3 条。

须软鱼 *Malakichthys barbatus*，Cytb：AB104914。

美软鱼 *M. elegans*，Cytb：AB104915；ENC1：KF139463；Glyt：KF139792；Myh6：KF140038；PLAGL2：KF140780；RAG1：KF141275；SH3PX3：KF141518；Tbr1：KF140379；Zic1：KF140566。

灰软鱼 *M. griseus*，Cytb：AB104915；ENC1：KF139463；Glyt：KF139792；Myh6：KF140038；PLAGL2：KF140780；RAG1：KF141275；SH3PX3：KF141518；Tbr1：KF140379；Zic1：KF140566。

胁谷氏软鱼 *M. wakiyae*，Cytb：AB108495，等 2 条。

太平洋新鲑 *Neoscombrops pacificus*，IRBP：JX627898。

日本尖牙鲈 *Synagrops japonicus*，COI：JF494623，等 10 条；Cytb：AB104919；12S：EF120819；16S：EF120819，等 2 条；18S：AB375639；5.8S：AB375639；28S：EF120954；H3a：EF120902。

菲律宾尖牙鲈 *S. philippinensis*，Cytb：AB104920。

棘尖牙鲈 *S. spinosus*，16S：JQ938942；IRBP：JQ939125，等 3 条；MLL：JQ939412；Myh6：JQ939481，等 2 条；Panx2：KC827420；PLAGL2：JQ937534；RIPK4：JQ939942，等 2 条；RNF213：JQ939643；Sidkey：JQ937668，等 2 条；Snx33：KC829712；Zic1：KC830782；EHHADH：JQ938779；GPR61：JQ938629；SLC10A3：JQ938328；GCS1：JQ938082；ZNF503：JQ939234，等 3 条。

片山愈牙鮨 *Symphysanodon katayamai*，EGR1：KF017012；EGR3：KF017083；RAG1：KF017117；RH1：KF017147；MLL4：KF312033。

红嘴烟鲈 *Aethaloperca rogaa*，COI：JX674943，等 7 条；Cytb：EF213721；12S：AY949367；16S：EF503626，等 2 条；ND2：EF213731；complete mitochondrion genome：KP833628，等 2 条；ENC1：JN637935；Hoxc6a：KC825927；Panx2：KC827396；PLAGL2：KC828149；RIPK4：KC829198；Ryr3：JN637881；Svep1：KC830187；Tmo-4C4：EF517737，等 2 条；H3：AY949552。

白线光腭鲈 *Anyperodon leucogrammicus*，COI：KJ594957，等 4 条；Cytb：EF213714，等 2 条；

12S：AY949379；16S：KM077978，等 4 条；ND2：EF213733；complete mitochondrion genome：GQ131336；ENC1：JN637934；Ryr3：JN637880；Tmo-4C4：KM078009，等2条；cox1：JQ268568；PKD1：KM077890，等 2 条；H3：AY949577；MLL4：JX628325。

双线少孔纹鲷 *Aporops bilinearis*，COI：KF929617，等 3 条；16S：JX094016；Ficd：KC825813；IRBP：JX627938，等 3 条；Myh6：KC827179；Panx2：KC827431；Ptchd1：KC828637；RIPK4：KC828965；Sidkey：KC829674；VCPIP：KC830732；Zic1：KC831180；PKD1：KC222260。

特氏紫鲈 *Aulacocephalus temminckii*，COI：JF492922，等 6 条。

查氏鱵鲈 *Belonoperca chabanaudi*，COI：KF929657，等 2 条；12S：EF120790，等 2 条；16S：JX094024，等 3 条；IRBP：JX627918；Tmo-4C4：JX093971；28S：EF120925；rfp213：JX628532；PKD1：KC222259；H3：AY949561。

许氏菱齿鮨 *Caprodon schlegelii*，12S：AB974526，等 2 条。

斑点九棘鲈 *Cephalopholis argus*，COI：KC187769，等19条；Cytb：KC187915，等85条；12S：AY949357；16S：JX094015，等4条；ND2：DQ862092；complete mitochondrion genome：KC593377；ENC1：JX188923，等 2 条；Ficd：KC825780；Glyt：JX188757；Hoxc6a：KC825986，等 3 条；Myh6：JX189698；PLAGL2：KC828147，等 2 条；Ptr：JX190157；RAG1：JX189856；RIPK4：KC829193；Ryr3：JN637869；Snx33：KC829754；sreb2：JX190002；Tbr1：JX189238；Tmo-4C4：JX093979，等 3 条；VCPIP：KC830601；Zic1：JX189082；cox1：JQ268582；PKD1：JX093934；H3：AY949472。

横纹九棘鲈 *C. boenak*，COI：KJ202143，等 24 条；Cytb：AF121225；12S：EF120792，等 2 条；16S：KM077965，等 5 条；complete mitochondrion genome：KC537759；Tmo-4C4：KM077996，等 3 条；28S：EF120927；cox1：JQ268569；PKD1：KM077879；H3a：EF120884。

蓝线九棘鲈 *C. formosa*，COI：KF268151，等 22 条；Cytb：AY950691；12S：AY949370；16S：JN874617，等 4 条；ND2：DQ862093；ENC1：JN637921；Ryr3：JN637867；Tmo-4C4：EF517741，等 2 条；cox1：JQ268570。

七带九棘鲈 *C. igarashiensis*，COI：EU871685；12S：AY949326；16S：AY947599；Tmo-4C4：AY949292；H3：AY949457。

豹纹九棘鲈 *C. leopardus*，COI：KF929699，等 4 条；12S：AY949327；16S：KM261678，等 5 条；Tmo-4C4：AY949323；H3：AY949473。

青星九棘鲈 *C. miniata*，COI：KM077909，等 18 条；Cytb：EF213724；12S：AY949400；16S：KM261672，等 13 条；ND1：EU930862；ND2：EF213729；ENC1：JN637926；Ficd：KC825779；Hoxc6a：KC825987，等3条；PLAGL2：KC828146；Ptchd1：KC828733；RIPK4：KC829171；Ryr3：JN637926；Sidkey：KC829657；Snx33：KC829755；Tmo-4C4：KM077998，EF517739，AY949318；VCPIP：KC830600；Zic1：KC831346；PKD1：KM077880；H3：

AY949523。

波伦氏九棘鲈 *C. pollen*，COI：KJ594959；12S：AY949371；16S：AY947627；Tmo-4C4：AY949278。

六斑九棘鲈 *C. sexmaculata*，COI：KC970461，等 5 条；16S：JX094019；complete mitochondrion genome：KJ469385；Tmo-4C4：JX093980；PKD1：JX093935。

索氏九棘鲈 *C. sonnerati*，COI：KJ594960，等 22 条；Cytb：EF213722；12S：HQ592298，等 4 条；16S：KM261673，等 10 条；ND2：DQ862094；complete mitochondrion：KC593378；ENC1：JN637924；IRBP：JX627945；Ryr3：JN637870；Tmo-4C4：JX093981，EF517742，AY949297；rfp213：JX628562；cox1：JQ268571；PKD1：JX093936，JX628443；H3：AY949534；MLL4：JX628324。

黑缘尾九棘鲈 *C. spiloparaea*，COI：KJ594964，等 7 条；16S：KM077968；Tmo-4C4：KM077999；PKD1：KM077881。

尾纹九棘鲈 *C. urodeta*，COI：KJ594965，等 23 条；Cytb：EF213723，等 2 条；12S：AY949408；16S：KM077969，等 3 条；ND2：EF213730；ENC1：JN637925；MLL：EU638036；Ryr3：JN637871；Tmo-4C4：KM078000，等 3 条；PKD1：KM077882；H3：AY949538。

橙点九棘鲈 *C. aurantia*，COI：KM656838，等 4 条；12S：KM656789，等 3 条。

侧斑赤鮨 *Chelidoperca pleurospilus*，cox1：JQ681449，等 2 条。

燕赤鮨 *C. hirundinacea*，COI：KP267654；12S：AB969977。

珠赤鮨 *C. margaritifera*，12S：LC026641。

驼背鲈 *Cromileptes altivelis*，COI：KJ594967，等 13 条；Cytb：DQ683362，等 2 条；12S：AY949328；16S：JX094001，等 5 条；ND2：DQ862090；SSR/microsatellite sequences：FJ653665，等 22 条；complete mitochondrion genome：KC845547，等 2 条；RAG1：EU167823；Ryr3：JN637866；Tmo-4C4：JX093983，等 3 条；cox1：JQ268572；PKD1：JX093933，等 2 条；H3：AY949500；MLL4：JX628328。

双带黄鲈 *Diploprion bifasciatum*，COI：KM077912；Cytb：AF121223；12S：EF120793，等 2 条；16S：KM077912，等 3 条；complete mitochondrion genome：KP256530；Tmo-4C4：KM078001，AY949214；28S：EF120928；H3：AY949475。

赤点石斑鱼 *Epinephelus akaara*，COI：KJ743720，等 77 条；Cytb：AB706173；CR(control region)/D-loop：AB706173，等 59 条；12S：KM086730；SSR/microsatellite sequences：KP644309，等 10 条；complete mitochondrion genome：KM458971，等 3 条；RAG1：HQ007253。

镶点石斑鱼 *E. amblycephalus*，COI：JX093910，等 38 条；Cytb：JN212016，等 8 条；12S：AY949434；16S：JX094009，等 7 条；18S：JN211855，等 7 条；ND2：DQ862068；ENC1：JN637936；Ryr3：JN637882；Tmo-4C4：JX093984，等 3 条；cox1：JQ681438，等 5 条；PKD1：JX093937；H3：AY949513。

宝石石斑鱼 *E. areolatus*，COI：KJ594969，等 38 条；Cytb：AY786421，等 2 条；12S：KM082969，等 2 条；16S：KM198898，等 6 条；18S：KF591395；ND2：DQ862080；complete mitochondrion genome：KC466080，等 2 条；ENC1：JN637899；Ryr3：JN637844；Tmo-4C4：KM078003，EF517727；PKD1：KM077884；H3：AY949479。

青石斑鱼 *E. awoara*，COI：KP260461，等 6 条；Cytb：AB706174，等 3 条；CR(control region)/D-loop：AB706174，等 69 条；16S：JX094013，等 2 条；18S：KF591396；ND2：DQ862069；SSR/microsatellite sequences：DQ914901，等 20 条；complete mitochondrion genome：JX109835；ENC1：JN637904；Ryr3：JN637904；Tmo-4C4：JX093985，等 2 条；cox1：EU363802；PKD1：JX093945；BAFF：JX087434。

布氏石斑鱼 *E. bleekeri*，COI：JX093911，等 31 条；Cytb：JN212086，等 8 条；12S：AY949366；16S：JX094011，等 13 条；18S：JN211888，等 6 条；ND2：DQ862070；SSR/microsatellite sequences：AY736037；complete mitochondrion genome：KF556648；ENC1：JN637896；Ryr3：JN637841；Tmo-4C4：JX093986，等 2 条；cox1：JQ268573；PKD1：JX093938；H3：AY949554。

点列石斑鱼 *E. bontoides*，Cytb：AB706169。

褐带石斑鱼 *E. brunneus*，12S：KM086728；18S：FJ176793；SSR/microsatellite sequences：AB756813，等 295 条。

萤点石斑鱼 *E. coeruleopunctatus*，COI：KM077915，等 13 条；Cytb：EF213717；12S：AY949374；16S：KM261619，等 5 条；ND2：EF213734；ENC1：JN637914；Ryr3：JN637860；Tmo-4C4：KM078005，等 3 条；cox1：JQ268574；PKD1：KM077886；H3：AY949580。

密点石斑鱼 *E. chlorostigma*，COI：KF434771，等 12 条；Cytb：JN545062，等 2 条；12S：AY949407；16S：KM077973，等 4 条；ND2：DQ862071；ENC1：JN637901；Ryr3：JN637846；Tmo-4C4：KM078004，等 3 条；PKD1：KM077885；H3：AY949508。

斜带石斑鱼 *E. coioides*，COI：KM891742，等 14 条；CR(control region)/D-loop：KF250387，等 8 条；12S：KF250387，等 8 条；16S：KM077975；complete mitochondrion genome：KM377093；Tmo-4C4：KM078006；HSP60：KM189816；PKD1：KM077887；amhr2：KP161069。

珊瑚石斑鱼 *E. corallicola*，COI：KJ594970，等 4 条；Cytb：JN637831；12S：AY949334；16S：JX094008，等 3 条；SSR/microsatellite sequences：JX684068，等 49 条；complete mitochondrion genome：KP072053；ENC1：JN637939；Ryr3：JN637885；Tmo-4C4：JX093988，等 2 条；PKD1：JX093943；NAD2：JN637889。

蓝鳍石斑鱼 *E. cyanopodus*，COI：JQ412503，等 2 条；Cytb：AB706176；12S：AY949335；16S：KM077976，等 2 条；Tmo-4C4：KM078007，等 2 条；PKD1：KM077888。

小纹石斑鱼 *E. epistictus*，COI：FJ237768；Cytb：AY738241；16S：DQ067305；ND2：DQ862073；complete mitochondrion genome：KC593373，等 2 条；ENC1：JN637909，等 2 条；Ryr3：

JN637853；Tmo-4C4：EF517722。

带点石斑鱼 *E. fasciatomaculosus*，COI：JQ013799，等 2 条；Cytb：EF213719；12S：AY949398；16S：EF213711，等 2 条；ND2：EF213740；ENC1：JN637911；Ryr3：JN637857；Tmo-4C4：EF517717，等 2 条。

横条石斑鱼 *E. fasciatus*，COI：KJ594972，等 10 条；Cytb：AB829908，等 291 条；CR(control region)/D-loop：AB829908，等 290 条。

黄鳍石斑鱼 *E. flavocaeruleus*，COI：KF489583，等 6 条；Cytb：EF503635；12S：AY949384；16S：EF503625，等 2 条；ND2：EF213737；ENC1：JN637917；Ryr3：JN637863；Tmo-4C4：EF517731，AY949316；H3：AY949585。

棕点石斑鱼 *E. fuscoguttatus*，COI：KJ594975，等 14 条；Cytb：GU127597；16S：KM261628，等 5 条；SSR/microsatellite sequences：KF412804，等 35 条；complete mitochondrion genome：JX119192；ENC1：JN637893；Ryr3：JN637838；cox1：JQ268578，等 2 条；Cry1：KF752570，等 6 条。

颊条石斑鱼 *E. heniochus*，COI：KF268170，等 37 条；Cytb：JF458161，等 17 条；12S：DQ533208，等 11 条；16S：DQ533208，等 19 条；ENC1：EF539233；Ficd：KC825552，等 5 条；Myh6：KC827651，等 2 条；Panx2：KC827651；PLAGL2：KC828260，等 2 条；Ptchd1：KC828715，等 2 条；RAG1：EF530087；RAG2：EF617132，等 6 条；RIPK4：KC829106，等 2 条；Sidkey：KC829409；Snx33：KC829829，等 2 条；Svep1：KC830213；Tbr1：KC830351，等 2 条；Tmo-4C4：EF617215，等 5 条；VCPIP：KC830650；Zic1：KC831368，等 3 条；28S：DQ533038，等 2 条；H3：DQ533378，等 2 条；ND3：EF61704，等 6 条。

六角石斑鱼 *E. hexagonatus*，COI：KKJ594976，等 8 条；Cytb：AB706179，等 40 条；12S：AY949380；16S：JX094017，等 26 条；ND2：AB063198；ENC1：JN637938；Ryr3：JN637884；Tmo-4C4：JX093991，AY949319；PKD1：JX093942；NAD2：JN637887。

鞍带石斑鱼 *E. lanceolatus*，COI：EF609351，等 15 条；CR(control region)/D-loop：HQ616660；12S：AB938132，等 2 条；16S：JN874627；SSR/microsatellite sequences：KP230426，等 97 条；complete mitochondrion genome：KM386619，等 3 条；ENC1：JN637919；Ryr3：JN637865；Tmo-4C4：EF517736；cox1：JQ268579；gdf8：JN681176。

纵带石斑鱼 *E. latifasciatus*，COI：EU014219，等 5 条；Cytb：AY738243；16S：DQ088044，等 2 条；ND2：DQ862075；complete mitochondrion genome：KC480177；ENC1：JN637894；Ryr3：JN637839；Tmo-4C4：EF517724。

长棘石斑鱼 *E. longispinis*，COI：KP405930，等 18 条；Cytb：AY950697；16S：EF213704，等 3 条；ND2：DQ862081；ENC1：JN637895；Ryr3：JN637840；Tmo-4C4：EF517706。

大斑石斑鱼 *E. macrospilos*，COI：KP405932，等 8 条；Cytb：AB706170，等 4 条；12S：AY949416；16S：AY731072；Tmo-4C4：AY949238；H3：AY949481。

花点石斑鱼 *E. maculatus*，COI：KJ594977，等 10 条；Cytb：AB706175；12S：AY949338；16S：KM077979，等 9 条；18S：JN211730，等 6 条；SSR/microsatellite sequences：AY736040；Ficd：HQ731121，等 4 条；Myh6：KC827191，等 2 条；Panx2：KC827587；PLAGL2：KC828145，HQ731340；RAG1：HQ731317；RIPK4：KC828978，HQ731281；SH3PX3：JQ940133；sreb2：HQ731211；Tmo-4C4：KM078010，等 2 条；Zic1：HQ731188；PKD1：KM077891；EHHADH：JQ938818；GCS1：JQ938123；ZNF503：JQ939270；ZNF536：HQ731155。

玛拉巴石斑鱼 *E. malabaricus*，COI：KP316242，等 17 条；Cytb：HQ141375，等 2 条；12S：AY 949390；16S：KM077980，等 6 条；18S：KF591397；ND2：DQ862076；SSR/microsatellite sequences：AY736041；ENC1：JN637890；RAG1：AY551565；Ryr3：JN637835；Tmo-4C4：KM078011，等 3 条；cox1：JQ268580；PKD1：KM077892。

黑斑石斑鱼 *E. melanostigma*，COI：JQ349966；Cytb：EF503634，等 2 条；12S：AY949339；16S：EF503624，等 2 条；ND2：EF213736；ENC1：JN637918；Ryr3：JN637864；Tmo-4C4：EF517730，等 2 条。

蜂巢石斑鱼 *E. merra*，COI：KJ594980，等 12 条；Cytb：AB706180；CR(control region)/D-loop：AB706180，等 68 条；16S：KM261637，等 8 条；Ficd：KC825778；Hoxc6a：KC826044，等 3 条；Myh6：KC827190；Panx2：KC827588；PLAGL2：KC828144；Tmo-4C4：KM078012；Zic1：KC831248；PKD1：KM077893。

弧纹石斑鱼 *E. morrhua*，COI：KP058459，等 6 条；Cytb：JN637829；12S：JN637832，等 2 条；16S：KM077990，等 2 条；ENC1：JN637907；Ryr3：JN637852；Tmo-4C4：KM078021，等 7 条；PKD1：KM077901；NAD2：JN637886。

纹波石斑鱼 *E. ongus*，COI：KJ594984，等 15 条；12S：AY949344；16S：KM077982，等 2 条；Tmo-4C4：KM078013，等 2 条；5.8S：AB375595；PKD1：KM077894；H3：AY949496。

琉璃石斑鱼 *E. poecilonotus*，COI：KJ594985，等 9 条。

清水石斑鱼 *E. polyphekadion*，COI：KM077923；Cytb：EF213716；12S：AY279560，等 2 条；16S：KM261639，等 17 条；ND2：EF213735；complete mitochondrion genome：KP684520；ENC1：JN637915；RAG2：AY279869；Ryr3：JN637861；Tmo-4C4：KM078014，等 4 条；PKD1：KM077895；H3：AY949509。

玳瑁石斑鱼 *E. quoyanuscomplete*，COI：KJ594986，等 7 条；Cytb：FJ493229，等 5 条；12S：JN874629，等 2 条 Y949394；16S：JX094014，等 5 条；ND2：DQ862086；complete mitochondrion genome：KC790539；ENC1：JN637898；Ryr3：JN637843；Tmo-4C4：JX093993，等 3 条；cox1：JQ268583；H3：AY949519。

电纹石斑鱼 *E. radiatus*，COI：KM226295，等 3 条；Cytb：AY950701；12S：AY949430；16S：DQ067304，等 2 条；ND2：DQ862085；ENC1：JN637905；Ryr3：JN637850；Tmo-4C4：EF517710，等 2 条；

cox1：JQ681405，等 2 条。

雷氏石斑鱼 *E. retouti*，COI：KM077924，等 2 条；Cytb：AB706181；12S：AB972252，等 2 条；16S：KM077984，等 2 条；Tmo-4C4：KM078015，等 2 条；PKD1：KM077896。

半月石斑鱼 *E. rivulatus*，COI：KM077925，等 6 条；Cytb：AB706171；12S：EF120795，等 2 条；16S：KM077985，等 4 条；Tmo-4C4：KM078016，等 2 条；28S：EF120930；PKD1：KM077897；H3：AY949458。

六带石斑鱼 *E. sexfasciatus*，COI：KJ594988，等 19 条；Cytb：AY738248；16S：DQ067310；18S：KF591398，等 2 条；ND2：DQ862078；ENC1：JN637902；Ryr3：JN637847；Tmo-4C4：EF517716。

白星石斑鱼 *E. summana*，COI：KM656848，等 2 条；12S：KM656807。

吻斑石斑鱼 *E. spilotoceps*，COI：KM226298，等 13 条；Cytb：JN545068，等 6 条；12S：AY949440；16S：KM077986，等 3 条；ND2：DQ862087；ENC1：JN637940；Ryr3：JN637855；Tmo-4C4：KM078017，等 3 条；PKD1：KM077898。

南海石斑鱼 *E. stictus*，Cytb：EF213718；16S：EF213712；ND2：EF213739；ENC1：JN637913；Ryr3：JN637859；Tmo-4C4：EF517725。

巨石斑鱼 *E. tauvina*，COI：KM226301，等 30 条；Cytb：AB706178，等 3 条；12S：AY949347；16S：JX094004，等 5 条；18S：KF591399；ND2：EF213738；ENC1：JN637912；Rhod：EF456053，EF456052；Ryr3：JN637858；Tmo-4C4：JX093994，等 3 条；PKD1：JX093941。

三斑石斑鱼 *E. trimaculatus*，COI：JQ013805；12S：AY949403；16S：AY731071；complete mitochondrion genome：KC847086，等 2 条；ENC1：JN637897；Ryr3：JN637842；Tmo-4C4：EF517711，AY949264；H3：AY949486。

蓝身大石斑鱼 *E. tukula*，COI：JF493457，等 5 条；Cytb：EF213715；12S：AY949443；16S：EF503631，等 2 条；ND2：EF213732；complete mitochondrion genome：KJ414470；ENC1：JN637916；Ryr3：JN637862；Tmo-4C4：EF517732，等 2 条。

波纹石斑鱼 *E. undulosus*，COI：KM226303，等 7 条；Cytb：AY950698；12S：AY949409；16S：DQ088041，等 3 条；ND2：DQ862082；Ryr3：JN637854；Tmo-4C4：EF517704，等 2 条。

桃红大花鮨 *Giganthias immaculatus*，12S：LC026633，等 2 条。

六带线纹鱼 *Grammistes sexlineatus*，COI：GU805084，等 5 条；12S：FJ548766，等 2 条；16S：HQ731423，等 4 条；complete mitochondrion genome：KJ489014；ENC1：KF139554；Ficd：HQ731123；Glyt：KF139756；Hoxc6a：KC826076，等 3 条；Myh6：KF140003，等 2 条；PLAGL2：KF140748，等 2 条；RAG1：KF141246，等 2 条；RIPK4：HQ731283；SH3PX3：KF141477；sreb2：KF140207，等 2 条；Tbr1：KF140359，等 2 条；Tmo-4C4：AY539458；Zic1：KF140544，等 2 条；28S：AY539154；H3：AY539259；ZNF536：HQ731157。

八带下美鮨 *Hyporthodus octofasciatus*，COI：KM226304，等 4 条；12S：AB974538，等 3 条；16S：

AY947564；complete mitochondrion genome：JX135579；Tmo-4C4：AY949242。

七带下美鮨 *H. septemfasciatus*，COI：DQ107865，等3条；Cytb：JN637830，等3条；12S：KM086729，等2条；16S：JN637833，等2条；SSR/microsatellite sequences：EF109742，等79条；complete mitochondrion genome：FJ594966；ENC1：JN637937；RAG1：KP739749；RAG2：KP739756；Ryr3：JN637883；Tmo-4C4：AY949247；NAD2：JN637888。

荒贺长鲈 *Liopropoma aragai*，12S：AB974535。

黑缘长鲈 *L. erythraeum*，12S：AB974534。

宽带长鲈 *L. latifasciatum*，COI：KF489632，等4条。

新月长鲈 *L. lunulatum*，COI：JQ431889，等2条；16S：JX094023；IRBP：JX627947；Tmo-4C4：JX093974；PKD1：JX093929，等2条；MLL4：JX628323。

苍白长鲈 *L. pallidum*，COI：JQ431891，等2条；16S：JX094020；Tmo-4C4：JX093973。

孙氏长鲈 *L. susumi*，ENC1：KP965920；Glyt：KP965935；Myh6：KP965949；PLAGL2：KP965965；Ptr：KP965981；RAG1：KP965997；SH3PX3：KP966013；sreb2：KP966027；Tbr1：KP966042；Zic1：KP966058；12S：LC026645，等3条。

东洋鲈 *Niphon spinosus*，COI：EF143386；Cytb：DQ274053，等2条；12S：AB972249，等3条；16S：EF143377，等5条；ND2：JQ088491；ENC1：KF139555；Ficd：HQ731118；Glyt：KF139813；Myh6：KF140055，等2条；PLAGL2：HQ731336；RAG1：HQ731313；Rhod：EU637934；RIPK4：HQ731277，等2条；SH3PX3：KF141537；sreb2：HQ731208，等2条；Tmo-4C4：AY949210；Zic1：HQ731184；28S：EF120921；H3：AY949596；ZNF536：HQ731152。

黄斑牙花鮨 *Odontanthias borbonius*，COI：HQ945924，等2条；12S：AB974531，等2条。

金点牙花鮨 *O. chrysostictus*，EGR1：KF017014；EGR3：KF017085。

红衣牙花鮨 *O. rhodopeplus*，COI：KJ129022，等2条；12S：AB974533；16S：AB974533。

单斑牙花鮨 *O. unimaculatus*，12S：AB974532。

日本棘花鮨 *Plectranthias japonicus*，Cytb：AB104922；12S：FJ548769，等2条；16S：FJ548769，等3条；28S：EF120942；cox1：JQ681324，等2条；H3a：EF120893。

凯氏棘花鮨 *P. kelloggi*，12S：FJ548770；16S：FJ548770，等3条；Tmo-4C4：AY539460；28S：AY 539156；H3：AY539261。

黄吻棘花鮨 *P. kamii*，12S：LC026656。

银点棘花鮨 *P. longimanus*，COI：KF930273，等6条。

短棘花鮨 *P. nanus*，COI：KC565481。

伦氏棘花鮨 *P. randalli*，COI：KP267613。

红斑棘花鮨 *P. winniensis*，COI：KF930274，等3条。

山川氏棘花鮨 *P. yamakawai*，12S：AB974537，等2条。

蓝点鳃棘鲈 *Plectropomus areolatus*，COI：KM226308，等 8 条；Cytb：EF213725；12S：AY949447；16S：JN211557，等 5 条；18S：JN211838，等 4 条；JN211842；ND2：EF213741；SSR/microsatellite sequences：KC602414，等 20 条；complete mitochondrion genome：KC262636；ENC1：JN637931；Ryr3：JN637877；Tmo-4C4：EF517750，等 2 条。

黑鞍鳃棘鲈 *P. laevis*，COI：KKM226311，等 11 条；Cytb：AY963554，等 2 条；CR(control region)/D-loop：DQ643623，等 3 条；12S：AY949444；16S：KM077992，等 3 条；ND2：DQ862097；SSR/microsatellite sequences：DQ666823，等 5 条；ENC1：JN637930；Ryr3：JN637876；Tmo-4C4：KM078023，等 3 条；PKD1：KM077903。

豹纹鳃棘鲈 *P. leopardus*，COI：KM226310，等 5 条；CR(control region)/D-loop：KF203036，等 56 条；16S：KM077993，等 2 条；18S：KC577817；SSR/microsatellite sequences：KF992544，等 28 条；complete mitochondrion genome：KJ101556，等 2 条；Tmo-4C4：KM078024；cox1：JQ268581；PKD1：KM077904。

斑鳃棘鲈 *P. maculatus*，COI：KJ594990，等 14 条；CR(control region)/D-loop：FJ468014，等 164 条；SSR/microsatellite sequences：KF992548，等 21 条；ENC1：JN637933；Ryr3：JN637879，等 2 条；Tmo-4C4：EF517751。

点线鳃棘鲈 *P. oligacanthus*，Cytb：EF213726；12S：AY949386，等 2 条；16S：EF213707，等 2 条；ND2：EF213743；ENC1：JN637932；Ryr3：JN637878；Tmo-4C4：EF517748，等 2 条。

斑须鮨 *Pogonoperca punctata*，COI：JX093904，等 3 条；12S：AY949353，等 2 条；16S：JX093998，等 3 条；IRBP：JX627948；MLL：AY363629，等 2 条；Rhod：AY141292；RNF213：JX628558，等 2 条；Tmo-4C4：JX093976，等 2 条；28S：AY372711，等 5 条；PKD1：JX093927；MLL4：JX628318。

锯鳃拟花鮨 *Pseudanthias cooperi*，COI：GU805058，等 4 条。

条纹拟花鮨 *P. fasciatus*，COI：JF494290，等 4 条。

高体拟花鮨 *P. hypselosoma*，COI：JX093919；16S：JX094027；Tmo-4C4：JX093996；PKD1：JX093926。

刺盖拟花鮨 *P. dispar*，complete genome：NC028286，等 2 条。

紫红拟花鮨 *P. pascalus*，COI：KC565491，等 7 条；ENC1：JX188927；Glyt：JX188761；Myh6：JX189702；PLAGL2：JX189388；Ptr：JX190161；RAG1：JX189860；SH3PX3：JX189616；sreb2：JX190005；Tbr1：JX189242；Zic1：JX189086。

侧带拟花鮨 *P. pleurotaenia*，COI：JX093920，等 5 条；12S：FJ548775，等 2 条；16S：JX094026，等 4 条；Rhod：JX093949；28S：EF120944；histone H3a：EF120895。

丝鳍拟花鮨 *P. squamipinnis*，COI：KF489711，等 28 条；12S：FJ548776，等 3 条；16S：FJ548776，等 4 条；Ficd：KC825715，等 3 条；MLL：EU638083；PLAGL2：KC828350；Snx33：KC829942；Tbr1：KC830390；Tmo-4C4：AY949308；Zic1：KC831370；28S：EF120945；PKD1：JX

093925；histone H3a：EF120896；histone III：AY949543。

静拟花鮨 *P. tuka*，COI：JX093921；12S：FJ548778，等 4 条；16S：JX094025，等 5 条；Rhod：JX093948；Tmo-4C4：JX093997；PKD1：JX093924。

红带拟花鮨 *P. rubrizonatus*，12S：LC026642。

多棘拟线鲈 *Pseudogramma polyacanthum*，COI：JQ432063，等 10 条；Cytb：KM455381，等 42 条；12S：DQ533282，等 2 条；16S：JX094018，等 4 条；Ficd：KC825776；Hoxc6a：KC826202，等 3 条；PLAGL2：KC828105；Ptchd1：KC828735；RIPK4：KC829176；Tbr1：KC830461；Tmo-4C4：JX093977，等 2 条；VCPIP：KC830731；Zic1：KC831318；28S：DQ533106；PKD1：KC222258；H3：DQ533444；histone III：AY949493。

珠樱鮨 *Sacura margaritaceus*，COI：KF202522，等 4 条。

鲍氏泽鮨 *Saloptia powelli*，COI：JQ432090；12S：AY949375；16S：JX094022，等 2 条；IRBP：JX627949；Rhod：JX093954；RNF213：JX628560；Tmo-4C4：JX093995；PKD1：JX093930；histone III：AY949578；MC1R：JX628057。

臂斑月花鮨 *Selenanthias analis*，12S：AB974650。

日本丽花鮨 *Callanthias japonicus*，12S：LC026659。

伊豆鮨［伊豆翁鮨］*Serranocrrhitus latus*，COI：FJ584094，等 5 条。

姬鮨 *Tosana niwae*，COI：JF952878；12S：FJ548782，等 2 条；16S：FJ548782，等 3 条；28S：EF120946；histone H3a：EF120897。

鸢鮨［细鳞三棱鲈］*Triso dermopterus*，COI：DQ107934；12S：AY949365；16S：AY947601；complete mitochondrion genome：KC593371；histone III：AY949469。

白边侧牙鲈 *Variola albimarginata*，COI：KJ594991，等 17 条；Cytb：EF213728；12S：AY949412；16S：KM261668，等 8 条；ND2：EF213744；complete mitochondrion genome：KC593370；ENC1：JN637928；Rhod：KM077963；Ryr3：JN637874；Tmo-4C4：KM078025，等 3 条；PKD1：KM077905；histone III：AY949495。

侧牙鲈 *V. louti*，COI：KM077935，等 15 条；Cytb：AY786428，等 2 条；12S：DQ533322，等 2 条；16S：KM077995，等 5 条；ND2：DQ862095；complete mitochondrion genome：KC593369；ENC1：JN637927；IRBP：JX627950；Rhod：KM077964；RNF213：JX628563；Ryr3：JN637873；Tmo-4C4：KM078026，等 3 条；28S：DQ533141；PKD1：KM077906；H3：DQ533478；histone III：AY949494；MC1R：JX628063。

矛状鳂鲈 *Ostracoberyx dorygenys*，12S：EF120829；16S：EF120829，等 2 条；ENC1：KF139532；Glyt：KF139819；Myh6：KF140061；PLAGL2：KF140795；RAG1：KF141295，等 4 条；Tbr1：KF140401；Zic1：KF140588；28S：EF120965；histone H3a：EF120912。

奈氏鱼雀鲷 *Amsichthy knighti*，16S：KP288576。

鳗鳚 *Congrogadus subducens*，ENC1：JX188915；Glyt：JX188749；Myh6：JX189690；PLAGL2：JX189376；Ptr：JX190149；RAG1：JX189848；SH3PX3：JX189606；sreb2：JX189994；Tbr1：JX189230；Zic1：JX189074。

圆眼戴氏鱼 *Labracinus cyclophthalmus*，COI：FJ583584，等 2 条；CR(control region)/D-loop：KP288657；16S：KP288615；complete mitochondrion genome：AP009125；ENC1：JX188917；Glyt：JX188751；Myh6：JX189692；PLAGL2：JX189378；Ptr：JX190151；RAG1：JX189850；SH3PX3：JX189608；sreb2：JX189996；Tbr1：JX189232；Zic1：JX189076。

条纹戴氏鱼 *L. lineatus*，COI：FJ583586。

紫红背绣雀鲷 *Pictichromis diadema*，COI：FJ583978，等 2 条；CR(control region)/D-loop：KP288655，等 4 条；16S：KP288613，等 4 条。

紫绣雀鲷 *P. porphyrea*，COI：KP288534，等 5 条；CR(control region)/D-loop：KF700071；16S：KF700055，等 2 条。

蓝带拟雀鲷 *Pseudochromis cyanotaenia*，CR(control region)/D-loop：KP288658；16S：KP288538，等 3 条；Ficd：KC825725，等 3 条；Myh6：KC826989；Ptchd1：KC828698；RIPK4：KC829074；Sidkey：KC829682；Snx33：KC829945；Tbr1：KC830459；VCPIP：KC830736；Zic1：KC831267。

棕拟雀鲷 *P. fuscus*，COI：FJ583980，等 2 条；CR(control region)/D-loop：AY553417，等 92 条；HCFC1：KP017246。

马歇尔岛拟雀鲷 *P. marshallensis*，COI：KP288535；CR(control region)/D-loop：KP288662，等 3 条；16S：KP288620。

滑腹若棘鮗 *Acanthoplesiops psilogaster*，12S：LC026670。

蓝氏燕尾鮗 *Assesor randalli*，12S：LC026672。

丽鮗 *Calloplesiops altivelis*，COI：JQ349809，等 7 条；12S：EF120834；16S：EF120834，AY662701；Tmo-4C4：AY662801；28S：EF120970；histone H3a：AY662877。

蓝线鮗 *Plesiops coeruleolineatus*，COI：JQ350232；16S：JQ938972；Ficd：KC825704；等 4 条；Myh6：JQ939507；Panx2：KC827838；PLAGL2：JQ937557；RIPK4：JQ939969，等 2 条；SH3PX3：JQ940127；Sidkey：JQ937694；Tbr1：KC830445；VCPIP：KC830733；Zic1：KC831254；EHHADH：JQ938810；GPR61：JQ938660；GCS1：JQ938115；ZNF503：JQ939264；UBE3A：JQ937840。

仲原氏鮗 *P. nakaharae*，12S：LC026667。

羞鮗 *P. verecundus*，12S：LC026671；COI：KP194035。

艾氏后颌䲢 *Opistognathus evermanni*，12S：CO20793。

寿鱼 *Banjos banjos*，ENC1：KF139468；Glyt：KF139687；Myh6：KF139942；PLAGL2：KF140689；

RAG1：KF141186，等 2 条；Tbr1：KF140309；Zic1：KF140495。

日本牛目鲷 *Cookeolus japonicus*，COI：KF815042，等 11 条；16S：KF814988，等 7 条；18S：AB375648；28S：DQ533013；H3：DQ533355。

灰鳍异大眼鲷 *Heteropriacanthus cruentatus*，COI：KF929967，等 18 条；Cytb：DQ197957，等 50 条；ENC1：KF139548；Glyt：KF139848；IRBP：JX627908，等 3 条；Myh6：KF140091；Panx2：KC827654；PLAGL2：KF140824，等 2 条；Ptchd1：KC828651；RAG1：KF141328；Rhod：KC222233，等 4 条；RIPK4：KC828993；RNF213：JX628522；SH3PX3：KF141576；Sidkey：KC829386；Snx33：KC829830；sreb2：KF140252；Tbr1：KF140425，等 2 条；Zic1：KF140608，等 2 条。

布氏大眼鲷 *Priacanthus blochii*，COI：KF815022，等 5 条；16S：KF815002，等 6 条。

金目大眼鲷 *P. hamrur*，COI：KF815033，等 31 条；Cytb：HM037255，等 13 条；16S：KF815007，等 5 条；IRBP：JX627917；RAG1：EU167865；Rhod：KC222232；RNF213：JX628531；PKD1：JX628417；MC1R：JX628031。

短尾大眼鲷 *P. macracanthus*，COI：EU595245，等 2 条；5.8S：FJ960543，等 5 条；28S：FJ960543，等 5 条；cox1：JQ681519，等 4 条。

高背大眼鲷 *P. sagittarius*，COI：KF815027，等 6 条；16S：KF814993，等 3 条。

长尾大眼鲷 *P. tayenus*，COI：KJ202191，等 19 条；16S：JN211688，等 7 条；RAG1：EU167866；cox1：JQ681516。

黄鳍大眼鲷 *Priacanthus zaiserae*，12S：LC026678。

麦氏锯大眼鲷 *Pristigenys meyeri*，12S：LC026677。

日本锯大眼鲷 *P. niphonius*，MC1R：JX627963；cox1：JQ681466。

弓线天竺鲷 *Apogon amboinensis*，COI：AB890039；12S：AB206138；16S：AB206138；ENC1：AB893512；RAG1：AB893394。

纵带天竺鲷 *A. angustatus*，COI：AB890055，等 14 条；12S：AB206139；16S：AB206139；ND1：FJ346747，等 2 条；ND2：FJ346706，等 2 条；ENC1：AB893528；RAG1：AB893410。

短牙天竺鲷 *A. apogonides*，COI：AB890056，等 12 条；Cytb：KM455501，等 37 条；12S：AB206140；16S：AB206140；ENC1：AB206140；Myh6：FJ918896；RAG1：AB893411，等 2 条；Zic1：FJ906692。

环尾天竺鲷 *A. aureus*，COI：AB890057，等 7 条；12S：AB206141；16S：AB206141；ENC1：AB893530；RAG1：AB893412，等 2 条；S7：JN253587。

斑鳍天竺鲷 *A. carinatus*，COI：AB890049；12S：AB206142；16S：AB206142；ENC1：AB893522；RAG1：AB893404；cox1：JQ681489。

垂带天竺鲷 *A. cathetogramma*，COI：AB890024；12S：AB206143；16S：AB206143；ENC1：AB893497；RAG1：AB893380。

透明红天竺鲷 *A. coccineus*，COI：JQ349722，等 5 条。

裂带天竺鲷 *A. compressus*，COI：AB890058；12S：AB206144；16S：AB206144；ENC1：AB893531；RAG1：AB893413。

库氏天竺鲷 *A. cookii*，COI：AB890059，等 10 条；12S：AB206145；16S：AB206145，等 2 条；ND1：FJ346749；ND2：FJ346708；ENC1：AB893532；Ficd：KC825568；Hoxc6a：KC825946，等 3 条；Myh6：KC827277；Panx2：KC827427；PLAGL2：KC828073；Ptchd1：KC828753；RAG1：AB893414；RIPK4：KC829223。

坚头天竺鲷 *A. crassiceps*，COI：AB890011；12S：AB206127，等 2 条；16S：AB206127，等 2 条；ENC1：AB893481；RAG1：AB893364。

异天竺鲷 *A. dispar*，COI：AB890061；12S：AB889647；16S：AB889647；ENC1：AB893534；RAG1：AB893416。

斗氏天竺鲷 *A. doederleini*，COI：AB890062，等 46 条；Cytb：EU380969；CR(control region)/D-loop：JF717922，等 53 条；12S：AB206147；16S：AB206147；ND1：EU380981；ND2：EU381003；SSR/microsatellite sequences：AY496689，等 8 条；ENC1：AB893535；RAG1：AB893417。

长棘天竺鲷 *A. doryssa*，COI：JQ431433，等 3 条；ENC1：AB893482；RAG1：AB893365。

黑边天竺鲷 *A. ellioti*，COI：AB890050；12S：AB206148；16S：AB206148；ENC1：AB893523；RAG1：AB893405；cox1：JQ681488。

细线天竺鲷 *A. endekataenia*，COI：AB890063，等 2 条；12S：AB206149；16S：AB206149；ENC1：AB893536；RAG1：AB893418。

粉红天竺鲷 *A. erythrinus*，COI：EF607315；12S：AB206128；16S：AB206128。

单线天竺鲷 *A. exostigma*，COI：AB890091，等 11 条；Cytb：EU380960；12S：AB206131；16S：AB206131；ND1：FJ346742，等 2 条；ND2：FJ346702，等 2 条；ENC1：AB893563；Ficd：KC825564；KIAA1239：KC826308；Myh6：KC827276；Panx2：KC827428；PLAGL2：KC828070；Ptchd1：KC828697；RAG1：AB893443；RIPK4：KC829071；Sidkey：KC829611；Tbr1：KC830235；Zic1：KC831352。

宽条天竺鲷 *A. fasciatus*，COI：AB890064，等 3 条；12S：AB889648；16S：AB889648；ENC1：AB893537；RAG1：AB893419。

套缰天竺鲷 *A. fraenatus*，COI：AB890092，等 16 条；12S：AB206132；16S：AB206132；ENC1：AB893564；RAG1：AB893444。

云纹天竺鲷 *A. guamensis*，COI：JQ349749，等 4 条；12S：AB206150；16S：AB206150。

全纹天竺鲷 *A. holotaenia*，COI：AB890069，等 4 条；12S：AB889653；16S：AB889653，等 5 条；ND1：FJ346745，等 2 条；ND2：FJ346705；ENC1：AB893540；RAG1：AB893420；S7：JN253582，等 10 条。

扁头天竺鲷 *A. hyalosoma*，COI：KJ202133，等 8 条；12S：AB889684，等 2 条；16S：AB889684，等 2 条；ENC1：AB893589；RAG1：AB893467。

丽鳍天竺鲷 *A. kallopterus*，COI：AB890093，等 33 条；Cytb：KM455418，等 30 条；12S：AB206133；16S：AB206133；ND1：FJ346750，FJ346751；ND2：FJ346709，FJ346710；ENC1：AB893565；RAG1：AB893445。

中线天竺鲷 *A. kiensis*，12S：AB206152；16S：AB206152；ENC1：AB893542；RAG1：AB893422。

侧条天竺鲷 *A. lateralis*，COI：AB890040，等 4 条；12S：AB889640；16S：AB889640，等 2 条；ND1：FJ346752，等 2 条；ENC1：AB893513，等 2 条；Glyt：JX188705；Myh6：JX189657；PLAGL2：JX189339；Ptr：JX190105；RAG1：AB893395，等 2 条；SH3PX3：JX189564；sreb2：JX189965；Tbr1：JX189192；Zic1：JX189040。

细条天竺鲷 *A. lineatus*，COI：AB890051，等 8 条；12S：AB206153；16S：AB206153；ENC1：AB 893524；RAG1：AB893406。

黑身天竺鲷 *A. melas*，COI：AAB890025；12S：AB206154；16S：AB206154；ENC1：AB893498；RAG1：AB893381。

摩鹿加天竺鲷 *A. moluccensis*，COI：AB890073；ENC1：AB893545；RAG1：AB893425。

黑带天竺鲷 *A. nigrofasciatus*，COI：AB890075，等 14 条；12S：AB206156；16S：AB206156；ND1：AY722256，FJ346743；ND2：FJ346703；ENC1：AB893547；RAG1：AB893427。

黑点天竺鲷 *A. notatus*，COI：AB890076；12S：AB206157；16S：AB206157；ENC1：AB893548；RAG1：AB893428。

九线天竺鲷 *A. novemfasciatus*，COI：KJ967904，等 5 条；12S：AB206158；16S：AB206158；ENC1：AB893549；RAG1：AB893429。

橙带天竺鲷 *A. properuptus*，COI：AB890078；12S：AB206159，等 2 条；16S：AB206159，等 10 条；ENC1：AB893550；RAG1：AB893430。

四线天竺鲷 *A. quadrifasciatus*，COI：HQ945869，等 13 条；12S：AB206161；16S：AB206161；Rhod：EU637940；RNF213：EU638171。

半线天竺鲷 *A. semilineatus*，COI：AB890083，等 37 条；12S：AB206165；16S：AB206165，等 2 条；complete mitochondrion genome：AP005996；ENC1：AB893555；RAG1：AB893435；ITS：AB375620。

半饰天竺鲷 *A. semiornatus*，COI：AB890020，等 10 条；12S：AB206130；16S：AB206130；ENC1：AB893493；RAG1：AB893376。

横带天竺鲷 *A. striatus*，cox1：JQ681491。

九带天竺鲷 *A. taeniophorus*，COI：AB890087，等 15 条；12S：AB206167，等 2 条；16S：AB206167，等 9 条；ENC1：AB893559；RAG1：AB893439。

塔氏天竺鲷 *A. talboti*，COI：AB890021；12S：AB889627；16S：AB889627；ENC1：AB893494；RAG1：AB893377。

条腹天竺鲷 *A. thermalis*，COI：AB890041；ENC1：AB893514；RAG1：AB893396。

三斑天竺鲷 *A. trimaculatus*，COI：AB890096，等 4 条；12S：AB206135；16S：AB206135；ND1：FJ346754，等 2 条；ND2：FJ346711，等 2 条；ENC1：AB893568；RAG1：AB893448。

截尾天竺鲷 *A. truncatus*，COI：KF809390；cox1：JQ681515。

单色天竺鲷 *A. unicolor*，COI：AB890023；ENC1：AB893496；RAG1：AB893379。

黑似天竺鱼 *Apogonichthyoides niger*，COI：AB890026；12S：AB206155；16S：AB206155；ENC1：AB893499；RAG1：AB893382。

黑鳍似天竺鱼 *A. nigripinnis*，COI：JF492855，等 3 条。

双带似天竺鱼 *A. taeniatus*，COI：EF607321，等 2 条。

眼斑天竺鱼 *Apogonichthys ocellatus*，COI：KJ967892，等 4 条。

鸠斑天竺鱼 *A. perdix*，COI：AB890028；12S：AB889629；16S：AB889629；ENC1：AB893501；RAG1：AB893384。

双斑长鳍天竺鲷 *Archamia biguttata*，COI：AB890108，等 4 条；Cytb：EU380968；12S：AB889675；16S：AB889675；ND1：FJ346739，等 3 条；ND2：FJ346699，等 3 条；ENC1：AB893580；Ficd：KC825565，等 3 条；Myh6：KC827280；Panx2：KC827433；PLAGL2：KC828076；Ptchd1：KC828635；RAG1：AB893459；RIPK4：KC828962；Snx33：KC829718；Zic1：KC831173。

布氏长鳍天竺鲷 *A. bleekeri*，COI：AB890029；12S：AB889630；16S：AB889630；ENC1：AB893502；RAG1：AB893385。

红纹长鳍天竺鲷 *A. fucata*，COI：KF929618，等 7 条；Cytb：EU380958，等 2 条；ND1：EU380979，等 2 条；ND2：EU381001，等 2 条。

原长鳍天竺鲷 *A. lineolata*，COI：JF492874，等 2 条。

纵带巨牙天竺鲷 *Cheilodipterus artus*，COI：AB890034，等 8 条；12S：AB889635；16S：AB889635；ND1：FJ346764，等 2 条；ND2：FJ346722，等 2 条；SSR/microsatellite sequences：GU391248，等 12 条；ENC1：AB893507；RAG1：AB893390。

中间巨牙天竺鲷 *C. intermedius*，COI：KJ202144，等 2 条；12S：AB889636；16S：AB889636；ENC1：AB893508；RAG1：AB893391。

巨牙天竺鲷 *C. macrodon*，COI：AB890037，等 9 条；Cytb：EU380972；12S：AB889638；16S：AB889638；ND1：FJ346763，等 2 条；ND2：FJ346721，等 2 条；ENC1：AB893510；RAG1：AB893392，等 2 条。

五带巨牙天竺鲷 *C. quinquelineatus*，COI：AB890038，等 8 条；12S：AB889639；16S：AB889639，等 3 条；ENC1：AB893511，等 2 条；Glyt：JX188706；Myh6：JX189658；PLAGL2：JX189340；

Ptr：JX190106；RAG1：AB893393，JX189812；S7：JN253588，等2条；SH3PX3：JX189565；sreb2：JX189966；Tbr1：JX189193；Zic1：JX189041。

短线腭竺鱼 *Foa brachygramma*，COI：JQ349980。

金色乳突天竺鲷 *Fowleria aurita*，COI：AB890043，等4条；12S：AB889642；16S：AB889642；ND1：FJ346759，等2条；ND2：FJ346716，等2条；ENC1：AB893516；Ficd：KC825569；Hoxc6a：KC826059，等3条；Myh6：KC827275；Panx2：KC827611；PLAGL2：KC828077；Ptchd1：KC828756；RAG1：AB893398；RIPK4：KC829225；Snx33：KC829812。

犬形乳突天竺鲷 *F. isostigma*，COI：AB890044，等3条；12S：AB206125；16S：AB206125；ND1：FJ346760；ND2：FJ346717；ENC1：AB893517；RAG1：AB893399。

显斑乳突天竺鲷 *F. marmorata*，COI：KF929890，等8条；ND1：FJ346761，等2条；ND2：FJ 346720。

维拉乳突天竺鲷 *F. vaiulae*，COI：AB890046，等4条；12S：AB889644；16S：AB889644；ENC1：AB893519；RAG1：AB893401。

杂斑乳突天竺鲷 *F. variegata*，COI：AB890047，等11条；12S：AB206126；16S：AB206126；ND1：FJ346718，等2条；ENC1：AB893520；RAG1：AB893402。

尾斑裸天竺鲷 *Gymnapogon urospilotus*，COI：KM350716，等6条；ND1：FJ346774，等2条；ND2：FJ346733，等2条；Ficd：KC825538；Myh6：KC827272；Panx2：KC827637；Ptchd1：KC828639；Snx33：KC829820；Zic1：KC831179。

颊纹圣竺鲷 *Neamia bandanensis*，Hoxc6a：KC825944；KIAA1239：KC826303；Myh6：KC82728；Panx2：KC827425；PLAGL2：KC828075；RIPK4：KC829101；Sidkey：KC829613；Snx33：KC829713；Svep1：KC830062；Zic1：KC831194。

棕色圣竺鲷 *N. fusca*，COI：AB890053，等7条；12S：AB206129；16S：AB206129；ENC1：AB893526，等3条；Myh6：KC827274；Panx2：KC827429；PLAGL2：KC828078；Ptchd1：KC828707；RAG1：AB893408；RIPK4：KC829094；Sidkey：KC829612；Zic1：KC831230。

萨瓦耶圣竺鲷 *N. savayensis*，COI：AB890054，等5条；12S：AB206163；16S：AB206163；ENC1：AB893527；RAG1：AB893409。

短牙鹦竺鲷 *Ostorhinchus apogonoides*，COI：AB890056，等12条；Cytb：KM455501，等34条；12S：AB206140；16S：AB206140；ENC1；Myh6：FJ918896；RAG1：AB893411，等2条；Zic1：FJ906692。

宽条鹦竺鲷 *O. fasciatus*，COI：AB890064，等3条；12S：AB889648；16S：AB889648；ENC1；AB893537；RAG1：AB893419。

棘眼天竺鲷 *Pristiapogon fraenatus*，COI：AB890092 等16条；12S：AB206132；16S：AB206132；ENC1：AB893564；RAG1：AB893444。

犬牙拟天竺鲷 *Pseudamia gelatinosa*，COI：AB890005，等 4 条；12S：AB889611；16S：AB889611；ND1：FJ346776，等 3 条；ND2：FJ346735，等 3 条；ENC1：AB893475；Hoxc6a：KC826204；Panx2：KC827874；PLAGL2：KC828092；Ptchd1：KC828649；RAG1：AB893358；RIPK4：KC828991；Sidkey：KC829608；Snx33：KC82994；Zic1：KC830857。

准天竺鲷 *Pseudamiops gracilicauda*，COI：JQ432048，等 2 条。

燕尾箭天竺鲷 *Rhabdamia cypselurus*，COI：AB890114，等 8 条；12S：AB889681，等 2 条；16S：AB889681，等 2 条；ND1：FJ346772，等 2 条；ND2：FJ346731，等 2 条；ENC1：AB893586，等 2 条；Ficd：KC825566；Hoxc6a：KC826211；KIAA1239：KC826307；Myh6：KC827269；Panx2：KC827883；RAG1：AB893465，等 2 条；Sidkey：KC829614。

细箭天竺鲷 *R. gracilis*，COI：AB890098，等 6 条；12S：AB889665，等 2 条；16S：AB889665，等 2 条；ENC1：AB893570，等 2 条；RAG1：AB893450，等 2 条。

马岛氏管竺鲷 *Siphamia majimai*，COI：AB890102；12S：AB889669；16S：AB889669；ENC1：AB 893574；RAG1：AB893454。

变色管竺鲷 *S. versicolor*，COI：DQ790846；16S：DQ790844。

丝鳍圆竺鲷 *Sphaeramia nematoptera*，COI：AB890106，等 6 条；12S：AB889673；16S：AB889673；IRBP：EU638154；MLL：EU638091；RAG1：AB893457；Rhod：EU638010。

红尾圆竺鲷 *S. orbicularis*，COI：AB890107，等 2 条；CR(control region)/D-loop：AB252837，等 17 条；ND1：FJ346780；ND2：FJ346738；SSR/microsatellite sequences：AB662840，等 39 条；ENC1：AB893579，等 2 条；Glyt：KF139886；Myh6：KF140125；PLAGL2：KF140855；RAG1：AB893458，等 2 条；SH3PX3：KF141612；sreb2：KF140274；Tbr1：KF140454；Zic1：KF140642。

吉氏狸竺鲷 *Zoramia gilberti*，COI：AB890120；12S：AB206137；16S：AB206137；ENC1：AB893592；RAG1：AB893470。

细身后竺鲷 *Epigonus denticulatus*，COI：JF493425，等 5 条；Myh6：KC827195。

杂色鱚 *Sillago aeolus*，COI：HM131473，等 4 条；Cytb：HM131469，等 4 条；complete mitochondrion genome：KM234972；RAG1：EU167873。

亚洲鱚 *S. asiatica*，COI：JN242604，等 4 条；Cytb：JN212072，等 4 条；16S：JN211570，等 4 条；18S：JN211851，等 4 条；complete mitochondrion genome：KM350211。

砂鱚 *S. chondropus*，COI：JF494513，等 4 条；12S：EF120837；16S：EF120837，等 2 条；ND2：JQ088496；Glyt：KF139883；SH3PX3：KF141609；Tbr1：KF140451；28S：EF120973；histone H3a：EF120919。

海湾鱚 *S. ingenuua*，COI：EF609469；cox1：FJ155368。

少鳞鱚 *S. japonica*，COI：KC748110，等 20 条；Cytb：HM131465，等 4 条；16S：KC767734，等 2 条；SSR/microsatellite sequences：KJ001690，等 37 条；RAG2：KC748136；RNF213：KC748053；

EF-1-alpha：AY064507，等 2 条。

斑鱚 *S. maculata*，COI：FJ223187，等 5 条。

细鳞鱚 *S. parvisquamis*，COI：HQ389247，等 3 条；SSR/microsatellite sequences：AB778939，等 11 条。

多鳞鱚 *S. sihama*，COI：KP296157，等 35 条；Cytb：KC774714；CR(control region)/D-loop：JN626236，等 11 条；16S：JQ938978，等 2 条；complete mitochondrion genome：JQ048935；Glyt：KF139884；Hoxc6a：KC826236；IRBP：JQ939138，等 4 条；Myh6：KF140124，等 2 条；PLAGL2：KF140853，等 2 条；RAG1：KF141360；RIPK4：JQ939976，等 2 条；SH3PX3：KF141610；Sidkey：JQ937699；Tbr1：KF140452，等 2 条；EHHADH：JQ938819；GPR61：JQ938669；ZNF503：JQ939271，等 2 条；cox1：JQ681510。

白方头鱼 *Branchiostegus albus*，COI：AB849008，等 8 条；Cytb：AB849271，等 14 条；CR(control region)/D-loop：AB853122，等 50 条；16S：AB561146；complete mitochondrion genome：EU861053；RAG1：AB602482，等 2 条。

银方头鱼 *B. argentatus*，COI：FJ237634，等 17 条；Cytb：EU821591，等 3 条；16S：AB561145；complete mitochondrion genome：EU861054；RAG1：AB602480，等 2 条。

斑鳍方头鱼 *B. auratus*，COI：AB561158，等 4 条；Cytb：AB794142，等 5 条；16S：AB561147；RAG1：AB794145，等 4 条。

日本方头鱼 *B. japonicus*，COI：AB794143，等 16 条；Cytb：EU821586，等 13 条；CR(control region)/D-loop：AB447247，等 53 条；16S：AB627348，等 4 条；18S：AB375560；complete mitochondrion genome：RAG1：AB794147，等 4 条；5.8S：AB375560；ITS：AB375560；cox1：JQ681343。

似弱棘鱼 *Hoplolatilus cuniculus*，complete mitochondrion genome：AP012490。

叉尾似弱棘鱼 *H. fronticinctus*，COI：KF489615，等 3 条。

马氏似弱棘鱼 *H. marcosi*，COI：FJ583571，等 3 条。

紫似弱棘鱼 *H. purpureus*，COI：FJ583575，等 2 条；16S：AY539056，等 2 条；Tmo-4C4：AY539464；28S：AY539160；H3：AY539265。

短吻弱棘鱼 *Malacanthus brevirostris*，COI：HQ945947，等 5 条。

侧条弱棘鱼 *M. latovittatus*，COI：JF493856，等 2 条。

乳香鱼 *Lactarius lactarius*，COI：FJ347949，等 7 条；EGR1：KF311945；EGR3：KF312091；RAG1：KF311979；Rhod：KF312123；cox1：JQ681391；EGR2B：KF312061。

牛眼青鯥 *Scombrops boops*，COI：HQ945916，等 2 条；Cytb：AB688816，等 104 条；CR(control region)/D-loop：AB298630，等 9 条；16S：AB298626，等 12 条；complete mitochondrion genome：LC006297。

鯥 *Pomatomus saltatrix*，COI：KF461220，等 104 条；12S：FJ374791；16S：JQ938975，等 2 条；complete mitochondrion genome：AB355904；ENC1：KF139546；Glyt：KF139845；IRBP：JQ939135，等 4 条；MLL：JQ939425；Myh6：KF140088，等 3 条；Panx2：KC827853；PLAGL2：KF140821，等 2 条；RAG1：KF141325；RIPK4：JQ939973；RNF213：JQ939658；SH3PX3：KF141573；Sidkey：JQ937697；sreb2：KF140249；Tbr1：KF140422；Zic1：KF140605，等 2 条；H3：DQ533438；ZNF503：JQ939267。

棘鲯鳅 *Coryphaena equiselis*，Cytb：L11533，等 5 条；CR(control region)/D-loop：AB355907；12S：FJ374797；16S：KC603517，等 2 条；18S：FJ374816；ND2：FJ374827；IRBP：EU638114；MLL：EU638040；Rhod：EF439268，等 4 条；RNF213：EU638189；5.8S：FJ374816。

鲯鳅 *C. hippurus*，COI：KJ202147，等 22 条；CR(control region)/D-loop：AB355908；12S：JQ938953，等 3 条；16S：AB938133，等 2 条；EGR1：KF311942；EGR3：KF312088；ENC1：KF139497；Ficd：KC825632；Glyt：JX190342；Hoxc6a：KC826016，等 3 条；Myh6：JQ939492，等 2 条；Panx2：KC827832；PLAGL2：JQ937545，等 2 条；Ptr：JX190750；RAG1：KF311976，等 3 条；Rhod：KF312120；RIPK4：JQ939953；SH3PX3：JQ940115，等 2 条；Sidkey：JQ937678；sreb2：JX191105；Zic1：JX191333；ZNF503：JQ939246；EGR2B：KF312058。

军曹鱼 *Rachycentron canadum*，COI：KP410326，等 9 条；Cytb：KC243504，等 146 条；16S：JQ 938977；ATP6-ATP8:KM211966，等 10 条；complete mitochondrion genome：KC782765；EGR3：KF312094；Rhod：KF312126；H3：DQ533446。

䲟 *Echeneis naucrates*，COI：KF461170，等 12 条；Cytb：KF561848，等 6 条；12S：FJ374793，等 3 条；16S：DQ533194，等 6 条；18S：FJ374818；ND2：FJ374829；complete mitochondrion genome：KF021242；ENC1：KF139499；Glyt：JX190343；Hoxc6a：KC826036；IRBP：DQ168062；KIAA1239：KC826392；MLL：AY362245；Panx2：KC827570；PLAGL2：KC828331，等 2 条；Ptr：JX190751；RAG1：JX190877，等 2 条；Rhod：AY141315；RIPK4：KC829020；RNF213：EU638197；SH3PX3：JX191011；Svep1：KC830165；Tbr1：JX191206；VCPIP：KC830712；Zic1：JX191334；5.8S：FJ374818；28S：DQ533025，等 5 条；H3：DQ533366。

白短䲟 *Remora albescens*，COI：GU440499；12S：FJ374788；16S：FJ374802；18S：FJ374821；ND2：FJ374828；5.8S：FJ374821。

澳洲短䲟 *R. australis*，COI：GU440495；12S：FJ374795；16S：FJ374809；18S：FJ374820；ND2：FJ374837；RAG1：EU167871；5.8S：FJ374820。

短臂短䲟 *R. brachyptera*，COI：GU440496；12S：FJ374796；16S：FJ374810；18S：FJ374822；ND2：FJ374834；5.8S：FJ374822。

大盘短䲟 *R. osteochir*，COI：JF952833，等 2 条；CR(control region)/D-loop：FJ348267，等 79 条；12S：FJ374787，等 2 条；16S：JQ939025，等 2 条；18S：FJ374823；ND2：FJ374832；IRBP：

JQ939160，等4条；MLL：JQ939444；Myh6：KC827254；PLAGL2：JQ937603，等2条；Rhod：JQ938002；RNF213：JQ939692；SH3PX3：JQ940160；Sidkey：JQ937735；Zic1：KC831176；5.8S：FJ374823；EHHADH：JQ938857；ZNF503：JQ939312。

短鲫 *R. remora*，COI：GU440498，等 2 条；Cytb：DQ082912；12S：AB938136，等 2 条；16S：FJ374806，等 2 条；18S：FJ374824；ND2：FJ374830；5.8S：FJ374824。

短吻丝鲹 *Alectis ciliaris*，COI：KF461131，等 18 条；Cytb：AF363739；12S：AB938139；16S：JQ939017；complete mitochondrion genome：KM522837；Ficd：KC825734；IRBP：JQ939153，等 4 条；MLL：JQ939439；Myh6：JQ939549，等 2 条；PLAGL2：JQ937597；Rhod：JQ937996；RIPK4：JQ940011；RNF213：JQ939685；SH3PX3：JQ940154；Sidkey：JQ937729；Zic1：KC831183；EHHADH：JQ938851；ZNF503：JQ939304。

长吻丝鲹 *A. indica*，COI：HQ560997，等 17 条；Cytb：EF512290；CR(control region)/D-loop：EU131013；16S：EF613265。

及达副叶鲹 *Alepes djedaba*，COI：HQ561009，等 46 条；Cytb：EF512295，等 2 条；CR(control region)/D-loop：EU131018；16S：EF613269；SSR/microsatellite sequences：AB662841，等 39 条。

克氏副叶鲹 *A. kleinii*，COI：JX261594，等 14 条；Cytb：EF512293；CR(control region)/D-loop：EU131014；16S：EF613264；complete mitochondrion genome：KF728081。

黑鳍副叶鲹 *A. melanoptera*，COI：HQ561010，等 15 条。

范氏副叶鲹 *A. vari*，COI：KF714896，等 14 条。

沟鲹 *Atropus atropos*，COI：HQ560998，等 19 条；Cytb：AY050729。

游鳍叶鲹 *Atule mate*，COI：KF80939，等 53 条；12S：KM082978；16S：JQ939018，等 2 条；complete mitochondrion genome：KM522838；Hoxc6a：KC825952；IRBP：JQ939154，等 4 条；Myh6：JQ939550，等 2 条；Panx2：KC827447；PLAGL2：JQ937598；RAG1：JQ938275；Rhod：JQ937997；RIPK4：JQ940012；RNF213：JQ939686；SH3PX3：JQ940155；Sidkey：KC829643；Tbr1：KC830246；Zic1：KC831211；EHHADH：JQ938852；ZNF503：JQ939305。

甲若鲹 *Carangoides armatus*，COI：KC970373，等 3 条；complete mitochondrion genome：AP004444。

橙点若鲹 *C. bajad*，COI：KF434773，等 27 条。

长吻若鲹 *C. chrysophrys*，COI：KF009570，等 38 条。

青羽若鲹 *C. coeruleopinnatus*，COI：KF489519，等 8 条。

背点若鲹 *C. dinema*，COI：JX261552，等 6 条。

高体若鲹 *C. equula*，COI：JQ178229，等 3 条；16S：AY541670；complete mitochondrion genome：KM201334。

平线若鲹 *C. ferdau*，COI：KF714902，等 5 条；16S：JQ938947；等 4 条；MLL：JQ939414；Myh6：JQ939486；PLAGL2：JQ937539；Rhod：JQ937968；RIPK4：JQ939947；Sidkey：JQ937673；

Tbr1：KC830269；Zic1：KC831264；GPR61：JQ938634；ZNF503：JQ939240。

黄点若鲹 *C. fulvoguttatus*，COI：KF714903，等 11 条。

裸胸若鲹 *C. gymnostethus*，COI：KF929683，等 4 条。

海兰德若鲹 *C. hedlandensis*，COI：KC970455，等 4 条。

马拉巴若鲹 *C. malabaricus*，COI：KF809393，等 50 条；16S：AY541671；ND5：DQ028051；complete mitochondrion genome：KJ174514；28S：DQ028181；H3：DQ028092。

直线若鲹 *C. orthogrammus*，COI：JQ431539，KF009573；12S：AB938141。

横带若鲹 *C. plagiotaenia*，COI：KC970456；16S：JQ939019；Hoxc6a：KC825983；IRBP：JQ939155，等 4 条；MLL：JQ939440；Myh6：JQ939551；PLAGL2：JQ937599；Rhod：JQ937998；RIPK4：JQ940013；RNF213：JQ939687；SH3PX3：JQ940156；Sidkey：JQ937730；Tbr1：KC830270；VCPIP：KC830637；Zic1：KC831356；EHHADH：JQ938853；GPR61：JQ938701；ZNF503：JQ939306。

褐背若鲹 *C. praeustus*，COI：KC508506，等 10 条。

白舌若鲹 *C. talamparoides*，COI：KC508507。

大口鲹 *Caranx bucculentus*，COI：EF609303。

马鲹 *C. hippos*，COI：KF461147，等 13 条；Cytb：HQ593675，等 2 条；12S：DQ533167；16S：DQ533167，等 2 条；RAG1：EU167758；28S：DQ533002；H3：DQ533344。

珍鲹 *C. ignobilis*，COI：KJ202135，等 36 条；Cytb：KJ464979；12S：AB938142；16S：JQ939020，DQ427054；ATP6-ATP8：EU131643，等 8 条；complete mitochondrion genome：KF649842；Ficd：KC825732；IRBP：JQ939156，等 4 条；MLL：JQ939441；Myh6：JQ939552，等 2 条；PLAGL2：JQ937600；Ptchd1：KC828653；RAG1：JQ938276；Rhod：JQ940014；RNF213：JQ939688；SH3PX3：JQ940157；Sidkey：JQ937731；Tbr1：KC830271；VCPIP：KC830634；Zic1：KC831227；EHHADH：JQ938854；ZNF503：JQ939307。

黑鲹 *C. lugubris*，COI：JQ431541，等 2 条；16S：JQ396645，等 2 条。

黑尻鲹 *C. melampygus*，COI：KC970375，等 9 条；12S：DQ427065；16S：DQ427053，等 15 条；complete mitochondrion genome：KF649843，等 2 条。

巴布亚鲹 *C. papuensis*，COI：KJ202138，等 9 条。

六带鲹 *C. sexfasciatus*，COI：KJ202139，等 42 条；Cytb：KJ464980，等 2 条；12S：KM082979；16S：JQ939026，等 3 条；Hoxc6a：KC825984；IRBP：JQ939161，等 4 条；MLL：JQ939445；Myh6：JQ939555；RAG1：JQ938278；Rhod：JQ938003；RIPK4：JQ940019；RNF213：JQ939693；Sidkey：JQ937736，等 2 条；Zic1：KC831240；EHHADH：JQ938858；ZNF503：JQ939313。

泰勒鲹 *C. tille*，COI：JX261631，等 10 条。

红尾圆鲹 *Decapterus akaadsi*，COI：EF607334，等 10 条；Cytb：AB374075。

无斑圆鲹 *D. kurroides*，COI：JX261617，等 9 条；Cytb：KJ464981，等 5 条。

细鳞圆鲹 *D. macarellus*，COI：KJ202148，等 8 条；Cytb：EU349422，等 5 条；16S：JQ939022；complete mitochondrion genome：KM986880；KIAA1239：JQ939853；RIPK4：JQ940016；RNF213：JQ939689；Sidkey：JQ937732；ZNF503：JQ939309；cox1：JQ681500。

长体圆鲹 *D. macrosoma*，COI：KC970467，等 36 条；Cytb：AF390868，等 14 条；complete mitochondrion genome：KF841444；RAG1：EU167757。

红背圆鲹［蓝圆鲹］*D. maruadsi*，COI：KP260472，等 63 条；16S：EF613266；18S：AJ564777；complete mitochondrion genome：KJ004518；5.8S：AB375618。

穆氏圆鲹 *D. muroadsi*，COI：HQ010055；Cytb：KJ464984，等 2 条；16S：HQ127635。

红鳍圆鲹 *D. russelli*，COI：KR011051，等 16 条；Cytb：AF307494，等 30 条；16S：DQ660428；cox1：JQ681458，等 2 条。

锯缘圆鲹 *D. tabl*，Cytb：AF515753，等 6 条。

纺锤鰤 *Elagatis bipinnulata*，COI：KF461174，等 24 条；Cytb：KJ464985，等 3 条；16S：JQ939024；Ficd：KC825764；IRBP：JQ939159，等 4 条；MLL：JQ939443；Myh6：JQ939554；Panx2：KC827574；PLAGL2：JQ937602；Rhod：JQ938001；RIPK4：JQ940018；RNF213：JQ939691；SH3PX3：JQ940159；Sidkey：JQ937734；Svep1：KC830196；Tbr1：KC830316；VCPIP：KC830632；Zic1：KC831358；EHHADH：JQ938856；ZNF503：JQ939311。

黄鹂无齿鲹 *Gnathanodon speciosus*，COI：JX261536，等 12 条；Cytb：KJ461928；16S：JQ939027，等 2 条；SSR/microsatellite sequences：AY952454，等 6 条；Hoxc6a：KC826072；IRBP：JQ939162，等 4 条；MLL：EU638053；Myh6：JQ939556；Panx2：KC827628；Ptchd1：KC828769；RAG1：JQ938279；Rhod：EU637963；RIPK4：EU637963；RIPK4：JQ940020；RNF213：EU638204；SH3PX3：JQ940161；Sidkey：JQ937737；Tbr1：KC830338；VCPIP：KC830636；Zic1：KC831238；ZNF503：JQ939314。

大甲鲹 *Megalaspis cordyla*，COI：KR011052，等 75 条；Cytb：KJ464986；12S：KM082976；18S：AJ564776；complete mitochondrion genome：KM522836。

舟鰤 *Naucrates ductor*，COI：HQ010068，JF493967；16S：HQ127636。

乌鲹 *Parastromateus niger*，COI：KC442079，等 63 条；12S：KM082984，等 3 条；16S：KM198912，等 2 条；complete mitochondrion genome：KJ192332；EGR1：KC442097；EGR3：KC442170；MLL：KF312011；RAG1：EF095654；Rhod：EF095616；28S：KC442044。

黄带拟鲹 *Pseudocaranx dentex*，COI：KF489712，等 3 条；Cytb：HQ593681，等 5 条；16S：EU848433；Rhod：DQ197887，等 3 条。

康氏似鲹 *Scomberoides commersonnianus*，COI：KJ013057，等 31 条；Cytb：EF512294，等 2 条；

CR(control region)/D-loop：EU131017；16S：EF613268。

长颌似鲹 *S. lysan*，COI：KP308088，等 16 条；12S：AB938137，等 2 条；16S：JQ939032，等 3 条；ND5：DQ028052，等 3 条；Myh6：JQ939560；PLAGL2：KC828356；Ptchd1：KC828710；RAG1：JQ938281；Rhod：JQ938008；RIPK4：JQ940025；Sidkey：KC829688；Svep1：KC830194；Tbr1：KC830485；VCPIP：KC830628；Zic1：KC831359；5.8S：AB375557；28S：DQ028182；H3：DQ028093；ZNF503：JQ939319。

横斑似鲹 *S. tala*，COI：JX261626，等 11 条。

革似鲹 *S. tol*，COI：JX261638，等 57 条。

牛目凹肩鲹 *Selar boops*，COI：KF809421，等 47 条；Cytb：AF515744，等 2 条。

脂眼凹肩鲹 *S. crumenophthalmus*，COI：KR011053，等 33 条；Cytb：HQ593683，等 3 条；CR(control region)/D-loop：KF241890，等 59 条；12S：AB938143；16S：JQ939033；complete mitochondrion genome：KJ148633；Ficd：KC825670，等 4 条；MLL：JQ939450；Myh6：JQ939561；PLAGL2：JQ937606；RIPK4：JQ940026；RNF213：JQ939697；SH3PX3：JQ940164；Sidkey：JQ937742；Tbr1：KC830492；Zic1：KC831355；EHHADH：JQ938862；ZNF503：JQ939320。

金带细鲹 *Selaroides leptolepis*，COI：KF809422，等 47 条；Cytb：EF512296，等 3 条；CR(control region)/D-loop：EU131019；12S：KM082977；16S：KM198905，等 2 条。

高体鰤 *Seriola dumerili*，COI：KC501433，等 37 条；Cytb：KJ464988，等 20 条；CR(control region)/D-loop：KC242123，等 8 条；12S：EU827596；16S：JQ939037；ND5：GU014709，等 12 条；SSR/microsatellite sequences：DQ465500，等 60 条；ENC1：JX188874；Glyt：JX188707；IRBP：JQ939167；KIAA1239：JQ939867；MLL：JQ939454；Myh6：JQ939564，等 2 条；Panx2：KC827924；PLAGL2：JQ937610，等 2 条；Ptr：JX190107；RAG1：JQ938283，等 2 条；Rhod：EU036600，等 8 条；RIPK4：JQ940030；RNF213：JQ939700；SH3PX3：JQ940168，等 2 条；Sidkey：JQ937746；sreb2：JX189967；Tbr1：JX189194；Zic1：KC831245，等 2 条；EHHADH：JQ938865；ZNF503：JQ939324；EF-1-alpha：KP455300。

五条鰤 *S. quinqueradiata*，18S：AY850370。

长鳍鰤 *S. rivoliana*，COI：KF489751，等 11 条；Cytb：AB638329，等 9 条；12S：AB938138；16S：JQ939035，等 2 条；ND5：GU014724，等 10 条；complete mitochondrion genome：KP347126；IRBP：JQ939165；MLL：JQ939452；Myh6：JQ939562；PLAGL2：JQ937608；Ptchd1：KC828629；Rhod：EF439318，等 4 条；RIPK4：JQ940028；RNF213：JQ939698；SH3PX3：JQ940166；Sidkey：JQ937744；Svep1：KC830197；VCPIP：KC830645；Zic1：KC831213；EHHADH：JQ938863；ZNF503：JQ939322。

黑纹小条鰤 *Seriolina nigrofasciata*，COI：HQ560985，等 16 条；Cytb：KJ464991，EF512298；CR(control region)/D-loop：EU131020；12S：FJ792626；16S：EF613271。

阿纳鲳鲹 *Trachinotus anak*，COI：EF609479。

斐氏鲳鲹 *T. baillonii*，COI：KM245967，等 10 条。

狮鼻鲳鲹 *T. blochii*，COI：KF930508，等 9 条；Cytb：KJ464992，等 2 条；CR(control region)/D-loop：EU131012；16S：EF613263；SSR/microsatellite sequences：EU707442，等 12 条；complete mitochondrion genome：KJ184305；Bmp4：GU001778。

大斑鲳鲹 *T. botla*，COI：JF494718，等 6 条。

卵形鲳鲹 *T. ovatus*，COI：KM245969，等 37 条；Cytb：JN212095，等 9 条；12S：DQ533312，等 2 条；16S：JQ939015，等 12 条；18S：JN211947，等 7 条；ND5：DQ028050；SSR/microsatellite sequences：KF623044，等 70 条；complete mitochondrion genome：KJ642220，等 2 条；ENC1：KF139479；Glyt：KF139906；IRBP：DQ168122，等 3 条；MLL：AY362263；Myh6：KF140142，等 2 条；PLAGL2：KF140869；RAG1：KF141380；Rhod：DQ197916，等 2 条；RIPK4：JQ940009；RNF213：JQ939683；SH3PX3：KF141629，等 2 条；sreb2：KF140282；Tbr1：KF140463；Zic1：KF140654；5.8S：FJ960518，等 5 条；28S：DQ028180，等 8 条；H3：DQ028091；ZNF503：JQ939302。

日本竹荚鱼 *Trachurus japonicus*，COI：KM245966，等 10 条；Cytb：HQ593697，等 9 条；CR(control region)/D-loop：FJ914949，等 100 条；16S：AB441029，等 2 条；SSR/microsatellite sequences：EF109791，等 11 条；cox1：JQ681512。

白舌尾甲鲹 *Uraspis helvola*，COI：HQ010061，等 4 条；Cytb：AY050727；16S：HQ127633。

白口尾甲鲹 *U. uraspis*，COI：KF009677，等 23 条。

眼镜鱼 *Mene maculata*，COI：KJ202178，等 22 条；Cytb：JN212034，等 8 条；12S：DQ533242，等 2 条；16S：JQ938966，等 12 条；18S：JN211789，等 7 条；ND5：DQ028056；complete mitochondrion genome：AB355909；EGR1：JN230962；EGR3：JN231124；ENC1：KF139516，等 2 条；Glyt：KF139796，等 2 条；IRBP：DQ168085，等 3 条；MLL：AY363642，等 2 条；Myh6：KF140042，等 3 条；PLAGL2：KF140782，等 2 条；Ptr：JX190760；RAG1：KF141279，等 4 条；Rhod：AY141316；RIPK4：JQ939963；RNF213：EU638221；SH3PX3：JX191020；Sidkey：JQ937690；sreb2：KF140224，等 2 条；Tbr1：KF140382，等 2 条；Zic1：KF140570，等 2 条；28S：KC442042，等 7 条；EHHADH：JQ938803；H3：DQ028099；ZNF503：JQ939258。

长身马鲾 *Equulites elongatus*，COI：EF607429，等 3 条；16S：HQ993129，等 3 条；28S：HQ993209，等 2 条；H3：HQ993185，等 2 条。

曳丝马鲾 *E. leuciscus*，COI：EF607430，等 8 条；16S：AY541657，等 21 条；28S：DQ028241，等 3 条；H3：DQ028150，等 3 条；cox1：JQ681526。

条马鲾 *E. rivulatus*，COI：JF952778，等 4 条；16S：AY541661；5.8S：AB375632；28S：DQ028245；H3：DQ028154。

黑边布氏鲾 *Eubleekeria splendens*，COI：JX676175，等 11 条；16S：HQ993117，等 2 条；28S：HQ993198，

等 3 条；H3：HQ993173，等 3 条。

裸牙鲾 *Gazza achlamys*，COI：AY541623，等 2 条；16S：AY541648，等 2 条；28S：DQ028198，等 2 条；H3：DQ028107，等 2 条。

小牙鲾 *G. minuta*，COI：KJ202157，等 18 条；16S：HQ993113，等 8 条；ND5：DQ028066；complete mitochondrion genome：AB355910；ENC1：JX188891；Glyt：JX188724；Myh6：JX189671；PLAGL2：JX189353；Ptr：JX190124；RAG1：JX189825，等 2 条；SH3PX3：JX189583；Zic1：JX189054；28S：HQ993194，等 4 条；H3：HQ993169，等 4 条。

短吻鲾 *Leiognathus brevirostris*，16S：JN211684，等 4 条；18S：JN211954，等 4 条。

黑斑鲾 *L. daura*，COI：DQ028024，等 6 条；16S：EU366333，等 3 条；28S：DQ028223，等 2 条；H3：DQ028132，等 2 条。

杜氏鲾 *L. dussumieri*，COI：DQ028028，等 4 条；16S：DQ02795，等 3 条；ND5：DQ028073，等 3 条；28S：DQ028227，等 3 条；H3：DQ028138。

短棘鲾 *L. equulus*，COI：KP296167，等 22 条；Cytb：EU380961；12S：DQ533223；16S：HQ993115，等 10 条；ND1：EU380990；ND2：EU381012；ENC1：JX188892；Glyt：JX188725；Myh6：JX189672；PLAGL2：JX189354；Ptr：JX190125；RAG1：JX189826；SH3PX3：JX189584；Zic1：JX189055；28S：HQ993196，等 5 条；H3：HQ993171，等 5 条。

圈项鲾 *Nuchequula mannusella*，COI：HQ993147；16S：HQ993119，等 3 条；28S：HQ993200；H3：HQ993175。

颈斑项鲾 *N. nuchalis*，COI：KP260478，等 12 条；12S：AB974546；16S：HQ993123，等 3 条；complete mitochondrion genome：AB355911；28S：HQ993204，等 3 条；H3：HQ993179，等 3 条。

金黄光胸鲾 *Photopectoralis aureus*，COI：KC970412，等 3 条；16S：HQ993126，等 2 条；28S：HQ993206，等 2 条；H3：HQ993182，等 2 条。

黄斑光胸鲾 *P. bindus*，COI：KJ013055，等 26 条；16S：HQ993127，等 7 条；28S：HQ993207，等 2 条；H3：HQ993183，等 2 条。

印度仰口鲾 *Secutor indicius*，COI：KJ202201，等 3 条；16S：AY541665，等 3 条；28S：DQ028250，等 2 条；H3：DQ028159，等 2 条。

静仰口鲾 *S. insidiator*，COI：JN242549，等 20 条；12S：DQ533297；16S：DQ533297，等 11 条；18S：JN211796，等 8 条；28S：HQ993212，等 2 条；H3：HQ993186，等 2 条。

鹿斑仰口鲾 *S. ruconius*，COI：KP260454，等 13 条；16S：EU741807。

杜氏乌鲂 *Brama dussumieri*，COI：KM366109，等 4 条。

日本乌鲂 *B. japonica*，COI：KM252674，等 14 条；Cytb：KF546805，等 11 条；16S：KF546817，等 11 条；18S：JN211748，等 5 条；ND5：DQ028049；complete mitochondrion genome：AP005998；

ENC1：KF139469；Glyt：KF139694；Myh6：KF139948；PLAGL2：KF140695；RAG1：KF141191；SH3PX3：KF141423；sreb2：KF140173；Tbr1：KF140314；Zic1：KF140500；28S：DQ028179。

小鳞乌鲂 *B. orcini*，COI：KM252676，等 3 条；RAG1：EU167812。

真乌鲂 *Eumegistus illustris*，12S：AB972222；complete mitochondrion genome：AP012497。

帆鳍鲂 *Pteraclis aesticola*，complete mitochondrion genome：AP012499；ENC1：KF139470；Glyt：KF139861；Myh6：KF140105；RAG1：KF141340；SH3PX3：KF141586；sreb2：KF140262；Tbr1：KF140436；Zic1：KF140622。

彼氏高鳍鲂 *Pterycombus petersii*，COI：KF489737，等 2 条；12S：AB938174。

红棱鲂 *Taractes rubescens*，COI：JF952875；12S：AB972180；18S：AB375645。

斯氏长鳍乌鲂 *Taractichthys steindachneri*，COI：KC970511，等 2 条；Cytb：KF546815，等 2 条；12S：AB938175；16S：KF546821，等 2 条。

史氏谐鱼 *Emmelichthys struhsakeri*，12S：AB972221；complete mitochondrion genome：AP004446。

史氏红谐鱼 *Erythrocles schlegeli*，COI：JQ178231；12S：AB972220；ENC1：EU182647；Glyt：KF139744，等 3 条；Myh6：KC827091，等 2 条；PLAGL2：KC828308，等 2 条；RAG1：EU182623；RIPK4：KC829250；SH3PX3：KF141466；Sidkey：KC829417；Svep1：KC830216；sreb2：KF140201；Tbr1：KF140348，等 2 条；Zic1：KC831091，等 2 条。

火花红谐鱼 *E. scintillans*，ENC1：KF139500；Glyt：KF139745；Myh6：KF139991；PLAGL2：KF140737；RAG1：KF141233；SH3PX3：KF141467；Tbr1：KF140349；Zic1：KF140536。

叉尾鲷 *Aphareus furca*，COI：HQ676753，等 5 条；Cytb：HQ676694，等 2 条；12S：AB974573；16S：DQ784722；Ficd：KC825848，等 3 条；Myh6：KC827200；Panx2：KC827423；PLAGL2：KC828283，等 2 条；Ptchd1：KC828646；RAG1：HQ676633；RIPK4：KC828987；SH3PX3：HQ667180；Sidkey：KC829435；Tbr1：KC830234；VCPIP：KC830654；Zic1：KC831021。

红叉尾鲷 *A. rutilans*，COI：KF489488，等 7 条；12S：AB974647。

绿短鳍笛鲷 *Aprion virescens*，COI：KF009565，等 7 条；Cytb：DQ784747；16S：DQ784723，等 3 条；PLAGL2：KC828306；RIPK4：KC829161；Sidkey：KC829389；Snx33：KC829716；Svep1：KC830121；Zic1：KC831017。

红钻鱼 *Etelis carbunculus*，COI：KF489587，等 5 条；CR(control region)/D-loop：JQ965363，等 62 条。

丝尾红钻鱼 *E. coruscans*，COI：KF489589，等 6 条；Cytb：KF920464，等 66 条；CR(control region)/D-L OOP：JQ965331，等 32 条；12S：AB969963。

多耙红钻鱼 *E. radiosus*，12S：AB969964。

紫红笛鲷 *Lutjanus argentimaculatus*，COI：KP316240，等 27 条；Cytb：EF025494，等 8 条；CR(control region)/D-loop：JN208549，等 38 条；12S：AY484978；16S：DQ784728，等 3 条；SSR/microsatellite sequences：DQ247923，等 7 条；complete mitochondrion genome：JN182927；RAG1：EU627659；RAG2：EU627658。

孟加拉笛鲷 *L. bengalensis*，COI：KF930066，等 11 条；CR(control region)/D-loop：HQ682120，等 18 条；complete mitochondrion genome：FJ171339；RAG1：EU627660；RAG2：EU627673。

白斑笛鲷 *L. bohar*，COI：KC970483，等 11 条；Cytb：DQ784753；12S：AB938145，等 2 条；16S：DQ784729。

纵带笛鲷 *L. carponotatus*，COI：KC130846，等 4 条；Cytb：DQ784754；CR(control region)/D-loop：JN208494，等 2 条；16S：DQ784730；SSR/microsatellite sequences：KJ630471，等 21 条；partial sequence：FJ423773，等 188 条。

斜带笛鲷 *L. decussatus*，COI：KF809406，等 6 条；Cytb：AF240750；12S：AB938147；16S：AF24744。

似十二棘笛鲷 *L. dodecacanthoides*，COI：KF009610，等 3 条。

埃氏笛鲷 *L. ehrenbergii*，COI：KF434775，等 4 条；partial sequence：JQ639270，等 12 条。

红鳍笛鲷 *L. erythopterus*，COI：EU595214，等 10 条；Cytb：DQ900663，等 4 条；CR(control region)/D-loop：HQ682137，等 16 条；SSR/microsatellite sequences：KC006885，等 62 条；complete mitochondrion genome：KP939271，等 39 条；RAG1：EU627661；RAG2：EU627653；partial sequence：DQ116014，等 7 条。

金焰笛鲷 *L. fulviflamma*，COI：KJ202171，等 42 条；Cytb：HQ676721，等 5 条；CR(control region)/D-loop：FJ887817；12S：AB972215；16S：DQ784731，等 2 条；PLAGL2：HQ667276；RAG1：HQ676661，等 2 条；RAG2：EU627654；SH3PX3：HQ667209；COII：DQ900712，DQ900713，等 2 条；partial sequence：JN208477，等 3 条。

焦黄笛鲷 *L. fulvus*，COI：KF009613，等 7 条；Cytb：DQ900679，等 43 条；CR(control region)/D-loop：FJ887818，等 2 条；12S：AB974575；16S：DQ784732，等 2 条；RAG1：EU627672；RAG2：EU627675；COII：DQ900709，等 3 条。

隆背笛鲷 *L. gibbus*，COI：KF009614，等 10 条；Cytb：DQ784757；16S：DQ784733。

约氏笛鲷 *L. johnii*，COI：KP296173，等 66 条；Cytb：DQ900682，等 4 条；CR(control region)/D-loop：JN208532，等 39 条；12S：AB938146；16S：DQ784734；complete mitochondrion genome：KJ643926；RAG1：EU627663；RAG2：EU627678；COII：DQ900720，等 3 条；LWS：FJ824754，等 3 条。

四带笛鲷 *L. kasmira*，COI：KJ968141，等 15 条；Cytb：KC187973，等 246 条；CR(control region)/D-loop：HQ682152，等 36 条；12S：AB938146；16S：DQ784734；SSR/microsatellite sequences：JF346855，等 13 条；complete mitochondrion genome：FJ416614；RAG1：EU627664；RAG2：EU627652；LWS：FJ824746，等 2 条；ANT：GU192444，等 25 条；GH：FJ754178，等 7 条。

月尾笛鲷 *L. slunulatus*，COI：JX196851；16S：JX192596；ND1：JX192596；ND2：JX192596；ATP6-

ATP8：JX196851；COII：JX196851。

黄笛鲷 *L. lutjanus*，COI：KJ920132，等 32 条；CR(control region)/D-loop：JN208508，等 7 条。

前鳞笛鲷 *L. madras*，COI：KF009616，等 6 条；CR(control region)/D-loop：JN208504，等 5 条。

马拉巴笛鲷 *L. malabaricus*，COI：KF009617，等 14 条；Cytb：EF025495，等 5 条；CR(control region)/D-loop：JN208469，等 10 条；12S：AY484977；18S：EU502702，等 2 条；complete mitochondrion genome：FJ824741；RAG1：EU627666；RAG2：EU627655；5.8S：EU502702，等 2 条；28S：EU502702，EU502701；COII：EF025491，等 4 条；partial sequence：AY205240，等 2 条；LWS：FJ824751。

单斑笛鲷 *L. monostigma*，COI：KF009619，等 9 条；Cytb：DQ784759；12S：AB972217；16S：DQ 784735。

奥氏笛鲷 *L. s ophuysenii*，COI：EU600097，等 3 条；CR(control region)/D-loop：FJ887827，等 2 条；12S：AB972219；18S：EU502692，等 2 条；RAG1：EU627671；RAG2：EU627674；5.8S：EU502692，等 2 条；28S：EU502692，等 2 条；COII：EF376183；LWS：FJ824744。

五线笛鲷 *L. quinquelineatus*，COI：KF009620，等 8 条；Cytb：DQ784760；CR(control region)/D-loop：JN208474，等 3 条；16S：DQ784736。

蓝点笛鲷 *L. rivulatus*，COI：KJ968142，等 11 条；Cytb：DQ484045；complete mitochondrion genome：AP006000。

勒氏笛鲷 *L. russellii*，COI：KJ920119，等 104 条；Cytb：DQ900670，等 4 条；CR(control region)/D-loop：JN208480，等 16 条；12S：AB969970，等 3 条；16S：DQ784737，等 3 条；18S：EU502698，等 3 条；SSR/microsatellite sequences：EF070346，等 47 条；complete mitochondrion genome：EF514208；RAG1：EU627667；RAG2：EU627676；5.8S：EU502698，等 2 条；28S：EU502698，等 2 条；COII：KJ679901，等 4 条；LWS：FJ824752，等 2 条。

千年笛鲷 *L. sebae*，COI：KJ920120，等 12 条；Cytb：DQ900678，等 3 条；CR(control region)/D-loop：JN208472，等 20 条；12S：AB974547；16S：DQ784738，等 3 条；18S：EU502706，等 2 条；complete mitochondrion genome：FJ824742；IRBP：EU638134；MLL：EU638064；RAG1：EU627668；RAG2：EU627656；Rhod：EU637974；5.8S：EU502706，等 2 条；28S：EU502706，等 2 条；COII：DQ900717，等 3 条；partial sequence：EU835318，等 74 条；LWS：FJ824749。

星点笛鲷 *L. stellatus*，COI：EU600132，等 2 条；Cytb：DQ900662；CR(control region)/D-loop：EU569647，等 16 条；12S：AB972218；16S：DQ444483；18S：EU502709，等 2 条；RAG1：EU627670；RAG2：EU627657；5.8S：EU502709，等 2 条；28S：EU502709，等 2 条；COII：DQ900701，等 3 条；partial sequence：AY501368，等 2 条。

画眉笛鲷 *L. vitta*，COI：KC970486，等 11 条；Cytb：DQ900676，等 3 条；CR(control region)/D-loop：JN208496，等 10 条；16S：DQ784739，等 2 条；18S：EU502693，等 2 条；RAG1：

EU627669；RAG2：EU556712；5.8S：EU502693，等 2 条；28S：EU502693，等 2 条；COII：EF025493，等 7 条；partial sequence：FJ416857，等 3 条；LWS：FJ824743。

斑点羽鳃笛鲷 *Macolor macularis*，COI：KJ202177，等 7 条；12S：AB974548。

黑体羽鳃笛鲷 *M. niger*，COI：KJ425304，等 5 条；Cytb：DQ784764；16S：DQ784740；KIAA1239：KC826702；Panx2：KC827717；PLAGL2：KC828289；RIPK4：KC829238；Sidkey：KC829430；Svep1：KC830120；Tbr1：KC830392；VCPIP：KC830672；Zic1：KC831022。

青若梅鲷 *Paracaesio caerulea*，12S：AB974645。

冲绳若梅鲷 *P. sordida*，COI：HQ945843，等 8 条；12S：AB969972，等 2 条。

横带若梅鲷 *P. stonei*，12S：AB974646。

黄背若梅鲷 *P. xanthura*，COI：KF489686，等 7 条。

斜鳞笛鲷 *Pinjalo pinjalo*，COI：JN208389，等 5 条；CR(control region)/D-loop：JN208460，等 4 条；12S：AY484982；RAG1：EU167860。

蓝纹紫鱼 *Pristipomoides argyrogrammicus*，COI：KF930322；12S：AB974550。

日本紫鱼 *P. auricilla*，COI：JQ432043，等 3 条；12S：AB969966；Ficd：KC825851；KIAA1239：KC826758；PLAGL2：KC828310；RIPK4：KC829104；Sidkey：KC829432；Svep1：KC830122；Tbr1：KC830455。

丝鳍紫鱼 *P. filamentosus*，COI：KF434776，等 13 条；12S：AY484975；SSR/microsatellite sequences：GQ998901，等 91 条；complete mitochondrial genome：JQ083084，等 64 条。

黄鳍紫鱼 *P. flavipinnis*，12S：AB974549。

多牙紫鱼 *P. multidens*，COI：KF009648，等 84 条；16S：JN211589，等 7 条；18S：JN211870，等 7 条；complete mitochondrion genome：KF430626。

西氏紫鱼 *P. sieboldii*，COI：HQ945812，等 5 条；12S：AB972216，等 2 条。

尖齿紫鱼 *P. typus*，COI：KF009649，等 2 条；12S：AY484974。

斜带紫鱼 *P. zonatus*，12S：AB969968。

帆鳍笛鲷 *Symphorichthys spilurus*，COI：FJ584133，等 3 条；Cytb：DQ784768；16S：DQ784744。

丝条长鳍笛鲷 *Symphorus nematophorus*，COI：KC130829；Cytb：DQ784769；16S：DQ784745；RAG1：EU167876。

褐梅鲷 *Caesio caerulaurea*，COI：KF009568，等 24 条；Cytb：AF381273，等 2 条；12S：AB969996；16S：JQ938945，等 2 条；Ficd：KC825835；Hoxc6a：KC825972，等 4 条；Myh6：JQ939484；Panx2：KC827478；PLAGL2：JQ937537；RIPK4：JQ939945；Sidkey：JQ937671；Tbr1：KC830264；VCPIP：KC830730；Zic1：KC831027。

黄尾梅鲷 *C. cuning*，COI：KF809392，等 2 条；Cytb：AF240749，等 2 条；12S：AB938148，等 2 条；16S：DQ784725，等 2 条；SSR/microsatellite sequences：AY988519，等 10 条；ENC1：

KF139472；Glyt：KF139696；Myh6：KF139950；PLAGL2：KF140697；RAG1：KF141193；Zic1：KF140502，等 2 条。

新月梅鲷 *C. lunaris*，COI：JF492994，等 2 条；RAG1：EU167813。

黄蓝背梅鲷 *C. teres*，12S：AB969981；Ficd：KC825831；等 3 条；Panx2：KC827479；PLAGL2：KC828285；Ptchd1：KC828776；RIPK4：KC829248；Sidkey：KC829438；Tbr1：KC830265；VCPIP：KC830673；Zic1：KC831000。

黄背梅鲷 *C. xanthonota*，COI：KF489512，等 11 条；Ficd：KC825830；Hoxc6a：KC825974；KIAA1239：KC826708；Panx2：KC827481；PLAGL2：KC828287；Ptchd1：KC828775；RIPK4：KC829247；Sidkey：KC829437；Tbr1：KC830267；VCPIP：KC830674；Zic1：KC830999。

双鳍梅鲷 *Dipterygonotus balteatus*，COI：KF489567，等 3 条；Cytb：AF381270。

金带鳞鳍梅鲷［金带梅鲷］*Pterocaesio chrysozona*，COI：HQ561529，等 7 条。

双带鳞鳍梅鲷 *Pterocaesio digramma*，COI：KF009652，等 5 条；12S：AB938149；IRBP：EU638148；MLL：EU638085；RNF213：RNF213；partial sequence：AB375589。

马氏鳞鳍梅鲷 *P. marri*，COI：KF715000，等 7 条；Cytb：DQ784766；12S：AB938150；16S：DQ784742。

斑尾鳞鳍梅鲷 *P. pisang*，COI：KJ202192；Cytb：DQ784767；16S：DQ784743；ENC1：KF139473，KF139474；Glyt：KF139862，等 2 条；Myh6：KF140106，等 2 条；PLAGL2：KF140835，等 2 条；RAG1：KF141342，等 2 条；SH3PX3：KF141588；sreb2：KF140264；Tbr1：KF140438，等 2 条；Zic1：KF140624，等 2 条；complete mitochondrial genome：EF460316，等 29 条。

黑带鳞鳍梅鲷 *P. tile*，COI：KF489736，等 8 条；12S：AB969982；complete mitochondrion genome：AP004447；Ficd：KC825723；KIAA1239：KC826700；PLAGL2：KC828291；Tbr1：KC830464；Zic1：KC830864。

松鲷 *Lobotes surinamensis*，COI：KF489636，等 105 条；Cytb：JQ741508，等 2 条；12S：AB972214；16S：JQ741056，等 3 条；18S：JN211743，等 2 条；complete mitochondrion genome：AB355912；ENC1：KF139513；Glyt：KF139787；Myh6：KF140033；PLAGL2：KF140777，等 2 条；RAG1：KF141273，等 2 条；SH3PX3：KF141511，等 2 条；Tbr1：KF140374；Zic1：KF140564。

红尾银鲈 *Gerres erythrourus*，COI：KJ202158，等 11 条；Cytb：KC774702；16S：KC774730，等 6 条。

长棘银鲈 *G. filamentosus*，COI：AB983645，等 33 条；Cytb：KC774703，等 2 条；16S：KC774731，等 7 条；18S：JN211804，等 4 条。

日本银鲈 *G. japonicus*，COI：KF714949，等 3 条。

缘边银鲈 *G. limbatus*，COI：EF607388，等 5 条。

长吻银鲈 *G. longirostris*，COI：JF493521；Ficd：KC825811；Hoxc6a：KC826069；KIAA1239：KC826358；Ptchd1：KC828732；RIPK4：KC829166；Svep1：KC830164；Zic1：KC830934。

大棘银鲈 *G. macracanthus*，COI：AB983647，等 3 条；12S：AB974601；16S：AB218822。

长圆银鲈 *G. oblongus*，COI：KF929912，等 2 条。

奥奈银鲈 *G. oyena*，COI：AB983652，等 12 条；12S：AB974551；complete mitochondrion genome：AB355913；Ficd：KC825672；Hoxc6a：KC826070.1；KIAA1239：KC826357；Ptchd1：KC828731；EU167833；RIPK4：KC829157；VCPIP：KC830568。

五棘银鲈 *Pentaprion longimanus*，COI：EU392179，等 4 条。

密点少棘胡椒鲷 *Diagramma pictum*，COI：KJ202149，等 23 条；Cytb：JQ741401，等 6 条；12S：AY279563；16S：JQ740947，等 3 条；complete mitochondrion genome：AB355914，等 2 条；PLAGL2：HQ667252；RAG1：HQ676637，等 2 条；SH3PX3：HQ667185。

华髭鲷 *Hapalogenys analis*，COI：KP260460，等 7 条；Cytb：GU120182；12S：AB974552，等 2 条；16S：JN688767，等 3 条；complete mitochondrion genome：JX435822。

纵带髭鲷 *H. kishinouyei*，COI：HQ676769；Cytb：HQ676714；12S：AB969953；16S：JN688768；PLAGL2：HQ667269；RAG1：HQ676654；SH3PX3：HQ667202；Tmo-4C4：JN688835。

横带髭鲷 *H. mucronatus*，COI：KP260460，等 5 条；Cytb：GU120182；12S：AB974552，AB969922；16S：JN688767，等 3 条；complete mitochondrion genome：JX435822；Tmo-4C4：JN688834。

黑鳍髭鲷 *H. nigripinnis*，COI：HQ676770，等 5 条；Cytb：HQ676715，等 2 条；12S：AB969923；16S：JN688766，等 5 条；18S：JN211943，等 4 条；SSR/microsatellite sequences：KF170231，等 26 条；complete mitochondrion genome：HM754620；PLAGL2：HQ667270；RAG1：HQ676655；SH3PX3：HQ667203；Tmo-4C4：JN688833。

斜带髭鲷 *H. nitens*，COI：HQ676770，等 6 条；Cytb：HQ676715，等 2 条；12S：AB969923；16S：JN688766，等 5 条；18S：JN211943，等 4 条；SSR/microsatellite sequences：KF170231，等 26 条；complete mitochondrion genome：HM754620；RAG1：HQ676655；SH3PX3：HQ667203；Tmo-4C4：JN688833。

三线矶鲈 *Parapristipoma trilineatum*，COI：JX042222，等 9 条；Cytb：JX042210，等 4 条；12S：AB972213；16S：JN688769，等 2 条；18S：AB375596；complete mitochondrion genome：AP009168；PLAGL2：HQ667282；RAG1：HQ676667；SH3PX3：HQ667215；Tmo-4C4：JN688836；5.8S：AB375596。

白带胡椒鲷 *Plectorhinchus albovittatus*，COI：JX042260；Cytb：JX042230；16S：JN688770；Tmo-4C4：JN688837。

斑胡椒鲷 *P. chaetodonoides*，COI：JQ741327，等 13 条；Cytb：JQ741553，等 13 条；16S：JQ741099，等 4 条；Ficd：KC825766；Hoxc6a：KC826184；KIAA1239：KC826511；PLAGL2：HQ667283；RAG1：HQ676668；RAG2：JQ741769，等 2 条；RIPK4：KC829183；S7：JQ741931；SH3PX3：HQ667216；Sidkey：KC829416；Svep1：KC830215；Tbr1：KC830440；Tmo-4C4：JN688838。

黄纹胡椒鲷 *P. chrysotaenia*，COI：JQ741331，等 2 条；Cytb：DQ784765；16S：JQ741102，等 3 条；RAG1：JQ741771。

花尾胡椒鲷 *P. cinctus*，COI：JX042265，等 6 条；Cytb：JX042236，等 4 条；12S：AB969919；16S：JN688773，等 2 条；complete mitochondrion genome：KJ690267；PLAGL2：HQ667284；RAG1：HQ676669；SH3PX3：HQ667217；Tmo-4C4：JN688840；5.8S：AB375604。

四带胡椒鲷 *P. diagrammus*，COI：KF009645，等 6 条；Cytb：JX042239，等 4 条；16S：JN688774，等 2 条；PLAGL2：HQ667285；RAG1：HQ676670；SH3PX3：HQ667218；Tmo-4C4：JN688841。

黄斑胡椒鲷 *P. flavomaculatus*，COI：HQ561522，等 7 条；Cytb：JQ741559，等 3 条。

驼背胡椒鲷 *P. gibbosus*，COI：KJ202186，等 7 条；Cytb：JX042242，等 3 条；16S：JQ741104，等 2 条；PLAGL2：HQ667286；RAG1：HQ676671；SH3PX3：HQ667219；Tmo-4C4：JN688843。

少耙胡椒鲷 *P. lessonii*，COI：KF714992，等 3 条；Cytb：JQ741564，等 2 条；16S：JQ741105；PLAGL2：HQ667287；RAG1：HQ676672；S7：JQ741932；SH3PX3：HQ667220。

条纹胡椒鲷 *P. lineatus*，COI：JX042273，等 3 条；Cytb：JX042244，等 3 条；12S：AB969920；16S：JN688777，等 2 条；complete mitochondrion genome：KM099284；Tmo-4C4：JN688844。

黑胡椒鲷 *P. nigrus*，28S：JQ766314。

胡椒鲷 *P. pictus*，COI：JX515601，等 2 条；16S：DQ299909。

暗点胡椒鲷 *P. picus*，COI：KF930272，等 7 条；Cytb：JX042251，等 2 条；16S：JN688779；Tmo-4C4：JN688846。

肖氏胡椒鲷 *P. schotaf*，COI：KF714993，等 6 条；Cytb：JX042254，等 2 条；12S：AB969921；16S：JN688782；PLAGL2：HQ667290；RAG1：HQ676674；SH3PX3：HQ667223；Tmo-4C4：JN688849。

条斑胡椒鲷 *P. vittatus*，COI：JQ741335，等 7 条；Cytb：JQ741566，等 7 条；16S：JQ741107，等 5 条；complete mitochondrion genome：KP976103；Ficd：KC825765；Hoxc6a：KC826185；KIAA1239：KC826516；Panx2：KC827833；PLAGL2：KC828279；RAG2：JQ741772，等 3 条；RIPK4：KC829182；S7：JQ741933，等 4 条；Sidkey：KC829415；Tmo-4C4：JN688851。

银石鲈 *Pomadasys argenteus*，COI：JQ741306；Cytb：JQ741533；16S：JQ741081，等 2 条；RAG2：JQ741749；S7：JQ741915；Tmo-4C4：JN688797。

赤笔石鲈 *P. furcatum*，COI：JF494243，等 5 条；16S：JN688732；Tmo-4C4：JN688799。

点石鲈 *P. kaakan*，COI：JX260937，等 2 条；Cytb：HQ676740；16S：JN688729，等 3 条；PLAGL2：HQ667296；RAG1：HQ676680；RAG2：JQ741756；SH3PX3：HQ667229；Tmo-4C4：JN688796。

大斑石鲈 *P. maculatus*，COI：KF714996，等 16 条；Cytb：JX042209，等 3 条；16S：JN688728，等 3 条；PLAGL2：HQ667297；RAG1：HQ676681；SH3PX3：HQ667230；Tmo-4C4：

JN688795。

四带石鲈 *P. quadrilinealus*，12S：LC036806。

红海石鲈 *P. stridens*，COI：JQ741325，等 5 条；Cytb：JQ741552，等 2 条；16S：JQ741097，等 2 条；PLAGL2：HQ667302；RAG1：JQ741768，等 2 条；S7：JQ741930；SH3PX3：HQ667235；Tmo-4C4：JN688804。

深水金线鱼 *Nemipterus bathybius*，12S：AB972211；16S：KJ701271，等 2 条；SSR/microsatellite sequences：KC346952-KC346953，等 149 条；Tmo-4C4：JN688818。

双斑金线鱼 *N. bipunctatus*，COI：KP316233，等 5 条；16S：JN688752；Tmo-4C4：JN688819。

横斑金线鱼 *N. furcosus*，COI：EF609413；16S：JN688753；Tmo-4C4：JN688820。

六齿金线鱼 *N. hexodon*，COI：EF609414；Cytb：EU672433，等 21 条；12S：KM082967；16S：KM 198896，等 2 条。

日本金线鱼 *N. japonicus*，COI：KF009634，等 18 条；Cytb：GU014845，等 76 条；12S：FJ792631；16S：KJ701273，等 2 条；complete mitochondrion genome：KJ473717；RAG1：EU167784；Tmo-4C4：JN688821；5.8S：FJ960548，等 5 条；28S：FJ960548，等 5 条。

长丝金线鱼 *N. nematophorus*，COI：JN992286。

裴氏金线鱼 *N. peronii*，COI，KJ202181，等 4 条；16S：KJ701276。

黄缘金线鱼 *N. thosaporni*，COI：KJ202182。

金线鱼 *N. virgatus*，COI：FJ237833，等 15 条；16S：KJ701277，等 2 条；18S：JN211982，等 2 条；Tmo-4C4：JN688823；5.8S：AB375630，等 6 条；28S：FJ960533，等 5 条。

长体金线鱼 *N. zysron*，COI：JN992287；12S：AB972210；16S：JN688757；Tmo-4C4：JN688824。

宽带副眶棘鲈 *Parascolopsis eriomma*，COI：KF489694，等 5 条；12S：AB974554；16S：JN688758；RAG1：EU167793；Tmo-4C4：JN688825。

横带副眶棘鲈 *P. inermis*，12S：AB974553。

土佐湾副眶棘鲈 *P. tosensis*，12S：LC036820；COI：KP267604。

黄带锥齿鲷 *Pentapodus aureofasciatus*，12S：AB974556；16S：JN688759；Tmo-4C4：JN688826。

犬牙锥齿鲷 *P. caninus*，12S：DQ533268；16S：DQ533268，等 2 条；ENC1：JX188899；Glyt：JX188733；Myh6：JX189679；PLAGL2：JX189362；Ptr：JX190133；RAG1：JX189834；SH3PX3：JX189592；Tbr1：JX189218；Zic1：JX189062；28S：DQ533092。

长崎锥齿鲷 *P. nagasakiensis*，12S：AB974555；16S：JN688760；Tmo-4C4：JN688827。

线尾锥齿鲷 *P. setosus*，16S：KJ701278；RAG1：EU167795。

安芬眶棘鲈 *Scolopsis affinis*，COI：KJ202200；RAG1：EU167798。

双线眶棘鲈 *S. bilineatus*，COI：KF715009，等 2 条；16S：JQ938969，等 2 条；ENC1：JX188900；Glyt：JX188734；Hoxc6a：KC826225；KIAA1239：JQ939801；MLL：JQ939421；Myh6：

JQ939653，等3条；Panx2：KC827908；PLAGL2：JX189363；Ptr：JX190134；RAG1：JX189835；RIPK4：JQ939966；SH3PX3：JX189593；Sidkey：JQ937693；sreb2：JX189983；Tbr1：KC830482，等2条；Tmo-4C4：JN688828；Zic1：JX189063。

双斑眶棘鲈 *S. bimaculatus*，COI：KM079337，等9条。

齿颌眶棘鲈 *S. ciliatus*，Cytb：AF240753；16S：AF247448；RAG1：EU167800，EU167799；Tmo-4C4：DQ388113。

三带眶棘鲈 *S. lineatus*，COI：KP194963，等2条。

珠斑眶棘鲈 *S. margaritifera*，ENC1：JX188901；Glyt：JX188735；Myh6：JX189681；PLAGL2：JX189364；Ptr：JX190135；RAG1：SH3PX3：JX189594；Tbr1：JX189220；Zic1：JX189064。

单带眶棘鲈 *S. monogramma*，COI：EF609454；16S：KJ701279。

条纹眶棘鲈 *S. taeniopterus*，COI：KF809419，等3条；RAG1：EU167801。

伏氏眶棘鲈 *S. vosmeri*，COI：HQ149936，等7条；16S：KJ701280，等2条；RAG1：EU167802；Tmo-4C4：JN688830。

蓝带眶棘鲈 *S. xenochrous*，COI：KF009658。

金带齿颌鲷 *Gnathodentex aureolineatus*，COI：KF009596，等7条；12S：AB974557；18S：AB375590；Myh6：KC826991；RAG1：EU167770，等2条；5.8S：AB375590。

长裸顶鲷 *Gymnocranius elongatus*，COI：KF009598，等4条；Cytb：AF381260；RAG1：EU167772。

真裸顶鲷 *G. euanus*，12S：AB969985。

蓝线裸顶鲷 *G. grandoculis*，COI：KF489603，等3条；Cytb：AF381275；12S：AB969983；Ficd：KC825806；KIAA1239：KC826436；PLAGL2：KC828251；Ptchd1：KC828777；Sidkey：KC829587；Snx33：KC829821；Zic1：KC831142。

灰裸顶鲷 *G. griseus*，COI：JF493564，等7条；Cytb：AF381259；12S：AB938151。

小齿裸顶鲷 *G. microdon*，COI：KF489604。

阿氏裸颊鲷 *Lethrinus atkinsoni*，COI：KF009603，等3条；Cytb：AF381255；Ficd：KC825709；KIAA1239：KC826438；Ptchd1：KC828718；RAG1：EU167775；RIPK4：KC829110；Snx33：KC829861；Tbr1：KC830381；VCPIP：KC830729；Zic1：KC831362。

红棘裸颊鲷 *L. erythracanthus*，COI：KF930046；Cytb：AF381257；ENC1：JX188893；Glyt：JX188726；PLAGL2：JX189355；Ptr：JX190126；RAG1：JX189827；SH3PX3：JX189585；sreb2：JX189978；Tbr1：JX189211；Zic1：JX189056。

赤鳍裸颊鲷 *L. erythropterus*，Cytb：AF381274；SH3PX3：KF141510；Zic1：KF140562。

长棘裸颊鲷 *L. genivittacus*，Cytb：AF381272；12S：AB974591，等2条。

红鳍裸颊鲷 *L. haematopterus*，COI：FJ237790，等8条；12S：AB969969；16S：JN688793；RAG1：EU167777；Tmo-4C4：JN688860。

黑点裸颊鲷 *L. harak*，COI：KF489626，等 7 条；Cytb：AF381258；16S：JQ938963；Ficd：KC825708；IRBP：JQ939131，等 4 条；MLL：JQ939420；Myh6：JQ939499；Panx2；KC827698；PLAGL2：JQ937553；RAG1：EU167778；RIPK4：JQ939961，等 2 条；RNF213：JQ939651；SH3PX3：JQ940121；Svep1：KC830113；Tbr1：KC830382；VCPIP：KC830728；Zic1：KC831364。

扁裸颊鲷 *L. lentjan*，COI：KM079303，等 19 条；Cytb：AF381267，等 4 条；12S；DQ533228，等 2 条；16S；DQ532896；RAG1：EU167779；28S；DQ533055；complete mitochondrial genome：EU983099，等 2 条。

黄尾裸颊鲷 *L. mahsena*，COI：KM079304，等 10 条。

长吻裸颊鲷 *L. miniatus*，COI：EF609388，等 4 条；Cytb：AF381266；SSR/microsatellite sequences：AF260997，等 22 条；complete mitochondrial genome：EU835243，等 57 条。

橘带裸颊鲷 *L. obsoletus*，Cytb：AF381271；complete mitochondrion genome：AB355916，等 2 条；Ficd：KC825710；KIAA1239：KC826437；Myh6KC826992；Panx2：KC827699；PLAGL2：KC828263；RAG1：EU167774；RIPK4；KC829227；Sidkey：KC829589；Snx33：KC829862；Svep1：KC830114；Tbr1：KC830383；VCPIP：KC830727；Zic1：KC831331。

尖吻裸颊鲷 *L. olivaceus*，COI：KJ968135，等 6 条；Cytb：KC596033，等 41 条；12S：AB969988；Ficd：KC825711；KIAA1239：KC826439；Panx2：KC827700；PLAGL2：KC828264；RAG1：EU167780；RIPK4：KC829111；Sidkey：KC829588；Snx33：KC829863；Svep1：KC830112；Tbr1：KC830384；Zic1：KC831361；complete mitochondrial genome：EU983095，等 4 条。

短吻裸颊鲷 *L. ornatus*，COI：KM079311，等 10 条；Cytb：HQ676718，等 3 条；16S：AF247446；PLAGL2：HQ667273；RAG1：HQ676658；SH3PX3：HQ667206。

网纹裸颊鲷 *L. reticulatus*，Cytb：AF381253。

红裸颊鲷 *L. rubrioperculatus*，COI：GU804941，等 8 条；Cytb：AF381263；12S：AB938154；16S：AF247447。

半带裸颊鲷 *L. semicinctus*，COI：KC970481，等 2 条；Cytb：AF381276；12S：AB972234。

黄唇裸颊鲷 *L. xanthochilus*，COI：KJ968136；RAG1：EU167781。

单列齿鲷 *Monotaxis grandoculis*，COI：KF489648，等 8 条；EGR1：KP722881；ENC1：JX188894；Glyt：JX188727；Myh6：JX189673；PLAGL2：JX189356；Ptr：JX190127；RAG1：KP722969，等 3 条；SH3PX3：JX189586；sreb2：JX189979；Tbr1：JX189212；Zic1：JX189057。

莫桑比克峭颌鲷 *Wattsia mossambica*，Cytb：AF381261；12S：AB972212。

澳洲棘鲷 *Acanthopagrus australis*，COI：KJ669373，等 7 条；12S：KJ774772，等 13 条；16S：JN688792，等 2 条；18S：KJ774634；SSR/microsatellite sequences：AB458391；Tmo-4C4：JN688859。

灰鳍棘鲷 *A. berda*，COI：KJ013026，等 32 条；Cytb：HM184893，等 6 条；CR(control region)/D-loop：AM992205，等 62 条；12S：AF381062，等 12 条；16S：AB689896，等 3 条。

冲绳棘鲷 *A. chinshira*，Cytb：HM184897，等 3 条。

黄鳍棘鲷 *A. latus*，COI：KP410327，等 29 条；Cytb：HM184900，等 4 条；CR(control region)/D-loop：AB916774，等 53 条；12S：AB972185，等 13 条；16S：AB689869，等 15 条；18S：JN211967，等 5 条；SSR/microsatellite sequences：DQ222441，等 14 条；complete mitochondrion genome：EF506764；5.8S：FJ960528，等 5 条；28S：FJ960528，等 5 条；complete mitochondrial genome：DQ185609；partial sequence：HM368446。

太平洋棘鲷 *A. pacificus*，COI：HG937802，等 3 条；16S：AB689894，等 2 条。

黑棘鲷 *A. schlegelii*，COI：HG937803，等 19 条；Cytb：JN212102，等 11 条；CR(control region)/D-loop：KJ586516，等 71 条；12S：AB972186，等 13 条；16S：JN211538，等 5 条；18S：JN 211819，等 4 条；SSR/microsatellite sequences：GU166141，等 101 条；5.8S：FJ960538，等 5 条；28S：JX483718，等 6 条；complete mitochondrial genome：HQ846833，等 8 条；LWS：JQ638367。

橘鳍棘鲷 *A. sivicolus*，COI：KJ012275，等 3 条；Cytb：HM184903，等 3 条；12S：AB972183，AB972184。

台湾棘鲷 *A. taiwanensis*，Cytb：HM184909，等 3 条。

四长棘鲷 *Argyrops bleekeri*，COI：KJ012285，等 5 条；Cytb：HM184905。

高体四长棘鲷 *A. spinifer*，COI：KJ012289，等 26 条；Cytb：HM352758，等 2 条；16S：AF247415；RAG1：EU167762。

松原冬鲷 *Cheimerius matsubarai*，Cytb：AB458408。

阿部氏牙鲷 *Dentex abei*，12S：AB972209。

黄背牙鲷 *D. hypselosomus*，Cytb：AB458401；12S：AB974558。

二长棘犁齿鲷 *Evynnis cardinalis*，COI：HG937817，等 14 条。

黄犁齿鲷 *E. tumifrons*，COI：KJ012363，等 7 条；Cytb：AF240725，等 2 条；12S：AB972235；16S：AB441032，等 4 条；partial sequence：AB375569。

齿鲷 *E. japonica*，COI：KJ012363，等 7 条；Cytb：AF240725，等 2 条；12S：AB972235；16S：AB441032，等 4 条；partial sequence：AB375569。

真鲷 *Pagrus major*，COI：KJ012412，等 20 条；Cytb：FJ649208，等 4 条；CR(control region)/D-loop：AB713769，等 122 条；16S：AB441034，等 2 条；18S：AB259837，等 2 条；SSR/microsatellite sequences：HM368513，等 84 条；5.8S：FJ960558，等 8 条；28S：FJ960558，等 8 条；LWS：JQ638373。

平鲷 *Rhabdosargus sarba*，COI：KJ669622，等 28 条；Cytb：AF539740，等 5 条；CR(control region)/D-loop：AF381107，等 12 条；12S：AB972208，等 14 条；16S：JN688791，等 2 条；18S：KJ774754，等 2 条；complete mitochondrion genome：KM272585；Tmo-4C4：JN688858；5.8S：FJ960514，

等 4 条；28S：FJ960514，等 4 条。

金头鲷 *Sparus aurata*，COI：KP975842，等 152 条；Cytb：DQ198005，等 33 条；CR(control region)/D-loop：KC106653，等 40 条；12S：EF095565，等 2 条；16S：KC984230，等 10 条；SSR/microsatellite sequences：HQ183728，等 214 条；complete mitochondrion genome：LK022698，等 2 条；RAG1：EF095657；28S：KC442049。

多鳞四指马鲅 *Eleutheronema rhadinum*，Glyt：KF139740；Myh6：KF139988；PLAGL2：KF140733；RAG1：KF311980，等 2 条；SH3PX3：KF141463；sreb2：KF140197；Tbr1：KF140343；Zic1：KF140532。

四指马鲅 *E. tetradactylum*，COI：KP308086，等 500 条；Cytb：JN202049，等 16 条；12S：KM082980，等 3 条；16S：JQ939043，等 5 条；complete mitochondrion genome：KC878730，等 3 条；MLL：JQ939460；PLAGL2：JQ937617；RAG1：JQ938286；RIPK4：JQ940038；SH3PX3：JQ940180；Sidkey：JQ937756；28S：DQ533028，等 7 条。

五丝多指马鲅 *Polydactylus plebeius*，COI：KJ202187，等 25 条；12S：AB972207；complete mitochondrion genome：AB355918。

六丝多指马鲅 *P. sexfilis*，COI：KJ468465，等 4 条；SSR/microsatellite sequences：FJ767777，等 24 条。

黑斑多指马鲅 *P. sextarius*，COI：KM401451，等 18 条；complete mitochondrion genome：KP259870；EGR1：KF311947；Glyt：KF139843；Myh6：KF140085；PLAGL2：KF140819；RAG1：KF311981，等 2 条；SH3PX3：KF141571；Tbr1：KF140421。

厦门白姑鱼 *Argyrosomus amoyensis*，complete mitochondrion genome：KM257863。

黑姑鱼 *Atrobucca nibe*，COI：KP722702，等 5 条；Cytb：KP722610；EGR1：KP722792；Myh6：KF051204；PLAGL2：KF051184；RAG1：KP722886；sreb2：KF051194；Zic1：KF051214。

黄唇鱼 *Bahaba taipingensis*，COI：KP722703；Cytb：KP722612，等 2 条；16S：GU952801；complete mitochondrion genome：JX232404；EGR1：KP722794。

尖头黄鳍牙鰔 *Chrysochir aureus*，COI：KP722708，等 3 条；Cytb：KP722617，等 2 条；16S：GU952802；complete mitochondrion genome：JQ692068；EGR1：KP722799；Myh6：KF051205；PLAGL2：KF051185；RAG1：KP722892；sreb2：KF051195；Zic1：KF051215。

棘头梅童鱼 *Collichthys lucidus*，COI：KP722710，等 68 条；Cytb：KP722619，等 9 条；CR(control region)/D-loop：HM237811，等 53 条；16S：KJ439049，等 10 条；18S：JN211719，等 7 条；SSR/microsatellite sequences：HQ843048，等 25 条；complete mitochondrion genome：JN857362，等 2 条；EGR1：KP722801；Myh6：KF051206；PLAGL2：KF051186；RAG1：KP722894；sreb2：KF051196；Zic1：KF051216。

黑鳃梅童鱼 *C. niveatus*，16S：AY336722；complete mitochondrion genome：HM219223，等 2 条。

勒氏枝鳔石首鱼 *Dendrophysa russelli*，COI：KP722720，等10条；Cytb：KP722628，等2条；16S：GU952806；complete mitochondrion genome：JQ728562；EGR1：KP722811；RAG1：KP722904。

团头叫姑鱼 *Johnius amblycephalus*，COI：KP722724，等 3 条；Cytb：KP722632，等 2 条；16S：GU952804；EGR1：KP722815；RAG1：KP722908。

皮氏叫姑鱼 *J. belengeri*，COI：KP722725，等 7 条；Cytb：KP722633；16S：AY336727；SSR/microsatellite sequences：JF766269，等 70 条；complete mitochondrion genome：KF211426；EGR1：KP722816；Myh6：KF051207；PLAGL2：KF051187；RAG1：KP722909；sreb2：KF051197；Zic1：KF051217。

鳞鳍叫姑鱼 *J. distinctus*，Cytb：KP722636；EGR1：KP722819；RAG1：KP722912。

杜氏叫姑鱼 *J. dussumieri*，COI：JF493699，等 10 条；16S：EF528204，等 5 条。

叫姑鱼 *J. grypotus*，complete mitochondrion genome：KC491206。

屈氏叫姑鱼 *J. trewavasae*：COI：KP722729；Cytb：KP722640；EGR1：KP722823；RAG1：KP722916。

大吻叫姑鱼 *J. macrorhynus*，16S：KT630305。

大黄鱼 *Laramichthys crocea*，COI：KF965505，等 5 条；CR：KR108145，等 2 条；Cytb：KP722641；12S：AB972205；RAG1：KP722917。

小黄鱼 *L. polyactis*，COI：KF965442，等 485 条；CR：KF412650，等 519 条；Cytb：738 条；12S：LC036875；16S：JN211459，等 7 条；complete mitochondrial genome：GU586227，等 2 条。

褐毛鲿 *Megalonibea fusca*，COI：KP722735；Cytb：KP722646；SSR/microsatellite sequences：KF292220，等 10 条；RAG1：KP722922。

鮸 *Miichthys miiuy*，COI：KP722741，等 4 条；Cytb：KP722652；16S：JN211475，等 10 条；18S：JN211756，等 10 条；EGR1：KP722835；Myh6：KF051210；PLAGL2：KF051190；RAG1：KP722928；sreb2：KF051200。

黄姑鱼 *Nibea albiflora*，COI：KP722743，等 11 条；Cytb：KP722654，等 2 条；16S：AY336726，等 7 条；18S：JN211775，等 5 条；SSR/microsatellite sequences：JX413354，等 57 条；complete mitochondrion genome：HQ890947；EGR1：KP722837；Myh6：KF051211；PLAGL2：KF051191；RAG1：KP722930；sreb2：KF051201；Zic1：KF051221。

半花黄姑鱼 *N. semifasciata*，16S：KT630309。

红牙鰔 *Otolithes ruber*，COI：KP722752，等 16 条；Cytb：KP722663；16S：EF528214，等 5 条；EGR1：KP722845；RAG1：KP722936。

截尾银姑鱼 *Pennahia anea*，COI：KF009642，等 23 条。

银姑鱼 *P. argentata*，COI：KP722758，等 22 条；Cytb：KP722669；12S：AB969962；16S：AB441035，等 3 条；SSR/microsatellite sequences：JN975866，等 12 条；complete mitochondrion genome：

KC545800，等 2 条；Myh6：KF051212；PLAGL2：KF051192；RAG1：KP722941，等 2 条；sreb2：KF051202；Zic1：KF051222。

大头银姑鱼 *P. macrocephalus*，COI：KP722759，等 5 条；Cytb：KP722670；RAG1：KP722942。

斑鳍银姑鱼 *P. pawak*，COI：KP722760；Cytb：KP722671；EGR1：KP722853；Myh6：KF051213；PLAGL2：KF051193；RAG1：KP722943；sreb2：KF051203；Zic1：KF051223。

双棘原黄姑鱼 *Protonibea diacanthus*，COI：KP722766，等 12 条；Cytb：KP722677；16S：KM508069，等 7 条；complete mitochondrion genome：KM257722，等 2 条；EGR1：KP722859；RAG1：KP722948。

眼斑拟石首鱼 *Sciaenops ocellatus*，COI：KP722776，等 10 条；Cytb：KP722687，等 12 条；SSR/microsatellite sequences：JQ235209，等 314 条；EGR1：KP722869；ENC1：KF139552，等 4 条；Myh6：KF140117；PLAGL2：JQ937564；RAG1：KP722957，等 2 条；Svep1：KC830168；sreb2：KF140268；Tbr1：KF140446；Zic1：KF140634；5.8S：KP739352，等 14 条；28S：KP739352，等 13 条。

黄带拟羊鱼 *Mulloidichthys flavolineatus*，COI：KF489651，等 9 条；CR(control region)/D-loop：JX951661，等 21 条；SSR/microsatellite sequences：KC425884，等 12 条；ENC1：KF139521；Ficd：KC825675；Myh6：KF140049，等 2 条；PLAGL2：KF140787；RAG1：KF141285；Sidkey：KC829644；Snx33：KC829890；Zic1：KF140575，等 2 条。

红背拟羊鱼 *M. pfluegeri*，CR(control region)/D-loop：JX951682，等 2 条。

无斑拟羊鱼 *M. vanicolensis*，COI：KM079318，等 16 条；CR(control region)/D-loop：JX951587，等 63 条；complete mitochondrion genome：AP012310。

似条斑副绯鲤 *Parupeneus barberinoides*，COI：KF809411，等 14 条；ENC1：KF139522；Ficd：KC825677；Myh6：KF140066，等 2 条；Panx2：KC827808；PLAGL2：KF140801，等 2 条；RAG1：KF141303，等 2 条；Svep1：KC830095；Zic1：KC831009。

条斑副绯鲤 *P. barberinus* COI：KF809411，等 12 条。

黄带副绯鲤 *P. chrysopleuron*，complete mitochondrion genome：KT944284。

短须副绯鲤 *P. ciliatus*，COI：KF930237，等 6 条；12S：AB974581，等 2 条；Ficd：KC825678；Panx2：KC827809；PLAGL2：KC828112；Snx33：KC829919；Svep1：KC830096；Zic1：KC831010。

圆口副绯鲤 *P. cyclostomus*，COI：KF930238，等 8 条。

福氏副绯鲤 *P. forsskali*，COI：FJ347965。

七棘副绯鲤 *P. heptacanthus*，COI：KM079321，等 19 条。

印度副绯鲤 *P. indicus*，COI：KM079339，等 23 条。

多带副绯鲤 *P. multifasciatus*，COI：KJ968196，等 11 条；Cytb：KF439062，等 252 条；12S：AB 972203；complete mitochondrion genome：AP012314；RAG1：KF768157；Zic1：KF768163。

黑斑副绯鲤 *P. pleurostigma*，COI：HQ561470，等 7 条；12S：AB974559。

点纹副绯鲤 *P. spilurus*，COI：DQ107798，等 2 条。

三带副绯鲤 *P. trifasciatus*，COI：KJ632825，FJ459576；Myh6：KF140068；PLAGL2：KF140803；RAG1：KF141305；Zic1：KF140594。

日本绯鲤 *Upeneus japonicus*，COI：EF607602，等 6 条；CR(control region)/D-loop：AB355921；12S：AB972201，等 2 条。

吕宋绯鲤 *U. luzonius*，COI：KP267600。

马六甲绯鲤 *U. moluccensis*，COI：KM079325，等 32 条；Cytb：FJ008145；12S：FJ008156；16S：AF227681；Ficd：KC825676；Myh6：KC826973；Panx2：KC827975；PLAGL2：KC828083；RAG1：EU167747；Snx33：KC829992；VCPIP：KC830528；Zic1：KC831119；COII：FJ008167。

纵带绯鲤 *U. subvittatus*，12S：AB972200。

黄带绯鲤 *U. sulphureus*，COI：KM079327，等 32 条；RAG1：EU167753。

黑斑绯鲤 *U. tragula*，COI：KM079330，等 12 条；CR(control region)/D-loop：AB355920；16S：DQ660422，等 2 条。

多带绯鲤 *U. vittatus*，COI：KR296731，等 18 条。

红海副单鳍鱼 *Parapriacanthus ransonneti*，COI：KJ968189，等 7 条；Ficd：KC825592；Hoxc6a：KC826168，等 3 条；Panx2：KC827802；PLAGL2：KC828256；RAG1：EU167857；RIPK4：KC829231；Sidkey：KC829658；Snx33：KC829915；Svep1：KC830162；Tbr1：KC830430；Zic1：KC831188。

黑梢单鳍鱼 *Pempheris oualensis*，COI：KJ937295，等 6 条；Ficd：KC825593；Panx2：KC827811；PLAGL2：KC828257；Ptchd1：KC828702；RAG1：EU167858；RIPK4：KC829081；Sidkey：KC829364；Snx33：KC829920；Tbr1：KC830432；Zic1：KC831260。

银腹单鳍鱼 *P. schwenkii*，COI：KJ937301，等 14 条；16S：AB702671，等 4 条；ENC1：KF139534；Myh6：KF140070；PLAGL2：KF140805；RAG1：KF141307；SH3PX3：KF141553；Tbr1：KF140406。

黄鳍单鳍鱼 *P. xanthopterus*，12S：LC037021，等 2 条。

黑缘单鳍鱼 *P. vanicolensis*，COI：KF914185，等 10 条；16S：AB495013；ND1：EU380988，等 2 条；ND2：EU381010，等 2 条；Ficd：KC825594；Hoxc6a：KC826171；Panx2：KC827812；PLAGL2：KC828258；RIPK4：KC829205；Sidkey：KC829680；Svep1：KC830163；Tbr1：KC830433；Zic1：KC831325；28S：AB471923。

灰叶鲷 *Glaucosoma buergeri*，COI：EF609356；Cytb：AB495195，等 2 条；16S：AB495023，等 3 条；ENC1：KF139502；Glyt：KF139751；Myh6：KF139998；PLAGL2：KF140744；RAG1：

KF141241，等 2 条；SH3PX3：KF141473；sreb2：KF140205；Tbr1：KF140355；Zic1：KF140540；28S：AB471925，等 2 条；Cat：AB495193。

银深海鲱 *Bathyclupea argentea*，COI：KF929649；CR(control region)/D-loop：AB355923。

银大眼鲳 *Monodactylus argenteus*，COI：KF930139，等 37 条；12S：KJ774854，等 2 条；16S：JQ938967，等 3 条；18S：KJ774699，等 2 条；KIAA1239：JQ939799，等 2 条；Myh6：JQ939502，等 2 条；PLAGL2：JQ937554，等 2 条；Ptchd1：KC828412；RAG1：EU182624；RIPK4：JQ939964，等 3 条；RNF213：JQ939652，等 2 条；SH3PX3：JQ940122，等 2 条；Sidkey：JQ937691；Tbr1：KC830404；Zic1：KC831073，等 2 条；EHHADH：JQ938804；GPR61：JQ938653；SLC10A3：JQ938352；GCS1：JQ938107；H3：DQ533409；ZNF503：JQ939259；ZNF536：JQ938503。

小鳞黑鮀 *Girella leonina*，12S：AB233475，等 5 条；16S：AB233475，等 4 条；ND2：AB096652；SSR/microsatellite sequences：AB065146，等 10 条。

绿带鮀 *G. mezina*，12S：AB236130，等 4 条；16S：AB236130，等 4 条；ND2：AB096650，等 2 条；ENC1：KF139509；Glyt：KF139750；Myh6：JQ352830；PLAGL2：JQ352875；RAG1：JQ353029；SH3PX3：KF141472；Sidkey：JQ352913；Tbr1：KF140354；Zic1：JQ353142；SLC10A3：JQ353068；ZNF503：JQ352996。

斑鮀 *G. punctata*，COI：JF952742；CR(control region)/D-loop：AB360455，等 140 条；12S：AB 972232，等 15 条；16S：HQ018813，等 15 条；ND2：AB096651，等 2 条；EGR1：KC442114；EGR3：KC442187；RAG1：KC442214；28S：KC442061；RH1：KC442244。

双峰鮀 *Kyphosus bigibbus*，COI：GU804959，等 2 条；Cytb：KC136571，等 62 条；12S：KC136545，等 26 条；16S：KC136545，等 26 条；RAG1：JX908466，等 3 条；RAG2：KC130511，等 3 条。

长鳍鮀 *K. cinerascens*，COI：KF009602，等 2 条；12S：AB972197，等 2 条；16S：AY530872；ND2：AB096646，等 2 条；ENC1：KF139510；Glyt：KF139779；Myh6：JQ352831；PLAGL2：JQ352876；RAG1：JQ353030；SH3PX3：KF141504；Sidkey：JQ352914；sreb2：JQ353102：Tbr1：KF 140372；Zic1：JQ353143；SLC10A3：JQ353069；ZNF503：JQ352997。

低鳍鮀 *K. vaigiensis*，COI：KR013046，等 10 条；12S：EF616895，等 3 条；16S：KR013047，等 4 条；ND2：AB096645，等 2 条；RAG2：EF617142，等 2 条；Tmo-4C4：EF617224，等 2 条；ND3：EF617059。

细刺鱼 *Microcanthus strigatus*，COI：HM180675，等 10 条；12S：AB972198，等 3 条；16S：DQ 533244，等 3 条；ND2：AB096644，等 2 条；EGR1：KF017020；EGR3：KF017090；IRBP：EU638138；MLL：EU638069；RAG1：KF017124，等 2 条；RAG2：JQ769469，等 2 条；Rhod：EU637978；RNF213：EU638222；Tmo-4C4：EF617221；28S：DQ533069；RH1：KF017152；H3：DQ533407；ND3：EF617057。

条纹鸡笼鲳 *Drepane longimana*，COI：JF493395，等 5 条。

斑点鸡笼鲳 *D. punctata*，COI：KJ920123，等 18 条；12S：AF055595；16S：JQ938954，等 5 条；18S：JN211747，等 3 条；ENC1：KF139498；Ficd：KC825666；Glyt：KF139736；等 4 条；Myh6：JQ939493，等 3 条；PLAGL2：JQ937546，等 2 条；RAG1：AY308772；RIPK4：JQ939954，等 2 条；Sidkey：JQ937679；Tbr1：KF140340；Zic1：KC831107，等 2 条；ZNF503：JQ939247。

项斑蝴蝶鱼 *Chaetodon adiergastos*，12S：EF616859；16S：EF616942；RAG2：EF617107；Tmo-4C4：EF617190；ND3：EF617024。

银身蝴蝶鱼 *Ch. argentatus*，COI：FJ583020，等 3 条；Cytb：U23581，等 4 条；12S：AF108505；S7：FJ167794。

丝蝴蝶鱼 *Ch. auriga*，COI：KF714911，等 7 条；Cytb：KM488667，等 388 条；16S：JQ938950，等 3 条；Myh6：JQ939489；PLAGL2：JQ937542；RIPK4：JQ939950；RNF213：JQ939646；Sidkey：JQ937676；VCPIP：KC830735；EHHADH：JQ938789；GPR61：JQ938638；SLC10A3：JQ938336；GCS1：JQ938091；ZNF503：JQ939243；ZNF536：JQ938489。

叉纹蝴蝶鱼 *Ch. auripes*，COI：KF009580，等 9 条；Cytb：FJ167684；12S：AB972196；S7：FJ167796；28S：JF965511；H3：JF965508。

曲纹蝴蝶鱼 *Ch. baronessa*，COI：KF929708；Cytb：FJ167685，等 2 条；12S：EF616874，等 2 条；16S：EF616957；RAG2：EF617122；S7：FJ167797；Tmo-4C4：EF617205；ND3：EF617039。

双丝蝴蝶鱼 *Ch. bennetti*，COI：JF434766，等 3 条；Cytb：JF457936，等 3 条；12S：EF616827；16S：JF457265，等 4 条；RAG2：EF617075；S7：FJ167798；Tmo-4C4：EF617158；ND3：EF616993。

波斯湾蝴蝶鱼 *Ch. burgessi*，COI：FJ583031；12S：EF616851；16S：EF616934；RAG2：EF617099；Tmo-4C4：EF617182；ND3：EF617017。

密点蝴蝶鱼 *Ch. citrinellus*，COI：KJ967958，等 7 条；Cytb：KM455189，等 15 条；CR(control region)/D-loop：JX231274，等 77 条；12S：EF616867，等 2 条；16S：JF457271，等 3 条；RAG2：EF617115；S7：FJ167801；Tmo-4C4：EF617198；ND3：EF617032。

领蝴蝶鱼 *Ch. collare*，COI：KF268160，等 17 条；Cytb：FJ167689，等 2 条；12S：EF616840，等 2 条；16S：EF616924；18S：KP197048，等 2 条；RAG2：EF617088；S7：FJ167802；Tmo-4C4：EF617171；5.8S：JQ814470；28S：JQ814470，等 7 条；ND3：EF617006。

鞭蝴蝶鱼 *Ch. ephippium*，COI：KJ967959，等 5 条；Cytb：FJ167690，等 2 条；12S：EF616842，等 2 条；16S：JF457272，等 2 条；RAG2：EF617090；S7：FJ167803；Tmo-4C4：EF617173；ND3：EF617008。

纹带蝴蝶鱼 *Ch. falcula*，COI：JF434774，等 3 条；Cytb：JF457941，等 3 条；12S：EF616835；16S：JF457273，等 4 条；RAG2：EF617083；Tmo-4C4：EF617166；ND3：EF617001。

贡氏蝴蝶鱼 *Ch. guencheri*，12S：EF616868；16S：EF616951；RAG2：EF617116；Tmo-4C4：EF617199；

ND3：EF617033。

珠蝴蝶鱼 *Ch. kleinii*，COI：KF929712，等 11 条；Cytb：JF457950，等 5 条；12S：EF616825，等 2 条；16S：JF457282，等 6 条；RAG2：EF617073；S7：FJ167807；Tmo-4C4：EF617156；ND3：EF616991。

细纹蝴蝶鱼 *Ch. lineolatus*，COI：KF489525；Cytb：AF108593；12S：EF616856，等 2 条；16S：EF616939；RAG2：EF617104；S7：FJ167808；Tmo-4C4：EF617187；ND3：EF617021。

新月蝴蝶鱼 *Ch. lunula*，COI：KF929713，等 18 条；Cytb：JF457954，等 7 条；12S：EF616861，AF108519；16S：JF457286，等 8 条；RAG2：EF617109；S7：FJ167809；Tmo-4C4：EF617192；28S：HQ993193；H3：HQ993168；ND3：EF617026。

弓月蝴蝶鱼 *Ch. lunulatus*，COI：KJ967961，等 8 条；Cytb：KP241594，等 68 条；CR(control region)/D-loop：JX231351，等 79 条。

马达加斯加蝴蝶鱼 *Ch. madagaskariensis*，COI：KF489527，等 5 条；Cytb：U23598，等 5 条；12S：AJ748308。

麦氏蝴蝶鱼 *Ch. meyeri*，COI：KF489529，等 10 条；Cytb：HQ329510，等 40 条；12S：EF616853，等 2 条；16S：JF457302，等 5 条；RAG2：EF617101；S7：FJ167812；Tmo-4C4：EF617184；ND3：EF617019。

粟点蝴蝶鱼 *Ch. miliaris*，Cytb：FJ973249，等 54 条；12S：EF616834；16S：EF616918，等 3 条；RAG2：EF617082；S7：FJ167813；Tmo-4C4：EF617165；ND3：EF617000。

日本蝴蝶鱼 *Ch. nippon*，12S：AB972195。

八带蝴蝶鱼 *Ch. octofasciatus*，Cytb：AF108599；12S：EF616869，等 2 条；16S：EF616952；RAG2：EF617117；Tmo-4C4：EF617200；ND3：EF617034。

华丽蝴蝶鱼 *Ch. ornatissimus*，COI：JF434807，等 3 条；Cytb：HQ329545，等 43 条；12S：EF616870，等 3 条；16S：JF457306，等 3 条；SSR/microsatellite sequences：HQ163780，等 9 条；ENC1：JX188879；Glyt：JX188712；Myh6：JX189663；PLAGL2：JX189345；Ptr：JX190112；RAG1：JX189817；RAG2：EF617118；S7：FJ167816；SH3PX3：JX189571；sreb2：JX189971；Tbr1：JX189199；Tmo-4C4：EF617201；Zic1：JX189046；ND3：EF617035。

四棘蝴蝶鱼 *Ch. plebeius*，COI：JQ362391；Cytb：JQ362390，等 2 条；12S：EF616846，等 2 条；Ficd：KC825548；RAG2：EF617094；RIPK4：KC828997；S7：FJ167817；Tmo-4C4：EF617177；Zic1：KC831338；ND3：EF617012。

斑带蝴蝶鱼 *Ch. punctatofasciatus*，COI：FJ583072，等 3 条；Cytb：KF609341，等 39 条；12S：EF616848，等 2 条；16S：EF616931；SSR/microsatellite sequences：KC699732，等 20 条；RAG2：EF617096；Tmo-4C4：EF617179；ND3：EF617014。

四点蝴蝶鱼 *Ch. quadrimaculatus*，COI：JF434811，等 4 条；Cytb：EU823099，等 4 条；12S：

EF616839，等 2 条；16S：EU823100，等 4 条；RAG2：EF617087；S7：FJ167818；Tmo-4C4：EF617170；ND3：EF617005。

格纹蝴蝶鱼 *Ch. rafflesi*，COI：FJ583077，等 6 条；Cytb：AF108604；12S：EF616864，等 2 条；16S：EF616947；RAG2：EF617112；Tmo-4C4：EF617195；ND3：EF617029。

网纹蝴蝶鱼 *Ch. reticulatus*，COI：JQ431589，等 3 条；Cytb：JF457980，等 4 条；12S：EF616832，等 2 条；16S：JF457312，等 3 条；Ficd：KC825547；Panx2：KC827502；PLAGL2：KC828252；Ptchd1：KC828703；RAG2：EF617080；S7：FJ167820；Sidkey：KC829410；Snx33：KC829761；Tbr1：KC830281；Tmo-4C4：EF617163；Zic1：KC831270；ND3：EF616998。

弯月蝴蝶鱼 *Ch. selene*，12S：EF616865；16S：EF616948；RAG2：EF617113；Tmo-4C4：EF617196；ND3：EF617030。

细点蝴蝶鱼 *Ch. semeion*，COI：FJ583083；12S：EF616829；16S：EF616913；RAG2：EF617077；Tmo-4C4：EF617160；ND3：EF616995。

镜斑蝴蝶鱼 *Ch. speculum*，COI：FJ583084；Cytb：AF108606；12S：EF616833，等 2 条；16S：EF616917；RAG2：EF617081；Tmo-4C4：EF617164；ND3：EF616999。

三纹蝴蝶鱼 *Ch. trifascialis*，COI：KF489530，等 10 条；Cytb：JF457983，等 7 条；CR(control region)/D-loop：JX231430，等 79 条；16S：JF457315，等 7 条。

三带蝴蝶鱼 *Ch. trifasciatus*，COI：KF929719，等 12 条；Cytb：KP241635，等 86 条；12S：EF616871，等 2 条；16S：JF457322，等 9 条；RAG2：EF617119；S7：FJ167828；Tmo-4C4：EF617202；ND3：EF617036。

鞍斑蝴蝶鱼 *Ch. ulietensis*，COI：JF434832，等 4 条；Cytb：JF457999，等 4 条；12S：EF616844，等 2 条；16S：JF457331，等 3 条；RAG2：EF617092；S7：FJ167829；Tmo-4C4：EF617175；ND3：EF617010。

单斑蝴蝶鱼 *Ch. unimaculatus*，COI：GU805079，等 8 条；Cytb：JF458000，等 5 条；12S：EF616872，等 2 条；16S：JF457332，等 5 条；RAG2：EF617120；S7：FJ167830；Tmo-4C4：EF617203；ND3：EF617037。

斜纹蝴蝶鱼 *Ch. vagabundus*，COI：KJ967962，等 19 条；Cytb：JF458004，等 7 条；CR(control region)/D-loop：JX231509，等 75 条；12S：EF616866，AF108535；16S：JF457336，等 7 条；SSR/microsatellite sequences：KP793063，等 26 条；RAG2：EF617114；Tmo-4C4：EF617197；ND3：EF617031。

丽蝴蝶鱼 *Ch. wiebeli*，COI：FJ583110，等 12 条；Cytb：U23735，等 6 条；12S：EF616873，等 2 条；16S：JF457342，等 4 条；RAG2：EF617121；Tmo-4C4：EF617204；ND3：EF617038。

黄蝴蝶鱼 *Ch. xantharus*，COI：JF434843，等 11 条；Cytb：JF458010，等 3 条。

钻嘴鱼 *Chelmon rostratus*，COI：FJ583126，等 9 条；Cytb：AF108612；12S：EF616876，等 2 条；16S：EF616959；ENC1：KF139488；Glyt：JX190350；Myh6：JX190493；PLAGL2：

JX190618；Ptr：JX190758；RAG1：JX190883；RAG2：EF617124；S7：FJ167833；SH3PX3：JX191018；sreb2：JX191108；Tbr1：JX191213；Tmo-4C4：EF617207；Zic1：JX191339；ND3：EF617041。

褐带少女鱼 *Coradion altivelis*，Cytb：AF108613；12S：AF108538；S7：FJ167836。

少女鱼 *C. chrysozonus*，Cytb：AF108614；12S：EF616880，等 2 条；16S：EF616963；RAG2：EF617128；S7：FJ167837；Tmo-4C4：EF617211；ND3：EF617045。

黄镊口鱼 *Forcipiger falvissimus*，COI：KF929889，等 17 条；Cytb：JF458129，等 5 条；12S：AB969979，等 3 条；16S：JF457456，等 6 条；ATP6-ATP8：DQ111344，等 36 条；ENC1：JX188880，等 2 条；Ficd：KC825553；Glyt：JX188713；Myh6：JX189664，等 2 条；Panx2：KC827610；PLAGL2：JX189346，等 2 条；Ptchd1：KC828645；Ptr：JX190113；RAG1：JX189818，等 2 条；RAG2：EF617129；S7：FJ167838；SH3PX3：JX189572；Sidkey：KC829407；Snx33：KC829811；sreb2：JX189972；Tbr1：JX189200；Tmo-4C4：EF617212；Zic1：JX189047，等 2 条；ND3：EF617046。

长吻镊口鱼 *F. longirostris*，COI：JQ431745，等 3 条；Cytb：FJ167715；12S：EF616882；16S：JF457461，等 3 条；RAG2：EF617130；S7：FJ167839；Tmo-4C4：EF617213；ND3：EF617047。

多鳞霞蝶鱼 *Hemitaurichthys polylepis*，COI：JF435020，等 5 条；Cytb：JF458156，等 3 条；12S：EF616822，等 2 条；16S：JF457506，等 3 条；ENC1：KF139489；Ficd：KC825551；Glyt：KF139764；Myh6：KF140012，等 2 条；PLAGL2：KF140756，等 2 条；Ptchd1：KC828519；RAG1：KF141255，等 2 条；RAG2：EF617070；RIPK4：KC829266；S7：FJ167840；SH3PX3：KF141486；Snx33：KC829827；Tbr1：KF140363，等 2 条；Tmo-4C4：EF617153；Zic1：KF140549，等 2 条；ND3：EF616988。

霞蝶鱼 *H. zoster*，COI：JF435024，等 4 条；Cytb：JF458160，等 3 条；12S：EF616883，等 2 条；16S：JF457509，等 3 条；RAG2：EF617131；Tmo-4C4：EF617214；ND3：EF617048。

马夫鱼 *Heniochus acuminatus*，COI：KF268170，等 13 条；Cytb：JF458161，等 2 条；12S：DQ533208，等 3 条；16S：DQ533208，等 5 条；RAG2：EF617071；S7：FJ167842；Tmo-4C4：EF617154；28S：DQ533038；H3：DQ533378；ND3：EF616989。

金口马夫鱼 *H. chrysostomus*，COI：KF929963，等 7 条；Cytb：JF458163，等 4 条；12S：EF616884，等 2 条；16S：JF457513，等 2 条；ENC1：EF539233；Ficd：KC825550，等 3 条；Myh6：EF536286；PLAGL2：EF536248；Ptchd1：KC828715；RAG1：EF530087；RAG2：EF617132；RIPK4：KC829106；S7：FJ167843；Sidkey：KC829409；Snx33：KC829828；Svep1：KC830213；Tbr1：KC830350；VCPIP：KF929963；Zic1：KC831235，等 2 条；ND3：EF617049。

多棘马夫鱼 *H. diphreutes*，COI：JF435028，等 8 条；Cytb：JF458164，等 4 条；12S：EF616888；16S：JF457514，等 5 条；RAG2：EF617218；Tmo-4C4：EF617218；28S：JF965512；H3：JF965509；

ND3：EF617053。

单角马夫鱼 *H. monoceros*，COI：KF929964，等 8 条；Cytb：JF458168，等 4 条；12S：EF616886；16S：JF457518，等 5 条；RAG2：EF617134；Tmo-4C4：EF617216；ND3：EF617051。

四带马夫鱼 *H. singularius*，COI：FJ583547，等 2 条；Cytb：FJ167718；12S：EF616885；16S：EF616967；RAG2：EF617133；S7：FJ167844；Tmo-4C4：EF617215；ND3：EF617050。

白带马夫鱼 *H. varius*，COI：FJ583549，等 2 条；Cytb：AF108621；12S：EF616887，等 2 条；16S：EF616969；Ficd：KC825552，等 3 条；Myh6：KC827110；Panx2：KC827651；PLAGL2：KC828260；Ptchd1：KC828641；RAG2：EF617135；RIPK4：KC828976；Sidkey：KC829408；Snx33：KC829829；Tbr1：KC830351；Tmo-4C4：EF617217；Zic1：KC831368；ND3：EF617052。

眼点副蝴蝶鱼 *Parachaetodon ocellatus*，Cytb：AF108622；12S：AF108547；S7：FJ167847。

朴罗蝶鱼 *Roa modesta*，12S：AB974560。

三点阿波鱼 *Apolemichthys trimaculatus*，COI：KJ148889，等 13 条；Cytb：KJ148811，等 3 条；12S：AB972199，等 2 条；16S：AY530843；Ficd：KC825785，等 3 条；Panx2：KC827430；PLAGL2：KC828292；RAG2：KJ148636，等 3 条；Sidkey：KC829428；Snx33：KC829715；Svep1：KC830206；Tbr1：KC830236；Tmo-4C4：KJ148998，等 3 条；Zic1：KC831216。

二色刺尻鱼 *Centropyge bicolor*，COI：KJ148906，等 13 条；Cytb：KJ148822，等 5 条；12S：AF 108551，等 2 条；16S：FJ616501，等 2 条；Bmp4：FJ616941；Ficd：KC826863；KIAA1239：KC826863；Myh6：KC827140；Panx2：KC827490；PLAGL2：KC828281；RAG1：FJ 616720；RAG2：KJ148651，等 4 条；RIPK4：KC828979；Sidkey：KC829426；Snx33：KC829751；Tbr1：KC830277；Tmo-4C4：KJ149016，等 2 条；VCPIP：KC830696；Zic1：KC831215；ND3：FJ616608。

双棘刺尻鱼 *C. bispinosus*，COI：KJ148910，等 22 条；Cytb：KJ148826，等 3 条；12S：AF108552；16S：JQ904543，等 4 条；SSR/microsatellite sequences：KP013624，等 14 条；RAG2：KJ148655，等 2 条；Tmo-4C4：KJ149018，等 2 条。

锈红刺尻鱼 *C. ferrugatus*，COI：KJ148922，等 4 条；Cytb：KJ148835，等 3 条；12S：AF108554；RAG2：KJ148665，等 2 条；Tmo-4C4：KJ149028，等 2 条。

条尾刺尻鱼 *C. fisheri*，COI：KJ148923，等 4 条；Cytb：KJ148836，等 3 条；CR(control region)/D-loop：DQ343559；RAG2：KJ148666，等 4 条；Tmo-4C4：KJ149029，等 4 条。

黄尾刺尻鱼 *C. flavicauda*，COI：KJ148931，等 2 条；Cytb：KJ148841，等 2 条；12S：AF108555；RAG2：KJ148673；Tmo-4C4：KJ149037，等 2 条。

海氏刺尻鱼 *C. heraldi*，COI：KJ534338，等 22 条；Cytb：KJ148844，等 2 条；16S：KJ643460，等 11 条；RAG2：KJ148680，等 3 条；Tmo-4C4：KJ149049，等 3 条。

多带刺尻鱼 *C. multifasciata*，COI：KJ148951，等4条；Cytb：KJ148854，等4条；12S：AF108558，

等 2 条；16S：AY530853；complete mitochondrion genome：KP965875；RAG2：KJ148689，等 3 条；Tmo-4C4：KJ149059，等 3 条。

黑刺尻鱼 *C. nox*，COI：KJ148962，等 10 条；Cytb：KJ148863，等 3 条；12S：AF108560；16S：JQ904553，等 6 条；Myh6：KC827141；Panx2：KC827491；PLAGL2：KC828282；RAG2：KJ148697，等 2 条；Sidkey：KC829429；Snx33：KC829753；Svep1：KC830205；Tmo-4C4：KJ149070，等 2 条；VCPIP：KC830694；Zic1：KC831212。

施氏刺尻鱼 *C. shepardi*，COI：KJ148970，等 3 条；Cytb：KJ148873，等 2 条；RAG2：KJ148705，等 3 条；Tmo-4C4：KJ149079，等 3 条。

白斑刺尻鱼 *C. tibicen*，COI：KJ148973，等 13 条；Cytb：KJ148874，等 2 条；12S：AF108562；16S：JQ904557，等 3 条；RAG2：KJ148708，等 2 条；Tmo-4C4：KJ149083，等 2 条。

仙女刺尻鱼 *C. venusta*，COI：KJ148975，等 4 条；Cytb：KJ148875，等 3 条；12S：AF108563，等 2 条；16S：AY530862；complete mitochondrion genome：KR870988；RAG2：KJ148710，等 2 条；Tmo-4C4：KJ149085，等 2 条。

福氏刺尻鱼 *C. vrolikii*，COI：KJ542549，等 21 条；Cytb：JQ914332，等 8 条；12S：AF108564；16S：KJ551883，等 6 条；RAG2：JQ914425，等 10 条；S7：JQ914491，等 10 条；Tmo-4C4：KJ149086，等 11 条。

眼带荷包鱼 *Chaetodontoplus duboulayi*，Cytb：AF108641；12S：KC820903，等 2 条；16S：KC820913，等 2 条；S7：KC820929。

黑身荷包鱼 *C. melanosoma*，COI：FJ583093；Cytb：AF108642；12S：AF108567；ENC1：JX188912；Glyt：JX188746；Myh6：JX189687；PLAGL2：JX189373；Ptr：JX190146；RAG1：JX189845；SH3PX3：JX189603；sreb2：JX189991；Zic1：JX189071。

黄尾荷包鱼 *C. mesoleucus*，COI：KJ148944，等 3 条；Cytb：KJ148846，等 2 条；12S：KC820904，等 3 条；complete mitochondrion genome：KP218262；RAG2：KJ148683，EF617146；S7：KC820930；Tmo-4C4：EF617228；ND3：EF617063。

蓝带荷包鱼 *C. septentrionalis*，COI：HM180496，等 9 条；12S：AB972194。

拉马克月蝶鱼 *Genicanthus lamarck*，COI：KJ148987，等 11 条；Cytb：KJ148879，等 3 条；12S：AF108569；16S：AY530849；RAG2：KJ148713，等 2 条；Tmo-4C4：KJ149091，等 2 条。

黑斑月蝶鱼 *G. melanospilos*，COI：KJ148989，等 5 条；Cytb：KJ148881，等 3 条；12S：AF108570；16S：AY530850；RAG1：EU167832；RAG2：KJ148715，等 2 条；Tmo-4C4：KJ149092，等 2 条。

半纹月蝶鱼 *G. semifasciatus*，complete mitochondrion genome：KP965876。

渡边月蝶鱼 *G. watanabei*，COI：KJ148992，等 5 条；Cytb：KJ148885，等 2 条；RAG2：KJ148718；Tmo-4C4：KJ149097，等 2 条。

环纹刺盖鱼 *Pomacanthus annularis*，COI：KP338808，等 7 条；Cytb：FJ167722，等 2 条；12S：KC820895，等 2 条；16S：KC820905；S7：KC820915，等 2 条。

主刺盖鱼 *P. imperator*，COI：KP338810，等 13 条；Cytb：FJ424064，等 11 条；CR(control region)/D-loop：FJ447580，等 20 条；12S：KC820898，等 3 条；16S：KC820908，等 2 条；complete mitochondrion genome：KP218259；Ficd：KC825787；KIAA1239：JQ939806，等 2 条；Myh6：JQ939510；Panx2：KC827849；PLAGL2：JQ937560；RIPK4：JQ939972，等 2 条；S7：KC820919；SH3PX3：JQ940130；Sidkey：JQ937696；Zic1：KC831214；EHHADH：JQ938813；GPR61：JQ938663；SLC10A3：JQ938359；GCS1：JQ938118；ZNF503：JQ939266。

马鞍刺盖鱼 *P. navarchus*，COI：FJ583883；Cytb：AF108648；12S：KC820900，等 2 条；16S：KC 820910；S7：KC820921.

半环刺盖鱼 *P. semicirculatus*，COI：KJ920131，等 7 条；Cytb：AF108649；12S：AF108574；16S：AY530844；Ficd：KC825783；KIAA1239：KC826847；Myh6：KC827143；Panx2：KC827850；PLAGL2：KC828301；RIPK4：KC829173；S7：KC820924；Sidkey：KC829419；Snx33：KC829934；Tbr1：KC830451；VCPIP：KC830693；Zic1：KC831339。

六带刺盖鱼 *P. sexstriatus*，COI：KJ542548，等 4 条；Cytb：KJ148887，等 4 条；12S：AF108575；16S：KJ551860，等 3 条；RAG2：KJ148720，等 2 条；S7：KC820925，FJ167851；Tmo-4C4：KJ149098。

黄颅刺盖鱼 *P. xanthometopon*，COI：KJ534356，等 3 条；Cytb：AF108651；12S：KC820902，等 2 条；16S：KJ551856，等 4 条；complete mitochondrion genome：KP218258；S7：KC820926。

双棘甲尻鱼 *Pygoplites diacanthus*，COI：KJ148996，等 21 条；Cytb：KJ148888，等 21 条；12S：KC845387，等 5 条；16S：KC845324，等 5 条；complete mitochondrion genome：KP033453；KIAA1239：KC826846；Myh6：KC827139；PLAGL2：KC828296；RAG1：EU167870；RAG2：KJ148721，等 2 条；RIPK4：KC828967；S7：KC820928；Sidkey：KC829427；Snx33：KC829950；Tmo-4C4：KJ149099，EF617232；VCPIP：KC830695；Zic1：KC831243；ND3：EF617067。

尖吻棘鲷 *Evistias acutirostris*，COI：JF952734；12S：AB972193，等 2 条。

帆鳍鱼 *Histiopterus typus*，COI：KF489614，等 3 条；ENC1：KF139535；Glyt：KF139766；Myh6：KF140014；PLAGL2：KF140757；RAG1：KF141257；SH3PX3：KF141489；Tbr1：KF 140364；Zic1：KF140550；cox1：JQ681422。

日本五棘鲷 *Pentaceros japonicus*，Cytb：AB128869，等 3 条；CR(control region)/D-loop：AB128869，等 3 条；12S：AB974643，等 4 条；ENC1：KF139536；Glyt：KF139826；Myh6：KF140071；PLAGL2：KF140806；RAG1：KF141308；SH3PX3：KF141554；sreb2：KF140237；Tbr1：KF140407；Zic1：KF140595。

银身中锯鯻 *Mesopristes argenteus*，Cytb：JQ769401；RAG1：JQ769446；RAG2：JQ769491。

格纹中锯鯻 *M. cancellatus*，COI：JN704358，等 4 条；Cytb：JQ769402；RAG1：JQ769447；RAG2：JQ769492。

四带牙鯻 *Pelates quadrilineatus*，COI：KF714989，等 9 条；Cytb：JQ769403；CR(control region)/D-loop：FJ797547，等 14 条；16S：JN688788；RAG1：JQ769448；RAG2：JQ769493；Rhod：EU637991；Tmo-4C4：JN688855。

六带牙鯻 *P. sexlineatus*，Cytb：KF999870，等 4 条；COI：KF999853，等 2 条；12S：KF999837，等 2 条；16S：JN688789。

尖突吻鯻 *Rhynchopelates oxyrhynchus*，5.8S：JN008329，等 4 条；28S：JN008329。

细鳞鯻 *Terapon jarbua*，COI：KP267659，等 164 条；Cytb：KP152133，等 28 条；CR：FJ797517，等 13 条；12S：KF999823，等 4 条；16S：KC774744，等 6 条；ND2：AB063202；complete mitochondrial genome：KP455734。

鯻 *T. theraps*，COI：KP266751，等 12 条；Cytb：KF999863，等 5 条；CR：FJ797530，等 2 条；12S：LC037039，等 3 条；16S：KC774746，等 4 条；ND2：AB063203。

黑边汤鲤 *Kuhlia marginata*，COI：KF009601，等 8 条；16S：HE798350，等 6 条；ENC1：JX188889；Glyt：JX188722；IRBP：HE798315，等 6 条；Myh6：JQ352828；PLAGL2：JQ352873；Ptr：JX190122；RAG1：JQ353027；SH3PX3：JX189581；Sidkey：JQ352911；sreb2：JQ353100；Tbr1：JX189209；Tmo-4C4：HE798280，等 6 条；Zic1：JQ353140；SLC10A3：JQ353066；RH：HE798245，等 6 条；ZNF503：JQ352994。

鲻形汤鲤 *K. mugil*，COI：KJ968133，等 15 条；Cytb：AY116003；16S：JQ938961，等 8 条；ND2：AB096643，等 2 条；EGR1：KF017022；EGR3：KF017092；Ficd：KC825735；IRBP：HE798341，等 8 条；MLL：JQ939419；Myh6：JQ939497，等 2 条；Panx2：KC827679；PLAGL2：JQ937552；Ptchd1：KC828700；RAG1：KF017126，等 3 条；RAG2：JQ769466；RIPK4：JQ939959，等 2 条；RNF213：JQ939650；Sidkey：JQ937686；Snx33：KC829847；Svep1：KC830189；Tbr1：KC830368；Tmo-4C4：HE798306，等 6 条；VCPIP：KC830614；RH1：KF017154；EHHADH：JQ938797；GPR61：JQ938648；SLC10A3：JQ938346；GCS1：JQ938102；RH：JQ937973，等 7 条；ZNF503：JQ939254；ZNF536：JQ938498。

大口汤鲤 *K. rupestris*，COI：KJ669497，等 5 条；12S：AB972190，KJ774840；16S：HE798360，等 4 条；18S：KJ774689；ENC1：KF139508；Glyt：KF139775；Myh6：KC827074；SH3PX3：KF141500；Tbr1：KF140370；Tmo-4C4：HE798290，等 4 条；ND4：HF542399，等 89 条；RH：HE798255，等 4 条。

条石鲷 *Oplegnathus fasciatus*，COI：KM668597，等 16 条；Cytb：KM668613，等 10 条；CR(control region)/D-loop：KM668561，等 36 条；12S：AB972189。

斑石鲷 *O. punctatus*，16S：HQ018811；EGR1：KF017021；EGR3：KF017091；ENC1：KF139531；

Glyt：KF139816；Myh6：JQ352834；PLAGL2：JQ352879；RAG1：KF017125，等 5 条；RAG2：JQ769470；SH3PX3：KF141542；sreb2：JQ353105；Tbr1：KF140398；Zic1：JQ353146；RH1：KF017153；SLC10A3：JQ353072；ZNF503：JQ353000。

双斑钝𫚥 *Amblycirrhitus bimacula*，COI：KJ967861，等 7 条；Cytb：JX645657，等 2 条；IRBP：JX627913；PKD1：JX628413。

斑金𫚥 *Cirrhitichthys aprinus*，COI：KF489548，等 3 条。

鹰金𫚥 *C. falco*，COI：KF929760，等 7 条；EGR1：KF017025；EGR3：KF017095；Myh6：JQ352824；PLAGL2：JQ352869；RAG1：KF017129；SH3PX3：KF141442；Sidkey：JQ352910；sreb2：JQ353097；Tbr1：KF140333；Zic1：JQ353136；RH1：KF017157；SLC10A3：JQ353063；ZNF503：JQ352990。

尖头金𫚥 *C. oxycephalus*，COI：GU804930，等 9 条；ATP6-ATP8：DQ111195，等 23 条；Ficd：KC825740；Hoxc6a：KC826007；KIAA1239：KC826382；Myh6：KC827113；Ptchd1：KC828746；RIPK4：KC829202；Sidkey：KC829675；Snx33：KC829775；VCPIP：KC830533；Zic1：KC831035。

翼𫚥 *C. pinnulatus*，COI：KF489549，等 18 条；Cytb：JX163940，等 14 条；IRBP：JX627901；RAG1：EU167821；PKD1：JX628396。

多棘鲤𫚥 *Cyprinocirrhites polyactis*，COI：JF493330，等 2 条。

尖吻𫚥 *Oxycirrhites typus*，COI：KF489680，等 6 条。

夏威夷副𫚥 *Paracirrhites arcatus*，COI：KF930221，等 16 条；CR(control region)/D-loop：JX231753，等 77 条；SSR/microsatellite sequences：JN886952，等 38 条；ENC1：JX188882；Glyt：JX188715；Myh6：JQ352826；PLAGL2：JQ352871；Ptr：JX190115；RAG1：JQ353025；SH3PX3：JX189574；sreb2：JQ353099；Tbr1：JX189202；Zic1：JQ353138；SLC10A3：JQ353065；ZNF503：JQ352992。

雀斑副𫚥 *P. forsteri*，COI：KF489690，等 8 条；CR(control region)/D-loop：JX231830，等 88 条；16S：DQ462678；Ficd：KC825847；Hoxc6a：KC826164，等 3 条；PLAGL2：KC828123；Ptchd1：KC828765；Zic1：KC831030。

四角唇指𫚥 *Cheilodactylus quadricornis*，COI：AF092148；Cytb：AF092163；12S：AB938159；16S：JQ178233，HQ018814；EGR1：KF017027；EGR3：KF017097；RAG1：KF017131；RH1：KF017159；MLL4：KF312014。

斑马唇指𫚥 *C. zebra*，COI：AF092147；Cytb：AF092164；12S：AB938160。

花尾唇指𫚥 *C. zonatus*，COI：JF952747，等 4 条；Cytb：AF092162；12S：AB938161；16S：HQ018815；EGR1：KF017026；EGR3：KF017096；RAG1：KF017130；RH1：KF017158。

印度棘赤刀鱼 *Acanthocepola indica*，12S：AB969935。

克氏棘赤刀鱼 *A. krusensternii*，12S：AB969937。

背点棘赤刀鱼 *A. limbata*，COI：HQ993139；12S：AB969936；16S：HQ993111；28S：HQ993192；H3：HQ993167。

史氏赤刀鱼 *Cepola schlegelii*，Glyt：KF139704；Myh6：KF139958；PLAGL2：KF140705；RAG1：KF141199；SH3PX3：KF141431；Tbr1：KF140322；Zic1：KF140510；cox1：JQ681370，JQ681369。

带状赤刀鱼 *Pseudocepola taeniosoma*，COI：KP267647。

土佐湾楔花鮨騰 *Sphenanthias tosaensis*，12S：AB972188；ENC1：KF139486；Glyt：KF139887；PLAGL2：KF140856；RAG1：KF141363；SH3PX3：KF141613；sreb2：KF140275；Tbr1：KF140455；Zic1：KF140643。

海鲋 *Ditrema temmincki*，COI：HM180557，等 7 条；Cytb：AB376256，等 27 条；12S：AB969917；SSR/microsatellite sequences：AB662842，等 37 条；Gdf5：AB369575。

孟加拉豆娘鱼 *Abudefduf bengalensis*；Cytb：AY208547；12S：FJ616289；16S：FJ616397；ATP6-ATP8：AY208404；Bmp4：FJ616836；RAG1：FJ616617；RAG2：FJ616729；ND3：FJ616505。

劳伦氏豆娘鱼 *A. lorenzi*，Cytb：AY208550；ATP6-ATP8：AY208407。

黄尾豆娘鱼 *A. notatus*，COI：HQ561510；Cytb：AY208552；12S：FJ616292；16S：KF154017，等 3 条；ATP6-ATP8：AY208409；Bmp4：FJ616839；RAG1：FJ616620；RAG2：FJ616732；ND3：FJ616508。

七带豆娘鱼 *A. septemfascistus*，COI：KT879787，等 17 条；Cytb：JF457874，等 2 条；16S：JF457204，等 2 条；12S：FJ616294；ND3：FJ616510。

六带豆娘鱼 *A. sexfasciatus*，COI：JQ431398，等 4 条；Cytb：JF457876，等 3 条；12S：JN935809，等 4 条；16S：JF457206，等 4 条；ATP6-ATP8：AY208412；Bmp4：FJ616842；Ficd：KC825695；KIAA1239：KC826473；Myh6：KC827381；Panx2：KC827387；PLAGL2：KC828221；Ptchd1：KC828745；RAG1：JN935819，等 3 条；RAG2：FJ616735；RIPK4：KC829199；Svep1：KC830144；Tbr1：KC830222；VCPIP：KC830715；Zic1：KC831158；RH1：HQ286548；ND3：FJ616511；RH2A：HQ286528；RH2B：HQ286518。

豆娘鱼 *A. sordidus*，COI：KF929554，等 7 条；Cytb：KM455128，等 33 条；12S：AF436879，等 2 条；16S：JF457207，等 6 条；ATP6-ATP8：AY208413；Bmp4：FJ616843；RAG1：AY208621，FJ616624；RAG2：FJ616736；ND3：FJ616512。

五带豆娘鱼 *A. vaigiensis*，COI：KP405935；Cytb：KM579706，等 154 条；12S：AB969974；S7：KM579980，等 45 条。

金凹牙豆娘鱼 *Amblyglyphidodon aureus*，COI：KF929587；Cytb：AY208563；12S：FJ616301，等 3 条；16S：FJ616409，等 3 条；ATP6-ATP8：AY208421，等 2 条；Bmp4：FJ616848；RAG1：AY208627，等 2 条；RAG2：JN998032，等 2 条；Tmo-4C4：JN998049；ND3：FJ616516。

库拉卡凹牙豆娘鱼 *A. curacao*，COI：KF929588；Cytb：AY208564；CR(control region)/D-loop：DQ212282，等41条；12S：FJ616302，等5条；16S：FJ616410，等4条；ATP6-ATP8：AY208423，AY208422；Bmp4：FJ616849；RAG1：FJ616629；RAG2：FJ616742；ND3：FJ616517。

白腹凹牙豆娘鱼 *A. leucogaster*，COI：AY662764，等3条；Cytb：AY208565；12S：AY279568，等3条；16S：AY279671，等3条；ATP6-ATP8：AY208425；Bmp4：FJ616850；RAG1：AY208626，等2条；RAG2：EU256703，等4条；Tmo-4C4：JN998051，等4条；ND3：FJ616518。

平颌凹牙豆娘鱼 *A. ternatensis*，Cytb：JQ729313；CR(control region)/D-loop：JN998069，等3条；12S：JQ729316；16S：JQ729321；Bmp4：JQ729305；RAG1：JQ729301；RAG2：JQ729298，等4条；Tmo-4C4：JN998048；ND3：JQ729326。

二带双锯鱼 *Amphiprion bicinctus*，Cytb：KF264276，等2条；CR(control region)/D-loop：DQ343925；16S：KF264154，DQ343906；ATP6-ATP8：KF264195；SSR/microsatellite sequences：KC193104，等36条；complete mitochondrion genome：JQ030887；Bmp4：KF264235；Glyt：KF264317；RAG1：KF264355；Zic1：KF264392。

克氏双锯鱼 *A. clarkii*，COI：KP405938，等11条；Cytb：KJ434775，等13条；CR(control region)/D-loop：KP162023，等9条；12S：AB969975；16S：KF264159，等5条；18S：KP197046，等2条；ATP6-ATP8：KF264200，等6条；complete mitochondrion genome：KJ174498；Bmp4：KF264240，等4条；Glyt：KF264321，等4条；PLAGL2：KC828208；Ptchd1：KC828459；RAG1：KF264359，等4条；Snx33：KC829704；Zic1：KF264395，等4条；Cat：JN032592；Cry1：KF752563，等5条；RH：KC684925。

白条双锯鱼 *A. frenatus*，COI：JX901062，等4条；Cytb：KP151503，等5条；CR(control region)/D-loop：JX901059，等3条；12S：AF108503，等3条；16S：KF264164，等5条；ATP6-ATP8：KF264205；SSR/microsatellite sequences：AB921226，等12条；complete mitochondrion genome：KJ833752；Bmp4：KF264245，等2条；Glyt：KF264326；RAG1：KF264364，等2条；RAG2：FJ616746；Zic1：KF264400；ND3：FJ616521。

眼斑双锯鱼 *A. ocellaris*，COI：KC539228，等19条；Cytb：KF264294，等4条；CR(control region)/D-loop：KP162016，等2条；16S：KF264172，等4条；ATP6-ATP8：KF264213，等4条；Bmp4：KF264253，等2条；Glyt：KF264334，等2条；PLAGL2：KC828007；RAG1：KF264372，等3条；RAG2：EU256987；Tbr1：KC830230；Zic1：KF264406，等2条；Gdf5：AB369574；HSP70：EU683309；HSP90：AB598553。

海葵双锯鱼 *A. percula*，COI：KC539234，等8条；Cytb：KF264297，等21条；CR(control region)/D-loop：KP162022，等27条；12S：AF285924；16S：KF264175，等6条；ATP6-ATP8：KF264216，等3条；SSR/microsatellite sequences：KM106238，等24条；complete mitochondrion genome：KJ174497；Bmp4：KF264256，等3条；Glyt：KF264338，等2条；RAG1：KF264375，等3

条；Zic1：KF264410，等 2 条。

颈环双锯鱼 *A. perideraion*，Cytb：KF264301，等 3 条；CR(control region)/D-loop：KP162020，等 30 条；16S：KF264179，等 2 条；ATP6-ATP8：KF264220，等 2 条；SSR/microsatellite sequences：AB921239，等 12 条；complete mitochondrion genome：KJ833753；Bmp4：KF264260，等 2 条；Glyt：KF264340，等 2 条；RAG1：KF264379，等 2 条；Zic1：KF264412，等 2 条。

鞍斑双锯鱼 *A. polymnus*，COI：KC539218，等 14 条；Cytb：KP151502，等 5 条；CR(control region)/D-loop：KP162017，等 4 条；16S：KF264181，等 6 条；ATP6-ATP8：KF264221；SSR/microsatellite sequences：AY523938，等 11 条；complete mitochondrion genome：KJ101554；Bmp4：KF264262，等 2 条；Glyt：KF264342，等 2 条；RAG1：KF264380；Tmo-4C4：AY662814；Zic1：KF264414，等 2 条。

白背双锯鱼 *A. sandaracinos*，COI：JX548320，等 4 条；Cytb：KJ434692，等 83 条；CR(control region)/D-loop：KP162021，等 12 条；12S：FJ616310；16S：KF264184，等 5 条；ATP6-ATP8：KF264224，等 2 条；SSR/microsatellite sequences：KJ434600，等 23 条；Bmp4：KF264265，等 3 条；Glyt：KF264345，等 2 条；RAG1：KF264382，等 2 条；RAG2：FJ616750；Zic1：KF264417，等 2 条；ND3：FJ616525。

锯唇鱼 *Cheiloprion labiatus*，12S：FJ616312；16S：FJ616420；Bmp4：FJ616859；RAG1：FJ616639；RAG2：FJ616752；ND3：FJ616527。

侏儒光鳃鱼 *Chromis acares*，COI：KF929745，等 4 条；Cytb：JF458030，等 2 条；16S：JF457364，等 2 条。

银白光鳃鱼 *Ch. alpha*，COI：JF434867，等 2 条；12S：FJ616313；16S：FJ616421；Bmp4：FJ616860；RAG1：FJ616640；RAG2：FJ616753；ND3：FJ616528。

长臀光鳃鱼 *Ch. analis*，COI：JF493172；12S：FJ616315，等 2 条；16S：FJ616423；Bmp4：FJ616862；RAG1：FJ616642；RAG2：FJ616755；ND3：FJ616530。

绿光鳃鱼 *Ch. atripectoralis*，COI：KJ967969，等 16 条；Cytb：JF458031，等 5 条；CR(control region)/D-loop：JX231169，等 47 条；12S：FJ616316；16S：JF457366，等 5 条；ATP6-ATP8：AY208376；Bmp4：FJ616863；Ficd：KC825686；Hoxc6a：KC826004；KIAA1239：KC826480；Myh6：KC827367；PLAGL2：KC828204；RAG1：FJ616643；RAG2：FJ616756；Sidkey：KC829379；Snx33：KC829771；Zic1：KC831197；ND3：FJ616531。

腋斑光鳃鱼 *Ch. atripes*，COI：KM357712，等 4 条；Cytb：AY208526；12S：JQ707031；16S：JQ707066；ATP6-ATP8：AY208378，等 2 条；Bmp4：JQ707101；RAG1：JQ707224，等 2 条；RAG2：JQ707260；ND3：JQ707190。

蓝光鳃鱼 *Ch. caeruleus*，COI：FJ583146，等 3 条。

长棘光鳃鱼 *Ch. chrysura*，COI：JF434873，等 4 条；Cytb：JF458035，等 5 条；16S：JF457370，等

4 条；ATP6-ATP8：AY208382，等 2 条。

灰光鳃鱼 *Ch. cinerascens*，12S：LC104616。

三角光鳃鱼 *Ch. delta*，COI：JQ707137；Cytb：JQ707170；12S：JQ707034；16S：JQ707069；Bmp4：JQ707104；RAG1：JQ707227；RAG2：JQ707263；ND3：JQ707193。

双色光鳃鱼 *Ch. dimidiatus*，COI：JQ707138，等 14 条；Cytb：KC311944，等 15 条；12S：JQ707035；16S：JQ707070，等 11 条；Bmp4：JQ707105；Ficd：KC825786；KIAA1239：KC826445；Panx2：KC827520；PLAGL2：KC828205；RAG1：JQ707228；RAG2：JQ707264；RIPK4：KC829175；Sidkey：KC829366；Snx33：KC829772；Tbr1：KC830293；Zic1：KC831167；ND3：JQ707194。

黄斑光鳃鱼 *Ch. flavomaculata*，Cytb：AY208530；12S：AB969958，等 2 条；ATP6-ATP8：AY208386，等 2 条。

烟色光鳃鱼 *Ch. fumea*，Cytb：EU267219；12S：AF081224；16S：KC767733，等 2 条。

细鳞光鳃鱼 *Ch. lepidolepis*，COI：KF929749，等 2 条；Cytb：JQ707173；12S：JQ707037；16S：JQ 707072；Bmp4：JQ707107；RAG1：JQ707230。

双斑光鳃鱼 *Ch. margaritifer*，COI：KF929750，等 6 条；Cytb：AY208532；12S：FJ616318；16S：FJ616426；ATP6-ATP8：AY208390，等 2 条；SSR/microsatellite sequences：GQ918260，等 9 条；Bmp4：FJ616865；RAG1：FJ616645；RAG2：FJ616758；ND3：FJ616533。

东海光鳃鱼 *Ch. mirationis*，12S：AB974585；16S：KF957467。

尾斑光鳃鱼 *Ch. notatus*，COI：JF952702；Cytb：EU267220；CR(control region)/D-loop：KM003884，等 60 条；12S：AB969956；16S：KF957468，等 2 条。

卵形光鳃鱼 *Ch. ovatiformis*，12S：FJ616321；16S：FJ616429；Bmp4：FJ616868；RAG1：FJ616648；RAG2：FJ616761；ND3：FJ616536。

黑带光鳃鱼 *Ch. retrofasciata*，Cytb：AY208535；12S：FJ616323；16S：FJ616431；ATP6-ATP8：AY208396，等 2 条；Bmp4：FJ616870；RAG1：AY208634，等 2 条；RAG2：FJ616763；ND3：FJ616538。

条尾光鳃鱼 *Ch. ternatensis*，COI：KF929753，等 7 条；Cytb：JF458054，等 6 条；12S：FJ616324；16S：FJ616432；Bmp4：FJ616871；RAG1：FJ616651；RAG2：FJ616764；ND3：FJ616539。

凡氏光鳃鱼 *Ch. vanderbilti*，COI：KJ967979，等 22 条；Cytb：JQ707175，等 3 条；12S：JQ707039；16S：JQ707074，等 3 条；Bmp4：JQ707109；RAG1：JQ707232；RAG2：JQ707267；ND3：JQ707197。

蓝绿光鳃鱼 *Ch. viridis*，COI：KJ967980，等 31 条；Cytb：JF458062，等 8 条；CR(control region)/D-loop：JN935818，等 2 条；12S：FJ616325，等 2 条；16S：JF457391，等 7 条；ATP6-ATP8：AY208398，等 2 条；Bmp4：FJ616872；RAG1：AY208635，等 2 条；RAG2：FJ616765；RH1：HQ286550；ND3：FJ616540；RH2A：HQ286530；RH2B：HQ286520。

韦氏光鳃鱼 *Ch. weberi*，COI：KF929756，等 3 条；Cytb：JF458070，等 3 条；12S：FJ616326；16S：

FJ616434；ATP6-ATP8：AY208400，等 2 条；Bmp4：FJ616873；RAG1：AY208642，FJ616653；RAG2：FJ616766；ND3：FJ616541。

黄光鳃鱼 *Ch. xanthochira*，COI：JF434909，等 6 条；Cytb：JF458071，等 7 条；12S：FJ616327；16S：JF457398，等 7 条；Bmp4：FJ616874；RAG1：FJ616654；RAG2：FJ616767；Ldh：AY289562；ND3：FJ616542。

黄尾光鳃鱼 *Ch. xanthura*，COI：JF434916，等 2 条；Cytb：JF458078，等 2 条；12S：FJ616328；16S：JF457405，等 3 条；Bmp4：FJ616875；RAG1：FJ616655；RAG2：FJ616768；ND3：FJ616543。

双斑金翅雀鲷 *Chrysiptera biocellata*，COI：KP058462，等 3 条；12S：JQ707040；16S：JQ707075；Bmp4：JQ707110；RAG1：JQ707233；RAG2：JQ707268；RIPK4：KC829257；Zic1：KC831124；ND3：JQ707198。

勃氏金翅雀鲷 *Ch. brownriggii*，COI：KJ967993，等 19 条；Cytb：JF458081，等 10 条；12S：FJ616329；16S：JF457408，等 13 条；Bmp4：FJ616876；RAG1：FJ616656；RAG2：FJ616769；ND3：FJ616544。

圆尾金翅雀鲷 *Ch. cyanea*，COI：FJ583168，等 15 条；Cytb：AY208567，等 3 条；12S：FJ616330；16S：FJ616438，等 2 条；ATP6-ATP8：AY208429，等 2 条；Bmp4：FJ616877；RAG1：FJ616657；RAG2：FJ616770；GnRH2：LC009423；ND3：FJ616545。

青金翅雀鲷 *Ch. glauca*，COI：KF929758，等 5 条；Cytb：KM455365，等 22 条；12S：JQ707041；16S：JQ707076，等 5 条；ATP6-ATP8：AY208433，等 2 条；Bmp4：JQ707111；RAG1：JQ707234，等 2 条；RAG2：JQ707269；ND3：JQ70719。

橙黄金翅雀鲷 *Ch. rex*，COI：FJ583193，等 4 条；Cytb：AY208572，等 18 条；CR(control region)/D-loop：KR092439，等 69 条；12S：JN935816，等 3 条；16S：FJ616440；ATP6-ATP8：AY208437，等 2 条；Bmp4：FJ616879；RAG1：JN935826，等 2 条；RAG2：FJ616772；RH1：HQ286551；ND3：FJ616547；RH2A：HQ286531；RH2B：HQ286521。

史氏金翅雀鲷 *Ch. starcki*，COI：FJ583197，等 8 条。

三带金翅雀鲷 *Ch. tricincta*，12S：JQ729318；16S：JQ729323；Bmp4：JQ729307；RAG1：JQ729302；RAG2：JQ729299；ND3：JQ729328。

无斑金翅雀鲷 *Ch. unimaculata*，COI：KF268163，等 6 条；12S：FJ616337；16S：JF457637，等 2 条；Bmp4：FJ616884；RAG1：FJ616664；RAG2：FJ616777；ND3：FJ616552。

宅泥鱼 *Dascyllus aruanus*，COI：KP405928，等 4 条；Cytb：KF754733，等 63 条；CR(control region)/D-loop：KM406786，等 46 条；Ficd：KC825685；PLAGL2：KC828206；RIPK4：KC829069；Sidkey：KC829381；Snx33：KC829794；VCPIP：KC830633；Zic1：KC831174。

灰边宅泥鱼 *D. marginatus*，Cytb：AY208542，等 2 条；16S：AF119403；ATP6-ATP8：AF489782，等 3 条；SSR/microsatellite sequences：JN816421，等 27 条；RAG1：AY208651。

黑尾宅泥鱼 *D. melanurus*，COI：FJ583326，等 5 条；Cytb：AY208543，等 4 条；12S：FJ616339，

等2条；16S：FJ616447，等2条；ATP6-ATP8：AF489785，等5条；Bmp4：FJ616886；RAG1：AY208653，等2条；RAG2：FJ616779；ND3：FJ616554。

网纹宅泥鱼 *D. reticulatus*，COI：FJ583332，等2条；Cytb：AY208544，等2条；12S：FJ616340，等2条；16S：FJ616448，等2条；ATP6-ATP8：AF489790，等25条；Bmp4：FJ616887；Ficd：KC825683；Panx2：KC827561；RAG1：AY208654，等2条；RAG2：FJ616780；RIPK4：KC829085；Sidkey：KC829382；Snx33：KC829796；Tbr1：等2条；Zic1：KC831153；ND3：FJ616555。

三斑宅泥鱼 *D. trimaculatus*，COI：KJ968044，等50条；Cytb：JF458121，等5条；CR(control region)/D-loop：JF718156，等28条；12S：AB972177，等5条；16S：AY279672，等3条；ATP6-ATP8：AF489809，等18条；SSR/microsatellite sequences：EU781542，等14条；Bmp4：FJ616888；IRBP：EU638117；KIAA1239：KC826463；MLL：EU638043；RAG1：JN935827，等3条；RAG2：EU256704，等3条；Rhod：EU637953；等3条；Tmo-4C4：AY279775；RH1：HQ286552；ND3：FJ616556；RH2A：HQ286532；RH2B：HQ286522。

黑斑盘雀鲷 *Dischistodus melanotus*，Cytb：AY208576；12S：FJ616343；16S：FJ616451；ATP6-ATP8：AY208445；Bmp4：FJ616890；RAG1：AY208656，等2条；RAG2：FJ616783；ND3：FJ616558。

显盘雀鲷 *D. perspicillatus*，12S：AY098625，等2条；16S：AY098630，等2条；Bmp4：FJ616891；Ficd：KC825687；KIAA1239：KC826470；Panx2：KC827568；PLAGL2：KC828209；Ptchd1：KC828626；RAG1：FJ616671；RAG2：FJ616784；Sidkey：KC829376；Svep1：KC830137；Tbr1：KC830314；VCPIP：KC830646；Zic1：KC831163；ND3：FJ616559。

黑背盘雀鲷 *D. prosopotaenia*，COI：FJ583365；12S：FJ616345；16S：FJ616453；Bmp4：FJ616892；RAG1：FJ616672；RAG2：FJ616785；ND3：FJ616560。

密鳃鱼 *Hemiglyphidodon plagiometopon*，Cytb：AY208577；12S：FJ616347；16S：FJ616455；ATP6-ATP8：AY208447，等2条；Bmp4：FJ616894；RAG1：FJ616674；RAG2：FJ616787；ND3：FJ616562。

黑新箭齿雀鲷 *Neoglyphidodon melas*，COI：JF435053，等7条；Cytb：JF458178，等3条；12S：FJ616353，等2条；16S：JF457539，等3条；ATP6-ATP8：AY208450；Bmp4：FJ616900；KIAA1239：KC826474；Panx2：KC827759；PLAGL2：KC828219；Ptchd1：KC828627；RAG1：FJ 616680；RAG2：FJ616793；RIPK4：KC828939；Sidkey：KC829375；Tbr1：KC830412；VCPIP：KC830713；Zic1：KC831164；ND3：FJ616568。

黑褐新箭齿雀鲷 *N. nigroris*，COI：FJ583729，等5条；Cytb：AY208580；12S：FJ616354，等2条；16S：FJ616462；ATP6-ATP8：AY208452，等2条；Bmp4：FJ616901；RAG1：AY208658，等2条；RAG2：FJ616794；ND3：FJ616569。

纹胸新箭齿雀鲷 *N. thoracotaeniatus*，12S：FJ616356；16S：FJ616464；Bmp4：FJ616903；RAG1：FJ616683；RAG2：JN998046，等3条；Tbr1：JN998067；Tmo-4C4：JN998055；ND3：FJ616571。

似棕尾新雀鲷 *Neopomacentrus azysron*，COI：JQ350143，等4条；Cytb：JF458179，等3条；12S：

FJ616357，等 2 条；16S：JF457540，等 4 条；Bmp4：FJ616904；RAG1：FJ616684；RAG2：FJ616797；ND3：FJ616572。

班氏新雀鲷 *N. bankieri*，12S：JN935812；RAG1：JN935822；RH1：HQ286553；RH2A：HQ286533；RH2B：HQ286523。

蓝黑新雀鲷 *N. cyanomos*，COI：KF268144，等 9 条；Cytb：JQ707178，等 5 条；12S：JQ707046，等 2 条；16S：JQ707081，等 5 条；ATP6-ATP8：AY208455；Bmp4：JQ707114；KIAA1239：KC826472；PLAGL2：KC828218；RAG1：JQ707239；RAG2：JQ707274；RIPK4：KC829236；Sidkey：KC829378；Snx33：KC829900；Svep1：KC830140；VCPIP：KC830648；Zic1：KC830878；ND3：JQ707203。

条尾新雀鲷 *N. taeniurus*，12S：FJ616358；16S：FJ616466；Bmp4：FJ616905；RAG1：FJ616685；RAG2：FJ616798；ND3：FJ616573。

狄氏椒雀鲷 *Plectroglyphidodon dickii*，COI：JQ350224，等 4 条；Cytb：JF458192，等 3 条；12S：JN935813，等 3 条；16S：JF457556，等 3 条；ATP6-ATP8：AY208466，等 2 条；Bmp4：FJ616908；Myh6：KC827375；Panx2：KC827834；PLAGL2：KC828213；Ptchd1：KC828652；RAG1：JN935823，等 3 条；RAG2：FJ616800；RIPK4：KC828996；Sidkey：KC829368；Snx33：KC829930；Svep1：KC830149；Tbr1：KC830441；VCPIP：KC830639；Zic1：KC831166；RH1：HQ286555；ND3：FJ616575。

羽状椒雀鲷 *P. imparipennis*，COI：JQ432005，等 9 条；Cytb：JF458193，等 4 条；16S：JF457557，等 4 条。

尾斑椒雀鲷 *P. johnstonianus*，COI：JQ432008，等 8 条；16S：AB979702，等 7 条；Panx2：KC827835；PLAGL2：KC828214；Ptchd1：KC828813；RIPK4：KC829084；Sidkey：KC829369；Tbr1：KC830442；VCPIP：KC830644；Zic1：KC831175。

眼斑椒雀鲷 *P. lacrymatus*，COI：KJ968200，等 11 条；Cytb：KM455259，等 14 条；12S：FJ616362，等 3 条；16S：JF457566，等 7 条；Bmp4：FJ616909；RAG1：FJ616688；RAG2：FJ616801；ND3：FJ616576。

白带椒雀鲷 *P. leucozonus*，COI：KF930276，等 8 条；Cytb：KM455287，等 7 条；12S：FJ616363，AF081241；16S：FJ616471；ATP6-ATP8：AY208468，等 3 条；Bmp4：FJ616910；RAG1：FJ616689；RAG2：FJ616802；ND3：FJ616577。

凤凰椒雀鲷 *P. phoenixensis*，COI：KJ968202，等 7 条；Cytb：JF458202；16S：JF457572，等 2 条。

胸斑雀鲷 *Pomacentrus alexanderae*，12S：FJ616365；16S：FJ616473；Bmp4：FJ616912；RAG1：FJ616691；RAG2：FJ616804；ND3：FJ616579。

安汶雀鲷 *P. amboinensis*，CR(control region)/D-loop：DQ212199，等 41 条；12S：JN935811，等 2 条；16S：FJ616474；SSR/microsatellite sequences：DQ841247，等 20 条；Bmp4：FJ616913；RAG1：

JN935821；RAG2：FJ616805；RH1：HQ286556；ND3：FJ616580。

班卡雀鲷 *P. bankanensis*，Cytb：AY208593；12S：FJ616367，等 2 条；16S：AY365122，等 2 条；ATP6-ATP8：AY208473；Bmp4：FJ616914；RAG1：AY208665，等 2 条；RAG2：FJ616806；ND3：FJ616581。

臂雀鲷 *P. brachialis*，Cytb：AY208594；12S：FJ616368，等 2 条；16S：JQ938989，等 3 条；ATP6-ATP8：AY208475，等 2 条；Bmp4：FJ616915；Hoxc6a：KC826191；KIAA1239：JQ939822，等 2 条；Myh6：KC827370；PLAGL2：JQ937575；Ptchd1：KC828518；RAG1：FJ616694；RAG2：FJ616807；RIPK4：JQ939985，等 2 条；SH3PX3：JQ940140；Sidkey：JQ937708；Svep1：KC830142；VCPIP：KC830640；Zic1：KC831171；EHHADH：JQ938830；GPR61：JQ938680；SLC10A3：JQ938374；ZNF503：JQ939282；ND3：FJ616582。

金尾雀鲷 *P. chrysurus*，COI：KP405927；Cytb：JX001665，等 2 条；12S：FJ616370，等 2 条；16S：FJ616478；ATP6-ATP8：AY208476；Bmp4：FJ616917；RAG1：FJ616696；RAG2：FJ616809；ND3：FJ616584。

霓虹雀鲷 *P. coelestis*，COI：JX232382，等 21 条；Cytb：KM198841，等 11 条；CR(control region)/D-loop：JF314773，等 132 条；S7：KM198865，等 10 条。

蓝点雀鲷 *P. grammorhynchus*，Cytb：AY208597；12S：FJ616372；16S：FJ616480；ATP6-ATP8：AY208480，等 2 条；Bmp4：FJ616919；RAG1：FJ616698；RAG2：FJ616811；ND3：FJ616586。

颊鳞雀鲷 *P. lepidogenys*，Cytb：AY208598；12S：FJ616373；16S：FJ616481；ATP6-ATP8：AY208481，等 2 条；Bmp4：FJ616920；RAG1：FJ616699；RAG2：FJ616812；ND3：FJ616587。

摩鹿加雀鲷 *P. moluccensis*，COI：KF930297；Cytb：JX001666，等 2 条；CR(control region)/D-loop：EU256726，等 138 条；RAG2：EU256705，等 19 条；S7：KM198864。

长崎雀鲷 *P. nagasakiensis*，COI：FJ583909，等 4 条；Cytb：JX001662，等 2 条；ATP6-ATP8：AY208489，等 2 条。

黑缘雀鲷 *P. nigromarginatus*，12S：FJ616376；16S：FJ616484；Bmp4：FJ616923；RAG1：FJ616702；RAG2：FJ616815；ND3：FJ616590。

孔雀雀鲷 *P. pavo*，COI：JQ707158，等 11 条；Cytb：JF458229，等 10 条；12S：JQ707056，等 2 条；16S：JQ707091，等 11 条；ATP6-ATP8：AY208493，等 2 条；Bmp4：JQ707123；Ficd：KC825692；Myh6：KC827366；PLAGL2：KC828225；Ptchd1：KC828706；RAG1：JQ707249，等 3 条；RAG2：JQ707284；RIPK4：KC829092；Sidkey：KC829374；Snx33：KC829935；Svep1：KC830138；VCPIP：KC830630；Zic1：KC831160；RH：EF095631；ND3：JQ707213。

菲律宾雀鲷 *P. philippinus*，Cytb：AY208605；12S：FJ616377；16S：FJ616485；ATP6-ATP8：AY208495，等 2 条；Bmp4：FJ616924；RAG1：AY208667，等 2 条；RAG2：FJ616816；ND3：FJ616591。

斑点雀鲷 *P. stigma*，12S：FJ616378；16S：FJ616486；Bmp4：FJ616925；RAG1：FJ616704；RAG2：

FJ616817；ND3：FJ616592。

弓纹雀鲷 *P. taeniometopon*，12S：AB972176。

三斑雀鲷 *P. trituncatus*，12S：LC104610；COI：KP194187。

王子雀鲷 *P. vaiuli*，Cytb：AY208609；12S：FJ616379，等 2 条；16S：FJ616487，等 2 条；ATP6-ATP8：AY20850，等 2 条；Bmp4：FJ616926；RAG1：FJ616705；RAG2：FJ616818；ND3：FJ616593。

李氏波光鳃鱼 *Pomachromis richardsoni*，12S：FJ616380；16S：FJ616488；Bmp4：FJ616927；Ficd：KC825688；KIAA1239：KC826714；Myh6：KC827371；Panx2：KC827852；Ptchd1：KC828644；RAG1：FJ616706；RAG2：FJ616819；RIPK4：KC828983；Svep1：KC830139；Tbr1：KC830453；VCPIP：KC830641；Zic1：KC831157；ND3：FJ616594。

钝吻锯雀鲷 *Pristotis obtusirostris*，12S：FJ616382，等 2 条；16S：FJ616490，等 2 条；Bmp4：FJ 616929；RAG1：FJ616708；RAG2：FJ616821；ND3：FJ616596。

白带眶锯雀鲷 *Stegastes albifasciatus*，COI：KJ968270，等 6 条；Cytb：JQ707185；12S：JQ707060；16S：JQ707095，等 2 条；Bmp4：JQ707128；KIAA1239：KC826484；Myh6：KC827378；PLAGL2：KC828215；RAG1：JQ707254；RAG2：JQ707288；RIPK4：KC829079；Svep1：KC830150；Tbr1：KC830497；Zic1：KC831170；ND3：JQ707218。

背斑眶锯雀鲷 *S. altus*，12S：AF081243。

尖斑眶锯雀鲷 *S. apicalis*，COI：KF715028 12S：FJ616384；16S：FJ616492；Bmp4：FJ616931；RAG1：FJ616710；RAG2：FJ616823；ND3：FJ616598。

金色眶锯雀鲷 *S. aureus*，Cytb：KM455294，等 11 条。

胸斑眶锯雀鲷 *S. fasciolatus*，COI：KF930463，等 3 条；Cytb：KM455473，等 8 条；CR(control region)/D-loop：EU127073，等 19 条；12S：FJ616386，等 2 条；16S：FJ616494；Bmp4：FJ616933；RAG1：FJ616712；RAG2：FJ616825；ND3：FJ616600。

长吻眶锯雀鲷 *S. lividus*，COI：KJ968273，等 5 条；Cytb：JF458256，等 4 条；12S：AF081245；16S：JF457645，等 4 条。

黑眶锯雀鲷 *S. nigricans*，COI：KP405940，等 27 条；Cytb：JF458260，等 6 条；CR(control region)/D-loop：DQ212457，等 39 条；12S：DQ533305；16S：DQ533305，等 10 条；Bmp4：FJ616936；RAG1：FJ616715；RAG2：FJ616828；28S：DQ533125；H3：DQ533462；ND3：FJ616603。

岛屿眶锯雀鲷 *S. insularis*，12S：LC069645。

斑棘眶锯雀鲷 *S. obreptus*，12S：FJ616390，等 2 条；16S：FJ616498；Bmp4：FJ616937；RAG1：FJ616716；RAG2：FJ616829；ND3：FJ616604。

乔氏蜥雀鲷 *Teixeirichthys jordani*，12S：FJ616392，等 2 条；16S：FJ616500；Bmp4：FJ616939；RAG1：FJ616718；RAG2：FJ616831；ND3：FJ616606。

荧斑阿南鱼 *Anampses caeruleopunctatus*，COI：KF489485，等 15 条；Cytb：JF457907，等 2 条；

12S：JN935296，等6条；16S：KJ866392，等5条；RAG2：AY279884；S7：JN935348，等3条；Tmo-4C4：AY279781。

蠕纹阿南鱼 *A. geographicus*，COI：JN935334，等3条；12S：JN935307，等4条；16S：KJ866397，等2条；S7：JN935358，等2条。

乌尾阿南鱼 *A. melanurus*，COI：JN935338；12S：JN935311；16S：KJ866400；S7：JN935362。

黄尾阿南鱼 *A. meleagrides*，COI：KF489486，等21条；12S：AB974608，等4条；16S：KJ866401，DQ164174；S7：JN935364，等2条。

新几内亚阿南鱼 *A. neoguinaicus*，COI：FJ582843，等6条；12S：JN935315，等3条；16S：KJ866402，等2条；RAG2：AY279885；S7：JN935366，等2条；Tmo-4C4：AY279782。

星阿南鱼 *A. twistii*，COI：JQ839401，等7条；Cytb：JF457909，等6条；12S：JN935317，等3条；16S：KJ866403，等8条；S7：JN935368，等2条。

似花普提鱼 *Bodianus anthioides*，COI：JQ349800，等5条；Cytb：JF457916，等2条；16S：JF457246，等2条。

腋斑普提鱼 *B. axillaris*，COI：KF929661，等10条；Cytb：JF457917，等7条；16S：JF457247，等7条；Ficd：KC825742；Hoxc6a：KC825968；Myh6：KC827118；Ptchd1：KC828447；RIPK4：KC829243；Sidkey：KC829511；Svep1：KC830109；Zic1：KC830925。

双带普提鱼 *B. bilunulatus*，COI：KF929662，等7条；12S：AB974607。

双斑普提鱼 *B. bimaculatus*，COI：KF489507，等3条。

鳍斑普提鱼 *B. diana*，COI：KF929663，等8条；Cytb：JF457924，等5条；16S：JF457254，等5条。

点带普提鱼 *B. leucosticticus*，12S：AB974606。

斜带普提鱼 *B. loxozonus*，COI：FJ582900，等2条。

中胸普提鱼 *B. mesothorax*，COI：KM224695，等3条；12S：AY279578；16S：AY279681；Ficd：KC825741；Hoxc6a：KC825969；KIAA1239：KC826745；Myh6：KC827119；RAG2：AY279887；RIPK4：KC828984；Sidkey：KC829510；Tmo-4C4：AY279784；Zic1：KC830880。

尖头普提鱼 *B. oxycephalus*，COI：FJ237626，等7条；12S：AB974605。

大黄斑普提鱼 *B. perditio*，COI：KC684988，等18条；Cytb：JF457929；16S：JF457259。

红鳍普提鱼 *B. rubrisos*，12S：LC104650。

无纹普提鱼 *B. tanyokidus*，COI：FJ237633。

绿尾唇鱼 *Cheilinus chlorourus*，COI：KF809395，等11条；Cytb：JF458014；12S：AJ810127；16S：JF457346，等3条；KIAA1239：KC826582；Myh6：KC827014；Panx2：KC827507；RIPK4：KC829221；Snx33：KC829764；Svep1：KC830089；Tbr1：KC830282；VCPIP：KC830536；

Zic1：KC830910。

黄带唇鱼 *C. fasciatus*，COI：KF809396，等 12 条；Cytb：JF458015，等 7 条；12S：AY279580；16S：JF457349，等 9 条；Ficd：KC825753；KIAA1239：KC826578；Ptchd1：KC828427；RAG2：AY279889；Snx33：KC829765；Svep1：KC830091；Tbr1：KC830283；Tmo-4C4：AY279786；Zic1：KC830911。

尖头唇鱼 *C. oxycephalus*，COI：KF929730，等 10 条；Cytb：JF458022，等 2 条；12S：AY279581；16S：JF457356，等 4 条；Panx2：KC827508；RAG2：AY279890；Svep1：KC830090；Tbr1：KC830284；Tmo-4C4：AY279787；Zic1：KC830866。

三叶唇鱼 *C. trilobatus*，COI：KF714913，等 13 条；Cytb：JF458024，等 2 条；12S：AJ810128；16S：JF457358，等 2 条。

波纹唇鱼 *C. undulatus*，COI：EF609322，等 3 条；Cytb：EU601399；CR(control region)/D-loop：JF729904，等 25 条；12S：AB972168，等 3 条；16S：AY279685；complete mitochondrion genome：KM461717，等 2 条；Bmp4：EU601498；DLX2：EU601548；OTX1：EU601448；RAG2：AY279891，等 2 条；Tmo-4C4：AY279788，等 2 条。

管唇鱼 *Cheilio inermis*，COI：KF929731，等 10 条；Cytb：JF458026，等 3 条；12S：AB972173，等 4 条；16S：JF457360，等 5 条；Hoxc6a：KC825995；Myh6：KC827086；Panx2：KC827509；Ptchd1：KC828439；RAG2：AY279892；RIPK4：KC829220；Sidkey：KC829506；Snx33：KC829766；Tmo-4C4：AY279789。

鞍斑猪齿鱼 *Choerodon anchorago*，COI：KM224696，等 5 条；12S：AY279585；16S：KP219771，等 4 条；RAG2：KP219823，AY279894；Tmo-4C4：KP219848，AY279791。

蓝猪齿鱼 *C. azurio*，COI：JN242481，等 12 条；Cytb：JN212023，等 4 条；12S：AB121235；16S：KP219774，等 8 条；18S：JN211726，等 4 条；RAG2：KP219824；Tmo-4C4：KP219858。

七带猪齿鱼 *C. fasciatus*，COI：KM255107，等 2 条；Cytb：AY081132；12S：AB974613，等 2 条；16S：KP219784，等 3 条；RAG2：KP219828；Tmo-4C4：KP219859，等 2 条。

紫纹猪齿鱼 *C. gymnogenys*，16S：KP219792；RAG2：KP219831；Tmo-4C4：KP219846。

乔氏猪齿鱼 *C. jordani*，COI：KF929744；16S：KP219793，等 2 条；Ficd：KC825613；Myh6：KC827081；RAG2：KP219832；Tmo-4C4：KP219847。

剑唇猪齿鱼 *C. robustus*，COI：KM224706；12S：AB972167；16S：KP219800，等 8 条；RAG2：KP219835；Tmo-4C4：KP219857。

邵氏猪齿鱼 *C. schoenleinii*，COI：KM224709，等 3 条；12S：AY279586；16S：KP219807，等 5 条；complete mitochondrion genome：KM487697；RAG2：KP219837，等 2 条；Tmo-4C4：KP219849，等 2 条。

赞邦猪齿鱼 *C. zamboangae*，COI：KM224713；16S：KP219820，等 3 条；RAG2：KP219841；

Tmo-4C4：KP219845。

蓝身丝隆头鱼 *Cirrhilabrus cyanopleura*，COI：FJ583213，等 8 条。

艳丽丝隆头鱼 *C. exquisitus*，COI：KF489544，等 7 条；16S：JF457424。

红缘丝隆头鱼 *C. rubimarginatus*，COI：FJ583239，等 2 条。

丁氏丝隆头鱼 *C. temminckii*，12S：LC037150；ND2：AB117542。

鳃斑盔鱼 *Coris aygula*，COI：JQ839415，等 10 条；Cytb：JF458097，等 2 条；12S：AB974580，等 3 条；16S：JF457427，等 4 条；RAG2：AY279898；Tmo-4C4：AY279795。

巴都盔鱼 *C. batuensis*，COI：KJ202146，等 2 条；12S：AY279591，等 2 条；16S：AY279694，等 2 条；ENC1：JX188950；Myh6：JX189722；Ptr：JX190184；RAG2：AY279900；SH3PX3：JX189471；sreb2：JX190022；Tmo-4C4：AY279797；Zic1：JX189106。

尾斑盔鱼 *C. caudimacula*，COI：KF929779，等 10 条；Cytb：JF458099，等 4 条；16S：JF457429，等 4 条；Ficd：KC825639；Myh6：KC827057；Panx2：KC827533；Ptchd1：KC828422；RIPK4：KC829187；Sidkey：KC829501；Snx33：KC829781；Svep1：KC830078；Tbr1：KC830298；VCPIP：KC830677；Zic1：KC830900。

背斑盔鱼 *C. dorsomacula*，COI：AY850768；12S：AB972172，等 2 条；16S：AY850893。

露珠盔鱼 *C. gaimard*，COI：GU805116，等 17 条；Cytb：JF458107；12S：AY279590，等 3 条；16S：JF457437，等 4 条；ENC1：JX188951；Glyt：JX188780；Myh6：KC827053，等 2 条；Panx2：KC827535；PLAGL2：JX189407；Ptr：JX190185；RAG1：JX189880；RAG2：AY279899；RIPK4：KC828907；SH3PX3：JX189472；Snx33：KC829783；sreb2：JX190023；Tbr1：KC830299；Tmo-4C4：AY279796；Zic1：KC830921，等 2 条。

橘鳍盔鱼 *C. pictoides*，COI：AY850778；12S：AY850840；16S：AY850903。

环状钝头鱼 *Cymolutes torquatus*，COI：JQ839424，等 2 条；12S：AY279594；16S：AY279697；RAG2：AY279903；Tmo-4C4：AY279800。

太平洋裸隆头鱼 *Decodon pacificus*，COI：KP267624。

伸口鱼 *Epibulus insidiator*，COI：KF929847，等 8 条；Cytb：JF458124，等 7 条；12S：AY279596，等 4 条；16S：JF457451，等 13 条；Bmp4：EU601500；DLX2：EU601550；ENC1：JX188954；Ficd：KC825640；Glyt：JX188783；Hoxc6a：KC826043；KIAA1239：KC826581；Myh6：KC827015，JX189726；OTX1：EU601450；Panx2：KC827585；Ptchd1：KC828430；Ptr：JX190188；RAG1：JX189883；RAG2：AY279905，等 3 条；SH3PX3：JX189475；Sidkey：KC829496；Snx33：KC829805；Tbr1：KC830322；Tmo-4C4：AY279802，EU601301；Zic1：KC830891，JX189110；EF-1-alpha：EF520659，等 4 条。

杂色尖嘴鱼 *Gomphosus varius*，COI：KF929919，等 16 条；Cytb：JF458134，等 3 条；12S：AY 279597；16S：JF457466，等 4 条；ENC1：JX188955；Glyt：JX188784；Myh6：JX189727；PLAGL2:

JX189409；Ptr：JX190189；RAG1：JX189884；RAG2：AY279906；SH3PX3：JX189476；sreb2：JX190026；Tbr1：KC830339，等 2 条；Tmo-4C4：AY279803；Zic1：KC830876。

珠光海猪鱼 *Halichoeres argus*，COI：KF929948，等 3 条；12S：AY279598，等 2 条；16S：AY279701，等 2 条；RAG2：AY279907；Tmo-4C4：AY279804。

双色海猪鱼 *H. bicolor*，COI：JX034554。

双睛斑海猪鱼 *H. biocellatus*，COI：KF929949，等 8 条；12S：AY850852；16S：AY850915；Ficd：KC825648；RIPK4：KC829088；Snx33：KC829823；Svep1：KC830077；Zic1：KC830892。

金色海猪鱼 *H. chrysus*，COI：KF929950，等 9 条；12S：AY850853，等 2 条；16S：AY850916，AF285941。

纵带海猪鱼 *H. hartzfeldii*，COI：JQ839471，等 3 条；12S：AY279600，等 3 条；16S：AY279703，等 3 条；RAG2：AY279909；Tmo-4C4：AY279806。

格纹海猪鱼 *H. hortulanus*，COI：KF009600，等 46 条；Cytb：KC187945，等 32 条；CR(control region)/D-loop：JX487087，等 65 条；12S：AY279601，等 3 条；16S：JF457473，等 6 条；RAG2：AY279910；Tmo-4C4：AY279807。

斑点海猪鱼 *H. margaritaceus*，COI：JQ724963，等 37 条；CR(control region)/D-loop：JQ725480，等 76 条；12S：AY279602，等 3 条；16S：JF457477，等 4 条；ENC1：JX188957；Myh6：JX189729；Ptr：JX190191；RAG2：AY279911；SH3PX3：JX189478；sreb2：JX190028；Tbr1：JX189267；Tmo-4C4：AY279808；Zic1：JX189112。

缘鳍海猪鱼 *H. marginatus*，COI：JQ839486，等 14 条；Cytb：JF458145，等 3 条；12S：JN935318，等 7 条；16S：JF457479，等 7 条；RAG2：AY279912；Tmo-4C4：AY279809。

胸斑海猪鱼 *H. melanochir*，COI：JX034556。

黑尾海猪鱼 *H. melanurus*，COI：JQ839491，等 13 条；Cytb：AY208614；12S：AY850844；16S：AY850907；ATP6-ATP8：AY208506；complete mitochondrion genome：AP006018；RAG1：AY208617。

臀点海猪鱼 *H. miniatus*，COI：AY850795；12S：AY279604，等 2 条；16S：AY850920，等 2 条；RAG2：AY279913；Tmo-4C4：AY279810。

星云海猪鱼 *H. nebulosus*，COI：KP405939，等 10 条；12S：AY850859；16S：JF457482，等 4 条。

云斑海猪鱼 *H. nigrescens*，COI：JF434999，等 6 条；12S：AY850854；16S：JF457485，等 5 条。

饰妆海猪鱼 *H. ornatissimus*，COI：JQ724865，等 51 条；CR(control region)/D-loop：JQ724991，JQ724992，等 203 条；12S：AY850851；16S：JF457489，等 4 条。

派氏海猪鱼 *H. pelicieri*，COI：JF493603。

黑额海猪鱼 *H. prosopeion*，COI：AY850776，等 2 条；12S：AY850838；16S：AY850901。

侧带海猪鱼 *H. scapularis*，COI：KC970478，等 11 条；Cytb：JF458148；12S：AY279608，等 2 条；

16S：JF457491，等 8 条；RAG2：AY279917；Tmo-4C4：AY279814。

细棘海猪鱼 *H. tenuispinis*，COI：HM180594，等 6 条；12S：AB972170，等 2 条；complete mitochondrion genome：EU082205。

帝汶海猪鱼 *H. timorensis*，COI：KF422721。

三斑海猪鱼 *H. trimaculatus*，COI：KF929957，等 43 条；CR(control region)/D-loop：JQ725374，等 6 条；12S：AY850825；16S：JF457497，等 3 条；complete mitochondrion genome：EU087704。

大鳞海猪鱼 *H. zeylonicus*，COI：FJ158563，等 2 条。

横带厚唇鱼 *Hemigymnus fasciatus*，COI：KF489611，等 12 条；Cytb：JF458149，等 4 条；12S：AJ 810136；16S：JF457499，等 4 条。

黑鳍厚唇鱼 *H. melapterus*，COI：KP058468，等 14 条；Cytb：JF458153，等 2 条；12S：AY279611，等 9 条；16S：JF457503，等 10 条；RAG2：AY279920；Tmo-4C4：AY279817。

环纹细鳞盔鱼 *Hologymnosus annulatus*，COI：HQ561482，等 5 条；Cytb：JF458172，等 3 条；12S：AY850834；16S：JF457522，等 4 条。

狭带细鳞盔鱼 *H. doliatus*，COI：KF929976，等 9 条；12S：AB972169，等 3 条；16S：AY279715，AY850896；Ficd：KC825638；Hoxc6a：KC826090；KIAA1239：KC826597；Myh6：KC827058；Panx2：KC827662；RAG2：AY279921；RIPK4：KC828990；Sidkey：KC829502；Snx33：KC829836；Svep1：KC830075；Tmo-4C4：AY279818；VCPIP：KC830678。

短颈鳍鱼 *Iniistius aneitensis*，12S：AY279654；16S：AY279757；RAG2：AY279963；Tmo-4C4：AY279860。

孔雀颈鳍鱼 *I. pavo*，COI：HQ561500，等 5 条；12S：AB972152，等 2 条。

单线突唇鱼 *Labrichthys unilineatus*，COI：JF493715，等 3 条；12S：AY279613，等 3 条；16S：AY279716，等 2 条；ENC1：JX188958；Glyt：JX188786；Myh6：JX189730；Ptr：JX190192；RAG1：JX189886；RAG2：AY279922；SH3PX3：JX189479；sreb2：JX190029；Tbr1：JX189268；Tmo-4C4：AY279819；Zic1：JX189113。

双色裂唇鱼 *Labroides bicolor*，COI：KF930016，等 5 条；CR(control region)/D-loop：KC151185，等 4 条；12S：AY279614；16S：JF457525，等 4 条 RAG2：AY279923；Tmo-4C4：AY279820。

裂唇鱼 *L. dimidiatus*，COI：KF489621，等 28 条；Cytb：JF458175，等 2 条；CR(control region)/D-LOOP：KC151212，等 144 条；12S：AB972165，等 3 条；16S：JF457528，等 3 条；Ficd：KC825645；Myh6：KC827060；Ptchd1：KC828418；RAG2：EU256864，等 11 条；Sidkey：KC829503；Svep1：KC830074；Tbr1：KC830372；Tmo-4C4：AY279821；VCPIP：KC 830679；Zic1：KC830919。

胸斑裂唇鱼 *L. pectoralis*，COI：JQ839545；CR(control region)/D-loop：KC151211，等 5 条。

阿曼蓝胸鱼 *Leptojulis cyanopleura*，COI：JQ839546，等 2 条；12S：AY279620，等 2 条；16S：AY

850872，等 2 条；RAG2：AY279929；Tmo-4C4：AY279826。

珠斑大咽齿鱼 *Macropharyngodon meleagris*，COI：KF930097，等22条；12S：AY279622，等3条；16S：JF457536，等 5 条；RAG2：AY279931；Tmo-等 2 条 C4：AY279828。

胸斑大咽齿鱼 *M. negrosensis*，COI：JQ839548，等 4 条；12S：AY850835，等 2 条；16S：DQ164171，等 2 条。

大鳞美鳍鱼 *Novaculichthys macrolepidotus*，COI：JQ839558，等6条；12S：AY279626；16S：AY279729；RAG2：AY279935；Tmo-4C4：AY279832。

带尾美鳍鱼 *N. taeniourus*，COI：KP058456，等 15 条；12S：AB974609，等 2 条；16S：JF457546，等 3 条；ATP6-ATP8：DQ111523，等 26 条；Ficd：KC825700；Hoxc6a：KC826154；KIAA1239：KC826699；Myh6：KC827347；Panx2：KC827767；Ptchd1：KC828443；RAG2：AY279936；RIPK4：KC829232；Sidkey：KC829512；Snx33：KC829906；Svep1：KC830060；Tmo-4C4：AY279833；VCPIP：KC830691；Zic1：KC830913。

砂尖唇鱼 *Oxycheilinus arenatus*，COI：JF435062；16S：JF457548。

双斑尖唇鱼 *O. bimaculatus*，COI：KF489678，等 8 条；12S：AB972163，等 2 条；16S：AY279732；RAG2：AY279938；Tmo-4C4：AY279835。

西里伯斯尖唇鱼 *O. celebicus*，COI：KF809409；12S：AY279630；16S：AY279733；ENC1：JX188961；Glyt：JX188789；Myh6：JX189733；Ptr：JX190195；RAG1：JX189888；RAG2：AY279939；SH3PX3：JX189482；sreb2：JX190032；Tbr1：JX189270；Zic1：JX189116；5.8S：AY279836。

双线尖唇鱼 *O. digrammus*，COI：KF714986，等 8 条；Cytb：JF458185，等 5 条；12S：AB974610，等 3 条；16S：JF457549，等 5 条；Bmp4：EU601499；DLX2：EU601549；Ficd：KC825754；Hoxc6a：KC825911；KIAA1239：KC826580；OTX1：EU601449；Panx2：KC827788；Ptchd1：KC828424；RAG2：EU601350，等 2 条；Sidkey：KC829494；Snx33：KC829908；Tbr1：KC830423；Tmo-4C4：EU601300；Zic1：KC830912。

东方尖唇鱼 *O. orientalis*，12S：AB974612。

单带尖唇鱼 *O. unifasciatus*，COI：KF930216，等 3 条；Cytb：JF458189，等 2 条；12S：AB972161，等 2 条；16S：JF457553，等 3 条；Hoxc6a：KC825910；Panx2：KC827789；RAG2：AY279940；RIPK4：KC829083；Sidkey：KC829495；Snx33：KC829909；Tmo-4C4：AY279837。

卡氏副唇鱼 *Paracheilinus carpenteri*，COI：KP187641，等 10 条。

花鳍副海猪鱼 *Parajulis poecilepterus*，COI：HM180753，等 18 条；12S：AB972160；complete mitochondrion genome：EF192032。

姬拟唇鱼 *Pseudocheilinus evanidus*，COI：KF930329，等 8 条；16S：JF457623；Ficd：KC825591；Myh6：KC826982；Panx2：KC827869；Ptchd1：KC828446；RIPK4：KC829241；Snx33：

KC829944；Zic1：KC830893。

六带拟唇鱼 *P. hexataenia*，COI：KF930330，等 13 条；16S：JF457624，等 2 条；Ficd：KC825590；Hoxc6a：KC826201；Myh6：KC826983；Panx2：KC827870；Tbr1：KC830458；VCPIP：KC830685；Zic1：KC830898。

眼斑拟唇鱼 *P. ocellatus*，COI：JF435142；16S：JF457626。

八带拟唇鱼 *P. octotaenia*，COI：JQ432062，等 6 条；12S：AY279634；16S：JF457627，等 4 条；RAG2：AY279943；Tmo-4C4：AY279840。

橘纹拟盔鱼 *Pseudocoris aurantiofasciatus*，COI：JF435148；16S：JF457632。

布氏拟盔鱼 *P. bleekeri*，COI：KP976009，等 12 条。

异鳍拟盔鱼 *P. heteroptera*，COI：KR861514，等 6 条；12S：AY850827；16S：AY850890。

山下氏拟盔鱼 *P. yamashiroi*，COI：KP976002，等 15 条；12S：AY279635；16S：AY279738，等 2 条；RAG2：AY279944；Tmo-4C4：AY279841。

摩鹿加拟凿牙鱼 *Pseudodax moluccanus*，COI：JF435149，等 4 条；Cytb：JF458248，等 2 条；12S：AY279636，等 3 条；16S：JF457633，等 4 条；Bmp4：EU601505；OTX1：EU601455；RAG2：AY279945，等 2 条；Tmo-4C4：AY279842，等 3 条。

细尾拟虹锦鱼 *Pseudojuloides cerasinus*，COI：KF489719，等 6 条；12S：AY279638；16S：AY279741；RAG2：AY279947；Tmo-4C4：AY279844。

远东拟隆头鱼 *Pseudolabrus eoethinus*，12S：AB121243；16S：AB121243，等 3 条；complete mitochondrion genome：EU560728。

日本拟隆头鱼 *P. japonicus*，Cytb：AB018993。

西氏拟隆头鱼 *P. sieboldi*，COI：HM180806；12S：AB972159，等 2 条；16S：JQ178235，等 10 条；18S：AB300393；complete mitochondrion genome：EU560727，AP006019；GNRH：KC896411，等 3 条。

长鳍高体盔鱼 *Pteragogus aurigarius*，12S：AB972156，等 3 条。

隐秘高体盔鱼 *P. cryptus*，COI：JQ839575；12S：AY279641；16S：AY279744，等 2 条；RAG2：AY279950；Tmo-4C4：AY279847。

九棘高体盔鱼 *P. enneacanthus*，ENC1：JX188963；Glyt：JX188791；Myh6：JX189734；PLAGL2：JX189412；Ptr：JX190197；RAG1：JX189890；SH3PX3：JX189484；sreb2：JX190034；Tbr1：JX189271；Zic1：JX189118。

红海高体盔鱼 *P. flagellifer*，COI：JF952829，等 2 条；complete mitochondrion genome：EF409976。

圈紫胸鱼 *Stethojulis balteata*，COI：JQ839596，等 4 条；12S：DQ164146；16S：DQ164181；Hoxc6a：KC825908；Panx2：KC827943；PLAGL2：KC828265；Zic1：KC830914。

黑星紫胸鱼 *S. bandanensis*，COI：KF930471，等 13 条；Cytb：JF458272；12S：AY279646，等 4

条；16S：JF457661，等 4 条；ATP6-ATP8：DQ111656，等 24 条；RAG2：AY279955；Tmo-4C4：AY279852。

断带紫胸鱼 *S. interrupta*，COI：KF930472，等 9 条。

虹纹紫胸鱼 *S. strigiventer*，COI：KF930473，等 6 条；Cytb：JF458273，等 2 条；16S：JF457662，等 2 条；Ficd：KC825643；Hoxc6a：KC825909；KIAA1239：KC826598；Myh6：KC827026；Ptchd1：KC828440；RIPK4：KC829222；Sidkey：KC829500；Snx33：KC829977；Svep1：KC830070；Tbr1：KC830503；VCPIP：KC830604；Zic1：KC830915。

断纹紫胸鱼 *S. terina*，COI：KF265021；Cytb：KF265107；12S：AB972155；Rhod：KF265113；Tmo-4C4：KF265202。

三线紫胸鱼 *S. trilineata*，COI：KF264566，等 6 条；12S：AY279647，等 2 条；16S：AY850868，等 2 条；RAG2：AY279956；Tmo-4C4：AY279853。

细长苏伊士隆头鱼 *Suezichthys gracilis*，12S：AB121238。

钝头锦鱼 *Thalassoma amblycephalum*，COI：KJ968294，等 15 条；Cytb：AY328860；16S：JF457664，等 5 条；Ficd：KC825642；Myh6：KC827055；Panx2：KC827960；Ptchd1：KC828433；RIPK4：KC829208；S7：AY329643；Sidkey：KC829497；Snx33：KC829988；Svep1：KC830072；Tbr1：KC830513；Zic1：KC830917。

环带锦鱼 *T. cupido*，COI：JX034560；Cytb：AY328864；16S：AY328991；S7：AY329647。

鞍斑锦鱼 *T. hardwicki*，COI：KP058464，等 29 条；Cytb：AY328868；CR(control region)/D-loop：DQ443760，等 12 条；12S：AB972154，等 2 条；16S：JF457674，等 9 条；S7：AY329651，等 12 条。

詹氏锦鱼 *T. jansenii*，COI：JX034562，等 15 条；Cytb：AY328870；CR(control region)/D-loop：DQ443773，等 8 条；16S：AY328997；S7：AY329653，等 9 条。

新月锦鱼 *T. lunare*，COI：KJ129033，等 27 条；Cytb：AY328873；12S：AY279651，等 3 条；16S：JQ178236，等 10 条；complete mitochondrion genome：AY185923；Ficd：KC825646；Hoxc6a：KC826252；Myh6：KC827056；Panx2：KC827961；Ptchd1：KC828437；RAG2：AY279960；RIPK4：KC829217；S7：AY329656，等 3 条；Sidkey：KC829498；Snx33：KC829989；Svep1：KC830073；Tbr1：KC830514；Tmo-4C4：AY279857；Zic1：KC830918。

胸斑锦鱼 *T. lutescens*，COI：JQ839624，等 11 条；Cytb：AY328874；12S：AB974583，等 3 条；16S：JF457688，等 3 条；S7：AY329657，等 3 条。

紫锦鱼 *T. purpureum*，COI：JQ839635，等 13 条；Cytb：JF458282，等 6 条；CR(control region)/D-loop：AY185925；16S：JF457689，等 6 条；S7：AY329661。

纵纹锦鱼 *T. quinquevittatum*，COI：KJ968298，等 26 条；Cytb：AY328879；16S：JF457694，等 3 条；Myh6：KC827054；Panx2：KC827962；RIPK4：KC828909；S7：AY329662，等 15 条；

Sidkey：KC829499；Snx33：KC829989；Tbr1：KC830515；Zic1：KC830916。

三叶锦鱼 *T. trilobatum*，COI：KF930503，等 7 条；Cytb：AY328884；16S：JF457695，等 3 条；S7：AY329667。

黑鳍湿鹦鲷 *Wetmorella nigropinnata*，COI：KF930533，等 4 条；Cytb：JF458287，等 3 条；12S：AY279652；16S：JF457697，等 4 条；KIAA1239：KC826579；Myh6：KC827016；Ptchd1：KC828448；RAG2：AY279961；RIPK4：KC829244；Sidkey：KC829493；Snx33：KC829995；Svep1：KC830092；Tbr1：KC830519；Tmo-4C4：AY279858；VCPIP：KC830621；Zic1：KC830909。

剑唇鱼 *Xiphocheilus typus*，COI：KM224716；12S：AY279653；16S：AY279756；RAG2：AY279962；Tmo-4C4：AY279859。

五指连鳍唇鱼 *Xyrichtys pentadactylus*，COI：JQ839542，等 3 条。

蔷薇连鳍唇鱼 *X. verrens*，COI：JN242506，等 3 条；16S：JN211473，等 3 条；18S：JN211753，等 3 条。

伍氏连鳍唇鱼 *X. woodi*，12S：AB972164。

驼峰大鹦嘴鱼 *Bolbometopon muricatum*，Cytb：EU601357，等 2 条；CR(control region)/D-loop：JX026522；12S：EU601178，等 2 条；16S：JX026453，等 2 条；SSR/microsatellite sequences：KJ489028，等 29 条；Bmp4：EU601456；DLX2：EU601506；OTX1：EU601406；RAG2：EU601307；S7：JX026592；Tmo-4C4：EU601263，等 2 条。

星眼绚鹦嘴鱼 *Calotomus carolinus*，COI：JQ431515，等 12 条；Cytb：EU601358，等 2 条；12S：AB974604，等 3 条；16S：AY081092；ATP6-ATP8：DQ111164，等 20 条；Bmp4：EU601457；DLX2：EU601507；ENC1：KF139656；Glyt：KF139698；Myh6：KF139952；OTX1：EU601407；PLAGL2：KF140699；RAG1：KF141195；RAG2：EU601308；SH3PX3：KF141426；Tmo-4C4：EU601264，等 2 条；Zic1：KF140504。

日本绚鹦嘴鱼 *C. japonicus*，12S：LC092085，Cytb：LC092086，等 3 条；ND2：AB117525。

凹尾绚鹦嘴鱼 *C. spinidens*，COI：KJ202134，等 3 条；Cytb：EU601359；12S：EU601180；16S：EU601228；Bmp4：EU601458；DLX2：EU601508；OTX1：EU601408；RAG2：EU601309；Tmo-4C4：EU601265。

双色鲸鹦嘴鱼 *Cetoscarus bicolor*，COI：KC970464，等 6 条；Cytb：EU601360，等 2 条；CR(control region)/D-loop：AY324589；12S：EU601181，等 2 条；16S：JX026454，等 4 条；Bmp4：EU601459；DLX2：EU601509；ENC1：JX188972；Glyt：JX188798；Hoxc6a：KC825991；KIAA1239：KC826291；Myh6：JX189741；OTX1：EU601409；PLAGL2：JX189419；Ptr：JX190205；RAG1：JX189899；RAG2：EU601310；SH3PX3：JX189493；Sidkey：KC829489；sreb2：JX190042；Tbr1：JX189280；Tmo-4C4：EU601266，等 3 条；Zic1：JX189126；histone H3a：AY662883。

鲍氏绿鹦嘴鱼 *Chlorurus bowersi*，Cytb：EU601362；CR(control region)/D-loop：JX026527；12S：AB974624，等 2 条；16S：JX026459，等 2 条；Bmp4：EU601461；DLX2：EU601511；OTX1：EU601411；RAG2：EU601312；S7：JX026598；Tmo-4C4：EU601268。

高额绿鹦嘴鱼 *C. frontalis*，COI：JQ431617，等 4 条；CR(control region)/D-loop：JX026531；12S：AB974582，等 2 条；16S：JX026463；S7：JX026602。

驼背绿鹦嘴鱼 *C. gibbus*，COI：FJ237699；CR(control region)/D-loop：JX026532；16S：JX026464；Ficd：KC825770；Hoxc6a：KC826003；KIAA1239：KC826292；Myh6：KC827068；Panx2：KC827519；RIPK4：KC828985；Svep1：KC830068。

日本绿鹦嘴鱼 *C. japanensis*，Cytb：EU601388；CR(control region)/D-loop：JX026533；12S：AB 974602，等 2 条；16S：JX026465，等 2 条；Bmp4：EU601487；DLX2：EU601537；OTX1：EU 601437；RAG2：EU601338；S7：JX026603；Tmo-4C4：EU601288。

小鼻绿鹦嘴鱼 *C. microrhinos*，Cytb：EU601364；CR(control region)/D-loop：JX026534；12S：AB 972150，等 2 条；16S：JX026466，等 2 条；Bmp4：EU601463；DLX2：EU601513；OTX1：EU 601413；RAG2：EU601314；S7：JX026604；Tmo-4C4：EU601270。

瘤绿鹦嘴鱼 *C. oedema*，Cytb：EU601365，等 2 条；CR(control region)/D-loop：JX026535；12S：AB974620，等 3 条；16S：JX026467，等 3 条；Bmp4：EU601464；DLX2：EU601514；OTX1：EU601414；RAG2：EU601315；S7：JX026605；Tmo-4C4：AY081107。

蓝头绿鹦嘴鱼 *C. sordidus*，COI：KF929742，等 10 条；Cytb：EU601366，等 2 条；CR(control region)/D-loop：JX026539，等 187 条；12S：AB974615，等 4 条；16S：JX026471，等 3 条；complete mitochondrion genome：AP006567；Bmp4：EU601465；DLX2：EU601515；ENC1：JX188948；Glyt：JX188779；Myh6：KC827066，等 2 条；OTX1：EU601415；Ptchd1：KC828413；Ptr：JX 190182；RAG1：JX189878；RAG2：AY279893，等 2 条；RIPK4：KC829170；S7：JX026609；SH3PX3：JX189469；Sidkey：KC829491；Svep1：KC830065；sreb2：JX190020；Tbr1：KC 830292，JX189262；Tmo-4C4：AY279790，等 2 条；VCPIP：KC830623；Zic1：KC830906，等 2 条；cox1：KJ658915，等 3 条。

长头马鹦嘴鱼 *Hipposcarus longiceps*，COI：KF929973；Cytb：EU601368，等 3 条；CR(control region)/D-loop：JX026524；12S：AB972149，等 2 条；16S：JX026456，等 2 条；Bmp4：EU601467；DLX2：EU601517；Hoxc6a：KC826087；OTX1：EU601417，等 2 条；RAG2：EU601318，等 2 条；RIPK4：KC829097；S7：JX026595；Tmo-4C4：AY081110；VCPIP：KC830686。

纤鹦嘴鱼 *Leptoscarus vaigiensis*，COI：KF930041，等 6 条；Cytb：EU601369，等 2 条；12S：EU601190，等 2 条；16S：AY081094；Bmp4：EU601468；DLX2：EU601518；Ficd：KC825660；Hoxc6a：KC826112；Myh6：KC827061；OTX1：EU601418；Ptchd1：KC828428；RAG2：EU601319；Svep1：KC830063；Tbr1：KC830379；Tmo-4C4：EU601272，等 2 条；VCPIP：KC830619。

蓝臀鹦嘴鱼 *Scarus chameleon*，COI：FJ237915，等 3 条；Cytb：EU601372；CR(control region)/D-loop：JX026543，等 2 条；12S：AB974619，等 2 条；16S：JX026475，等 2 条；Bmp4：EU601471；DLX2：EU601521；OTX1：EU601421；RAG2：EU601322；S7：JX026613；Tmo-4C4：EU601274。

弧带鹦嘴鱼 *S. dimidiatus*，Cytb：EU601374；CR(control region)/D-loop：JX026548，AY324591；12S：AB972148，等 3 条；16S：JX026479，等 2 条；Bmp4：EU601473；DLX2：EU601523；OTX1：EU601423；RAG2：AY279951，等 2 条；S7：JX026618；Tmo-4C4：AY279848，等 2 条。

锈色鹦嘴鱼 *S. ferrugineus*，CR(control region)/D-loop：JX026551；16S：JX026482；S7：JX026621。

杂色鹦嘴鱼 *S. festivus*，Cytb：EU601375；CR(control region)/D-loop：JX026552，等 2 条；12S：AB 974614，等 2 条；16S：JX026483，等 2 条；Bmp4：EU601474；DLX2：EU601524；OTX1：EU 601424；RAG2：EU601325；S7：JX026622；Tmo-4C4：EU601276。

绿唇鹦嘴鱼 *S. forsteni*，COI：KF009657，等 3 条；Cytb：EU601377；CR(control region)/D-loop：JX026554，等 2 条；12S：AB974616，等 2 条；16S：JX026485，等 2 条；complete mitochondrion genome：FJ619271；Bmp4：EU601476；DLX2：EU601526；OTX1：EU601426；RAG2：EU601327；S7：JX026624；Tmo-4C4：EU601278。

网纹鹦嘴鱼 *S. frenatus*，COI：FJ237918，等 3 条；Cytb：EU601378，等 2 条；CR(control region)/D-loop：JX026555，等 3 条；12S：AY279643，等 3 条；16S：JX026486，等 3 条；Bmp4：EU 601477；DLX2：EU601527；OTX1：EU601427；RAG2：AY279952，等 2 条；S7：JX026625；Tmo-4C4：AY279849，等 2 条。

灰尾鹦嘴鱼 *S. fuscocaudalis*，12S：AB974577。

青点鹦嘴鱼 *S. ghobban*，COI：KC970419，等 11 条；Cytb：EU601379；CR(control region)/D-loop：GQ396165，等 21 条；12S：AB974603，等 2 条；16S：EU601241；ATP6-ATP8：GQ396194，等 47 条；complete mitochondrion genome：FJ449707；Bmp4：EU601478；DLX2：EU601528；Ficd：KC825630；Myh6：KC827069；OTX1：EU601428；Panx2：KC827903；Ptchd1：KC 828429；RAG2：EU601329；S7：GQ396185，等 9 条；Snx33：KC829958；Svep1：KC830069；Tbr1：KC830478；Tmo-4C4：EU601279；Zic1：KC830907；5.8S：JX499020；28S：JX 499020，等 7 条。

黑斑鹦嘴鱼 *S. globiceps*，COI：JQ432098，等 7 条；Cytb：EU601380；CR(control region)/D-loop：JX026561，等 2 条；12S：AB972147，等 2 条；16S：JX026492，等 2 条；Bmp4：EU601479；DLX2：EU601529；ENC1：KF139565；Myh6：KF140115；OTX1：EU601429；RAG1：KF141352；RAG2：EU601330；S7：JX026631；SH3PX3：KF141598；sreb2：KF140266；Tmo-4C4：EU601280。

高鳍鹦嘴鱼 *S. hypselopterus*，Cytb：EU601383；12S：EU601204；16S：EU601245；Bmp4：EU601482；

DLX2：EU601532；OTX1：EU601432；RAG2：EU601333；Tmo-4C4：EU601283。

黑鹦嘴鱼 *S. niger*，COI：KF930375，等 5 条；Cytb：EU601384；CR(control region)/D-loop：JX026567，等 2 条；12S：AB972146，等 2 条；16S：JX026497，等 2 条；Bmp4：EU601483；DLX2：EU601533；Glyt：KF139873；Myh6：KF140116，KC827064；OTX1：EU601433；Panx2：KC827904；PLAGL2：KF140846；Ptchd1：KC828426；RAG1：KF141353；RAG2：EU601334；S7：JX026637；SH3PX3：KF141599；Svep1：KC830066；sreb2：KF140267；Tbr1：KC830479；Tmo-4C4：EU601284；VCPIP：KC830622；Zic1：KF140633，等 2 条；cox1：KJ658939，等 3 条。

黄鞍鹦嘴鱼 *S. oviceps*，COI：JQ432106，等 3 条；Cytb：EU601385；CR(control region)/D-loop：JX026568，等 2 条；12S：JX026568，等 2 条；16S：JX026498，等 2 条；Bmp4：EU601484；DLX2：EU601534；OTX1：EU601434；RAG2：EU601335；S7：JX026638；Tmo-4C4：EU601285。

突额鹦嘴鱼 *S. ovifrons*，CR(control region)/D-loop：JX026569，等 2 条；16S：JX026499；S7：JX026639。

绿颌鹦嘴鱼 *S. prasiognathos*，Cytb：EU601386；CR(control region)/D-loop：JX026572，等 2 条；12S：AB974578，等 3 条；16S：JX026502，等 2 条；Bmp4：EU601485；DLX2：EU601535；OTX1：EU601435；RAG2：EU601336；S7：JX026642；Tmo-4C4：EU601286。

棕吻鹦嘴鱼 *S. psittacus*，COI：KC442080，等 6 条；Cytb：EU601387；CR(control region)/D-loop：JX026573，等 149 条；12S：AB974622，等 3 条；16S：JX026503，等 3 条；Bmp4：EU601486；DLX2：EU601536；EGR1：KC442108；EGR3：KC442181；MLL：KF312028；OTX1：EU601436；RAG1：EF095675；RAG2：EU601337；Rhod：EF095633；Tmo-4C4：EU601287；28S：KC442054。

瓜氏鹦嘴鱼 *S. quoyi*，COI：KF930376；Cytb：EU601389；CR(control region)/D-loop：JX026574，等 2 条；12S：AB974576，等 2 条；16S：JX026504，等 2 条；Bmp4：EU601488；DLX2：EU601538；Ficd：KC825769；KIAA1239：KC826294；Myh6：KC827063；OTX1：EU601438；Panx2：KC827905；Ptchd1：KC828423；RAG2：EU601339；S7：JX026644；Snx33：KC829959；Svep1：KC830064；Tbr1：KC830480；Tmo-4C4：EU601289；VCPIP：KC830618。

截尾鹦嘴鱼 *S. rivulatus*，Cytb：EU601390；CR(control region)/D-loop：JX026575，等 2 条；12S：EU601211；16S：JX026505，等 2 条；Bmp4：EU601489；DLX2：EU601539；OTX1：EU601439；RAG2：EU601340；S7：JX026645；Tmo-4C4：EU601290。

钝头鹦嘴鱼 *S. rubroviolaceus*，COI：KF930377，等 7 条；Cytb：KF809209，等 7 条；CR(control region)/D-loop：AY324604；12S：AB974618，等 2 条；16S：EU601253；ATP6-ATP8：DQ111591，等 44 条；SSR/microsatellite sequences：EF066612，等 17 条；complete mitochondrion genome：

FJ227899；Bmp4：EU601490；DLX2：EU601540；Ficd：KC825768；Hoxc6a：KC826222；Myh6：KC827067；OTX1：EU601440；Ptchd1：KC828425；RAG2：EU601341；Sidkey：KC829492；Snx33：KC829960；Svep1：KC830067；Tbr1：KC830481；Tmo-4C4：EU601291；VCPIP：KC830620。

横带鹦嘴鱼 *S. scaber*，COI：JQ350333，等2条；CR(control region)/D-loop：JX026581；16S：JX026511；S7：JX026651。

许氏鹦嘴鱼 *S. schlegeli*，COI：JQ432114；Cytb：EU601392；CR(control region)/D-loop：JX026582，等3条；12S：AB974621，等2条；16S：JX026512，等2条；complete mitochondrion genome：FJ595020；Bmp4：EU601491；DLX2：EU601541；OTX1：EU601441；RAG2：EU601342；S7：JX026652；Tmo-4C4：EU601292。

刺鹦嘴鱼 *S. spinus*，Cytb：EU601393；CR(control region)/D-loop：JX026583；12S：AB974623，等2条；16S：JX026513，等2条；Bmp4：EU601492；DLX2：EU601542；OTX1：EU601442；RAG2：EU601343；S7：JX026653；Tmo-4C4：EU601293。

黄肋鹦嘴鱼 *S. xanthopleura*，CR(control region)/D-loop：JX026589；16S：JX026519；S7：JX026659。

褐长孔绵鳚 *Bothrocara brunneum*，COI：JQ354019，等15条；Cytb：KC751623，等2条；16S：KJ010608，等2条；Ficd：KC825396；Hoxc6a：KC825970；Myh6：KC827157；Panx2：KC827472；PLAGL2：KC828059；RIPK4：KC828868；Zic1：KC831291。

宽头长孔绵鳚 *B. molle*，COI：FJ164413，等6条；CR(control region)/D-loop：AB262649。

长绵鳚 *Zoarces elongatus*，COI：KC517317，等18条；Cytb：KC517324，等17条；16S：KC517331，等12条；Rhod：KC607757；RNF213：JQ417860，HQ896819。

绿鸡冠鳚 *Alectrias benjamini*，COI：KC751783；Cytb：KC751593。

日本笠鳚 *Chirolophis japonicus*，COI：KC748088，等10条；Cytb：KC751632，等3条；16S：KC748060，等2条；RAG2：KC748116；Rhod：KF272897；RNF213：KC748031，等2条。

网纹笠鳚 *C. saitone*，12S：LC069680。

伯氏网鳚 *Dictyosoma burgeri*，COI：KC748090，等6条；Cytb：JQ417848；12S：U90405；16S：KC748062，等2条；18S：AB375573；Rhod：KF272906；RNF213：KC748033，JQ417859；5.8S：AB375573。

六线鳚 *Ernogrammus hexagrammus*，COI：KF366306，等7条；Cytb：KF366318，等7条；16S：KF366330，等4条；RAG2：KC748118；Rhod：KF366356；RNF213：KF366342，等3条。

壮体小绵鳚 *Zoarchias major*，COI：KC748083；16S：KC748055；RAG2：KC748112；RNF213：KC748027。

内田小绵鳚 *Z. uchidai*，COI：KC748084；16S：KC748056。

方氏锦鳚 *Pholis fangi*，COI：KC748108，等14条；Cytb：FJ687240；12S：FJ687231；16S：KC748080，等3条；RAG2：KC748134；RNF213：KC748051。

云纹锦鳚 *Ph. nebulosa*，COI：KC748109，等 9 条；Cytb：FJ687239；CR(control region)/D-loop：AY554554；12S：AB972144，等 2 条；RAG2：KC748135；RNF213：KC748052。

黑叉齿龙䲢 *Chiasmodon niger*，COI：KF918865，等 3 条；16S：KJ010722，等 3 条；Hoxc6a：KC826000；KIAA1239：KC826451；Panx2：KC827516；PLAGL2：KC828089；RIPK4：KC829274；Sidkey：KC829520；Snx33：KC829769。

阿氏线棘细齿䲢 *Dysalotus alcocki*，COI：EU148156；complete mitochondrion genome：AP006814。

弓背鳄齿鱼 *Champsodon atridorsalis*，16S：AY539065，等 2 条；Tmo-4C4：AY539473；28S：AY539169；H3：AY539274。

短鳄齿鱼 *Ch. snyderi*，ENC1：KF139578；Glyt：KF139708；IRBP：EU638112；MLL：EU638038；Myh6：KF139962；PLAGL2：KF140710；Rhod：EU637949；RNF213：EU638182；sreb2：KF140181；Tbr1：KF140324；PKD1：KC222257；cox1：JQ681321。

日本叉牙鱼 *Arctoscopus japonicus*，COI：KF019345，等 6 条；Cytb：KC751599，等 5 条；CR(control region)/D-loop：AB266743，等 68 条。

四斑拟鲈 *Parapercis clathrata*，COI：KF930231，等 3 条；Glyt：JX188805；KIAA1239：KC826448；MLL：EU638077；Myh6：KC827250，JX189744；Panx2：KC827799；PLAGL2：KC828269，JX189426；Ptchd1：KC828699；Ptr：JX190212；RAG1：JX189906；Rhod：DQ021401；RIPK4：KC829075；RNF213：EU638238；SH3PX3：JX189498；Sidkey：KC829543；Snx33：KC829913；Tbr1：KC830429，等 2 条；Zic1：KC831218，等 2 条。

圆拟鲈 *P. cylindrica*，SSR/microsatellite sequences：DQ398083，等 8 条；RAG1：EU167893。

六睛拟鲈 *P. hexophthalma*，COI：GU805101，等 6 条；Ficd：KC825663；Glyt：KF139824；KIAA1239：KC826447；Myh6：KC827249；Panx2：KC827800；PLAGL2：KF140800，等 2 条；Ptchd1：KC828751；RAG1 KF141302；RIPK4：KC829212；SH3PX3：KF141551；Sidkey：KC829544；Snx33：KC829914；VCPIP：KC830718；Zic1：KF140593。

蒲原拟鲈 *P. kamoharai*，12S：AB974625。

中斑拟鲈 *P. maculata*，COI：HQ561497，等 5 条。

雪点拟鲈 *P. millepunctata*，COI：JQ431972；MLL：JX628139；RNF213：JX628517。

多带拟鲈 *P. multifasciata*，COI：HM180766，等 3 条；CR(control region)/D-loop：AB159647。

眼斑拟鲈 *P. ommatura*，COI：KJ013054，等 5 条。

黄拟鲈 *P. aurcantiaca*，12S：LC069702，等 2 条。

太平洋拟鲈 *P. pacifica*，12S：AB974626。

美拟鲈 *P. pulchella*，COI：JF494083。

十横斑拟鲈 *P. decemfaseiata*，12S：LC104692。

织纹拟鲈 *P. multiplicata*，12S：LC069712。

六带拟鲈 *P. sexfasciata*，12S：LC069703，等 2 条；CR：AB444865，等 2 条。

邵氏拟鲈 *P. shaoi*，COI：JN628991，等 3 条。

史氏拟鲈 *P. snyderi*，12S：LC069704。

斑纹护鲈 *P. tetracantha*，12S：AB974627。

黄纹拟鲈 *P. xanthozona*，COI：KF489693，等 3 条。

兰道氏拟鲈 *P. randalli*，COI：JN585988，等 2 条。

玫瑰拟鲈 *P. schauinslandii*，COI：KF489691，等 2 条。

条纹沼泽鱼 *Limnichthys fasciatus*，12S：LC020798，等 3 条；16S：DQ532897。

沙栖沼泽鱼 *L. nitidus*，COI：KF489628，等 7 条。

昂氏棘吻鱼 *Acanthaphritis unoorum*，12S：AB972143。

尾斑鲬状鱼 *Bembrops daudimacula*，COI：KP244495，等 2 条。

扁吻鲬状鱼 *B. platyrhynchus*，COI：KF489505。

绿尾低线鱼 *Chrionenma chlorotaenia*，COI：KP267599。

台湾小骨䲢 *Osopsoron formosensis*，12S：LC037143。

太平洋玉筋鱼 *Ammodytes personatus*，COI：KP863946，等 9 条；12S：LC092032，等 2 条；CR：JQ913643，等 4 条；16S：HQ623638，等 3 条；complete mitochondrial genome：KF67232，等 2 条。

短身原玉筋鱼 *Protammodytes brachistos*，COI：JF962984。

双斑䲢 *Uranoscopus bicinctus*，12S：LC037146。

土佐䲢 *U. tosae*，12S：LC037149。

中华䲢 *U. chinensis*，12S：AB974630。

日本䲢 *U. japonicus*，12S：AB974631。

少鳞䲢 *U. oligolepis*，COI：JX120607，等 4 条。

青奇头䲢 *Xenocephalus elongatus*，COI：JQ738420；12S：AB969930。

美丽双线鳚 *Enneapterygius elegans*，COI：KP194757，等 2 条。

篩口双线鳚 *E. etheostomus*，12S：REU90385。

菲律宾双线鳚 *E. philippinus*，COI：KP194912，等 6 条。

隆背双线鳚 *E. tutuilae*，COI：KF929843，等 3 条；Rhod：HQ168893；Tmo-4C4：HQ169017；H3：HQ168654。

黑鳍弯线鳚 *Helcogramma fuscopinna*，COI：HQ168543；KIAA1239：KC826427；Myh6：KC826878；Rhod：HQ168895；RIPK4：KC829204；Tmo-4C4：HQ169019；H3：HQ168656。

跳弹鳚 *Alticus saliens*，COI：HQ168546；ENC1：KF678534；Myh6：KF678630；RAG1：HQ168774；Tbr1：KF678819；Tmo-4C4：HQ169022。

雷氏唇盘鳚 *Andamia Reyi*，COI：HQ168547；Rhod：HQ168775；RIPK4：HQ168899；Tmo-4C4：HQ169023。

四指唇盘鳚 *A. tetradactylus*，Cytb：AY167386，等 3 条；12S：AF236040，等 4 条；16S：KF717414，等 16 条；ND2：AY167403，等 3 条。

杜氏盾齿鳚 *Aspidontus dussumieri*，COI：JF492901；ENC1：KF678549；Myh6：KF678644；Ptr：KF678735；Tbr1：KF678834。

纵带盾齿鳚 *A. taeniatus*，COI：KJ967915，等 13 条；ENC1：KF678523；Myh6：KF678620；Ptr：KF678712；Tbr1：KF678809。

全黑乌鳚 *Atrosalarias fuscus holomelas*，ENC1：KF678522；Myh6：KF678619；Ptr：KF678711；Tbr1：KF678808。

金带弯线鳚 *Helcogramma striata*，12S：LC104699。

托氏诺克鳚 *Norfolkia thomasi*，COI：KP194950，等 2 条。

对斑真动齿鳚 *Blenniella bilitonensis*，ENC1：KF678525；Myh6：KF678622；Ptr：KF678714；Tbr1：KF678811。

尾纹真动齿鳚 *B. caudolineata*，ENC1：KF678498；Myh6：KF678598；Ptr：KF678691；Tbr1：KF678784。

红点真动齿鳚 *B. chrysospilos*，ENC1：KF678489；Hoxc6a：KC825964；KIAA1239：KC826799；Myh6：KF678591；PLAGL2：KC828194；Ptr：KF678682；Rhod：HQ168901；RAG1：HQ168778；Tbr1：KF678776，等 2 条；Tmo-4C4：HQ169024；Zic1：KC831177。

围眼真动齿鳚 *B. periophthalmus*，COI：JQ349799；ENC1：KF678533；Myh6：KF678629；Ptr：KF678721；Tbr1：KF678818。

颊纹穗肩鳚 *Cirripectes castaneus*，COI：HQ168552，等 8 条；ENC1：KF678514；Ficd：KC825620；Hoxc6a：KC826008；KIAA1239：KC826803；PLAGL2：KC828200；Ptchd1：KC828749；Ptr：KF678705；RAG1：HQ168780；Rhod：HQ168903；RIPK4：KC829209；Sidkey：KC829486；Snx33：KC829776；Tbr1：KF678800；Tmo-4C4：HQ169026；Zic1：KC831349。

多斑穗肩鳚 *C. polyzona*，COI：HQ168854。

丝背穗肩鳚 *C. filamentosus*，COI：HQ168553；Hoxc6a：KC826009；KIAA1239：KC826804；PLAGL2：KC828197；Ptchd1：KC828750；RAG1：HQ168781；Rhod：HQ168904；Sidkey：KC829487；Snx33：KC829777；Zic1：KC831375。

微斑穗肩鳚 *C. fuscoguttatus*，COI：JQ431646，等 2 条。

紫黑穗肩鳚 *C. imitator*，12S：LC069730。

暗褐穗肩鳚 *C. variolosus*，COI：KJ968005，等 4 条；ENC1：KF678495；Myh6：KF678596；Ptr：KF678688；Tbr1：KF678781。

二色异齿鳚 *Ecsenius bicolor*，COI：FJ583381 等 3 条；12S：DQ533195；16S：DQ533195，等 3 条；ENC1：KF678494；KIAA1239：KC826816；Myh6：KF678595，KC826958；Panx2：KC827571；Ptr：KF678687；RIPK4：KC829258；Tbr1：KF678780，等 2 条；Zic1：KC830875；28S：DQ533026。

额异齿鳚 *E. frontalis*，ENC1：KF678545；Myh6：KF678641；Ptr：KF678732；Tbr1：KF678830。

线纹异齿鳚 *E. lineatus*，ENC1：KF678509；Myh6：KF678609；Ptr：KF678701；Tbr1：KF678795。

纳氏异齿鳚 *E. namiyei*，ENC1：KF678507；Myh6：KF678607；Ptr：KF678699；Tbr1：KF678793。

眼斑异齿鳚 *E. oculus*，ENC1：KF678550；Myh6：KF678645；Tbr1：KF678835。

八重山岛异齿鳚 *E. yaeyamaensis*，ENC1：KF678515；Myh6：KF678613；Ptr：KF678706；Tbr1：KF678801。

克氏连鳍鳚 *Enchelyurus kraussii*，COI：JQ349950，等 2 条；ENC1：KF678521；Myh6：KF678618；Ptr：KF678710；Tbr1：KF678807。

斑纹犁齿鳚 *Entomacrodus decussatus*，ENC1：KF678496；Ptr：KF678689；Tbr1：KF678782。

触角犁齿鳚 *E. epalzeocheilos*，COI：JQ349956。

云纹犁齿鳚 *E. niuafoouensis*，COI：HQ168562；ENC1：KF678478；Ficd：KC825699；Hoxc6a：KC826041；KIAA1239：KC826815；Myh6：KF678580，等 2 条；Ptchd1：KC828788；Ptr：KF678672；RAG1：HQ168791；Rhod：HQ168913；RIPK4：KC829256；Tbr1：KF678765，等 2 条；Tmo-4C4：HQ169036；Zic1：KC830859。

点斑犁齿鳚 *E. striatus*，COI：HQ168563，等 5 条；12S：AB969913；ENC1：KF678477；Ficd：KC825615；KIAA1239：KC826814；Myh6：KF678579；Ptchd1：KC828790；Ptr：KF678671；RAG1：HQ168792；Rhod：HQ168914；RIPK4：KC829260；Sidkey：KC829482；Tbr1：KF678764，KC830320；Tmo-4C4：HQ169037；VCPIP：KC830743。

短豹鳚 *Exallias brevis*，COI：KJ968102，等 8 条；ENC1：KF678520；Myh6：KF678617；Ptr：KF678709；Tbr1：KF678806。

杜氏动齿鳚 *Istiblennius dussumieri*，COI：HQ168570，等 9 条；ENC1：KF678567；Myh6：KF678660；Hoxc6a：KC826096；KIAA1239：KC826800；Panx2：KC827672；Ptr：KF678752；RAG1：HQ168799；Rhod：HQ168921；RIPK4：KC828981；Tbr1：KF678851；Tmo-4C4：KC830897；Zic1：HQ169043。

暗纹动齿鳚 *I. edentulus*，COI：KF265019，等 11 条；Cytb：KF265111；12S：AB969914；Myh6：KF678597；Ptr：KF678690；RAG1：KF930002；Rhod：HQ168922；Tbr1：KF678783；Tmo-4C4：KF265199，等 2 条。

条纹动齿鳚 *I. lineatus*，COI：KF265018，等 3 条；Cytb：KF265110；ENC1：KF678517；Myh6：KF678615；Ptr：KF678707；RAG1：HQ168801；Rhod：HQ168923；Tbr1：KF678803，等 2 条；

Tmo-4C4：KF265198，等 2 条。

金鳍稀棘䲁 *Meiacanthus atrodorsalis*，ENC1：KF678482；Myh6：KF678584；Ptr：KF678676；Tbr1：KF678769。

黑带稀棘䲁 *M. grammistes*，12S：DQ533239；16S：DQ533239，等 2 条；ENC1：JX188982；Glyt：JX188809；Myh6：JX189748；PLAGL2：JX189430；Ptr：JX190216；RAG1：JX189910；SH3PX3：JX189502；sreb2：JX190049；Tbr1：JX189288；Zic1：JX189135；28S：DQ533065。

浅带稀棘䲁 *M. kamoharai*，ENC1：KF678524；Myh6：KF678621；Ptr：KF678713；Tbr1：KF678810。

美肩鳃䲁 *Omobranchus elegans*，ENC1：KF678537；Myh6：KF678633；Ptr：KF678724；Tbr1：KF678822。

斑头肩鳃䲁 *O. fasciolatoceps*，12S：U90392；ENC1：KF678538；Myh6：KF678634；Ptr：KF678725；Tbr1：KF678823。

斑点肩鳃䲁 *O. punctatus*，12S：AB974635，等 2 条；ENC1：KF678519；Tbr1：KF678805。

八部副䲁 *Parablennius yatabei*，12S：JQ697244，等 3 条；16S：JQ697273，等 2 条；ENC1：KF678540；Myh6：KF678636；Ptr：KF678727；S7：JQ697323；Tbr1：KF678825。

短头跳岩䲁 *Petroscirtes breviceps*，COI：KF265020，等 4 条；Cytb：KF265112；12S：AB974634，等 4 条；ENC1：KF678508；Myh6：KF678608；Ptr：KF678700；Tbr1：KF678794；Tmo-4C4：KF265200；complete mitochondrial genome：AP004450。

高鳍跳岩䲁 *P. mitratus*，COI：KJ411430，等 3 条；ENC1：KF678485；KIAA1239：KC826806；Myh6：KF678587，等 2 条；PLAGL2：KC828085；Ptchd1：KC828757；Ptr：KF678678；RAG1：HQ168809；Rhod：HQ168931；RIPK4：KC829226；Tbr1：KF678772，等 2 条；Tmo-4C4：HQ169052；Zic1：KC830895。

史氏跳岩䲁 *P. springeri*，ENC1：KF678506；Myh6：KF678606；Ptr：KF678698；Tbr1：KF678792。

变色跳岩䲁 *P. variabilis*，COI：FJ237611，等 5 条。

云雀短带䲁 *Plagiotremus laudandus*，ENC1：KF678532；Myh6：KF678628；Ptr：KF678720；Tbr1：KF678817。

粗吻短带䲁 *P. rhinorhynchos*，COI：KF930264，等 7 条；ENC1：KF678505；Hoxc6a：KC826180；Myh6：KF678605，等 2 条；Panx2：KC827826；Ptr：KF678697；RAG1：HQ168811；Rhod：HQ168933；Tbr1：KF678791；Tmo-4C4：HQ169054；Zic1：KC831287。

窄体短带䲁 *P. tapeinosoma*，COI：KJ968199，等 11 条；ENC1：KF678486；KIAA1239：KC826808；Myh6：KF678588，等 2 条；Panx2：KC827827；Ptr：KF678679；RAG1：HQ168812；Rhod：HQ168934；Snx33：KC829926；Tbr1：KF678773；Tmo-4C4：HQ169055；Zic1：KC830936。

犬牙矮冠䲁 *Praealticus margaritarius*，ENC1：KF678511；Myh6：KF678611；Ptr：KF678703；Tbr1：KF678797。

种子岛矮冠鳚 *P. tanegasimae*，12S：LC069720，等 2 条。

吻纹矮冠鳚 *P. striatus*，RAG1：HQ168816；Rhod：HQ168938；Tmo-4C4：HQ169059。

灿烂棒鳚 *Rhabdoblennius nitidus*，COI：HQ168585；ENC1：KF678510；Myh6：KF678610；Ptr：KF678702；RAG1：HQ168818；Rhod：HQ168940；Tbr1：KF678796。

细纹凤鳚 *Salarias fasciatus*，COI：HQ168587，等 11 条；Cytb：JX001660；12S：AB974632；16S：AY539070，等 2 条；ENC1：KF678487，等 2 条；Ficd：KC825616；Glyt：KF139872；Hoxc6a：KC826218；KIAA1239：KC826817；Myh6：KF678589；PLAGL2：KF140845；Ptchd1：KC828791；Ptr：KF678680；RAG1：HQ168820，KF141351；Rhod：HQ168942；RIPK4：KC829261；S7：FJ465580；Snx33：KC829955；Tbr1：KF678774，等 2 条；Tmo-4C4：HQ169062，等 2 条；Zic1：KC830868；complete mitochondrial genome：AP004451；28S：AY539174。

雨斑凤鳚 *S. guttatus*，COI：KP194125。

点纹凤鳚 *S. luctuosus*，ENC1：KF678503；Myh6：KF678603；Ptr：KF678696；Tbr1：KF678789。

缘敏鳚 *Scartella emarginata*，COI：KJ411428，等 6 条；12S：JQ697246；16S：JQ697275；ENC1：KF678541；Myh6：KF678637；Ptr：KF678728；S7：JQ697326；Tbr1：KF678826。

带鳚 *Xiphasia setifer*，COI：HQ168588，等 2 条；ENC1：KF678472；Myh6：KF678574；Ptr：KF678667；RAG1：HQ168821；Tbr1：KF678759；Tmo-4C4：HQ169063。

塞舌尔呆鳚 *Stanulus seychellensis*，COI：JQ432160，等 3 条。

裸新热鳚 *Neoclinus nudus*，12S：LC069739。

黑纹锥齿喉盘鱼 *Conldens laticephalus*，12S：LC104707，等 2 条。

印度细喉盘鱼 *Pherallodus indicus*，12S：LC10471。

小姥鱼 *Aspasma minima*，CR(control region)/D-loop：AP004453；IRBP：EU638108；MLL：EU638031；Rhod：EU637943。

线纹环盘鱼 *Diademichthys lineatus*，ENC1：JX188985；Glyt：JX188813；Myh6：JX189754；PLAGL2：JX189436；Ptr：JX190221；RAG1：JX189915；SH3PX3：JX189508；sreb2：JX190052；Tbr1：JX189294；Zic1：JX189141。

琉球盘孔喉盘鱼 *Discotrema crinophila*，12S：EF031220，等 5 条；16S：EF031226，等 5 条；RAG1：EU167886。

基岛深水鮨 *Bathycallionymus kaianus*，COI：EF607336，等 2 条；Cytb：KF265068；Tmo-4C4：KF 265192。

纹鳍深水鮨 *B. sokonumeri*，COI：KF265032；Cytb：KF265067；Tmo-4C4：KF265193。

绯鮨 *Callionymus beniteguri*，COI：HM180832。

弯角鮨 *C. curvicornis*，COI：KF265059；Cytb：KF265079；Tmo-4C4：KF265187；complete mitochondrial genome：AP012307。

斑鳍鲔 *C. enneactis*，complete mitochondrial genome：AP012316。

日本鲔 *C. japonicus*，COI：KP267572，等 2 条；12S：AB970001。

台湾鲔 *C. formosanus*，COI：KF265031；Cytb：KF265066；Tmo-4C4：KF265194。

沙氏鲔 *C. schaapii*，Rhod：EU637946。

瓦氏鲔 *C. valenciennei*，COI：KF265057，等 3 条；Cytb：KF265086；18S：JF739546；Tmo-4C4：KF265189。

指脚鲔 *Dactylopus dactylopus*，COI：KF265042，等 6 条；Cytb：KF265078；Tmo-4C4：KF265195。

葛罗姆双线鲔 *Diplogrammus goramensis*，COI：KF265029；Cytb：KF265093；Ficd：KC825580；Panx2：KC827566；RIPK4：KC829099；Sidkey：KC829334；Tmo-4C4：KF265161。

暗带双线鲔 *D. xenicus*，COI：KF265030；Cytb：KF265092；Tmo-4C4：KF265160。

双鳍喉褶鲔 *Eleutherochir opercularis*，COI：KF265061；Cytb：KF265105；Tmo-4C4：KF265186。

月斑斜棘鲔 *Repomucenus lunatus*，COI：KF265060；Cytb：KF265080；Tmo-4C4：KF265188。

饰鳍斜棘鲔 *R. ornatipinnis*，12S：LC069741。

丝鳍斜棘鲔 *R. virgis*，COI：KF265056；Cytb：KF265082；Tmo-4C4：KF265184。

红连鳍鲔 *Synchiropus altivelis*，COI：KF265024；Cytb：KF265070；Tmo-4C4：KF265174；complete mitochondrial genome：AP006027。

侧斑连鳍鲔 *S. lateralis*，COI：KF265041；Cytb：KF265103；Tmo-4C4：KF265166。

益田氏连鳍鲔 *S. masudai*，COI：KF265025；Cytb：KF265069；Tmo-4C4：KF265170。

绣鳍连鳍鲔 *S. picturatus*，COI：KF265035，等 6 条；Cytb：KF265091；Tmo-4C4：KF265167。

花斑连鳍鲔 *S. splendidus*，COI：KF265036，等 10 条；Cytb：KF265090；ENC1：KF139590；Glyt：KF139898；Myh6：KF140054；PLAGL2：KF140791；RAG1：KF141290；SH3PX3：KF 141535；sreb2：KF140233；Tbr1：KC830507；Tmo-4C4：KF265168；complete mitochondrial genome：AP012317。

珠点粗棘蜥鲔 *Centraco pseudoxenicus*，12S：LC069755。

蜥鲔 *Draconetta xenica*，12S：DQ533192；16S：DQ533192，等 2 条；28S：DQ533023；complete mitochondrial genome：AP006028。

乌塘鳢 *Bostrychus sinensis*，Cytb：AY722236，等 329 条；CR(control region)/D-loop：HM117649，等 47 条；12S：AF265378；ND1：AY722301；PLAGL2：JF693325，等 2 条；Ryr3：JF693327，等 2 条；SH3PX3：JF693326，等 2 条；S7：JF358013；sreb2：HQ704698。

嵴塘鳢 *Butis butis*，COI：KF714900，等 3 条；Cytb：KF415524；12S：KF415325，等 2 条；16S：KF415325，KC879145；ND1：AY722319；ND2：AY722377；RAG1：KF415716；Zic1：KF415924。

锯嵴塘鳢 *B. koilomatodon*，12S：KF415326，等 2 条；16S：KF415326；RAG1：KF415717；Zic1：

KF415925。

黑点嵴塘鳢 *B. melanostigma*，12S：AF265384。

戈氏巧塘鳢 *Calumia godeffroyi*，COI：JQ431519，等 2 条；Cytb：AY722194，AB021233；ND1：AY722262；ND2：AY722325，等 2 条；RAG1：KF235455。

头孔塘鳢 *Ophiocara porocephala*，COI：JN021235，等 4 条；Cytb：KF415620，等 3 条；12S：AB974564，等 4 条；16S：KF415426，等 2 条；ND1：AY722314；ND2：AB560922；ND5：AB079257；ENC1：KF139594；Hoxc6a：KC826158；Myh6：KF140059；Ptchd1：KC828773；RAG1：KF415826，KF141292；Rhod：EU637988；RIPK4：KC829245；SH3PX3：KF141541；Sidkey：KC829480。

云斑尖塘鳢 *Oxyeleotris marmorata*，COI：KF410694，等 2 条；Cytb：KF415623，等 20 条；CR (control region)/D-loop：EU177621，等 8 条；12S：KF415429，等 3 条；16S：KF415429，EU 620499；ND1：AY722316，等 2 条；ND2：AY722374，等 3 条；ND5：EU678810，等 59 条；RAG1：KF415829；Zic1：KF416035；GH：JN645838，等 2 条；H：JN645822，等 11 条。

多纹峡塘鳢 *Xenisthmus polyzonatus*，12S：LC069763。

穴沙鳢 *Kraemeria cunicularia*，Cytb：KF415601，等 4 条；12S：KF415403；16S：KF415403；ND2：AB560917；RAG1：KF415805；RAG2：HQ909605，等 2 条；RNF213：HQ909666，等 2 条；Zic1：KF416009。

黄鳍刺虾虎鱼 *Acanthogobius flavimanus*，COI：KF558279，等 5 条；Cytb：KF013222，等 4 条；CR(control region)/D-loop：AY854981，等 4 条；12S：KM030430，等 2 条；16S：KF415295，等 2 条；18S：AB451875；ND2：AB560899；RAG1：KF486307，等 3 条。

长体刺虾虎鱼 *A. elongata*，12S：KM030429；COI：JX679021。

乳色刺虾虎鱼 *A. lactipes*，COI：JX679023；12S：KM030431，等 2 条；16S：KF415296；RAG1：KF415687；Zic1：KF415891。

棕刺虾虎鱼 *A. luridus*，COI：JX679024；12S：KM030432。

青斑细棘虾虎鱼 *A. viridipunctatus*，Cytb：AB449783，等 8 条；CR(control region)/D-loop：EU352704。

六丝钝尾虾虎鱼 *Amblychaeturichthys hexanema*，COI：JX679025，等 12 条；12S：KM030435。

斜带钝塘鳢 *Amblyeleotris diagonalis*，COI：JQ349681。

伦氏钝塘鳢 *A. randalli*，COI：HQ536669；ND2：FJ796086；RAG2：HQ536851。

施氏钝塘鳢 *A. steinitzi*，COI：FJ582712，等 7 条；ND1：HQ536722，等 5 条；ND2：FJ796096，等 6 条；RAG2：HQ536831，等 5 条；RHO：HQ536925，等 5 条。

红纹钝塘鳢 *A. wheeleri*，COI：KF489475，等 11 条；ND1：HQ536751，等 7 条；ND1：HQ536779，等 7 条；Hoxc6a：KC825933；KIAA1239：KC826650；Myh6：KC826925；Panx2：KC827406；Ptchd1：KC828737；RAG2：HQ536864，等 7 条；RNF213：HQ909685；Svep1：KC830014；

RHO：HQ536954，等 7 条。

亚诺钝塘鳢 *A. yanoi*，COI：HQ536654；ND1：HQ536726；ND2：FJ796097；RAG2：HQ536835。

白条钝虾虎鱼 *Amblygobius albimaculatus*，COI：GU805111，等 2 条。

华丽钝虾虎鱼 *A. decussatus*，COI：FJ582719，等 5 条；Myh6：KC826879；Ptchd1：KC828638；Zic1：KC830760。

短唇钝虾虎鱼 *A. nocturnus*，COI：HQ536663；Cytb：EU380950；ND1：HQ536735；ND2：FJ796156；RAG2：HQ536845。

尾斑钝虾虎鱼 *A. phalaena*，COI：JQ431409，等 3 条；Cytb：JX001663，等 4 条；12S：KF415301；16S：KF415301；Hoxc6a：KC825934；KIAA1239：KC826626；Myh6：KC826936；Ptchd1：KC828709；RAG1：KF415693；RAG2：HQ536803，等 2 条；RIPK4：KC829096；RNF213：HQ909676；Zic1：KF415897，等 2 条。

红海钝虾虎鱼 *A. sphynx*，COI：JQ349688，等 8 条；Cytb：JX001664。

绿斑缰虾虎鱼 *Amoya chlorostigmatoides*，COI：KT951774，等 5 条；complete genome：NC020346，等 2 条；16S：KC879141。

星塘鳢 *Asterropteryx semipunctatus*，12S：LC049770，等 4 条；COI：KR059867，等 12 条；Cytb：KF415506，等 2 条。

蓝点深虾虎鱼 *Bathygobius coalitus*，COI：JQ431479；Cytb：JN575306；ND5：AB429403；RAG1：JN575269。

椰子深虾虎鱼 *B. cocosensis*，COI：KJ129013，等 11 条；Cytb：JN575303，等 3 条；ND5：AB374606，等 42 条；RAG1：JN575273，等 2 条；RAG2：HQ536806；RNF213：HQ909682。

阔头深虾虎鱼 *B. cotticeps*，COI：JQ431483，等 2 条。

圆鳍深虾虎鱼 *B. cyclopterus*，ND5：AB429402。

深虾虎鱼 *B. fuscus*，COI：KF265065，等 5 条；Cytb：KF265106，等 4 条；12S：AB972128，等 2 条；16S：KC879146；ND2：JX462865，等 2 条；ND5：JX462800，等 2 条；RAG1：JN575268。

莱氏深虾虎鱼 *B. laddi*，COI：JF492946，等 4 条。

大弹涂鱼 *Boleophthalmus pectinirostris*，COI：JX679027；Cytb：KF005459，等 158 条；CR(control region)/D-LOO：JN869388，等 56 条；12S：KM030440，等 3 条；16S：KF415317；ND5：JX003004，等 18 条；RAG1：KF415710，等 25 条；Zic1：KF415915；complete mitochondrial genome：AB645894。

漂游珊瑚虾虎鱼 *Bryaninops natans*，12S：FJ617020；16S：FJ617060。

颏突珊瑚虾虎鱼 *B. yongei*，COI：HQ909458；ND1：HQ909516；ND2：HQ909565；RAG2：HQ909619；RNF213：HQ909713；RHO：JF261556。

美虾虎鱼 *Callogobius sclateri*，COI：KF929675，等 4 条；Cytb：KF415525，等 2 条；12S：KF415327；

16S：KF415327；RAG1：KF415718，等 2 条；RAG2：HQ536807；RNF213：HQ909749；Zic1：KF415926；RHO：HQ536903。

史氏美虾虎鱼 *C. snelliusi*，12S：LC049733。

种子岛美虾虎鱼 *C. tanegasimae*，12S：AB974566；ND5：AB269892，等 18 条。

尾鳞头虾虎鱼 *Caragobius urolepis*，CR(control region)/D-loop：EU352705；complete mitochondrial genome：AB645892。

尾纹裸头虾虎鱼 *Chaenogobius annularis*，Cytb：AB928023，等 155 条；12S：KM030456，KF415328；16S：KF415328；Myh6：KF486402；RAG1：KF486323，等 2 条；RAG2：KF486360；Ryr3：KF486443；Zic1：KF415927；complete mitochondrial genome：AB684975，等 309 条。

大口裸头虾虎鱼 *Ch. gulosus*，COI：JX679029；Cytb：AB755375，等 33 条；12S：KM030457；MLL：AB504071；Myh6：KF486401，等 2 条；Ptr：AB504132；RAG1：KF486322，等 2 条；RAG2：KF486359，等 2 条；Ryr3：KF486442，等 2 条；complete mitochondrial genome：AB684974。

矛尾虾虎鱼 *Chaeturichthys stigmatias*，COI：HQ711866，等 15 条；12S：KM030450。

白背带丝虾虎鱼 *Cryptocentrus albidorsus*，COI：HQ536639；ND1：HQ536712；ND2：FJ796101；RAG2：HQ536818；RHO：HQ536913。

棕斑丝虾虎鱼 *C. caeruleomaculatus*，Cytb：KF415535；12S：KF415339；16S：KF415339；RAG1：KF415731；Zic1：KF415939。

孔雀丝虾虎鱼 *C. pavoninoides*，COI：FJ583297，等 5 条。

纹斑丝虾虎鱼 *C. strigilliceps*，COI：HQ536638；ND1：HQ909502；ND2：FJ796124；RAG2：HQ536817；RNF213：HQ909687。

斜带栉眼虾虎鱼 *Ctenogobiops aurocingulus*，COI：HQ536640，等 2 条；ND1：GU187238，等 5 条；ND2：FJ796133，等 5 条；RAG2：HQ536819，等 2 条；RNF213：HQ909752；RHO：HQ536914，等 2 条。

丝棘栉眼虾虎鱼 *C. feroculus*，COI：KJ968013，等 2 条；Cytb：KF415537，等 67 条；12S：KF415342；16S：KF415342；ND1：GU187243，等 11 条；ND2：FJ796136，等 13 条；RAG1：KF415734；Zic1：KF415942。

台湾栉眼虾虎鱼 *C. formosa*，COI：HQ536636，等 2 条；ND1：HQ909503，等 4 条；ND2：FJ796129，等 4 条；RAG2：HQ536815，等 2 条；RHO：JF261543，等 2 条。

颊纹栉眼虾虎鱼 *C. maculosus*，ND1：GU187222；ND2：GU187257，等 2 条。

丝背栉眼虾虎鱼 *C. mitodes*，COI：HQ536702，等 2 条；ND1：GU187223，等 6 条；ND2：FJ796127，等 11 条；RAG2：HQ536853；RHO：HQ536978，HQ536945。

长棘栉眼虾虎鱼 *C. tangaroai*，COI：FJ583310，等 2 条；ND2：GU187254；RAG2：HQ536810；RHO：HQ536906。

三角捷虾虎鱼 *Drombus triangularis*，12S：KF415349；16S：KF415349；RAG1：KF415741；Zic1：KF415949。

带虾虎鱼 *Eutaeniichthys gilli*，Cytb：KF415553，等 4 条；12S：KF415357；16S：KF415357；MLL：AB504074；Myh6：AB504105；Ptr：KF415753，等 2 条；RAG1：KF415753，等 2 条；RAG2：AB504198；Ryr3：AB504229；Zic1：KF415959；complete mitochondrial genome：AB108570，等 18 条。

矶塘鳢 *Eviota abax*，Cytb：KF415556；12S：KM030449，等 2 条；16S：KF415359；RAG1：KF415756；Zic1：KF415962。

细点矶塘鳢 *E. albolineata*，COI：KP013294，等 8 条；Ficd：KC825445；Hoxc6a：KC826053；KIAA1239：KC826629；Panx2：KC827603；Ptchd1：KC828714；Ptr：KP013374，等 2 条；RAG1：KF235451；RIPK4：KC829103；Zic1：KC830755。

细身矶塘鳢 *E. distigma*，COI：JQ349971。

侧带矶塘鳢 *E. latifasciata*，COI：KP013288，等 3 条；Ptr：KP013368，等 3 条。

黑体矶塘鳢 *E. melasma*，COI：JX483990；Ptr：JX483960。

黑腹矶塘鳢 *E. nigriventris*，COI：KJ439726，等 12 条；Ptr：KJ439753，等 12 条。

葱绿矶塘鳢 *E. prasina*，COI：JQ349973；12S：FJ617025，等 2 条；16S：FJ617065，等 2 条。

胸斑矶塘鳢 *E. prasites*，COI：KP013295；Hoxc6a：KC826054；KIAA1239：KC826631；Myh6：KC826918；Panx2：KC827604；Ptchd1：KC828809；Ptr：KP013375；RIPK4：KC829103；Zic1：KC830755。

昆士兰矶塘鳢 *E. queenslandica*，COI：JX483986；Ptr：JX483961。

塞班矶塘鳢 *E. saipanensis*，COI：KP013293；Hoxc6a：KC826055；KIAA1239：KC826630；Panx2：KC827605；Ptr：KP013373；Zic1：KC830757。

大印矶塘鳢 *E. sigillata*，COI：JX483995，等 2 条；Ptr：JX483971，等 2 条。

斑点矶塘鳢 *E. spilota*，COI：JX483976；Ptr：JX483967。

条尾矶塘鳢 *E. zebrina*，COI：KP013297，等 2 条；Ptr：KP013377。

黑点鹦虾虎鱼 *Exyrias belissimus*，COI：HQ909463，等 2 条；ND1：HQ909521，HQ909520；ND2：HQ909568，等 2 条；RAG2：HQ909624，等 2 条。

纵带鹦虾虎鱼 *E. puntang*，COI：KF714945，等 3 条；Cytb：KF415558；12S：KF415361，AF265385；16S：KF415361；RAG1：KF415758，KF235471；Zic1：KF415964；complete mitochondrial genome：AB974567。

裸项蜂巢虾虎鱼 *Favonigobius gymnauchen*，COI：KJ013042，等 4 条；Cytb：KF415559；12S：KM030433，等 2 条；16S：KF415362；RAG1：KF415759；Zic1：KF415965。

裸项纺锤虾虎鱼 *Fusigobius duospilus*，COI：JX462852，等 4 条；Cytb：JX462826，等 5 条；ND1：

HQ909509；ND2：JX462859；ND5：JX462821，等5条；Hoxc6a：KC826063；Myh6：KC826934；Panx2：KC827614；Ptchd1：KC828717；RAG2：HQ909615；RNF213：HQ909706；Snx33：KC829813；Svep1：KC830016；RHO：JF261549。

肱斑纺锤虾虎鱼 *F. humeralis*，COI：JX462854，等3条；Cytb：JX462834，等5条；ND2：JX462861；ND5：JX462804，等5条。

阿曼纺锤虾虎鱼 *F. inframaculatus*，COI：JX462855，等2条；Cytb：JX462841，等5条；ND2：JX462862；ND5：JX462811，等5条；Hoxc6a：KC826064；KIAA1239：KC826651；Myh6：KC826933；Panx2：KC827615；Ptchd1：KC828742。

桔斑纺锤虾虎鱼 *F. melacron*，COI：JX462856；Cytb：JX462840，等2条；ND2：JX462863；ND5：JX462810，等2条。

短棘纺锤虾虎鱼 *F. neophytus*，COI：JX462857，等6条；Cytb：JX462846，等5条；ND1：HQ909546；ND2：JX462864，等3条；ND5：JX462816，等5条；Ficd：KC825447；等3条；Myh6：KC826911；Panx2：KC827616；Ptchd1：KC828708；RAG2：HQ909646，等2条；RIPK4：KC829095；RNF213：HQ909736，等2条；Snx33：KC829814；Zic1：KC830775；RHO：JF261586，等2条。

金黄舌虾虎鱼 *Glossogobius aureus*，COI：KJ202164，等17条；Cytb：KF415565；12S：KF415368；16S：KF415368；RAG1：KF415766；Zic1：KF415971。

双须舌虾虎鱼 *G. bicirrhosus*，CR(control region)/D-loop：EU352709，等2条。

盘鳍舌虾虎鱼 *G. celebius*，12S：AF265393。

钝吻舌虾虎鱼 *G. circumspectus*，COI：KC970389。

舌虾虎鱼 *G. giuris*，COI：KP296159，等41条；Cytb：KF415566；12S：KF415369，等2条；16S：KF415369；RAG1：KF415767；Zic1：KF415972。

斑纹舌虾虎鱼 *G. olivaceus*，Cytb：AB560889；ND2：AB560910；complete mitochondrial genome：AB974636。

颌鳞虾虎鱼 *Gnatholepis anjerensis*，COI：JQ431757，等5条；Cytb：KF415568，等3条；12S：KF415371；16S：KF415371；ND2：AF537853，等112条；Myh6：KC826932；Panx2：KC827629；RAG1：KF415769；RAG2：HQ536877；RIPK4：KC829189；Zic1：KF415974，等2条。

高伦颌鳞虾虎鱼 *G. cauerensis*，COI：HQ561511，等3条；Ficd：KC825439；Myh6：KC826884；Zic1：KC830781；RHO：JF261539。

德瓦颌鳞虾虎鱼 *G. davaoensis*，ND2：AY295340，等2条。

橙色叶虾虎鱼 *Gobiodon citrinus*，COI：JQ350005，等2条；Cytb：KC894472；12S：KF415372，等7条；16S：KF415372，等7条；RAG1：KF415770；S7：KC894499，KC894498；Zic1：KF415975。

红点叶虾虎鱼 *G. erythrospilus*，Cytb：KC894473；CR(control region)/D-loop：AY466553，等10条；12S：EF540575，等2条；16S：EF527243，EF527242；S7：KC894500。

宽纹叶虾虎鱼 *G. histrio*，COI：FJ583433，等 18 条；Cytb：KF415569，等 3 条；CR(control region)/D-loop：AY466522，等 38 条；12S：KF415373，等 6 条；16S：KF415373，等 6 条；RAG1：KF415771；RAG2：HQ536799；RIPK4：HQ909674；S7：KC894502，KC894501；Zic1：KF415976。

眼带叶虾虎鱼 *G. oculolineatus*，Cytb：KC894475；12S：KC894488；16S：KC894491；RAG1：KF235462；S7：KC894503。

黄体叶虾虎鱼 *G. okinawae*，COI：FJ583451，等 6 条；Cytb：KC894476；12S：EF540579，等 2 条；16S：EF527247，等 2 条；S7：KC894504。

五线叶虾虎鱼 *G. quinquestrigatus*，COI：JQ431765，等 8 条；Cytb：KC894477；12S：KF242360，EF540580；16S：KF242373，等 3 条；ND1：HQ909510；Hoxc6a：KC826073；KIAA1239：KC826627；Myh6：KC826881；Panx2：KC827630；Ptchd1：HQ909616；RAG2：KC829216；RIPK4：HQ909707；RNF213：KC894505；S7：JF261550。

灰叶虾虎鱼 *G. unicolor*，COI：JX483992，等 4 条；Cytb：KC894484；12S：EF540584；16S：EF527254，EF527253；Ptr：JX483958；S7：KC894514。

七棘裸身虾虎鱼 *Gymnogobius heptacanthus*，Cytb：AY450377，等 3 条；Myh6：KF486392；RAG1：KF486313；RAG2：KF486350。

网纹裸身虾虎鱼 *G. mororanus*，COI：JX679033；12S：KM030452。

斜纹半虾虎鱼 *Hemigobius hoevenii*，Cytb：KF851357，等 2 条；CR(control region)/D-loop：KC995177，等 2 条；12S：KF415396；ND5：KC995183；RAG1：KF415798；Zic1：KF416002。

凯氏衔虾虎鱼 *Istigobius campbelli*，COI：JX679037；12S：KM030447。

华丽衔虾虎鱼 *I. decoratus*，COI：JF493692，等 5 条；Cytb：JX001667，等 2 条；ND1：HQ909528，等 2 条；ND2：HQ909574，等 2 条；Myh6：KC826923；Panx2：KC827673；Ptchd1：KC828743；RAG1：JN575270；RAG2：HQ909632，等 2 条；RIPK4：KC829194；Zic1：KC830771。

和歌衔虾虎鱼 *I. hoshinonis*，12S：KM030446。

黑点衔虾虎鱼 *I. nigroocellatus*，Cytb：KF415597；12S：KF415399；RAG1：KF415801；Zic1：KF416005。

妆饰衔虾虎鱼 *I. ornatus*，Ficd：KC825446；Panx2：KC827674；RAG1：KF235488。

线斑衔虾虎鱼 *I. rigilius*，COI：HQ536672；ND1：HQ536742；ND2：FJ796137；RAG1：KF235456；RAG2：HQ536854。

韧虾虎鱼 *Lentipes armatus*，COI：KF668832，等 5 条；Cytb：KF669013，等 2 条；16S：KF668895，等 5 条。

睛尾蝌蚪虾虎鱼 *Lophiogobius ocellicauda*，12S：KM030427；complete mitochondrion genome：KC480264。

竿虾虎鱼 *Luciogobius guttatus*，Cytb：AB503967，等 11 条；12S：AB122000，等 14 条；16S：AB 122001，等 13 条；Myh6：KF486415，等 4 条；RAG1：KF486335，等 4 条；RAG2：KF486373，等 4 条。

扁头竿虾虎鱼 *L. platycephalus*，COI：JX679040；Cytb：AB503983，等 15 条；12S：KM030463；MLL：AB504064，等 2 条；Myh6：AB504094，等 2 条；Ptr：AB504125，等 2 条；RAG1：AB504156，等 2 条；RAG2：AB504187，等 2 条；Ryr3：AB504218，等 2 条。

西海竿虾虎鱼 *L. saikaiensis*，COI：JX679041；Cytb：AB504012，等 11 条；12S：KM030464；MLL：AB504067；Myh6：AB504097；Ptr：AB504128；RAG1：AB504159；RAG2：AB504190；Ryr3：AB504221。

雷氏库曼钝虾虎鱼 *Koumansetta rainfordi*，COI：KP194772，等 2 条。

威氏壮牙虾虎鱼 *Macrodontogobius wilburi*，COI：KP194663，等 2 条。

大口巨颌虾虎鱼 *Mahidolia mystacina*，COI：HQ536703，等 13 条；Cytb：KF415607；12S：KF 415413；16S：KF415413；ND1：HQ536773，等 13 条；ND2：FJ796138，等 13 条；RAG1：KF415813；RAG2：HQ536881，等 9 条；Zic1：KF416017；RHO：HQ536979，等 12 条。

阿部鲻虾虎鱼 *Mugilogobius abei*，COI：JX679043；Cytb：KF929327；CR(control region)/D-loop：JX133897，等 6 条；12S：KM030465；ND5：JX133910，JX133909，KC995178；complete mito-chondrial genome：AB022893。

清尾鲻虾虎鱼 *M. cavifrons*，Cytb：KF929321；CR(control region)/D-loop：KF779960；ND5：JX 133912；RAG1：KF235508。

诸氏鲻虾虎鱼 *M. chulae*，Cytb：KF929324，等 3 条；CR(control region)/D-loop：JX133900，等 4 条；ND5：JX133911，等 4 条；RAG1：KF235502；complete mitochondrial genome：AB022896。

泉鲻虾虎鱼 *M. fontinalis*，12S：KM030466。

长丝犁突虾虎鱼 *Myersina filifer*，COI：JQ738449，等 2 条；12S：KM030439。

尖鳍寡鳞虾虎鱼 *Oligolepis acutipennis*，COI：JX193739，等 15 条；CR(control region)/D-loop：EU 352715，等 4 条；12S：AF265399；16S：KC879142。

大口寡鳞虾虎鱼 *O. stomias*，RAG1：KF235505。

刺盖虾虎鱼 *Oplopomus oplopomus*，COI：KJ968185，等 2 条；ND1：HQ536732；ND2：FJ796151；Hoxc6a：KC826159；KIAA1239：KC826636；Panx2：KC827783；Ptchd1：KC828730；RAG1：KF235472；RAG2：HQ536842；Svep1：KC830010；Zic1：KC830770；RHO：HQ536936。

拟矛尾虾虎鱼 *Parachaeturichthys polynema*，CR：DQ437256，等 2 条。

犬齿背眼虾虎鱼 *Oxuderces dentatus*，Cytb：KF415622；12S：KF415428；16S：KF415428；RAG1：KF415828；Zic1：KF416034。

眼瓣沟虾虎鱼 *Oxyurichthys ophthalmonemus*，COI：KF714987，等 7 条。

触角沟虾虎鱼 *O. tentacularis*，COI：JN242585，等 6 条；12S：KC879139，等 7 条；16S：JN211832，等 6 条。

棘头副叶虾虎鱼 *Paragobiodon echinocephalus*，COI：JQ350172；Cytb：FJ617132，FJ617131；12S：FJ617051，等 3 条；16S：FJ617091，等 4 条。

黑鳍副叶虾虎鱼 *P. lacunicolus*，COI：JQ431966，等 4 条。

黑副叶虾虎鱼 *P. melanosomus*，12S：LC049762。

疣副叶虾虎鱼 *P. modestus*，COI：JQ431968，等 5 条；ND1：HQ909511；Ficd：KC825442；Hoxc6a：KC826166；KIAA1239：KC826628；Panx2：KC826882；Ptchd1：KC828772；RAG2：HQ909617；Rhod：JF261551；RIPK4：KC829242；RNF213：HQ909708；Svep1：KC830011。

黄副叶虾虎鱼 *P. xanthosomus*，COI：KP194957，等 7 条；16S：FJ619093，等 4 条；12S：FJ617053，等 4 条；Cytb：KC894487，等 3 条；CR：AY466520，等 2 条。

小头副孔虾虎鱼 *Paratrypauchen microcephalus*，COI：X679031；12S：KM030441；16S：AB645891。

蜥形副平牙虾虎鱼 *Parapocryptes serperaster*，COI：LC010473，等 14 条；Cytb：KF415629；12S：KF415435；RAG1：KF415834。

银线弹涂鱼 *Periophthalmus argentilineatus*，Cytb：AB021251；CR(control region)/D-loop：KF304998，等 66 条；16S：KF273963，等 30 条；ND2：AB560925；ND2：AB257627，AB257626；RAG1：KF304800，等 13 条。

大鳍弹涂鱼 *P. magnuspinnatus*，complete genome：KT357639，等 3 条。

弹涂鱼 *P. modestus*，COI：JX679050；Cytb：EU503224，等 21 条；CR(control region)/D-loop：EU352717，等 75 条；RAG1：JX003122。

莫桑比克腹瓢虾虎鱼 *Pleurosicya mossambica*，COI：JQ432021，等 2 条；Myh6：KC826929。

鲍氏腹瓢虾虎鱼 *P. boldinghi*，12S：LC049740。

广裸锯鳞虾虎鱼 *Priolepis boreus*，12S：AB972135。

横带锯鳞虾虎鱼 *P. cincta*，COI：JQ350249，等 4 条；Hoxc6a：KC826196；Myh6：KC826921；Panx2：KC827860；RAG2：HQ536805；Rhod：HQ536901；RNF213：HQ909681。

裸颊锯鳞虾虎鱼 *P. inhaca*，COI：JQ432037，等 3 条。

多纹锯鳞虾虎鱼 *P. semidoliatus*，COI：JQ432039，等 2 条。

双斑砂虾虎鱼 *Psammogobius biocellatus*，COI：JX193730，等 5 条；Cytb：KF415641；CR(control region)/D-loop：EU352707；ND1：HQ909507；ND2：HQ909559；Myh6：KC826885；Panx2：KC827866；Ptchd1：KC828711；RAG2：HQ909613；Rhod：JF261547；RNF213：HQ909704；Snx33：KC829940；Zic1：KF416053，等 2 条。

长身拟平牙虾虎鱼 *Pseudapocryptes elongatus*，COI：LC010482，等 9 条；Cytb：EU380957。

爪哇拟虾虎鱼 *Pseudogobius javanicus*，Cytb：JX133908，等 4 条；ND5：JX133916，等 2 条；RAG1：KF415849；Zic1：KF416057。

小口拟虾虎鱼 *P. masago*，COI：HM180803，等 4 条；Cytb：KF929315，等 2 条；CR(control region)/D-loop：KF779957，等 2 条；12S：KM030467；ND5：KF958741，等 2 条。

蛇首高鳍虾虎鱼 *Pterogobius elapoides*，Cytb：AB440403，等 70 条；12S：KM030468；ND2：AB 440528，等 70 条。

五带高鳍虾虎鱼 *P. zacalles*，COI：JX679052；Cytb：AB440348，等 5 条；12S：KM030469；ND2：AB440473，等 5 条。

大青弹涂鱼 *Scartelaos gigas*，CR(control region)/D-loop：EU352730。

青弹涂鱼 *S. histoprus*，COI：KT951745，等 7 条；Cytb：KF415656，等 4 条；12S：KF415463；complete genome：NC017888，等 2 条；ND2：AB645927；16S：AB645893；CR(control region)/D-Loop：EU352731，等 4 条。

鳗形鳗虾虎鱼 *Taenioides anguillaris*，ND5：FJ968577。

须鳗虾虎鱼 *T. cirratus*，CR(control region)/D-loop：EU352738；ND5：FJ968576。

等颌鳗虾虎鱼 *T. limicola*，Cytb：AB021253；ND2：AB560934。

梭形富山虾虎鱼 *Tomiyamichthys lanceolatus*，COI：HQ536662；ND1：HQ536734，等 2 条；ND2：FJ796159，等 2 条；RAG2：HQ536844，等 2 条；Rhod：HQ536938，等 2 条；RNF213：HQ909697。

奥奈氏富山虾虎鱼 *T. oni*，ND1：HQ536749；ND2：FJ796153；RAG2：HQ536862。

髭缟虾虎鱼 *Tridentiger barbatus*，COI：KF642954，等 8 条；CR(control region)/D-loop：JF745130；12S：KM030476，等 3 条；complete mitochondrion genome：JX536694；Ryr3：KF642908，等 2 条。

双带缟虾虎鱼 *T. bifasciatus*，COI：KF558278，等 15 条；Cytb：KF013220，等 6 条；12S：AB022899；16S：KF415482；ND2：AB560936；complete mitochondrion genome：JN244650；RAG1：KF415879，等 2 条；Rhod：KF235514；Ryr3：KF642909，等 14 条；Zic1：KF416089。

短棘缟虾虎鱼 *T. brevispinis*，COI：JX679062，等 9 条；Cytb：AB212292，等 10 条；12S：KM030477，等 2 条。

裸项缟虾虎鱼 *T. nudicervicus*，COI：JX679063；12S：KM030478，等 2 条。

暗缟虾虎鱼 *T. obscurus*，COI：JX679064，等 8 条；Cytb：AB021255，等 7 条；12S：KM030479，等 2 条；ND2：AB560937。

纹缟虾虎鱼 *T. trigonocephalus*，COI：KF642975，等 9 条；12S：KM030481，AB022904；Ryr3：KF642923，等 24 条。

透明磨塘鳢 *Trimma anaima*，COI：KM357735，等 5 条。

橘点磨塘鳢 *T. annosum*，COI：KJ202538，等 11 条。

红磨塘鳢 *T. caesiura*，COI：KJ202560，等 6 条；Cytb：EU380976；ND1：EU380997；ND2：EU381018；Hoxc6a：KC826254；KIAA1239：KC826646；Panx2：KC827972；RAG2：HQ909658；Rhod：JF261599；RIPK4：KC829100；RNF213：HQ909751；Svep1：KC830018；Zic1：KC830756。

埃氏磨塘鳢 *T. emeryi*，COI：KJ202310，等 3 条。

方氏磨塘鳢 *T. fangi*，COI：KJ202608，等 8 条。

纵带磨塘鳢 *T. grammistes*，COI：JX679066。

红小斑磨塘鳢 *T. halonevum*，COI：KM357730，等 9 条。

大眼磨塘鳢 *T. macrophthalma*，COI：KJ202588，等 12 条。

丝背磨塘鳢 *T. naudei*，COI：KJ202406，等 4 条。

冲绳磨塘鳢 *T. okinawae*，COI：KM357731，等 15 条；12S：KF415483；KIAA1239：KC826648；RAG1：KF415880；RIPK4：KC829087；Zic1：KF416090，等 2 条。

底斑磨塘鳢 *T. tevegae*，COI：KJ202604，等 69 条。

大足微虾虎鱼 *Trimmatom macropodus*，Cytb：AY763760，等 16 条；CR(control region)/D-loop：EU697093，等 12 条；12S：AY763714，等 8 条；complete mitochondrion genome：KP234027，等 3 条；RAG1：AF519737。

孔虾虎鱼 *Trypauchen vagina*，COI：KJ865406，等 5 条 complete mitochondrion genome：JQ027694。

双带凡塘鳢 *Valenciennea helsdingenii*，COI：HQ561523，等 9 条。

长鳍凡塘鳢 *V. longipinnis*，COI：FJ584202，等 3 条；Cytb：JX001657，等 3 条；12S：KF415487；ND1：HQ909505，等 2 条；ND2：FJ796155，等 2 条；RAG1：KF415884；RAG2：HQ536829，等 2 条；Rhod：JF261544，等 2 条；RNF213：HQ909689，等 2 条；Zic1：KF416094。

石壁凡塘鳢 *V. muralis*，COI：FJ584205，等 3 条。

大鳞凡塘鳢 *V. puellaris*，COI：FJ584213，等 9 条；Cytb：JX001652；ND1：HQ536710；ND2：FJ796157；KIAA1239：KC826653；Panx2：KC827983；RAG2：HQ536814；Rhod：HQ536910；RIPK4：KC829240；RNF213：HQ909686。

六斑凡塘鳢 *V. sexguttata*，COI：FJ584214，等 11 条；Rhod：KF235532。

丝条凡塘鳢 *V. strigata*，COI：HQ945877，等 12 条；Cytb：KF415679，等 2 条；12S：KF415488，等 2 条；ND5：AB429399；Myh6：KC826905；RAG1：KF415885；RAG2：HQ536804；Rhod：HQ536900，等 2 条；RIPK4：KC829237；RNF213：HQ909680；Zic1：KF416095。

鞍带凡塘鳢 *V. wardii*，COI：FJ584232，等 9 条。

黄点梵虾虎鱼 *Vanderhorstia ornatissima*，COI：HQ536691，等 5 条；Cytb：KF415680；12S：KF415489；ND1：HQ536764，等 6 条；ND1：HQ536790，等 7 条；Ficd：KC825444；Hoxc6a：KC826260；Myh6：KC826912；Panx2：KC827984；Ptchd1：KC828754；RAG1：KF415886；RAG2：HQ536876，等 6 条；Rhod：HQ536967，等 6 条；RIPK4：KC829224；RNF213：HQ

909748；Zic1：KF416096。

云斑裸颊虾虎鱼 *Yongeichthys nebulosus*，COI：KF489466，等 10 条；Cytb：KF415495；12S：KF415299；RAG1：KF415690，等 2 条；Rhod：KF235537；Zic1：KF415894。

眼带鳚虾虎鱼 *Gunnellichthys curiosus*，COI：KM357744，等 3 条；Cytb：KM357789；CR(control region)/D-loop：KM357669；16S：KM357598。

华丽线塘鳢 *Nemateleotris decora*，COI：FJ583704，等 5 条。

大口线塘鳢 *N. magnificus*，COI：KM357748，等 19 条；Cytb：KM357793，等 3 条；CR(control region)/D-loop：KM357672；12S：AF265387；16S：KM357602；RAG1：KF141288；RAG2：HQ536792，等 2 条；Rhod：JF261532，HQ536886；RNF213：HQ909664；sreb2：KF140231；Zic1：KF140579。

尾斑舌塘鳢 *Parioglossus dotui*，COI：JX679048；12S：KM030436，等 2 条；Zic1：KF416042。

华美舌塘鳢 *P. formosus*，COI：KM357757；Cytb：KM357804；CR(control region)/D-loop：KM357681，KM357682；16S：KM357610。

黑尾鳍塘鳢 *Ptereleotris evides*，COI：KM357766，等 11 条；Cytb：KM357813，等 2 条；CR(control region)/D-loop：KM357688，等 2 条；12S：AF265391；16S：KM357608；Hoxc6a：KC826177；KIAA1239：KC826647；Panx2：KC827876；Ptchd1：KC828648；RAG1：KF141341；RIPK4：KC828989；SH3PX3：KF141587；sreb2：KF140263；Tbr1：KF140437；Zic1：KF140623，等 2 条。

丝尾鳍塘鳢 *P. hanae*，COI：KM357762，等 2 条；Cytb：KM357810，等 2 条；CR(control region)/D-loop：KM357686；16S：KM357615。

尾斑鳍塘鳢 *P. heteroptera*，COI：KM357755，等 9 条；Cytb：KM357803，等 7 条；CR(control region)/D-loop：KM357679，等 5 条；12S：AF265390；16S：KM357609，等 4 条；ND2：AB560928。

细鳞鳍塘鳢 *P. microlepis*，COI：KM357765，等 4 条；Cytb：JX001658，等 6 条；16S：KM357617，等 3 条；ND1：HQ909501；Ficd：KC825450；Hoxc6a：KC826205；KIAA1239：KC826655；Ptchd1：KC828643；RAG1：KF235479；RAG2：HQ909608；Rhod：KF235555，等 2 条；RIPK4：KC828980；RNF213：HQ909679；Zic1：KC830758。

单鳍鳍塘鳢 *P. monoptera*，COI：KF489731，等 11 条；RAG2：HQ536797；Rhod：HQ536893；RNF213：HQ909672。

斑马鳍塘鳢 *P. zebra*，COI：KM357764，等 11 条；Cytb：KM357811，等 3 条；CR(control region)/D-loop：KM357687，等 2 条；12S：AF265389；16S：KM357616；RAG1：EU167897；RAG2：HQ536798；Rhod：JF261538，等 3 条；RNF213：HQ909673。

等鳍辛氏微体鱼 *Schindleria Pietschmanni*，COI：KF415657；12S：KF415464；Zic1：KF416069。

早熟辛氏微体鱼 *S. praematura*，COI：KF415658；12S：KF415465；Zic1：KF416070。

白鲳 *Ephippus orbis*，COI：HQ149837，等 9 条。

印尼燕鱼 *Platax batavianus*，COI：DQ107771，等 5 条。

圆燕鱼 *P. orbicularis*，COI：KF009644，等 8 条；Cytb：FJ167721；12S：AY279562，等 2 条；16S：AY279665，等 2 条；ENC1：EF539227；Ficd：KC825800；Glyt：KF139837；Hoxc6a：KC826181；Myh6：KC827170，等 2 条；Ptchd1：KC828436；RAG1：EF530081；RAG2：AY279871；RIPK4：KC829214；SH3PX3：KF141565；Snx33：KC829927；Svep1：KC830178；sreb2：KF140245；Tbr1：KC830438；Tmo-4C4：AY279768；Zic1：KC831072，等 2 条。

弯鳍燕鱼 *P. pinnatus*，COI：FJ583858，等 2 条。

燕鱼 *P. teira*，COI：KJ129012，等 16 条；Ficd：EF539229；IRBP：KC826182；Hoxc6a：KC825801；KIAA1239：JQ939140；MLL：JQ939814，等 2 条；Myh6：JQ939428；OTX1：JQ939517，等 2 条；Panx2：KC827828；PLAGL2：JQ937568，等 2 条；Ptchd1：KC828420；RAG1：EF530083；RIPK4：JQ939979；RNF213：JQ939664；Sidkey：KC830179；Svep1：KC830179；Tbr1：KC830439；VCPIP：KC830590；Zic1：KC831110，等 2 条。

金钱鱼 *Scatophagus argus*，COI：KP296156，等 32 条；Cytb：KC774713，等 2 条；12S：DQ533291，等 4 条；16S：DQ532954，等 4 条；ENC1：JX188992，等 2 条；Glyt：JX188820；Hoxc6a：KC 826223；Myh6：JX189761，等 2 条；Panx2：KC827906；PLAGL2：JX189443，等 2 条；Ptr：JX190227；RAG1：JX189921，等 3 条；RAG2：EF617144；RIPK4：KC828851；SH3PX3：JX 189515；sreb2：JX190059；Tbr1：JX189297；Zic1：KC831068，等 3 条。

银色篮子鱼 *Siganus argenteus*，COI：KJ202205，等 7 条；Cytb：AB276798，等 17 条。

长鳍篮子鱼 *S. canaliculatus*，COI：FJ384705，等 2 条；Cytb：DQ274055，等 23 条；CR(control region)/D-loop：GU929670，等 4 条；ND1：AF055600；ND5：AF055621，等 3 条；ATP6-ATP8：AB 276985，等 8 条；SSR/microsatellite sequences：AB276985，等 8 条；complete mitochondrion genome：AB276985，等 9 条；Glyt：KF516079；Hoxc6a：KJ872545；S7：EU107277，等 2 条；sreb2：JF502073；HSP70：HQ540313；H3：EU107279；tRNA-Phe：EU107276；ETS-2：EU107278；CYP1A：EU107280；ATP1A：JF320823；delta-6 desaturase mRNA：JF502069；SREBP1：JF502072；LXR：KF039716。

凹吻篮子鱼 *S. corallinus*，COI：EU620486，等 3 条；Cytb：DQ898037，等 17 条；ND5：DQ898105；ATP6-ATP8：AB277036，等 26 条；SSR/microsatellite sequences：AB277036，等 26 条；complete mitochondrion genome：AB277036，等 26 条。

褐篮子鱼 *S. fuscescens*，COI：EF609464，等 31 条；Cytb：AB276822，等 39 条；CR(control region)/D-loop：GU929566，等 36 条；ND5：EF210166，等 3 条；ATP6-ATP8：AB276978，等 3 条；SSR/microsatellite sequences：AB276978，等 8 条；complete mitochondrion genome：AB276978，

等 8 条；Glyt：FJ975609 等 50 条。

星斑篮子鱼 *S. guttatus*，COI：EU620488，等32条；Cytb：AY190547，等22条；CR(control region)/D-loop：AB666222，等 75 条；12S：AB666222，等 75 条；16S：AB666222，等 75 条；ND5：DQ898108；ATP6-ATP8：AB277022，等11条；SSR/microsatellite sequences：AB277022，等9条；complete mitochondrion genome：AB277022，等 9 条；Hoxc6a：KJ420577。

爪哇篮子鱼 *S. javus*，COI：EU752209，等9条；Cytb：AY190555，等7条；ND5：DQ898109；ATP6-ATP8：AB276994，等 2 条；SSR/microsatellite sequences：AB276994，等 2 条；complete mitochondrion genome：AB276994，等 2 条。

眼带篮子鱼 *S. puellus*，COI：EU620478，等 2 条；Cytb：DQ898063，等 19 条；ND5：DQ898112；ATP6-ATP8：AB276996，等19条；SSR/microsatellite sequences：AB276996，等17条；complete mitochondrion genome：AB276996，等 19 条。

黑身篮子鱼 *S. punctatissimus*，Cytb：AY190543，等 6 条；ATP6-ATP8：AB276998，等 2 条；SSR/microsatellite sequences：AB276998，等2条；complete mitochondrion genome：AB276998，等 2 条。

斑篮子鱼 *S. punctatus*，COI：EU620481；Cytb：DQ898068，等 17 条；ND5：DQ898113，等 2 条；ATP6-ATP8：AB277000，等3条；SSR/microsatellite sequences：AB277000，等3条；complete mitochondrion genome：AB277000，等 3 条；RAG1：EF533927。

刺篮子鱼 *S. spinus*，COI：EU620484，等 10 条；Cytb：AY190545，等 17 条；CR(control region)/D-loop：AB713440，等 56 条；12S：AB713440，等 56 条；16S：AB713440，等 49 条；ND5：DQ898117，EF210169；ATP6-ATP8：AB276974，等4条；SSR/microsatellite sequences：AB276974，等4条；complete mitochondrion genome：AB276974，等4条；Ptchd1：EF530104；RAG1：EF 533928；RAG2：EF539252；Rhod：EF536267；SH3PX3：EF536305。

单斑篮子鱼 *S. unimaculatus*，COI：EU620479；Cytb：AB276883，等 10 条；ND5：EF210170；ATP6-ATP8：AB277008，等 7 条；SSR/microsatellite sequences：AB277008，等 6 条；complete mitochondrion genome：AB277008，等 7 条；Hoxc6a：AP006031。

蠕纹篮子鱼 *S. vermiculatus*，COI：EU620494，等4条；Cytb：AY190556，等3条；ND5：DQ898118；ATP6-ATP8：AB277020，等2条；SSR/microsatellite sequences：AB277020，等2条；complete mitochondrion genome：AB277020，等 2 条。

蓝带篮子鱼 *S. virgatus*，COI：EU620482，等 15 条；Cytb：AY190546，等 16 条；ND5：EF210171；ATP6-ATP8：AB277047，等7条；SSR/microsatellite sequences：AB277047，等7条；complete mitochondrion genome：AB277047，等 7 条。

狐篮子鱼 *S. vulpinus*，COI：EU620480，等 7 条；Cytb：AY190548，等 18 条；CR(control region)/D-loop：AY057326，等 2 条；16S：AY057326，等 2 条；ND1：AY057232，等 3 条；ND2：DQ

533121；ND5：AY057279，等4条；ATP6-ATP8：AB277015，等5条；SSR/microsatellite sequences：AB277015，等5条；complete mitochondrion genome：AB277015，等5条；Bmp4：JX191023；Hoxc6a：KM233212；Ptchd1：EF530105，等2条；RAG1：EF533929；RAG2：EF539253，等2条；Rhod：EF536268，等2条；RIPK4：JX191221；RNF213：JX191115；SH3PX3：EF536306，等2条；Sidkey：EU638007；Snx33：EU638090；Svep1：JX190766；sreb2：JX190358；VCPIP：EU638261。

角镰鱼 *Zanclus cornutus*，COI：FJ584250，等27条；Cytb：AY264626，等2条；16S：AY057329，等2条；18S：AF055602；ND1：AF055602，等5条；ND2：DQ533144；ND5：AF055623，等6条；Bmp4：JX191024；EGR3：EF617062；Ficd：DQ111680，等24条；Hoxc6a：AP009162；MLL：KC829211；Myh6：KC829211；PLAGL2：KC825810；Ptchd1：EF53010，等2条；Ptr：EF617145；RAG1：EF533923，等3条；RAG2：EF539247，等2条；Rhod：EF536262，等2条；RIPK4：JX191222；Ryr3：KC829999；S7：KC827990；SH3PX3：EF536300，等3条；Svep1：JX190767；sreb2：JX190359；Tbr1：AY264679；Tmo-4C4：DQ533481；Zic1：EF617227；5.8S：KC830607；delta-4 desaturase mRNA：JX191116；LXR：KC826263；myoglobin (Mb) mRNA：KC828434。

鳃斑刺尾鱼 *Acanthurus bariene*，COI：KC623657，等2条；Cytb：KC623695；Ptchd1：KC623831；RAG1：KC623905；RAG2：KC623733；Rhod：KC623801；SH3PX3：KC623766；Sidkey：KC623866；alpha-amylase mRNA：GQ857499。

布氏刺尾鱼 *A. blochii*，COI：HM034180，等2条；Cytb：AY264632，等2条；ND5：AY264594，等2条；Ptchd1：KC623832；RAG1：KC623906；RAG2：KC623734；Rhod：KC623802；SH3PX3：KC623767；Sidkey：KC623867；Tbr1：AY264685。

额带刺尾鱼 *A. dussumieri*，COI：GU804917，等7条；Cytb：AY264633；ND5：AY264595；Tbr1：AY264686。

肩斑刺尾鱼 *A. gahhm*，COI：HM034137，等8条；Cytb：KC623698；ND1：AF055609；ND5：AF055630；Myh6：KC830176；OTX1：KC829667；Ptchd1：EF530094；RAG1：EF533917，等2条；RAG2：EF539241；Rhod：EF536256；S7：EF536294；Sidkey：KC623870。

斑点刺尾鱼 *A. guttatus*，COI：KC623661；Cytb：KC623699，等52条；Ptchd1：KC623835；RAG2：KC623737；Rhod：KC623805；SH3PX3：KC623770；Sidkey：KC623871；Tmo-4C4：DQ533329。

日本刺尾鱼 *A. japonicus*，Cytb：KM456351，等3条；COI：KC623661，等5条；12S：DQ533147；16S：DQ532832。

纵带刺尾鱼 *A. lineatus*，COI：FJ582672，等18条；Hoxc6a：EU273284；Myh6：KC830173；OTX1：KC829665；Panx2：KC825818，等2条；RAG1：KC623912，等2条；RAG2：KC623739；Rhod：

KC623808，等2条；RIPK4：KC830219；Ryr3：KC829695；SH3PX3：KC623772；Sidkey：KC623874；5.8S：KC830597；LXR：KC825923。

暗色刺尾鱼 *A. mata*，COI：GU804925，等 9 条；Cytb：KC623701；CR(control region)/D-loop：AY057331，等 2 条；16S：AY057331，等 2 条；ND1：AY05723，等 16 条；ND5：AY057284，等 2 条；Ptchd1：KC623839；RAG1：KC623913；RAG2：KC623740；Rhod：KC623809；SH3PX3：KC623773；Sidkey：KC623875。

白面刺尾鱼 *A. nigricans*，COI：EF648265，等 11 条；Cytb：KM456702，等 100 条；CR(control region)/D-loop：AY057333，等 2 条；16S：AY057333，等 2 条；ND1：AY057240；ND1：AY057286，等 3 条；myostatin gene：EF648221，等 11 条；Bmp4：JX191021；Ficd：DQ111095，等 32 条；Glyt：HQ130123，等 10 条；Ptchd1：JX190886，等 2 条；RAG1：JX191342，等 2 条；RAG2：KC623742，等 407 条；Rhod：JX190621，等 2 条；RIPK4：JX191216；SH3PX3：JX190496，等 2 条；Sidkey：KC623877；Svep1：JX190761；sreb2：JX190353；Tbr1：AY264687；delta-4 desaturase mRNA：JX191111。

褐斑刺尾鱼 *A. nigrofuscus*，COI：KJ967819，等 72 条；Cytb：KC187874，等 140 条；12S：AY264597；ENC1：KC623744；Myh6：KC623777；PLAGL2：KC623813；RAG1：KC623843；Rhod：KC623879；Zic1：KC623917；ETS-2：AY264688。

密线刺尾鱼 *A. nubilus*，COI：HM034193；12S：AY264598；ENC1：KC623745；Myh6：KC623778；PLAGL2：KC623814；RAG1：KC623844；Rhod：KC623880；Zic1：KC623918。

橙斑刺尾鱼 *A. olivaceus*，COI：KJ967838，等 15 条；Cytb：KC623707；16S：AY264599。

黑鳃刺尾鱼 *A. pyroferus*，COI：KC62367，等 9 条；Cytb：KC623708；12S：AY057243，等 2 条；16S：AY057290，等 3 条；ENC1：KC623746；Myh6：KC623779；PLAGL2：KC623815；RAG1：KC623845；Rhod：KC623881；Zic1：KC623919。

黄尾刺尾鱼 *A. thompsoni*，COI：KF489464，等 5 条；Cytb：KC623710；12S：AY057245，等 2 条；16S：AY057292，等 2 条；ENC1：KC623748；Myh6：KC623781；PLAGL2：KC623817；RAG1：KC623847；Rhod：KC623883；Zic1：KC623921。

横带刺尾鱼 *A. triostegus*，COI：KJ967839，等 66 条；Cytb：KC623711，等 2 条；12S：AY057247，等 2 条；16S：EF210160，等 3 条；ENC1：EF539242；Ficd：KC825817；Hoxc6a：KC825924；Myh6：EF536295；Panx2：KC827393；PLAGL2：KC828316，等2条；RAG1：EF530095；Rhod：KC623884；Sidkey：KC829666；Snx33：KC829696；Zic1：KC831186，等 2 条。

黄鳍刺尾鱼 *A. xanthopterus*，COI：KKP296176，等 12 条；Cytb：KC623712；12S：AY057249，等 2 条；16S：AY057296，等 3 条；ENC1：KC623749；Myh6：KC623782；PLAGL2：KC623818；RAG1：KC623848；Rhod：KC623885；Zic1：KC623922；tRNA-pro：AY057343，等 2 条；tRNA-Phe：AF055607；ETS-2：AY264693。

双斑栉齿刺尾鱼 *Ctenochaetus binotatus*，COI：KF929796，等 3 条；Cytb：KC623713；12S：AY057251，等 2 条；16S：AY057298，等 3 条；ENC1：KC623750；Myh6：KC623783；RAG1：KC623849；Rhod：KC623886；Zic1：KC623923。

栉齿刺尾鱼 *C. striatus*，COI：KJ968012，等 16 条；Cytb：KC623714；12S：AY141394；16S：EF210161，等 2 条；ENC1：EF539243；Ficd：KC825808；IRBP：DQ168057；MLL：AY363641，等 2 条；Myh6：EF536296；Panx2：KC827547；PLAGL2：EF536258；RAG1：EF530096；Rhod：AY141320；Zic1：EF533919；28S：AY141748，等 5 条。

突角鼻鱼 *Naso annulatus*，COI：JQ350125，等 6 条；ETS-2：AY264696。

粗棘鼻鱼 *N. brachycentron*，12S：AY057256；16S：AY264606，等 2 条；tRNA-pro：AY057350；ETS-2：AY264697。

短吻鼻鱼 *N. brevirostris*，COI：KF714979，等 8 条；Cytb：KC623717；16S：AY264607；ENC1：EF539240；Ficd：KC825819；Glyt：KF139809；KIAA1239：KC826830；Myh6：EF536293；Panx2：KC827385；PLAGL2：EF536255；RAG1：EF530093；Rhod：KC623889；SH3PX3：KF141531；Snx33：KC829895；Svep1：KC830217；Tbr1：KF140394；Zic1：EF533916；ETS-2：AY264698。

马面鼻鱼 *N. fageni*，16S：AY264611；ETS-2：AY264702。

六棘鼻鱼 *N. hexacanthus*，COI：KF489658，等 6 条；12S：AY057304，等 2 条；16S：AY057305，等 2 条；tRNA-pro：AY057352，等 2 条；ETS-2：AY264703。

颊吻鼻鱼 *N. lituratus*，COI：KC970406，等 28 条；12S：DQ533249；16S：DQ532915，等 3 条；ENC1：EF539239；Glyt：JX190354；IRBP：EU638141；MLL：EU638074；Myh：EF536292；PLAGL2：EF536254；Ptr：JX190762；RAG1：EF530092；Rhod：EU637984；SH3PX3：KF141532；Tbr1：JX191217；Zic1：EF533915；28S：DQ533074；H3：DQ533412；tRNA-Phe：AF055603；ETS-2：AY264704。

洛氏鼻鱼 *N. lopezi*，COI：KF009631；16S：AY264614；ETS-2：AY264705。

斑鼻鱼 *N. maculatus*，16S：AY264615；ETS-2：AY264706。

方吻鼻鱼 *N. mcdadei*，16S：AY264616；ETS-2：AY264707。

小鼻鱼 *N. minor*，16S：AY264617；ETS-2：AY264708。

网纹鼻鱼 *N. reticulatus*，16S：AY264618；ETS-2：AY264709。

大眼鼻鱼 *N. tergus*，12S：LC049708。

单板鼻鱼 *N. thynnoides*，16S：AY264619；ETS-2：AY264710。

球吻鼻鱼 *N. tonganus*，16S：AY264620；ETS-2：AY264711。

单角鼻鱼 *N. unicornis*，COI：KF714984，等 11 条；Cytb：KC623719，等 2 条；12S：AY057262，等 2 条；16S：EF210162，等 4 条；ENC1：KC623755；Ficd：KC825816；Myh6：KC827071，KC

623787；PLAGL2：KC828326，等2条；RAG1：KC623854；Rhod：KC623891；RIPK4：KC829070；Sidkey：KC829664；Svep1：KC830218；Zic1：KC831132，等2条。

丝尾鼻鱼 *N. vlamingii*，COI：KF009633，等6条；Cytb：KC623720；16S：AY264623；ENC1：KC623756；Myh6：KC623788；PLAGL2：KC623823；RAG1：KC623855；Rhod：KC623892；Zic1：KC623928。

黄尾副刺尾鱼 *Paracanthurus hepatus*，COI：HM180752，等18条；Cytb：KC623721；CR(control region)/D-loop：AY057357，等2条；12S：DQ533263，等4条；16S：DQ532928，等5条；ENC1：EF539244；Myh6：EF536297；Panx2：KC827791；PLAGL2：EF536259；Ptchd1：KC828458；RAG1：EF530097；Rhod：KC623893；Sidkey：KC829670；Tbr1：KC830425；Zic1：KC831131，EF533920；28S：DQ533087。

三棘多板盾尾鱼 *Prionurus scalprus*，COI：KP280497，等3条；12S：KC441980；16S：KP280485，AY264591；18S：AB375622，等3条；SSR/microsatellite sequences：AB662846，等42条；EGR1：KC442105；EGR3：KC442178；Myh6：KP280507；RAG1：KP280515，KC442211；Zic1：KP280524；28S：KC442051。

黄高鳍刺尾鱼 *Zebrasoma flavescens*，COI：KC623689，等7条；Cytb：FJ376767，等31条；CR (control region)/D-loop：AY057365，等2条；12S：DQ533326，等3条；16S：DQ532985，等3条；SSR/microsatellite sequences：EU794469，等23条；ENC1：KC623761；Ficd：KC825820；Myh6：KC827131，等2条；PLAGL2：KC623827；RAG1：KC623861；Rhod：KC623899；RIPK4：KC829093；Sidkey：KC829668；Snx33：KC830001；Svep1：KC830171；Zic1：KC831133，KC623935；28S：DQ533145；H3：DQ533482；GNAT1：KF675210；GNAT2：KF675226。

小高鳍刺尾鱼 *Z. scopas*，COI：KF930547，等27条；Cytb：KC623728，等2条；CR(control region)/D-loop：JX231910，等81条；12S：AY057273，等3条；16S：AY057320，等4条；ENC1：EF539238，等2条；Ficd：KC825815；Hoxc6a：KC826264；Myh6：KC827132，等3条；Panx2：KC827993；PLAGL2：EF536253；Ptchd1：KC828421；RAG1：AY308776；Rhod：KC623900；RIPK4：KC829186；Snx33：KC830002；Svep1：KC830172；Tbr1：KC830522；VCPIP：KC83059；Zic1：KC831199，等3条。

横带高鳍刺尾鱼 *Z. veliferum*，COI：KC623691，等14条；Cytb：KC623729，等2条；CR(control region)/D-loop：JX231989，等75条；12S：AY057275，等2条；16S：AY057322，等3条；ENC1：KC623762；KIAA1239：KC826712；Myh6：KC827130，KC623797；RAG1：KC623862；Rhod：KC623901；Sidkey：KC829604；Tbr1：KC830523；Zic1：KC831151，等2条；ETS-2：AY264684。

鲭鲈 *Scombrolabrax heterolepis*，COI：KJ768303，等3条；12S：DQ533295；16S：JQ938995，等2条；Ficd：KC825650；IRBP：JQ939146；KIAA1239：JQ939827，等2条；Myh6：JQ939529；

Panx2：KC827912；PLAGL2：JQ937580；RAG1：EU167901；RIPK4：JQ939991，等2条；RNF213：JQ939672；SH3PX3：JQ940144；Sidkey：JQ937714；Tbr1：KC830488；VCPIP：KC830660；28S：DQ533116；EHHADH：JQ938836；GPR61：JQ938686；SLC10A3：JQ938380；GCS1：JQ938139；RH：JQ937986；H3：DQ533453；ZNF503：JQ939287；UBE3A：JQ937859。

尖鳍魣 *Sphyraena acutipinnis*，COI：JF494546，等 5 条。

大魣 *S. barracuda*，COI：KJ968267，等 47 条；Cytb：JQ088700，等 18 条；12S：DQ874707，等 2 条；12S：JQ939036，等 2 条；ND2：EU263825，等 2 条；EGR3：KF139610；Glyt：JX190360；Hoxc6a：KC826238；IRBP：JQ939166；KIAA1239：JQ939866，等 2 条；MLL：JQ939453；Myh6：JQ939563，等 2 条；PLAGL2：JQ937609，等 2 条；Ptr：JX190768；RAG1：JQ938282，等 2 条；RAG2：DQ874784；Rhod：DQ874816；RIPK4：JQ940029，等 2 条；RNF213：JQ939699；SH3PX3：JQ940167，等 2 条；Svep1：KC830180；sreb2：JX191117；Tbr1：KC830496；Tmo-4C4：DQ874844，等 2 条；Zic1：KC831013，等 2 条；EHHADH：JQ938864；GPR61：JQ938704；SLC10A3：JQ938412；GCS1：JQ938176；RH：JQ938009；ZNF503：JQ939323；UBE3A：JQ937893。

黄尾魣 *S. flavicauda*，COI：KF715026；Cytb：EU124671，等 2 条；16S：GQ485296。

大眼魣 *S. forsteri*，COI：KF009668，等 5 条；Cytb：AB264366。

黄带魣 *S. helleri*，Cytb：AB264367。

日本魣 *S. japonica*，Cytb：AB264368，等 2 条；ENC1：KF139611；RAG1：KF141365；SH3PX3：KF141615。

暗鳍魣 *S. qunie*，COI：KP194803，等 4 条。

斑条魣 *S. jello*，COI：KF489766，等 7 条；12S：FJ792628；Glyt：KF139890；Myh6：KF140128；PLAGL2：KF140858；RAG1：KF141366；SH3PX3：KF141616。

钝魣 *S. obtusata*，COI：FJ265847，等 2 条；Cytb：AB264338，等 5 条；cox1：JQ681492。

油魣 *S. pinguis*，COI：HM180888，等 5 条；Cytb：AB264344，等 17 条。

倒牙魣 *S. putnamae*，COI：KF809424，等 19 条；Cytb：HM352756；16S：JQ938993；Hoxc6a：KC826239；IRBP：JQ939144；KIAA1239：JQ939825；MLL：JQ939430；Myh6：JQ939527，等 2 条；Panx2：KC827935；PLAGL2：JQ937579；Ptchd1：KC828779；RAG1：JQ938269；RIPK4：JQ 939989；RNF213：JQ939670；SH3PX3：JQ940143；Sidkey：JQ937712；VCPIP：KC830635；EHHADH：JQ938834；GPR61：JQ938684；SLC10A3：JQ938378；GCS1：JQ938137；RH：JQ937984；ZNF503：JQ939285；UBE3A：JQ937857。

双棘蛇鲭 *Diplospinus multistriatus*，COI：JN387087，等 2 条；16S：JN593382；ND2：EU263852；Tmo-4C4：DQ388080。

蛇鲭 *Gempylus serpens*，COI：KF461182，等 3 条；Cytb：L11537；12S：DQ874703；12S：GU018068，

DQ874735；ND2：EU263844，等 2 条；complete mitochondrion genome：AP012502；Myh6：KC827006；Panx2：KC827620；PLAGL2：KC828139；Ptchd1：KC828694；RAG2：DQ874780；Rhod：DQ874812；RIPK4：KC829064；Sidkey：KC829618；Tbr1：KC830334；Tmo-4C4：EU263879，等 3 条；VCPIP：KC830662；Zic1：KC831101。

异鳞蛇鲭 *Lepidocybium flavobrunneum*，COI：KJ768247，等 24 条；Cytb：L11540，等 6 条；12S：EU003541，等 6 条；16S：EU003547，等 9 条；ND2：EU263838，等 4 条；complete mitochondrion genome：AP012519；ENC1：HM049997；Ptr：HM050176；Rhod：DQ197862；Tbr1：HM050237。

三棘若蛇鲭 *Nealotus tripes*，COI：EU263809，等 3 条；ND2：EU263855，等 3 条；complete mitochondrion genome：AP012521；KIAA1239：KC826577；Ptchd1：KC828609；RIPK4：KC828914；Sidkey：KC829413；Snx33：KC829896；Tmo-4C4：DQ388082；Zic1：KC831086。

东方新蛇鲭 *Neoepinnula orientalis*，COI：JF493975，等 4 条；16S：GU018061，等 3 条；KIAA1239：KC826668；Panx2：KC827589；PLAGL2：KC828138；RIPK4：KC828959；Tbr1：KC830325；VCPIP：KC830666；Zic1：KC831075。

无耙蛇鲭 *Nesiarchus nasutus*，COI：KJ128563，等 4 条；12S：DQ874706；16S：KJ128845，等 2 条；ND2：EU263846，等 2 条；complete mitochondrion genome：AP012503；RAG2：DQ874783；Rhod：DQ874815；Tmo-4C4：DQ388081 。

纺锤蛇鲭 *Promethichthys prometheus*，COI：KF930323，等 12 条；Cytb：DQ197984，等 2 条；ND2：EU263853；complete mitochondrion genome：AP012504；Rhod：DQ197886；Tmo-4C4：EU263888。

短蛇鲭 *Rexea prometheoides*，16S：GU018065，等 3 条。

索氏短蛇鲭 *R. solandri*，COI：EU263802，等 2 条；12S：U88397；16S：GU018069，等 3 条；ND2：EU263848，等 3 条；SSR/microsatellite sequences：KM406110，等 14 条；complete mitochondrion genome：KJ408216；Tmo-4C4：EU263885，等 3 条。

棘鳞蛇鲭 *Ruvettus pretiosus*，COI：JQ365533，等 22 条；Cytb：L11542，等 16 条；12S：DQ533289，等 8 条；16S：DQ532952，等 13 条；ND2：EU263842，等 2 条；complete mitochondrion genome：AP012506；ENC1：JX188993；Glyt：JX188821；IRBP：JQ939151；KIAA1239：JQ939844，等 2 条；Myh6：JQ939545，等 2 条；PLAGL2：JQ937593，等 2 条；Ptchd1：KC828488；Ptr：JX190228；RAG1：JX189922；Rhod：EF427498，等 2 条；RNF213：JQ939681；SH3PX3：JX189516；sreb2：JX190060；Tbr1：JX189298；Tmo-4C4：DQ874843，等 2 条；Zic1：JX189149；28S：DQ533112；GPR61：JQ938697；SLC10：JQ938393；RH：JQ937993；H3：DQ533449；ZNF503：JQ939299；UBE3A：JQ937872。

黑鳍蛇鲭 *Thyrsitoides marleyi*，complete mitochondrion genome：AP012505。

长剃刀带鱼 *Assurger anzac*，COI：JN990845，等 3 条；16S：AY958598；ND2：EU263861；complete mitochondrion genome：AP012508；ENC1：KF139612；Glyt：JX190381；Myh6：JX190521；PLAGL2：JX190644；Ptr：JX190790；RAG1：JX190910；SH3PX3：JX191044；sreb2：JX191132；Tbr1：JX191234；Tmo-4C4：DQ388084；Zic1：JX191364。

叉尾深海带鱼 *Benthodesmus tenuis*，COI：KF929659；complete mitochondrion genome：AP012522。

小带鱼 *Euplerogrammus muticus*，16S：AY212325。

波氏窄颅带鱼 *Evoxymetopon poeyi*，COI：JN990846；complete mitochondrion genome：AP012509。

条状窄颅带鱼 *E. taeniatus*，COI：JN990843；Myh6：KC827003；PLAGL2：KC828127；Ptchd1：KC 828681；Zic1：KC831105。

沙带鱼 *Lepturacanthus savala*，COI：KP260456，等 15 条；cox1：JQ681504。

窄额带鱼 *Tentoriceps cristatus*，COI：JN990844；12S：AB938177。

短带鱼 *Trichiurus brevis*，COI：JN990852，等 5 条；Cytb：DQ364156，等 8 条；16S：JN165222，等 5 条。

带鱼 *T. lepturus*，COI：KF788258，等 28 条；Cytb：KF551253，等 39 条；CR(control region)/D-loop：JQ768267，等 44 条；16S：JQ349010，等 17 条。

珠带鱼 *T. margarites*，COI：KF644314，等 23 条；12S：HE800660，等 5 条；16S：HE800752，等 7 条；28S：GQ160644，等 10 条；H3：KP113646，等 4 条。

沙氏刺鲅 *Acanthocybium solandri*，COI：KF009559，等 28 条；Cytb：L11531，等 62 条；CR(control region)/D-loop：DQ855114，等 2 条；12S：DQ854648；ND2：DQ854691，等 2 条；Hoxc6a：KC825920；KIAA1239：KC826687；Panx2：KC827390；PLAGL2：KC828158；Rhod：DQ197824；RIPK4：KC829233；Sidkey：KC829628；Snx33：KC829692；Tbr1：KC830223；VCPIP：KC830656；Zic1：KC831093。

双鳍舵鲣 *Auxis rochei*，COI：KT074083，等 11 条；Cytb：KM055410；complete mitochondrion genome：KM651784。

扁舵鲣 *A. thazard*，COI：KM055419，等 24 条；CR(control region)/D-loop：KM055389，等 144 条；12S：KM055367；16S：KM055378，等 3 条。

鲔 *Euthynnus affinis*，COI：KM055422，等 2 条；Cytb：KM055412，等 2 条；CR(control region)/D-loop：JN654990，等 161 条；12S：KP793738，等 4 条；16S：KM055381，等 7 条；complete mitochondrion genome：KM651783；Hoxc6a：KC826052；KIAA1239：KC826678；Panx2：KC827601；PLAGL2：KC828095；RIPK4：KC829163；Sidkey：KC830154；Svep1：KC830154；Tbr1：KC830330；VCPIP：KC830653；Zic1：KC831071；RH1：LC016733。

大眼双线鲭 *Grammatorcynus bilineatus*，COI：KF009597；Cytb：DQ497833，等 5 条；12S：AB938157；Tmo-4C4：DQ388089。

裸狐鲣 *Gymnosarda unicolor*，COI：KJ534606，等 26 条；Cytb：DQ497834；CR(control region)/D-loop：FJ936140；SSR/microsatellite sequences：KC405594，等 13 条；complete mitochondrion genome：AP012510；Hoxc6a：KC826079；KIAA1239：KC826677；Panx2：KC827641；PLAGL2：KC828155；RIPK4：KC829165；Sidkey：KC829625；Svep1：KC830157；Tbr1：KC830341；Tmo-4C4：DQ388102；Zic1：KC831103。

鲣 *Katsuwonus pelamis*，CR(control region)/D-loop：AB907547，等 187 条。

福氏羽鳃鲐 *Rastrelliger faughni*，COI：KJ590069，等 11 条；Cytb：DQ497844，等 16 条；CR(control region)/D-loop：KJ734590，等 31 条；16S：KJ590053，等 5 条。

羽鳃鲐 *R. kanagurt*，COI：KJ590074，等 10 条；Cytb：JQ681587，等 151 条；CR(control region)/D-loop：KJ734562，等 28 条；16S：KJ590058，等 8 条。

东方狐鲣 *Sarda orientalis*，COI：KM055424，等 11 条；Cytb：KM055413，等 11 条；CR(control region)/D-loop：KM055394，等 10 条；12S：KM055372；16S：KM055383，等 4 条；Tmo-4C4：FJ939297，等 4 条；ITS：AB212044，等 5 条；cox1：JQ681403；coxII：AY971772。

澳洲鲭 *Scomber australasicus*，COI：FJ238033，等 8 条；Cytb：JF707574，等 16 条；CR(control region)/D-loop：JN827256，等 58 条；ND2：JQ409641，等 4 条；complete mitochondrion genome：AB102725；ITS：AB975364，等 2 条。

日本鲭 *S. japonicus*，COI：JQ354331，等 3 条；Cytb：JX390692，等 19 条；CR(control region)/D-loop：KC912525，等 125 条。

康氏马鲛 *Scomberomorus commersoni*，COI：KM677209，等 2 条；Cytb：KF777803，等 3 条；CR(control region)/D-loop：HQ403500，等 66 条；ATP6-ATP8：KP281779，等 3 条；SSR/microsatellite sequences：KP120682，等 11 条；EGR1：KC442094；EGR3：KC442167；28S：KC442039。

斑点马鲛 *S. guttatus*，KJ134891，等 6 条；Cytb：KF777806，等 16 条。

朝鲜马鲛 *S. koreanus*，Cytb：DQ497884；Tmo-4C4：DQ388095。

蓝点马鲛 *S. niphonius*，Cytb：JN212042，等 5 条；CR(control region)/D-loop：AB844454，等 9 条。

中华马鲛 *S. sinensis*，Cytb：DQ497891，等 3 条。

长鳍金枪鱼 *Thunnus alalunga*，COI：KT074094，等 9 条；Cytb：KR023747，等 59 条；CR(control region)/D-loop：KR023848，等 38 条；18S：KT186636，等 4 条。

黄鳍金枪鱼 *Th. albacares*，COI：KT211291，等 62 条；CR(control region)/D-loop：KP299000，等 43 条。

大眼金枪鱼 *Th. obesus*，COI：KP975905，等 7 条；Cytb：KJ531293，等 6 条；CR(control region)/D-loop：AB536520，等 118 条。

东方金枪鱼 *Th. orientalis*，CR(control region)/D-loop：AB536101，等 171 条。

金枪鱼 *Th. hynnus*，COI：KT074103，等 63 条；CR(control region)/D-loop：AB536289，等 88 条。

青干金枪鱼 *Th. tonggol*，COI：KM055421，等 8 条；Cytb：KM055411，等 9 条；CR(control region)/D-loop：KM055391，等 95 条；12S：KM055369；16S：KM055380。

剑鱼 *Xiphias gladius*，COI：KP975913，等 29 条；16S：KJ128940，等 2 条；ND2：JQ353303，等 175 条；complete mitochondrion genome：AP006036；EGR1：KF311951；EGR3：KF312097；ENC1：KF139613；IRBP：JQ939176；Myh6：JQ939568；PLAGL2：JQ937614；RAG1：KF311985，等 2 条；RIPK4：JQ940036，等 2 条；RNF213：JQ939709；SH3PX3：JQ940177；Sidkey：JQ937753。

平鳍旗鱼 *Istiophorus platypterus*，COI：HM909854，等 40 条；Cytb：L11538，等 4 条；CR(control region)/D-loop：EF415200，等 86 条；16S：JQ939011；ND2：DQ854669，等 2 条；IRBP：JQ939150；KIAA1239：JQ939842，等 2 条；MLL：JQ939436；Myh6：JQ939543；Panx2：KC827675；RAG1：JQ938273；RIPK4：JQ940005；RNF213：JQ939680；Sidkey：JQ937726；Zic1：KC830827；EHHADH：JQ938848；ZNF503：JQ939297。

印度枪鱼 *Makaira indica*，COI：KF489641，等 15 条；Cytb：L11541；CR(control region)/D-loop：KM200624，等 17 条；12S：DQ854630，等 2 条；ND2：DQ854673，等 2 条；SSR/microsatellite sequences：KJ573082，等 18 条；complete mitochondrion genome：KJ510416，等 2 条。

蓝枪鱼 *M. mazara*，Cytb：JF338852，等 4 条；complete mitochondrion genome：AB470304。

小吻四鳍旗鱼 *Tetrapterus angustirostris*，COI：DQ107617，等 22 条；Cytb：L11551，等 6 条；CR(control region)/D-loop：DQ855102，等 2 条；12S：DQ854636，等 5 条；16S：HQ592257，等 5 条；ND2：DQ854679，等 2 条；complete mitochondrion genome：AB470303；ENC1：KF139605；Glyt：KF139904；Myh6：KF140140；PLAGL2：KF140867；RAG1：KF141378；SH3PX3：KF141627；sreb2：KF140280；Tbr1：KF140461；Tmo-4C4：DQ388075；Zic1：KF140652；cox1：HM071007。

尖吻四鳍旗鱼 *T. audax*，COI：KM055423，等 23 条；Cytb：L11552，等 5 条；CR(control region)/D-loop：KM055393；12S：KM055371，等 134 条；16S：KM055382。

日本栉鲳 *Hyperoglyphe japonica*，COI：JF952759，等 2 条；Cytb：AB513919，等 2 条；16S：AB205414；ND2：AB071390；complete mitochondrion genome：AB752307，等 2 条。

刺鲳 *Psenopsis anomala*，COI：KP260466，等 13 条；12S：AY141384；16S：JX088709，等 4 条；ND2：AB063199；complete mitochondrion genome：KP334103，等 2 条；MLL：AY363661，等 2 条；RAG1：EF095677；Rhod：AY141310；RNF213：EU638248；28S：AY141705，等 5 条；cox1：JQ681507。

巴氏方头鲳 *Cubiceps baxteri*，COI：DQ107605，等 5 条；12S：AB938181；16S：AY952483；ENC1：JX188996；Glyt：JX188824；Myh6：JX189765；PLAGL2：JX189447；Ptr：JX190231；RAG1：JX189925；SH3PX3：JX189518；sreb2：JX190062；Tbr1：JX189300；Zic1：

JX189151。

少鳍方头鲳 *C. pauciradiatus*，COI：KJ968014；complete mitochondrion genome：AP006038；Hoxc6a：KC826025；KIAA1239：KC826615；Myh6：KC826919；Panx2：KC827550；PLAGL2：KC828131；Ptchd1：KC828689；Sidkey：KC829619；Snx33：KC829790。

威氏方头鲳 *C. whiteleggii*，COI：JF493300，等 7 条；16S：JX088711；cox1：JQ681460，等 2 条。

水母双鳍鲳 *Nomeus gronovii*，COI：JF493992，等 3 条。

水母玉鲳 *Psenes arafurensis*，COI：KJ020215，等 4 条；Cytb：AB205467；12S：AB938183；16S：AB205423。

琉璃玉鲳 *P. cyanophrys*，COI：KJ020210，等 8 条；Cytb：AB205468；16S：AB205424；complete mitochondrion genome：AP011067；PLAGL2：KC828152；Ptchd1：KC828688；RIPK4：KC829055。

银斑玉鲳 *P. maculatus*，COI：KF930325，等 3 条；Cytb：AB205466；16S：AB205422；ENC1：KF 139615；Glyt：KF139854；Myh6：KF140097；PLAGL2：KF140828；RAG1：KF141333，EU 167742；sreb2：KF140256；Tbr1：KF140430；Zic1：KF140614。

花瓣玉鲳 *P. pellucidus*，COI：KC015846，等 5 条；Cytb：AB205469；16S：AY952484，等 2 条；complete mitochondrion genome：KC878729；KIAA1239：KC826669。

短鳍无齿鲳 *Ariomma brevimanus*，COI：AB205433；Cytb：AB205455；16S：AB205411。

印度无齿鲳 *A. indica*，COI：GU804956，等 17 条；Cytb：AB205454；16S：JX088708，等 2 条；complete mitochondrion genome：AP012513；cox1：JQ681496，等 2 条。

银鲳 *Pampus argenteus*，COI：KJ713180，等 42 条；Cytb：JF790202，等 51 条；12S：KM082982；ATP6-ATP8：JX944218，等 6 条；complete mitochondrion genome：KJ754096，等 3 条。

中国鲳 *P. chinensis*，COI：KP410329，等 22 条；Cytb：FJ455145，等 3 条；CR(control region)/D-loop：FJ652442；12S：JX088712，等 4 条；16S：GU983966，等 4 条；complete mitochondrion genome：KJ569772，KJ418377。

灰鲳 *P. cinereus*，COI：EF607461，等 10 条；CR(control region)/D-loop：GU970085，等 8 条；16S：JX088716，等 7 条；ND1：FJ434349；SSR/microsatellite sequences：GQ372881，等 10 条。

镰鲳 *P. echinogaster*，COI：KJ539180，等 20 条；16S：JX088718，等 5 条；ND2：AB063200；complete mitochondrion genome：KF373560。

镜鲳 *P. minor*，COI：JF790270，等 18 条；16S：JX088723，等 11 条；ND2：FJ434350。

北鲳 *P. punctatissimus*，COI：KJ203956，等 13 条；complete mitochondrion genome：KF534725。

高菱鲷 *Antigonia capros*，COI：KJ768205，等 2 条；Cytb：KF027539；16S：JQ938984 complete mitochondrion genome：AP002943；KIAA1239：JQ939817，等 2 条；Myh6：KF139923，等 3 条；RIPK4：JQ939981，等 2 条；Tbr1：KF140295，等 2 条；VCPIP：KC830535；Zic1：KC831322，

等 2 条。

红菱鲷 *A. rubescens*，COI：JF492838；complete mitochondrion genome：FJ606835；Myh6：KF139924；Tbr1：KF140296；Zic1：KF140478。

大口鳒 *Psettodes erumei*，COI：KF009651；16S：JQ939119，等 3 条；KIAA1239：JQ939936，等 2 条；Myh6：JQ939638，等 4 条；RIPK4：JQ940105，等 3 条；Zic1：JX191347。

大鳞拟棘鲆 *Citharoides macrolepidotus*，COI：JQ681475，等 3 条；Myh6：KF139971。

鳞眼鲆 *Lepidoblepharon ophthalmolepis*，COI：KF930029；12S：AF488514；16S：AF488464，等 5 条；Myh6：JQ939589，等 2 条；Panx2：KC827692；Ptchd1：KC828589；RIPK4：JQ940052；Sidkey：JQ937770。

大菱鲆 *Scophthalmus maxinux*，COI：KF809414，等 51 条；12S：AF517557；16S：KJ128875，等 6 条；SSR/microsatellite sequences：JF923619，等 36 条。

牙鲆 *Paralichthys olivaceus*，COI：JQ738444，等 2 条。

大牙斑鲆 *Pseudorhombus arsius*，COI：KF809414，等 11 条；16S：AY359658，等 4 条。

桂皮斑鲆 *P. cinnamoneus*，COI：KP260465；16S：AY046950，等 2 条；complete mitochondrion genome：JQ639069。

双瞳斑鲆 *P. dupliciocellatus*，16S：AM182422。

高体斑鲆 *P. elevatus*，COI：JF494305，等 11 条。

圆鳞斑鲆 *P. levisquamis*，16S：A M182425。

马来斑鲆 *P. malayanus*，COI：EU541312。

少牙斑鲆 *P. oligodon*，16S：AM182423；EGR1：KF311963；EGR3：KF312107；RAG1：KF311996；RH1：KF312138；MLL4：KF312044。

五眼斑鲆 *P. pentophthalmus*，COI：KF930334，等 4 条；12S：AF488505；16S：JQ939071，等 6 条；Hoxc6a：KC826203；IRBP：JQ939200；KIAA1239：JQ939899，等 2 条；Myh6：JQ939598，等 2 条；Panx2：KC827873；PLAGL2：JQ937624；Ptchd1：KC828586；RAG1：JQ938303；RIPK4：JQ940060；RNF213：JQ939737；SH3PX3：JQ940198；GPR61：JQ938737；SLC10A3：JQ938439；GCS1：JQ938215；RH：JQ938046；ZNF503：JQ939365；UBE3A：JQ937929，等 2 条。

高体大鳞鲆 *Tarphops oligolepis*，12S：AF488507；16S：AF488457。

花鲆 *Tephrinectes sinensis*，16S：AM182424。

赫氏高眼鲽 *Cleisthenes herzensteini*，COI：KF386407，等 10 条；Cytb：KF445213，等 3 条；CR(control region)/D-loop：AY671914，等 4 条；16S：FJ870418，等 2 条；18S：EF126039；ND1：FJ870457；RAG2：FJ870496。

松木高眼鲽 *C. pinetorum*，COI：JF952703；CR(control region)/D-loop：AB859383，等 101 条；tRNA-pro：AB238949。

粒鲽 *Clidoderma asperrimum*，COI：GU440284，等 2 条；Cytb：AB126393；16S：FJ870411，等 2 条；ND1：FJ870450；RAG2：FJ870489。

虫鲽 *Eopsetta grigorjewi*，16S：AY368896。

石鲽 *Kareius bicoloratus*，COI：JQ738476，等 4 条；16S：AB987770，等 3 条；18S：EU637034，等 45 条；5.8S：EU647401，等 5 条。

犬形拟庸鲽 *Hippoglossoides dubius*，COI：EU513641，等 5 条；Cytb：AB326972，等 2 条；CR(control region)/D-loop：AB859317，等 66 条；tRNA-pro：AB238946。

亚洲油鲽 *Microstomus achne*，COI：AB326987；CR(control region)/D-loop：AY671925，等 5 条；16S：AY368898。

星斑川鲽 *Platichthys stellatus*，COI：JQ354273，等 8 条；Cytb：AB987797，等 10 条；16S：AB987773，等 5 条；SSR/microsatellite sequences：EEF157643， 等 69 条；Myh6：JQ939612；PLAGL2：JQ937639；RIPK4：Q940073；EHHADH：JQ938911；GPR61：JQ938751；SLC10A3：JQ938452；ZNF503：JQ939380。

赫氏鲽 *Pleuronectes herzensteini*，COI：KF386361，等 8 条；Cytb：KF445169，等 6 条；CR(control region)/D-loop：AY671932，等 4 条；16S：EU548207，等 2 条。

暗色鲽 *P. obscurus*，COI：KF386358，等 3 条；Cytb：KF445166，等 5 条；Cytc：EU088259，等 5 条。

钝吻鲽 *P. yokohamae*，COI：HM180652，等 6 条；Cytb：KF445161，等 5 条；CR(control region)/D-loop：AB979287，等 78 条；18S：AB375555，等 2 条；SSR/microsatellite sequences：AB914776，等 23 条。

木叶鲽 *Pleuronichthys cornutus*，CR(control region)/D-loop：JX457486，等 107 条。

长鲽 *Tanakius kitaharae*，COI：KP835307；Cytb：AB326988；12S：AB972095。

条斑星鲽 *Verasper moseri*，COI：GU248352，等 2 条；Cytb：AB326991，等 2 条；CR(control region)/D-loop：AB207249；12S：DQ834442；16S：GU248344，等 4 条；ND1：FJ870454；ND5：DQ242495；SSR/microsatellite sequences：FJ529222，等 72 条；complete mitochondrion genome：EF025506；RAG2：FJ870493；Rhod：AB930176。

圆斑星鲽 *V. variegatus*，COI：DQ242490；Cytb：AB522934，等 14 条；CR(control region)/D-loop：AB522914，等 28 条；16S：FJ870416，等 5 条；18S：EF126043；ND1：FJ870455，等 2 条；ND2：AB522947，等 17 条；SSR/microsatellite sequences：FJ190387，等 193 条；complete mitochondrion genome：DQ403797；RAG2：FJ870494，等 2 条；GNRH：HM131600，等 3 条。

多斑羊舌鲆 *Arnoglossus polyspilus*，COI：EF607329，等 3 条；16S：AM181770，等 3 条；complete mitochondrion genome：AP014586。

长鳍羊舌鲆 *A. stapeinosoma*，16S：AM181783。

细羊舌鲆 *A. tenuis*，16S：AM181789，等 3 条；cox1：JQ681441。

斐济角鲆 *Asterorhombus fijiensis*，16S：JQ939054；Myh6：JQ939582；RAG1：JQ938292；Rhod：JQ938033；RIPK4：JQ940049；RNF213：JQ939723；SH3PX3：JQ940190；Sidkey：JQ937768；GPR61：JQ938726；GCS1：JQ938200；ZNF503：JQ939349。

中间角鲆 *Asterorhombusintermedius*，COI：AB908990。

凹吻鲆 *Bothus mancus*，COI：JQ431489，等 3 条。

白唇副鳗鲇 *Paraplotosus albilabris*，COI：KF604672，等 5 条。

繁星鲆 *Bothus myriaster*，16S：AM181782，等 2 条。

豹鲆 *B. pantherinus*，COI：KF929671，等 8 条；16S：AM181781；complete mitochondrion genome：AP014587。

大口长颌鲆 *Chascanopsetta lugubris*，COI：JF493113，等 5 条；16S：JQ939121；EGR1：KF311954；IRBP：JQ939230；KIAA1239：JQ939938；Myh6：JQ939640；PLAGL2：JQ937664；RAG1：KF311988；Rhod：KF312131，等 2 条；RNF213：JQ939772；SH3PX3：JQ940225；Sidkey：JQ937812；GCS1：JQ938259；ZNF503：JQ939408。

前长颌鲆 *C. prognatha*，cox1：JQ681431。

青缨鲆 *Crossorhombus azureus*，16S：AM181786，等 2 条；complete mitochondrion genome：JQ639068。

双带缨鲆 *C. kanekonis*，cox1：JQ681334。

长臂缨鲆 *C. kobensis*，12S：AF488506；16S：AF488456，等 3 条；complete mitochondrion genome：AP014589。

宽额缨鲆 *C. valderostratus*，COI：HQ945827，等 3 条。

伟鳞短额鲆 *Engyprosopon grandisquama*，12S：AB972226；EGR1：KF311955；EGR3：KF312100；MLL：KF312038；RAG1：KF311989；EGR2B：KF312071。

马尔代夫短额鲆 *E. maldivensis*，16S：AM181769。

多鳞短额鲆 *E. multisquama*，16S：AM181767，等 2 条。

多眼双线鲆 *Grammatobothus polyophthalmus*，16S：KF511805，等 2 条；18S：KF511819，等 3 条；28S：KF511844，等 3 条；H3：AF185259；histone III：KF511867。

多齿日本左鲆 *Japonolaeops dentatus*，16S：AM181790，等 2 条；cox1：JQ681381。

大嘴鳄口鲆 *Kamoharaia megastoma*，16S：AM181776，等 2 条。

北原左鲆 *Laeops kitakarae*，12S：AF488511；16S：JQ939057，等 4 条；Ficd：KC825473；IRBP：JQ939190；KIAA1239：JQ939886；MLL：JQ939469；Myh6：JQ939585，等 2 条；Panx2：KC827687；Ptchd1：KC828590；RAG1：JQ938294；Rhod：JQ938035；EHHADH：JQ938887；GCS1：JQ938203；ZNF503：JQ939352。

小眼新左鲆 *Neolaeops microphthalmus*，16S：AM181761。

绿斑拟鲆 *Parabothus chlorospilus*，COI：DQ521032；16S：AM181773，等 2 条。

小鳍拟鲆 *P. kiensis*，12S：LC026785；COI：KP267575。

饭岛氏鳒鲆 *Psettina iijimae*，16S：AM181772。

土佐鳒鲆 *P. tosana*，16S：JQ939058，等 2 条；IRBP：JQ939191；KIAA1239：JQ939887；MLL：JQ939470；Myh6：JQ939586，等 2 条；Ptchd1：KC828591；RAG1：JQ938295；Rhod：JQ938036；RIPK4：JQ940050；RNF213：JQ939725；SH3PX3：JQ940192；GCS1：JQ938204；ZNF503：JQ939353。

大鳒鲆 *P. gigantean*，12S：LC026781。

海南鳒鲆 *P. hainanensis*，COI：KP266862。

南非瓦鲽 *Poecilopsetta natalensis*，COI：HQ945815，等 4 条。

双斑瓦鲽 *P. plinthus*，16S：AB974641，等 2 条；16S：JQ939090，等 3 条；EGR1：KF311969；EGR3：KF312113；IRBP：JQ939214；KIAA1239：JQ939915，等 2 条；MLL：KF312050，等 2 条；Myh6：JQ939617；Panx2：KC827842；PLAGL2：JQ937643；Ptchd1：KC828583；RAG1：KF312002，JQ938312；Rhod：KF312144，等 2 条；RIPK4：JQ940078；RNF213：JQ939751；Sidkey：JQ937792；Zic1：KC830826；EHHADH：JQ938916；GCS1：JQ938235；ZNF503：JQ939385；EGR2B：KF312082。

长体瓦鲽 *P. praelonga*，COI：KP267665。

舌形斜颌鲽 *Plagiopsetta glossa*，COI：KF930263；12S：AF488516；16S：JQ939091，等 3 条；Ficd：KC825432；KIAA1239：JQ939916；Myh6：KC827194；PLAGL2：JQ937644；RAG1：JQ938313；Rhod：JQ938056；RIPK4：JQ940079；RNF213：JQ939752；GCS1：JQ938236。

冠鲽 *Samaris cristatus*，16S：AM182044；complete mitochondrion genome：JQ700101；EGR1：KF311970；EGR3：KF312114；MLL：KF312052；RAG1：KF312003；Rhod：KF312145。

日本沙鲽 *Samariscus japonicus*，16S：JQ939092；IRBP：JQ939215；KIAA1239：JQ939917；Panx2：KC827894；PLAGL2：JQ937645；Ptchd1：KC828582；RAG1：JQ938314；Rhod：JQ938057；RIPK4：JQ940080；RNF213：JQ939753；GCS1：JQ938237。

满月沙鲽 *S. latus*，16S：AM182040，等 4 条；complete mitochondrion genome：KF494223；EGR1：KF311971；EGR3：KF312115；Glyt：JX190364；PLAGL2：JX190627；RAG1：KF312004，等 2 条；Rhod：KF312146；EGR2B：KF312083。

长臂沙鲽 *S. longimanus*，COI：KP267651。

三斑沙鲽 *S. triocellatus*，COI：JQ432091，等 2 条。

高知沙鲽 *S. xenicus*，12S：AF488517；16S：JQ939093，等 2 条；IRBP：JQ939216；KIAA1239：JQ939918；Myh6：JQ939618，等 2 条；PLAGL2：JQ937646；Ptchd1：KC828587；RAG1：JQ

938315；Rhod：JQ938058；RIPK4：JQ940081；RNF213：JQ939754；GPR61：JQ938756；GCS1：JQ938238。

角鳎 *Aesopia cornuta*，12S：AB972090；16S：AM182419，等 3 条；complete mitochondrion genome：KF000065。

日本栉鳞鳎 *Aseraggodes kaianus*，16S：AM182415，等 2 条。

褐斑栉鳞鳎 *A. kobensis*，12S：AB972094，等 2 条；16S：JQ939096，等 6 条；complete mitochondrion genome：KJ601760；ENC1：KF139633；Glyt：KF139677；IRBP：JQ939219；KIAA1239：JQ939920，KC826432；Myh6：KF139930，等 2 条；PLAGL2：KF140679；Ptchd1：KC828584；RAG1：KF141177；Rhod：JQ938060；RIPK4：JQ940084；RNF213：JQ939755；SH3PX3：KF141408；Sidkey：JQ937796；sreb2：KF140162；Zic1：KC830974。

云斑宽箬鳎 *Brachirus annularis*，16S：JQ939122；IRBP：JQ939231；KIAA1239：JQ939939；Myh6：JQ939641；PLAGL2：JQ937665；Rhod：JQ938079；RIPK4：JQ940107；RNF213：JQ939773；SH3PX3：JQ940226；Sidkey：JQ937813；EHHADH：JQ938939；GCS1：JQ938260；ZNF503：JQ939409。

东方宽箬鳎 *B. orientalis*，COI：EF607337；complete mitochondrion genome：KJ513134。

日本钩嘴鳎 *Heteromycteris japonicus*，COI：JX501454，等 4 条；12S：AB972093，等 2 条；16S：JQ939097，等 2 条；complete mitochondrion genome：JQ639060；ENC1：KF139634；Ficd：KC825460；Glyt：JX190365；IRBP：JQ939220；KIAA1239：JQ939921，等 2 条；Myh6：JQ939621，等 2 条；Panx2：KC827653；PLAGL2：JX190628；Ptchd1：KC828588；Ptr：JX190772；RAG1：JQ938316，等 2 条；Rhod：JQ938061；RIPK4：JQ940085；RNF213：JQ939756；SH3PX3：JX191029；Sidkey：JQ937797；sreb2：JX191119；Zic1：KC830815，等 2 条；EHHADH：JQ938921；GCS1：JQ938243；ZNF503：JQ939387。

黑斑圆鳞鳎 *Liachirus melanospilus*，16S：AM182410，等 2 条；complete mitochondrion genome：KF573188。

眼斑豹鳎 *Pardachirus pavoninus*，COI：KF809410，等 3 条；12S：AB972225；complete mitochondrion genome：KJ461620。

日本拟鳎 *Pseudaesopia japonica*，COI：JX501462，等 3 条；12S：AB972092，等 2 条；16S：JQ939099，等 4 条；complete mitochondrion genome：KJ433482；KIAA1239：JQ939923；Myh6：JQ939623；Panx2：KC827868；PLAGL2：JQ937650，等 2 条；RAG1：JQ938318；Rhod：JQ938063；RIPK4：JQ940087；RNF213：JQ939758；SH3PX3：JQ940210；Sidkey：JQ937799；Zic1：KC830814。

卵鳎 *Solea ovata*，COI：EU595296，等 11 条；complete mitochondrion genome：KJ496338，等 2 条。

异吻长鼻鳎 *Soleichthys heterorhinos*，COI：KF930447；16S：JQ939101；IRBP：JQ939222；KIAA1239：JQ939925；Myh6：JQ939624，等 2 条；Panx2：KC827930；PLAGL2：JQ937651；RAG1：JQ938319；

Rhod：JQ938064；RIPK4：JQ940089；RNF213：JQ939759；SH3PX3：JQ940211；Sidkey：JQ937801；Svep1：KC830107；EHHADH：JQ938924；GPR61：JQ938762；GCS1：JQ938246；ZNF503：JQ939389。

暗斑箬鳎 *Synaptura marginata*，COI：HQ945820。

缨鳞条鳎 *Zebrias crossolepis*，COI：JX501465，等 3 条；16S：AM182052。

峨眉条鳎 *Z. quagga*，COI：JX501451，等 14 条；16S：AM182408；complete mitochondrion genome：JQ348999。

条鳎 *Z. szebra*，COI：JQ738566，等 3 条；CR(control region)/D-loop：GQ303579；12S：AB974674，等 2 条；16S：AM182409，等 2 条；18S：EF126044；ND1：FJ606831；ND2：FJ606831；complete mitochondrion genome：JQ700100；ND6：FJ824697；COII：FJ824681。

短吻三线舌鳎 *Cynoglossus abbreviatus*，COI：DQ116750；Cytb：GQ267814；12S：AB972089；16S：HQ003900，等 3 条；complete mitochondrion genome：GQ380410。

印度舌鳎 *C. arel*，16S：KT323971；COI：KT323970。

双线舌鳎 *C. bilineatus*，COI：FJ384697，等 4 条；complete mitochondrion genome：JQ349000。

断线舌鳎 *C. interruptus*，COI：JF952713，等 2 条；12S：AB972086；16S：JQ939061；18S：AB375572；IRBP：JQ939194；KIAA1239：JQ939891，等 2 条；Myh6：JQ939590；Ptchd1：KC828585；RAG1：JQ938298；RIPK4：JQ940053；RNF213：JQ939728；Sidkey：JQ937771；5.8S：AB375572；EHHADH：JQ938890；GCS1：JQ938207。

单孔舌鳎 *C. itinus*，COI：EU595086，等 3 条；12S：AB972087；complete mitochondrion genome：JQ639062。

窄体舌鳎 C. gracilis，complete genome：NC028540，等 2 条。

焦氏舌鳎 *C. joyneri*，COI：KF979127，等 7 条；16S：HQ003902，等 11 条。

格氏舌鳎 *C. kopsii*，cox1：JQ681372，等 2 条。

南洋舌鳎 *C. lida*，COI：JF493320，等 2 条。

长吻舌鳎 *C. lighti*，COI：HQ711865，等 2 条；16S：DQ112683。

线纹舌鳎 *C. lineolatus*，complete mitochondrion genome：JQ349004。

黑鳍舌鳎 *C. nigropinnatus*，12S：AB972224。

寡鳞舌鳎 *C. oligolepis*，COI：KJ713182，等 2 条；16S：AM182039，等 2 条；cox1：JQ681522，等 2 条。

斑头舌鳎 *C. puncticeps*，COI：EF607351，等 4 条；complete mitochondrion genome：JQ349003。

紫斑舌鳎 *C. purpureomaculatus*，COI：JQ738569，等 4 条；complete mitochondrion genome：DQ112680。

宽体舌鳎 *C. robustus*，COI：HM180552，等 2 条；12S：AB974673；16S：HQ003911，等 4 条。

黑鳃舌鳎 *C. roulei*，COI：JQ937270；Cytb：JQ937271。

半滑舌鳎 *C. semilaevis*，SSR/microsatellite sequences：KF994907，等 13 条。

中华舌鳎 *C. sinicus*，COI：DQ116753；Cytb：GQ267815；16S：DQ112684；ND1：FJ606832；complete mitochondrion genome：JQ348998。

三线舌鳎 *C. trigrammus*，complete mitochondrion genome：KP057581。

长钩须鳎 *Paraplagusia bilineata*，complete mitochondrion genome：JQ349001。

短钩须鳎 *P. blochi*，16S：AM181779，等 2 条；complete mitochondrion genome：JQ349002；ND6：FJ824691；COII：FJ824687。

日本须鳎 *P. japonica*，COI：EF607480，等 2 条；Cytb：GQ267813；12S：AB972088，等 2 条；16S：DQ112685；ND1：FJ606833；ND2：FJ606833；complete mitochondrion genome：KF311961；EGR1：JQ639066；EGR3：KF312106；RAG1：KF311994；Rhod：KF312136。

洪都无线鳎 *Symphurus hondoensis*，COI：JN678767，等 4 条；16S：JN678732，等 4 条。

九带无线鳎 *S. novemfasciatus*，complete mitochondrion genome：KP992899。

东方无线鳎 *S. orientalis*，COI：JN678777，等 2 条；16S：JN678742，等 22 条；ND1：FJ606834；ND2：FJ606834；complete mitochondrion genome：KP992899；EGR1：KF311962；MLL：KF312042；RAG1：KF311995；Rhod：KF312137。

细纹无线鳎 *S. strictus*，COI：JN678800，等 3 条；16S：JN678764，等 4 条。

阿氏管吻鲀 *Halimochirurgus alcocki*，ENC1：KF139654；Glyt：KF139763；Myh6：KF140010；PLAGL2：KF140755；RAG1：KF14125；SH3PX3：KF141484；Tbr1：KF140362；Zic1：KF140547。

尤氏拟管吻鲀 *Macrorhamphosodes uradoi*，complete mitochondrion genome：AP009171。

倒刺副三刺鲀 *Paratriacanthodes retrospinis*，COI：KF489697。

拟三刺鲀 *Triacanthodes anomalus*，12S：DQ533314，等 2 条；16S：DQ533133，等 3 条；complete mitochondrion genome：AP009172；EGR1：KC442112；EGR3：KC442185；ENC1：JX189008，EF539259；Glyt：JX188836；KIAA1239：KC826431；MLL：EU638095；Myh6：JX189777；PLAGL2：JX189458，JX190641；Ptr：JX190242，等 2 条；RAG1：JX189937，等 3 条；Rhod：KC442243；RNF213：EU638272；SH3PX3：JX189529，等 2 条；sreb2：JX190072，等 2 条；Tbr1：JX189310，等 2 条；Zic1：JX189162，等 3 条；28S：KC442059，等 2 条。

六带拟三刺鲀 *Halimochirurgus ethiops*，COI：JQ861002；Cytb：KF027576，等 3 条；EGR1：KF027616，等 2 条；EGR3：KF028365；ENC1：KF027654；Glyt：KF027697；IRBP：KF027739；KIAA1239：KF027781；MLL：KF027818，JQ861195；Myh6：KF027860，等 2 条；PLAGL2：KF027896；Ptr：KF027938；RAG1：KF02796，等 2 条；Rhod：KF028008，等 2 条；Ryr3：KF028048；SH3PX3：KF028090；Sidkey：KF028132；sreb2：KF028170；Tbr1：KF028207；Zic1：KF028286，等 2 条。

尖尾倒刺鲀 *Tydemania navigatoris*，Cytb：KF027577；EGR1：KF027617；EGR3：KF028366；ENC1：KF027655；Glyt：KF027698；IRBP：KF027740；KIAA1239：KF027782；MLL：KF027819；

Myh6：KF027861；PLAGL2：KF027897；Ptr：KF027939；RAG1：KF02796；Rhod：KF028009；Ryr3：KF02804；SH3PX3：KF028091；Sidkey：KF028133；sreb2：KF028171；Tbr1：KF028208；Zic1：KF028287。

长吻假三刺鲀 *Pseudotriacanthus strigilifer*，Cytb：KF027572；16S：EF101313；EGR1：KF027612；EGR3：KF028361；ENC1：KF02765；Glyt：KF027693；IRBP：KF027735；KIAA1239：KF02777；MLL：KF027814；Myh6：KF027856；PLAGL2：KF027892；Ptr：KF027934；Rhod：KF028004；Ryr3：KF028044；SH3PX3：KF028086；Sidkey：KF028128；sreb2：KF028166；Tbr1：KF028203；Zic1：KF028283；ZNF503：KF028319；cox1：KF027532；UBE3A：KF028245。

双棘三刺鲀 *Triacanthus biaculeatus*，COI：JF952881；complete mitochondrion genome：AP009174；ENC1：KF139653；Glyt：JX19037；Myh6：JX190517；PLAGL2：JX190640；Ptr：JX190785；RAG1：JX190906；SH3PX3：JX191041；sreb2：JX191127；Tbr1：JX191232；Zic1：JX191359。

牛氏三刺鲀 *T. nieuhofii*，Cytb：KF027573；EGR1：KF027613；EGR3：KF028362；ENC1：KF027652；Glyt：KF027694；IRBP：KF027736；KIAA1239：KF027778；MLL：KF027815；Myh6：KF02785；PLAGL2：KF027893；Ptr：KF027935；RAG1：KF027965；Rhod：KF02800；Ryr3：KF028045；SH3PX3：KF028087；Sidkey：KF028133；sreb2：KF028167；Tbr1：KF028204；Zic1：KF028284。

宽尾鳞鲀 *Abalistes stellatus*，COI：KJ128992，等 9 条；12S：AY700248；16S：AY679632；ENC1：KF009557；Ficd：KC825601；Glyt：JX190373；Hoxc6a：KC825915；KIAA1239：KC 826274；Myh6：KF025803，等 2 条；PLAGL2：JX190636；Ptchd1：KC828768；Ptr：JX190780；RAG1：JX190901，等 2 条；SH3PX3：JX191037；Sidkey：KC829339；sreb2：JX191123；Tbr1：KC830220，JX191228；Tmo-4C4：EU108823；VCPIP：KC830725；Zic1：KC830943，等 2 条。

波纹钩鳞鲀 *Balistapus undulatus*，COI：KF929639，等 9 条；Cytb：KF025734，等 3 条；12S：EU108802；16S：EU108813；complete mitochondrion genome：AP009203；EGR1：KF 027583，等 2 条；EGR3：KF028331；ENC1：KF139637，等 2 条；Ficd：KC825604；Glyt：KF 139684，等 2 条；IRBP：KF027704，等 2 条；KIAA1239：KF027747；MLL：KF027787，JQ 861196；Myh6：KF139939，等 4 条；Panx2：KC827452；PLAGL2：KF140686，等 2 条；Ptr：KF027904；RAG1：EU108869；Rhod：KF027974，等 3 条；Ryr3：KF028016；SH3PX3：KF141416，等 2 条；Sidkey：KF028098；Snx33：KC829731；sreb2：KF028140；Tbr1：KF028178；Tmo-4C4：EU108826；Zic1：KF140492，等 4 条。

姬鳞鲀 *Balistes vetula*，COI：KF461139，等 9 条；Cytb：KF025736，等 2 条；12S：AY700240；16S：AY679624；complete mitochondrion genome：AP009204；EGR1：KF027584；ENC1：

KF139638，KF027624；Ficd：KC825607；Glyt：KF139686，等 2 条；IRBP：KF027705；KIAA1239：KF027748；MLL：KF027788；Myh6：KF139941，等 3 条；Panx2：KC827454；PLAGL2：KF140688，等 2 条；Ptr：KF027905；RAG1：KF141185，等 2 条；Rhod：KF02591，等 2 条；Ryr3：KF028017；SH3PX3：KF141418；Sidkey：KF02809，等 2 条；sreb2：KF140169，等 2 条；Tbr1：KF028179；Tmo-4C4：EU108828；Zic1：KF140494，等 3 条；ZNF503：KF028294；cox1：KF027503；UBE3A：KF028216。

圆斑拟鳞鲀 *Balistoides conspicillum*，COI：KF929644，等 7 条；Cytb：KF025737；12S：AY700241；16S：AY679625；complete mitochondrion genome：AP009205；Ficd：KC825603；Hoxc6a：KC825955；Myh6：KF025807，等 2 条；Panx2：KC827455；RAG1：AY700311；Rhod：KF025911，等 2 条；Snx33：KC829732；Tmo-4C4：EU108825；Zic1：KC830937。

绿拟鳞鲀 *B. viridescens*，COI：KF009567，等 7 条；Cytb：KF025740；12S：AY700250；16S：AY679634；Myh6：KF025809；RAG1：AY700320；Rhod：KF025913。

疣鳞鲀 *Canthidermis maculata*，COI：KF461143，等 3 条；Cytb：KF025741；12S：DQ533165，AY700242；16S：DQ533165，等 3 条；complete mitochondrion genome：AP009206；Ficd：KC825600；Hoxc6a：KC825979；Myh6：KF025810，等 2 条；RAG1：AY700312；Rhod：EU108851；Sidkey：KC829341；Snx33：KC829743；Tmo-4C4：EU108829；28S：DQ533000；H3：DQ533342。

角鳞鲀 *Melichthys niger*，COI：KF025678，等 10 条；Cytb：KF025743；CR(control region)/D-loop：KF021479，等 4 条；12S：AY700243，等 2 条；16S：AY679627，等 2 条；ATP6-ATP8：KF021398，等 5 条；Ficd：KC825612；Hoxc6a：KC826132；Myh6：KC827288；Ptchd1：KC828764；RAG1：AY700313；Rhod：EU108852；Snx33：KC829881；Tbr1：KC830399；Zic1：KC830881；28S：AF153310，等 4 条。

黑边角鳞鲀 *M. vidua*，COI：KF025679，等 4 条；Cytb：KF025744；12S：EU108803；16S：EU108814；complete mitochondrion genome：AP009207；Myh6：KF025812；RAG1：EU108870；Rhod：EU108853；Tmo-4C4：EU108830。

红牙鳞鲀 *Odonus niger*，COI：KJ129035，等 18 条；CR(control region)/D-loop：KC59044，等 36 条；12S：EU108804；16S：EU108815；complete mitochondrion genome：AP009208；Myh6：KF025813；RAG1：EU108871；Rhod：EU108854；Tmo-4C4：EU108831。

黄边副鳞鲀 *Pseudobalistes flavimarginatus*，COI：FJ583961；12S：EU108805；16S：EU108816；complete mitochondrion genome：AP009209；ENC1：KF139640；Glyt：KF139856；Myh6：KF140099，KF025814；PLAGL2：KF140830；RAG1：KF141335，等 2 条；Rhod：EU108855；SH3PX3：KF141582；Tmo-4C4：EU108832；Zic1：KF140616。

黑副鳞鲀 *P. fuscus*，COI：KF930328，等 6 条；Cytb：KF025745；12S：AY700244；16S：AY679628；Myh6：KF025815；RAG1：AY700314；Rhod：EU108856；Snx33：KC829943；Tmo-4C4：

EU108833；Zic1：KC830942。

叉斑锉鳞鲀 *Rhinecanthus aculeatus*，COI：KF930356，等 13 条；Cytb：KF025747，等 2 条；12S：AB974675，等 2 条；16S：AY679631；complete mitochondrion genome：AP009210；EGR1：KF027585；EGR3：KF028333；ENC1：EF539261；Ficd：KC825611；Glyt：KF027664；IRBP：KF027706；KIAA1239：KF027749；MLL：KF027789；Myh6：KF025817，等 3 条；Panx2：KC827885；PLAGL2：EF536275；Ptr：KF027906；RAG1：AY308790；Rhod：KF027976，等 2 条；Ryr3：KF028018；SH3PX3：KF028058；Sidkey：KF028100；sreb2：KF028142；Tbr1：KF028180；Tmo-4C4：EU108834；Zic1：KC830938，等 2 条。

黑带锉鳞鲀 *Rh. rectangulus*，COI：KF025686，等 7 条；Cytb：KF025750；12S：EU108807；16S：EU108818；Myh6：KF025820；RAG1：KF025873，等 2 条；Rhod：EU108860；Tmo-4C4：EU108837。

毒锉鳞鲀 *Rh. verrucosus*，COI：KJ202197，等 8 条；Cytb：KF025751；12S：EU108808；16S：EU108819；ENC1：KF139641；Glyt：KF139869；Myh6：KF140112，等 2 条；PLAGL2：KF140842；RAG1：KF141348，等 2 条；Rhod：EU108861；SH3PX3：KF141594；Tbr1：KF140442；Tmo-4C4：EU108838；Zic1：KF140630。

颈带多棘鳞鲀 *Sufflamen bursa*，COI：KJ968292，等 10 条；Cytb：KF025752；12S：AY700249；16S：AY679633；Myh6：KF025822；RAG1：AY700319；Rhod：EU108863；Tmo-4C4：EU108840。

黄鳍多棘鳞鲀 *S. chrysopterum*，COI：KF930477，等 10 条；Cytb：KF025753；12S：AY700251；16S：AY679635；ENC1：KF139642；Ficd：KC825606；Glyt：KF139894；Myh6：KF140132，等 2 条；Panx2：KC827946；PLAGL2：KF140863；RAG1：KF141371，AY700321；Rhod：EU108864；SH3PX3：KF141621；Sidkey：KC829343；Snx33：KC829979；Tmo-4C4：EU108841；Zic1：KF140648。

缰纹多棘鳞鲀 *S. fraenatum*，COI：JQ432176，等 7 条；Cytb：KF02575；12S：AB972084；complete mitochondrion genome：AP004456；Ficd：KC825602；KIAA1239：KC826275；Myh6：KF025824，KC827283；Ptchd1：KC828767；RAG1：KF025874；Rhod：KF025916；Sidkey：KC829342；Snx33：KC829980；Tbr1：KC830505；Zic1：KC830946。

金边黄鳞鲀 *Xanthichthys auromarginatus*，COI：KF489809，等 11 条；12S：AY700246；16S：AY679630；complete mitochondrion genome：AP009211；Ficd：KC825598；Hoxc6a：KC826261；KIAA1239：KC826272；Myh6：KF025826，等 2 条；Panx2：KC827985；RAG1：AY700316；Rhod：EU108865；Sidkey：KC829338；Snx33：KC829996；Tbr1：EU108842；Zic1：KC830940。

黑带黄鳞鲀 *X. caeruleolineatus*，12S：LC037092。

线斑黄鳞鲀 *X. lineopunctatus*，COI：KF025690，等 6 条；Cytb：KF025756；Myh6：KF025827；RAG1：KF025876；Rhod：KF025918。

白线鬃尾鲀 *Acreichthys tomentosus*，COI：KF025695；Cytb：KF025761；complete mitochondrion genome：AP009213；ENC1：KF139646；Glyt：KF139659；Myh6：KF139916，等 2 条；PLAGL2：KF140663；RAG1：KF141163，等 2 条；Rhod：KF025919；SH3PX3：KF141390。

单角革鲀 *Aluterus monoceros*，COI：KF489471，等 6 条；Cytb：KF025763，等 2 条；12S：AB974676；16S：JX974405，等 3 条；complete mitochondrion genome：KP637022；Myh6：KF025832；RAG1：KF025881；Rhod：KF025921，等 2 条。

拟态革鲀 *A. scriptus*，COI：KF489473，等 7 条；Cytb：KF025765，等 5 条；CR(control region)/D-loop：KF021433，等 4 条；ATP6-ATP8：KF021402，等 4 条；complete mitochondrion genome：AP009183；EGR1：KF027591；EGR3：KF028339；ENC1：KF027629；Glyt：KF027670；IRBP：KF 027712；KIAA1239：KC826270，等 2 条；Myh6：KF025834，等 3 条；PLAGL2：KF027873；Ptr：KF027911；Rhod：KF025923，等 4 条；Ryr3：KF028021；SH3PX3：KF028064；Snx33：KC829699；Tbr1：KF028185；Zic1：KC830836；ZNF503：KF028299；cox1：KF027510；UBE3A：KF028222。

美尾棘鲀 *Amanses scopas*，COI：KF929584，等 5 条；Cytb：KF025766，等 2 条；12S：AY700271；16S：AY679655；complete mitochondrion genome：AP009214；EGR1：KF027592；EGR3：KF028340；ENC1：KF027630；Glyt：KF027671；Hoxc6a：KC825928；IRBP：KF027713；KIAA1239：KF027756；MLL：KF027794；Myh6：KF025835，等 3 条；Panx2：KC827400；PLAGL2：KF027874；Ptr：KF027912；RAG1：AY308793；Ryr3：KF028022；Sidkey：KF028106；SH3PX3：KF028065；Snx33：KC829700。

拟须鲀 *Anacanthus barbatus*，COI：FJ541074；16S：FJ211360。

棘尾前孔鲀 *Cantherhines dumerilii*，COI：KF929677，等 8 条；Cytb：KF025768，等 2 条；12S：AY700262；16S：AY679646；ATP6-ATP8：DQ111182，等 13 条。

细斑前孔鲀 *C. pardalis*，COI：KF025702，等 11 条；Cytb：KF025769，等 2 条；complete mitochondrion genome：AP009184；EGR1：KF027593；EGR3：KF028341；ENC1：KF027631；Glyt：KF027672；Hoxc6a：KC825978；IRBP：KF027714；KIAA1239：KC826269；MLL：KF027795；Myh6：KF025837，等 3 条；PLAGL2：KF027875；Ptchd1：KC828747；Ptr：KF027913；RAG1：KF025883，等 2 条；Rhod：KF025925，等 2 条；Ryr3：KF028023；Sidkey：KC829337，等 2 条；SH3PX3：KF028066；Snx33：KC829742；Svep1：KC830057；sreb2：KF028148；Zic1：KF028262。

纵带前孔鲀 *C. fronticinctus*，12S：LC026765，等 2 条。

单棘棘皮鲀 *Chaetodermis penicilligerus*，COI：KF025704；Cytb：KF025772；12S：AB972083；complete mitochondrion genome：AP009216；Myh6：KF025840；RAG1：KF025885；Rhod：KF025927。

中华单角鲀 *Monacanthus chinensis*，COI：KF930137，等6条；Cytb：KF025778，等3条；complete genome mitochondrion：AP009219；EGR1：KF027594；EGR3：KF028342；ENC1：KF027632；Glyt：KF027673；IRBP：KF027715；KIAA1239：KF027758；Myh6：KF025845，等2条；PLAGL2：KF027876；Ptr：KF027914；RAG1：KF025888，等 2 条；Rhod：KF025929，等 2 条；Ryr3：KF028024；SH3PX3：KF028067；Sidkey：KF028108；Tbr1：KF028186；Zic1：KF028263；ZNF503：KF028301；cox1：KF027513；UBE3A：KF028225。

尖吻鲀 *Oxymonacanthus longirostris*，COI：KF025713，等 11 条；Cytb：KF025782，等 2 条；12S：AY700269；16S：AY679653；complete genome mitochondrion：AP009221；EGR3：KF028343；ENC1：KF027633；Ficd：KC825596；Glyt：KF027674；IRBP：KF027716；KIAA1239：KC826268；Myh6：KF025849，等2条；PLAGL2：KF027877；Ptchd1：KC828760；Ptr：KF027915；RAG1：KF027951，等2条；Rhod：KF025931，等2条；Ryr3：KF028025；SH3PX3：KF028068；Sidkey：KF028109；Snx33：KC829910；VCPIP：KC830567；Zic1：KF028264。

锯尾副革鲀 *Paraluteres prionurus*，COI：KF025714，等 2 条；Cytb：KF025783，等 2 条；12S：AY700266；16S：AY679650；complete genome mitochondrion：AP009222；EGR3：KF028344；ENC1：KF139358，等 2 条；Glyt：KF139823，等 2 条；IRBP：KF027717；KIAA1239：KF027760；MLL：KF027796；Myh6：KF025850，等 3 条；PLAGL2：KF027878；Ptchd1：KC828759；Ptr：KF027916；RAG1：KF141301，等 2 条；Rhod：KF025932，等 3 条；Ryr3：KF028026；SH3PX3：KF141550，等 2 条；Sidkey：KC829344，等 2 条；Tbr1：KF140405，等 2 条；Zic1：KF028265；ZNF503：KF028303；cox1：KF027515；UBE3A：KF028227。

日本副单角鲀 *Paramonacanthus japonicus*，12S：LC026770。

长方副单角鲀 *P. oblongus*，COI：KF025717；Cytb：KF025785；Myh6：KF025853。

布希勒副单角鲀 *P. pusillus*，COI：KF025718；Cytb：KF025786；Myh6：KF025854；RAG1：KF025892。

绒纹副单角鲀 *P. sulcatus*，COI：EF607467，等 9 条。

粗尾前角鲀 *Pervagor aspricaudus*，COI：JQ431991，等 12 条。

红尾前角鲀 *P. janthinosoma*，COI：KF025719，等 2 条；Cytb：KF025787；complete genome mitochondrion：AP009224；ENC1：KF139648；Glyt：KF139831；Myh6：KF140073，等 2 条；PLAGL2：KF140808；RAG1：KF141310，等 2 条；Rhod：KF025935，等 2 条；SH3PX3：KF141559；sreb2：KF140239；Tbr1：KF140412。

黑头前角鲀 *P. melanocephalus*，COI：KF025720，等7条；Cytb：KF025788；Myh6：KF025856；RAG1：KF025894；Rhod：KF025936。

前棘假革鲀 *Pseudalutarius nasicorinis*，COI：KF025722；Cytb：KF025790；complete genome mitochondrion：AP009226；Myh6：KF025858。

粗皮鲀 *Rudarius ercodes*，COI：KF025725；12S：AB974677；complete genome mitochondrion：AP009227；Myh6：KF025861；RAG1：KF025898；Rhod：KF025940。

丝背细鳞鲀 *Stephanolepis cirrhifer*，COI：KF025728，等4条；Cytb：KF025794，等2条；CR(control region)/D-loop：JN051415，等70条；12S：AB974678；SSR/microsatellite sequences：JX468879，等24条；complete genome mitochondrion：AP002952；EGR1：KF027595；EGR3：KF028345；ENC1：KF027635；Glyt：KF027676；IRBP：KF027718；MLL：KF027797；Myh6：KF025863，等2条 PLAGL2：KF027879；Ptr：KF027917；RAG1：KF025901；Rhod：KF025942，等2条；Ryr3：KF028027；SH3PX3：KF028070；Sidkey：KF028111；sreb2：KF028149；Zic1：KF028266；ZNF503：KF028304；cox1：KF027516；UBE3A：KF028228。

黄鳍马面鲀 *Thamnaconus hypargyreus*，12S：AB972082；complete mitochondrion genome：KJ743986。

拟绿鳍马面鲀 *Th. modestoides*，COI：JN242519，等10条；Cytb：JN212080，等6条；12S：AB972080；16S：JN211485，等6条；18S：JN211766，等6条。

马面鲀 *Th. modestus*，COI：HM180917，等5条；Cytb：KF025797，等2条；complete mitochondrion genome：AP009185，等44条；Myh6：KF025865；RAG1：KF025903；Rhod：KF025943。

绿鳍马面鲀 *Th. septentrionalis*，COI：JN813099，等3条；SSR/microsatellite sequences：FJ168347，等120条。

密斑马面鲀 *Th. tessellatus*，12S：AB972081；complete mitochondrion genome：KJ009561；cox1：JQ681348，等4条。

棘箱鲀 *Kentrocapros aculeatus*，12S：AP009175。

角箱鲀 *Lactoria cornuta*，COI：JQ861014，等19条；Cytb：KF027557，等2条；EGR1：KF027597，等2条；EGR3：KF028347；ENC1：KF027637；Glyt：KF027678；IRBP：KF027720，等2条；KIAA1239：KF027763；MLL：KF027799，等2条；Myh6：KF027841，等2条；PLAGL2：KF027881；Ptr：KF027919；RAG1：KF027952，等2条；Rhod：KF027989，等2条；Ryr3：KF028029；SH3PX3：KF028072；Sidkey：KF028113；sreb2：KF028151；Tbr1：KF028189；Zic1：KF028268，等2条。

棘背角箱鲀 *L. diaphana*，COI：JQ861015，等2条；Cytb：JQ861158；12S：AB972079；16S：AY952491；complete mitochondrion genome：AP009187；EGR1：JQ861182；IRBP：JQ861132；MLL：JQ861208；Myh6：JQ861083；RAG1：JQ861059；Rhod：JQ861039；Zic1：JQ861108。

福氏角箱鲀 *L. fornasini*，COI：JQ861016，等2条；Cytb：JQ861159；EGR1：JQ861183；IRBP：JQ861133；MLL：JQ861209；Myh6：JQ861084；RAG1：JQ861060；Rhod：JQ861040；Zic1：JQ861109。

粗突箱鲀 *Ostracion cubicus*，COI：KF489676，等18条；Cytb：KF027558，等4条；12S：DQ533261；16S：DQ533261，等2条；EGR1：KF027598，等2条；EGR3：KF028348；ENC1：KF027638，

等2条；Ficd：KC825805；Glyt：KF027679，等2条；Hoxc6a：KC826162；IRBP：KF027721，等2条；KIAA1239：KC826763，等2条；MLL：KF027800；Myh6：KF027842，等3条；PLAGL2：KC828111，等3条；Ptr：KF027920，JX190240；RAG1：KF027953，等3条；Rhod：KF02799，等2条；RNF213：EU638233；Ryr3：KF028030；SH3PX3：KF028073，等2条；Sidkey：KF028114；sreb2：KF028152；Tbr1：KF028190，等2条；Zic1：KF028269，等4条；28S：DQ533085；H3：DQ533423；ZNF503：KF028306；cox1：KF027519；UBE3A：KF028231。

无斑箱鲀 *O. immaculatus*，COI：JF952800；12S：AB972078；complete mitochondrion genome：AP009176。

白点箱鲀 *O. meleagris*，COI：JQ861020，等17条；Cytb：JQ861163；ATP6-ATP8：DQ111548，等23条；EGR1：JQ861187；IRBP：JQ861137；MLL：JQ861212；Myh6：JQ861088；RAG1：JQ861063；Rhod：JQ861044；Zic1：JQ861113。

大鼻箱鲀 *O. nasus*，COI：JQ861024，等4条；Cytb：JQ861166；EGR1：JQ861191；IRBP：JQ861140；MLL：JQ861216；Myh6：JQ861092；RAG1：JQ861067；Rhod：JQ861048；Zic1：JQ861116。

突吻箱鲀 *O. rhinorhynchus*，COI：JQ861021，等2条；Cytb：JQ861164；EGR1：JQ861188；IRBP：JQ861138；MLL：JQ861213；Myh6：JQ861089；RAG1：JQ861064；Rhod：JQ861045；Zic1：JQ861114。

蓝带箱鲀 *O. solorensis*，COI：JQ861022；Cytb：JQ861165；EGR1：JQ861189；IRBP：JQ861139；Myh6：JQ861090；RAG1：JQ861065；Rhod：JQ861046；Zic1：JQ861115。

双峰真三棱箱鲀 *Tetrosomus concatenatus*，COI：JQ861025，等3条；12S：AB972077，等2条；16S：AY679661；EGR1：JQ861192；IRBP：JQ861141；MLL：JQ861217；Myh6：JQ861093；RAG1：AY308794；Rhod：JQ861049；Zic1：JQ861117。

驼背真三棱箱鲀 *T. gibbosus*，COI：KF268147，等6条；Cytb：JQ861167；EGR1：JQ861193；IRBP：JQ861142；MLL：JQ861218；Myh6：JQ861094；RAG1：JQ861068；Rhod：JQ861050；Zic1：JQ861118。

小棘真三棱箱鲀 *T. reipublicae*，COI：JQ861027；Cytb：JQ861168；EGR1：JQ861194；IRBP：JQ861143；MLL：JQ861219；Myh6：JQ861095；RAG1：JQ861069；Rhod：JQ861051；Zic1：JQ861119。

大鳍三齿鲀 *Triodon macropterus*，12S：DQ533316，等2条；16S：DQ533316，等4条；complete mitochondrion genome：AP009170；EGR1：KF027618；EGR3：KF028367；ENC1：KF139655，等2条；Glyt：KF139909，等2条；IRBP：KF027741；KIAA1239：KF027783；MLL：KF027820；Myh6：KF140146，等2条；PLAGL2：KF140873，等2条；Ptr：KF027940；RAG1：KF141382，等3条；Rhod：KF028010；Ryr3：KF028050；SH3PX3：KF141632，等2条；Sidkey：KF028134；sreb2：KF028172；Tbr1：KF140466，等2条；Zic1：KF140657，等2条；28S：DQ533135。

白点宽吻鲀 *Amblyrhynchotes honckeni*，COI：JF492826，等 5 条。

瓣叉鼻鲀 *Arothron firmamentum*，16S：AB742005；complete mitochondrion genome：AP006742。

纹腹叉鼻鲀 *A. hispidus*，COI：KF422720，等 15 条；Cytb：JQ681857；12S：AB972076，等 2 条；16S：AB742006，等 3 条；complete mitochondrion genome：AP011930；EGR1：JQ681951；IRBP：JQ682040；MLL：JQ682123；Myh6：JQ682206；PLAGL2：KC828789；RAG1：JQ682294，AY700367；Rhod：JQ682374；RIPK4：KC829259；Sidkey：KC829331；Snx33：KC829722。

无斑叉鼻鲀 *A. immaculatus*，COI：KC409372，等 6 条；Cytb：JQ681858；16S：AB742007；EGR1：JQ681952；IRBP：JQ682041；MLL：JQ682124；Myh6：JQ682207；RAG1：JQ682295；Rhod：JQ682375。

菲律宾叉鼻鲀 *A. manilensis*，COI：JQ681764，等 2 条；Cytb：JQ681859；16S：AB742008，等 2 条；complete mitochondrion genome：AP011929；EGR1：JQ681953；IRBP：JQ682042；MLL：JQ682125；Myh6：JQ682208；RAG1：JQ682296；Rhod：JQ682376。

辐纹叉鼻鲀 *A. mappa*，COI：JQ681765，等 2 条；Cytb：JQ681860；16S：AB742009，等 2 条；complete mitochondrion genome：AP011931；EGR1：JQ681954；IRBP：JQ682043；MLL：JQ682126；Myh6：JQ682209；RAG1：JQ682297；Rhod：JQ682377。

白点叉鼻鲀 *A. meleagris*，COI：JQ681766，等 7 条；Cytb：JQ681861；16S：AB742010；ATP6-ATP8：DQ111069，等 26 条；EGR1：JQ681955；IRBP：JQ682044；MLL：JQ682127；Myh6：JQ682210；RAG1：JQ682298；Rhod：JQ682378。

黑斑叉鼻鲀 *A. nigropunctatus*，COI：KF929629，等 16 条；Cytb：JQ681862；12S：AY700279；16S：AB742011，等 3 条；EGR1：JQ681956；ENC1：KF139651；Glyt：KF139675；IRBP：JQ682045；MLL：JQ682128；Myh6：KF139928，JQ682211；RAG1：KF141175，等 3 条；Rhod：JQ682379；SH3PX3：KF141406；sreb2：KF140161；Tbr1：KF140300；Zic1：KF140482。

网纹叉鼻鲀 *A. reticularis*，12S：GQ249106；16S：AB742012。

星斑叉鼻鲀 *A. stellatus*，COI：JQ681768，等 3 条；Cytb：KF027559，等 3 条；16S：AB742013，等 2 条；EGR1：KF027599，等 2 条；EGR3：KF028349；ENC1：KF027639；Glyt：KF027680；IRBP：KF027722，等 2 条；KIAA1239：KF027765；MLL：KF027801，等 2 条；Myh6：KF027843，等 2 条；PLAGL2：KF027883；Ptr：KF027921；RAG1：KF027954，等 2 条；Rhod：KF027991，等 2 条；Ryr3：KF028031；Sidkey：KF028115；sreb2：KF028153；Tbr1：KF028191；Zic1：KF 028270；ZNF503：KF028307；cox1：KF027520；UBE3A：KF028232。

安汶扁背鲀 *Canthigaster amboinensis*，COI：JQ681771，等 5 条；Cytb：JQ681866；CR(control region)/D-loop：JQ241780；12S：AY700286；16S：AY679670；EGR1：JQ681959；IRBP：JQ682048；MLL：JQ682131；Myh6：JQ682214；RAG1：JQ682302，等 2 条；Rhod：JQ682382。

点线扁背鲀 *C. bennetti*，COI：JQ681772，等 5 条；Cytb：JQ681867；12S：AY700288；EGR1：JQ

681960；Hoxc6a：KC825980；IRBP：JQ682049；KIAA1239：KC826589；MLL：JQ682132；Myh6：JQ682215；Panx2：KC827483；PLAGL2：KC828190；RAG1：JQ682303，等 2 条；Rhod：JQ682383；Sidkey：KC829330；Zic1：KC830853。

细纹扁背鲀 *C. compressa*，COI：KF929679，等 2 条；Cytb：JQ681869；16S：AB742014；EGR1：JQ681962；Rhod：JQ682385。

花冠扁背鲀 *C. coronata*，COI：JQ681775，等 3 条；Cytb：KF027560，等 2 条；complete mitochondrion genome：AP006743；EGR1：KF027600，等 2 条；EGR3：KF028350；ENC1：KF027640；Glyt：KF027681；IRBP：KF027723，等 2 条；MLL：KF027802，等 2 条；Myh6：KF027844，等 2 条；PLAGL2：KF027884；Ptr：KF027922；RAG1：KF027955，等 2 条；Rhod：KF027992，等 2 条；Ryr3：KF028032；SH3PX3：KF028074；Sidkey：KF028116；sreb2：KF028154；Tbr1：KF028192；Zic1：KF028271；ZNF503：KF028308；cox1：KF027521；UBE3A：KF028233。

圆点扁背鲀 *C. jactator*，COI：JQ681777；Cytb：JQ681872；12S：AY700280；16S：AY679664；complete mitochondrion genome：AP011911；EGR1：JQ681965；Glyt：KF139699；IRBP：JQ682053；MLL：JQ682136；Myh6：JQ682219；RAG1：KF141196，等 3 条；Rhod：JQ682388；SH3PX3：KF141428；sreb2：KF140175；Tbr1：KF140317；Zic1：KF140505。

圆斑扁背鲀 *C. janthinoptera*，COI：JQ681778，等 8 条；Cytb：JQ681873；CR(control region)/D-loop：JQ241773，等 2 条；12S：AY700296；16S：AB742015，等 2 条；EGR1：JQ681966；IRBP：JQ682054；MLL：JQ682137；Myh6：JQ682220；RAG1：JQ682307，等 2 条；Rhod：JQ682389。

水纹扁背鲀 *C. rivulata*，COI：JQ681782，等 4 条；Cytb：JQ681877；complete mitochondrion genome：AP006744；EGR1：JQ681970；MLL：JQ682141；Myh6：JQ682224；RAG1：JQ682311；Rhod：JQ682393。

细斑扁背鲀 *C. solandri*，COI：JX995952，等 15 条；Cytb：JQ681880；CR(control region)/D-loop：JQ241779；12S：AY700287；16S：JX995917，等 6 条；EGR1：JQ681973；IRBP：JQ682060；MLL：JQ682144；Myh6：JQ682227；RAG1：JQ682314，等 2 条；Rhod：JQ682396。

横带扁背鲀 *C. valentini*，COI：JQ681786，等 9 条；Cytb：JQ681881；12S：AY700282；16S：AY679666；complete mitochondrion genome：AP011912；EGR1：JQ681974；IRBP：JQ682061；KIAA1239：KC826588；MLL：JQ682145；Myh6：JQ682228；Ptchd1：KC828736；RAG1：JQ682315，AY700352；Rhod：JQ682397；RIPK4：KC829177；Snx33：KC829744；Zic1：KC830849。

凹鼻鲀 *Chelonodon patoca*，COI：JQ681791，等 2 条；Cytb：KF027562，等 2 条；12S：AB972073；16S：AB742023，等 2 条；complete mitochondrion genome：AP009541；EGR1：KF028352；EGR3：KF027642；ENC1：KF027683；IRBP：KF027725，等 2 条；MLL：KF027804，等 2 条；Myh6：KF027846，等 2 条；PLAGL2：KF027886；Ptr：KF027924；RAG1：KF027957，等 2 条；Rhod：KF027994，等 2 条；Ryr3：KF028034；SH3PX3：KF028076；Sidkey：KF028118；sreb2：KF028156；

Tbr1：KF028194；Zic1：KF028273。

暗鳍兔头鲀 *Lagocephalus gloveri*，COI：FJ434548；Cytb：EF126108，等 3 条；CR(control region)/D-loop：EU302605，等 2 条；12S：EF126128，等 2 条；16S：AB742032，等 2 条；COII：GU295659。

黑鳃兔头鲀 *L. Inermis*，COI：JX995942，等 8 条；Cytb：KF781145，等 7 条；CR(control region)/D-loop：GQ273733；12S：KF781127，等 7 条；16S：JX995927，等 7 条；ATP6-ATP8：HM370557，等 2 条。

月兔头鲀 *L. lunaris*，COI：KF489625，等 4 条；Cytb：KF781150，等 7 条；CR(control region)/D-loop：GQ273731；12S：KF781132，等 7 条；16S：AM939925；ND5：GQ273726；complete mitochondrion genome：GQ461750；EGR1：JQ681985；IRBP：JQ682071；MLL：JQ682155；Myh6：JQ682239；RAG1：JQ682325；Rhod：JQ682407；ND6：GQ273727；COII：GQ273729；ND4：GQ273725；ND3：GQ273728。

棕斑兔头鲀 *L. spadiceus*，COI：FJ384711，等 7 条；Cytb：KP683378，等 6 条；12S：KF781137，等 6 条；16S：KJ413939；complete mitochondrion genome：KM667972。

淡鳍兔头鲀 *L. wheeleri*，COI：JQ681802，等 3 条；Cytb：JQ681896，等 3 条；16S：AB742029；complete mitochondrion genome：AP009538；EGR1：JQ681987；IRBP：JQ682073；MLL：JQ682157；Myh6：JQ682241；RAG1：JQ682327；Rhod：JQ682409；ITS：DD411019。

圆斑扁尾鲀 *Pleuranacanthus sceleratus*，COI：JQ681800；Cytb：KP663723，等 6 条；16S：KF938589，等 4 条；complete mitochondrion genome：KP013618，等 2 条；ITS：DD411022。

密沟圆鲀［皱纹光鲀］*Sphoeroides pachygaster*，COI：KJ709636，等 22 条；Cytb：KF027565，等 5 条；12S：AB972075；16S：AB642280，等 3 条；complete mitochondrion genome：AP006745；EGR1：KF027605，等 2 条；EGR3：KF028355；ENC1：KF027645；Glyt：KF027686；IRBP：KF027728，等 2 条；MLL：KF027807，等 2 条；Myh6：KF027849，等 2 条；PLAGL2：KF027887；Ptr：KF027927；RAG1：KF027960，等 2 条；Rhod：KF027997，等 3 条；Ryr3：KF028037；SH3PX3：KF028079；Sidkey：KF028121；sreb2：KF028159；Tbr1：KF028196；Zic1：KF028276；ITS：DD411025。

铅点多纪鲀 *Takifugu alboplumbeus*，Cytb：EF126097；CR(control region)/D-loop：EU302601；12S：EF126111；ND1：GQ243748。

双斑多纪鲀 *T. bimaculatus*，Cytb：EF126094；12S：EF126118。

晕环多纪鲀 *T. coronoidus*，Cytb：EF126103；12S：EF126125。

暗纹多纪鲀 *T. fasciatus*，COI：KP260468，等 3 条；Cytb：EF126101，等 3 条；CR(control region)/D-loop：EU302597，等 3 条；12S：EF126123，等 3 条；16S：EU346762；ND2：EU939301；ND1：EU939301，等 2 条；ATP6-ATP8：J439663；complete mitochondrion genome：GQ409967；COII：AY821783，等 2 条；ND4：FJ439664；ND3：FJ439664。

菊黄多纪鲀 *T. flavidus*，Cytb：EF126092，等2条；12S：EF126116，等2条；complete mitochondrion genome：KJ562276。

星点多纪鲀 *T. niphobles*，COI：HM180893，等16条；Cytb：JQ681911，等4条；12S：AB972074，等2条；16S：AB742003，等3条；complete mitochondrion genome：AP009526；EGR1：JQ682003；IRBP：JQ682086；Myh6：JQ682257；RAG1：JQ682343；Rhod：JQ682425；ITS：DD411014。

横纹多纪鲀 *T. oblongus*，COI：KP260459，等5条；Cytb：KF781162，等4条；CR(control region)/D-loop：EU302602；12S：KF781144，等3条；16S：AB741996；complete mitochondrion genome：AP009535。

弓斑多纪鲀 *T. ocellatus*，COI：JQ681819；Cytb：KF027566，等3条；12S：EF126113；16S：AB741997；complete mitochondrion genome：AP009536；EGR1：KF027606，等2条；EGR3：KF028356；ENC1：KF027646；Glyt：KF027687；IRBP：KF027729，等2条；MLL：KF027808，等2条；Myh6：KF027850，等2条；PLAGL2：KF027888；Ptr：KF027928；Rhod：KF027998，等2条；Ryr3：KF028038；SH3PX3：KF028080；Sidkey：KF028122；sreb2：KF028160；Tbr1：KF028197；Zic1：KF028277；ZNF503：KF028313；cox1：KF027527；UBE3A：KF028239。

圆斑多纪鲀 *T. orbimaculatus*，Cytb：EF126104，等2条；CR(control region)/D-loop：EU302603，等2条；12S：EF126126，等2条。

豹纹多纪鲀 *T. pardalis*，COI：JQ681820，等2条；Cytb：JQ68191，等3条；CR(control region)/D-loop：AY599624；16S：AB742001，等2条；18S：AB029314；complete mitochondrion genome：AP009528；EGR1：JQ682005；IRBP：JQ682088；MLL：JQ682172；Myh6：JQ682259；RAG1：JQ682344；Rhod：JQ682427；ITS：DD411015。

斑点多纪鲀 *T. poecilonotus*，COI：JQ681821，等3条；Cytb：JQ681914，等3条；16S：AB742000，等2条；complete mitochondrion genome：AP009539；EGR1：JQ682006；IRBP：JQ682089；MLL：JQ682173；Myh6：JQ682260；RAG1：JQ682345；Rhod：JQ682428；ITS：DD411016；cox1：JQ681487。

紫色多纪鲀 *T. porphyreus*，COI：JQ681822；Cytb：JQ681915，等2条；CR(control region)/D-loop：AY599625；16S：AB199323；complete mitochondrion genome：AP009529；EGR1：JQ682007；IRBP：JQ682090；MLL：JQ682174；Myh6：JQ682261；RAG1：JQ682346；Rhod：JQ682429；ITS：DD411024。

假睛多纪鲀 *T. pseudommus*，Cytb：EF126090；12S：EF126120；16S：AF156975；RH2：AY599605，等8条。

红鳍多纪鲀 *T. rubripes*，CR(control region)/D-loop：AB973127，等45条；16S：LC011414，等4条。

密点多纪鲀 *T. stictonotus*，COI：JQ681823，等2条；Cytb：JQ681916，等4条；CR(control region)/D-loop：EU302596，等2条；12S：EF126112；complete mitochondrion genome：AP009530；EGR1：

JQ682009；IRBP：JQ682092；MLL：JQ682175；Myh6：JQ682263；RAG1：JQ682347；Rhod：JQ682431。

花斑多纪鲀 *T. variomaculatus*，Cytb：EF126096；12S：EF126114。

虫纹多纪鲀 *T. vermicularis*，COI：FJ434559；Cytb：EF126105，等3条；12S：EF126127；16S：AB741999；complete mitochondrion genome：AP009532；EF-1-alpha：AF435085。

黄鳍多纪鲀 *T. xanthopterus*，COI：HM180907，等11条；Cytb：JQ681917，等4条；12S：EF126115；16S：AB741998，等2条；complete mitochondrion genome：AP009533；EGR1：JQ682010；IRBP：JQ682093；MLL：JQ682176；Myh6：JQ682264；RAG1：JQ682348；Rhod：JQ682432；ITS：DD411017。

黄带窄额鲀 *Torquigener brevipinnis*，COI：KF268190；complete mitochondrion genome：AP009537。

头纹窄额鲀 *T. hypselogeneion*，COI：JQ681844，等2条；Cytb：JQ681937；complete mitochondrion genome：AP011927；Rhod：JQ682451。

长刺泰氏鲀 *Tylerius spinosissimus*，COI：JQ681847；Cytb：JQ681940；complete mitochondrion genome：AP011939；EGR1：JQ682029；IRBP：JQ682111；MLL：JQ682194；Myh6：JQ682285；RAG1：JQ682362；cox1：JQ681456，等10条。

网纹短刺鲀 *Chilomycterus reticulatus*，COI：JX495771，等3条；Cytb：KF027546，等2条；16S：HQ127655；complete mitochondrion genome：AP009188；EGR1：KF027586，等2条；EGR3：KF028334；ENC1：KF027625；Glyt：KF027665；IRBP：KF027707，等2条；MLL：KF027790，等2条；Myh6：KF027829，等2条；PLAGL2：KF027869；Ptr：KF027907；RAG1：KF027945，等2条；Rhod：KF027977，等2条；SH3PX3：KF028059；Sidkey：KF028101；sreb2：KF028143；Tbr1：KF028181；Zic1：KF028258；ZNF503：KF028295；cox1：KF027505；UBE3A：KF028218。

短棘圆刺鲀 *Cyclichthys orbicularis*，COI：KJ626293，等12条；12S：AB974642，等2条。

黄斑圆刺鲀 *C. spilostylus*，COI：JF493306；12S：AB972072。

艾氏刺鲀 *Diodon eydouxii*，COI：KF489565。

六斑刺鲀 *D. holocanthus*，COI：LC011701，等21条；Cytb：JQ681853，等2条；CR(control region)/D-loop：KF021458，等4条；12S：AB972070，等2条；16S：AY679639，等3条；ATP6-ATP8：KF021376，等58条；SSR/microsatellite sequences：AB662849，等34条；complete mitochondrion genome：AP009177；EGR1：KC442110，等2条；EGR3：KC442183；ENC1：JX189005；Glyt：JX188833；Hoxc6a：KC826032；IRBP：JQ682036；KIAA1239：KC826590；MLL：JQ682118；Myh6：JQ682201，等2条；Panx2：KC827564；PLAGL2：JX189455；Ptr：JX190239；RAG1：JX189934，等2条；Rhod：KC442241，等2条；SH3PX3：JX189526；Snx33：KC829801；sreb2：JX190070；Tbr1：JX189307；Zic1：KC831060，等2条；28S：KC442057；EGR2B：KC442143。

密斑刺鲀 *D. hystrix*，COI：KP876559，等 8 条；Cytb：KF025730，等 3 条；CR(control region)/D-loop：KF021462，等4条；12S：AY700253，等2条；16S：AY679637，等2条；ATP6-ATP8：KF021371，等5条；EGR1：KF027588，等2条；EGR3：KF028336；ENC1：EF539262；Glyt：KF027667；IRBP：KF027709，等2条；MLL：KF027792，等2条；Myh6：KF025800，等4条；PLAGL2：EF536276；Ptr：KF027909；RAG1：KF025868，等4条；Rhod：KF025906，等3条；SH3PX3：KF028061；Sidkey：KF028103；sreb2：KF028145；Tbr1：KF028183；Zic1：EF533938；ZNF503：KF028297；cox1：KF027507；UBE3A：KF028219。

大斑刺鲀 *D. liturosus*，COI：KF929818，等2条；Cytb：JQ681855；12S：AB972071，等3条；16S：AY679641；EGR1：JQ681949；IRBP：JQ682038；MLL：JQ682120；Myh6：JQ682203；RAG1：JQ682292，等 2 条；Rhod：JQ682371。

矛尾翻车鲀 *Masturus lanceolatus*，COI：KF930108，等2条；Cytb：AY940839，等3条；CR(control region)/D-loop：AB439111，等 23 条；12S：AB972069，等 2 条；16S：AY679644；complete mitochondrion genome：AP006239；ENC1：EF539263；Ficd：KC825608；Glyt：JX190374；Myh6：KC827284，等 2 条；PLAGL2：EF536277；RAG1：AY308792；SH3PX3：KF141520；Tbr1：JX191229；Zic1：EF533939。

翻车鲀 *Mola mola*，COI：KJ128550，等10条；Cytb：KF025731，等9条；CR(control region)/D-loop：AY940814，等 33 条；12S：DQ533245，等 4 条；16S：KJ128832，等 6 条；SSR/microsatellite sequences：AY176309，等7条；complete mitochondrion genome：AP006238；EGR1：KF027589；EGR3：KF028337；ENC1：KF139644，等 2 条；Glyt：KF027668，等 2 条；IRBP：KF027710，等 2 条；MLL：AF137260，等 2 条；Myh6：KF025801，等 3 条；PLAGL2：KF027871，等 2 条；Ptr：KF027910，等2条；RAG1：KF025869，等8条；Rhod：KF025907，等4条；RNF213：EU638225；Ryr3：KF028019；SH3PX3：KF028062，等2条；Sidkey：KF028104；sreb2：KF028146，等 2 条；Tbr1：KF028184，等 2 条；Tmo-4C4：DQ388110；Zic1：KF028260，等 2 条；28S：DQ533070，等6条；H3：DQ533408；ZNF503：KF028298；MC1R：JX628066；cox1：KF027508；UBE3A：KF028220。

斑点长翻车鲀 *Ranzania laevis*，COI：KJ768291，等5条；Cytb：KF025732，等4条；CR(control region)/D-loop：AB191706，等2条；12S：AB972067；16S：KC603525，等2条；complete mitochondrion genome：AP006047；EGR1：KF027590；EGR3：KF028338；ENC1：KF139645，等 2 条；Glyt：KF027669，等2条；IRBP：KF027711；MLL：KF027793；Myh6：JX190514；PLAGL2：KF027872，等2条；Ptr：JX190782；RAG1：KF025870，等3条；Rhod：KF025908，等4条；RNF213：EU 638225；Ryr3：KF028020；SH3PX3：KF028063，等2条；Sidkey：KF028105；sreb2：KF028147；Zic1：KF028261，等 2 条；cox1：KF027509；UBE3A：KF028221。

两栖纲 AMPHIBIA

海蛙 *Euphlyctis cancrivora*，complete mitochondrial genome：NC_012647.1；12S：EU477521.1，等11条；D-loop：KF051070.1，等9条；16S：EU365389.1，等15条；COI：KJ605438.1，等2条。

爬行纲 REPTILIA

龟鳖目 CHELONIA

蠵龟 *Caretta caretta*，complete mitochondrial genome：KP256531.1；D-loop：JF837824.1，等13条；COI：KP136712.1，等4条；ND1：KJ810631.1，等16条；16S：FJ009028.1，等2条；12S：FJ009027.1，等2条；Cytb：L12720.1，等2条。

绿海龟 *Chelonia mydas*，complete mitochondrial genome：NC_000886.1；D-loop：KF891284.1，等9条；Cytb：EU918368.1，等4条；COI：KF894758.1，等14条；16S：FJ039949.1，等6条；12S：FJ039948.1，等6条。

玳瑁 *Eretmochelys imbricata*，complete mitochondrial genome：KP221806.1；D-loop：DQ177341.1，等15条；COI：JX571768.1，等20条；Cytb：L12718.1，等3条；16S：FJ039971.1，等3条；12S：FJ039970.1，等2条。

丽龟 *Lepidochelys olivacea*，complete mitochondrial genome：AM258984.1；COI：KF894767.1，等3条；Cytb：L13389.1，等7条；16S：HM921185.1，等4条；12S：HM040920.1，等3条。

泳龟 *Natator depressus*，complete mitochondrial genome：NC_018550.1；Cytb：L12762.1，等2条；COI：GQ152884.1，等2条；16S：FJ039956.1；12S：FJ039955.1。

棱皮龟 *Dermochelys coriacea*，Cytb：KC354442.1，等20条；COI：GQ152876.1；16S：FJ039914.1，等2条；12S：FJ039913.1，等3条。

蛇目 SERPENTIFORMES

瘰鳞蛇 *Acrochordus granulatus*，complete mitochondrial genome：NC_007400.1；16S：AF544786.1；12S：AF544738.1；Cytb：AF217841.1；ND4：U49296.1，等2条。

蓝灰扁尾海蛇 *Laticauda colubrina*，12S：D31607.1；Cytb：D31619.1，等3条；COI：KT075333.1；ND4：FJ606513.1，等7条；16S：EU547138.1，等3条；12S：EU547089.1，等2条。

扁尾海蛇 *L. laticaudata*，Cytb：D31618.1，等21条；16S：FJ587204.1，等2条；12S：D31608.1。

半环扁尾海蛇 *L. semifasciata*，Cytb：D31617.1，等20条。

龟头海蛇 *Emydocephalus ijimae*，Cytb：D31621.1；12S：D31610.1。

棘眦海蛇 *Acalyptophis peronii*，Cytb：KC014387.1，等7条；ND4：KC014459.1，等5条；16S：KC014311.1，等5条。

棘鳞海蛇*Astrotia stokesi*，Cytb：KC014391.1，等7条；16S：KC014316.1，等8条；ND4：KC014465.1，等5条。

青灰海蛇 *Hydrophis caerulescens*，Cytb：KC014405.1，等4条；16S：KC014327.1，等4条；ND4：KC014478.1，等3条。

青环海蛇 *H. cyanocinctus*Daudin，Cytb：DQ233946.1，等24条；16S：DQ234032.1，等5条；ND4：KC014485.1，等4条。

环纹海蛇 *H. fasciatusatriceps*，Cytb：KC014418.1，等2条；16S：KC014340.1，等3条；ND4：KC 014493.1，等4条。

黑头海蛇 *H. melanocephalus*，Cytb：D31620.1，等22条；16S：DQ234027.1，等8条；ND4：KC 014508.1，等2条。

淡灰海蛇*H. ornatus*，Cytb：KC014438.1，等3条；16S：KC014359.1，等7条；ND4：KC014510.1，等2条。

平颏海蛇 *Lapemis curtus*，Cytb：KC014453.1，等34条；16S：KC014374.1，等22条；ND4：KC 014527.1，等2条。

小头海蛇*Microcephalophis gracilis*，Cytb：KC014420.1，等2条；16S：KC014342.1，等2条；ND4：KC014495.1，等2条。

长吻海蛇 *Pelamis platurus*，Cytb：DQ233978.1，等6条；16S：DQ234052.1，等7条；ND4：JQ 966056.1，等33条。

海蝰 *Praescutata viperina*，Cytb：KC014458.1，等4条；16S：KC014379.1，等3条；ND4：KC 014534.1，等3条。

截吻海蛇 *Kerilia jerdonii*，Cytb：KC014449.1，等2条；16S：KC014373.1，等2条；ND4：KC014524.1，等2条。

黑蛇岛蝮*Gloydius shedaoensis*，complete mitochondrial genome：NC_029424.1；Cytb：JX661202.1，等7条；16S：JX661221.1，等3条；12S：AF057194.1，等4条；ND4：JX661236.1，等9条。

鸟纲 AVES

雁形目 ANSERIFORMES

栗树鸭*Dendrocygna javanica*，complete mitochondrial genome：NC_012844.1；Cytb：KC439264.1，等4条；COI：KC439310.1，等3条；NADH：EU585711.1。

鸿雁*Anser cygnoides*，complete mitochondrial genome：NC_023832.1；Cytb：AY552162.1，等8条；COI：LC145060.1；D-loop：KF057081.1，等5条；12S：AY164524.1；NADH：DQ468122.1，等5条。

豆雁*A. fabalis*，complete mitochondrial genome：NC_016922.1；D-loop：AB551534.1，等9条；COI：

JN801264.1，等 4 条；Cytb：EU585618.1，等 8 条；12S：AY164514.1。

白额雁 *A. albifrons*，complete mitochondrial genome：NC_004539.1；COI：AB753745.1，等 8 条；Cytb：EU161774.1，等 58 条。

小白额雁 *A. erythropus*，Cytb：EU161872.1，等 31 条；D-loop：AB623136.1，等 2 条；COI：GU571729.1。

灰雁 *A. anser*，complete mitochondrial genome：NC_011196.1；D-loop：GU295073.1，等 19 条；16S：KC984218.1，等 2 条；12S：JN695752.1，等 6 条；COI：JX178055.1，等 7 条；Cytb：HQ122596.1，等 9 条。

雪雁 *A. caerulescens*，COI：DQ434537.1，等 7 条；D-loop：AY112968.1；Cytb：X77190.1，等 2 条。

黑雁 *Branta bernicla*，complete mitochondrial genome：NC_027066.1；COI：DQ434345.1，等 11 条；Cytb：HM063580.1，等 4 条；NADH：EU585691.1；D-loop：AY112973.1。

大天鹅 *Cygnus cygnus*，complete mitochondrial genome：NC_027095.1；COI：GU571854.1，等 6 条；Cytb：FJ170042.1，等 3 条；NADH：EU585706.1；12S：AY164523.1。

小天鹅 *C. columbianus*，complete mitochondrial genome：NC_007691.1；COI：DQ433560.1，等 3 条；Cytb：FJ170041.1，等 2 条；NADH：EU585705.1。

疣鼻天鹅 *C. olor*，complete mitochondrial genome：NC_027096.1；D-loop：JQ693393.1；COI：GU571856.1，等 7 条；Cytb：HM063581.1，等 3 条；NADH：EU585708.1。

赤麻鸭 *Tadorna ferruginea*，complete mitochondrial genome：NC_024640.1；COI：KP718122.1，等 7 条；Cytb：KC439294.1，等 8 条；NADH：EU585727.1。

翘鼻麻鸭 *T. tadorna*，complete mitochondrial genome：NC_024750.1；Cytb：AF059113.1；16S：KC984272.1；12S：AF173707.1，等 2 条；COI：GU572125.1，等 8 条；D-loop：AY112962.1。

针尾鸭 *Anas acuta*，complete mitochondrial genome：NC_024631.1；COI：KF946590.1，等 32 条；Cytb：KC439256.1，等 3 条；12S：AF173684.1，等 2 条；NADH：AF059116.1；D-loop：AY112939.1。

绿翅鸭 *A. crecca*，complete mitochondrial genome：NC_022452.1；COI：AB843350.1，等 32 条；Cytb：KC439257.1，等 2 条；12S：FN675616.1，等 3 条；D-loop：AY112942.1；NADH：HM640797.1，等 8 条。

花脸鸭 *A. formosa*，complete mitochondrial genome：NC_015482.1；COI：JN703250.1，等 4 条；Cytb：EU914153.1，等 2 条；12S：U83732.1。

罗纹鸭 *A. falcata*，complete mitochondrial genome：NC_023352.1；COI：JN703209.1，等 2 条；Cytb：EU914145.1，等 2 条；12S：AY164527.1。

绿头鸭 *A. platyrhynchos*，complete mitochondrial genome：NC_009684.1；COI：FJ231517.1，等 68 条；Cytb：EU678245.1，等 19 条；D-loop：JN811042.1，等 56 条；NADH：JX968897.1，等

30 条；16S：KJ361824.1，等 8 条；12S：KP171706.1，等 13 条。

棕颈鸭 *A. luzonica*，COI：KT151722.1，等 46 条；D-loop：KT151766.1，等 44 条。

斑嘴鸭 *A. poecilorhyncha*，complete mitochondrial genome：NC_022418.1；COI：JN703241.1，等 30 条；Cytb：EU914150.1；NADH：JX968903.1，等 14 条；12S：AY164517.1。

赤膀鸭 *A. strepera*，COI：JN703210.1，等 10 条；12S：AF173689.1。

赤颈鸭 *A. Penelope*，COI：JN703208.1，等 19 条；Cytb：EU914158.1；NADH：HM776964.1，等 8 条；16S：KC984270.1。

白眉鸭 *A. querquedula*，COI：GU571724.1，等 4 条；Cytb：EU585610.1；NADH：EU585673.1；12S：AF173691.1。

琵嘴鸭 *A. clypeata*，complete mitochondrial genome：NC_028346.1；COI：JF499085.1，等 16 条；Cytb：EU914154.1；D-loop：AY112941.1；12S：AY164526.1。

赤嘴潜鸭 *Netta rufina*，complete mitochondrial genome：NC_024922.1；COI：GU571988.1，等 2 条；Cytb：EU585657.1，等 2 条；D-loop：AY112949.1；12S：AF173699.1。

红头潜鸭 *Aythya ferina*，complete mitochondrial genome：NC_024602.1；COI：JF499098.1，等 7 条；Cytb：EU585623.1；D-loop：JQ237612.1，等 43 条；NADH：EU585686.1；12S：AY164520.1。

白眼潜鸭 *A. nyroca*，COI：GQ481388.1，等 2 条；Cytb：EU585626.1；NADH：EU585689.1；D-loop：AY112948.1。

凤头潜鸭 *A. fuligula*，complete mitochondrial genome：NC_024595.1；COI：KT740974.1，等 13 条；Cytb：EU585624.1；NADH：KP065653.1，等 6 条；12S：AY164528.1；16S：AF286423.1。

斑背潜鸭 *A. marila*，COI：JF499102.1，等 16 条；Cytb：EU585625.1；D-loop：AY112947.1；NADH：EU585688.1。

帆背潜鸭 *A. valisineria*，COI：DQ432760.1，等 6 条。

鸳鸯 *Aix galericulata*，complete mitochondrial genome：NC_023969.1；COI：JN703260.1，等 13 条；Cytb：EU585604.1；D-loop：HQ713394.1；NADH：EU585667.1。

棉凫 *Nettapus coromandelianus*，Cytb：U46476.1。

黑海番鸭 *Melanitta nigra*，COI：AY666338.1，等 10 条；Cytb：AF515263.1；D-loop：AY112961.1。

斑脸海番鸭 *M. fusca*，COI：GU571479.1，等 9 条。

鹊鸭 *Bucephala clangula*，COI：EU525336.1，等 12 条；Cytb：EU585634.1，等 2 条；D-loop：AY 112959.1；NADH：EU585697.1；12S：AF173712.1。

丑鸭 *Histrionicus histrionicus*，COI：GQ481988.1，等 3 条；Cytb：AF173766.1；12S：AF173713.1。

长尾鸭 *Clangula hyemalis*，COI：GU571827.1，等 15 条；Cytb：EU585638.1；D-loop：AY112954.1；NADH：EU585701.1，等 21 条。

白头秋沙鸭 *Mergus albellus*，COI：KU564888.1，等 7 条；Cytb：AF173764.1，等 2 条；D-loop：

AY112957.1；NADH：EU585716.1；12S：AF173711.1，等 2 条。

中华秋沙鸭 *M. squamatus*，complete mitochondrial genome：NC_016723.1；COI：GQ482159.1；12S：KF469297.1。

红胸秋沙鸭 *M. serrator*，COI：AY666588.1，等 11 条；Cytb：EU585655.1，等 2 条；12S：DQ831212.1，DQ831211.1；D-loop：AY112956.1。

普通秋沙鸭 *M. merganser*，COI：GU571975.1，等 15 条；Cytb：EU585654.1；D-loop：EF675741.1，等 22 条；12S：AY164529.1。

佛法僧目 CORACIIFORMES

冠鱼狗 *Ceryle lugubris*，COI：AB843594.1，等 3 条；NADH：KJ455359.1。

斑鱼狗 *C. rudis*，complete mitochondrial genome：NC_024280.1；Cytb：KJ456219.1；NADH：DQ111840.1，等 2 条。

普通翠鸟 *Alcedo atthis*，COI：JF957001.1，等 30 条；Cytb：KJ456186.1；18S：D38357.1；NADH：DQ640772.1，等 2 条。

白胸翡翠 *Halcyon smyrnensis*，COI：JF498779.1，等 14 条；Cytb：KC439275.1，等 2 条。

蓝翡翠 *H. pileata*，complete mitochondrial genome：NC_024198.1。

白领翡翠 *H. chloris*，COI：JQ176503.2，等 6 条；NADH：DQ469030.1，等 29 条。

雨燕目 APODIFORMES

白喉针尾雨燕 *Hirundapus caudacutus*，COI：GQ481981.1，等 4 条；Cytb：AY294474.1，等 2 条；NADH：AY294536.1；12S：EF373290.1。

楼燕 *Apus apus*，complete mitochondrial genome：NC_008540.1；COI：AY275862.1，等 7 条；Cytb：AY294470.1，等 18 条；12S：JQ520043.1，等 3 条。

白腰雨燕 *A. pacificus*，COI：GQ481371.1，等 5 条；Cytb：KJ456199.1，等 7 条；NADH：KJ455329.1；12S：JQ520024.1，等 3 条。

小白腰雨燕 *A. affinis*，COI：KU722438.1，等 7 条；Cytb：AY294469.1，等 12 条；12S：JQ520028.1，等 3 条；NADH：AY294531.1，等 5 条。

爪哇金丝燕 *Aerodramus fuciphagus*，COI：AH015810.2，等 7 条；Cytb：JF269236.1，等 65 条；NADH：EU085333.1，等 52 条；16S：KJ671335.1，等 6 条；12S：JQ520013.1。

鹤形目 GRUIFORMES

蓑羽鹤 *Anthropoides virgo*，complete mitochondrial genome：NC_020573.1；COI：KX012862.1，等 4 条；Cytb：U27545.1，等 2 条；D-loop：AF077923.1。

灰鹤 *Grus grus*，complete mitochondrial genome：NC_020577.1；Cytb：U27546.1；COI：GU571917.1，

等 5 条；D-loop：AB023812.1，等 11 条；16S：DQ485847.1；12S：DQ485809.1。

白头鹤 *G. monacha*，complete mitochondrial genome：NC_020578.1；COI：EF515778.1，等 4 条；Cytb：U27548.1；D-loop：AB023813.1；16S：DQ485848.1；12S：DQ485810.1。

丹顶鹤 *G. japonensis*，complete mitochondrial genome：NC_020575.1；COI：KJ862171.1，等 9 条；Cytb：U27550.1；D-loop：AB017622.1， 等 13 条；NADH：AF123910.1；16S：DQ485845.1；12S：AY447954.1。

白枕鹤 *G. vipio*，complete mitochondrial genome：NC_021368.1；COI：KJ862156.1，等4条；NADH：U43614.1；12S：AY447953.1。

白鹤 *G. leucogeranus*，complete mitochondrial genome：NC_020574.1；Cytb：U27549.1；COI：KJ862169.1，等 6 条；NADH：AF123900.1；16S：DQ485844.1。

沙立鹤 *G. canadensis*，complete mitochondrial genome：NC_020582.1；COI：AY666489.1，等 2 条；Cytb：EU166997.1，等 6 条；NADH：AF123905.1，等 3 条；D-loop：AF367930.1，等 13 条；16S：KP966313.1，等 2 条；12S：EU167051.1，等 2 条。

蓝胸秧鸡 *Gallirallus striatus*，COI：JQ342122.1，等 2 条；Cytb：JQ342144.1，等 3 条；12S：JQ360492.1，等 2 条；16S：KC614001.1。

普通秧鸡 *Rallus aquaticus*，COI：HM474041.1，等 27 条；Cytb：KC614115.1，等 4 条；16S：KC614027.1；12S：U77149.1。

红腿斑秧鸡 *Rallina fasciata*，Cytb：KC614118.1；16S：KC614030.1。

白喉斑秧鸡 *R. eurizonoides*，complete mitochondrial genome：NC_012142.1；COI：AB843733.1，等 7 条。

小田鸡 *Porzana pusilla*，COI：JQ342132.1，等 2 条；Cytb：U77171.1，等 4 条；16S：KC614021.1；12S：U77154.1。

斑肋田鸡 *P. paykullii*，COI：JQ342128.1，等 2 条；Cytb：KC614097.1，等 3 条；16S：KC614013.1。

红胸田鸡 *P. fusca*，COI：AB843712.1，等 6 条；Cytb：KC614101.1，等 3 条；16S：KC614017.1。

花田鸡 *Coturnicops exquisitus*，complete mitochondrial genome：NC_012143.1。

白胸苦恶鸡 *Amaurornis phoenicurus*，complete mitochondrial genome：NC_024593.1；COI：JQ342118.1，等 13 条；Cytb：KC439255.1，等 6 条；12S：KJ442647.1，等 3 条；16S：KC613982.1，等 3 条。

红脚苦恶鸡 *A. akool*，complete mitochondrial genome：NC_023982.1；COI：JQ342119.1，等 3 条；Cytb：JQ342142.1，等 2 条。

董鸡 *Gallicrex cinerea*，complete mitochondrial genome：NC_028408.1；COI：AB843517.1， 等 4 条；Cytb：KC614080.1，等 4 条；16S：KC613997.1。

黑水鸡 *Gallinula chloropus*，complete mitochondrial genome：NC_015236.1；COI：JN982468.1，等 25 条；Cytb：EF681995.1，等 9 条；D-loop：KT384199.1，等 3 条；NADH：KT384200.1；16S：

DQ485864.1；12S：KF469292.1，等 4 条。

白骨顶 *Fulica atra*，complete mitochondrial genome：NC_025500.1；COI：JF499133.1，等 11 条；Cytb：EF681993.1，等 6 条；16S：KC613991.1；12S：U59668.1，等 2 条。

鸻形目 CHARADRIIFORMES

丘鹬 *Scolopax rusticola*，complete mitochondrial genome：NC_025521.1；COI：GU572088.1，等 22 条；Cytb：HQ540480.1，等 34 条；D-loop：FM164780.1，等 4 条；NADH：JQ963039.1；16S：KC984220.1；12S：FN675612.1。

小杓鹬 *Numenius minutus*，COI：KF009548.1；Cytb：EF373145.1；NADH：EF373253.1；12S：KF469281.1，等 2 条。

中杓鹬 *N. phaeopus*，complete mitochondrial genome：NC_030507.1；COI：JF499147.1，等 16 条；Cytb：AF285818.1，等 3 条；NADH：AF411405.1，等 8 条；D-loop：AY524797.1；12S：AF285805.1，等 3 条。

大杓鹬 *N. madagascariensis*，COI：GQ482250.1，等 6 条；NADH：AF411397.1，等 2 条；Cytb：AF417925.1；D-loop：AY524795.1；12S：JQ962994.1。

白腰杓鹬 *N. arquata*，COI：GU571992.1，等 12 条；Cytb：AF417929.1；D-loop：AY524796.1；NADH：AF411404.1，等 2 条；12S：JQ962993.1。

黑尾塍鹬 *Limosa melanuroides*，COI：JQ657322.1；D-loop：JQ657487.1，等 6 条；Cytb：JQ963051.1；NADH：JQ963030.1；12S：JQ962991.1。

斑尾塍鹬 *L. lapponica*，COI：AY666291.1，等 8 条；Cytb：AF285816.1，等 3 条；NADH：AF411403.1，等 4 条；D-loop：AY524807.1；12S：AF285803.1，等 3 条。

鹤鹬 *Tringa erythropus*，complete mitochondrial genome：NC_030585.1；COI：GU572132.1，等 9 条；NADH：AY894243.1，等 3 条；Cytb：AY894226.1；D-loop：AY524805.1；16S：AY894158.1；12S：AY894141.1。

红脚鹬 *T. totanus*，COI：EU525587.1，等 20 条；Cytb：AY894237.1，等 2 条；D-loop：AJ971441.1，等 8 条；NADH：AY894254.1，等 2 条；16S：AY894169.1；12S：AY894152.1。

泽鹬 *T. stagnatilis*，COI：GQ482794.1，等 4 条；Cytb：AY894236.1；NADH：AY894253.1，等 3 条；16S：AY894168.1；12S：AY894151.1。

青脚鹬 *T. nebularia*，COI：EU525573.1，等 12 条；Cytb：AY894233.1；NADH：AY894250.1，等 3 条；D-loop：AY524803.1；16S：AY894165.1；12S：AY894148.1。

小黄脚鹬 *T. flavipes*，COI：EU525557.1，等 11 条；Cytb：AY894227.1；NADH：AY894244.1，等 2 条；16S：AY894159.1；12S：AY894142.1。

白腰草鹬 *T. ochropus*，COI：GU572139.1，等 11 条；Cytb：AY894234.1；NADH：AY894251.1，等

2 条；12S：AY447952.1，等 2 条；16S：AY894166.1。

林鹬 *T. glareola*，COI：EU525561.1，等 17 条；Cytb：AY894228.1，等 2 条；NADH：AY894245.1，等 3 条；16S：AY894160.1；12S：AY894143.1；D-loop：AY524802.1。

矶鹬 *T. hypoleucos*，COI：EF515749.1，等 21 条；Cytb：AY894229.1；NADH：EU326949.1，等 27 条；16S：AY894161.1；12S：AY894144.1。

灰尾漂鹬 *Heteroscelus brevipes*，COI：EU525550.1，等 4 条；Cytb：AY894225.1；NADH：AY894242.1，等 12 条；16S：AY894157.1；12S：AY894140.1。

漂鹬 *H. incanus*，COI：DQ432948.1，等 3 条；Cytb：AY894230.1；NADH：AY894247.1，等 12 条；16S：AY894162.1；12S：AY894145.1。

翘嘴鹬 *Xenus cinereus*，COI：GQ482915.1，等 5 条；Cytb：AY894238.1，等 2 条；NADH：AY894255.1，等 3 条；12S：AY894153.1；D-loop：AY524806.1；16S：AY894170.1，等 2 条。

翻石鹬 *Arenarainterpres arenariainterpres*，complete mitochondrial genome：NC_003712.2；COI：AY666561.1，等 15 条；Cytb：AF417928.1；NADH：AF411401.1；D-loop：AY524808.1，等 2 条。

半蹼鹬 *Limnodromus semipalmatus*，COI：KF009539.1；NADH：JQ963027.1；12S：JQ962989.1。

拉氏沙锥 *Gallinago hardwickii*，COI：AB842792.1，等 2 条。

针尾沙锥 *G. stenura*，COI：GQ481954.1，等 7 条；Cytb：JQ963048.1；NADH：JQ963025.1；12S：JQ962987.1。

大沙锥 *G. megala*，COI：GQ481950.1，等 3 条。

扇尾沙锥 *G. gallinago*，COI：KP243185.1，等 24 条；Cytb：FJ787310.1，等 8 条；NADH：EF373240.1；12S：EF373082.2，等 5 条；16S：KC984275.1，等 2 条。

长嘴半蹼鹬 *Limnodromus scolopaceus*，COI：EU525436.1，等 6 条；Cytb：AF285819.1，等 2 条；NADH：EF373248.1；12S：EF373090.2，等 2 条。

姬鹬 *Lymnocryptes minimus*，COI：GU571968.1，等 8 条；Cytb：AF194447.1，等 2 条；NADH：EF373250.1；12S：EF373092.2。

红腹滨鹬 *Calidris canutus*，COI：AY666343.1，等 9 条；Cytb：EF373123.1，等 2 条；D-loop：AY 198146.1，等 37 条；NADH：EF373228.1，等 2 条；12S：KC969094.1，等 2 条。

大滨鹬 *C. tenuirostris*，COI：GQ481444.1，等 4 条；Cytb：AF417924.1，等 2 条；NADH：AF411396.1，等 2 条；12S：KF041199.1；D-loop：AY524800.1。

红颈滨鹬 *C. ruficollis*，COI：JQ174235.1，等 2 条；Cytb：FJ499023.1，等 2 条；D-loop：AY524799.1；NADH：KC969105.1；12S：KF041196.1。

长趾滨鹬 *C. subminuta*，COI：GQ481440.1，等 2 条；Cytb：KC969168.1；NADH：KC969106.1；12S：KF041197.1。

青脚滨鹬 *C. temminckii*，COI：GU571784.1，等 4 条；Cytb：KC969169.1；NADH：KC969107.1；12S：KF041198.1。

尖尾滨鹬 *C. acuminata*，COI：KF009518.1；NADH：AF499920.1，等 2 条；Cytb：KC969152.1；D-loop：AY524801.1；12S：KF041181.1。

黑腹滨鹬 *C. alpina*，COI：AY666415.1，等 11 条；Cytb：L06755.1，等 61 条；D-loop：KP205177.1，等 24 条；NADH：AY156135.1，等 2 条；12S：KF041183.1。

弯嘴滨鹬 *C. ferruginea*，COI：GU571781.1，等 9 条；Cytb：AY156160.1，等 2 条；NADH：AY156136.1，等 2 条；12S：KF041186.1。

三趾滨鹬 *C. alba*，COI：AY666412.1，等 12 条；Cytb：KC969153.1；NADH：KC969091.1；12S：KF041182.1。

西方滨鹬 *C. mauri*，COI：AY666261.1，等 14 条；NADH：KC969099.1，等 12 条；Cytb：KC969161.1；12S：KF041190.1。

小滨鹬 *C. minuta*，COI：AY666261.1，等 14 条；NADH：KC969099.1，等 12 条；Cytb：KC969161.1；12S：KF041190.1。

白腰滨鹬 *C. fuscicollis*，COI：AY666319.1，等 18 条；Cytb：KC969158.1；NADH：KC969096.1；12S：KF041187.1，等 6 条。

斑胸滨鹬 *C. melanotos*，COI：AY666286.1，等 23 条；Cytb：KC969162.1；NADH：KC969100.1，等 5 条；12S；KF041191.1。

岩滨鹬 *C. ptilocnemis*，COI：DQ433414.1，等 2 条；Cytb：AY156262.1，等 5 条；NADH：AY156130.1，等 33 条；12S：KF041194.1。

高跷鹬 *Micropalama himantopus*，COI：AY666359.1，等 4 条；Cytb：EF373143.1，等 2 条；NADH：EF373251.1，等 2 条；12S：EF373093.2，等 2 条。

饰胸鹬 *Tryngites subruficollis*，COI：AY666178.1，等 2 条；Cytb：JX123419.1，等 28 条；NADH：EF373272.1；12S：KF041207.1，EF373114.2。

勺嘴鹬 *Eurynorhynchus pygmeus*，Cytb：EF373131.1，等 2 条；COI：KF009532.1；NADH：EF373239.1，等 2 条；12S：KF041201.1，等 2 条。

阔嘴鹬 *Limicola falcinellus*，COI：GU571951.1，等 5 条；Cytb：KC969172.1，等 2 条；NADH：EF 373247.1，等 2 条；12S：KF041204.1，等 2 条。

流苏鹬 *Philomachus pugnax*，COI：GU572023.1，等 27 条；NADH：EF373258.1，等 2 条；12S：KF041205.1，等 6 条；Cytb：EF373150.1，等 2 条；D-loop：JQ400102.1，等 50 条；12S：EF373100.2；16S：AF286418.1。

黑翅长脚鹬 *Himantopus himantopus*，COI：JF498780.1，等 6 条；D-loop：AY524810.1，等 11 条。

反嘴鹬 *Recurvirostra avosetta*，complete mitochondrial genome：NC_027420.1；COI：GU572073.1，等 3 条；Cytb：AF417926.1；NADH：AF411398.1；D-loop：AY524809.1。

红颈瓣蹼鹬 *Phalaropus lobatus*，COI：EU525467.1，等 34 条；Cytb：AY894239.1；NADH：AY 894256.1，等 9 条；16S：AY894171.1；12S：AY894154.1。

灰瓣蹼鹬 *P. fulicarius*，COI：EU525462.1，等 8 条；Cytb：JQ963055.1；NAD H：JQ963036.1；12S：JQ962998.1。

水雉 *Hydrophasianus chirurgus*，Cytb：AF146619.1，等 2 条；NADH：EF373243.1，等 2 条；12S：EF373085.2。

彩鹬 *Rostratula benghalensis*，COI：EF632098.1，等 11 条；Cytb：FJ205692.1，等 10 条；NADH：EF632084.1，等 8 条；16S：DQ674621.1；12S：EF373107.2，等 2 条。

蛎鹬 *Haematopus ostralegus*，COI：GU571919.1，等 11 条；Cytb：EU166998.1，等 4 条；12S：EU 167052.1，等 3 条；D-loop：AY524811.1，等 3 条。

风头麦鸡 *Vanellus vanellus*，complete mitochondrial genome：NC_025637.1；COI：JF499177.1，等 24 条；Cytb：AF172383.1，等 2 条。

灰头麦鸡 *V. cinereus*，complete mitochondrial genome：NC_025514.1；COI：AB843270.1，等 2 条；12S：AY447955.1。

灰斑鸻 *Pluvialis squatarola*，COI：AY666203.1，等 15 条；Cytb：EF373151.1；NADH：AF411399.1，等 16 条；D-loop：AY524814.1；12S：EF373101.2。

金斑鸻 *P. fulva*，COI：JF498890.1，等 12 条；NADH：KC628718.1，等 23 条。

美洲金鸻 *P. dominica*，COI：AY666317.1，等 6 条；NADH：KC628696.1，等 19 条；16S：DQ674600.1；12S：DQ674562.1。

剑鸻 *Charadrius hiaticula*，COI：GU571812.1，等 8 条。

长嘴剑鸻 *C. placidus*，COI：KM001303.1，等 3 条。

马来鸻 *C. peronii*，COI：KM001300.1，等 3 条；D-loop：FR822871.1；NADH：FR823168.1。

金眶鸻 *C. dubius*，COI：JF499113.1，等 16 条。

环颈鸻 *C. alexandrinus*，COI：JF499112.1，等 18 条；Cytb：AH003632.2，等 2 条；D-loop：HE603792.1，等 50 条；NADH：FR823213.1，等 14 条。

蒙古沙鸻 *C. mongolus*，COI：GQ481572.1，等 3 条；Cytb：AF417927.1；D-loop：AY524813.1；NADH：AF411400.1。

铁嘴沙鸻 *C. leschenaultii*，COI：GQ481569.1，等 6 条。

东方鸻 *C. veredus*，COI：KM001332.1，等 2 条；Cytb：AH005189.3。

普通燕鸻 *Glareola maldivarum*，COI：AB843529.1；Cytb：EF373133.1；NADH：EF373241.1；12S：EF373083.2。

大贼鸥 *Catharacta skua*，COI：KF946860.1，等 6 条；Cytb：DQ385227.1，等 2 条；16S：DQ385295.1；12S：EU167080.1，等 3 条。

麦氏贼鸥 *C. maccormicki*，complete mitochondrial genome：NC_026125.1；Cytb：U76806.1，等 9 条；12S：U76773.1，等 2 条。

中贼鸥 *Stercorarius pomarinus*，COI：GU571625.1，等 7 条；Cytb：U76819.1，等 7 条；D-loop：FM209706.1，等 2 条；16S：DQ674611.1；12S：DQ674573.1，等 2 条。

短尾贼鸥 *S. parasiticus*，COI：EU525515.1，等 14 条；Cytb：U76830.1，等 6 条。

长尾贼鸥 *S. longicaudus*，COI：KC832466.1，等 16 条；Cytb：EF373158.1，等 8 条；12S：EF373109.2，等 2 条；D-loop：FM209704.1。

黑尾鸥 *Larus crassirostris*，complete mitochondrial genome：NC_025556.1；COI：GQ482034.1，等 17 条；Cytb：AB208754.1，等 5 条；D-loop：AB208762.1，等 7 条。

海鸥 *L. canus*，COI：AY666353.1，等 13 条；Cytb：AB208758.1，等 21 条；D-loop：AB208768.1，等 17 条；NADH：X73932.1，等 2 条。

灰翅鸥 *L. glaucescens*，COI：DQ433751.1，等 4 条；Cytb：AY964940.1，等 8 条；D-loop：FM209644.1，等 4 条。

银鸥 *L. argentatus*，COI：JF499143.1，等 6 条；Cytb：EU526348.1，等 50 条；D-loop：AJ508325.1，等 28 条；16S：FJ465237.1，等 2 条。

灰林银鸥 *L. heuglini*，COI：GQ482035.1，等 2 条；Cytb：AB538877.1，等 3 条；D-loop：AB538876.1，等 3 条。

织女银鸥 *L. vegae*，complete mitochondrial genome：NC_029383.1；COI：GQ482043.1，等 4 条；Cytb：FN543313.1，等 4 条；D-loop：AJ781256.1，等 12 条。

黄脚银鸥 *L. cachinnans*，COI：KF946717.1；Cytb：EF513626.1，等 26 条；D-loop：AJ508339.1，等 34 条；16S：FJ465238.1。

小黑背银鸥 *L. fuscus*，COI：GU571944.1，等 13 条；Cytb：AF268494.1，等 25 条；D-loop：AJ507813.1，等 32 条。

棕头鸥 *L. brunnicephalus*，complete mitochondrial genome：NC_018548.1；Cytb：AY964943.1。

细嘴鸥 *L. genei*，Cytb：AF268513.1，等 3 条；NADH：AY590406.1，等 2 条；D-loop：FM209672.1，等 2 条。

遗鸥 *L. relictus*，complete mitochondrial genome：NC_023777.1；Cytb：AY964949.1，等 3 条；NADH：JF831039.1，等 2 条；D-loop：JF796803.1，等 6 条。

渔鸥 *L. ichthyaetus*，Cytb：AF268511.1，等 2 条；D-loop：FM209680.1，等 2 条。

灰背鸥 *L. schistisagus*，COI：AB843579.1，等 6 条；Cytb：AB208755.1，等 6 条；D-loop：AB208766.1，等 12 条。

北极鸥 *L. hyperboreus*，COI：AY666476.1，等 11 条；Cytb：AY321633.1，等 17 条；D-loop：FN543274.1，等 29 条。

红嘴鸥*L. ridibundus*，COI：DQ432992.1，等14条；Cytb：AJ004202.1，等3条；D-loop：FM209696.1，等2条；NADH：AY590412.1，等4条。

小鸥*L. minutus*，COI：GU571947.1；Cytb：AF268524.1，等4条。

黑嘴鸥*L. saundersi*，complete mitochondrial genome：NC_017601.1；COI：EU727224.1，等7条；Cytb：AY964948.1；D-loop：EU857726.1，等31条。

楔尾鸥*Rhodostethia rosea*，COI：GU572081.1，等3条；Cytb：AY964951.1，等3条；NADH：EF373264.1；12S：EF373106.2。

叉尾鸥*Xema sabini*，COI：AY666206.1，等4条；12S：EF373116.2；Cytb：EF373164.1，等3条；D-loop：FM209703.1，等2条；NADH：EF373275.1。

三趾鸥*Rissa tridactyla*，COI：EU525497.1，等12条；Cytb：DQ385229.1，等5条；NADH：DQ385161.1，等8条；16S：DQ385297.1，等2条；12S：DQ385280.1。

须浮鸥*Chlidonias hybrida*，COI：GQ481577.1，等4条；Cytb：AY631287.1；NADH：AY631359.1；12S：AY631323.1。

白翅浮鸥*Ch. leucopterus*，COI：JF498760.1，等8条；Cytb：AY631288.1，等2条；NADH：AY631360.1，等2条；12S：AY631324.1，等2条。

黑浮鸥*Ch. niger*，COI：EU525343.1，等9条；Cytb：AY631289.1，等2条；NADH：AY631361.1；12S：AY631325.1。

白顶玄鸥*Anous stolidus*，COI：DQ433312.1，等5条；Cytb：AY631285.1，等2条；NADH：DQ989644.1，等4条；12S：AY631321.1。

白玄鸥*Gygis alba*，COI：JQ174973.1，等5条；Cytb：EU516443.1，等49条；NADH：EU516580.1，等58条；12S：EF373084.2，等2条。

鸥嘴噪鸥*Gelochelidon nilotica*，COI：EU525415.1，等12条；Cytb：KC513418.1，等21条；12S：AY631347.1。

红嘴巨鸥*Sterna caspia*，COI：AY666468.1；Cytb：AY631300.1，等2条；NADH：AY631372.1；16S：DQ674607.1；12S：DQ674569.1，等2条。

普通燕鸥*S. hirundo*，COI：GU572097.1，等12条；Cytb：AY631306.1，等3条；NADH：AY631378.1；12S：AY631342.1。

黑枕燕鸥*S. sumatrana*，COI：AB843770.1；Cytb：AY631315.1；NADH：AY631387.1；12S：AY631351.1。

乌燕鸥*S. fuscata*，Cytb：AY631305.1；NADH：AY631377.1；12S：AY631341.1。

白额燕鸥*S. albifrons*，complete mitochondrial genome：NC_028176.1；COI：KF946861.1，等24条；Cytb：AY631294.1，等2条；12S：AY631330.1。

小凤头燕鸥*S. bengalensis*，Cytb：AY631298.1；NADH：KU668681.1，等8条；12S：AY631334.1。

大凤头燕鸥 *S. bergii*，COI：JX297484.1；Cytb：AY631299.1；NADH：AY631371.1；12S：AY631335.1。

粉红燕鸥 *S. dougallii*，COI：AB843768.1，等 2 条；Cytb：AY631301.1；NADH：AY631373.1；12S：AY631337.1。

白腰燕鸥 *S. aleutica*，Cytb：AY631319.1；NADH：AY631391.1；12S：AY631355.1。

褐翅燕鸥 *S. anaethetus*，Cytb：AY631296.1，等 2 条；NADH：AY631368.1；12S：AY631332.1。

扁嘴海雀 *Synthliboramphus antiquus*，complete mitochondrial genome：NC_007978.1；COI：EU525534.1，等 12 条；Cytb：U37303.1；16S：EF380294.1；12S：EF373111.2。

冠海雀 *S. wumizusume*，complete mitochondrial genome：NC_029328.1；COI：EU525536.1，等 7 条；Cytb：U37306.1；16S：EF380296.1；12S：EF380312.1。

斑海雀 *Brachyramphus marmoratus*，COI：EU525329.1，等 11 条；Cytb：U37291.1，等 17 条；16S：EF380285.1；12S：EF380306.1，等 2 条。

角嘴海雀 *Cerorhinca monocerata*，COI：EU525338.1，等 13 条；12S：EF373072.2，等 2 条。

䴙䴘目 PODICIPEDIFORMES

小䴙䴘 *Tachybaptus ruficollis*，complete mitochondrial genome：NC_024594.1；COI：AB843801.1，等 10 条；Cytb：AF172370.1。

赤颈䴙䴘 *Podiceps grisegena*，COI：DQ433967.1，等 5 条。

凤头䴙䴘 *P. cristatus*，complete mitochondrial genome：NC_008140.1；COI：AB843705.1，等 13 条。

角䴙䴘 *P. auritus*，COI：DQ434721.1，等 6 条；NADH：DQ157692.1，等 20 条；16S：L33389.1；12S：L33388.1。

黑颈䴙䴘 *P. nigricollis*，COI：KT075280.1，等 6 条；Cytb：EU167016.1；12S：EU167071.1，等 2 条。

鹳形目 CICONIIFORMES

苍鹭 *Ardea cinerea*，complete mitochondrial genome：NC_025900.1；COI：AB843365.1，等 31 条；Cytb：KJ941161.1，等 3 条；12S：AF407136.1。

草鹭 *A. purpurea*，complete mitochondrial genome：NC_025919.1；COI：AB842574.1，等 9 条；Cytb：KJ941160.1，等 5 条；12S：AF407137.1。

绿鹭 *Butorides striatus*，complete mitochondrial genome：NC_025922.1；COI：EF515754.1，等 14 条；Cytb：JF837506.1，等 4 条。

池鹭 *Ardeola bacchus*，complete mitochondrial genome：NC_025921.1；COI：KP975239.1，等 5 条；12S：AF407138.1。

牛背鹭 *Bubulcus ibis*，complete mitochondrial genome：NC_025917.1；COI：AY666463.1，等 28 条；

Cytb：DQ485898.1，等 9 条；16S：DQ485838.1；12S：DQ485800.1，等 2 条。

大白鹭 *Casmerodius albus*，COI：JF499092.1，等 25 条；Cytb：AF193822.1，等 7 条；12S：AF407134.1。

白鹭 *Egretta garzetta*，complete mitochondrial genome：NC_023981.1；COI：JF499122.1，等 6 条；Cytb：AB600558.1，等 2 条；16S：AB600559.1；12S：KF469285.1，等 4 条。

黄嘴白鹭 *E. eulophotes*，complete mitochondrial genome：NC_009736.1；COI：KP731497.1，等 28 条；D-loop：GQ923818.1，等 31 条。

白脸鹭 *E. novaehollandiae*，complete mitochondrial genome：NC_008551.1；COI：JN801440.1。

岩鹭 *E. sacra*，complete mitochondrial genome：NC_025920.1。

中白鹭 *Mesophoyx intermedia*，COI：JF499123.1，等 18 条；Cytb：HM804891.1，等 7 条；12S：AF407147.1，等 2 条。

夜鹭 *Nycticorax nycticorax*，complete mitochondrial genome：NC_015807.1；COI：JF498801.1，等 22 条；Cytb：AF323430.1，等 8 条；12S：KF469283.1，等 3 条。

栗头鳽 *Gorsachius goisagi*，complete mitochondrial genome：NC_028194.1；COI：AB843531.1，等 6 条；Cytb：JX418214.1，等 2 条。

海南虎斑鳽 *G. magnificus*，complete mitochondrial genome：NC_028193.1。

黑冠鳽 *G. melanolophus*，complete mitochondrial genome：NC_028195.1；COI：AB843536.1，等 4 条。

小苇鳽 *Ixobrychus minutus*，COI：GQ481994.1，等 12 条；Cytb：KJ941170.1，等 5 条。

黄斑苇鳽 *I. sinensis*，complete mitochondrial genome：NC_025925.1；COI：KJ941173.1，等 7 条；Cytb：KJ941165.1，等 4 条；12S：AF407142.1。

紫背苇鳽 *I. eurhythmus*，complete mitochondrial genome：NC_025924.1；COI：GQ481991.1，等 8 条；Cytb：KJ941166.1。

栗苇鳽 *I. cinnamomeus*，complete mitochondrial genome：NC_015077.1；COI：AB843549.1，等 3 条；Cytb：AY465751.1；12S：AF407143.1。

黑鳽 *Dupetor flavicollis*，complete mitochondrial genome：NC_024575.1；COI：FJ661092.1；Cytb：AY465749.1；12S：AF407141.1。

大麻鳽 *Botaurus stellaris*，complete mitochondrial genome：NC_025923.1；COI：GU571757.1，等 4 条；Cytb：AY465748.1；12S：AF407139.1，等 2 条。

白头鹮鹳 *Mycteria leucocephala*，COI：KC439344.1；Cytb：KC439298.1，等 6 条。

东方白鹳 *Ciconia boyciana*，complete mitochondrial genome：NC_002196.1；COI：KJ862153.1，等 4 条；Cytb：GQ244409.1，等 2 条；D-loop：AB495005.1，等 2 条。

黑鹳 *C. nigra*，complete mitochondrial genome：NC_023946.1；COI：AY660580.1，等 2 条；Cytb：U72771.1，等 2 条；D-loop：AY660581.1，等 6 条；16S：L33371.1；12S：KF781312.1，等 2 条。

秃鹳 *Leptoptilos javanicus*，Cytb：U72783.1，等 2 条。

彩鹮 *Plegadis falcinellus*，COI：DQ433121.1，等 2 条；Cytb：U72786.1，等 2 条；12S：U88020.1。

白琵鹭 *Platalea leucorodia*，complete mitochondrial genome：NC_012772.1；COI：HM804927.1；Cytb：HM804892.1，等 4 条；NADH：GU346996.1，等 3 条；12S：AY465753.1。

黑脸琵鹭 *P. minor*，complete mitochondrial genome：NC_010962.1；COI：JN788890.1；Cytb：DQ194727.1，等 30 条；NADH：DQ194814.1，等 27 条。

鹈形目 PELECANIFORMES

卷羽鹈鹕 *Pelecanus crispus*，COI：LM993798.1，等 5 条；12S：LM993799.1，等 3 条；NADH：JX683962.1，等 2 条。

斑嘴鹈鹕 *P. philippensis*，COI：JX683933.1，等 2 条；12S：JX683983.1，等 2 条；NADH：JX683970.1，等 2 条。

白鹈鹕 *P. onocrotalus*，COI：JX683931.1，等 3 条；Cytb：U83158.1，等 2 条；12S：JX683981.1，等 2 条；NADH：JX683968.1，等 2 条。

短尾鹲 *Phaethon aethereus*，COI：AY369054.1；16S：L33385.1；12S：AY369044.1，等 2 条。

红尾鹲 *P. rubricauda*，complete mitochondrial genome：NC_007979.1；COI：AB843669.1，等 8 条；Cytb：AF158251.1，等 2 条；12S：EU167065.1，等 3 条。

白尾鹲 *P. lepturus*，complete mitochondrial genome：NC_027275.1；COI：AY369055.1，等 2 条；Cytb：AF158252.1；12S：AY369045.1。

蓝脸鲣鸟 *Sula dactylatra*，COI：EF101677.1，等 2 条；Cytb：KU310675.1，等 9 条；D-loop：GQ266401.1，等 16 条；12S：EU372670.2，等 2 条。

红脚鲣鸟 *S. sula*，COI：AB843791.1，等 8 条；Cytb：JX416799.1，等 5 条；D-loop：AY485120.1；NADH：KM066463.1；12S：AY009322.1。

褐鲣鸟 *S. leucogaster*，COI：AB843788.1，等 7 条；Cytb：JX416758.1，等 12 条；D-loop：AY485119.1，等 22 条；12S：EF101671.1。

普通鸬鹚 *Phalacrocorax carbo*，complete mitochondrial genome：NC_027267.1；COI：AB843673.1，等 23 条；Cytb：U83164.1；D-loop：AF101193.1，等 22 条；16S：EU136707.1；12S：AY009323.1，等 3 条。

暗绿背鸬鹚 *Ph. capillatus*，COI：AB843670.1，等 3 条；D-loop：AY676597.1；12S：AY009331.1。

红脸鸬鹚 *Ph. urile*，COI：JN801357.1，等 7 条；Cytb：U83204.1，等 2 条；NADH：KM066500.1；12S：AY009340.1。

海鸬鹚 *Ph. pelagicus*，COI：JN801352.1，等 19 条；Cytb：U83203.1，等 3 条；NADH：KM066498.1；12S：EU167066.1，等 3 条。

小军舰鸟 *Fregata minor*，COI：JX569158.1，等 14 条；Cytb：JX569167.1，等 14 条；NADH：JX569171.1，等 4 条；12S：AY369043.1，等 2 条。

白斑军舰鸟 *F. ariel*，COI：AY369051.1；12S：AY369041.1。

白腹军舰鸟 *F. andrewsi*，COI：AY369049.1；Cytb：JX416762.1，等 7 条；12S：AY369039.1。

潜鸟目 GAVIIFORMES

红喉潜鸟 *Gavia stellata*，complete mitochondrial genome：NC_007007.1；COI：GU571914.1，等 9 条；Cytb：EU166996.1，等 2 条；16S：L33377.1；12S：EU167050.1，等 3 条。

黑喉潜鸟 *G. arctica*，COI：DQ433664.1，等 6 条；Cytb：AY567917.1，等 2 条；12S：AY139633.1。

太平洋潜鸟 *G. pacifica*，complete mitochondrial genome：NC_008139.1；COI：DQ433670.1，等 6 条；Cytb：EU166995.1；12S：EU167049.1，等 2 条。

白嘴潜鸟 *G. adamsii*，COI：DQ433663.1，等 9 条；Cytb：EU166994.1；12S：EU167048.1。

鹱形目 PROCELLARIIFORMES

暴雪鹱 *Fulmarus glacialis*，COI：KC755543.1，等 35 条；Cytb：U70486.1，等 3 条。

钩嘴圆尾鹱 *Pterodroma rostrata*，COI：JQ176031.1，等 26 条；Cytb：U70493.1，等 6 条。

点额圆尾鹱 *P. hypoleuca*，COI：AB843720.1，等 2 条；Cytb：AF076079.1。

纯褐鹱 *Bulweria bulwerii*，COI：AB843380.1，等 5 条；Cytb：U70488.1，等 4 条。

白额鹱 *Calonectris leucomelas*，COI：AB843388.1，等 7 条；Cytb：AF076045.1，等 3 条。

曳尾鹱 *Puffinus pacificus*，COI：AB843726.1，等 11 条；Cytb：U70484.1，等 12 条；16S：AB819266.1；12S：U88025.1。

肉足鹱 *P. carneipes*，COI：DQ434011.1，等 5 条；Cytb：L43013.1，等 3 条。

灰鹱 *P. griseus*，COI：JQ176048.1，等 3 条；Cytb：L43018.1，等 29 条；12S：U88024.1，等 2 条。

短尾鹱 *P. tenuirostris*，COI：DQ434027.1，等 6 条；Cytb：L43046.1，等 5 条。

黑脚信天翁 *Diomedea nigripes*，complete mitochondrial genome：NC_026188.1；COI：AB843685.1，等 5 条；Cytb：EU166988.1，等 12 条；12S：U83710.1，等 2 条。

短尾信天翁 *D. albatrus*，complete mitochondrial genome：NC_026190.1；COI：AB843681.1，等 3 条；D-loop：AB551868.1，等 29 条；Cytb：U48952.1。

黑背信天翁 *D. immutabilis*，complete mitochondrial genome：NC_026189.1；COI：AB843683.1，等 10 条；Cytb：U48949.1。

烟黑叉尾海燕 *Oceanites oceanicus*，COI：DQ433049.1，等 2 条；Cytb：KP122196.1，等 8 条。

白腰叉尾海燕 *Oceanodroma leucorhoa*，COI：AB843627.1，等 10 条；D-loop：JQ513961.1，等 18 条；Cytb：U70491.1，等 2 条。

黑叉尾海燕 *O. monorhis*，COI：KR873345.1，等 14 条；D-loop：KR873333.1，等 9 条；Cytb：HG975295.1，等 3 条。

日本叉尾海燕 *O. matsudairae*，COI：AB843630.1，等 3 条。

哺乳纲 MAMMALIA

鲸目 CETACEA

北太平洋露脊鲸 *Eubalaena japonica*，complete mitochondrial genome：NC_006931.1；COI：DQ094943.1，等 12 条。

灰鲸 *Eschrichtius robustus*，complete mitochondrial genome：NC_005270.1；Cytb：KJ865252.1，等 12 条；D-loop：KP714248.1，等 33 条；COI：JF442784.1，等 30 条；16S：U13108.1；12S：U13085.1。

蓝鲸 *Balaenoptera musculus*，complete mitochondrial genome：NC_001601.1；Cytb：AY235202.1；Cytb：KR087106.1，等 10 条；D-loop：KP187738.1，等 27 条；12S：AF320513.1。

长须鲸 *B. physalus*，complete mitochondrial genome：NC_001321.1；Cytb：EU831265.1，等 9 条；COI：KF281609.1，等 3 条；16S：U13103.1；12S：U13080.1；D-loop：DQ145101.1，等 4 条。

塞鲸 *B. borealis*，complete mitochondrial genome：NC_006929.1；D-loop：KR087115.1，等 2 条；Cytb：KR087078.1，等 18 条；COI：EU496284.1，等 3 条。

布氏鲸 *B. brydei*，complete mitochondrial genome：NC_007938.1；Cytb：AF398371.1，等 7 条；D-loop：AB116099.1，等 18 条；COI：JN190946.1，等 5 条；16S：GQ856368.1。

小布氏鲸 *B. edeni*，D-loop：KC561138.1；Cytb：JN190949.1，等 3 条；COI：JN190946.1，等 3 条。

小须鲸 *B. acutorostrata*，complete mitochondrial genome：NC_005271.1；D-loop：JN185228.1，等 40 条；16S：AB481389.1；Cytb：KT581987.1，等 7 条；COI：KF281608.1，等 2 条；12S：AY770533.1；16S：AY770541.1。

大村鲸 *B. omurai*，complete mitochondrial genome：NC_007937.1；D-loop：AB116097.1，等 3 条。

大翅鲸 *Megaptera novaeangliae*，complete mitochondrial genome：NC_006927.1；16S：AB481394.1，等 4 条；12S：AF334509.1，等 3 条；D-loop：KT358843.1，等 73 条；Cytb：KR087096.1，等 49 条；COI：EU496287.1，等 8 条。

抹香鲸 *Physeter macrocephalus*（*Physeter catodon*），complete mitochondrial genome：AJ277029.2；Cytb：DQ270181.1，等 5 条；D-loop：KF233572.1，等 10 条；COI：KF281694.1，等 3 条；16S：AB481393.1，等 2 条；12S：AF320512.1，等 2 条。

小抹香鲸 *Kogia breviceps*，complete mitochondrial genome：NC_005272.1；D-loop：AB571996.1，等 3 条；COI：EU496307.1；Cytb：U13134.1，等 21 条；16S：U13111.1；12S：U13088.1。

侏儒抹香鲸 *K. simus*，Cytb：AF334482.1，等 32 条；D-loop：AB571998.1，等 2 条；16S：AF334490.1，

等 2 条；12S：AF304060.1；COI：EU496308.1。

贝氏喙鲸 *Berardius bairdii*，complete mitochondrial genome：NC_005274.1；D-loop：AB572008.1，等 10 条；16S：AB481396.1，等 2 条；12S：AF334512.1；Cytb：AY579567.1，等 2 条。

瘤齿喙鲸 *Mesoplodon densirostris*，complete mitochondrial genome：NC_021974.1；D-loop：AB610397.1，等 5 条；Cytb：KC540697.1，等 4 条；COI：EU496311.1。

银杏齿喙鲸 *M. ginkgodens*，complete mitochondrial genome：NC_027593.1；Cytb：KF027310.1，等 4 条；COI：KF027314.1，等 3 条。

剑吻鲸 *Ziphius cavirostris*，complete mitochondrial genome：NC_021435.1；16S：AB481398.1，等 3 条；12S：U13101.1；COI：KF281697.1，等 5 条；D-loop：AB610404.1，等 3 条；Cytb：KC540698.1，等 9 条。

小虎鲸 *Feresa attenuata*，complete mitochondrial genome：NC_019588.1；D-loop：AB610389.1；Cytb：EU580084.1，等 2 条；COI：EU496290.1，等 2 条；16S：JF504724.1；12S：JF504714.1。

虎鲸 *Orcinus orca*，complete mitochondrial genome：NC_023889.1；D-loop：M60409.1，等 14 条；16S：AB481399.1，等 4 条；12S：AF334522.1，等 2 条；COI：EU496323.1，等 3 条；Cytb：EU121106.1，等 5 条。

伪虎鲸 *Pseudorca crassidens*，complete mitochondrial genome：NC_019577.1；D-loop：AB377526.1，等 7 条；16S：AB481400.1，等 3 条；12S：AF334523.1，等 2 条；COI：EU496322.1，等 4 条；Cytb：AF084057.1。

瓜头鲸 *Peponocephala electra*，complete mitochondrial genome：NC_019589.1；D-loop：AB610388.1，等 3 条；Cytb：EU496294.1，等 8 条；16S：JF504727.1；12S：JF504717.1。

短鳍领航鲸 *Globicephala macrorhynchus*，complete mitochondrial genome：NC_019578.2；D-loop：KC542376.1，等 15 条；COI：EU496302.1，等 4 条；Cytb：U20925.1，等 6 条；16S：JF504726.1；12S：JF504716.1。

灰海豚 *Grampus griseus*，complete mitochondrial genome：NC_012062.1；D-loop：AB018584.1，等 5 条；Cytb：AB018583.1，等 9 条；16S：AB481395.1；12S：AB018582.1；COI：KF281614.1，等 6 条。

江豚 *Neophocaena phocaenoides*：

1. 指名亚种 *N. p. phocaenoides*，complete mitochondrial genome：NC_021461.1；D-loop：KC408448.1，等 79 条；Cytb：KC408435.1，等 43 条；COI：EU496316.1，等 3 条；16S：AB481391.1，等 3 条；12S：AF334520.1。
2. 长江亚种 *N. p. asiaeorientalis*，complete mitochondrial genome：NC_026456.1；Cytb：KJ472903.1，等 9 条；D-loop：JX536762.1，等 5 条。
3. 北方亚种 *N. p. sunameri*，complete mitochondrial genome：KR108307.1。

港湾鼠海豚 *Phocoena phocoena*，complete mitochondrial genome：NC_005280.1；D-loop：AB499073.1，等 82 条；16S：AB481401.1，等 2 条；12S：U13098.1；Cytb：KF727598.1，等 22 条；COI：KF281693.1，等 38 条。

真海豚 *Delphinus delphis*，D-loop：AY168605.1，等 54 条；16S：AB481388.1，等 3 条；12S：EU 685091.1，等 2 条；Cytb：DQ378164.1，等 81 条；COI：KF281612.1，等 12 条。

热带真海豚 *D. capensis*，complete mitochondrial genome：NC_012061.1；D-loop：AB610383.1，等 25 条；Cytb：KC297760.1，等 42 条；COI：EU496373.1，等 7 条。

瓶鼻海豚 *Tursiops truncatus*，complete mitochondrial genome：NC_012059.1；D-loop：AB303174.1，等 73 条；16S：AB481403.1，等 4 条；12S：AB018585.1，等 4 条；Cytb：FJ648416.1，等 15 条；COI：EU496329.1，等 7 条。

南宽吻海豚 *T. aduncus*，complete mitochondrial genome：NC_012058.1；D-loop：HM104229.1，等 39 条；Cytb：DQ232771.1，等 10 条；COI：EU496330.1。

长吻原海豚 *Stenella longirostris*，Cytb：KC161183.1，等 53 条；D-loop：KP756645.1，等 39 条；COI：EU496335.1，等 5 条；16S：JF504719.1；12S：JF504719.1。

热带斑海豚 *S. attenuata*，complete mitochondrial genome：NC_012051.1；D-loop：KP756648.1，等 21 条；COI：EU496353.1，等 5 条；Cytb：JN232953.1，等 21 条。

条纹海豚 *S. coeruleoalba*，complete mitochondrial genome：NC_012053.1；D-loop：AM498740.1，等 44 条；16S：EU685097.1，等 2 条；12S：AB018586.1，等 2 条；Cytb：KF692018.1，等 31 条；COI：KF281695.1，等 20 条。

太平洋斑纹海豚 *Lagenorhynchus obliquidens*，D-loop：AB610373.1，等 13 条；16S：AB481390.1，等 4 条；12S：JF504712.1；COI：EU139283.1，等 3 条；Cytb：EF093041.1，等 9 条。

弗氏海豚 *Lagenodelphis hosei*，D-loop：AB610384.1；16S：AB481402.1，等 2 条；12S：JF504711.1；COI：EU496355.1；Cytb：EU121096.1，等 4 条。

糙齿海豚 *Steno bredanensis*，D-loop：KM260657.1，等 20 条；COI：EU496375.1，等 2 条；16S：AF334508.1，等 3 条；12S：AF334525.1，等 2 条；Cytb：EU121107.1，等 5 条。

中华白海豚 *Sousa chinensis*，complete mitochondrial genome：NC_012057.1；D-loop：HM989944.1，等 2 条；Cytb：EF107096.1，等 7 条；COI：EU496345.1，等 2 条；16S：AF334507.1，等 2 条；12S：AF334524.1，等 2 条。

鳍脚目 PINNIPEDIA

斑海豹 *Phoca largha*，complete mitochondrial genome：NC_008430.1；D-loop：HQ340139.1，等 6 条；Cytb：AB510445.1，等 25 条；COI：JF442787.1，等 4 条；12S：GU174591.1。

环海豹 *Ph. hispida*，complete mitochondrial genome：NC_008433.1；D-loop：AY328002.1，等 33

条；COI：FJ839387.1，等 9 条；Cytb：L19128.1，等 3 条；12S：GU174593.1。

髯海豹 *Erignathus barbatus*，complete mitochondrial genome：NC_008426.1；COI：JF442783.1，等 6 条；Cytb：AY140982.1，等 5 条；12S：GU174599.1，等 2 条。

北海狮 *Eumetopias jubatus*，complete mitochondrial genome：NC_004030.2；D-loop：KM463252.1，等 26 条；Cytb：FJ948490.1，等 41 条；16S：EU548087.1；12S：U12832.1。

北海狗 *Callorhinus ursinus*，complete mitochondrial genome：NC_008415.3；Cytb：AY424647.1，等 40 条；COI：EU139276.1，等 4 条；12S：U12830.1。

食肉目 CARNIVORA

水獭 *Lutra lutra*，complete mitochondrial genome：NC_011358.1；Cytb：KU170048.1，等 16 条；D-loop：AY534907.1；12S：KM224329.1，等 4 条。

小爪水獭 *Aonyx cinerea*，D-loop：JQ038824.1；NADH5：JQ038846.1，等 2 条；ATP：JQ038868.1；Cytb：JN709962.1，等 3 条；12S：EF472271.1，等 2 条。

海牛目 SIRENIA

儒艮 *Dugong dugon*，complete mitochondrial genome：NC_003314.1；COI：KF430645.1；16S：KF430644.1，等 3 条；12S：U60185.1，等 3 条；Cytb：AF540925.1，等 4 条。

第三篇

DNA分子遗传标记的应用

第一章

物种鉴定

传统的物种鉴定主要是根据物种的形态特征，至今仍然主要根据形态来鉴定物种，但对于形态难以区分和残缺的标本，辅以 DNA 分子标记，它可以弥补单纯依靠形态鉴定的不足，有助于辨认并确定出有效物种。

第一节　原核生物

一、鲍养殖水体中的弧菌

龚婷等（2014）采用硫代硫酸盐柠檬酸盐胆盐蔗糖琼脂（thiosulfate citrate bile salts sucrose agar，TCBS）培养基选择性培养从厦门大嶝岛鲍养殖场水体中分离到 19 株细菌。经 16S rDNA 序列分析，所有菌株均属于弧菌属（*Vibrio*），且与最近似的弧菌模式种的同源性都在 98.99% 以上。由于弧菌种间 16S rDNA 序列相似性极高，无法仅靠 16S rDNA 序列比对来鉴定这些菌株到种的水平。16S rDNA 序列系统发育分析也显示，大多数菌株与弧菌模式种无法归为一簇，表明 16S rDNA 基因在弧菌的分类鉴定上分辨率不高。进一步采用基于 4 种看家基因（*rpoA*、*pyrH*、*gapA* 和 *topA*）的多位点序列分析技术（MLSA）对分离到的弧菌株进行分离鉴定，结果表明，19 株海洋弧菌归于溶藻弧菌（*Vibrio alginolyticus*）与魔鬼弧菌（*V. diabolicus*）2 个种（图 3-1-1）。

二、浅色黄姑鱼溃烂病原菌

浅色黄姑鱼是广东海水养殖的优良鱼种，经常患体表溃烂病，为得知其病原菌，经理化手段获得菌株 KLG，初步鉴定该菌株是哈维氏弧菌（*Vibrio harveyi*）。为进一步确认，通过 16S rDNA 基因序列及进化树分析，采用 Blast 进行同源序列检索。结果所检索的相似序列中，哈维氏弧菌的序列与其有 98%～99% 相似性。并通过系统发育树（图 3-1-2），最终确定引起养殖鱼皮肤溃烂的病原菌是哈维氏弧菌（谢楚萍等，2013）。

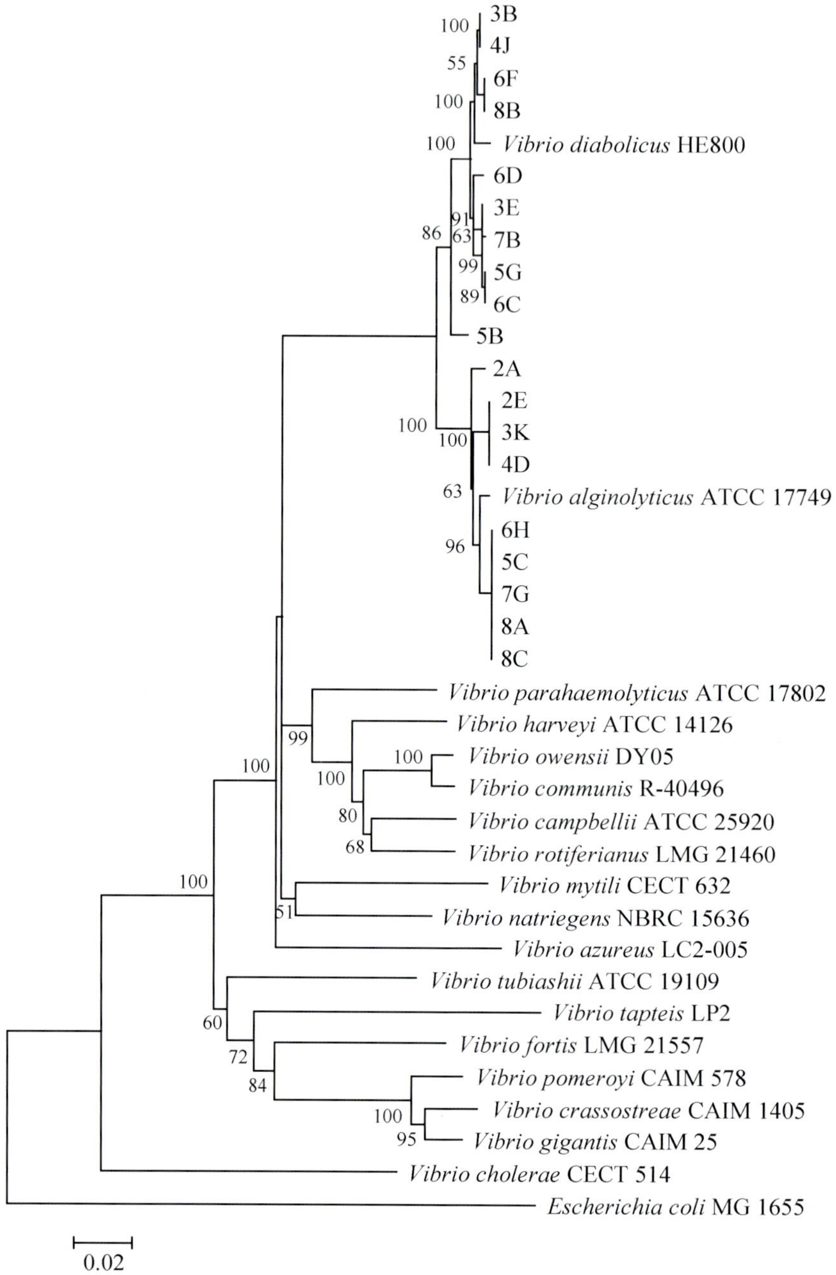

图 3-1-1　基于 *rpoA-pyrH-gapA-topA* 串联序列的鲍鱼养殖场弧菌系统进化树（邻接法）

三、软珊瑚共生可培养细菌

刘阳等（2013）从福建东山湾软珊瑚分离出可培养细菌，通过 16S rDNA 基因序列及进化树分析，共获得 128 株不同细菌，其隶属变形菌纲（86 株）、放线菌纲（17 株）、厚壁菌门（22 株）和拟杆菌纲（3 株）四大类 72 个种（在 GenBank 都有登录号）。其中有 9 株 16S rDNA 基因相似度低于 98%，是潜在新种（隐种）。

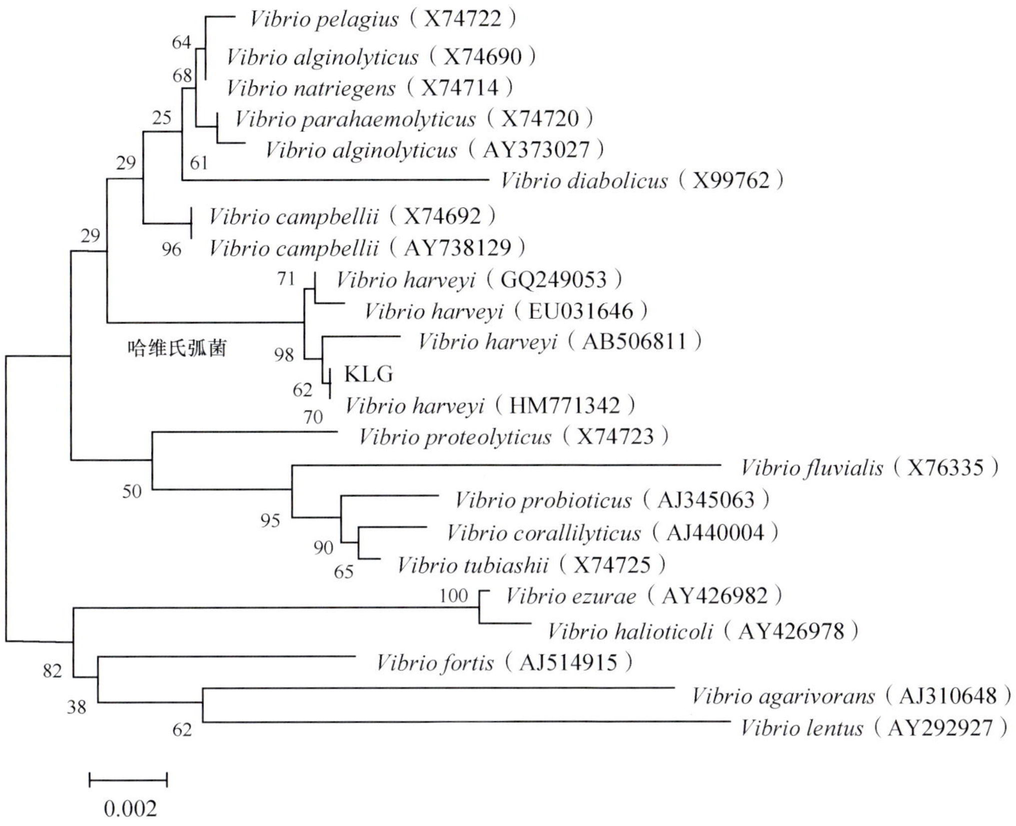

图 3-1-2　基于 16S rDNA 基因序列的系统发育树

第二节　原生生物

一、虫黄藻

虫黄藻是生活在刺胞动物、放射虫、有孔虫、双壳类和腹足类等体内的共生甲藻——双鞭毛藻（*Symbiodinium*）（Baker，2003）。共生甲藻由 Freudenthal（1962）命名和描述。分子系统树表明，共生藻属至少包括 8 个群系（A～H 群系），其中 A～D、F 和 H 可以和石珊瑚共生，在印度洋-太平洋区以 C 群系为主，而加勒比海以 A、B、C 群系为主（Baker，2003）。

董志军等（2008）对海南三亚 22 种石珊瑚的共生藻进行分子标记，结果表明，这 22 种珊瑚的共生藻主要是 C 群系的种，偶尔发现 D 群系的种。黄晖等（2009）对福建东山 3 种石珊瑚的共生藻进行分子标记，结果表明，其共生藻主要也是属于 C 群系。刘丽等（2012）对广东徐闻 25 种石珊瑚的共生藻进行分子标记，结果表明，徐闻有 2 种共生藻，分别为 C1 亚群系与 C15 亚系群共生藻，两个亚系群的遗传距离为 0.019。

二、定鞭藻

定鞭藻（Prymnesiophyceae=Prymnesiophyta）是单细胞藻，是养殖上育苗的饵料，又是赤潮生物。中国海域记录 51 种。包括湛江等鞭金藻（*Isochrysis zhanjiangensis*）和绿光等鞭金藻（*I. galbana*）。

刘艳如等（2010）在福建长乐潮间带石沼中取样培养分离等鞭金藻（*Isochrysis* sp.），用透射电镜观察，与湛江等鞭金藻有些类似，但其表面却与绿光等鞭金藻类似。用 18S rRNA 获得 1786bp 的基因序列，构建相关分子发育树，湛江等鞭金藻、绿光等鞭金藻和本研究未知种聚在一支，表明本研究未知种是独立种，与另 2 种亲缘关系较近。这也与电镜观察一致。

第三节　真　　菌

真菌是单细胞或多细胞的真核生物，在生态系统中属分解者。戴秋萍等（2012）为研究生产壳聚糖酶的真菌，对取自舟山海水养殖场的菌株进行 18S rDNA 序列分析，测得菌株 KJT-D 的 18S rDNA 序列全长为 1085bp，从 NCBI 共搜索出 13 个相似度大于 98% 的结果，构建系统进化树如图 3-1-3 所示，结果表明，其研究的菌株属青霉菌（*Penicillium* sp.）。序列已提交 GenBank，登录号为 JN974880。

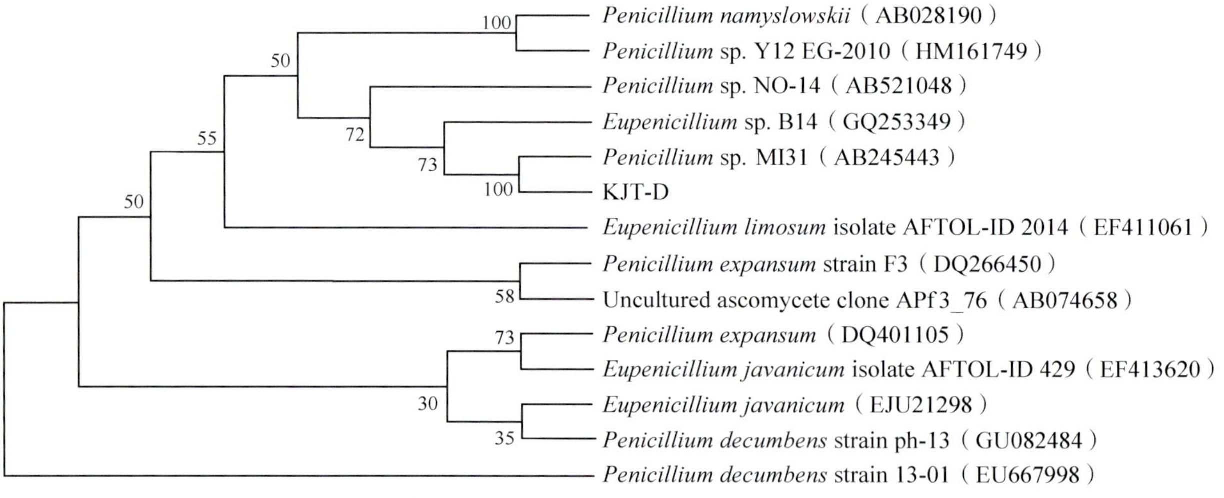

图 3-1-3　菌株 KJT-D 部分 18S rDNA 序列的系统进化树

第四节　动　　物

动物界是生物五界最高等的界别，中国海域动物界有 24 个门。本节从低等至高等择取 10 例，介绍分子标记在分类的应用。有些例子也同时涉及遗传进化的内涵。

一、扁形动物新贝尼登虫

新贝尼登虫（*Neobenedenia*）属扁形动物门吸虫纲，是养殖鱼类的寄生虫。以往，在网箱养殖的大黄鱼和高体鰤体上发现鲕新贝尼登虫（*N. girellae*）和 1 种与其形态十分类似的梅氏新贝尼登虫（*N. melleni*），单据形态鉴定，种间差别十分模糊，到底是同一种或 2 个独立的种国际上有争论。

张纹等（2001）同时进行两例的形态比较和 RAPD 标记、DNA 分子分析，结果表明，两例是同一物种，即鲕新贝尼登虫。两例具有高度的遗传相似性（83.1%～94.7%），虫体睾丸边缘光滑与否等形态特征应为种内差异。

二、环节动物多毛类

周红（2017）对渤海、青岛和南海大亚湾 112 种多毛类进行 DNA 标记，得出 148 个 DNA 条形码，即条形码索引数（BIN）或分子可运算分类单元（MOTU），据此估计隐存种的比例占总种数的 30% 以上。检测的 36 个种中，有 14 个科存在隐存种，其中不倒翁虫科、小头虫科、竹节虫科、吻沙蚕科、白毛虫科、海女虫科、蛰龙介科和海稚虫科的隐存种都在 2 种以上。沙蚕科和叶须科的种数超过 BIN，这是由于中华沙蚕（*Nereis sinensis*）和长须沙蚕（*N. longior*）、乳突半突虫（*Phyllodoce papillosa*）和中华半突虫（*P. chinensis*）具有相同的条形码，这就提示它们可能是同物异名。

不倒翁虫属（*Sternaspis*）世界上有 13 种，其中不倒翁虫（*S. scutata*）被认为是世界广布种。我国以往认为不倒翁虫是不倒翁虫属的唯一种，分布于中国各海区（杨德渐和孙瑞平，1988）。周红（2017）将渤海、黄海和南海大亚湾的 100 个标本，用 COI 和 16S rDNA 标记，获得 40 个 DNA 条形码，从中可以看出，中国海域有分布的不倒翁有 4 个分支，其中 *Sternaspis* sp. HZO1、*S. costata*、*Sternaspis* sp. HZO2 分布在渤海同一位置，*Sternaspis* sp. HZO3 分布在南海大亚湾。而长期以来我国报道的 *S. scutata* 并不分布于中国海域，而是包含了至少 4 个不同隐存种，它们是具有极强同域性分布的地方种。

三、软体动物牡蛎

牡蛎属软体动物门双壳纲牡蛎目牡蛎科，中国海域记录 21 种，其中巨牡蛎（*Crassostrea*）有几种是传统的养殖对象，但仅按形态进行分类，种名混淆不清。

有学者对香港的牡蛎，特别是珠江口深圳湾的养殖牡蛎的形态分类和分子分类（COI、16S）进行了系列研究，对于珠江口深圳湾罗浮山牡蛎养殖场养殖的巨牡蛎，发现除以往定名的近江牡蛎（*C. ariakensis*）外，尚有新种香港巨牡蛎（*C. hongkongensis*）（Lam and Morton，2003b，2012）。在此之前，广东珠江口和福建九龙江口的养殖户，分别称这两种为白肉巨牡蛎和红肉巨牡蛎。

长期以来，在东海沿海低潮区条石养殖的小型牡蛎，都被称为僧帽牡蛎（*Ostrea cucullata*），之后徐凤山（1997）又对此种的确切种名怀有疑虑，把这种中国沿海低潮的优势种列为未定名种。经 Lam 和 Morton（2003a）运用 16S 分子标记和牡蛎的聚类分析，确定该种为角巨牡蛎（*Crassostrea angulata*）。

四、节肢动物拟穴青蟹

2005 年以前，我国东南沿海青蟹的重要优势种的捕捞种，在文献和书刊上都被误认为是锯缘青蟹（李少菁等，2007）。2005 年林琪等（2007）研究确认，我国东南沿海有 4 种青蟹：拟穴青蟹（*Scylla paramamosain*）、锯缘青蟹（*S. serrata*）、紫螯青蟹（*S. tranquebarica*）和榄绿青蟹（*S. olivacea*）。

林琪等（2007）比较了 4 种青蟹的形态差异，表现在前额缘齿长度、螯足掌节外刺、螯足腕节内刺大小的差异。

林琪（2008）对 4 种青蟹的线粒体 COI 基因片段进行了测定，结果表明，4 种种间序列差异远大于种内差异。

五、节肢动物纺锤水蚤

桡足类浮游动物种数多，形态特征鉴定物种，往往会存疑。辅以 DNA 标记，有助于物种正确鉴定。例如，太平洋纺锤水蚤（*Acartia pacifica*）和刺尾纺锤水蚤（*A. spinicauda*）两种水蚤曾被疑为同一种（曹文清，1994）。刘迟迟等（2008）对这两种纺锤水蚤进行形态观察，两种的第一触角第二节有差别，对其线粒体 DNA 进行序列分析，结果表明序列长度都是 709bp，片段的碱基组成差别明显（表 3-1-1），形态分析和分子标记厘清了太平洋纺锤水蚤和刺尾纺锤水蚤分别为有效种。

表 3-1-1　厦门港两种纺锤水蚤基因片段的碱基组成

物种	序列长度（bp）	A（%）	C（%）	G（%）	T（%）	G+C（%）	A+T（%）
刺尾纺锤水蚤	709	30.56	14.65	17.04	37.75	31.69	68.31
太平洋纺锤水蚤	709	28.73	16.48	18.73	36.06	35.21	64.79

六、脊索动物文昌鱼

很长一段时间，人们都把中国的文昌鱼分为白氏文昌鱼（厦门文昌鱼）（*Branchiostoma belcheri*）和白氏文昌鱼青岛亚种（*B. blecheri tsingtauense*）。李伟业和王义权（2012）对这两种文昌鱼进行重新鉴定，形态鉴定和 DNA 分子标记同时进行，结果表明，这是两个独立的种。

首先，形态比较，两种臂前鳍的形态和数目差异显著。然后，进行分子生物学研究，两种的染色体数目不同，前者为 $2n$=40、后者为 $2n$=36。用线粒体 12S rRNA 和 COI 基因分子标记得到两种文昌鱼间的遗传差异均在 20% 左右，即种间差异大。在厦门黄厝和欧厝海域都同时采集到这两种文昌鱼，由于同一物种的两个亚种分布区不可能重叠，故认定这两种文昌鱼分属于不同物种。

王义权等（2003）等用 Cytb 基因序列分析也得到同样的结论，即厦门有白氏文昌鱼和日本文昌鱼，青岛仅有日本文昌鱼。

七、脊椎动物鲷科仔鱼

海洋鱼类的仔稚鱼阶段，因外部形态未完成变化，物种鉴定困难。张俊彬等（2005）对采自南沙海域的 11 种笛鲷后期仔鱼勒氏笛鲷（*Lutjanus russelli*）、黄笛鲷（*L. lutjanus*）、红笛鲷（*L. sanguineus*）、紫红笛鲷（*L. argentimaculatus*）、金焰笛鲷（*L. fulviflamma*）、线纹笛鲷（*L. lineolatus*）、画眉笛鲷（*L. vitta*）、马拉巴笛鲷（*L. malabarius*）、驼背笛鲷（*L. gibbus*）、约氏笛鲷（*L. johni*）、金带笛鲷（*L. vaigiensis*）进行基因组 DNA 的 AFLP 研究，并与 11 种成鱼比较，区分出 11 种后期仔鱼。证明 AFLP 标记技术适用于鲷科仔鱼的鉴定。

八、脊椎动物鲳种的区分

中国海域记录 6 种鲳，即银鲳（*Pampus argenteus*）、镰鲳（*P. echinogaster*）、灰鲳（*P. cinereus*）、北鲳（*P. punctatissimus*）、镜鲳（*P. minor*）和中国鲳（*P. chinensis*）。这 6 种外部形态有些相似，单凭外部形态进行种类鉴定往往会出现一些偏差。目前，对鲳属种的描述也存在不足，甚至有错误。李渊（2015）对 6 种鲳的可数性状（各种鳍条等 8 项）及可显性状（体长等 10 项）进行了测量和耳石比较，区分 6 种鲳在形态上的差别。同时对 6 种鲳的 DNA 条形码进行扩增，确定其物种的有效性，并结合 GenBank 数据库中的有关数据，最后确定 6 种的形态、耳石特征及相应的 DNA 条形码。这项研究也明确了这 6 种鲳在中国北、南海域的分布范围。

九、脊椎动物中国鱚新种

Gao 等（2011）从渤海（东营）、黄海（青岛）和东海（温州）收集了 53 个样品，作为中国鱚（*Sillago sinica* sp. nov.）新种与本属 5 个其他种进行形态比较，包括耳石的比较。李渊等（2014）用 34 个样品进行 COI 分子标记，并以 5 个中国海域的种和 2 个外群种（银鱚 *S. bassensis*、斑鱚 *S. punctata*）构建系统树，10 个样品聚在一支为新种中国鱚，该种的分布自东营至温州，现已往南扩展到厦门。

十、脊椎动物布氏鲸鉴定

1994 年，浙江瑞安沿海内河搁浅死亡的大型鲸，体长 5.95m，体重约 2t，头部具 3 条不清晰和不太完整的纵棱，标本已分割成多块，研究人员到现场时已见不到整体标本。为了确切鉴定其为何种，取小量肌肉提取 DNA，经线粒体 DNA Cytb 测定，序列已被 GenBank 登录（AF398371）。经比对，Cytb 单倍型与布氏鲸（*Balaenoptera brydei*）相同。这表明用肌肉组织的 DNA，也能鉴定物种（杨光等，2002）。

用类似方法，可据一块鲸的脊椎骨，通过 DNA 测定确定鲸鱼种（马牧等，2007）。

第二章

遗传进化

上一章列举了10例说明分子标记在海洋物种分子鉴定中的重要意义。这些例子中，有几例已涉及种内的遗传变异或种间的遗传进化。

在海洋动物中，脊索动物和无脊索动物、脊椎动物和无脊椎动物的进化，是当今分子生物学的研究热点之一。动物界最高等的脊索动物门，分为尾索动物亚门（海鞘等）、头索动物亚门（文昌鱼）和脊椎动物亚门（鱼类、哺乳类等），以往人们认为脊椎动物亚门最接近脊椎动物，但18S rRNA分子进化树邻接结果似乎动摇了这种看法。王磊等（2010）从分子遗传的角度讨论了海鞘与文昌鱼的进化地位，探讨二者究竟哪个是脊椎动物最亲近的物种。申欣等（2012）的研究表明，从氨基酸序列构建的系统发育树最终分为2个分支：海樽纲（Thaliacea）和海鞘纲（Ascidiacea）。这与传统的形态分类相吻合（图3-2-1）。

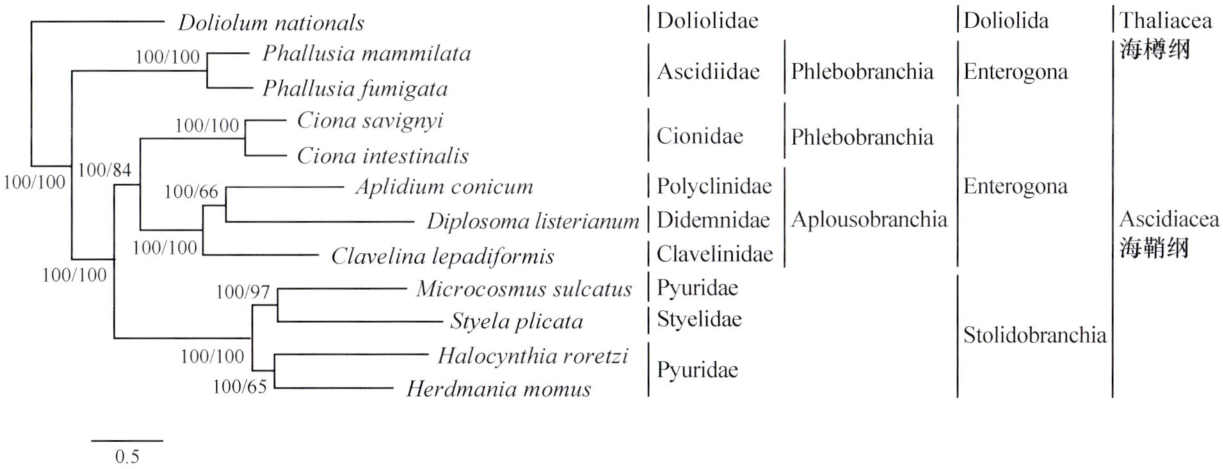

图3-2-1　基于线粒体基因组蛋白编码基因的氨基酸序列构建的系统发育树

第三章

遗传育种

海洋鱼、虾蟹、贝、藻和海蜇的养殖和红树植物的移植等，都面临种质选择、幼体培养、成体优良性状的丧失、早熟、个体小型化和疾病等问题。分子标记有助于对这些问题的了解和解决。

第一节　鱼

一、大黄鱼

大黄鱼（*Larimichthys crocea*）曾是我国四大渔业捕捞对象之一，因过度捕捞，20 世纪末即无法形成渔汛，80 年代初开始人工育苗，并在福建进行人工养殖和放流。1990 年，大黄鱼百万尾人工育苗成功后，至今人工养殖产量达 10 万吨以上，成为全国养殖产量最大的鱼种。分子标记技术在整个养殖过程中得到了相应的应用。

（一）野生群体和养殖群体的差异

王军等（2001）研究了野生种群与养殖种群遗传多样性的差别，采用 RAPD 标记，在扩增的 90 个位点中，野生种群的位点 17 个、养殖种群 15 个，多态位点比例分别为 18.9% 与 16.7%，野生种群遗传相似系数 0.904、养殖种群 0.925，养殖群体遗传多样性下降，这表明养殖种群种质下降。

陈锦等（2010）对福建宁德野生与养殖 2 个群体、连江养殖群体、湄洲湾野生群体等 4 个群体进行遗传多样性研究。结果表明，大黄鱼的多态位点百分比为 12.5%～18.75%，遗传多样性处于中等偏下水平，宁德野生群体和养殖群体及连江养殖群体的遗传多样性几乎一致，湄洲湾野生群体多样性位点（18.75%）高于养殖群体（12.5%）。这可能是由于宁德大量（2003～2005 年每年放流 150 万尾）人工放流大黄鱼与野生资源杂交，产生了一定的遗传污染，降低了遗传多样性。湄洲湾野生群体遗传多样性水平较宁德高，这可能是由于湄洲湾大黄鱼养殖量很少，逃逸的大黄鱼也较少。

（二）选育优良养殖品系

赵广泰等（2010）利用 13 个多态性微卫星位点，分析了大黄鱼“官井洋优快 01”品系 F_1～F_4 4 个选育世代的遗传结构与遗传多样性的变化情况。结果表明，经过连续 4 代选育，部分不利基因被淘汰，选育群体的遗传基础逐步得到纯化，基因型逐步得到结合、稳定，经进一步的选育有望获得较稳定的品系。

（三）倍性检测

三倍体因倍性效应可能产生优良性状，大黄鱼因性早熟、小型化等，所以养殖中用三倍体育种。刘伟斌等（2006）对人工诱导大黄鱼的不同发育阶段和组织进行倍性检测：胚胎眼泡期采用染色体计数法测定、鱼苗和成鱼阶段用流式细胞法测定。结果表明，胚胎染色体数目 $2n$=48 条的为二倍体、$3n$=72 条的为三倍体。采用流式细胞测定鱼苗和成鱼个体时，若受测样品的 DNA 相对含量与已知二倍体的 DNA 相对含量比值约为 1.5∶1 时，其个体为三倍体，比值约 1∶1 时则为二倍体。无论用肌肉还是其他组织皆可测定。

围绕大黄鱼养殖，有学者还做过大黄鱼基因 cDNA 片段的克隆与稳定性研究（赵进等，2012）、大黄鱼选育群体与普通养殖群体部分免疫指标的比较（杨启莲等，2012）、大黄鱼 22 个微卫星标记在 F_1 家系中的分离方式及生长性状的相关分析（刘贤德等，2012）等。

二、鮸状黄姑鱼

鮸状黄姑鱼（*Nibea amoyensis*）于 1992 年人工育苗成功，在浙江、福建、广东都有网箱养殖。为了解该种的遗传背景，查明野生群体与养殖群体的差异，丁少雄等（2003）采用 RAPD 标记技术，对两群体进行检测。结果表明，两群体间具有非常相近的亲缘关系，且遗传多样性都比较贫乏。

三、真鲷

真鲷（*Pagrus major*）是中国沿海网箱养殖和增殖放流的重要对象之一。孟宪红等（2000）采用 RAPD 标记技术对真鲷的野生群体及人工繁殖群体各 23 尾进行 DNA 多态性检测。结果表明，真鲷的野生群体和人工繁殖群体的遗传多样性都较为丰富，在选择育种和遗传改良方面具有较大的潜力。人工繁殖群体的多态性片段和平均杂合度都低于野生群体，这意味着在养殖过程中要采取保护措施，以避免或减少遗传多样性水平的降低。

杨明等（2006）进行了真鲷鳃组织 cDNA 文库的构建与 hepcidin 抗菌肽基因序列扩增。结果可用于免疫相关基因的筛选，以此作为提高养殖病害的免疫防治手段。

四、斜带石斑鱼

斜带石斑鱼（*Epinephelus coioides*）又称青石斑鱼、橘点石斑鱼，20 世纪 90 年代人工繁殖成功后，在南方进行网箱养殖。蒙子宁等（2007）进行了斜带石斑鱼养殖群体遗传多样性分析，利用 RAPD 标记技术分析了斜带石斑鱼繁育亲本及 2001 年、2004 年两批子代群体的遗传多样性。结果表明，人工养殖的斜带石斑鱼遗传多样性逐年下降，近交和遗传漂变可能是导致遗传多样性下降的因素。

五、银鲳

银鲳（*Pampus argenteus*）是优质鱼，具有全人工养殖的潜力。彭士明等（2010）采用线粒体 DNA D-loop 区与 COI 基因序列比较分析养殖与野生银鲳群体遗传多样性。结果表明，线粒体 DNA D-loop 区与 COI 基因均可作为检测银鲳群体遗传多样性的有效标记，但前者的敏感度高于后者。

近些年也可见对暗纹多纪鲀（*Takifugu fasciatus*）、军曹鱼（*Rachycentron canadum*）基因克隆的研究（邵爱华等，2005；茅莉娜等，2010），以及对大弹涂鱼（*Boleophthalmus pectinirostris*）遗传多样性（金春华等，2004）及鲆鲽鱼类品种遗传改良的报道（王新安等，2010）。

第二节 虾　　蟹

节肢动物门甲壳纲虾蟹的有些种是重要的养殖对象。利用分子技术鉴定拟穴青蟹在本篇第一章中已介绍过，下面介绍分子技术在凡纳滨对虾养殖中的应用。

凡纳滨对虾（*Litopenaeus vannamei*）是世界三大养殖虾种之一，原分布于秘鲁和墨西哥湾等地区沿岸，由南美洲引进我国，目前占我国养虾产量的 90% 以上。为育种之需及提供生长快的分子标记，朱景花等（2014）研究了凡纳滨对虾 *CTSL* 基因与生长相关的 SNP 位点特征。该研究对 3 个品系进行单核苷酸多态性（SNP）筛查，发现有 7 个 SNP 位点与生长的关系最显著。王鸿霞等（2006）也进行过不同繁殖亲本对子代遗传贡献率差异的研究，结果表明，凡纳滨对虾群体经多代自繁后遗传多样性水平降低。

第三节 软体动物

一、鲍

厦门鲍养殖场以九孔鲍（*Haliotis diversicolor supertexta*）与皱纹盘鲍（*H. discus hannai*）

为主。为查明养殖鲍病原生物，龚婷等（2014）用 16S rDNA 和看家基因序列分析，得知其病原菌是溶藻弧菌（*Vibrio alginolyticus*）与魔鬼弧菌（*V. diabolicus*），看家基因相较于 16S rDNA 更适合海洋弧菌的鉴定。

二、牡蛎

牡蛎养殖有滩涂石板养殖和吊养两种，是贝类养殖的支柱产业之一。高晓辉等（2012）采用 AFLP 标记技术测定海南养殖的香港巨牡蛎（*Crassostrea hongkongensis*）和野生僧帽牡蛎（*Saccostrea cucullata*）遗传多样性。结果表明，海南牡蛎的种质资源多样性较为丰富，目前尚未因引种发生种质退化现象。

韩国栋等（2012）进行了角巨牡蛎（*Crassostrea angulata*）EGFR 基因的原核表达及其在幼体附着变态过程中的表达特征。结果表明，EGFR 基因在角巨牡蛎浮游阶段和附着变态 24h 后的稚贝阶段低表达，附着后 1～6h 强烈表达。这预示着 EGFR 基因在该种幼体附着变态这一生物学过程中具有重要作用。

第四节 海 蜇

海蜇属刺胞动物门钵水母纲，分布于全国沿海，是营浮游生活的大型水母。以往捕捞海蜇制作海蜇皮，21 世纪初也对其进行了池塘养殖及增殖放流。孙国华等（2010）对海蜇（*Rhopilema esculentum*）自然捕获群体和养殖群体的 ITS 序列进行了 PCR 扩增和分析。结果表明，群体内及群体间遗传多样性指数较接近，群体间的遗传距离较小，群体遗传结构相似，群体间没有明显的遗传分化。

苏秀榕等（2006）利用 RAPD 标记技术对海蜇和口冠海蜇（*Stomopholus meleagris*）刺细胞组织的 DNA 标记进行研究。结果表明，RAPD 可以作为研究水母刺细胞毒素标记的方法。

第五节 红树植物

一、蜡烛果（*Aegiceras corniculatum*）

黎中宝等（2000）采用电泳等位酶分析，再经遗传变异和遗传分化计算，对蜡烛果种群遗传多样性进行了研究。结果表明，3 种不同生境的蜡烛果种群维持着较高的遗传变异，这与蜡烛果分布范围广相符。3 种不同生境的蜡烛果种群之间的分化程度较低。

二、海榄雌（*Avicennia marina*）

黎中宝和林鹏（2002）对采自厦门东屿、深圳福田、海南塔市三地的海榄雌进行遗传多样性分析。研究采用电泳酶谱分析，经计算得出种群维持着较高的遗传多样性水平。不同纬度海榄雌的遗传分化程度较低，种群间的遗传距离较小。

三、海桑（*Sonneratia*）

周涵韬和林鹏（2002）研究了 6 种海桑即无瓣海桑（*S. apetala*）、海南海桑（*S. hainanensis*）、拟海桑（*S.* × *gulngai*）、杯萼海桑（*S. alba*）、卵叶海桑（*S. ovata*）、海桑（*S. caseolaris*）的遗传多样性和引种关系。结果表明，6 种海桑平均遗传距离为 0.38。该研究还对海南和福建无瓣海桑种群进行了 RAPD 分析及香农-维纳多样性指数统计。结果表明，福建种群的遗传距离为 0.669、海南种群为 0.671，各种群遗传变异较大，这与无瓣海桑种群的广泛适应性相一致。对种群间的香农-维纳多样性指数的分析表明，无瓣海桑的大部分遗传变异存在于种群内，而种群间的遗传变异较小。

四、木榄（*Bruguiera*）

潘文等（2005）采用 RAPD 分子标记和简单重复序列区间（inter-simple sequence repeat，ISSR）分子标记对木榄属的 3 种（木榄 *B. gymnorrhiza*、海莲 *B. sexangula*、尖瓣海莲 *B. sexangula* var. *rhynchopetala*）进行了遗传亲缘关系研究。ISSR 检测到的多位点率高于 RAPD。运用 Nei 基因多样性指数法计算木榄-海莲、木榄-尖瓣海莲、海莲-尖瓣海莲之间的遗传距离，RAPD 分析结果为 0.47、0.36、0.29，ISSR 分析结果为 0.62、0.41、0.32。聚类分析显示海莲和尖瓣海莲聚为一组，木榄单独一组。

第六节　海　　藻

海藻指的是红藻门、褐藻门、绿藻门藻类，与其他高等植物在五界分类中隶属植物界，以往蓝藻门也被归在海藻中，目前已把蓝藻门归在五界分类中的原核生物界。海藻有些种是重要的养殖对象和采捕对象；浒苔、马尾藻大量繁殖和快速生长也会引起灾害，俗称绿潮、红潮。

一、海带（*Laminaria japonica*）

有研究者已对海带分子育种进行了研究。刘福利等（2012）综述了海带分子标记辅助选育及海带转基因育种。尚书等（2007）研究了我国引种海带和长海带（*L. longissima*）配子体克隆 RAPD 分析。石媛媛等（2008）研究了海带和长海带配子体无性繁殖微卫星 DNA 多态性比较。张全胜等（2008）研究了我国引种海带和栽培品种（系）来源配子体克隆的 AFLP。

二、紫菜（*Porphyra*）

紫菜是我国主要的养殖海藻。养殖种在北方主要是条斑紫菜（*P. yezoensis*），在南方主要是坛紫菜（*P. haitanensis*）。以往主要苗源是混杂的野生种，导致养殖产量和质量受到影响，种质问题成为紫菜养殖亟待解决的问题之一。为此，许多研究针对紫菜的种质进行。

陈骁等（2005）对福建 9 个地区野生或养殖的坛紫菜及江苏 2 个地区的养殖条斑紫菜进行种质资源遗传多样性分析研究。结果显示，江苏 2 个地区的条斑紫菜亲缘关系很近，遗传相似系数达 98.1%。福建 9 个地区的坛紫菜遗传相似性系数在 75.8%～90.6%，表明坛紫菜具有丰富的遗传多样性。

为了利用 ISSR 分子标记技术对坛紫菜种质资源进行遗传分析及种质鉴定，纪德华等（2008）研究了核糖体蛋白基因的克隆与表达，建立坛紫菜 ISSR 标准反应体系。

三、龙须菜（*Gracilaria lemaneiformis*）

龙须菜隶属红藻门（Rhodophyta）红藻纲（Rhodellophyceae）江蓠目（Gracilariales）江蓠科（Gracilariaceae），藻体含胶量为 16%～28%，是产琼胶的优良藻种，也可用作养鲍的饲料及风味食品。为选育优良种质，人们已开展许多相关研究。李文红等（2004）进行了龙须菜选育品系遗传背景的 RAPD 分析。丁弘叶等（2012）进行了青岛野生群体单倍体和二倍体龙须菜的 AFLP 遗传多样性分析。孙雷等（2003）进行了龙须菜四分孢子体 cDNA 文库的构建。

四、长心卡帕藻（*Kappaphycus alvarezii*）

长心卡帕藻隶属红藻门红藻纲江蓠目红翎菜科（Solieriaceae），是生产卡拉胶的原料，在我国东南沿海养殖上万亩，年产万吨。为卡帕藻养殖的品系筛选，刘晨临等（2009）用海南陵水养殖的 4 株形态上有明显差异的藻体进行 ISSR 分析，结果表明，这种方法适用于卡帕藻品系的选育。

参考文献

曹文清. 1994. 厦门港海区两种常见纺锤水蚤的染色体研究. 厦门大学学报 (自然科学版), 33(增刊): 125-128.

陈锦, 黎中宝, 方秀, 等. 2010. 大黄鱼野生与养殖群体遗传结构的比较研究. 海洋科学, 34(2): 45-48.

陈骁, 左正宏, 姚继承, 等. 2005. 几种紫菜种质资源遗传多样性的 RAPD 分析. 海洋科学, 29(4): 76-80.

戴秋萍, 方和娣, 陶诗, 等. 2012. 二株产壳聚糖酶海洋微生物的筛选和鉴定. 海洋环境科学, 31(3): 385-390.

丁弘叶, 隋正红, 仲洁, 等. 2012. 青岛不同野生群体的单倍体和二倍体龙须菜的 AFLP 遗传多样性分析与比较. 中国海洋大学学报, 42(1-2): 99-105.

丁少雄, 苏永全, 王军. 2003. 闽粤沿海鮸状黄姑鱼野生种群和人工繁育群体遗传多样性的 RAPD 分析. 海洋科学, 27(8): 63-66.

董志军, 黄晖, 黄良民, 等. 2008. 运用 PCR-RFLP 方法研究三亚鹿回头岸礁造礁石珊瑚共生藻的组成. 生物多样性, 16(5): 498-502.

高晓辉, 王春生, 吴月红, 等. 2012. 基于 AFLP 技术的海南三亚野生和养殖牡蛎遗传多样性研究. 海洋学研究, 30(1): 1-10.

龚婷, 骆祝华, 于艳萍, 等. 2014. 基于 16S rDNA 和看家基因序列分析技术的鲍鱼养殖水体弧菌种类的鉴定. 应用海洋学学报, 33(4): 531-538.

韩国栋, 杨丙晔, 秦骥, 等. 2012. 僧帽牡蛎 EGFR 基因的原核表达及其在幼体附着变态过程中的表达特性. 厦门大学学报 (自然科学版), 51(2): 263-267.

韩志强, 高天翔, 王志勇, 等. 2006. 黄姑鱼群体遗传多样性的 AFLP 分析. 水产学报, 30(5): 640-646.

黄晖, 练健生, 李振兴, 等. 2009. 福建东山珊瑚自然保护区及其生物多样性. 北京: 海洋出版社.

纪德华, 谢潮添, 陈昌生, 等. 2008. 坛紫菜 ISSR 反应体系的建立与优化. 海洋科学, 32(6): 20-24, 29.

金春华, 钟爱华, 黄福勇, 等. 2004. 大弹涂鱼自然种群遗传多样性的 RAPD 分析. 海洋科学, 28(12): 26-30.

黎中宝, 林鹏. 2002. 我国不同纬度白骨壤种群遗传多样性和遗传分化的研究. 海洋学报, 24(1): 142-147.

黎中宝, 林鹏, 邓传远. 2000. 三种不同生境的桐花树种群的遗传多样性和遗传分化. 台湾海峡, 19(3): 379-385.

李少菁, 王桂忠, 等. 2007. 锯缘青蟹生物学及人工育苗和养成技术. 厦门: 厦门大学出版社.

李伟业, 王义权. 2012. 中国文昌鱼的种类与遗传多样性//林茂, 王春光. 第一届海峡两岸海洋生物多样性研讨会文集. 北京: 海洋出版社: 251-260.

李文红, 毕蕾, 夏鹏, 等. 2004. 龙须菜 (*Gracilaria lemaneiformis*) 选育品系遗传背景的 RAPD 分析. 高技术通讯, 6(6): 85-88.

李渊. 2015. 鲳属鱼类形态学和遗传学研究. 中国海洋大学博士学位论文.

李渊, 孙典荣, 李文涛, 等. 2011. 基于 *matK*、*rbcL* 和 ITS 序列的 5 种大叶藻系统发育研究. 水产学报, 35(2): 183-191.

李渊, 张丽艳, 宋普庆, 等. 2014. 福建沿海鱚属 (*Sillago*) 鱼类新记录种: 中国鱚 (*Sillago sinica* Gao and Xue, 2011). 应用海洋学学报, 33(4): 546-552.

林琪. 2008. 中国青蟹属种类组成和拟穴青蟹群体遗传多样性的研究. 厦门大学博士学位论文.
林琪, 李少菁, 黎中宝, 等. 2007. 中国东南沿海青蟹属 (*Scylla*) 的种类组成. 水产学报, 31(2): 211-219.
刘晨临, 黄晓航, 刘建国. 2009. 4 株形态不同的长心卡帕藻 (*Kappaphycus alvarezii*) 的初步 ISSR 分析. 海洋科学, 33(4): 50-53.
刘迟迟, 林元烧, 曹文清, 等. 2008. 厦门港两种纺锤水蚤 mtCOI 序列比较研究. 厦门大学学报 (自然科学版), 47(3): 419-425.
刘福利, 王飞久, 孙修涛, 等. 2012. 分子育种及其在海带育种中的研究进展. 海洋科学, 36(9): 128-134.
刘丽, 陈育盛, 申玉春, 等. 2012. 造礁石珊瑚共生藻的分子分类研究. 海洋与湖沼, 43(4): 718-722.
刘伟斌, 谢湘筠, 林向阳, 等. 2006. 大黄鱼倍性检测研究. 台湾海峡, 25(1): 48-53.
刘贤德, 韦信键, 蔡明夷, 等. 2012. 大黄鱼 22 个微卫星标记在 F_1 家系中的分离方式及与生长性状的相关分析. 水产学报, 36(9): 1322-1330.
刘艳如, 庄惠如, 田宝玉, 等. 2010. 一株海洋金藻的 18S rRNA 的基因序列分析及分类. 海洋科学, 34(4): 53-57.
刘阳, 赖其良, 陈华, 等. 2013. 东山湾软珊瑚共附生可培养细菌的多样性和产酶活性鉴定. 应用海洋学学报, 32(3): 396-403.
马牧, 祝茜, 李响, 等. 2007. 利用 Cytb 基因由未知鲸骨鉴定出大村鲸. 兽类学报, 27(3): 288-292.
茅莉娜, 冯娟, 李玉谷, 等. 2010. 军曹鱼 MHC-Ⅱβ 基因全长 cDNA 的克隆与组织表达分析. 动物学杂志, 45(4): 118-128.
蒙子宁, 杨丽萍, 吴丰等. 2007. 斜带石斑鱼养殖群体遗传多样性的 RAPD 分析. 热带海洋学报, 26(2): 44-48.
孟宪红, 孔杰, 庄志猛, 等. 2000. 真鲷自然群体和人工繁殖群体的遗传多样性. 生物多样性, 8(3): 248-252.
潘文, 周涵韬, 陈攀, 等. 2005. 木榄属 3 种红树植物的遗传变异和亲缘关系分析. 海洋学报, 29(5): 23-28.
彭士明, 施兆鸿, 侯俊利. 2010. 基于线粒体 D-loop 区与 COI 基因序列比较分析养殖与野生银鲳群体遗传多样性. 水产学报, 34(1): 19-25.
尚书, 石媛媛, 杨官品. 2007. 我国引种海带 *Laminaria japonica* 和长海带 *L. longissima* 配子体克隆随机扩增多态性 DNA 分析. 海洋湖沼通报, 增刊: 142-146.
邵爱华, 朱江, 陈葵, 等. 2005. 暗纹东方鲀线粒体 COII 及两侧 tRNA 基因的克隆和序列分析. 动物学杂志, 40(6): 1-8.
申欣, 田美, 孟学平, 等. 2012. 尾索动物线粒体基因组特征比较及分子系统发育. 海洋科学, 36(11): 30-37.
石媛媛, 杨官品, 廖梅杰, 等. 2008. 海带和长海带配子体无性繁殖系微卫星 DNA 多态性比较分析. 中国海洋大学学报 (自然科学版), 38(2): 303-308.
苏秀榕, 杨春, 黄晓春, 等. 2006. 两种海蜇毒素的分子标记研究. 海洋与湖沼, 37(3): 206-210.
孙国华, 刘相全, 杨建敏, 等. 2010. 海蜇养殖群体及自然捕获群体 ITS 序列遗传分析. 海洋科学, 34(10): 90-95.
孙雷, 张学成, 隋正红, 等. 2003. 龙须菜四分孢子体 cDNA 文库的构建. 青岛海洋大学学报, 33(5): 727-732.
王鸿霞, 吴长功, 相建海. 2006. 凡纳滨对虾繁殖中不同亲本对子代遗传贡献率的差异. 动物学报, 52(1): 175-181.
王军, 全成干, 苏永全, 等. 2001. 官井洋大黄鱼遗传多样性的 RAPD 分析. 海洋学报, 23(3): 87-91.
王磊, 宿红艳, 王昌留. 2010. 海鞘与文昌鱼谁更接近脊椎动物的始祖. 海洋湖沼通报, (1): 23-30.
王新安, 马爱军, 黄智慧, 等. 2010. 鲆鲽鱼类品种遗传改良的研究进展. 海洋科学, 34(7): 100-105.
王义权, 许群山, 彭宣宪, 等. 2003. 厦门文昌鱼 (*Branchiostoma belcheri*) Cytb 基因序列分析及其分类学地位//福建省动物学会. 福建动物学会 2003 年学术讨论会交集. 泉州: 泉州师范学院: 23-31.
谢楚萍, 黄思韵, 郑仰思, 等. 2013. 养殖浅色黄姑鱼体表溃烂症病原菌的分离与鉴定. 应用海洋学学报, 32(3): 411-417.

徐凤山. 1997. 中国海双壳类软体动物. 北京: 科学出版社.

杨德渐, 孙瑞平. 1988. 中国近海多毛类环节动物. 北京: 农业出版社.

杨光, 刘海, 周开亚, 等. 2002. 用 mtDNA 序列鉴定一头小布氏鲸标本. 动物学杂志, 37(4): 35-38.

杨明, 王克坚, 曲海东, 等. 2006. 真鲷鳃组织 cDNA 文库的构建与 hepcidin 抗菌肽基因序列的扩增. 水产学报, 30(5): 627-632.

杨启莲, 姚翠鸾, 王志勇. 2012. 大黄鱼选育群体与普通养殖群体部分免疫指标的比较. 海洋科学, 36(10): 48-53.

张俊彬, 黄良民, 陈真然. 2005. AFLP 技术在笛鲷的仔鱼鉴定及其分类学上的研究. 海洋学报, 27(2): 165-171.

张全胜, 石媛媛, 丛义周, 等. 2008. 我国引种海带和栽培品种 (系) 来源配子体克隆的 AFLP 分析. 中国海洋大学学报, 38(3): 429-435.

张纹, 王军, 苏永全, 等. 2001. 海水养殖鱼类两种新贝尼登虫的 RAPD 分析. 台湾海峡, 20(4): 519-523.

赵广泰, 刘贤德, 王志勇, 等. 2010. 大黄鱼连续四代选育群体遗传多样性与遗传结构的微卫星分析. 水产学报, 34(4): 500-507.

赵进, 郭应建, 励建荣, 等. 2012. 大黄鱼 (*Pseudosciaena crocea*) *Cathepsin L* 基因 cDNA 片段的克隆与稳定性研究. 海洋与湖沼, 43(4): 821-827.

周涵韬, 林鹏. 2002. 海桑属红树植物遗传多样性和引种关系研究. 海洋学报, 24(5): 98-106.

周红. 2017. 底栖动物的分子生物多样性及系统演化//张志南, 刘素美, 周红, 等. 渤海底栖生物次级生产力与生物多样性. 北京: 科学出版社.

朱景花, 李义军, 王平, 等. 2014. 凡纳滨对虾 CTSL 基因与生长相关的 SNP 位点的特征. 应用海洋学学报, 33(1): 53-59.

Baker A D. 2003. Flexibility and specificity in coral-algal symbiosis: diversity, ecology, and biogeography of *Symbiodinium*. Annu Rev Ecol Evol Syst, 34: 661-689.

Freudenthal H D. 1962. *Symbiodinium* gen. nov. and *Symbiodinium microadriaticum* sp. nov., a zooxanthella: taxonomy, life cycle, and morphology. The Journal of Protozoology. 9(1): 45-52.

Gao T X, Ji D P, Xiao Y S, et al. 2011. Description and DNA barcoding of a new *Sillago* species, *Sillago sinica* (Perciformes: Sillaginidae), from coastal waters of China. Zoological Studies, 50(2): 254-263.

Lam K, Morton B. 2003a. Morphological and mitochondrial DNA characteristics of two cultured species of cupped-oysters (Bivalvia: Ostreidae) in Hong Kong: towards a significant taxonomic name change. Proceedings of an International Workshop Reunion Conference. Hong Kong: Hong Kong University Press: 329-344.

Lam K, Morton B. 2003b. Mitochondrial DNA and morphological identification of a new species of *Crassostrea* (Bivalvia: Ostreidae) cultured for centuries in the Pearl River Delta, Hong Kong, China. Aquaculture, 228 (1-4): 1-13.

Lam K, Morton B. 2012. Hong Kong's subtidal oysters (Bivalvia: Ostreidae and Gryphafidae). Proc on Marine Environment Change in Hong Kong and Southern China. 1977-2001: 311-327.